<u>Dr.-Ing. **Ernst Suter** †</u>

Die Methode der Festpunkte

zur Berechnung der statisch unbestimmten Konstruktionen
mit zahlreichen Beispielen aus der Praxis
insbesondere ausgeführten Eisenbetontragwerken

Zweite, verbesserte und erweiterte Auflage
bearbeitet von

O. Baumann und F. Häusler
Dipl.-Ing.   Dipl.-Ing.

In zwei Bänden

Mit 656 Figuren im Text
und auf 19 Tafeln

Springer-Verlag Berlin Heidelberg GmbH 1932

Additional material to this book can be downloaded from http://extras.springer.com

ISBN 978-3-642-89226-4   ISBN 978-3-642-91082-1 (eBook)
DOI 10.1007/978-3-642-91082-1

Vorwort zur ersten Auflage.

Das vorliegende Werk bildet die zweite Auflage der im Jahre 1916 im Buchhandel erschienenen Dissertation des Verfassers: „Berechnung des kontinuierlichen Balkens mit veränderlichem Trägheitsmoment auf elastisch drehbaren Pfeilern, sowie Berechnung des mehrfachen Rahmens mit geradem Balken nach der Methode der Festpunkte". Während in der genannten Arbeit nur die Berechnung des kontinuierlichen Balkens auf senkrecht zu ihm stehenden Säulen gezeigt wurde, so wird im vorliegenden Werk die Berechnung sämtlicher statisch unbestimmter Konstruktionen, insbesondere des allgemeinen Falles mit beliebig gerichteten Stäben, des Stockwerkrahmens mit beliebig gerichteten Stäben und des Rahmens mit bogenförmigen Stäben nach der Methode der Festpunkte behandelt; aus diesem Grunde mußte der Titel des Werkes eine allgemeine Fassung erhalten.

Die Grundlage aller entwickelten Berechnungsverfahren bilden die Festpunkte (Ritter, Anwendungen der graphischen Statik, III. Band), die ihrerseits mit Hilfe der Sätze von Mohr abgeleitet sind. Bei allen Ableitungen ist vor allem der Vorstellung durch die geometrische Darstellung der Formänderungen Rechnung getragen, womit dem in der Praxis stehenden Ingenieur am besten gedient ist. Wegen ihrer Übersichtlichkeit ist die Methode der Festpunkte unter den Ingenieuren mit Recht sehr beliebt; nun um so mehr, als die Methode auf alle Tragwerke, seien die Stäbe geradlinig oder bogenförmig, recht- oder schiefwinklig zueinander, in gleicher und einheitlicher Weise angewendet werden kann, wie dies im vorliegenden Werk gezeigt wird.

Das Werk zerfällt in 3 Teile und einen kurzen Anhang.

Der I. Teil entwickelt die Berechnung des Tragwerks mit unverschiebbaren Knotenpunkten, der II. Teil diejenige des Tragwerks mit verschiebbaren Knotenpunkten. Ein Tragwerk mit verschiebbaren Knotenpunkten, seien seine Stäbe geradlinig oder bogenförmig, recht- oder schiefwinklig zueinander, wird zu seiner Berechnung — und zwar nicht nur bei äußerer Belastung, sondern auch bei Temperaturänderung des Baumaterials, Senkung eines Auflagers und Längenänderungen der Stäbe infolge der Normalkräfte — zuerst durch Anbringung gedachter Lager in ein solches mit unverschiebbaren Knotenpunkten verwandelt und nach dem I. Teil behandelt (Rechnungsabschnitt I). In den gedachten Lagern treten sog. Festhaltungskräfte (Reaktionen) auf, welche die Knotenpunkte verhindern, sich zu verschieben. Entfernen wir diese gedachten Lager, so treten die sog. Verschiebungskräfte (umgekehrte Festhaltungskräfte) in Tätigkeit, welche das Tragwerk noch verschieben und daher zusätzliche innere Kräfte in demselben hervorrufen, die nach dem II. Teil bestimmt werden

(Rechnungsabschnitt II). Durch Addition der Momente aus R. I und R. II erhalten wir darauf die endgültigen Momente am Tragwerk und aus ihnen die endgültigen Quer-, Normal- und Auflagerkräfte.

Der III. Teil enthält 20 Beispiele aus der Praxis, insbesondere ausgeführte Eisenbetontragwerke. Großes Gewicht wurde darauf gelegt, von jeder Konstruktionsgattung ein Beispiel vorzuführen, damit der Ingenieur bei seinen Projektierungsarbeiten für jeden Hauptfall eine Wegleitung besitzt. Die Beispiele sind in der Hauptsache Ausführungen der Akt.-Ges. Wayß & Freytag in Neustadt a. d. Haardt, wo der Verfasser viele Jahre als Oberingenieur tätig war.

Im Anhang sind die im I. und II. Teil abgeleiteten Hauptformeln zusammengestellt, und ferner Tabellen zur raschen Ermittlung der Festpunkte und Kreuzlinienabschnitte des Balkens mit beidseitiger und einseitiger geradliniger und parabolischer Voute, sowie des symmetrischen Parabelbogens mit vom Scheitel zu den Kämpfern zunehmendem Querschnitt enthalten.

Schon beim ersten Blick wird man erkennen, daß das Werk sehr ausführlich gehalten ist und zu seinem Studium keine besonderen Vorkenntnisse verlangt, so daß auch der in Statik weniger Geübte sich mit der Methode der Festpunkte vertraut machen kann.

Baden-Schweiz, im Frühjahr 1921.

Der Verfasser.

Vorwort zur zweiten Auflage.

In der vorliegenden zweiten Auflage wurde der Stoff der seit längerer Zeit vergriffenen ersten Auflage in zwei Bänden dargestellt. Der erste Band umfaßt die Theorie der Methode und der zweite die Praxisbeispiele.

In der neuen Gestalt des Werkes wurde der theoretische Teil als vollständige Darstellung der Methode ausgearbeitet, unabhängig von den Ausführungen des praktischen Teiles. Diese Neuerung bedingte einige Ergänzungen der frühern theoretischen Abschnitte, zu denen sich andere Erweiterungen hinzufügen, die den Bedürfnissen der Praxis entgegenkommen möchten. Die wesentlichsten Neuerungen des ersten Teiles bestehen in der ausführlicheren Darstellung der Grenzwerteermittlung und deren wichtigsten Hilfsmittels, der Einflußlinien.

Eine wichtige Erweiterung erfuhr Kap. IV des II. Abschnittes durch die Einführung des Gaußschen Allgorithmus als Lösungsmethode der Gleichungssysteme.

Der zweite Band enthält fünf neue Beispiele, welche eine Reihe von Problemen behandeln, die in der ersten Auflage nicht berührt waren. Unter den neu eingeführten Beispielen sind die Nummern 16 und 16a nach einem Projekt bearbeitet, während alle andern Ausführungen betreffen, die sich bereits im Betrieb bewährt haben.

Zur leichtern Handhabung des Buches wurde dem Anhang des ersten Bandes eine Zusammenstellung der wichtigsten darin vorkommenden Bezeichnungen beigefügt. Am Schluß des zweiten Bandes befindet sich ein alphabetisch geordnetes Inhaltsverzeichnis aller in den Beispielen besonders ausführlich behandelten Teilprobleme der Methode. Am Anfang des Buches sind die Systemskizzen der bearbeiteten Praxisbeispiele eingefügt. Aus diesen wird ersichtlich sein, daß fast alle heute üblichen Konstruktionselemente, für deren Berechnung unsere Methode in Frage kommt, in irgendeiner Form berührt worden sind.

Im ganzen Werk wurden die Momentenflächen der graphischen Darstellungen so konstruiert, daß ihre positiven Anteile auf der einen und die negativen auf der andern Seite der Stabachse erscheinen. Im zweiten Band wurde von dieser Regel dort abgewichen, wo dadurch gegenüber der gewohnten Methode keine größere Übersichtlichkeit gewonnen wird, also bei Tragwerken, deren Stäbe in einer einzigen Geraden liegen.

Um den alten Umfang des Werkes nicht zu sehr zu überschreiten, machten die Erweiterungen einige Kürzungen der früheren Fassung nötig, die sich im ersten Band auf Stellen beziehen, die aus der allgemeinen Statik bekannt sind oder Wiederholungen darstellen. Im zweiten Band wurden vier alte Beispiele weggelassen, deren Probleme, wenn auch in abgewandelter Form, in den übrigen enthalten und behandelt sind.

Der Verfasser, Herr Dr. E. Suter, wurde leider von der begonnenen Neubearbeitung seines Werkes durch den Tod hinweggeholt.

Die Weiterführung der Bearbeitung des ersten Bandes wurde dem Erstunterzeichneten anvertraut, der von Anfang an von Herrn Dr. Suter zur Mithilfe an der Umarbeitung zugezogen worden war. Da er dabei die Absichten des Verfassers genau kennenlernte, konnte er die begonnene Arbeit ganz in dessem Sinne zu Ende führen.

Auch der Zweitunterzeichnete, der die Neubearbeitung des zweiten Bandes (Praxisbeispiele) übernahm, hielt sich ganz an die Absichten des Verfassers, soweit sie ihm aus schriftlichen Aufzeichnungen bekannt wurden und aus Äußerungen während seiner Mitarbeiterschaft in dem Büro des Herrn Dr. Suter in dessen letzten zwei Lebensjahren.

Es mögen hier noch einige Gedanken folgen, die der leider zu früh Dahingegangene — wenn gelegentliche Aussprüche richtig verstanden worden sind — in sich getragen haben mag.

Die Festpunktmethode bietet nicht nur den Vorteil, daß sie die Lösung hochgradig statisch unbestimmter Systeme ermöglicht, ohne daß man sich in verwirrende abstrakte Berechnungen stürzen muß, sondern sie wirkt erziehend auf denjenigen zurück, der sich ihrer bedient. Dadurch, daß man sich beim Arbeiten nach dieser Methode nie von der Anschauung losreißt, bleibt man immer mit der Wirklichkeit des Stoffes verbunden, den man gestalten will, und dadurch, daß für jeden gemachten Schritt Proben vorhanden sind, erzeugt sich beim Arbeiten jene unbedingte Sicherheit, die allein ein stoff- und sinngerechtes, das heißt zugleich ein im wahren Sinn ökonomisches, Bemessen und Formen ermöglicht.

Soll sich wieder einmal eine wahrhaft künstlerische Architektur herausbilden, so kann sie nur von Menschen ausgehen, die den Kräfteverlauf im Innern der Bauglieder genau kennen und in seinem Sinne die äußeren Formen zu gestalten vermögen. Es gibt aber kaum eine bessere Methode, sich in den innern Kraftverlauf komplizierter architektonischer Gebilde einzuleben, als die

Arbeit nach der Festpunktmethode. Da diese einfach und durchsichtig ist, so kann sie auch ohne weiteres von den Architekten und von architektonisch interessierten Ingenieuren, die weder Zeit noch Lust für das Aneignen weitläufiger mathematischer Kenntnisse haben, studiert und angewendet werden. Kann das vorliegende Werk in dem angedeuteten Sinne dienen, so wird es dadurch zum würdigsten Denkmal für das Schaffen Dr. Suters werden, der in seinem Wesen nicht nur ein ausgebildetes, klares technisches Denken trug, sondern auch eine tiefe Sehnsucht nach Schönheit.

Baden (Schweiz) und Venedig, April 1932.

Dipl.-Ing. Oskar Baumann
Dipl.-Ing. F. Häusler.

Inhaltsverzeichnis zum ersten Band.

Seite

Zweiter Abschnitt.

Berechnung des Tragwerkes mit verschiebbaren Knotenpunkten nach der Methode der Festpunkte.

Inhaltsverzeichnis zum zweiten Band.

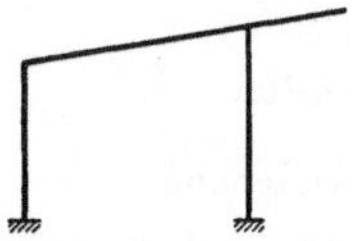

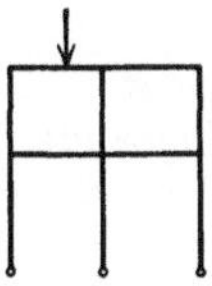

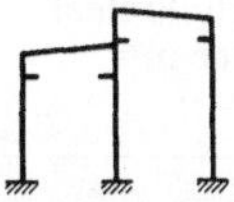

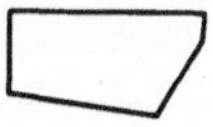

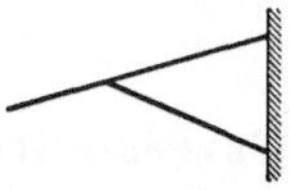

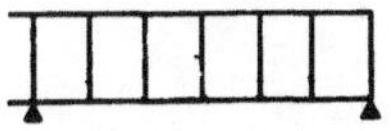

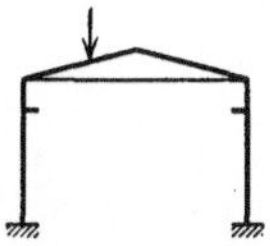

Beispiel	Gegenstand und Systemskizze	Behandelte Lastfälle	Seite
16	Halle mit gewölbtem Dach ohne Zugband	1. Lotrechte Lasten 2. Winddruck 3. Temperaturänderung	215
16a	Halle mit gewölbtem Dach mit Zugband	1—3. Wie Beispiel 16 4. Dehnung des Zugbandes	233
17	Eingespannte Bogenbrücke	1. Eigengewicht 2. Bewegliche Verkehrslast 3. Temperaturänderung	237
18	Rahmenbinder mit geraden und gebogenen Stäben	1. Gleichmäßig verteilte lotrechte Lasten 2. Winddruck 3. Temperaturänderung und Schwinden	257
19	Rahmenbinder mit unsymmetrischen Bogen	Einzellasten auf den Mittelbogen	299
20	Durchlaufender Bogenträger	Ermittelung der Einflußlinien der Momente und für die Horizontalschübe und Auflagerkräfte der Bogen	319

Erster Band

bearbeitet von

O. Baumann

Einleitung.

Durch die Entwicklung des Eisenbetonbaues, der monolithischen Bauweise, wurde der Ingenieur gezwungen, sich mit vielfach statisch unbestimmten Konstruktionen zu befassen, wie z. B. mit dem kontinuierlichen Balken auf elastisch drehbaren Stützen, d. h. mit dem kontinuierlichen Rahmen (Fig. 1, Brückenkonstruktion) oder mit dem mehrstöckigen Rahmen, woran die Momente infolge Winddruck sehr wichtig sind (Fig. 2, Fabrikbau), oder mit dem mehrstöckigen Rahmen, kombiniert mit bogenförmigen Stäben (Fig. 3, Montagehalle).

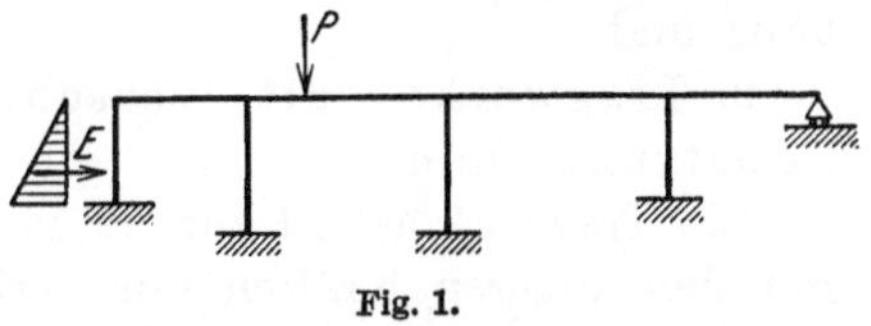

Fig. 1.

Solche Tragwerke mit Hilfe der Elastizitätsgleichungen zu berechnen, ist in der Praxis kaum denkbar; denn erstens ist die Auflösung dieser Gleichungen sehr

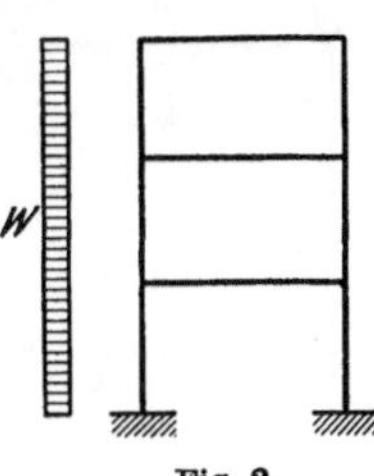

Fig. 2.

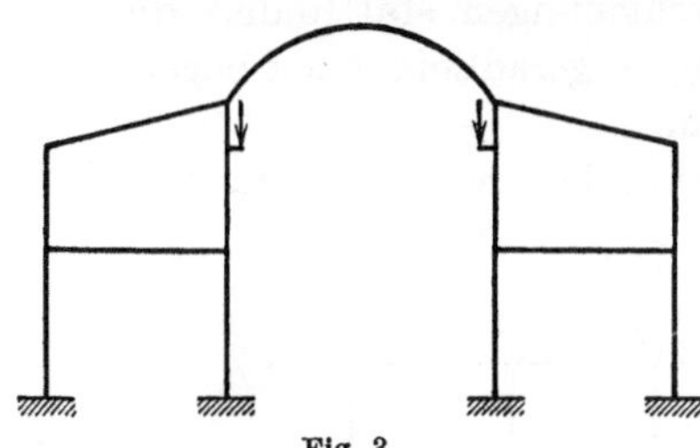

Fig. 3.

zeitraubend, und zweitens, der eigentlich noch wichtigere Punkt, können wir bei einer Berechnung nach den Elastizitätsgleichungen erst die Schlußresultate einer Rechnungsprobe unterziehen, ganz abgesehen davon, daß wir mit sehr vielen Zahlenstellen rechnen müssen. Beiläufig sei erwähnt, daß zur Auflösung eines Systems von 6 Elastizitätsgleichungen mit den 6 Unbekannten x_1 bis x_6 mit mindestens 9 Zahlenstellen gerechnet werden muß, sonst werden die Resultate nicht nur ungenau, sondern vollständig unrichtig. Bei einer Berechnung nach der Methode der Festpunkte dagegen bieten verschiedene Zwischenstadien der Berechnung eine leichte Kontrolle, so daß man bei einem Rechenfehler nicht die ganze Berechnung wiederholen muß; außerdem genügt die Genauigkeit des Rechenschiebers für die meisten Fälle.

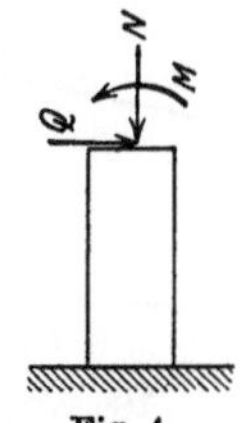

Fig. 4.

Bei den von uns betrachteten Konstruktionen liefern von den in einem Querschnitt auftretenden inneren Kräften (Fig. 4) die Biegungsmomente den Hauptbeitrag zu den Formänderungen, während der Beitrag herrührend von den Normalkräften und den Querkräften nur gering ist. Der Einfluß der Normal-

kräfte auf die Formänderungen und damit auf die gesuchten inneren Kräfte kann
daher in den meisten Fällen, und derjenige der Querkräfte überhaupt immer,
vernachlässigt werden. Falls jedoch der Einfluß der Normalkräfte berücksichtigt
werden soll, so ist dies zusätzlich leicht möglich, wie später gezeigt wird. Bei
unseren Berechnungen setzen wir voraus, daß das Material der zu berechnenden
Konstruktionen nur solchen Beanspruchungen ausgesetzt ist, welche innerhalb
seiner Elastizitätsgrenze liegen, so daß keine bleibenden Formänderungen auftreten und deshalb die Spannungen proportional den Formänderungen angenommen werden können.

Wir unterscheiden zwei Gattungen von statisch unbestimmten Konstruktionen, nämlich:

1. **Tragwerke mit unverschiebbar festgehaltenen Knotenpunkten, und**

2. **Tragwerke mit verschiebbaren Knotenpunkten (Rahmen-
konstruktionen).**

Ein Tragwerk gehört zur ersten Gattung, wenn bei der Belastung der Stäbe
mit den äußeren Kräften nur Verbiegungen der Stäbe, jedoch keine gegenseitigen Verschiebungen der Endpunkte der letzteren, also keine Knotenpunktsverschiebungen, stattfinden, und ein Tragwerk gehört zur zweiten Gattung,
wenn bei der Belastung der Stäbe mit den äußeren Kräften nicht nur Verbiegungen der Stäbe, sondern auch gegenseitige Verschiebungen der Endpunkte
der letzteren, also sog. Schwenkungen der Stäbe, hervorgerufen durch Knotenpunktsverschiebungen, stattfinden; die
Stäbe können geradlinig oder bogenförmig sein.

Dies ist folgendermaßen zu ver-
stehen:

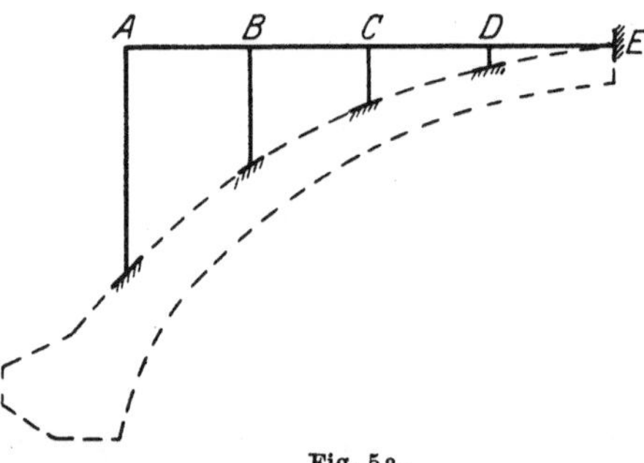

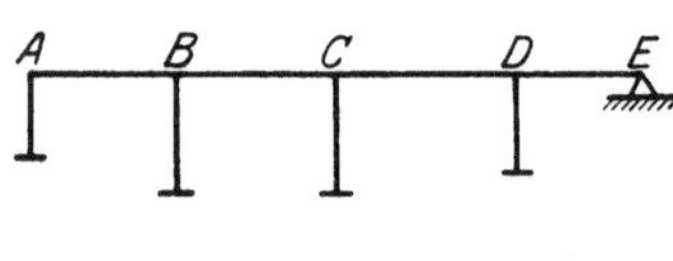

Fig. 5.

Fig. 5a.

Zur I. Gattung gehört der Brückenträger der Fig. 5 mit festem Endauflager,
da sich seine Knotenpunkte, d. h. Säulenknöpfe, nicht verschieben können,
immer abgesehen von der Längenänderung der Stäbe infolge der
in Richtung der Stabachsen wirkenden Normalkräfte.

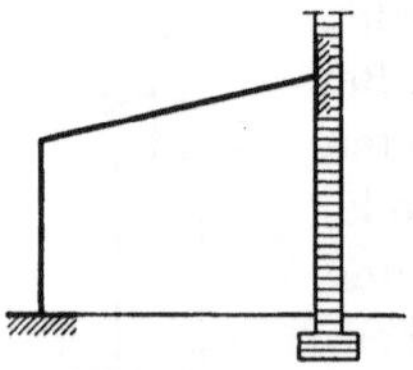

Dasselbe gilt für einen Brückengewölbeaufbau der Fig. 5a,
oder den Vordach-Halbrahmen der Fig. 5b, oder den eingespannten Bogen der Fig. 5c.

Zur II. Gattung dagegen gehören folgende Konstruktionen:

Der Brückenträger von vorhin, dagegen mit beweglichem
anstatt festem Auflager an seinem rechten Ende (Fig. 5d),
weil sich seine Säulenköpfe jetzt verschieben können, und zwar verschieben sie
sich nicht nur bei einer waagrechten Säulenbelastung, wie z. B. Erddruck an
seinem linken Ende, oder eine Bremskraft in Richtung der Balkenachse, son-

Fig. 5b.

dern auch, natürlich in geringerem Maße, infolge einer unsymmetrisch liegenden senkrechten Belastung.

Dasselbe gilt für den einfachen Rahmen der Fig. 5e. In beiden Belastungsfällen verschieben sich die Säulenköpfe A und B; dies ist in noch stärkerem Maße der Fall beim Rahmen mit bogenförmigem Riegel (Fig. 5f), und zwar verschieben sich die Säulenköpfe bei diesem System auch bei symmetrischer Belastung.

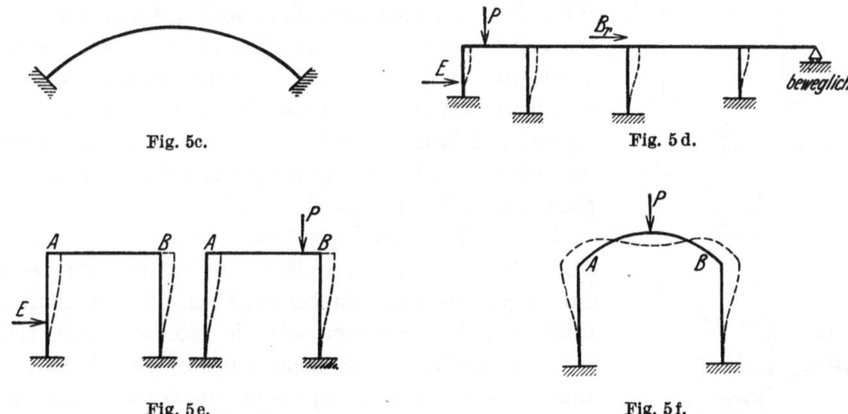

Fig. 5c.   Fig. 5d.

Fig. 5e.   Fig. 5f.

Verschieben sich aber die Säulenköpfe der angeführten Tragwerke, so erleiden die Säulen gegenseitige Verschiebungen ihrer Endpunkte, d. h. sog. Schwenkungen.

Die Berechnung eines Tragwerkes mit unverschiebbaren Knotenpunkten nach der Methode der Festpunkte ist im Abschnitt I vorgeführt, und zwar für Tragwerke mit nur geradlinigen Stäben (Kap. I bis VII) und für Tragwerke mit bogenförmigen Stäben (Kap. VIII). Die Berechnung eines solchen Tragwerkes besteht nur aus dem sog. Rechnungsabschnitt I.

Die Berechnung eines Tragwerks mit verschiebbaren Knotenpunkten nach der Methode der Festpunkte ist im Abschnitt II erläutert, und zwar für Tragwerke mit nur geradlinigen Stäben (Kap. I bis VII) und für Tragwerke mit bogenförmigen Stäben (Kap. VIII). Die Berechnung dieser Tragwerke zerlegen wir in zwei Abschnitte, nämlich in die Rechnungsabschnitte I und II, kurz mit R. I und R. II bezeichnet. Während R. I wird das Tragwerk mit verschiebbaren Knotenpunkten, sei es einstöckig oder mehrstöckig (ein Tragwerk mit bogenförmigen Stäben ist wie ein mehrstöckiges zu behandeln) in ein solches mit unverschiebbaren Knotenpunkten verwandelt; dies geschieht dadurch, daß das Tragwerk in so viel Knotenpunkten durch gedachte Lager unverschiebbar festgehalten wird, daß kein Knotenpunkt desselben eine Verschiebung ausführen kann. Die Anzahl der notwendigen gedachten Lager ergibt den Grad der „Stöckigkeit" des Tragwerkes. Die Berechnung des Tragwerkes wird dann zunächst für diesen festgehaltenen Zustand durchgeführt, d. h. wie für ein Tragwerk der ersten Gattung nach den Ableitungen in Abschnitt I. In den gedachten Lagern treten Auflagerdrücke („Reaktionen") auf, welche wir als Festhaltungskräfte bezeichnen. Der Rechnungsabschnitt II besteht darin, daß wir die während R. I am Tragwerk gedachten Lager entfernen und die Momente infolge der nun auftretenden tatsächlichen Verschiebungen der Knotenpunkte, d. h. die sog. Zusatzmomente, ermitteln. Beim Entfernen der während R. I am Rahmen gedachten Lager tritt an jedem der betreffenden Knotenpunkte die umgekehrt gerichtete Festhaltungskraft, nämlich die sog. Verschiebungs-

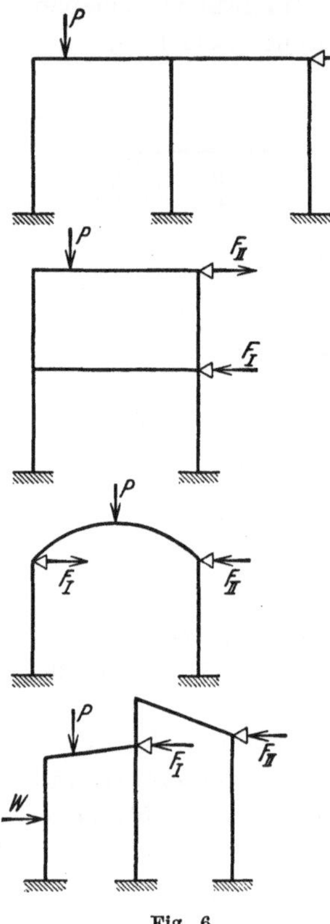

kraft („Aktion") in Tätigkeit, welche, allein am Rahmen wirkend, die tatsächlichen Verschiebungen und die davon herrührenden Zusatzmomente hervorruft. Am einstöckigen Tragwerk gibt es nur eine Verschiebekraft. Addieren wir zum Schlusse die Momente aus R. I und R. II, so erhalten wir die genau richtigen Momente und die übrigen inneren Kräfte (Quer- und Normalkräfte) für die Rahmenkonstruktion, wie sie eine Berechnung nach den Elastizitätsgleichungen liefern würde.

Diesen Rechnungsvorgang können wir auch so auffassen, daß wir zur Berechnung des Tragwerks mit verschiebbaren Knotenpunkten das festgehaltene Tragwerk, an welchem wir die Momente mit Hilfe der Festpunkte leicht ermitteln können, als statisch unbestimmtes Hauptsystem verwenden, und unsere statisch unbestimmten Größen X sind die Festhaltungs- resp. Verschiebungskräfte, deren Einfluß auf das Tragwerk unsere Zusatzmomente ergibt, welche auch wieder mit Hilfe der Festpunkte leicht zu ermitteln sind; d. h. das endgültige Moment in einem beliebigen Schnitt M_x ergibt sich aus:

$$M_x = M_{R.I} + V_I \cdot M_I^* + V_{II} \cdot M_{II}^* + \cdots,$$

wenn M_I^*, $M_{II}^* \ldots$ die Momente infolge $V_I = 1$, $V_{II} = 1 \ldots$ bedeuten.

Fig. 6.

Zur Erläuterung der für die Berechnung nach der Methode der Festpunkte bestehenden Unterschiede haben wir in den folgenden Fig. 7 bis 42

Beispiele

von gebräuchlichen Konstruktionen dargestellt.

Bei allen diesen Tragwerken nehmen wir an, daß ihre Flußpunkte so ausgebildet sind, daß Verschiebungen derselben nicht vorkommen. Bei dieser Annahme sowie Vernachlässigung des Einflusses der Normalkräfte muß bei den Tragwerken der Fig. 7 Knotenpunkt B bei jeder

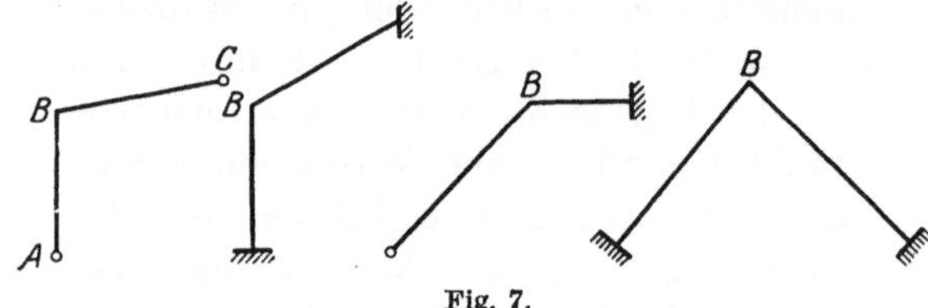

Fig. 7.

beliebigen Belastung des Stabwerkes in Ruhe bleiben, so daß keine Schwenkungen der Stäbe auftreten; diese Tragwerke gehören daher zur Gattung I.

Der in Fig. 5a dargestellte Fahrbahnträger $ABCDE$ einer Bogenbrücke, welcher mit den Eisenbetonpfeilern biegungsfest (elastisch drehbar) verbunden ist, gehört ebenfalls zur Gattung I, weil sein Ende E mit dem Bogenscheitel in Verbindung steht, wo der Balken von Haus aus festgehalten ist. Dasselbe gilt von dem Brückenbinder der Fig. 5.

Fig. 8 stellt den Horizontalschnitt durch einen Flüssigkeitsbehälter aus Eisenbeton dar, dessen Wände einen in sich geschlossenen, an den Ecken A, D, E, H und an den Rippen B, C, F, G abgestützten biegungsfesten Stabzug bilden, welcher zur Gattung I gehört, weil durch die Belastung mit

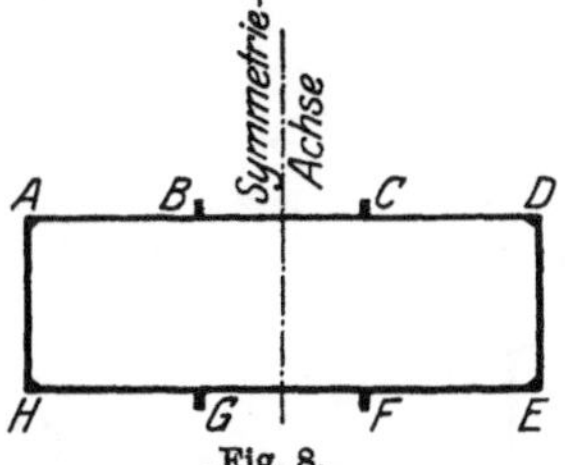

Fig. 8.

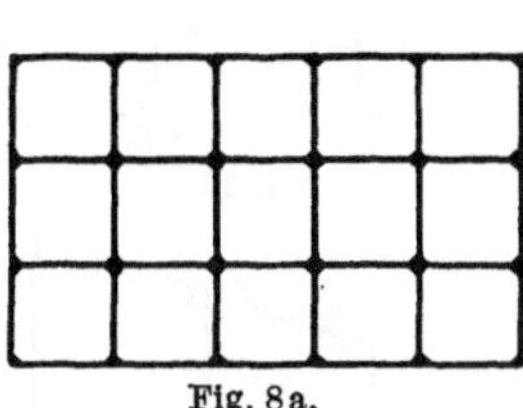

Fig. 8a.

dem überall gleichen inneren Flüssigkeitsdruck keine Verschiebungen der Stützpunkte und daher auch keine Schwenkungen der Stäbe des Tragwerks stattfinden. Dasselbe gilt für die in Fig. 8a im Horizontalschnitt dargestellten Wände eines Silos für Massengüter; bei ungleich hoher Füllung der Zellen

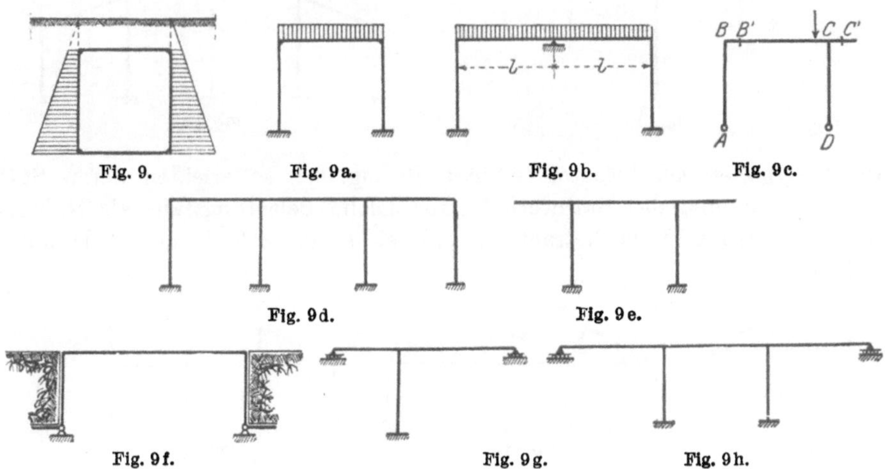

Fig. 9. Fig. 9a. Fig. 9b. Fig. 9c.

Fig. 9d. Fig. 9e.

Fig. 9f. Fig. 9g. Fig. 9h.

würde eine geringe Verschiebungskraft durch die Silowände als senkrechte Strebepfeiler auf den Baugrund übertragen.

Der in Fig. 9 im Querschnitt dargestellte symmetrische Kanal aus Eisenbeton mit biegungsfest miteinander verbundenen Wänden ist ein gewöhnlicher durchlaufender, in sich geschlossener

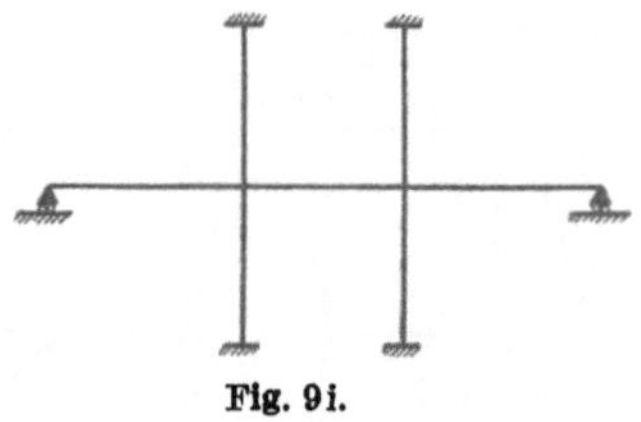

Fig. 9i.

Balken für den Fall, daß er symmetrisch belastet ist, wie z. B. mit beidseitigem Erddruck, weil in diesem Fall die Eckpunkte keine Verschiebung und die Stäbe daher keine Schwenkungen erleiden. Überhaupt gehört jedes zu einer senkrechten Achse symmetrische Rahmentragwerk zur Gattung I, wenn es symmetrisch belastet ist (siehe Fig. 9a und 9b), weil in diesem Falle seine Stäbe keine Schwenkungen erleiden; eine Ausnahme hiervon machen nur die in Fig. 15 bis 16b dargestellten, „nach der Seite" mehrstöckigen Rahmentragwerke, deren

Sonderfälle Fig. 24 bis 31 und die Tragwerke mit bogenförmigen Stäben der Fig. 38 bis 42, welche alle auch bei symmetrischer Ausbildung und symmetrischer Belastung zur Gattung II gehören. Werden jedoch symmetrische Trag-

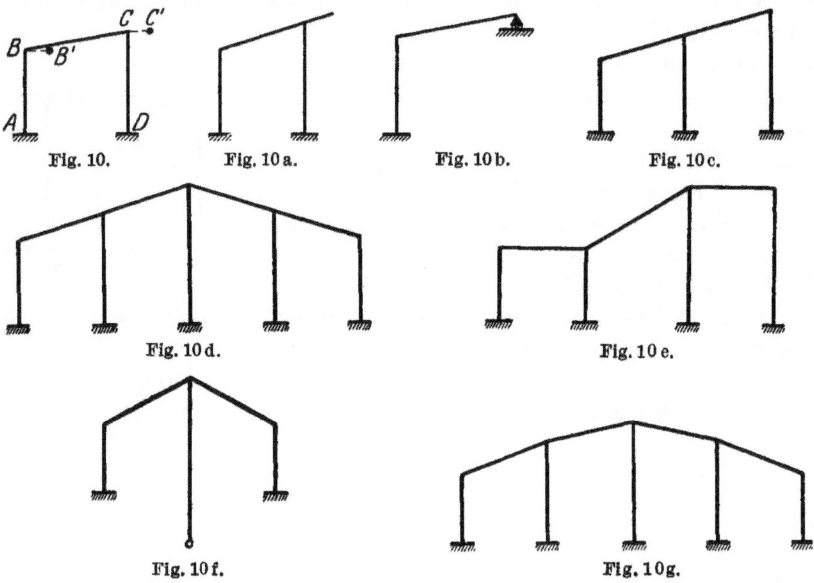

Fig. 10. Fig. 10a. Fig. 10b. Fig. 10c.

Fig. 10d. Fig. 10e.

Fig. 10f. Fig. 10g.

werke unsymmetrisch belastet (siehe z. B. Fig. 9c), so erleiden deren Stäbe Schwenkungen, und das Stabwerk ist für solche Belastungsfälle als Rahmentragwerk (Gattung II) zu betrachten, d. h. es ist außer R. I auch R. II durchzuführen.

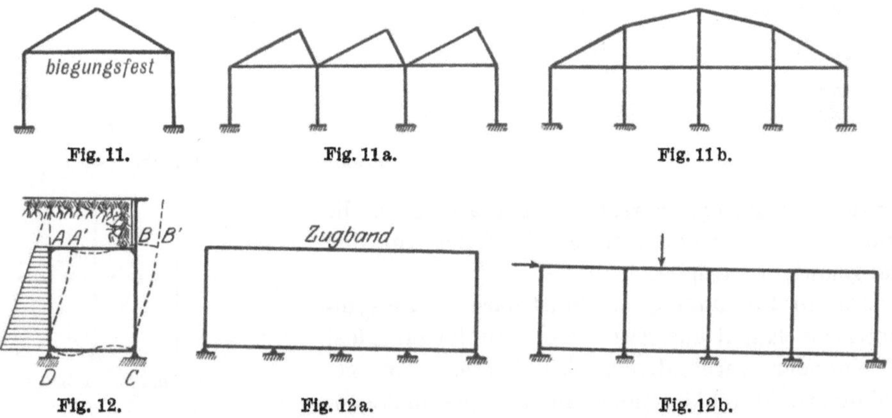

Fig. 11. Fig. 11a. Fig. 11b.

Fig. 12. Fig. 12a. Fig. 12b.

Die Rahmen der Fig. 9c bis 10g werden als „einstöckig" und je nach der Anzahl der Säulen als ein- oder mehrstielig bezeichnet. Die Rahmen der Fig. 11 bis 11b sind „einstöckig mit Aufsatz". Während z. B. die Rahmen der Fig. 9c bis 10g „offen" sind, werden z. B. die Rahmen der Fig. 11 bis 11c als „einseitig offen" und z. B. diejenigen der Fig. 12 und 12b als „geschlossen" bezeichnet; bei den geschlossenen Rahmen pflanzen sich die Momente im Kreise herum fort, während sie bei den offenen Rahmen nur in einer Richtung weiterlaufen.

Der aus Fig. 13 ersichtliche Rahmen stellt den Übergang vom einstöckigen zum mehrstöckigen Rahmen dar; äußerlich ist er mehrstöckig, jedoch für die Berechnung nur einstöckig, weil das untere Stockwerk durch die 2 Streben festgehalten wird und deshalb nur das obere Stockwerk einen frei verschiebbaren Rahmen bildet.

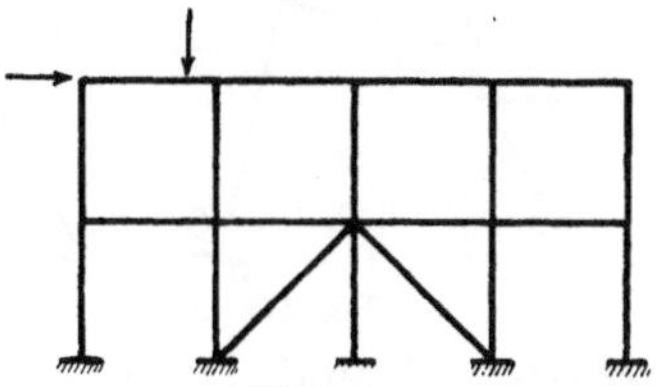

Fig. 14. Fig. 13.

Fig. 14 stellt einen zweistöckigen geschlossenen Rahmen, Fig. 14a einen zweistöckigen einseitig offenen, Fig. 14b einen zweistöckigen Rahmen mit einem Aufsatz von Schnitt $a-a$ aufwärts und Fig. 14c einen vierstöckigen einseitig offenen Rahmen dar.

Die Rahmen der Fig. 15 bis 18 sind „nach der Seite" mehrstöckig, und zwar stellt Fig. 15 einen zwei-

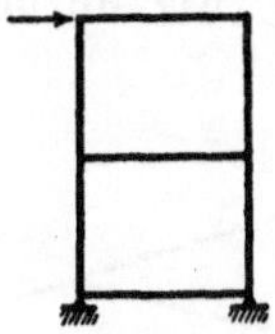

Fig. 14. 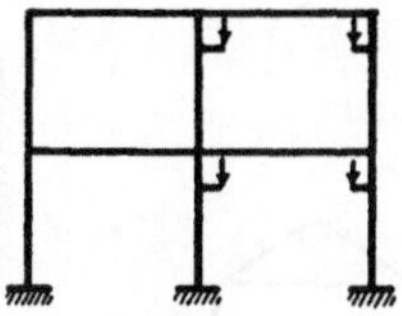 Fig. 14a. 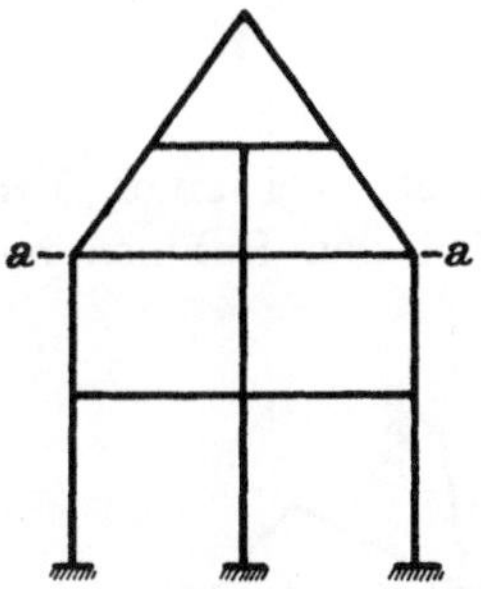 Fig. 14b. 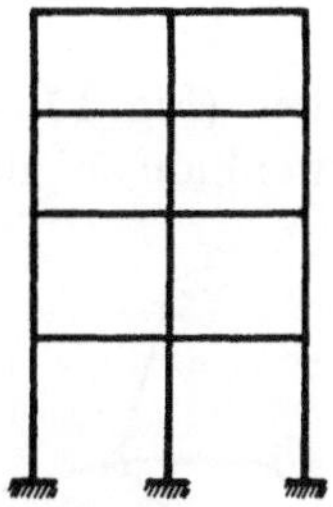 Fig. 14c.

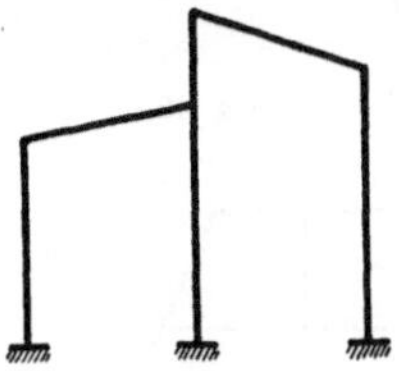

Fig. 15. 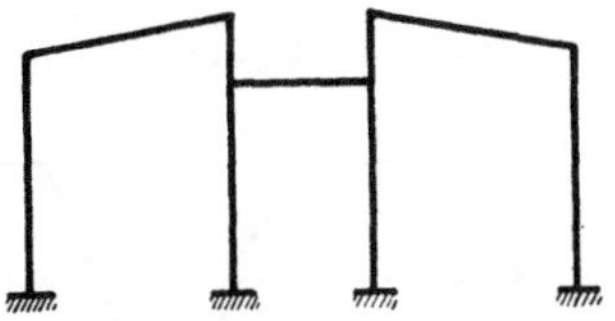 Fig. 15a. 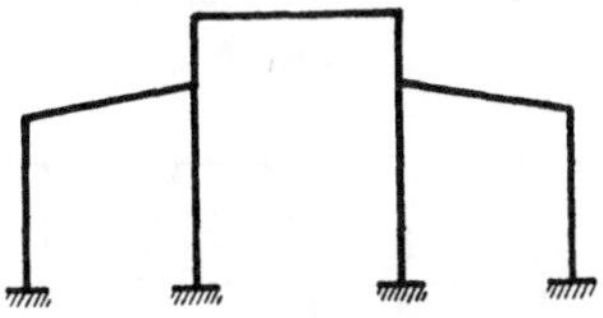 Fig. 15b.

Fig. 15c. 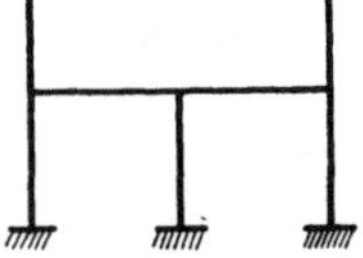 Fig. 16. 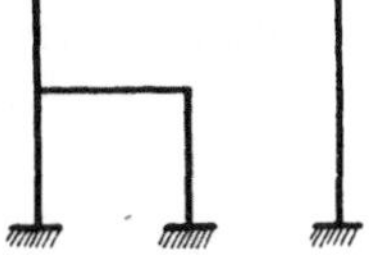 Fig. 16a.

stöckigen, Fig. 15a, 15b und 15c je einen dreistöckigen, Fig. 16 und 16a je einen zweistöckigen und Fig. 16b einen nach der Seite fünfstöckigen Rahmen mit Aufsätzen auf den 3 „mittleren" Stockwerken dar.

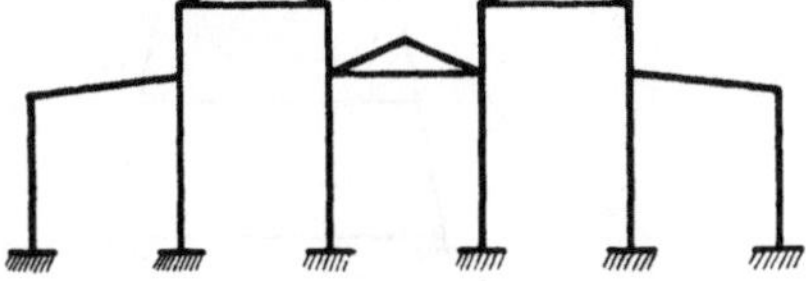

Fig. 16b.

In den Fig. 17 bis 23 ist eine Gruppe von Rahmen mit verschieden gerichteten Säulen dargestellt, deren Berechnung etwas länger dauert als diejenige der Rahmen mit gleichgerichteten Säulen; erteilt man nämlich dem Riegel BC der Rahmen von Fig. 9c, 18 und 17 eine gewisse Verschiebung, so sehen wir, daß bei den Rahmen mit gleichgerichteten Säulen (Fig. 9c und 10) die Verbindungslinie der beiden verschobenen Knoten-

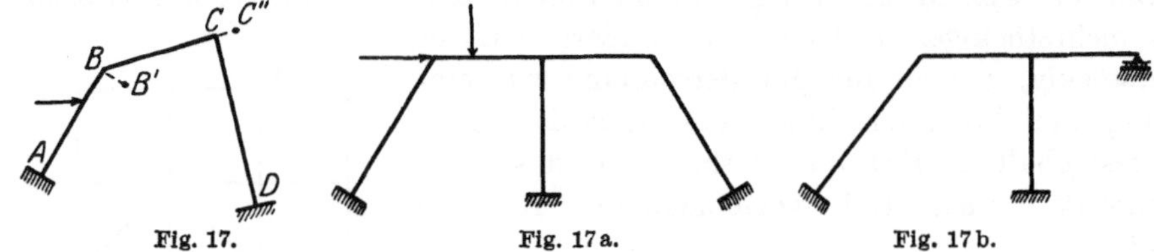

Fig. 17.   Fig. 17a.   Fig. 17b.

punkte B' und C' parallel geblieben ist zur ursprünglichen Richtung des Stabes BC, d. h. der Stab BC hat keine Schwenkung erlitten, während beim

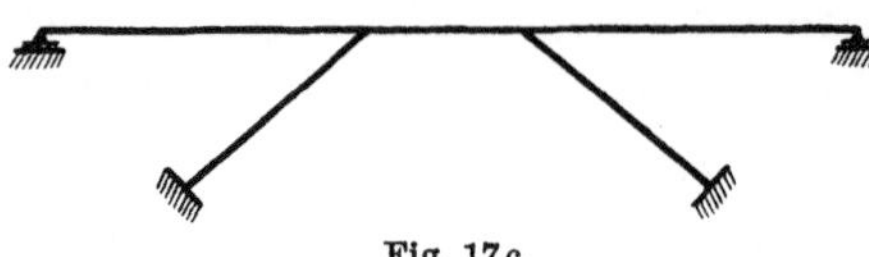

Fig. 17c.

Rahmen mit verschieden gerichteten Säulen (Fig. 17) der Riegel BC eine Schwenkung vollführt hat. Aus diesem Grunde ergeben sich bei den Rahmen mit verschieden gerichteten Säulen (Fig. 17 bis 23) bei einer Verschiebung desselben mehr Stäbe mit Schwenkungen als bei den Rahmen mit gleichgerichteten Säulen (Fig. 9c bis

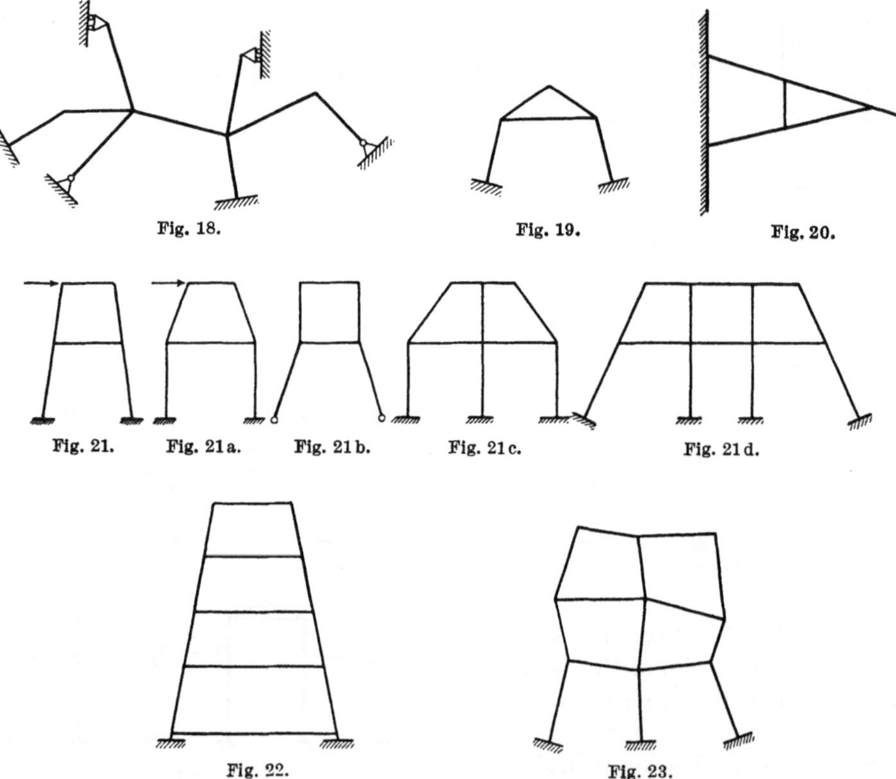

Fig. 18.   Fig. 19.   Fig. 20.

Fig. 21.   Fig. 21a.   Fig. 21b.   Fig. 21c.   Fig. 21d.

Fig. 22.   Fig. 23.

16b), was die Rechnung natürlich etwas verlängert. Die Neigung des Riegels hat dagegen keinen Einfluß. Die Rahmen der Fig. 17 bis 20 sind einstöckig, diejenigen der Fig. 21 bis 23 mehrstöckig.

In den Fig. 24 bis 31 sind Sonderfälle von „nach der Seite" mehrstöckigen Rahmen dargestellt, welche ebenfalls zur Gruppe II gehören.

Die Rahmen der Fig. 24, 25 und 25a sind „nach der Seite" zweistöckig, weil man zwei ihrer Knotenpunkte, nämlich B und D, während R. I durch je ein gedachtes Lager unverschiebbar festhalten muß, damit kein Knotenpunkt der Tragwerke eine Verschiebung ausführen kann. Ferner stellt die Fig. 26 und

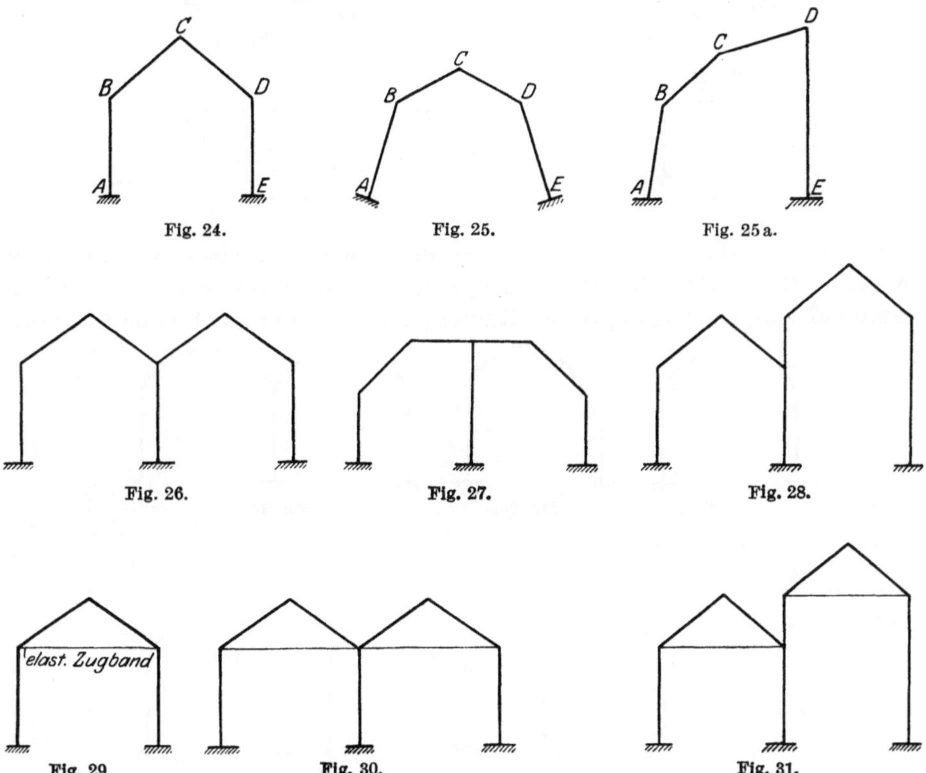

Fig. 24.   Fig. 25.   Fig. 25 a.

Fig. 26.   Fig. 27.   Fig. 28.

Fig. 29.   Fig. 30.   Fig. 31.

die Fig. 27 je einen „nach der Seite" dreistöckigen, und Fig. 28 einen „nach der Seite" vierstöckigen Rahmen dar.

Die Rahmen der Fig. 29 bis 31 sind bei ihrer Berechnung gleich zu behandeln wie die Rahmen der Fig. 24 bis 29, obwohl sie Zugbänder (elastische) besitzen. Dementsprechend ist der Rahmen der Fig. 29 „nach der Seite" zweistöckig, der Rahmen der Fig. 30 dreistöckig und derjenige der Fig. 31 vierstöckig.

In den Fig. 32 bis 34 sind sog. Rahmenträger (System Vierendeel) dargestellt, welche nach demselben Prinzip wie mehrstöckige Rahmen zu berechnen sind. Der in Fig. 32 dargestellte einfache Rahmenträger ist wie ein dreistöckiger Rahmen zu behandeln, da man während R. I an seinen Knotenpunkten H, G und E je ein festes Lager anbringen muß, damit sich kein Knotenpunkt des Tragwerks verschieben kann. Fig. 33 zeigt einen Rahmenträger mit 2 Stockwerken, der wie ein dreistöckiger Rahmen zu berechnen ist. Der Rahmenträger der Fig. 34 auf elastisch drehbaren Stützen ist wie ein fünfstöckiger Rahmen zu berechnen, da sowohl seine 3 inneren Pfosten als auch seine obere und untere

Gurtung während R. I durch je ein festes Lager unverschiebbar festgehalten werden müssen.

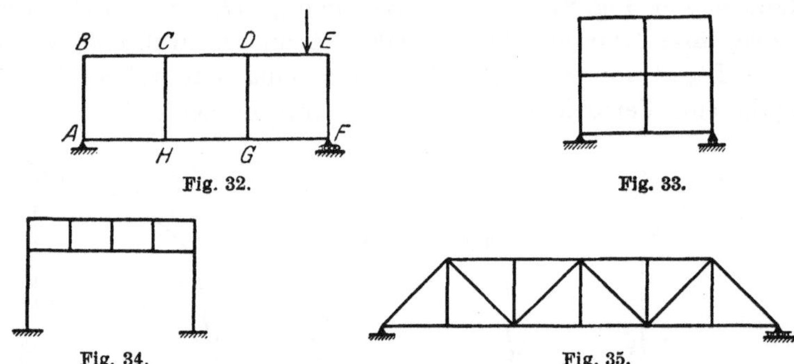

Fig. 32. Fig. 33.

Fig. 34. Fig. 35.

In Fig. 35 haben wir ein biegungsfestes Fachwerk, einen Parallelträger aus Eisen, dargestellt, dessen Biegungsmomente in Gurtungen und Streben, herrührend von der biegungsfesten Knotenpunktausbildung mit Hilfe der Fest-

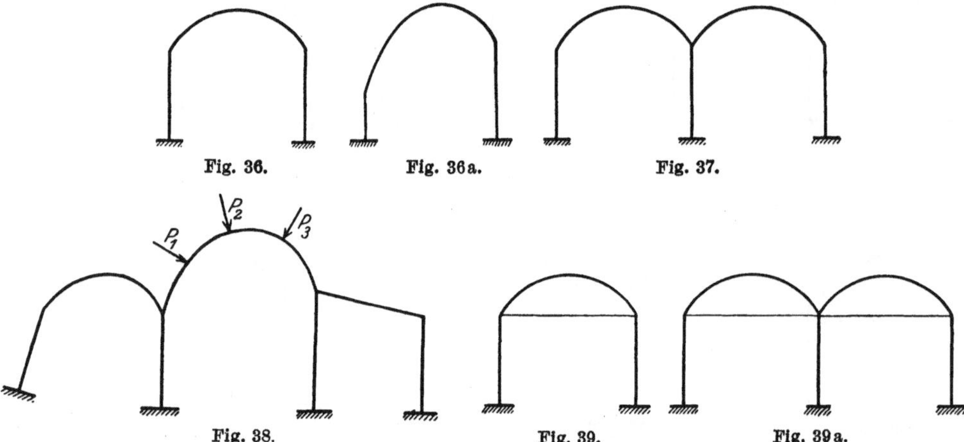

Fig. 36. Fig. 36a. Fig. 37.

Fig. 38. Fig. 39. Fig. 39a.

punkte verhältnismäßig leicht ermittelt und damit die Nebenspannungen im Eisenfachwerk genau festgestellt werden können.

In den Fig. 36 bis 42 haben wir Rahmen mit bogenförmigen Stäben dargestellt, welche unter die Tragwerke mit verschiebbaren Knotenpunkten fallen.

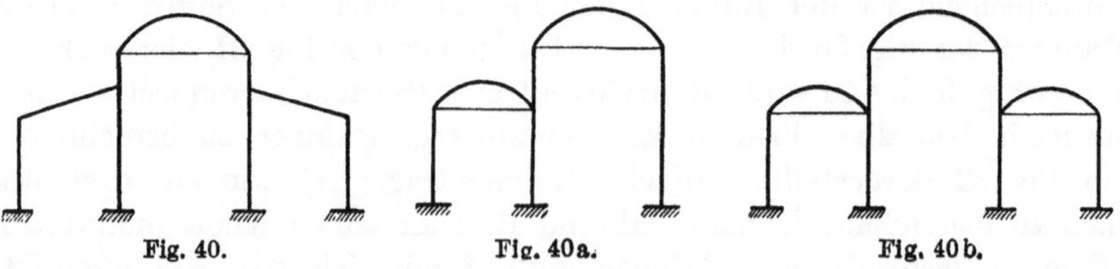

Fig. 40. Fig. 40a. Fig. 40b.

Diese Rahmen werden genau gleich berechnet wie die Sonderfälle der mehrstöckigen Rahmen der Fig. 24 bis 31, mit dem einzigen Unterschied, daß der bogenförmige Stab eine besondere Behandlung erfährt. Es stellt daher für die Berechnung Fig. 36 und 36a je einen zweistöckigen, und Fig. 37 und 38 je einen dreistöckigen Rahmen dar. Die Rahmen der Fig. 39 bis 40b haben Zugbänder, trotzdem ist für die Berechnung Fig. 39 ein zweistöckiger, Fig. 39a ein drei-

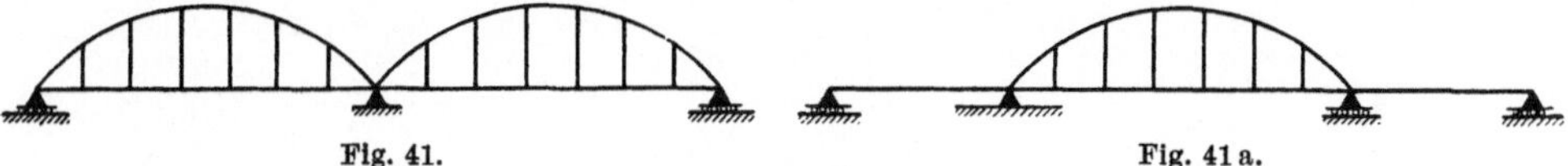

Fig. 41.   Fig. 41a.

stöckiger, Fig. 40 ein vierstöckiger, Fig. 40a ebenfalls ein vierstöckiger und Fig. 40b ein sechsstöckiger Rahmen, wofür jedoch wegen Symmetrie eine Vereinfachung der Berechnung eintritt.

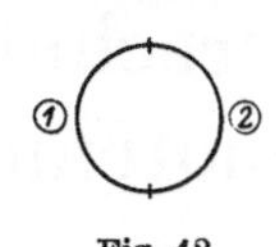

Fig. 42.

In den Fig. 41 und 41a haben wir zwei Bogenbrücken mit aufgehängter Fahrbahn, welche gleichzeitig als Zugband wirkt, dargestellt, welche für die Berechnung Tragwerke mit unverschiebbaren Knotenpunkten sind, wenn man von dem Einfluß der Verlängerung des Zugbandes absieht.

Zum Schluß zeigt Fig. 42 ein Rohrprofil, welches wie ein einstöckiges Tragwerk, bestehend aus 2 bogenförmigen Stäben, berechnet wird.

Berechnung des Tragwerks mit unverschiebbaren Knotenpunkten nach der Methode der Festpunkte.

I. Gang der Berechnung am Tragwerk mit nur geradlinigen Stäben.

Die Unverschiebbarkeit der Knotenpunkte eines Tragwerks kann entweder durch ein zur Konstruktion gehöriges festes Auflager am Balken, z. B. am einstöckigen Tragwerk der Fig. 43 bei E bzw. an jedem Stockwerkbalken, z. B. am mehrstöckigen Tragwerk der Fig. 44 bei C und F, oder durch gedachte Lager an den Balken (vgl. Fig. 45 und 46) bewirkt werden; für die Berechnung

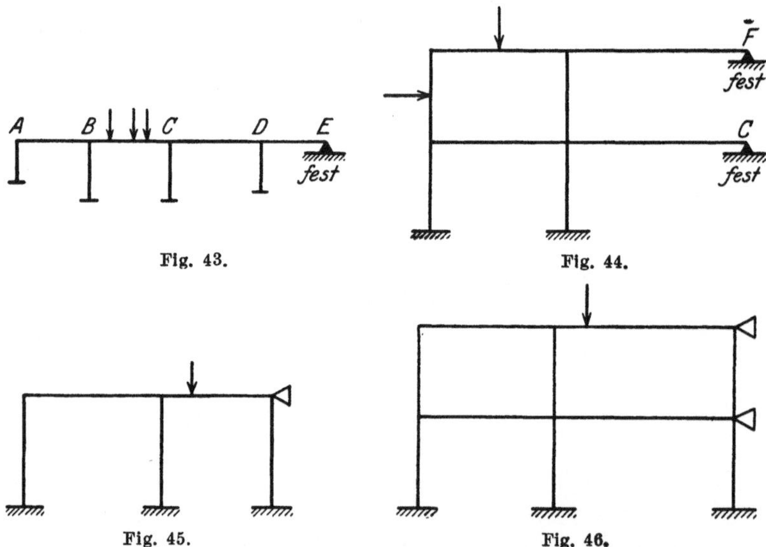

Fig. 43.

Fig. 44.

Fig. 45.

Fig. 46.

ergibt sich daraus kein Unterschied. Ferner ist die Unterscheidung von ein- und mehrstöckigen Tragwerken, wenn deren Knotenpunkte von Haus aus unverschiebbar sind, überflüssig; denn die Berechnung gestaltet sich bei beiden genau gleich. Die Unterscheidung braucht erst gemacht zu werden bei der Bestimmung der sog. Festhaltungskraft, welche in dem festen Balkenauflager des einstöckigen bzw. in dem festen Auflager an jedem Stockwerkbalken des mehrstöckigen Tragwerks auftritt und eine Verschiebung der Knotenpunkte verhindert (siehe Kap. VII); denn an einem Tragwerk treten ebenso

viele Festhaltungskräfte auf, als dasselbe Stockwerk besitzt. Bei
einem Tragwerk mit von Haus aus unverschiebbaren Knotenpunkten benötigen
wir die Festhaltungskraft (am einstöckigen) bzw. Festhaltungskräfte (am mehrstöckigen Tragwerk) zur Berechnung der Verankerung der Konstruktion in dem
die Unverschiebbarkeit der Knotenpunkte bewirkenden Lager (am einstöckigen)
bzw. Lagern (am mehrstöckigen Tragwerk); bei einem Tragwerk mit von Haus
aus verschiebbaren, jedoch zur Berechnung desselben vorübergehend durch
gedachte Lager unverschiebbar gemachten Knotenpunkten dagegen benötigen

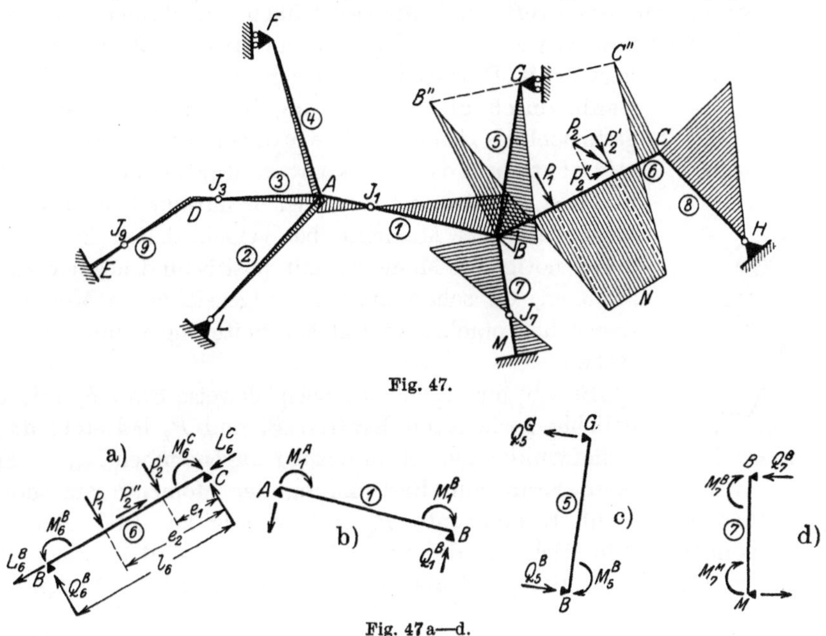

Fig. 47.

Fig. 47 a—d.

wir die Festhaltungskraft (am einstöckigen) bzw. Festhaltungskräfte (am mehrstöckigen Tragwerk) zur Berechnung der Zusatzmomente, welche zu den
Momenten für den vorübergehend festgehaltenen Zustand zu addieren sind, um
die genau richtigen Momente am Tragwerk mit verschiebbaren Knotenpunkten
zu erhalten (siehe Abschnitt II, Kap. I).

Den Gang der Berechnung erläutern wir

am allgemeinen Tragwerk

der Fig. 47 mit beliebig veränderlichem Trägheitsmoment seiner biegungsfesten
Stäbe 1 bis 9 mit den Längen l_1 bis l_9. Den Stäben haben wir absichtlich eine
ganz beliebige Lage gegeben, um die Bestimmung der Festpunkte und Momente
ganz allgemein zu halten und damit nicht etwa die Meinung besteht, daß die
Stäbe senkrecht aufeinander stehen müßten; der Rechteckrahmen (z. B. Fig. 43)
ist ein Spezialfall, welcher in Kap. V beschrieben wird. Die Punkte E, L, M
und H seien unverschiebbare Auflager des Tragwerks; die Stäbe 2 und 8 sind
an ihren Fußpunkten gelenkartig, die Stäbe 9 und 7 fest eingespannt angenommen. Der von den Stäben 3, 1 und 6 gebildete „Balken" des Tragwerks kann
sich wegen eines am Knotenpunkt B befindlichen festen Lagers nicht ver-

schieben. Die in den Knotenpunkten A und B biegungsfest angeschlossenen, nach oben verlaufenden Stäbe 4 und 5 besitzen an ihren oberen Enden F und G Rollenlager, die auf senkrechter Bahn beweglich sind.

Wir bezeichnen mit A_1 den Querschnitt von Stab 1 unmittelbar neben Knotenpunkt A, mit M_1^A das Moment und mit Q_1^A die Querkraft im Querschnitt A_1, mit A_2 den Querschnitt von Stab 2 unmittelbar neben A, mit M_2^A das Moment und mit Q_2^A die Querkraft im Querschnitt A_2, usw. Ferner bezeichnen wir ein Moment an einem „liegenden" Stab als positiv, wenn es an der unteren Stabkante Zugspannungen hervorruft, und wir bezeichnen ein Moment an einem „stehenden" Stab als positiv, wenn es an der rechten Stabkante Zugspannungen hervorruft. Die Grenze zwischen „liegend" und „stehend" werde durch die 45° Neigung bestimmt, letztere selbst gelte noch als „liegend". Die Momentenflächen tragen wir stets an die Zugkanten der einzelnen Stäbe an, und aus diesem Grunde ist es nur zur Ermittlung der Größtwerte der Momente bei verschiedenen Belastungsfällen nötig, die Momente mit positiv und negativ zu bezeichnen, da schon aus der aufgezeichneten Momentenfläche hervorgeht, an welcher Seite Zugspannungen entstehen.

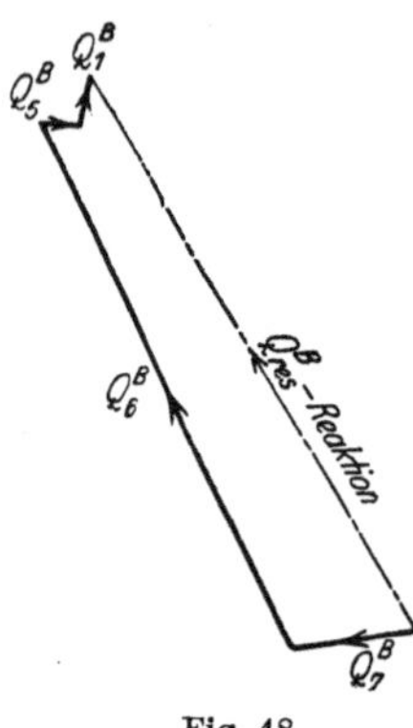

Fig. 48.

Es sei nur ein Stab, beispielsweise Stab 6, mit den beliebig gerichteten Kräften P_1 und P_2 belastet; da P_2 schiefwinklig zur Stabrichtung angenommen ist, so muß diese Kraft zur Bestimmung der Momente am ganzen Tragwerk zunächst in die Komponente P_2' rechtwinklig zur Stabachse und in die Komponente P_2'' in Richtung der Stabachse zerlegt werden, welch letztere in die Knotenpunkte B und C übertragen wird und keine Momente erzeugt.

Zur Bestimmung der Momente und damit der Quer- und Normalkräfte am ganzen Tragwerk — und aus allen dreien ergeben sich die Auflagerkräfte — benützen wir in allen unseren Berechnungen die Festpunkte (Kap. II und III) der einzelnen Stäbe.

Die beiden Festpunkte J und K eines elastisch eingespannten geradlinigen Stabes, dessen Enden keine Verschiebungen ausführen, sind die Momentennullpunkte dieses Stabes für den Fall, daß an einem seiner beiden Enden ein Moment eingeleitet wird, und keine anderen Lasten vorhanden sind; diese Punkte haben eine von der äußeren Belastung unabhängige Lage.

Um die Momentenfläche am ganzen Tragwerk (Fig. 47) zu erhalten, müssen wir natürlich von dem belasteten Stab 6 ausgehen, an welchem wegen seiner elastischen Einspannung in den Knotenpunkten B und C an letzteren negative Momente, genannt Stützenmomente, auftreten.

Die beiden Stützenmomente am belasteten Stab ermitteln wir mittels der Festpunkte und der sog. Kreuzlinienabschnitte (nach Kap. V), und zwar entweder zeichnerisch durch Ziehen von wenigen Geraden oder rechnerisch aus den von diesen Geraden gebildeten Dreiecken, wobei man dann alle Werte mathematisch genau erhält. Sind diese beiden Stützenmomente bekannt, so ergibt sich die Momentenfläche am belasteten Stab aus der Zusammensetzung der positiven Momentenfläche $B''NC''$ des einfachen Balkens auf zwei Stützen (M_0-Fläche) mit dem negativen Trapez $BB''C''C$; denn die Momente am belasteten geradlinigen, an seinen Enden elastisch eingespannten Stab sind diejenigen des mit den äußeren Lasten sowie den beiden Stützenmomenten belasteten einfachen Balkens, und es ist in einem beliebigen Schnitt desselben

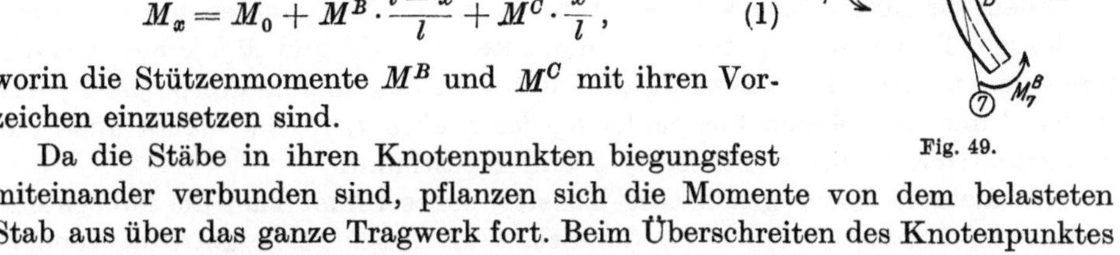

Fig. 49.

$$M_x = M_0 + M^B \cdot \frac{l-x}{l} + M^C \cdot \frac{x}{l}, \qquad (1)$$

worin die Stützenmomente M^B und M^C mit ihren Vorzeichen einzusetzen sind.

Da die Stäbe in ihren Knotenpunkten biegungsfest miteinander verbunden sind, pflanzen sich die Momente von dem belasteten Stab aus über das ganze Tragwerk fort. Beim Überschreiten des Knotenpunktes B nach links spaltet sich das Stützenmoment B in die Momente M_7^B, M_1^B und M_5^B. Aus dem Gleichgewicht der Schnittmomente am herausgetrennten Knotenpunkt B (Fig. 49) ergibt sich:

$$M_6^B - M_5^B - M_1^B - M_7^B = 0.$$

Daraus folgt, daß M_5^B, M_1^B und M_7^B sämtlich kleiner sind als M_6^B.

Bezeichnen wir mit

μ_{6-5}^B (gelesen μ in B von 6 nach 5) das Verteilungsmaß (Kap. II und III), mit welchem das Moment M_6^B beim Übergang über den Knotenpunkt B multipliziert werden muß, um daraus M_5^B zu erhalten, mit

μ_{6-1}^B das Verteilungsmaß, mit dem M_6^B multipliziert werden muß, um M_1^B zu erhalten, und mit

μ_{6-7}^B das Verteilungsmaß, mit dem M_6^B multipliziert werden muß, um M_7^B zu erhalten, so ist

$$M_5^B = \mu_{6-5}^B \cdot M_6^B,$$
$$M_1^B = \mu_{6-1}^B \cdot M_6^B$$

und
$$M_7^B = \mu_{6-7}^B \cdot M_6^B.$$

Um die Momente M_1^B, M_5^B und M_7^B über die betreffenden unbelasteten Stäbe weiterzuleiten, brauchen wir nach der Definition der Festpunkte nur eine Gerade vom Endpunkt der betreffenden Momentenordinaten durch den entsprechenden Festpunkt zu legen oder das betreffende Moment mit $\dfrac{a}{l-a}$ zu multiplizieren.

Ziehen wir deshalb vom Endpunkt des in B_1 aufgetragenen Momentes M_1^B eine Gerade durch den in der Nähe des Knotenpunktes A gelegenen Festpunkt J_1 des Stabes 1, so schneidet diese Gerade auf der in A_1 errichteten Senkrechten zur Stabrichtung 1 das Moment M_1^A ab, wodurch die Momentenfläche am Stab 1 vollkommen bestimmt ist.

In analoger Weise pflanzt sich das Moment M_5^B über den Stab 5 und M_7^B über den Stab 7 weiter.

Das oben gefundene Moment M_1^A überträgt sich nun weiter auf die mit Stab _1_ biegungsfest verbundenen Stäbe _2, 3_ und _4_, es spaltet sich analog wie M_6^B bei bei Knotenpunkt B in:

$$M_2^A = \mu_{1-2}^A \cdot M_1^A,$$

$$M_3^A = \mu_{1-3}^A \cdot M_1^A$$

und $$M_4^A = \mu_{1-4}^A \cdot M_1^A.$$

Ziehen wir nun analog wie bei Stab _1_ von den Endpunkten der an ihrem zugehörigen Stabende aufgetragenen Momente M_2^A, M_3^A und M_4^A je eine Gerade durch den unteren Festpunkt J_2 des Stabes _2_, den linken Festpunkt J_3 des Stabes _3_ und den oberen Festpunkt K_4 des Stabes _4_, so sind damit auch die Momentenflächen an den Stäben _2, 3_ und _4_ bestimmt.

Sind mehrere Stäbe gleichzeitig belastet, so bestimmt man die Momentenflächen der belasteten Stäbe für die Belastung dieser Stäbe getrennt voneinander und addiert darauf die Momente unter Berücksichtigung ihres Vorzeichens.

Die Hauptsache ist immer die Momentenfläche, denn aus dieser geht alles übrige hervor.

Nachdem wir die Momentenfläche am ganzen Tragwerk bestimmt haben, können wir nun auf Grund derselben auch die Quer- und Normalkräfte an allen Stäben wie folgt ermitteln (Kap. VI):

Wir denken uns alle Stäbe durch an ihren beiden Enden geführte Schnitte aus dem Stabwerk herausgetrennt, wie einfache Balken auf 2 Stützen gelagert und mit den gegebenen äußeren Lasten sowie mit den Stützenmomenten bzw. Einspannmomenten belastet. In den Fig. 47a bis 47d wurden z. B. die Stäbe _6, 1, 5_ und _7_ in herausgetrenntem Zustand dargestellt. Der einfache Balken AB (Fig. 47b) ist mit den beiden rechtsdrehenden Stützenmomenten M_1^A und M_1^B zu belasten, der einfache Balken BG (Fig. 47c) mit dem rechtsdrehenden Stützenmoment M_5^B und der einfache Balken BM (Fig. 47d) mit den rechtsdrehenden Stützenmomenten M_7^B und M_7^M. Der einfache Balken BC (Fig. 47a) ist mit den gegebenen äußeren Kräften P_1 und P_2 sowie mit den entgegengesetzt drehenden Stützenmomenten M_6^B und M_6^C zu belasten.

Nun sind die Auflagerdrücke an diesen einfachen Balken gleich den Querkräften an den Enden der betreffenden Stäbe, also z. B.

$$Q_1^B = \frac{M_1^A + M_1^B}{l_1},$$

$$Q_5^B = \frac{M_5^B}{l_5},$$

$$Q_6^B = \frac{P_1 \cdot e_1 + P_2' \cdot e_2}{l_6} + \frac{M_6^B - M_6^C}{l_6},$$

$$Q_7^B = \frac{M_7^B + M_7^M}{l_7}.$$

Diese vier Querkräfte stoßen im Knotenpunkt B zusammen und können daher mit Hilfe des Kraftecks der Fig. **48** zu einer einzigen Kraft Q_{res}^B („Reaktion") zusammengesetzt werden. Dasselbe ist am Knotenpunkt A der Fall, wo die Querkräfte Q_1^A, Q_2^A, Q_3^A und Q_4^A sich zu der einzigen Kraft Q_{res}^A („Reaktion") zusammensetzen.

Durch Zerlegung der Kräfte Q_{res}^A und Q_{res}^B in die anstoßenden Stabrichtungen erhalten wir noch die auf die Knotenpunkte wirkenden Normalkräfte („Reaktionen") am ganzen Tragwerk, welche in den Stäben (als „Aktionen") entgegengesetzt gerichtet sind, und wir sind nun in der Lage, auch die Auflagerkräfte, d. h. die Resultanten in den Auflagerpunkten anzugeben. Da wir eine Kraft in der Ebene nur in zwei sich auf dieser Kraft schneidende Richtungen zerlegen können, so verfahren wir in praktischen Fällen in der in Kap. VI angegebenen Weise, um zur Bestimmung der Normalkräfte keine Elastizitätsgleichungen anschreiben zu müssen.

Die beiden Kräfte Q_{res}^A und Q_{res}^B in den Knotenpunkten A und B haben wir aber nicht nur zur Ermittlung der Normalkräfte gebildet, sondern sie interessieren uns hauptsächlich deshalb, weil sie als „Aktionen" (in umgekehrter Richtung genommen), wie in der Einleitung erwähnt, eine Verschiebung des „Balkens" des Tragwerkes und damit Zusatz-Momente, -Querkräfte und -Normalkräfte hervorrufen würden, wenn das Tragwerk im Knotenpunkt B nicht unverschiebbar festgehalten wäre.

II. Rechnerische Bestimmung der Festpunkte und der Verteilungsmaße.

Die beiden Festpunkte eines elastisch eingespannten Stabes, dessen Enden keine Verschiebungen ausführen, sind die Momentennullpunkte dieses Stabes für den Fall, daß an einem seiner beiden Enden ein Moment eingeleitet wird

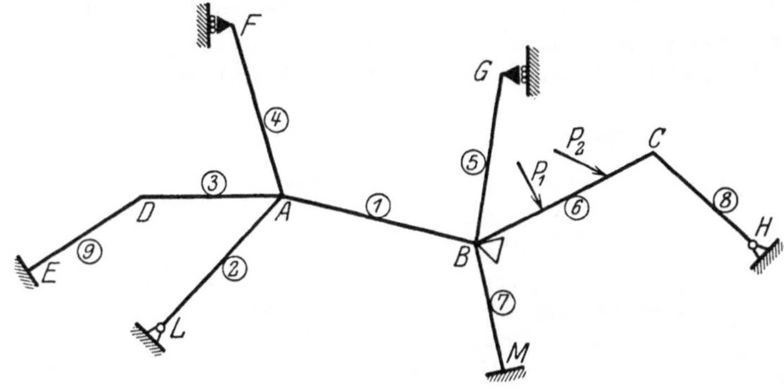

Fig. 50.

und keine anderen äußeren Lasten vorhanden sind. Diese Punkte haben eine von der äußeren Belastung unabhängige Lage.

Die Verteilungsmaße geben an, welche Anteile von einem Moment, das an einem Knotenpunkt (Stababzweigung) angreift, auf die „anstoßenden" Stäbe entfallen. Die Summe dieser Zahlen für die anstoßenden Stäbe muß gleich 1 sein (100 %).

Zunächst leiten wir die Hauptformeln zur Bestimmung der Festpunkte und Verteilungsmaße an dem allgemeinen Tragwerk der Fig. 50 mit beliebig veränderlichem Trägheitsmoment seiner Stäbe her und erläutern dann den Rechnungsgang am offenen, einseitig offenen und geschlossenen Tragwerk.

1. Bezeichnungen.

Wir führen folgende Bezeichnungen ein; es sei:

α_1^{ao} bzw. α_1^{bo} (Fig. 51) der Drehwinkel des einfachen Balkens *1* an dem dem Festpunktabstand a bzw. b zunächst gelegenen Knotenpunkt infolge der Belastung mit den äußeren Kräften P.

α_1 bzw. β_1 (Fig. 52) der Drehwinkel des einfachen Balkens *1* infolge der Belastung in A mit dem Moment $M_1^A = 1$ (der Winkel β tritt an dem Auflager auf, wo das Moment nicht eingeleitet wird).

γ_1 bzw. β_1 (Fig. 53) der Drehwinkel des einfachen Balkens *1* infolge der Belastung in B mit $M_1^B = 1$ (der Winkel β in Fig. 53 ist nach dem Satze von der Gegenseitigkeit der Formänderungen gleich dem Winkel β in Fig. 52).

α_1^a bzw. α_1^b (Fig. 54) der Drehwinkel des einfachen Balkens *1* an dem dem Festpunktabstand a bzw. b zunächst gelegenen Knotenpunkt infolge der gleichzeitigen Belastung $M_1^A = 1$ und $M_1^B = 1$.

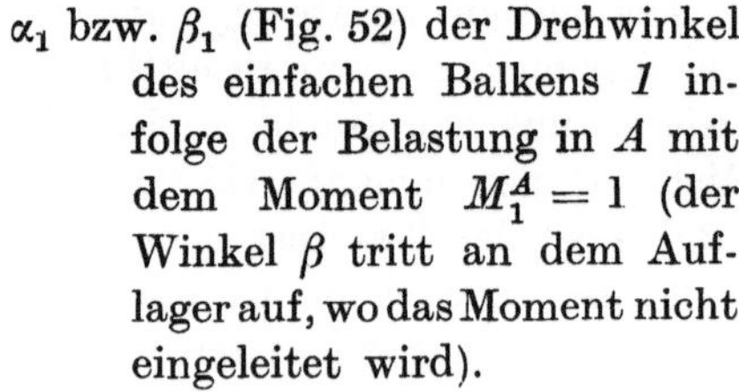

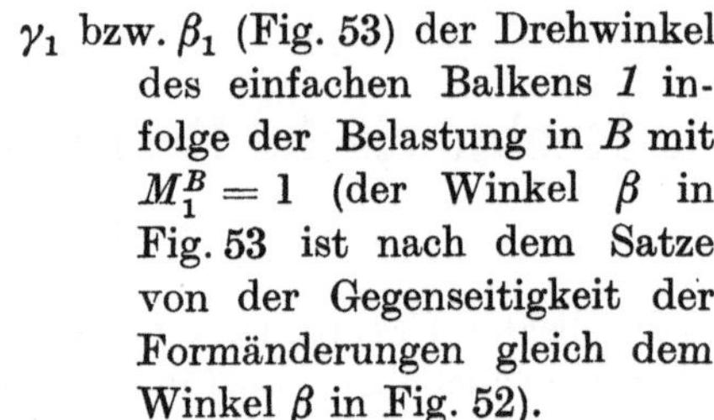

Fig. 51—54.

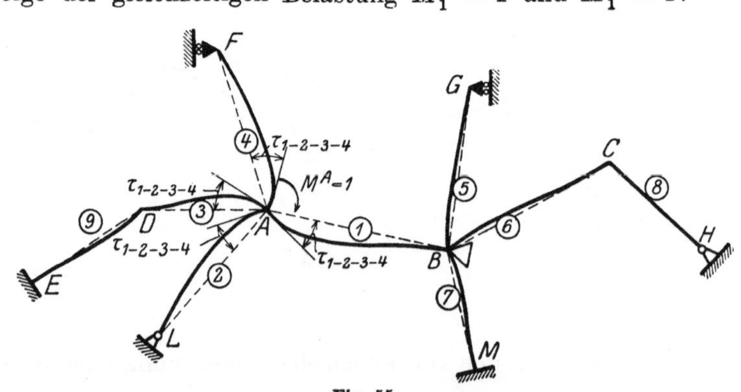

Fig. 55.

$\tau_{1-2-3-4}^A$ (Fig. 55) der gemeinsame gleiche Drehwinkel der Stäbe *1, 2, 3, 4* an der Stelle A, an welcher die Stäbe biegungsfest miteinander verbunden sind, infolge der Belastung A mit $M^A = 1$. In A findet keine Verschiebung, sondern nur eine Drehung statt. Alle 4 beteiligten Stäbe müssen denselben Drehwinkel in A beschreiben, weil infolge der starren Stabverbindung in A die Winkel zwischen den einzelnen Stäben bei der Drehung erhalten bleiben müssen.

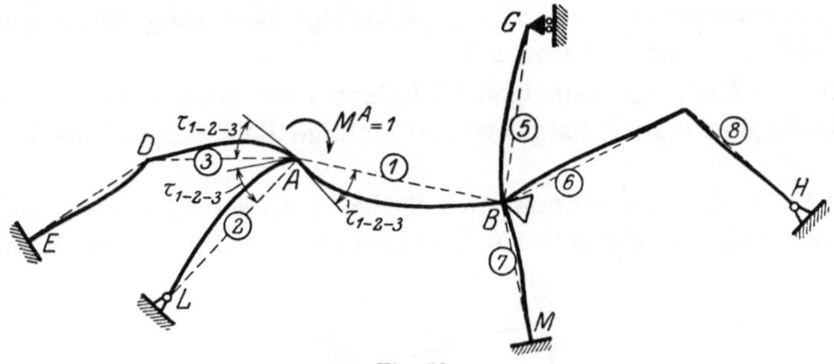

Fig. 56.

τ^A_{1-2-3} (Fig. 56) der gemeinsame gleiche Drehwinkel der Stäbe 1, 2, 3 an der Stelle A, an welcher die Stäbe biegungsfest miteinander verbunden sind, infolge der Belastung in A mit $M^A = 1$. Hierbei ist also Stab 4 entfernt gedacht, die übrigen Stäbe 1, 2, 3 bleiben sowohl unter sich in A, als auch an ihren anderen Endpunkten in derselben Verbindung wie vorher.

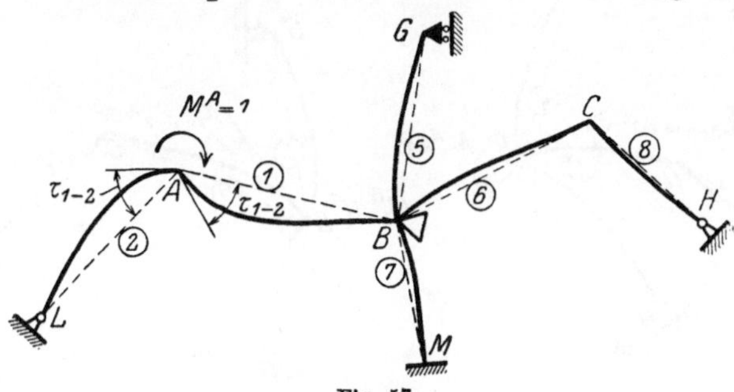

Fig. 57.

τ^A_{1-2} (Fig. 57) der gemeinsame gleiche Drehwinkel der Stäbe 1 und 2 an der Stelle A, an welcher die 2 Stäbe biegungsfest miteinander verbunden sind, infolge der Belastung in A mit $M^A = 1$. Hierbei sind die Stäbe 3 und 4 entfernt gedacht, die übrigen Stäbe 1 und 2 bleiben sowohl unter sich in A als auch an ihren anderen Endpunkten in derselben Verbindung wie vorher.

τ^A_1 (Fig. 58) der Drehwinkel des Stabes 1 an der Stelle A infolge der Belastung $M^A = 1$ in A, wobei angenommen ist, daß

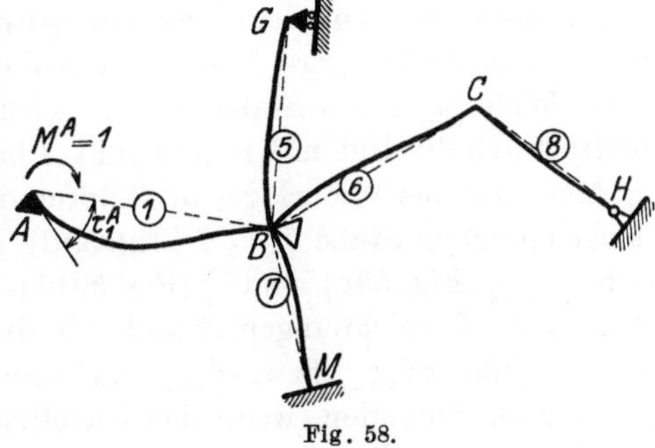

Fig. 58.

Stab 1 in einem gedachten Gelenklager in A frei drehbar gestützt ist und daß an seinem Endpunkt die Verbindung mit der übrigen Konstruktion wie vorher bestehen bleibt.

Ferner bezeichnen wir mit:

ε_1^a allgemein die Drehung desjenigen Widerlagers von Stab *1*, welches dem Festpunktabstand *a* zunächstgelegen ist (wird benötigt zur Berechnung des Festpunktabstandes *a* des Stabes *1*) infolge Belastung dieses Widerlagers mit $M_1^A = 1$, und analog mit

ε_1^b allgemein die Drehung desjenigen Widerlagers von Stab *1*, welches dem Festpunktabstand *b* zunächstgelegen ist, infolge Belastung dieses Widerlagers mit $M_1^B = 1$.

In Fig. 59 ist die Einspannung des Stabes *1* an seinen beiden Enden schematisch dargestellt; in Fig. 59a ist die elastische Drehung ε_1^a des dem Stabe *1*

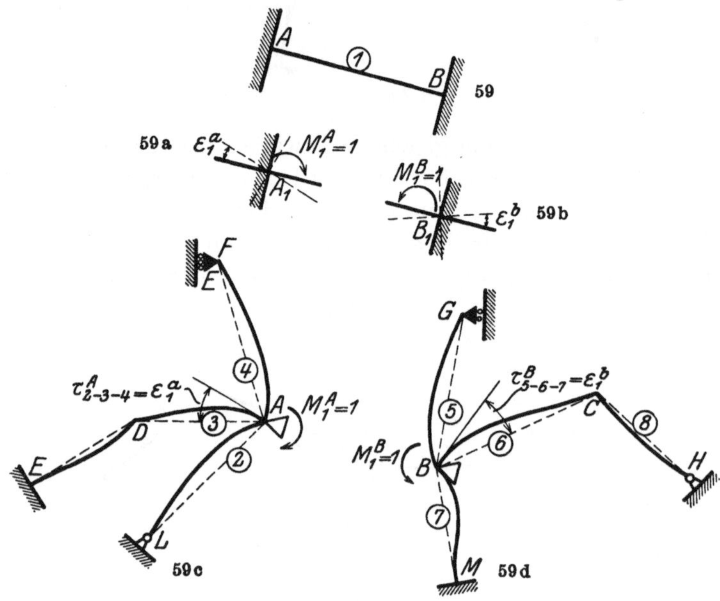

Fig. 59—59d.

zugeordneten, dem Festpunktabstand *a* entsprechenden, schematisch dargestellten Widerlagers A_1, und in Fig. 59b die elastische Drehung ε_1^b des dem Stabe *1* zugeordneten, dem Festpunktabstand *b* entsprechenden, schematisch dargestellten Widerlagers B_1 veranschaulicht.

Das Widerlager des Stabes *1* in *A* wird an unserem allgemeinen Tragwerke gebildet durch die drei im Knotenpunkt *A* biegungsfest verbundenen Stäbe *2, 3, 4* (Fig. 59c) und das Widerlager in *B* durch die drei im Knotenpunkt *B* biegungsfest verbundenen Stäbe *5, 6, 7* (Fig. 59d). Im vorliegenden Fall ist ε_1^a (Fig. 59a) gleich τ_{2-3-4}^A (Fig. 59c), und ε_1^b (Fig. 59b) ist gleich τ_{5-6-7}^B (Fig. 59d). Wir wollen trotzdem die Bezeichnungen ε_1^a und ε_1^b in die meisten späteren Formeln an Stelle der Drehwinkel τ_{2-3-4}^A bzw. τ_{5-6-7}^B aufnehmen, weil sie allgemeiner sind und besonders dann zutreffen, wenn das betreffende Stabende nicht an andere Stäbe angeschlossen, sondern in Fundament- oder aufgehendes Mauerwerk eingespannt ist. ε_1^a bzw. ε_1^b kann alle Werte zwischen Null und Unendlich haben, und zwar den Wert Null bei fester Einspannung des Stabendes *A* bzw. *B*, und den Wert Unendlich bei gelenkartiger (frei drehbarer) Lagerung derselben.

2. Momentenverlauf.

Wir nehmen in Fig. 60 die Momentenfläche am ganzen Stabwerk, hervorgerufen durch die Belastung des Stabes *6* mit den Kräften P_1 und P_2 vorläufig

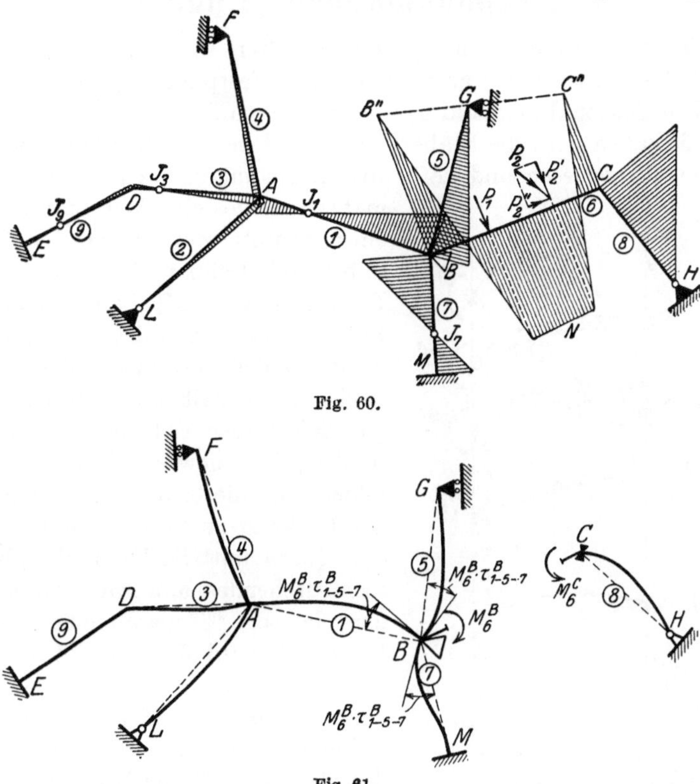

Fig. 60.

Fig. 61.

als bekannt an, und bemerken nur, daß wir eine schief zur Stabachse gerichtete
Kraft P_2 stets in eine Komponente P_2'' in Richtung des belasteten Stabes und
in eine Komponente P_2' rechtwinklig dazu zer-
legen und für letztere die Momentenfläche bestimmen.

Wir trennen nun Stab *6* durch in B_6 und C_6
geführte Schnitte heraus und belasten die
übrige, noch in C anschließende Konstruktion
(Stab *8*, könnte auch ein Fundament sein) mit
M_6^C und die andere, in B anschließende Konstruktion, bestehend aus den Stäben *1, 2, 3, 5,*
6, 7 und *9* mit M_6^B (Fig. 61).

Das Moment M_6^B pflanzt sich über die übrige
Konstruktion fort und spaltet sich am Knoten-
punkt B in die Stützenmomente M_1^B, M_5^B und
M_7^B. Nehmen wir diese Momente vorläufig als

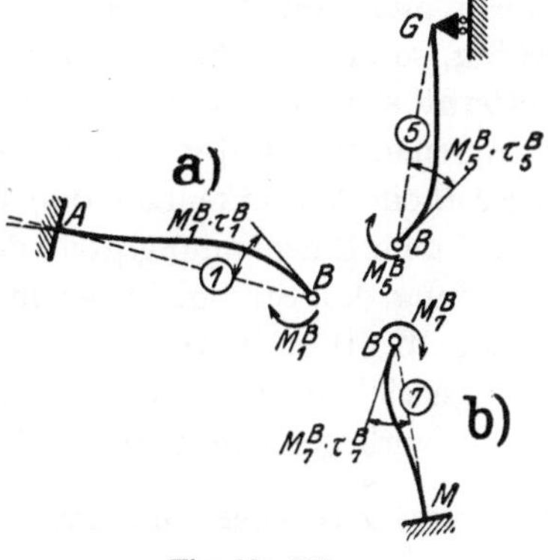

Fig. 62—62 b.

bekannt an, so können wir Schnitte in B_1, B_5 und B_7 führen, die Stäbe *1,*
5, 7 an den Schnittstellen gelenkartig stützen und mit den Momenten M_B^1 bzw.

M_5^B bzw. M_7^B belasten (Fig. 62, 62a und 62b); dann untersuchen wir, wie sich diese Momente über die Stäbe *1, 5, 7* fortpflanzen.

3. Festpunktabstände a und b *.

Nach der Definition der Festpunkte erhalten wir nun im Momentennullpunkt z. B. des Stabes *1* den gesuchten linken Festpunkt J_1 dieses Stabes bzw. dessen linken Festpunktabstand a_1 von Knotenpunkt A.

In Fig. 63 haben wird die Stäbe *2, 3, 4*, welche das Widerlager des Stabes *1* in A bilden, fortgelassen und dafür die Einspannung des Stabes *1* in A sche-

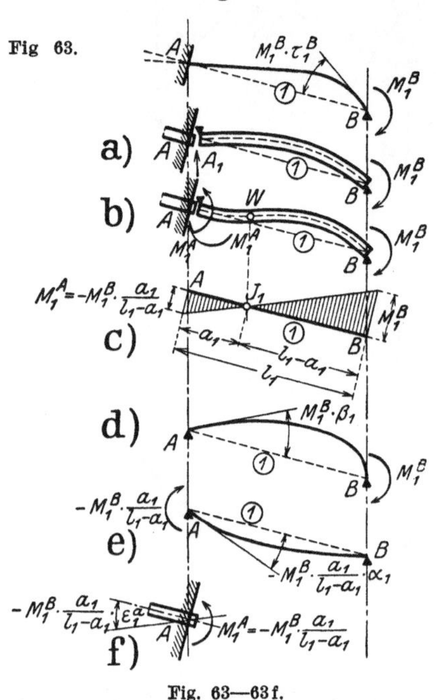

Fig 63.

Fig. 63—63f.

matisch dargestellt. Wir führen nun in ·A einen Schnitt und stützen den Balken daselbst frei drehbar (Fig. 63a). Infolge der Belastung mit M_1^B wird dann die in Fig. 63a gezeichnete Durchbiegung des einfachen Balkens erzeugt, wobei die Schnittfläche A_1 am Balken und die entsprechende am Widerlager sich nicht mehr decken, sondern einen gewissen Winkel miteinander bilden. Um die beiden Querschnitte wieder zur Deckung zu bringen, muß offenbar an der Querschnittsfläche A_1 des Balkens ein rechtsdrehendes Moment angebracht werden, das sog. Einspannmoment (Fig. 63b). Hierdurch wird der Stab *1* in der Nähe von B entgegengesetzt durchgebogen als vorher, und es ist hieraus ersichtlich, daß zwischen A und B ein Wendepunkt W in der elastischen Linie liegen muß, welchem bekanntlich ein Wechsel im Momentenvorzeichen entspricht, so daß die Momentenfläche die in Fig. 63c dargestellte Form

haben muß. Ist das Einspannmoment sehr klein, also die Einspannung in A gering, so fälllt W beinahe mit A zusammen. Mit wachsender Einspannung in A entfernt sich W von B und nimmt seine größte Entfernung von A bei vollkommener oder fester (nicht elastischer) Einspannung des Stabes *1* im Widerlager B ein. Wir erkennen, daß W jedenfalls nahe bei A liegt und sein Abstand a_1 von A dem Einspannungsgrad des Stabes *1* entspricht. Für eine gegebene Einspannung, d. i. Steifigkeit der in A anschließenden Konstruktion, hat der Wendepunkt W eine feste, von der äußeren Belastung unabhängige Lage. Wir bezeichnen ihn daher als Festpunkt J_1 des Stabes *1*.

In vorliegendem Fall wurde ein Moment M_1^B in B eingeleitet und in der Richtung $\overleftarrow{BA}$ über den Stab *1* fortgepflanzt. Würden wir jedoch in A ein

* Vgl. Dr.-Ing. Max Ritter: Über die Berechnung elastisch eingespannter und kontinuierlicher Balken mit veränderlichem Trägheitsmoment, Schweiz. Bauzeitung, Bd. 53, Heft 18 u. 19; sowie derselbe: Der kontinuierliche Balken auf elastisch drehbaren Stützen, Schweiz. Bauzg., Bd. 57, Heft 4.

Moment M_1^A einleiten und in der Richtung $\overleftarrow{AB}$ über den Stab 1 weiterleiten, so würde sich analog ein Wendepunkt in der Nähe von B ausbilden, welchen wir als Festpunkt K_1 des Stabes 1 bezeichnen, und dessen Entfernung b_1 von B nur von dem Einspannungsgrade des Stabes 1 an seinem Widerlager in B abhängt.

In ähnlicher Weise erhalten wir z. B. die Abstände a_6 und b_6 der Festpunkte J_6 und K_6 des Stabes 6 in der Nähe von B resp. C, die Abstände a_7 und b_7 der Festpunkte J_7 und K_7 des Stabes 7 in der Nähe von M bzw. B usw.,

Nach Fig. 63c beträgt das Moment in A:

$$M^A = - M^B \cdot \frac{a}{l-a}, \tag{2}$$

wenn wir den Index 1, der sich auf die Stabnummer bezieht, der Einfachheit halber weglassen. Dies ist also das Einspannungsmoment, welches in Fig. 63b sowohl an der Querschnittsfläche A des Balkens wie des Widerlagers, mit dem eingetragenen Drehsinn angebracht werden muß, damit beide wieder zur Deckung kommen. Dann beträgt:

1. Die Drehung des Querschnittes A am betrachteten Stab:

a) durch M^B nach Fig. 63d: $M^B \cdot \beta$,

b) durch $M^A = - M^B \cdot \dfrac{a}{l-a}$ nach Fig. 63e:

$$- M^B \cdot \frac{a}{l-a} \cdot \alpha_1 .$$

2. Die Drehung des Querschnittes A am Widerlager des Stabes:

durch $M^A = - M^B \cdot \dfrac{a}{l-a}$ nach Fig. 63f:

$$- M^B \cdot \frac{a}{l-a} \cdot \varepsilon^a .$$

Da nun die Querschnittfläche A am Stab 1 und am Widerlager bei ihrer Wiedervereinigung denselben Drehwinkel zurückgelegt haben müssen, oder mit anderen Worten die Summe der zurückgelegten Drehwinkel gleich Null sein muß, so besteht folgende Gleichung:

$$M^B \cdot \beta - M^B \cdot \frac{a}{l-a} \cdot \alpha - M^B \cdot \frac{a}{l-a} \cdot \varepsilon^a = 0 , \tag{3}$$

$$\frac{a}{l-a} (\alpha + \varepsilon^a) = \beta \tag{3a}$$

oder

$$\frac{a}{l-a} = \frac{\beta}{\alpha + \varepsilon^a}, \tag{4}$$

woraus folgt:

$$a = \frac{l \cdot \beta}{\alpha + \beta + \varepsilon^a} . \tag{5}$$

Setzen wir schließlich, wie aus den Fig. 52, 53 und 54 hervorgeht,

$$\alpha + \beta = \alpha^a , \tag{6}$$

so folgt für einen beliebigen geradlinigen Stab die allgemeine Hauptformel

$$a = \frac{l \cdot \beta}{\alpha^a + \varepsilon^a} . \tag{7}$$

Analog erhalten wir für den Festpunktabstand b die allgemeine **Haupt-formel**:

$$b = \frac{l \cdot \beta}{\alpha^b + \varepsilon^b}. \tag{8}$$

Die Werte für die in den beiden Hauptformeln (7) und (8) vorkommenden Drehwinkel α^a, α^b und β wurden in Kap. IV für Stäbe mit veränderlichem und konstantem Trägheitsmoment abgeleitet; für Stäbe mit **geraden und para-bolischen Vouten** sind im Anhang Tabellen enthalten.

Am geradlinigen Stab mit **konstantem Trägheitsmoment** auf seine ganze Länge ist, da in diesem Falle nach Gl. (207a): $\alpha^a = \alpha^b = 3\beta$:

$$a = \frac{l}{3 + \dfrac{\varepsilon^a}{\beta}}\,, \tag{7a}$$

$$b = \frac{l}{3 + \dfrac{\varepsilon^b}{\beta}}. \tag{8a}$$

4. Drehwinkel ε^a und ε^b.

Wir ermitteln nun die in den beiden Hauptformeln (7) und (8) vorkom-menden Drehwinkel ε_1^a und ε_1^b der Widerlager A und B.

Die Ableitung führen wir nur für den Drehwinkel ε_1^a durch und nehmen dabei an, daß sich in A, wie in Fig. 60 gezeichnet, die drei Stäbe 2, 3 und 4 an den Stab 1 biegungsfest anschließen, so daß laut Definition

$$\varepsilon_1^a = \tau_{2-3-4}^A,$$

welcher Drehwinkel also zu bestimmen ist:

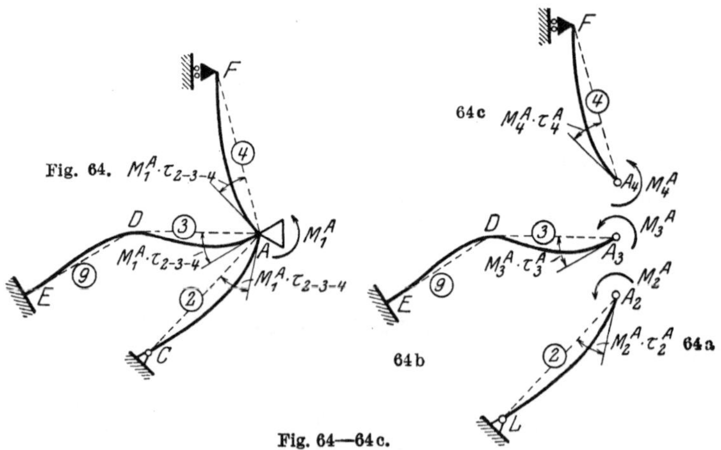

Fig. 64—64c.

Das durch Gl. (2) bestimmte Moment M_1^A erzeugt in A an den drei dort biegungsfest miteinander verbundenen Stäben 2, 3 und 4 den gemeinsamen gleichen Drehwinkel $M_1^A \cdot \tau_{2-3-4}^A$ (Fig. 64) und die entsprechenden Stützen-momente M_2^A, M_3^A und M_4^A. Nehmen wir diese Momente vorläufig als bekannt an, so können wir auch Schnitte in A_2, A_3 und A_4 führen, die Stäbe 2, 3 und 4 an den Schnittstellen gelenkartig stützen und mit den Momenten M_2^A, M_3^A und M_4^A belasten. Die hierbei erzeugten Drehwinkel $M_2^A \cdot \tau_2^A$ (Fig. 64a), $M_3^A \cdot \tau_3^A$ (Fig. 64b) und $M_4^A \cdot \tau_4^A$ (Fig. 64c) müssen gleich dem Drehwinkel derselben Stäbe in Fig. 64 sein. Wir erhalten daher die folgenden drei Gleichungen:

$$M_1^A \cdot \tau_{2-3-4}^A = M_2^A \cdot \tau_2^A, \tag{9}$$

$$M_1^A \cdot \tau_{2-3-4}^A = M_3^A \cdot \tau_3^A, \tag{10}$$

$$M_1^A \cdot \tau_{2-3-4}^A = M_4^A \cdot \tau_4^A. \tag{11}$$

Eine vierte Gleichung erhalten wir aus der Bedingung, daß am herausgetrennten Knotenpunkt A (Fig. 65) die drei Schnittmomente M_2^A, M_3^A und M_4^A mit dem erzeugenden Moment M_1^A im Gleichgewicht stehen müssen oder

$$M_1^A = M_2^A + M_3^A + M_4^A. \tag{12}$$

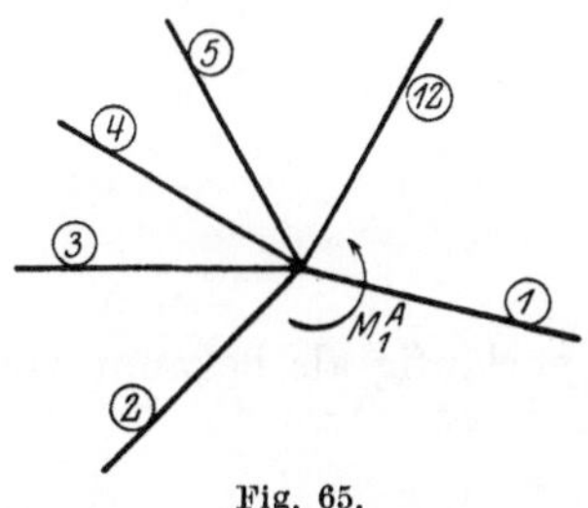

Fig. 65.

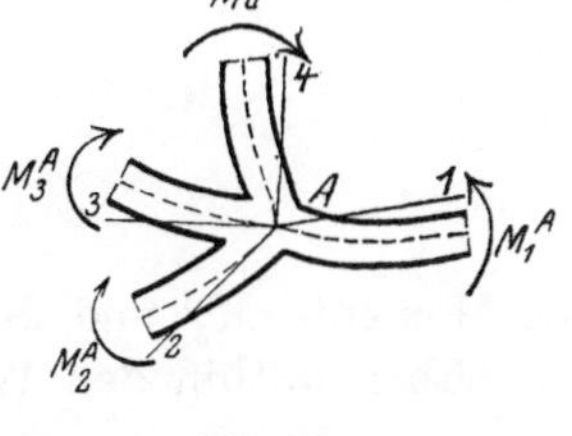

Fig. 66.

Aus den Gleichungen (9), (10), (11) erhalten wir:

$$M_2^A = M_1^A \cdot \frac{\tau_{2-3-4}^A}{\tau_2^A}, \tag{13}$$

$$M_3^A = M_1^A \cdot \frac{\tau_{2-3-4}^A}{\tau_3^A}, \tag{14}$$

$$M_4^A = M_1^A \cdot \frac{\tau_{2-3-4}^A}{\tau_4^A}. \tag{15}$$

Durch Einsetzen dieser Werte in Gl. (12) ergibt sich:

$$M_1^A = M_1^A \cdot \tau_{2-3-4}^A \left(\frac{1}{\tau_2^A} + \frac{1}{\tau_3^A} + \frac{1}{\tau_4^A} \right), \tag{16}$$

woraus die wichtige Beziehung folgt:

$$\tau_{2-3-4}^A = \frac{1}{\dfrac{1}{\tau_2^A} + \dfrac{1}{\tau_3^A} + \dfrac{1}{\tau_4^A}}. \tag{17}$$

Aus Gl. (17) ergibt sich ohne weiteres als Drehwinkel an einem Knotenpunkt A mit $1, 2, 3, 4 \ldots n$ (Fig. 66) daselbst biegungsfest vereinigten Stäben:

$$\tau_{1-2-3-4 \ldots n}^A = \frac{1}{\dfrac{1}{\tau_1^A} + \dfrac{1}{\tau_2^A} + \dfrac{1}{\tau_3^A} + \dfrac{1}{\tau_4^A} + \cdots + \dfrac{1}{\tau_n^A}} = \frac{1}{\sum \dfrac{1}{\tau}}. \tag{18}$$

5. Verteilungsmaße μ.

Die Momente M_2^A, M_3^A und M_4^A sind alle kleiner als M_1^A, die Koeffizienten von M_1^A auf den rechten Seiten der Gl. (13), (14), (15) sind daher alle kleiner als 1 und ihre Summe muß gleich 1 sein.

Wir bezeichnen diese Koeffizienten als **Verteilungsmaße am Knotenpunkt** A für den Übergang des Momentes M_1^A, weil man das erzeugende Moment M_1^A nur mit diesen Zahlen zu multiplizieren hat, um die gesuchten Momente M_2^A, M_3^A und M_4^A zu erhalten. Für diese Verteilungsmaße führen wir allgemein die Bezeichnung μ ein und schreiben zur Unterscheidung im vorliegenden Falle:

für den Koeffizienten in Gl. (13): μ_{1-2}^A (gelesen μ in A von *1* nach *2*),
für den Koeffizienten in Gl. (14): μ_{1-3}^A,
für den Koeffizienten in Gl. (15): μ_{1-4}^A,

womit angedeutet sein soll, daß der Übergang in Knotenpunkt A stattfindet, und zwar von Stab *1* nach Stab *2* bzw. *3* bzw. *4*.

Wir können nun die Gl. (13), (14) und (15) einfacher schreiben und erhalten:

$$M_2^A = M_1^A \cdot \mu_{1-2}^A, \tag{19}$$

$$M_3^A = M_1^A \cdot \mu_{1-3}^A, \tag{20}$$

$$M_4^A = M_1^A \cdot \mu_{1-4}^A, \tag{21}$$

und die Momente M_5^B und M_7^B, welche wir oben vorläufig als bekannt voraussetzten, haben mithin den Wert

$$M_5^B = M_6^B \cdot \mu_{6-5}, \tag{22}$$

und
$$M_7^B = M_6^B \cdot \mu_{6-7}. \tag{23}$$

Aus den Gl. (13), (14), (15) ergeben sich jetzt für die Verteilungsmaße μ die **Hauptformeln**:

$$\mu_{1-2}^A = \frac{\tau_{2-3-4}^A}{\tau_2^A}, \tag{24}$$

$$\mu_{1-3}^A = \frac{\tau_{2-3-4}^A}{\tau_3^A}, \tag{25}$$

$$\mu_{1-4}^A = \frac{\tau_{2-3-4}^A}{\tau_4^A}, \tag{26}$$

und allgemein:

$$\mu_{1-n} = \frac{\tau_{2-3-\ldots-n}}{\tau_n}, \tag{26a}$$

in welchen der Wert von τ_{2-3-4}^A aus Gl. (17) einzusetzen ist.

Hat man zwei der vorstehenden drei Faktoren μ bestimmt, so erhält man den dritten auch aus der Ergänzung der Summe der beiden anderen zu 1, d. h. es ist z. B.

$$\mu_{1-4}^A = 1 - (\mu_{1-2}^A + \mu_{1-3}^A), \tag{27}$$

da $\sum \mu = 1$ sein muß (Probe).

Es sei hervorgehoben, daß die gemeinsamen Drehwinkel ε, in vorliegendem Falle τ_{2-3-4}^A, schon bei der Bestimmung der Festpunkte ermittelt werden müssen und deshalb zur Einsetzung in obige Hauptformeln für μ zur Verfügung stehen.

Um jedoch eine Form für μ zu zeigen. die man sich leicht merken kann, setzen wir noch den Wert von τ^A_{2-3-4} aus Gl. (17) in obige Hauptformeln ein und erhalten:

$$\mu^A_{1-2} = \frac{\dfrac{1}{\tau^A_2}}{\dfrac{1}{\tau^A_2} + \dfrac{1}{\tau^A_3} + \dfrac{1}{\tau^A_4}}, \tag{28}$$

$$\mu^A_{1-3} = \frac{\dfrac{1}{\tau^A_3}}{\dfrac{1}{\tau^A_2} + \dfrac{1}{\tau^A_3} + \dfrac{1}{\tau^A_4}}, \tag{29}$$

$$\mu^A_{1-4} = \frac{\dfrac{1}{\tau^A_4}}{\dfrac{1}{\tau^A_2} + \dfrac{1}{\tau^A_3} + \dfrac{1}{\tau^A_4}}. \tag{30}$$

Würden sich im Knotenpunkt A nicht nur *3*, sondern n Stäbe anschließen (das Widerlager des Stabes *1* in A bildend), so wäre z. B. (Fig. 66)

$$\mu^A_{1-2} = \frac{\dfrac{1}{\tau^A_2}}{\dfrac{1}{\tau^A_2} + \dfrac{1}{\tau^A_3} + \cdots + \dfrac{1}{\tau^A_n}}, \tag{31}$$

$$\mu^A_{1-3} = \frac{\dfrac{1}{\tau^A_3}}{\dfrac{1}{\tau^A_2} + \dfrac{1}{\tau^A_3} + \cdots + \dfrac{1}{\tau^A_n}}, \tag{32}$$

$$\mu_{1-n} = \frac{\dfrac{1}{\tau^A_n}}{\dfrac{1}{\tau^A_2} + \dfrac{1}{\tau^A_3} + \cdots + \dfrac{1}{\tau^A_n}}. \tag{33}$$

Selbstverständlich ist es gleichgültig, ob das Moment M^A_1 in Fig. 66 ein Stützenmoment (wenn Stab *1* eine Balkenöffnung ist) oder ein Konsolmoment (wenn Stab *1* ein Kragarm ist) darstellt.

Aus der Definition der Winkel $\tau_1, \tau_2 \ldots \tau_n$ ergibt sich ohne weiteres, daß z. B. der Wert $\dfrac{1}{\tau_n}$ gleich ist dem Widerstand, welchen der Stab n seiner Verdrehung entgegensetzt, und wir nennen das Verhältnis $\dfrac{1}{\tau_n}$ daher das „Elastizitätsmaß" des Stabes n.

Aus den Formeln (31), (32) und (33) erkennen wir nun die natürliche Beziehung, daß sich das in A eingeleitete Moment M^A_1 auf die dort biegungsfest angeschlossenen („anstoßenden") Stäbe *2, 3 . . . n* im Verhältnis der Elastizitätsmaße derselben verteilt (daher der Ausdruck „Verteilungsmaße"), d. h. im Nenner des Ausdruckes für μ steht immer die Summe der Elastizitätsmaße der Stäbe, in welche sich ein Moment fortpflanzt, und im Zähler das Elastizitätsmaß desjenigen Stabes, dessen Teilmoment man sucht.

In dieser Form kann man sich den Ausdruck für die Verteilungsmaße μ am besten merken.

Sonderfall.

Hat man z. B. in Fig. 67 ein Stützenmoment M_1^A in nur **zwei** „anstoßende" Stäbe _2_ und _3_ weiterzuleiten, so ist nach Gl. (17):

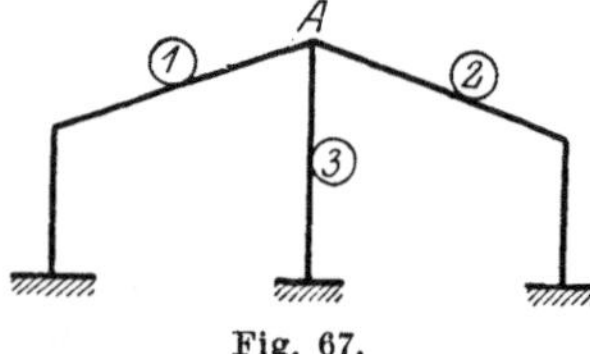
Fig. 67.

$$\tau_{2-3}^A = \frac{1}{\dfrac{1}{\tau_2^A} + \dfrac{1}{\tau_3^A}}, \tag{34}$$

und nach Gl. (24):

$$\mu_{1-2}^A = \frac{\tau_{2-3}^A}{\tau_2^A}. \tag{35}$$

Multiplizieren wir Zähler und Nenner von Gl. (34) mit $\tau_2^A \cdot \tau_3^A$, so ergibt sich

$$\tau_{2-3}^A = \frac{\tau_2^A \cdot \tau_3^A}{\tau_2^A + \tau_3^A}. \tag{36}$$

Setzen wir diesen Wert in Gl. (35) ein, so erhalten wir

$$\mu_{1-2}^A = \frac{\tau_3^A}{\tau_2^A + \tau_3^A} \tag{37}$$

und

$$\mu_{1-3}^A = \frac{\tau_2^A}{\tau_2^A + \tau_3^A}$$

oder $\qquad \mu_{1-3}^A = 1 - \mu_{1-2}^A, \quad$ da $\quad \sum \mu = 1$ (Probe). $\tag{38}$

Wir können also in einfachen Fällen mit zwei „anstoßenden" Stäben zur Ermittlung des gemeinsamen Drehwinkels und des Verteilungsmaßes die Drehwinkel τ_2^A und τ_3^A direkt in Formel (36) und (37) einsetzen und brauchen dann die Elastizitätsmaße $\dfrac{1}{\tau_1^A}$, $\dfrac{1}{\tau_2^A}$ usw. nicht zu bilden. Dies ist aber nur dann zweckmäßig, wenn ein Moment nur auf zwei Stäbe verteilt werden muß.

6. Einfache Drehwinkel τ.

Die in den Formeln für den Wert $\tau_{1-2-3\ldots n}$ sowie μ_{1-n} vorkommenden einfachen Drehwinkel $\tau_1, \tau_2 \ldots \tau_n$ sind zum Schluß noch zu bestimmen. Die Ableitung folgt nachstehend beispielsweise für den

Drehwinkel τ^A:

Nach der Definition des Drehwinkels τ^A bildet sich derselbe, wenn wir (Fig. 68) den in B elastisch eingespannten, in A frei drehbar gestützten Stab _1_ mit $M^A = 1$ belasten. Dann entsteht

in B das Moment $-\dfrac{b}{l-b}$.

Belasten wir jetzt den einfachen Balken _1_ am Auflager A mit $M^A = 1$ und am

Auflager B mit dem Moment $-\dfrac{b}{l-b}$, so muß durch die Gesamtwirkung beider Momente der Drehwinkel τ^A entstehen.

Durch $M^A = 1$ entsteht (Fig. 68a) der Drehwinkel α, nach dessen Definition durch $-\dfrac{b}{l-b}$ in B entsteht (Fig. 68b) in A der Drehwinkel $-\dfrac{b}{l-b}\cdot\beta$.

Es ist mithin:

$$\tau^A = \alpha - \frac{b}{l-b}\cdot\beta. \tag{39}$$

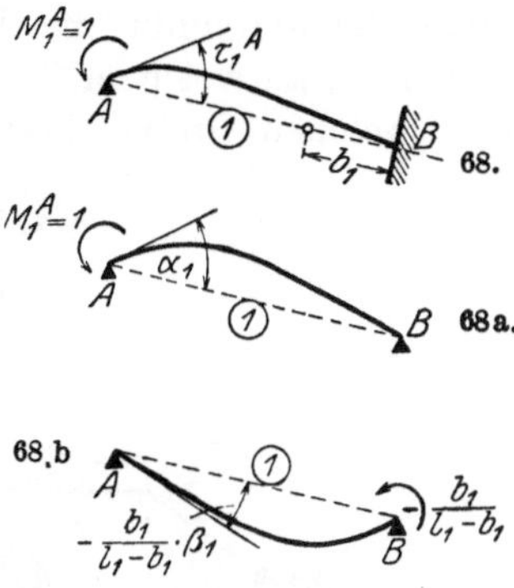

Setzen wir schließlich, wie aus den Fig. 52, 53 und 54 hervorgeht,

$$\alpha = \alpha^a - \beta, \tag{40}$$

so folgt zunächst

$$\tau^A = \alpha^a - \beta - \frac{b}{l-b}\cdot\beta = \alpha^a - \beta\left(1 + \frac{b}{l-b}\right) \tag{41}$$

Fig. 68—68b.

und daraus für einen beliebigen geradlinigen Stab die Hauptformel

$$\tau^A = \alpha^a - \frac{l}{l-b}\cdot\beta. \tag{42}$$

Analog erhalten wir für den Drehwinkel τ^B am andern Ende des betreffenden Stabes AB, falls wir den in A elastisch eingespannten, in B frei drehbar gestützten Stab mit $M^B = 1$ belasten, die Hauptformel

$$\tau^B = \alpha^b - \frac{l}{l-a}\cdot\beta. \tag{43}$$

Die Werte für die in den beiden Hauptformeln (42) und (43) vorkommenden Drehwinkel α^a, α^b und β wurden in Kap. IV für Stäbe mit veränderlichem und konstantem Trägheitsmoment abgeleitet.

Am geradlinigen Stab mit konstantem Trägheitsmoment auf seine ganze Länge ist, da in diesem Falle nach Gl. (207a): $\alpha^a = \alpha^b = 3\beta$:

$$\tau^A = \beta\left(3 - \frac{l}{l-b}\right), \tag{42a}$$

$$\tau^B = \beta\left(3 - \frac{l}{l-a}\right), \tag{43a}$$

bei voller Einspannung am anderen Ende $\left(a \text{ resp. } b = \dfrac{l}{3}\right)$ ist:

$$\tau = 1{,}5\,\beta, \tag{42b}$$

bei gelenkartiger Lagerung am anderen Ende (a resp. $b = 0$) ist:

$$\tau = 2\,\beta. \tag{43b}$$

7. Festpunkte und Verteilungsmaße am „offenen" Tragwerk.

Sind für einen bestimmten Stab die Festpunkte J und K sowie die Verteilungsmaße μ zu bestimmen, so werden zuerst die in den Hauptformeln für a, b und μ vorkommenden Drehwinkel α, β, ε und τ nach den Formeln in Kap. IV, welche dort für veränderliches und konstantes Trägheitsmoment

eines Stabes angeschrieben sind, ermittelt, und diese Werte in die genannten
Hauptformeln eingesetzt.

Da sich die in irgendeinem Stab auftretenden Momente über das ganze
Tragwerk fortpflanzen, so müssen an allen Stäben die Festpunkte und an
jedem Knotenpunkt die Verteilungsmaße bestimmt werden. Die Frage entsteht nun, an welchem Stab wir bei der Bestimmung der Festpunkte beginnen,
d. h. welchen Stabes Festpunkt wir zuerst ermitteln müssen. Beginnen wir

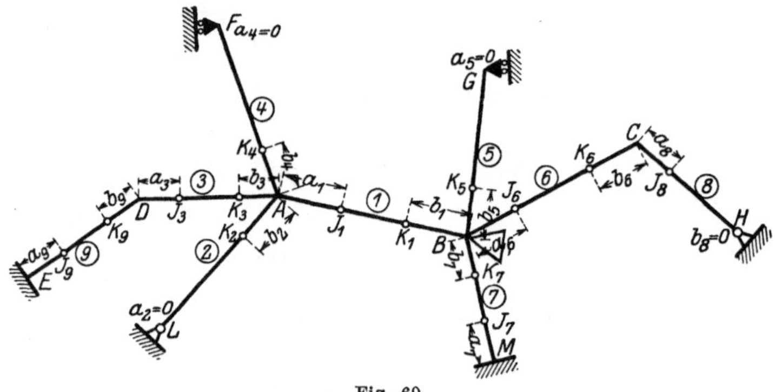

Fig. 69.

z. B. an dem „offenen“ Tragwerk der Fig. 69 mit dem Stab *1*, so erhalten
wir die Festpunktabstände aus:

$$a_1 = \frac{l_1 \cdot \beta_1}{\alpha_1^a + \tau_{2-3-4}^A}, \tag{44}$$

$$b_1 = \frac{l_1 \cdot \beta_1}{\alpha_1^b + \tau_{5-6-7}^B}. \tag{45}$$

In diesen Ausdrücken beziehen sich die Winkel α_1^a, α_1^b und β_1 auf den
Stab *1*, der Winkel τ_{2-3-4}^A aber auf die links und der Winkel τ_{5-6-7}^B auf die rechts
anstoßenden Stäbe. Um den Winkel τ_{2-3-4}^A und hierzu die Winkel τ_2^A, τ_3^A und
τ_4^A berechnen zu können, benötigen wir jedoch die Festpunktabstände *a* der
Stäbe *2*, *3* und *4* (der Abstand a_4 wird gleich Null wegen des freien Auflagers in *F*).
Und um den Festpunktabstand a_3 des Stabes *3* bestimmen zu können, brauchen
wir den Winkel $\varepsilon_3^D = \tau_9^D$ und zu letzterem Wert wiederum den Festpunktabstand a_9. Das Analoge gilt für den Drehwinkel τ_{5-6-7}, welcher in dem Ausdruck für b_1 vorkommt. Aus diesem Grunde müssen wir mit der Bestimmung
des am weitesten links gelegenen Festpunktabstandes *a* beginnen und schreiten
nach rechts fort und analog beginnen wir mit der Bestimmung des am weitesten
rechts gelegenen Festpunktabstandes *b* und schreiten nach links fort.

Da der Stab *9* an seinem linken Ende fest eingespannt ist, so ist in Hauptformel (7) $\varepsilon^a = 0$ zu setzen und es ist

$$a_9 = \frac{l_9 \cdot \beta_9}{\alpha_9^a}. \tag{46}$$

Bei konstantem Trägheitsmoment des Stabes *9* ist mit Einsetzung des entsprechenden Wertes für β aus Gl. (207) und α^a aus Gl. (204)

$$a_9 = \frac{l_9}{3}. \tag{47}$$

Für Stab *3* erhalten wir unter Berücksichtigung, daß in Hauptformel (7) $\varepsilon^a = \tau_9^D$ zu setzen ist:

$$a_3 = \frac{l_3 \cdot \beta_3}{\alpha_3^a + \tau_9^D}. \tag{48}$$

Für Stab *2*, welcher an seinem unteren Ende ein frei drehbares Auflager besitzt, ist $\varepsilon^a = \infty$, d. h.

$$a_2 = 0. \tag{49}$$

Für Stab *4*, dessen linkes Ende frei aufgelagert (Rollenlager) angenommen wurde, ist ebenfalls $\varepsilon^a = \infty$, d. h.

$$a_4 = 0.$$

Nun können wir a_1 aus Formel (44) bestimmen. Nachdem wir noch a_7 ermittelt haben aus

$$a_7 = \frac{l_7 \cdot \beta_7}{\alpha_9^a}, \tag{50}$$

da wegen fester Einspannung in M: $\varepsilon_7 = 0$, so ergibt sich auch a_6 und darauf a_8.

Analog verfahren wir bei der Bestimmung der Festpunktabstände b: Wir beginnen mit b_8; wegen des Gelenkes in H ist

$$b_8 = 0. \tag{51}$$

Dann berechnen wir b_6, b_5 und b_7 und ermitteln darauf b_1, dann b_2, b_3 und b_4 und zuletzt b_9. Es ist

$$b_6 = \frac{l_6 \cdot \beta_6}{\alpha_6^b + \tau_8^C}, \tag{52}$$

worin $\tau_8^C = \alpha_8$, da $b_8 = 0$,

$$b_5 = \frac{l_5 \cdot \beta_5}{\alpha_5^b + \tau_{1-6-7}^B}, \tag{53}$$

$$b_7 = \frac{l_7 \cdot \beta_7}{\alpha_7^b + \tau_{1-5-6}^B}, \tag{54}$$

$$b_1 = \frac{l_1 \cdot \beta_1}{\alpha_1^b + \tau_{5-6-7}^B}, \tag{55}$$

$$b_2 = \frac{l_2 \cdot \beta_2}{\alpha_2^b + \tau_{1-3-4}^A}, \tag{56}$$

$$b_3 = \frac{l_3 \cdot \beta_3}{\alpha_3^b + \tau_{1-2-4}^A}, \tag{57}$$

$$b_4 = \frac{l_4 \cdot \beta_4}{\alpha_4^b + \tau_{1-2-3}^A}, \tag{58}$$

$$b_9 = \frac{l_9 \cdot \beta_9}{\alpha_9^b + \tau_3^D}. \tag{59}$$

Was die Bestimmung der Verteilungsmaße μ betrifft, so ist nur noch zu bemerken, daß die Anzahl der zu ermittelnden Verteilungsmaße sich nach den belasteten Stäben richtet. Ist z. B. in Fig. 69 nur Stab *1* belastet, so sind zu bestimmen:

$$\mu_{1-2}, \ \mu_{1-3},$$
$$\mu_{1-4} = 1 - (\mu_{1-2} + \mu_{1-3})$$

sowie

$$\mu_{1-5}, \ \mu_{1-6},$$
$$\mu_{1-7} = 1 - (\mu_{1-5} + \mu_{1-6}).$$

Ist auch Stab *3* belastet, so sind noch zu ermitteln:

$$\mu_{3-4}, \ \mu_{3-1},$$
$$\mu_{3-2} = 1 - (\mu_{3-4} + \mu_{3-1}).$$

8. Festpunkte und Verteilungsmaße am „einseitig offenen" Tragwerk.

Haben wir es nicht mit einem allseitig offenen, sondern mit einem nur einseitig offenen Tragwerk zu tun, wie z. B. in Fig. 70, so beginnen wir auf der offenen Seite des Tragwerks, und zwar mit der Bestimmung der Festpunktabstände a_1, a_2 und a_3. Um mit der Berechnung fortfahren zu können, müssen wir, weil das Tragwerk oben durch die Stäbe *9* und *10* geschlossen ist, diejenigen Festpunktabstände vorläufig **schätzen**, die uns zur Berechnung der benötigten Drehwinkel fehlen. Um die Festpunktabstände an den Stäben *7* und *8* bestimmen zu können, müssen wir die oberen Festpunkte K der Stäbe *4*, *5* und *6* vorläufig schätzen. Zweckmäßig wird gewählt:

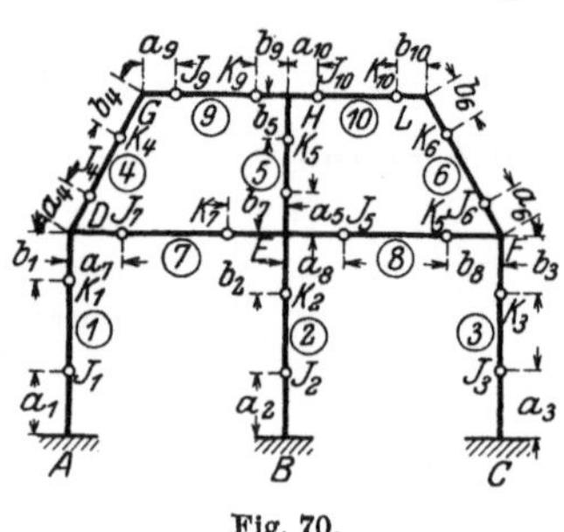

Fig. 70.

$$a \text{ oder } b = 0{,}2 \text{ bis } 0{,}3\,l, \qquad (60)$$

je nach dem Einspannungsgrad an dem zu a oder b gehörigen Stabende.

Um eine **möglichst genaue Schätzung** zu erhalten, gehen wir unter Beachtung der Tatsache, daß der Einfluß eines unrichtig angenommenen Festpunktabstandes auf die zu berechnenden folgenden Festpunktabstände rasch abnimmt, zweckmäßig wie folgt vor: Anstatt die Abstände b_4, b_5 und b_6 zu schätzen, errechnen wir dieselben, indem wir die dazu nötigen vorhergehenden Festpunktabstände, nämlich in unserem Falle a_9, b_9, a_{10} und b_{10} zwischen 0,2 und 0,3 l annehmen. Auf diese Weise erhalten wir für die Abstände b_4, b_5 und b_6 „geschätzte" Werte, welche sich bei der späteren Kontrollrechnung kaum ändern werden. Auf Grund dieser Werte von b_4, b_5 und b_6 erhalten wir dann:

$$a_7 = \frac{l_7 \cdot \beta_7}{\alpha_7^a + \tau_{1-4}^D} \qquad (61)$$

und weiter nach rechts fortschreitend

$$a_8 = \frac{l_8 \cdot \beta_8}{\alpha_8^a + \tau_{2-5-7}^E}. \qquad (62)$$

Ferner können wir nun anschreiben:

$$b_8 = \frac{l_8 \cdot \beta_8}{\alpha_8^b + \tau_{3-6}^F} \qquad (63)$$

und weiter nach links fortschreitend

$$b_7 = \frac{l_7 \cdot \beta_7}{\alpha_7^b + \tau_{2-5-8}^E}. \qquad (64)$$

Nun können wir die Lage der Festpunkte J_4, J_5 und J_6 bestimmen, und zwar ist

$$a_4 = \frac{l_4 \cdot \beta_4}{\alpha_4^a + \tau_{1-7}^D}, \qquad (65)$$

$$a_5 = \frac{l_5 \cdot \beta_5}{\alpha_5^a + \tau_{2-7-8}^E}, \qquad (66)$$

$$a_6 = \frac{l_6 \cdot \beta_6}{\alpha_6^a + \tau_{3-8}^F}, \qquad (67)$$

und die Festpunktabstände an den Balken *9* und *10* ergeben sich nun zu:

$$a_9 = \frac{l_9 \cdot \beta_9}{\alpha_9^a + \tau_4^G} \qquad (68)$$

und nach rechts fortschreitend

$$a_{10} = \frac{l_{10} \cdot \beta_{10}}{\alpha_{10}^a + \tau_{5-9}^H}. \qquad (69)$$

Ferner

$$b_{10} = \frac{l_{10} \cdot \beta_{10}}{\alpha_{10}^b + \tau_6^L} \qquad (70)$$

und nach links fortschreitend

$$b_9 = \frac{l_9 \cdot \beta_9}{\alpha_9^b + \tau_{5-10}^H}. \qquad (71)$$

Da wir die Festpunktabstände b_4, b_5 und b_6 nur geschätzt hatten, so müssen wir nun diese Abstände dadurch kontrollieren, daß wir die Rechnung von oben herunter durchführen unter der Annahme, daß die Festpunktabstände an den Balken *9* und *10* richtig seien. Wurden die Festpunktabstände b_4, b_5 und b_6 schlecht geschätzt, so werden sich dieselben bei der Rechnung von oben herunter etwas ändern und eine zweite Rechnung von unten hinauf auf Grund der korrigierten „geschätzten" Abstände b_4, b_5 und b_6 bringt uns dann dem genau richtigen Resultate derart nahe, daß eine weitere Rechnung in den meisten Fällen überflüssig wird.

An Stelle der Festpunktabstände b_4, b_5 und b_6 hätten wir auch die Festpunktabstände a_7, b_7, a_8 und b_8 an den Balken *7* und *8* als „geschätzte" annehmen und auf Grund dieser die Lage der Festpunkte an den Säulen *4, 5, 6* und an den Balken *9* und *10* berechnen können. Wir hätten dann aber vier Festpunkte schätzen müssen anstatt drei, und es ist klar, daß je mehr Festpunkte als „geschätzte" eingeführt werden, desto länger dauert die Rechnung, bis ein bestimmter Genauigkeitsgrad in den Festpunktabständen erreicht ist. Theoretisch können alle Festpunkte zuerst geschätzt und dann durch Durchführen der Rechnung allmählich auf den gewünschten Genauigkeitsgrad, d. h. dahin gebracht werden, daß die Werte bei wiederholter Durchrechnung keine Abweichungen mehr zeigen, aber dies wäre Zeitverschwendung.

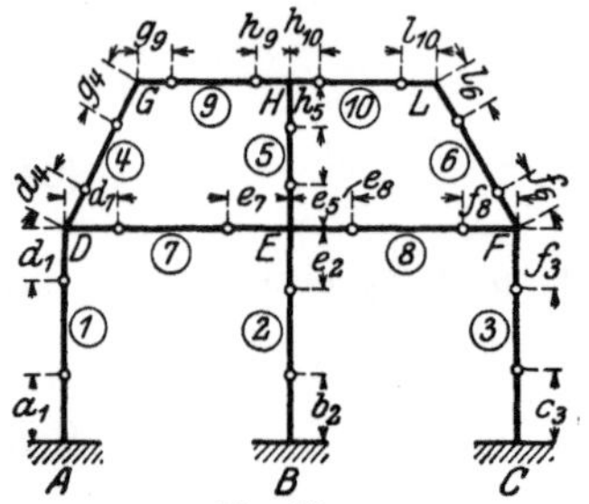

Wenn alle Festpunkte bekannt sind, werden die erforderlichen Verteilungsmaße μ wie früher beschrieben ermittelt.

Es sei noch erwähnt, daß es ganz gleichgültig ist, an welchem Stabende der Festpunktabstand mit a oder b bezeichnet wird, denn an einem einseitig offenen oder geschlossenen Tragwerk können nie zuerst alle Festpunktabstände a und dann alle Abstände b ermittelt werden. Aus diesem Grunde kann es bei solchen Tragwerken zweckmäßig sein, die Festpunktabstände nicht mit a und b, sondern mit dem kleinen Buchstaben desjenigen Knotenpunktes zu bezeichnen, von dem aus sie gemessen werden (siehe Fig. 70a).

Fig. 70a.

9. Festpunkte und Verteilungsmaße am „geschlossenen" Tragwerk.

Aus dem einseitig offenen Tragwerk der Fig. 70 wird ein „geschlossenes" Tragwerk, wenn, wie dies in Fig. 71 dargestellt ist, die Auflagerpunkte A, B und C durch zwei Balken *11* und *12* miteinander verbunden sind.

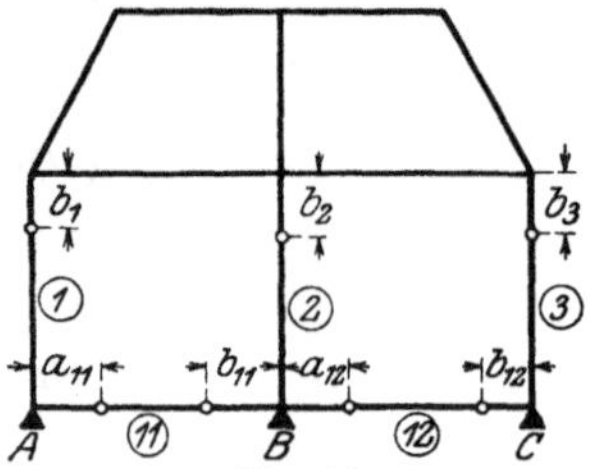

In diesem Falle beginnen wir bei der Bestimmung der Festpunkte ebenfalls unten, wir müssen jedoch, da das Tragwerk unten nicht mehr offen ist, auch noch die Festpunktabstände b_1, b_2 und b_3 vorläufig schätzen, und zwar zweckmäßig analog dem unter „einseitig offenes Tragwerk" Gesagten, worauf wir in der Lage sind, die Festpunktabstände an den Balken *11* und *12* zu berechnen. Es ist

Fig. 71.

$$a_{11} = \frac{l_{11} \cdot \beta_{11}}{\alpha_{11}^a \cdot \tau_1^A} \tag{72}$$

und nach rechts fortschreitend

$$a_{12} = \frac{l_{12} \cdot \beta_{12}}{\alpha_{12}^a \cdot \tau_{2-11}^B}. \tag{73}$$

Ferner ist

$$b_{12} = \frac{l_{12} \cdot \beta_{12}}{\alpha_{12}^b \cdot \tau_3^C} \tag{74}$$

und nach links fortschreitend

$$b_{11} = \frac{l_{11} \cdot \beta_{11}}{\alpha_{11}^b \cdot \tau_{2-12}^B}. \tag{75}$$

Alle übrigen Festpunktabstände können wir nun wie am einseitig offenen Tragwerk der Fig. 70 bestimmen.

In alle Ausdrücke für a, b und μ sind die in Kap. IV abgeleiteten Werte für die Drehwinkel β, α^a, α^b und τ einzusetzen, und zwar unter Berücksichtigung des Verlaufes des Trägheitsmomentes des betreffenden Stabes. Ist der Verlauf des Trägheitsmomentes symmetrisch zur Stabmitte, so ist $\alpha^a = \alpha^b$.

Es sei hiermit noch auf die Zahlenbeispiele am Schlusse verwiesen, in welchen die Lage der Festpunkte und die Verteilungsmaße zahlenmäßig bestimmt wurden.

10. Sonderfälle.

a) Der durchlaufende Balken auf frei drehbaren Stützen.

In Fig. 72 haben wir einen gewöhnlichen durchlaufenden (kontinuierlichen) Balken dargestellt, und in Fig. 72a einen solchen mit einem Knick an den Auf-

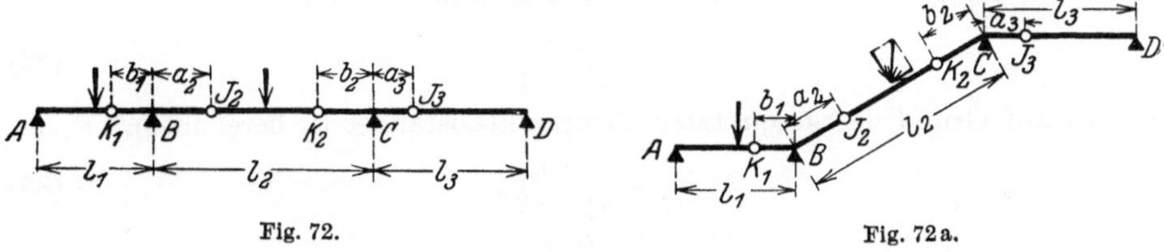

Fig. 72.

Fig. 72a.

lagern B und C (Treppenlauf); für die Berechnung sind beide Fälle gleich. Der durchlaufende Balken ist dadurch gekennzeichnet, daß an jedem Stützpunkt nur ein Stab „anstößt". Aus diesem Grunde ist der in den Hauptformeln (7) und (8) für die beiden Festpunktabstände eines Stabes vorkommende Drehwinkel ε identisch mit dem einfachen Drehwinkel τ an dem betreffenden Stabende und die Festpunktabstände erhalten die Werte:

$$a_1 = 0, \tag{76}$$

$$a_2 = \frac{l_2 \cdot \beta_2}{\alpha_2^a + \tau_1^B}, \tag{77}$$

$$a_3 = \frac{l_3 \cdot \beta_3}{\alpha_3^a + \tau_2^C}, \tag{78}$$

$$b_3 = 0, \tag{79}$$

$$b_2 = \frac{l_2 \cdot \beta_2}{\alpha_2^b + \tau_3^C}, \tag{80}$$

$$b_1 = \frac{l_1 \cdot \beta_1}{\alpha_1^b + \tau_2^B}. \tag{81}$$

In diese Ausdrücke sind die in Kap. IV abgeleiteten Werte für die Drehwinkel β, α^a, α^b und τ einzusetzen, und zwar sind die Werte verschieden, je nachdem das Trägheitsmoment des betreffenden Stabes konstant oder veränderlich ist. Ist ein Stab symmetrisch zu seiner Mitte ausgebildet, so ist $\alpha^a = \alpha^b$.

Verteilungsmaße gibt es am durchlaufenden Balken auf frei drehbaren Stützen keine zu bestimmen (sie sind gleich 1), da an jedem Knotenpunkt nur ein Stab anstößt. und deshalb das volle Moment in diesen Stab übergeht.

b) Das einfache geschlossene Tragwerk.

Dieser Fall entsteht, wenn wir, wie aus Fig. 73 ersichtlich, einen durchlaufenden Balken auf frei drehbaren Stützen in sich schließen, so daß wir einen endlosen Stabzug mit beliebig vielen Stäben vor uns haben.

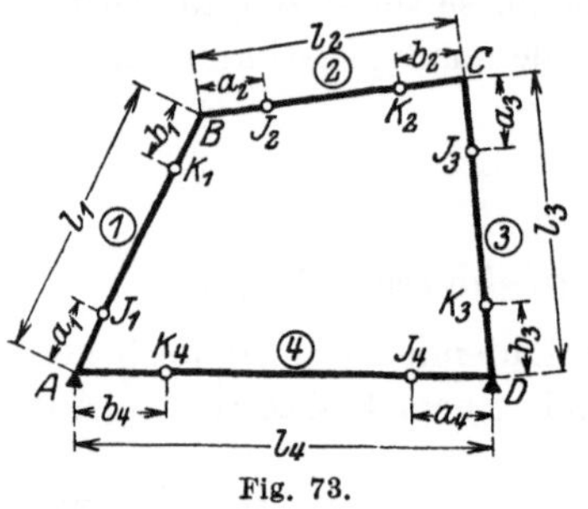

Fig. 73.

Da wir es mit einem geschlossenen Tragwerk zu tun haben, so müssen wir allgemein, um die Berechnung durchführen zu können, wie bereits an Fig. 70 erläutert, einen Festpunktabstand a und einen Festpunktabstand b vorläufig schätzen und dann die Rechnung mit den korrigierten Werten so lange fortsetzen, bis sich keine Abweichung mehr ergibt.

Wir schätzen z. B. den Festpunktabstand a_1 zu $0{,}25\, l_1$ und erhalten nun

$$a_2 = \frac{l_2 \cdot \beta_2}{\alpha_2^a + \tau_1^B} \tag{82}$$

(τ_1^B wird auf Grund des geschätzten Festpunktabstandes a_1 berechnet),

$$a_3 = \frac{l_3 \cdot \beta_3}{\alpha_3^a + \tau_2^C}, \tag{83}$$

$$a_1 = \frac{l_4 \cdot \beta_4}{\alpha_4^a + \tau_3^D}. \tag{84}$$

Weiter im Kreise herum fortschreitend erhalten wir nun für a_1 einen neuen Wert durch Einführung des auf Grund von a_4 zu errechnenden Drehwinkels τ_4^A zu:

$$a_1 = \frac{l_1 \cdot \beta_1}{\alpha_1^a + \tau_4^A} \tag{85}$$

und mit diesem neuen Wert von a_1 können wir die obige Rechnung wiederholen, d. h. die Gl. (82), (83) und (84) frisch anschreiben, um dann wieder einen genaueren Wert für a_1 zu erhalten.

Ist die Abweichung von dem vorhergehend erhaltenen Wert noch nicht klein genug, d. h. der gewünschte Genauigkeitsgrad noch nicht erreicht, was selten der Fall ist, so kann derselbe durch Wiederholung der Rechnung beliebig gesteigert werden.

Analog gehen wir zur Bestimmung der Festpunktabstände b vor, indem wir z. B. b_4 vorläufig schätzen und dann in entgegengesetztem Drehsinn des Uhrzeigers so lange fortschreiten, bis der gewünschte Genauigkeitsgrad erreicht ist. Es ist

$$b_3 = \frac{l_3 \cdot \beta_3}{\alpha_3^b + \tau_4^D} \tag{86}$$

(τ_4^D wird auf Grund des geschätzten Festpunktabstandes b_5 berechnet),

$$b_2 = \frac{l_2 \cdot \beta_2}{\alpha_2^b + \tau_3^C}, \tag{87}$$

$$b_1 = \frac{l_1 \cdot \beta_1}{\alpha_1^b + \tau_2^B}, \tag{88}$$

und hierauf erhalten wir den neuen Wert von b_5 zu:

$$b_4 = \frac{l_4 \cdot \beta_4}{\alpha_4^b + \tau_1^A}, \tag{89}$$

mit welchem wir die Rechnung fortsetzen.

Anstatt zunächst je einen Festpunktabstand a und b zu schätzen, können wir am einfachen geschlossenen Rahmen mit beliebig vielen Stäben auch wie folgt vorgehen:

Zur Bestimmung der Festpunktabstände a schreiben wir den Ausdruck für den Abstand a_2 an und lassen in dem darin einzusetzenden Wert für τ_1^B den Abstand a_1 als unbekannt stehen, anstatt dafür einen geschätzten Zahlenwert einzusetzen, dann ist

$$\tau_1^B = Z_1 \cdot a_1 \tag{90}$$

und

$$a_2 = \frac{l_2 \cdot \beta_2}{\alpha_2^a + Z_1 \cdot a_1}, \tag{91}$$

wenn Z_1 der Zahlenwert ist, welcher mit a_1 multipliziert den Drehwinkel τ_1^B ergibt.

Im Kreise herum fortschreitend ergibt sich:

$$a_3 = \frac{l_3 \cdot \beta_3}{\alpha_3^a + Z_2 \cdot a_2}, \tag{92}$$

$$a_4 = \frac{l_4 \cdot \beta_4}{\alpha_4^a + Z_3 \cdot a_3} \tag{93}$$

und

$$a_1 = \frac{l_1 \cdot \beta_1}{\alpha_1^a + Z_4 \cdot a_4}. \tag{94}$$

Zur Bestimmung der 4 unbekannten Festpunktabstände a_1, a_2, a_3 und a_4 stehen uns nun die 4 Gleichungen (94), (91), (92) und (93) zur Verfügung.

Wir ermitteln nun hieraus den Wert von a_1, indem wir in Gl. (94) nacheinander die Werte von a_4 auf Gl. (93), a_3 aus Gl. (92) und a_2 aus Gl. (91) einsetzen, und dann eine quadratische Gleichung von der Form

$$A \cdot a_1^2 + B \cdot a_1 + C = 0$$

erhalten, woraus sich der Festpunktabstand a_1 ergibt.

Nachdem nun der genaue Wert von a_1 bekannt ist, kann nach Gl. (91) der Abstand a_2, darauf nach Gl. (92) der Abstand a_3 und nach Gl. (93) der Abstand a_4 errechnet werden.

In analoger Weise können die Festpunktabstände b_4, b_3, b_2 und b_1 bestimmt werden.

Aus der Bestimmung der Festpunkte am Zahlenbeispiel Nr. 6 erkennt man, daß es bequemer ist, den ersten Festpunkt zu schätzen, als ihn allgemein bei n Stäben aus einem System von n Gleichungen zu berechnen.

Sind in einem geschlossenen Stabzug, wie z. B. in dem in Fig. 74 dargestellten Behältergrundriß, von sämtlichen aufeinanderfolgenden Stäben die eine Hälfte gleich der anderen Hälfte, d. h.

Stab *1* = Stab *5*,
„ *2* = „ *6*,
„ *3* = „ *7*,
„ *4* = „ *8*,

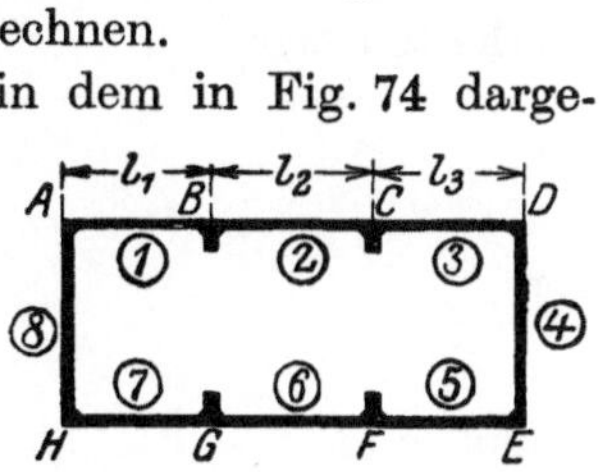

Fig. 74.

so beträgt die Anzahl der zur Bestimmung der Festpunktabstände bei n Stäben benötigten Gleichungen nur $\frac{n}{2}$, aus denen die quadratische Gleichung für den Abstand a des ersten Stabes hervorgeht.

Ist ein geschlossener Stabzug, wie z. B. der in Fig. 75 dargestellte Behältergrundriß, symmetrisch in bezug auf seine Mitte, sowie gleichzeitig symmetrisch belastet (Flüssigkeitsdruck), so vereinfacht sich die Berechnung der Festpunktabstände wesentlich, indem wir von vornherein wissen, daß die Tangente der elastischen Linie in C und H horizontal bleiben muß. Aus diesem

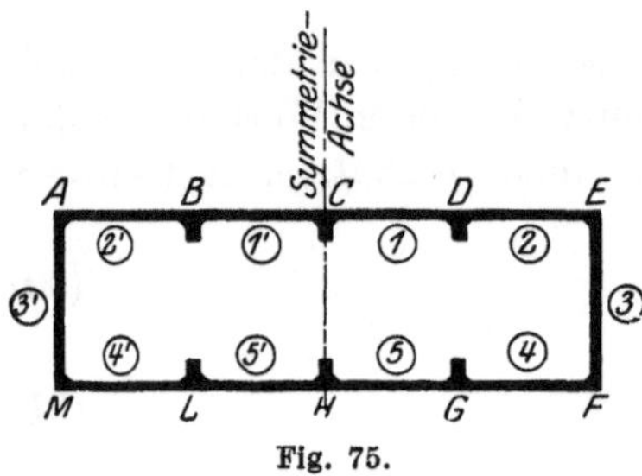

Fig. 75.

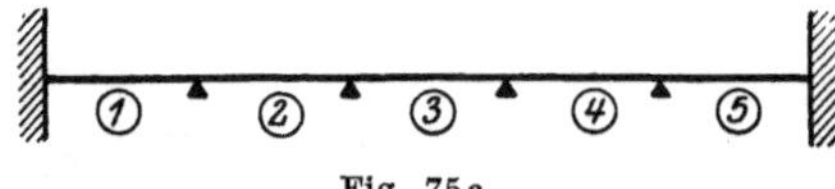

Fig. 75 a.

Grunde können wir den Behälter in C und H als durchgeschnitten und darauf fest eingespannt betrachten, d. h. jede Behälterhälfte wie einen durchlaufenden Balken mit 5 Feldern und voller Einspannung an beiden Enden (siehe Fig. 75a) berechnen.

c) Das einfache geschlossene Tragwerk mit beliebig vielen gleich langen Stäben und konstantem Trägheitsmoment bzw. der durchlaufende Balken mit unendlich vielen Feldern.

Sind in Fig. 73 alle Stäbe einander gleich, d. h. $l_1 = l_2 = l_3 = l_4$, so ist $a_1 = a_2 = a_3 = a_4$.

Setzen wir in die Hauptformel (7) für den Festpunktabstand a die Werte für die Drehwinkel β, α und τ für konstantes Trägheitsmoment der Stäbe ein, d. h. nach Gl. (207)

$$\beta = \frac{l}{6\,E\,J},$$

nach Gl. (204)

$$\alpha^a = \alpha^b = \bar{\alpha} = \frac{l}{2\,E\,J}$$

und nach Gl. (42), nachdem die genannten Werte von α^a und β darin eingesetzt wurden

$$\tau = \frac{l\,(2\,l - 3\,a)}{6\,E\,J\,(l - a)},$$

so erhalten wir

$$a = \frac{l}{3 + \dfrac{2\,l - 3\,a}{l - a}} \tag{95}$$

oder

$$6\,a^2 - 6\,a\,l + l^2 = 0, \tag{96}$$

woraus folgt:

$$a = b = 0{,}2113\,l. \tag{97}$$

Diese Formel gilt nicht etwa nur für ein gleichseitiges Viereck, sondern ganz allgemein für ein gleichseitiges Vieleck bzw. den unendlich langen durchlaufenden Balken mit gleichen Feldern.

III. Graphische Bestimmung der Festpunkte und der Verteilungsmaße.

Das von Wilhelm Ritter-Zürich (Graphische Statik, III. Band) für konstantes Tragheitsmoment angegebene graphische Verfahren zur Bestimmung der Festpunkte am durchlaufenden Balken auf elastisch drehbaren Stützen ist gerade für diesen Fall sehr zweckmäßig und Verfasser hat deshalb das Verfahren dahin erweitert, daß es auch am durchlaufenden Balken mit beliebig veränderlichem Trägheitsmoment aller Stäbe angewendet werden kann. Das graphische Verfahren könnte auch an jedem unsymmetrischen Rahmen (Fig. 101) angewendet werden, es führt jedoch bei nicht in einer Geraden liegenden Stäben zu wenig übersichtlichen Darstellungen.

Der Ableitung der graphischen Bestimmung der Festpunkte legen wir den in Fig. 76 dargestellten durchlaufenden Balken $ABCDE$ mit beliebig veränderlichem Trägheitsmoment auf vier mit dem Balken biegungsfest verbundenen Pfeilern $ABCD$ und einer frei drehbaren Stütze E, an welcher der Balken unverschiebbar festgehalten ist, zugrunde. Der Pfeiler A ist an seinem Fuße gelenkig gelagert, während die Pfeiler B, C und D unten fest eingespannt sind. Es sei nur eine Balkenöffnung, beispielsweise die zweite, mit den Kräften P_1, P_2 und P_3 belastet, es könnte aber ebensogut ein Pfeiler belastet sein (vgl. Fig. 88). Das Verfahren, welches im folgenden abgeleitet wird, gilt sowohl für die Festpunkte am Balken als auch an den Pfeilern. Zur Herleitung aller Formeln und graphischen Konstruktionen gehen wir von der elastischen Linie des Tragwerkes aus.

Um zur elastischen Linie des durchlaufenden Balkens der Fig. 76 zu gelangen, nehmen wir die von der gegebenen äußeren Belastung herrührende, in Fig. 77 schraffierte Momentenfläche des durchlaufenden Balkens vorläufig als bekannt an, betrachten dieselbe nach Mohr (siehe Ableitung im folgenden Kap. IV) als Belastungsfläche und zeichnen zu dieser ein Seileck, welches die elastische Linie des Balkens darstellt, und zwar führen wir im allgemeinsten Falle als Belastungsfläche die $\dfrac{1}{E \cdot J}$ fache (reduzierte) Momentenfläche ein und zeichnen das Krafteck der elastischen Linie mit der Polweite $H = 1$. Ist der Elastizitätsmodul E am ganzen Tragwerk konstant, so bilden wir nur die $\dfrac{1}{J}$ fache Momentenfläche und erhalten damit die E fachen Ordinaten der elastischen Linie.

Im vorliegenden Falle handelt es sich nicht um die wirkliche Form der elastischen Linie, sondern es genügt, dieselbe durch einige wenige Tangenten darzustellen. Das Seileck, welches diese Tangenten bilden, bezeichnen wir kurz als „elastisches Tangenteneck" und die Tangenten der elastischen Linie an den Stützen als „Stützentangenten".

Zur Bestimmung des elastischen Tangentenecks (Fig. 78) betrachten wir in Fig. 76 die schraffierte Momentenfläche der belasteten Öffnung BC als die Differenz zwischen dem positiven Fünfeck $BGC = F_5$ (in Fig. 76 sind die entsprechenden reduzierten Momentenflächen F_5' usw. eingetragen) und dem negativen Trapez $BB''C''C$, welches wir überdies durch die Diagonalen $B'C$, $B''C$

und $B''C'$ in die vier negativen Momentendreiecke $BB'C = F_3$, $B'B''C = F_4$, $B''CC' = F_7$, $B''C'C'' = F_6$ zerlegen. Es ist hervorzuheben, daß die Zerlegung des negativen Trapezes $BB''C''C$ derart erfolgt, daß die Pfeilerkopfmomente $B'B''$ und $C'C''$ die Höhen von zwei besonderen Dreiecken bilden. Ferner betrachten wir in der Öffnung AB die schraffierte Momentenfläche $AA'W_1B'B$, welche ein überschlagenes Viereck bildet, als die Zusammensetzung des positiven Momentendreieckes $AA'B' = F_1$ und des negativen Momentendreieckes $ABB' = F_2$; ebenso betrachten wir das schraffierte überschlagene Momentenviereck $CC'W_3D''D$ der Öffnung CD als die Zusammensetzung des negativen Momentendreiecks $CC'D = F_8$ und des positiven Momentendreieckes $C'DD''$, welches wir noch durch die Diagonale $C'D'$ in die zwei Dreiecke $C'DD' = F_{10}$ und $C'D'D'' = F_9$ teilen.

Zu den auf vorgenannte Weise entstandenen elf Teilmomentenflächen F_1, $F_2, \ldots, F_{11}$ denken wir uns die $\dfrac{1}{E\cdot J}$ fachen, d. h. die entsprechenden reduzierten Momentenflächen $F_1' \ldots F_{11}'$ gebildet und die Inhalte der letzteren in ihren entsprechenden Schwerpunkten zu den in Fig. 76 eingetragenen Einzelkräften $F_1' \ldots F_{11}'$ vereinigt (in Fig. 76 sind die Begrenzungslinien der reduzierten Momentenflächen weggelassen); diese Kräfte tragen wir unter Einführung der positiven Flächen als nach unten und der negativen Flächen als nach oben gerichtete Kräfte in dem mit der Polweite $H = 1$ gezeichneten Krafteck der Fig. 78a zusammen. Das zu letzterem in Fig. 78 gezeichnete Seileck ist das gesuchte elastische Tangenteneck, welches der Bedingung unterworfen ist, daß jede Stützentangente wegen der vorausgesetzten vertikalen Unverschiebbarkeit der Stützpunkte durch den Schnittpunkt von Balken- und Stützenachse gehen muß. Da nun die Ecken des elastischen Tangenteneckes nach obigem auf den senkrechten Schwerlinien der reduzierten Momentenflächen (Einzelkräfte) $F_1' \ldots F_{11}'$ liegen, so besteht die nächste Aufgabe darin, die Lage dieser Schwerlinien festzulegen. Von vornherein können wir nur die vertikale Schwerlinie der Fläche F_5' bestimmen, weil wir deren zugeordnete einfache Momentenfläche $BG'C$ ohne weiteres zu zeichnen vermögen, die übrigen zehn Schwerlinien, welche Momentendreiecken zugeordnet sind und daher „Drittellinien" genannt werden (obwohl dieselben bei dem vorliegenden allgemeinen Fall nicht im Drittelspunkt der Öffnung liegen), können wir wie folgt ermitteln, auch ohne die Stützenhöhen dieser Momentendreiecke, d. h. ohne die Stützenmomente zu kennen.

1. Drittellinien.

Bezeichnen wir mit d^l den Abstand der linken Drittellinie einer Öffnung vom linken Auflager, und mit d^r den Abstand der rechten Drittellinie vom rechten Auflager dieser Öffnung, ferner mit einem angehängten Zeiger $1 \ldots 4$ die Ordnungszahl der Öffnung, so erhalten wir beispielsweise den

Abstand d_1^l der linken Drittellinie

in der ersten Öffnung, d. h. den Schwerpunktsabstand d_1^l der $\dfrac{1}{E\cdot J}$ fachen (reduzierten) Momentenfläche F_1' vom linken Auflager A aus dem Dreieck $A_5A_5'B_5$

(Fig. 80 oder 76a, letztere ist ein Ausschnitt aus Fig. 80) mit der Stützweite l_1 als Grundlinie und der beliebigen Stützenhöhe h (zweckmäßig $h = 1$) in A wie folgt:

a) Analytisch.

Es sei (Fig. 80 oder 76a) $A A_5'' G B_5$ die dem Momentendreieck $A_5 A_5' B_5$ entsprechende $\dfrac{1}{E \cdot J}$ fache (reduzierte) Momentenfläche. Wir teilen dieselbe in verhältnismäßig schmale senkrechte Streifen mit der Breite $\varDelta s$, dem Schwerpunktabstand z vom linken und z' vom rechten Ende der Öffnung l_1; der Inhalt $\varDelta F$ eines solchen, in Fig. 80 oder 76a durch Schraffur hervorgehobenen Flächenstreifens („elastisches Gewicht") beträgt:

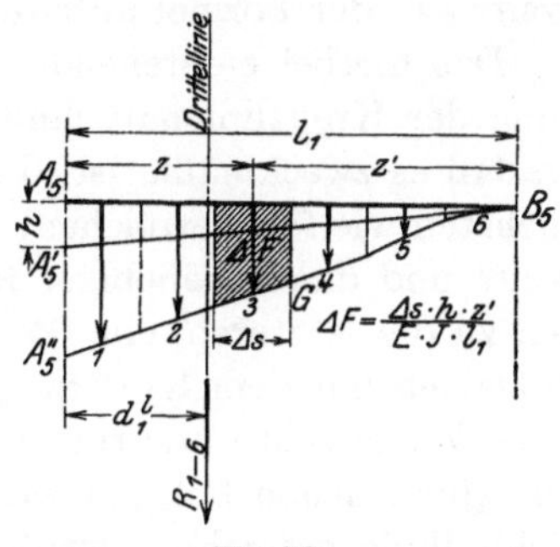

Fig. 76a.

$$\varDelta F = \frac{\varDelta s \cdot h \cdot z'}{E \cdot J \cdot l_1}. \tag{98}$$

Dieser Ausdruck für $\varDelta F$ und die folgenden für d und v sind nur dann richtig, wenn man die Streifen der reduzierten Momentenfläche so schmal macht, daß der Schwerpunkt derselben in ihrer Mtte $\left(\dfrac{\varDelta s}{2}\right)$ angenommen werden kann, denn sonst müßte man nach Reduktion der Momentenfläche die Inhalte der Flächenstreifen und deren Schwerpunkte ermitteln, wodurch man neue Werte für die Abstände z erhielte. Man sieht aber aus den Zahlenbeispielen in Band II, daß man nur dann die Schwerpunkte nicht in Streifenmitte annehmen darf, wenn man sehr große Streifenbreiten annimmt (Zahlenbeispiel Nr. 1). Auch für die Streifen an den Dreiecksspitzen, z. B. $\varDelta F_7$, darf trotz Dreiecksform der betreffenden reduzierten Momentenfläche Streifenmitte als Schwerpunkt angenommen werden, da das betreffende elastische Gewicht verhältnismäßig klein ist und dasselbe außerdem noch nahe am Auflager wirkt.

Nach der Schwerpunktslehre erhält man aus dem Moment aller Flächenstreifen in bezug auf die Senkrechte durch A, wenn wir

$$\frac{\varDelta s}{J} = w$$

setzen:

$$d_1^l = \frac{\sum\limits_0^{l_1} \varDelta F \cdot z}{\sum\limits_0^{l_1} \varDelta F} = \frac{\sum\limits_0^{l_1} w \cdot z \cdot z'}{\sum\limits_0^{l_1} w \cdot z'}. \tag{99}$$

b) Graphisch.

Trägt man die Kräfte $\varDelta F$ aus Gl. (98) mittels Kraft- und Seileck mit beliebiger Polweite und in beliebigem Kräftemaßstab zusammen (Fig. 80 u. 80a), so erhält man die linke Drittellinie der Öffnung l_1 als Schwerlinie dieser Kräfte. Da es hierbei nicht auf die wirkliche Größe der durch Gl. (98) ausgedrückten Kräfte $\varDelta F$, sondern nur auf ihr gegenseitiges Verhältnis ankommt, so trägt man diese Kräfte $\varDelta F$ in der einfacheren Form

$$\varDelta F = w \cdot \frac{z'}{l_1}$$

auf, weil h und E konstant sind; obwohl l auch konstant, ist es wegen der späteren Ermittlung der verschränkten Drittellinie zweckmäßig, die Spannweite l in der Formel mitzuführen.

Das hierbei entstehende Seileck benötigen wir später noch bei der Ermittlung der Kreuzlinienabschnitte (Kap. V), jedoch mit waagerechter Schlußlinie, so daß es zweckmäßig ist, dieses Seileck gleich so zu zeichnen, was wir am einfachsten wie folgt erreichen: Nachdem wir das Seileck zuerst mit beliebiger Polweite und damit beliebiger Richtung der Schlußlinie gezeichnet haben, ziehen wir zu der letzteren, eine Parallele durch den Pol, bestimmen den Schnittpunkt derselben mit dem Kräftezuge des Kraftecks, ziehen durch diesen Schnittpunkt eine Waagerechte und tragen auf der letzteren die Polweite ab; dadurch erhalten wir einen neuen Pol, mit welchem nun das endgültige Seileck mit waagerechter Schlußlinie gezeichnet werden kann.

Die Polweite des Kraftecks (Fig. 80a) wählt man zweckmäßig derart, daß man die Endstrahlen des Seilecks (Fig. 80) nicht flacher, sondern eher steiler als die 45⁰-Neigung erhält wegen des späteren Abgreifens der Abschnitte s. Was den Kräftemaßstab betrifft, so ist es zweckmääßig, wenn für alle Kraftecke, welche zur Bestimmung der Drittellinien am ganzen durchlaufenden Balken dienen, wegen Ermittlung der verschränkten Drittellinien, derselbe Maßstab gewählt wird.

Ist der Balken symmetrisch zu seiner Mitte, so ist

$$d_1^r = d_1^l,$$

und es braucht dann in jeder Öffnung nur die Schwerlinie eines reduzierten Momentendreieckes (mit Spitze am einen oder am andern Ende) bestimmt zu werden; d. h. wenn in Fig. 80 d_1^l ermittelt wurde, wird bei symmetrischem Balken Fig. 83 überflüssig.

Den

Abstand d_1 der rechten Drittellinie

der ersten Öffnung (senkrechte Schwerlinie der reduzierten Momentenfläche F_2') vom rechten Auflager B erhalten wir aus dem Momentendreieck $A_6 B_6 B_6'$ (Fig. 83 oder 76b) mit der Grundlinie l_1 und der beliebigen Stützenhöhe h (zweckmäßig $h = 1$) in B auf analoge Weise.

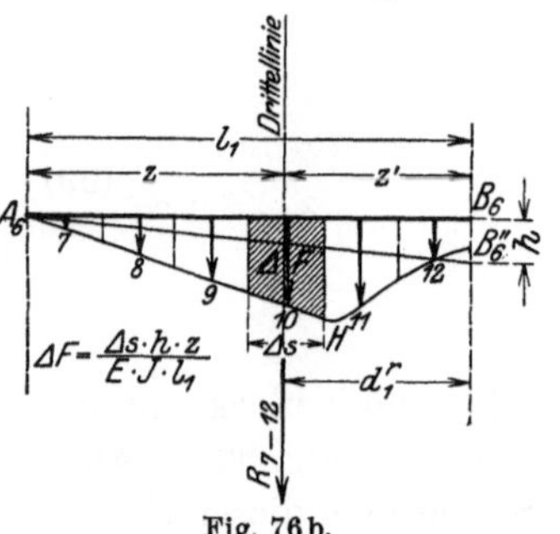

Fig. 76b.

a) Analytisch.

Es sei (Fig. 83 oder 76b) $A_6 H B_6'' B_6$ die dem Momentendreieck $A_6 B_6 B_6'$ zugeordnete $\dfrac{1}{E \cdot J}$fache (reduzierte) Momentenfläche. Wir teilen dieselbe wieder in schmale senkrechte Streifen mit der Breite $\varDelta s$, dem Schwerpunktsabstand z vom linken und z' vom rechten Ende der Öffnung l_1. Der Inhalt $\varDelta F$ eines solchen in Fig. 83 oder 76b schraffierten Flächenstreifens beträgt:

$$\varDelta F = \frac{\varDelta s \cdot h \cdot z}{E \cdot J \cdot l_1}. \tag{100}$$

Bezüglich Wahl der Breite dieser Streifen gilt das für die linke Drittellinie Gesagte.

Nach der Schwerpunktslehre erhält man aus dem Moment aller Flächenstreifen in bezug auf die Senkrechte durch B, wenn wir wieder $\dfrac{\Delta s}{J} = w$ setzen:

$$d_1^r = \frac{\sum\limits_0^{l_1} \Delta F \cdot z'}{\sum\limits_0^{l_1} \Delta F} = \frac{\sum\limits_0^{l_1} w \cdot z \cdot z'}{\sum\limits_0^{l_1} w \cdot z} \ . \tag{101}$$

b) Graphisch.

Trägt man die Kräfte ΔF aus Gl. (100) mittels Kraft- und Seileck mit beliebiger Polweite und in beliebigem Kräftemaßstab zusammen (Fig. 83 u. 83a), so erhält man die rechte Drittellinie der Öffnung l_1 als Schwerlinie dieser Kräfte: da es hierbei nicht auf die wirkliche Größe der durch Gl. (100) ausgedrückten Kräfte ΔF, sondern nur auf ihr gegenseitiges Verhältnis ankommt, so trägt man diese Kräfte ΔF in der einfacheren Form:

$$\Delta F = w \cdot \frac{z}{l_1}$$

auf.

Bezüglich Wahl von Polweite und Kräftemaßstab gilt das für die linke Drittellinie Gesagte.

In den übrigen Öffnungen bestimmen wir die Drittellinie ähnlich wie vor.

Da aus den Gleichungen (99) und (101) das Stützenmoment h ausgeschieden ist, so war es richtig, der Bestimmung der Drittellinien ein Dreieck mit beliebiger Stützenhöhe zugrunde zu legen, und es folgt weiter, daß die beiden Drittellinien einer Öffnung unabhängig sind von den wirklichen Stützenmomenten und also auch von der Belastung und nur abhängig von den Querschnittsabmessungen und der Stützweite dieser Öffnung.

2. Verschränkte Drittellinien.

Wir betrachten jetzt in Fig. 77 die beiden an der Stütze B zusammenstoßenden Momentendreiecke ABB' und $BB'C$ mit der gemeinschaftlichen Höhe BB' und den beiden zugeordneten reduzierten Momentenflächen F_2' und F_3'. Die senkrechte Schwerlinie S^B der gemeinsamen $\dfrac{1}{E \cdot J}$ fachen (reduzierten) Momentenfläche (Fig. 83 u. 84 oder 76c) geht in der Nähe von B durch den Schnittpunkt B_2' der die Kräfte F_2' und F_3' in Fig. 78 einschließenden Seilseiten b und d. Die Schwerlinie S^B nennen wir „verschränkte Drittelline der Öffnungen l_1 und l_2''. In gleicher Weise schneiden sich die Seilseiten g und i, welche die

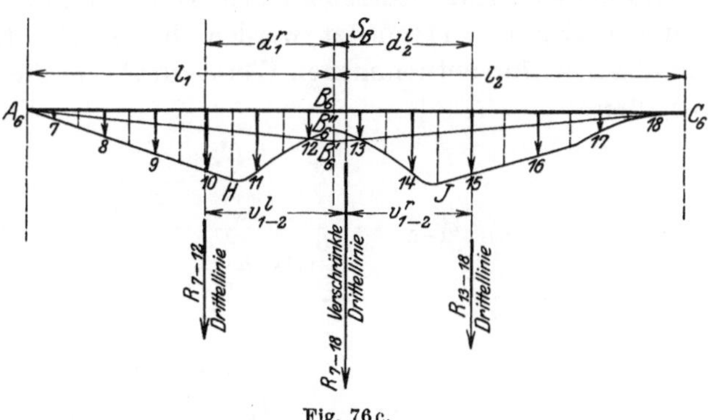

Fig. 76c.

Kräfte F'_7 und F'_8 einschließen, in der Nähe von C auf der „verschränkten Drittel-linie S^C der Öffnungen l_2 und l_3", und die die Kräfte F'_{10} und F'_{11} einschließenden Seilseiten k und m auf der „verschränkten Drittellinie S der Öffnungen l_3 und l_4".

Um beispielsweise die Lage von S^B zu bestimmen, verfahren wir in folgender Weise:

a) Analytisch.

Wir bezeichnen (Fig. 78) den Abstand der den Öffnungen l_1 und l_2 zuge-ordneten verschränkten Drittellinie S^B von der nächsten links gelegenen (der zweiten Öffnung) mit v^r_{1-2}. Nach der Schwerpunktslehre erhalten wir Drittel-linie (rechte Drittellinie der ersten Öffnung) mit v^l_{1-2} und den Abstand derselben von der nächsten rechts gelegenen Drittellinie (linke Drittellinie v^l_{1-2} bzw. v^r_{1-2}) aus dem statischen Moment der Kräfte F'_2 und F'_3 in bezug auf die Richtung von F'_2 bzw. auf die Richtung von F'_3:

$$v^l_{1-2} = \frac{F'_3}{F'_2 + F'_3} \cdot (d^r_1 + d^l_2), \tag{102}$$

$$v^r_{1-2} = \frac{F'_2}{F'_2 + F'_3} \cdot (d^r_1 + d^l_2). \tag{103}$$

In den Gl. (102) und (103) ersetzen wir die dem wirklichen Momentendreieck $A B' C$ (Fig. 77) entsprechende reduzierte Momentenfläche $F'_2 + F'_3$ durch die aus dem Momentendreieck $A_6 B'_6 C_6$ (Fig. 83 und 84) mit der beliebigen Stützen-höhe h hergeleitete reduzierte Momentenfläche $A_6 H B''_6 J C_6$; ebenso ersetzen wir die reduzierte Momentenfläche F'_2 durch die aus dem Momentendreieck $A_6 B_6 B'_6$ (Fig. 83 oder 76c) hergeleitete reduzierte Momentenfläche $A_6 H B''_6 B_6$, und die reduzierte Momentenfläche F'_3 durch die aus dem Momentendreieck $B_6 B'_6 C_6$ (Fig. 84 oder 76c) hergeleitete reduzierte Momentenfläche $B_6 B''_6 J C_7$. Durch diese Vertauschung ändern die Verhältnisse

$$\frac{F'_3}{F'_2 + F'_3} \quad \text{und} \quad \frac{F'_2}{F'_2 + F'_3}$$

der Gl. (102) und (103) ihren Wert nicht, denn aus den späteren Gl. (104) und (105) scheidet das Stützenmoment h aus, wodurch ausgedrückt ist, daß v^l_{1-2} und v^r_{1-2} vom Stützenmoment in B unabhängig sind, und daß daher das un-bekannte wirkliche Stützenmoment BB' (Fig. 77) durch ein beliebig anderes (zweckmäßig $h = 1$) ersetzt werden durfte. Mit Einführung der aus Fig. 83 und 84 bzw. 76c entnommenen Werte für ΔF in die Gl. (102) und (103) erhalten wir dann:

$$v^l_{1-2} = \frac{\sum\limits_0^{l_2} \dfrac{\Delta s \cdot h \cdot z'}{E \cdot J \cdot l_2}}{\sum\limits_0^{l_1} \dfrac{\Delta s \cdot h \cdot z}{E \cdot J \cdot l_1} + \sum\limits_0^{l_2} \dfrac{\Delta s \cdot h \cdot z'}{E \cdot J \cdot l_2}} \cdot (d^r_1 + d^l_2)$$

$$= \frac{\dfrac{1}{l_2} \sum\limits_0^{l_2} w \cdot z'}{\dfrac{1}{l_1} \sum\limits_0^{l_1} w \cdot z + \dfrac{1}{l_2} \sum\limits_0^{l_2} w \cdot z'} \cdot (d^r_1 + d^l_2). \tag{104}$$

$$v_{1-2}^r = \frac{\sum\limits_{0}^{l_1} \frac{\varDelta s \cdot h \cdot z}{E \cdot J \cdot l_1}}{\sum\limits_{0}^{l_1} \frac{\varDelta s \cdot h \cdot z}{E \cdot J \cdot l_1} + \sum\limits_{0}^{l_1} \frac{\varDelta s \cdot h \cdot z'}{E \cdot J \cdot l_2}} \cdot (d_1^r + d_2^l)$$

$$= \frac{\frac{1}{l_1} \sum\limits_{0}^{l_1} w \cdot z}{\frac{1}{l_1} \sum\limits_{0}^{l_1} w \cdot z + \frac{1}{l_2} \sum\limits_{0}^{l_2} w \cdot z'} \cdot (d_1^r + d_2^l). \tag{105}$$

b) Graphisch.

Graphisch erhält man die Lage der verschränkten Drittellinie S^B, indem man die Schwerlinie der beiden reduzierten Momentenflächen $A_6 H B_6'' B_6$ und $B_6 B_6'' J C_6$ bestimmt. Da die rechte Drittellinie der ersten Öffnung die Schwerlinie der reduzierten Momentenfläche $A_6 H B_6'' B_6$ und die linke Drittellinie der zweiten Öffnung die Schwerlinie der reduzierten Momentenfläche $B_6 B_6'' J C_6$ darstellt, so braucht man nur die Resultierende der beiden in den genannten Drittellinien wirkenden Kräfte:

$$R_{1-7} = \sum\limits_{8}^{14} w \cdot \frac{z}{l_1} \quad \text{und} \quad R_{15-22} = \sum\limits_{15}^{22} w \cdot \frac{z'}{l_2}$$

zu bilden. Dies erfolgte in den Fig. 83 und 84 und 83a und 84a mittels des Kraft- und Seilecks $p - q$ mit beliebiger, jedoch zur Benützung der waagerechten Linie $L' M'$ als mittleren Seilstrahl, waagerecht angenommener Polweite und unter der Voraussetzung, daß die Kraftecke der Fig. 83a und 84a in demselben Kräftemaßstab aufgetragen wurden. Die Polweiten der Kraftecke der Fig. 83a und 84a brauchen nicht, wie es in diesen Figuren teilweise der Fall ist, gleich angenommen zu werden, sondern sie werden, wie unter 1. erwähnt, derart gewählt, daß die Endstrahlen der zugehörigen Seilecke nicht flacher als die 45°-Neigung verlaufen, damit die Abschnitte s möglichst genau abgegriffen werden können.

Ist die Balkenöffnung 1 symmetrisch zu ihrer Mitte, so daß $R_{8-14} = R_{1-7}$, so trägt man R_{1-7} im Abstand $d_1^r = d_1^l$ von B_8 aus ab und bildet darauf, wie oben erwähnt, die Schwerlinie R_{8-22} (Fig. 83/84).

Die verschränkte Drittellinie in der Nähe von C bzw. D erhält man in analoger Weise.

Aus den Gl. (104) und (105), aus welchen die Stützenhöhe h ausgeschieden ist, folgt, daß die verschränkte Drittellinie in der Nähe einer Stütze nur abhängig ist von den Stützweiten und Querschnitten der beiden an die besreffende Stütze anschließenden Öffnungen und nicht abhängig von deren Belastungen.

Mit Hilfe der Drittellinien und der verschränkten Drittellinien leiten wir nun das Verfahren zur Bestimmung der Festpunkte ab, und zwar zunächst für die linken Festpunkte J. Wir beginnen mit der Bestimmung des Festpunktes J_1 in der ersten Öffnung links.

3. Linker Festpunkt J_1.

Bei freier Auflagerung in A wäre in Fig. 77 $M_1^A = 0$, also auch die Kraft $F_1 = 0$. Dann würde in Fig. 78 die Seilseite b mit der Seilseite a zusammenfallen und die Balkenachse in A_1 schneiden. Ist der Balken jedoch in A eingespannt, wie im vorliegenden Fall, so hat das Tangenteneck wegen der vorhandenen Kraft F_1' einen Knick in R und die innere Seilseite b schneidet die Balkenachse in einem Punkt J_1, welcher die feste Strecke d_1^l in die 2 Strecken

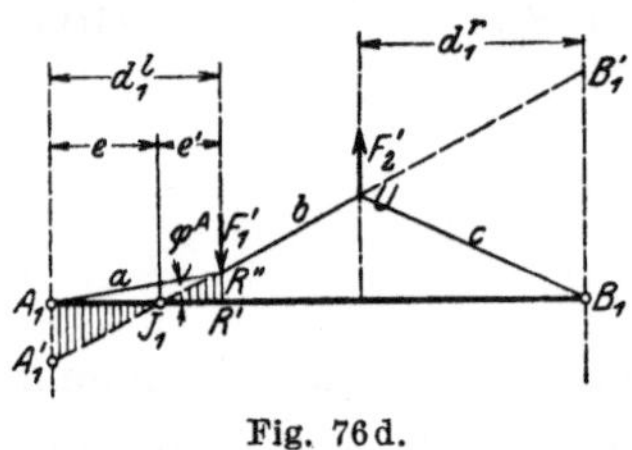

Fig. 76d.

e und e' teilt, welche wie folgt bestimmt werden:

Im überschlagenen Viereck $A_1 A_1' J_1 R'' R'$ (Fig. 78 oder 76d) besteht

$$\frac{e}{e'} = \frac{A_1 A_1'}{R' R''}, \tag{106}$$

worin $A_1 A_1'$ den Abschnitt der die Kraft F_1' einschließenden Seilseiten a und b auf der linken Stützensenkrechten bedeutet. Nach dem Satz vom statischen Moment paralleler Kräfte ist das Produkt der Strecke $A_1 A_1'$ mit der Polweite $H = 1$ gleich dem statischen Moment der Kraft F_1' in bezug auf die Senkrechte durch A, d. h.

$$A_1 A_1' = F_1' \cdot d_1^l. \tag{107}$$

Setzen wir noch

$$F_1' = k_1 \cdot F_1, \tag{108}$$

worin

$$F_1 = \text{Momentendreieck } A\,A'B' = M_5^A \cdot \frac{l_1}{2}, \tag{109}$$

(da $M_1^A = M_5^A$), so liefert Gl. (107):

$$A_1 A_1' = k_1 \cdot \frac{M_5^A \cdot l_1 \cdot d_1^l}{2}. \tag{110}$$

Andererseits ist im Dreieck $A_1 R' R''$ (Fig. 78 oder 76d)

$$R' R'' = \text{tg } \varphi^A \cdot d_1^l. \tag{111}$$

Da der Winkel φ^A zwischen der Stützentangente (Seilseite a) und der Balkenachse sehr klein ist, kann die trigonometrische Tangente mit dem Winkel vertauscht werden, so daß

$$R' R'' = \varphi^A \cdot d_1^l. \tag{112}$$

Die waagrechte Balkenachse und die senkrechte Pfeilerachse beschreiben denselben Drehwinkel φ^A in A, den wir nachfolgend bestimmen wollen.

Wir denken uns zu dem Zweck den linken Pfeiler durch einen Schnitt unmittelbar unterhalb A vom Balken getrennt, mit dem Schnittmoment M_5^A belastet, und den Pfeilerkopf zur Sicherung der vorausgesetzten waagrechten Unverschiebbarkeit gelenkartig gelagert.

Es sei weiter τ_5^A der Drehwinkel des Pfeilerkopfes durch ein Moment $M_5^A = 1$; dann beträgt der durch M_5^A bewirkte Drehwinkel:

$$\varphi^A = M_5^A \cdot \tau_5^A. \tag{113}$$

Diesen Wert in Gl. (112) eingesetzt gibt

$$R'R'' = M_5^A \cdot \tau_5^A \cdot d_1^l.$$
(114)

Die Division von Gl. (110) durch Gl. (114) ergibt nun:

$$\frac{A_1 A_1'}{R'R''} = k_1 \cdot \frac{M_5^A \cdot l_1 \cdot d_1^l}{2 \cdot M_5^A \cdot \tau_5^A \cdot d_1^l} = k_1 \cdot \frac{l_1}{2 \cdot \tau_5^A}.$$
(115)

Und aus Gl. (106) und (115) folgt schließlich

$$\frac{e}{e'} = k_1 \cdot \frac{l_1}{2 \cdot \tau_5^A},$$
(115a)

oder allgemein:

$$\frac{e}{e'} = k \cdot \frac{l}{2\,\varepsilon}.$$
(116)

Der hierin vorkommende Drehwinkel τ wird nach Kap. II, 6 bestimmt; der Wert für konstantes Trägheitsmoment ist am Schluß des Abschnittes 4 dieses Kapitels angegeben. Den Verhältniswert k_1 erhalten wir wie folgt:

Nach Gl. (108) ist

$$k_1 = \frac{F_1'}{F_1}.$$
(117)

Wie aus der folgenden Formel (119) hervorgeht, stehen das unbekannte Momentendreieck $F_1 = A A' B'$ und die zugeordnete reduzierte Momentenfläche F_1' in demselben Verhältnis zueinander wie das beliebige Dreieck $A_5 A_5' B_5$ (Fig. 80 oder 76a) und die entsprechende reduzierte Momentenfläche $A_5 A_5'' G B_5$, daher ist

$$k_1 = \frac{\text{Fläche } A_5 A_5'' G B_5}{\text{Fläche } A_5 A_5' B_5}.$$
(118)

Diesen Wert ermitteln wir entweder graphisch durch Planimetrierung der beiden Flächen oder analytisch aus

$$k_1 = \frac{A_5 A_5'' G B_5}{A_5 A_5' B_5} = \frac{\sum\limits_0^{l_1} \dfrac{\Delta s \cdot h \cdot z'}{E \cdot J \cdot l_1}}{\dfrac{h \cdot l_1}{2}} = \frac{2 \cdot \sum\limits_0^{l_1} w \cdot z'}{E \cdot l_1^2}.$$
(119)

Aus der Gl. (119) ist das Stützenmoment h ausgeschieden, d. h. der Wert k ist unabhängig von der wirklichen Größe des Stützenmomentes $A A'$, und es war also richtig, k aus einem Dreieck mit beliebiger Höhe zu bestimmen.

Aus Gl. (116) sowie aus den Gleichungen zur Bestimmung von k_1 und von τ_5^A geht jetzt hervor, daß das Verhältnis $\dfrac{e}{e'}$ unabhängig ist von der Belastungsart und nur abhängt von den Abmessungen des Pfeilers A und des Trägers der ersten Öffnung, d. h. der Punkt J_1 (Fig. 78 oder 76d), welcher die feste Strecke d_1^l in das feste Verhältnis $\dfrac{e}{e'}$ teilt, ist ein Festpunkt oder Fixpunkt.

Es ist jetzt noch zu beweisen, daß der Festpunkt J_1 der Fig. 78 oder 76d und der Momentennullpunkt W_1 der Fig. 77 zusammenfallen:

In Fig. 78 oder 76d ist das Produkt der Strecke $A_1 A_1'$ mit der Polweite $H = 1$ gleich dem statischen Moment der Kraft F_1' in bezug auf A, ebenso ist das

Produkt der Strecke $B_1 B_1'$ mit der Polweite $H = 1$ gleich dem statischen Moment der Kraft F_2' in bezug auf B. Wir können daher anschreiben:

$$A_1 A_1' = F_1' \cdot d_1^l \tag{120}$$

und

$$B_1 B_1' = F_2' \cdot d_1^r. \tag{121}$$

Daraus folgt durch Division

$$\frac{A_1 A_1'}{B_1 B_1'} = \frac{F_1' \cdot d_1^l}{F_2' \cdot d_1^r}. \tag{122}$$

Hierin kommen die den Momentenflächen $A A' B'$ und $A B B'$ der Fig. 77 entsprechenden $\frac{1}{E \cdot J}$ fachen (reduzierten) Momentenflächen F_1' und F_2' vor.

Um beispielsweise F_1' auszudrücken, teilen wir ähnlich wie in Fig. 80 oder 76a die Momentenfläche $A A' B'$ in senkrechte Streifen von dem Inhalt

$$\frac{\varDelta s \cdot A A' \cdot z'}{E \cdot J \cdot l_1}$$

und erhalten:

$$F_1' = \sum_0^{l_1} \frac{A A' \cdot \varDelta s \cdot z'}{E \cdot J \cdot l_1} = \frac{A A'}{E \cdot l_1} \cdot \sum_0^{l_1} w \cdot z', \tag{123}$$

ebenso

$$F_2' = \sum_0^{l_1} \frac{B B' \cdot \varDelta s \cdot z'}{E \cdot J \cdot l_1} = \frac{B B'}{E \cdot l_1} \cdot \sum_0^{l_1} w \cdot z. \tag{124}$$

Die vorstehenden Werte, sowie die Werte von d_1^l und d_1^r aus den Gl. (99) und (101) in die Gl. (122) eingesetzt gibt:

$$\frac{A_1 A_1'}{B_1 B_1'} = \frac{\dfrac{A A'}{E \cdot l_1} \cdot \sum\limits_0^{l_1} w \cdot z' \cdot \dfrac{\sum\limits_0^{l_1} w \cdot z \cdot z'}{\sum\limits_0^{l_1} w \cdot z'}}{\dfrac{B B'}{E \cdot l_1} \cdot \sum\limits_0^{l_1} w \cdot z \cdot \dfrac{\sum\limits_0^{l_1} w \cdot z \cdot z'}{\sum\limits_0^{l_1} w \cdot z}}. \tag{125}$$

Daraus folgt:

$$\frac{A_1 A_1'}{B_1 B_1'} = \frac{A A'}{B B'}, \tag{126}$$

d. h. in den überschlagenen Vierecken $A A' W_1 B' B$ (Fig. 77) und $A_1 A_1' J_1 B_1' B_1$ (Fig. 78 oder 76d) liegen die Punkte W_1 und J_1 auf derselben Senkrechten.

4. Linke Festpunkte J_2, J_3 und J_4.

Von den linken Festpunkten der 3 übrigen Öffnungen ermitteln wir noch denjenigen der zweiten Öffnung:

In Fig. 78 oder 76e schneiden die inneren Seilseiten b und e die verschränkte Drittellinie S^B in den Punkten B_2' und B_2''. Die Verbindungslinie von B_2' mit dem Punkt T', in welchem sich Balkenachse und Drittellinie rechts von B schneiden, trifft die verlängerte Seilseite e in einem Punkt E, welcher die feste Strecke v_{1-2}^r in die zwei Strecken e und e' teilt. Aus dem schraffierten überschlagenen Viereck $B_2' B_2'' E T'' T'$ (Fig. 78 oder 76d) folgt:

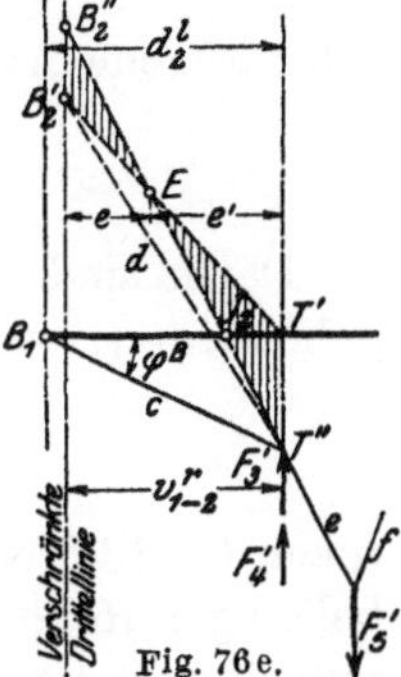
Fig. 76e.

$$\frac{e}{e'} = \frac{B_2' B_2''}{T' T''}. \tag{127}$$

Die Strecken $B_2' B_2''$ und $T' T''$ bestimmen wir wie folgt:

Zunächst ist $B_2' B_2''$ der Abschnitt der die Kraft F_4' einschließenden Seilseiten d und e auf der verschränkten Drittellinie S^B, deshalb ist das Produkt von $B_2' B_2''$ mit der Polweite $H = 1$ gleich dem statischen Moment der Kraft F_4 in bezug auf die verschränkte Drittellinie oder

$$B_2' B_2'' = F_4' \cdot v_{1-2}^r. \tag{128}$$

Ferner ist im Dreieck $B_1 T' T''$ (Fig. 78 oder 76e)

$$T' T'' = d_2^l \cdot \operatorname{tg} \varphi^B, \tag{129}$$

worin φ^B den Drehwinkel der Balkenachse in B bedeutet. Weil φ^B sehr klein ist, kann gesetzt werden

$$\operatorname{tg} \varphi^B = \varphi^B, \tag{130}$$

womit nach Gl. (129)

$$T' T'' = d_2^l \cdot \varphi^B. \tag{131}$$

Da nun Balkenachse und Pfeilerachse denselben Drehwinkel φ^B in B beschreiben, so denken wir uns zur Bestimmung von φ^B einen Schnitt unmittelbar unterhalb der Balkenachse geführt und den vom Balken getrennten Pfeiler am Kopfe in einem Gelenk gelagert und mit dem wirklichen Pfeilerkopfmoment M_6^B belastet. Es sei τ_6^B der Drehwinkel, welcher durch $M_6^B = 1$ am Kopfe entsteht; dann beträgt der durch M_6^B selbst hervorgerufene Winkel

$$\varphi^B = M_6^B \cdot \tau_6^B. \tag{132}$$

Diesen Wert in Gl. (131) eingesetzt gibt:

$$T' T'' = d_2^{ll} \cdot M_6^B \cdot \tau_6^B. \tag{133}$$

Dividieren wir jetzt Gl. (128) durch (133), so folgt:

$$\frac{B_2' B_2''}{T' T''} = \frac{F_4' \cdot v_{1-2}^r}{M_6^B \cdot \tau_6^B \cdot d_2^l}. \tag{134}$$

Setzen wir:

$$F_4' = k_2 \cdot F_4 = k_2 \cdot \frac{M_6^B \cdot l_2}{2}, \tag{135}$$

so erhalten wir nach Gl. (127) in Verbindung mit Gl. (134):

$$\frac{e}{e'} = k_2 \cdot \frac{M_6^B \cdot l_2 \cdot v_{1-2}^r}{2 \cdot M_6^B \cdot \tau_6^B \cdot d_2^l}, \tag{136}$$

oder

$$\frac{e}{e'} = k_2 \cdot \frac{l_2}{2 \cdot \tau_6^B} \cdot \frac{v_{1-2}^r}{d_2^l}\,, \tag{136a}$$

oder allgemein:

$$\frac{e}{e'} = k \cdot \frac{l}{2 \cdot \varepsilon} \cdot \frac{v^r}{d^l}\,. \tag{137}$$

Darin sind alle Größen bis auf den Faktor k_2 bekannt oder nach vorhergehendem (τ nach Kap. II) ermittelbar. Den Faktor:

$$k_2 = \frac{F_4'}{F_4} \tag{137a}$$

(nach Gl. 135) ermitteln wir ähnlich wie in der ersten Öffnung an Hand des mit beliebiger Höhe h gezeichneten Dreiecks $B_6 B_6' C_6$ (Fig. 84) und der entsprechend reduzierten Momentenfläche $B_6 B_6'' J C_6$ zu:

$$k_2 = \frac{\text{Fläche } B_6 B_6'' J C_6}{\text{Fläche } B_6 B_6' C_6}\,.$$

Da insbesondere die

> Drehwinkel τ bei konstantem Trägheitsmoment und Berücksichtigung der starren Strecke f von Voutenunterkante bis Balkenachse

für am Fuße eingespannte und gelenkig gelagerte Pfeiler sehr häufig gebraucht werden, so leiten wir nachstehend noch die diesbezüglichen Werte ab.

a) Der Pfeiler ist am Fuße eingespannt (Fig. 89).

Setzen wir in der allgemeinen Gl. (43) für den Drehwinkel τ an dem Stabende mit dem Festpunktabstand b, welche lautet:

$$\tau^B = \alpha^b - \frac{l}{l-a} \cdot \beta\,,$$

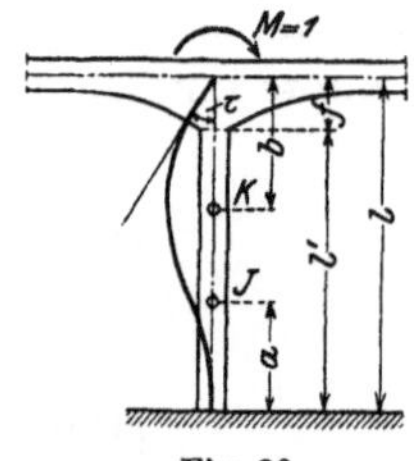

Fig. 89.

nach Gl. (203):

$$\alpha^b = \frac{l'^2}{2 \cdot l \cdot E \cdot J}$$

und nach Gl. (206):

$$\beta = \frac{l'^2 (l + 2f)}{6 \cdot l^2 \cdot E \cdot J}\,,$$

so ist:

$$\tau = \frac{l'^2 (2l' - 3a)}{6\,l\,(l-a)\,E \cdot J}\,. \tag{138}$$

Kann die starre Strecke f vernachlässigt werden (bei Endpfeilern, sowie bei Mittelpfeilern mit verhältnismäßig großer Höhe), d. h. ist

$$f = 0\,,$$

so ist in Gl. (138) $l' = l$ und $a = \dfrac{l}{3}$ zu setzen und wir erhalten für diesen Fall:

$$\tau = \frac{l}{4 \cdot E \cdot J}\,. \tag{138a}$$

b) Der Pfeiler ist am Fuße gelenkig gelagert (Fig. 89a).

In diesem Falle ist der untere Festpunktabstand

$$a = 0$$

und wir erhalten dann aus Gl. (138)

$$\tau = \frac{l'^3}{3 \cdot l^2 \cdot E \cdot J}. \tag{139}$$

Kann die starre Strecke f vernachlässigt werden, so ist in Gl. (139) $l' = l$ zu setzen und es ist in diesem Falle:

$$\tau = \frac{l}{3 \cdot E \cdot J}. \tag{139a}$$

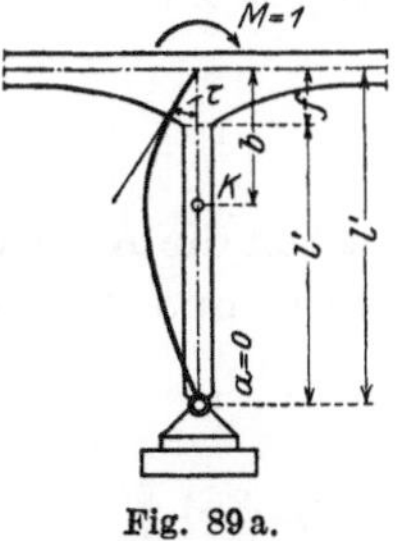

Fig. 89a.

Aus den Gleichungen für $\dfrac{e}{e'}$, k_2 und τ_6^B geht hervor, daß das Verhältnis $\dfrac{e}{e'}$, in welches die feste Strecke v_{1-2}^τ geteilt wird, nur von den Abmessungen der ersten und zweiten Öffnung und des zwischen ihnen gelegenen Pfeilers B abhängt. Die durch Punkt E gehende Senkrechte, auf welcher sich die Linien $B_2' T'$ und $B'' T''$ schneiden, hat daher eine feste Lage.

Nachdem wir im vorhergehenden bewiesen haben, daß die zwei Drittellinien in der Nähe von B, die verschränkte Drittellinie sowie die Senkrechte durch E eine feste Lage haben, so liegen die vier Ecken des Vierecks $U B_2' E T''$ auf vier festen Senkrechten, während drei Seiten durch feste Punkte gehen, nämlich die Seilseite b durch J_1, die Seilseite c durch B_1 und die Gerade $B_2' E$ durch T' (Fig. 78). Aus geometrischen Gründen geht dann auch die vierte Seite, nämlich die Seilseite e durch einen festen Punkt J_2, welcher mit den drei anderen festen Punkten auf einer Geraden liegt. Deshalb ist J_2 der gesuchte linke Festpunkt der zweiten Öffnung.

Die Festpunkte J_3 und J_4 werden in genau derselben Weise bestimmt wie der Festpunkt J_2.

5. Rechte Festpunkte K_4, K_3, K_2 und K_1.

Um die rechten Festpunkte K in den einzelnen Öffnungen zu bestimmen, gehen wir von der letzten Öffnung rechts aus und schreiten nach links vor; die Bestimmung der Festpunkte K erfolgt genau in derselben Weise wie diejenige der Festpunkte J, wenn wir den Balken um 180^0 aus der Zeichenebene heraus so drehen, daß dessen rechtes Ende nach der linken Seite kommt, d. h. wenn wir dessen Spiegelbild betrachten.

In der vierten Öffnung fällt wegen des frei beweglichen Endauflagers E_1 (Fig. 78) der rechte Festpunkt K_4 mit E_1 zusammen.

In der dritten Öffnung schneidet die innere Seilseite i die Balkenachse im gesuchten Festpunkt K_3; denn wie bei der Stütze B ergibt sich auch bei der Stütze D (Fig. 78) ein Viereck $V'' X D_2' Z$, dessen vier Ecken auf vier festen Senkrechten liegen, nämlich auf den beiden Drittellinien, der verschränkten Drittellinie bei D sowie auf der festen Senkrechten durch den Schnittpunkt X der Seilseite i und der Geraden $V' D_2'$; ferner gehen drei Seiten durch feste

Punkte, nämlich die Seilseite m durch E_1, l durch D_1 und die Gerade $V'D_2'$ durch V'. Dann geht auch die Seilseite i als vierte Seite aus geometrischen Gründen durch einen festen Punkt K_3, welcher mit den drei anderen festen Punkten auf einer Geraden liegt, d. h. K_3 ist der gesuchte rechte Festpunkt der dritten Öffnung.

Die Senkrechte durch den Schnittpunkt X der inneren Seilseite i und der Geraden $V'D_2'$ teilt die feste Strecke v_{3-4}^l (Abstand der verschränkten Drittellinie bei D von der rechten Drittellinie der dritten Öffnung) in die zwei festen Teilstrecken e und e', deren Verhältnis sich analog wie früher ergibt zu:

$$\frac{e}{e'} = k_3 \cdot \frac{l_3}{2 \cdot \tau_8^D} \cdot \frac{v_{3-4}^l}{d_3^r}, \tag{140}$$

worin die Achsendrehung τ_8^D am Kopfe der Säule D genau wie früher τ_6^B ermittelt wird, und der Faktor k, ähnlich wie früher, folgenden Ausdruck hat:

$$k_3 = \frac{\text{Fläche } C_6WD_6''D_6}{\text{Fläche } C_6D_6D_6'} \tag{141}$$

(Fig. 85).

Man kann nun noch in analoger Weise, wie es für den Festpunkt J_1 und den Momentennullpunkt W_1 geschehen ist, zeigen, daß der Festpunkt K_3 und der Momentennullpunkt W_3 zusammenfallen.

Die Festpunkte K_2 und K_1 werden in genau derselben Weise bestimmt wie K_3.

6. Konstruktion der Festpunkte der Balkenfelder *1, 2, 3, 4*.

In Fig. 79 ist die Konstruktion der Festpunkte der Balkenfelder *1, 2, 3, 4* dargestellt.

Man zeichnet zunächst in allen Feldern die Drittellinien und verschränkten Drittellinien und ermittelt die Drehwinkel τ an den Köpfen der gegebenenfalls vorhandenen biegungsfest mit dem Balken verbundenen Pfeiler. Wir haben gesehen, daß die Lage der Drittellinien und verschränkten Drittellinien nur von den Balkenabmessungen abhängig ist. Zu ihrer Bestimmung verfährt man deshalb in gleicher Weise sowohl am durchlaufenden Balken auf elastisch drehbaren Pfeilern, als auch mit freier Auflagerung. Die Drehwinkel τ berechnen wir allgemein nach Kap. II; für konstantes Trägheitsmoment des Pfeilers sowie Berücksichtigung der starren Strecke f zwischen Voutenunterkante und Balkenachse sind die Werte in Abschnitt 4 dieses Kapitels angegeben.

Mit der Bestimmung der

linken Festpunkte *J*

beginnt man in der ersten Öffnung links und schreitet nach rechts fort.

a) Erste Öffnung (Endfeld links).

Fall 1: Ist der Balken an seinem Ende elastisch eingespannt (Fig. 79), so teilt der Festpunkt J_1 den Abstand d_1^l im Verhältnis $\frac{e}{e'}$ der Gl. (116), wobei e den Abstand des Festpunktes J_1 von A bedeutet. Der in Gl. (116) vorkommende Faktor k ist nach Gl. (118) oder (119) zu bestimmen.

Da die Pfeilerköpfe als horizontal unverschiebbar vorausgesetzt sind, kann man zur Bestimmung der Festpunkte alle Endpfeiler in die Verlängerung der Balkenachse hinaufklappen und wie ein Endfeld eines gewöhnlichen durchlaufenden Balkens behandeln, wobei in A ein frei drehbares Auflager anzunehmen ist und in welchem Falle dann der Ausdruck $\dfrac{e}{e'}$ für die Öffnung *1* nicht bestimmt zu werden braucht (siehe Fig. 90).

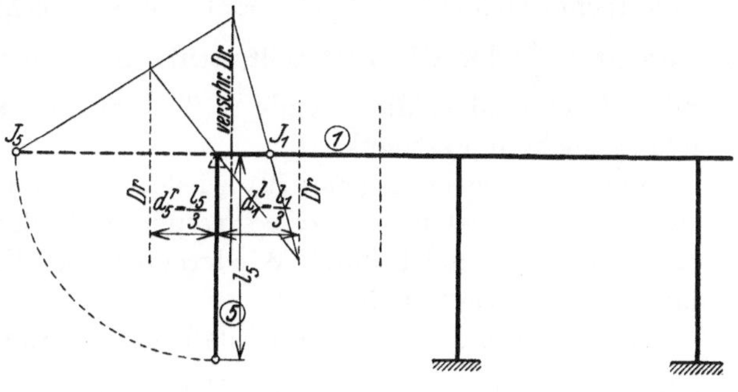

Fig. 90.

Fall 2: Ist der Balken an seinem Ende fest eingespannt (Fig. 91), so ist die Drehung der Endstütze gleich Null, d. h. in Gl. (116) ist $\tau_5^A = 0$ zu setzen, wodurch $\dfrac{e}{e'}$ unendlich wird, und damit $e' = 0$, d. h. in diesem Falle rückt J_1 in den Schnittpunkt der Balkenachse mit der linken Drittellinie (Fig. 91 a).

Fall 3: Liegt der Balken an seinem Ende frei auf, so ist in Gl. (116) $\tau_5^A =$ unendlich zu setzen; dann ist aber $\dfrac{e}{e'} = 0$ und daher $e = 0$, d. h. in diesem Falle fällt der Festpunkt J_1 mit dem linken Auflager zusammen.

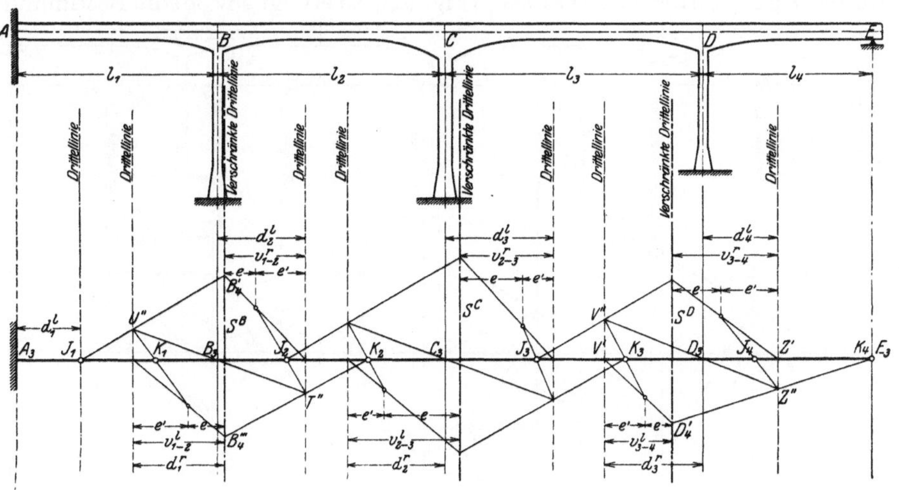

Fig. 91 u. 91a.

b) Beliebige Mittelöffnung und letzte Öffnung (Endfeld rechts).

Fall 1: Besteht die Stütze vor der Öffnung, in welcher J gesucht wird, aus einem elastisch drehbaren Pfeiler (Fig. 79), so muß zuerst der Festpunkt J_1 in der vorhergehenden Öffnung *1* bestimmt werden.

Dann zieht man von J_1 aus (vgl. Fig. 79) die beliebige Gerade $J_1 B_4'$, welche die Drittellinie links von B in U'' und die verschränkte Drittellinie S^B bei B in B_4' schneidet, verbindet B_4' mit dem Schnittpunkt T' der Balkenachse und der Drittellinie rechts von B und zieht die Gerade $U''B_3$ welche die Drittellinie rechts von B in T'' schneidet; die Senkrechte, welche die Strecke v_{1-2}^r im Verhältnis $\frac{e}{e'}$ der Gl. (137) teilt, trifft $B_4'T'$ in einem Punkt E, welchen man mit T'' verbindet; die Gerade ET'' schneidet schließlich die Balkenachse in dem gesuchten Festpunkt J_2.

Von J_2 ausgehend (Fig. 79) wiederholt man die soeben angegebene Konstruktion und gelangt so zum Festpunkt J_3 der dritten Öffnung, desgleichen erhält man schließlich durch Wiederholung des Verfahrens mit J_3 als Ausgangspunkt J_4 der vierten Öffnung.

Es ist hierbei zu beachten, daß zur Bestimmung der J-Punkte in allen Öffnungen rechts der ersten das Verhältnis $\frac{e}{e'}$ stets nach Gl. (137) zu ermitteln ist, in welche man jeweils die Abmessungen derjenigen Öffnung einsetzt, welcher J angehört und den Drehwinkel τ des Pfeilers zwischen der Öffnung mit dem gesuchten Festpunkt J und der Öffnung unmittelbar links; ferner ist der in Gl. (137) vorkommende Faktor k nach den Gl. (119) oder (139) zu bestimmen, in welche man ebenfalls die Abmessungen der Öffnung mit dem gesuchten J-Punkt einführt. Von den beiden Teilstrecken e und e' des Verhältnisses $\frac{e}{e'}$ geht die Strecke e immer von der in Betracht kommenden verschränkten Drittellinie aus.

Fall 2: Liegt der Balken auf der Stütze vor der Öffnung, in welcher J gesucht wird, frei auf (Fig. 92), so erfolgt sowohl die Bestimmung

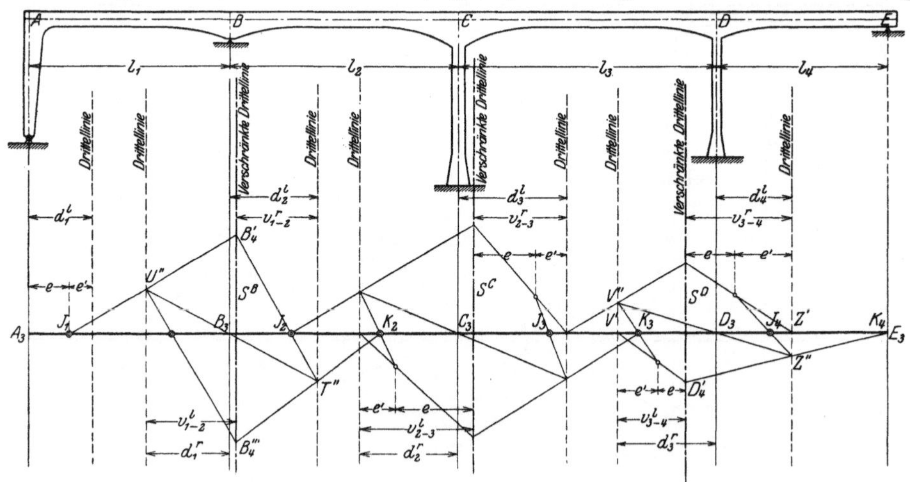

Fig. 92 u. 92a.

des Festpunktes J_1 in der vorhergehenden Öffnung l_1 als auch die Konstruktion der Drittellinien und verschränkten Drittellinien (Fig. 92a) genau wie in Fig. 79. Es soll nun J_2 bestimmt werden. Für den Fall der freien Auflagerung in B (Fig. 92) ist in Gl. (137) $\tau_6^B = $ unendlich zu setzen; dann ist aber $\frac{e}{e'} = 0$ und daher

$e = 0$. Lassen wir nun in der allgemeinen Fig. 79 die in der Strecke v^r_{1-2} enthaltene Teilstrecke abnehmen, bis sie schließlich gleich Null wird, so fällt in diesem Grenzzustande Punkt E mit B'_4 zusammen und der Festpunkt J_2, welcher im allgemeinen Fall von der Geraden $E\,T'''$ auf der Balkenachse ausgeschnitten wurde, wird dann von der Geraden $B'_4\,T'''$ ausgeschnitten. Der Festpunkt J_2 wird daher folgendermaßen ermittelt:

Von dem bekannten Festpunkt J_1 aus zieht man (Fig. 92) die beliebige Gerade $J_1 B'_4$, welche die Drittellinie links von B in U'' und die verschränkte Drittellinie S^B bei B in B'_4 schneidet und zieht die Gerade $U'' B_3$, welche man bis zu ihrem Schnittpunkt T'' mit der Drittellinie rechts von B verlängert. Die Verbindungslinie $B'_4\,T''$ schneidet dann auf der Balkenachse den gesuchten Festpunkt J_2 aus.

Von J_2 aus wird jetzt J_3 und J_4 auf dieselbe Weise ermittelt wie in dem vorhergehenden Fall 1 (Fig. 79).

Mit der Bestimmung der

rechten Festpunkte K

beginnt man in der letzten Öffnung rechts und schreitet nach links fort. Das hierbei einzuschlagende Verfahren (Fig. 79, 91a und 92a) ist analog demjenigen, welches auf den vorhergehenden Seiten zur Bestimmung der linken Festpunkte J erläutert wurde. Man kann auch so vorgehen, daß man den Balken aus der Zeichenebene heraus um 180° so dreht, daß dessen rechtes Ende nach der linken Seite kommt; die Festpunkte K werden dann genau wie die Festpunkte J bestimmt.

In den Fig. 79, 91a und 92a wurde die Gerade $V''Z''$ bei D, welche schon bei der Bestimmung der Festpunkte J gezogen wurde, der Einfachheit halber wieder benützt. Dasselbe gilt von der analogen Geraden an den übrigen Stützen.

Sonderfall: Liegt der Balken an allen Stützen frei auf, so erhalten wir den gewöhnlichen

durchlaufenden Balken mit veränderlichem Trägheitsmoment (Fig. 93).

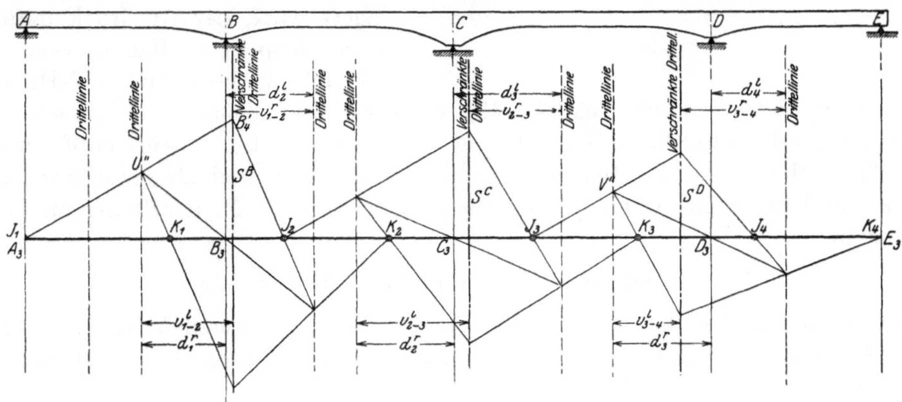

Fig. 93 u. 93a.

Die in Fig. 93a dargestellte Bestimmung der Festpunkte ist nach dem Vorhergehenden ohne weiteres verständlich; das Verhältnis $\dfrac{e}{e'}$ fällt weg, und die Linie $B'_4 J_2$ verläuft geradlinig.

Die graphische Bestimmung der Festpunkte kommt hauptsächlich für die Konstruktionstypen (durchlaufender Balken), insbesondere wegen der Konstruktion der Einflußlinien — Ordinaten —, sowie zur Kontrolle der rechnerisch ermittelten Festpunkte in Betracht.

7. Festpunkte J und K an den Pfeilern.

Da die Pfeiler nichts anderes sind wie die Balkenfelder, nämlich Stäbe des durchlaufenden Balkentragwerks der Fig. 76, so werden die beiden Festpunkte an jedem Pfeiler in der nämlichen Weise wie diejenigen einer Balkenöffnung bestimmt. Da ferner jeder der in Fig. 76 vorhandenen Pfeiler nur aus einer Öffnung besteht, so werden die Festpunkte derselben wie an einem Balkenendfeld ermittelt.

Am Pfeiler 5

fällt der untere Festpunkt J_5 mit dem Fußgelenk zusammen (vgl. 6, a, Fall 3). Der obere Festpunkt K_5 wird wie der Festpunkt J_1 bestimmt, da er an dem für seine Bestimmung maßgebenden Ende A elastisch eingespannt ist, nämlich er steht dort in biegungsfester Verbindung mit dem Balkenfeld 1. Daher ist zunächst die obere Drittellinie, d. h. der Abstand d_5^r nach Gl. (101), worin wir l_1 durch l_5 ersetzen, oder graphisch nach Fig. 83, wenn wir uns dieselbe senkrecht mit B_6 oben, anstatt waagrecht gezeichnet denken, zu bestimmen und diese Strecke dann nach Gl. (116) im Verhältnis

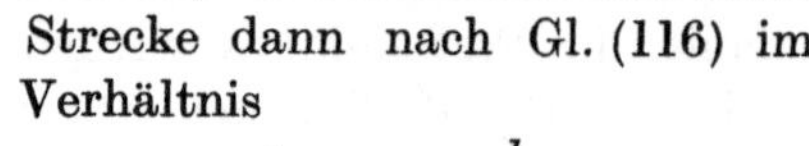

$$\frac{e}{e'} = k_5 \cdot \frac{l_5}{2 \cdot \tau_1^A} \qquad (142)$$

zu teilen. In Gl. (142) bedeutet τ_1^A der Drehwinkel in A infolge $M_1^A = 1$ (Fig. 94), wenn der Balken dort durchgeschnitten und frei aufgelagert wird; der Ausdruck dafür ist in Kap. II zu finden. Den in Gl. (142) vorkommenden Verhältniswert k_5 bestimmen wir nach Gl. (119), worin wir l_1 sinngemäß durch l_5 ersetzen.

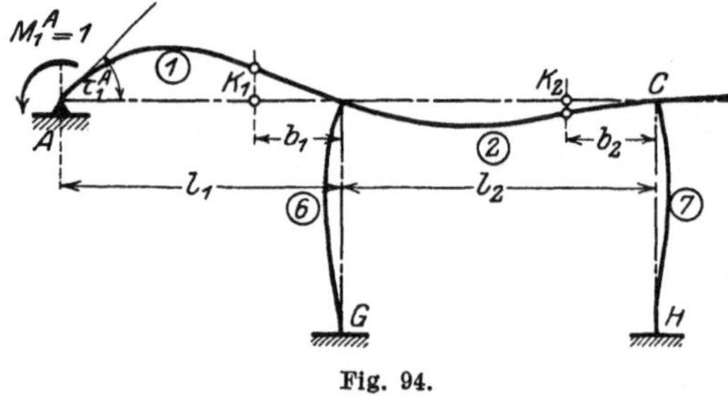

Fig. 94.

Wie bereits unter 6, a), Fall 1 gesagt, ist es zweckmäßiger, den Endpfeiler 5 in die Verlängerung der Balkenachse hinaufzuklappen, und als erste Öffnung links zu betrachten. Dann ist die Balkenöffnung 1 als Mittelöffnung zu behandeln.

An den Pfeilern 6, 7 und 8

fällt der untere Festpunkt J in den Schnittpunkt der unteren Drittellinie mit der Balkenachse [vgl. 6, a), Fall 2], da diese Pfeiler an ihrem Fuße fest eingespannt angenommen sind.

Am Pfeiler 7 z. B. ist der Abstand d_7^l der unteren Drittellinie vom Pfeilerfuß entweder analytisch nach Gl. (99), worin wir l_1 durch l_7 ersetzen oder graphisch nach Fig. 80 zu bestimmen, wenn wir uns letztere senkrecht, mit B_5 oben, gezeichnet denken. Wegen der starren Strecke f_7 ($J = \infty$) wird die reduzierte Momentenfläche auf die Länge f_7 gleich Null.

Um den oberen Festpunkt K_7 zu erhalten, bestimmen wir zunächst die obere Drittellinie, d. h. den Abstand d_7 derselben vom Pfeilerkopf, und zwar entweder analytisch nach Gl. (101) oder graphisch nach Fig. 83, wenn wir uns letztere senkrecht, mit B_6 oben, gezeichnet denken und beim Bilden der reduzierten Momentenfläche das unendlich große Trägheitsmoment der starren Strecke f_7 berücksichtigen. Der Abstand d_7^x ist nun wieder im Verhältnis $\dfrac{e}{e'}$ zu teilen.

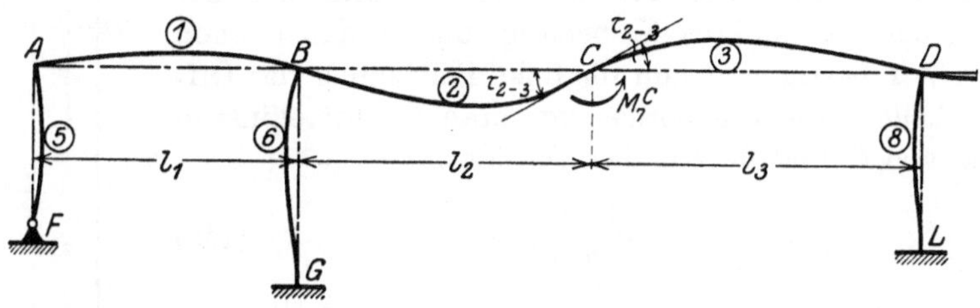

Fig. 95.

Da der Pfeiler 7 oben nicht nur mit einem, sondern mit zwei Stäben (den Balkenfeldern 2 und 3) biegungsfest verbunden ist, so ist in Gl. (116) für $\dfrac{e}{e'}$ der gemeinsame Drehwinkel τ_{2-3} der beiden biegungsfest miteinander verbundenen Stäbe 2 und 3 einzusetzen, welcher entsteht, wenn der Pfeiler an seinem Kopfe vom Balken getrennt, der Balken in C frei aufgelagert und letzterer in diesem Punkte mit dem Moment $M_7^C = 1$ belastet wird (Fig. 95). Es ist demnach in diesem Falle

$$\frac{e}{e'} = k_7 \cdot \frac{l_7}{2 \cdot \tau_{2-3}^C}.\tag{143}$$

Der hierin vorkommende gemeinsame Drehwinkel τ_{2-3}^C hat nach Gl. (36) in Kapitel II den Wert

$$\tau_{2-3}^C = \frac{\tau_2^C \cdot \tau_3^C}{\tau_2^C + \tau_3^C},\tag{144}$$

worin τ_2^C und τ_2^C die Drehwinkel an dem in C durchgeschnittenen und an den beiden Schnittflächen gelenkartig gestützten Balken infolge $M_2^C = 1$ bzw. $M_3^C = 1$ (Fig. 96 und 97) bedeuten, deren Werte aus Kap. II hervorgehen. Der Verhältniswert k_7 wird nach Gl. (119) berechnet, worin l_1 durch l_7 ersetzt wird.

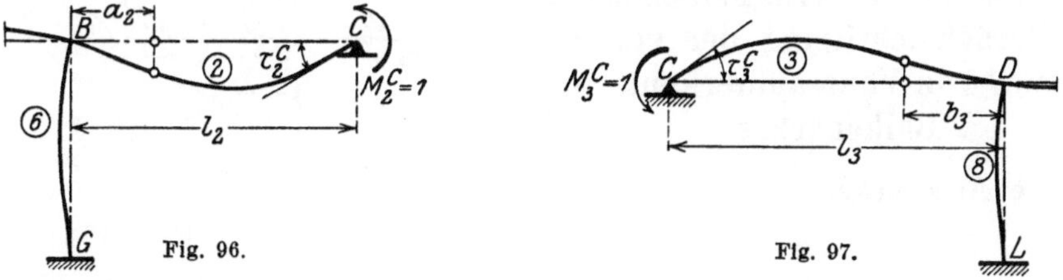

Fig. 96.   Fig. 97.

Den oberen Festpunkt K_7 des Pfeilers 7 können wir auch auf folgende Weise bestimmen, wobei wir den gemeinsamen Drehwinkel τ_{2-3} nicht zu ermitteln brauchen:

Nachdem wir die Festpunkte J und K in allen Balkenöffnungen bestimmt haben, drehen wir, wie aus Fig. 98 ersichtlich, den rechts von C liegenden Teil des Tragwerks um diesen Punkt um 90⁰ nach oben, wonach wir den Punkt C frei drehbar stützen müssen; die Stäbe *2*, *3* und *7* sind nach der Drehung wieder biegungsfest miteinander verbunden wie vorher, und der Pfeiler *7* ist nun zu einer Mittelöffnung geworden.

Die rechte Drittellinie der Öffnung *2* wurde zur Bestimmung des Festpunktes K_2 benötigt und ist daher schon ermittelt. Wir bestimmen nun die linke Drittellinie der Öffnung *7* (Pfeiler), die zugehörige verschränkte Drittellinie in der Nähe von C und darauf das Verhältnis:

$$\frac{e}{e'} = k_7 \frac{l_7}{2 \cdot \tau_3^g}, \qquad (145)$$

worin τ_3^g nach Fig. 99 den Drehwinkel bedeutet, welcher am frei drehbar gestützten Ende der Öffnung *3* infolge $M_3^g = 1$ in diesem Punkt entsteht. Der Verhältniswert k_7 wird nach Gl. (119) berechnet, worin l_1 durch l_7 ersetzt wird. — Dieses Umklappen des Pfeilers ist nötig, damit wir das Verteilungsmaß μ aus der Zeichnung abgreifen können.

Wollen wir die Abstände der beiden Festpunkte an einem Pfeiler rechnerisch kontrollieren, so benutzen wir

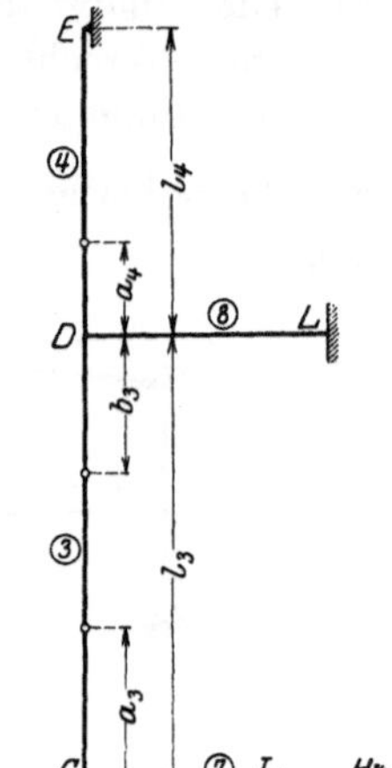

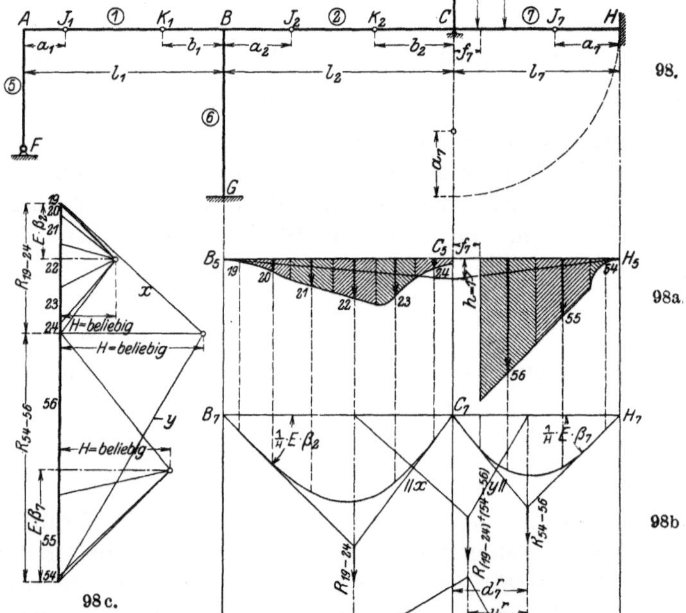

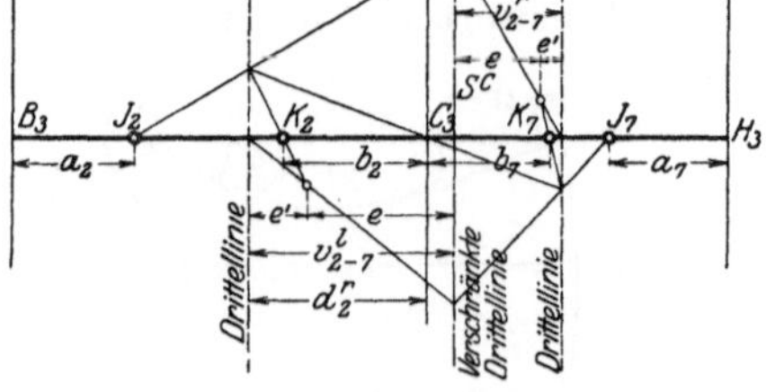

bei konstantem Trägheitsmoment und Berücksichtigung der starren Strecke f von Voutenunterkante bis Balkenachse

folgende Ausdrücke.

Fig. 98—98 c.

a) Der Pfeiler ist am Fuße eingespannt (Fig. 89).

Setzen wir in die allgemeine Gl. (7) für den

Festpunktsabstand a,

welche lautet

$$a = \frac{l \cdot \beta}{\alpha^a + \varepsilon^a},$$

nach Gl. (206)

$$\beta = \frac{l'^2 (l + 2f)}{6\, l^2\, EJ}$$

und nach Gl. (202)

$$\alpha^a = \frac{l'\,(l' + 2f)}{2\, l \cdot EJ},$$

sowie in unserem Fall

$$\varepsilon^a = 0,$$

so ist

$$a = \frac{l'}{3} \cdot \frac{l + 2f}{l' + 2f}. \tag{146}$$

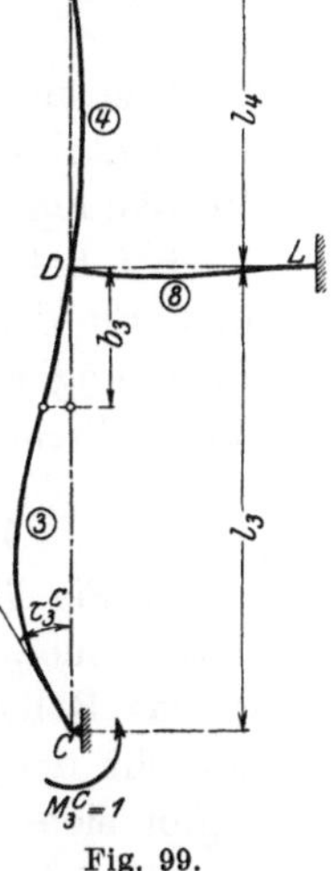

Fig. 99.

Kann die starre Strecke f vernachlässigt werden (bei Endpfeilern sowie bei Mittelpfeilern mit verhältnismäßig großer Höhe), d. h. ist

$$f = 0,$$

so ist in Gl. (146) $l' = l$ zu setzen, und wir erhalten für diesen Fall

$$a = \frac{l}{3}. \tag{146a}$$

Setzen wir ferner in die allgemeine Gl. (8) für den

Festpunktsabstand b,

welche lautet

$$b = \frac{l \cdot \beta}{\alpha^b + \varepsilon^b},$$

nach Gl. (206)

$$\beta = \frac{l'^2 (l + 2f)}{6\, l^2\, EJ}$$

und nach Gl. (203)

$$\alpha^b = \frac{l'^2}{2\, l \cdot EJ},$$

so ist

$$b = \frac{l'^2 (l + 2f)}{3\, l'^2 + 6 \cdot l \cdot EJ \cdot \varepsilon^b}, \tag{147}$$

z. B. für Pfeiler 7 ist $\varepsilon^b = \tau_{2-3}^{C}$ (Gl. 144).

Kann die starre Strecke f vernachlässigt werden, so ist in Gl. (147) $l' = l$ und $f = 0$ zu setzen und es ist in diesem Falle:

$$b = \frac{l^2}{3\, l + 6\, EJ \cdot \varepsilon^b}. \tag{147a}$$

b) Der Pfeiler ist am Fuße gelenkig gelagert (Fig. 90).

Dann ist

$$a = 0,$$

und für den Festpunktsabstand b gelten die Gl. (147) und (147a), worin jedoch für ε^b ein anderer Drehwinkel einzusetzen ist.

8. Verteilungsmaße am durchlaufenden Balkentragwerk der Fig. 76.

Wie in Kap. I auseinandergesetzt, benötigen wir zur Weiterleitung der Momente über Knotenpunkte mit mehr als einem „anstoßenden" Stab die Verteilungsmaße μ.

Bei Belastung einer Balkenöffnung (Fig. 77) benötigen wir das Verteilungsmaß für den Übergang von einem Balkenfeld zum anderen, während wir bei Belastung eines Pfeilers (Fig. 88) das Verteilungsmaß für den Übergang von einem Pfeiler zu einer Balkenöffnung gebrauchen.

a) Übergang von Balkenöffnung zu Balkenöffnung.

In Fig. 77 spaltet sich das durch die Belastung der Balkenöffnung 2 hervorgerufene Stützenmoment M_2^B beim Überschreiten des Pfeilers nach links in das Balkenmoment M_1^B und das Pfeilerkopfmoment M_6^B. Aus dem Gleichgewicht der Schnittmomente am herausgetrennten Knotenpunkt B (Fig. 77a) ergibt sich:

$$M_2^B - M_1^B - M_6^B = 0 \qquad (148)$$

oder

$$M_1^B = M_2^B - M_6^B. \qquad (148\,\mathrm{a})$$

Bezeichnen wir mit μ_{2-1}^B (gelesen μ in B von 2 nach 1) das Verteilungsmaß, mit welchem das Moment M_2^B beim Überschreiten der Stütze B nach links multipliziert werden muß, um daraus M_1^B zu erhalten, so ergibt sich nach Gl. (148a)

$$M_1^B = BB' = \mu_{2-1}^B \cdot M_2^B = \mu_{2-1}^B \cdot BB'' \qquad (149)$$

und nach Gl. (148)

$$M_6^B = (1 - \mu_{2-1}^B) \cdot M_2^B. \qquad (149\,\mathrm{a})$$

Aus Gl. (149) ergibt sich

$$\mu_{2-1}^B = \frac{BB'}{BB''} \quad \text{(Fig. 77).} \qquad (150)$$

Um das Verhältnis der vorläufig noch unbekannten Größen BB' und BB'' durch dasjenige von bereits bekannten Konstruktionslinien-Abschnitten allgemein auszudrücken, beachten wir, daß im elastischen Tangenteneck (Fig. 78 oder 99a) das Produkt von $B_2 B_2'$ mit der Polweite $H = 1$ gleich dem statischen Moment der Kraft F_3', und daß das Produkt von $B_2 B_2''$ mit der Polweite $H = 1$ gleich dem statischen Moment der Kraft $(F_3' + F_4')$ in bezug auf die verschränkte Drittellinie bei B ist, d. h.

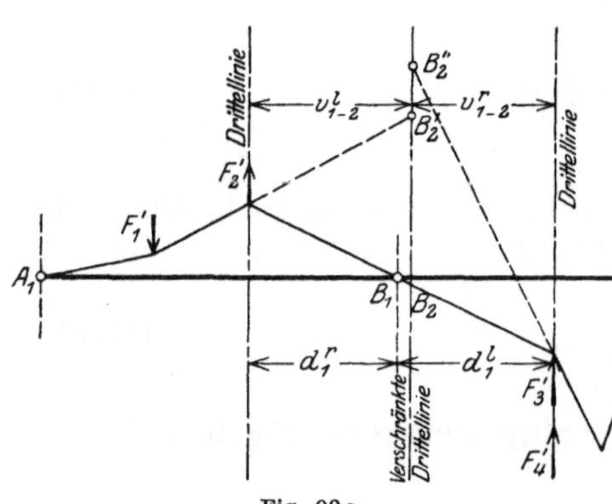

Fig. 99a.

$$B_2 B_2' = F_3' \cdot v_{1-2}^r \qquad (151)$$

und

$$B_2 B_2'' = (F_3' + F_4') \cdot v_{1-2}^r. \qquad (152)$$

Aus den Gl. (151) und (152) folgt durch Division:

$$\frac{B_2 B_2'}{B_2 B_2''} = \frac{F_3'}{F_3' + F_4'}. \qquad (154)$$

Die in Gl. (154) vorkommenden reduzierten Momentenflächen F_3' und $(F_3' + F_4')$ der Fig. 77 können wir an Hand der reduzierten Momentenfläche der Fig. 84 ermitteln, wenn wir in der letzteren h durch die der Fig. 77 entnommenen Momentenordinaten BB' bzw. BB'' ersetzen. Dann erhalten wir:

$$F_3' = \sum_0^{l_2} \frac{\varDelta s \cdot z' \cdot BB'}{E \cdot J \cdot l_2} = \frac{BB'}{E \cdot l_2} \sum_0^{l_2} w \cdot z' \qquad (155)$$

und

$$F_3' + F_4' = \sum_0^{l_2} \frac{\varDelta s \cdot z' \cdot BB''}{E \cdot J \cdot l_2} = \frac{BB''}{E \cdot l_2} \cdot \sum_0^{l_2} w \cdot z'. \qquad (156)$$

Setzen wir die Werte dieser beiden Gleichungen in Gl. (154) ein, so folgt:

$$\frac{B_2 B_2'}{B_2 B_2''} = \frac{\dfrac{BB'}{l_2} \cdot \sum_0^{l_2} w \cdot z'}{\dfrac{BB''}{l_2} \cdot \sum_0^{l_2} w \cdot z'} = \frac{BB'}{BB''} = \mu_{2-1}^B. \qquad (157)$$

Wir erhalten also

$$\mu_{2-1}^B = \frac{B_2 B_2'}{B_2 B_2''}. \qquad (158)$$

Da nun die Konstruktionslinien der Fig. 79 oder 99b, welche zu den Festpunkten führen, in demselben Verhältnis zueinander stehen wie die entsprechenden Seiten des elastischen Tangentenecks der Fig. 79 oder 99a, so ist auch:

$$\frac{B_2 B_2'}{B_2 B_2''} = \frac{B_4 B_4'}{B_4 B_4''} \qquad (159)$$

und der Wert μ_{B-1}^2 ergibt sich schließlich zu:

$$\mu_{2-1}^B = \frac{B_4 B_4'}{B_4 B_4''}, \qquad (160)$$

d. h. man erhält graphisch μ_{2-1}^B aus den Konstruktionslinien der Festpunkte (Fig. 79 oder 99b) durch Abmessen der Strecken $B_4 B_4'$ und $B_4 B_4''$ auf der verschränkten Drittellinie und Einsetzen dieser Strecken in Gl. (160). Dabei ist zu bemerken, daß das Verteilungsmaß μ_{2-1}^B beim Überschrei-

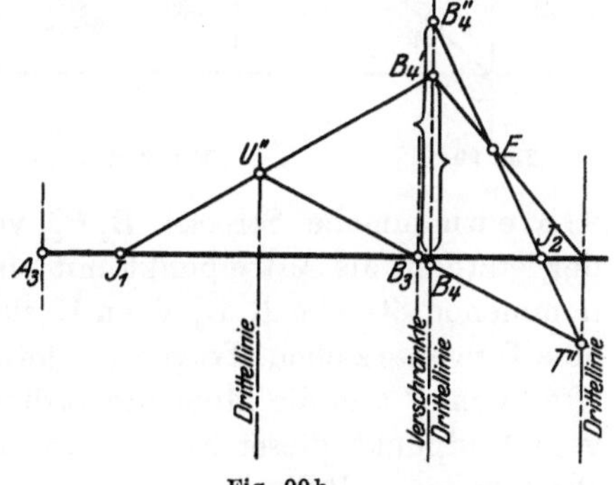

Fig. 99b.

ten der Stütze B nach links aus dem Viereck $U'' B_4' E T''$ hervorgeht, welches zur Konstruktion des Festpunktes J_2 rechts von B führt.

Analog erhält man das Verteilungsmaß μ_{1-2}^B beim Überschreiten der Stütze B nach rechts aus dem Viereck $T'' B_4''' E' U''$ (Fig. 79), welches zur Konstruktion des Festpunktes K_1 links von B führt, und zwar ist:

$$\mu_{1-2}^B = \frac{B_4 B_4'''}{B_4 B_4''''}. \qquad (161)$$

Aus den übrigen elastisch drehbaren Mittelpfeilern C und D ergeben sich die Verteilungsmaße beim Überschreiten derselben nach links und rechts in der genau gleichen einfachen Weise aus Fig. 79, in welcher alle nötigen Konstruktionslinien ersichtlich sind.

Liegt der Balken an einer (Fig. 92) Mittelstütze frei auf, beispielsweise in B, so fällt der Punkt E (Fig. 78) mit B_2', und damit B_2'' ebenfalls mit
B_2' zusammen; dann erhalten wir für diesen Grenzfall:

$$\mu_{2-1}^B = \frac{B_2 B_2'}{B_2 B_2'} = 1, \qquad (162)$$

d. h. die Balkenmomente unmittelbar links und rechts der Auflagersenkrechten
durch B sind einander gleich.

Da die zwei Strecken, als deren Verhältnis die Verteilungsmaße μ ausgedrückt
sind, sich aus den Konstruktionslinien zur Bestimmung der Festpunkte ergeben,
so gilt die vorstehend erläuterte graphische Ermittlung dieser Verteilungsmaße
für den durchlaufenden Balken auf elastisch drehbaren Stützen mit beliebig
veränderlichem, sprungweise veränderlichem und konstantem Trägheitsmoment.

Die Multiplikation des über einen Pfeiler hinweg fortzupflanzenden
Stützenmoments mit dem entsprechenden Verteilungsmaß μ kann man entweder
rechnerisch vornehmen oder auch graphisch wie folgt ausführen:

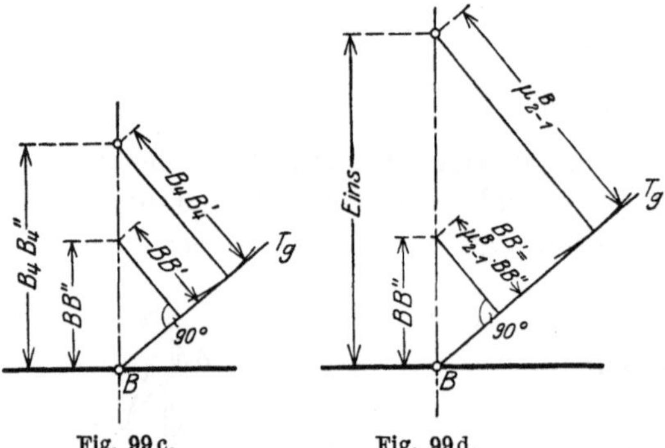

α) Wurde μ graphisch als Verhältnis von zwei Strecken aus den
Konstruktionslinien zur graphischen
Bestimmung der Festpunkte ermittelt, so erhalten wir beispielsweise in Fig. 77 oder 99c das Produkt $\mu_{2-1}^B \cdot BB'' = BB'$ beim Überleiten des Stützenmomentes BB''
über den Pfeiler B in die linke
Nachbaröffnung, indem wir (siehe
Fig. 77 oder 99c) auf der Senkrechten durch B die der Fig. 79 oder

Fig. 99 c.   Fig. 99 d.

99b entnommene Strecke $B_4 B_4''$ von B aus auftragen, aus dem Endpunkt
der letzteren als Mittelpunkt mit einem Radius der aus Fig. 79 oder 99b entnommenen Strecke $B_4 B_4'$ einen Kreisbogen schlagen und an letzteren von B aus
eine Tangente ziehen. Tragen wir jetzt auf der Senkrechten durch B (Fig. 77 oder
99c) von B aus die Momentenordinate BB'' auf, so ist das Lot, welches wir
vom Endpunkt dieser Strecke auf die vorgenannte Tangente fällen, gleich dem
Produkt $\mu_{2-1}^B \cdot BB''$.

β) Wurde das Verteilungsmaß μ_{2-1}^B im vorgenannten Falle des Überschreitens
des Pfeilers B durch das Stützenmoment BB'' rechnerisch als Zahl ermittelt,
so trägt man zur Bestimmung des vorbeschriebenen Verwandlungswinkels
(Fig. 77 oder 99c) auf der Senkrechten durch B (siehe Fig. 99d) in beliebigem
Maßstabe die Zahl Eins auf, schlägt aus dem Endpunkt dieser Strecke mit der
in demselben Maßstab abgegriffenen Zahl μ_{2-1}^B als Radius einen Kreisbogen
und zieht an letzteren von B aus eine Tangente; die graphische Multiplikation
erfolgt dann wie vorhin unter α.

b) Übergang vom Pfeiler zum Balken.

In Fig. 88 spaltet sich das durch die Belastung des Pfeilers 7 hervorgerufene
Pfeilerkopfmoment M_7^C beim Weiterleiten in den Balken in das Moment M_2^C

links von C und M_3^C rechts von C. Aus dem Gleichgewicht der Schnittmomente am herausgetrennten Knotenpunkt C (Fig. 88a) ergibt sich:

$$M_7^C - M_2^C - M_3^C = 0 \qquad (163)$$

oder

$$M_2^C = M_7^C - M_3^C. \qquad (164$$

Bezeichnen wir mit μ_{7-2}^C das Verteilungsmaß, mit welchem das Moment M_7^C beim Weiterleiten in die Balkenöffnung 2 multipliziert werden muß, um daraus das Moment M_2^C zu erhalten, so ist nach Gl. (164):

$$M_2^C = \mu_{7-2}^C \cdot M_7^C \qquad (165)$$

und

$$M_3^C = (1 - \mu_{7-2}^C) \cdot M_7^C. \qquad (166)$$

Hat man den oberen Festpunkt K_7 des Pfeilers 7 graphisch nach Fig. 98 bestimmt, so hat man die verschränkte Drittellinie (Abstand v_{2-7}), auf welcher die Abschnitte $B_4 B_4'$ und $B_4 B_4''$ abgegriffen werden können. Es ist dann laut Gl. (160)

$$\mu_{7-2}^C = \frac{B_4 B_4'}{B_4 B_4''}. \qquad (167)$$

Wurde der obere Festpunkt K_7 des Pfeilers 7 mit Hilfe des gemeinsamen Drehwinkels τ_{2-3}^C (nach Gl. 143) als Festpunkt eines Endfeldes ermittelt, so berechnet man μ_{7-2}^C nach Gl. (35) in Kap. II; es ist

$$\mu_{7-2}^C = \frac{\tau_{2-3}^C}{\tau_2^C}, \qquad (168)$$

worin τ_2^C den Winkel aus Fig. 96 bedeutet.

Die Verteilungsmaße μ an den Knotenpunkten B und D ermitteln wir in analoger Weise.

Sonderfall: Konsole.

Der durchlaufende Balken besitzt an einem Ende eine belastete Konsole, d. h. es wird an einem Ende ein Moment in die Konstruktion eingeleitet.

Der in Fig. 100 dargestellte durchlaufende Träger $ABCDE$ auf den elastisch drehbaren Pfeilern 5, 6, 7 und 8 und der frei drehbaren Stütze C, an welcher der Balken festgehalten ist, besitzt an seinem linken Ende eine Konsole, an deren Ende die Einzellast P angreift. Dadurch entsteht längs der Konsole bis zur Stütze A das gewöhnliche statisch bestimmte Konsolmoment, das im Querschnitt unmittelbar links von $A\!:\!M^A = P \cdot l$ beträgt. Dieses Moment pflanzt sich nun nach rechts über den Balken und die

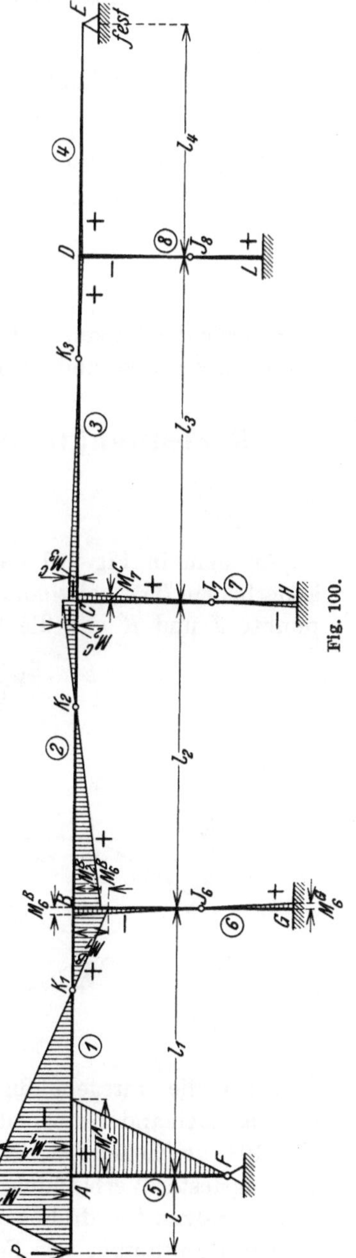

Fig. 100.

Pfeiler fort und ruft dabei die in Fig. 100 gezeichnete Momentenfläche hervor. Beim Überschreiten des Pfeilers A nach rechts spaltet sich M^A in das Stützenmoment unmittelbar rechts von A:

$$M_1^A = \mu_{Kons.-1}^A \cdot M^A$$

und in das Pfeilerkopfmoment

$$M_5^A = (1 - \mu_{Kons.-1}^A) \cdot M^A.$$

In diesem Falle ist es nun nicht möglich, den Wert für $\mu_{Kons.-1}$ graphisch zu bestimmen, sondern man ist gezwungen, μ_{1-2}^A nach Gl. (37) (Kap. II) zu berechnen; es ist

$$\mu_{1-2}^A = \frac{\tau_4^A}{\tau_2^A + \tau_4^A}. \tag{169}$$

Würde der Balken in A frei aufliegen, so wären die beiden Stützenmomente unmittelbar links und rechts von A einander gleich.

9. Festpunkte und Verteilungsmaße an allgemeinen Tragwerken.

a) Offenes Tragwerk.

An dem in Fig. 101 dargestellten allgemeinen Tragwerk mit beliebig veränderlichem Trägheitsmoment seiner Stäbe (Träger) müssen wir, um die Festpunkte J und K und die Verteilungsmaße μ graphisch bestimmen zu können,

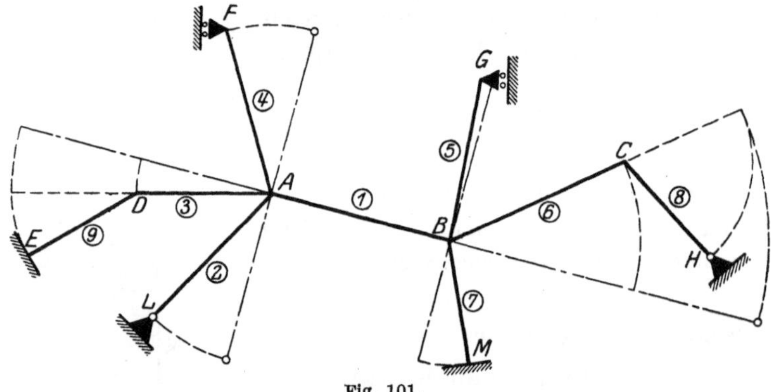

Fig. 101.

zunächst die unregelmäßig aneinandergereihten Stäbe in zweckmäßig rechtwinklig zueinander stehende Gerade ausstrecken bzw. umklappen, wie dies in Fig. 101 geschehen ist. Nach diesem Vorgang stehen alle Stäbe wieder in biegungsfester Verbindung miteinander wie vorher. In den Punkten D und C ist der Balken frei drehbar zu stützen.

Zur Bestimmung der Festpunkte und Verteilungsmaße

am Balken EDABCH

ermitteln wir zunächst die Drittellinien und verschränkten Drittellinien nach Abschnitt 1 und 2, sowie die Drehwinkel an den vorhandenen, biegungsfest mit dem Balken verbundenen Pfeiler. Da sich in Knotenpunkten A nicht nur ein, sondern zwei Stäbe, nämlich die Pfeiler *2* und *4* anschließen, so ist der gemeinsame Drehwinkel τ_{2-4}^{A} infolge $M = 1$ in A (Fig. 102) zu ermitteln, welcher nach Gl. (36) den Wert hat:

$$\tau_{2-4}^{A} = \frac{\tau_{2}^{A} \cdot \tau_{4}^{A}}{\tau_{2}^{A} + \tau_{4}^{A}}. \tag{170}$$

Die Bedeutung der Winkel τ_{2}^{A} und τ_{4}^{A} geht aus Fig. 102a hervor, die Werte derselben werden nach Kap. II berechnet.

Dasselbe gilt für Knotenpunkt B, wo die beiden Pfeiler *5* und *7* angeschlossen sind und deren gemeinsamer Drehwinkel τ_{5-7}^{B} infolge $M = 1$ in B (Fig. 103) den Wert hat:

$$\tau_{5-7}^{B} = \frac{\tau_{5}^{B} \cdot \tau_{7}^{B}}{\tau_{5}^{B} + \tau_{7}^{B}}. \tag{171}$$

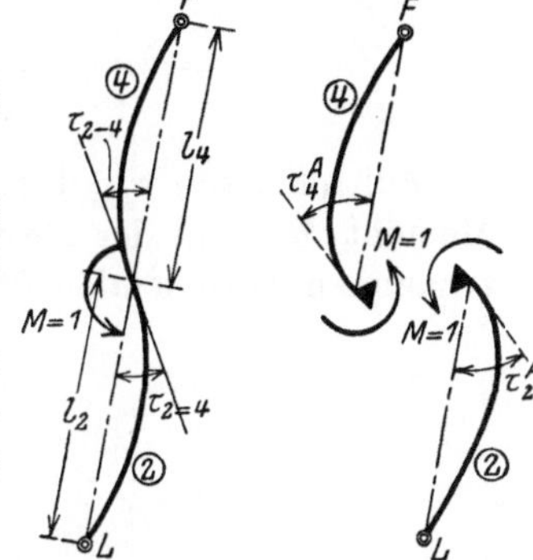

Fig. 102.   Fig. 102a.

Die Bedeutung der Winkel τ_{5}^{B} und τ_{7}^{B} geht aus Fig. 103a hervor.

Zur Bestimmung der linken Festpunkte J am ganzen Balken benötigen wir noch die Werte der Verhältnisse $\dfrac{e}{e'}$ zum Teilen der Abstände v^r in den Balkenöffnungen *1* und *6*. Es ist nach Gl. (137):

$$\frac{e}{e'} = k_1 \cdot \frac{l_1}{2 \cdot \tau_{2-4}^{A}} \cdot \frac{v_{3-1}^{r}}{d_1^{l}} \tag{172}$$

und

$$\frac{e}{e'} = k_6 \cdot \frac{l_6}{2 \cdot \tau_{5-7}^{B}} \cdot \frac{v_{1-6}^{r}}{d_6^{l}}, \tag{173}$$

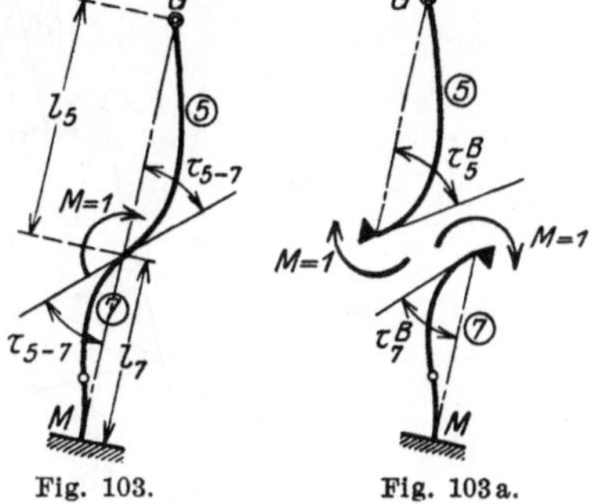

Fig. 103.   Fig. 103a.

worin die Verhältniswerte k_1 und k_6 einen der Gl. (139) analogen Wert haben. Darauf können wir die Festpunkte J am ganzen Balken konstruieren, was in Fig. 104 dargestellt ist.

Zur Bestimmung der rechten Festpunkte K am ganzen Balken benötigen wir noch die Werte der Verhältnisse $\dfrac{e}{e'}$ zum Teilen der Abstände v^l in den Balkenöffnungen *1* und *3*; e· ist nach Gl. (140):

$$\frac{e}{e'} = k_1 \cdot \frac{l_1}{2 \cdot \tau_{5-7}^{B}} \cdot \frac{v_{1-6}^{l}}{d_1^{r}}, \tag{174}$$

$$\frac{e}{e'} = k_3 \cdot \frac{l_3}{2 \cdot \tau_{2-4}^{A}} \cdot \frac{v_{3-1}^{l}}{d_3^{r}}, \tag{175}$$

worin die Verhältniswerte k_1 und k_3 einen der Gl. (141) analogen Wert haben. Darauf können wir die Festpunkte K am ganzen Balken wie aus Fig. 104 ersichtlich, konstruieren.

Die bei einer

Belastung des Balkens *6* (Fig. 60)

benötigten Verteilungsmaße μ_{6-1} und μ_{1-3} erhalten wir nach Gl. (160) aus Fig. 104 zu:

$$\mu_{6-1} = \frac{B_1 B_1'}{B_1 B_1''}, \tag{176}$$

$$\mu_{1-3} = \frac{A_1 A_1'}{A_1 A_1''}. \tag{177}$$

Multiplizieren wir das Moment M_6^B (Fig. 60) mit μ_{6-1}, so erhalten wir das Moment M_1^B und der Rest $(1 - \mu_{6-1}) \cdot M_6^B$ ist gleich dem auf Pfeiler 5 und 7 zusammen entfallenden Moment M_{5-7}^B, welches wir noch im Verhältnis der

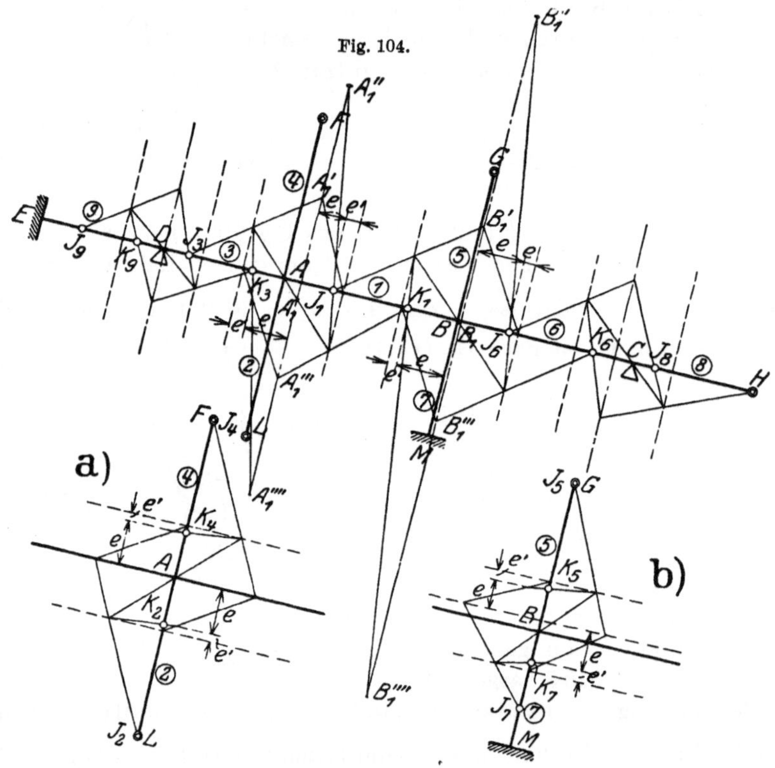

Fig. 104.

Fig. 104 a—104 b.

Elastizitätsmaße $\dfrac{1}{\tau_5^B}$ und $\dfrac{1}{\tau_7^B}$ (vgl. Kap. II, 5) auf die beiden Pfeiler 5 und 7 verteilen müssen. Es ist nach Gl. (35):

$$M_5^B = \frac{\tau_{5-7}^B}{\tau_5^B} \cdot M_{5-7}^B \tag{178}$$

und

$$M_7^B = \frac{\tau_{5-7}^B}{\tau_7^B} \cdot M_{5-7}^B. \tag{179}$$

Dasselbe gilt für das Moment M_1^A (Fig. 60), welches mit μ_{1-3} multipliziert das Moment M_3^A liefert, während der Rest $(1 - \mu_{1-3}) \cdot M_1^A$ das Gesamtmoment M_{2-4}^A darstellt, welches noch analog M_{5-7}^B auf die Stäbe 2 und 4 zu verteilen ist.

Ist auch noch das Balkenfeld *9* oder *3* belastet, so müssen wir noch die Verteilungsmaße μ_{3-1} und μ_{1-6} ermitteln, welche nach Gl. (161) den Wert haben:

$$\mu_{3-1} = \frac{A_1 A_1'''}{A_1 A_1''''} \tag{180}$$

und

$$\mu_{1-6} = \frac{B_1 B_1'''}{B_1 B_1''''}. \tag{181}$$

Zur Bestimmung der Festpunkte und Verteilungsmaße

am Stabzug LAF (Pfeiler)

ermitteln wir zunächst wieder die Drittellinien und verschränkten Drittellinien nach Abschnitt 1 und 2 sowie den gemeinsamen Drehwinkel τ_{1-3}^A (Fig. 105) infolge $M = 1$ in A, welcher nach Gl. (36) den Wert hat:

$$\tau_{1-3}^A = \frac{\tau_1^A \cdot \tau_3^A}{\tau_1^A + \tau_3^A}. \tag{182}$$

Die Bedeutung der Winkel τ_1^A und τ_3^A geht aus Fig. 105a hervor.

Zur Bestimmung des unteren Festpunktes K_4 am Pfeiler *4* berechnen wir noch zum Teilen des Abstandes v_{2-4}^r das Verhältnis (nach Gl. 137):

$$\frac{e}{e'} = k_2 \cdot \frac{l_4}{2 \cdot \tau_{1-3}^A} \cdot \frac{v_{2-4}^r}{d_4^l}, \tag{183}$$

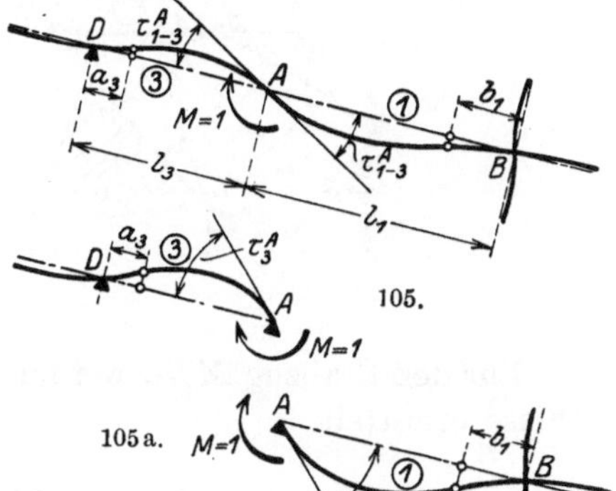

Fig. 105 u. 105a.

worin k_2 einen der Gl. (138) analogen Wert hat.

Darauf können wir, von J_2 (fällt wegen des Fußgelenkes mit L zusammen) ausgehend, den Festpunkt K_4 konstruieren (Fig. 104a).

Zur Bestimmung des oberen Festpunktes K_2 am Pfeiler *2* benötigen wir noch zum Teilen der Strecke v_{2-4}^l das Verhältnis [nach Gl. (140)]:

$$\frac{e}{e'} = k_2 \cdot \frac{l_2}{2 \cdot \tau_{1-3}^A} \cdot \frac{v_{2-4}^l}{d_2^r}, \tag{184}$$

worin k_2 einen der Gl. (141) analogen Wert hat.

Darauf können wir, von J_4 (fällt wegen des freien Auflagers in F mit F zusammen, ausgehend, den Festpunkt K_2 konstruieren (Fig. 104a).

Das bei einer

Belastung des Pfeilers *2* (Fig. 106)

benötigte Verteilungsmaß μ_{2-4} erhalten wir nach Gl. (161) aus Fig. 104a zu:

$$\mu_{2-4} = \frac{A_2 A_2'''}{A_2 A_2''''}. \tag{185}$$

Multiplizieren wir das Moment M_2^A (Fig. 106) mit μ_{2-4}, so erhalten wir das Moment M_4^A, und der Rest $(1 - \mu_{2-4}) \cdot M_2^A$ ist gleich dem auf Balkenöffnung *1* und *3* zusammen entfallenden Moment M_{1-3}^A, welches wir noch im Verhältnis der Elastizitätsmaße $\frac{1}{\tau_1^A}$ und $\frac{1}{\tau_3^A}$ (vgl. Kap. II, 5) auf die beiden Balkenöffnungen *1* und *3* verteilen müssen; es ist nach Gl. (35):

$$M_1^A = \frac{\tau_{1-3}^A}{\tau_1^A} \cdot M_{1-3}^A \tag{186}$$

und

$$M_3^A = \frac{\tau_{1-3}^A}{\tau_3^A} \cdot M_{1-3}^A. \tag{187}$$

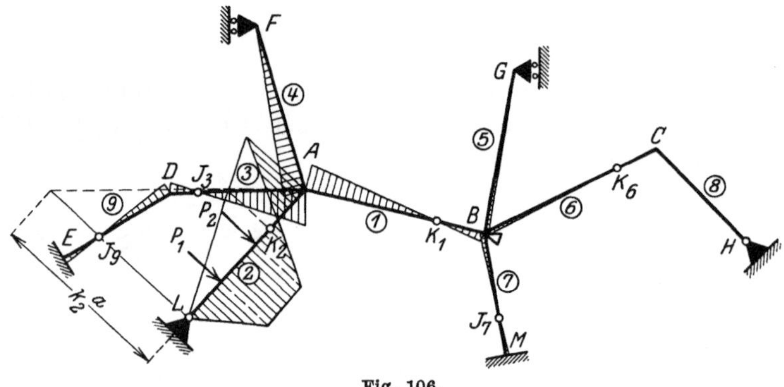

Fig. 106.

Für den Stabzug MBG werden Festpunkte und Verteilungsmaße in analoger Weise ermittelt.

b) Geschlossenes Tragwerk.

Beim einseitig und ganz geschlossenen Tragwerk (Fig. 70 und 71) gehen wir genau so vor wie unter a), nur müssen wir, wie in Kap. II, 8, 9 und 10 ausgeführt, diejenigen Festpunkte schätzen, die wir wegen der Geschlossenheit des Tragwerkes nicht direkt berechnen können und die Berechnung dann wiederholt durchführen, um den Fehler der Schätzung auszuschalten.

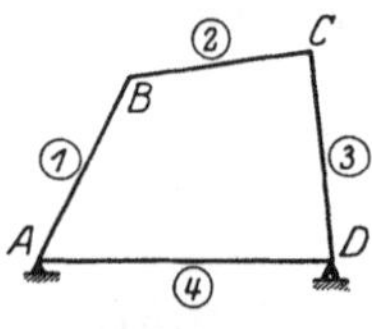

Fig. 107.

Sonderfall: Der einfache geschlossene Rahmen (Fig. 107).

Für diesen Fall ist die graphische Festpunktbestimmung sehr zweckmäßig. Man wickelt den Rahmen ab und trägt ihn mehrmals (es genügt zweimal) hintereinander auf (siehe Fig. 107 a).

Um die Festpunktabstände a zu erhalten, bestimmt man zunächst die Drittellinien und verschränkten Drittellinien in allen Öffnungen. Darauf schätzt man den ersten Festpunktabstand a_1 und setzt die Festpunktkonstruktion über alle Öffnungen fort (über zwei- bis dreimal soviel Öffnungen, als der geschlossene Rahmen Stäbe hat). In der dritten Stabreihe würde sich dann zeigen, daß die Festpunktabstände von den entsprechenden der zweiten Stabreihe nicht mehr abweichen, so daß dort die genauen Festpunktabstände a zu finden sind.

Um die Festpunktabstände b zu erhalten, fangen wir am anderen Ende an, schätzen den ersten Festpunktabstand b_4 und führen die Festpunktkonstruktion über die zwei Stabreihen durch. Dann besitzen wir in der ersten Stabreihe die genauen Festpunktabstände b an allen Stäben.

Wir ersehen aus den Ausführungen dieses Abschnittes, daß die graphische Bestimmung der Festpunkte an allgemeinen Konstruktionen nicht so vorteilhaft ist wie am durchlaufenden Balken, außerdem muß man sobald R. II in Betracht

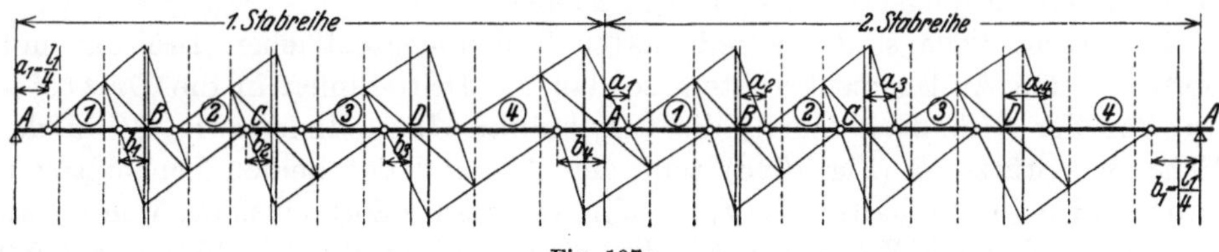

Fig. 107 a.

kommt, d. h. wenn die Säulenköpfe Verschiebungen erleiden können, die Drehwinkel I der Balkenstücke doch ermitteln, so daß man auch in diesem Falle das analytische dem graphischen Verfahren vorziehen wird.

10. Sonderfälle.

Als Sonderfälle des vorhergehend behandelten durchlaufenden Balkens mit beliebig veränderlichem Trägheitsmoment auf elastisch drehbaren Pfeilern betrachten wir den durchlaufenden Balken mit konstantem, jedoch von Öffnung zu Öffnung sprungweise veränderlichem Trägheitsmoment und den durchlaufenden Balken mit über seiner ganzen Länge konstantem Trägheitsmoment auf elastisch drehbaren Stützen.

Das einzuschlagende Verfahren zur Bestimmung der Festpunkte ist in dem eingangs erwähnten Werke von Wilhelm Ritter behandelt, geht aber auch ohne weiteres aus den vorgehend erläuterten allgemeinen Beziehungen hervor.

a) Der Balken hat konstantes, jedoch von Öffnung zu Öffnung sprungweise veränderliches Trägheitsmoment (Fig 108).

Fig. 108.

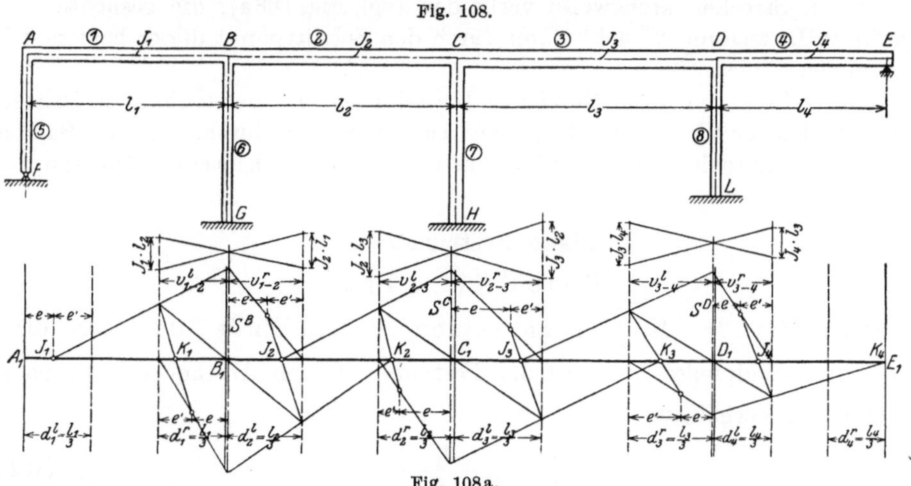

Fig. 108 a.

Wir bezeichnen mit J_1 das konstante Trägheitsmoment der Öffnung l_1, mit J_2 dasjenige der Öffnung l_2, usw.

Drittellinie und verschränkte Drittellinien.

Wir beginnen wie immer mit der Ermittlung der Drittellinien, verschränkten Drittellinien und der Drehwinkel τ an den gegebenenfalls vorhandenen, mit dem Balken biegungsfest verbundenen Pfeilern.

In diesem Falle sind die reduzierten Teilmomentenflächen Dreiecke mit Spitze in den Auflagersenkrechten, so daß die Drittellinien in die Drittelspunkte der Öffnungen fallen; die verschränkte Drittellinie, z. B. S^B in der Nähe der Stütze B (Fig. 108a) teilt. den Abstand der beiden benachbarten Drittellinien im Verhältnis $l_2 \cdot J_1 : l_1 \cdot J_2$, was man sofort einsieht, wenn man die entsprechenden Werte für F_2', F_3', d_1^r und d_2^l in die Gl. (102) und (103) einsetzt und Gl. (102) durch Gl. (103) dividiert. Es ist dann

$$v_{1-2}^l = \frac{l_1 + l_2}{3\left(1 + \frac{l_1}{l_2} \cdot \frac{J_2}{J_1}\right)}, \tag{188}$$

$$v_{1-2}^r = \frac{l_1 + l_2}{3\left(1 + \frac{l_2}{l_1} \cdot \frac{J_1}{J_2}\right)} \tag{189}$$

und

$$\frac{v_{1-2}^l}{v_{1-2}^r} = \frac{l_2}{l_1} \cdot \frac{J_1}{J_2}, \tag{190}$$

d. h. die verschränkte Drittellinie rückt gegen die Öffnung mit dem **kleineren** Trägheitsmoment hin, weil das reduzierte Momentendreieck bei kleinerem Trägheitsmoment größer wird. Die Teilung des Abstandes der beiden benachbarten Drittellinien in dem durch Gl. (190) angegebenen Verhältnis nehmen wir am einfachsten so vor, daß wir auf derjenigen Drittellinie, an welche die Strecke v_{1-2}^l anstößt, das Maß $J_1 \cdot l_2$ und auf der Richtung der Drittellinie, an welche v_{1-2}^r anstößt, $J_2 \cdot l_1$ in gleichem Maßstab auftragen und die Endpunkte der beiden Strecken kreuzweise verbinden (vgl. Fig. 108a); die gesuchte verschränkte Drittellinie S^B geht dann durch den Schnittpunkt dieser beiden sich kreuzenden Linien.

Man verfährt zur Ermittlung der Drittellinien und verschränkten Drittellinien in gleicher Weise sowohl am **frei aufliegenden** durchlaufenden Balken als auch am durchlaufenden Balken auf **elastisch drehbaren** Pfeilern.

Linke Festpunkte J.

Erste Öffnung links.

Fall 1: Ist der Balken an seinem linken Ende **elastisch eingespannt** (Endpfeiler), so teilt der Festpunkt J_1 den Abstand $d_1^l = \frac{l_1}{3}$ nach Gl. (116) im Verhältnis:

$$\frac{e}{e'} = \frac{l_1}{2\,E \cdot J_1 \cdot \tau_5^A}, \tag{191}$$

da

$$k_1 = \frac{1}{E \cdot J_1}.$$

Fall 2: Ist der Balken an seinem linken Ende fest eingespannt, so ist

$$e' = 0,$$

d. h. der Festpunkt J_1 fällt in den ersten Drittelspunkt der Öffnung.

Beliebige Mittelöffnung und letzte Öffnung rechts.

Fall 1: Besteht die Stütze vor der Öffnung, in welcher J gesucht wird, aus einem elastisch drehbaren Pfeiler, so muß zuerst der Festpunkt J in der vorhergehenden Öffnung bestimmt werden. Es ist

$$k_2 = \frac{1}{E \cdot J_2} \qquad \text{und} \qquad d_2^l = \frac{l_2}{3}.$$

Diese Werte in Gl. (137) eingesetzt gibt:

$$\frac{e}{e'} = \frac{3 \cdot v_{1-2}}{2\,E \cdot J_2 \cdot \tau_6^B}. \tag{192}$$

Fall 2: Liegt der Balken auf der Stütze vor der Öffnung, in welcher J gesucht wird, frei auf, so ist

$$e = 0.$$

Rechte Festpunkte K.

Dreht man den Balken aus der Zeichenebene heraus um 180° so, daß dessen rechtes Ende nach der linken Seite kommt, so werden die rechten Festpunkte K genau wie die linken Festpunkte J bestimmt.

Wie beim allgemeinen Fall erwähnt, ist die Lage der Drittellinien und verschränkten Drittellinien dieselbe sowohl am kontinuierlichen Balken auf ela-

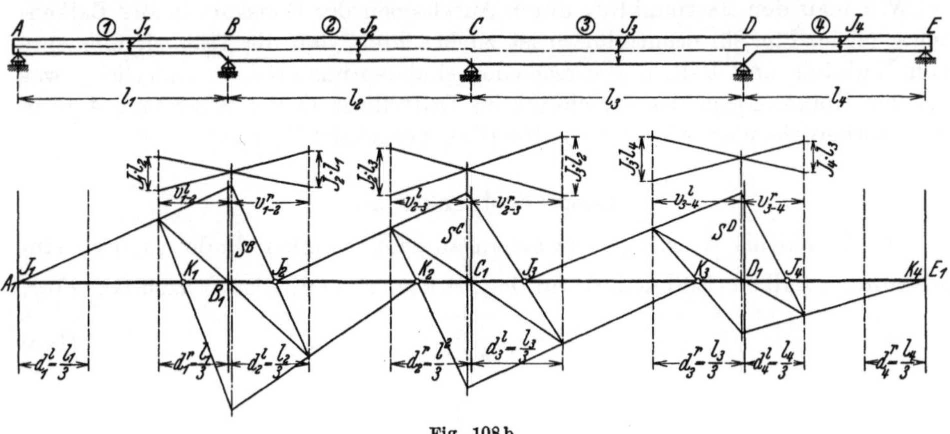

Fig. 108 b.

stisch drehbaren als auch am kontinuierlichen Balken auf frei drehbaren Stützen. Eine Einspannung an den Stützen wird im Verhältnis $\frac{e}{e'}$ berücksichtigt, welches an der Stütze wegfällt, wo der Balken frei aufliegt (siehe Fig. 108 b).

b) Der Balken hat konstantes Trägheitsmoment auf seine ganze Länge
(Fig. 109).
Drittellinien und verschränkte Drittellinien.

Die reduzierten Teilmomentenflächen sind wieder Dreiecke, so daß die Drittellinien auch hier in die Drittelspunkte der Öffnungen fallen. Die ver-

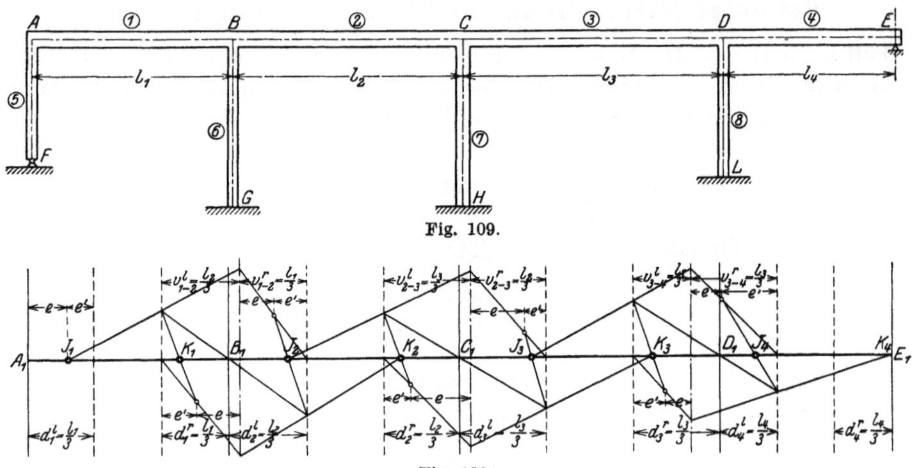

Fig. 109.

Fig. 109 a.

schränkten Drittellinien erhält man durch Vertauschen der Spannweitendrittel (Fig. 109a); es ist:

$$v_{1-2}^{l} = \frac{l_2}{3} \tag{193}$$

und

$$v_{1-2}^{r} = \frac{l_1}{3}. \tag{194}$$

Will man den Festpunkt J_1 durch Aufklappen der Endsäule in die Balkenachse (siehe Fig. 90) ermitteln, so ist zu beachten, daß die Trägheitsmomente von Endsäule und Balken *1* verschieden sind (sprungweise veränderlich), was bei der Konstruktion der verschränkten Drittellinie in der Nähe von *A* nach dem vorhergehenden Absatz (Fig. 108a) zu berücksichtigen ist.

Linke Festpunkte *J*.

Das Verhältnis $\dfrac{e}{e'}$ beträgt bei einem an seinem linken Ende elastisch eingespannten Balken (Endpfeiler): für den linken Festpunkt J_1 nach Gl. (116):

$$\frac{e}{e'} = \frac{l_1}{2 \cdot E \cdot J \cdot \tau_5^A}, \tag{195}$$

da

$$k = \frac{1}{E \cdot J}$$

und bei Vorhandensein eines elastisch drehbaren Pfeilers zwischen Öffnung *1* und *2* für den linken Festpunkt J_2 nach Gl. (137):

$$\frac{e}{e'} = \frac{l_1}{2 \cdot E \cdot J \cdot \tau_6^B}, \tag{196}$$

wobei hervorzuheben ist, daß sich im Zähler des Verhältnisses $\dfrac{e}{e'}$ für J_2 die Spannweite l_1 vorfindet, da in Gl. (137) $v_{1-2}^r = \dfrac{l_1}{3}$ einzusetzen war.

Bezüglich der

rechten Festpunkte K

gilt das unter a) Gesagte.

Wie beim allgemeinen Fall erwähnt, ist die Lage der Drittellinien und verschränkten Drittellinien dieselbe sowohl am kontinuierlichen Balken auf elastisch drehbaren als auch am kontinuierlichen Balken auf frei drehbaren Stützen.

Eine Einspannung an den Stützen wird im Verhältnis $\dfrac{e}{e'}$ berücksichtigt, welches an der Stütze wegfällt, wo der Balken frei aufliegt (siehe Fig. 109 b). Die Konsole hat keinen Einfluß auf die Bestimmung der Festpunkte, sie dient nur zur Einleitung des Konsolmomentes in den Stab *1*.

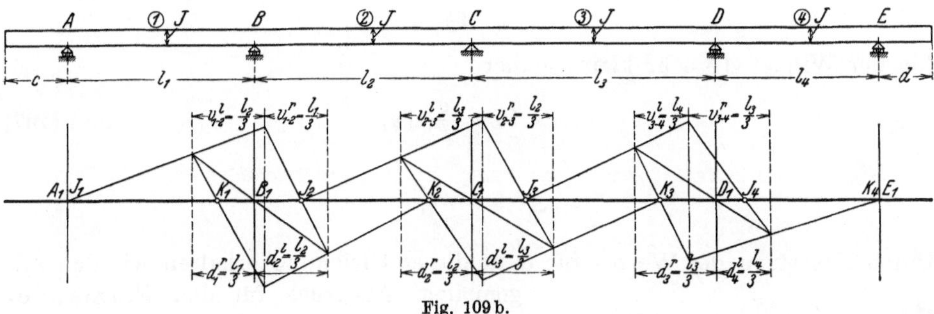

Fig. 109 b.

IV. Bestimmung von Drehwinkeln und Verschiebungen.

Drehwinkel und Verschiebungen bzw. Durchbiegungen am einfachen Balken auf 2 Stützen sowie am fest eingespannten Kragarm werden, besonders weil wir Stäbe mit beliebig veränderlichem Trägheitsmoment betrachten, am einfachsten mit Hilfe des Mohrschen Satzes ermittelt. Verläuft das Trägheitsmoment des Stabes nach einer gesetzmäßigen, leicht integrierbaren Kurve, so braucht man die Momentenfläche, welche man bilden muß, nicht in Streifen zu zerlegen und die Summen zu bilden, sondern man kann in diesem Falle die Arbeitsgleichung anwenden und über den Stab integrieren. Dieser Fall liegt jedoch selten vor; bei einfachen Belastungsfällen und konstantem Trägheitsmoment läßt man die ganze reduzierte Momentenfläche in ihrem Schwerpunkt wirken. Da die Ermittlung der benötigten Festpunkte im Verhältnis zu der ganzen Berechnung eines Tragwerkes wenig Zeit erfordert, sich aber die ganze Berechnung auf die Festpunkte stützt, so ist es richtiger, wenn man die Festpunkte nicht nur überschlägig oder nach komplizierten Formeln, sondern nach dem genauen Verfahren ermittelt, da man sonst auf unsicherer Grundlage weiterbaut.

Im folgenden wird zunächst der

allgemeine Mohrsche Satz

und die daraus hervorgehenden besonderen Sätze

für den einfachen Balken und den Kragarm der Vollständigkeit halber abgeleitet.

Es sei Δs die Länge eines Balkenelementes (Fig. 109c), auf welches das gegebene Biegungsmoment M wirke.

Dann ist die Spannung in der untersten Faser dieses Balkenelementes

$$\sigma = \frac{M}{J} \cdot e,$$

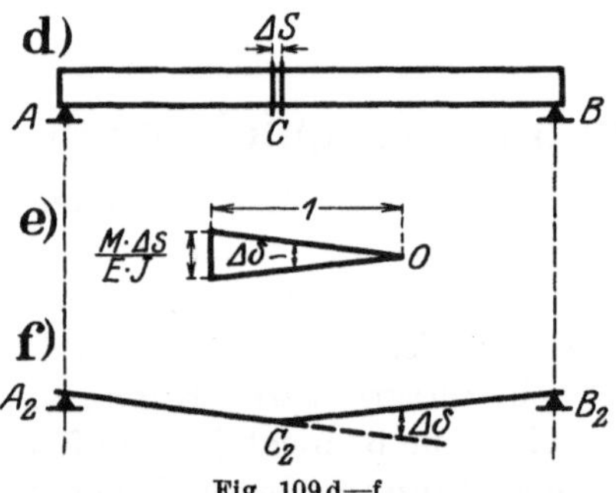

Fig. 109c

wenn J das Trägheitsmoment des Balkenquerschnittes bedeutet. Unter dem Einfluß von σ verlängert sich die unterste Faser um die Strecke

$$\frac{\sigma}{E} \cdot \Delta s,$$

wenn E den Elastizitätsmodul des Baumaterials bezeichnet.

Ist $\Delta \delta$ der Winkel, um den sich der eine Querschnitt in bezug auf den anderen dreht, so ist die Verlängerung der untersten Faser auch gleich

$$e \cdot \Delta \delta$$

(da der Winkel $\Delta \delta$ sehr klein), daher

$$e \cdot \Delta \delta = \frac{\sigma}{E} \Delta s, \tag{197}$$

woraus

$$\Delta \delta = \frac{\sigma \cdot \Delta s}{e \cdot E}.$$

Durch Einsetzen des Wertes für σ in dieser Gleichung erhalten wir den allgemeinen Ausdruck für den **Formänderungswinkel**.

$$\Delta \delta = \frac{M \cdot \Delta s}{E \cdot J}.$$

Es sei AB ein belasteter einfacher Balken (Fig. 109d), Δs die Länge eines in C befindlichen Balkenelementes und M das Biegungsmoment für den Schnitt C. Trägt man nun (Fig. 109e) die Größe $\frac{M \cdot \Delta s}{E \cdot J}$ senkrecht (in einem beliebigen Kräftemaßstab) auf, und zieht aus ihren Endpunkten Linien

Fig. 109 d—f.

nach einem im Abstande 1 (im Kräftemaßstab abzutragen) gelegenen Punkte O, so schließen diese Linien den Winkel $\Delta \delta$ ein. Zieht man ferner (Fig. 109f) zwei Linien $A_2 C_2$ und $C_2 B_2$, die zu den Linien aus O parallel laufen und sich senkrecht unter C schneiden, so stellt $A_2 C_2 B_2$ die Form dar, in welche die Balkenachse übergeht, wenn nur das Element bei C elastisch gedacht wird.

Denkt man sich nun den ganzen Balken in Elemente zerlegt und jedes von ihnen elastisch, so wird die Balkenachse ebenso viele Knickungen erleiden, und die Wirkungen dieser Knickungen werden sich alle summieren. Die Form, welche die Balkenachse hierbei annimmt, wird daher gefunden, wenn man für jedes Balkenelement Δs die Größen $\frac{M \cdot \Delta s}{E \cdot J}$ berechnet, wie Kräfte senkrecht aufträgt, mit dem Punkt O als Pol ein Krafteck und mit dem letzteren das Vieleck $A'' B''$ als zugehöriges Seileck zeichnet, dessen Ecken senkrecht unter den entsprechenden Elementen liegen. Auf diese Weise gelangen wir zu dem allgemeinen Mohrschen Satze:

Um die elastische Linie eines Balkens zu erhalten, betrachte man seine Momentenfläche als Belastungsfläche und zeichne zu dieser ein Seileck.

Wir leiten nun noch die für Durchbiegung und Achsendrehung des einfachen Balkens und des Kragarmes geltenden besonderen Sätze ab:

Zu der in Fig. 110 gegebenen beliebigen äußeren Belastung des

einfachen Balkens AB

denken wir uns die zugehörige reduzierte Momentenfläche (Fig. 110a) gebildet, teilen dieselbe in Streifen von der Breite Δs und zeichnen zu den im Schwerpunkt dieser Streifen wirkenden Kräften

$$\Delta F = \frac{M \cdot \Delta s}{E \cdot J}$$

mit der Polweite $H = 1$ das Krafteck der Fig. 110c und das Seileck der Fig. 110b. Dann ist die Verschiebung (Durchbiegung) in einem beliebigen Balkenpunkt C gleich der Ordinate y_C zwischen dem Seileck und der Schlußlinie $A''B''$; andererseits ist aber auch

$$H \cdot y_C = 1 \cdot y_C = y_C$$

gleich dem Balkenmoment

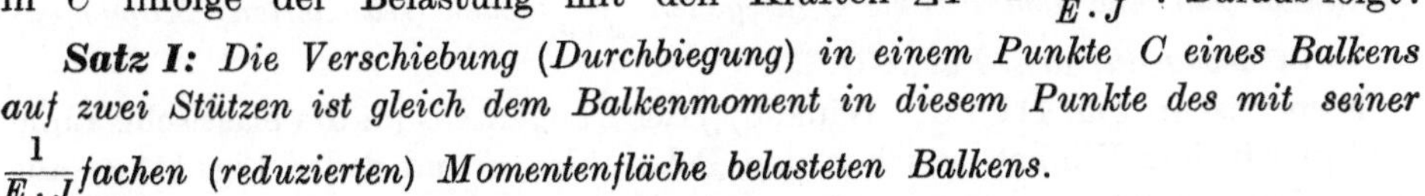

Fig. 110—110c.

in C infolge der Belastung mit den Kräften $\Delta F = \dfrac{M \cdot \Delta s}{E \cdot J}$. Daraus folgt:

Satz I: *Die Verschiebung (Durchbiegung) in einem Punkte C eines Balkens auf zwei Stützen ist gleich dem Balkenmoment in diesem Punkte des mit seiner $\dfrac{1}{E \cdot J}$ fachen (reduzierten) Momentenfläche belasteten Balkens.*

Ferner ist in Fig. 110b der Winkel α_C, den die Seite b des Seilecks mit der Schlußlinie einschließt, gleich dem Winkel, welchen die Tangente an die elastische Linie in C mit der ursprünglichen Balkenachse bildet; im Krafteck (Fig. 110c) schließen die entsprechenden Polstrahlen ebenfalls den Winkel α_C ein und es folgt:

$$Q_C = H \cdot \operatorname{tg} \alpha_C.$$

Durch Einsetzen von $H = 1$ und $\operatorname{tg} \alpha_C = \alpha_C$ (da α_C sehr klein ist) in diesen Ausdruck folgt:

$$Q_C = \alpha_C, \qquad \text{d. h.}$$

Satz II: *Der Drehwinkel (Achsendrehung) in einem Punkte C eines Balkens auf zwei Stützen ist gleich der Balkenquerkraft in diesem Punkt des mit seiner $\dfrac{1}{E \cdot J}$ fachen (reduzierten) Momentenfläche belasteten Balkens; insbesondere ist*

*also der Drehwinkel am Auflager gleich dem Auflagerdruck des mit seiner redu-
zierten Momentenfläche belasteten Balkens.*

Zu der in Fig. 111 gegebenen beliebigen äußeren Belastung des

Kragarmes AB

denken wir uns die zugehörige reduzierte Momentenfläche (Fig. 111a) gebildet,
teilen dieselbe in Streifen von der Breite $\varDelta s$ und zeichnen zu den im Schwerpunkt dieser Streifen wirkenden Kräften

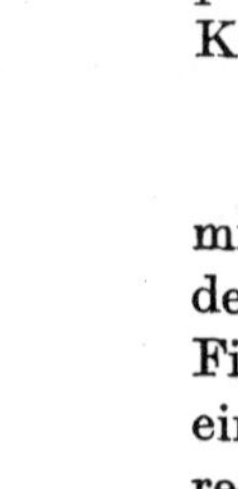

$$\varDelta F = \frac{M \cdot \varDelta s}{E \cdot J}$$

mit der Polweite $H = 1$ das Krafteck der Fig. 111c und das Seileck der Fig. 111b. Richten wir es dabei so ein, daß die erste Seileckseite a waagrecht verläuft und daher die Ordinaten der elastischen Linie von dieser Waagrechten aus gemessen werden, so ist y_C gleich der Verschiebung des Punktes C senkrecht Balkenachse; andererseits ist y_C gleich dem statischen Moment M der zwischen der Einspannungsstelle und dem Punkte C gelegenen Kräfte $\varDelta F_1$, $\varDelta F_2$, $\varDelta F_3$ in bezug auf die Verschiebungsrichtung, denn

Abb. 111—111c.

$$M = H \cdot y_C = 1 \cdot y_C = y_C, \qquad \text{d. h.}$$

Satz III: *Die Verschiebung in einem Punkt C eines an einem Ende fest
eingespannten Kragarmes ist gleich dem statischen Moment der zwischen der Einspannungsstelle und dem Punkte C gelegenen $\dfrac{1}{E \cdot J}$ fachen (reduzierten) Momentenfläche in bezug auf den Punkt C.*

Ferner ist in Fig. 111b der Winkel γ_C der Tangente d an die elastische Linie
in C gleich dem Winkel zwischen den Polstrahlen a und d der Fig. 111c; aus
dieser Figur folgt:

$$\text{Strecke } (\varDelta F_1 + \varDelta F_2 + \varDelta F_3) = H \cdot \operatorname{tg} \gamma_C = 1 \cdot \operatorname{tg} \gamma_C,$$

und da γ_C sehr klein, so kann gesetzt werden

$$\operatorname{tg} \gamma_C = \gamma_C,$$

eingesetzt gibt

$$(\varDelta F_1 + \varDelta F_2 + \varDelta F_3) = \gamma_C,$$

worin $\varDelta F_1$, $\varDelta F_2$ und $\varDelta F_3$ die Inhalte der Streifen bedeuten, in welche die reduzierte Momentenfläche zerlegt wurde. Daraus folgt:

Satz IV: *Der Drehwinkel (Achsendrehung) in einem Punkte C eines an
einem Ende fest eingespannten Kragarmes ist gleich dem Inhalt der zwischen
der Einspannungsstelle und dem Punkte C gelegenen $\dfrac{1}{E \cdot J}$ fachen (reduzierten)
Momentenfläche.*

Mit Hilfe dieser Sätze ermitteln wir nun die zur Bestimmung der Festpunkte und Verteilungsmasse (Kap. II und III) benötigten Grundwinkel, nämlich die Drehwinkel α^a, α^b und β und zeigen noch die Anwendung dieser Sätze zur Bestimmung von Verschiebungen an statisch unbestimmten Tragwerken.

1. Drehwinkel α^a und α^b.

a) Beliebig veränderliches Trägheitsmoment (Fig. 112).

Zur Bestimmung der Drehwinkel α^a und α^b teilen wir die reduzierte Momentenfläche des an beiden Enden gleichzeitig mit $M = 1$ belasteten einfachen Balkens (Fig. 112a) mit beliebig veränderlichem Trägheitsmoment in senkrechte Streifen von der Breite Δs; der Inhalt ΔF einer solchen Streifenfläche ist

$$\Delta F = \frac{\Delta s}{EJ}.$$

Setzen wir für ΔF, falls E konstant, vereinfacht

$$w = \frac{\Delta s}{J} \quad \text{(elastisches Gewicht)}, \quad (198)$$

so ist nach Satz II $E \cdot \alpha^a$ gleich dem Auflagerdruck V_1 und $E \cdot \alpha^b$ gleich dem Auflagerdruck V_2 des mit den Kräften ΔF belasteten Balkens mit der Stützweite l (Fig. 112b), und wir erhalten

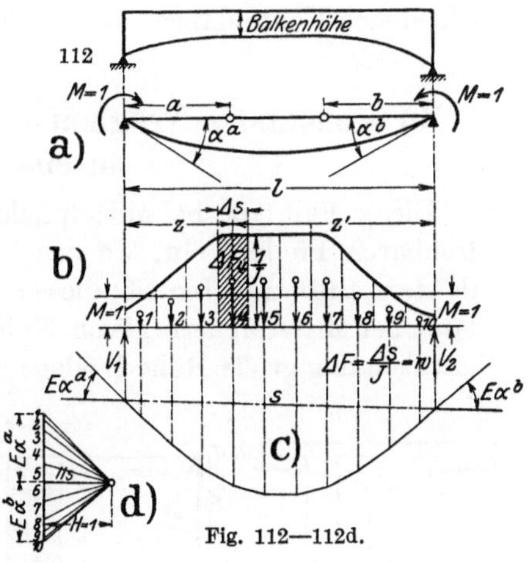

Fig. 112—112d.

$$\text{Analytisch}$$

$$E \cdot \alpha^a = \frac{1}{l} \sum_0^l w \cdot z' \qquad (199)$$

und

$$E \cdot \alpha^b = \frac{1}{l} \sum_0^l w \cdot z, \qquad (200)$$

worin z und und z' die Abstände der Schwerpunkte der Streifen ΔF, für welche bei schmalen Streifen die Mitten angenommen werden können. Ist der Balken symmetrisch in bezug auf seine Mitte, so ist

$$\alpha^a = \alpha^b = \bar{\alpha}. \qquad (201)$$

$$\text{Graphisch}$$

ermitteln wir die Drehwinkel α^a und α^b nicht durch Zusammensetzung der aus Fig. 112b hervorgehenden elastischen Gewichte, sondern wir entnehmen sie aus den im Falle von beliebig veränderlichem Trägheitsmoment ohnehin zur Bestimmung der Drittellinien benötigten Seilkurven; aus diesen geht auch der Winkel β hervor.

Diese Seilkurven, wie z. B. in Fig. 80 und 83 gezeichnet, sind nichts anderes als die $\frac{1}{H} \cdot E$ fachen Biegelinien $\left(\frac{1}{H} \right.$ fach, weil die Biegelinien mit beliebiger Polweite H gezeichnet sind und E fach, weil im Ausdruck für die elastischen Gewichte der Wert E fehlt$\big)$ für die Belastung des einfachen Balkens mit $M = 1$ am linken (Fig. 80) bzw. rechten (Fig. 83) Ende, und es sind daher in den Fig. 80 und 83 die Winkel α^a, α^b und β zu finden. Die Werte für diese Winkel ergeben sich auch aus den Kraftecken der Fig. 80a und 83a als Auflagerdrücke, und zwar nach Ziehen der Parallelen zur Schlußlinie $A_7 B_7$ bzw. $A_8 B_8$ als entsprechenden Abschnitt auf dem Kräftezug.

Für den im Hochbau am häufigsten vorkommenden

Balken mit geraden und parabolischen Vouten

sind im Anhang·Tabellen über die Drehwinkel α^a und α^b unter Annahme verschiedener Voutenlänge, und auch nur einseitiger Anordnung, enthalten.

b) Konstantes Trägheitsmoment, jedoch mit starrer Strecke f an einem Ende (Fig. 113).

Dieser Fall tritt bei Mittelpfeilern eines durchlaufenden Balkens auf elastisch drehbaren Pfeilern ein, wo das Stück von Unterkante Voute bis Balkenachse als starr zu betrachten ist; diese starre Strecke f kann nur bei Endpfeilern sowie dann bei Mittelpfeilern gleich Null gesetzt werden, wenn diese Pfeiler eine verhältnismäßig große Höhe l' oder im Verhältnis zum Balken ein großes Trägheits-

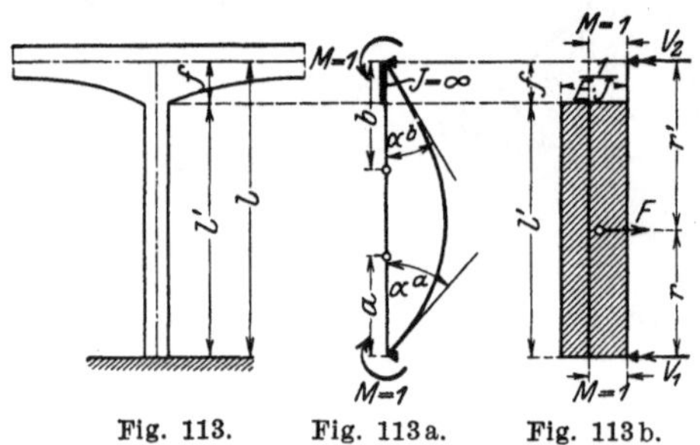

Fig. 113.   Fig. 113a.   Fig. 113b.

moment haben. Ein Versuch wird überzeugen, daß die starre Strecke f auf den Drehwinkel τ am Pfeilerkopf einen ziemlich großen Einfluß hat.

In diesem Falle ist das Trägheitsmoment auf der Strecke f unendlich groß (Fig. 113a) und deshalb ist die reduzierte Momentenfläche auf dieser Strecke gleich Null (Fig. 113b). Der Inhalt der reduzierten Momentenfläche auf der Strecke l' ist $F = \dfrac{l'}{E \cdot J}$, der Schwerpunktsabstand der Kraft F vom oberen Auflager $r' = \dfrac{l'}{2} + f$ und vom unteren Auflager $r = \dfrac{l'}{2}$.

Nach Satz II ist dann α^a gleich dem Auflagerdruck V_1 und α^b gleich dem Auflagerdruck V_2 des mit der Kraft F belasteten Stabes mit der Stützweite l. Es ist daher:

$$\alpha^a = \frac{F \cdot r'}{l} \qquad \text{und} \qquad \alpha^b = \frac{F \cdot r}{l}.$$

Die Werte für F, r' und r eingesetzt gibt:

$$E \cdot \alpha^a = \frac{l' \cdot (l' + 2f)}{2 \cdot l \cdot J} \tag{202}$$

und

$$E \cdot \alpha^b = \frac{l'^2}{2 \cdot l \cdot J}. \tag{203}$$

c) Konstantes Trägheitsmoment auf die ganze Balkenlänge (Fig. 114).

In diesem Falle ist die reduzierte Momentenfläche (Fig. 114b) ein Rechteck mit dem Inhalt

$$F = \frac{l}{E \cdot J},$$

und daher ist nach Satz II:

$$E \cdot \alpha^a = E \cdot \alpha^b = E \cdot \bar{\alpha} = \frac{l}{2J}. \quad (204)$$

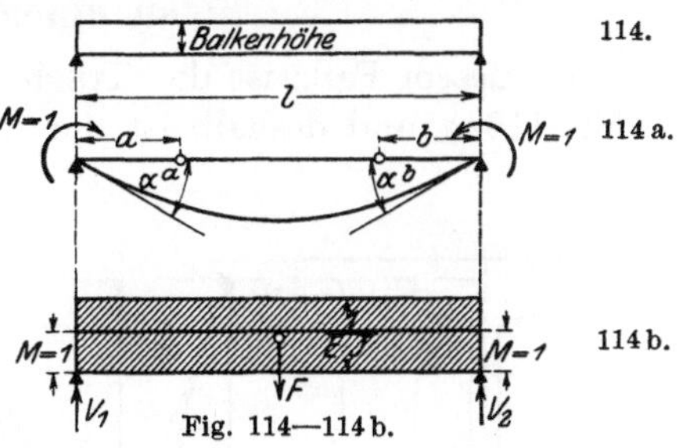

Fig. 114—114b.

2. Drehwinkel β.

a) Beliebig veränderliches Trägheitsmoment (Fig. 115).

Zur Bestimmung des Drehwinkels β teilen wir die reduzierte Momentenfläche des an einem Ende, beispielsweise am linken, mit $M = 1$ belasteten einfachen Balkens (Fig. 115a) mit beliebig veränderlichem Trägheitsmoment in senkrechte Streifen von der Breite Δs; der Inhalt ΔF einer solchen Streifenfläche ist

$$\Delta F = \frac{\Delta s}{E \cdot J} \cdot \frac{z'}{l}.$$

Setzen wir wieder

$$w = \frac{\Delta s}{J},$$

so ist $E \cdot \beta$ nach Satz II gleich dem Auflagerdruck V des mit den Kräften ΔF belasteten Balkens mit der Stützweite l (Fig. 115b), und wir erhalten

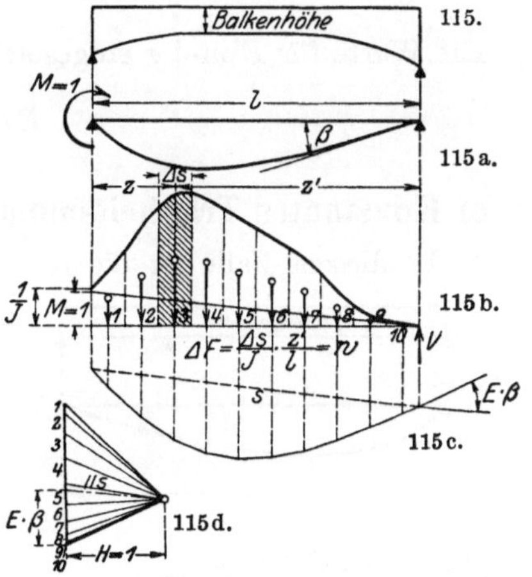

Analytisch

$$E \cdot \beta = \frac{1}{l^2} \sum_{0}^{l} w \cdot z \cdot z', \quad (205)$$

Fig. 115—115d.

worin z und z' die Abstände der Schwerpunkte der Streifen ΔF, für welche bei schmalen Streifen die Mitten aufgenommen werden können.

Graphisch

ergibt sich der Winkel β, wie bereits unter 1, a) gesagt, aus der für die linke oder rechte Drittellinie einer Öffnung (z. B. Fig. 80 und 83) gezeichneten Seilkurve oder aus dem zugehörigen Krafteck (z. B. Fig. 80a und 83a).

Für den im Hochbau am häufigsten vorkommenden

Balken mit geraden und parabolischen Vouten

sind im Anhang Tabellen über den Drehwinkel β unter Annahme verschiedener Voutenlänge und auch nur einseitiger Anordnung enthalten.

b) Konstantes Trägheitsmoment, jedoch mit starrer Strecke f an einem Ende (Fig. 116).

In diesem Falle ist das Trägheitsmoment auf der Strecke f unendlich groß (Fig. 116a), und deshalb ist die reduzierte Momentenfläche auf dieser Strecke gleich Null (Fig. 116b). Der Inhalt der reduzierten Momentenfläche auf der Strecke l ist

$$F = \frac{l'\,(l + f)}{2\,l \cdot EJ}$$

und dem Schwerpunktsabstand r der Kraft F vom unteren Auflager:

$$r = \frac{l'}{3} \cdot \frac{l + 2f}{l + f}.$$

Nach Satz II ist dann β gleich dem Auflagerdruck V des mit der Kraft F belasteten Stabes mit der Stützweite l. Es ist daher:

$$\beta = \frac{F \cdot r}{l}.$$

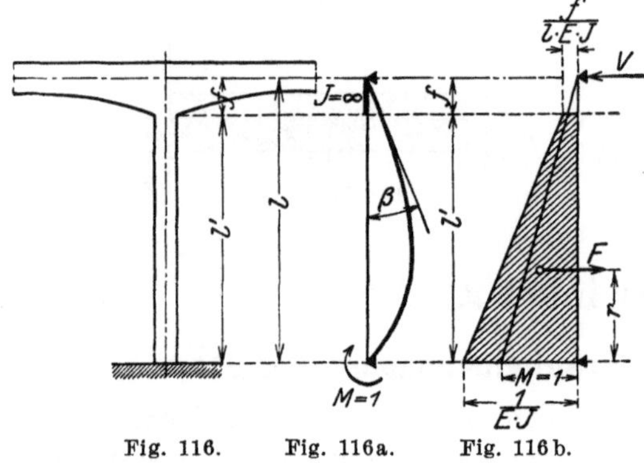

Fig. 116.   Fig. 116a.   Fig. 116b.

Die Werte für F und r eingesetzt geben:

$$E \cdot \beta = \frac{l'^2\,(l + 2f)}{6 \cdot l^2 \cdot J}. \tag{206}$$

c) Konstantes Trägheitsmoment auf die ganze Balkenlänge (Fig. 117).

In diesem Falle ist die reduzierte Momentenfläche (Fig. 117b) ein Dreieck mit dem Inhalt

$$F = \frac{l}{2\,EJ}$$

und daher ist nach Satz II:

$$E \cdot \beta = \frac{l}{6 \cdot J}, \tag{207}$$

d. h. bei konstantem Trägheitsmoment eines Balkens ist

$$\alpha^a = \alpha^b = \overline{\alpha} = 3\,\beta. \tag{207a}$$

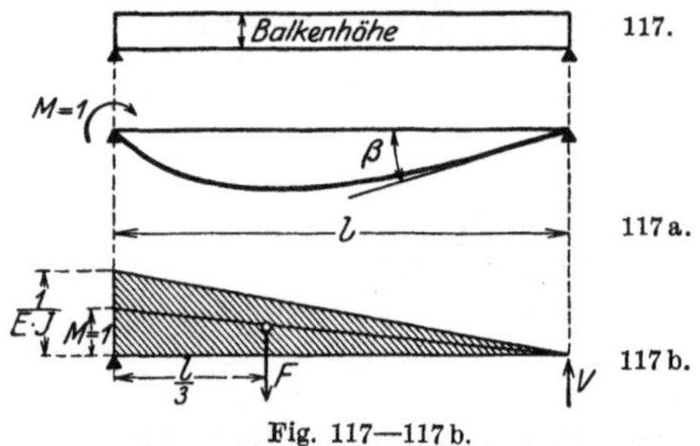

Fig. 117—117b.

3. Bestimmung von Verschiebungen an statisch unbestimmten Tragwerken.

Auch an statisch unbestimmten Tragwerken muß zunächst die Momentenfläche infolge der gegebenen äußeren Belastung an allen Stäben ermittelt werden, bevor der Drehwinkel oder die Verschiebung in irgendeinem Punkte bestimmt werden kann. Sind aber die Momente am ganzen Tragwerk bekannt, so können wir jeden Stab des ganzen Tragwerks für sich betrachten und von den Punkten aus, welche in Ruhe geblieben sind oder in welchen wir die Verschiebung bzw. den Drehwinkel von vornherein kennen, mit dem Zeichnen der

Biegelinie als Seilkurve zu der reduzierten Momentenfläche als Belastung beginnen oder die entsprechende rechnerische Ermittlung nach den Mohrschen Sätzen vornehmen; wir haben es dann immer nur mit einfachen Balken oder Kragarmen zu tun.

Im folgenden erläutern wir die Bestimmung von Verschiebungen und Drehwinkeln an einigen häufig vorkommenden statisch unbestimmten Tragwerken, da die Verschiebungen und Drehwinkel derselben eine Kontrolle für die Richtigkeit der ermittelten Momentenfläche bilden (vgl. Beisp. 11, Bd. II).

a) Durchlaufender Balken auf elastisch drehbaren Pfeilern.

Als Kontrolle für die Richtigkeit der Momentenfläche der Fig. 87 muß z. B. in B sein:

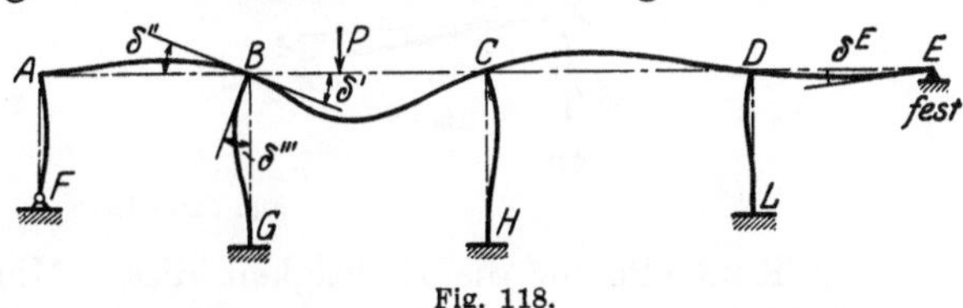
Fig. 118.

$$\delta' = \delta'' = \delta''' \quad \text{(Fig. 118). (208)}$$

Die Drehwinkel δ', δ'', δ''' ermitteln wir nach Satz II, indem wir sowohl die einfachen Balken AB und BC als auch BG mit der zugehörigen reduzierten Momentenfläche aus Fig. 87 belasten und den davon herrührenden Auflagerdruck in B berechnen.

Um z. B. den Drehwinkel δ^E (Fig. 118) zu erhalten, belasten wir den einfachen Balken DE mit der aus Fig. 87 hervorgehenden reduzierten Momentenfläche und berechnen nach Satz II den davon herrührenden Auflagerdruck in E.

b) Durchlaufender Balken auf elastisch drehbaren Pfeilern mit Kragarm.

Die Verschiebung δ am Ende des Kragarmes (Fig. 119), wo die Last P angreift, setzt sich aus 2 Teilen, δ' und δ'', zusammen, und zwar rührt δ' von der Durchbiegung des Balkens AB und δ'' von der Durchbiegung des Kragarms her. Es ist

$$\delta' = l_1 \cdot \operatorname{tg} \delta^A,$$

und da δ^A ein sehr kleiner Winkel, ist

$$\delta' = l_1 \cdot \delta^A. \quad (209)$$

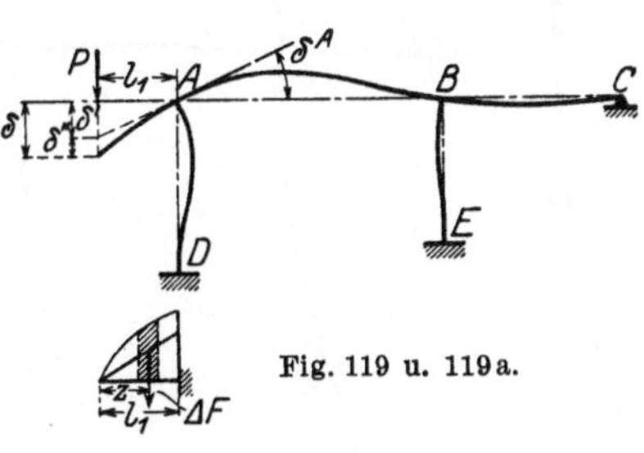
Fig. 119 u. 119a.

Den Drehwinkel δ^A erhalten wir durch Belasten des einfachen Balkens AB mit der aus Fig. 100 entnommenen reduzierten Momentenfläche, deren Auflagerdruck in A nach Satz II gleich δ^A ist.

Die Teilverschiebung δ'' erhalten wir nach Satz III, indem wir das statische Moment der den Kragarm belasteten reduzierten Momentenfläche aus Fig. 100 in bezug auf die Verschiebungsrichtung bilden; es ist (Fig. 119a)

$$\delta'' = \sum_{0}^{l_1} \varDelta F \cdot z. \quad (210)$$

c) Durchlaufender Balken auf elastisch drehbaren Pfeilern, von denen sich einer gesenkt hat.

Die Verschiebung δ des Pfeilerkopfes B (Fig. 120) ist von vornherein bekannt; darnach wurde die Momentenfläche am ganzen Tragwerk ermittelt.

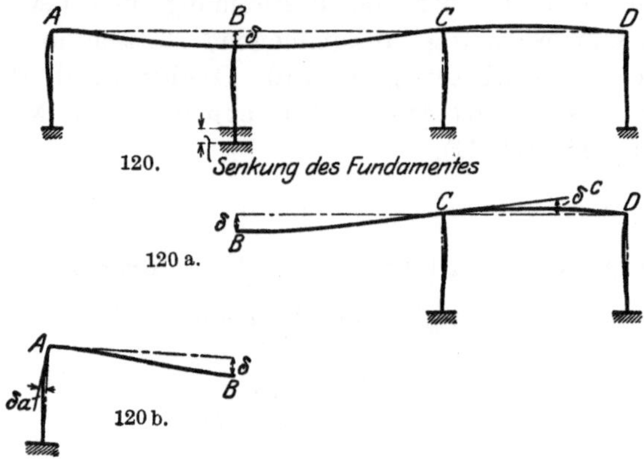

Fig. 120—120 b.

Als Kontrolle für die Richtigkeit dieser Momentenfläche muß sich sowohl am Ende des Kragarmes BC in Fig. 120a als auch am Ende des Kragarmes AB der Fig. 120b als Verschiebung des Punktes B der gleiche Wert δ ergeben. An beiden Kragarmen wird δ analog wie unter b) ermittelt.

d) Stockwerkrahmen.

Sowohl bei einer unsymmetrischen senkrechten als bei einer waagrechten Belastung der Säulen des Stockwerkrahmens der Fig. 121 verschiebt sich der untere und obere Riegel.

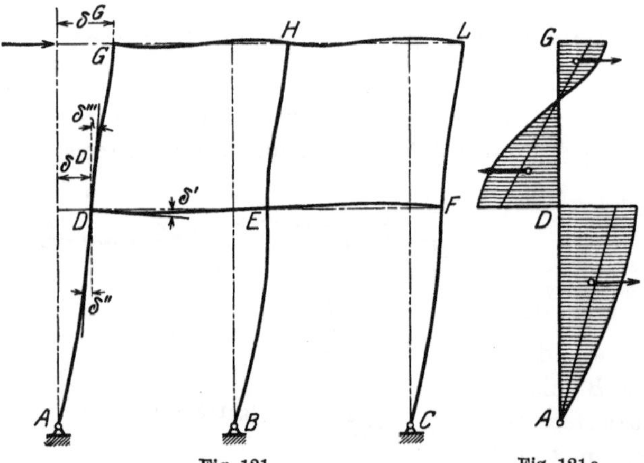

Als Kontrolle für die Richtigkeit der endgültigen Momentenfläche muß sich ergeben, daß die drei Knotenpunkte am unteren oder am oberen Riegel die gleiche Verschiebung ausführen.

Wenn wir die Biegelinien der drei Säulen zeichnen wollten, so würden wir am Fuß derselben beginnen, da derselbe in Ruhe bleibt. Da wir die waagrechte Verschiebung der Säulen bestimmen wollen, so sind dieselben als Kragarme zu betrachten, welche jedoch an ihren Füßen nicht fest, sondern nachgiebig eingespannt sind, was jedoch auf die Berechnung der Verschiebungen keinen Einfluß hat, da dies ja durch die Momentenflächen, die wir nach deren Reduktion als Belastung auffassen, schon berücksichtigt ist; wären die Säulen am Fuße fest eingespannt, so erhielten wir eine andere Momentenfläche.

Daher ist z. B. an der Säule ADG (Fig. 121a) die Verschiebung δ^D des Punktes D gleich dem statischen Moment der reduzierten Momentenfläche am Stabe AD in bezug auf den Punkt D; und die Verschiebung δ^G des Punktes G ist gleich dem statischen Moment der reduzierten Momentenfläche an den Stäben AD und DG in bezug auf den Punkt G oder gleich der Verschiebung δ^D plus dem statischen Moment der reduzierten Momentenfläche an dem Stab DG in bezug auf den Punkt G. In analoger Weise ermitteln wir die waagrechten Verschiebungen der Knotenpunkte E und H sowie F und L; es kommt nur die Momentenfläche an den Säulen in Betracht. Falls man hierüber einen Zweifel hat, so stelle man sich nur vor, in welcher Weise die Biegelinie gezeichnet werden müßte, und dann hat man sofort Klarheit.

Es müssen auch an jedem Knotenpunkt die Drehwinkel der dort angeschlossenen Stäbe einander gleich sein, also z. B. in Punkt D

$$\delta' = \delta'' = \delta'''.$$

Diese Winkel ermitteln wir wie unter a) (Fig. 118).

4. Annahme der Trägheitsmomente.

Zur Berechnung der Formänderungen von Eisenbetonbauten verwendet man das Trägheitsmoment des vollen Betonquerschnittes (ohne Eiseneinlagen), da man, wie die Versuche gezeigt haben, auf dieser Grundlage der Wirklichkeit am nächsten kommt (siehe Mörsch, Der Eisenbetonbau); ferner wird für den Elastizitätsmodul

$$E = 2\,100\,000 \ \text{t/qm}$$

eingeführt.

Die Trägheitsmomente selbst werden auf die Schwerachse des betreffenden Betonquerschnittes bezogen, da man die neutrale Achse noch nicht kennt. Dies hat geringe Bedeutung, da es bei solchen statischen Berechnungen hauptsächlich auf das gegenseitige Verhältnis der Trägheitsmomente des ganzen Tragwerkes ankommt. Als Systemachse wählt man jedoch die Trägermitte.

V. Bestimmung der Momente infolge beliebiger Belastung des Tragwerks.

Wir nehmen an, die Festpunkte und Verteilungsmaße am ganzen Tragwerk seien nach den vorgehenden Kapiteln ermittelt; es ist dann, wie wir in Kapitel I gesehen haben, leicht, die gesamte Momentenfläche zu bestimmen, sobald in der belasteten Öffnung die beiden Stützenmomente ermittelt sind, da ja in den unbelasteten Öffnungen die Momentennullpunkte mit den Festpunkten zusammenfallen, und man deshalb die Momentenflächen in allen unbelasteten Öffnungen durch Ziehen ihrer Schlußlinien durch die Festpunkte ohne weiteres erhält.

Wir setzen die beiden Stützenmomente in der belasteten Öffnung der Fig. 122 oder 77 vorläufig als bekannt voraus, ziehen die Schlußlinie $B''C''$, bestimmen deren Schnittpunkte J' und K' mit den Senkrechten zur Balkenachse durch die Festpunkte J und K, ziehen die zwei sich kreuzenden und daher Kreuzlinien genannten Geraden BJ' und CK' und ermitteln die

Strecken $k^a = BB''$ und $k^b = CC''$, welche die Kreuzlinien auf den Auflagersenkrechten (zur Balkenachse) durch B und C abschneiden, und welche daher „Kreuzlinienabschnitte" genannt werden. Gehen wir jetzt den umgekehrten Weg und tragen (Fig. 122 oder 77) die noch zu bestimmenden Kreuzlinienabschnitte $k^a = BB'''$ und $k^b = CC'''$ auf den Auflagersenkrechten (zur Balkenachse) durch B und C ab, ziehen die Kreuzlinien BC''' und CB''' und bestimmen die Schnittpunkte J' und K' derselben mit den Senkrechten (zur Balkenachse) durch J und K, so schneidet die Verbindungslinie $J'K'$ die Stützenmomente BB'' und CC'' auf den Senkrechten (zur Balkenachse) durch B und C ab.

Es ist zur Bestimmung der Kreuzlinienabschnitte ganz gleichgültig, ob der belastete Stab waagrecht, schief oder senkrecht steht, d. h. die Kreuzlinienabschnitte gelten sowohl am belasteten Balken als auch am belasteten Pfeiler, da ja Pfeiler und Balken nichts anderes sind als Stäbe des Tragwerks.

1. Entwicklung des allgemeinen Ausdruckes für die Kreuzlinienabschnitte.

Wir leiten nun zunächst den allgemeinen Ausdruck für die Kreuzlinienabschnitte bei beliebiger Belastung und beliebig veränderlichem Trägheitsmoment des belasteten Stabes her, und zwar analytisch und graphisch, und bestimmen nachher die Werte der Kreuzlinienabschnitte für verschiedene Belastungsfälle.

a) Analytisch.

Der analytischen Ableitung legen wir das allgemeine Tragwerk der Fig. 122 zugrunde, an welchem Stab 6, wie in der früheren Fig. 48, mit den Kräften P_1 und P_2

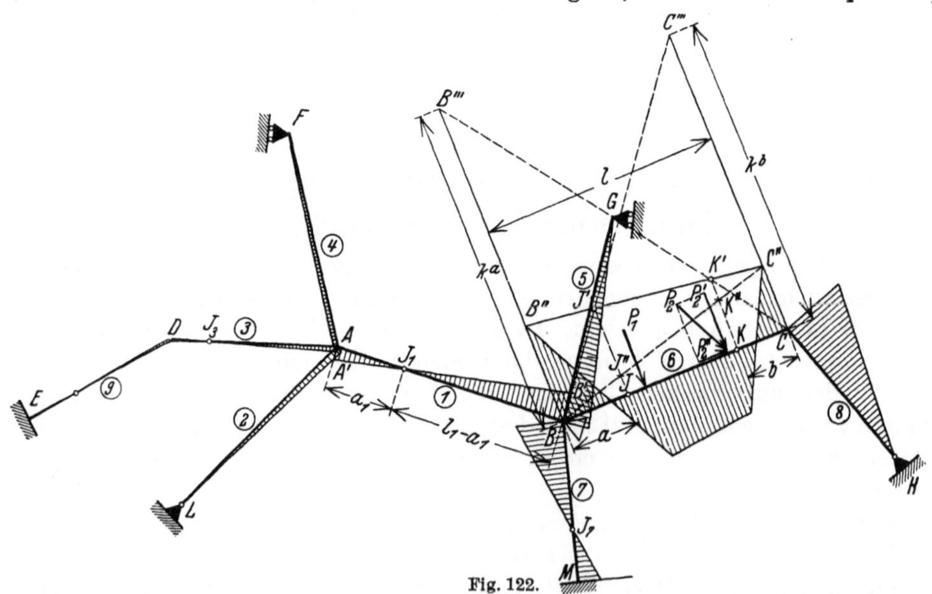

Fig. 122.

belastet sei. Da die Kraft P_2 schief zur Stabachse wirkt, so wird sie zunächst in eine Komponente P_2'' in Richtung des belasteten Stabes und in eine Komponente P_2' rechtwinklig dazu zerlegt; für letztere wird die Momentenfläche bestimmt.

Wir trennen in Fig. 122 den Stab *6* in den Querschnitten B_6 und C_6 von seinen beiden Widerlagern B und C — sein Widerlager in B wird gebildet durch die drei Stäbe *1*, *5* und *7*, dasjenige in C durch den Stab *8* — und lagern ihn daselbst frei auf (Fig. 122 a). Unter Einwirkung der äußeren Lasten entstehen an den Querschnitten B_6 und C_6 die in Fig. 122 a eingetragenen Drehwinkel α^{ao} und α^{bo}. Um die beiden Schnittflächen B_6 von Widerlager und Stab in B wieder zu vereinigen, müssen wir am Stab ein linksdrehendes Moment M^B und am Widerlager das gleich große, aber rechtsdrehende Moment M^B anbringen (Fig. 122 a). Wenn beide Querschnittsflächen wieder zur Deckung gekommen sind, haben sie hinsichtlich der geraden Balkenachse denselben Drehwinkel be-

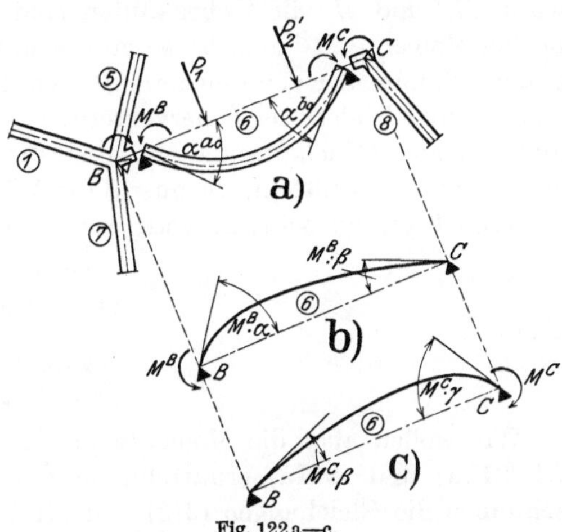

Fig. 122 a—c.

schrieben; dies gibt den Ansatz zu einer Gleichung. Um ferner die beiden Schnittflächen C_6 von Widerlager und Stab in C wieder zu vereinigen, müssen wir am Stab ein rechtsdrehendes und am Widerlager ein gleich großes, aber linksdrehendes Moment M^C anbringen. Wenn die beiden Querschnittsflächen wieder zur Deckung gekommen sind, haben sie denselben Drehwinkel beschrieben, und wir erhalten hieraus den Ansatz zu einer zweiten Gleichung. Die beschriebenen Drehwinkel betragen unter Berücksichtigung der in Kapitel II eingeführten Bezeichnungen:

1. In B_6:

    a) am Stab: durch P_1 und P_2': α^{ao},

                        durch M^B (Fig. 122 b): $M^B \cdot \alpha$,

                        durch M^C (Fig. 122 c): $M^C \cdot \beta$;

    b) am Widerlager: durch M^B: $M^B \cdot \varepsilon^a$.

2. In C_6:

    a) am Stab: durch P_1 und P_2': α^{bo},

                        durch M^C (Fig. 122 c): $M^C \cdot \gamma$,

                        durch M^B (Fig. 122 b): $M^B \cdot \beta$;

    b) am Widerlager: durch M^C: $M^C \cdot \varepsilon^b$.

Nach obigem können wir folgende Gleichungen anschreiben:

$$\alpha^{ao} - M^B \cdot \alpha - M^C \cdot \beta = M^B \cdot \varepsilon^a, \tag{211}$$

$$\alpha^{bo} - M^C \cdot \gamma - M^B \cdot \beta = M^C \cdot \varepsilon^b. \tag{212}$$

Setzen wir in diesen Gleichungen M^B und M^C mit ihren Vorzeichen ein, so erhalten wir die Elastizitätsbedingungen des elastisch eingespannten Stabes

$$\alpha^{a_0} + M^B \cdot \alpha + M^C \cdot \beta + M^B \cdot \varepsilon^a = 0, \tag{213}$$

$$\alpha^{b_0} + M^B \cdot \beta + M^C \cdot \gamma + M^C \cdot \varepsilon^b = 0, \tag{214}$$

worin M^B und M^C die Unbekannten sind. Diese Gleichungen besagen, daß die beiden Momente M^B und M^C so groß sein und solchen Drehsinn haben müssen, daß die Summe der von ihnen am Stabende B_2 und Widerlager B bzw. am Stabende C_2 und Widerlager C hervorgerufenen Drehwinkel je gleich Null wird. Aus diesen beiden Gleichungen könnten wir die beiden Stützenmomente M^B und M^C rechnerisch ermitteln, da uns ja die Winkelwerte α, β, γ, ε^a und ε^b aus den früheren Kapiteln bekannt sind; wir erhalten aus den Gl. (213) und (214):

$$M^B = \frac{-\alpha^{a_0}(\gamma + \varepsilon^b) + \alpha^{b_0} \cdot \beta}{(\alpha + \varepsilon^a)(\gamma + \varepsilon^b) - \beta^2} \tag{213a}$$

und

$$M^C = \frac{-\alpha^{b_0}(\alpha + \varepsilon^a) + \alpha^{a_0} \cdot \beta}{(\alpha + \varepsilon^a)(\gamma + \varepsilon^b) - \beta^2} . \tag{214a}$$

Wir wollen aber die Momente in der belasteten Öffnung nicht nach den Gl. (213a) und (214a) ermitteln, da dies zu umständlich wäre, sondern wir schreiben die Gleichungen (213) und (214) in der Form:

$$M^B(\alpha + \varepsilon^a) + M^C \cdot \beta = -\alpha^{a_0}, \tag{215}$$

$$M^C(\gamma + \varepsilon^b) + M^B \cdot \beta = -\alpha^{b_0}, \tag{216}$$

dividieren diese Gleichungen durch β und erhalten:

$$M^B \cdot \frac{\alpha + \varepsilon^a}{\beta} + M^C = -\frac{\alpha^{a_0}}{\beta}, \tag{217}$$

$$M^C \cdot \frac{\gamma + \varepsilon^b}{\beta} + M^B = -\frac{\alpha^{b_0}}{\beta} . \tag{218}$$

Nun ist aber nach Gl. (4):

$$\frac{\alpha + \varepsilon^a}{\beta} = \frac{l - a}{a}, \tag{219}$$

und analog muß sein

$$\frac{\gamma + \varepsilon^b}{\beta} = \frac{l - b}{b} . \tag{220}$$

Setzen wir die Werte der Gl. (219) und (220) in die Gl. (217) und (218) ein, so ergibt sich:

$$M^B \cdot \frac{l - a}{a} + M^C = -\frac{\alpha^{a_0}}{\beta} \tag{221}$$

und

$$M^C \cdot \frac{l - b}{b} + M^B = -\frac{\alpha^{b_0}}{\beta} . \tag{222}$$

In Fig. 122 ergibt sich aus dem überschlagenen Viereck $BJ'C'''C''B''$:

$$M^B \cdot \frac{l - a}{a} = C''C'''$$

und aus dem überschlagenen Viereck $CK'B'''B''C''$

$$M^C \cdot \frac{l - b}{b} = B''B''',$$

ferner ist

$$M^C = CC'' \quad \text{und} \quad M^B = BB'',$$

und deshalb sind die linken Seiten der Gl. (222) und (221) gleich den gesuchten Kreuzlinienabschnitten k^a und k^b, d. h.

$$k^a = -\frac{\alpha^{b_0}}{\beta}, \tag{223}$$

$$k^b = -\frac{\alpha^{a_0}}{\beta}. \tag{224}$$

Der Kreuzlinienabschnitt k^a bzw. k^b ist an demjenigen Stabende aufzutragen, an welchem sich der Festpunktabstand a bzw. b befindet. Erhalten wir für die auf Grund der Hauptformeln (223) und (224) berechneten Kreuzlinienabschnitte negative Werte, so besagt dies, daß die damit konstruierte Schlußlinie mit der Stabachse und den beiden Auflagersenkrechten ein negatives Momententrapez ($BB''C''C$ in Fig. 122) begrenzt; ergeben sich aber für die Kreuzlinienabschnitte positive Werte, so wird das genannte Momententrapez positiv, was bei Konsolbelastung einer Säule (vgl. Abschnitt 2, d und 3, d dieses Kapitels) der Fall ist.

Aus Fig. 122 ersehen wir, daß wir auch an Stelle der Kreuzlinienabschnitte die Strecken $JJ' = S^a$ und $KK' = S^b$, welche wir die Schlußliniensenkungen nennen, ermitteln und von J respektiv K aus auftragen können.

Aus den ähnlichen Dreiecken BCB''' und KCK' bzw. BCC''' und BJJ' ergeben sich für die Schlußliniensenkungen die Werte:

$$S^a = \frac{a}{l} \cdot k^b, \tag{225}$$

$$S^b = \frac{b}{l} \cdot k^a. \tag{226}$$

b) Graphisch.

Der graphischen Ableitung legen wir den durchlaufenden Balken auf elastisch drehbaren Pfeilern der Fig. 76 zugrunde, an welchem die Balkenöffnung 2 mit den Kräften P_1, P_2 und P_3 belastet ist. Wir führen die Ableitung nur für den Kreuzlinienabschnitt k^a durch, diejenige für den Kreuzlinienabschnitt k^b ist analog.

Zur Bestimmung des Kreuzlinienabschnittes k^a in der belasteten Öffnung 2 stellen wir die folgenden Beziehungen fest zwischen den Strecken BB'' und BB''' der Fig. 77 (oder 122d) und den Strecken B_1B_1'' und $B_1''B_1'''$, welche in Fig. 78 (oder 122e) von der Seilseite e des elastischen Tangentenecks auf der Senkrechten durch B abgeschnitten werden. Aus dem überschlagenen Viereck $BB''J_2'C''C'''$ der Fig. 77 (oder 122d) folgt:

$$\frac{BB''}{C''C'''} = \frac{a_2}{l_2 - a_2}. \tag{227}$$

Ferner erhalten wir aus dem überschlagenen Viereck $B_1''B_1J_2C_1C_1'''$ der Fig. 78 (oder 122e):

$$\frac{B_1B_1''}{C_1C_1'''} = \frac{a_2}{l_2 - a_2}, \tag{227a}$$

d. h. es ist:

$$\frac{B\,B''}{C''\,C'''} = \frac{B_1\,B_1''}{C_1\,C_1'''} \tag{228}$$

oder

$$\frac{B_1\,B_1''}{B\,B''} = \frac{C_1\,C_1'''}{C''\,C'''}. \tag{228a}$$

Diese Strecken müssen nun durch bekannte Größen ausgedrückt werden.

In Fig. 78 (oder 122e) ist die mit der Polweite $H = 1$ multiplizierte Strecke $B_1 B_1''$, welche durch die zwei von der Kraft (F_3' und F_4') ausgehenden Seilseiten c

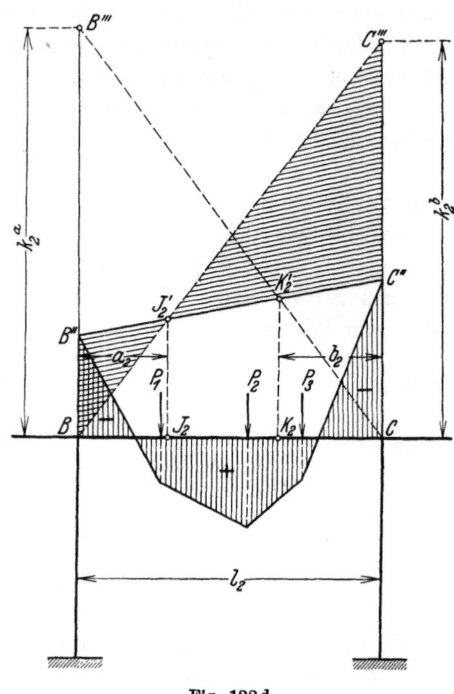

Fig. 122 d.

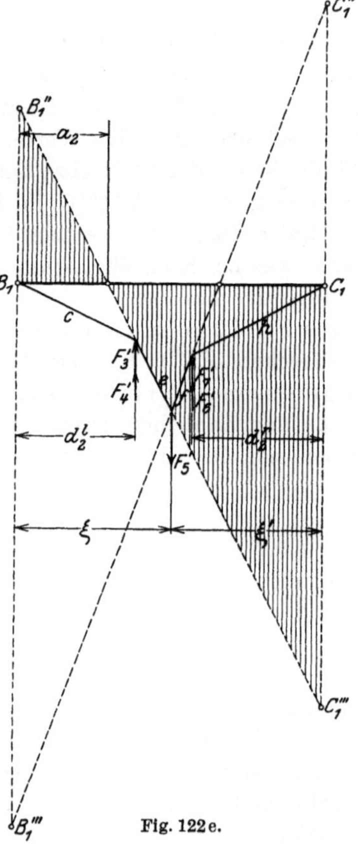

Fig. 122 e.

und e auf der Stützensenkrechten durch B abgeschnitten wird, gleich dem statischen Moment der Kraft ($F_3' + F_4'$) in bezug auf B, d. h.

$$B_1 B_1'' = (F_3' + F_4') \cdot d_2^l. \tag{229}$$

Die in dieser Gleichung vorkommende, dem gesuchten Stützenmoment $B\,B''$ (Fig. 76) entsprechende reduzierte Momentenfläche ($F_3' + F_4'$) können wir an Hand der Fig. 84 ausdrücken, wenn wir in der letzteren h durch $B\,B''$ ersetzen, wir erhalten:

$$(F_3' + F_4') = \sum_0^{l_2} \frac{\varDelta s \cdot z' \cdot B\,B''}{E \cdot J \cdot l_2} = \frac{B\,B''}{E \cdot l_2} \cdot \sum_0^{l_2} w \cdot z'. \tag{230}$$

Setzen wir in Gl. (229) diesen Wert sowie denjenigen von d_2^l nach Gl. (99) ein, so folgt:

$$B_1 B_1'' = \frac{BB''}{E \cdot l_2} \sum_0^{l_2} w \cdot z' \cdot \frac{\sum\limits_0^{l_2} w \cdot z \cdot z'}{\sum\limits_0^{l_2} w \cdot z'}$$

oder

$$B_1 B_1'' = BB'' \cdot \frac{\sum\limits_0^{l_2} w \cdot z \cdot z'}{E \cdot l_2}. \tag{231}$$

Setzen wir darin abkürzungsweise:

$$\frac{\sum\limits_0^{l_2} w \cdot z \cdot z'}{E \cdot l_2} = \varkappa, \tag{232}$$

so erhalten wir aus Gl. (231):

$$\frac{B_1 B_1''}{BB''} = \varkappa. \tag{233}$$

Führen wir diesen Wert in Gl. (228a) ein, so folgt

$$\varkappa = \frac{B_1 B_1''}{BB''} = \frac{C_1 C_1'''}{C'' C''''}; \tag{234}$$

analog kann man zeigen, daß

$$\frac{C_1 C_1''}{C C''} = \frac{B_1 B_1'''}{B'' B''''} = \varkappa, \tag{235}$$

so daß sich aus den Gl. (234) und (235) ergibt:

$$\varkappa = \frac{B_1 B_1'' + B_1 B_1'''}{BB'' + B'' B''''} = \frac{B_1'' B_1'''}{k^a}$$

und

$$\varkappa = \frac{C_1 C_1'' + C_1 C_1'''}{C C'' + C'' C''''} = \frac{C_1'' C_1'''}{k^b}$$

und hieraus

$$k^a = \frac{B_1'' B_1'''}{\varkappa}, \tag{236}$$

$$k^b = \frac{C_1'' C_1'''}{\varkappa}. \tag{237}$$

Die Zähler und Nenner der Gl. (236) und (237) haben folgende Bedeutung:

Zähler:

Die Seilseiten e und f, welche sich auf der bekannten Kraft F_5' kreuzen (Fig. 78 oder 122e), schneiden auf der Stützensenkrechten durch B und C die Strecken $B_1'' B_1'''$ und $C_1'' C_1'''$ ab; das Produkt dieser Strecken mit der Polweite $H = 1$ ist daher gleich dem statischen Moment der $\frac{1}{E \cdot J}$ fachen (reduzierten) Momentenfläche $F_5 = BGC$ des einfachen Balkens BC in bezug auf die beiden Auflager, d. h.

$$B_1'' B_1''' = F_5' \cdot \xi \tag{238}$$

und

$$C_1'' C_1''' = F_5' \cdot \xi'. \tag{239}$$

Nenner:

Aus Fig. 84 erkennt man, daß der durch Gl. (232) bestimmte Wert von $\varkappa$ gleich ist dem auf die Stützensenkrechte durch B bezogenen statischen Moment des $\frac{1}{E \cdot J}$ fachen Momentendreieckes $B_6 B_6' C_6$ mit der Stützenordinate $h = 1$ in B; desgleichen erkennt man aus Fig. 81, daß $\varkappa$ ebenfalls gleich ist dem auf die Senkrechte durch C bezogenen statischen Moment des $\frac{1}{E \cdot J}$ fachen Momentendreiecks $B_5 C_5 C_5'$ mit der Stützenordinate $h = 1$ in C.

Jetzt können wir die Gl. (236) und (237) in der folgenden allgemeinen Form anschreiben:

$$k^a = \frac{F_5' \cdot \xi}{\varkappa} \tag{240}$$

und

$$k^b = \frac{F_5' \cdot \xi'}{\varkappa}. \tag{241}$$

Dividieren wir Zähler und Nenner durch die Stützweite l der belasteten Öffnung, so erhalten wir, da nach dem Mohrschen Satze II:

$$\frac{F_5' \cdot \xi}{l} = \alpha^{b_0}, \qquad \frac{F_5' \cdot \xi'}{l} = \alpha^{a_0} \qquad \text{und} \qquad \frac{\varkappa}{l} = \beta$$

für die gesuchten Kreuzlinienabschnitte k^a und k^b unter Berücksichtigung, daß dieselben negatives Vorzeichen haben, weil sie dem in Kap. III aus der Anschauung als negativ erkannten Momententrapez $B B'' C'' C$ der Fig. 77 zugeordnet sind, wie unter a) die Hauptformeln

$$k^a = -\frac{\alpha^{b_0}}{\beta}, \tag{242}$$

$$k^b = -\frac{\alpha^{a_0}}{\beta}. \tag{243}$$

Die in Gl. (242) und (243) vorkommenden

Drehwinkel α^{b_0} und α^{a_0}

bestimmen wir bei veränderlichem Trägheitsmoment des belasteten Stabes am einfachsten indirekt mit Hilfe des Satzes von der Gegenseitigkeit der Formänderungen, da wir in diesem Falle die Biegelinien für die Belastung des frei aufliegenden Stabes mit $M = 1$ an einem Ende benützen können, welche schon zur Bestimmung der Drittellinien (bei graphischer Festpunktbestimmung) sowie der Drehwinkel α^a und α^b (bei analytischer Festpunktbestimmung) aufgezeichnet werden (Fig. 80—86). Nach diesem Satze ist z. B. in Fig. 87 der Drehwinkel α^{a_0} am linken Ende des belasteten frei aufliegenden Stabes infolge der Belastung $P = 1$ gleich der Durchbiegung δ^a im Angriffspunkt der Last P infolge Belastung desselben frei aufliegenden Stabes mit $M = 1$ an seinem linken Ende (wo sich der Festpunktabstand a befindet). Das Analoge gilt für α^{b_0}.

Demnach ist allgemein:

$$\alpha^{a_0} = \sum P \cdot \delta^a, \tag{244}$$

$$\alpha^{b_0} = \sum P \cdot \delta^b. \tag{245}$$

Bei konstantem Trägheitsmoment und Berücksichtigung der starren Strecke f sowie durchweg konstantem Trägheitsmoment ermittelt man α^{bo} und α^{ao} direkt nach dem Mohrschen Satz II.

Der in den Gl. (242) und (243) vorkommende

Drehwinkel β

kann nach Kap. IV rechnerisch oder graphisch ermittelt werden. Bei veränderlichem Trägheitsmoment des Stabes wird er ebenfalls aus den zur Bestimmung der Drittellinien benötigten Biegelinien (Fig. 81 oder 84) gewonnen. Wir erhalten z. B. für Balkenöffnung *2* der Fig. 76 aus Fig. 81:

$$\operatorname{tg}\beta = \frac{t^{C}}{l},$$

und da β ein sehr kleiner Winkel ist, allgemein:

$$\beta = \frac{t}{l}. \tag{246}$$

Für konstantes Trägheitsmoment und Berücksichtigung der starren Strecke f sowie durchweg konstantes Trägheitsmoment sind die Werte für β in Kap. IV zu finden.

Da die Seilkurven der Fig. 81 und 84 mit den elastischen Gewichten $w = \dfrac{\varDelta s}{J}$ sowie mit beliebiger Polweite H gezeichnet wurden, so erhalten wir aus diesen Figuren die $\dfrac{1}{H}\cdot E$fachen Werte der Durchbiegungen und Drehwinkel; dies gilt sowohl für α^{ao} als auch für β. Da nun die beiden Winkel im Ausdruck für die Kreuzlinienabschnitte im Verhältnis vorkommen, so können wir in die Hauptformeln (242) und (243) ohne weiteres die aus den Fig. 84 und 81 entnommenen Werte von δ^{a}, δ^{b} und $\beta = \dfrac{t}{l}$ einsetzen.

In den Hauptformeln (242) und (243) für die Kreuzlinienabschnitte kommen keine Größen vor, welche Bezug auf die biegungsfeste Verbindung zwischen dem Balken und den Stützen haben. Die Kreuzlinienabschnitte sind deshalb dieselben, sowohl am durchlaufenden Balken **auf elastisch drehbaren Pfeilern als auch am frei aufliegenden** durchlaufenden Balken.

Da wir die Kreuzlinienabschnitte auf Grund der in Fig. 77 aufgetragenen Ordinaten der Momentenfläche erhielten, so sind dieselben in demjenigen Maßstab aufzutragen, in welchem die Ordinaten der M_0-Fläche (Momentenfläche des einfachen Balkens) in der belasteten Öffnung aufgetragen wurden.

2. Bestimmung der Kreuzlinienabschnitte bei beliebig veränderlichem Trägheitsmoment.

Wir ermitteln die Kreuzlinienabschnitte für eine Einzellast, eine Gruppe von Einzellasten und für stetige Belastung. Bei beliebig veränderlichem Trägheitsmoment benützen wir, wie schon unter 1. gesagt, zur Bestimmung der Werte für α^{ao}, α^{bo} und β zweckmäßig die Biegelinien für die Belastung $M = 1$ an einem Ende des frei aufliegenden Balkens (Fig. 81 oder 122f und 84 oder 122g).

Für den im Hochbau am häufigsten vorkommenden **Balken mit geraden und parabolischen Vouten** sind im Anhang Tabellen über die Kreuzlinienabschnitte k^a u. k^b für eine wandernde Last $P = 1$ t, unter Annahme verschiedener Voutenlängen, und auch nur einseitiger Anordnung, enthalten.

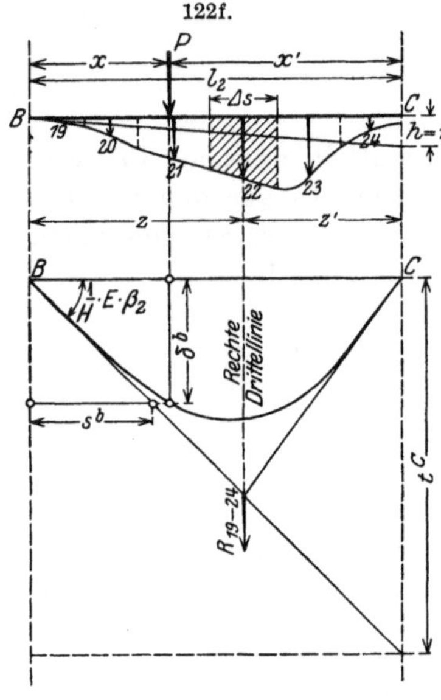

a) Einzellast.

Das Tragwerk der Fig. 87 sei durch eine einzelne Kraft P belastet. Dann ist nach den Gl. (244) und (245)

$$\alpha^{a_0} = P \cdot \delta^a \qquad (247)$$

und

$$\alpha^{b_0} = P \cdot \delta^b , \qquad (248)$$

wobei δ^a aus Fig. 84 (oder 122g) und δ^b aus Fig. 81 (oder 122f) zu entnehmen ist.

Ferner ist nach Gl. (246) und Fig. 81 (122f) oder 84 (122g):

$$\beta = \frac{t}{l} . \qquad (249)$$

Setzen wir die Werte der Gl. (247), (248) und (249) in die Hauptformeln (242) und (243) ein, so erhalten wir:

$$k^a = -P \cdot \delta^b \cdot \frac{l}{t} \qquad (250)$$

und

$$k^b = -P \cdot \delta^a \cdot \frac{l}{t} . \qquad (251)$$

Um die Ermittlung der Kreuzlinienabschnitte nach vorstehenden Formeln noch einfacher zu gestalten, bestimmen wir die Strecke s^b, welche in Fig. 81 (oder 122f) von der durch B_7 gehenden ersten Seilseite und der ebenfalls durch B_7 gehenden Senkrechten (zur Balkenachse) auf der Waagrechten (bzw. Parallelen zur Balkenachse) durch den unteren Endpunkt der Strecke δ^b abgeschnitten wird; desgleichen ermitteln wir die analoge Strecke s^a in Fig. 84 (oder 122g). Aus dem Dreieck $B_7 B_9 C_9$ in Fig. 81 (oder 122f) ist:

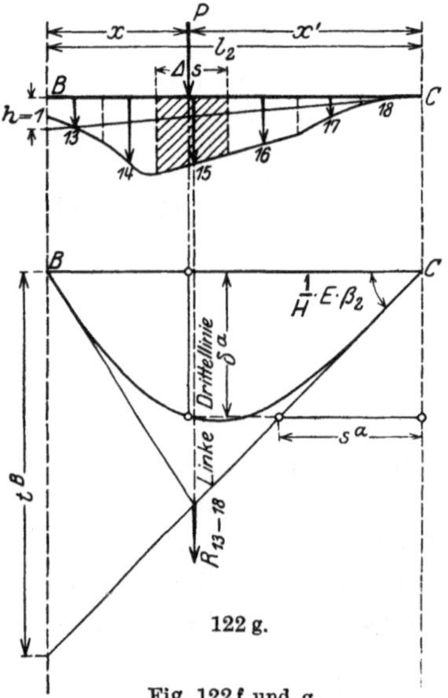

Fig. 122f und g.

$$s^b = \delta^b \cdot \frac{l}{t} ,$$

und aus Fig. 84 (oder 122g) ist

$$s^a = \delta^a \cdot \frac{l}{t} .$$

Diese Werte in die Gl. (250) und (251) eingesetzt gibt:

$$k^a = -P \cdot s^b , \qquad (250\,\text{a})$$

$$k^b = -P \cdot s^a , \qquad (251\,\text{a})$$

wobei s^b und s^a im Längenmaßstab abzumessen sind.

In Fig. 87 werden die beiden Kreuzlinienabschnitte k^a und k^b nun in demjenigen Maßstab aufgetragen, in welchem die Ordinaten der einfachen Momentenfläche der belasteten Öffnung aufgetragen wurden.

Wurde die einfache Momentenfläche der belasteten Öffnung nicht analytisch, sondern graphisch mit Kraft- und Seileck mit der beliebigen Polweite H ermittelt, so erhalten wir die aufzutragenden Kreuzlinienabschnitte in ihrem richtigen Maßstab, wenn wir im Krafteck eine Senkrechte im Abstand s^b bzw. s^a vom Pol ziehen und die Strecke, welche auf dieser Senkrechten durch die beiden, die Kraft P einschließenden Polstrahlen abgeschnitten wird, abgreifen (siehe Fig. 87a); denn in diesem Falle bildet die Polweite H den Maßstab, in dem die einfache Momentenfläche gezeichnet ist, und es ist dann

$$k^a = -\frac{P}{H} \cdot s^b \qquad (252)$$

und

$$k^b = -\frac{P}{H} \cdot s^a . \qquad (253)$$

Bei der analytischen Ermittlung der M_0-Momente setzen wir stillschweigend $H = 1$ voraus.

Zeichnet man schließlich die einfache Momentenfläche BGC der belasteten Öffnung (Fig. 87) mit der Polweite

$$H = P,$$

so erhält man

$$k^a = -s^b, \qquad (252\,\mathrm{a})$$

$$k^b = -s^a . \qquad (253\,\mathrm{a})$$

Will man die graphisch ermittelten Kreuzlinienabschnitte

analytisch

kontrollieren, so bestimmt man die in den Gl. (247) und (248) vorkommenden Werte von δ^a und δ^b direkt nach dem Mohrschen Satz I; es ist (Fig. 84 oder 122g):

$$\delta^a = \sum_0^l \frac{\varDelta F \cdot z \cdot z'}{l},$$

und da nach Gl. (100):

$$\varDelta F = \frac{\varDelta s}{EJ} \cdot \frac{z'}{l},$$

so ist

$$E \cdot \delta^a = \frac{1}{l^2} \cdot \sum_0^l w \cdot z \cdot z'^2 \qquad (254)$$

und analog (Fig. 81 oder 122f):

$$E \cdot \delta^b = \frac{1}{l^2} \cdot \sum_0^l w \cdot z^2 \cdot z' . \qquad (255)$$

Ferner ist nach Gl. (205):

$$E \cdot \beta = \frac{1}{l^2} \cdot \sum_0^l w \cdot z \cdot z' .$$

Diese Werte in die Hauptformeln (242) und (243) unter Berücksichtigung der Gl. (247) und (248) eingesetzt gibt:

$$k^a = -P \cdot \frac{\sum\limits_0^l w \cdot z^2 \cdot z'}{\sum\limits_0^l w \cdot z \cdot z'} \tag{256}$$

und

$$k^b = -P \cdot \frac{\sum\limits_0^l w \cdot z \cdot z'^2}{\sum\limits_0^l w \cdot z \cdot z'} . \tag{257}$$

b) Gruppe von Einzellasten.

Ist eine Öffnung mit einer Gruppe von Einzellasten P_1, P_2, $P_3 \ldots$ belastet, wie beispielsweise die Öffnung 2 in Fig. 77, so ermittelt man an Hand der elastischen Linien (Biegelinien) $B_7 N' C_7$ der Fig. 81 (oder 122f) und $B_8 N'' C_8$ der Fig. 84 (oder 122g), die den einzelnen Kräften P_1, P_2, $P_3 \ldots$ entsprechenden Strecken s_1^b, s_2^b, $s_3^b \ldots$ und s_1^a, s_2^a, $s_3^a \ldots$ und wendet die Gl. (253) und (254) wiederholt an; man erhält dann

$$k^a = -(P_1 \cdot s_1^b + P_2 \cdot s_2^b + P_3 \cdot s_3^b + \cdots), \tag{258}$$

$$k^b = -(P_1 \cdot s_1^a + P_2 \cdot s_2^a + P_3 \cdot s_3^a + \cdots). \tag{259}$$

Die Strecken s sind im Längenmaßstab abzumessen und die Summen im gleichen Maßstab wie die Ordinaten der einfachen Momentenfläche (M_0-Fläche) aufzutragen.

Wurde die einfache Momentenfläche graphisch mittels Kraft- und Seileck (Fig. 77b) mit der beliebigen Polweite H ermittelt, so erhalten wir analog wie unter a) k^a und k^b im richtigen Maßstab aus:

$$k^a = -\left(\frac{P_1}{H} \cdot s_1^b + \frac{P_2}{H} \cdot s_2^b + \frac{P_3}{H} \cdot s_3^b + \cdots\right), \tag{260}$$

$$k^b = -\left(\frac{P_1}{H} \cdot s_1^a + \frac{P_2}{H} \cdot s_2^a + \frac{P_3}{H} \cdot s_3^a + \cdots\right). \tag{261}$$

Graphisch erhalten wir die einzelnen Summenglieder dieser Gleichung in ihrem richtigen Maßstab analog wie unter a) aus dem Krafteck der Fig. 77b.

c) Stetige Belastung.

Ist eine Öffnung über der ganzen Stützweite oder einem Teil derselben mit einer stetigen, jedoch von Querschnitt zu Querschnitt verschiedenen Belastung p pro Längeneinheit belastet, so teilt man die Belastungsstrecke in womöglich gleiche Teile von der Länge Δs und ermittelt die den Einzelkräften $P = p \cdot \Delta s$ entsprechenden Kreuzlinienabschnitte nach den vorhergehenden Gleichungen.

Dasselbe gilt für gleichmäßig über die ganze Öffnung verteilte Belastung. Bei symmetrisch ausgebildetem Träger ist jedoch wie bei konstantem Trägheitsmoment [siehe Gl. (267)]: $k^a = k^b = -2f$.

Ist die belastete Öffnung eine Endöffnung mit elastisch drehbarem Endpfeiler, wie beispielsweise die erste Öffnung links am durchlaufenden Balken der Fig. 76, so sind zwei Festpunkte vorhanden, und es sind deshalb auch zwei Kreuzlinienabschnitte k_1^a und k_1^b zu ermitteln; liegt das Balkenende jedoch frei auf, wie in der letzten Öffnung rechts der Fig. 76, so wird zur Konstruktion der Momentenfläche dieser belasteten Öffnung nur der Kreuzlinienabschnitt k_5^b auf der Senkrechten durch das frei aufliegende Balkenende E benötigt und der andere Kreuzlinienabschnitt fällt fort.

d) Konsolbelastung.

Wird zwischen den beiden Enden eines Stabes CD ein Moment in denselben eingeleitet, wie z. B. in Fig. 123 das Moment M, so ersetzen wir dasselbe durch ein Kräftepaar P mit dem Abstand e, wobei letzterer dem Abstand von Zug- und Druckmittelpunkt der lastübertragenden Konsole entspsicht; alsdann haben wir den Fall gleicher, aber entgegengesetzt gerichteter, im Abstand e auf den Stab CD wirkender Einzellasten und ermitteln die Kreuzlinienabschnitte für diesen Fall wie unter b) beschrieben, wir müssen jedoch die den beiden Kräften P entsprechenden Strecken s^b und s^a voneinander subtrahieren, da die beiden Kräfte entgegengesetzt gerichtet sind. Wie aus den Fig. 136b, 137b und 138b ersichtlich, kann diese Differenz positiv oder negativ sein, je nach der Lage des Angriffspunktes des Momentes.

Die von der in Fig. 123 dargestellten Belastung hervorgerufene M_0-Fläche ist in Fig. 123a dargestellt. Die Auflagerdrücke am frei aufliegenden Balken CD sind

$$C_0 = -\frac{M}{l} \quad \text{und} \quad D_0 = \frac{M}{l},$$

daher ist das Moment im Schnitt E und E'

$$M_E = -\frac{M}{l} \cdot z \quad \text{und} \quad M_{E'} = \frac{M}{l} \cdot z',$$

d. h. wir erhalten die M_0-Flächen in der aus Fig. 123a ersichtlichen Weise durch Auftragen von M bei C und D.

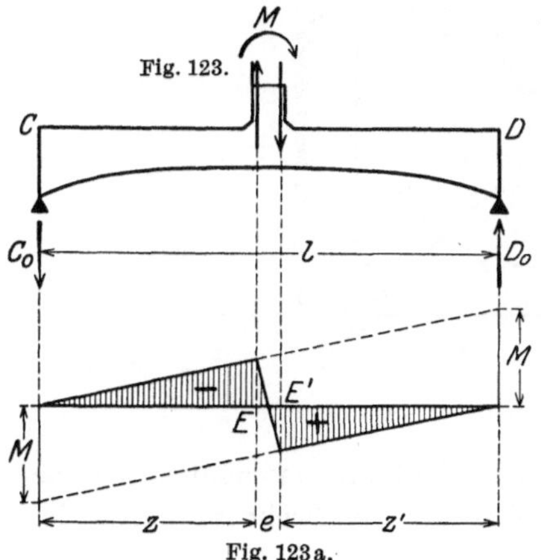

Fig. 123.

Fig. 123a.

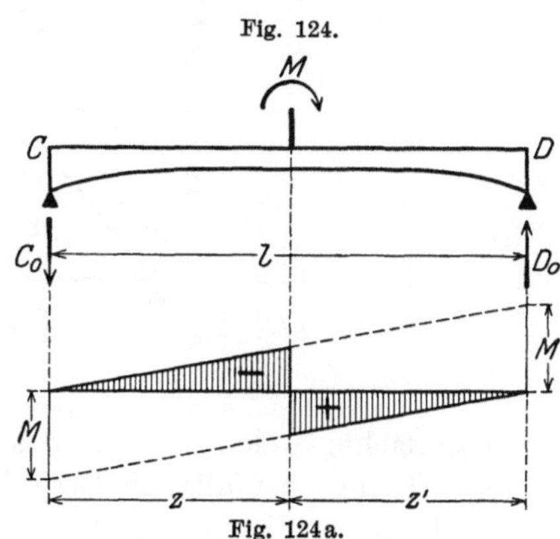

Fig. 124.

Fig. 124a.

Ist die Höhe der Konsole im Verhältnis zur Stablänge sehr klein, so ist der Abstand

$$e = 0 \quad \text{(Fig. 124)};$$

in diesem Falle ergibt sich die aus Fig. 124a ersichtliche M_0-Fläche, und die

Drehwinkel α^{a0} und α^{b0} in den Hauptformeln für die Kreuzlinienabschnitte werden dann direkt nach dem Mohrschen Satz II durch Zerlegen der reduzierten M_0-Fläche in Streifen bestimmt.

Häufig wird bei belasteten Balkenöffnungen mit veränderlichem Trägheitsmoment der Einfachheit halber die in folgenden Abschnitt erläuterte Konstruktion der Kreuzlinienabschnitte für konstantes Trägheitsmoment vorgenommen; es sei jedoch an dieser Stelle darauf aufmerksam gemacht, daß diese Vereinfachung bei unsymmetrischen Trägern zu ganz unrichtigen Werten führen kann.

3. Bestimmung der Kreuzlinienabschnitte bei konstantem Trägheitsmoment.

Wir ermitteln die Kreuzlinienabschnitte für eine Einzellast, eine Gruppe von Einzellasten, stetige Belastung und Konsolbelastung. Bei durchweg konstantem Trägheitsmoment der belasteten Öffnung bestimmen wir die in den Hauptformeln (242) und (243) für die Kreuzlinienabschnitte vorkommenden Drehwinkel α^{a0} und α^{b0} direkt nach dem Mohrschen Satz II. Den Wert für den Drehwinkel β finden wir in Kap. IV, und zwar für durchweg konstantes Trägheitsmoment in Gl. (207).

a) Einzellast.

Die Belastung bestehe aus einer Einzellast P im Abstande x vom linken und x' vom rechten Auflager der belasteten Öffnung. Der Momentenfläche AGB des einfachen Balkens AB (Fig. 125) entspricht eine $\frac{1}{EJ}$ fache (reduzierte)

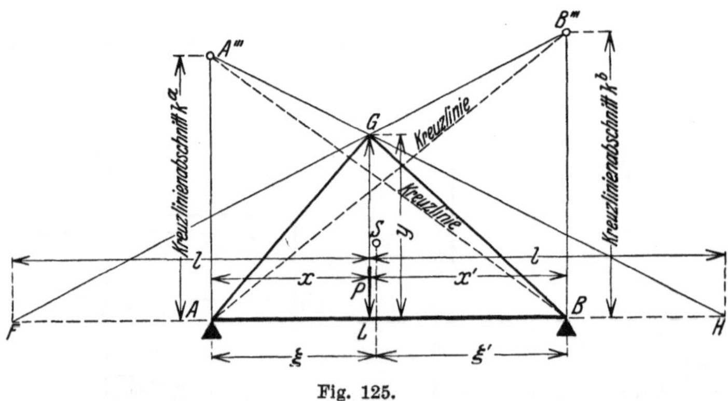

Fig. 125.

Momentenfläche, welche wegen des konstanten Trägheitsmomentes der belasteten Öffnung ebenfalls ein Dreieck mit Spitze auf der Richtung von P ist. Der Inhalt dieser Fläche beträgt:

$$\frac{y \cdot l}{2\,E\,J},$$

ihr Schwerpunktsabstand von A

$$\xi = \frac{x+l}{3}$$

und daher nach Satz II der Drehwinkel α^{b_0}:

$$\alpha^{b_0} = \frac{1}{l} \cdot \frac{y \cdot l}{2\,E\,J} \cdot \frac{x+l}{3} = \frac{y\,(x+l)}{6 \cdot E \cdot J}, \tag{262}$$

desgleichen beträgt der Schwerpunktsabstand von B

$$\xi' = \frac{x'+l}{3}$$

und daher nach Satz II der Drehwinkel α^{a_0}:

$$\alpha^{a_0} = \frac{1}{l} \cdot \frac{y \cdot l}{2\,E \cdot J} \cdot \frac{x'+l}{3} = \frac{y\,(x'+l)}{6 \cdot E \cdot J}. \tag{263}$$

Ferner ist nach Gl. (207):

$$\beta = \frac{l}{6 \cdot E \cdot J}.$$

Diese Werte für α^{b_0} α^{a_0} und β in die Hauptformeln (242) und (243) eingesetzt gibt:

$$k^a = -\,\frac{y\,(x+l)}{l}, \tag{264}$$

$$k^b = -\,\frac{y\,(x'+l)}{l}. \tag{265}$$

In diesen Gleichungen kommt keine Größe vor, welche Bezug hätte auf das Trägheitsmoment der belasteten und der Nachbaröffnungen; deshalb erfolgt die Bestimmung der Kreuzlinienabschnitte in derselben Weise sowohl am durchlaufenden Balken mit von Öffnung zu Öffnung sprungweise veränderlichem Trägheitsmoment als auch am durchlaufenden Balken mit durchweg konstantem Trägheitsmoment.

Nach den Gl. (264) und (265) erhalten wir folgende bekannte

Konstruktion der Kreuzlinienabschnitte

k^a und k^b für eine Einzellast bei konstantem Trägheitsmoment, welche besonders bei der Bestimmung der Einflußlinien benutzt wird.

Von der Last P aus tragen wir (siehe Fig. 125) nach beiden Seiten auf der Balkenachse die Spannweite l im Längenmaßstab ab und verbinden die Endpunkte F und H dieser Strecken mit dem Endpunkte G der von der Balkenachse nach oben abgetragenen Ordinate y der einfachen Momentenfläche AGB; die Geraden HG und FG schneiden auf der Senkrechten durch A und B die gesuchten Kreuzlinienabschnitte $k^a = AA'''$ und $k^b = BB'''$ ab. Die Richtigkeit dieser Konstruktion geht ohne weiteres aus der Ähnlichkeit der Dreiecke HLG und HAA''' bzw. der Dreiecke FLG und FBB''' hervor.

b) Gruppe von Einzellasten.

Besteht die Belastung in einer Öffnung aus einer Gruppe von Einzellasten P, so sind die beiden einer jeder Kraft P entsprechenden Kreuzlinienabschnitte nach den Formeln (264) und (265) zu ermitteln. Durch Addition der Kreuzlinienabschnitte, welche den einzelnen Kräften P auf einer Stützensenkrechten der belasteten Öffnung entsprechen, erhält man den gesamten, auf dieser Senkrechten aufzutragenden Kreuzlinienabschnitt.

Im folgenden werden die Werte der Kreuzlinienabschnitte für verschiedene, häufig vorkommende Belastungsfälle angegeben.

Fall 1: Einzellast in Stabmitte (Fig. 126).

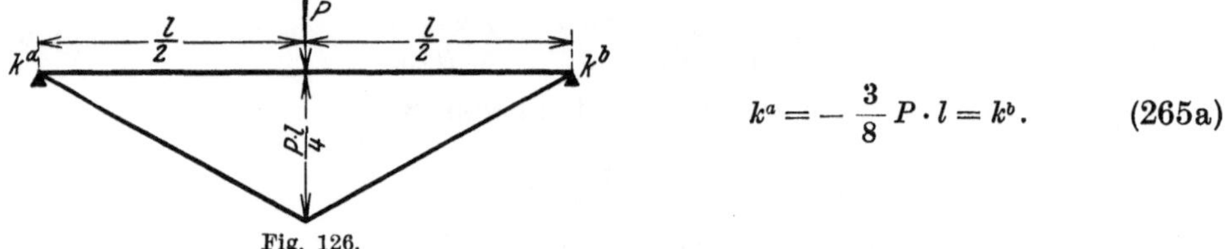

Fig. 126.

$$k^a = -\frac{3}{8}\,P \cdot l = k^b. \qquad (265\,\text{a})$$

Fall 2: Zwei gleiche Lasten in den Drittelspunkten des Stabes (Fig. 126a).

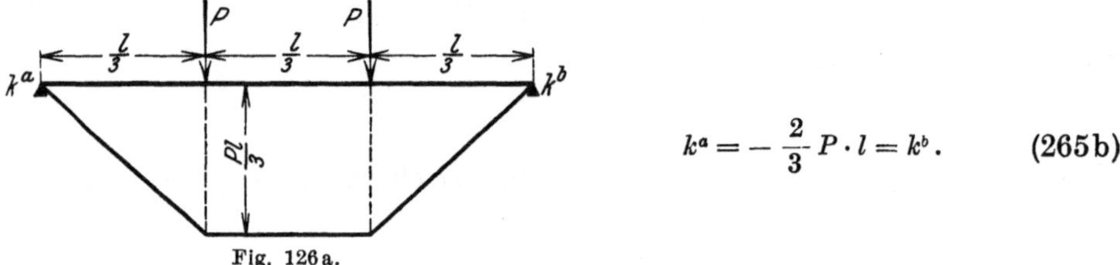

Fig. 126a.

$$k^a = -\frac{2}{3}\,P \cdot l = k^b. \qquad (265\,\text{b})$$

Fall 3: Zwei gleiche Lasten in den Viertelspunkten des Stabes (Fig. 126b).

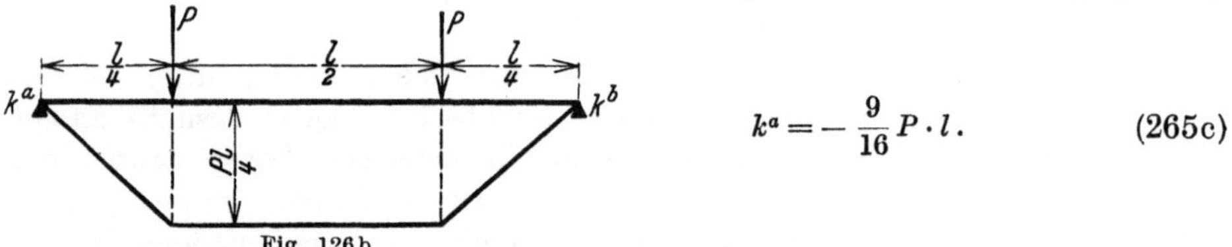

Fig. 126b.

$$k^a = -\frac{9}{16}\,P \cdot l. \qquad (265\,\text{c})$$

Fall 4: Drei gleiche Lasten in gleichen Abständen voneinander und von den Auflagern (Fig. 126c).

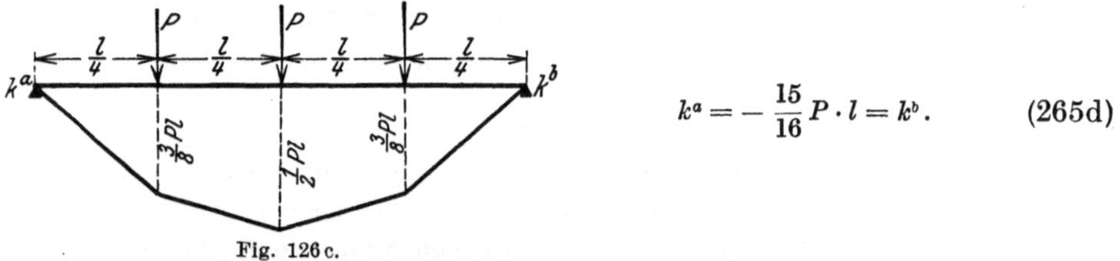

Fig. 126c.

$$k^a = -\frac{15}{16}\,P \cdot l = k^b. \qquad (265\,\text{d})$$

Fall 5: n gleiche Lasten in gleichen Abständen voneinander und von den Auflagern (Fig. 126d).

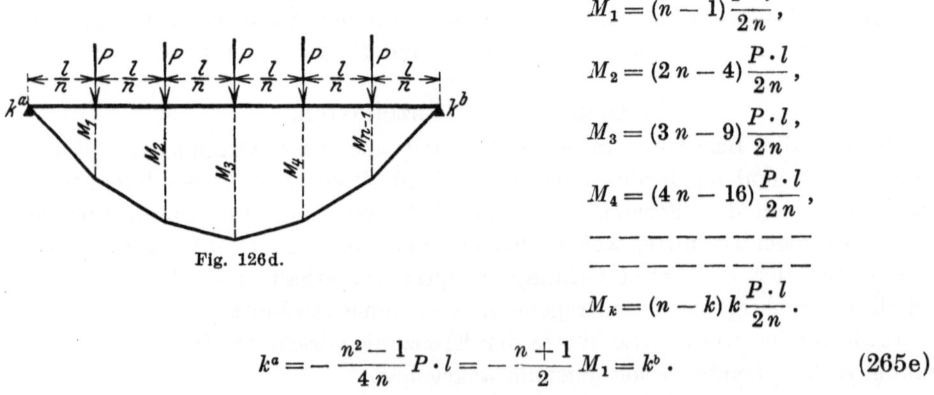

Fig. 126d.

$$M_1 = (n-1)\frac{P \cdot l}{2\,n},$$

$$M_2 = (2\,n - 4)\frac{P \cdot l}{2\,n},$$

$$M_3 = (3\,n - 9)\frac{P \cdot l}{2\,n},$$

$$M_4 = (4\,n - 16)\frac{P \cdot l}{2\,n},$$

$$- - - - - - -$$
$$- - - - - - -$$

$$M_k = (n-k)\,k\,\frac{P \cdot l}{2\,n}.$$

$$k^a = -\frac{n^2-1}{4\,n}\,P \cdot l = -\frac{n+1}{2}\,M_1 = k^b. \qquad (265\,\text{e})$$

Fall 6: Einzellast auf einseitiger Auskragung des Stabes (Fig. 126e).

$$k^a = - M_0^A; \qquad k^b = - 2 M_0^A. \qquad (265\text{f})$$

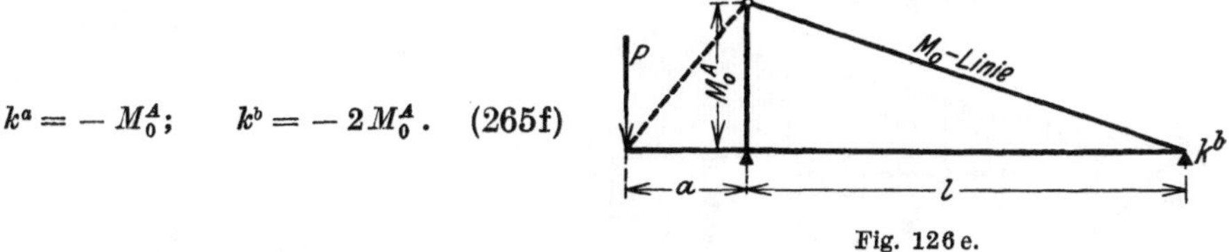

Fig. 126 e.

Fall 7: Gleiche Einzellast auf beidseitiger gleicher Auskragung des Stabes (Fig. 126f.).

$$k^a = - 3 M_0 = k^b. \qquad (265\text{g})$$

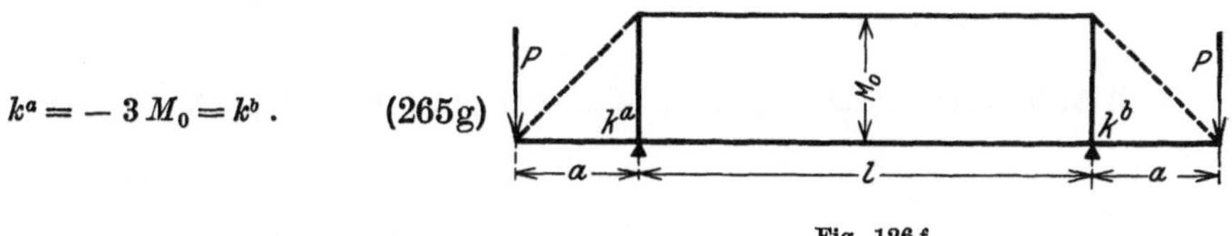

Fig. 126 f.

Fall 8: Verschieden große Einzellast auf beidseitiger gleicher Auskragung des Stabes (Fig. 126g).

$$k^a = - (M_1 + 2 M_2);$$
$$k^b = - (M_2 + 2 M_1). \qquad (265\text{h})$$

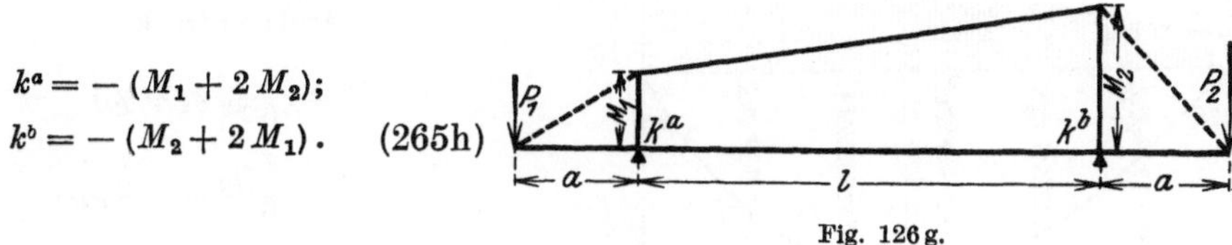

Fig. 126 g.

c) Stetige Belastung.

Ist die belastete Öffnung über der ganzen Stützweite oder einem Teil derselben mit einer stetigen, jedoch von Querschnitt zu Querschnitt verschiedenen Belastung p pro Längeneinheit belastet, so teilt man die Belastungsstrecke in womöglich gleiche Teile von der Länge $\varDelta s$ und ermittelt die den Einzelkräften $P = p \cdot \varDelta z$ entsprechenden Kreuzlinienabschnitte wie beim vorhergehenden Belastungsfall.

Im folgenden werden die Werte der Kreuzlinienabschnitte sowie mehrere Ordinaten der zugehörigen einfachen Momentenfläche für verschiedene häufig vorkommende Belastungsfälle angegeben:

Fall 1: Gleichmäßig über den ganzen Stab verteilte Belastung p pro Längeneinheit (Fig. 127).

Kreuzlinienabschnitte:

$$k^a = k^b = - \frac{p l^2}{4} = - 2f, \qquad (266)$$

d. h. die Kreuzlinien gehen durch den Scheitel der Parabel, durch welche die einfache Momentenfläche begrenzt wird.

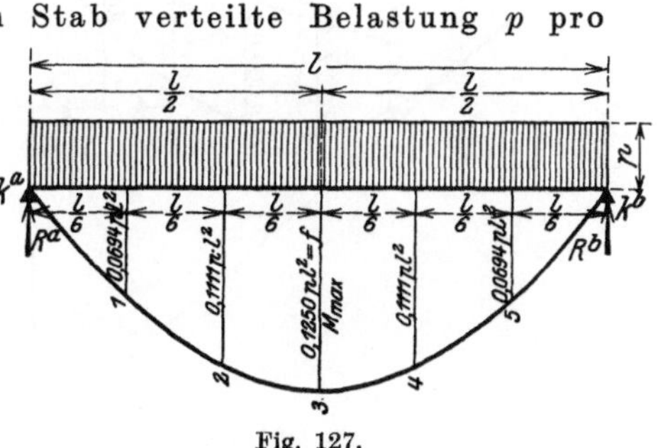

Fig. 127.

Fall 2: Dreiecksbelastung über den ganzen Stab (Fig. 128).

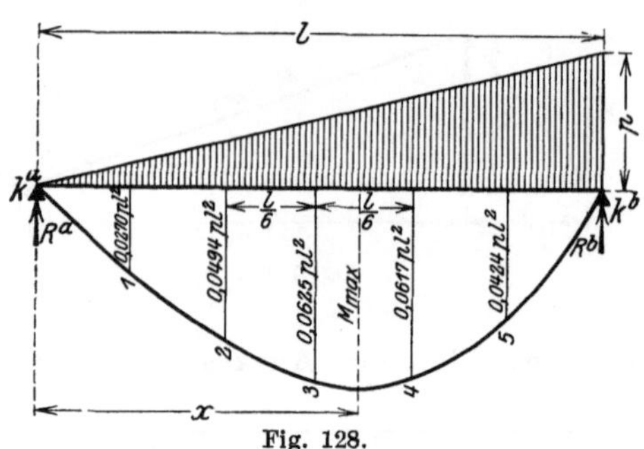

Fig. 128.

Kreuzlinienabschnitte:

$$k^a = -\frac{2}{15}\,p\,l^2; \qquad k^b = -\frac{7}{60}\,p\,l^2. \quad (267)$$

Auflagerdrücke:

$$R^a = \frac{p\,l}{6}; \qquad R^b = \frac{p\,l}{3}.$$

Maximalmoment:

$$M_{\max} = 0{,}0642\,p\,l^2; \qquad x = 0{,}577\,l.$$

Fall 3: Trapezbelastung über den ganzen Stab (Fig. 129).

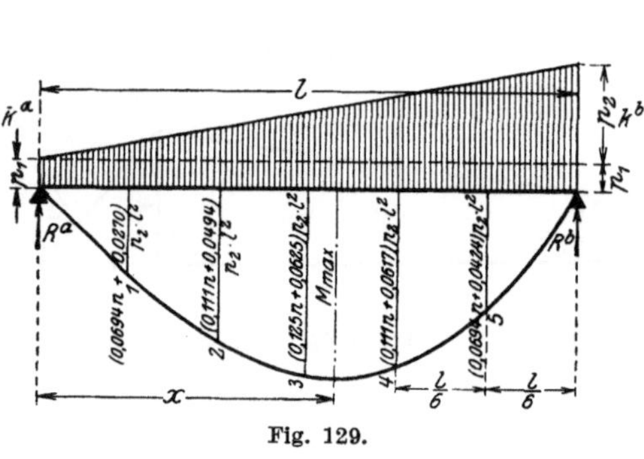

Fig. 129.

Kreuzlinienabschnitte:

$$\left.\begin{array}{l} k^a = -\dfrac{l^2}{4}\,(p_1 + 0{,}5333\,p_2); \\[2mm] k^b = -\dfrac{l^2}{4}\,(p_1 + 0{,}4666\,p_2). \end{array}\right\} \quad (268)$$

Auflagerdrücke:

$$R^a = \frac{l}{6}\,(3\,p_1 + p_2);$$

$$R^b = \frac{l}{6}\,(3\,p_1 + 2\,p_2).$$

Maximalmoment:

$$M_{\max} = \frac{p_2\,l^2}{6}\cdot m\cdot\left[\frac{2}{3} - n\,(m-2)\right];$$

$$x = l\cdot m;$$

$$m = \sqrt{n\,(n+1) + \frac{1}{3}} - n; \qquad n = \frac{p_1}{p_2}.$$

Fall 4: Gleichmäßig verteilte Last über einen Teil des Stabes (Fig. 130).

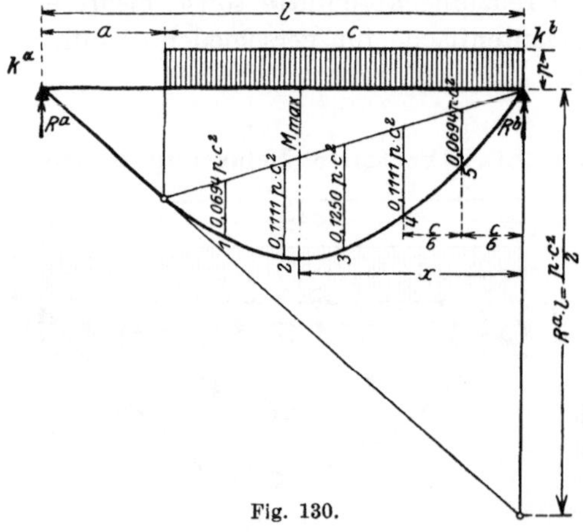

Fig. 130.

Kreuzlinienabschnitte:

$$\left.\begin{array}{l} k^a = -\dfrac{p\cdot c^2}{4\,l^2}\,(2\,l - c)^2 = -2\,M_{\max} \\[2mm] k^b = -\dfrac{p\cdot c^2}{4\,l^2}\,(2\,l^2 - c^2) \end{array}\right\} \cdot (269)$$

Auflagerdrücke:

$$R^a = \frac{p\,c^2}{2\,l}; \qquad R^b = \frac{p\,c}{l}\left(a + \frac{c}{2}\right).$$

Maximalmoment:

$$M_{\max} = \frac{R^b\cdot x}{2}; \qquad x = \frac{R^b}{p}.$$

Fall 5: Gleichmäßig verteilte Last auf einer Stabhälfte (Fig. 130a).

Kreuzlinienabschnitte:

$$k^a = -\frac{9}{64}\,p\,l^2 = -2\,M_{max};$$

$$k^b = -\frac{7}{64}\,p\,l^2 .\qquad (270)$$

Auflagerdrücke:

$$R^a = \frac{pl}{8};\qquad R^b = \frac{3}{8}\,pl .$$

Maximalmoment:

$$M_{max} = \frac{R^b \cdot x}{2};\qquad x = \frac{R^b}{p} .$$

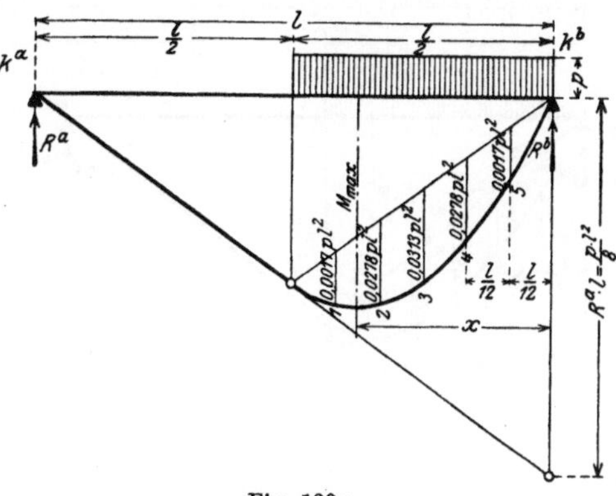

Fig. 130a.

Fall 6: Dreiecksbelastung laut Fig. 131.

Kreuzlinienabschnitte:

$$\left.\begin{aligned}k^a &= -\frac{p\,c^2}{l^2}\left(\frac{l^2}{3} - \frac{c\,l}{4} + \frac{c^2}{20}\right)\\[4pt] k^b &= -\frac{p\,c^2}{l^2}\left(\frac{l^2}{6} - \frac{c^2}{20}\right)\end{aligned}\right\} .\qquad (271)$$

Auflagerdrücke:

$$R^a = \frac{p\,c^2}{6\,l};\qquad R^b = \frac{p\,c}{6\,l}(3\,a + 2\,c) .$$

Maximalmoment:

$$M_{max} = R^a\left(a + \frac{2}{3}\,x\right);$$

$$x = c\,\sqrt{\frac{c}{3\,l}} .$$

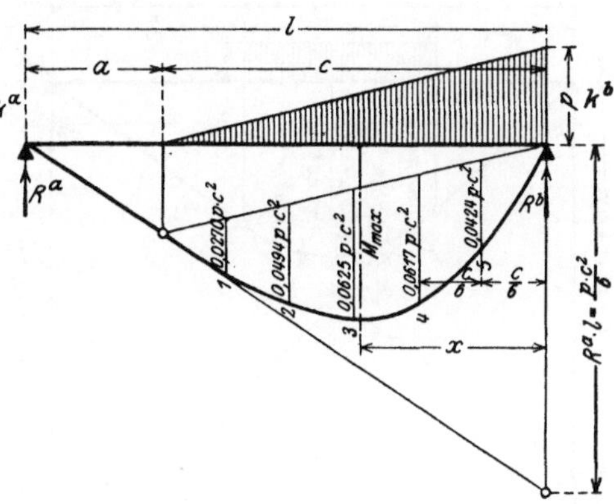

Fig. 131.

Fall 7: Dreiecksbelastung laut Fig. 132.

Kreuzlinienabschnitte:

$$\left.\begin{aligned}k^a &= -\frac{p\,c^2}{l^2}\left(\frac{l^2}{3} - \frac{c^2}{5}\right)\\[4pt] k^b &= -\frac{p\,c^2}{l^2}\left(\frac{2}{3}\,l^2 - \frac{3}{4}\,c\,l + \frac{c^2}{5}\right)\end{aligned}\right\} .\qquad (272)$$

Auflagerdrücke:

$$R^a = \frac{p\,c}{l}\left(\frac{l}{2} - \frac{c}{3}\right);\qquad R^b = \frac{p\,c^2}{3\,l} .$$

Maximalmoment:

$$M_{max} = \frac{2}{3}\,R^a \cdot x;\qquad x = \sqrt{\frac{2\,R^a \cdot c}{p}} .$$

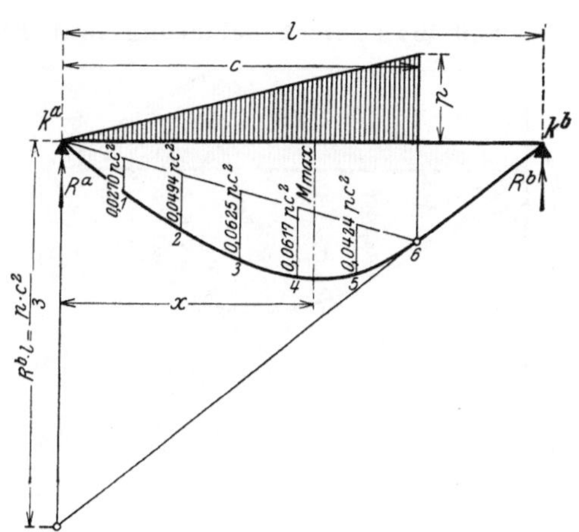

Fig. 132.

Fall 8: Dreiecksbelastung laut Fig. 132a.

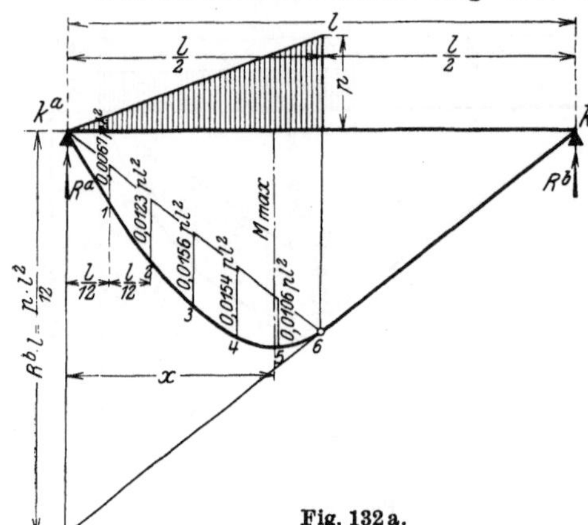

Fig. 132a.

Kreuzlinienabschnitte:

$$k^b = -\frac{17}{240}\,p\,l^2; \qquad k^b = -\frac{41}{480}\,p\,l^2. \qquad (273)$$

Auflagerdrücke:

$$R^a = \frac{pl}{6}; \qquad R^b = \frac{pl}{12}.$$

Maximalmoment:

$$M_{\max} = 0{,}0454\,p\,l^2; \qquad x = 0{,}408\,l.$$

Fall 9: Gleichmäßig verteilte Streckenlast (Fig. 133).

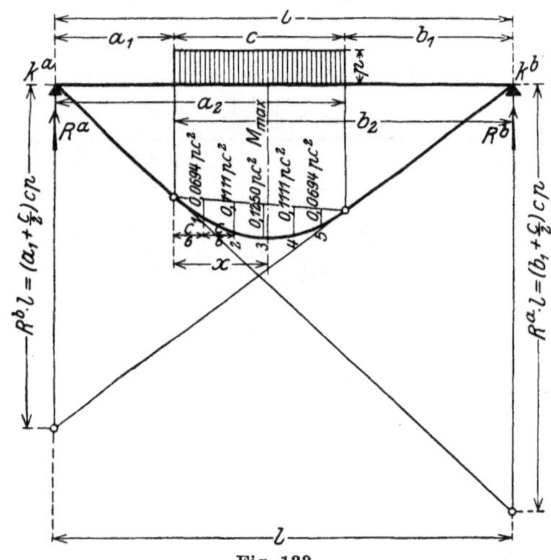

Fig. 133.

Kreuzlinienabschnitte:

$$\left.\begin{aligned}
k^a &= -\frac{p\,c}{4\,l^2}(a_1 + a_2)(2\,l^2 - a_1^2 - a_2^2)\\
k^b &= -\frac{p\,c}{4\,l^2}(b_1 + b_2)(2\,l^2 - b_1^2 - b_2^2)
\end{aligned}\right\}. \quad (274)$$

Bei Symmetrie:

$$k^a = k^b = -\frac{p\,c}{8\,l}(3\,l^2 - c^2).$$

Auflagerdrücke:

$$R^a = \frac{p\,c}{l}\left(b_1 + \frac{c}{2}\right); \qquad R^b = \frac{p\,c}{l}\left(a_1 + \frac{c}{2}\right).$$

Maximalmoment:

$$M_{\max} = R^a\left(a_1 + \frac{x}{2}\right); \qquad x = \frac{R^a}{p}.$$

Fall 10: Dreiecksbelastung laut Fig. 134.

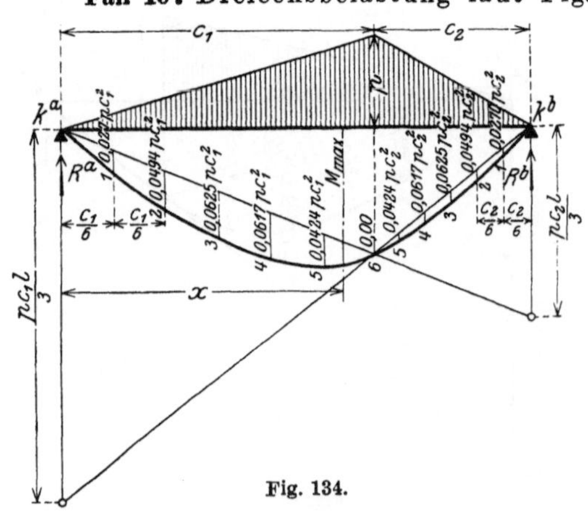

Fig. 134.

Kreuzlinienabschnitte:

$$\left.\begin{aligned}
k^a &= -\frac{p(l + c_1)}{60\,l}(7\,l^2 - 3\,c_1^2)\\
k^b &= -\frac{p(l + c_2)}{60\,l}(7\,l^2 - 3\,c_2^2)
\end{aligned}\right\}. \quad (275)$$

Auflagerdrücke:

$$R^a = \frac{p}{6}(l + c_2); \qquad R^b = \frac{p}{6}(l + c_1).$$

Maximalmoment:

$$M_{\max} = \frac{2}{3}\,R^a \cdot x; \qquad x = \sqrt{\frac{2\,c_1 \cdot R^a}{p}}.$$

Fall 11: Dreiecksbelastung laut Fig. 134a.

Kreuzlinienabschnitte:

$$k^a = k^b = -\frac{5}{32}\, p\, l^2. \qquad (276)$$

Auflagerdrücke:

$$R^a = R^b = \frac{pl}{4}.$$

Maximalmoment:

$$M_{\max} = \frac{p\, l^2}{12}; \qquad x = \frac{1}{2}.$$

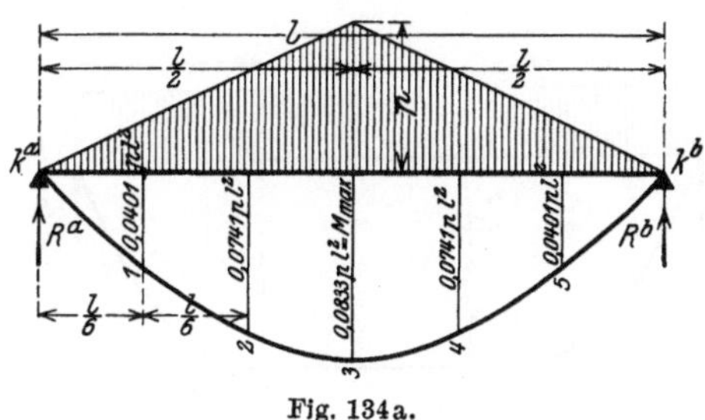

Fig. 134a.

Fall 12: Dreiecksbelastung laut Fig. 135.

Kreuzlinienabschnitte:

$$\left.\begin{aligned}
k^a &= -\frac{l^2}{960}\,(37\,p_1 + 53\,p_2) \\
k^b &= -\frac{l^2}{960}\,(53\,p_1 + 37\,p_2)
\end{aligned}\right\} . \qquad (277)$$

Auflagerdrücke:

$$R^a = \frac{l}{24}\,(5\,p_1 + p_2);$$

$$R^b = \frac{l}{24}\,(p_1 + 5\,p_2).$$

Maximalmoment:

$$M_{\max} = \frac{R^b}{6}\left(l - \frac{8\,x^2}{l + 2\,x}\right);$$

$$x = \frac{l}{2}\sqrt{1 - \frac{R^b}{Q_2}} = \frac{l}{2}\sqrt{\frac{p_2 - p_1}{6\,p_2}}.$$

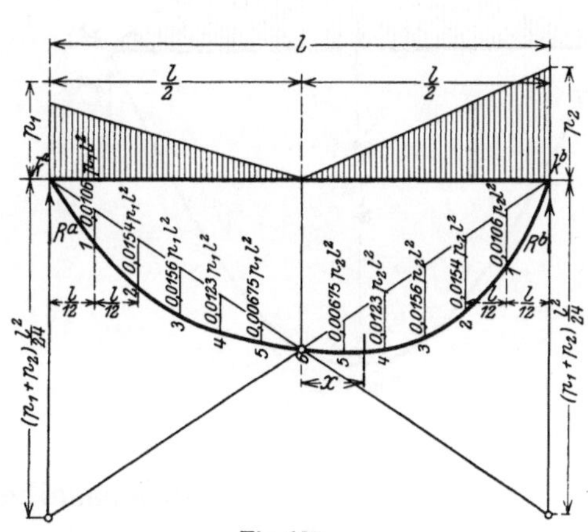

Fig. 135.

Fall 13: Dreiecksbelastung laut Fig. 135a.

Kreuzlinienabschnitte:

$$k^a = k^b = -\frac{3}{32}\, p\, l^2. \qquad (278)$$

Auflagerdrücke:

$$R^a = R^b = \frac{pl}{4}.$$

Maximalmoment:

$$M_{\max} = \frac{p\, l^2}{24}; \qquad x = \frac{l}{2}.$$

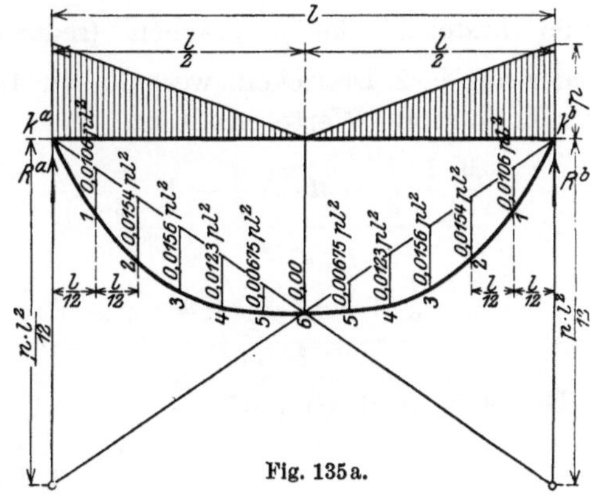

Fig. 135a.

Fall 14: Gleiche Streckenlast an beiden Stabenden (Fig. 135 b).

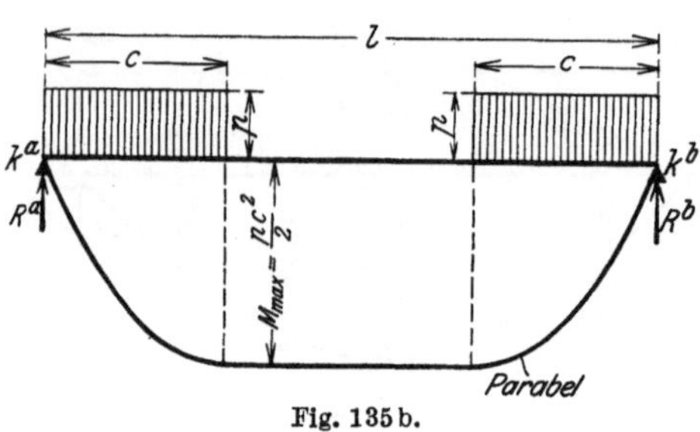

Fig. 135 b.

Kreuzlinienabschnitte:

$$k^a = k^b = -\frac{p \cdot c^2 (3\,l - 2\,c)}{2\,l}$$
$$= -M_{\max}\left(\frac{3\,l - 2\,c}{l}\right). \left.\right\} \quad (278\,\text{a})$$

Auflagerdrücke:
$$R^a = R^b = p \cdot c.$$

Maximalmoment:
$$M_{\max} = \frac{p \cdot c^2}{2}.$$

Fall 15: Parabelförmige Belastung (Fig. 135 c).

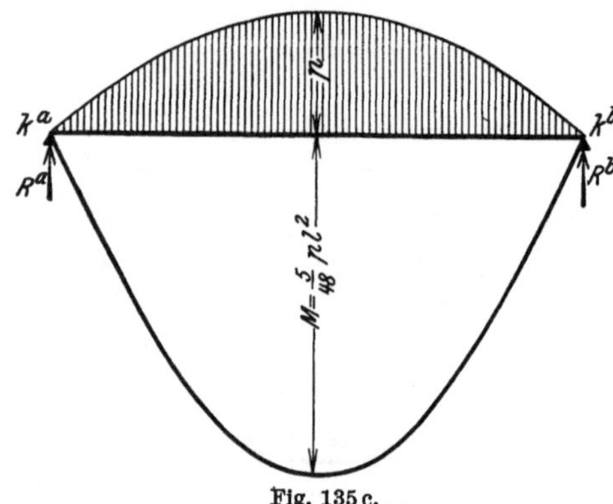

Fig. 135 c.

Kreuzlinienabschnitte:

$$k^a = k^b = -\frac{p \cdot l^2}{5}. \quad (278\,\text{b})$$

Auflagerdrücke:
$$R^a = R^b = \frac{p\,l}{3}.$$

Maximalmoment:
$$M_{\max} = \frac{5}{48}\,p\,l^2.$$

In einem beliebigen Schnitt:
$$M_x = \frac{p\,l}{3}\,x - \frac{p\,x^3}{3\,l^2}(2\,l - x).$$

d) Konsolbelastung.

Wird zwischen den beiden Enden eines Stabes, z. B. einer Säule, wie in den Fig. 136, 137 und 138 dargestellt, ein Moment M, herrührend von der Belastung Q, eingeleitet, so ergeben sich, wie unter 2 d), die in den Fig. 136a bzw. 137a bzw. 138a dargestellten einfachen Momentenflächen (M_0-Flächen). Wegen des als konstant angenommenen Trägheitsmomentes der belasteten Säule bestehen die $\frac{1}{E \cdot J}$ fachen (reduzierten) einfachen Momentenflächen wieder aus je 2 Dreiecken, weshalb wir für die Drehwinkel α^{b_0} und α^{a_0} nach Satz II folgende Werte erhalten:

$$\alpha^{b_0} = \frac{+\dfrac{M \cdot l}{2} \cdot \dfrac{l}{3} - M \cdot z \cdot \dfrac{z}{2} - M \cdot \dfrac{e}{2}\left(z + \dfrac{e}{3}\right)}{l \cdot E \cdot J} = \frac{M}{6\,E\,J}\left(1 - \frac{e^2 + 3\,z(e + z)}{l}\right), \quad (279)$$

$$\alpha^{a_0} = \frac{-\dfrac{M\,l}{2} \cdot \dfrac{l}{3} + M \cdot z' \cdot \dfrac{z'}{2} + M \cdot \dfrac{e}{2}\left(z' + \dfrac{e}{3}\right)}{l \cdot E \cdot J} = \frac{M}{6 \cdot E \cdot J}\left(\frac{e^2 + 3\,z(e + z)}{l} - 1\right). \quad (280)$$

Ferner ist nach Gl. (207):

$$\beta = \frac{l}{6 \cdot E \cdot J}.$$

Diese Werte für α^{b_0}, α^{a_0} und β in die Hauptformeln (242) und (243) eingesetzt gibt:

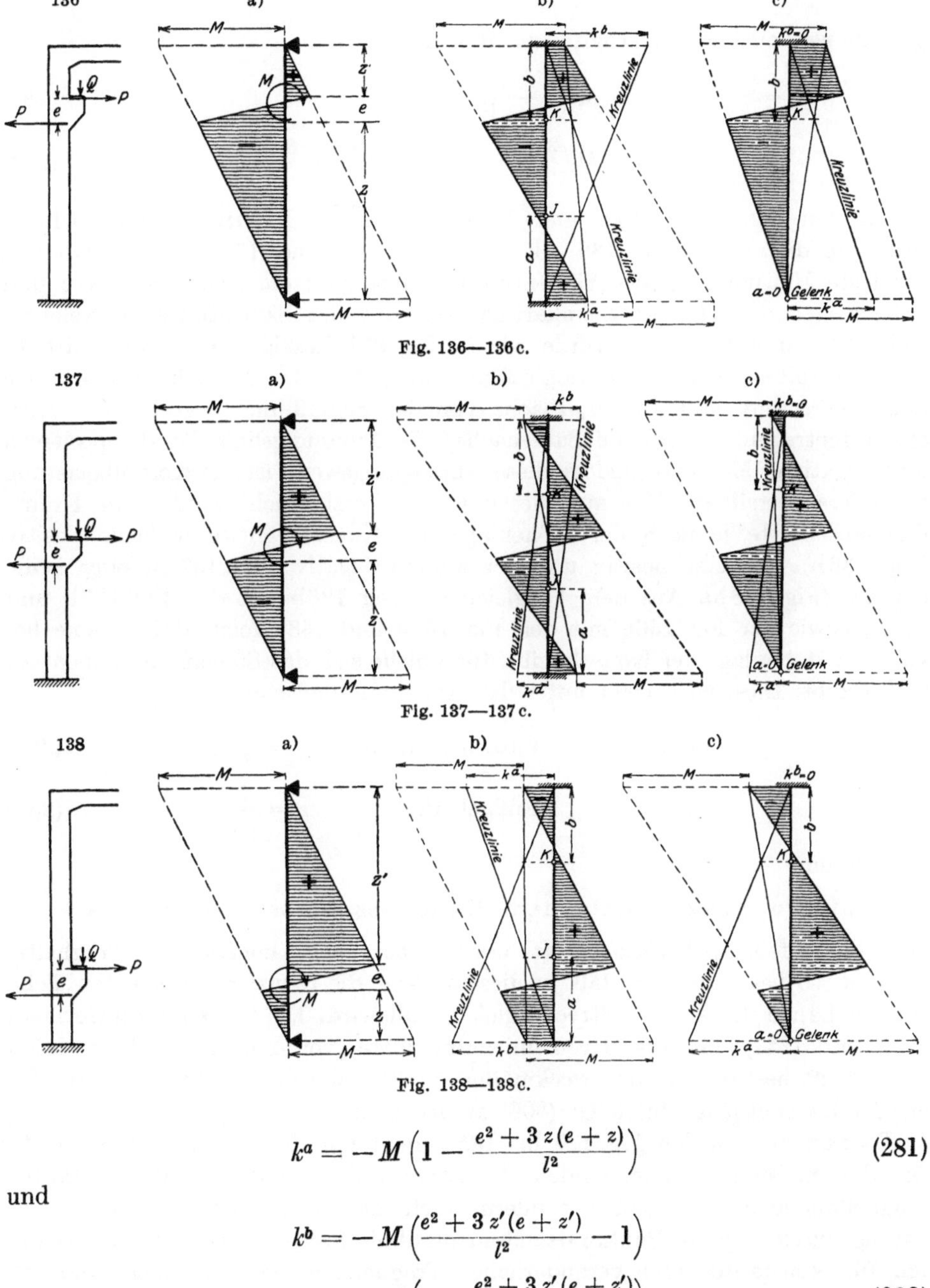

Fig. 136—136c.

Fig. 137—137c.

Fig. 138—138c.

$$k^a = -M\left(1 - \frac{e^2 + 3\,z(e+z)}{l^2}\right) \tag{281}$$

und

$$k^b = -M\left(\frac{e^2 + 3\,z'(e+z')}{l^2} - 1\right)$$

$$= +M\left(1 - \frac{e^2 + 3\,z'(e+z')}{l^2}\right). \tag{282}$$

Hierin ist M mit seinem Vorzeichen (ein rechtsdrehendes Moment positiv) einzusetzen.

Ist die Höhe der Konsole im Verhältnis zur Säulenhöhe sehr klein, so kann der Abstand

$$e = 0$$

gesetzt werden und wir erhalten in diesem Falle:

$$k^a = - M \left(1 - \frac{3\,z^2}{l^2}\right), \tag{283}$$

$$k^b = - M \left(\frac{3\,z'^2}{l^2} - 1\right) = + M \left(1 - \frac{3\,z'^2}{l^2}\right). \tag{284}$$

In den Fig. 136b, 137b und 138b wurden die Kreuzlinien und Schlußlinien für die aus den Fig. 136, 137 und 138 ersichtliche Höhenlage der Konsole für feste Einspannung des Säulenfußes eingetragen; die Fig. 136c, 137c und 138c zeigen dasselbe für gelenkartige Lagerung des Säulenfußes, in welchem Falle $k^b = 0$ wird. Dabei wurde wie in Fig. 87b gezeigt (siehe Abschnitt 4c dieses Kapitels) zuerst die Schlußlinie mit Hilfe der Kreuzlinienabschnitte konstruiert und dann die M_0-Fläche von der Schlußlinie (anstatt Stabachse) aus aufgetragen, so daß die Säulenachse die Trennungslinie für die positiven und negativen Momente bildet; diese Auftragungsweise ist bei Konsolbelastung besonders vorteilhaft. Wie aus diesen Figuren ersichtlich, werden die Kreuzlinienabschnitte je nach der Höhenlage der Konsole entweder beide positiv (Fig. 136b), der eine positiv und der andere negativ (Fig. 137b), oder beide negativ (Fig. 138b). Aus dem Vergleich der Fig. 136b mit den Fig. 137b und 138b, sowie der Fig. 136c mit den Fig. 137c und 138c folgt, daß es eine bestimmte Höhenlage der Konsole gibt, für welche sich das Säulenkopfmoment zu Null ergibt. Dieselbe beträgt unter der Annahme, daß $e = 0$:

$$\text{für Säule mit Fußeinspannung:} \quad z = \frac{2}{3}\,l, \tag{285}$$

$$\text{„   „   „   Fußgelenk:} \quad z = \frac{l}{\sqrt{3}}. \tag{286}$$

Soll eine

starre Strecke an einem Ende des belasteten Stabes

(meistens Pfeilers) berücksichtigt werden bei sonst konstantem Trägheitsmoment, so beachten wir, daß in diesem Falle die reduzierte Momentenfläche auf die Länge der starren Strecke gleich Null wird. Die in den Hauptformeln (242) und (243) für die Kreuzlinienabschnitte vorkommenden Drehwinkel α^{b_0} und α^{a_0} bestimmen wir zweckmäßig direkt nach dem Mohrschen Satz II; der Drehwinkel β ist durch Gl. (206) ausgedrückt.

Da nun aber in den Fig. 127 bis 135a nicht nur die Kreuzlinienabschnitte für die meisten vorkommenden Belastungsfälle für durchweg konstantes Trägheitsmoment angegeben, sondern auch die M_0-Flächen für diese Belastung durch mehrere Punkte der Momentenlinie festgelegt sind, welche natürlich für konstantes und veränderliches Trägheitsmoment dieselben sind, so können wir die Bestimmung der Kreuzlinienabschnitte bei Berücksichtigung der genannten starren Strecke in der Weise vornehmen, daß wir zunächst die Kreuzlinienabschnitte für durchweg konstantes Trägheitsmoment nach den Formeln (266) bis (278) ermitteln und darauf den Einfluß der starren Strecke auf die Kreuzlinienabschnitte als Berichtigung dadurch ermitteln, daß wir denjenigen Teil der reduzierten Momentenfläche der Fig. 127 bis 135a, welcher infolge der starren Strecke ($J = \infty$) Null wird, als negative reduzierte Momentenfläche betrachten und hierfür allein die Kreuzlinienabschnitte nach den allgemeinen Hauptformeln bestimmen; diese zur Berichtigung nötige Rechnung gestaltet sich sehr einfach, weil die reduzierte Momentenfläche auf der starren Strecke immer als ein Dreieck angesehen werden darf.

4. Bestimmung der Momentenfläche am ganzen Tragwerk.

In Kap. I wurde der Gang der Rechnung bei der Bestimmung der Momentenfläche am

a) allgemeinen offenen Tragwerk

beschrieben. Man hat also nach Ermittlung der Festpunkte und Verteilungsmaße nach Kap. II oder III die Kreuzlinienabschnitte nach den vorhergehenden Abschnitten 1 bis 3 zu bestimmen. Hierauf werden

graphisch

die beiden Kreuzlinien gezogen (siehe Fig. 122) und deren Schnittpunkte J' und K' mit den beiden Festlinien bestimmt. Die Verbindungslinie $J'K'$ ist dann die gesuchte Schlußlinie in der belasteten Öffnung, welche auf den Normalen über den Stabenden die Stützmomente abschneidet. An diese Schlußlinie wird nun die M_0-Momentenfläche angehängt, so daß die Balkenachse die Trennungslinie zwischen den positiven und negativen Momenten bildet; dies ist richtig, weil das Momententrapez $BCC''B''$ (negativ) von der M_0-Fläche (positiv) abgezogen werden muß. Zum Schluß werden die beiden Stützenmomente nach Multiplikation mit den entsprechenden Verteilungsmaßen über die übrigen unbelasteten Stäbe fortgepflanzt, wie dies in Kap. I unter „Gang der Berechnung" ausführlich erläutert wurde.

Anstatt die Momentenfläche durch Zeichnen der Schlußlinien in allen Öffnungen zu bestimmen, können wir auch die Stützenmomente an den belasteten und unbelasteten Stäben wie folgt

rechnerisch

aus den in Fig. 122 durch die graphische Konstruktion der Momentenfläche gebildeten Dreiecken ermitteln, worauf die Momente am ganzen Tragwerk bekannt sind.

Am Tragwerk der Fig. 122 seien alle Festpunktabstände a und b, und am belasteten Stab außerdem die beiden Kreuzlinienabschnitte k^a und k^b bekannt.

Wir erhalten dann z. B. die beiden Stützenmomente M^B und M^C

in der belasteten Öffnung *6* der Fig. 122

wie folgt:

Wir ziehen die beiden Kreuzlinien BC'''' und CB''', bestimmen deren Schnittpunkte J' und K' mit den beiden Festlinien und ziehen die Verbindungslinie $J'K'$, welche auf der Stützennormalen durch B und C die gesuchten Stützenmomente BB'' und CC'' abschneidet. Die Diagonale BC'' zerlegt die Strecken

JJ' und KK' in je zwei Teilstrecken, deren Summe wir durch die Ähnlichkeit der Dreiecke BCC'', BJJ'' und BKK'', sowie die Ähnlichkeit der Dreiecke $C''BB''$, $C''K'K''$ und $CJ'J''$ folgendermaßen ausdrücken können:

$$JJ' = M^B \cdot \frac{l-a}{l} + M^C \cdot \frac{a}{l}, \qquad (290)$$

$$KK' = M^B \cdot \frac{b}{l} + M^C \cdot \frac{l-b}{l}. \qquad (291)$$

Aus der Ähnlichkeit der Dreiecke BCC'''' und BJJ', sowie der Ähnlichkeit der Dreiecke CBB''' und CKK' folgt:

$$JJ' = k^b \cdot \frac{a}{l}, \qquad KK' = k^a \cdot \frac{b}{l}.$$

Setzen wir diese Werte in die Gl. (290) und (291) ein, so erhalten wir für die belastete Öffnung 6:

$$M^B = \frac{k^b(l-b) - k^a \cdot b}{l(l-a-b)} \cdot a, \qquad (292)$$

$$M^C = \frac{k^a(l-a) - k^b \cdot a}{l(l-a-b)} \cdot b, \qquad (293)$$

welche Werte wir auch aus den Gleichungen (213a) und (214a) durch Einsetzen der Werte der Gleichungen (219) und (220) und der Gleichungen (223) und (224) erhalten [vgl. Ableitung der Gleichungen (336) und (337) beim bogenförmigen Stab].

Die in die beiden Gleichungen (292) und (293) einzusetzenden Werte von k^a, k^b, a und b können nach den früheren Kapiteln mathematisch genau berechnet werden.

Ferner erhalten wir z. B. die beiden Stützenmomente M^B und M^A

in der unbelasteten Öffnung 1 der Fig. 122

aus der Ähnlichkeit der beiden Dreiecke $BB'J$ und $AA'J$ zu:

$$M_1^B = M_6^B \cdot \mu_{6-1}^B, \qquad (294)$$

$$M_1^A = M_1^B \cdot \frac{a_1}{l_1 - a_1}. \qquad (295)$$

Die in den Gl. (294) u. (295) einzusetzenden Werte von μ, a und b können nach den früheren Kapiteln mathematisch genau berechnet werden.

Das Auftragen der Momente

erfolgt, wie schon in Kap. I erwähnt, grundsätzlich an der Zugseite des Stabes.

Im übrigen bezeichnen wir ein Moment als positiv, wenn es an einem „liegenden" Stab unten, und an einem „stehenden" Stab rechts Zugspannungen hervorruft; die Grenze zwischen „liegend" und „stehend" bildet die 45°-Neigung, letztere selbst sei noch „liegend".

Wir zerlegen jede schiefwinklig zur Achse eines Stabes wirkende Belastung zur Bestimmung der Momente in eine Komponente rechtwinklig zur Stabachse und in eine Komponente in Richtung derselben; für die erstere bestimmen wir die Momente und tragen sie rechtwinklig zur Stabachse auf.

Eine Ausnahme hiervon machen wir nur beim Eigengewicht von schiefen Stäben, das immer lotrecht wirkt, sowie bei horizontal wirkendem Wind-, Wasser- oder Erddruck auf schiefe Stäbe, was das Analoge ist.

Wir betrachten das

Eigengewicht von schiefen Stäben:

Diese Belastung wirkt immer lotrecht; man zerlegt sie daher zweckmäßig nicht (Fig. 139), ermittelt dagegen die davon herrührende Momentenfläche mit der Projektion der Stützweite auf die Waagrechte (Fig. 139a) und trägt dann die erhaltene Momentenfläche schiefsymmetrisch, d. h. mit senkrechten Ordinaten und in der Stabrichtung gemessenen Abszissen, oder auch normal, an dem schiefen Stab an; in Fig. 139b ist sie schiefsymmetrisch angetragen. Es ist nämlich in Fig. 139 G das Eigengewicht des Stabes AB pro laufenden Meter Stab schief gemessen. Dann wirkt auf 1 Meter waagrechte Projektion die Last $\left(G \cdot \dfrac{1}{\cos \alpha}\right)$ und damit sowie der Stützweite ($l \cdot \cos \alpha$) erhalten wir (Fig. 139a):

$$M_{\max} = \frac{G \cdot l^2}{8} \cdot \cos \alpha . \qquad (298)$$

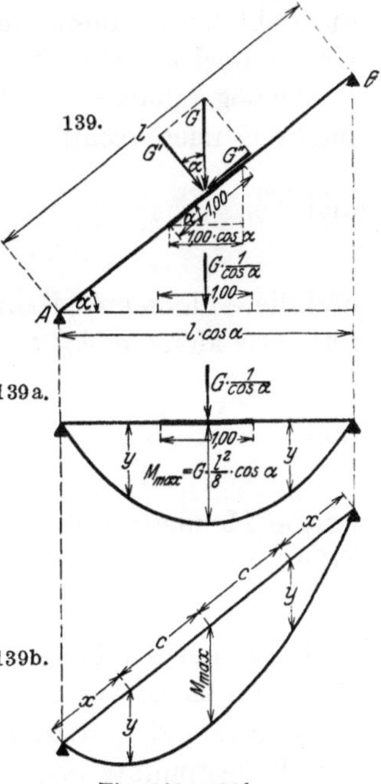

Fig. 139—139b.

Dasselbe Moment erhalten wir, wenn wir die Last G, wie im allgemeinen Fall, in G' und G'' (Fig. 139) zerlegen; dann ist

$$G' = G \cdot \cos \alpha , \qquad (299)$$

$$G'' = G \cdot \sin \alpha , \qquad (300)$$

welch letztere keine Momente am Stab erzeugt. Mit der Last G' nach Gl. (299) und der Stützweite l erhalten wir nun

$$M_{\max} = \frac{G \cdot l^2}{8} \cdot \cos \alpha ,$$

wie in Gl. (298).

Als Kontrolle

für das richtige Auftragen der Momente dient die Bedingung, daß an jedem herausgetrennten Knotenpunkt unter den an den Schnittflächen angebrachten Momenten (entgegengesetzt wie an den herausgetrennten anschließenden Stäben) Gleichgewicht nach Gl. (148) und (163) bestehen muß (Fig. 77a und 88a).

b) Durchlaufender Balken auf elastisch drehbaren Stützen.

Mit Rücksicht auf die Wichtigkeit dieser Konstruktion wird noch nachstehend die Bestimmung der Momentenfläche am Tragwerk der Fig. 76, und zwar für Balken- und Pfeilerbelastung sowie gleichzeitige Belastung mehrerer Öffnungen vorgeführt.

Balkenbelastung.

Es sei nur die Öffnung 2 mit der Kraft P belastet. Die dadurch hervorgerufene Momentenfläche am ganzen Tragwerk ist in Fig. 77 dargestellt. Sie wird dadurch gefunden, daß nach Berechnung der Kreuzlinienabschnitte die beiden Kreuzlinien gezogen und deren Schnittpunkte J_2' und K_2' mit den beiden Festpunktsenkrechten bestimmt werden; die Verbindungslinie $J_2'K_2'$ ist dann die gesuchte Schlußlinie in der belasteten Öffnung, an welche die M_0-Fläche angehängt wird, so daß die Balkenachse die Trennungslinie zwischen den positiven und negativen Momenten bildet. Darauf werden die beiden Stützenmomente nach Multiplikation mit den entsprechenden Verteilungsmaßen über die übrigen unbelasteten Felder (Balken und Pfeiler) fortgepflanzt.

Beim Überschreiten des Knotenpunktes B nach links spaltet sich das Moment M_2^B in M_1^B und M_6^B. Es ist

$$M_1^B = \mu_{2-1}^B \cdot M_2^B$$

und

$$M_6^B = (1 - \mu_{2-1}^B) \cdot M_2^B.$$

Diese Momente pflanzen sich über die anschließende Konstruktion fort, und zwar geht nach der Definition der Festpunkte in den unbelasteten Öffnungen die Schlußlinie durch den Festpunkt am anderen Stabende; es besteht kein Unterschied zwischen Balken und Pfeiler, da beides Stäbe des Tragwerkes sind.

Analog erhalten wir beim Übergang des Momentes M_2^C über den Knotenpunkt C nach rechts:

$$M_3^C = \mu_{2-3}^C \cdot M_2^C$$

und

$$M_7^C = (1 - \mu_{2-3}^C) \cdot M_2^C$$

und diese Momente pflanzen sich ebenfalls über die anschließende Konstruktion fort. Das Moment M_3^D spaltet sich am Knotenpunkt D in

$$M_4^D = \mu_{3-4}^D \cdot M_3^D$$

und

$$M_8^D = (1 - \mu_{3-4}^D) \cdot M_3^D,$$

welche Momente sich wieder mit Hilfe der Festpunkte über die unbelasteten Stäbe *4* und *8* fortpflanzen.

Pfeilerbelastung.

Es sei nur der Pfeiler *7* mit der Kraft P belastet. Die dadurch hervorgerufene Momentenfläche am ganzen Tragwerk ist in Fig. 88 dargestellt. Sie wird wieder dadurch gefunden, daß zunächst am belasteten Pfeiler die beiden Stützenmomente mittels Festpunkte und Kreuzlinienabschnitte ermittelt, und das Pfeilermoment darauf mittels der Festpunkte und der entsprechenden Verteilungsmaße über die übrigen unbelasteten Stäbe (Balken und Pfeiler) fortgepflanzt wird.

Beim Überleiten des Pfeilerkopfmomentes M_7^C in den durchlaufenden Balken spaltet sich dieses Moment in M_2^C und M_3^C; es ist

$$M_2^C = \mu_{7-2}^C \cdot M_7^C$$

und

$$M_3^C = (1 - \mu_{7-2}^C) \cdot M_7^C.$$

Das Moment M_2^C pflanzt sich nun über die links, und das Moment M_3^C über die rechts vom Pfeilerkopf anschließende Konstruktion (unbelastete Stäbe) fort, genau wie bei der Balkenbelastung.

Belastung mehrerer Öffnungen.

Sind gleichzeitig mehrere Öffnungen (oder Balken und Pfeiler gleichzeitig) des durchlaufenden Balkens belastet, wie z. B. die zweite und vierte Öffnung in Fig. 140, so bestimmt man die Momentenflächen am ganzen Tragwerk für die Belastung der Öffnung l_2 und für diejenige der Öffnung l_4 getrennt voneinander, addiert darauf die Momentenordinaten unter Berücksichtigung ihres Vorzeichens und hängt erst an die endgültigen Schlußlinien s_2 und s_4 die betreffende M_0-Fläche an; in Fig. 140 sind die Schlußlinien der Momentenflächen infolge nacheinander folgender Belastung der beiden Öffnungen l_2 und l_4 gestrichelt bzw. strichpunktiert eingezeichnet und mit *2* bzw. *4* bezeichnet.

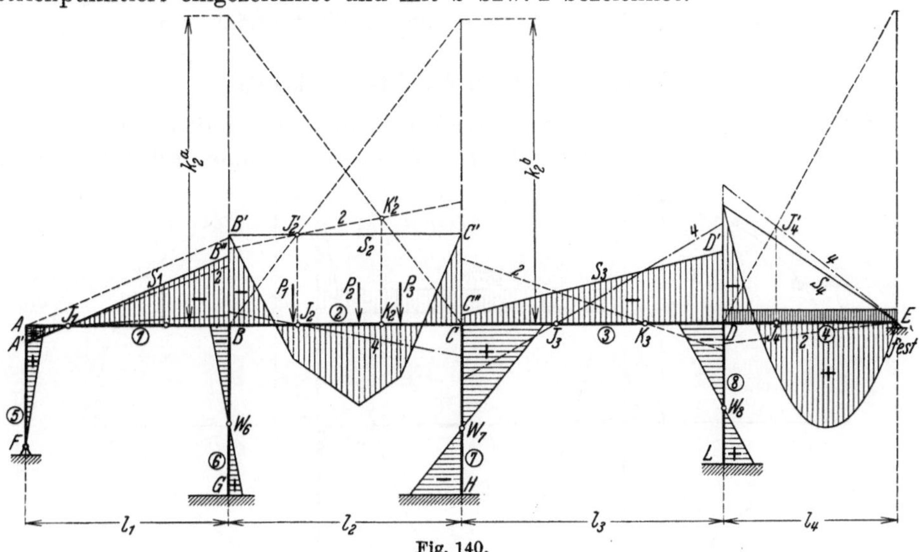

Fig. 140.

Konsolbelastung.

Der in Fig. 100 dargestellte durchlaufende Träger $ABCDE$ auf den elastisch drehbaren Pfeilern *5*, *6*, *7* und *8* und der frei drehbaren Stütze C, an welcher der Balken festgehalten ist, besitzt an seinem linken Ende eine Konsole, an deren Ende die Einzellast P angreift. Dadurch entsteht längs der Konsole bis zur Stütze A das gewöhnliche statisch bestimmte Konsolmoment, das im Querschnitt unmittelbar links von $A: M^A = P \cdot l$ beträgt. Dieses Moment pflanzt sich nun nach rechts über die übrige Konstruktion fort, und zwar verteilt es sich auf die Stäbe *1* und *5* gemäß den Verteilungsmaßen $\mu^A_{Kons.-1}$ und $\mu^A_{Kons.-5}$ (welche zusammen 1 ergeben), so daß

$$M_1^A = \mu^A_{Kons.-1} \cdot M^A$$

und

$$M_5^A = \mu^A_{Kons.-5} \cdot M^A = (1 - \mu^A_{Kons.-1}) \cdot M^A.$$

Das Moment M_1^A leiten wir weiter durch den Festpunkt K_1, wodurch wir M_1^B erhalten, und das Moment M_5^A pflanzen wir durch J_5 fort, wodurch sich M_5^F ergibt; usw.

Da der durchlaufende Balken in E ein festes Auflager besitzt, so sind die in den Fig. 87, 88 und 89 dargestellten Momente die endgültigen Momente.

Wäre in E kein festes, sondern ein bewegliches Lager, so würden sowohl bei Balkenbelastung, als auch bei Pfeilerbelastung infolge der horizontalen Verschiebung der Pfeilerköpfe noch Zusatzmomente (Rechnungsabschnitt II) entstehen, welche zu den eben erhaltenen Momenten (Rechnungsabschnitt I) zu addieren wären. Die Zusätze infolge der Balkenbelastung würden gering ausfallen, da das Tragwerk der Fig. 76 vier Pfeiler aufweist (vgl. Teil II) und die Zusätze um so geringer werden, je mehr Pfeiler ein Tragwerk besitzt. Bei Pfeilerbelastung wäre dies jedoch anders; in diesem Falle würden sich die Pfeilerköpfe selbstredend noch verschieben und dadurch Zusatzmomente hervorrufen, welche einen erheblichen Anteil an den endgültigen Momenten haben.

Ferner erläutern wir die Bestimmung der Momentenfläche am

c) geschlossenen Rechteckrahmen

der Fig. 141, dessen oberer Balken (Stab 3) gleichmäßig verteilt belastet ist. Bei der symmetrischen Ausbildung des Tragwerkes und der symmetrischen Belastung

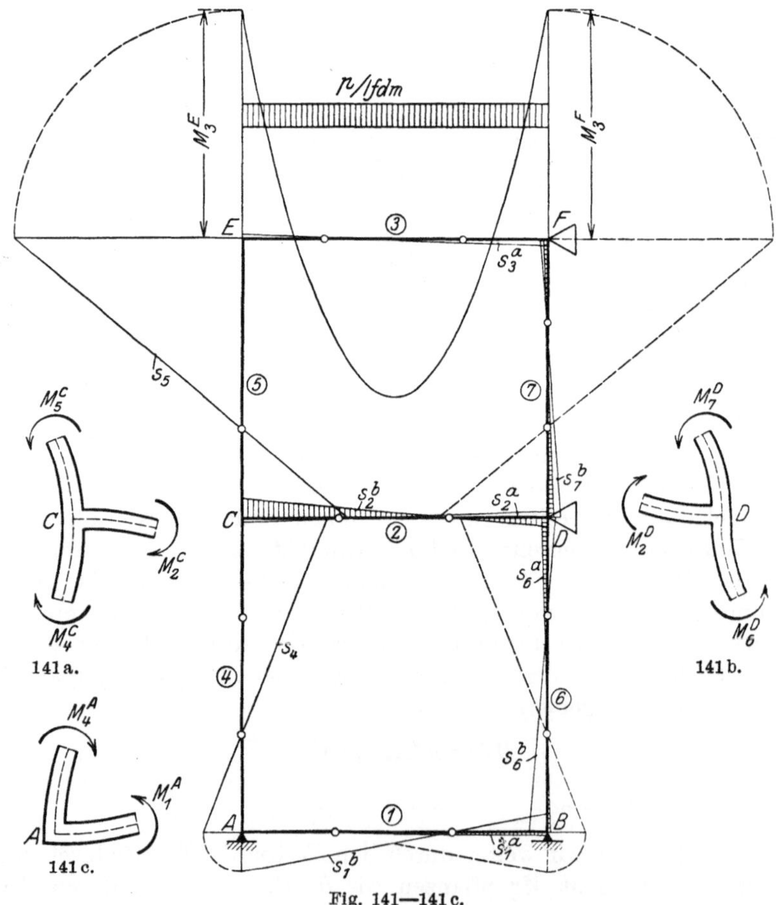

141 a.

141 b.

141 c.

Fig. 141—141 c.

verschieben sich die Balken 2 und 3 nicht, so daß das Tragwerk für den gegebenen Belastungsfall wie ein Tragwerk mit unverschiebbaren Knotenpunkten berechnet werden kann, auch wenn die festen Lager an den Knotenpunkten D und F nicht vorhanden wären.

An einseitig offenen und geschlossenen Tragwerken sind die Momente entsprechend dem Wesen des endlosen Stabzuges „endlos", d. h. auch im Kreise herum so lange fortzupflanzen, bis sie verschwindend klein geworden sind. Zum Glück aber wird die Rechnung nicht endlos, da die Momente beim Weiterleiten rasch abnehmen, so daß es meistens gar nicht zum Kreislauf kommt.

Nachdem die Festpunkte und Verteilungsmaße am ganzen Tragwerk der Fig. 141 bestimmt sind, können die beiden Momente M_3^E und M_3^F des belasteten Stabes mittels der Kreuzlinienabschnitte (Kap. V) bestimmt und darauf weitergeleitet werden.

Wir brauchen der Symmetrie wegen nur das Moment M_3^E weiterzuleiten, da die Fortpflanzung des Momentes M_3^F genau das Spiegelbild der Momentenfläche, erhalten durch Weiterleitung von M_3^E, liefert und darauf die Momente aus den beiden Bildern einfach mit ihren Vorzeichen zu addieren sind.

Zunächst erhalten wir $M_5^E = M_3^E$, weil sich in Knotenpunkt E nur ein Stab anschließt. Durch Ziehen der Schlußlinie s_5 durch den Festpunkt J_5 erhalten wir M_5^C. Dieses Moment zweigt sich nun in die beiden „anstoßenden" Stäbe 2 und 4 ab. Es ist

$$M_4^C = M_5^C \cdot \mu_{5-4}^C,$$

und da aus der Gleichgewichtsbedingung am herausgetrennten Knotenpunkt C (Fig. 141a)

$$M_2^C = M_5^C - M_4^C,$$

so ist

$$M_2^C = (1 - \mu_{5-4}^C) \cdot M_5^C.$$

Das Moment M_2^C pflanzt sich über den Stab 2 durch Schlußlinie s_2^b weiter. Letztere schneidet in D das Moment M_2^D ab, das sich dort spaltet in:

$$M_6^D = M_2^D \cdot \mu_{2-6}^D$$

und

$$M_7^D = M_2^D \cdot (1 - \mu_{2-6}^D).$$

Das Moment M_6^D pflanzt sich durch Schlußlinie s_6^a über Stab 6 weiter, erzeugt in B das Moment M_6^B, welches in voller Größe in den Stab 1 übergeht, wo es sich durch Schlußlinie s_1^a weiterleitet und bei A ein Moment M_1^A ergibt, welches so klein ist, daß es keinen weiteren Einfluß auszuüben vermag.

Bevor wir das Moment M_7^D weiter verfolgen, leiten wir zunächst das am Knotenpunkt C erhaltene Zweigmoment M_4^C weiter. Dieses erzeugt am Stab 4 die durch die Schlußlinie s_4 bestimmte Momentenfläche. Das in Knotenpunkt A hervorgerufene Moment M_4^A geht, weil sich nur ein weiterer Stab anschließt, ohne Spaltung (Fig. 141c) in den Stab 1 über, wo es die durch die Schlußlinie s_1^b begrenzte Momentenfläche ergibt. Das hierdurch in B erzeugte Moment pflanzt sich ohne weiteres durch Schlußlinie s_6^b über den Stab 6 fort. Die Schlußlinie s_6^b der nicht schraffierten Momentenfläche schneidet in D ein Moment ab, welches sich analog M_5^C in C spaltet in:

$$M_7^D = M_6^D \cdot \mu_{6-7}^D$$

und

$$M_2^D = M_6^D \cdot (1 - \mu_{6-7}^D),$$

welch letzteres sich über Stab *2* durch Schlußlinie s_2^a fortpflanzt und in C ein derart kleines Moment ergibt, daß es nicht mehr weitergeleitet zu werden braucht.

Da sich die beiden Momentenflächen am Stab *7*, herrührend von der Weiterleitung der schraffierten bzw. der unschraffierten Momentenflächen am Stab *2* bzw. *6* decken würden, so addieren wir die beiden Momente M_7^D, damit wir nicht eine der beiden Momentenflächen übersehen, und leiten darauf das Gesamtmoment vermittels Schlußlinie s_7 über den Stab *7* weiter. Dieses erzeugt in Punkt F ein Moment, welches ohne weiteres in Stab *3* übergeht und sich dort durch Schlußlinie s_3 fortpflanzt, jedoch in Punkt E so klein geworden ist, daß es keinen weiteren Einfluß auszuüben vermag.

Die Momentenfläche, herrührend von der Fortpflanzung des Stützenmomentes M_3^F der belasteten Öffnung, d. h. das Spiegelbild der Momentenfläche herrührend von M_3^E, wurde in Fig. 141 auf der rechten Hälfte des Tragwerkes gestrichelt eingezeichnet.

Aus dem ganzen Momentenverlauf ersehen wir, daß die Momente beim Weiterleiten tatsächlich sehr schnell abnehmen, was der Berechnungsmethode sehr zugute kommt, wie dies aus den Zahlenbeispielen in Bd. II noch weiter ersichtlich ist.

In Fig. 142 haben wir den Querschnitt durch einen **symmetrischen, rechteckigen Kanal mit senkrechter Mittelwand** dargestellt. In beiden Abteilungen herrscht der gleiche Wasserdruck, auch der Bodendruck ist symmetrisch verteilt. In diesem Falle bleiben die Tangenten der elastischen

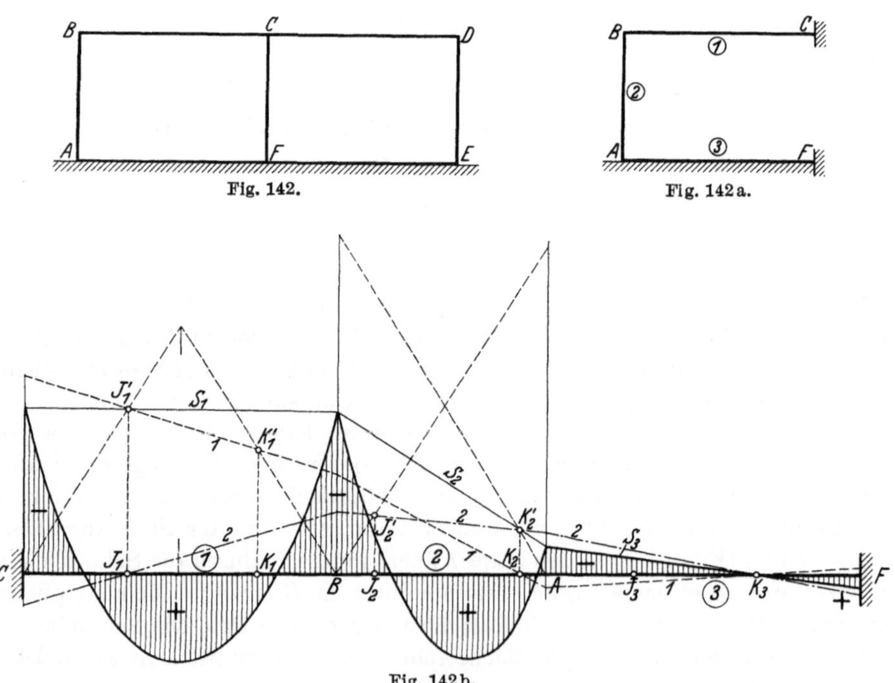

Fig. 142.   Fig. 142a.

Fig. 142b.

Linien BCD und AFE in C und F waagrecht und damit diejenige des Stabes CF senkrecht, so daß der Stab CF spannungslos bleibt und das Tragwerk in C und F

für die vorausgesetzte symmetrische Belastung der symmetrischen Konstruktion als voll eingespannt betrachtet werden kann. Dann kann der Stabzug $FABC$ (Fig. 142a) ausgestreckt und wie ein gewöhnlicher frei aufliegender durchlaufender Balken mit eingespannten Enden berechnet werden (Fig. 142b), da der Stab AB in senkrechter Richtung unverschiebbar ist, weil er sich in A gegen den Boden stützt und im Kanal die Wasserbelastung nach unten größer ist als diejenige nach oben.

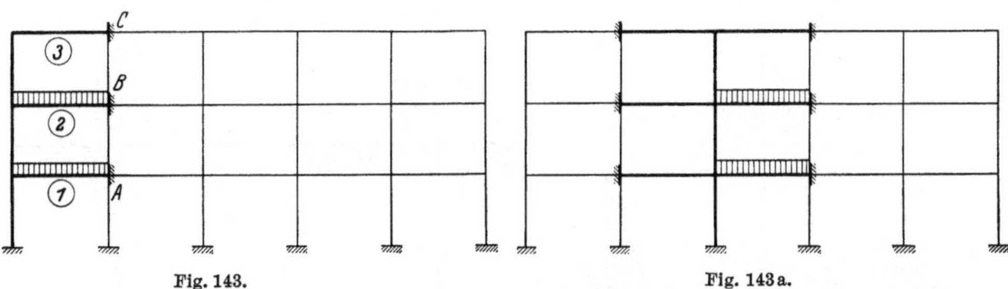

Fig. 143.   Fig. 143a.

Zur Bestimmung der Biegungsmomente in den Randsäulen eines vielfachen Stockwerkrahmens eines Gebäudes können wir näherungsweise so vorgehen, daß wir nur die in Fig. 143 stark ausgezogenen Stäbe als zusammenhängend betrachten und die elastische Einspannung der Stäbe *1, 2* und *3* an ihren Enden A bzw. B bzw. C in der Weise berücksichtigen, daß wir die Festpunktabstände b_1, b_2 und b_3 schätzen (vgl. Kap. II, 8). Analog können wir zur Bestimmung der Biegungsmomente der Mittelsäulen vorgehen (vgl. Fig. 143a).

In den Fig. 144, 144a und 144b wurde der Horizontalschnitt durch einen Silo dargestellt. Zur Berechnung der Biegungsmomente und Axialkräfte in den Zellenwänden können wir näherungsweise wieder so vorgehen, daß wir für die Wände einer Mitte-, Außenoder Eckzelle nur die in Fig. 144 bzw. 144a bzw. 144b stark ausgezogenen Stäbe als zusammenhängend betrachten und die elastische Einspannung durch die abgeschnittene Konstruktion in der Weise berücksichtigen, daß wir die Festpunktabstände an den Einspannstellen nach Kap. II, 8 schätzen.

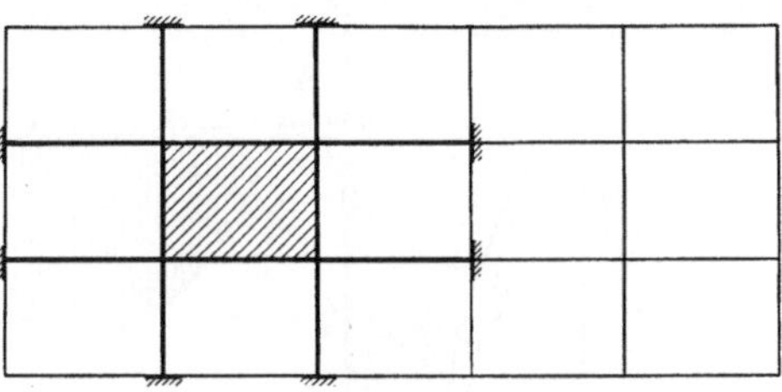

Fig. 144.

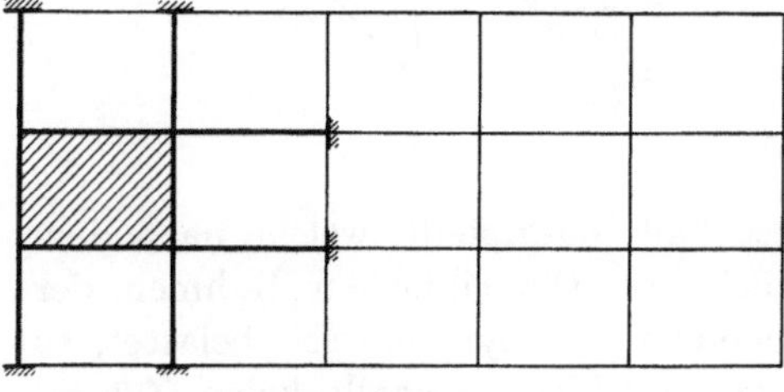

Fig. 144a.   Fig. 144b.

d) Der statisch unbestimmte Balken mit einer Öffnung.

Auch dieser fällt unter den Begriff des durchlaufenden Trägers, und zwar sowohl der einfache Rahmen (Fig. 145 bis 145d) als auch der beidseitig oder einseitig eingespannte Balken (Fig. 145e bis g). In den Fig. 145 bis 145g ist die

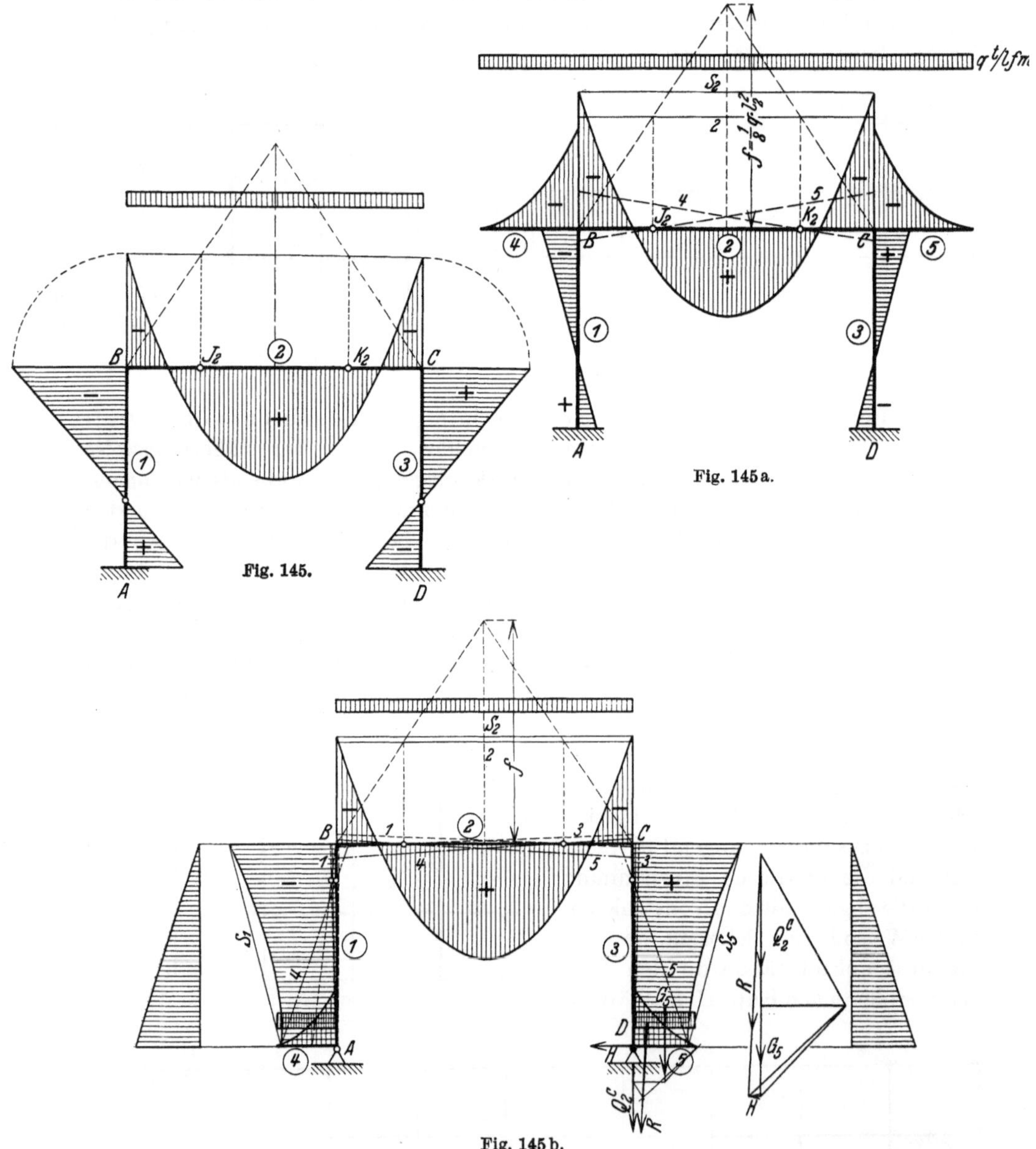

Ermittlung der Momentenflächen für diese Fälle dargestellt, welche nach dem vorhergehenden ohne weiteres verständlich ist. Die einfachen Rahmen der Fig. 145 bis 145c sind symmetrisch ausgebildet und symmetrisch belastet, so daß die Säulenköpfe keine Verschiebungen erleiden, weshalb keine Zusatzmomente (R. II) zu ermitteln sind. Beiläufig sei bemerkt, daß die Konstruktion der Fig. 145b dann gewählt wird, wenn die Resultierende in den Fußgelenken

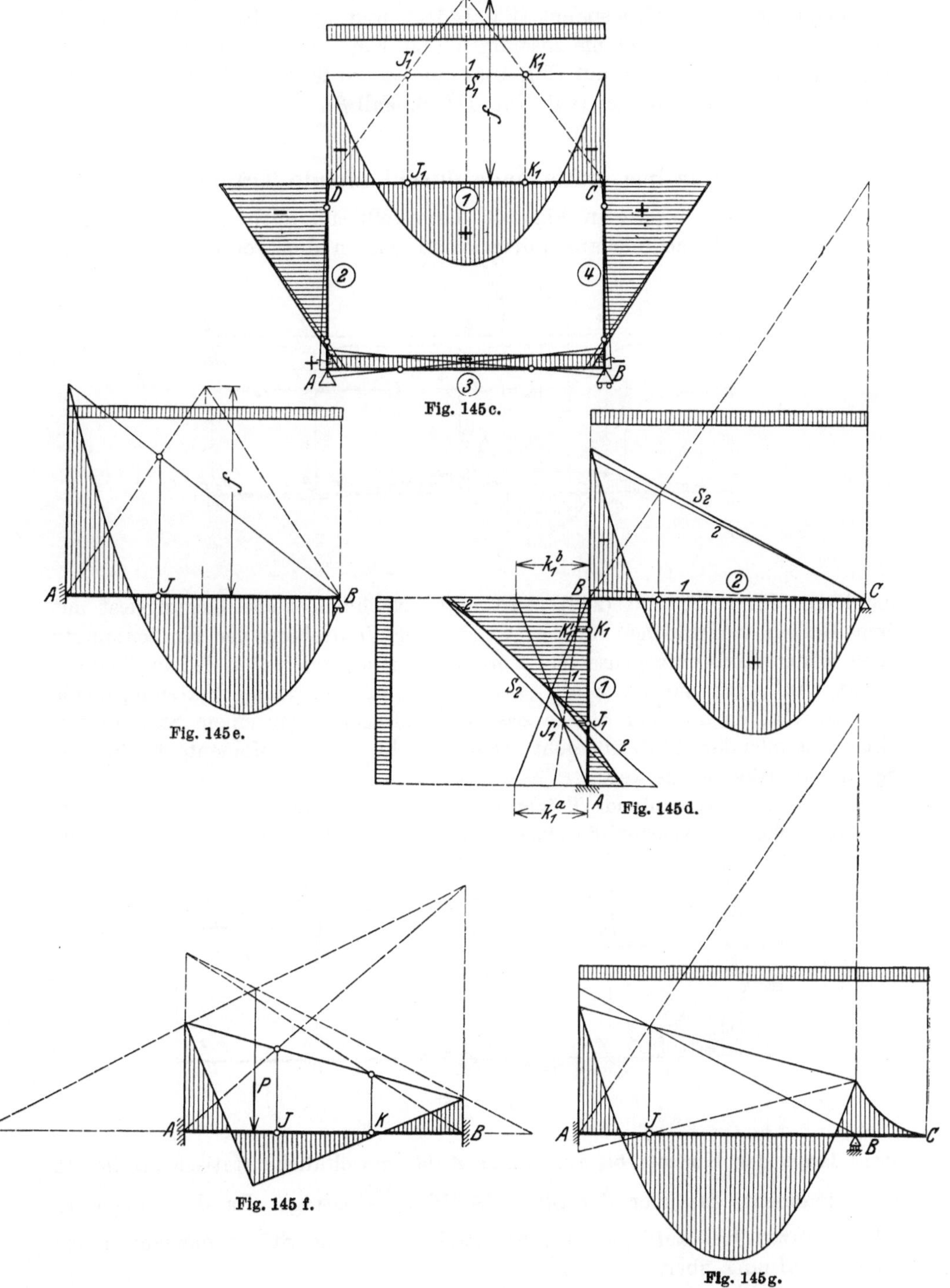

Fig. 145c.

Fig. 145e.

Fig. 145d.

Fig. 145f.

Fig. 145g.

möglichst senkrecht sein soll (z. B. bei Auflagerung auf Pfählen). Der einhüftige
Rahmen der Fig. 145d besitzt am rechten Balkenende ein unbewegliches Lager,
so daß die ermittelten Momente ebenfalls die endgültigen sind. Ist ein Träger
an einem Ende fest eingespannt (Fig. 145e, f und g), so fällt der anliegende
Festpunkt mit der Drittellinie zusammen (vgl. Kap. III, 6, Fall 2), liegt er dagegen an einem Ende frei auf (Fig. 145e und g), so fällt der betreffende Festpunkt in das freie Auflager (vgl. Kap. III, 6, Fall 3).

e) Der frei aufliegende durchlaufende Träger.

Liegt der Balken, wie in Fig. 146 dargestellt, an allen Stützen frei auf,
so werden die Kreuzlinienabschnitte genáu wie in den vorhergehenden Ab-

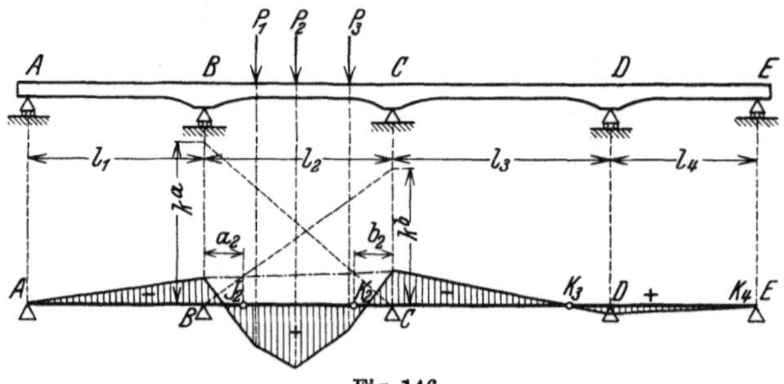

Fig. 146.

schnitten [Gl. (242) und (243)] bestimmt. Nachdem keine biegungsfest mit
dem Balken verbundenen Pfeiler, welche der Verdrehung der Knotenpunkte
auch Widerstand entgegensetzen, vorhanden sind, mithin in jedem Knotenpunkt (Auflager) nur ein Stab „anstößt" so gibt es keine Verteilungsmaße
zu ermitteln, da an jeder Stütze das volle Moment von einem Stab in den
einen anstoßenden Stab übergeht. Danach fällt in der Momentenfläche der
Sprung an jeder Stütze weg.

Besitzt der durchlaufende Träger, wie in Fig. 146a dargestellt, an einem Ende
eine Konsole, auf welcher die gleichmäßig verteilte Last p/lfdm wirkt, so ent-

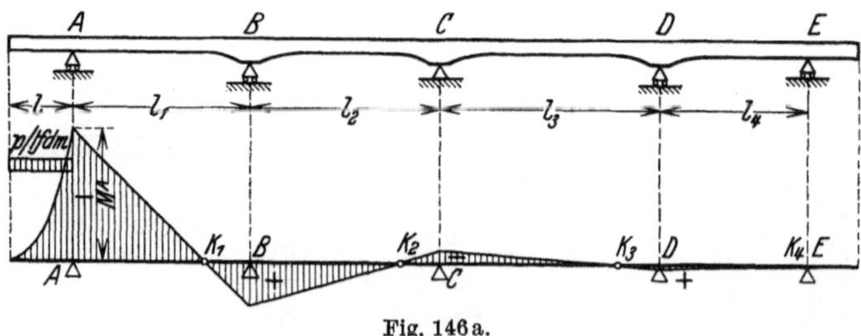

Fig. 146a.

steht längs der Konsole bis zur Stütze A das gewöhnliche statisch bestimmte
Konsolmoment, das über der Stütze A $M^A = \dfrac{pl^2}{2}$ beträgt. Da der Träger an
allen Stützen frei aufliegt, so geht jeweils das volle Stützenmoment in die
nächste Öffnung über.

5. Grenzwerte der Momente.

Die Grenzwerte der Momente für einen beliebigen Schnitt ergeben sich durch Superposition des Momentes aus ständiger Last und der einzelnen größten positiven, bzw. größten negativen Momentenwerte infolge der vorkommenden veränderlichen Lasten. Zur Bestimmung des größten positiven oder größten negativen Momentes für einen Schnitt infolge einer beweglichen Lastart, muß zuerst dasjenige Belastungsschema gesucht werden, welches die gewünschten extremalen Werte liefert.

a) Gleichmäßig verteilte Last.

Wird der elastisch eingespannte Balken AB (Fig. 147) mit der Last P belastet, so liegen die Nullstellen der Momentenfläche stets je zwischen einem Auflagerpunkt und dem nächstliegenden Festpunkt, und zwar verschiebt sich der eine Momentennullpunkt von A nach J, wenn P von A nach B wandert, während sich gleichzeitig der andere von K nach B bewegt. Es ist dies für variables Trägheitsmoment aus Fig. 122f ersichtlich: Der Kreuzlinienabschnitt links ist nach Gl. (250a)

$$k^a = - P \cdot s^b.$$

Im einfachen Balken AB (Fig. 147), belastet mit der Einzellast P ist

$$M_0 = P \cdot x \frac{x'}{l}.$$

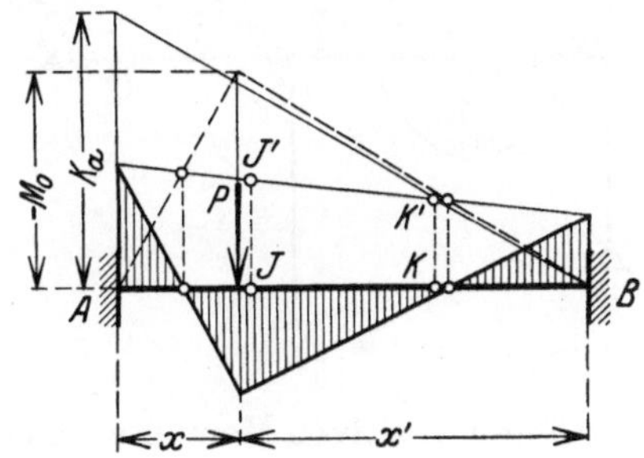

Liegt P nahe bei B und bewegt sich gegen B, so nähert sich $\frac{x'}{l}$ dem Grenzwerte 1, während gleichzeitig $s^b = x$ wird (Fig. 122f).

Fig. 147.

Es wird dann

$$M_0 = P \cdot s^b = - k^a,$$

d. h. die von B ausgehende Kreuzlinie fällt mit der einen Seite der Momentenlinie zusammen, und daher auch der Momentennullpunkt mit dem Festpunkt K. Dies gilt natürlich auch für den Spezialfall des konstanten Trägheitsmomentes auf ganzer Stablänge.

Bei jeder Laststellung von P treten daher innerhalb der Strecke JK nur positive Momente auf. Folglich gibt Totalbelastung für die Balkenstrecke zwischen den Festpunkten die positiven Grenzwerte der Momente.

Ist nur der Einfluß von gleichmäßig verteilter Verkehrslast zu untersuchen, kann man sich daher die Konstruktion der Einflußlinien für die mittlere Strecke JK ersparen.

In den Balkenstrecken zwischen Festpunkten und Auflager hingegen, können bei entsprechender Laststellung sowohl positive, wie negative Momente entstehen. Es ist daher für die Grenzwertbildung Teilbelastung von AB maßgebend. Um die Belastungsscheide S für einen Schnitt C zu finden, müßte diejenige Laststellung S durch Probieren gesucht werden, welche in C ihren Momentennullpunkt hat (Fig. 147a). Liegt C z. B. zwischen K und B, ist die Strecke AS die maßgebende Belastungslänge. Für die Balkenstrecken zwischen Festpunkten und Auflager wird man daher einfacher die Grenzwerte der Momente mittels Einflußlinien bestimmen. Oft wird auch dies umgänglich sein, wenn für die Dimensionierung die Grenzwerte der Momente in der Mitte und über den Stützen genügen.

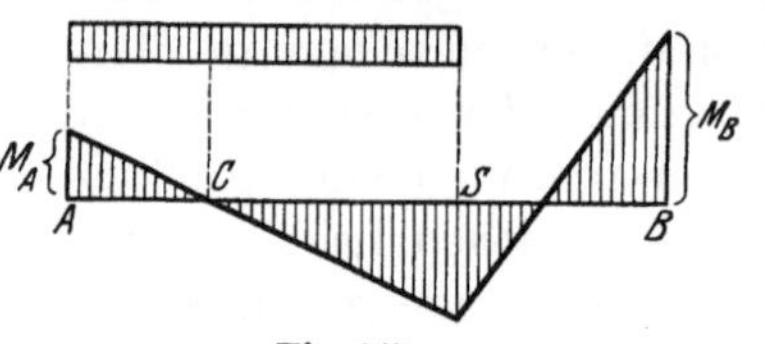

Fig. 147a.

Wie in Fig. 146 ersichtlich, treten bei Belastung einer Öffnung eines durchlaufenden Balkens zwischen den Festpunkten der Anschlußöffnungen abwechselnd negative wie positive Momente auf. Die Anschlußöffnungen müssen daher abwechselnd unbelastet und belastet werden, um auf der Innenstrecke der betrachteten Öffnung die

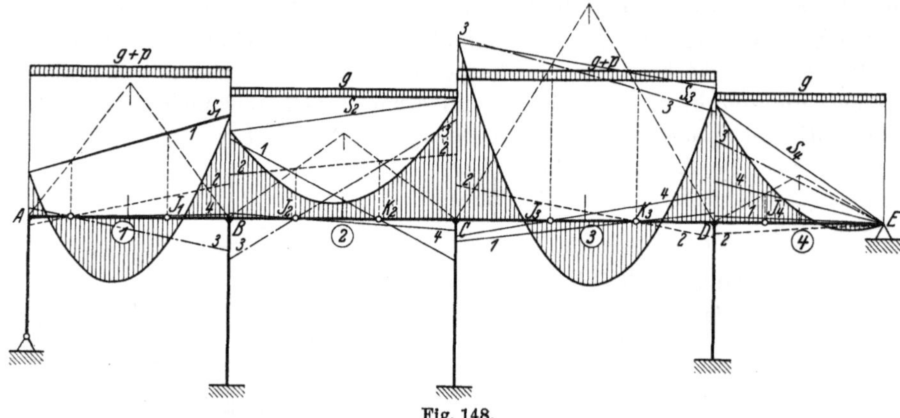

Fig. 148.

größten positiven Momente zu erhalten (Fig. 148). Das größte negative Moment tritt stets über einer Stütze auf, und zwar bei Vollbelastung der zwei angrenzenden Öffnungen, sowie Entlastung und Belastung der folgenden Felder (Fig. 148a).

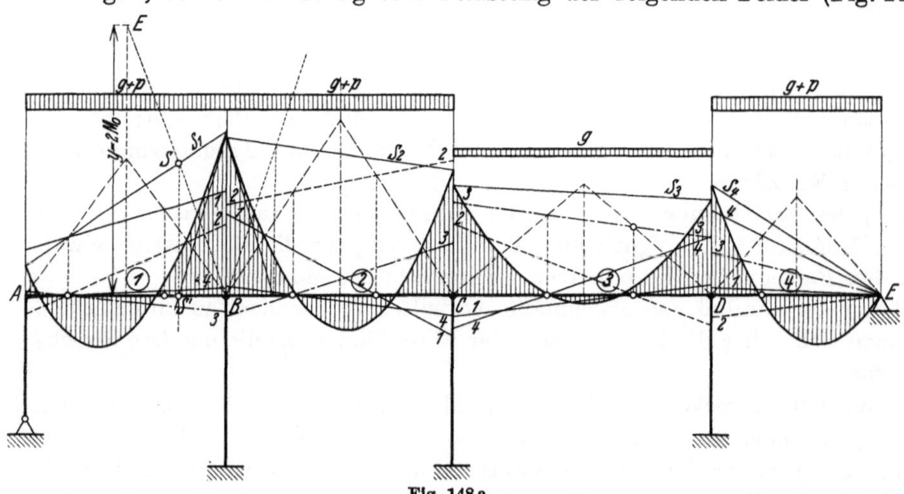

Fig. 148a.

Um die positiven wie negativen Grenzwerte zu erhalten, werden daher der Reihe nach sämtliche Öffnungen mit g resp. $(g + p)$ belastet, und die Stützenmomente unter Berücksichtigung eventueller Sprünge infolge elastisch eingespannter Pfeiler weitergeleitet. Die aus einem maßgebenden Belastungsfall herrührenden Schlußlinien werden mit dem Zirkel addiert und von den daraus resultierenden Schlußlinien aus die M_0-Parabeln der belasteten Öffnungen abgetragen. Jede Momentenfläche, herrührend aus einem bestimmten Belastungsfall, liefert dann ein Stück der positiven und negativen Grenzwertlinien (Fig. 148 b).

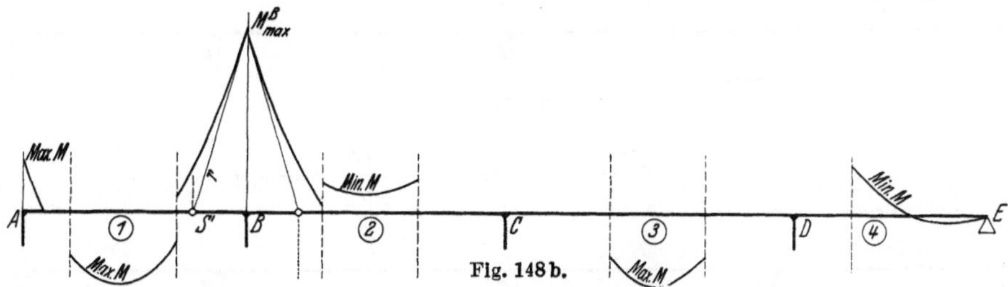

Fig. 148 b.

Der in Fig. 148 aufgezeichnete Belastungsfall liefert die größten positiven Momente zwischen den Festpunkten des *1.* und *3.* Feldes, und die größten negativen Momente zwischen den Festpunkten des *2.* und *4.* Feldes. Er gibt ferner das größte negative Moment über der Stütze A, vorausgesetzt, daß horizontal wirkende Lasten nicht vorkommen. Aus dem Belastungsfall der Fig. 148a erhalten wir die größten negativen Momente links und rechts der Stütze B. Die von diesen Belastungsfällen herrührenden Stücke der Grenzwertlinien sind in Fig. 148 b aufgezeichnet.

Über Auflagerpunkten lassen sich leicht die Tangenten an die Min.-M-Linie zeichnen. Verbindet man in Fig. 148a den Endpunkt E der Ordinate $y = 2\,M_0$ mit einem Auflagerpunkt, z. B. B, so stellt diese Gerade die Tangente an die nach oben abgetragene M_0-Parabel dar. Ihr Schnittpunkt mit der zu dem maßgebenden Belastungsfall gehörenden Schlußlinie s ist S. Die Projektion S' von S auf die Balkenachse ist der Schnittpunkt der gesuchten Tangente t mit der Balkenachse (Fig. 148 b).

Bei konstantem Trägheitsmoment über die ganze Stablänge sind die Kreuzlinienabschnitte $k^a = k^b = -\,2\,f$. Dies gilt auch für den Balken mit veränderlichem Trägheitsmoment, vorausgesetzt, daß er symmetrisch ausgebildet ist. Bei beliebig veränderlichem Trägheitsmoment wird die Belastungsstrecke in einzelne Teile geteilt, und diese wie Einzellasten behandelt.

Für das Tragwerk der Fig. 148 geben die folgenden Belastungsfälle (Fig. 148 c und 148 d) sämtliche Grenzwerte der Momente aller Querschnitte zwischen den Festpunkten eines jeden Feldes.

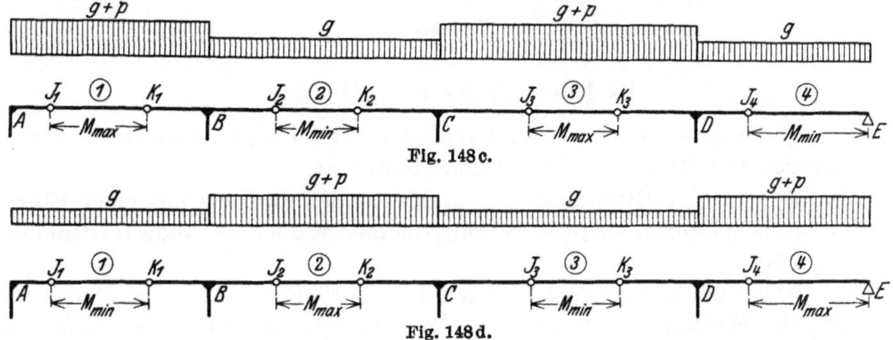

Fig. 148 c.

Fig. 148 d.

Für die negativen Grenzwerte der Stützenmomente sind die folgenden Belastungsfälle maßgebend (Fig. 148e bis f).

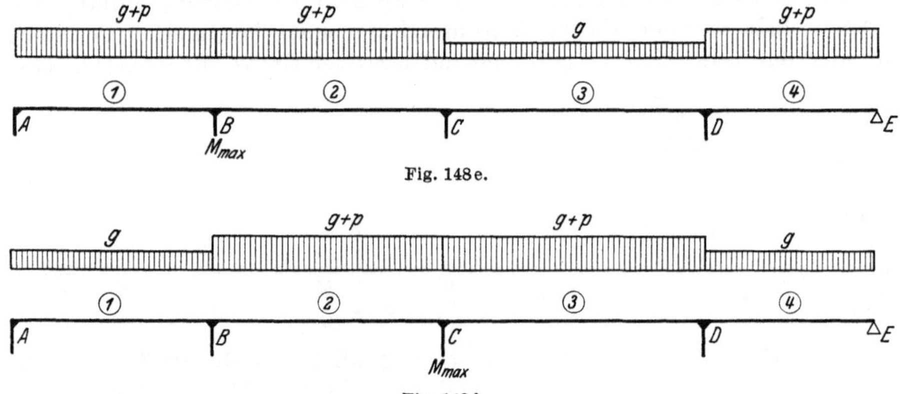

Fig. 148e.

Fig. 148f.

Konsolen spielen für die anderen Öffnungen die gleiche Rolle wie Endfelder (Fig. 149).

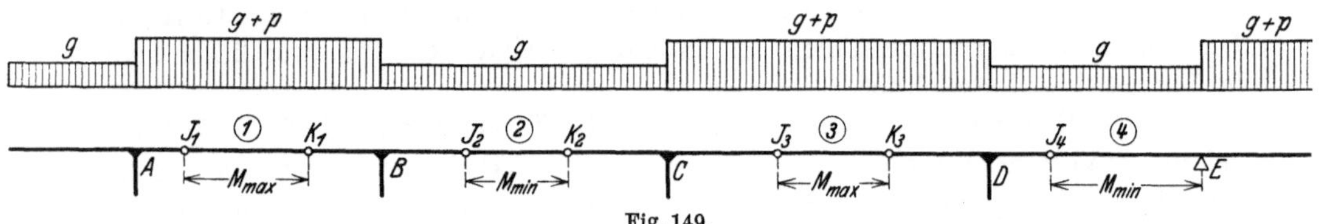

Fig. 149.

Treten noch horizontal wirkende Lasten, z. B. Winddruck auf die seitlichen Stiele auf, sind letztere wie Endfelder zu behandeln (Fig. 150).

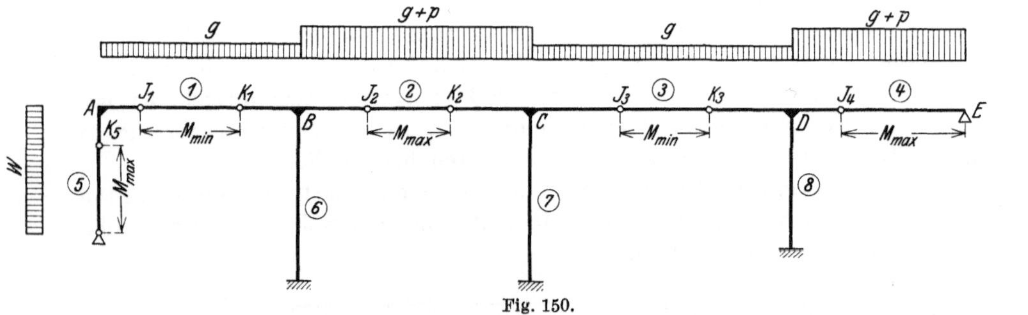

Fig. 150.

b) Bewegliche Einzellasten.

Die größten positiven und negativen Momente infolge beweglicher Einzellasten werden mit Hilfe von Einflußlinien bestimmt.

Belastet man eine Öffnung eines durchlaufenden Balkens mit einer Einzellast $P = 1$, so pflanzen sich die Biegungsmomente über die andern Öffnungen fort (Fig. 151).

Betrachtet man nun einen beliebigen Punkt F (Fig. 151), so stellt das Moment M_F die Einflußordinate der gegebenen Laststellung für F dar. Wird also

M_F unter der Last $P = 1$ aufgetragen, und dies für andere Laststellungen wiederholt, erhält man die Einflußlinie des Momentes für Schnitt F (Fig. 151a),

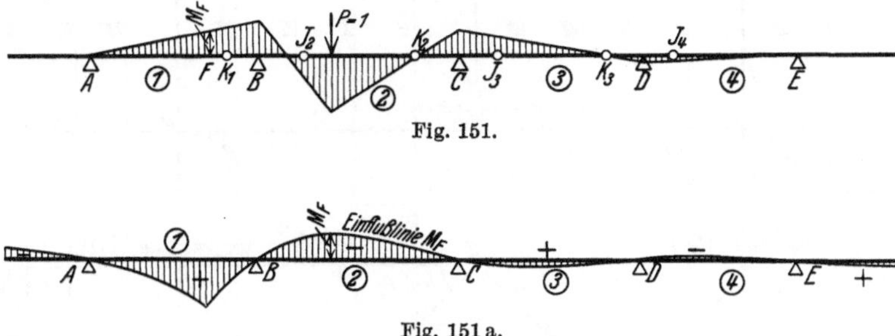

Fig. 151.

Fig. 151 a.

kurz als M_F-Linie bezeichnet. Die Einflußlinien erstrecken sich im allgemeinen über die ganze Balkenlänge. Nur für die Festpunkte J und K fallen sie rechts bzw. links der betrachteten Öffnung weg (Fig. 153 e).

Fig. 152.

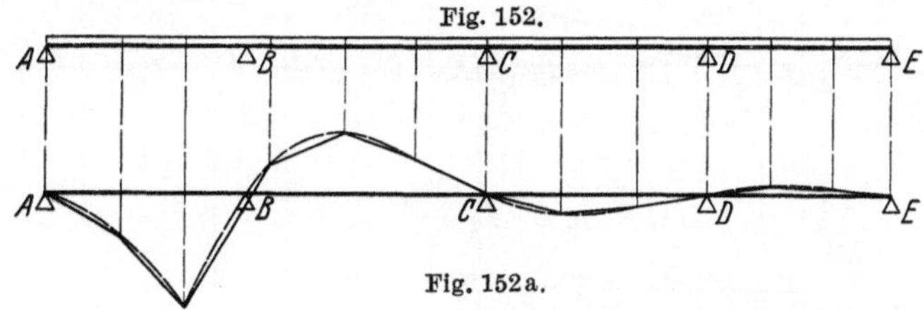

Fig. 152 a.

Die Belastung der linken Konsole ergibt mit Ausnahme der K-Punkte in sämtlichen Schnitten der Balkenfelder Momente. Die Einflußlinien der Momente dieser Schnitte setzen sich daher über die Konsollänge fort (Fig. 151a). Bei indirekter Belastung sind nur die Einflußordinaten unter den Sekundärträgern zu bestimmen. Die Einflußlinien dazwischen verlaufen geradlinig (Fig. 152a). Zum Vergleiche ist die entsprechende Einflußlinie bei direkter Belastung punktiert eingezeichnet.

Zur Konstruktion der Einflußlinien braucht man die Kreuzlinienabschnitte für die wandernde Last $P = 1$. Bei konstantem oder von Feld zu Feld sprungweise veränderlichem Trägheitsmoment werden diese am schnellsten graphisch bestimmt (siehe S. 96). Für Balken mit geraden und parabolischen Vouten liefern die Tabellen im Anhang die Kreuzlinienabschnitte direkt. Bei beliebig veränderlichem Trägheitsmoment (Fig. 153) verwendet man mit Vorteil die Biegelinien des frei aufliegenden Balkens, belastet mit $M = 1$ an einem Ende. Diese liefern nach dem auf S. 92 erläuterten Verfahren die Kreuzlinienabschnitte.

Für den durchlaufenden Balken der Fig. 76, mit beliebig veränderlichem Trägheitsmoment, auf elastisch drehbaren Stützen wird die Konstruktion von Einflußlinien der Momente im folgenden dargestellt (Fig. 153 bis 153e). Die einzelnen Felder werden durch Schnitte unterteilt. Die Biegelinien der Fig. 153a und 153b sind bereits vorhanden von der graphischen Bestimmung der Festpunkte her (Fig. 80 bis 86). Die Konstruktion der Einflußordinaten soll für Schnitt I und II gezeigt werden.

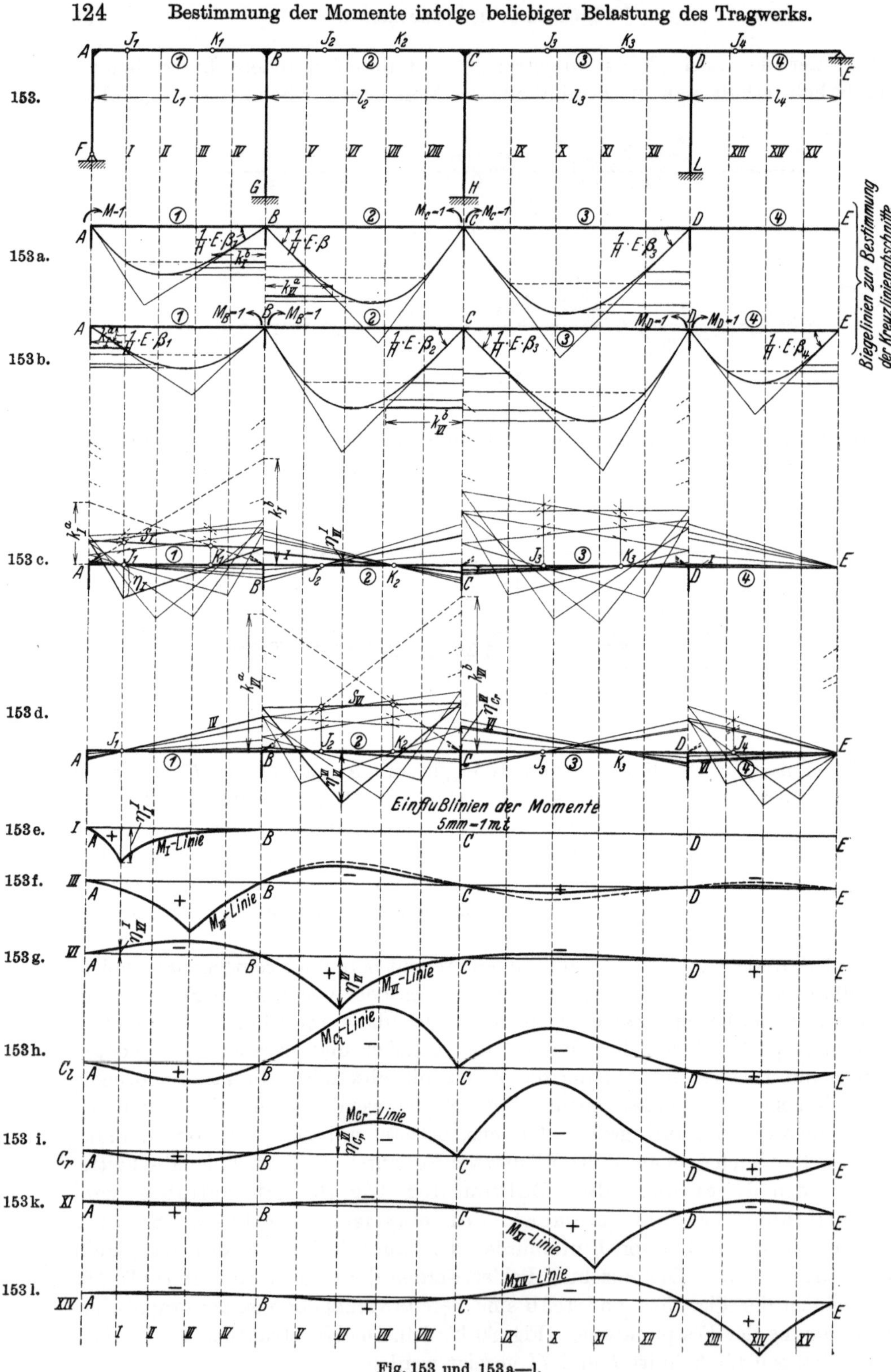

Fig. 153 und 153a—l.

Für die Laststellung $P = 1$ über Schnitt I erhalten wir aus den beiden Biege-linien des einfachen Balkens $A\,B$ (Fig. 153a und 153b) die Kreuzlinienabschnitte k_I^a und k_I^b. Sie werden in Fig. 153c in demjenigen Maßstabe aufgetragen, in welchem die Momente aufgezeichnet werden sollen. In unserem Falle mußten sie verdoppelt werden. Die Schlußlinie S_I, die wir so erhalten, gibt uns die Stützen-momente M_A und M_B, welch letzteres über die anschließenden Felder weiter-geleitet wird. Die so erhaltene Momentenfläche enthält alle Einflußordinaten, η_I für sämtliche Einflußlinien, z. B. η_I^I in I und η_{VI}^I in VI (Fig. 153e).

Für die Laststellung $P = 1$ in VI erhalten wir wieder in Fig. 153a und b die Kreuzlinienabschnitte k_{VI}^a und k_{VI}^b. Diese, im Maßstab der Momentenfläche in Fig. 153d aufgetragen, ergeben die Schlußlinie S_{VI} und damit die Momenten-verteilung über das ganze Tragwerk. So erhalten wir sämtliche Einflußordinaten η_{VI}, die unter Schnitt VI aufgetragen sind.

Auf gleiche Weise werden die Einflußordinaten für die anderen Schnitte be-stimmt.

Zu erwähnen ist noch, daß beim durchlaufenden Rahmen zwei Einflußlinien für Stützenmomente am selben Stützpunkt vorkommen (Fig. 153h und 153i).

Die Einflußlinien der Momente für den durchlaufenden Balken auf frei drehbaren Stützen verlaufen im wesentlichen wie diejenigen des kon-tinuierlichen Balkens auf elastisch drehbaren Stützen. Nur ist bei diesen der Übergang über den Stützen stetig, d. h. zwei benachbarte Öffnungen haben im gemeinsamen Auflagerpunkt die gleiche Tangente der Kurven, da das volle Stützenmoment in die nächste Öffnung übergeht. In Fig. 153f ist vergleichs-weise eine solche Einflußlinie, bei Annahme gleicher Festpunktsabstände punk-tiert eingezeichnet.

Hat der durchlaufende Balken kein festes Auflager, sind die unter Annahme eines horizontal unverschieblichen Balkens aufgezeichneten Einflußlinien noch nicht die endgültigen. Es muß vielmehr noch der Einfluß der Verschiebungs-kraft berücksichtigt werden. Die Konstruktion dieser Einflußlinien ist im 2. Teil, Kap. VIII, behandelt.

Die Pfeiler eines durchlaufenden Rahmens sind auf Biegung mit Axialdruck zu dimensionieren. Um diejenige Kombination von Moment und Normalkraft zu finden, die die größten Randspannungen ergibt, verwendet man Einfluß-linien für die Kernpunktsmomente der Pfeiler.

Für jeden Pfeilerquerschnitt ist (Fig. 154l)

$$M_{K_r} = M + N \cdot k_r$$

$$M_{K_l} = M - N \cdot k_l \,.$$

Die Einflußordinaten für M_k ergeben sich daher aus der Summation der Einflußordinaten der Momente und der $k$fachen Einflußordinaten der Normalkräfte.

Für den durchlaufenden Balken der Fig. 78 sind die Einfluß-linien der Kernpunktsmomente für die Pfeiler 5 und 7 (beim Voutenanfang) in Fig. 154 aufgezeichnet.

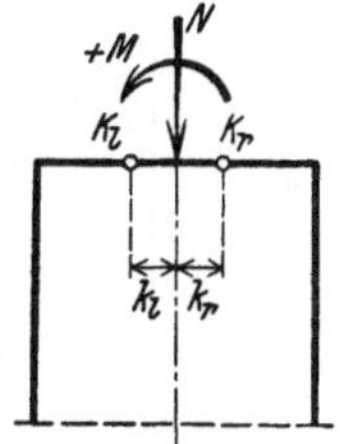

Fig. 154 l.

Die Einflußlinien für N müssen vorerst als bekannt vorausgesetzt werden (siehe S. 143). Die $N \cdot k$-Linie erhalten wir nun vermittels der Reduktionsfiguren (154k) aus der N-Linie.

Momentenmaßstab: 5mm = 1mt
Fig. 154.
Fig. 154a.

Einflußlinien für Kernpunktsmomente
Momentenmaßstab: 1cm = 1mt
Schnitt I-I
M_I-Linie
Schnitt I-I
$N_A \times k_I$-Linie
Schnitt I-I
M_{k_l}-Linie
Schnitt I-I
M_{k_r}-Linie
Schnitt II-II
M_{II}-Linie
Schnitt II-II
$N_C \times k_{II}$-Linie
Schnitt II-II
M_{k_l}-Linie
Schnitt II-II
M_{k_r}-Linie

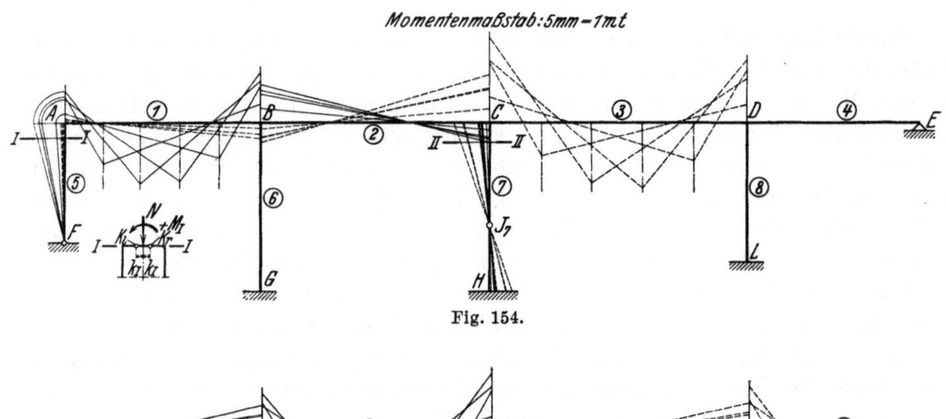

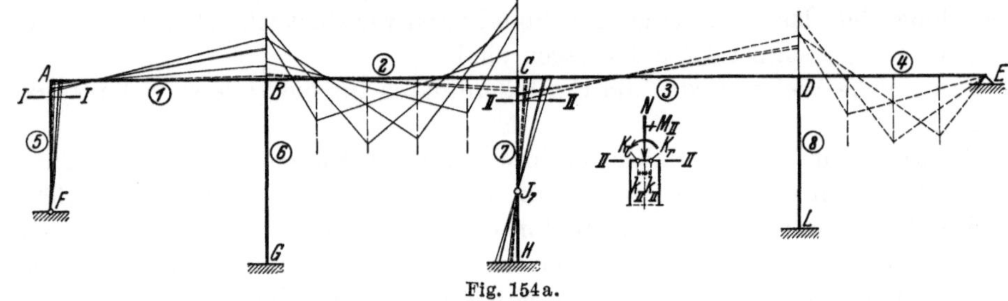

Fig. 154b—l.

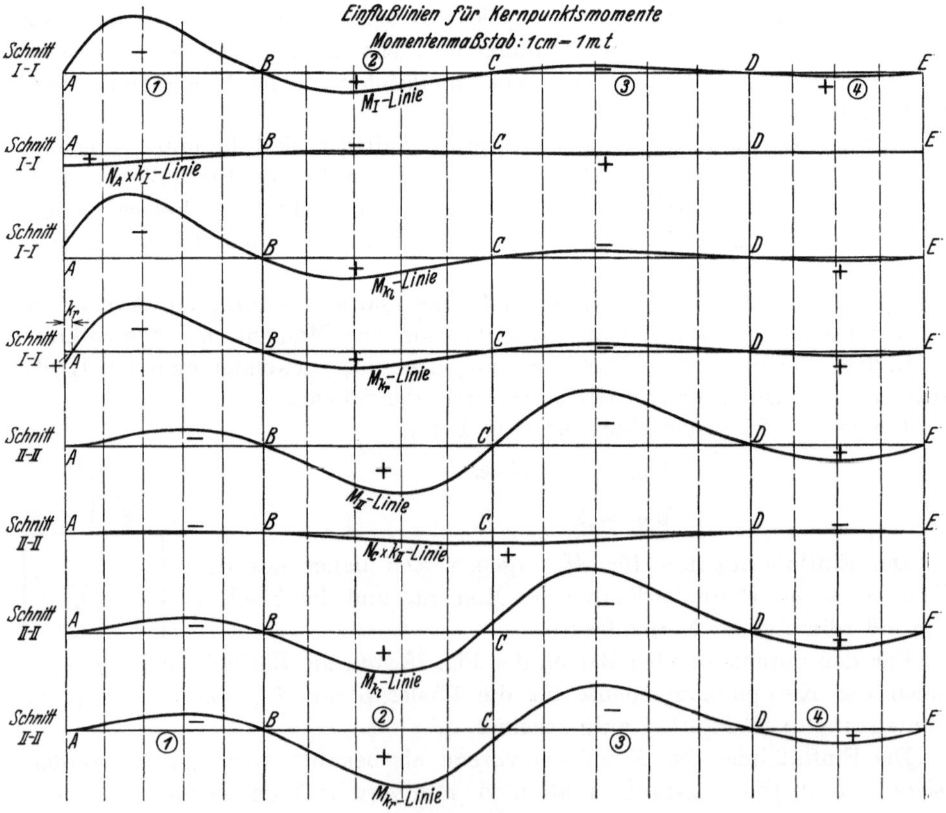

Man trägt (Fig. 154m) den Wert

$$n = \frac{\text{Einheitslänge der Kräfte}}{\text{Einheitslänge der Momente}}$$

im Längenmaßstab auf. Längt man nun auf der Vertikalen in A im Kräfte-
maßstab N ab, und verbindet den
Endpunkt mit B, so schneidet diese
Gerade den gesuchten Wert $N \cdot k$ (im
Momentenmaßstab) auf der Verti-
kalen im Kernpunktsabstand k ab.

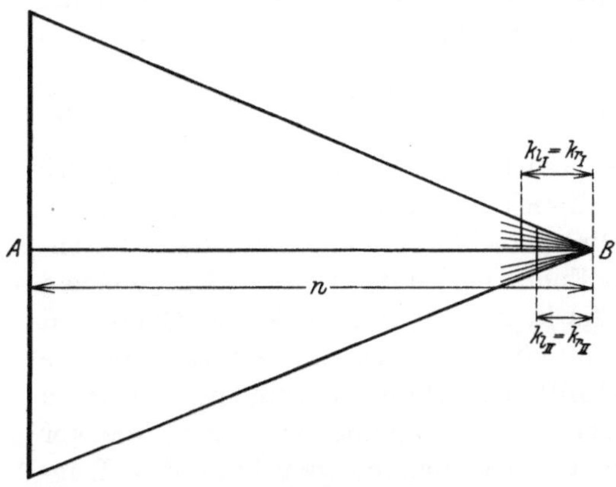

Fig. 154k.

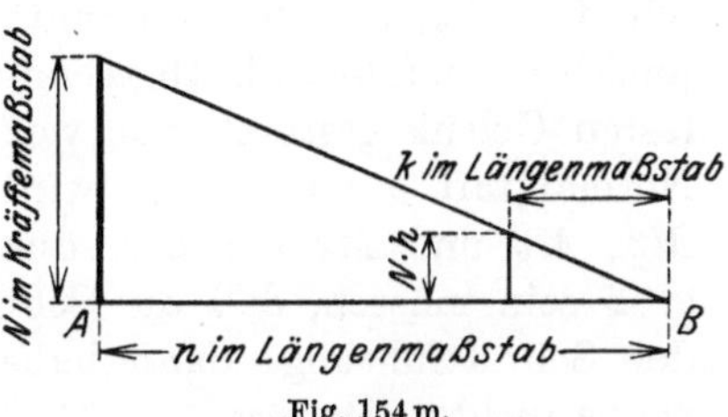

Fig. 154m.

6. Analytische Bestimmung der an einem Knotenpunkt angreifenden Momente infolge beliebiger Belastung des Tragwerks.

Es ist oft wünschenswert, die an einem Knotenpunkt wirkenden Momente,
welche auf Grund der Kreuzlinienabschnitte des belasteten Stabes gefunden

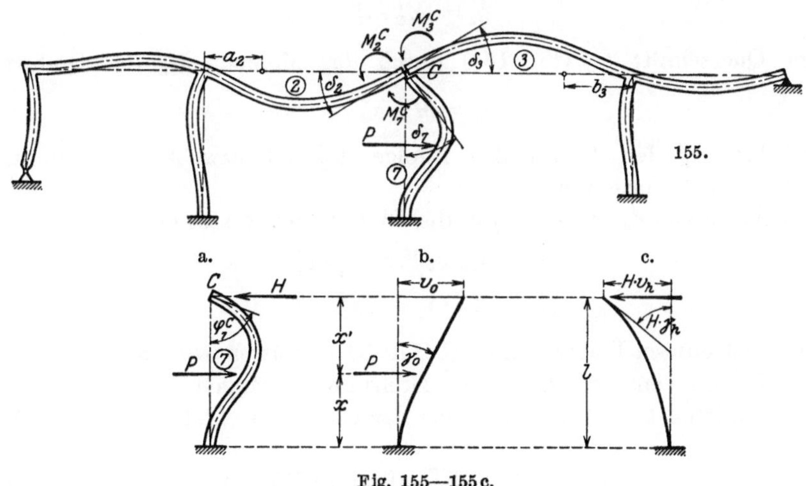

Fig. 155—155 c.

wurden, auf einem anderen Weg zu prüfen, und wir erläutern deshalb im folgenden die Bestimmung dieser Momente ohne Zuhilfenahme der Kreuzlinienabschnitte am belasteten Stab.

Am Tragwerk der Fig. 88

seien die Momente M_2^C, M_3^C und M_7^C zu bestimmen, welche durch die Belastung des Stabes 7, schematisch mit P angenommen, hervorgerufen werden.

Bei dieser Belastung erleidet das Tragwerk die in Fig. 155 dargestellte Formänderung und die Winkel δ_2, δ_3 und δ_7 müssen einander gleich sein, weil die Stäbe in jedem Knotenpunkt biegungsfest miteinander verbunden sind; also muß sein:

$$\delta_7 = \delta_2 \quad \text{und} \quad \delta_7 = \delta_3. \tag{301}$$

Diese Winkel sind nun durch die gesuchten Momente M_2^C, M_3^C und M_7^C auszudrücken. Wir haben zu diesem Zweck je einen Schnitt in den Querschnitten C_2, C_3 und C_7 unmittelbar links, rechts und unterhalb des Knotenpunktes C geführt, die abgeschnittenen Enden der Stäbe 2, 3 und 7 in je einem festen Gelenk gestützt, von welchem die in dem Schnitt wirkende Quer- und Normalkraft aufgenommen wird, und an diesen Stellen die Stützenmomente M_2^C, M_3^C und M_7^C der drei durchgeschnittenen Stäbe angebracht, welche so groß sein müssen, daß die Schnittflächen wieder aufeinander passen wie vor der Schnittführung; dann haben wir an dem Spannungszustand des Tragwerks nichts geändert.

Am Querschnitt C_7 (Pfeilerkopf) entsteht von der äußeren Kraft P allein ein Drehwinkel φ_7^C (Fig. 155a) und von dem Moment M_7^C (Fig. 155) ein Drehwinkel $M_7^C \cdot \tau_7^C$, wenn τ_7^C der Drehwinkel des Querschnittes C_7 infolge $M_7^C = 1$ am unten eingespannten, oben gelenkartig gestützten Stab 7 bedeutet; es ist deshalb:

$$\delta_7 = \varphi_7^C - M_7^C \cdot \tau_7^C.$$

Am Querschnitt C_2 (Fig. 155) entsteht durch das Moment M_2^C der Drehwinkel

$$\delta_2 = M_2^C \cdot \tau_2^C$$

und am Querschnitt C_3 (Fig. 155) durch das Moment M_3^C der Drehwinkel

$$\delta_3 = M_3^C \cdot \tau_3^C,$$

wenn τ_2^C bzw. τ_3^C den Drehwinkel infolge $M_2^C = 1$ bzw. $M_3^C = 1$ im Querschnitt C_2 bzw. C_3 bedeutet.

Diese Werte von δ_2, δ_3 und δ_7 in die Gl. (301) eingesetzt gibt:

$$\varphi_7^C - M_7^C \cdot \tau_7^C = M_2^C \cdot \tau_2^C, \tag{302}$$

$$\varphi_7^C - M_7^C \cdot \tau_7^C = M_3^C \cdot \tau_3^C. \tag{303}$$

Am herausgetrennten Knotenpunkt C (Fig. 88b) müssen wir die Momente M_7^C, M_2^C und M_3^C mit entgegengesetztem Drehsinn anbringen wie in Fig. 155 an den Querschnitten C_7, C_2 und C_3; aus der Gleichgewichtsbedingung $\sum M = 0$ folgt dann:

$$M_7^C = M_2^C + M_3^C \quad \text{(absolute Werte)}. \tag{304}$$

Setzen wir in den Gl. (302) und (303) diesen Wert von M_7^C ein, so erhalten wir:

$$M_2^C \cdot (\tau_7^C + \tau_2^C) + M_3^C \cdot \tau_7^C = \varphi_7^C, \tag{305}$$

$$M_2^C \cdot \tau_7^C + M_3^C (\tau_7^C + \tau_3^C) = \varphi_7^C. \tag{306}$$

Aus Gl. (306) ist

$$M_3^C = \frac{\varphi_7^G - M_2^G \cdot \tau_7^C}{\tau_7^G + \tau_3^C},$$

in Gl. (305) eingesetzt gibt

$$M_2^G (\tau_7^G + \tau_2^G) + \frac{\tau_7^C \cdot \varphi_7^C}{\tau_7^G + \tau_3^C} - \frac{M_2^G \cdot (\tau_7^C)^2}{\tau_7^G + \tau_3^C} = \varphi_7^G$$

oder

$$M_2^C \left(\tau_7^G + \tau_2^G - \frac{(\tau_7^G)^2}{\tau_7^G + \tau_3^G} \right) = \varphi_7^G \left(1 - \frac{\tau_7^G}{\tau_7^G + \tau_3^G} \right),$$

woraus folgt

$$M_2^G = \frac{\varphi_7^G \cdot \tau_3^G}{(\tau_7^G + \tau_2^G)(\tau_7^G + \tau_3^G) - (\tau_7^G)^2}$$

oder

$$M_2^C = + \frac{[\varphi_7^C]}{\tau_2^C + \tau_7^C + \dfrac{\tau_2^C \cdot \tau_7^C}{\tau_3^C}}. \tag{307}$$

Analog erhalten wir

$$M_3^C = - \frac{[\varphi_7^C]}{\tau_3^C + \tau_7^C + \dfrac{\tau_3^C \cdot \tau_7^C}{\tau_2^C}} \tag{308}$$

und aus der Gleichgewichtsbedingung am Knotenpunkt Gl. (304) ist

$$M_7^G = [M_3^G] - [M_2^G]. \tag{309}$$

In den vorstehenden Hauptformeln (307) und (308) ist der (in Klammern gesetzte) von der gegebenen Belastung P abhängige Drehwinkel φ mit seinem Vorzeichen einzuführen, während die nur von den Abmessungen der Konstruktion abhängigen Drehwinkel τ mit ihrem absoluten Werte einzusetzen sind; die Vorzeichen der beiden Momente wurden aus der Anschauung (Fig. 155) bestimmt. In den Klammern der rechten Seite von Gl. (309) sind die beiden Momente mit ihren aus den Formeln (307) und (308) hervorgehenden Vorzeichen einzuführen.

Die in den Hauptformeln (307) und (308) vorkommenden Drehwinkel τ werden nach Kap. II, 5 ermittelt.

Zur Bestimmung des Drehwinkels φ (Fig. 155a) denken wir uns das Gelenklager im Querschnitt C_7 entfernt und an dessen Stelle den von ihm auf das obere Stabende (Pfeilerkopf) ausgeübten waagrechten Auflagerdruck H eingeführt. Am unten eingespannten, frei auskragenden Stab 7 lassen wir nun nacheinander die äußere Belastung P (Fig. 155b) und die waagrechte Kraft H (Fig. 155c) angreifen; hierbei werde am oberen Stabende durch P die Verschiebung v_0 und der Drehwinkel γ_0 hervorgerufen, während durch die Kraft H die Verschiebung $H \cdot v_h$ und der Drehwinkel $H \cdot \gamma_h$ erzeugt wird, wenn v_h und γ_h die Verschiebung und der Drehwinkel des Pfeilerkopfes infolge $H = 1$ bedeutet. H bestimmen wir aus der Bedingung, daß die durch diese Kraft hervorgerufene Verschiebung $H \cdot v_h$ des Pfeilerkopfes die Verschiebung v_0 der äußeren Belastung P rückgängig machen muß; d. h. es muß sein

$$H \cdot v_h + [v_0] = 0,$$

woraus:

$$H = -\frac{[v_0]}{v_h}. \tag{310}$$

Der gesuchte Drehwinkel φ setzt sich jetzt nach den Fig. 155b und 155c wie folgt zusammen:

$$\varphi = H \cdot \gamma_h + [\gamma_0],$$

hierin H aus Gl. (310) eingesetzt gibt:

$$\varphi = [\gamma_0] - [v_0] \cdot \frac{\gamma_h}{v_h}. \tag{311}$$

Diese Gleichung ergibt stets das richtige Vorzeichen von φ, wenn wir darin v_0 und γ_0 mit ihrem Vorzeichen, v_h und γ_h jedoch mit ihrem absoluten Werte einsetzen. Diese Verschiebungen und Drehwinkel ermitteln wir nach den Mohrschen Sätzen III und IV. Es ist bei durchweg konstantem Trägheitsmoment an einem unten fest eingespannten Stabe:

$$\gamma_h = \frac{l^2}{2 \cdot E \cdot J}, \tag{312}$$

$$v_h = \frac{l^3}{3 \cdot E \cdot J} \tag{313}$$

und z. B. für eine Einzellast P im Abstand z vom unteren und z' vom oberen Stabende:

$$\gamma_0 = \frac{P \cdot z^2}{2 \cdot E \cdot J}, \tag{314}$$

$$v_0 = \frac{P \cdot z^2 (2z + 3z')}{6 \cdot E \cdot J}. \tag{315}$$

Man erkennt, daß man bei diesem Verfahren den dem Knotenpunkt mit den gesuchten Momenten benachbarten Festpunktabstand nicht braucht. Auf demselben Wege könnten wir auch bei Balkenbelastung (Fig. 87) z. B. die Momente M_3^C, M_7^C und M_2^C bestimmen.

Hat der Stab 7 (Pfeiler) ein Fußgelenk, so gelten dieselben Hauptformeln (307) und (308), nur haben dann die darin vorkommenden Drehwinkel τ und φ andere, durch die gelenkartige Lagerung am unteren Stabende bedingte Werte. Der Drehwinkel φ ergibt sich dann durch Belasten eines einfachen Balkens auf 2 Stützen mit den gegebenen äußeren Lasten.

Es seien ferner:

Am Tragwerk der Fig. 122

die Momente M_1^B, M_5^B, M_7^B und M_6^B, hervorgerufen durch die Lasten P_1 und P_2' am Stab 6, zu bestimmen.

Bei dieser Belastung erleidet das Tragwerk die in Fig. 156 dargestellte Formänderung und die Winkel δ_6 und δ_{1-5-7} müssen einander gleich sein, d. h.

$$\delta_6 = \delta_1 = \delta_5 = \delta_7. \tag{316}$$

Diese Winkel sind nun zu bestimmen.

Wir haben zu diesem Zweck den belasteten Stab 6 im Querschnitt B_6 (unmittelbar rechts von B) durchgeschnitten und das abgeschnittene linke Ende dieses Stabes durch ein festes Auflager gestützt, von welchem die in dem

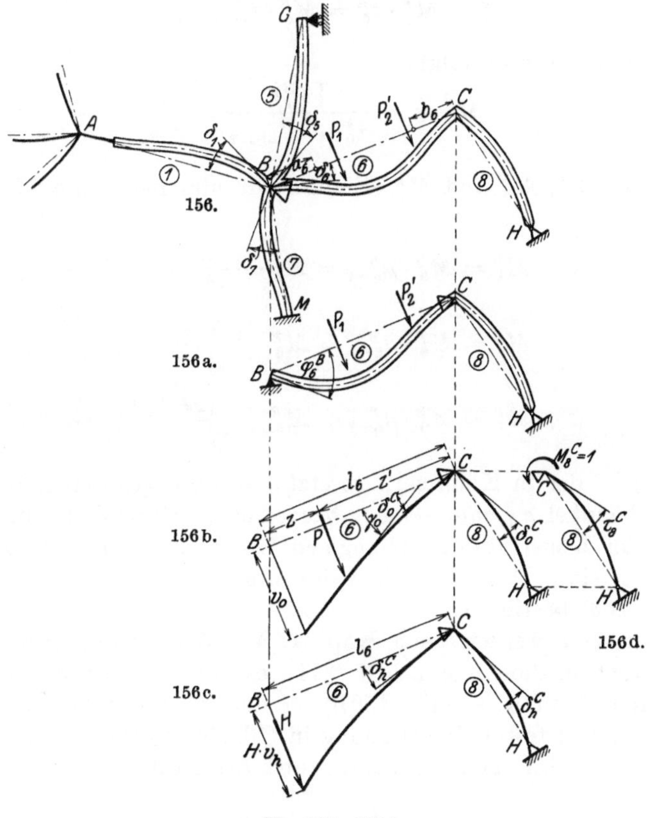

Fig. 156—156 d.

Schnitt wirkende Quer- und Normalkraft aufgenommen wird; wir müssen dann, um den Spannungszustand nicht zu ändern, im Schnitt B_6 des belasteten Stabes das Moment M_6^B und am entsprechenden Schnitt B_6 der übrigen Konstruktion das gleiche, aber entgegengesetzt drehende Moment M_6^B anbringen (Fig. 156).

Am Querschnitt B_6 entsteht nun von der äußeren Last P allein ein Drehwinkel φ_6^B (Fig. 156a) und von dem Moment M_6^B (Fig. 156) ein Drehwinkel $M_B \cdot \tau_6^B$, wenn τ_6^B der Drehwinkel des Querschnittes B_6 infolge $M_6^B = 1$ am einen (rechten) Ende des elastisch eingespannten, am anderen (linken) Ende gelenkartig gestützten Stab 6 bedeutet; es ist deshalb

$$\delta_6 = \varphi_6^B - M_6^B - \tau_6^B.$$

Am Querschnitt B_6 (Fig. 156) des abgeschnittenen Stabwerkes links entsteht durch das Moment M_6^B der Drehwinkel

$$\delta_1 = \delta_5 = \delta_7 = M_6^B \cdot \tau_{1-5-7}^B,$$

wenn τ_{1-5-7}^B nach Fig. 61 der gemeinsame Drehwinkel der biegungsfest miteinander verbundenen Stäbe *1*, *5* und *7* bedeutet.

Diese Werte der Drehwinkel δ in Gl. (316) eingesetzt gibt:

$$\varphi_6^B - M_6^B \cdot \tau_6^B = M_6^B \cdot \tau_{1-5-7}^B, \tag{317}$$

woraus die **Hauptformel** folgt:

$$M_6^B = - \frac{[\varphi_6^B]}{\tau_6^B + \tau_{1-5-7}^B}. \tag{318}$$

Die Momente M_1^B, M_5^B und M_7^B erhalten wir nun nach Kap. II, 4, Gl. (13) bis (15) zu:

$$M_1^B = M_6^B \cdot \mu_{6-1}^B = M_6^B \cdot \frac{\tau_{1-5-7}^B}{\tau_1^B}, \tag{319}$$

$$M_5^B = M_6^B \cdot \mu_{6-5}^B = M_6^B \cdot \frac{\tau_{1-5-7}^B}{\tau_5^B}, \tag{320}$$

$$M_7^B = M_6^B \cdot \mu_{6-7}^B = M_6^B \cdot \frac{\tau_{1-5-7}^B}{\tau_7^B}. \tag{321}$$

In Gl. (318) ist der in Klammern gesetzte, von der gegebenen Belastung P abhängige Drehwinkel φ_6^B mit seinem Vorzeichen, während die nur von den Abmessungen der Konstruktion abhängigen Drehwinkel τ mit ihrem Absolutwert einzusetzen sind. Das Vorzeichen des Momentes M_6^B wurde aus der Anschauung (Fig. 156) bestimmt.

Die Drehwinkel τ werden nach Kap. II, 4 u. 5 ermittelt. Für den Drehwinkel φ gilt auch in diesem Falle Gl. (311), es haben jedoch die in derselben vorkommenden Größen γ_0, v_0 (Fig. 156b), γ_h und v_h (Fig. 156c) andere, durch die elastische (statt feste) Einspannung in C bedingte Werte; es ist z. B. bei durchweg konstantem Trägheitsmoment des Stabes *6*:

$$\gamma_h = \frac{l_6^2}{2 \cdot E \cdot J} + l_6 \cdot \tau_8^C, \tag{322}$$

$$v_h = \frac{l_6^3}{3 \cdot E \cdot J} + l_6^2 \cdot \tau_8^C, \tag{323}$$

(Fig. 156c) und z. B. für eine Einzellast P im Abstand z vom linken und z' vom rechten Ende des Stabes *6*:

$$\gamma_0 = \frac{P \cdot z^2}{2 \cdot E \cdot J} + P \cdot z \cdot \tau_8^C, \tag{324}$$

$$v_0 = \frac{P \cdot z^2 (2z + 3z')}{6 \cdot E \cdot J} + P \cdot z \cdot l_6 \cdot \tau_8^C, \tag{325}$$

wo τ_8^C aus Fig. 156d hervorgeht.

Die Hauptformel (318) gilt ganz allgemein, sie könnte deshalb auch am Tragwerk der Fig. 88, wo in jedem Knotenpunkt höchstens 2 Stäbe „anstoßen", angewendet werden. In diesem Falle (Fig. 155) würden wir zunächst das Moment M_1^G erhalten und die Momente M_2^G und M_3^G darauf mit Hilfe der betreffenden Verteilungsmaße ermitteln.

7. Schlußfolgerungen.

a) Das entwickelte Verfahren zur Bestimmung der Momente ist am festgehaltenen Tragwerk genau dasselbe sowohl am Balken als auch am Pfeiler, sowohl am waagrechten als auch am schiefen Stab.

b) Sind mehrere Stäbe eines Tragwerkes belastet, so bestimmt man die Momentenfläche am ganzen Tragwerk für die Belastung eines jeden Stabes getrennt voneinander und addiert darauf die Momentenordinaten unter Berücksichtigung ihres Vorzeichens.

c) Am festgehaltenen durchlaufenden Balken auf elastisch drehbaren Pfeilern bilden die Schlußlinien der Momentenflächen in den einzelnen Öffnungen nicht mehr, wie beim durchlaufenden Balken mit freier Auflagerung einen geschlossenen Linienzug, sondern das Moment ändert sich sprungweise an den Stützen.

d) Ist am festgehaltenen, durchlaufenden Balken mit elastisch drehbaren Pfeilern nur eine Balkenöffnung belastet, so ist in allen links von dieser Öffnung gelegenen J-Punkten und in allen rechts davon liegenden K-Punkten das Moment gleich Null. Von der belasteten Öffnung ausgehend, nehmen die Stützenmomente nach den beiden Balkenenden hin ihrem absoluten Werte nach ab. Die beiden Stützenmomente der belasteten Öffnung haben gleiches, und die beiden Stützenmomente jeder anderen Öffnung (Balken und Pfeiler) entgegengesetztes Vorzeichen.

e) Am durchlaufenden Balken mit veränderlichem Trägheitsmoment seiner Stäbe bewirkt eine Querschnittszunahme gegen die Auflager eines Stabes eine Entlastung seiner Feldmitte; man wird deshalb besonders bei beschränkter Konstruktionshöhe den Querschnitt gegen die Auflager hin gegebenenfalls stark anwachsen lassen.

f) Am durchlaufenden Balken in biegungsfester Verbindung mit den Pfeilern entlasten die Pfeiler den Balken in Feldmitte; deshalb wird man die Pfeiler besonders dann sehr stark machen, wenn für den Balken nur eine beschränkte Konstruktionshöhe zur Verfügung steht. Ist jedoch genügend Konstruktionshöhe vorhanden, so gibt man den Pfeilern aus wirtschaftlichen Gründen ein möglichst kleines Trägheitsmoment, damit nur geringe Momente auf sie entfallen; denn, je größer die Steifigkeit eines Stabes, desto größer ist seine Aufnahmefähigkeit für Biegungsmomente, und die Steifigkeit eines Stabes wird größer mit wachsendem Trägheitsmoment und abnehmender Länge.

VI. Bestimmung der Querkräfte, Normalkräfte und Auflagerkräfte an einem beliebigen Tragwerk.

An einem biegungsfesten Stabwerk bestimmen wir die Quer- und Normalkräfte rückwärts aus den vorher ermittelten Biegungsmomenten. Aus diesem Grunde bestimmen wir die Quer- und Normalkräfte auf dieselbe Weise sowohl an einem Tragwerk mit einem festen Lager (evtl. vorübergehend gedacht), wodurch seine Knotenpunkte unverschiebbar werden, als auch an einem Tragwerk mit verschiebbaren Knotenpunkten, es muß nur die richtige Momentenfläche zugrunde gelegt werden, d. h. falls das Tragwerk nicht gemäß seiner Ausbildung unverschiebbare Knotenpunkte besitzt, wie z. B. dasjenige der Fig. 158, so müssen zu der nach dem vorhergehenden Kapitel für vorübergehend unverschiebbar gedachte Knotenpunkte ermittelten Momentenfläche noch die Zusatzmomente, herrührend von der wirklichen Verschiebung der Knotenpunkte, hinzugefügt werden. Wir könnten natürlich auch zuerst die Querkräfte für den festgehaltenen Zustand, d. h. auf Grund der Momentenfläche des Rechnungsabschnittes I, dann noch die Zusatzquerkräfte auf Grund der Zusatzmomentenfläche des Rechnungsabschnittes II ermitteln und zum Schluß beide addieren.

1. Querkräfte.

Die Querkraft ist die Resultierende sämtlicher Kräfte (Belastungen und Reaktionen) links von dem betrachteten Stabquerschnitt, und sie wirkt senkrecht zur Stabachse. Am Balken auf 2 Stützen sind die Querkräfte an den Auflagern aus der Gleichgewichtsbedingung ohne weiteres bekannt. Bei statisch unbestimmten Tragwerken reicht jedoch die Gleichgewichtsbedingung zur Bestimmung der Querkräfte an den Stabenden nicht aus, sondern wir erhalten dieselben erst nach Bestimmung der Momentenflächen des betrachteten Stabes.

Nachdem die Momentenfläche am ganzen Tragwerk ermittelt wurde, denken wir uns jeden Stab des Tragwerkes an seinen beiden Enden herausgeschnitten, stützen ihn daselbst in je einem freien Auflager und belasten ihn mit den in den Schnittstellen wirkenden Momenten, d. h. mit den beiden Stützenmomenten des betreffenden Stabes, und zwar mit solchem Drehsinn, daß der Spannungszustand des Stabes unverändert bleibt. Dann erhalten wir die Querkräfte an den Enden jedes Stabes als seine normalen Auflagerdrücke, wenn wir einen belasteten Stab mit der gegebenen Belastung und den bekannten Stützenmomenten und einen unbelasteten Stab nur mit den beiden Stützenmomenten belasten. Nach Ermittlung der beiden Querkräfte an den Enden eines jeden Stabes bestimmen wir die Querkräfte in allen Schnitten bzw. die Querkraftsfläche an allen Stäben eines statisch unbestimmten Tragwerkes genau wie am einfachen Balken als Resultante sämtlicher Kräfte links vom Schnitt.

Die Querkräfte berechnen sich wie folgt:

a) Analytisch.

Wir betrachten das in Fig. 157 dargestellte allgemeine Tragwerk, mit der aus dieser Figur ersichtlichen bekannten Momentenfläche (in vorliegendem Falle für das in B gestützte Tragwerk) am ganzen Tragwerk.

Wir denken uns alle Stäbe durch an ihren beiden Enden geführte Schnitte aus dem Tragwerk herausgetrennt, wie einfache Balken auf 2 Stützen gelagert

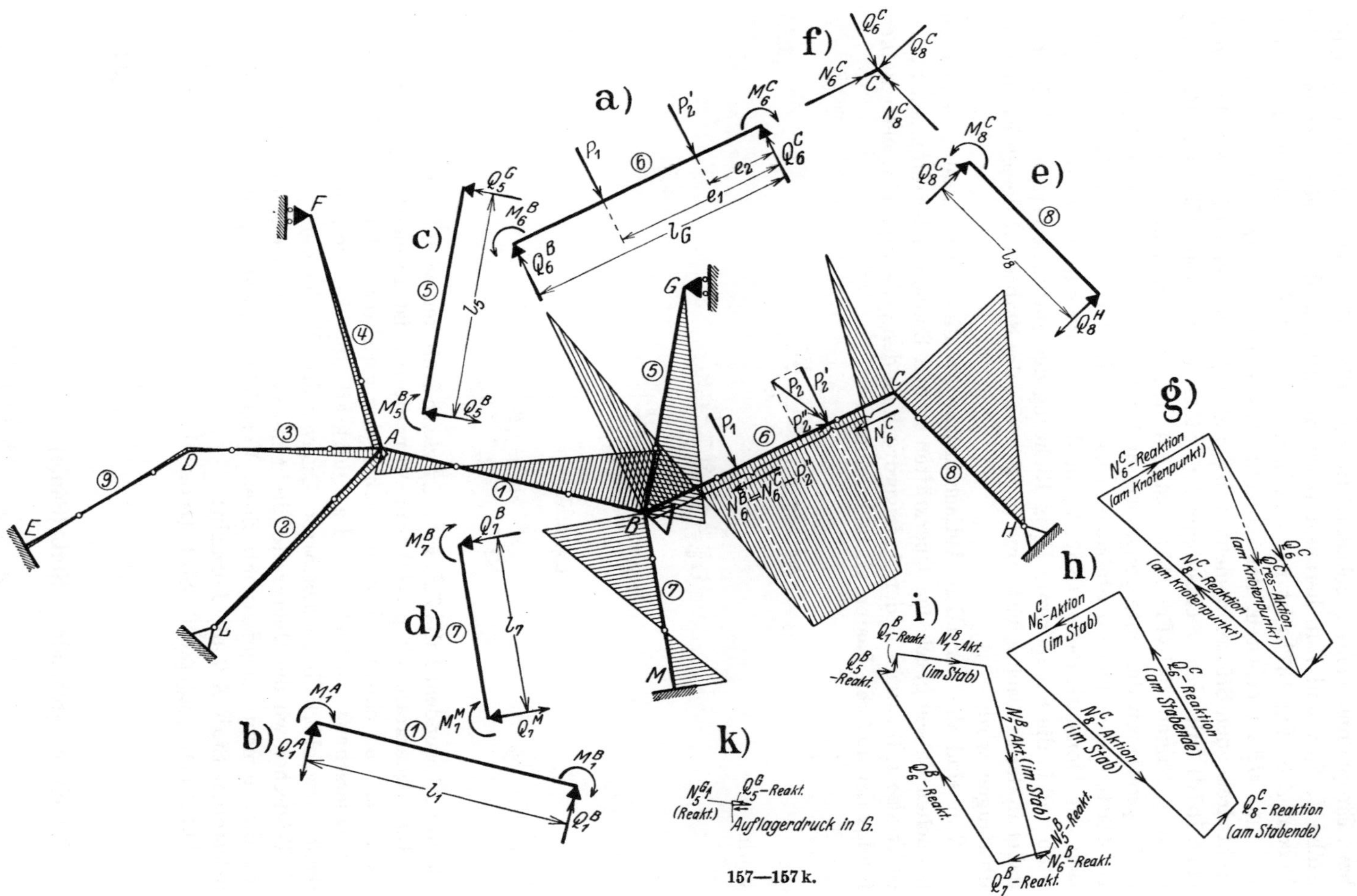

a)
P_1
P_2'
M_6^C
6
e_2
e_1
l_G
Q_6^C
f)
N_6^C
C
Q_6^C
Q_8^C
N_8^C
M_8^C
Q_8^C
e)
8
l_8
Q_8^H
c)
Q_5^G
M_6^B
5
l_5
Q_6^B
Q_5^B
M_5^B
F
4
3
A
D
E
9
2
G
5
P_1
6
P_2
P_2'
P_2''
N_6^C
N_6^B+N_6^C−P_2''
B
8
C
H
h)
Q_7^B
M_7^B
7
d)
7
l_7
M_7^M
Q_7^M
M
b)
M_1^A
Q_1^A
1
l_1
M_1^B
Q_1^B
L
g)
N_6^C-Reaktion
(am Knotenpunkt)
Q_6^C
Q_res-Aktion
N_8^C-Reaktion
(am Knotenpunkt)
N_6^C-Aktion
(im Stab)
Q_6^C-Reaktion
(am Stabende)
N_8^C-Aktion
(im Stab)
Q_8^C-Reaktion
(am Stabende)
i)
Q_7^B-Reakt.
N_7^B-Akt.
(im Stab)
Q_5^B-Reakt.
N_7^B-Akt. (im Stab)
Q_6^B-Reakt.
N_5^B-Reakt.
N_6^B-Reakt.
Q_7^B-Reakt.
k)
N_5^G-Akt.
(Reakt.)
Q_5^G-Reakt.
Auflagerdruck in G.
157—157 k.

und mit den gegebenen äußeren Kräften sowie mit den Stützenmomenten bzw. Einspannmomenten belastet. In den Fig. 157a bis d wurden z. B. die Stäbe *1, 5, 6* und *7* in herausgetrenntem Zustande dargestellt. Der einfache Balken AB (Fig. 157b) ist mit den beiden rechtsdrehenden Stützenmomenten M_1^A und M_1^B zu belasten, der einfache Balken BG (Fig. 157c) mit den beiden rechtsdrehenden Stützenmomenten M_5^B und M_5^G, und der einfache Balken BM (Fig. 157d) mit den rechtsdrehenden Stützenmomenten M_7^B und M_7^M. Der einfache Balken BC (Fig. 157a) ist mit den gegebenen äußeren Kräften P_1 und P_2 sowie mit den entgegengesetzt drehenden Stützenmomenten M_6^B und M_6^C zu belasten; die schief zur Stabachse wirkende Kraft P_2 wurde bei der Konstruktion der Momentenfläche (Kap. V) in die Komponente P_2' rechtwinklig zum Stab und in die Komponente P_2'' in Richtung des Stabes zerlegt, welch' letztere daher in der Stabachse wirkt und in Richtung des Stabes auf dessen Endpunkte übertragen wird.

Nun sind die normalen Auflagerdrücke an diesen so belastet gedachten einfachen Balken gleich den Querkräften an den Enden der betreffenden Stäbe, es ist also z. B., wenn $\mathfrak{Q}$ den Auflagerdruck an den gedachten einfachen Balken infolge der äußeren Lasten allein bedeutet:

$$Q_6^B = \mathfrak{Q}_6^B + \frac{M_6^B - M_6^C}{l_6}, \tag{326}$$

worin

$$\mathfrak{Q}_6^B = \frac{P_1 \cdot e_1 + P_2' \cdot e_2}{l_6},$$

$$\left.\begin{aligned}
Q_1^B &= \frac{M_1^A + M_1^B}{l_1} \\[1ex]
Q_5^B &= \frac{M_5^B}{l_5} \\[1ex]
Q_7^B &= \frac{M_7^B + M_7^M}{l_5}
\end{aligned}\right\} \tag{327}$$

(da in vorliegendem Falle $\mathfrak{Q}_6^B$, $\mathfrak{Q}_5^B$, $\mathfrak{Q}_7^B$ gleich Null, ferner $M_5^G = 0$).

Eine Querkraft mit positivem Vorzeichen ist an einem liegenden Stab nach oben, an einem stehenden nach rechts gerichtet und hat das Bestreben, den Querschnitt, in welchem die Querkraft angreift, von dem unmittelbar rechts bzw. oberhalb benachbarten Querschnitt abzuscheren.

Wünschen wir die Querkräfte direkt mit ihren Vorzeichen zu erhalten, wenn wir die Momente ebenfalls mit ihren Vorzeichen einsetzen, so gelten bei unbelastetem Stab AB die Formeln:

Für einen „liegenden" Stab (Balken):

$$Q^l = \mathfrak{Q} + \frac{[M^r] - [M^l]}{l}. \tag{326a}$$

Für einen „stehenden" Stab (Säule):

$$Q^u = \mathfrak{Q} + \frac{[M^u] - [M^o]}{l}. \tag{327a}$$

b) Graphisch.

Wir betrachten den in Fig. 158 dargestellten durchlaufenden Balken $ABCDE$ auf einer frei drehbaren Stütze und drei biegungsfest mit dem Balken ver-

Fig. 158.

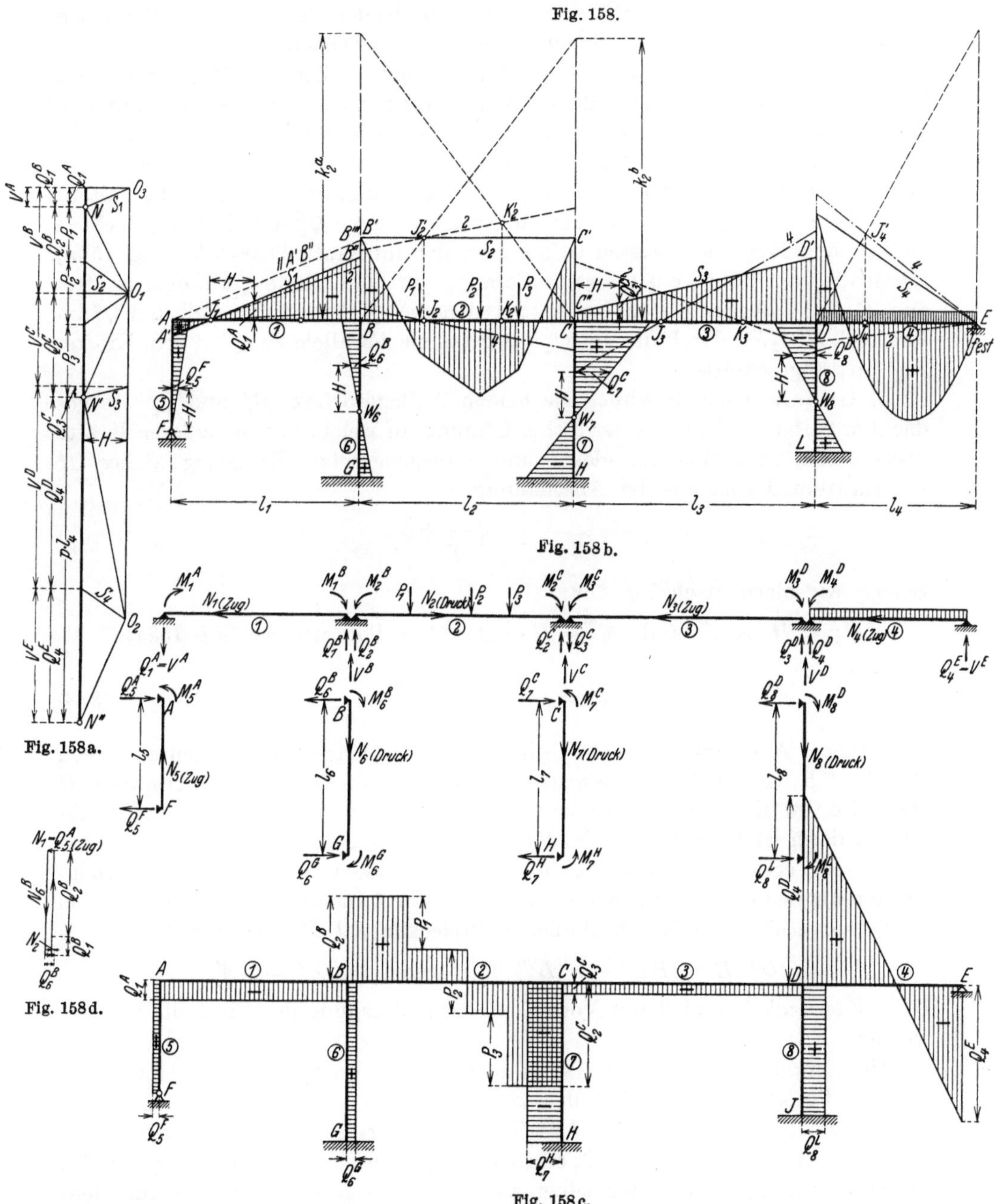

Fig. 158b.

Fig. 158a.

Fig. 158d.

Fig. 158c.

bundenen Pfeilern mit der in dieser Figur eingezeichneten bekannten Momentenfläche am ganzen Tragwerk. Wir nehmen an, die M_0-Flächen dieser Momentenfläche seien mit Hilfe der mit gleicher Polweite H gezeichneten Kraftecke

NO_1N' und $N'O_2N''$ (Fig. 158a) aufgetragen worden. Wurden die Ordinaten der M_0-Flächen rechnerisch ermittelt und unter stillschweigender Annahme einer gewissen Polweite aufgetragen, so zeichnen wir rückwärts ein Krafteck, welches aus der äußeren Belastung und den beiden Endstrahlen (Parallelen zu den Endseiten des die M_0-Fläche begrenzenden Seilecks) besteht.

Nun denken wir uns alle Stäbe, Balken und Pfeiler des Tragwerkes, wie in Fig. 158b dargestellt, in einfache Balken auf 2 Stützen zerlegt und mit den gegebenen äußeren Lasten sowie mit den Stützenmomenten der betreffenden Stäbe belastet. Dann sind die normalen Auflagerdücke an diesen Balken gleich den Querkräften an den Enden der betreffenden Stäbe und werden wie folgt erhalten:

a) Belastete Stäbe: Die beiden Auflagerdrücke Q_2^B und Q_2^C des gedachten einfachen Balkens der zweiten Öffnung werden im Krafteck NO_1N' (Fig. 158a) durch die vom Pol O_1 aus gezogene Parallele zur Schlußlinie s_2 auf dem Kräftezug $P_1P_2P_3$ abgeschnitten; analog werden die Auflagerdrücke Q_4^D und Q_4^E im Krafteck $N'O_2N''$ durch die von O_2 aus gezogene Parallele zu s_4 auf dem Kräftezug $p\cdot l_4$ abgeschnitten.

b) Unbelastete Stäbe: Die beiden Auflagerdrücke Q_1^A und Q_1^B des gedachten einfachen Balkens der ersten Öffnung, in welcher keine äußeren Kräfte vorkommen, sind einander gleich und entgegengesetzt. Es genügt daher Q_1^A zu ermitteln. Es ist aus der Anschauung

$$Q_1^A = -\frac{M_1^A + M_1^B}{l_1}.$$

Setzen wir hierin nach Fig. 158:

$$M_1^A = H \cdot A\,A' \quad \text{und} \quad M_1^B = H \cdot BB'' \quad (H = \text{Polweite der Fig. 158a}),$$

so folgt:

$$Q_1^A = -\frac{H(A\,A' + B\,B'')}{l_1}. \tag{328}$$

Diesen Ausdruck können wir im überschlagenen Momentenviereck $A\,A'\,J_1\,B''\,B$ (Fig. 158) als Strecke ermitteln: Wir ziehen im Abstande H (Polweite, im Kräftemaßstab abzutragen) links oder rechts von J_1 eine Senkrechte; dann ist Q_1^A gleich der im Kräftemaßstab abgegriffenen Strecke, welche auf dieser Vertikalen von der Schlußlinie s_1 und der durch J_1 gehenden Waagrechten abgeschnitten wird; denn, ziehen wir von A aus die Gerade $A\,B''$ parallel zu s_1, so verhält sich in den ähnlichen Dreiecken $B\,J_1\,B''$ und $B\,A\,B''$

$$Q_1^A : H = (B\,B'' + B''\,B''') : l_1, \quad \text{wobei} \quad B''\,B''' = A\,A'.$$

Diese Konstruktion wird mit Vorteil bei der Auftragung der Einflußlinien verwendet.

Auch im Krafteck (Fig. 158a) können wir Q_1^A graphisch ermitteln, indem wir vom Punkte N aus die Parallele zur Schlußlinie s_1 ziehen. Ihr Schnittpunkt mit der Vertikalen im Abstand H ist O_3. Die Waagrechte durch O_3 bestimmt Q_1^A auf der Kraftlinie. Ebenso wird Q_3^C ermittelt. Dadurch ist der Kräftezug (Fig. 158a) so vervollständigt, daß in demselben auch alle Auflagerdrücke des durchlaufenden Balkens gebildet werden können; es ist nämlich

$$V^A = Q_1^A; \qquad V^B = Q_1^B + Q_2^B;$$
$$V^C = Q_2^C - Q_3^C; \qquad V^D = Q_3^D + Q_4^D; \qquad V^E = Q_4^E.$$

Die Querkräfte an Kopf und Fuß der 4 unbelasteten Pfeiler (Stäbe *5, 6, 7, 8*) erhalten wir in genau derselben Weise wie diejenigen der unbelasteten ersten Öffnung. In Fig. 158b wurden die 4 Pfeiler herausgezeichnet. Die Querkräfte an deren Enden können in Fig. 158 im Abstand H von der Balkenachse abgegriffen werden.

In Fig. 158c ist die Querkraftsfläche für die ganze Konstruktion dargestellt, wobei am Balken (liegender Stab) positive Querkräfte nach oben und an den Pfeilern (stehende Stäbe) positive Querkräfte nach rechts aufgetragen wurden. Mit dem Auftragen wurde beim Balken links, und bei den Pfeilern unten angefangen.

c) Grenzwerte.

Die Bestimmung der Querkräfte für ruhende Einzel- und Streckenlasten ist unter a) und b) behandelt.

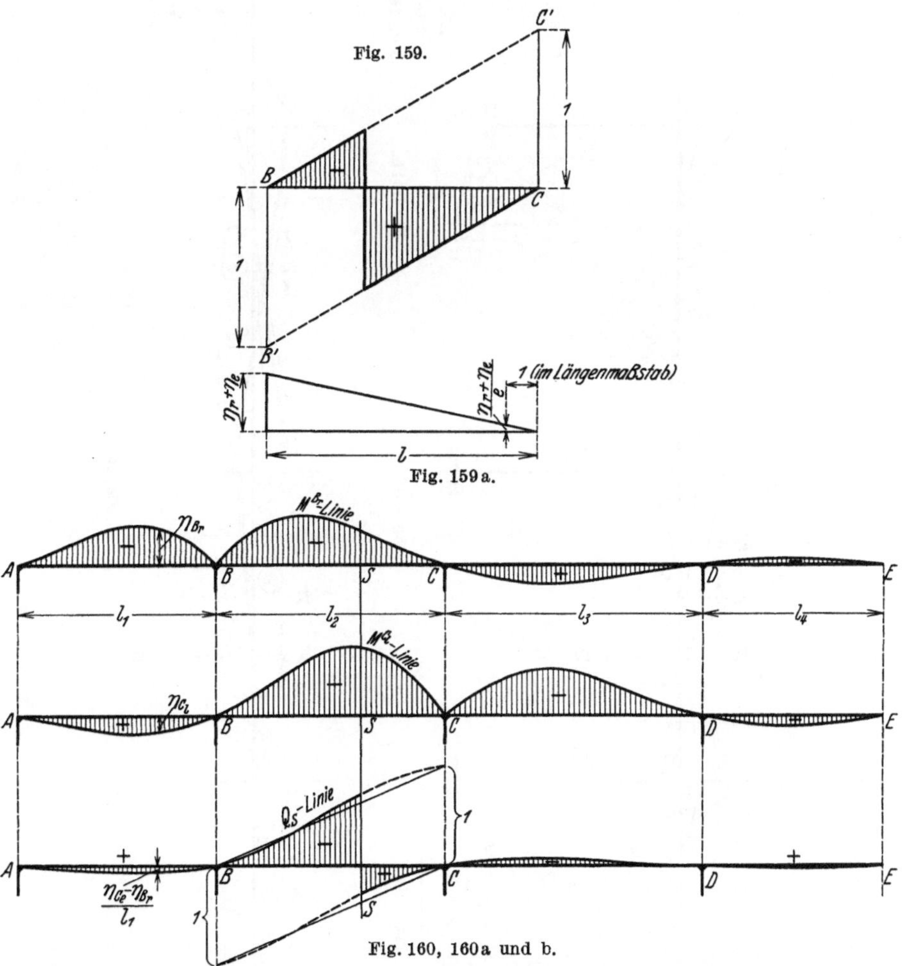

Fig. 159.

Fig. 159a.

Fig. 160, 160a und b.

Sind bewegliche Einzellasten vorhanden, werden analog wie bei den Momenten Einflußlinien verwendet, um die größten positiven, wie negativen Querkräfte zu erhalten.

Die Querkraft in einem beliebigen Schnitt eines elastisch eingespannten Balkens ist (326a)

$$Q^1 = \mathfrak{Q} + \frac{[M^r] - [M^l]}{l}.$$

Man erhält daher die Einflußlinien der Querkräfte nach dieser Beziehung ohne weiteres, wenn diejenigen der bei den Stützenmomente bekannt sind.

Die Einflußlinie für $\mathfrak{Q}$ ist diejenige des einfachen Balkens (Fig. 159). Wählt man als Maßstab für die $\mathfrak{Q}$-Einflußlinie den gleichen wie für die Momenten-

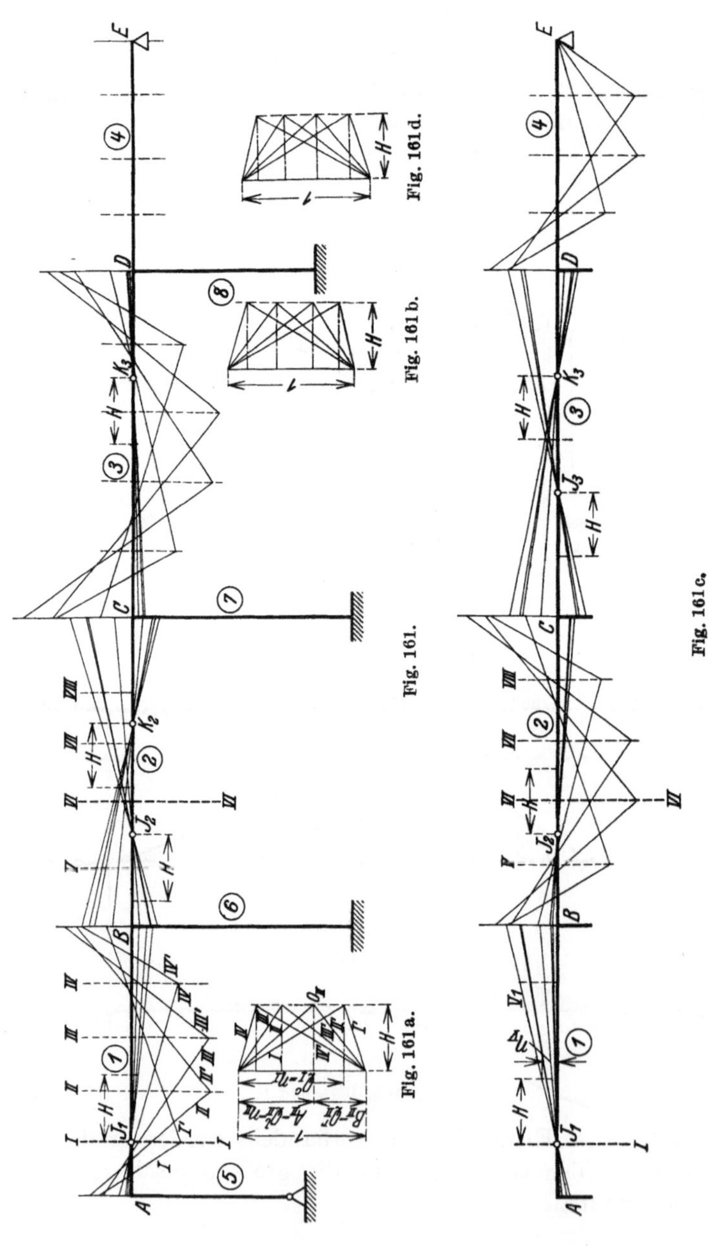

einflußlinien, also z. B. 1 cm = 1 mt = 1 t, so erhält man die Werte $\dfrac{[M^r] - [M^l]}{l}$ auf einfache Weise aus der Reduktionsfigur 159a. Auf der Vertikalen im Abstande l trägt man die mit dem Zirkel aus den Momenteneinflußlinien abgegriffene Summe $\eta_r + \eta_l$ ab. Die Verbindungsgerade des Endpunktes mit dem Nullpunkt schneidet auf der Vertikalen im Abstande 1 den gesuchten Wert $\dfrac{\eta_r - \eta_l}{l}$ ab. Beim kontinuierlichen Rahmen sind für die beiden Stützenmomente M^r und M^l diejenigen zu nehmen, die zu dem betrachteten Felde gehören,

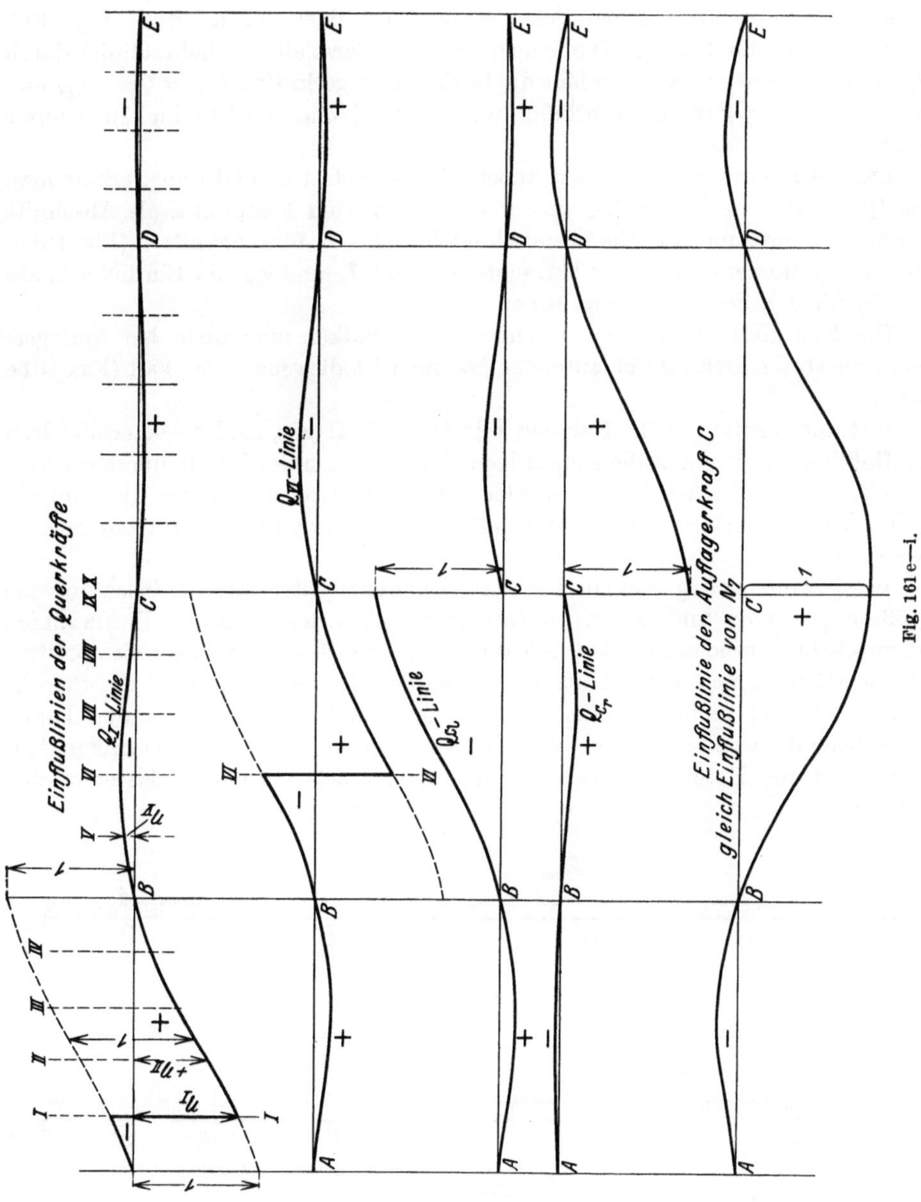

also für Feld *2* (Fig. 160 bis 160b) bei C das linke, bei B das rechte. Die Einflußlinie für die Querkraft in einem Schnitt S des Feldes *2* der Fig. 158 ist in Fig. 160b dargestellt. Die Ordinaten $\dfrac{\eta^{Cl} - \eta^{Br}}{l}$ im Maßstab der Querkraftseinheit zu den $\mathfrak{Q}$-Ordinaten addiert ergeben die Q_S-Linie.

Die Einflußlinien der Querkräfte können auch direkt konstruiert werden, aus den Momentenflächen der wandernden Last $P = 1$ (Fig. 161 bis 161i).

Für einen Schnitt in einem belasteten Feld, z. B. Schnitt *I* in Fig. 161 erhält man $Q_I^r + Q_I^l$ aus dem Krafteck Fig. 161b. Für die Laststellung $P = 1$ über Schnitt *II* sind *II* und *II'* die Seiten der Momentenfläche, wenn der ganze Balken sonst unbelastet ist. Die parallelen Seilstrahlen dazu im Krafteck Fig. 161b schneiden sich im Pol O_{II}. Die Waagrechte (= Parallele zur Schlußlinie) durch O_{II} schneidet auf der Krafteinheit die beiden Auflagerkräfte $A_{II} = Q_2^l = \eta_{II}$ und $B_{II} = Q_{II}^r$ ab. η_{II} ist die Einflußordinate von Q_1^l und wird in Fig. 161e unter Schnitt *II* abgetragen.

Liegt der betrachtete Schnitt außerhalb der belasteten Öffnung, erhält man die Querkraft wie in Fig. 158 in der Distanz H vom Festpunkt, als Abschnitt der Momentenfläche. Für die Laststellung $P = 1$ z. B. über Schnitt *V* (Fig. 161c) ist V_1 die Momentenlinie im betrachteten Feld *1*, und η_V die Einflußordinate von Q_I^l für den Schnitt *V* (Fig. 161e).

Die Einflußlinien für den durchlaufenden Balken sind über den Auflagerpunkten stetig. Beim durchlaufenden Rahmen ist dies nicht der Fall (Fig. 161e bis i).

Hat der kontinuierliche Rahmen kein festes Auflager, sind die so ermittelten Einflußlinien noch nicht die endgültigen. Es muß noch der Zusatz durch die Verschiebungskraft berücksichtigt werden. Meistens wird man dann die Einflußlinien der Querkräfte aus den Einflußlinien der endgültigen Stützenmomente bestimmen.

Bei **gleichmäßig verteilter Verkehrslast** gibt Streckenbelastung die größten positiven und negativen Querkräfte. Aus der Form der Einflußlinien ist ersichtlich, welche Strecken belastet werden müssen. Um die größte positive Querkraft für einen Feldschnitt F zu erhalten, ist nach Fig. 161f die Strecke von F bis zum rechten Auflager zu belasten und die anschließenden Felder abwechselnd zu entlasten und belasten. Die Strecke von F bis zum linken Auflager muß unbelastet, die anschließenden Felder belastet und entlastet werden (Fig. 162).

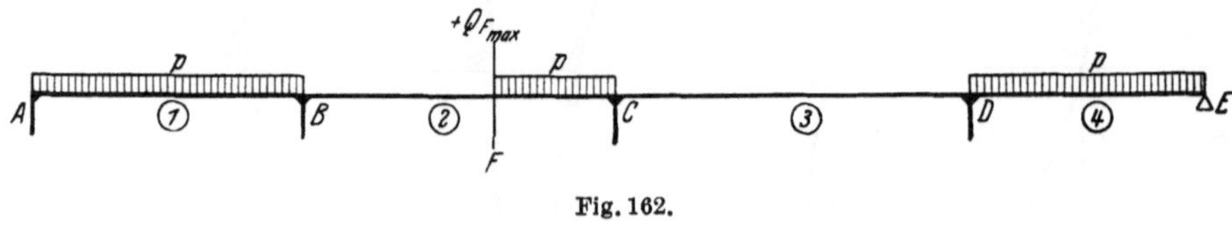

Fig. 162.

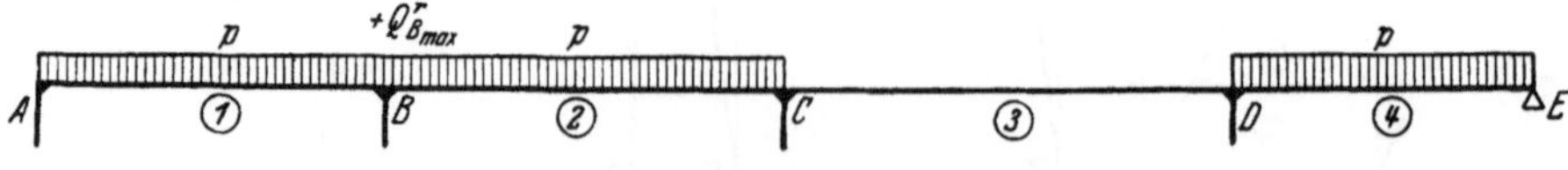

Fig. 162a.

2. Normalkräfte.

Die Normalkräfte wirken in Richtung der Stabachse und sind in unbelasteten (und gewichtslosen) Stäben auf deren ganzen Länge konstant. Da an jedem Knotenpunkt eines biegungsfesten Stabwerkes nicht nur zwischen den Momenten einerseits, sondern auch zwischen den Quer- und Normalkräften anderseits Gleichgewicht bestehen muß, so erhalten wir die Normalkräfte nach Bestimmung der Querkräfte dadurch, daß an jedem Knotenpunkt die Querkräfte der dort zusammentreffenden Stäbe zu einer Resultierenden $Q_{res.}$ zusammengesetzt werden, und letztere dann nach den sich in diesem Knotenpunkt schneidenden Stabrichtungen zerlegt wird. Die Knotenpunkte des Tragwerkes können festgehalten oder verschiebbar sein, die Normalkräfte richten sich nur nach den aus der entsprechenden Momentenfläche ermittelten Querkräften.

Betrachten wir z. B. den herausgetrennt gedachten Knotenpunkt C (Fig. 157f) des

Tragwerkes mit beliebig gerichteten Stäben

der Fig. 157 mit der gegebenen Momentenfläche (in vorliegendem Falle für das in B gestützte Tragwerk). An diesem greifen die Querkräfte Q_6^C und Q_8^C in umgekehrter Richtung (als „Aktionen") wie an den herausgeschnitten gedachten Stäben an, und die Normalkräfte N_6^C und N_8^C, welche sich durch Zusammensetzen von Q_6^C und Q_8^C zu $Q_{res.}^C$ und Zerlegen der letzteren nach den Richtungen der Stäbe 6 und 8 ergeben, halten den durch die „Aktion" $Q_{res.}^C$ belasteten Knotenpunkt im Gleichgewicht. Die Kräftezusammensetzung und -zerlegung ist in Fig. 157g vorgenommen. Die in den Stäben 6 und 8 wirkenden Normalkräfte sind „Aktionen" und den am Knotenpunkt angebrachten Normalkräften entgegengesetzt gerichtet.

In praxi tragen wir nun aber zweckmäßig die Querkräfte so auf, wie wir sie am Stabende ermittelt haben (als „Reaktionen"), welche dann mit den in den Stäben wirkenden Normalkräften N_6^C und N_8^C („Aktionen") im Gleichgewicht stehen, so daß die Pfeilrichtung der Kräfte $Q_{res.}^C$, N_6^C und N_8^C im Kräfteplan ebenfalls geschlossen ist (siehe Fig. 157h).

Um die Normalkräfte in den Stäben 1, 5, 6 und 7, welche im Knotenpunkt B vereinigt sind, zu erhalten, setzen wir die sich in diesem Punkte schneidenden Querkräfte Q_1^B, Q_5^B, Q_6^B und Q_7^B zusammen (Fig. 157i). Nun sollten wir $Q_{res.}^B$ in die Richtungen der Stäbe 1, 5, 6 und 7 zerlegen, was jedoch nicht möglich ist, da wir eine Kraft in der Ebene nur in zwei sich auf dieser Kraft schneidende Richtungen zerlegen können. Wir müssen deshalb zwei von den vier in B zusammenstoßenden Normalkräften auf andere Weise ermitteln, was uns bei denjenigen der Stäbe 5 und 6 möglich ist. Die Normalkraft N_6^B erhalten wir aus der mit Hilfe von Fig. 157h ermittelten Normalkraft N_6^C, wenn wir von N_6^C die in die Richtung des Stabes 6 fallende Komponente P_2'' der Belastung P_2 abziehen. N_5^C erhalten wir durch Zerlegung von Q_5^C in die Richtungen des Stabes 5 und der Auflagervertikalen (Fig. 157h). Nun können wir die 2 noch fehlenden Normalkräfte N_1^B und N_7^B bestimmen, indem wir im Kräfteplan der Fig. 157i die „Reaktionen" der Normalkräfte N_6^B und N_5^C mit den Querkräften zusammensetzen und die daraus hervorgehende Resultierende nach den Stabrichtungen 1 und 7 zerlegen, und zum Schluß dafür sorgen, daß die Pfeilrichtung der 2 Normalkräfte mit derjenigen der Querkräfte geschlossen ist.

Um die Normalkräfte in den im Knotenpunkt A verbundenen Stäben zu erhalten, gehen wir analog vor. Wir bestimmen zunächst N_3^D; es ist dann $N_3^A = N_3^D$. N_4^F wird aus Q_4^F gefunden wie N_5^G aus Q_5^G. Durch Zusammensetzen von $Q_{res.}^A$ mit den „Reaktionen" der Normalkräfte N_3^A und N_4^A und Zerlegen der hieraus hervorgehenden Resultierenden nach den Stabrichtungen 1 und 2 erhalten wir noch N_1^A und N_2^A. Als Probe besteht am frei verschiebbaren Tragwerk die Bedingung $N_1^A = N_1^B$ und am unverschiebbar festgehaltenen Tragwerk die Bedingung: $N_1^A = N_1^B - F$.

Wir ersehen daraus, daß man bei der Bestimmung der Normalkräfte von denjenigen Knotenpunkten ausgehen muß, in welchen sich nicht mehr als 2 Stäbe vereinigen.

An einem

Tragwerk mit rechtwinklig aufeinanderstehenden Stäben,
wie z. B. an demjenigen der Fig. 158, brauchen wir (an den Knotenpunkten ABC und D) die Querkräfte der senkrecht aufeinanderstehenden Stäbe nicht zuerst zu $Q_{res.}$ zusammenzusetzen und dann wieder in dieselben Richtungen zu zerlegen. Anstatt z. B. $Q_{res.}^A$ (Resultierende aus Q_1^A und Q_5^A) in die Richtungen der Stäbe 1 und 5 zu zerlegen, können wir es auch mit den einzelnen Querkräften Q_1^A und Q_5^A vor deren Zusammensetzung zu $Q_{res.}^A$ tun; wir sehen dann, daß Q_1^A ganz in die Richtung des Stabes 5 und Q_5^A ganz in diejenige des Stabes 1 fällt. Dasselbe gilt vom Knotenpunkt B. Auch hier wird man, statt zuerst $Q_{res.}^B$ wie in Fig. 158d zu konstruieren, die einzelnen Querkräfte direkt in die dazu senkrechten Stabrichtungen zerlegen. Am herausgetrennten Knotenpunkt muß die Summe der horizontalen und der vertikalen Kräfte gleich Null sein. Also erhält man die Normalkraft im gewichtslosen Stab 6 aus der Gleichung $N_6 + Q_1^B + Q_2^B = 0$ und diejenige im Stab 2 aus der Gleichung

$$N_2 + N_1 + Q_6^B = 0.$$

N_1 ist der von der Säule auf den Balken übertragene Horizontalschub.

Die Einflußlinie für die Normalkraft eines Pfeilers erhält man durch graphische Addition der Einflußlinien für die Querkräfte in den anschließenden Balken beim Stützenquerschnitt. Die Einflußordinaten für N_7 ergeben sich daher als Summe der Einflußordinaten von Q_2^B und Q_3^B (Fig. 161i). Die Einflußlinie von N_1 ist gleich derjenigen von Q_1^A.

Die Einflußlinie für den Auflagerdruck einer Stütze hat die Form derjenigen Biegelinie des Balkens, die entsteht, wenn die betreffende Stütze fehlt.

3. Fundamentkräfte.

Wir kennen jetzt die auf das Fundament eines Stabes wirkenden Kräfte.

a) Feste Einspannung im Fundament (Fig. 163).

Auf das Fundament wird übertragen (siehe Fig. 163a): das Einspannmoment M_6^G (mit entgegengesetztem Drehsinn wie in Fig. 158), die Normalkraft N_6^G, ferner die Querkraft Q_6^G (als „Aktion", also in entgegengesetzter Richtung wie in Fig. 158b).

Bilden wir die Resultante R aus diesen Kräften einschließlich dem Gewicht G des Fundamentkörpers (Fig. 163b), so erhalten wir die auf der Fundamentsohle wirkende Resultierende; die Resultante R' der Kräfte N_6^G und Q_6^G wird durch das Moment M_6^G parallel verschoben, und zwar um

$$r = \frac{M_6^G}{R'}.$$

Als Kontrolle muß sich ergeben, daß R' durch den Momentennullpunkt W des Stabes hindurchgeht.

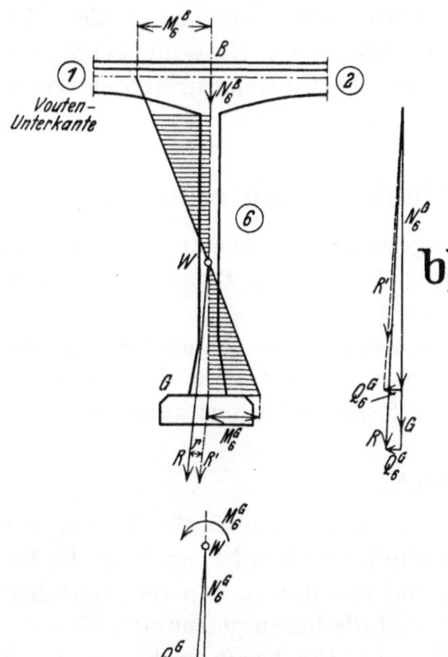

Fig. 163, 163a und b.

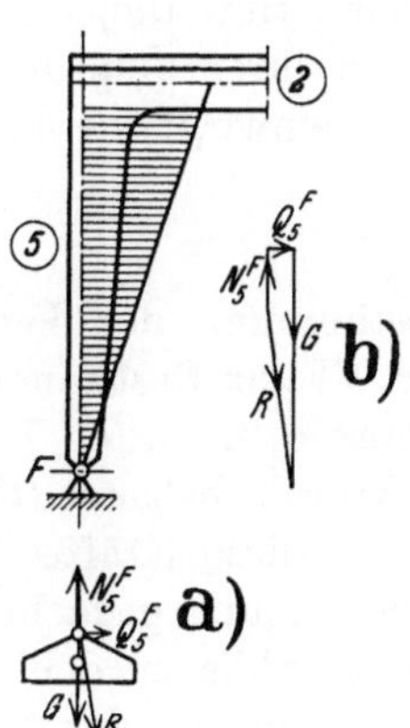

Fig. 164, 164a und b.

b) Gelenkartige Lagerung auf dem Fundament (Fig. 164).

Auf das Fundament wird in diesem Falle übertragen (Fig. 164a): Die Normalkraft N_5^F und die Querkraft Q_5^F (als „Aktion"). Bilden wir die Resultante aus diesen Kräften einschließlich dem Gewicht G des Fundamentkörpers (Fig. 164b), so erhalten wir die auf die Fundamentsohle wirkende Resultierende R.

VII. Bestimmung der Festhaltungskraft.

Diejenige innere Kraft, welche in der Lage ist, ein einstöckiges Tragwerk oder an einem mehrstöckigen Tragwerk ein Stockwerk desselben, unverschiebbar festzuhalten, oder das Tragwerk, falls es sich verschoben hatte, in die ursprüngliche Lage zurückzuverschieben, nennen wir die Festhaltungskraft („Reaktion").

An einem Tragwerk mit durch die Konstruktion (von Haus aus) bedingten unverschiebbaren Knotenpunkten (siehe z. B. Fig. 76) tritt in dem festen Lager die Festhaltungskraft (Auflagerreaktion) auf, deren Größe wir dort zur Berechnung der erforderlichen Verankerung der Konstruktion in dem festen Lager benötigen.

An einem Tragwerk (ein- oder mehrstöckig) mit durch gedachte Lager bedingten unverschiebbaren Knotenpunkten tritt in diesen Lagern ebenfalls je eine Festhaltungskraft auf, welche wir in umgekehrter Richtung wirkend, nämlich als Verschiebungskraft, zur Berechnung der Zusätze zu den inneren Kräften für den festgehaltenen Zustand benötigen; aus letzterem Grunde fällt der Bestimmung der Festhaltungskraft eine große Wichtigkeit zu.

1. Einstöckiger Rahmen mit beliebig gerichteten Stäben.

Alle Knotenpunkte des in Fig. 165 dargestellten allgemeinen Tragwerks sind unverschiebbar vorausgesetzt, und die in genannter Figur eingetragene Momentenfläche bezieht sich auf diesen Zustand.

Wir suchen nun diejenige innere Kraft, welche die Knotenpunkte des Tragwerkes in ihrer ursprünglichen Lage (wenn keine äußere Belastung auf das Tragwerk einwirkt) gerade unverschiebbar festzuhalten imstande ist.

a) Erste Lösung.

Zur Bestimmung der Festhaltungskraft denken wir uns alle Stäbe, wie dies in Kap. VI zur Bestimmung der Querkräfte geschehen ist, an ihren Enden durchgeschnitten, in festen Lagern gestützt und mit den in den Schnittstellen wirkenden Kräften belastet (Fig. 165a bis e). Auf die herausgetrennten Knotenpunkte wirken diese Kräfte dann als „Aktionen". Die Kraft, welche also auf einen herausgetrennt gedachten Knotenpunkt einwirkt, setzt sich zusammen aus den rechtwinklig zu den Stäben wirkenden „Aktionen" der Querkräfte, gewonnen aus der für das vorübergehend unverschiebbar gedachte Tragwerk ermittelten Momentenfläche (Rechnungsabschnitt I) und den in Richtung der Stäbe wirkenden Komponenten („Aktionen") von schief zur Stabachse angreifenden äußeren Lasten.

Auf den herausgetrennt gedachten Knotenpunkt C (Fig. 165f) wirkt die Resultierende Q_{res}^C der „Aktionen" der beiden Querkräfte Q_6^C und Q_8^C. Die Kraft, welche diesen Knotenpunkt unter Einwirkung der genannten Kräfte in Ruhe hält, ist die Reaktion von Q_{res}^C, welche durch ihre beiden Komponenten N_6^C und N_8^C („Reaktionen") auf den Knotenpunkt wirkt und denselben im Gleichgewicht hält. Die Komponenten N_6^C und N_8^C sind nichts anderes als die Normalkräfte am festgehaltenen Tragwerk. Die Kräftezusammensetzung und -zerlegung wurde in Fig. 165g vorgenommen.

Da die äußere Last P_2 schief zur Stabrichtung angreift, so liefert dieselbe eine Komponente P_2'' in Richtung des Stabes 6, welche auf die an seinen beiden Enden liegenden Knotenpunkte übertragen wird. Die Anteile von P_2'', welche hierbei auf die Knotenpunkte B und C entfallen, stehen im gleichen Verhältnis zueinander wie die an diesen beiden Knotenpunkten ermittelten Querkräfte; wir erhalten diese Anteile dadurch, daß wir (siehe Fig. 165a) die beiden Querkräfte Q_6^B und Q_6^C (als „Aktionen") auftragen und durch den einen Endpunkt derselben eine Parallele zu P_2 ziehen, worauf die Anteile L_6^B und L_6^C von P_2'' auf der Parallelen zur Stabachse durch den anderen Endpunkt abgeschnitten werden. Wir brauchen jedoch diese Verteilung von P_2'' in den meisten Fällen nicht vorzunehmen, sondern berücksichtigen P_2'' getrennt als unzerlegte Kraft, wie dies aus dem folgenden hervorgeht.

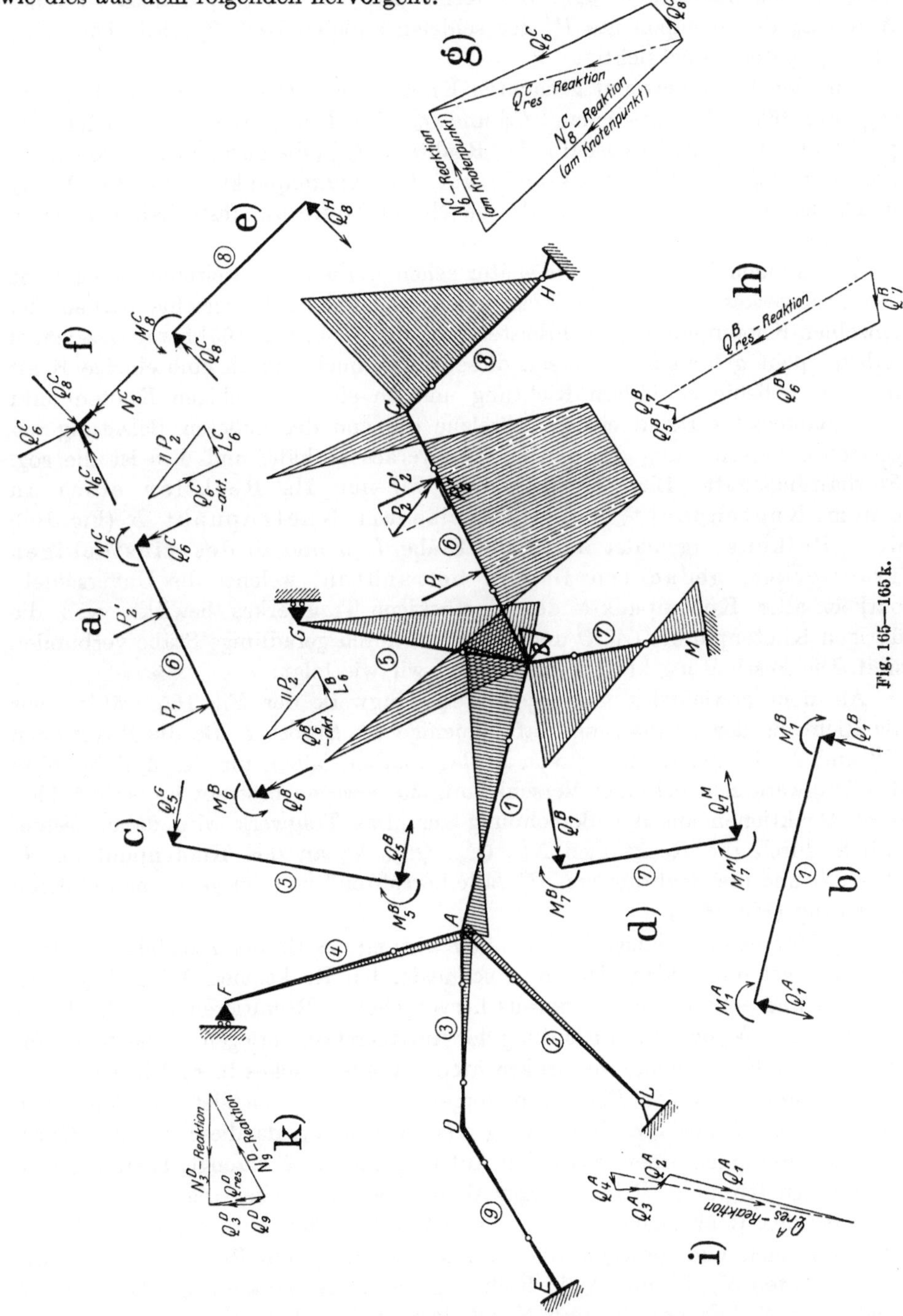

Auf den herausgetrennt gedachten Knotenpunkt B wirkt die Resultierende Q_{res}^B (Fig. 165h) der „Aktionen" der Querkräfte Q_1^B, Q_5^B, Q_6^B und Q_7^B. Die Kraft, welche diesen Knotenpunkt unter Einwirkung der genannten Kräfte in Ruhe hält, ist die „Reaktion" Q_{res}^B. Der ferner auf den Knotenpunkt B wirkende Anteil L_6^B der Komponente P_2'' der schiefen äußeren Last P_2 wird gleichzeitig mit L_6^C später berücksichtigt.

Auf den herausgetrennt gedachten Knotenpunkt D wirkt die Resultierende Q_{res}^D (Fig. 165k) der „Aktionen" Q_3^D und Q_9^D. Die Kraft, welche diesen Knotenpunkt in Ruhe hält, ist deshalb die „Reaktion" Q_{res}^D, die durch ihre beiden Komponenten N_3^D und N_9^D („Reaktion") auf den Knotenpunkt wirkt (Fig. 165k), welch letztere nichts anderes als die Normalkräfte am festgehaltenen Tragwerk sind.

Wir können jedoch, wie wir später sehen werden, zur weiteren Berechnung des Tragwerkes diese vielen Reaktionen, welche die Unverschiebbarkeit der einzelnen Knotenpunkte gewährleisten, und die wir in Fig. 165l herausgezeichnet haben, nicht gebrauchen, müssen dieselben vielmehr durch eine einzige Kraft in einer beliebig gewählten Richtung und an einem beliebigen Knotenpunkt des „Balkens" wirkend ersetzen, welche die von der äußeren Belastung angestrebte Verschiebung des ganzen Tragwerkes aufhält, und dies ist die sog. Festhaltungskraft. Diese Kraft können wir nun als Reaktion eines an einem Knotenpunkt, beispielsweise am Knotenpunkt B (Fig. 165) des „Balkens" (gebildet durch die Stäbe *1*, *3* und *6*) des einstöckigen Tragwerkes, gedachten Lagers betrachten, welches die Unverschiebbarkeit aller Knotenpunkte des einstöckigen Tragwerkes bewirkt, weil die übrigen Knotenpunkte (A, C und D) mit B durch geradlinige Stäbe verbunden sind. Die Festhaltungskraft F bestimmen wir wie folgt:

An dem gewichtslos vorausgesetzten Tragwerk der Fig. 165 wählen wir als Richtung der Festhaltungskraft diejenige des Stabes *1*. Da die Reaktionen N_9^D und N_8^C in die Richtung von Auflagerstäben fallen, um deren Fußpunkte das Tragwerk sich bei einer Verschiebung zu bewegen bestrebt ist, so scheiden diese Reaktionen aus der Berechnung aus. Das Tragwerk wird daher festgehalten durch die Reaktionen N_3^D, Q_{res}^A, Q_{res}^B, N_6^C an den Knotenpunkten A, B, C, D und die Reaktion von P_2'', alle herrührend von der gegebenen äußeren Belastung (Fig. 165l).

Um hieraus eine einzige Kraft F in Richtung des Stabes *1* zu bilden, setzen wir zunächst die beiden sich in A schneidenden Reaktionen N_3^D und Q_{res}^A zusammen und sollten nun die daraus hervorgehende Resultierende in die Komponenten N_2, N_1 und N_4 in Richtung der Auflagerstäbe zerlegen. N_4 ist bestimmt (S. 144) als Komponente des senkrechten Auflagerdruckes in F. Die Zerlegung von Q_{res}^A und N_3 ist in Fig. 165m vorgenommen. N_2 scheidet aus demselben Grunde wie N_9^D aus der Berechnung aus, ebenso N_4, da diese mit der Querkraft Q_4^F zusammen einen vertikalen Auflagerdruck in F erzeugt. Hierauf gehen wir am Knotenpunkt B in analoger Weise vor. Wir setzen die drei sich in B schneidenden Reaktionen N_1 (von Knotenpunkt A herrührend), N_6^C, P_2'' und Q_{res}^B zusammen und zerlegen die daraus hervorgehende Resultierende in die Komponenten N_7, N_1 und N_5 in Richtung der Auflagerstäbe (Fig. 166n). N_5 ist wieder wie N_4 bekannt. N_7 und N_5 scheiden aus der Berrechnung aus, und die allein übrigbleibende Komponente in Richtung des Stabes *1* ist gleich der gesuchten Festhaltungskraft F, welche als einzige Kraft das Tragwerk ebenso in Ruhe hält, wie es vorher die Knotenpunktsreaktionen der Fig. 165l getan haben.

Die Kräftepläne der Fig. 165i und 165m einerseits und die Kräftepläne der Fig. 165h und 165n anderseits vereinigen wir zweckmäßig in eine Figur

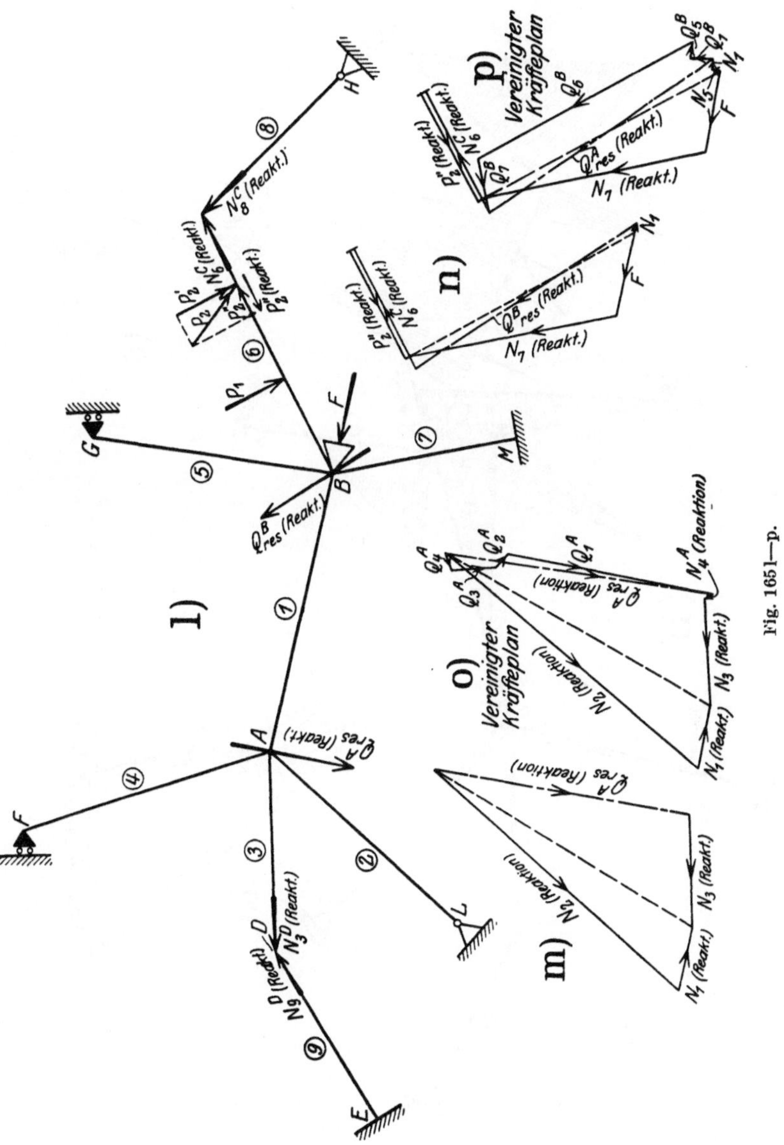

Fig. 165l—p.

und tragen die Querkräfte Q als Reaktionen auf (als welche wir sie an den Stabenden ermitteln); aus den Fig. 165o und 165p sind diese vereinigten Kräftepläne ersichtlich, die wir in unseren Beispielen immer verwenden.

b) Zweite Lösung.

Wie schon unter a) erwähnt, können wir die während Rechnungsabschnitt I vorausgesetzte Unverschiebbarkeit aller Knotenpunkte des einstöckigen Tragwerkes der Fig. 165 durch Anbringen eines festen Lagers am Knotenpunkt B zustande gebracht denken, wodurch Stab 1 und damit wegen der geradlinigen

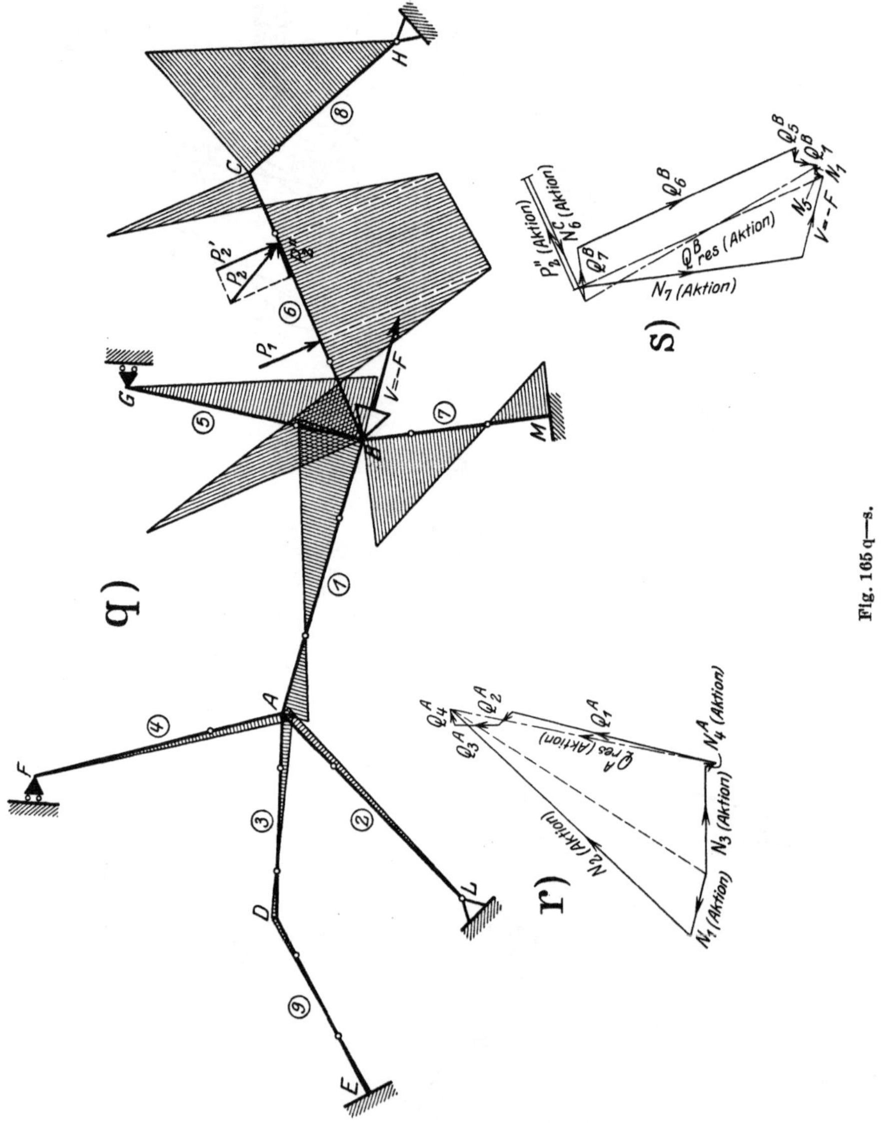

Fig. 165 q—s.

Stabverbindungen alle Knotenpunkte unverschiebbar festgehalten sind. Wir können darauf diejenige Kraft bestimmen, welche den Knotenpunkt B und damit alle übrigen Knotenpunkte des Tragwerkes zu verschieben bestrebt ist, und die wir als die sog. Verschiebungskraft („Aktion") bezeichnen; die Festhaltungskraft ist dann die Reaktion davon.

Um die Verschiebungskraft am Knotenpunkt B des Tragwerkes der Fig. 165q zu ermitteln, denken wir uns alle Knotenpunkte herausgetrennt und mit den Schnittkräften belastet. Auf den Knotenpunkt A werden dann übertragen (Fig. 165r): die „Aktionen" der Querkräfte Q_1^A, Q_2^A, Q_3^A und Q_4^A sowie die im Stab 3 wirkende Normalkraft N_3^D (Aktion). Diese Kräfte setzen wir zusammen und zerlegen die daraus hervorgehende Resultierende in die Komponenten N_1, N_2 und N_4, wobei letztere wie vorher wieder durch den vertikalen Auflagerdruck von F bestimmt ist (Aktionen). Auf den Knotenpunkt B werden übertragen (Fig. 165s): die „Aktionen" der Querkräfte Q_1^B, Q_5^B, Q_6^B und Q_7^B, die Aktion P_2'', die im Stab 6 wirkende Normalkraft N_6^C (Aktion) und die vom Knotenpunkt A herrührende Kraft N_1 (Aktion). Diese Kräfte setzen wir zusammen und zerlegen die daraus hervorgehende Resultierende in die Komponenten N_5 und N_7 in Richtung der Auflagerstäbe 5 und 7 und eine Komponente in Richtung des Stabes 1 („Aktionen"). Da die Komponenten N_2, N_4, N_5 und N_7 keine Verschiebungen des Stabes 1 und damit des Knotenpunktes B bewirken können, so scheiden dieselben aus der Berechnung aus (N_5 erzeugt mit Q_5^G einen vertikalen Auflagerdruck in G). Die allein übrigbleibende Komponente („Aktion") in Richtung des Stabes 1 ist gleich der Verschiebungskraft V („Aktion"). Der Auflagerdruck („Reaktion") in dem in B zur Festhaltung des Tragwerkes angebrachten Lager, infolge Einwirkung der Verschiebungskraft auf das Tragwerk, ist gleich der gesuchten Festhaltungskraft, welche gleich groß ist wie die Verschiebungskraft, jedoch entgegengesetzt gerichtet.

Die Kräfte N_9, N_3, N_2, N_4, N_1, N_5, N_7, $N_6^B = N_6^C - P_2''$, N_6^C und N_8 sind die Normalkräfte („Aktionen") in den betreffenden Stäben für den festgehaltenen Zustand, und am Stab 1 muß sein $N_1^A = N_1^B - F$, da $N_1^B - N_1^A = F$. Würden wir die Verschiebungs- bzw. Festhaltungskraft auf Grund der endgültigen Momentenfläche bestimmen, so müßte sein

$$V = F = 0$$

und daher N_1^A gleich und entgegengesetzt N_1^B, was später als Probe für die endgültige Momentenfläche dient.

Anmerkung: Wir hätten ebensogut die Festhaltungskraft in Richtung des Stabes 6 bestimmen können, welche auch als einzige Kraft das ganze Tragwerk in Ruhe halten würde. Ferner könnte man an Stelle der Stabrichtung 1 oder 6 eine beliebige, durch einen der Knotenpunkte gehende Richtung wählen; wünschten wir z. B. die Festhaltungskraft in Richtung der Horizontalen durch den Knotenpunkt B, so würden wir einfach F noch in Richtung des Auflagerstabes 7 und die Horizontale zerlegen. Die Hauptsache ist, daß später bei der Bestimmung der Erzeugungskraft Z (Rechnungsabschnitt II) für eine gegebene Verschiebung des während Rechnungsabschnitt I unverschiebbar festgehaltenen Tragwerkes die gleiche Richtung wie für die Festhaltungskraft gewählt wird, da die beiden Kräfte F und Z im Verhältnis zueinander gebraucht werden, um die Zusätze zu den inneren Kräften des Tragwerkes zu erhalten. Wie wir später sehen werden, ist die Erzeugungskraft Z genau wie die Festhaltungskraft F eine „Reaktion"; deshalb bestimmen wir letztere immer nach der ersten Lösung, d. h. wir tragen die **Querkräfte** und die sich durch Zerlegung ergebenden **Normalkräfte** (für den festgehaltenen Zustand) **bei Be-**

stimmung der Festhaltungskraft, und später ebenso bei Bestimmung der Erzeugungskraft, als „Reaktionen" auf, wodurch wir bei der Zerlegung direkt die Festhaltungskraft (in ihrer Richtung) erhalten.

Sonderfall: Eigengewicht der Stäbe.

Das Eigengewicht geneigter Stäbe, welches immer senkrecht wirkt, zerlegen wir wie zur Berechnung der zugehörigen M_0-Fläche auch zur Bestimmung der Festhaltungskraft zweckmäßig nicht und ermitteln an den beiden Enden des geneigten Stabes an Stelle der Querkräfte Q (Auflagerdrücke normal zur Achse des herausgeschnitten gedachten Stabes) die senkrechten Auflagerdrücke A an den Enden der herausgeschnitten gedachten geneigten Stäbe, die wir in der weiteren Rechnung verwenden. Es wäre ein Umweg, wenn wir in diesem Falle zur Bestimmung der Festhaltungskraft die Querkräfte ermitteln und dann im weiteren Verlauf der Rechnung noch die in die Stabrichtung fallende Komponente des Eigengewichtes gesondert berücksichtigen würden; denn in den senkrechten Auflagerdrücken (des herausgeschnitten gedachten geneigten Stabes) ist diese Komponente bereits enthalten.

2. Mehrstöckiger Rahmen mit beliebig gerichteten Stäben.

Am mehrstöckigen Rahmen gibt es nicht nur eine einzige Festhaltungskraft, sondern für jedes Stockwerk eine Festhaltungskraft, da bei einer angenommenen Verschiebung eines Stockwerkes die übrigen Stockwerke Verschiebungen ausführen, welche sich nicht ohne weiteres aus denjenigen des um ein bestimmtes Maß verschobenen Stockwerkes berechnen lassen.

In Fig. 166 haben wir ein dreistöckiges geschlossenes Tragwerk dargestellt, dessen Knotenpunkte unverschiebbar vorausgesetzt sind; die in dieser Figur an das Tragwerk angetragene Momentenfläche bezieht sich auf den unverschiebbaren Zustand, und zur Bestimmung derselben wurden die schief gerichteten Einzellasten P_1 und P_2 wie früher in die Komponenten P'_1 und P''_1 bzw. P'_2 und P''_2 senkrecht und parallel zur betreffenden Stabachse zerlegt.

Es ist einleuchtend, daß es nicht möglich wäre, den ganzen Rahmen der Fig. 166 entweder durch eine einzige Festhaltungskraft am Knotenpunkt C oder durch eine einzige Festhaltungskraft am Knotenpunkt F oder eine solche am Knotenpunkt J in Ruhe zu halten. In allen drei Fällen würden sich die beiden anderen Stockwerke noch bewegen können. Wir müssen daher alle drei Stockwerke unverschiebbar festhalten, und zwar durch die Festhaltungskräfte F_I, F_{II} und F_{III}. Wie früher unter 1. erwähnt, ist die Wahl der Richtung dieser Festhaltungskräfte beliebig, nur müssen im weiteren Verlauf der Rechnung (im R. II) für die Erzeugungskräfte Z die gleichen Richtungen angenommen werden.

Zur Bestimmung dieser drei Festhaltungskräfte ermitteln wir die Querkräfte an allen Stabenden nach Kap. VI, 1 auf Grund der Momentenfläche aus R. I und bilden die Resultierende Q_{res} („Reaktion") an jedem Knotenpunkt. Nun scheiden wir wieder die Komponenten aus, welche in die Richtung von Auflagerstäben fallen. Für das oberste Stockwerk sind die Stäbe 7, 8 und 9 Auflagerstäbe, da es in den Knotenpunkten D, E und F sein Auflager findet;

für das mittlere Stockwerk sind die Stäbe *10, 11, 12*, und für das unterste Stockwerk sind die Stäbe *13, 14* und *15* Auflagerstäbe.

Um die Festhaltungskraft F_I am Knotenpunkt C des obersten „Stockwerkbalkens" zu erhalten, müssen wir am Knotenpunkt A beginnen. Wir

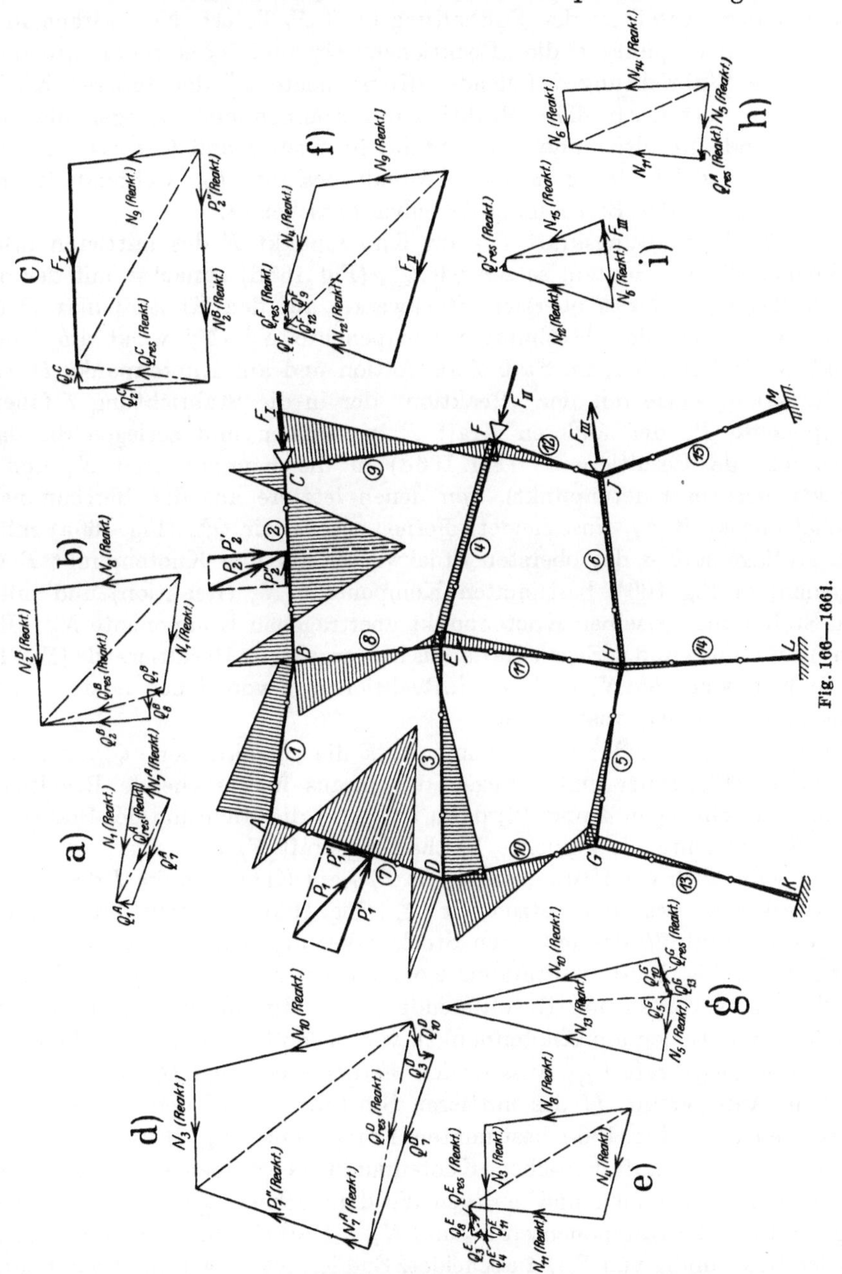

Fig. 166—166i.

zerlegen die Resultierende Q_{res}^A (Fig. 166a) in die Komponenten N_7^A und N_1 (Reaktionen am Knotenpunkt), von welchen letztere in das Auflager D dieses Stockwerkes übertragen wird, daher keine Verschiebung desselben hervorrufen kann, und aus diesem Grunde aus der Berechnung für die Festhaltungskraft F_I ausscheidet. Darauf setzen wir die Resultierende Q_{res}^B (Fig. 166b) mit der Komponente N_1 („Reaktion") zusammen und zerlegen die daraus hervorgehende Resultierende in die Komponenten N_2^B und N_8, von welchen letztere wieder keinen Anteil zu der Festhaltungskraft F_I liefert. Nun wirken in dem Lager am Knotenpunkt C die „Reaktionen" Q_{res}^C und N_2^B sowie die „Reaktion" der in die Stabrichtung 2 fallenden Komponente P_2'' der äußeren Kraft P_2 (Fig. 166c); setzen wir diese Reaktionen zusammen und zerlegen die daraus hervorgehende Resultierende in die Stabrichtungen 2 und 9, so ist die erstere Komponente gleich der gesuchten Festhaltungskraft F_I, während die Komponente N_9 aus der Berechnung derselben ausscheidet.

Um die Festhaltungskraft F_{II} am Knotenpunkt F des mittleren „Stockwerkbalkens" zu erhalten, setzen wir Q_{res}^D (Fig. 166d) zunächst mit der durch den Auflagerstab 7 des obersten Stockwerkes auf den Knotenpunkt D übertragenen, in Fig. 166a bestimmten Komponente N_7^A (N_7^A wirkt am Knotenpunkt A als Reaktion, im Stab 7 als Aktion und am Knotenpunkt D wieder als Reaktion) sowie mit der „Reaktion" der in die Stabrichtung 7 fallenden Komponente P_1'' der äußeren Kraft P_1 zusammen und zerlegen die daraus hervorgehende Resultierende (Fig. 166d) in die Komponenten N_3 und N_{10} (Reaktionen am Knotenpunkt), von denen letztere aus der Berechnung der Festhaltungskraft F_{II} ausscheidet. Ferner setzen wir Q_{res}^E (Fig. 166a) mit der vom Auflagerstab 8 des obersten Stockwerkes auf den Knotenpunkt E übertragenen, in Fig. 166b bestimmten Komponente N_8 (Reaktion) und mit der vom Stab 3 auf denselben Knotenpunkt übertragenen Komponente N_3 („Reaktion") zusammen und zerlegen die daraus hervorgehende Resultierende (Fig. 166e) in die Komponenten N_4 und N_{11} („Reaktionen"), von denen letztere aus der Berechnung von F_{II} ausscheidet.

Endlich setzen wir am Knotenpunkt F die „Reaktionen" Q_{res}^{F}, N_9 und N_4 zusammen (Fig. 166f) und zerlegen die daraus hervorgehende Resultierende in die Stabrichtungen 4 und 12; dann ist die in die Richtung des Stabes 4 fallende Komponente die gesuchte Festhaltungskraft F_{II}.

Um schließlich die Festhaltungskraft F_{III} am Knotenpunkt J des untersten Stockwerkes zu erhalten, setzen wir Q_{res}^G (Fig. 166g) zunächst mit der durch den Auflagerstab 10 des mittleren Stockwerkes auf den Knotenpunkt G übertragenen, in Fig. 166d bestimmten Komponente N_{10} zusammen und zerlegen die daraus hervorgehende Resultierende (Fig. 166g) in die Komponenten N_5 und N_{13} (Reaktionen am Knotenpunkt), von denen letztere aus der Berechnung der Festhaltungskraft F_{III} ausscheidet. Ferner setzen wir Q_{res}^H (Fig. 166h) mit der vom Auflagerstab 11 des mittleren Stockwerkes auf den Knotenpunkt H übertragenen, in Fig. 166e bestimmten Komponente N_{11} (Reaktion) und mit der vom Stab 5 auf denselben Knotenpunkt übertragenen Komponente N_5 („Reaktion") zusammen und zerlegen die daraus hervorgehende Resultierende (Fig. 166h) in die Komponenten N_6 und N_{14} („Reaktionen"), von denen letztere aus der Berechnung von F_{III} ausscheidet. Endlich setzen wir am Knotenpunkt J die „Reaktionen" Q_{res}^J, N_{12} und N_6 zusammen (Fig. 166i) und zerlegen die daraus hervorgehende Resultierende in die Stabrichtungen 6 und 15; dann ist die in die Richtung des Stabes 6 fallende Komponente die gesuchte Festhaltungskraft F_{III}.

Wir ersehen daraus, daß wir zur Bestimmung der Festhaltungskräfte an einem Stockwerkrahmen oben und in den einzelnen Stockwerken an dem vom gedachten Lager am meisten entfernten Knotenpunkt beginnen müssen.

3. Rahmenträger mit beliebig gerichteten Stäben.

Wie in Kap. I des Teiles II ausgeführt, ist der Rahmenträger für die Berechnung nichts anderes wie ein mehrstöckiger Rahmen. Der in Fig. 167 dar-

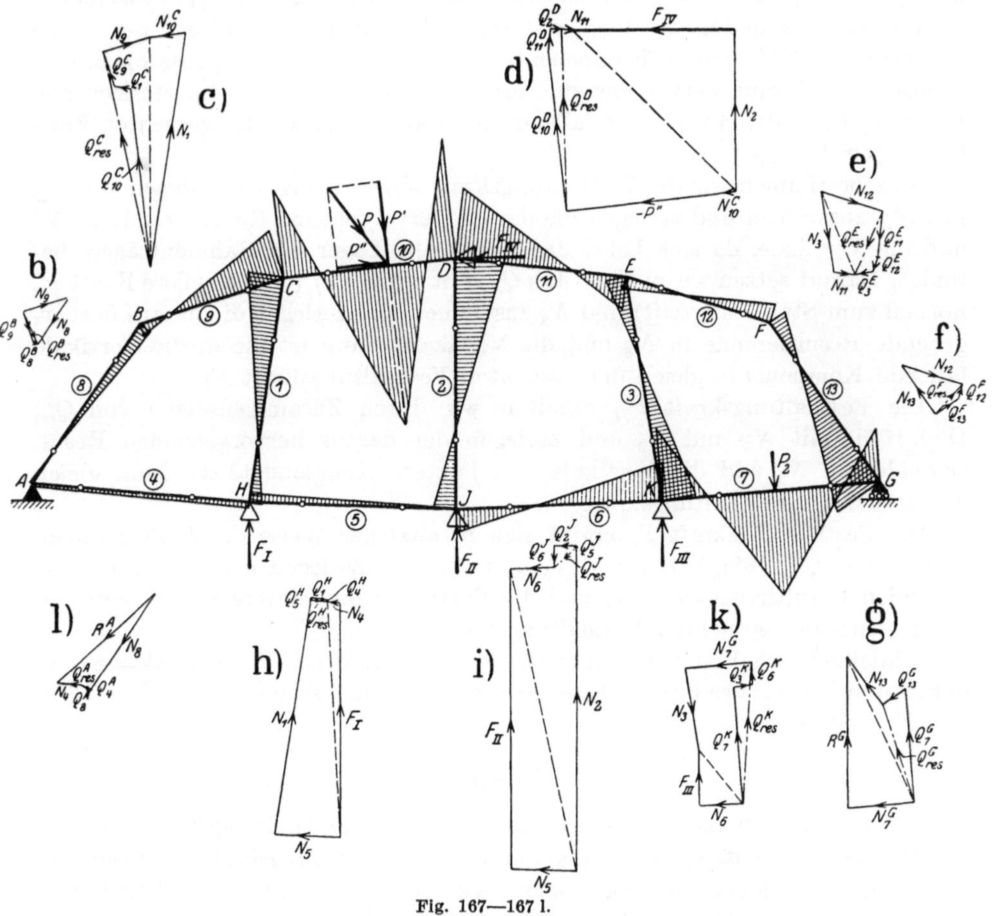

Fig. 167—167 l.

gestellte Rahmenträger muß während R. I in seinen Knotenpunkten D, H, J und K unverschiebbar festgehalten werden, damit sich keiner seiner Knotenpunkte verschieben kann; die in Fig. 167 an das Tragwerk angetragene Momentenfläche bezieht sich auf den unverschiebbaren Zustand.

Die in den gedachten Lagern an den Knotenpunkten D, H, J und K auftretenden Festhaltungskräfte bestimmen wir analog wie diejenigen am mehrstöckigen Rahmen. Wir ermitteln daher zuerst die Querkräfte an allen Stabenden nach Kap. VI, 1 auf Grund der Momentenfläche aus R. I und bilden die Resultierende Q_{res} („Reaktion") an jedem Knotenpunkt (Fig. 167 b bis k).

Dann müssen wir mit der Bestimmung der Festhaltungskraft F_{IV} beginnen. In Fig. 167b zerlegen wir Q_{res}^B in N_9 und N_8, von denen letztere Komponente aus der Berechnung von F_{IV} ausscheidet. Darauf setzen wir Q_{res}^C (Fig. 167c) mit N_9 („Reaktion") zusammen und zerlegen die daraus hervorgehende Resultierende in N_{10} und N_1, von denen letztere aus der Berechnung von F_{IV} ausscheidet. Wir zerlegen ferner in Fig. 167f Q_{res}^F in N_{12} und N_{13}, von denen letztere aus der Berechnung von F_{IV} ausscheidet. Hierauf setzen wir in Fig. 167e Q_{res}^E mit N_{12} („Reaktion") zusammen und zerlegen die daraus hervorgehende Resultierende in N_{11} und N_3, von denen letztere aus der Berechnung von F_{IV} ausscheidet. Nun setzen wir in Fig. 167d Q_{res}^D mit N_{11}, N_{10}^C und der „Reaktion" der in die Stabrichtung _10_ fallenden Komponente P_2'' der äußeren Last P_2 zusammen und zerlegen die daraus hervorgehende Resultierende in N_2 und die Horizontale. Dann ist die in die Horizontale fallende Komponente gleich der gesuchten Festhaltungskraft F_{IV}.

Nun bestimmen wir die Festhaltungskraft F_{III}. In Fig. 167g setzen wir Q_{res}^G mit N_{13} zusammen und zerlegen die daraus hervorgehende Resultierende in N_7^G und die Vertikale, da sich bei G das bewegliche Lager des Rahmenträgers befindet. Darauf setzen wir in Fig. 167k Q_{res}^K mit $N_7^K = N_7^G$ (da die äußere Kraft P_2 normal zum Stab _7_ angreift) und N_3 zusammen und zerlegen die daraus hervorgehende Resultierende in N_6 und die Vertikale; dann ist die in die Vertikale fallende Komponente gleich der gesuchten Festhaltungskraft F_{III}.

Die Festhaltungskraft F_{II} erhalten wir durch Zusammensetzen von Q_{res}^J (Fig. 167i) mit N_6 und N_2 und Zerlegen der daraus hervorgehenden Resultierenden in N_5 und die Vertikale; die letztere Komponente ist dann gleich der gesuchten Festhaltungskraft F_{II}.

Die Festhaltungskraft F_I ergibt sich in analoger Weise durch Zusammensetzen von Q_{res}^H (Fig. 167h) mit N_5 und N_1 und Zerlegen der daraus hervorgehenden Resultierenden in N_4 und die Vertikale; die letztere Komponente ist dann gleich der gesuchten Festhaltungskraft F_I.

Schließlich erhalten wir nun noch den Auflagerdruck R^A („Reaktion") in dem festen Lager A des Rahmenträgers durch Zusammensetzen von Q_{res}^A (Fig. 167l) mit N_4 und N_8.

4. Beispiele.

Im Hinblick auf die wichtige Rolle, welche die Festhaltungskraft bzw. die ihr gleiche, aber entgegengesetzt gerichtete „Verschiebungskraft" bei der Berechnung von Rahmentragwerken spielt, wird im folgenden noch die Ermittlung der Festhaltungskraft an mehreren in der Praxis häufig vorkommenden Tragwerken gezeigt.

1. Rechteckrahmen mit 2 Öffnungen (Balkenbelastung, Fig. 168).

Die Balkenöffnung _1_ sei mit der beliebig schief gerichteten Kraft P belastet. Wir zerlegen P in die Komponente P' rechtwinklig zur Stabrichtung und in die Komponente P'' in Richtung des Stabes, und ermitteln die in Fig. 168 dargestellte Momentenfläche für die Belastung P' am ganzen Rahmen unter der Voraussetzung unverschiebbarer Knotenpunkte, bewirkt durch ein gedachtes festes Lager am Knotenpunkt C (R. I).

Zur Bestimmung der in dem gedachten Lager in C auftretenden Festhaltungskraft ermitteln wir die Querkräfte an allen Knotenpunkten des Rahmens nach Kap. VI (Fig. 168a), und wir sollten nun nach dem allgemeinen Fall an jedem Knotenpunkt die Resultierende Q_{res} derselben bilden. Die Resultierende Q_{res}^A am Knotenpunkte A ist eine durch A gehende schief gerichtete Kraft, welche sich aus der Zusammensetzüng von Q_1^A und Q_3^A ergibt; diese schief gerichtete Kraft Q_{res}^A ist dann in Richtung des Auflagerstabes 3 und in eine passend gewählte andere Richtung zu zerlegen, als welche wir die Richtung des horizontalen Balkens annehmen. Anstatt aber Q_{res}^A in die Richtung der Stäbe 3 und 1 zu zerlegen, können wir dies auch mit den einzelnen Querkräften Q_1^A und Q_3^A vor deren Zusammensetzung zu Q_{res}^A tun; wir sehen dann, daß Q_1^A ganz in die Richtung des senkrechten Auflagerstabes 3 und Q_3^A ganz in diejenige des waagrechten Balkens 1 fällt; im vorliegenden Fall haben wir also nicht nötig, erst Q_1^A und Q_3^A zu Q_{res}^A zusammenzusetzen und diese dann wieder in dieselben Komponenten zu zerlegen. Die Komponente Q_1^A kann keine Verschiebung des Rahmens hervorrufen, und deshalb hat sie auch keinen Anteil an der Festhaltungskraft; es bleibt daher als eine Komponente der Festhaltungskraft nur Q_3^A übrig. Die Reaktion

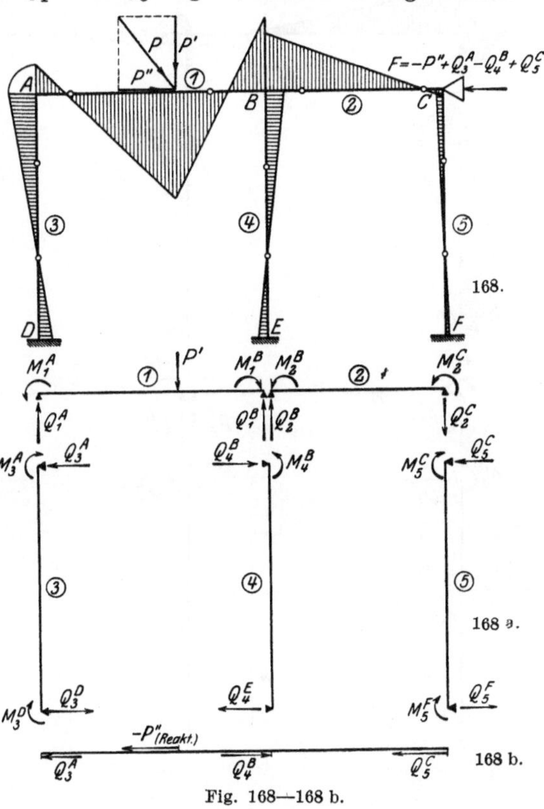

168.

168 a.

168 b.

Fig. 168—168 b.

Q_{res}^B ist gleich der Resultante der Querkräfte Q_1^B, Q_2^B und Q_4^B (Fig. 168a); auch Q_{res}^B brauchen wir nicht erst zu bilden, weil deren Komponente Q_1^B und Q_2^B in die Richtung des Auflagerstabes 4 fällt und mithin nur Q_4^B übrigbleibt als eine Komponente der Festhaltungskraft. Ebenso ist von den Komponenten Q_2^C und Q_5^C in C nur die letztere eine Komponente der Festhaltungskraft. Es bleibt nun noch die Berücksichtigung der Horizontalkomponente P'' der äußeren Belastung; diese erzeugt in dem gedachten Lager in C eine Reaktion gleich und entgegengesetzt P'' (also $- P''$). Im gedachten Lager in C wirken also als Komponenten der Festhaltungskraft die Kräfte $- P''$, Q_3^A, und Q_4^B und Q_5^C (Fig. 168b), welche wir zu einer einzigen Kraft, der gesuchten Festhaltungskraft F zusammensetzen können, weil sie in derselben Geraden laufen. Die drei schief gerichteten Reaktionen in den unverschiebbar vorausgesetzten Knotenpunkten A, B und C, welche die von der äußeren Belastung P angestrebte Verschiebung des Rahmens aufhalten, haben wir daher durch eine einzige Kraft in Richtung des Balkens mit derselben Wirkung ersetzt.

2. Rechteckrahmen mit 2 Öffnungen (Pfeilerbelastung, Fig. 168c).

In Fig. 168c haben wir denselben Rechteckrahmen dargestellt, jedoch mit einer schief gerichteten Kraft P am Vertikalstab *3*. Wir zerlegen P in eine Komponente P' rechtwinklig zur Stabrichtung und eine Komponente P'' in Richtung des Stabes; letztere wird durch den Stab auf das Fundament in D übertragen. Die Momentenfläche für die Belastung P' (aus R. I) nehmen wir als gegeben an (Fig. 168c), ermitteln die zugehörigen Querkräfte an allen Knotenpunkten des Rahmens (Fig. 164d) und erhalten genau wie unter 1. Q_3^A, Q_4^B und Q_5^C (Fig. 168e) als diejenigen Komponenten der Reaktionen in A, B und C, welche die von der Kraft P' angestrebte Verschiebung des Rahmens aufhalten; durch Zusammensetzung dieser 3 Komponenten ergibt sich die gesuchte Festhaltungskraft F.

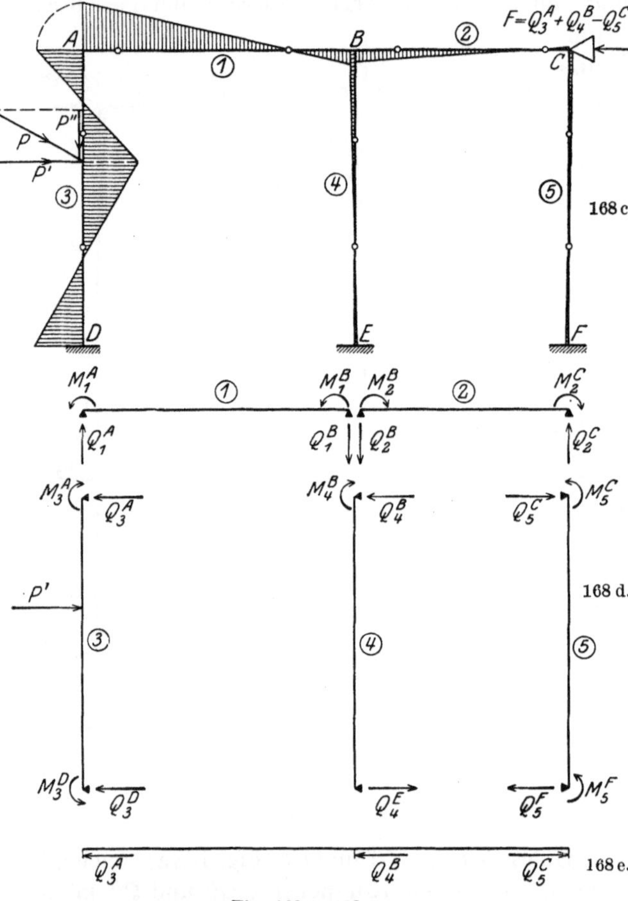

Fig. 168c—168e.

3. Rechteckrahmen mit nach oben fortgesetzten Säulen (Fig. 169).

Die Balkenöffnung *I* sei gleichmäßig verteilt belastet, und die in Fig. 169 angetragene Momentenfläche bezieht sich auf den vorübergehend durch ein gedachtes Lager in D unverschiebbar festgehaltenen Zustand (Rechnungsabschnitt I). Aus diesen Momenten ermitteln wir die zugehörigen Querkräfte an allen Stabenden (Fig. 169a). Wir brauchen nun wie im vorhergehenden Beispiel die Querkräfte in den einzelnen Knotenpunkten nicht erst zusammenzusetzen und dann wieder in ihre Richtungen zu zerlegen, sondern es scheiden alle normal zum Balken angreifenden Querkräfte aus, und die im gedachten festen Lager in D auftretende Festhaltungskraft setzt sich nur aus den in die Richtung des Balkens fallenden Querkräften zusammen (Fig. 169b). Haben die Stäbe *4, 5, 6* und *7* gleiche Länge und gleiches Trägheitsmoment sowie dieselbe Lagerung an ihren Enden, so wird $Q_4^B = Q_5^B$ und $Q_6^B = Q_7^B$ und damit $F = 0$, und zwar trotz einseitiger Belastung, so daß in diesem Fall die Momente aus R. I gleich die endgültigen Momente sind.

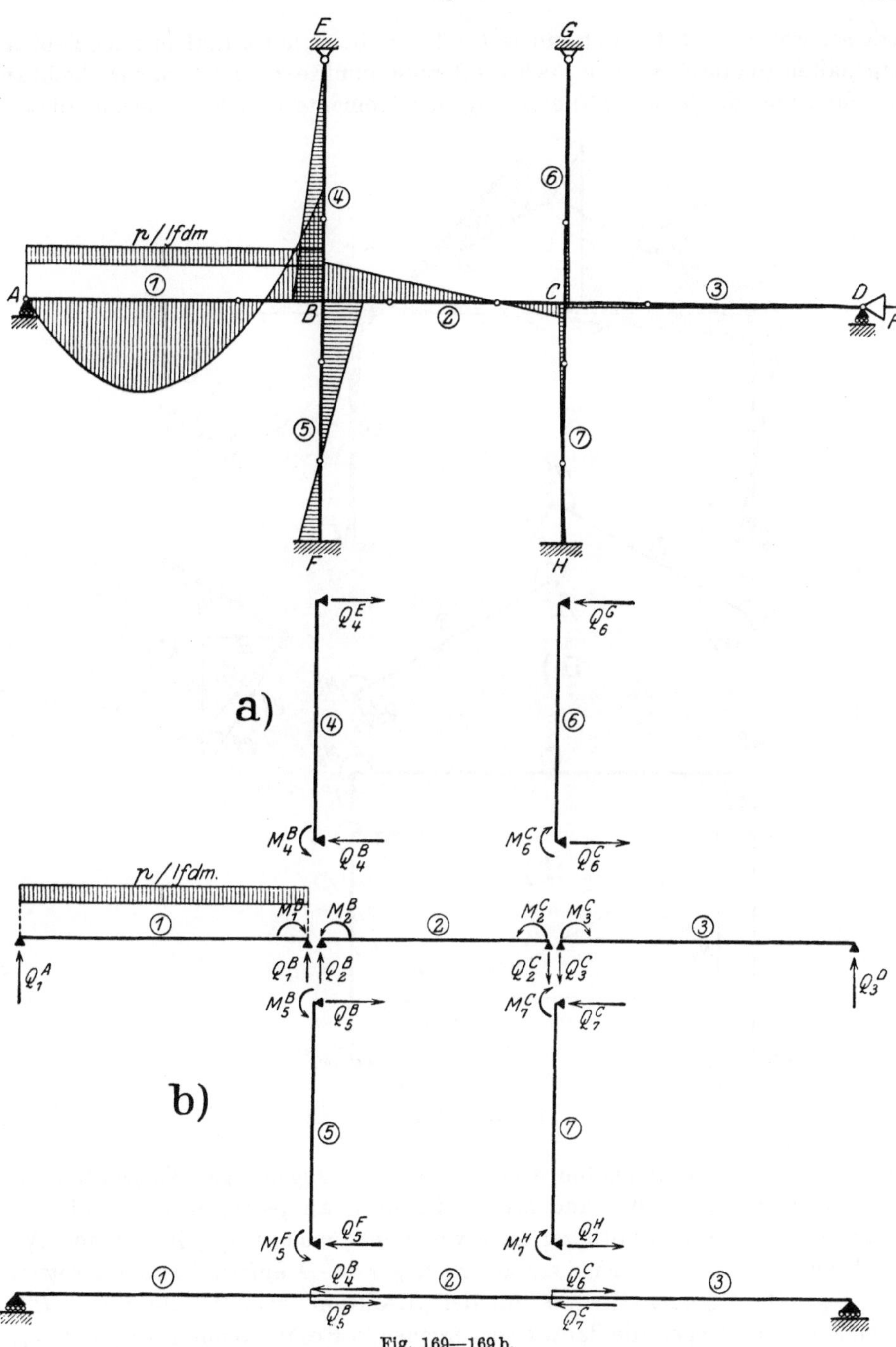

Fig. 169—169 b.

4. Rechteckrahmen mit Aufsatz (Fig. 170).

Der Stab *2* des Aufsatzes sei mit einer beliebig gerichteten Kraft P belastet, welche wir zur Berechnung des Tragwerks in eine Komponente P' normal zum Stab *2* und eine Komponente P'' in Richtung desselben zerlegen. Das Tragwerk sei während R. I durch ein festes Lager in D horizontal unverschiebbar festgehalten (dadurch werden auch die Knotenpunkte B und C unverschiebbar gemacht), und die in Fig. 170 angetragenen Momente beziehen sich auf diesen

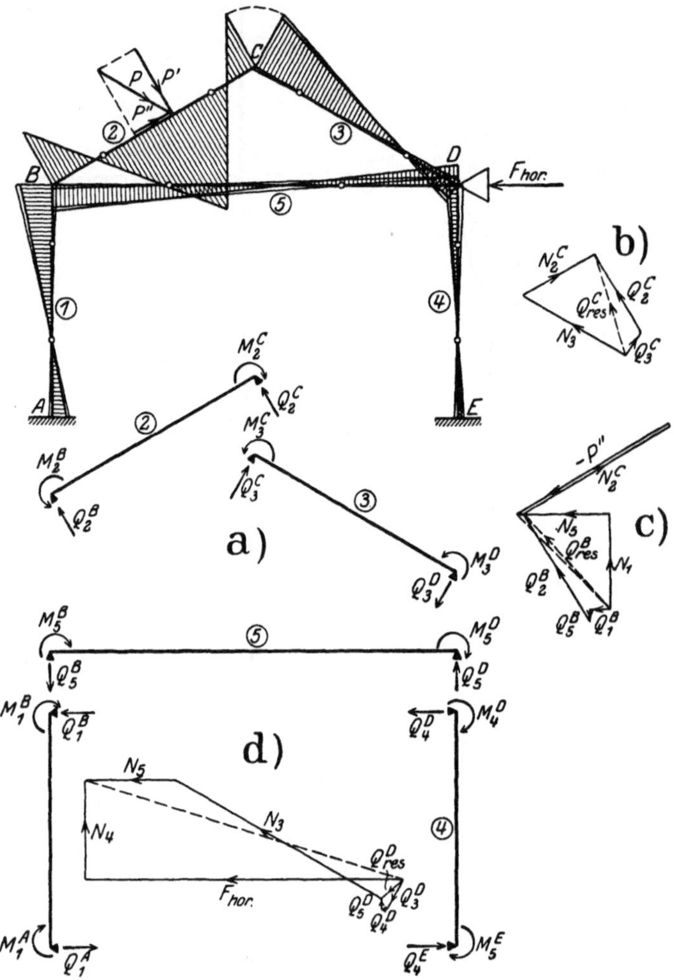

Fig. 170—170 d.

Zustand. Aus diesen Momenten ermitteln wir die zugehörigen Querkräfte an allen Stabenden (Fig. 170a) und setzen dieselben an jedem Knotenpunkt zu Q_{res} zusammen. In Fig. 170b zerlegen wir nun zunächst Q_{res}^C in N_2^C und N_3^C („Reaktionen"), von welchen letztere im Lager in D auftritt. Hierauf setzen wir in Fig. 170c Q_{res}^B mit N_2^C sowie mit der „Reaktion" von P'', also mit $-P''$, zusammen und zerlegen die daraus hervorgehende Resultierende in N_5 und N_1, von denen erstere am Lager in D auftritt und letztere aus der Berechnung der Festhaltungskraft ausscheidet. Zum Schluß setzen wir in D (Fig. 170d) Q_{res}^D mit N_3 und N_5 zusammen und zerlegen die daraus hervorgehende Resultierende in Richtung des in D anschließenden Auflagerstabes 4 und die Horizontale; dann ist die letztere Komponente die gesuchte Festhaltungskraft F_{hor}.

5. Rahmen mit senkrechten Säulen und geneigtem Balken (Fig. 171).

Die geneigte Balkenöffnung *1* sei mit einer beliebig gerichteten Kraft P belastet, welche wir, wie immer, in eine Komponente P' normal zum belasteten

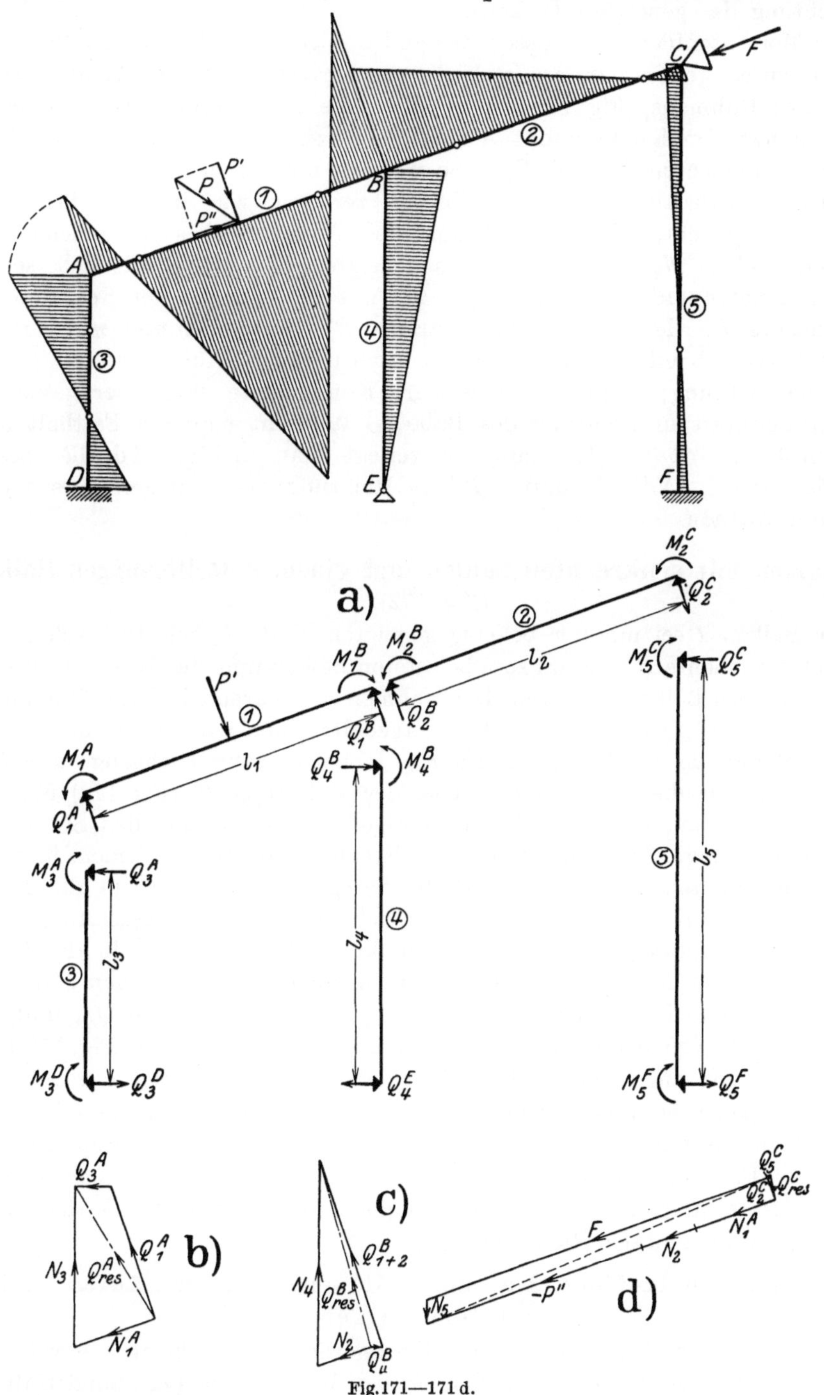

Balken und eine Komponente P'' in Richtung des Balkens zerlegen. Der Rahmen sei während R. I durch ein in C gedachtes festes Lager unverschiebbar festgehalten, und wir suchen die in demselben auftretende Festhaltungskraft in Richtung des geneigten Balkens.

Die Momentenfläche für diesen Zustand infolge der Belastung P' (Fig. 171) nehmen wir als gegeben an, ermitteln die zugehörigen Querkräfte an allen Stabenden des Rahmens (Fig. 171a) und bilden die Resultierende Q_{res} an jedem Knotenpunkt. Im Knotenpunkt A (Fig. 171b) zerlegen wir nun zunächst Q_{res}^A in die Komponenten N_3 und N_1^A, von welchen nur N_1^A eine Komponente der gesuchten Festhaltungskraft ist. Ferner zerlegen wir in Fig. 171c Q_{res}^B in die Komponente N_4 in Richtung des Auflagerstabes 4, welche ausscheidet, und in N_2 in Richtung des geneigten Balkens. Schließlich setzen wir im Knotenpunkt C (Fig. 171d) Q_{res}^C mit N_1^A, N_2 und der Reaktion der Komponente P'' der äußeren Last, also $-P''$, zusammen und zerlegen die daraus hervorgehende Resultierende in Richtung des Auflagerstabes 5 und die Balkenrichtung; dann ist die letztere Komponente gleich der gesuchten Festhaltungskraft in Richtung des Balkens. Wünscht man die Festhaltungskraft in horizontaler Richtung, so zerlegt man in Fig. 171d die Resultierende aus Q_{res}^C, N_1^A, N_2 und $-P''$ in Richtung des Auflagerstabes 5 und die Horizontale.

6. Rahmen mit senkrechten Säulen und einem sattelförmigen Balken
(Fig. 172).

Der Balken 1 sei mit der beliebig geneigten Kraft P belastet, welche wir in eine Komponente P' normal zum belasteten Balken und eine Komponente P'' in Richtung des Balkens zerlegen. Der Rahmen sei während R. I durch ein in B gedachtes festes Lager unverschiebbar festgehalten, und wir suchen die in demselben auftretende Festhaltungskraft F_{hor} in horizontaler Richtung. Die Momentenfläche für diesen Zustand infolge der Belastung P' (Fig. 172) nehmen wir als gegeben an, ermitteln die zugehörigen Querkräfte an allen Stabenden des Rahmens (Fig. 172a) und bilden die Resultierende Q_{res} an jedem Knotenpunkt. Im Knotenpunkt A (Fig. 172b) zerlegen wir nun Q_{res}^A in die Komponenten N_3 und N_1^A, von welchen erstere keinen Beitrag zur Festhaltungskraft liefert. Ferner zerlegen wir in Knotenpunkt C (Fig. 172c) Q_{res}^C in die Komponenten N_5 und N_2, von welchen erstere ausscheidet. Die in den Balken 1 und 2 wirkenden Komponenten N_1 und N_2, die Resultierende Q_{res}^B und die Reaktion $-P''$ von der äußeren Last herrührend, haben wir in Fig. 170d an die Konstruktion angetragen. Die drei in den Balkenrichtungen 1 und 2 laufenden Komponenten verschieben wir nun in ihrer Richtung bis zum Knotenpunkt B und setzen sie dort mit der Resultierenden Q_{res}^B zur Resultante R^B zusammen (Fig. 172e); zerlegen wir nun R^B in Richtung des Auflagerstabes 4 und die Horizontale, so ist letztere Komponente die gesuchte Festhaltungskraft F_{hor} in horizontaler Richtung.

Anmerkung betreffend Rahmen mit senkrechten Säulen und geneigtem Balken.

Am Rahmen der Fig. 173 seien für Eigengewicht des Balkens 1 sowohl die senkrechten Auflagerdrücke A an den Enden dieser Stäbe (vgl. Sonderfall zu

B
Fhor.
P
P'
P"
"Aktion"
1
2
A
C
3
5
D
E
F
172.

M_1^B   M_2^B
Q_1^B   Q_2^B
1   2
Q_4^B   M_4^B
M_1^A   M_2^C
Q_1^A   Q_2^C
M_3^A   Q_3^A   M_5^C   Q_5^C
3   4   5
172 a.
M_3^D   Q_3^D   Q_4^E   M_5^F   Q_5^F

Q_res^A   Q_1^A   Q_3^A
N_3   N_1^A
172 b.

Q_2^B   Q_1^B   Q_res^B   Q_4^B
Q_2^C   Q_5^C   Q_res^C   N_5   N_2
172 c.

Q_res^B
1   2
172 d.
"Reaktion"   N_1^A
P"   Fhor.   N_4   N_2
R^B
Q_res^B   -P"(Reakt.)
N_1^A
N_2
172 e.

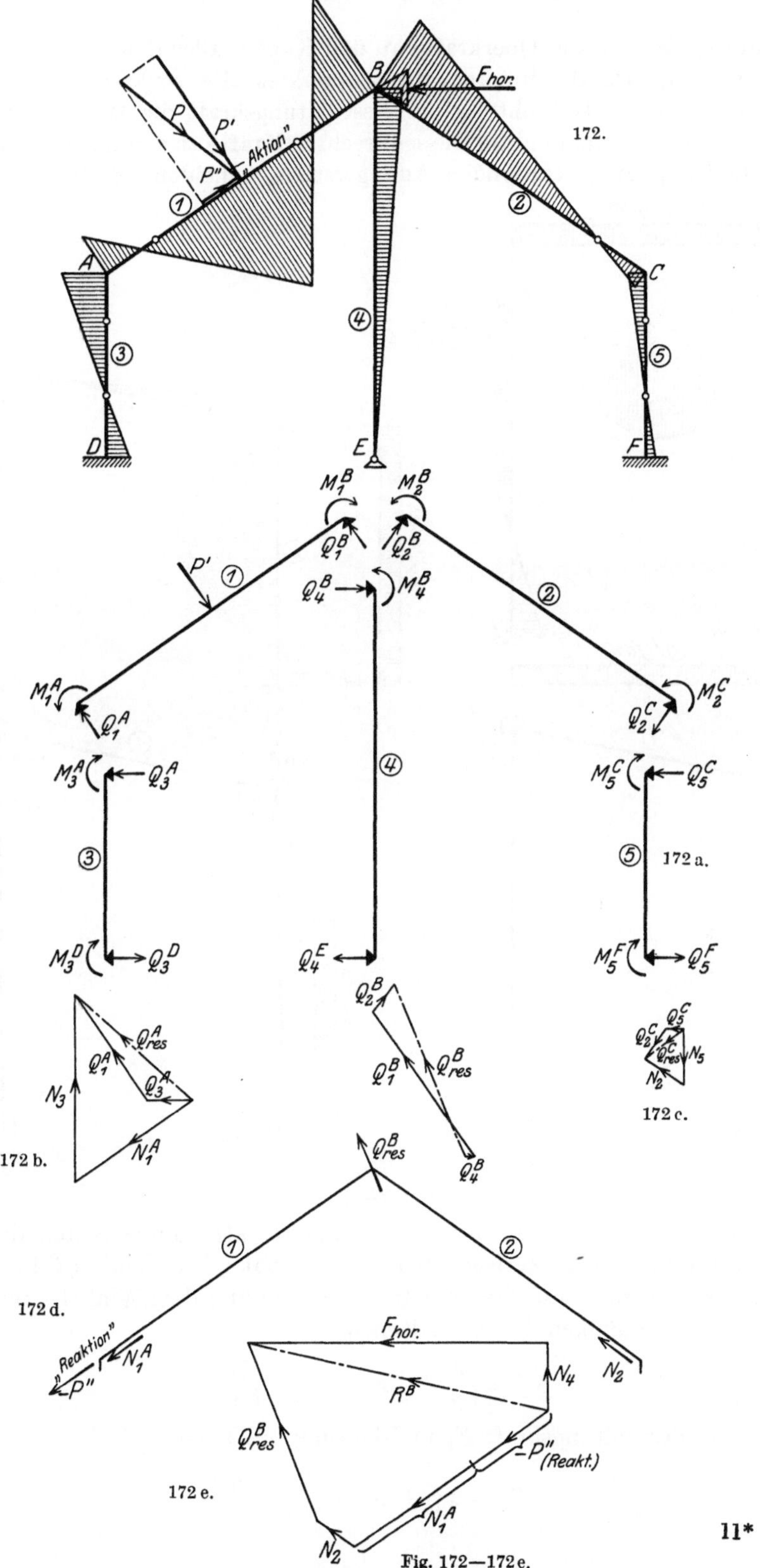

Fig. 172—172 e.

Abschnitt 1) als auch die Querkräfte an den Köpfen aller Säulen ermittelt worden (Fig. 173a). Da die inneren Knotenpunktskräfte senkrecht aufeinanderstehen, wählen wir als Richtung der Festhaltungskraft die Waagrechte durch einen der beiden Knotenpunkte. Die senkrechten Kräfte an den Knotenpunkten A und B fallen in die betreffenden Auflagerstäbe, scheiden damit aus, und es

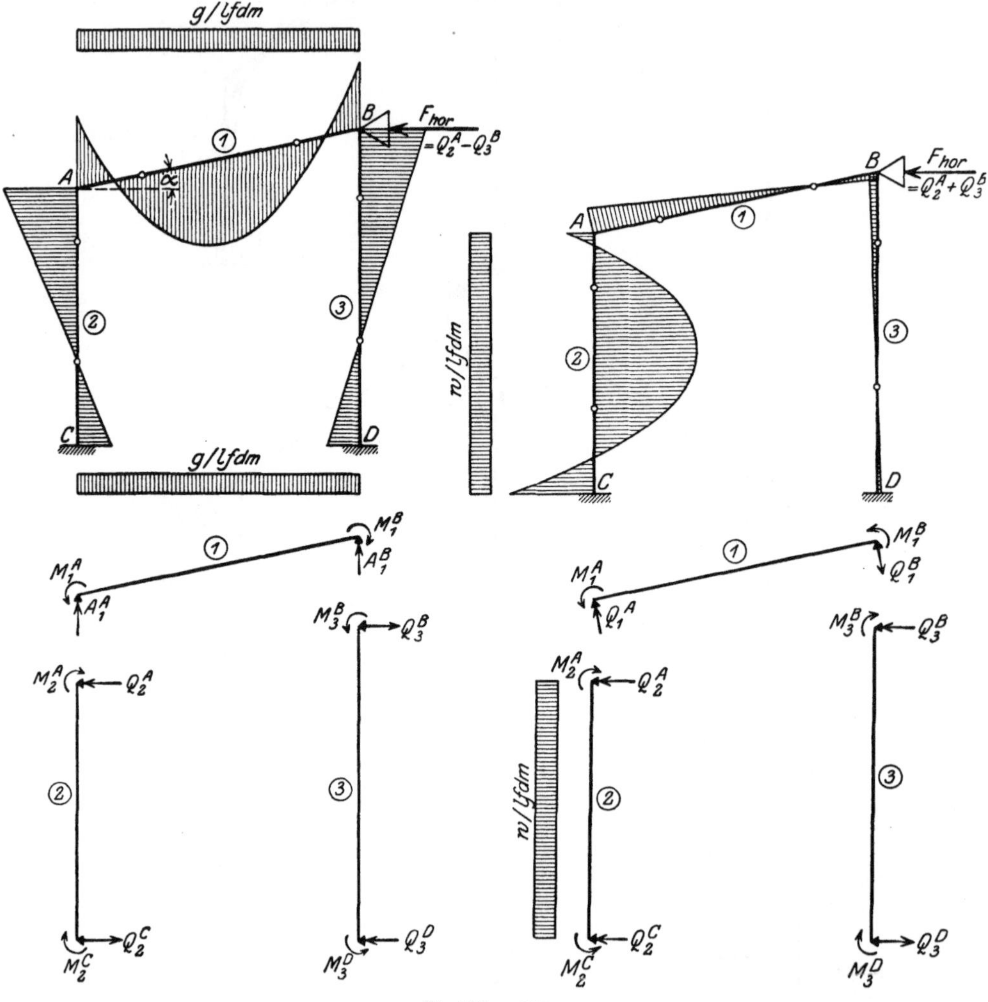

Fig. 173 — 173c.

bleiben nur die waagrechten Kräfte Q_2^A und Q_3^B als Komponenten der Festhaltungskraft F_{hor} übrig. Zerlegen wir nun sowohl Q_2^A als auch Q_3^B in den betreffenden Auflagerstab (die Senkrechte), und den unter dem Winkel α zur Waagrechten geneigten Balken 1, so erhalten wir

$$N_1^A = \frac{Q_2^A}{\cos\alpha} \quad \text{und} \quad N_1^B = \frac{Q_3^B}{\cos\alpha},$$

wodurch die Festhaltungskraft F_1 in Richtung des Balkens 1

$$F_1 = N_1^A + N_1^B = \frac{Q_2^A + Q_3^B}{\cos\alpha}$$

erhalten. Verschieben wir nun die Kraft F_1 in ihrer Richtung an einen der beiden Knotenpunkte und zerlegen dieselbe in Richtung des betreffenden Auflagerstabes (die Senkrechte) und die Waagrechte, so erhalten wir die horizontale Festhaltungskraft

$$F_{hor} = F_1 \cdot \cos \alpha = Q_2^A + Q_3^B, \qquad (329)$$

d. h. an einem Rahmen mit senkrechten Säulen und geneigten Balken ist die horizontale Festhaltungskraft für senkrechte Belastung des geneigten Balkens gleich der Summe der Querkräfte an den Säulenköpfen. Dies gilt nicht nur für den Rahmen der Fig. 173, sondern auch z. B. für die Rahmen der Fig. 171 und 172.

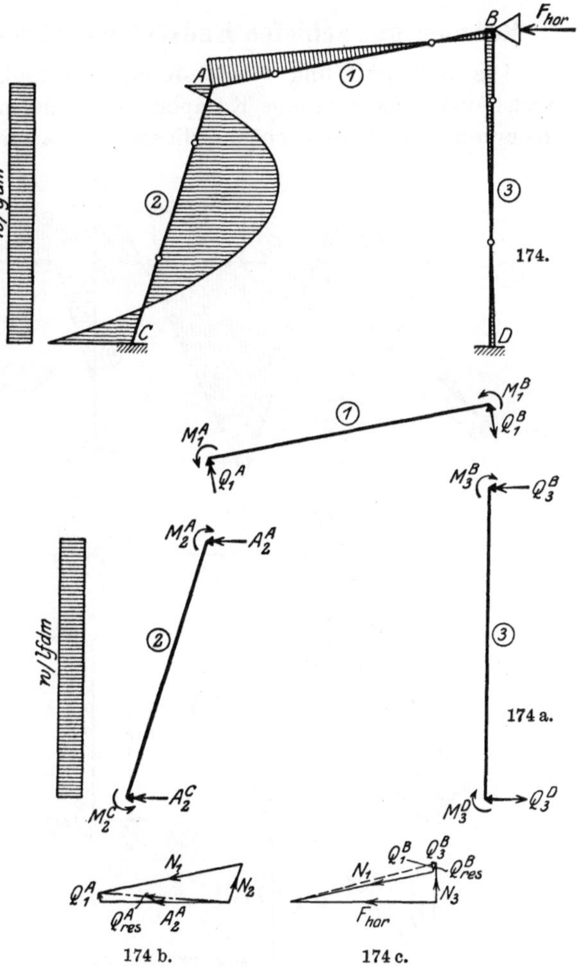

Ist eine Säule des Rahmens durch horizontalen Winddruck oder Erddruck belastet (Fig. 173b), so ermitteln wir wieder die Querkräfte an den Knotenpunkten (Fig. 173c).

Als Richtung für die gesuchte Festhaltungskraft wählen wir die Waagrechte durch einen Knotenpunkt. Wir zerlegen die an den Knotenpunkten angreifenden Querkräfte einzeln in die Senkrechte und Waagrechte. Die beiden Querkräfte Q_1^A und Q_2^B sind gleich und entgegengesetzt, ergeben also auch Horizontalprojektionen, die gleich, aber entgegengesetzt gerichtet sind. Da an den Knotenpunkten A und B nur waagrechte Kräfte angreifen, so ist die waagrechte Festhaltungskraft nach Gl. (329) einfach gleich der Summe dieser Kräfte; es ist also, da sich die beiden, von den Querkräften am unbelasteten Balken herrührenden waagrechten Komponenten gegenseitig aufheben:

$$F_{hor} = Q_2^A + Q_3^B. \qquad (329a)$$

Als Kontrolle muß sein:

$$\Sigma w + Q_2^A + Q_2^C + Q_3^B + Q_3^D = 0.$$

Fig. 174—174c.

Das Analoge gilt auch z. B. für die Rahmen der Fig. 171 und 172.

Steht die durch horizontalen Winddruck oder Erddruck belastete Säule schief (Fig. 174) anstatt senkrecht, so bestimmen wir an den Enden derselben wohl analog wie an dem durch senkrechte Kräfte (z. B. Eigengewicht) belasteten Balken (Fig. 173) an Stelle der Querkräfte die senkrechten Auflagerdrücke A (Fig. 174a), wir müssen jedoch die Bestimmung der Festhaltungskraft, wie z. B. am Rahmen der Fig. 176, nach dem allgemeinen Verfahren vornehmen, da die Säulen nicht mehr parallel verlaufen. Wir bilden am Knotenpunkt A die Resultierende Q_{res}^A aus A_2^A und Q_1^A und zerlegen dieselbe in Richtung des Auflagerstabes 2 und des Balkens (Fig. 174b). Dann setzen wir am Knotenpunkt B Q_1^B und Q_3^B zu Q_{res}^B zusammen (Fig. 174c) und bilden die Resultierende von Q_{res}^B und der in Fig. 174b bestimmten „Reaktion" N_1; durch Zerlegung derselben in Richtung des Auflagerstabes 3 und die Horizontale erhalten wir darauf die gesuchte Festhaltungskraft F_{hor}.

7 Rahmen mit schiefen Endsäulen und waagrechtem Balken (Fig. 175).

Die Balkenöffnung 1 sei mit einer beliebig gerichteten Kraft P belastet, welche wir wieder in eine Komponente P' normal zum belasteten Stab und eine Komponente P'' in Richtung dieses Stabes zerlegen. Der Rahmen sei während

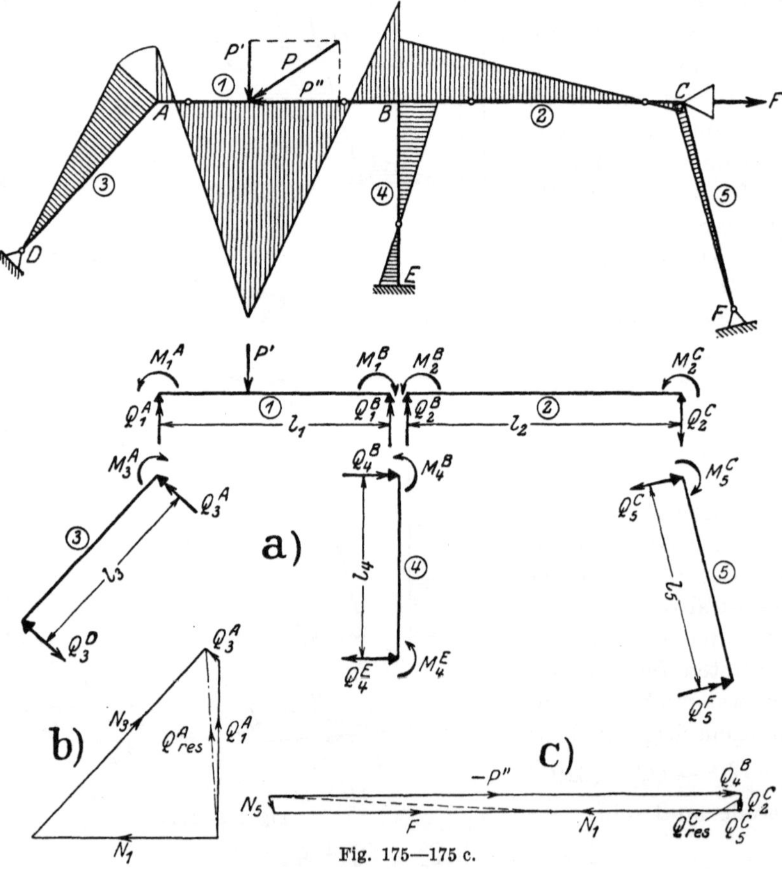

Fig. 175—175 c.

R. I durch ein in C gedachtes, festes Lager unverschiebbar festgehalten und wir suchen die in demselben auftretende Festhaltungskraft in Richtung des Balkens. Die Momentenfläche für diesen Zustand infolge der Belastung P' (Fig. 175) nehmen wir als gegeben an, ermitteln die zugehörigen Querkräfte an allen Stabenden des Rahmens (Fig. 175a) und bilden die Resultierende Q_{res} an jedem

Knotenpunkt. In Knotenpunkt A zerlegen wir nun Q_{res}^A (Fig. 175 b) in die Komponenten N_1^A und N_3, von welchen nur N_1^A eine Komponente der Festhaltungskraft ist. Im Knotenpunkt B ist eine Zusammensetzung der Querkräfte $(Q_1^B + Q_2^B)$ und Q_4^B zu Q_{res}^B und eine Zerlegung der letzteren in Richtung des Auflagerstabes 4 und in Richtung des horizontalen Balkens nicht erforderlich, weil ja die Komponenten $(Q_1^B + Q_2^B)$ bereits in die Richtung des Auflagerstabes 4 und die Komponente Q_4^B in die Richtung des horizontalen Balkens fällt. Im Knotenpunkt C setzen wir (Fig. 175 c) nun Q_{res}^C mit N_1^A, Q_4^B und der Reaktion der Komponente P'' der äußeren Last, also $- P''$, zusammen und zerlegen die daraus hervorgehende Resultierende in Richtung des Auflagerstabes 5 und in die Balkenrichtung; dann ist die letztere Komponente gleich der gesuchten Festhaltungskraft in Richtung des Balkens.

Wäre der Rahmen der Fig. 175 durch horizontalen Winddruck auf eine Endsäule belastet, so würden wir diese Belastung analog dem unter Sonderfall zu Abschnitt 1 Gesagten zweckmäßig nicht zerlegen, sondern die Momentenfläche mit der Projektion der Säulenlänge auf die Senkrechte ermitteln und schiefsymmetrisch oder rechtwinklig an die Säule antragen. Ferner würden wir dann zur Bestimmung der Festhaltungskraft am Säulenkopf nicht die Querkraft (normal zur Säulenachse), sondern den waagrechten Auflagerdruck A ermitteln und diesen in der weiteren Berechnung verwenden.

8. Rahmen mit schiefen Säulen und geneigtem Balken
(Fig. 176).

Der Balken sei mit einer beliebig gerichteten Kraft P belastet, welche wir wieder in die Komponenten P' und P'' normal und parallel zum belasteten Stab zerlegen. Der Rahmen sei während R. I durch ein in B gedachtes Lager unverschiebbar festgehalten und wir suchen die in demselben auftretende Festhaltungskraft in Richtung des geneigten Balkens. Die Momentenfläche für diesen Zustand (R. I) infolge der Belastung P' (Fig. 175) nehmen wir als gegeben an und

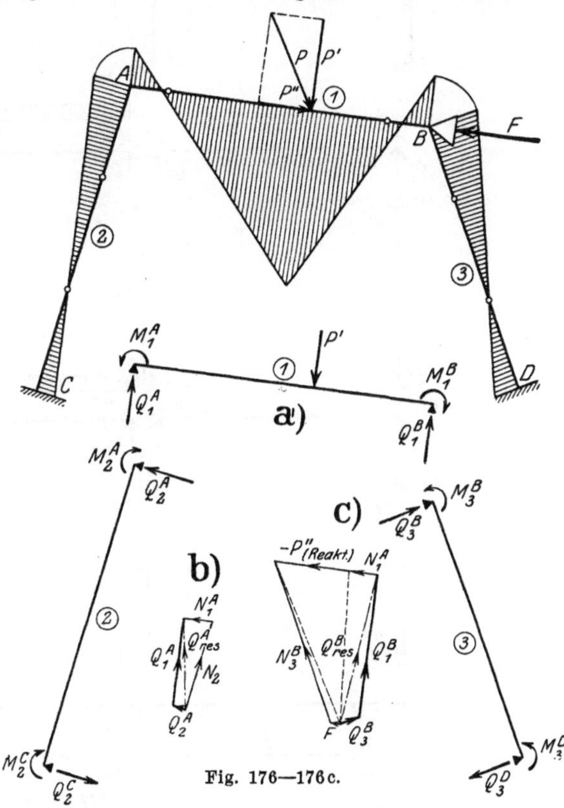

Fig. 176—176 c.

ermitteln die zugehörigen Querkräfte an beiden Knotenpunkten des Rahmens (Fig. 175 a) und bilden die Resultierenden Q_{res}^A und Q_{res}^B. Im Knotenpunkt A zerlegen wir Q_{res}^A (Fig. 175 b) in die Komponenten N_2 und N_1^A, von welchen nur N_1^A eine Komponente der Festhaltungskraft ist. Im Knotenpunkt B

setzen wir (Fig. 175c) Q_{res}^{B} mit N_1^A sowie der Reaktion der Komponente P'' der äußeren Last, also $-P''$, zusammen und zerlegen die daraus hervorgehende Resultierende in Richtung des Auflagerstabes *3* und diejenige des geneigten Balkens (Stab *1*); dann ist die in Richtung des Balkens fallende Kom-

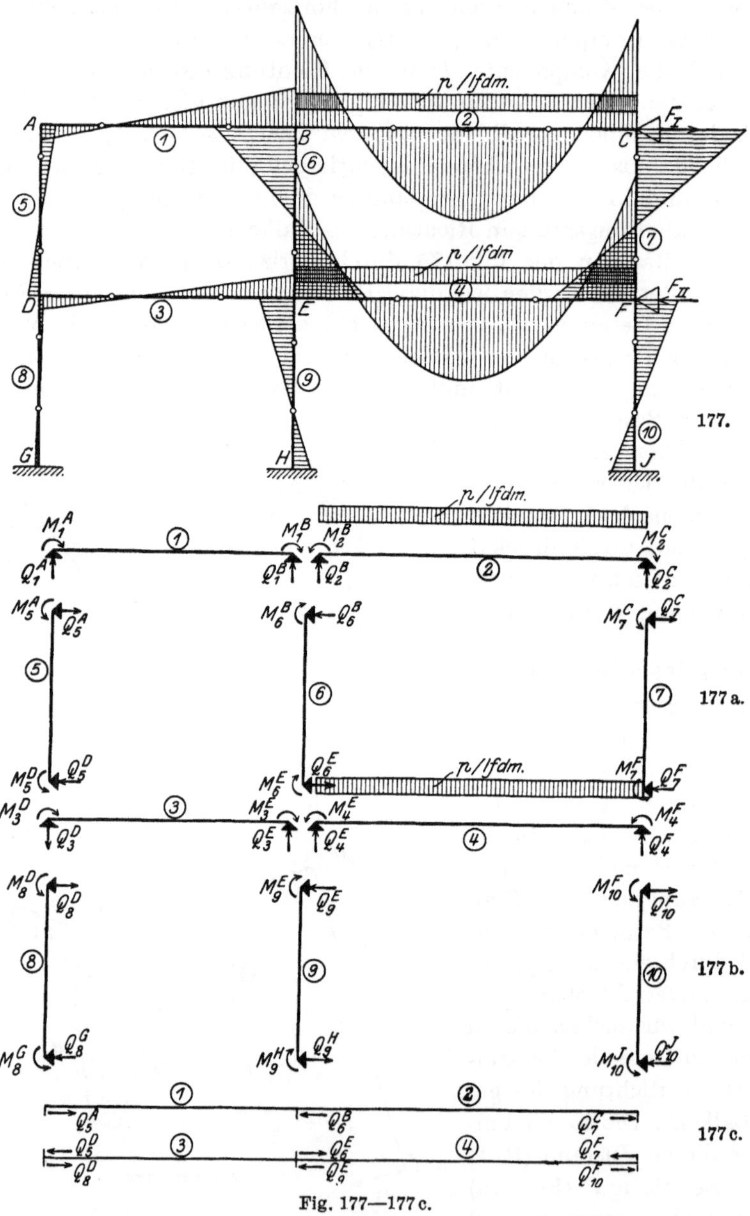

Fig. 177—177 c.

ponente die gesuchte Festhaltungskraft in Richtung des geneigten Balkens. Wünschen wir die Festhaltungskraft F_{hor} in Richtung der Horizontalen durch den Knotenpunkt B, so zerlegen wir in Fig. 175b die Resultierende aus Q_{res}^{B}, N_1^A und $-P''$ in Richtung des Auflagerstabes *3* und die Horizontale.

9. Zweistöckiger Rechteckrahmen (Fig. 177).

Der Stab *10* des Rahmens sei mit gleichmäßig verteilter Last p pro lfd. m belastet. Der Stockwerkrahmen sei ferner (während R. I) durch je ein gedachtes festes Lager in den Knotenpunkten J und F unverschiebbar festgehalten und wir suchen die ın denselben auftretenden Festhaltungskräfte F_I und F_{II}. Die Momentenfläche für diesen Zustand (R. I) infolge der gegebenen Belastung (Fig. 177) nehmen wir als gegeben an und ermitteln die zugehörigen Querkräfte an allen Stabenden (Fig. 177). Genau wie am einstöckigen Rechteckrahmen der Fig. 168 setzen wir die senkrecht aufeinander stehenden Querkräfte an den einzelnen Knotenpunkten nicht erst zu Q_{res} zusammen und zerlegen diese dann in dieselben Richtungen, sondern wir sehen, daß alle Querkräfte an den Enden der waagrechten Balken ganz in die senkrechten Säulen und die Querkräfte an den Enden der die Säulen bildenden Stäbe ganz in die waagrechten Balken fallen. Die in die Säulen fallenden Querkräfte werden von diesen in die Fundamente A, B und C übertragen und scheiden daher aus. Um die beiden an einem zweistöckigen Rahmen auftretenden Festhaltungskräfte F_I und F_{II} zu bestimmen, brauchen wir nur die waagrechten Querkräfte („Reaktionen") der Knotenpunkte, welche in die betreffende Balkenrichtung fallen, zu vereinigen. In der Balkenrichtung *9—10* wirken die Reaktionen Q_6^G, Q_7^H und Q_8^J (Fig. 177b), welche zusammengesetzt die Festhaltungskraft F_I ergeben; in der Balkenrichtung *4—5* wirken die Reaktionen Q_6^D, Q_7^E, Q_8^F sowie Q_1^D, Q_2^E und Q_3^F (Fig. 177c), welche zusammengesetzt die Festhaltungskraft F_{II} ergeben.

10. Zweistöckiger unsymmetrischer Jochrahmen (Fig. 178).

Der Stab *3* sei mit einer beliebig gerichteten Kraft P belastet, welche wir wieder in die Komponenten P' und P'' normal und parallel zum belasteten Stab zerlegen. Der Rahmen sei (während R. I) durch je ein gedachtes festes Lager in den Knotenpunkten B und D unverschiebbar festgehalten und wir suchen die in denselben auftretenden Festhaltungskräfte F_I und F_{II}. Die Momentenfläche für diesen Zustand (Fig. 178) infolge der gegebenen Belastung nehmen wir als gegeben an, ermitteln die zugehörigen Querkräfte an allen Stabenden und bilden die Resultierende Q_{res} an jedem Knotenpunkt. Im Knotenpunkt A zerlegen wir Q_{res}^A (Fig. 178a) in die Komponenten N_1 und N_3^A, von welchen nur N_1 eine Komponente der Festhaltungskraft F_I ist, während N_3^A bei der Bestimmung der Festhaltungskraft F_{II} in Betracht kommt. Nun setzen wir am Knotenpunkt $B\,Q_{res}^B$ mit N_1 zusammen (Fig. 178b) und zerlegen die daraus hervorgehende Resultierende in Richtung des Stabes *4* und die Horizontale; dann ist die in die Horizontale fallende Komponente gleich der gesuchten Festhaltungskraft F_I. Zur Bestimmung der Festhaltungskraft F_{II} setzen wir in Fig. 178c Q_{res}^C mit der in Fig. 178a bestimmten „Reaktion" N_3^A sowie der „Reaktion" von P'' zusammen und zerlegen die daraus hervorgehende Resultierende in die Komponenten N_2 und N_5, von denen nur N_2 eine Komponente der Festhaltungskraft F_{II} ist. Schließlich setzen wir in Fig. 178d Q_{res}^D mit der in Fig. 178c bestimmten „Reaktion" N_2 sowie der in Fig. 178b bestimmten „Reaktion" N_4 zusammen und zerlegen die daraus hervorgehende

Resultierende in Richtung des Auflagerstabes *6* und die Horizontale; die in die Horizontale fallende Komponente ist dann die gesuchte Festhaltungskraft F_{II}.

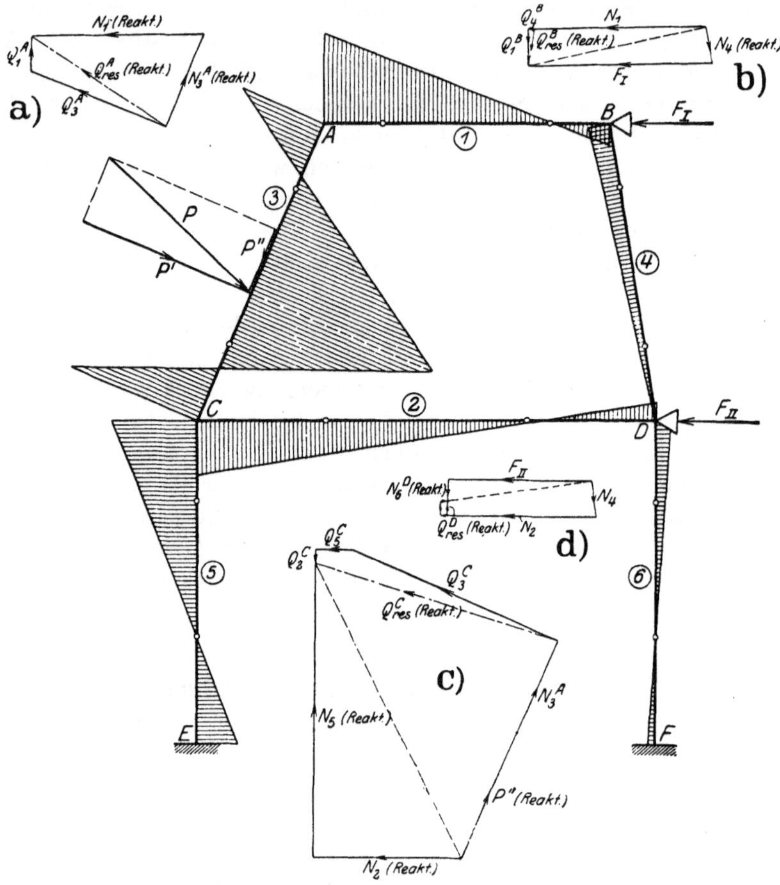

Fig. 178—178 d.

11. Dachrahmen, einstöckig (Fig. 179).

Der Stab *2* sei mit einer beliebig gerichteten Kraft *P* belastet, welche wir wieder in die Komponenten P' und P'' normal und parallel zum belasteten Stab zerlegen. Am Rahmen muß während R. I, damit sich seine Knotenpunkte nicht verschieben können, in *B* oder *C* ein festes Lager angebracht werden. Wir bringen dieses Lager beispielsweise am Knotenpunkt *B* an und suchen die in demselben auftretende Festhaltungskraft (Auflagerdruck) in horizontaler Richtung. Die Momentenfläche für diesen Zustand (R. I) infolge der Belastung P' nehmen wir als gegeben (Fig. 179) an, ermitteln die zugehörigen Querkräfte an den Knotenpunkten *B* und *C* (Fig. 179a) und bilden die Resultierenden Q_{res}^B und Q_{res}^{C}. Im Knotenpunkt *C* zerlegen wir nun Q_{res}^C (Fig. 179b) in die Komponenten N_3 und N_2^C, von welchen nur N_2^C eine Kom-

ponente der gesuchten Festhaltungskraft ist. Darauf setzen wir im Knotenpunkt BQ^B_{res} (Fig. 179c) mit der in Fig. 179b bestimmten „Reaktion" N^C_2

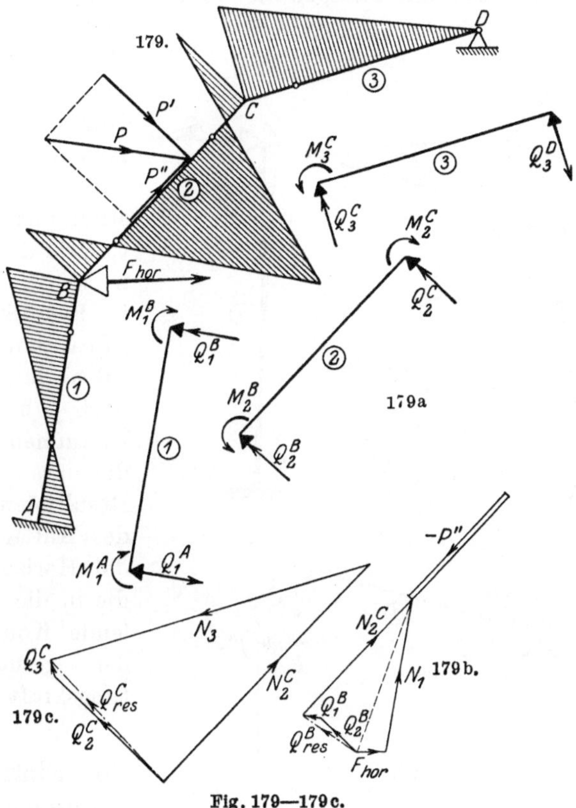

Fig. 179—179c.

und der „Reaktion" von P'', also $-P''$, zusammen und zerlegen die daraus
hervorgehende Resultierende in Richtung des Auflagerstabes 1 und die Horizontale; dann ist die in die Horizontale fallende Komponente gleich der gesuchten Festhaltungskraft F_{hor}.

12. Dachrahmen, „nach der Seite" zweistöckig (Fig. 180).

Der Stab 2 sei mit einer beliebig gerichteten Kraft P belastet, welche wir
wieder in die Komponenten P' und P'' normal und parallel zum belasteten
Stab zerlegen. Am Rahmen muß während R. I, damit sich seine Knoten-
punkte nicht verschieben können, in den Knotenpunkten B und D je ein festes
Lager angebracht werden. Wir suchen nun die in diesen Lagern infolge der äußeren
Belastung auftretenden Festhaltungskräfte F_I und F_{II} in horizontaler Richtung.
Die Momentenfläche für den festgehaltenen Zustand infolge der Belastung P'
nehmen wir als gegeben an (Fig. 180), ermitteln die zugehörigen Querkräfte an
allen Stabenden (Fig. 180a) und bilden die Resultierende Q_{res} an jedem
Knotenpunkt. Im Knotenpunkt C zerlegen wir nun Q^C_{res} (Fig. 180b) in die
Komponenten N_3 und N^C_2, von welchen die erstere eine Komponente von F_I

und letztere eine Komponente von F_{II} ist. Zur Bestimmung der Festhaltungskraft F_I setzen wir in Fig. 180c Q_{res}^D mit der in Fig. 180b bestimmten „Reaktion" N_3 zusammen und zerlegen die daraus hervorgehende Resultierende in Richtung des Auflagerstabes *4* und die Horizontale; dann ist die in die Horizontale fallende Komponente die gesuchte Festhaltungskraft F_I. Zur Bestimmung der Festhaltungskraft F_{II} setzen wir in Fig. 180d Q_{res}^B mit der in Fig. 180b bestimmten „Reaktion" N_2^C sowie der „Reaktion" von P'' (also nach abwärts gerichtet) zusammen und zerlegen die daraus hervorgehende Resultierende in Richtung des Auflagerstabes *1* und die Horizontale; dann ist die in die Horizontale fallende Komponente gleich der gesuchten Festhaltungskraft F_{II}.

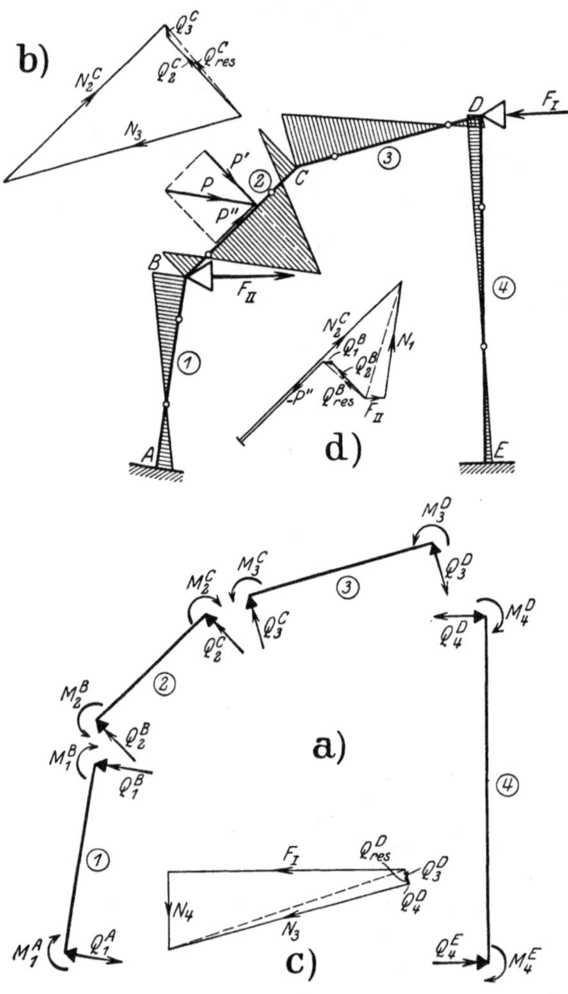

Fig. 180—180d.

13. Einfacher Hallenrahmen, „nach der Seite" zweistöckig (Fig. 181).

Der Stab *2* sei mit einer beliebig gerichteten Kraft P belastet, welche wir wieder in die Komponenten P' und P'' normal und parallel zum belasteten Stab zerlegen. Am Rahmen muß während R. I, damit sich seine Knotenpunkte nicht verschieben können, in den Knotenpunkten B und D je ein festes Lager angebracht werden. Wir suchen die in diesen Lagern infolge der äußeren Belastung auftretenden Festhaltungskräfte F_I und F_{II} in horizontaler Richtung. Die Momentenfläche für den festgehaltenen Zustand infolge der Belastung P' nehmen wir als gegeben an (Fig. 181), ermitteln die zugehörigen Querkräfte an allen Stabenden (Fig. 181a) und bilden die Resultierende Q_{res} an jedem Knotenpunkt. In Fig. 181b zerlegen wir darauf Q_{res}^C in die Komponenten N_2^C und N_3, von welchen erstere einen Anteil zu F_I und letztere einen solchen zu F_{II} liefert. Zur Bestimmung der Festhaltungskraft F_I setzen wir in Fig. 181c Q_{res}^B mit der in

Fig. 181 b bestimmten „Reaktion" N_2^C und der „Reaktion" von P'' (also nach abwärts gerichtet) zusammen und zerlegen die daraus hervorgehende Resultierende in Richtung des Auflagerstabes *1* und die Horizontale; dann ist die in die Horizontale fallende Komponente die gesuchte Festhaltungskraft F_I. Zur

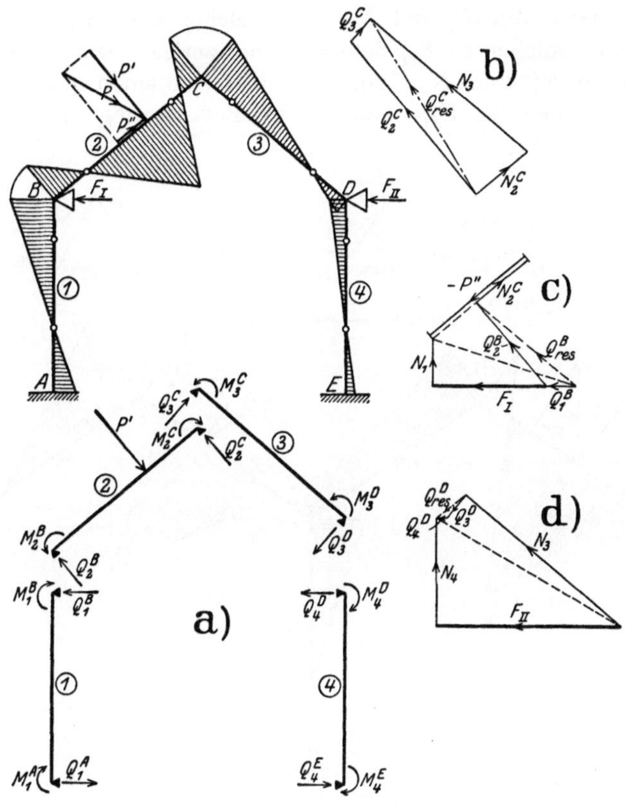

Fig. 181—181 d.

Bestimmung der Festhaltungskraft F_{II} setzen wir in Fig. 181 d Q_{res}^D mit der in Fig. 181 b bestimmten „Reaktion" N_3 zusammen und zerlegen die daraus hervorgehende Resultierende in Richtung des Auflagerstabes *4* und die Horizontale; die in die letztere fallende Komponente ist dann gleich der gesuchten Festhaltungskraft F_{II}.

14. Doppelter Hallenrahmen, „nach der Seite" dreistöckig (Fig. 182).

Der Stab *4* sei mit einer vertikalen Kraft P_1 und der Stab *6* mit einer beliebig gerichteten Kraft P_2 belastet; beide zerlegen wir zur Durchführung der Berechnung in je eine Komponente normal und parallel zum belasteten Stab. Damit sich die Knotenpunkte des Rahmens während Rechnungsabschnitt I nicht verschieben können, müssen wir an den Knotenpunkten B, D und F je ein festes Lager anbringen (Fig. 182); wir suchen die in diesen Lagern infolge der äußeren Belastung auftretenden Festhaltungskräfte F_I, F_{II} und F_{III} in horizontaler Richtung. Die Momentenfläche für den festgehaltenen Zustand infolge der Belastung P_1' und P_2' nehmen wir als gegeben an (siehe Fig. 182), ermitteln die zugehörigen Querkräfte an allen Stabenden und bilden die Resultierende Q_{res} an jedem Knotenpunkt. Darauf zerlegen wir in Fig. 182a Q_{res}^C in die Komponenten N_4^C und N_5, von welchen erstere einen Anteil zu F_I und letztere einen solchen zu F_{II} liefert. Ferner zerlegen wir in Fig. 182b Q_{res}^E in die Komponenten N_6^E und N_7, von denen erstere einen Anteil zu F_{II} und letztere einen solchen zu F_{III} liefert. Zur Bestimmung der Festhaltungs-

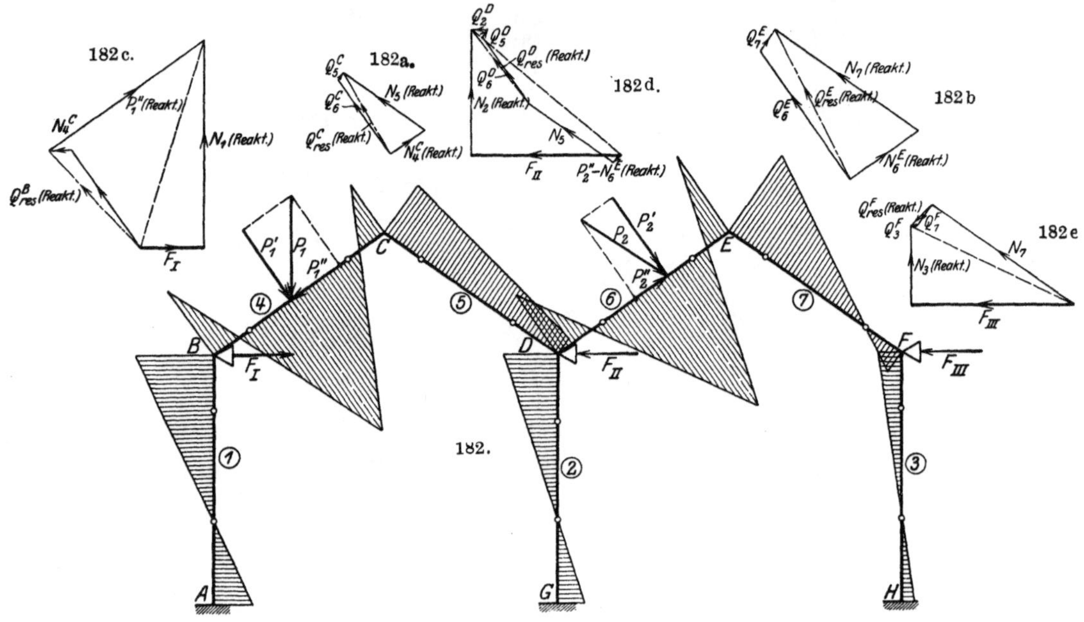

Fig. 182—182e.

kraft F_I setzen wir in Fig. 182c Q_{res}^B mit der in Fig. 182a bestimmten „Reaktion" N_4^C und der „Reaktion" von P_1'' (also nach aufwärts gerichtet) zusammen und zerlegen die daraus hervorgehende Resultierende in Richtung des Auflagerstabes 1 und die Horizontale; dann ist die in die Horizontale fallende Komponente die gesuchte Festhaltungskraft F_I. Zur Bestimmung der Festhaltungskraft F_{II} setzen wir in Fig. 182d Q_{res}^D mit der „Reaktion" N_5 aus Fig. 182a, der „Reaktion" N_6^E aus Fig. 182b und der „Reaktion" von P_2' zusammen und zerlegen die daraus hervorgehende Resultierende in Richtung des Auflagerstabes 2 und die Horizontale; die in die letztere fallende Komponente ist dann die gesuchte Festhaltungskraft F_{II}. Zur Bestimmung der Festhaltungskraft F_{III} setzen wir in Fig. 182e Q_{res}^F mit der in Fig. 182b bestimmten „Reaktion" N_7 zusammen und zerlegen die daraus hervorgehende Resultierende in Richtung des Auflagerstabes 3 und die Horizontale; die in die letztere fallende Komponente ist dann die gesuchte Festhaltungskraft F_{III}.

15. Doppelter Dachrahmen, „nach der Seite" dreistöckig (Fig. 183).

Der Stab 2 des Rahmens sei mit einer beliebig gerichteten Kraft P belastet, welche wir wieder in die Komponenten P' und P'' normal und parallel zum belasteten Stab zerlegen. Damit sich kein Knotenpunkt des Rahmens während Rechnungsabschnitt I verschieben kann, müssen wir an den Knotenpunkten B, E und F je ein festes Lager anbringen (siehe Fig. 183); wir suchen die in diesen Lagern infolge der äußeren Belastung auftretenden Festhaltungskräfte F_I,

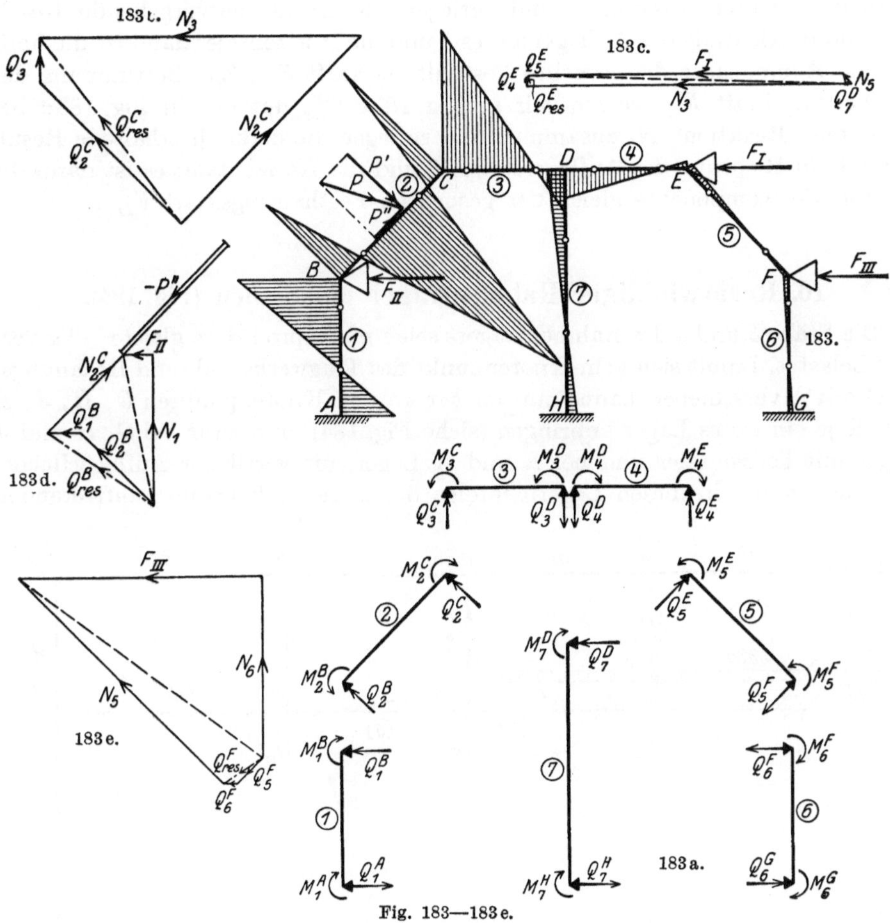

Fig. 183—183e.

F_{II} und F_{III} in horizontaler Richtung. Die Momentenfläche für den festgehaltenen Zustand infolge der Belastung P' nehmen wir als gegeben an (siehe Fig. 183), ermitteln die zugehörigen Querkräfte an allen Stabenden (Fig. 183a) und bilden die Resultierende Q_{res} an jedem Knotenpunkt. Darauf zerlegen wir in Fig. 183b Q_{res}^C in die Komponenten N_2^C und N_3, von welchen erstere einen Anteil zu F_{II} und letztere einen solchen zu F_I liefert. Die im Knotenpunkt D angreifenden Querkräfte brauchen wir nicht erst zusammenzusetzen und dann nachher in ihre eigenen Richtungen zu zerlegen, sondern wir erkennen, daß Q_3^D und Q_4^D ganz in den Auflagerstab 7 fallen und damit ausscheiden und daß Q_7^D ganz von dem Lager in E aufgenommen wird. Zur Bestimmung der Festhaltungskraft F_I setzen wir daher in Fig. 183c Q_{res}^E mit der in Fig. 183b bestimmten „Reaktion" N_3 sowie Q_7^D zusammen und zerlegen die daraus hervorgehende Resultierende in die Richtung des Stabes 5 und die Horizontale; dann ist die horizontale Komponente die gesuchte Festhaltungskraft F_I. Zur Bestimmung der Festhaltungskraft F_{II} setzen wir in Fig. 183d Q_{res}^B mit der in Fig. 183b bestimmten „Reaktion" N_2^G und der „Reaktion" von P'' (also nach abwärts gerichtet) zusammen und zerlegen die daraus hervorgehende Resultierende in Richtung des Auflagerstabes 1 und die Horizontale; dann ist die horizontale Komponente die gesuchte Festhaltungskraft F_{II}. Zur Bestimmung der Festhaltungskraft F_{III} setzen wir in Fig. 183e Q_{res}^F mit der in Fig. 183c bestimmten „Reaktion" N_5 zusammen und zerlegen die dadurch erhaltene Resultierende in Richtung des Auflagerstabes 6 und die Horizontale; es ist dann die horizontale Komponente gleich der gesuchten Festhaltungskraft F_{III}.

16. Rechtwinkliger Rahmenträger auf Säulen (Fig. 184).

Die Stäbe 3 und 4 des Rahmenträgers seien mit p pro lfd. m gleichmäßig verteilt belastet. Damit sich kein Knotenpunkt des Tragwerks während Rechnungsabschnitt I verschieben kann, müssen wir an den Knotenpunkten G, H, J, E und K je ein festes Lager anbringen (siehe Fig. 184), und zwar bei G, H und J Lager mit horizontaler und bei E und K Lager mit vertikaler Auflagerfläche. Wir suchen die in diesen Lagern infolge der äußeren Belastung auftretenden

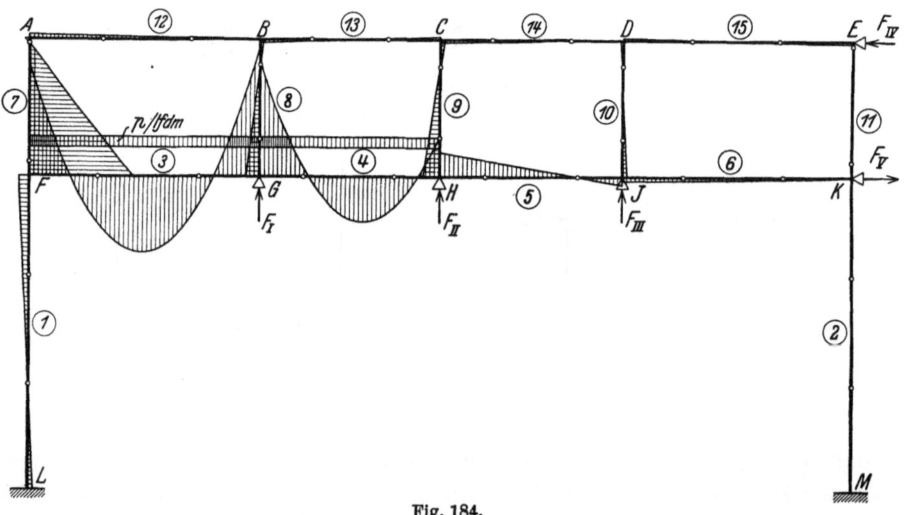

Fig. 184.

Festhaltungskräfte F_I bis F_V. Die Momentenfläche für den festgehaltenen Zustand nehmen wir als gegeben an (siehe Fig. 184) und wir ermitteln die zugehörigen Querkräfte an allen Stabenden. Da es sich um ein Tragwerk mit rechtwinklig zueinander stehenden Stäben handelt, so sind zur Bestimmung der Festhaltungskräfte F_I bis F_V genau wie z. B. am Rechteck-Stockwerk-rahmen der Fig. 177 keine Kräftepläne zu zeichnen, sondern es ist

F_I gleich Resultierende aus Q_{12}^B, Q_{13}^B, Q_3^G und Q_4^G;

F_{II} gleich Resultierende aus Q_{13}^C, Q_{14}^C, Q_4^H und Q_5^H;

F_{III} gleich Resultierende aus Q_{14}^D, Q_{15}^D, Q_5^J und Q_6^J;

F_{IV} gleich Resultierende aus Q_7^A, Q_8^B, Q_9^C, Q_{10}^D und Q_{11}^E;

F_V gleich Resultierende aus Q_7^F, Q_1^F, Q_8^G, Q_9^H, Q_{10}^J, Q_{11}^K und Q_2^K.

VIII. Bestimmung der inneren Kräfte an einem Tragwerk mit bogenförmigen Stäben.

1. Gang der Berechnung.

In Fig. 185 haben wir ein Tragwerk dargestellt, welches nicht nur aus geradlinigen, sondern auch aus bogenförmigen Stäben besteht, deren Trägheitsmoment beliebig veränderlich ist. Zunächst setzen wir voraus, daß die Knotenpunkte A, B, C, D dieses Tragwerkes unverschiebbar festgehalten seien (Rechnungsabschnitt I); die Bestimmung der inneren Zusatzkräfte, welche bei einer Verschiebung dieser Knotenpunkte auftreten (Rechnungsabschnit II), ist in Kap. VIII des zweiten Teiles vorgeführt.

Der Gang der Berechnung eines solchen Tragwerkes ist im Prinzip derselbe, wie wenn nur geradlinige Stäbe vorhanden wären (Kap. I).

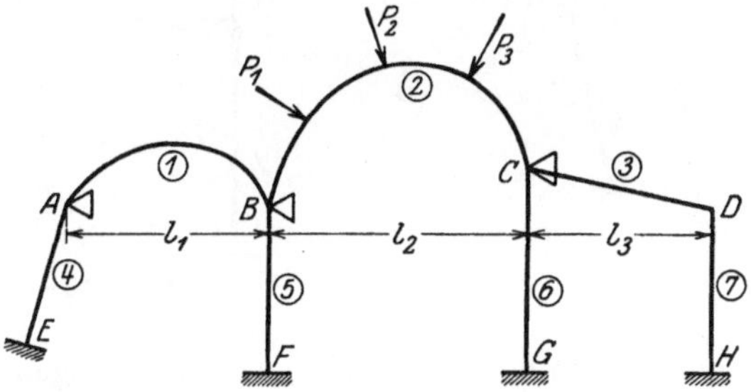

Es sei nur ein Stab, beispielsweise der bogenförmige Stab *2* des gewichtslosen Tragwerks mit den beliebig gerichteten Kräften P_1, P_2 und P_3 belastet. Um die Momentenfläche am ganzen Tragwerk zu erhalten, müssen wir von dem belasteten Bogen *2* ausgehen, an welchem wegen seiner elastischen Einspannung in den Knotenpunkten B und C an letzteren sog. Kämpfermomente auftreten.

Fig. 185.

Zur Bestimmung der Momente am belasteten Bogen trennen wir denselben in den Querschnitten B_2 und C_2 von seinen beiden Widerlagern B und C (sein Widerlager in B wird gebildet durch die zwei Stäbe *1* und *5*, dasjenige in C durch die zwei Stäbe *3* und *6*) und stützen ihn daselbst wegen der vorausgesetzten Unverschiebbarkeit der Knotenpunkte durch je ein festes Gelenklager (Fig. 185a). Um am Spannungszustand des Bogens und seiner Widerlager nichts zu ändern, müssen wir an den Schnittstellen die in denselben wirkenden Spannungen als äußere Kräfte anbringen, und zwar an den festen Gelenklagern B_2 und C_2 des Bogens *2* die Kämpfermomente M_2^B und M_2^C, wie in Fig. 185a eingetragen, und an seinen Widerlagern B und C die gleich großen, aber entgegengesetzt drehenden Momente; die Wirkung der in B und C auftretenden Kämpfer-resultierenden auf das Tragwerk brauchen wir vorläufig nicht zu verfolgen, da wir ja die Knotenpunkte B und C als unverschiebbar vorausgesetzt haben. Die Kämpferresultierenden werden von den festen Gelenklagern in B_2 und C_2 aufgenommen.

Wir erkennen nun, daß die Momente am belasteten bogenförmigen Stab 2 als diejenigen des Zweigelenkbogens (Fig. 185a) belastet mit den äußeren Lasten P_1, P_2, P_3 sowie mit den Kämpfermomenten M_2^B und M_2^C erhalten werden. Am Zweigelenkbogen treten aber sowohl durch die Belastung desselben mit P_1, P_2 und P_3 als auch mit den Kämpfermomenten Bogenschübe (der allgemeine Ausdruck für Horizontalschub) auf, welche bei

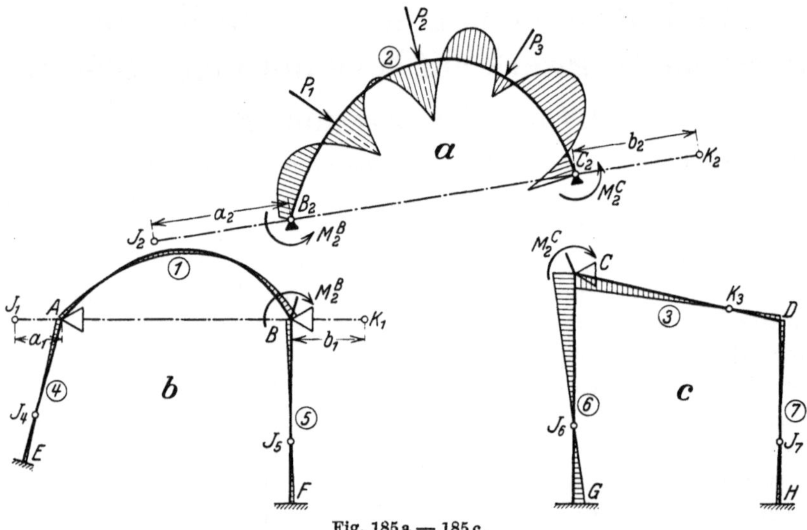

Fig. 185a — 185c.

der Bestimmung der Momente am Bogen berücksichtigt werden müssen und welche die Berechnung des bogenförmigen Stabes gegenüber derjenigen des geraden Stabes verwickelter gestalten.

Da die Stäbe in ihren Knotenpunkten biegungsfest miteinander verbunden sind, pflanzen sich die Momente von dem belasteten Stab aus über das ganze Tragwerk fort. Das Kämpfermoment M_2^B (Fig. 185b) spaltet sich beim Überschreiten des Knotenpunktes B nach links in die Momente

$$M_1^B = \mu_{2-1}^B \cdot M_2^B$$

und

$$M_5^B = \mu_{2-5}^B \cdot M_2^B ,$$

wenn μ wie früher die Verteilungsmaße bedeuten, welche den Momentenanteil (in Prozent) angeben, der auf die einzelnen am Knotenpunkt anstoßenden Stäbe entfällt (siehe Kap. II). Es ist nach Formel (37) und (38)

$$\mu_{2-1}^B = \frac{\tau_5^B}{\tau_1^B + \tau_5^B} ,$$

$$\mu_{2-5}^B = 1 - \mu_{2-1}^B .$$

Der hierin vorkommende Drehwinkel τ_5^B des geraden Stabes 5 wird nach Kap. II, 6 bestimmt, während der Drehwinkel τ_1^B des Bogens 1 nach der gleichen Formel, in welcher jedoch die am Zweigelenkbogen auftretenden Einheitsdrehwinkel vorkommen, ermittelt wird (siehe Abschnitt 5).

Die Momente M_1^B und M_5^B pflanzen sich nun über die unbelasteten Stäbe fort. Die Weiterleitung der Momente über die geraden Stäbe erfolgt wie früher mit Hilfe der Festpunkte des elastisch eingespannten geraden Stabes und die Weiterleitung über die bogenförmigen, an beiden Enden unverschiebbaren Stäbe mit Hilfe der Festpunkte des elastisch eingespannten bogenförmigen Stabes. In beiden Fällen ziehen wir vom Endpunkt des an einem Stabende als Ordinate aufgetragenen Momentes eine Gerade durch den betreffenden Festpunkt, welche dann auf der am anderen Stabende errichteten Ordinate das an diesem gesuchte Moment abschneidet. Es sei aber hervorgehoben, daß die Festpunkte beim geraden Stab innerhalb der Öffnung (positive Abstände) und diejenigen des bogenförmigen Stabes außerhalb der Öffnung (negative Abstände) liegen (vgl. Fig. 185a, b und c). Es ist also rechnerisch in beiden Fällen

$$M^A = - M^B \cdot \frac{a}{l-a}, \qquad (329\,\text{a})$$

wobei jedoch zu beachten ist, daß der Wert für a beim elastisch eingespannten bogenförmigen Stab negatives Vorzeichen hat, so daß an letzterem dem absoluten Wert nach:

$$M^A = M^B \cdot \frac{a}{l+a} \quad \text{(vgl. Fig. 185 d).}$$

Während an einem unbelasteten geraden Stab durch die durch den Festpunkt gezogene Gerade der Momentenverlauf am ganzen Stab festgelegt ist, erhalten wir am unbelasteten bogenförmigen Stab 1 durch die durch den Festpunkt J_1 gezogene Gerade erst das Kämpfermoment am anderen Ende des

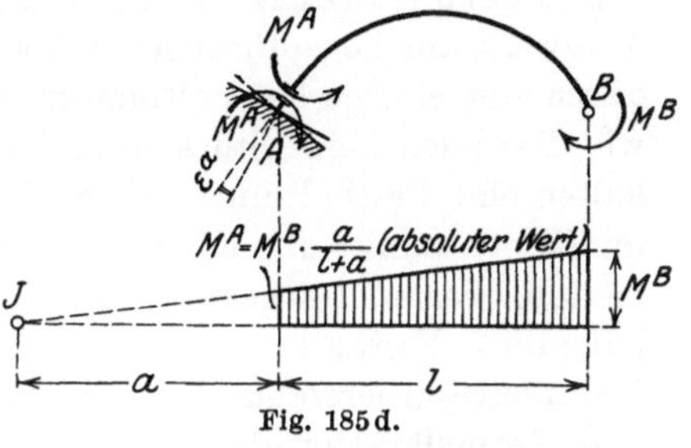

Fig. 185 d.

Stabes; der Momentenverlauf am unbelasteten bogenförmigen Stab 1 ergibt sich darauf als derjenige des Zweigelenkbogens belastet mit den Kämpfermomenten M_1^A und M_1^B.

Wir erkennen, daß das durch die Kämpferverbindungslinie, die Momentenordinaten M_1^B und M_1^A sowie die Verbindungslinie der letzteren gebildete Momententrapez nichts anderes ist als die Balkenmomentenfläche (M_0-Fläche) für diesen Belastungszustand, welche noch mit der Momentenfläche herrührend vom Bogenschub des Zweigelenkbogens infolge Belasten desselben mit den Kämpfermomenten M_1^A und M_1^B zusammen gesetzt werden muß, um die Momentenfläche (Fig. 185b) am ganzen Stab 1 zu erhalten.

Das Moment M_1^A wird nun mit Hilfe des unteren Festpunktes über den unbelasteten geraden Stab 4 weitergeleitet.

Die rechts von C abgetrennte Konstruktion (Fig. 185c) besteht nur aus geraden Stäben. Das Kämpfermoment M_2^C wird deshalb in bekannter Weise unter Benutzung der Festpunkte des geraden Stabes über die unbelasteten Stäbe 3, 6 und 7 fortgepflanzt.

Sind mehrere Stäbe gleichzeitig belastet, so bestimmt man die Momentenflächen am ganzen Tragwerk für die Belastung dieser Stäbe getrennt voneinander und addiert darauf die Momente unter Berücksichtigung ihrer Vorzeichen; die daraus hervorgehenden totalen Kämpfermomente sind dann der weiteren Berechnung, besonders der Bestimmung des Bogenschubes H an den bogenförmigen Stäben zugrunde zu legen.

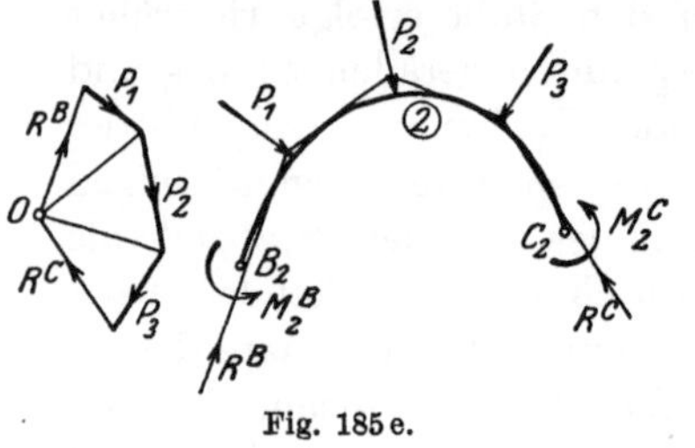

Fig. 185e.

Um die Quer- und Normalkräfte am belasteten bogenförmigen Stab 2 zu erhalten, zeichnen wir für den mit den äußeren Lasten und den (bei Belastung mehrerer Stäbe totalen) Kämpfermomenten belasteten Zweigelenkbogen die Stützlinie (Fig. 185e), welche gleichzeitig eine Probe für die Rechnung bildet; am unbelasteten bogenförmigen Stab 1 ist die Stützlinie eine Gerade in einem gewissen Abstand von den beiden Gelenken, sie wird jedoch nicht gebraucht, da es einfacher ist, die inneren Kräfte am unbelasteten Bogen analytisch zu bestimmen.

Die Quer- und Normalkräfte an den geradlinigen Stäben bestimmen wir in bekannter Weise nach Kap. VI.

Zum Schluß ermitteln wir an einem Tragwerk mit verschiebbaren Knotenpunkten, welches in letzteren nur vorübergehend festgehalten gedacht ist, die sog. Festhaltungskräfte, welche alle Knotenpunkte in Ruhe halten. Ein Tragwerk mit bogenförmigen Stäben, wie z. B. dasjenige der Fig. 185 kann nicht durch eine einzige Festhaltungskraft unverschiebbar festgehalten werden, genau wie dies auch beim Stockwerkrahmen (Kap. VII, 2) nicht möglich ist. Wir erhalten eine Festhaltungskraft F^A im Knotenpunkt A, eine Festhaltungskraft F^B im Knotenpunkt B und eine Festhaltungskraft F^C im Knotenpunkt C, welch letztere wegen des geradlinigen Stabes 3 auch den Knotenpunkt D in Ruhe hält; diese Festhaltungskräfte werden aus den in den Knotenpunkten wirkenden Kämpferresultierenden der anschließenden bogenförmigen Stäbe und den Quer- und Normalkräften der anschließenden geraden Stäbe gewonnen.

Sind die Kämpfer der bogenförmigen Stäbe des zu berechnenden Tragwerkes durch elastische Zugbänder miteinander verbunden, so ändert sich der Rechnungsvorgang während R. I nicht. Am Rahmen der Fig. 185f z. B. müssen während R. I wie am Rahmen der Fig 185 die Knotenpunkte (Bogenkämpfer)

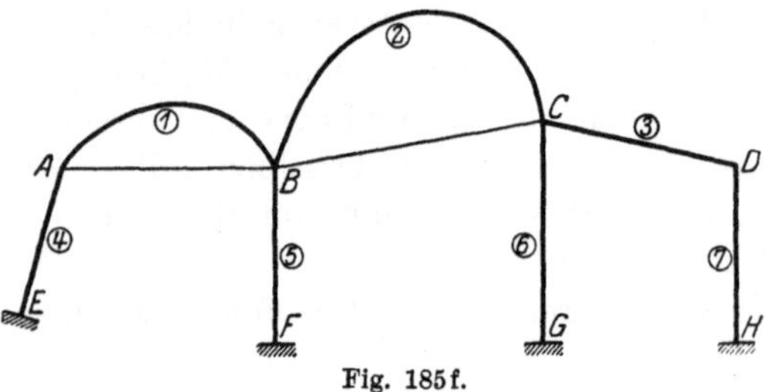

Fig. 185f.

A, B und C durch je ein festes Lager an denselben unverschiebbar festgehalten werden.

Anmerkung: Der größeren Übersichtlichkeit wegen haben wir den Berechnungsgang des Rahmens der Fig. 185 unter der Voraussetzung vorgeführt, daß der Stab 4 als ein geradliniger und der Stab 1 als ein bogenförmiger Stab betrachtet wird, wodurch wir genötigt sind, während R. I auch am Knotenpunkt A ein gedachtes festes Lager anzubringen. Aus Teil II werden wir ersehen, daß die Berechnung um so mehr Zeitaufwand erfordert, je mehr Knotenpunkte während R. I mit einem gedachten festen Lager versehen werden müssen. Aus diesem Grunde wäre es auch zweckmäßig, den geraden

Stab EA und den bogenförmigen Stab AB zusammen als einen unsymmetrischen bogenförmigen Stab zu betrachten, der eben noch ein gerades Stück aufweist, was aber für die Berechnung nichts zu sagen hat.

Sind die Kämpfer eines bogenförmigen Stabes jedoch durch ein Zugband miteinander verbunden (Fig. 185f), so muß ein solcher Stab für sich allein betrachtet werden.

2. Bestimmung der Festpunkte des elastisch eingespannten bogenförmigen Stabes.

Die beiden Festpunkte eines elastisch eingespannten bogenförmigen Stabes, dessen Enden keine Verschiebungen ausführen, sind wie beim geraden Stab diejenigen Punkte, in welchen die Verbindungslinie der Kämpfermomente herrührend von einem an einem Stabende eingeleiteten Moment die Kämpferverbindungslinie schneidet.

Wir wissen aus der Anschauung, daß an einem elastisch eingespannten bogenförmigen Stab, an dessen einem Ende ein Moment eingeleitet wird, das dadurch am anderen Ende hervorrgeufene Kämpfermoment, im Gegensatz zum geraden Stab, das gleiche Vorzeichen hat; demgemäß muß der Festpunkt, in welchem die Verbindungsgerade der beiden Kämpfermomente die Kämpferverbindungslinie schneidet, im Gegensatz zu demjenigen des elastisch eingespannten geraden Stabes, außerhalb der Öffnung liegen, und ist daher nicht gleichzeitig Momentennullpunkt des Stabes für den genannten Belastungszustand (vgl. Fig. 185d).

Diese Festpunkte haben eine von der äußeren Belastung unabhängige Lage.

Die Ableitung des Ausdruckes für die Festpunktabstände a und b des elastisch eingespannten bogenförmigen Stabes gestaltet sich genau gleich wie diejenige des geraden Stabes (Kap. II, 3).

Bezeichnen wir analog wie bei den Ableitungen für den geraden Stab mit:

φ^a bzw. φ^b (Fig. 186a) den Drehwinkel am linken bzw. rechten Ende des Zweigelenkbogens infolge der äußeren Belastung oder einer Temperaturänderung des Bogens;

α bzw. β (Fig. 186b) den Drehwinkel am linken bzw. rechten Ende des Zweigelenkbogens infolge Belastung des linken Endes mit dem Moment $M = 1$ (der Drehwinkel β ist an dem Ende angenommen, wo das Moment nicht eingeleitet wird);

β bzw. γ (Fig. 186c) den Drehwinkel am linken bzw. rechten Ende des Zweigelenkbogens infolge Belastung des rechten Endes mit dem Moment $M = 1$ (der Winkel β in Fig. 186c ist nach dem Satze von der Gegenseitigkeit der Formänderungen gleich dem Winkel β in Fig. 186b);

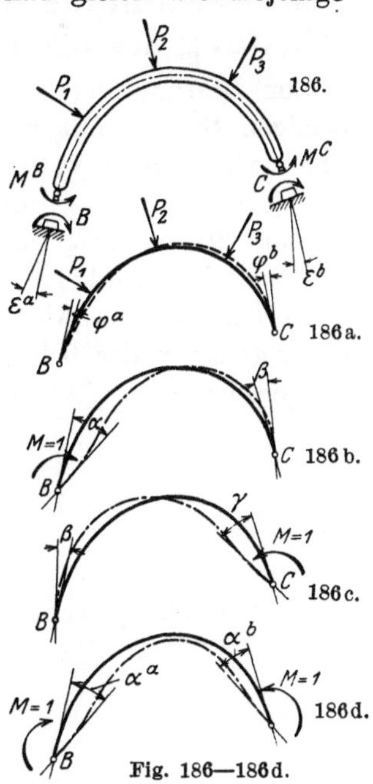

Fig. 186—186d.

α^a bzw. α^b (Fig. 186d) den Drehwinkel am linken bzw. rechten Ende des Zweigelenkbogens infolge der gleichzeitigen Belastung des linken und
des rechten Endes mit dem Moment $M = 1$,

ε^a bzw. ε^b (Fig. 186) die Drehung des Widerlagers B bzw. C des bogenförmigen
Stabes infolge Belastung des betreffenden Widerlagers mit dem
Moment $M = 1$,

so erhalten wir für den Festpunktabstand a des elastisch eingespannten
bogenförmigen Stabes die allgemeine Hauptformel:

$$a = \frac{l \cdot \beta}{\alpha^a + \varepsilon^a}. \tag{330}$$

Analog erhalten wir für den Festpunktabstand b des bogenförmigen
Stabes die allgemeine Hauptformel:

$$b = \frac{l \cdot \beta}{\alpha^b + \varepsilon^b}. \tag{330a}$$

Die Werte der hierin vorkommenden Drehwinkel am Zweigelenkbogen werden
nach Abschnitt 4 und 5 ermittelt; für symmetrische Parabelbögen, deren
Stärke vom Scheitel zum Kämpfer gesetzmäßig zunimmt, sind diese Drehwinkel
im Anhang angegeben.

Aus Fig. 186b und 186c ersehen wir, daß der Drehwinkel β stets negativ ist,
so daß die Werte für die Festpunktabstände ebenfalls negativ werden, d. h. von
den Kämpfern nach außen abzutragen sind.

Ist der Einspannungsgrad in A sehr klein, so fällt der Festpunkt J beinahe
mit dem Kämpfer A zusammen. Mit wachsendem Einspannungsgrad des Kämpfers
sowie auch mit abnehmendem Pfeilverhältnis $\dfrac{f}{l}$ des Bogens entfernt sich der
Festpunkt vom Kämpfer.

3. Bestimmung der Kämpfermomente infolge beliebiger Belastung des elastisch eingespannten bogenförmigen Stabes.

Zur Bestimmung der beiden Kämpfermomente M^B und M^C am bogenförmigen Stab 2 mit beliebig veränderlichem Trägheitsmoment erhalten wir,
genau wie in Kap. V, Abschnitt 1a, für den geraden Stab abgeleitet, aus der
Bedingung, daß die Summe der von ihnen am Stabende B_2 und Widerlager B
bzw. am Stabende C_2 und Widerlager C (Fig. 186) des Zweigelenkbogens hervorgerufenen Drehwinkel je gleich Null sein muß und unter Berücksichtigung der
im vorhergehenden Abschnitt eingeführten Bezeichnungen die Elastizitätsbedingungen des belasteten bogenförmigen Stabes, analog denjenigen für
den geraden Stab [Gl. (213) und (214)]:

$$\left.\begin{aligned}
\varphi^a + M^B \cdot \alpha + M^C \cdot \beta + M^B \cdot \varepsilon^a &= 0, \\
\varphi^b + M^B \cdot \beta + M^C \cdot \gamma + M^C \cdot \varepsilon^b &= 0,
\end{aligned}\right\} \tag{331}$$

woraus sich

analytisch

die beiden Kämpfermomente ergeben zu:

$$M^B = \frac{-\varphi^a (\gamma + \varepsilon^b) + \varphi^b \cdot \beta}{(\alpha + \varepsilon^a) \cdot (\gamma + \varepsilon^b) - \beta^2}, \tag{332}$$

$$M^C = \frac{-\varphi^b (\alpha + \varepsilon^a) + \varphi^a \cdot \beta}{(\alpha + \varepsilon^a) \cdot (\gamma + \varepsilon^b) - \beta^2}. \tag{333}$$

Nun ist nach Gl. (4), welche auch für den bogenförmigen Stab gilt:

$$(\alpha + \varepsilon^a) = \frac{l-a}{a} \cdot \beta,$$

und analog muß sein:

$$(\gamma + \varepsilon^b) = \frac{l-b}{b} \cdot \beta;$$

setzen wir diese Werte in die Gl. (332) und (333) ein, so erhalten wir:

$$M^B = \frac{-\varphi^a \cdot \dfrac{l-b}{b} \cdot \beta + \varphi^b \cdot \beta}{\dfrac{l-a}{a} \cdot \beta \cdot \dfrac{l-b}{b} \cdot \beta - \beta^2} = \frac{-\varphi^a \cdot a\,(l-b) + \varphi^b \cdot a \cdot b}{(l-a)\,(l-b)\,\beta - \beta \cdot a \cdot b}$$

oder

$$M^B = \frac{-\varphi^a\,(l-b) + \varphi^b \cdot b}{l \cdot \beta\,(l-a-b)} \cdot a, \tag{334}$$

und analog:

$$M^C = \frac{-\varphi^b\,(l-a) + \varphi^a \cdot b}{l \cdot \beta\,(l-a-b)} \cdot b. \tag{335}$$

Setzt man hierin nach den Gl. (339) und (340):

$$-\frac{\varphi^b}{\beta} = k^a \qquad \text{und} \qquad -\frac{\varphi^a}{\beta} = k^b,$$

so erhalten wir

$$M^B = \frac{k^b\,(l-b) - k^a \cdot b}{l\,(l-a-b)} \cdot a, \tag{336}$$

$$M^C = \frac{k^a\,(l-a) - k^b \cdot a}{l\,(l-a-b)} \cdot b. \tag{337}$$

Durch Einsetzen der im folgenden Abschnitt bestimmten Werte für die einzelnen Drehwinkel in obige Ausdrücke sowie in diejenigen für die Festpunktabstände a und b erhalten wir die Kämpfermomente M^B und M^C.

Bei Symmetrie und symmetrischer Belastung wird

$$M^B = \frac{k^{a=b}}{l} \cdot a,$$

$$M^C = \frac{k^{a=b}}{l} \cdot b.$$

Graphisch

erhalten wir die beiden Kämpfermomente analog wir für den geraden Stab (Kap. V, 1) mit Hilfe der Kreuzlinienabschnitte oder der Schlußliniensenkungen.

Die Ableitung der Ausdrücke derselben für den bogenförmigen Stab ist genau gleich wie für den geraden Stab, d. h. es ist unter Berücksichtigung der in Abschnitt 2 eingeführten Bezeichnungen für die Kreuzlinienabschnitte:

$$k^a = -\frac{\varphi^b}{\beta} = -\frac{\Sigma P \cdot \delta^b}{\beta} \tag{339}$$

und

$$k^b = -\frac{\varphi^a}{\beta} = -\frac{\Sigma P \cdot \delta^a}{\beta} \tag{340}$$

und für die Schlußliniensenkungen:

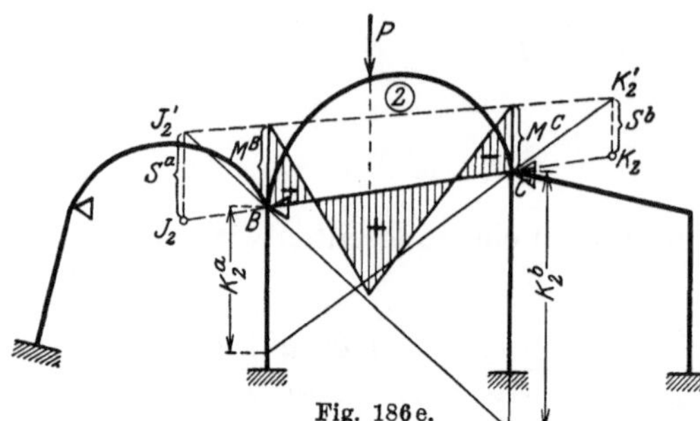

Fig. 186e.

$$S^a = \frac{a}{l} \cdot k^b, \qquad (341)$$

$$S^b = \frac{b}{l} \cdot k^a. \qquad (342)$$

Die in den Gl. (339) bis (342) vorkommenden Drehwinkel am Zweigelenkbogen werden nach dem folgenden Abschnitt 4 ermittelt.

In Fig. 186e wurden die Kämpfermomente des mit einer Einzelkraft belasteten bogenförmigen Stabes 2 mit Hilfe der Kreuzlinienabschnitte konstruiert; dabei wurde zuerst die Schlußlinie konstruiert und die M_0-Fläche nachher an diese angehängt.

Haben wir es mit mehreren Lasten oder einer wandernden Last (mehreren Laststellungen derselben) zu tun, so ermitteln wir sowohl bei veränderlichem als auch konstantem Trägheitsmoment des bogenförmigen Stabes die Kreuzlinienabschnitte nicht mit Hilfe von φ^a und φ^b, sondern auf Grund des Satzes von der Gegenseitigkeit der Formänderungen mit Hilfe der Biegelinie des Zweigelenkbogens für die Belastung $M = 1$ mt am Stabende, wie dies in Abschnitt 2 des Kap. V für den geraden Stab beschrieben wurde; wir erhalten dann

$$k^a = - \sum P \cdot s^b, \qquad (343)$$

$$k^b = - \sum P \cdot s^a. \qquad (344)$$

Die Werte s^a gehen aus der Biegelinie für $M^a = 1$ (am Stabende mit dem Festpunktabstand a) und die Werte s^b aus der Biegelinie für $M^b = 1$ (am Stabende mit dem Festpunktabstand b) hervor; ist der Stab symmetrisch, so ist die Biegelinie für $M^b = 1$ das Spiegelbild der Biegelinie für $M^a = 1$, und wir brauchen daher nur eine Biegelinie zu zeichnen, um sowohl s^a als auch s^b zu erhalten.

Die Biegelinie des Zweigelenkbogens beispielsweise für die Belastung $M^a = 1$ erhalten wir nach dem Mohrschen Satze durch Zeichnen eines Seilecks zu den elastischen Gewichten

$$E \cdot \varDelta F = \left(\frac{x}{l} - \frac{B}{2} \cdot y \right) w.$$

Die Polweite des zugehörigen Kraftecks kann beliebig gewählt werden, da sie keinen Einfluß auf die Größe der Werte s^a und s^b besitzt; man wählt sie aber zweckmäßig so, daß man die Endstrahlen des Seilecks nicht flacher, sondern eher steiler als die 45⁰-Neigung erhält, damit man die Werte s^a und s^b genauer abgreifen kann.

Für symmetrische Parabelbögen, deren Stärke vom Scheitel zum Kämpfer gesetzmäßig zunimmt, sind die Kreuzlinienabschnitte k^a und k^b für eine wandernde Last $P = 1$ t im Anhang angegeben.

4. Bestimmung der Drehwinkel β, α^a, α^b, φ^a und φ^b am Zweigelenkbogen.

Um die Drehwinkel am Zweigelenkbogen berechnen zu können, müssen wir zunächst die Größe des für eine gegebene Belastung sowie eine gegebenenfalls eintretende Temperaturänderung am Zweigelenkbogen auftretenden

Bogenschubes

ermitteln.

Der Zweigelenkbogen ist einfach statisch unbestimmt, und zwar ist sein Bogenschub, in der Verbindungslinie der beiden Gelenke wirkend, die einzige statisch unbestimmte Größe X_a. Zur Bestimmung derselben benutzen wir die auf Grund des Gesetzes der virtuellen Verschiebungen abgeleitete Arbeitsgleichung für den Zustand $X_a = 1$, wobei wir diese Einheitsbelastung als nach außen gerichtet annehmen, damit die davon herrührenden Momente M_a positiv werden. Die Arbeitsgleichung lautet[1]:

$$1 \cdot \delta_a + \Sigma C_a \cdot \Delta c = \int \frac{M \cdot M_a \cdot ds}{EJ} + \int \frac{N \cdot N_a \cdot ds}{EF}$$

$$+ \int N_a \cdot \varepsilon \cdot t_0 \cdot ds - \int M_a \varepsilon \frac{\Delta t}{h} ds, \qquad (345)$$

worin :

δ_a die gegenseitige Verschiebung der Angriffspunkte von X_a in Richtung von $X_a = 1$ (d. h. δ_a wird positiv in Richtung von $X_a = 1$ gerechnet), am statisch unbestimmten System;

Δc die Verschiebung des Angriffspunktes der Auflagerkraft C_a in Richtung von C_a am statisch unbestimmten System;

M und N Biegungsmoment und Normalkraft infolge der wirklichen Belastung am statisch unbestimmten System; M ist positiv, wenn an der unteren Stabkante Zugspannungen auftreten, N ist positiv, wenn Druckkraft;

„Eins" die gedachte Belastung am statisch bestimmten Hauptsystem (einfacher Balken);

C_a, M_a und N_a Auflagerkraft, Moment und Normalkraft infolge der Belastung $X_a = 1$ am statisch bestimmten Hauptsystem;

ε der Temperatur-Ausdehnungskoeffizient des Materials, aus dem der bogenförmige Stab besteht; für Beton ist $\varepsilon = 0{,}000012$;

$\Delta t = t_1 - t_2$ (wobei $t_1 > t_2$ angenommen) die Differenz zwischen der Temperaturerhöhung der oberen und unteren Querschnittsfaser (Fig. 186f), welche einerseits einen konstanten Temperaturzuwachs t_0 über die ganze Querschnittsfläche

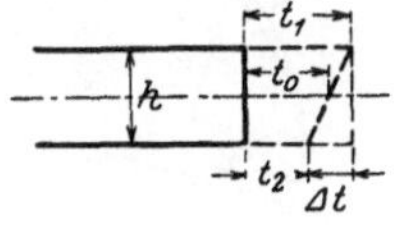

Fig. 186f.

und andererseits eine Drehung des Querschnittes um $\frac{\Delta t}{h}$, wenn h die Querschnittshöhe, verursacht; Δt ist positiv, wenn die Temperatur an der oberen Faser größer ist als an der unteren.

Wegen der vorausgesetzten Unverschiebbarkeit der Kämpfer ist nun

$$\delta_a = 0$$

und daher

$$\Sigma C_a \cdot \Delta c = L_a = \int \frac{M M_a ds}{EJ} + \int \frac{N N_a ds}{EF} + \int N_a \varepsilon t_0 ds - \int M_a \varepsilon \frac{\Delta t}{h} ds, \qquad (346)$$

hierin bedeutet L_a die virtuelle Arbeit der Auflagerkräfte für den Zustand $X_a = 1$; auf der rechten Seite dieser Gleichung stellt das erste Glied den Einfluß der Momente, das zweite denjenigen der Normalkräfte und die beiden letzten Glieder den Einfluß einer ungleichmäßigen Temperaturerhöhung der oberen und unteren Faser dar.

---

[1] Müller-Breslau: Neuere Methoden der Festigkeitslehre, 3. Aufl., §§ 12 und 14.

Ist die Temperaturerhöhung für alle Punkte eines Stabquerschnittes konstant und gleich t, welches der am häufigsten vorkommende Fall ist, so ist in Gl. (346)

$$\Delta t = 0 \qquad \text{und} \qquad t_0 = t$$

zu setzen; dann erhalten wir unter Berücksichtigung, daß wegen der vorausgesetzten Unverschiebbarkeit der Knotenpunkte auch

$$L_a = 0$$

$$0 = \int \frac{M\,M_a\,ds}{EJ} + \int \frac{N\,N_a\,ds}{EF} + \int N_a \cdot \varepsilon \cdot t \cdot ds. \tag{347}$$

In die Gl. (347) sind nun an Stelle der unbekannten Momente M und N des statisch unbestimmten Systems die Werte

und

$$\left.\begin{aligned} M &= M_o - M_a \cdot X_a \\ N &= N_o - N_a \cdot X_a \end{aligned}\right\} \tag{348}$$

des statisch bestimmten Hauptsystems zu setzen, worin M_o und N_o Moment und Normalkraft am statisch bestimmten Hauptsystem (einfacher Balken) sind, wenn dasselbe nur mit den gegebenen Kräften belastet ist, also gleichzeitig $X_a = 0$.

Setzen wir diese Werte (Gl. 348) in Gl. (347) ein, so folgt:

$$0 = \int \frac{M_o\,M_a\,ds}{EJ} + \int \frac{N_o\,N_a\,ds}{EF} - X_a \left[\int \frac{M_a^2\,ds}{EJ} + \int \frac{N_a^2\,ds}{EF} \right] + \int N_a \cdot \varepsilon \cdot t \cdot ds, \tag{349}$$

worin M_o und N_o Moment und Normalkraft infolge der gegebenen Belastung M_a und N_a Moment und Normalkraft infolge der Belastung $X_a = -1$, alle vier am statisch bestimmten Hauptsystem, bedeuten.

In dieser Gleichung ist nun

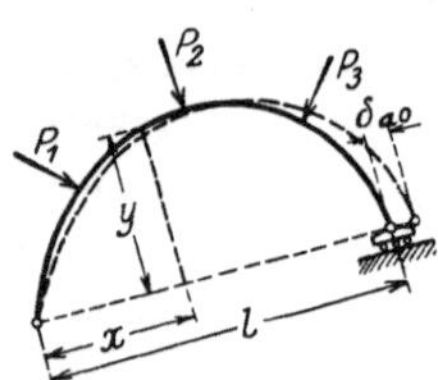

Fig. 187.

$$\int \frac{M_o\,M_a\,ds}{EJ} + \int \frac{N_o\,N_a\,ds}{EF} = \delta_{ao}, \tag{350}$$

wenn δ_{ao} die gegenseitige Verschiebung der Gelenke in Richtung von $X_a = -1$ und infolge der gegebenen äußeren Belastung am statisch bestimmten Hauptsystem (einfacher Balken), dessen eines Auflager in Richtung der Kämpferverbindungslinie beweglich ist (Fig. 187);

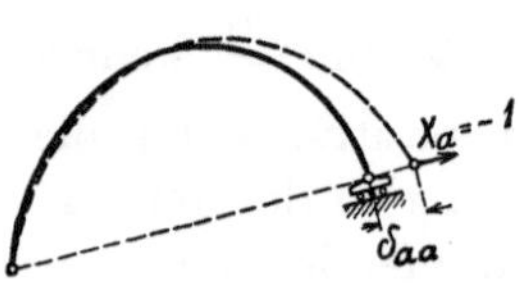

Fig. 188.

$$\int \frac{M_a^2\,ds}{EJ} + \int \frac{N_a^2\,ds}{EF} = \delta_{aa}, \tag{351}$$

wenn δ_{aa} die gegenseitige Verschiebung der Gelenke in Richtung von $X_a = -1$ und infolge von $X_a = -1$ am statisch bestimmten Hauptsystem (Fig. 188)

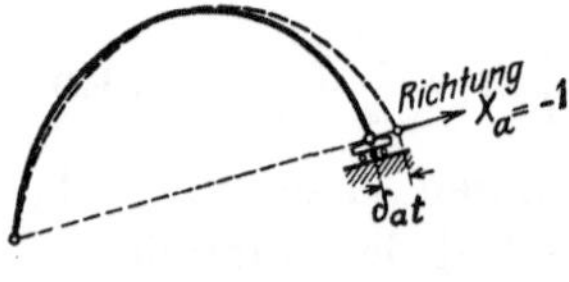

Fig. 189.

$$\int N_a \cdot \varepsilon \cdot t \cdot ds = \delta_{at}, \tag{352}$$

wenn δ_{at} die gegenseitige Verschiebung der Gelenke in Richtung von $X_a = -1$ und infolge einer Temperaturerhöhung um t^0 (Fig. 189).

Diese Ausdrücke in Gl. (349) eingesetzt ergibt die Elastizitätsgleichung zur Bestimmung der statisch unbestimmten Größe X_a:

$$0 = \delta_{ao} - X_a \cdot \delta_{aa} + \delta_{at}, \tag{353}$$

woraus sich der Horizontalschub des Zweigelenkbogens infolge der äußeren Lasten allein ergibt zu:

$$X_a = \frac{\delta_{a\,o}}{\delta_{a\,a}} \qquad (354)$$

und infolge einer Temperaturerhöhung des Zweigelenkbogens um t^0 gegenüber der Herstellungstemperatur

$$X_a = \frac{\delta_{a\,t}}{\delta_{a\,a}}. \qquad (355)$$

In diese Gl. (354) und (355) sind also die aus den Gl. (350), (351) und (352) erhaltenen Werte für $\delta_{a\,o}$, $\delta_{a\,a}$ und $\delta_{a\,t}$ einzusetzen, um den Bogenschub am Zweigelenkbogen infolge der gegebenen Belastung und evtl. Temperaturänderung zu erhalten.

Die

Drehwinkel

am Zweigelenkbogen für eine gegebene Belastung ermitteln wir ebenfalls mit Hilfe der Arbeitsgleichung[1]; sie lautet:

$$1 \cdot \tau_m + \overline{L} = \int \frac{M\,\overline{M}\,ds}{EJ} + \int \frac{N\,\overline{N}\,ds}{EF} + \int \overline{N}\,\varepsilon\,t_0\,ds - \int \overline{M}\,\varepsilon \cdot \frac{\varDelta t}{h}\,ds, \qquad (356)$$

worin

τ_m der gesuchte Drehwinkel, um welchen sich die im Punkte m an die Stabachse gelegte Tangente bei der Formänderung des statisch unbestimmten Systems dreht;

M und N Biegungsmoment und Normalkraft infolge der wirklichen Belastung am statisch unbestimmten System;

$\overline{M}$ und $\overline{N}$ Biegungsmoment und Normalkraft für irgendeinen Querschnitt des auf irgendeine Weise statisch bestimmt gemachten Systems, falls auf letzteres ein im Punkte m angreifendes Kräftepaar wirkt, dessen Moment $\mathfrak{M}_m = 1$ ist;

$\overline{L}$ die virtuelle Arbeit der gleichzeitig mit $\overline{M}$ und $\overline{N}$ infolge der gedachten Belastung $\mathfrak{M}_m = 1$ am statisch bestimmt gemachten System entstehenden Auflagerkräfte $\overline{C}$;

ε, t_0 und $\dfrac{\varDelta t}{h}$ sich auf eine Temperaturerhöhung des Stabes beziehen und dieselbe Bedeutung haben wie in Gl. (345).

Wegen der vorausgesetzten Unverschiebbarkeit der Knotenpunkte ist wieder

$$\overline{L} = 0;$$

ist ferner die Temperaturerhöhung für alle Punkte eines Stabquerschnittes konstant und gleich t, so ist in Gl. (356) wieder

$$\varDelta t = 0 \qquad \text{und} \qquad t_0 = t$$

zu setzen, und wir erhalten:

$$\tau_m = \int \frac{M \cdot \overline{M} \cdot ds}{EJ} + \int \frac{N \cdot \overline{N} \cdot ds}{EF} + \int \overline{N} \cdot \varepsilon \cdot t \cdot ds. \qquad (357)$$

---

[1] Müller-Breslau: Neuere Methoden der Festigkeitslehre, 3. Aufl., §§ 12 und 15.

In diese Gleichung sind nun die nach Gl. (348) ermittelten Werte von M und N des statisch unbestimmten Systems einzusetzen.

Da wir beliebig veränderliches Trägheitsmoment des bogenförmigen Stabes angenommen haben, können wir die Integrale der Gl. (349) und (357) nicht auflösen und dieselben sind näherungsweise zu bestimmen. Man teilt den Bogen in beliebige Teile ein von der Länge Δs, wobei man die Angriffspunkte großer konzentrierter Lasten mit Teilpunkten zusammenfallen läßt, rechnet dann die elastischen Gewichte $w = \dfrac{\Delta s}{J}$ für die Mitten der Teile aus und addiert darauf einfach die Produkte $M_0 \cdot M_a \cdot w$, usw., wobei sich dann alle Größen auf die Mitten der Bogenstücke beziehen; daher setzen wir an Stelle des Integralzeichens das Summenzeichen.

Für die Bogenschübe und die Drehwinkel leiten wir im folgenden noch geschlossene Ausdrücke ab, und zwar für den unsymmetrischen und den symmetrischen Zweigelenkbogen. Der größeren Übersichtlichkeit wegen bezeichnen wir die Kämpfer des zu untersuchenden Bogens allgemein mit A und B.

a) Der unsymmetrische Zweigelenkbogen.

Wir berechnen wieder zunächst die

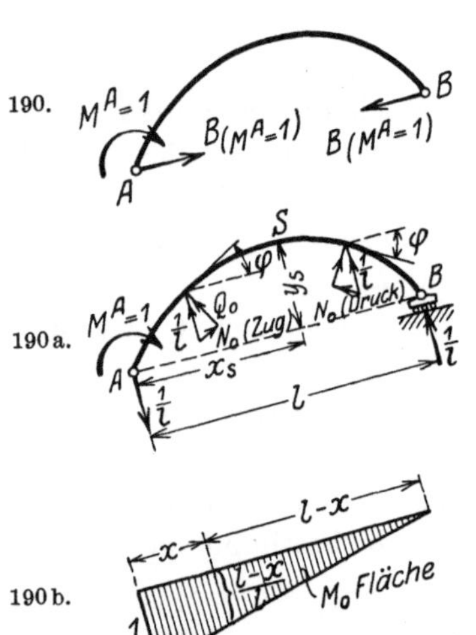

Bogenschübe am Zweigelenkbogen für die verschiedenen Belastungen desselben.

Bogenschub $B_{(M^A=1)}$ für die Belastung des Zweigelenkbogens mit $M^A = 1$ (Fig. 190).

Der in Gl. (354) vorkommende Wert δ_{ao} ist nach Gl. (350):

$$\left.\begin{array}{l} \delta_{ao} = \displaystyle\sum_0^l M_0 \cdot M_a \cdot \dfrac{\Delta s}{E \cdot J} \\[2em] + \displaystyle\sum_0^l N_0 \cdot N_a \cdot \dfrac{\Delta s}{E \cdot F} \cdot \end{array}\right\} \quad (358)$$

In dieser Gleichung ist einzusetzen nach Fig. 190a und 190b:

$$\left.\begin{array}{ll} M_0 = \dfrac{l-x}{l}, & \\[1em] N_0 = +\dfrac{1}{l} \cdot \sin\varphi & \text{von} \quad 0 \text{ bis } x_s, \\[1em] N_0 = -\dfrac{1}{l} \cdot \sin\varphi & \text{von} \quad x_s \text{ bis } l \end{array}\right\} \quad (359)$$

Fig. 190—190c.

und nach Fig. 190c:

$$\left.\begin{array}{l} M_a = y, \\[0.5em] N_a = +1 \cdot \cos\varphi. \end{array}\right\} \quad (360)$$

Zu den Vorzeichen der Werte für N_o und N_a sei bemerkt, daß eine Zugkraft im Bogen denselben zu verlängern bestrebt ist und daher einen positiven Beitrag zu der in Richtung von $X_a = 1$ als positiv angenommenen Verschiebung δ_{ao} liefert.

Es ist nun:

$$\delta_{ao} = \sum_0^l y \cdot \frac{l-x}{l} \cdot \frac{\varDelta s}{EJ} + \sum_0^{x_s} \frac{1}{l} \cdot \sin\varphi \cdot \cos\varphi \cdot \frac{\varDelta s}{EF} - \sum_{x_s}^l \frac{1}{l} \cdot \sin\varphi \cdot \cos\varphi \frac{\varDelta s}{EF}. \quad (361)$$

Die Summationen der von den Normalkräften herrührenden Glieder sind wie aus Fig. 190a hervorgeht, links und rechts vom Scheitel getrennt durchzuführen, da die Normalkraft N_o im Scheitel ihr Vorzeichen wechselt.

Die Winkelfunktionen $\sin\varphi$ und $\cos\varphi$ können wir durch die bekannten Lamellenlängen $\varDelta s$ und deren Projektionen $\varDelta x$ und $\varDelta y$ auf die x- und y-Achse ersetzen. Es ist nach Fig. 190c:

$$\sin\varphi = \frac{\varDelta y}{\varDelta s} \qquad \text{und} \qquad \cos\varphi = \frac{\varDelta x}{\varDelta s},$$

ferner ist

$$\varDelta y = \sqrt{\varDelta s^2 - \varDelta x^2}$$

und daher

$$\sin\varphi = \frac{\sqrt{\varDelta s^2 - \varDelta x^2}}{\varDelta s}. \quad (362)$$

Es ist nun:

$$\sin\varphi \cdot \cos\varphi = \frac{\varDelta x \sqrt{\varDelta s^2 - \varDelta x^2}}{\varDelta s^2} = \frac{\varDelta x}{\varDelta s} \sqrt{1 - \frac{\varDelta x^2}{\varDelta s^2}}. \quad (363)$$

Diesen Wert in Gl. (361) eingesetzt, gibt

$$\delta_{ao} = \frac{1}{l} \sum_0^l y(l-x) \frac{\varDelta x}{E \cdot J} + \frac{1}{l} \sum_0^{x_s} \frac{\varDelta x}{\varDelta s} \cdot \sqrt{1 - \left(\frac{\varDelta x}{\varDelta s}\right)^2} \cdot \frac{\varDelta s}{E \cdot F}$$

$$- \sum_{x_s}^l \frac{\varDelta x}{\varDelta s} \sqrt{1 - \left(\frac{\varDelta x}{\varDelta s}\right)^2} \cdot \frac{\varDelta s}{E \cdot F}. \quad (364)$$

Der in Gl. (354) vorkommende Wert δ_{aa} ist nach Gl. (351):

$$\delta_{aa} = \sum_0^l M_a^2 \cdot \frac{\varDelta s}{E \cdot J} + \sum_0^l N_a^2 \cdot \frac{\varDelta s}{E \cdot F}. \quad (365)$$

Setzen wir die Werte von M_a und N_a aus den Gl. (360) in diese Gleichung ein, so erhalten wir

$$\delta_{aa} = \sum_0^l y^2 \cdot \frac{\varDelta s}{E \cdot J} + \sum_0^l \cos^2\varphi \cdot \frac{\varDelta s}{E \cdot F} \quad (366)$$

und da $\cos\varphi = \frac{\varDelta x}{\varDelta s}$:

$$\delta_{aa} = \sum_0^l y^2 \cdot \frac{\varDelta s}{E \cdot J} + \sum_0^l \left(\frac{\varDelta x}{\varDelta s}\right)^2 \cdot \frac{\varDelta s}{E \cdot F}. \quad (367)$$

Nun ist nach Gl. (354):

$$X_a = \frac{\delta_{ao}}{\delta_{aa}} = \frac{1}{l} \cdot \frac{\displaystyle\sum_0^l y(l-x)\frac{\varDelta s}{J} + \sum_0^{x_s}\frac{\varDelta x}{\varDelta s} \cdot \sqrt{1 - \left(\frac{\varDelta x}{\varDelta s}\right)^2} \cdot \frac{\varDelta s}{F} - \sum_{x_s}^l \frac{\varDelta x}{\varDelta s} \cdot \sqrt{1 - \left(\frac{\varDelta x}{\varDelta s}\right)^2} \cdot \frac{\varDelta x}{F}}{\displaystyle\sum_0^l y^2 \cdot \frac{\varDelta s}{J} + \sum_0^l \left(\frac{\varDelta x}{\varDelta s}\right)^2 \cdot \frac{\varDelta s}{F}}. \quad (368)$$

Setzen wir

$$\left.\begin{array}{l} \dfrac{\varDelta s}{J} = w, \\[2mm] \dfrac{\varDelta s}{F} = v, \\[2mm] \dfrac{\varDelta x}{\varDelta s} = \xi, \end{array}\right\} \tag{369}$$

so erhalten wir den Bogenschub $B_{(M^A=1)}$ am unsymmetrischen Zweigelenkbogen zu

$$B_{(M^A=1)} = \frac{1}{l} \cdot \frac{\sum\limits_0^l y\,(l-x)\cdot w + \sum\limits_0^{x_s} \xi\sqrt{1-\xi^2}\cdot v - \sum\limits_{x_s}^l \xi\sqrt{1-\xi^2}\cdot v}{\sum\limits_0^l y^2\cdot w + \sum\limits_0^l \xi^2\cdot v}. \tag{370}$$

Bogenschub $B_{(M^B=1)}$ für die Belastung des Zweigelenkbogens mit $M^B = 1$ (Fig. 191).

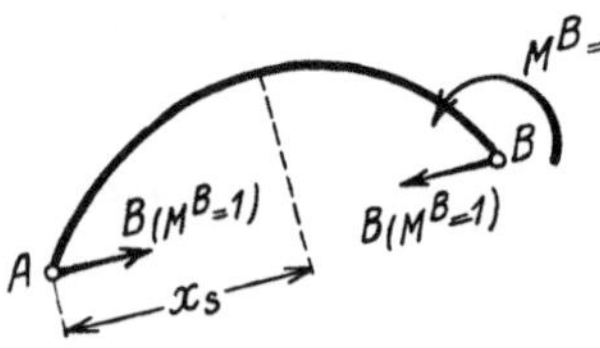

Fig. 191.

Den Bogenschub $B_{(M^B=1)}$ infolge $M^B = 1$ erhalten wir analog wie den Bogenschub $B_{(M^A=1)}$. Er geht auch ohne weiteres aus Gl. (370) hervor, wenn wir in derselben $(l-x)$ durch x ersetzen und das Vorzeichen der beiden von den Normalkräften herrührenden Glieder im Zähler umkehren; es ist dann der Bogenschub $B_{(M^B=1)}$ am unsymmetrischen Zweigelenkbogen

$$B_{(M^B=1)} = \frac{1}{l} \cdot \frac{\sum\limits_0^l x\cdot y\cdot w - \sum\limits_0^{x_s} \xi\cdot\sqrt{1-\xi^2}\cdot v + \sum\limits_{x_s}^l \xi\sqrt{1-\xi^2}\cdot v}{\sum\limits_0^l y^2\cdot w + \sum\limits_0^l \xi^2\cdot v}. \tag{371}$$

Bogenschub B für die gleichzeitige Belastung des Zweigelenkbogens

mit $M^A = 1$ und $M^B = 1$ (Fig. 192).

Der in Gl. (354) vorkommende Wert $\delta_{a\,o}$ ist nach Gl. (350):

$$\delta_{a\,o} = \sum_0^l M_o\cdot M_a\cdot\frac{\varDelta s}{E\cdot J} + \sum_0^l N_o\cdot N_a\cdot\frac{\varDelta s}{E\cdot F}. \tag{372}$$

In dieser Gleichung ist einzusetzen:
nach Fig. 192a und 192b:

$$\left.\begin{array}{l} M_0 = 1, \\ N_a = 0 \end{array}\right\} \tag{373}$$

und nach Fig. 192c:

$$\left.\begin{array}{l} M_a = y, \\ N_a = +\,1\cdot\cos\varphi. \end{array}\right\} \tag{374}$$

Bezüglich des Vorzeichens des Wertes von N_a gilt das für den Wert N_a der Gl. (360) Gesagte.

Es ist nun:

$$\delta_{ao} = \sum_0^l y \cdot \frac{\Delta s}{E \cdot J} + 0 \,. \tag{375}$$

Der in Gl. (354) vorkommende Wert von δ_{aa} ist nach Gl. (351):

$$\delta_{aa} = \sum_0^l M_a^2 \frac{\Delta s}{E \cdot J} + \sum_0^l N_a^2 \frac{\Delta s}{E \cdot F} \,. \tag{376}$$

Setzen wir die Werte von M_a und N_a aus den Gl. (374) in diese Gleichung ein, so erhalten wir:

$$\delta_{aa} = \sum_0^l y^2 \cdot \frac{\Delta s}{E \cdot J} + \sum_0^l \cos^2\varphi \cdot \frac{\Delta s}{E \cdot F} \,, \tag{377}$$

und da

$$\cos\varphi = \frac{\Delta x}{\Delta s} :$$

$$\delta_{aa} = \sum_0^l y^2 \cdot \frac{\Delta s}{E \cdot J} + \sum_0^l \left(\frac{\Delta x}{\Delta s}\right)^2 \cdot \frac{\Delta s}{E \cdot F} \,. \tag{378}$$

Nun ist nach Gl. (354):

$$X_a = \frac{\delta_{ao}}{\delta_{aa}} = \frac{\displaystyle\sum_0^l y \cdot \frac{\Delta s}{J}}{\displaystyle\sum_0^l y^2 \cdot \frac{\Delta s}{J} + \sum_0^l \left(\frac{\Delta x}{\Delta s}\right)^2 \cdot \frac{\Delta s}{F}} \,, \tag{379}$$

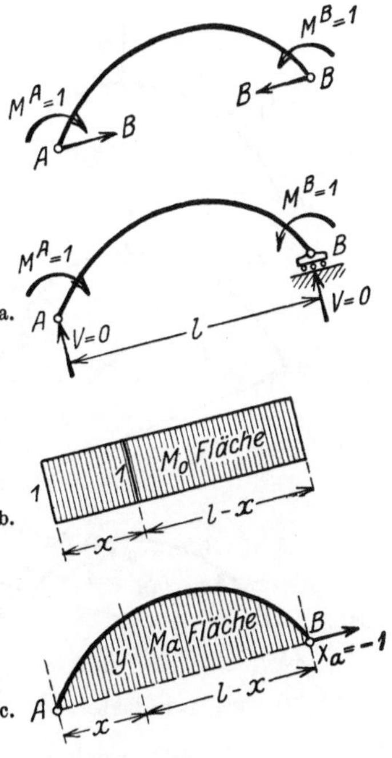

und mit den Bezeichnungen der Gl. (369):

$$\frac{\Delta s}{J} = w \,, \qquad \frac{\Delta s}{F} = v \,, \qquad \frac{\Delta x}{\Delta s} = \xi$$

folgt der Bogenschub B am unsymmetrischen Zweigelenkbogen:

$$B = \frac{\displaystyle\sum_0^l y \cdot w}{\displaystyle\sum_0^l y^2 \cdot w + \sum_0^l \xi^2 \cdot v} \,. \tag{380}$$

Dieser Wert ergibt sich auch direkt durch Addition der Gl. (370) und (371).

Wie wir aus Gl. (380) ersehen, verschwindet bei gleichzeitiger Belastung des Zweigelenkbogens mit $M^A = 1$ und $M^B = 1$ im Zähler der Einfluß der Normalkräfte.

Ferner erkennen wir aus den Gl. (370), (371) und (380) für die Bogenschübe $B_{(M^A=1)}$, $B_{(M^B=1)}$ und B, daß diese Größen unabhängig von der äußeren Belastung und nur abhängig von den Abmessungen des bogenförmigen Stabes sind.

Bogenschub $\mathfrak{H}$ für die Belastung des Zweigelenkbogens mit den gegebenen äußeren Lasten sowie für eine gleichmäßige Temperaturerhöhung des Zweigelenkbogens um t^0 (Fig. 193).

Nach Gl. (354) ist

$$\mathfrak{H} = \frac{\delta_{ao}}{\delta_{aa}} \,, \tag{381}$$

Fig. 192—192c.

und nach Gl. (355)

$$\mathfrak{H}_t = \frac{\delta_{at}}{\delta_{aa}}.$$

(381a)

Der hierin vorkommende Wert von δ_{ao} ist nach Gl. (350):

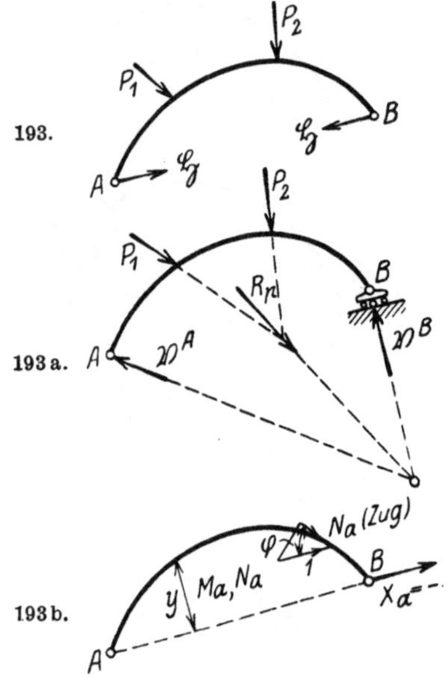

Fig. 193—193 b.

$$\delta_{ao} = \sum_0^l M_o \cdot M_a \cdot \frac{\Delta s}{E \cdot J} + \sum_0^l N_o \cdot N_a \cdot \frac{\Delta s}{E \cdot F}.$$

(382)

In diese Gleichung ist einzusetzen: nach Fig. 193a:

$$\left.\begin{aligned} M_o &= M_o, \\ N_o &= N_o, \end{aligned}\right\}$$

(383)

und nach Fig. 193b:

$$\left.\begin{aligned} M_a &= y, \\ N_a &= +1 \cdot \cos \varphi. \end{aligned}\right\}$$

(384)

Bezüglich des Vorzeichens des Wertes von N_a gilt das für den Wert N_a der Gl. (360) Gesagte:

$$\delta_{ao} = \sum_0^l M_o \cdot y \cdot \frac{\Delta s}{E \cdot J} + \sum_0^l N_o \cdot \cos \varphi \cdot \frac{\Delta s}{E \cdot F},$$

(385)

und da $\cos \varphi = \dfrac{\Delta x}{\Delta s}$:

$$\delta_{ao} = \sum_0^l M_o \cdot y \cdot \frac{\Delta s}{E \cdot J} - \sum_0^l N_o \cdot \frac{\Delta x}{\Delta s} \cdot \frac{\Delta s}{E \cdot F}.$$

(386)

Der in Gl. (381) vorkommende Wert von δ_{aa} ist nach Gl. (351):

$$\delta_{aa} = \sum_0^l M_a^2 \cdot \frac{\Delta s}{E \cdot J} + \sum_0^l N_a^2 \cdot \frac{\Delta s}{E \cdot F}.$$

(387)

Setzen wir die Werte von M_a und N_a aus den Gln. (384) in diese Gleichung ein, so erhalten wir:

$$\delta_{aa} = \sum_0^l y^2 \frac{\Delta s}{E \cdot J} + \sum_0^l \cos^2 \varphi \cdot \frac{\Delta s}{E \cdot F},$$

(388)

und da $\cos \varphi = \dfrac{\Delta x}{\Delta s}$:

$$\delta_{aa} = \sum_0^l y^2 \cdot \frac{\Delta s}{E \cdot J} + \sum_0^l \left(\frac{\Delta x}{\Delta s}\right)^2 \cdot \frac{\Delta s}{E \cdot F}.$$

(389)

Der in Gl. (381a) vorkommende, von der Temperaturänderung herrührende Wert von δ_{at} ist nach Gl. (352):

$$\delta_{at} = \varepsilon \cdot t \cdot \sum_0^l N_a \cdot \Delta s,$$

(390)

hierin den Wert von N_a aus Gl. (384) eingesetzt gibt

$$\delta_{at} = \varepsilon \cdot t \cdot \sum_0^l \cos \varphi \cdot \Delta s$$

(391)

für eine Temperaturerhöhung; für eine Temperaturerniedrigung wäre das Vorzeichen negativ.

Da $\cos \varphi = \dfrac{\Delta x}{\Delta s}$, so ist

$$\delta_{at} = \varepsilon \cdot t \cdot \sum_0^l \frac{\Delta x}{\Delta s} \cdot \Delta s = \varepsilon \cdot t \cdot l . \tag{392}$$

Die Werte der Gln. (386) und (389) in die Gl. (381) eingesetzt, gibt:

$$\mathfrak{H} = \frac{\displaystyle\sum_0^l M_0 \cdot y \cdot \frac{\Delta s}{J} + \sum_0^l N_0 \cdot \frac{\Delta x}{\Delta s} \cdot \frac{\Delta s}{E \cdot F}}{\displaystyle\sum_0^l y^2 \cdot \frac{\Delta s}{E \cdot J} + \sum_0^l \left(\frac{\Delta x}{\Delta s}\right)^2 \cdot \frac{\Delta s}{E \cdot F}} , \tag{393}$$

und mit den Bezeichnungen der Gln. (369):

$$\frac{\Delta s}{J} = w , \qquad \frac{\Delta s}{F} = v , \qquad \frac{\Delta x}{\Delta s} = \xi$$

folgt der Bogenschub $\mathfrak{H}$ infolge der äußeren Lasten allein:

$$\mathfrak{H} = \frac{\displaystyle\sum_0^l M_0 \cdot y \cdot w + \sum_0^l N_0 \cdot \xi \cdot v}{\displaystyle\sum_0^l y^2 \cdot w + \sum_0^l \xi^2 \cdot v} . \tag{394}$$

In dieser Gleichung kann das zweite Glied im Zähler wegen seines geringen Einflusses meistens vernachlässigt werden.

Haben wir es mit mehreren Lasten oder einer wandernden Last (mehreren Laststellungen derselben) zu tun, so ermitteln wir die dadurch am Zweigelenkbogen hervorgerufenen Bogenschübe $\mathfrak{H}$ zweckmäßig mit Hilfe der Einflußlinie für denselben. Diese erhalten wir am einfachsten graphisch auf Grund des Satzes von der Gegenseitigkeit der Formänderungen, indem wir die Biegelinie für den Zustand $\mathfrak{H} = -1$ zeichnen, welche sich nach dem Mohrschen Satze als Seileck, mit beliebiger Polweite zu den elastischen Gewichten

$$E \cdot \Delta F = y \cdot w$$

gezeichnet, ergibt. Sind η die im Längenmaßstab gemessenen Ordinaten der mit der Polweite H gezeichneten Biegelinie (δ_{ao}), so ist der Bogenschub $\mathfrak{H}$ für eine gegebene Einzellast P:

$$\mathfrak{H} = \frac{\delta_{ao}}{\delta_{aa}} = \frac{P \cdot H \cdot \eta}{\displaystyle\sum_0^l y^2 w} . \tag{394a}$$

Der Bogenschub $\mathfrak{H}^t$ infolge einer gleichmäßigen Temperaturerhöhung um t^0 allein beträgt:

$$\mathfrak{H}^t = \frac{\delta_{at}}{\delta_{aa}} = \frac{E \cdot \varepsilon \cdot t \cdot l}{\displaystyle\sum_0^l y^2 \cdot w + \sum_0^l \xi^2 \cdot v} . \tag{395}$$

Für eine Temperaturerniedrigung um t^0 gegenüber der Herstellungstemperatur des Tragwerkes ist der Horizontalschub $\mathfrak{H}^t$ gleich groß, jedoch entgegengesetzt gerichtet.

Aus den Gln. (370), (371), (380), (394) und (395) für die Bogenschübe $B_{(M^A=1)}$, $B_{(M^B=1)}$, B, $\mathfrak{H}$ und $\mathfrak{H}_t$ ersehen wir, daß dieselben den gleichen Nenner haben, was für die Berechnung des bogenförmigen Stabes von Vorteil ist.

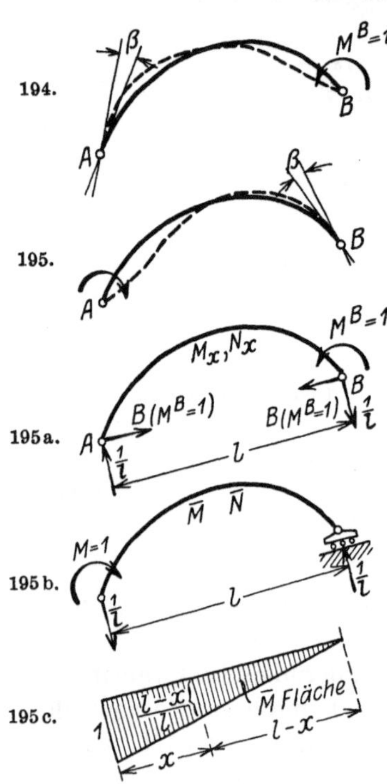

Fig. 194, 195—195 c.

Nach Ermittlung der benötigten Bogenschübe erhalten wir nun die

Drehwinkel β, α^a, α^b, φ^a und φ^b

am unsymmetrischen Zweigelenkbogen mit Hilfe der Arbeitsgleichung wie folgt:

Der Drehwinkel β infolge der Belastung des Zweigelenkbogens mit $M^A = 1$ oder $M^B = 1$ (Fig. 194 und 195).

Nach Gl. (357) ist

$$\beta = \sum_0^l M \cdot \overline{M} \cdot \frac{\Delta s}{E \cdot J} + \sum_0^l N \cdot \overline{N} \cdot \frac{\Delta s}{E \cdot F} . \qquad (396)$$

In dieser Gleichung ist einzusetzen nach Gl. (348) und Fig. 195a:

$$M = M_o - M_a \cdot X_a ,$$
$$N = N_o - N_a \cdot X_a .$$

Mit den Werten von M_o, N_o, M_a und N_a aus den Gl. (359) und (360) und $X_a = B_{(M^A=1)}$ folgt:

$$M = \frac{l-x}{l} - B_{(M^A=1)} \cdot y ,$$

$$N = + \frac{1}{l} \cdot \sin \varphi - B_{(M^A=1)} \cdot \cos \varphi \qquad \text{von } 0 \text{ bis } x_s$$

$$\left. - \frac{1}{l} \cdot \sin \varphi - B_{(M^A=1)} \cdot \cos \varphi \qquad \text{von } x_s \text{ bis } l . \right\} \qquad (397)$$

Ferner ist nach Fig. 195b und 195c:

$$\overline{M} = \frac{x}{l} ,$$

$$\overline{N} = - \frac{1}{l} \cdot \sin \varphi \qquad \text{von } 0 \text{ bis } x_s$$

$$\left. + \frac{1}{l} \cdot \sin \varphi \qquad \text{von } x_s \text{ bis } l . \right\} \qquad (398)$$

Bezüglich des Vorzeichens der Werte von $\overline{N}$ gilt das für den Wert N_o der Gl. (359) Gesagte.

Die Werte der Gln. (397) und (398) in Gl. (396) eingesetzt gibt:

$$\beta = \sum_0^l \left(\frac{l-x}{l} - B_{(M^A=1)} \cdot y\right) \cdot \frac{x}{l} \cdot \frac{\Delta s}{E \cdot J}$$

$$+ \sum_0^{x_s} \left(\frac{1}{l} \cdot \sin\varphi - B_{(M^A=1)} \cdot \cos\varphi\right) \left(-\frac{1}{l} \cdot \sin\varphi\right) \cdot \frac{\Delta s}{E \cdot F}$$

$$+ \sum_{x_s}^l \left(-\frac{1}{l} \sin\varphi - B_{(M^A=1)} \cdot \cos\varphi\right) \left(\frac{1}{l} \cdot \sin\varphi\right) \cdot \frac{\Delta s}{E \cdot F}$$

oder

$$E \cdot \beta = \frac{1}{l^2} \sum_0^l x(l-x) \cdot \frac{\Delta s}{J} - \frac{1}{l} \sum_0^l x \cdot y \cdot \frac{\Delta s}{J} - \frac{1}{l^2} \sum_0^l \sin^2\varphi \cdot \frac{\Delta s}{F}$$

$$+ \frac{1}{l} B_{(M^A=1)} \left[\sum_0^{x_s} \sin\varphi \cdot \cos\varphi \frac{\Delta s}{F} - \sum_{x_s}^l \sin\varphi \cdot \cos\varphi \cdot \frac{\Delta s}{F}\right]$$

oder mit den Bezeichnungen der Gln. (369):

$$\frac{\Delta s}{J} = w, \qquad \frac{\Delta s}{F} = v, \qquad \frac{\Delta x}{\Delta s} = \xi,$$

sowie unter Berücksichtigung, daß nach den Gln. (362) und (363):

$$\sin^2\varphi = \frac{\Delta s^2 - \Delta x^2}{\Delta s^2} = 1 - \left(\frac{\Delta x}{\Delta s}\right)^2 = 1 - \xi^2,$$

$$\sin\varphi = \sqrt{1 - \xi^2} \qquad \text{und da} \qquad \cos\varphi = \frac{\Delta x}{\Delta s} = \xi,$$

$$\sin\varphi \cdot \cos\varphi = \xi \cdot \sqrt{1 - \xi^2},$$

ergibt sich der Drehwinkel β am unsymmetrischen Zweigelenkbogen:

$$\left. \begin{array}{l} \underbrace{E \cdot \beta = \frac{1}{l^2} \cdot \sum_0^l x(l-x) \cdot w - \frac{1}{l} \cdot B_{(M^A=1)} \cdot \sum_0^l x \cdot y \cdot w}_{\text{Einfluß der Momente.}} \\[2ex] \underbrace{-\frac{1}{l^2} \sum_0^l (1-\xi^2) \cdot v + \frac{1}{l} \cdot B_{(M^A=1)} \left[\sum_0^{x_s} \xi \cdot \sqrt{1-\xi^2} \cdot v - \sum_{x_s}^l \sqrt{1-\xi^2} \cdot v\right].}_{\text{Einfluß der Normalkräfte.}} \end{array} \right\} \quad (399)$$

Die Drehwinkel α^a und α^b infolge der gleichzeitigen Belastung des Zweigelenkbogens mit $M^A = 1$ und $M^B = 1$ (Fig. 196).

Nach Gl. (357) ist:

$$\alpha^a = \sum_0 M \cdot \overline{M} \frac{\Delta s}{E \cdot J} + \sum_0^l N \cdot \overline{N} \cdot \frac{\Delta s}{E \cdot F}. \qquad (400)$$

In dieser Gleichung ist einzusetzen nach Gl. (348) und Fig. 196a:

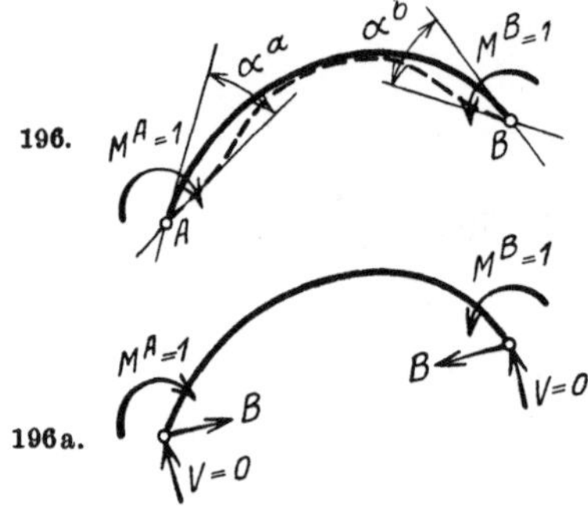

$$M = M_o - M_a \cdot X_a,$$
$$N = N_o - N_a \cdot X_a.$$

Mit den Werten von M_0, N_0, M_a und N_a aus den Gln. (373) und (374) und $X_a = B$ folgt:

$$\left. \begin{array}{l} M = l - B \cdot y, \\ N = B \cdot \cos \varphi . \end{array} \right\} \tag{401}$$

Ferner ist nach Fig. 196b und 196c:

$$\left. \begin{array}{ll} \overline{M} = \dfrac{l - x}{l}, & \\[2mm] \overline{N} = + \dfrac{1}{l} \cdot \sin \varphi & \text{von } 0 \text{ bis } x_s \\[2mm] \quad\;\; = - \dfrac{1}{l} \cdot \sin \varphi & \text{von } x_s \text{ bis } l . \end{array} \right\} \tag{402}$$

Bezüglich des Vorzeichens der Werte von $\overline{N}$ gilt das für den Wert N_o der Gl. (359) Gesagte:

Die Werte der Gln. (401) und (402) in Gl. (400) eingesetzt gibt:

Fig. 196—196c.

$$\alpha^a = \sum_0^l (1 - B \cdot y) \cdot \frac{l - x}{l} \cdot \frac{\varDelta s}{E \cdot J} + \sum_0^{x_s} B \cdot \cos \varphi \left(\frac{1}{l} \cdot \sin \varphi \right) \frac{\varDelta s}{E \cdot F}$$
$$- \sum_{x_s}^l B \cdot \cos \varphi \left(\frac{1}{l} \sin \varphi \right) \frac{\varDelta s}{E \cdot F}$$

oder

$$E \cdot \alpha^a = \frac{1}{l} \sum_0^l (l - x) \cdot \frac{\varDelta s}{J} - \frac{1}{l} \cdot B \cdot \sum_0^l (l - x) \cdot y \cdot \frac{\varDelta s}{E \cdot F}$$
$$+ \frac{1}{l} \cdot B \left[\sum_0^{x_s} \sin \varphi \cdot \cos \varphi \cdot \frac{\varDelta s}{F} - \sum_{x_s}^l \sin \varphi \cdot \cos \varphi \cdot \frac{\varDelta s}{F} \right]$$

oder mit den Bezeichnungen der Gl. (369):

$$\frac{\varDelta s}{J} = w, \qquad \frac{\varDelta s}{F} = v, \qquad \frac{\varDelta x}{\varDelta s} = \xi,$$

sowie unter Berücksichtigung, daß nach Gl. (363):

$$\sin \varphi \cdot \cos \varphi = \xi \cdot \sqrt{1 - \xi^2},$$

ergibt sich der Drehwinkel α^a am unsymmetrischen Zweigelenkbogen zu:

$$\left. \begin{array}{l} E \cdot \alpha^a = \dfrac{1}{l} \cdot \sum_0^l (l - x)\, w - \dfrac{1}{l} \cdot B \cdot \sum_0^l (l - x)\, y \cdot w \\[4mm] \quad + \dfrac{1}{l} \cdot B \cdot \left[\sum_0^{x_s} \cdot \xi \cdot \sqrt{1 - \xi^2} \cdot v - \sum_{x_s}^l \xi \cdot \sqrt{1 - \xi^2} \cdot v \right] \end{array} \right\} \tag{403}$$

Analog ergibt sich der Drehwinkel α^b am unsymmetrischen Zweigelenk-bogen zu:

$$E \cdot \alpha^b = \frac{1}{l} \sum_0^l x \cdot w - \frac{1}{l} \cdot B \cdot \sum_0^l x \cdot y \cdot w$$
$$- \frac{1}{l} \cdot B \cdot \left[\sum_0^{x_s} \cdot \xi \cdot \sqrt{1 - \xi^2} \cdot v - \sum_{x_s}^l \xi \cdot \sqrt{1 - \xi^2} \cdot v \right], \quad (404)$$

das Minuszeichen vor dem von den Normalkräften herrührenden Glied kommt daher, weil für den Zustand $\mathfrak{M} = 1$ am rechten Ende:

$$\overline{N} = -\frac{1}{l} \cdot \sin \varphi \qquad \text{von } 0 \text{ bis } x_s, \qquad (405)$$

$$\overline{N} = +\frac{1}{l} \cdot \sin \varphi \qquad \text{von } x_s \text{ bis } l. \qquad (406)$$

Die Drehwinkel φ^a und φ^b infolge der äußeren Belastung des Zweigelenkbogens (Fig. 197).

Nach Gl. (357) ist:

$$\varphi^a = \sum_0^l M \cdot \overline{M} \cdot \frac{\varDelta s}{E \cdot J} + \sum_0^l N \cdot \overline{N} \cdot \frac{\varDelta s}{E \cdot F}. \quad (407)$$

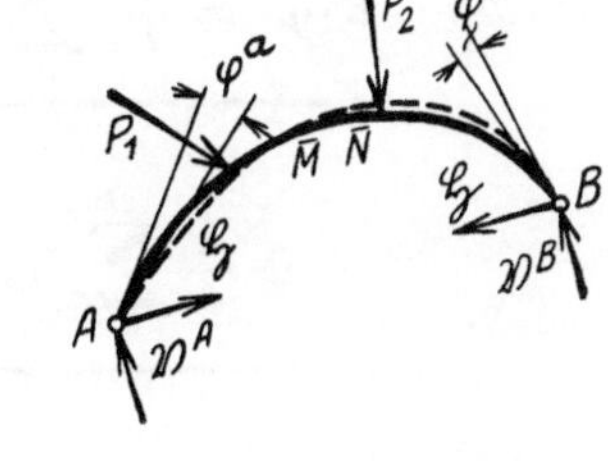

In dieser Gleichung ist einzusetzen nach Gl. (348) und Fig. 197:

$$M = M_o - M_a \cdot X_a,$$
$$N = N_o - N_a \cdot X_a.$$

Mit den Werten von M_o, N_o, M_a und N_a aus den Gln. (383) und (384) und $X_a = \mathfrak{H}$ folgt:

$$\left. \begin{aligned} M &= M_o - \mathfrak{H} \cdot y, \\ N &= N_o - \mathfrak{H} \cdot \cos \varphi. \end{aligned} \right\} \quad (408)$$

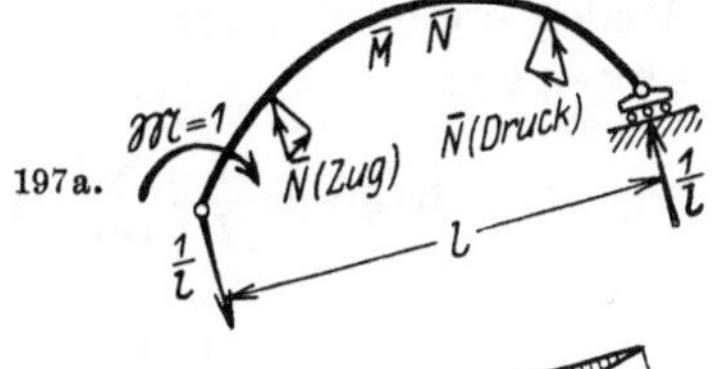

Ferner ist nach Fig. 197a und 197b:

$$\overline{M} = \frac{l - x}{l},$$

$$\left. \begin{aligned} \overline{N} &= +\frac{1}{l} \cdot \sin \varphi \qquad \text{von } 0 \text{ bis } x_s, \\ \overline{N} &= -\frac{1}{l} \cdot \sin \varphi \qquad \text{von } x_s \text{ bis } l. \end{aligned} \right\} \quad (409)$$

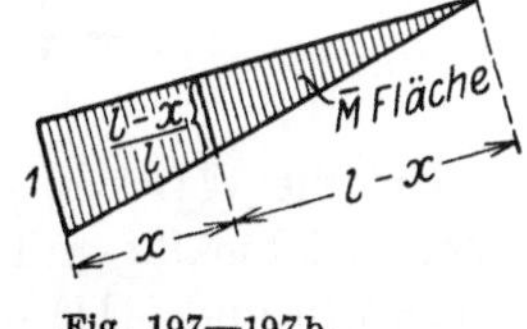

Fig. 197—197b.

Bezüglich des Vorzeichens der Werte von $\overline{N}$ gilt das für den Wert N_o der Gl. (359) Gesagte.

Die Werte der Gln. (408) und (409) in Gl. (407) eingesetzt gibt:

$$\varphi^a = \sum_0^l (M_o - \mathfrak{H} \cdot y) \cdot \frac{l - x}{l} \cdot \frac{\varDelta s}{E \cdot J} + \sum_0^{x_s} (N_o - \mathfrak{H} \cdot \cos \varphi) \left(\frac{1}{l} \cdot \sin \varphi \right) \cdot \frac{\varDelta s}{E \cdot F}$$

$$- \sum_{x_s} (N_o - \mathfrak{H} \cdot \cos \varphi) \left(-\frac{1}{l} \cdot \sin \varphi \right) \cdot \frac{\varDelta s}{E \cdot F};$$

oder

$$E \cdot \varphi^a = \frac{1}{l} \sum_0^l M_o (l-x) \cdot \frac{\varDelta s}{J} - \frac{1}{l} \cdot \mathfrak{H} \cdot \sum_0^l y(l-x) \frac{\varDelta s}{J} + \frac{1}{l} \sum_0^l N_o \cdot \sin \varphi \cdot \frac{\varDelta s}{E \cdot F}$$

$$- \frac{1}{l} \cdot \mathfrak{H} \cdot \sum_0^l \sin \varphi \cdot \cos \varphi \cdot \frac{\varDelta s}{E \cdot F}$$

oder mit den Bezeichnungen der Gl. (369):

$$\frac{\varDelta s}{J} = w, \qquad \frac{\varDelta s}{F} = v, \qquad \frac{\varDelta x}{\varDelta s} = \xi$$

und unter Berücksichtigung, daß nach den Gln. (362) und (363):

$$\sin \varphi = \sqrt{1 - \xi^2} \quad \text{und} \quad \sin \varphi \cdot \cos \varphi = \xi \cdot \sqrt{1 - \xi^2},$$

ergibt sich der Drehwinkel φ^a am unsymmetrischen Zweigelenkbogen zu:

$$\left. \begin{array}{c} E \cdot \varphi^a = \frac{1}{l} \cdot \underbrace{\sum_0^l M_o (l-x) \cdot w - \frac{1}{l} \cdot \mathfrak{H} \cdot \sum_0^l y(l-x) \cdot w}_{\text{Einfluß der Momente.}} \\[2ex] \underbrace{+ \frac{1}{l} \sum_0^l N_o \cdot \sqrt{1-\xi^2} \cdot v - \frac{1}{l} \cdot \mathfrak{H} \cdot \sum_0^l \xi \sqrt{1-\xi^2} \cdot v.}_{\text{Einfluß der Normalkräfte.}} \end{array} \right\} \quad (410)$$

Analog ergibt sich der Drehwinkel φ^b am unsymmetrischen Zweigelenkbogen zu:

$$\left. \begin{array}{c} E \cdot \varphi^b = \frac{1}{l} \cdot \sum_0^l M_o \cdot x \cdot w - \frac{1}{l} \cdot \mathfrak{H} \cdot \sum_0^l x \cdot y \cdot w \\[2ex] - \frac{1}{l} \sum_0^l N_o \cdot \sqrt{1-\xi^2} \cdot v + \frac{1}{l} \cdot \mathfrak{H} \cdot \sum_0 \xi \sqrt{1-\xi^2} \cdot v. \end{array} \right\} \quad (411)$$

Um die Winkel φ^a und φ^b am unsymmetrischen Zweigelenkbogen infolge einer gleichmäßigen Temperaturerhöhung um t^0 zu erhalten, setzen wir in den Gln. (410) und (411) den Wert von $\mathfrak{H}^t$ aus Gl. (395) ein.

b) Der symmetrische Zweigelenkbogen.

Der symmetrische Zweigelenkbogen kommt in der Praxis am meisten vor, er bildet einen Sonderfall des unsymmetrischen Zweigelenkbogens.

Um die gesuchten Drehwinkel am symmetrischen Zweigelenkbogen bestimmen zu können, berechnen wir wieder zunächst

die Bogenschübe.

Bei Symmetrie fällt sowohl in Gl. (370) für den Bogenschub $B_{(M^A=1)}$ (Fig. 198) infolge $M^A = 1$, als auch in Gl. (371) für den Bogenschub $B_{(M^B=1)}$ (Fig. 199) infolge $M^B = 1$ am Zweigelenkbogen das zweite und dritte Glied im Zähler, herrührend von den Normalkräften, weg, da die Werte der beiden

Summen $\overset{x_s}{\underset{0}{\sum}}$ und $\overset{l}{\underset{x_s}{\sum}}$ gleich groß werden; ferner ist bei Symmetrie

$$\overset{l}{\underset{0}{\sum}} \cdot x \cdot y \cdot w = \overset{l}{\underset{0}{\sum}} (l - x) \cdot y \cdot w, \qquad (411\,\mathrm{a})$$

und da das statische Moment der einzelnen Kräfte (yw) gleich dem statischen Moment ihrer Resultierenden, so ist bei Symmetrie:

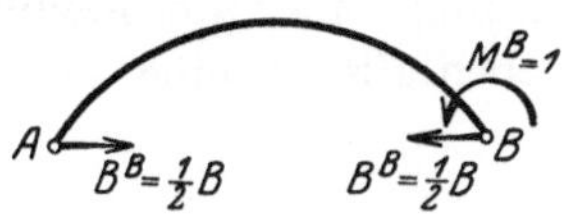

$$\overset{l}{\underset{0}{\sum}} x\,y\,w = \overset{l}{\underset{0}{\sum}}{}' (l - x)\,y \cdot w = \frac{l}{2} \overset{l}{\underset{0}{\sum}} y\,w. \quad (411\,\mathrm{b})$$

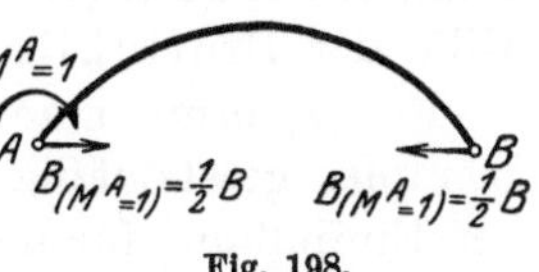
Fig. 198.

Fig. 199.

Berücksichtigen wir nun noch, daß wir am symmetrischen Bogen die Summierung bloß über den halben Bogen vorzunehmen brauchen, da bei Symmetrie

$$\overset{l}{\underset{0}{\sum}} = 2 \cdot \overset{l/2}{\underset{0}{\sum}},$$

so folgt für Symmetrie:

Fig. 200.

$$B_{(M^A=1)} = B_{(M^B=1)} = \frac{1}{2} \cdot \frac{\overset{l/2}{\underset{0}{\sum}} y \cdot w}{\overset{l/2}{\underset{0}{\sum}} y^2 \cdot w + \overset{l/2}{\underset{0}{\sum}} \xi^2 \cdot v}. \qquad (412)$$

Der Ausdruck der Gl. (380) für den Bogenschub B (Fig. 200) am Zweigelenkbogen bleibt bei Symmetrie derselbe, nur brauchen wir bloß über den halben Bogen zu summieren; es ist:

$$B = \frac{\overset{l/2}{\underset{0}{\sum}} y \cdot w}{\overset{l/2}{\underset{0}{\sum}} y^2 \cdot w + \overset{l/2}{\underset{0}{\sum}} \xi^2 \cdot v}, \qquad (413)$$

worin

$$w = \frac{\varDelta s}{J}, \qquad v = \frac{\varDelta s}{F}, \qquad \xi = \frac{\varDelta x}{\varDelta s}.$$

Beim Vergleich der beiden Gln. (412) und (413) erkennen wir, daß bei Symmetrie:

$$B_{(M^A=1)} = B_{(M^B=1)} = \frac{1}{2}\,B, \qquad (414)$$

was sich auch ohne weiteres aus dem Gesetz der Superposition ergibt.

Der Ausdruck der Gl. (394) für den Bogenschub $\mathfrak{H}$ (Fig. 201) am Zweigelenkbogen infolge der äußeren Lasten bleibt bei Symmetrie derselbe; es ist

$$\mathfrak{H} = \frac{\overset{l}{\underset{0}{\sum}} M_0 \cdot y \cdot w + \overset{l}{\underset{0}{\sum}} N_0 \cdot \xi \cdot v}{\overset{l}{\underset{0}{\sum}} y^2 \cdot w + \overset{l}{\underset{0}{\sum}} \xi^2 \cdot v}. \qquad (415)$$

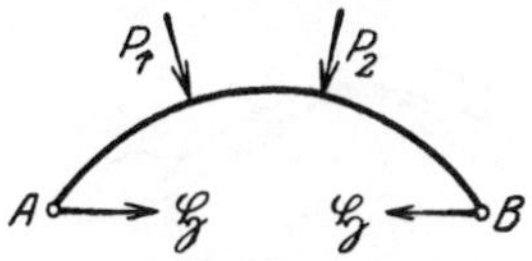

Fig. 201.

Haben wir es mit mehreren Lasten oder einer wandernden Last (mehreren Laststellungen derselben) zu tun, so ermitteln wir die dadurch am Zweigelenkbogen hervorgerufenen Bogenschübe $\mathfrak{H}$ wieder, wie schon unter a) beim unsymmetrischen Zweigelenkbogen nach Gl. (394) beschrieben, zweckmäßig mit Hilfe der Einflußlinie (Biegelinie für den Zustand $\mathfrak{H} = -1$) für denselben.

Für symmetrische Parabelbögen, deren Stärke vom Scheitel zum Kämpfer gesetzmäßig zunimmt, sind der Bogenschub B sowie die Ordinaten der Einflußlinie für den Bogenschub $\mathfrak{H}$ im Anhang angegeben.

Der Ausdruck der Gl. (395) für den Bogenschub $\mathfrak{H}^t$ am Zweigelenkbogen infolge einer gleichmäßigen Temperaturerhöhung um t^0 bleibt bei Symmetrie ebenfalls derselbe; es ist

$$\mathfrak{H}^t = \frac{E \cdot \varepsilon \cdot t \cdot l}{\sum\limits_0^l y^2 \cdot w + \sum\limits_0^l \xi^2 \cdot v}. \tag{416}$$

Es sei auch an dieser Stelle hervorgehoben, daß die Ausdrücke für alle zur Berechnung der Drehwinkel am Zweigelenkbogen benötigten Bogenschübe den gleichen Nenner haben.

Nach Ermittlung dieser Bogenschübe erhalten wir nun die Drehwinkel β, α^a, α^b, φ^a und φ^b, am symmetrischen Zweigelenkbogen wie folgt:

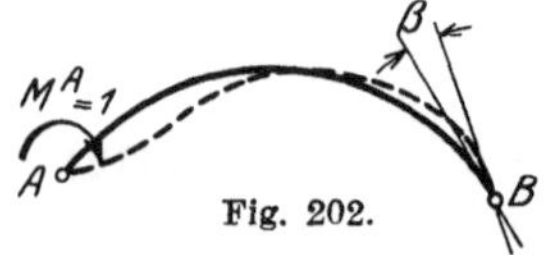

Fig. 202.

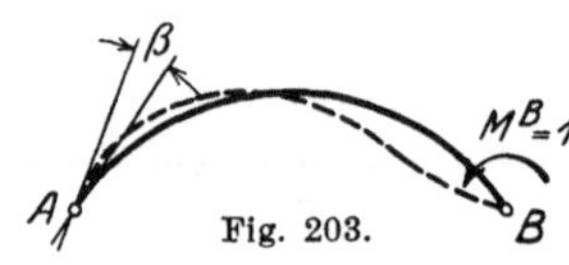

Fig. 203.

Der Drehwinkel β infolge $M^A = 1$ oder $M^B = 1$ am symmetrischen Zweigelenkbogen (Fig. 202 und 203) ergibt sich aus Gl. (399), wenn wir berücksichtigen, daß

1. das letzte Glied derselben wegfällt, da die Werte der beiden Summen $\sum\limits_l^{x_s}$ und $\sum\limits_{x_s}^l$ gleich groß werden,

2. nach Gl. (414) $B_{(M^A = 1)} = \frac{1}{2} B$,

3. nach Gl. (411b) $\sum\limits_0^l x\,y\,w = \frac{l}{2} \sum\limits_0^l y\,w$,

4. bei Symmetrie die Summierung nur über den halben Bogen zu erfolgen braucht.

Daher ist bei Symmetrie:

$$\left. \begin{aligned} E \cdot \beta = \underbrace{\frac{2}{l^2} \cdot \sum\limits_0^{l/2} x\,(l-x) \cdot w - \frac{B}{2} \cdot \sum\limits_0^{l/2} y \cdot w}_{\text{Einfluß der Momente.}} \\ \underbrace{- \frac{2}{l^2} \cdot \sum\limits_0^{l/2} (1 - \xi^2) \cdot v.}_{\text{Einfluß der Normalkräfte.}} \end{aligned} \right\} \tag{417}$$

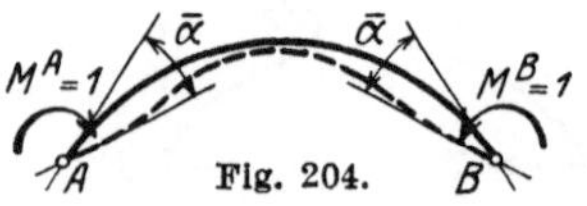

Fig. 204.

Die Drehwinkel α^a und α^b infolge $M^A = 1$ und gleichzeitig $M^B = 1$ am symmetrischen Zweigelenkbogen (Fig. 204) ergeben sich aus den Gln. (403) und (404), wenn wir berücksichtigen, daß

1. die zweite Zeile (Einfluß der Normalkräfte) wegfällt,

2. der Symmetrie wegen $\sum\limits_0^l (l - x)\cdot w = \sum\limits_0^l x\cdot w$,

3. nach dem Satz vom statischen Moment

$$\sum_0^l x\cdot w = \frac{l}{2}\sum_0^l w \quad \text{und} \quad \sum_0^l x\cdot y\cdot w = \frac{l}{2}\cdot\sum_0^l y\cdot w,$$

4. bei Symmetrie die Summierung nur über den halben Bogen zu erfolgen braucht.

Daher ist bei Symmetrie:

$$\alpha^a = \alpha^b = \bar\alpha$$

und

$$E\cdot\bar\alpha = \sum_0^{l/2} w - B\cdot\sum_0^{l/2} y\cdot w. \tag{418}$$

Für symmetrische Parabolbögen, deren Stärke vom Scheitel zum Kämpfer gesetzmäßig zunimmt, sind die Drehwinkel $\bar\alpha$ und β im Anhang angegeben.

Die Drehwinkel φ^a und φ^b infolge der äußeren Belastung des symmetrischen Zweigelenkbogens (Fig. 205) ergeben sich aus den Gln. (410) und (411), wenn wir berücksichtigen, daß deren

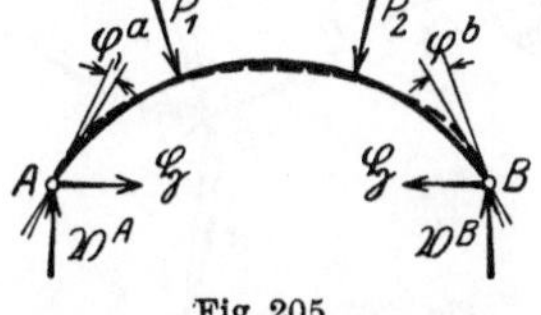

Fig. 205.

drittes und viertes Glied (Einfluß der Normalkräfte) Null wird, da die Werte $\sum\limits_0^l \sin\varphi$ und $\sum\limits_0^l \sin\varphi\cdot\cos\varphi$ bei Symmetrie Null werden (weil jedem Bogenelement Δs auf der linken Bogenhälfte mit positivem $\sin\varphi$ ein gleiches rechts mit negativem $\sin\varphi$ entspricht) und daß nach Gl. (411 b)

$$\sum_0^l xyw = \frac{l}{2}\sum_0^l yw; \tag{419}$$

es ist daher bei Symmetrie:

$$E\cdot\varphi^a = \frac{1}{l}\cdot\sum_0^l M_o(l - x)\cdot w - \frac{\mathfrak{H}}{2}\sum_0^l yw, \tag{420}$$

$$E\cdot\varphi^b = \frac{1}{l}\sum_0^l M_o\cdot x\cdot w - \frac{\mathfrak{H}}{2}\sum_0^l yw. \tag{421}$$

Um die Winkel φ^a und φ^b am symmetrischen Zweigelenkbogen infolge einer gleichmäßigen Temperaturerhöhung um t^0 zu erhalten, setzen wir in den Gln. (420) und (421) $M_o = o$ und an Stelle von $\mathfrak{H}$ den Wert von $\mathfrak{H}^t$ aus Gl. (395) ein.

5. Bestimmung der Drehwinkel ε^a und ε^b der beiden Widerlager eines bogenförmigen Stabes.

In den Hauptformeln (330) und (330a) für die Festpunktabstände kommen nicht nur die im vorhergehenden Abschnitt ermittelten Drehwinkel des Zweigelenkbogens, sondern auch die Drehwinkel ε^a und ε^b der Widerlager eines bogenförmigen Stabes vor, welche wir nachstehend bestimmen:

Wir bezeichnen, wie in Kap. II, mit

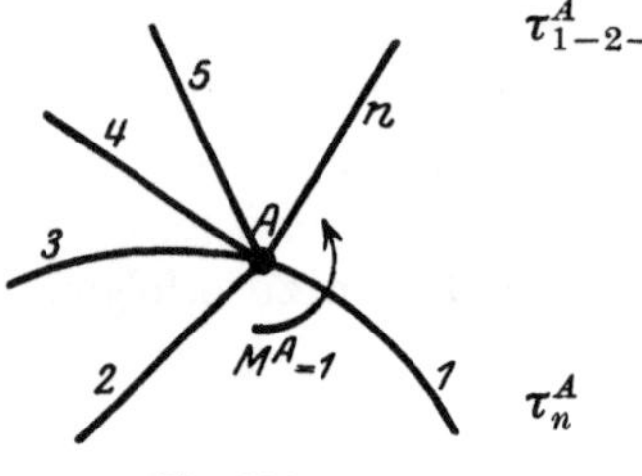

Fig. 206.

$\tau^A_{1-2-3\ldots n}$ (Fig. 206) den gemeinsamen gleichen Drehwinkel der Stäbe $1, 2, 3 \ldots n$, welche gerade oder bogenförmig sein können, an der Stelle A, an welcher die Stäbe biegungsfest miteinander verbunden sind, infolge der Belastung in A mit dem Moment $M^A = 1$; mit τ^A_n den (einfachen) Drehwinkel des geraden oder bogenförmigen Stabes n (Fig. 207 und Fig. 208) an der Stelle A infolge der Belastung $M^A = 1$, unter der Voraussetzung, daß Stab n in A in einem Gelenklager frei drehbar gestützt ist und daß an seinem Endpunkt die Verbindung mit der übrigen Konstruktion wie vorher bestehen bleibt.

Dann ist für Fig. 185 laut Definition z. B. am linken Widerlager B des Stabes 2 (Fig. 209)

$$\varepsilon^B_2 = \tau^B_{1-5}.$$

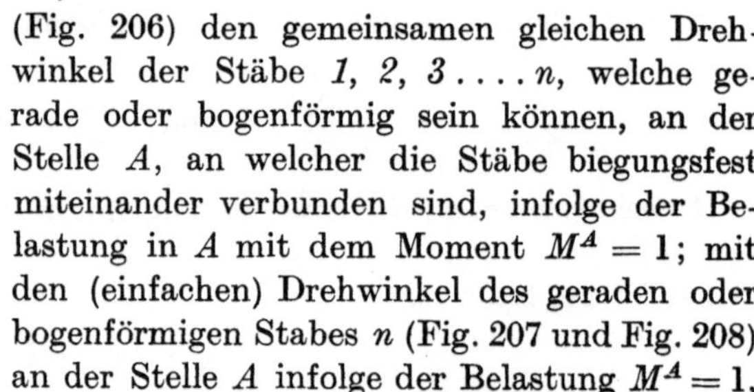

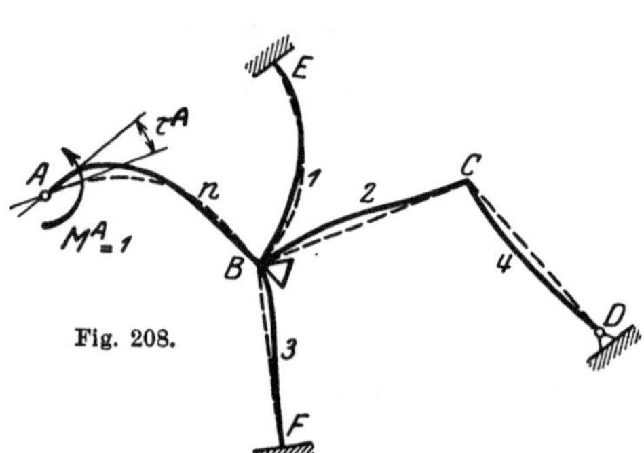

Fig. 207.

Fig. 208.

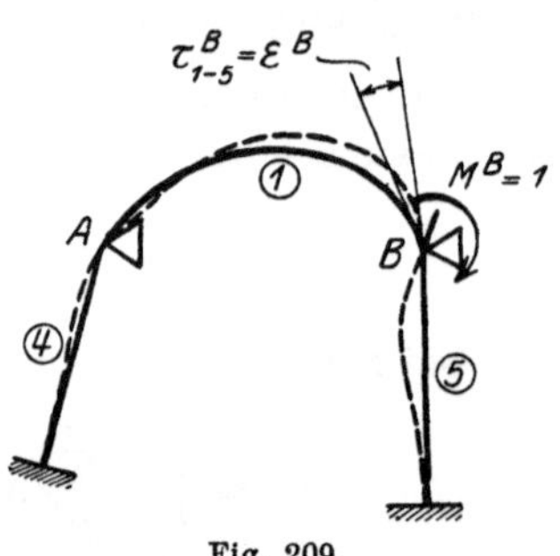

Fig. 209.

In Kap. II, 4 wurde der Wert des gemeinsamen gleichen Drehwinkels der an einem Knotenpunkt A biegungsfest miteinander verbundenen geraden Stäbe infolge Belastung dieses Knotenpunktes mit $M^A = 1$, bestimmt. Da nun, wie aus Gl. (18) ersichtlich, dieser Wert nur abhängig ist von den einfachen Drehwinkeln τ, so ist diese Gleichung auch gültig, wenn einzelne oder auch alle der in A verbundenen Stäbe bogenförmig sind; in diesem Falle brauchen wir in Gl. (18) nur für die bogenförmigen Stäbe die Drehwinkel τ nach Gl. (441) oder (442) einzusetzen, worin der Bogenschub der bogenförmigen Stäbe zur Geltung kommt. Es ist also allgemein:

$$\tau^A_{1-2-3\ldots n} = \frac{1}{\dfrac{1}{\tau^A_1} + \dfrac{1}{\tau^A_2} + \dfrac{1}{\tau^A_3} + \cdots + \dfrac{1}{\tau^A_n}} = \frac{1}{\sum \dfrac{1}{\tau}}, \qquad (422)$$

und im besonderen für das linke Widerlager B des bogenförmigen Stabes 2:

$$\varepsilon_2^a = \tau_{1-5}^B = \cfrac{1}{\cfrac{1}{\tau_1^B} + \cfrac{1}{\tau_5^B}}, \tag{423}$$

worin τ_1^B nach Gl. (442) und τ_5^B nach Gl. (43) einzusetzen ist; die beiden Gln. (442) und (443) sind identisch, nur sind in dieselben die dem bogenförmigen bzw. gradlinigen Stab entsprechenden Werte für Festpunktabstand und Drehwinkel einzusetzen.

Da das Widerlager B nur aus 2 Stäben besteht, so wenden wir, wie in Kap. II unter Sonderfall zu Abschnitt 5 ausgeführt, zweckmäßig die ausmultiplizierte Form des Ausdrucks für τ_{1-5}^B an, und zwar:

$$\tau_{1-5}^B = \frac{\tau_1^B \cdot \tau_5^B}{\tau_1^B + \tau_5^B}. \tag{424}$$

Für den Drehwinkel

$$\varepsilon_2^b = \tau_{3-6}^C$$

(Fig. 195c) gelten die Gln. (422), (423) und (424) ebenfalls.

6. Bestimmung der Verteilungsmaße μ.

Die Kämpfermomente M_2^B und M_2^C (Fig. 185a), welche wir nach den vorhergehenden Abschnitten bestimmt haben, pflanzen sich über die links (Fig. 185b) und rechts (Fig. 185c) anschließende Konstruktion weiter.

Das Moment M_2^B spaltet sich beim Übergang über den Knotenpunkt B in die 2 Momente

$$M_1^B = M_2^B \cdot \mu_{2-1}^B$$

und

$$M_5^B = M_2^B \cdot \mu_{2-5}^B,$$

wenn die Faktoren μ die Anteile angeben, welche auf die Stäbe 1 und 5 entfallen.

Sind in einem Knotenpunkt A, auf welchen ein Moment $M = 1$ wirkt, n Stäbe vereinigt, welche gradlinig oder bogenförmig sein können (Fig. 206), so geben die sog. Verteilungsmaße μ die Momentenanteile an, welche auf die einzelnen Stäbe entfallen.

Die in Kap. II, 5 abgeleiteten Hauptformeln (24 bis 26) gelten nicht nur für einen Knotenpunkt, gebildet durch lauter gradlinige Stäbe, sondern auch für „anstoßende" bogenförmige Stäbe, wenn wir in diese Hauptformeln für die gebogenen Stäbe den einfachen Drehwinkel τ nach Gl. (441) oder (442) einsetzen; es ist also allgemein:

$$\mu_{1-n}^A = \frac{\tau_{2-3\cdots n}^A}{\tau_n^A} \tag{425}$$

(lies μ von Stab 1 nach Stab n), worin $\tau_{2-3\cdots n}^A$ nach Gl. (422) den Wert hat:

$$\tau_{2-3\cdots n}^A = \cfrac{1}{\cfrac{1}{\tau_2^A} + \cfrac{1}{\tau_3^A} + \cdots + \cfrac{1}{\tau_n^A}}. \tag{426}$$

Setzen wir diesen Wert in Gl. (425) ein, so erhalten wir die schon durch die Gln. (31) bis (33) ausgedrückte Form der Verteilungsmaße μ:

$$\mu_{1-n}^{A} = \frac{\dfrac{1}{\tau_n^A}}{\dfrac{1}{\tau_2^A} + \dfrac{1}{\tau_3^A} + \cdots + \dfrac{1}{\tau_n^A}}, \qquad (427)$$

welche besagt, daß sich das am Knotenpunkt A angreifende Moment im Verhältnis der Elastizitätsmaße $\dfrac{1}{\tau}$ der dort anstoßenden Stäbe $2, 3 \ldots n$ auf dieselben verteilt.

Im besonderen ist nun für den Knotenpunkt B (Fig. 185 b):

$$\mu_{2-1}^{B} = \frac{\tau_{1-5}^{B}}{\tau_1^{B}} = \frac{\dfrac{1}{\tau_1^{B}}}{\dfrac{1}{\tau_1^{B}} + \dfrac{1}{\tau_5^{B}}} \qquad (428)$$

oder ausmultipliziert (vgl. Kap. II, 5 Sonderfall),

$$\mu_{2-1}^{B} = \frac{\tau_5^{B}}{\tau_1^{B} + \tau_5^{B}}, \qquad (429)$$

worin τ_1^{B} nach Gl. (442) und τ_5^{B} (da Stab 5 gradlinig) nach Gl. (43) einzusetzen ist. Ferner ist

$$\mu_{2-5}^{B} = 1 - \mu_{2-1}^{B}. \qquad (430)$$

Das Moment M_2^C spaltet sich beim Übergang über den Knotenpunkt C in die beiden Momente

$$M_3^C = M_2^C \cdot \mu_{2-3}^C$$

und

$$M_6^C = M_2^C \cdot \mu_{2-6}^C,$$

worin die Verteilungsmaße μ_{2-3}^C und μ_{2-6}^C die Werte haben:

$$\mu_{2-3}^{C} = \frac{\tau_6^{C}}{\tau_3^{C} + \tau_6^{C}} \qquad (431)$$

und

$$\mu_{2-6}^{C} = 1 - \mu_{2-3}^{C}. \qquad (432)$$

Nachdem wir die Momente M_1^B, M_5^B, M_3^C und M_6^C (Fig. 185 b und 185 c) bestimmt haben, können wir dieselben mit Hilfe der Festpunkte über die in B und C anschließenden Stäbe weiterleiten.

7. Bestimmung der einfachen Bogendrehwinkel τ.

Nach der Definition des einfachen Drehwinkels τ^A (siehe Abschnitt 5) bildet sich derselbe, wenn wir (Fig. 210) den in B elastisch eingespannten, in A in einem festen Gelenk gestützten beliebigen bogenförmigen Stab AB mit dem Moment $M^A = 1$ belasten.

Die Ableitung des Ausdruckes für den einfachen Drehwinkel τ am bogenförmigen Stab gestaltet sich genau gleich (vgl. Fig. 211 bis 213) wie diejenige am geraden Stab (Kap. II, 6).

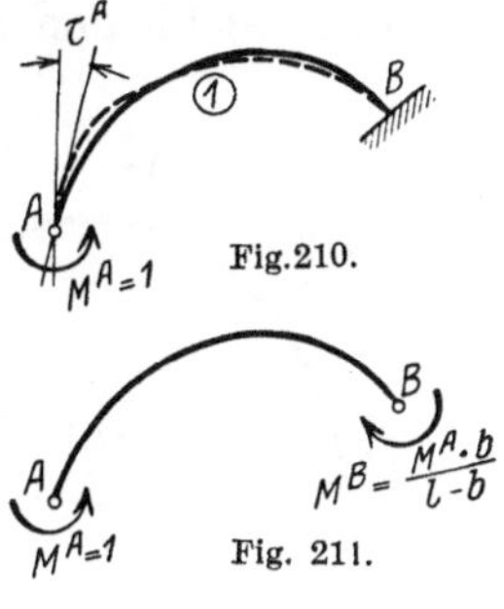
Fig. 210.

Unter Berücksichtigung der in Abschnitt 2 dieses Kapitels eingeführten Bezeichnungen erhalten wir für den Bogendrehwinkel τ^A eines beliebigen bogenförmigen Stabes die Hauptformel:

$$\tau^A = \alpha^a - \frac{l}{l-b} \cdot \beta\,. \qquad (441)$$

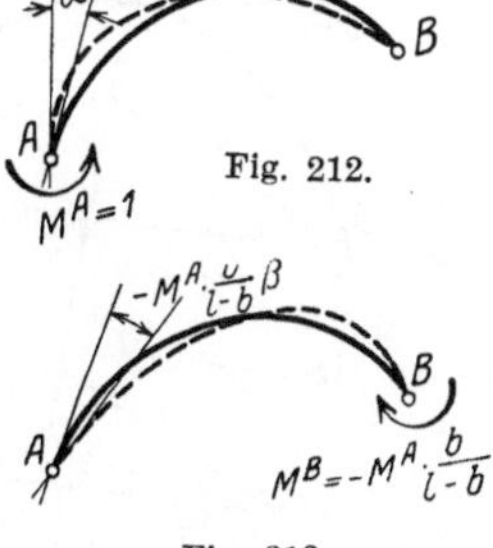
Fig. 211.

Analog ergibt sich der Bogendrehwinkel τ^B am anderen Ende des bogenförmigen Stabes AB, falls wir den in A elastisch eingespannten, in B in einem festen Gelenk gestützten Bogen mit $M^B = 1$ belasten, zu:

Fig. 212.

$$\tau^B = \alpha^b - \frac{l}{l-a} \cdot \beta\,, \qquad (442)$$

die Werte der in den Hauptformeln (441) und (442) vorkommenden Drehwinkel α^a, α^b und β am Zweigelenkbogen werden nach Abschnitt 4 und die Festpunktabstände a und b (negative Werte) nach Abschnitt 2 dieses Kapitels ermittelt.

Fig. 213.

8. Bestimmung der Momente, Normalkräfte und Querkräfte am Tragwerk mit bogenförmigen Stäben infolge beliebiger Belastung.

Um die in den bogenförmigen Stäben eines Tragwerkes, z. B. desjenigen der Fig. 185, wirkenden inneren Kräfte aus Rechnungsabschnitt I (unter der Voraussetzung unverschiebbar festgehaltener Knotenpunkte) angeben zu können, müssen wir zunächst die in den Kämpferverbindungslinien der elastisch eingespannten Bogen wirkenden resultierenden Bogenschübe H, sowie die an den Kämpfern derselben wirkenden resultierenden Auflagerdrücke V^l und V^r berechnen.

a) Bogenschub H und Auflagerdrücke V^l und V^r.

Am belasteten Bogen (z. B. Stab 2)

ist der Bogenschub H identisch mit dem resultierenden Bogenschub am Zweigelenkbogen (Fig. 214) unter Einwirkung der gegebenen äußeren Lasten sowie der beiden (bei Belastung mehrerer Stäbe, totalen) Kämpfermomente M^B und M^C. Dementsprechend setzt sich der Bogenschub H zusammen aus (Fig. 215, 216, 217) dem für den Zweigelenkbogen im Abschnitt 3 berechneten Horizontalschub $\mathfrak{H}$ und den Bogenschüben am Zweigelenkbogen herrührend von den beiden

Kämpfermomenten, welche sich durch Multiplikation des Bogenschubes $B_{(M^B=1)}$ für $M_2^B = 1$ mit M^B und des Bogenschubes $B_{(M^C=1)}$ für $M_2^C = 1$ mit M^C ergeben; d. h. es ist für den **unsymmetrischen belasteten Bogen**

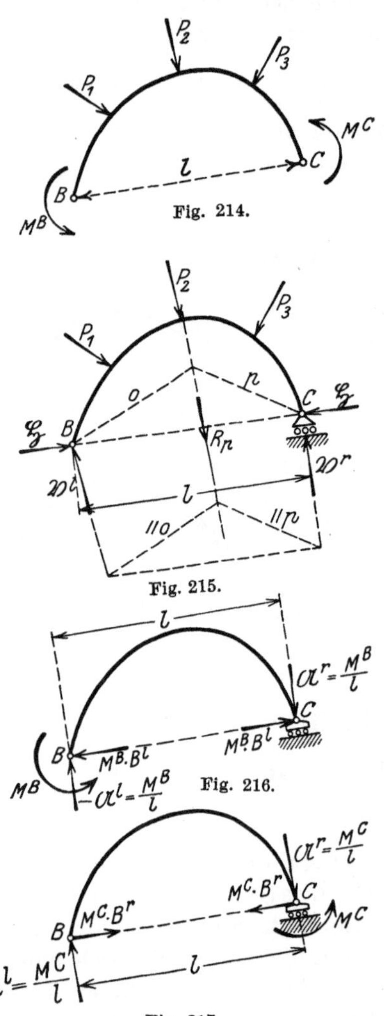
Fig. 214.

$$H = \mathfrak{H} + M^B \cdot B_{(M^B=1)} + M^C \cdot B_{(M^C=1)}, \quad (443)$$

worin $B_{(M^B=1)}$ nach Gl. (370) $B_{(M^C=1)}$ nach Gl. (371) und die (bei Belastung mehrerer Stäbe, totalen) Kämpfermomente M^B und M^C mit ihren Vorzeichen einzusetzen sind; und für den **symmetrischen belasteten Bogen:**
[da nach Gl. (414) bei Symmetrie $B_{(M^B=1)} = B_{(M^C=1)} = \frac{1}{2} B$]:

$$H = \mathfrak{H} + \frac{1}{2} B (M^B + M^C), \quad (444)$$

worin B den Wert der Gl. (413) besitzt und die (bei Belastung mehrerer Stäbe, totalen) Kämpfermomente M^B und M^C wieder mit ihren Vorzeichen einzusetzen sind.

Ist der Bogen anstatt der äußeren Belastung einer gleichmäßigen Temperaturerhöhung um t^0 gegenüber seiner Herstellungstemperatur unterworfen, so ist in obigen Gln. (443) und (444) an Stelle von $\mathfrak{H}$ der Wert $\mathfrak{H}^t$ aus Gl. (395) einzusetzen.

Die **Auflagerdrücke** V^l und V^r am belasteten Bogen sind identisch mit den resultierenden Auflagerdrücken am Zweigelenkbogen (Fig. 200) unter Einwirkung der gegebenen äußeren Lasten sowie der beiden (bei Belastung mehrerer Stäbe, totalen) Kämpfermomente M^B und M^C.

Dementsprechend erhalten wir den Auflagerdruck V_2^B durch Zusammensetzen des bei schiefgerichteten Lasten (und Annahme des einfachen Balkens mit Rollenlager am rechten Ende als statisch bestimmtes Hauptsystem) ebenfalls schiefgerichteten Auflagerdruckes $\mathfrak{B}_2^B$ (Fig. 215) infolge der äußeren Belastung mit dem Auflagerdruck $\mathfrak{A}_2^B$ am einfachen Balken herrührend von den beiden Kämpfermomenten (Fig. 216 und 217), welcher sich ergibt zu:

$$\mathfrak{A}_2^B = - \frac{1}{l} (M^B - M^C), \quad (445)$$

worin die (bei Belastung mehrerer Stäbe, totalen) Kämpfermomente M^B und M^C mit ihren Vorzeichen einzusetzen sind; ein nach oben (senkrecht zur Kämpferverbindungslinie) gerichteter Auflagerdruck wird dann positiv.

Den Auflagerdruck V_2^C erhalten wir auf analoge Weise durch Zusammensetzen des Auflagerdruckes $\mathfrak{B}_2^C$ (Fig. 215) infolge der äußeren Belastung am einfachen Balken mit dem Auflagerdruck $\mathfrak{A}_2^C$ herrührend von den beiden Kämpfermomenten (Fig. 216 und 217), welcher sich ergibt zu:

$$\mathfrak{A}_2^C = + \frac{1}{l}\,(M^B - M^C)\,, \tag{446}$$

worin wieder die (bei Belastung mehrerer Stäbe, totalen) Kämpfermomente M^B und M^C mit ihren Vorzeichen einzusetzen sind.

Liegen die Kämpfer des belasteten Bogens gleich hoch und ist die Belastung desselben senkrecht gerichtet, so sind alle Auflagerdrücke senkrecht gerichtet und es ist:

$$V_2^B = \mathfrak{B}_2^B - \frac{1}{l}\,(M^B - M^C)\,, \tag{447}$$

$$V_2^C = \mathfrak{B}_2^C + \frac{1}{l}\,(M^B - M^C)\,, \tag{448}$$

worin wieder die (bei Belastung mehrerer Stäbe, totalen) Kämpfermomente M^B und M^C mit ihren Vorzeichen einzusetzen sind.

Ist der Bogen anstatt der äußeren Belastung einer gleichmäßigen Temperaturerhöhung um t^0 gegenüber seiner Herstellungstemperatur unterworfen, so ist $\mathfrak{B}^B = 0$ und $\mathfrak{B}^C = 0$ und

$$\left.\begin{array}{l} V_t^B = \mathfrak{A}^B\,, \\[4pt] V_t^C = \mathfrak{A}^C\,. \end{array}\right\} \tag{449}$$

Am unbelasteten Bogen (z. B. Stab *1*) ist $\mathfrak{H} = 0$ und der Bogenschub H ist deshalb nach Gl. (443) am unsymmetrischen unbelasteten Bogen:

$$H = M^A \cdot B_{(M^A=1)} + M^B \cdot B_{(M^B=1)}\,, \tag{450}$$

worin $B_{(M^A=1)}$ nach Gl. (370), $B_{(M^B=1)}$ nach Gl. (371) und die (bei Belastung mehrerer Stäbe, totalen) Kämpfermomente M^B und M^C mit ihren Vorzeichen einzusetzen sind, und nach Gl. (444) für den symmetrischen unbelasteten Bogen:

$$H = \frac{1}{2}\,B\,(M^A + M^B)\,. \tag{451}$$

Desgleichen ist am unbelasteten Bogen $\mathfrak{B}^A = 0$ und $\mathfrak{B}^B = 0$, so daß die Auflagerdrücke V_1^A und V_1^B sich nach Gl. (445) und 446) ergeben zu:

$$\left.\begin{array}{l} V_1^A = - \dfrac{1}{l}\,(M^A - M^B)\,, \\[8pt] V_1^B = + \dfrac{1}{l}\,(M^A - M^B)\,, \end{array}\right\} \tag{452}$$

welche senkrecht zur Kämpferverbindungslinie gerichtet sind.

b) Moment, Normalkraft und Querkraft

aus Rechnungsabschnitt I am belasteten Bogen (z. B. Stab *2*) erhalten wir am einfachsten

graphisch

durch Zeichnen der Stützlinie, ausgehend von einer der beiden Kämpferresultierenden R, was gleichzeitig eine Rechnungsprobe bildet.

Die Größe der Kämpferresultierenden R^B erhalten wir durch Zusammensetzung von H und V_2^B und letztere ist die Resultante aus $\mathfrak{B}_2^B$ und $\mathfrak{A}_2^B$ (Fig. 218 und 218a). Die Lage von R^B erhalten wir durch Zusammensetzung dieser Kraft mit dem (bei Belastung mehrerer Stäbe, totalen) Kämpfermoment M^B; der Abstand r der Resultierenden R^B vom Kämpfer B ergibt sich aus der Gleichung

$$R^B \cdot r = M^B \quad \text{zu} \quad r = \frac{M^B}{R^B}. \tag{453}$$

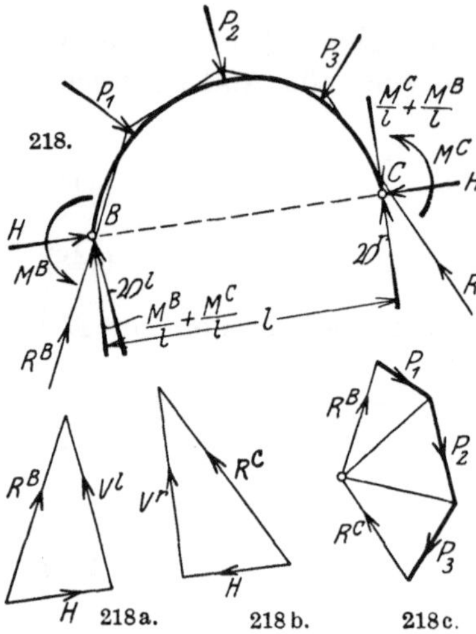

R^B ist also Tangente an einem um den Knotenpunkt B mit dem Radius r beschriebenen Kreis, wobei die Drehrichtung von M^B angibt, auf welcher Seite die Tangente an den Kreis zu legen ist.

In analoger Weise erhalten wir die Kämpferresultierende R^C (Fig. 218 und 218b).

Tragen wir nun von einem beliebigen Pol O ausgehend die Kräfte R^B, P_1, P_2, P_3 und R_C fortlaufend auf (Fig. 218c), so muß sich der Kräftezug schließen, da diese Kräfte miteinander im Gleichgewicht sein müssen, was eine Probe für die Richtigkeit der Rechnung bildet. Durch Vervollständigung des Seilecks in Fig. 218 durch Ziehen der Parallelen zu den zwischen P_1 und P_2 einerseits, sowie zwischen P_2 und P_3 andererseits liegenden Polstrahlen im Krafteck (Fig. 218c) erhalten wir die gesuchte Stützlinie des an beiden Kämpfern elastisch eingespannten bogenförmigen Stabes 2 des Tragwerkes der Fig. 185, welche bei der vorliegenden Belastung eine Drucklinie ist und die wir in Fig. 219 herausgezeichnet haben.

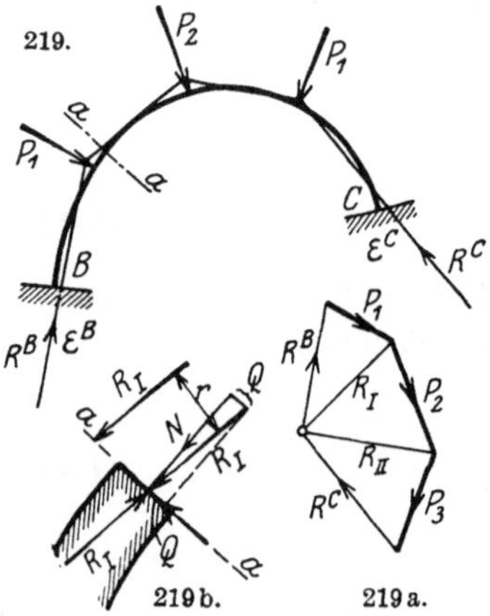

Nun erhalten wir das Moment, die Normalkraft und die Querkraft in einem beliebigen Schnitt $a - a$ des Bogens aus Fig. 219b. Auf den Schnitt $a - a$ wirkt in einem gewissen Abstand die Resultierende R_I; die Größe und Richtung derselben ergibt sich aus dem Krafteck der Fig. 219a, die Lage derselben ist durch die Stützlinie in Fig. 219 gegeben. Bringen wir im Schwerpunkt des Querschnittes $a - a$ zwei gleiche, aber entgegengesetzt gerichtete Kräfte R_I an, so ist das im Schnitt $a - a$ wirkende Biegungsmoment M durch das Kräftepaar R_I mit dem Abstand r bestimmt (Fig. 219b), d. h.

$$M = R_I \cdot r. \tag{454}$$

Zerlegen wir die übriggebliebene Kraft R_I im Schwerpunkt des Querschnittes senkrecht und parallel zum Schnitt $a - a$, so ist N die Normalkraft und Q die Querkraft im Schnitt $a - a$; N ist im vorliegenden Fall eine Druckkraft und Q will den oberen Querschnitt vom unteren nach unten abscheren.

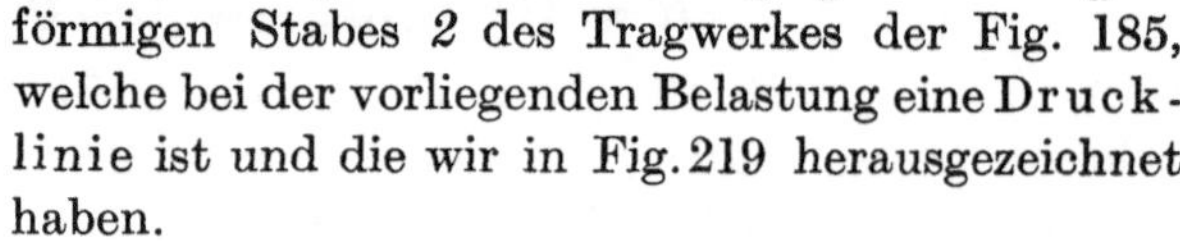
Fig. 218—218c.

Fig. 219—219b.

Es sei noch erwähnt, daß wir genau dieselben inneren Kräfte am belasteten Bogen erhalten haben würden, wenn wir am einfachen Balken (statisch bestimmtes Hauptsystem) das linke Auflager als beweglich und das rechte als festes Gelenk angenommen hätten.

Bei senkrechter Belastung (Fig. 220) eines elastisch eingespannten Bogens mit gleich hochliegenden Kämpfern kann man Moment und Normalkraft in einem beliebigen Querschnitt des Bogens auch

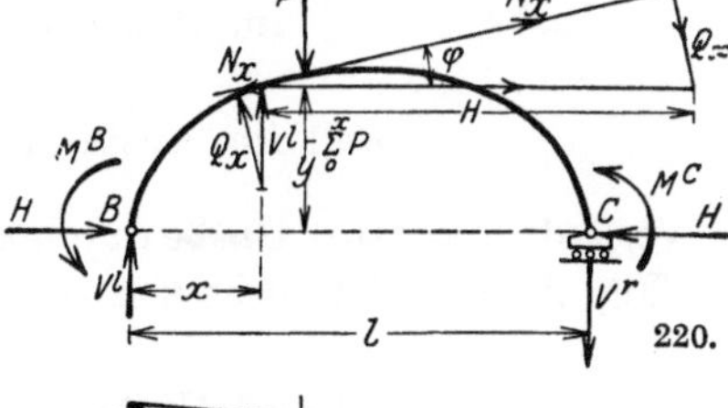

220.

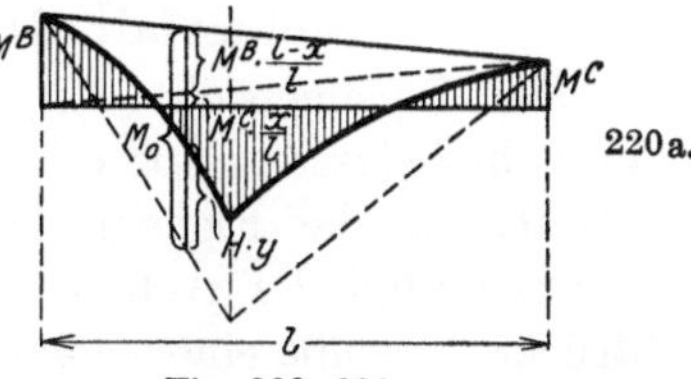

220a.

analytisch

ermitteln.

Das Biegungsmoment in einem Querschnitt im Abstand x (Fig. 220a) vom linken Kämpfer ist:

Fig. 220, 220a.

$$M_x = M_o + M^B \cdot \frac{l-x}{l} + M^C \cdot \frac{x}{l} - H \cdot y, \qquad (455)$$

wenn M_o das Moment im Schnitt x am frei aufliegenden Balken (statisch bestimmtes Hauptsystem) infolge der äußeren Lasten bedeutet und worin die (bei Belastung mehrerer Stäbe, totalen) Kämpfermomente M^B und M^C mit ihren Vorzeichen einzusetzen sind.

Die Normalkraft in einem Schnitt mit dem Abstand x vom linken Kämpfer ist:

$$N_x = (V_2^B - \sum_0^x P) \sin \varphi + H \cdot \cos \varphi. \qquad (456)$$

Die Querkraft in einem Schnitt mit dem Abstand x vom linken Kämpfer ist:

$$Q_x = (V_2^B - \sum_0^x P) \cos \varphi - H \cdot \sin \varphi. \qquad (457)$$

Am unbelasteten Bogen (z. B. Stab 1)

erhalten wir Moment, Normalkraft und Querkraft am einfachsten analytisch; sie sind die inneren Kräfte am Zweigelenkbogen (Fig. 221), belastet durch die (bei Belastung mehrerer Stäbe, totalen) Kämpfermomente M^A und M^B sowie die Reaktionen H und V. Der Bogenschub H wird nach Gl. (450), die Auflagerdrücke V^A und V^B nach

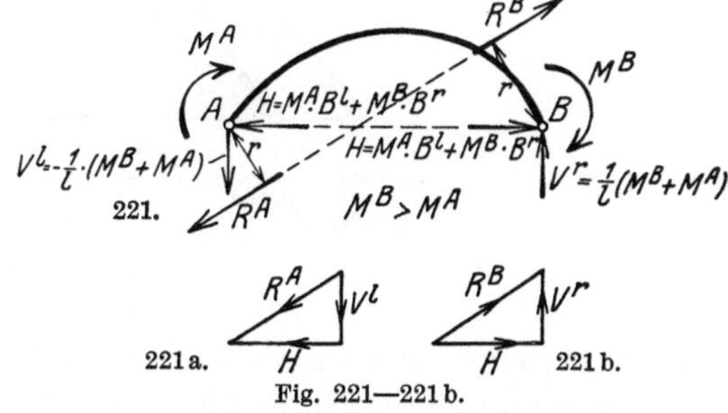

Fig. 221—221b.

Gl. (452) ermittelt. Nun berechnen sich Moment, Normalkraft und Querkraft nach den Gln. (455), (456) und (457), wenn wir darin $M_o = 0$ und $\sum_0^x P = 0$ setzen.

Die Stützlinie am unbelasteten Bogen läßt sich natürlich auch zeichnen, sie ist eine schiefe Gerade, welche nach Gl. (453)

$$\text{im Abstand}\quad r^A = \frac{M^A}{R^A}\quad \text{vom Kämpfer } A$$

$$\text{und im Abstand}\quad r^B = \frac{M^B}{R^B}\quad \text{vom Kämpfer } B$$

verläuft und deren Größe durch Zusammensetzen von H und V an jedem Kämpfer (Fig. 221 a und b) erhalten wird.

Sonderfall: Das symmetrische Brückengewölbe.

Das Eigengewicht von Brückengewölben ist so groß, daß der Einfluß der Verkehrsbelastung auf die inneren Kräfte desselben zurücktritt. Ferner ist die Ermittlung der Eigengewichtsbeanspruchung mit Hilfe der Einflußlinien oder der Stützlinie der großen Lasten wegen ungenau. Daher empfiehlt es sich, dem Brückengewölbe eine solche Form zu geben, daß seine Achse mit einer Stützlinie

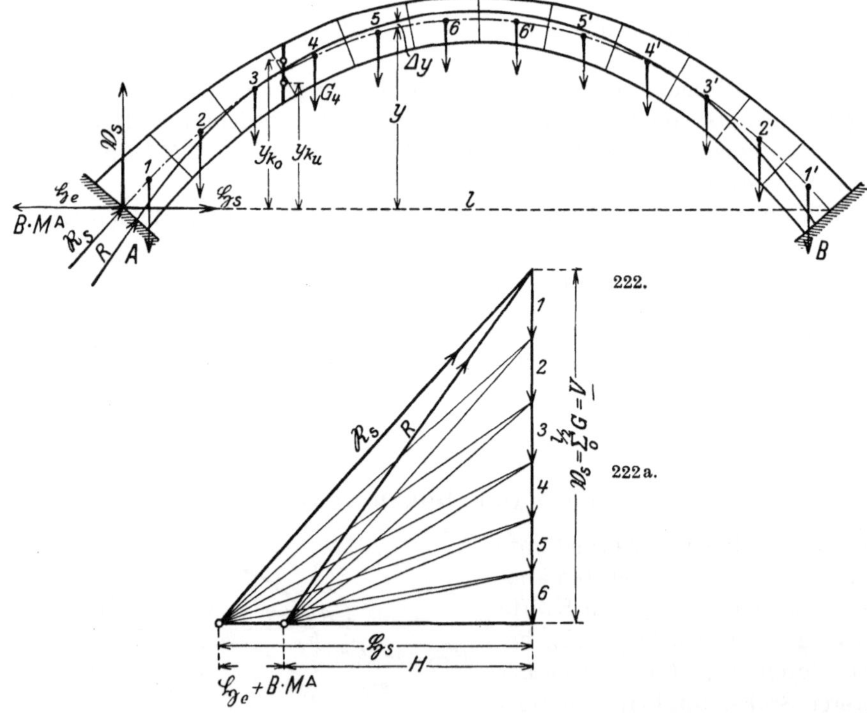

Fig. 222, 222a.

für die ständige Last zusammenfällt, und die noch infolge Verkürzung der Gewölbeachse durch die Normalkräfte entstehende Zusatzbeanspruchung wie folgt zu bestimmen[1].

Es seien $\mathfrak{H}_s$ und $\mathfrak{V}_s$ die waagrechte und senkrechte Komponente der Kämpferresultierenden $\mathfrak{R}_s$ (Fig. 222), welche bei der mit der Bogenachse zusammen-

---

[1] Mörsch: Berechnung eingespannter Gewölbe, Sonderabdruck der Schweiz. Bauztg. 1906.

fallenden Stützlinie für die ständige Last am von seinen Widerlagern getrennten und in zwei festen Gelenken gestützten Gewölbe entsteht. Da der Bogen sich aber unter dem Einfluß der Normalkräfte verkürzt, während der Abstand l der beiden Kämpfer unverändert bleibt, so kann $\mathfrak{H}_s$ nicht der richtige Bogenschub (am Zweigelenkbogen) sein, sondern er vermindert sich um den Bogenschub $\mathfrak{H}_e$, dessen Größe wir wie folgt erhalten:

Nach Gl. (355) ist der statisch unbestimmte Bogenschub X_a:

$$X_a = \frac{\delta_{ao}}{\delta_{aa}}.$$ (458)

Der hierin vorkommende Wert von δ_{ao} ist nach Gl. (350):

$$\delta_{ao} = \sum_0^l M_o \cdot M_a \cdot \frac{\varDelta s}{E \cdot J} + \sum_0^l N_o\, N_a \cdot \frac{\varDelta s}{E \cdot F}.$$ (459)

In dieser Gleichung ist einzusetzen:

$$\left.\begin{array}{l} M_o = 0 \\ N_o = N_s \end{array}\right\} \text{ infolge der äußeren Belastung}$$ (460)

und nach Fig. 222.

$$\left.\begin{array}{l} M_a = y \\ N_a = -1 \cdot \cos\varphi \end{array}\right\} \text{ infolge der Belastung } X_a = 1 \text{ nach außen.}$$ (461)

Es ist nun:

$$\delta_{ao} = -\sum_0^l N_s \cdot \cos\varphi\, \frac{\varDelta s}{E \cdot F}.$$ (462)

Da wir vorausgesetzt haben, die Stützlinie falle mit der Bogenachse zusammen, so ist aus dem Krafteck der Fig. 222a:

$$N_s \cdot \cos\varphi = \mathfrak{H}_s$$

eingesetzt gibt:

$$\delta_{ao} = -\mathfrak{H}_s \cdot \sum_0^l \frac{\varDelta s}{E \cdot F}.$$ (463)

Der in Gl. (355) vorkommende Wert von δ_{aa} ist nach Gl. (351)

$$\delta_{aa} = \sum_0^l M_a^2 \cdot \frac{\varDelta s}{E \cdot J} + \sum_0^l N_a^2 \cdot \frac{\varDelta s}{E \cdot F}.$$ (464)

Setzen wir die Werte von M_a und N_a aus den Gln. (461) in diese Gleichung ein, so erhalten wir:

$$\delta_{aa} = \sum_0^l y^2 \cdot \frac{\varDelta s}{E \cdot J} + \sum_0^l \cos^2\varphi \cdot \frac{\varDelta s}{E \cdot F},$$ (465)

und da $\cos\varphi = \dfrac{\varDelta x}{\varDelta s}$:

$$\delta_{aa} = \sum_0^l y^2 \cdot \frac{\varDelta s}{E \cdot J} + \sum_0^l \left(\frac{\varDelta x}{\varDelta s}\right)^2 \cdot \frac{\varDelta s}{E \cdot F}.$$ (466)

Nun ist nach Gl. (458)

$$X_a = \frac{\delta_{ao}}{\delta_{aa}} = - \frac{\mathfrak{H}_s \cdot \sum\limits_0^l \frac{\varDelta s}{F}}{\sum\limits_0^l y^2 \cdot \frac{\varDelta s}{J} + \sum\limits_0^l \left(\frac{\varDelta x}{\varDelta s}\right)^2 \cdot \frac{\varDelta s}{F}} \qquad (467)$$

oder mit den früheren Bezeichnungen:

$$\frac{\varDelta s}{J} = w, \qquad \frac{\varDelta s}{F} = v, \qquad \frac{\varDelta x}{\varDelta s} = \xi$$

und unter Berücksichtigung, daß wir bei Symmetrie nur über den halben Bogen zu summieren brauchen, folgt der Ergänzungsbogenschub $\mathfrak{H}_e$ zu:

$$\mathfrak{H}_e = - \frac{\mathfrak{H}_s \cdot \sum\limits_0^{l/2} v}{\sum\limits_0^{l/2} y^2 \cdot w + \sum\limits_0^{l/2} \xi^2 \cdot v}. \qquad (468)$$

Da $\mathfrak{H}_e$ als Ergänzungskraft klein ist, kann das zweite Glied im Nenner gegenüber dem viel größeren ersten Glied vernachlässigt werden. Wir möchten jedoch darauf hinweisen, daß der Nenner der Gl. (468) derselbe ist wie derjenige des Ausdruckes für den Bogenschub B und man deshalb den Nenner obiger Gleichung nicht mehr neu aufzustellen braucht.

Die Randspannungen am Zweigelenkbogen infolge ständiger Last ergeben sich als Summe der gleichmäßig verteilten Druckspannungen von der mit der Achse zusammenfallenden Stützlinie und der von $\mathfrak{H}_e$ erzeugten Biegungsbeanspruchung. Da $\mathfrak{H}_e$ negativ ist, so wirkt diese Kraft nach außen und erzeugt positive Biegungsmomente, d. h. Druckspannungen im Gewölberücken.

Nun erhalten wir die Drehwinkel φ^a und φ^b der Kämpfertangenten infolge der ständigen Last, welche wir zur Bestimmung der Kämpfermomente des elastisch eingespannten symmetrischen Gewölbes benötigen, aus den Gln. (420) und (421), wenn wir darin $M_0 = 0$ und $\mathfrak{H} = \mathfrak{H}_e$ setzen, zu:

$$E \cdot \varphi^a = - \frac{1}{l} \cdot \mathfrak{H}_e \cdot \sum\limits_0^l y(l - x)\, w, \qquad (469)$$

$$E \cdot \varphi^b = - \frac{1}{l} \cdot \mathfrak{H}_e \cdot \sum\limits_0^l x \cdot y \cdot w. \qquad (470)$$

Nun ist aber bei symmetrischem Bogen und daher symmetrischem Eigengewicht

$$\varphi^a = \varphi^b = \varphi;$$

beachten wir ferner, daß bei Symmetrie nach Gl. (411 b)

$$\sum\limits_0^l y(l - x) \cdot w = \sum\limits_0^l x \cdot y \cdot w = \frac{l}{2} \sum\limits_0^l y \cdot w,$$

und daß wir bei Symmetrie nur über den halben Bogen zu summieren brauchen, so erhalten wir:

$$E \cdot \varphi = \mathfrak{H}_e \cdot \sum_0^{l/2} y \cdot w. \tag{471}$$

Die in dem nach der Stützlinie für Eigengewicht geformten Bogen infolge der Verkürzung der Bogenachse durch die Normalkräfte hervorgerufenen **Kämpfermomente** erhalten wir nun durch Einsetzen des Wertes von φ in Gl. (334) oder (335). Es ist

$$M^l = M^r = \frac{-\varphi(l-a) + \varphi \cdot a}{l \cdot \beta(l-2a)} = \frac{-\varphi(l-2a)}{l \cdot \beta(l-2a)} = \frac{-\varphi \cdot a}{l \cdot \beta}. \tag{472}$$

Nun ist aber am fest eingespannten symmetrischen Bogen nach Gl. (7):

$$a = \frac{l \cdot \beta}{\overline{\alpha}} \; (\text{da dann} \quad \alpha^a = \alpha^b = \overline{\alpha} \quad \text{und} \quad \varepsilon^a = 0),$$

daher

$$M^l = M^r = \frac{-\varphi}{\overline{\alpha}}. \tag{473}$$

Den Wert von φ aus Gl. (471) eingesetzt gibt:

$$M^l = M^r = \frac{\mathfrak{H}_e}{E \cdot \overline{\alpha}} \cdot \sum_0^{l/2} y \cdot w. \tag{474}$$

Der am eingespannten symmetrischen Bogen infolge Eigengewicht auftretende endgültige Bogenschub H ist nach Gl. (444) unter Berücksichtigung, daß

$$M^l = M^r = M,$$

$$H = \mathfrak{H}_s + \mathfrak{H}_e + B \cdot M, \tag{475}$$

worin alle Größen mit ihren Vorzeichen einzusetzen sind (ein nach innen gerichteter Bogenschub ist positiv).

Ferner ist am eingespannten symmetrischen Bogen infolge Eigengewicht nach den Gleichungen (447) und (448):

$$V^l = V^r = \mathfrak{B}_s. \tag{475a}$$

Schließlich ist das Moment in einem beliebigen Schnitt des symmetrischen eingespannten Gewölbes unter Berücksichtigung, daß $M^l = M^r = M$

$$M_x = M_0 + M - H \cdot y, \tag{476}$$

worin das nach Gl. (475) berechnete H einzusetzen ist, oder einfacher:

$$M_x = M - (\mathfrak{H}_e + B \cdot M)\, y, \tag{477}$$

da für jeden Schnitt des nach der Stützlinie für eine gegebene Belastung geformten Bogens: $M_0 - \mathfrak{H}_s \cdot y = 0$, indem die von der Stützlinie $=$ Bogenachse (Seileck mit Polweite $\mathfrak{H}_s$ gezeichnet) und der Kämpferverbindungslinie eingeschlossene Fläche die M_0-Fläche darstellt, so daß für jeden Schnitt:

$$M_0 = \mathfrak{H}_s \cdot y. \tag{478}$$

Die Abweichung $\varDelta y$ (siehe Fig. 222) der Stützlinie für Eigengewicht infolge $\mathfrak{H}_e$ beträgt:

$$\varDelta y = \frac{M_x}{H}. \tag{479}$$

9. Bestimmung der Festhaltungskräfte.

Ein Tragwerk mit bogenförmigen Stäben, dessen Knotenpunkte verschiebbar sind, kann genau wie ein Stockwerkrahmen nicht durch eine einzige Festhaltungskraft in Ruhe gehalten werden.

Zum Beispiel am Tragwerk der Fig. 185 müssen wir an den Knotenpunkten A, B, und C je eine Festhaltungskraft anbringen, damit das ganze Tragwerk unverschiebbar festgehalten und dadurch die Voraussetzung für den Rechnungsabschnitt I erfüllt ist.

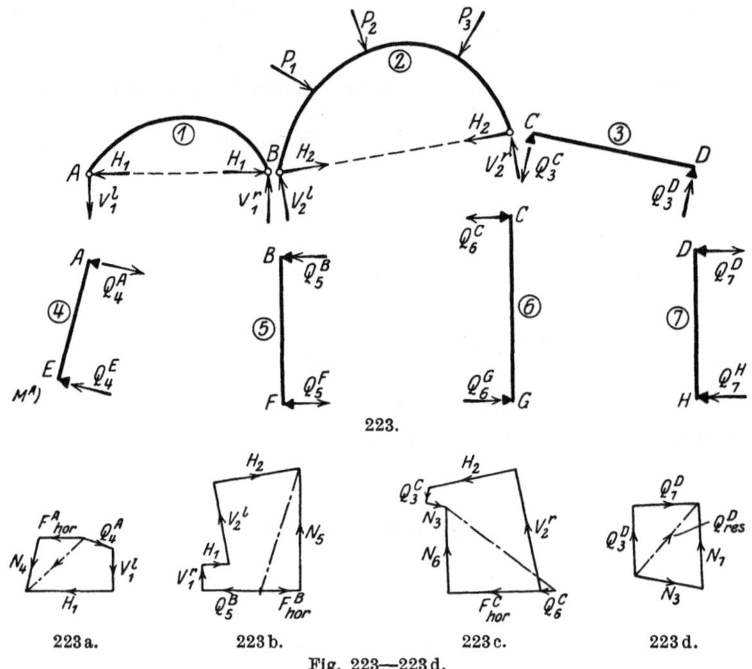

223.

223 a.　　　223 b.　　　223 c.　　　223 d.

Fig. 223—223 d.

Zur Bestimmung dieser Festhaltungskräfte F^A, F^B und F^C denken wir uns alle Stäbe an den Knotenpunkten durchgeschnitten, deren Enden wegen der vorausgesetzten Unverschiebbarkeit der Knotenpunkte in festen Gelenklagern gestützt und mit den in den Schnittstellen wirkenden inneren Kräften (Reaktionen) belastet (Fig. 223). Auf die herausgetrennten Knotenpunkte wirken diese Kräfte dann als „Aktionen", während die Festhaltungskraft als „Reaktion" am Knotenpunkt diesen „Aktionen" das Gleichgewicht hält. Deshalb verwenden wir auch am Tragwerk mit bogenförmigen Stäben zur Bestimmung der Festhaltungskräfte, wie im Kap. VII, 1 a) erwähnt, der Einfachheit halber die „Reaktionen" an den Stabenden.

Am Knotenpunkt A (Fig. 223) wirken die Reaktionen:

H_1 der Bogenschub am unbelasteten Bogen 1 nach Gl. (450),

Q_4^A herrührend von Stab 4,

V_1^A der linke Auflagerdruck des unbelasteten Bogens 1 bei freier Auflagerung.

Setzen wir diese Kräfte zusammen und zerlegen die daraus hervorgehende Resultierende in Richtung des Auflagerstabes 4 und die Horizontale (Fig. 223 a), so ist die in die Horizontale fallende Komponente die gesuchte Festhaltungskraft F_{hor}^A am Knotenpunkt A, da die in den Stab 4 fallende Komponente N_4, die Normalkraft des Stabes 4 auf den Knotenpunkt A aus Rechnungsabschnitt I, weder verschieben noch festhalten kann und daher ausscheidet.

Am Knotenpunkt B (Fig. 223) wirken die Reaktionen:

Q_5^B herrührend von Stab 5,
V_1^C der rechte Auflagerdruck des unbelasteten Bogens 1 bei freier Auflagerung,
H_1 der Bogenschub am unbelasteten Bogen 1 nach Gl. (450),
V_2^B der linke Auflagerdruck des belasteten Bogens 2 bei freier Auflagerung,
H_2 der Bogenschub am belasteten Bogen 2 nach Gl. (443).

Setzen wir diese Kräfte zusammen und zerlegen die daraus hervorgehende Resultierende in Richtung des Auflagerstabes 5 und die Horizontale (Fig. 223b), so ist die in die Horizontale fallende Komponente die gesuchte Festhaltungskraft F_{hor}^B am Knotenpunkt B.

Am Knotenpunkt C (Fig. 223) wirken die Reaktionen:

Q_6^C herrührend von Stab 6,
V_2^C der rechte Auflagerdruck des belasteten Bogens 2 bei freier Auflagerung,
H_2 der Bogenschub am belasteten Bogen 2 nach Gl. (443),
Q_3^C herrührend vom geraden Stab 3.

Ferner wirkt am Knotenpunkt C, da derselbe mit dem Knotenpunkt D durch einen geraden Stab verbunden ist, die aus Fig. 223d hervorgehende Komponente N_3 von Q_{res}^D (N_3 wirkt am Knotenpunkt D als „Reaktion", im Stab 3 als „Aktion" und am Knotenpunkt C wieder als „Reaktion").

Setzen wir diese 5 Kräfte zusammen und zerlegen die daraus hervorgehende Resultierende in die Richtung des Auflagerstabes 6 und die Horizontale (Fig. 223c), so ist die in die Horizontale fallende Komponente die gesuchte Festhaltungskraft F_{hor}^C, welche die Knotenpunkte C und D in Ruhe hält.

10. Sonderfall: Der Bogen wird durch zwei oder mehr geradlinige Stäbe gebildet.

Den in Fig. 224 dargestellten Rahmen könnte man auch nach dem vorhergehenden berechnen, indem man den Stabzug $2-3$ als bogenförmigen Stab betrachtet. Dies ist jedoch, wie in Teil II, Kap. I, Sonderfälle, ausgeführt, nicht zweckmäßig, sondern dieser Rahmen wird einfacher als „nach der Seite" mehstöckiger Rahmen berechnet. Da nun dieser Rahmen während R. I in den Knotenpunkten B und D unverschiebbar festgehalten werden muß, damit alle seine Knotenpunkte keine Verschiebungen ausführen

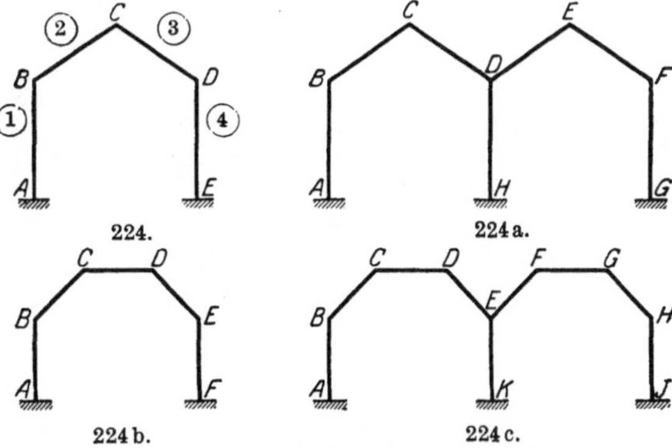

Fig. 224—224c.

können, so ist er wie ein zweistöckiger Rahmen zu behandeln.

Ist der Rahmen mehrfach (Fig. 224a), so muß er während R. I in den Knotenpunkten A, C und E unverschiebbar festgehalten werden und ist daher wie ein dreistöckiger Rahmen zu berechnen.

Das Analoge gilt für die Rahmen der Fig. 224b und c, bei welchen jedoch außer der Säulenköpfe noch die oberen Stäbe 1 bzw. 1 und 2, während R. I unverschiebbar festzuhalten sind, so daß der Rahmen der Fig. 224b wie ein dreistöckiger und der Rahmen der Fig. 224c wie ein fünfstöckiger Rahmen zu berechnen ist.

Wegen weiterer ähnlicher Konstruktionsformen, welche zweckmäßig nach dem Verfahren für Rahmen mit nur geradlinigen Stäben berechnet werden, sei hiermit auf Teil II, Kap. I, Sonderfälle, verwiesen.

Berechnung des Tragwerkes mit verschiebbaren Knotenpunkten nach der Methode der Festpunkte.

I. Gang der Berechnung.

Wir unterscheiden vier verschiedene Gattungen von Tragwerken mit verschiebbaren Knotenpunkten und geradlinigen Stäben, und zwar:

1. der einstöckige Rahmen,
2. der mehrstöckige Rahmen,
3. der Rahmenträger (Vierendeelträger) und
4. das biegungsfeste Fachwerk,

deren Berechnung nach der Methode der Festpunkte wir nachstehend erläutern.

Des leichteren Verständnisses wegen behandeln wir ausnahmsweise jeweils zuerst das Tragwerk mit parallelen Stützen und dann erst das allgemeine Tragwerk mit beliebig gerichteten Stützen.

1. Der einstöckige Rahmen.

Die Berechnung gestaltet sich verschieden, je nachdem die Stützen parallel zueinander oder schief gerichtet sind.

a) Rahmen mit parallelen Stützen.

Der in Fig. 225 dargestellte Rahmen mit beliebig veränderlichem Trägheitsmoment seiner Stäbe ist in keinem Punkte festgehalten, d. h. er besitzt verschiebbare Knotenpunkte; irgendwelche äußeren oder inneren waagrechten Kräfte sind imstande, dem Balken und damit auch den Pfeilerköpfen (Knotenpunkten) waagrechte Verschiebungen zu erteilen, deren Größe von der Steifigkeit der Stäbe und ihrer Einspannung abhängt. Die Balkenöffnung 1 sei mit der beliebig gerichteten Kraft P belastet.

Wir teilen den Gang der Berechnung des Rahmens in folgende zwei getrennte Hauptabschnitte ein:

Rechnungsabschnitt I.

Während des R. I nehmen wir an, die Verschiebbarkeit des Balkens sei vorübergehend durch gedachte Lager an den Knotenpunkten aufgehoben (Fig. 225a), welche jedoch die elastische Drehbarkeit der Knotenpunkte nicht behindern. Der Rahmen geht dann in ein Tragwerk mit unverschiebbar festgehaltenen Knotenpunkten über, dessen Berechnung wir im „Ersten Teil" vorgeführt

haben. Wir bestimmen also zuerst die Festpunkte an allen Stäben, dann mit
Hilfe der Kreuzlinienabschnitte und Verteilungsmaße die Momente am ganzen
Tragwerk infolge der gegebenen äußeren Belastung und zum Schluß aus den
Momenten die Festhaltungskraft, welche gerade imstande ist, die Knotenpunkte
des Rahmens in ihrer ursprünglichen Lage zu halten.

Rechnungsabschnitt II.

Wir entfernen jetzt die während des R. I an den Knotenpunkten gedachten
Lager, und dadurch auch die Festhaltungskraft, welche den Balken des Rahmens
und damit auch alle Knotenpunkte während des R. I unverschiebbar festhielt.

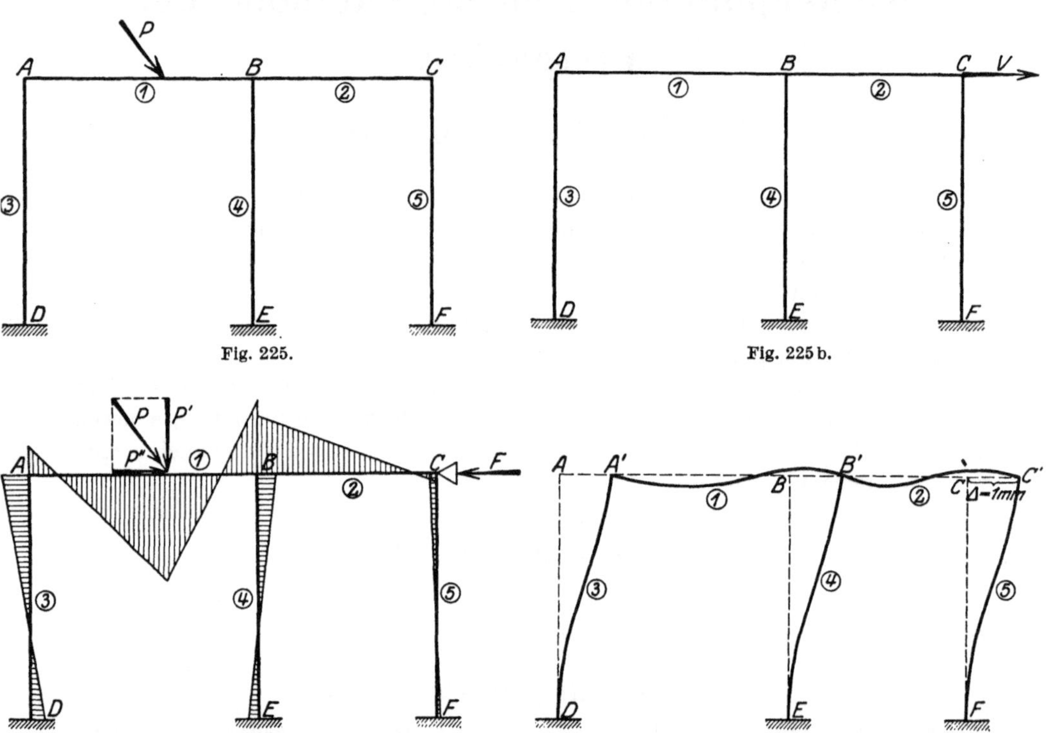

Fig. 225.　　　　　　　　　　　　　　　　Fig. 225 b.

Fig. 225 a.　　　　　　　　　　　　　　　Fig. 225 c.

Hierauf tritt die der Festhaltungskraft („Reaktion“) gleiche, aber entgegengesetzt gerichtete Verschiebungskraft („Aktion“) in Tätigkeit (Fig. 215b),
welche dem Balken des Rahmens und damit sämtlichen Knotenpunkten eine
waagrechte Verschiebung $\varDelta$ genau wie eine äußere, den Rahmen belastende
Horizontalkraft erteilt, und daher am ganzen Rahmen Momente hervorruft,
welche wir als Zusätze bezeichnen.

Um diese Zusätze zu erhalten, bestimmen wir zunächst die Momente M'
für eine gegebene Verschiebung, z. B. $\varDelta = 1$ mm, des Balkens und damit sämtlicher Pfeilerköpfe (Fig. 215c) in Richtung der Kraft $H = +1t$ (von links nach
rechts, Fig. 215f). Durch diese Verschiebung erleiden bei parallelen Pfeilern
nur diese eine „gegenseitige Verschiebung der Stabenden“, welche überdies bei
allen Pfeilern gleich groß ist, während die Enden der den Balken bildenden

Stäbe in der Balkenrichtung verbleiben (Fig. 225d). Wir müssen also, um die Momente M' zu erhalten, für alle Pfeiler (für alle Stäbe, deren Enden sich gegenseitig verschieben) die Momente an beiden Enden, herrührend von ihrer gegenseitigen rechtwinkligen Verschiebung, nach den allgemeinen Gln. (515) und (520) berechnen (siehe Teil II, Kap. III), diese Momente über das ganze Tragwerk mittels der Festpunkte und Verteilungsmaße weiterleiten und zum Schluß mit ihren Vorzeichen addieren. Aus den Momenten M' (Fig. 225e) ermitteln wir die zugehörige Erzeugungskraft Z, d. h. diejenige Kraft, welche die angenommene Verschiebung des Balkens zu erzeugen in der Lage ist. Hierauf berechnen wir durch Division der Momente M' durch die Erzeugungskraft Z die Momente M^* infolge der Belastung $H = + 1\,t$ (Fig. 225f), aus welcher wir durch Multiplikation mit dem Werte der Verschiebungskraft, unter Berücksichtigung ihres Vorzeichens, die gesuchten Zusatzmomente (Fig. 225g) erhalten. Zum Schluß addieren wir die mit ihrem Vorzeichen zu nehmenden Zusätze aus R. II zu den Momenten aus R. I; die Summe ergibt die genauen resultierenden Momente usw., welche am Rahmen infolge der gegebenen äußeren Lasten entstehen (Fig. 225h).

Da die Querkräfte, Normalkräfte und Auflagerkräfte aus den Momenten hervorgehen, so ermitteln wir diese Kräfte zweckmäßig erst aus der resultierenden Momentenfläche.

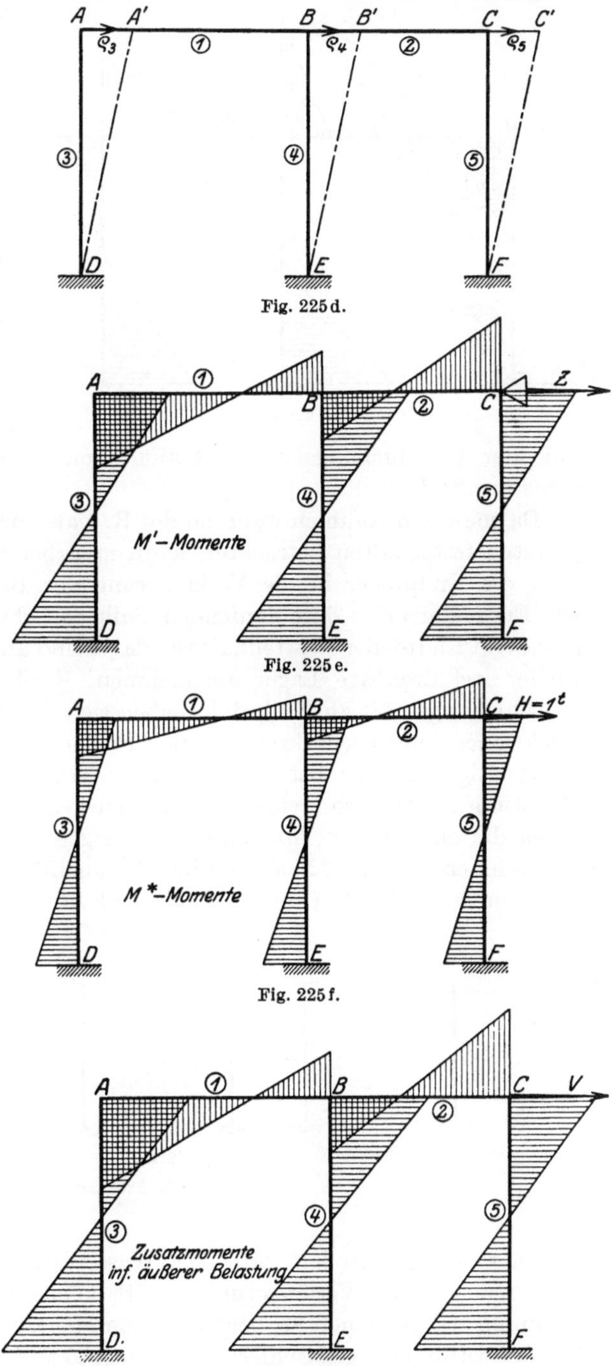

Die vorstehend beschriebene Berechnungsweise des Rahmens mit senkrechten Stützen ist nicht nur bei beliebiger ruhender Balken- oder Pfeilerbelastung vorteilhaft, sondern eignet sich in gleich guter Weise zur Berechnung des Rahmens für wandernde Lasten nach dem Verfahren der Einflußlinien. Hierbei setzen sich die Ordinaten irgendeiner Einflußlinie (Moment, Querkraft, Auflagerdruck usw.) sich aus einem nach R. I und einem nach R. II zu ermittelnden Anteil zusammen; der letztere Anteil einer jeden Einflußlinie wird in einfacher Weise aus der Einfluß-

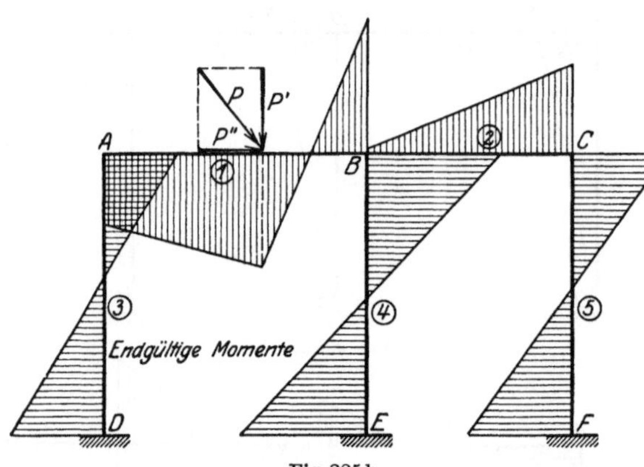

Fig. 225 h.

linie der Verschiebungskraft („Aktion") und der M^*-Momentfläche des Rahmens ermittelt.

Da man den Rahmen während des R. I als vorübergehend an seinen Knotenpunkten festgehalten betrachtet, kann man bei Bestimmung der Momente aus R. I die Endpfeiler in die Verlängerung der Balkenachse hinaufklappen und wie Endfelder eines durchlaufenden Balkens behandeln, was besonders bei belasteten Endpfeilern vorteilhaft ist; dabei sind an den Köpfen der aufgeklappten Pfeiler frei drehbare Lager anzunehmen. Ergibt sich die Festhaltungs- bzw. Verschiebungskraft zu Null, d. h. heben sich die in die Balkenrichtung fallenden Reaktionen (obere Querkräfte an den Pfeilern) in den einzelnen Knotenpunkten gegenseitig auf, was bei symmetrischer Tragkonstruktion und symmetrischer Belastung zutrifft, so treten am Rahmen keine „Zusätze" auf, und R. I liefert schon die endgültigen Momente und übrigen inneren Kräfte. Man erhält z. B. am Rahmen der Fig. 226 sowohl für gleichmäßig verteilte Belastung des Balkens auf seine ganze Länge (Fig. 226a) als auch für gleichzeitige Belastung der beiden

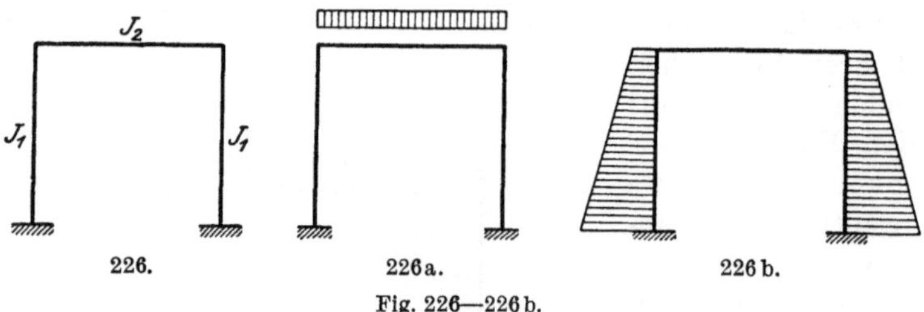

Fig. 226—226 b.

Pfeiler mit gleich großem Erd- oder Wasserdruck (Fig. 226b) durch Aufklappen der Pfeiler in die Verlängerung der Balkenachse und Durchführung der Berechnung wie für einen an beiden Enden eingespannten durchlaufenden Balken mit drei Öffnungen genau dieselben Momente und übrigen inneren Kräfte, wie sie eine Berechnung nach den Elastizitätsgleichungen liefern würde. Dasselbe gilt z. B. für den einstieligen Rahmen der Fig. 227 (Vordach eines Gebäudes),

der in B ein festes Lager besitzt, und zwar für beliebige Balken- und Pfeilerbelastung, da die im Balken auftretende Festhaltungs- bzw. Verschiebungskraft vom festen Balkenauflager auf-
genommen wird, weshalb keine zusätzlichen Momente usw. auftreten.

Die Grundlage für die Ermittlung
der „Zusätze" aus R. II bilden die
Momente M^* infolge einer äußeren,
in Balkenachse angreifenden Horizontalkraft $H = 1\,t$. Da die Momente M^* allein abhängig sind von

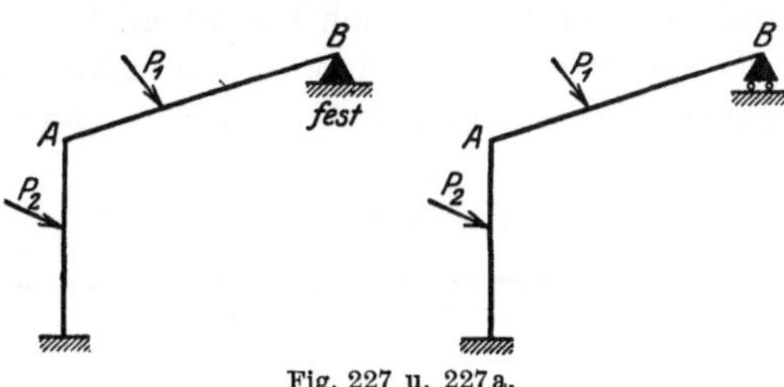

Fig. 227 u. 227a.

den Abmessungen des Rahmens, so hat man bei der Berechnung eines Rahmens
für mehrere Belastungsfälle diese Momente M^* nur einmal zu ermitteln, und man
erhält die „Zusätze" dadurch, daß man die jedem einzelnen Belastungsfall entsprechende Verschiebungskraft mit den Momenten M^* multipliziert. Hieraus
ist ersichtlich, daß die vorliegende Berechnungsmethode des Rahmens gegenüber
derjenigen nach den Elastizitätsgleichungen, wo für jeden Belastungsfall die
Ermittlung der statisch unbestimmten Größen, eine sehr zeitraubende Arbeit,
von neuem vorgenommen werden muß, sehr vorteilhaft ist. In Kap. IV, 1, a) sind
die Momente M^* für den einfachen symmetrischen Rahmen ermittelt, so daß
solche Rahmen für beliebige Belastung sehr rasch berechnet werden können.

Es sei noch darauf hingewiesen, daß man bei senkrechter Belastung des
Balkens die inneren Kräfte herrührend von den Säulenkopfverschiebungen, d. h.
die Zusätze, erst bei Rahmen mit vier und mehr Pfeilern vernachlässigen kann, bei vier Pfeilern auch nur dann, wenn das Tragwerk nicht unsymmetrisch ist. Die größten Zusätze für senkrechte Belastung treten bei einem
durchlaufenden Balken mit zwei ungleich großen Öffnungen auf, dessen Enden
frei drehbar sind und dessen Mittelstütze aus einem mit dem Balken biegungsfest verbundenen Pfeiler besteht; hier erreichen die Zusätze (bei senkrechter
Belastung) Werte bis zu einem Drittel der inneren Kräfte, die man ohne Berücksichtigung der Säulenkopfverschiebungen erhält.

Was die Momente, herrührend von einer Temperaturänderung des Tragwerkes gegenüber der Herstellungstemperatur, oder einer Stützensenkung,
oder der Längenänderung der Stäbe infolge der in denselben wirkenden
Normalkräfte, wodurch Knotenpunktsverschiebungen eintreten, betrifft,
so können dieselben nach Kap. V bzw. VI bzw. VII ermittelt und entsprechend
ihren Vorzeichen zu den von
der äußeren Belastung hervorgerufenen Momenten ad-
diert werden.

Der in Fig. 228 dar-
gestellte Rahmen mit par-
allelen Pfeilern und beliebig
geneigtem Balken wird in

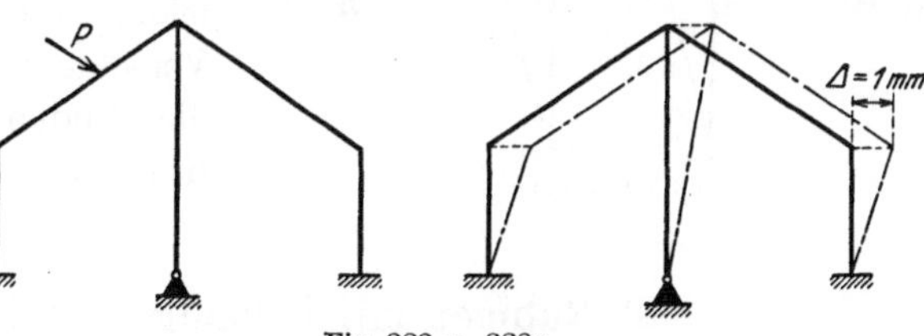

Fig. 228 u. 228a.

gleicher Weise berechnet wie der Rahmen mit waagrechtem Balken; der Unterschied liegt nur in der sich etwas länger gestaltenden Bestimmung der Fest-
haltungs- bzw. Verschiebungskraft (siehe Teil I, Kap. VII). Wenn die Pfeiler

parallel sind, so ergibt sich wieder nur für die letzteren eine gegenseitige Verschiebung der Stabenden (Fig 228a), die Balkenstäbe können beliebig gerichtet sein, sie verschieben sich nur parallel.

Dasselbe gilt für den in Fig. 230a dargestellten einstieligen Rahmen mit geneigtem Balken und horizontal laufendem Rollenlager an einem Ende.

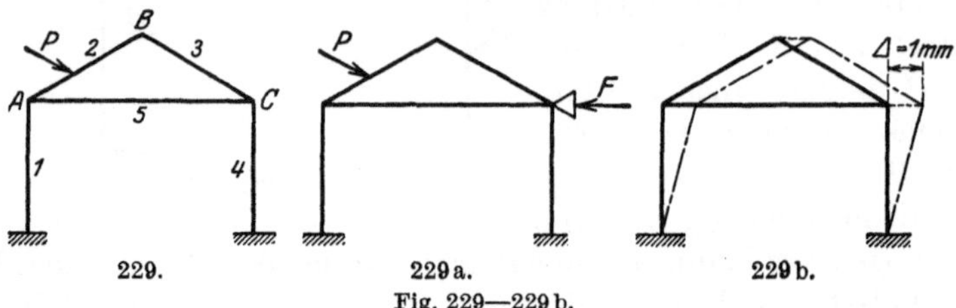

Fig. 229—229 b.

In Fig. 229 wurde ein einstöckiges Tragwerk mit Aufsätzen dargestellt; Stab 5 ist biegungsfest ausgebildet. Die Berechnung dieses Rahmens gestaltet sich analog derjenigen des Rahmens der Fig. 225. Die Bestimmung der Festhaltungs- bzw. Verschiebungskraft wurde in Teil I, Kap. VII gezeigt. Bei der Verschiebung des Balkens (Stab 5) um eine beliebige Strecke Δ (Fig.229 b) erleiden nur die beiden Säulen gegenseitige Verschiebungen ihrer Enden, da diese Säulen, welche den Balken stützen, parallel zueinander sind.

In Fig. 230 wurde ein Rahmen dargestellt, wie er bei Berechnung von Silozellenwänden (als Grundriß) vorkommt. Die Berechnung dieses Rahmens gestaltet sich analog wie diejenige des Rahmens der Fig. 225. Die Bestimmung der Festhaltungs- (Fig. 230a) bzw. Verschiebungskraft wurde in Teil I, Kap. VII gezeigt. Bei der Verschiebung des Balkens (Fig. 230b) um eine gegebene Strecke erleiden nur die vier Säulen gegenseitige Verschiebungen ihrer Enden, während die Enden der den Balken bildenden Stäbe in der Balkenrichtung verbleiben.

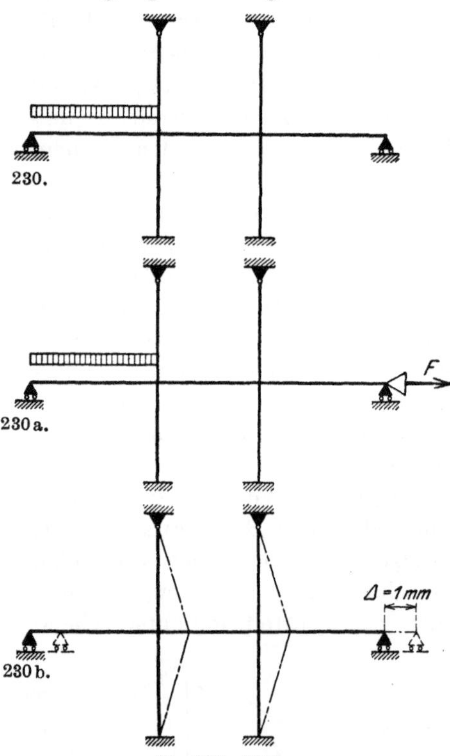

Fig. 230—230 b.

b) Rahmen mit beliebig gerichteten Stützen.

Die Berechnung des in Fig. 231 dargestellten allgemeinen einstöckigen Rahmens mit beliebig veränderlichem Trägheitsmoment seiner Stäbe teilen wir wieder in R. I und R. II; es sei nur der Stab 6 mit den Kräften P_1 und P_2 belastet.

Rechnungsabschnitt I.

liefert uns die Momente und übrigen inneren Kräfte für den Fall, daß die Knotenpunkte vorübergehend unverschiebbar festgehalten sind, was wir in

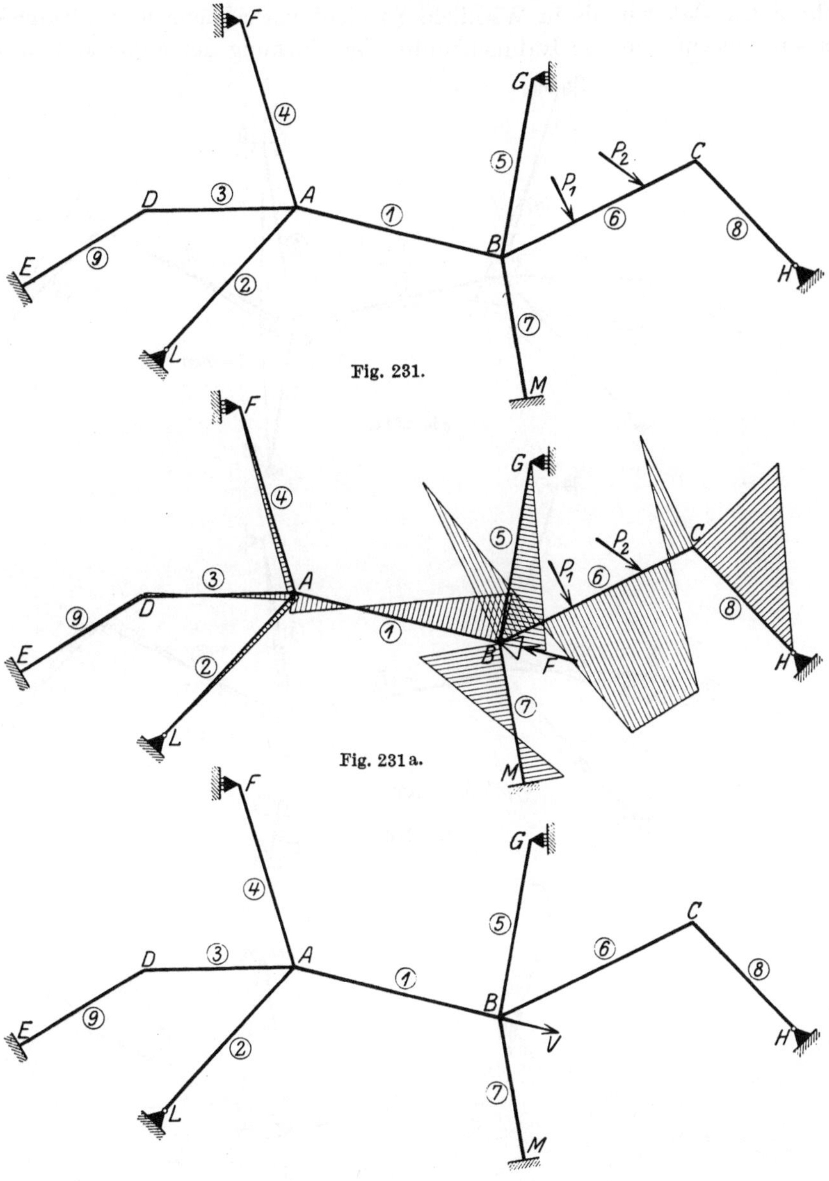

Fig. 231.

Fig. 231a.

Fig. 231b.

Fig. 231a durch ein Lager in *B* in Richtung des Stabes *1* angedeutet haben; diese Momente (Fig. 231a) werden nach dem „Ersten Teil" ermittelt. Aus den Momentenflächen für den festgehaltenen Zustand bestimmen wir noch nach Kap. VII, 1 des „Ersten Teiles" die Festhaltungskraft, welche eine Verschiebung der Knotenpunkte unter Einwirkung der äußeren Belastung verhindert, oder falls die Verschiebung der Knotenpunkte schon eingetreten ist, dieselbe wieder rückgängig macht.

Rechnungsabschnitt II

besteht darin, daß wir die in Wirklichkeit nicht vorhandene Festhaltungskraft entfernen, worauf sich der Rahmen unter der Wirkung der äußeren Belastung

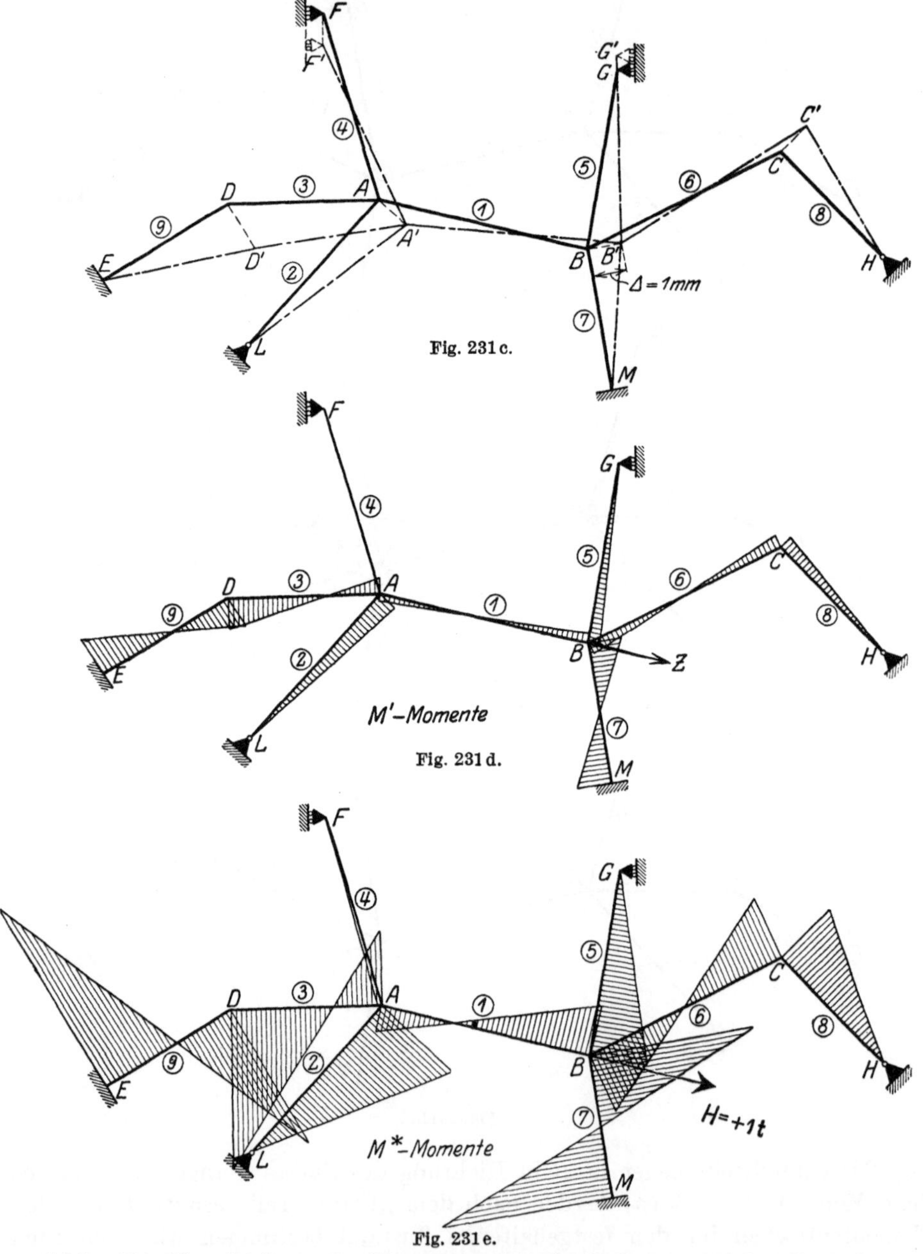

verschiebt. Die Verschiebung der Knotenpunkte des Rahmens infolge der äußeren Belastung ist gleich groß wie diejenige, welche entsteht, wenn der Rahmen nur durch die sog. Verschiebungskraft (die entgegengesetzt gerichtete Festhaltungskraft) belastet ist. Die Verschiebungskraft (Fig. 231b) erzeugt daher die „Zusätze", welche zu den Momenten und übrigen inneren Kräften aus R. I zu addieren sind, um die wirklichen Momente (Fig. 231g) und übrigen inneren Kräfte am Rahmen zu erhalten.

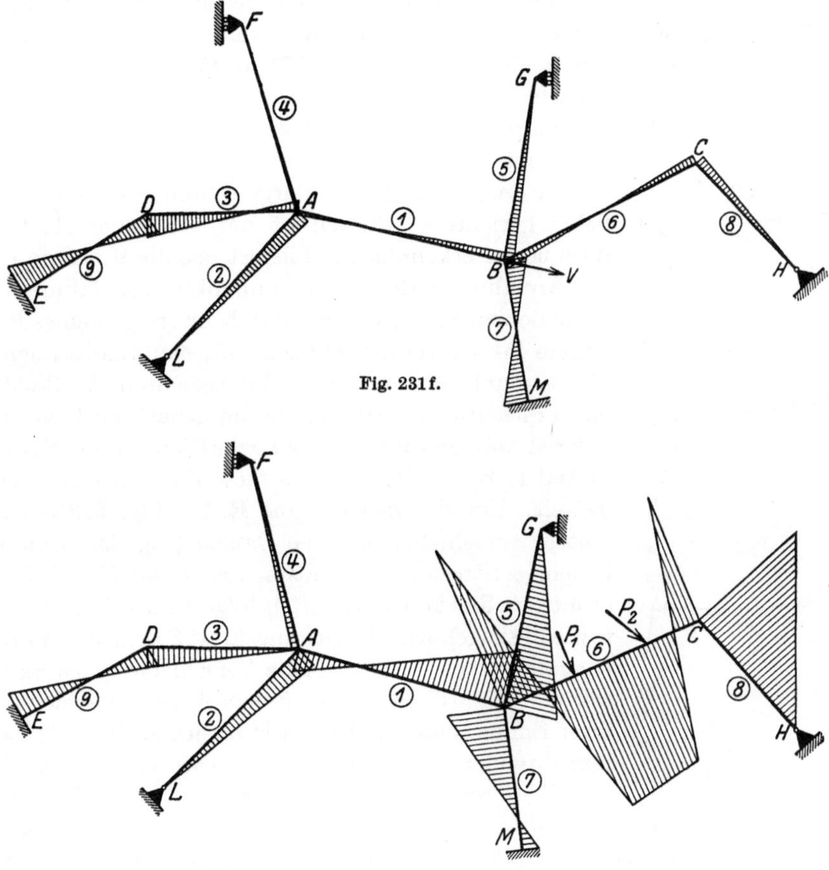

Fig. 231f.

Fig. 231g.

Um die Zusätze zu erhalten, bestimmen wir zunächst die Momente M' für eine gegebene Verschiebung, z. B. $\varDelta = 1$ mm, des Stabes 1 in Richtung der Kraft $H = + 1\,t$ (von links nach rechts, Fig. 231e), darauf die zu den Momenten M' (Fig. 231d) gehörige Erzeugungskraft Z, d. h. diejenige Kraft, welche die angenommene Verschiebung des Balkens und damit die Momente M' erzeugt, und endlich die Momente M^* (Fig. 231e) infolge der Belastung $H = + 1\,t$. Durch Multiplikation der Momente M^* mit dem mit seinem Vorzeichen zu nehmenden Werte der Verschiebungskraft erhalten wir dann die gesuchten Zusätze (Fig. 231f).

Da die Querkräfte, Normalkräfte und Auflagerkräfte aus den Momenten hervorgehen, so ermitteln wir diese Kräfte zweckmäßig erst aus der resultierenden Momentenfläche.

Bei der Bestimmung der Momente M' an einem Rahmen mit beliebig gerichteten Stützen (Auflagerstäben) ist gegenüber derjenigen an einem Rahmen mit parallelen Pfeilern zu beachten, daß am Rahmen mit beliebig gerichteten Stützen (Fig. 231) bei einer Verschiebung des Stabes *1* (in dessen Richtung die Festhaltungskraft bestimmt wurde) erstens sich nicht nur an den Pfeilern, sondern auch an den übrigen Stäben eine gegenseitige Verschiebung der Stabenden ergibt, und zweitens die Knotenpunkte sich nicht alle um das gegebene Maß verschieben, die Verschiebungen der nicht auf dem Stab *1* liegenden Knotenpunkte vielmehr (nach dem folgenden Kapitel) bestimmt werden müssen.

An dem in Fig. 232 dargestellten Rahmen mit beliebig gerichteten Stäben ist der Gang der Rechnung noch besser erkennbar. R. I liefert uns die Momente unter der Annahme, daß die Knotenpunkte des Rahmens unverschiebbar seien, was wir durch Anbringen eines festen Lagers in B erreichen (Fig. 232a); dadurch ist auch der Knotenpunkt A von selbst in Ruhe gehalten. Als Richtung der Festhaltungskraft, welche im gedachten Lager in B auftritt, wählen wir zweckmäßig die Richtung des Stabes *1*; in Teil I, Kap. VII, 4 wurde diese Festhaltungskraft ermittelt. Um die Zusätze aus R. II (Fig. 232b) zu erhalten, verschieben wir den Balken (Fig. 232c) um eine beliebige Strecke in Richtung der Kraft $H = + 1t$ und ermitteln die Momente M' infolge dieser Verschiebung sowie die zugehörige Erzeugungskraft Z derselben in Richtung des Stabes *1*. Durch eine Verschiebung des Balkens erleiden sämtliche Stäbe gegenseitige Verschiebungen ihrer Enden, daher müssen wir für jeden Stab die davon herrührenden Momente nach Kap. III, 1 ermitteln, dieselben weiterleiten und darauf mit ihren Vorzeichen addieren, um die Momente M' zu erhalten. Durch Division der Momente M' durch den Wert der Erzeugungskraft Z erhalten wir die Momente M^* infolge der Kraft $H = + 1\,t$ in Richtung des Balkens, aus welchem wir durch Multiplikation mit dem mit seinem Vorzeichen zu nehmenden Wert (falls die Verschiebungskraft nach links gerichtet ist, hat ihr Wert das negative Vorzeichen) der Verschiebungskraft die gesuchten Zusätze erhalten. Durch Addition der Momente aus R. I und R. II unter Berücksichtigung ihrer Vorzeichen erhalten wir die endgültigen Momente und aus diesen die endgültigen Querkräfte, Nor-malkräfte und Auflagerkräfte (nach Teil I, Kap. VI) am Rahmen.

Fig. 232—232c.

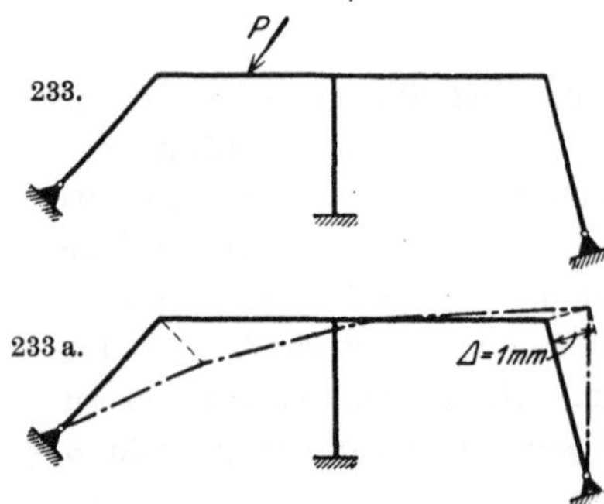

Fig. 233 u. 233a.

Der Rahmen der Fig. 233 wird in analoger Weise berechnet. Durch eine Verschiebung des Balkens erleiden ebenfalls sämtliche Stäbe gegenseitige Verschiebungen ihrer Enden (Fig. 233a).

In Fig. 234 wurde ein einstöckiger Rahmen mit Aufsatz dargestellt, dessen Säulen beliebig gerichtet sind; Stab 5 ist biegungsfest vorausgesetzt. Dieser Rahmen wird in analoger Weise wie derjenige der Fig. 232 berechnet. Die Bestimmung der Festhaltungskraft F (Fig. 234a) erfolgt in analoger Weise wie am Rahmen der Fig. 229. Bei der Verschiebung des Balkens (Stabes 5) um eine beliebige Strecke $\varDelta$ (Fig. 234b) erleiden der beliebig gerichteten Säulen wegen nicht nur diese, sondern sämtliche Stäbe des Rahmens, also auch die Stäbe des Aufsatzes, gegenseitige Verschiebungen ihrer Enden; darin besteht der Unterschied in der Berechnung der Rahmen der Fig. 229 und 234.

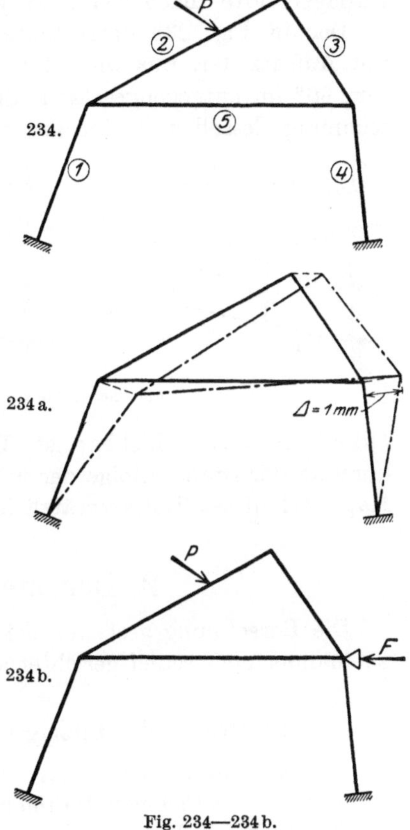

Fig. 234—234b.

Der in Fig. 235 dargestellte Rahmen mit beliebig gerichteten Stäben ist auch einstöckig wie der Rahmen der Fig. 232 und wird in analoger Weise berechnet. Um die Momente aus R. I zu erhalten, denken wir uns den Rahmen durch ein festes Lager im Knotenpunkt B unverschiebbar festgehalten (Fig. 235a); dadurch ist auch der Knotenpunkt C von selbst in Ruhe gehalten, da das Tragwerk in D ein festes Auflager besitzt. Als Richtung der Festhaltungskraft, welche im gedachten Lager in B auftritt, wählen wir zweckmäßig die waagrechte Richtung; im Teil I, Kap. VII, 4 wurde diese Festhaltungskraft F_{hor} ermittelt. Um die Zusätze aus R. II (Fig. 235b) zu erhalten, verschieben wir den Knotenpunkt B (Fig. 235c) im Sinne der Kraft $H = +1\,t$ und ermitteln die Momente M' infolge dieser Verschiebung, d. h. infolge der davon herrührenden gegenseitigen Verschiebung der Enden sämtlicher Stäbe,

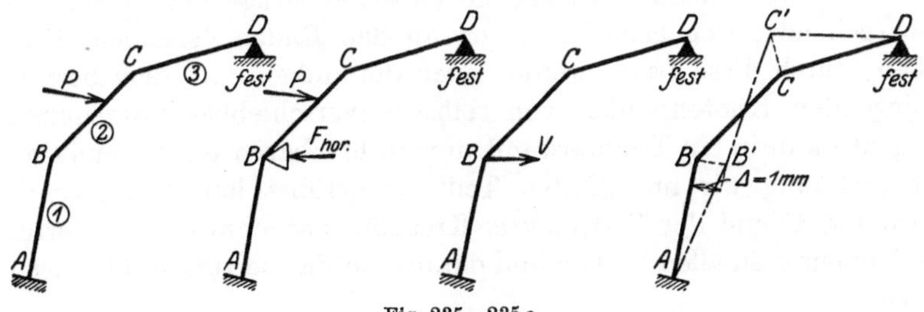

Fig. 235—235c.

sowie die waagrechte Erzeugungskraft Z dieser Momente. Durch Division der Momente M' durch den Wert der Erzeugungskraft erhalten wir die Momente M^* infolge der waagrechten Kraft $H = +1\,t$ am Knotenpunkt B, aus welchen wir durch Multiplikation mit dem mit seinem Vorzeichen zu nehmenden Wert der Verschiebungskraft die gesuchten Zusätze erhalten. Durch Addition der

15*

Momente aus R. I und R. II mit ihren Vorzeichen erhalten wir die end-gültigen Momente und hieraus die endgültigen Querkräfte, Normalkräfte und Auflagerkräfte (nach Teil I, Kap. VI) am Rahmen.

Das in Fig. 236 dargestellte Kragdach stellt einen einstöckigen Rahmen mit Aufsatz dar, was wir sofort erkennen, wenn wir uns das Dach aufgestellt (um 90° im entgegengesetzten Sinne des Uhrzeigers gedreht) denken. Die Be-rechnung desselben bietet gegenüber derjenigen der vorher behandelten ein-stöckigen Rahmen nichts Neues; während R. I müs-sen wir am Pfosten 4 ein ge-dachtes Lager anbringen (Fig. 236a), der Knoten-punkt C des Aufsatzes ist dann auch unverschieb-bar, da die Stäbe 2 und 6 ein Dreieck bilden, dessen

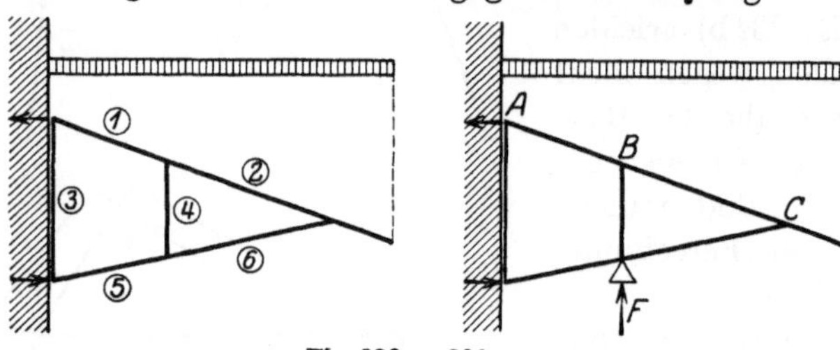

Fig. 236 u. 236a.

Grundstab unverschiebbar ist. Die Berücksichtigung des Einflusses der Ver-kürzung der Stäbe infolge der in denselben wirkenden Normalkräfte kann nach Kap. VII dieses Teiles zusätzlich erfolgen.

2. Der mehrstöckige Rahmen.

Die Berechnung gestaltet sich verschieden, je nachdem die Stützen parallel zueinander oder schief gerichtet sind.

a) Der mehrstöckige Rahmen mit parallelen Stützen.

Die Berechnung des in Fig. 237 dargestellten, einseitig gleichmäßig verteilt belasteten zweistöckigen Rahmens teilen wir wieder in die beiden Rechnungs-abschnitte I und II ein:

Rechnungsabschnitt I.

Während des R. I nehmen wir an, die Verschiebbarkeit der Balken *I* und *II* sei vorübergehend durch gedachte Lager an den Enden derselben (Fig. 237a) aufgehoben; durch diese Lager werden auch die anderen auf dem betreffenden Balken liegenden Knotenpunkte von selbst unverschiebbar festgehalten. Der Rahmen geht dann in ein Tragwerk mit unverschiebbaren Knotenpunkten über, dessen Berechnung wir im „Ersten Teil" vorgeführt haben. Demgemäß er-mitteln wir auf Grund der Festpunkte, Kreuzlinienabschnitte und Verteilungs-maße die Momente an allen Stäben und daraus die Festhaltungskräfte der beiden Stockwerke.

Rechnungsabschnitt II.

Wir entfernen nun die während des R. I an den Enden der Balken *I* und *II* gedachten Lager und damit die darin wirkenden Festhaltungskräfte. Hierauf treten die den Festhaltungskräften („Reaktionen") gleichen, aber entgegen-gesetzt gerichteten Verschiebungskräfte („Aktionen") in Tätigkeit (Fig. 237b),

welche den Rahmen, d. h. die einzelnen Stockwerksbalken desselben noch verschieben und dadurch am ganzen Rahmen Zusatzmomente hervorrufen.
Aus den Zusatzmomenten könnte man auch die Zusätze zu den Quer- und Nor-

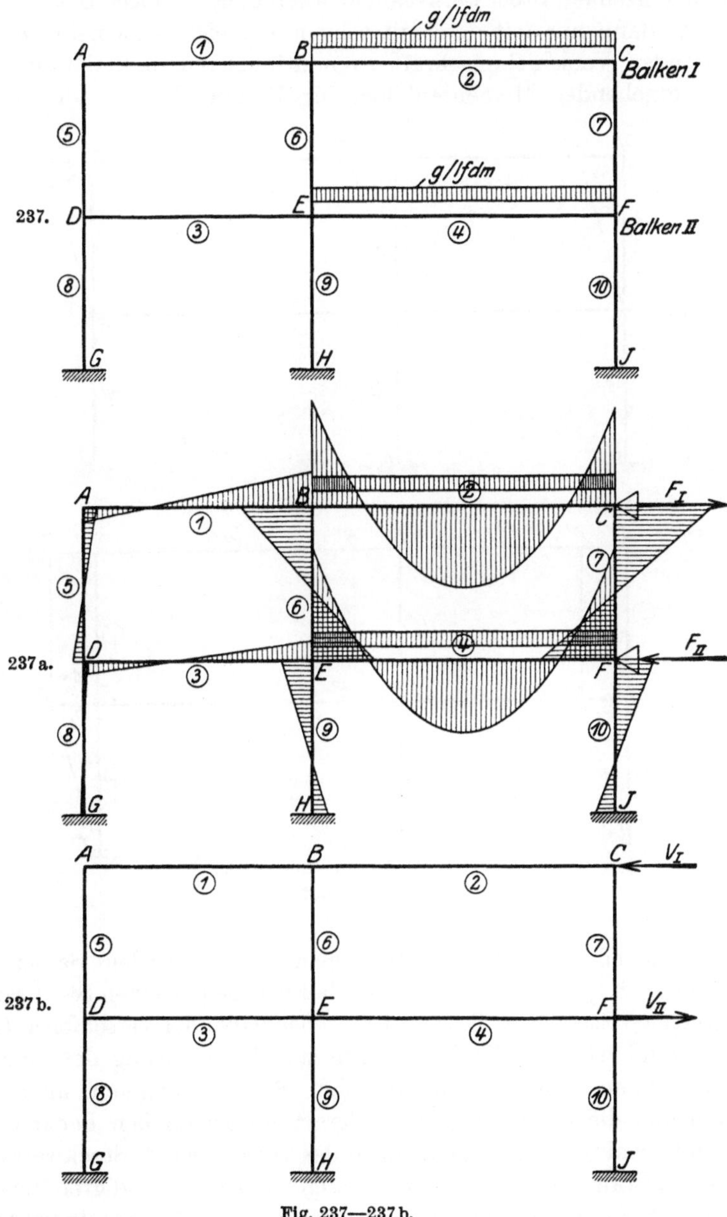

Fig. 237—237b.

malkräften aus R. I ermitteln; da jedoch für die Dimensionierung nur die endgültigen Quer- und Normalkräfte benötigt werden, so addiert man zuerst die
Momente aus R. I und R. II und bestimmt erst hierauf die endgültigen Quer-
und Normalkräfte.

Um die Zusatzmomente zu erhalten, ermitteln wir den Einfluß der Verschiebungskräfte V_I und V_{II} getrennt voneinander und bestimmen demgemäß die beiden Momentenbilder M_I^* und M_{II}^* am Rahmen (Fig. 237g und h) infolge der an den einzelnen Stockwerksbalken angreifenden Last $H = +1\,t$. Diese brauchen wir dann nur mit dem mit seinem Vorzeichen zu nehmenden Werte der betreffenden Verschiebungskraft zu multiplizieren, und darauf die beiden daraus hervorgehenden Momentenbilder für V_I und V_{II} zu addieren.

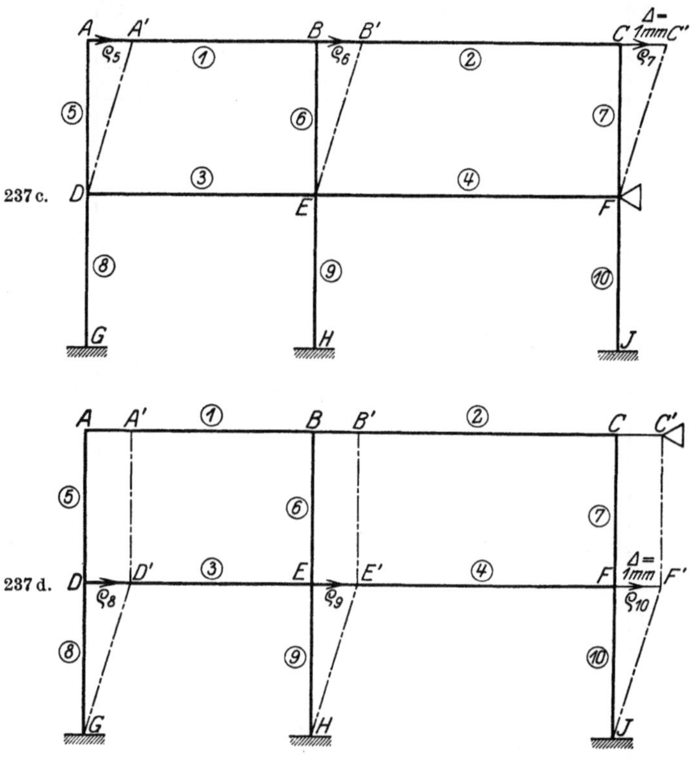

Fig. 237c u. d.

Die M^*-Momente am Stockwerkrahmen mit parallelen Säulen erhalten wir nach Teil II, Kap. IV, 2 in der Weise, daß wir die einzelnen Stockwerkbalken um eine gegebene Strecke, z. B. $\varDelta = 1$ mm, nacheinander verschieben (Fig. 237c und d), während wir, um die Festpunkte zur Weiterleitung der Momente benützen zu können, die darunterliegenden Stockwerkbalken unverschiebbar festgehalten und die darüberliegenden derart mitverschoben denken, daß ihre Knotenpunkte senkrecht über denjenigen des verschobenen Stockwerks bleiben; damit dieser Zustand erhalten bleibe, müssen wir nach beendigter Verschiebung auch an den über dem verschobenen Stockwerk liegenden Stockwerkbalken ein Lager und damit eine Festhaltungskraft F anbringen. Wir könnten die über dem verschobenen Stockwerkbalken liegenden Stockwerkbalken auch (wie die evtl. darunterliegenden Stockwerkbalken) unverschiebbar festhalten, es würde aber dann, wie aus Fig. 237l und 237m ersichtlich, nicht nur die Stützen des unmittelbar unter dem verschobenen Stockwerkbalken liegenden Stockwerks,

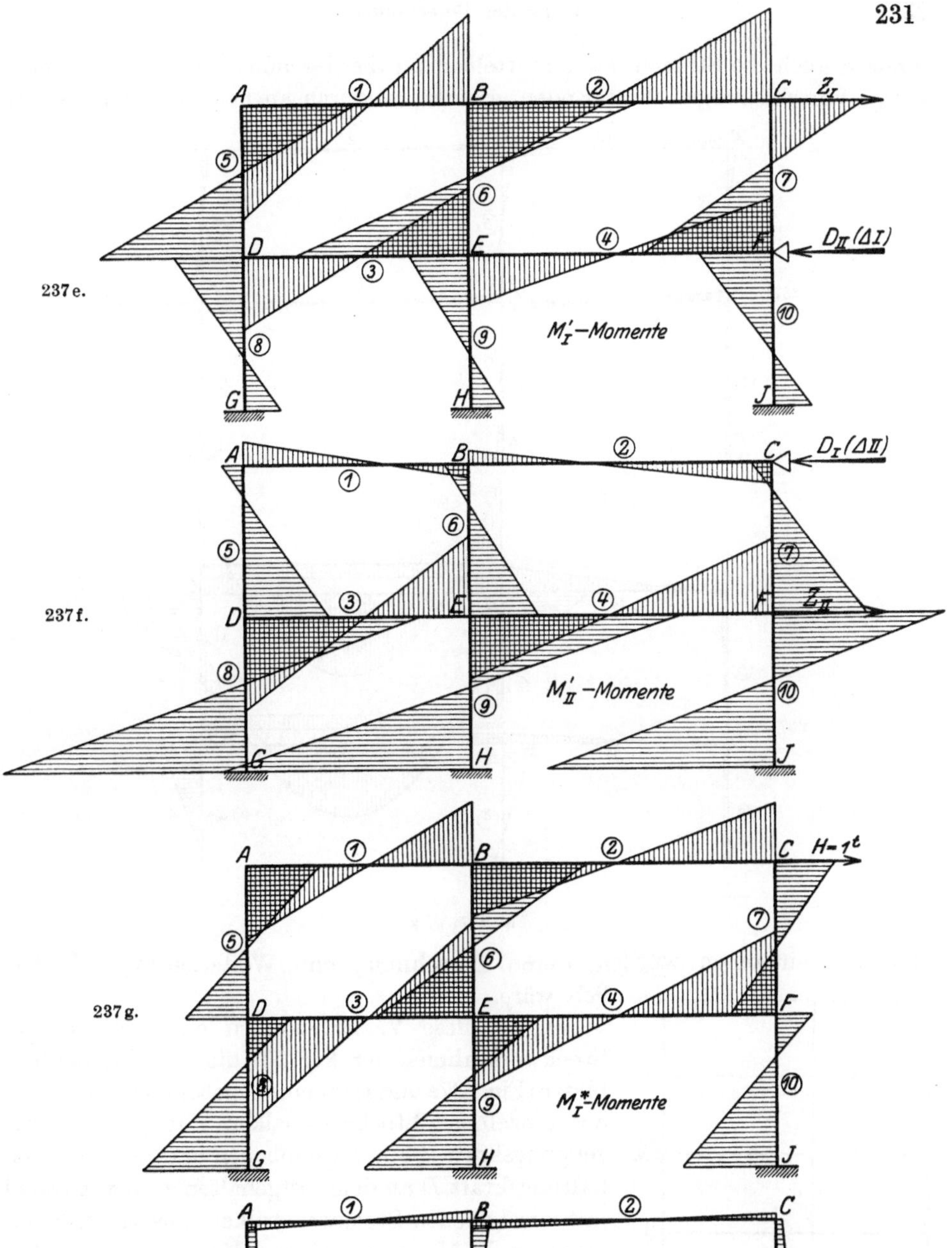

Fig. 237e—237h.

sondern auch die Stützen des unmittelbar darüberliegenden Stockwerkes gegenseitige Verschiebungen ihrer Enden erleiden, wodurch an beiden Enden weitere

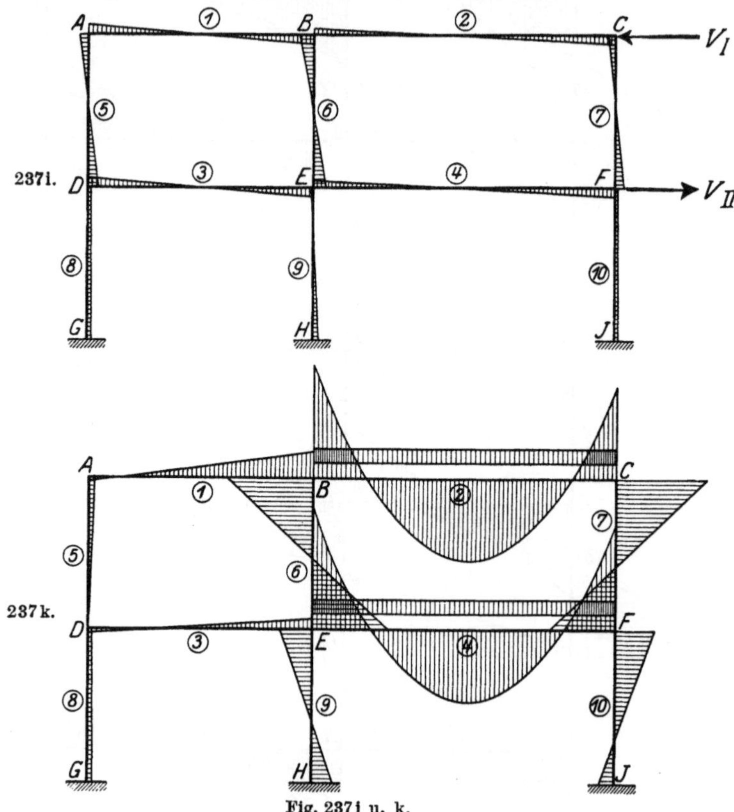

Fig. 2371 u. k.

Momente entstehen würden, deren Berechnung und Weiterleitung erforderlich wäre.

Durch diese Verschiebungen erhalten wir am Stockwerkrahmen der Fig. 237 die 2 M'-Momentenbilder (Fig. 237e und f) für eine gegebene Verschiebung der einzelnen Stockwerkbalken mit je einer Erzeugungskraft Z am verschobenen und je einer Festhaltungskraft D an dem festgehaltenen bzw. parallel mitverschobenen Stockwerkbalken, aus deren Kombination die Momente M_I^* und M_{II}^* (Fig. 237g und h) hervorgehen. Am Stockwerkrahmen verschieben wir wegen des weiteren Verlaufes der Rechnung zweckmäßig alle Balken bzw. Knotenpunkte in derselben Richtung (in der Richtung von $V = +1$, von links nach rechts). Es sei noch erwähnt, daß auch am Stockwerkrahmen mit parallelen Stützen bei Verschiebung eines Stockwerkbalkens sich bei den Balken keine gegenseitigen Verschiebungen der Stabenden ergeben.

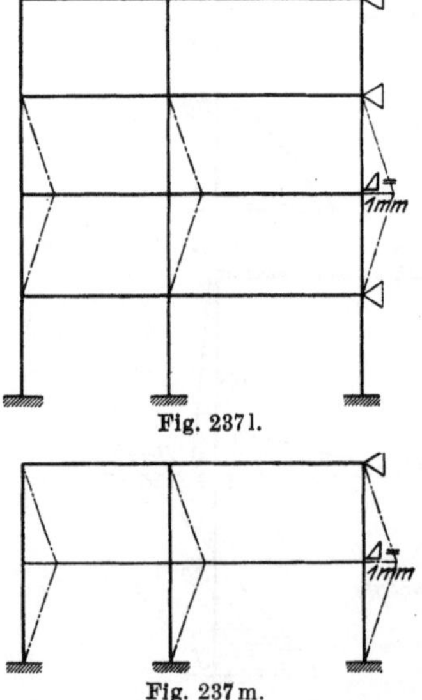

Fig. 237l.

Fig. 237m.

Zum Schluß addieren wir die Momente aus R. I (Fig. 237a) und die Zusatz-momente (Fig. 237i) aus R. II mit ihren Vorzeichen, wodurch wir die resultie-renden Momente (Fig. 237k) am Stockwerkrahmen infolge der äußeren Be-lastung erhalten.

Der in Fig. 238 dargestellte Rahmen ist „nach der Seite" dreistöckig, da man, um alle Knotenpunkte desselben während R. I unverschiebbar zu halten,

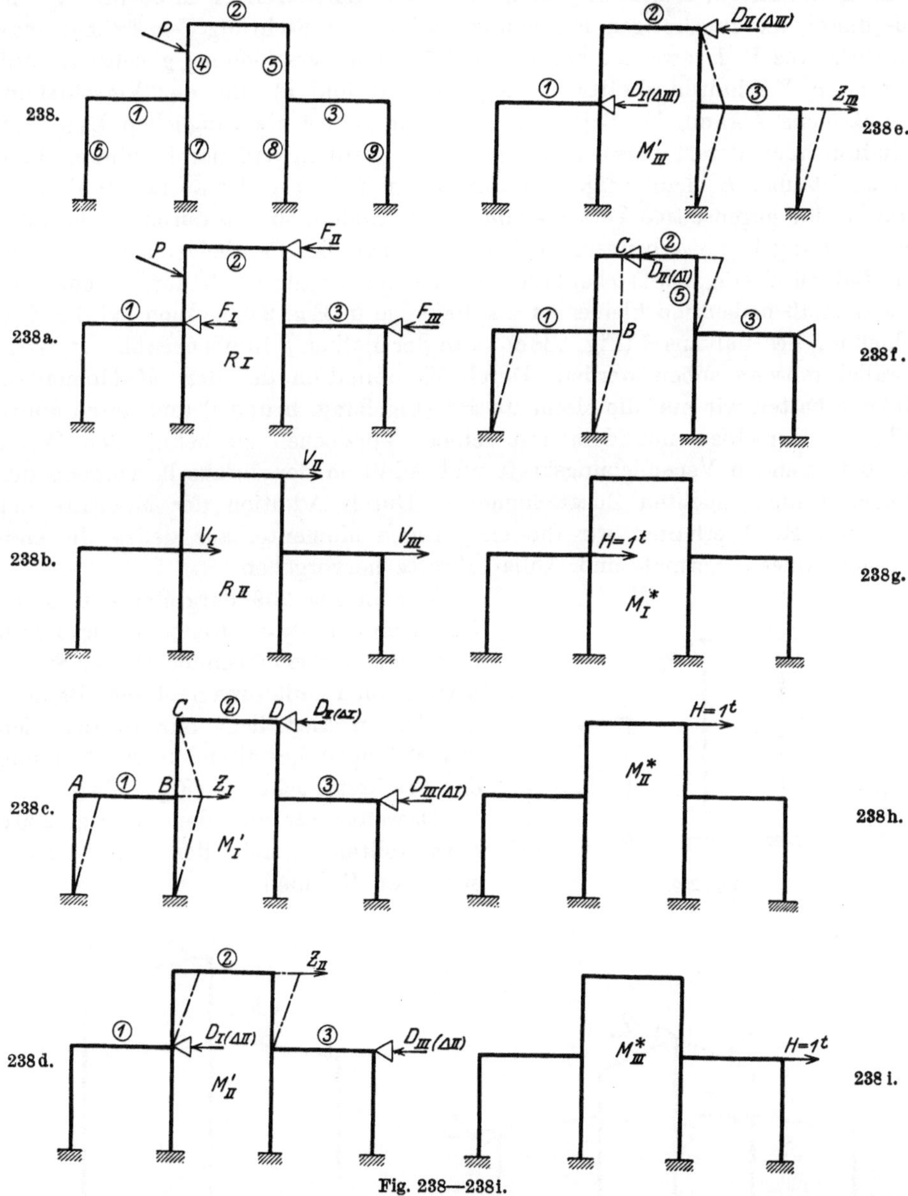

Fig. 238—238i.

an jedem Balken ein Lager anbringen muß (Fig. 238a). Der „nach der Seite" mehrstöckige Rahmen wird in gleicher Weise wie der gewöhnliche Stockwerk-

rahmen berechnet; beim nach der Seite mehrstöckigen Rahmen liegen die Stockwerke nur nebeneinander anstatt übereinander. R. I liefert die Momente für
den festgehaltenen Zustand und die daraus hervorgehenden Festhaltungskräfte.
Zur Bestimmung der Zusatzmomente des R. II, herrührend von den am Rahmen
wirkenden Verschiebungskräften (Fig. 238 b), verschieben wir nacheinander die
Balken *1, 2* und *3* um eine beliebige Strecke, während wir die beiden andern
Balken festhalten, ermitteln jeweils die davon herrührenden Momente M' und
aus diesen die zugehörigen Erzeugungskräfte Z in Richtung der Festhaltungskräfte F aus R. I sowie die bei der betreffenden Verschiebung gleichzeitig auftretenden Festhaltungskräfte D (Fig. 238 c, d und e). Bei der Verschiebung
des Balkens *1* kann der Balken *2* anstatt in seiner ursprünglichen Lage festgehalten auch derart parallel mitverschoben werden, daß der Knotenpunkt C
senkrecht über B bleibt (Fig. 238 f); in diesem Falle erleidet anstatt Stab *4* der
Stab *5* eine gegenseitige Verschiebung seiner Enden, so daß durch die Parallelverschiebung keine Arbeitsersparnis erzielt wird. Bei Parallelverschiebung tritt
am Balken *2* (Fig. 238 f) ebenfalls eine Festhaltungskraft D auf, welche aber
naturgemäß bedeutend kleiner ist als diejenige in Fig. 238 c. Auch bei der Verschiebung des Balkens *3* (Fig. 238 e) kann der Balken *2* in obenerwähnter Weise
parallel mitverschoben werden. Durch Kombination der drei M'-Momenten-
bilder erhalten wir nun die Momente M^* (Fig. 238 g, h und i) und durch Multiplikation derselben mit dem mit seinem Vorzeichen zu nehmenden Werte
der betreffenden Verschiebungskraft und Addition der daraus hervorgehenden
Momente die gesuchten Zusatzmomente. Durch Addition der Momente aus
R. I und R. II erhalten wir die endgültigen Momente, aus denen die endgültigen Quer-, Normal- und Auflagerkräfte hervorgehen.

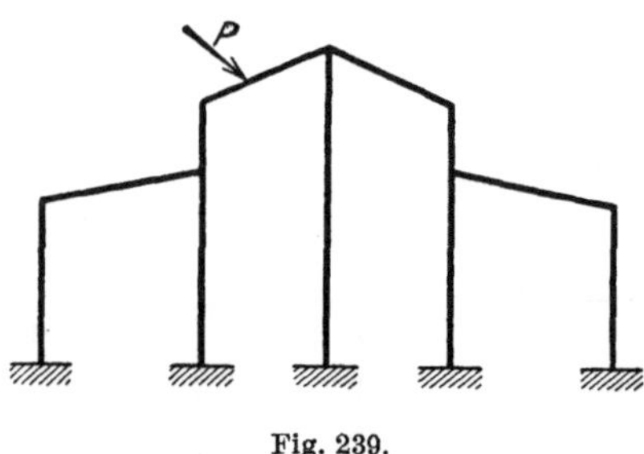

Fig. 239.

Der in Fig. 239 dargestellte Rahmen
ist „nach der Seite" dreistöckig und wird
in gleicher Weise berechnet wie der Stockwerkrahmen mit waagrechtem Balken;
der Unterschied liegt nur in der sich
etwas länger gestaltenden Bestimmung
der Festhaltungskräfte (Fig. 239 a).

Dasselbe gilt von dem in Fig. 239 b
dargestellten „nach der Seite" zweistöckigen Rahmen.

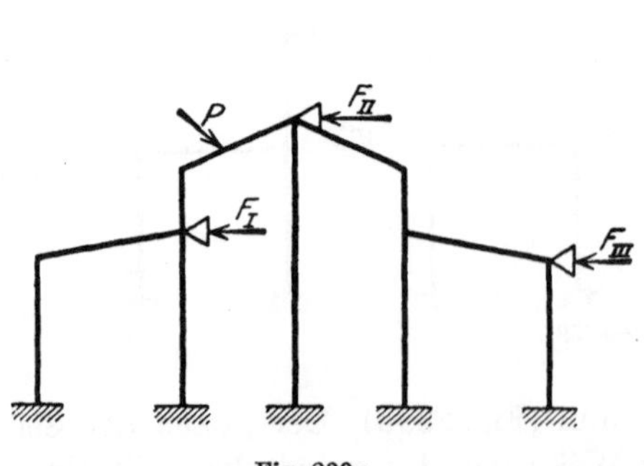

Fig. 239 a.

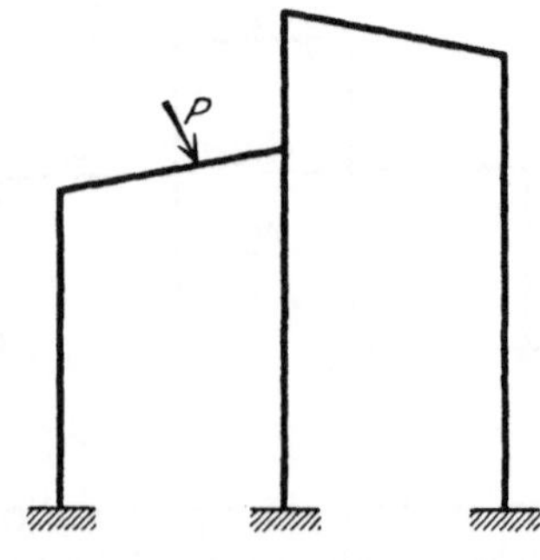

Fig. 239 b.

b) Der mehrstöckige Rahmen mit beliebig gerichteten Stützen.

Die Berechnung des in Fig. 240 dargestellten allgemeinen dreistöckigen Rahmens mit beliebig veränderlichem Trägheitsmoment seiner Stäbe teilen wir wieder in die Rechnungsabschnitte I und II; die Stäbe *1* und *2* seien durch die Kräfte P_1 und P_2 belastet.

Rechnungsabschnitt I.

Während R. I nehmen wir an, die Verschiebbarkeit der Knotenpunkte sei vorübergehend durch gedachte Lager an den Knotenpunkten C, F und J (Fig. 240a) aufgehoben; da die Knotenpunkte A, B bzw. D, E bzw. G, H durch geradlinige Stäbe mit den Knotenpunkten C bzw. F bzw. J verbunden sind, so sind die ersteren durch die Lager in C, F und J auch festgehalten. Der Rahmen geht dann in ein Tragwerk mit unverschiebbaren Knotenpunkten über, dessen Berechnung wir im „Ersten Teil" vorgeführt haben. Demgemäß ermitteln wir auf Grund der Festpunkte, Kreuzlinienabschnitte und Verteilungsmaße die Momente (Fig. 240a) an allen Stäben und daraus die Festhaltungskräfte der drei Stockwerke, und zwar zweckmäßig die Festhaltungskraft F_I in Richtung des Stabes *2*, F_{II} in Richtung des Stabes *4* und F_{III} in Richtung des Stabes *6* (siehe Teil I, Kap. VII, 2).

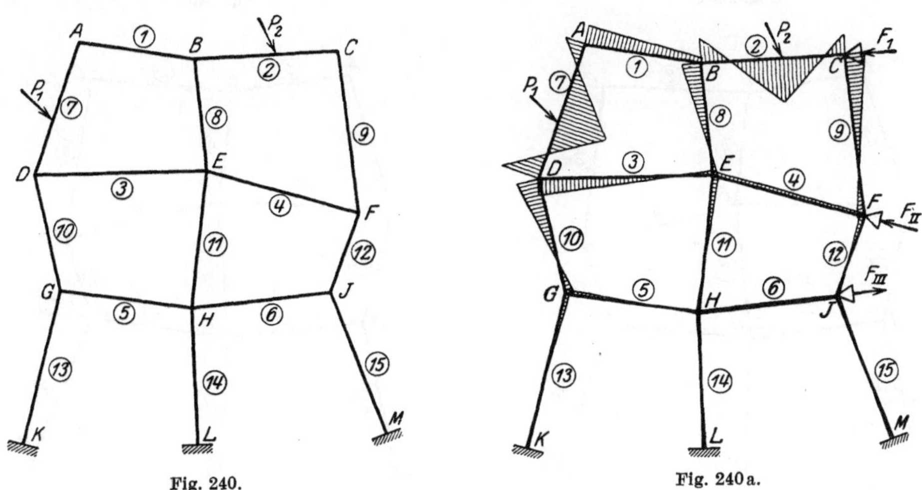

Fig. 240.   Fig. 240a.

Rechnungsabschnitt II.

Wir entfernen nun die während des R. I an den Knotenpunkten C, F und J gedachten Lager, worauf die den Festhaltungskräften gleichen, aber entgegengesetzt gerichteten Verschiebungskräfte in Tätigkeit treten (Fig. 240b), welche den Stockwerkrahmen verschieben und dadurch an diesem noch Zusatzmomente (Fig. 240i) hervorrufen.

Um die Zusatzmomente zu erhalten, ermitteln wir den Einfluß der Verschiebungskräfte V_I, V_{II} und V_{III} getrennt voneinander und bestimmen dementsprechend die Momente M_I^*, M_{II}^* und M_{III}^* am Stockwerkrahmen (Fig. 240c, d und e) infolge der an den Knotenpunkten C, F und J angreifenden und in

Richtung der Stäbe *2, 4* und *6* wirkenden Lasten $H = + 1\,t$. Hieraus erhalten wir dann durch Multiplikation mit dem mit seinem Vorzeichen zu nehmenden (Richtung von links nach rechts ist positiv) Werte der betreffenden Verschiebungskraft und durch Addition der daraus hervorgehenden Momente für V_I, V_{II} und V_{III} die Zusatzmomente.

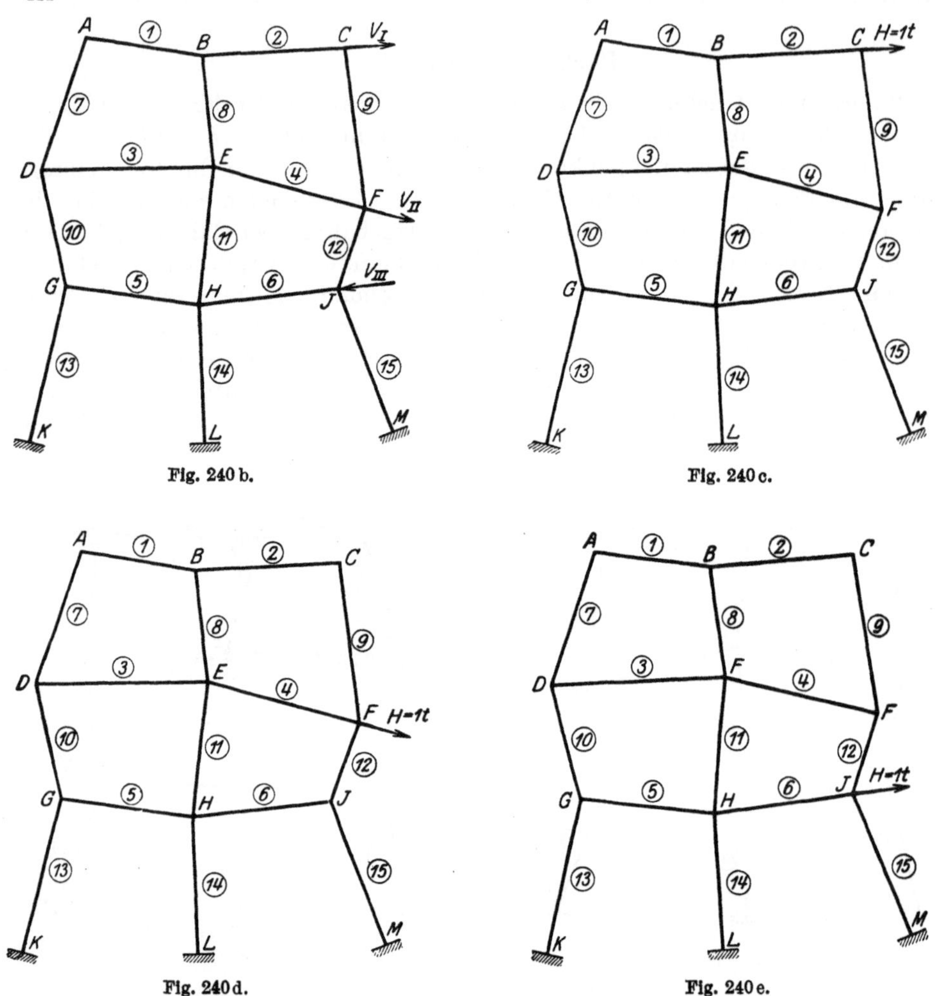

Fig. 240 b.   Fig. 240 c.

Fig. 240 d.   Fig. 240 e.

Die M^*-Momente am Stockwerkrahmen erhalten wir nach Teil II, Kap. IV, 2 in der Weise, daß wir jedes Stockwerk um eine beliebige Strecke, z. B. $\varDelta = 1$ mm, verschieben (Fig. 240f, g und h), und, um die Festpunkte zur Weiterleitung der durch die Verschiebungen erzeugten Momente benützen zu können, bei Verschiebung eines Stockwerks die übrigen Stockwerke nach der Seite unverschiebbar festhalten, und zwar die unteren durch feste Lager und die oberen durch Rollenlager; letztere deshalb, weil sonst bei der vorausgesetzten beliebigen Richtung der Stäbe und festen Lagern an den oberen Stockwerken die Verschiebung eines darunter gelegenen evtl. unmöglich wäre (vgl. Teil II, Kap. II, 2).

Diese Verschiebungszustände liefern drei M'-Momentenbilder mit je einer Erzeugungskraft Z (in Richtung der im gleichen Punkte angreifenden Festhaltungskraft aus R. I) am verschobenen und zwei Festhaltungskräften D an

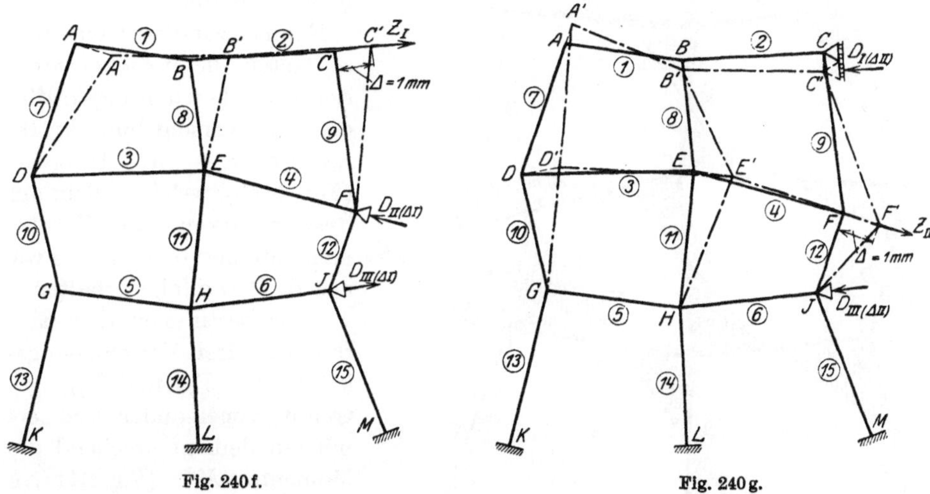

Fig. 240 f.

Fig. 240 g.

den festgehaltenen (durch festes oder bewegliches Lager) Stockwerken, aus deren Kombination die Momente M_I^*, M_{II}^* und M_{III}^* hervorgehen. Am Stockwerkrahmen verschieben wir, wie wir später sehen werden, zweckmäßig alle Stockwerke bzw. Knotenpunkte nach derselben Seite hin (von links nach rechts wie $H = + 1\,t$). Es sei noch darauf aufmerksam gemacht, daß am Stockwerkrahmen mit beliebig gerichteten Stützen bei Verschiebung eines Stockwerkes die Stäbe der darüberliegenden Stockwerke ebenfalls (vgl. auch Teil II, Kap. II) gegenseitige Verschiebungen ihrer Enden erleiden, im Gegensatz zum unter a) behandelten Stockwerkrahmen mit parallelen Stützen, bei welchem sich nur die Enden der Stützen des verschobenen Stockwerks gegenseitig verschieben.

Zum Schluß addieren wir wieder die mit ihren Vorzeichen zu nehmenden

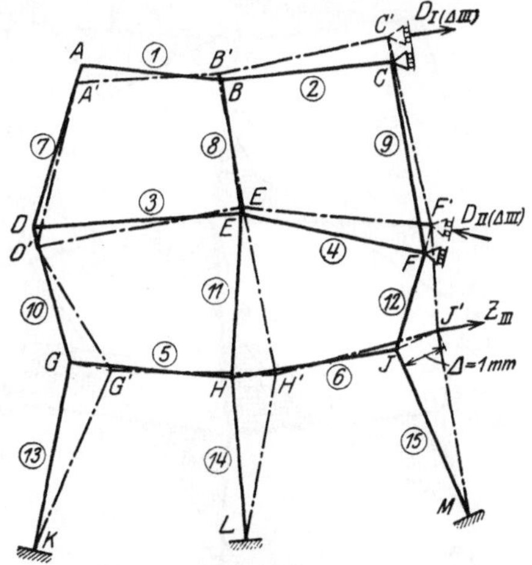

Fig. 240 h.

Momente aus R. I (Fig. 240 a) und R. II (Fig. 240 i), wodurch wir die endgültigen Momente am Stockwerkrahmen infolge der äußeren Belastung (Fig. 240 k) erhalten, auf Grund deren wir nun auch die endgültigen Querkräfte, Normalkräfte und Auflagerkräfte nach Teil I, Kap. VI bestimmen können.

Der in Fig. 241 dargestellte, durch Winddruck belastete dreistöckige Rahmen mit geneigten Ständern wird in analoger Weise wie der allgemeine Stockwerkrahmen der Fig. 240 berechnet. Aus R. I erhalten wir die Momente für den Fall, daß die Knotenpunkte unverschiebbar sind, was dann zutrifft, wenn wir an

den Enden der Balken *1, 2* und *3* feste Lager anbringen (Fig. 241a); in diesen
entstehen dann die Festhaltungskräfte („Reaktionen"), welche das System in
seiner ursprünglichen Lage in Ruhe halten.

Nehmen wir diese Lager weg, so treten die umgekehrt gerichteten Festhaltungskräfte, die sog. Verschiebungskräfte („Aktionen") in Tätigkeit (Fig. 241b), welche, allein am System wirkend, die Zusatzmomente hervorrufen, die wir aus R. II wie folgt erhalten:

Wir bestimmen den Einfluß der drei Verschiebungskräfte V_I, V_{II} und V_{III} getrennt voneinander und ermitteln dementsprechend die Momente M^* (Fig. 241f, g und h), welche am frei verschiebbaren (nicht festgehaltenen) Stockwerkrahmen durch die an den einzelnen Stockwerkbalken wirkende Last $H = + 1\,t$ entstehen. Durch Multiplikation der M^*-Momente mit dem mit seinem Vorzeichen zu nehmenden Werte der betreffenden Verschiebungskraft erhalten wir die Momente, herrührend von den einzelnen Verschiebungskräften, und durch Addition derselben die Zusatzmomente am Stockwerkrahmen, welche zu den Momenten aus R. I zu addieren sind, um die endgültigen Momente und daraus die endgültigen Quer-, Normal- und Auflagerkräfte am Stockwerkrahmen infolge der äußeren Belastung zu erhalten.

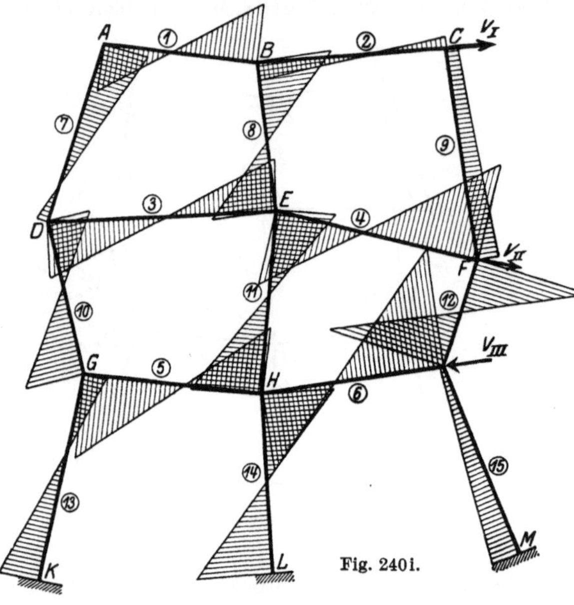

Fig. 240 i.

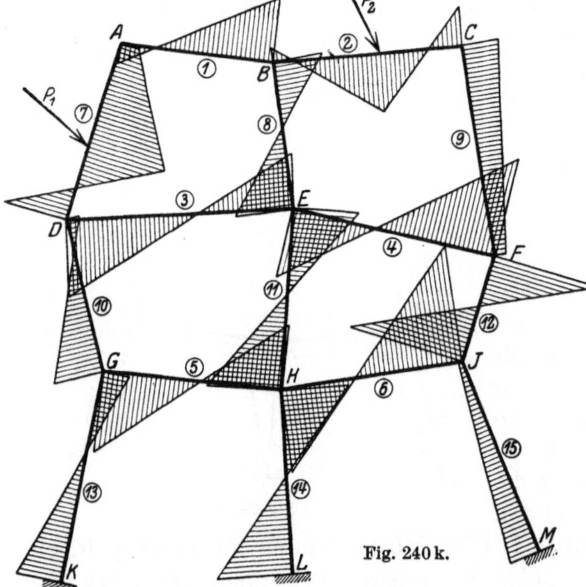

Fig. 240 k.

Die Momente M^* ihrerseits erhalten wir nach Teil II, Kap. IV, 2 wieder indirekt aus den Momenten M' für eine gegebene Verschiebung, beispielsweise $\Delta = 1$ mm, eines jeden Stockwerks (Fig. 241c, d, e), unter Festhaltung der unteren und oberen Stockwerke (letztere durch Rollenlager); dabei benötigen wir noch die aus den Momenten M' sich ergebenden zugehörigen Erzeugungskräfte Z in Richtung der Festhaltungskräfte des R. I, sowie die bei der Verschiebung gleichzeitig auftretenden Festhaltungskräfte D. Bei einer Verschiebung irgendeines Stockwerkbalkens erleiden der geneigten Ständer wegen sämtliche über dem verschobenen Stockwerk liegenden Stäbe gegenseitige Verschiebungen ihrer Enden. Für alle diese Stäbe sind die Momente an beiden Enden,

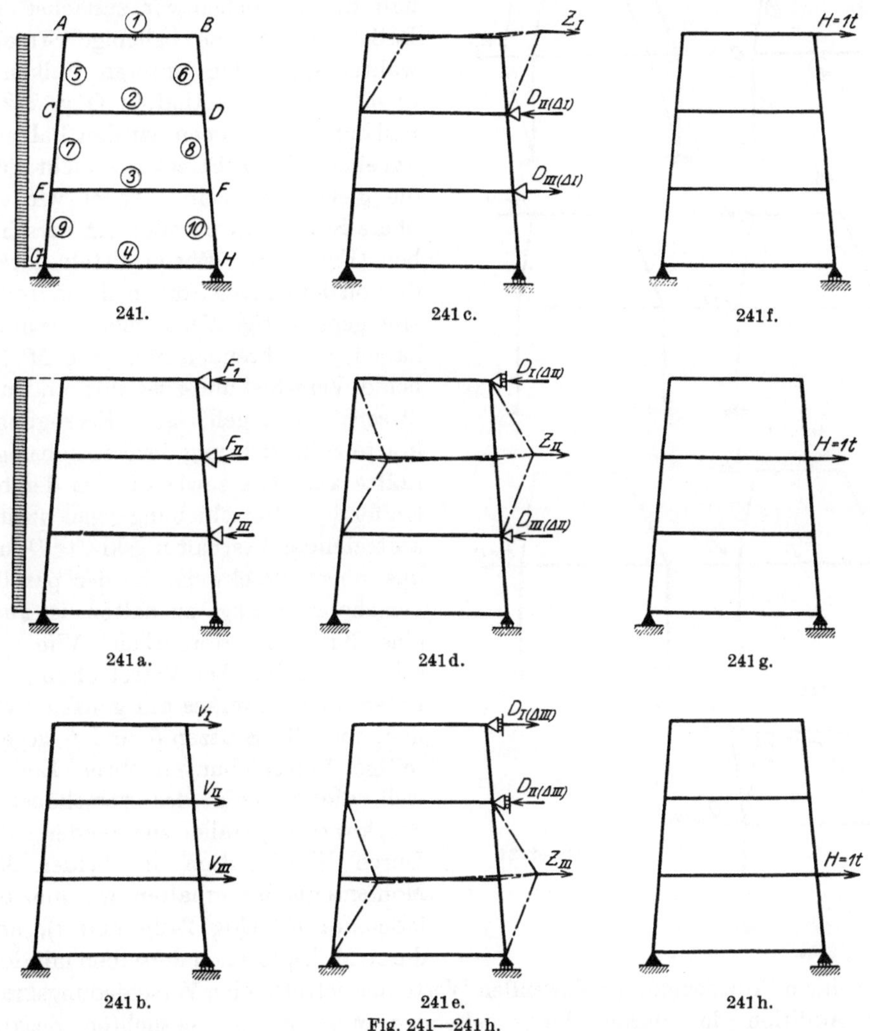

241. 241c. 241f.

241a. 241d. 241g.

241b. 241e. 241h.

Fig. 241—241h.

herrührend von ihrer gegenseitigen rechtwinkligen Verschiebung nach den allgemeinen Gln. (515) und (520) zu berechnen, über das ganze Tragwerk mittels der Festpunkte und Verteilungsmaße weiterzuleiten und zum Schluß mit ihren Vorzeichen zu addieren, wodurch wir die Momente M' für die Verschiebung des betreffenden Stockwerkbalkens erhalten.

Der Rahmen der Fig. 242 ist zweistöckig, da man, um seine Knotenpunkte in Ruhe zu halten, am Balken *1* und *2* je ein Lager anbringen muß (Fig. 242a). Die Stützen des unteren Stockwerks sind parallel zueinander, während diejenigen des oberen beliebig gerichtet sind. R. I liefert wieder die Momente für den festgehaltenen Zustand sowie die daraus hervorgehenden beiden Festhaltungskräfte F_I und F_{II}. Um die Zusatzmomente aus R. II herrührend von den am Rahmen wirkenden Verschiebungskräften V_I und V_{II} (Fig. 242b) zu erhalten, verschieben wir zunächst den Balken 1 um eine beliebige Strecke, während wir den unteren Balken 2 unverschiebbar festhalten (Fig. 242c), und dann verschieben wir den Balken 2 um eine beliebige Strecke (braucht nicht die gleiche zu sein), wobei wir das obere Stockwerk parallel mit verschieben (Fig. 242d). Wir ermitteln darauf die von denjenigen Stäben, deren Enden eine gegenseitige Verschiebung erlitten haben, herrührenden Momente M' für beide Verschiebungszustände und aus diesen die zugehörigen Erzeugungskräfte Z in Richtung der Festhaltungskräfte aus R. I sowie die bei der betreffenden Verschiebung gleichzeitig auftretenden Festhaltungskräfte D; um das obere Stockwerk in der parallel verschobenen Lage zu halten, ist auch eine Kraft D erforderlich. Wie wir sehen, erleiden bei Verschiebung des unteren Stockwerkes am ganzen Rahmen nur die Stützen 5 und 6 gegenseitige Verschiebungen ihrer Enden, weil die Stützen des verschobenen Stockwerkes parallel zueinander sind. Durch Kombination der beiden M'-Momentenbilder erhalten wir nun die Momente M^* (Fig. 242e und f), und durch Multiplikation derselben mit dem

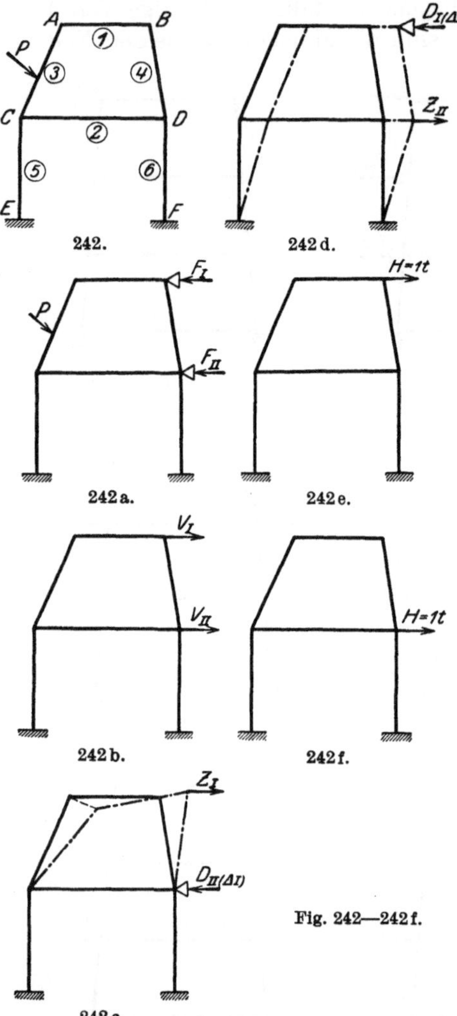

Fig. 242—242f.

mit seinem Vorzeichen zu nehmenden Werte der betreffenden Verschiebungskraft und Addition der daraus hervorgehenden Momente die gesuchten Zusatzmomente. Durch Addition der Momente aus R. I und R. II erhalten wir die endgültigen Momente, aus denen die endgültigen Quer-, Normal- und Auflagerkräfte hervorgehen.

Sind die Stützen eines zweistöckigen Rahmens im unteren Stockwerk beliebig gerichtet und im oberen Stockwerk parallel zueinander, wie aus Fig. 243 ersichtlich, so ist der Berechnungsgang analog wie für den Rahmen der Fig. 242. Zu beachten ist, daß wir an diesem Rahmen gegenüber demjenigen der Fig. 242 andere Verschiebungsbilder erhalten. Verschieben wir den Balken 1 unter Festhaltung des unteren Stockwerkes (Fig. 243a), so erleiden nur die beiden Stützen des oberen Stockwerkes eine gegenseitige Verschiebung ihrer Enden; verschieben wir aber den Balken *2* nach Anbringung eines Rollenlagers am Balken *1* (Fig. 243b),

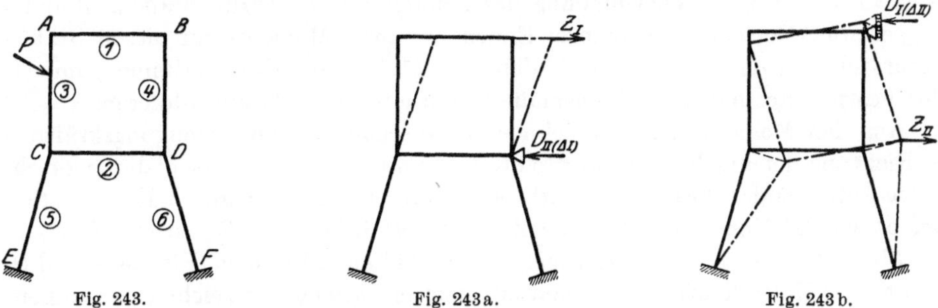

Fig. 243.   Fig. 243a.   Fig. 243b.

so erleiden sämtliche Stäbe des Rahmens gegenseitige Verschiebungen ihrer Enden.

Sonderfälle von mehrstöckigen Tragwerken.

Fall I: Wie schon in Kap. VIII, 10 ausgeführt, wird das Tragwerk der Fig. 244, dessen Stäbe *2* und *3* zusammen einen „Bogen" mit den Kämpfern *B* und *D*

bilden, zweckmäßig als „nach der Seite" mehrstöckiges Tragwerk mit geradlinigen Stäben berechnet. Das in Fig. 244 dargestellte Tragwerk ist „nach der Seite" zweistöckig, da man sowohl am Knotenpunkt *B* als auch am Knotenpunkt *D* ein Lager anbringen muß (Fig. 244a), um sämtliche Knotenpunkte unverschiebbar zu halten; der Knotenpunkt *C* ist dann auch unverschiebbar, da er durch die beiden Stäbe *2* und *3* mit den durch die gedachten Lager festgehaltenen Knotenpunkten verbunden ist.

R. I liefert wieder die Momente für den festgehaltenen Zustand, und aus diesen bestimmen wir nach Teil I, Kap. VII, 2 die beiden in den gedachten Lagern auftretenden Festhaltungskräfte, für welche wir die waagrechte Richtung wählen. Wir entfernen darauf die gedachten Lager und gehen damit zum R. II über: nun treten die Verschiebungskräfte (entgegengesetzte Festhaltungskräfte) am Rahmen in Tätigkeit, welche Zusatzmomente hervorrufen (Fig. 244b). Um diese Zusatzmomente zu erhalten, bestimmen wir zunächst die Momente M' für eine gegebene Verschiebung, beispielsweise $\varDelta = 1$ mm, eines jeden der beiden in R. I durch gedachte Lager in waagrechter

Richtung gestützten Knotenpunkte, wobei jeweils der andere noch festgehalten wird (Fig. 244c und d); bei Verschiebung des Knotenpunktes B erleiden die Stäbe 1, 2 und 3, bei Verschiebung des Knotenpunktes D die Stäbe 2, 3 und 4 gegenseitige Verschiebungen ihrer Enden, wodurch Momente an diesen Stäben verursacht werden, die wir nach den Gln. (515) und (520) bestimmen, mittels der Festpunkte und Verteilungsmaße weiterleiten und darauf addieren.

Aus den Momenten M' berechnen wir die zugehörigen Erzeugungskräfte Z in Richtung der Festhaltungskräfte des R. I und die bei der Verschiebung gleichzeitig auftretenden Festhaltungskräfte D. Nun erhalten wir durch Kombination der beiden M'-Momentenbilder die Momente M^* infolge der Belastung $H = +1t$ in B bzw. $H = +1\,t$ in D am nirgends festgehaltenen Rahmen (Fig. 244e und f), und durch Multiplikation derselben mit dem mit seinem Vorzeichen zu nehmenden Werte der betreffenden Verschiebungskraft und Addition der daraus hervorgehenden Momente erhalten wir die gesuchten Zusatzmomente; zur leichteren Berechnung der Momente M^* ist es zweckmäßig, die beiden Verschiebungen der im R. I durch gedachte Lager gestützten Knotenpunkte in derselben Richtung vorzunehmen (in Richtung der Kräfte $H = +1\,t$, von links nach rechts).

Durch Addition der Momente aus R. I und R. II mit ihren Vorzeichen erhalten wir die endgültigen Momente, aus welchen die endgültigen Quer-, Normal- und Auflagerkräfte hervorgehen.

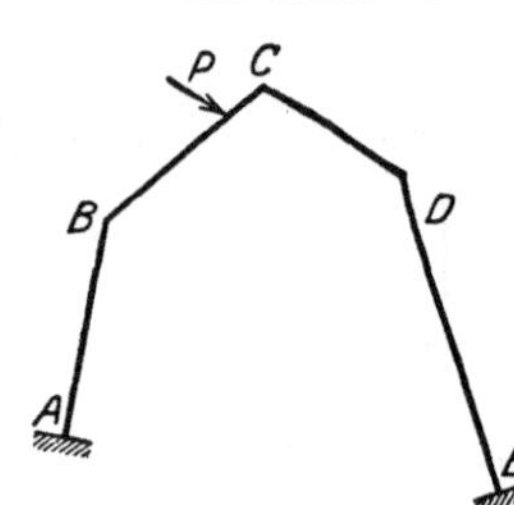

Fig. 245.

Besitzt der betrachtete Rahmen nicht parallele, sondern beliebig gerichtete Ständer (Fig. 245), so ändert sich der vorstehend geschilderte Gang der Berechnung nicht.

Der Rahmen der Fig. 246 ist ebenfalls zweistöckig, und, um denselben in Ruhe zu halten, müssen wir uns an den Knotenpunkt B und D je ein Lager denken (Fig. 246a). Der Gang der Berechnung dieses Rahmens gestaltet sich genau gleich wie derjenige des Rahmens der Fig. 234. Die bei einer Verschiebung der Knotenpunkte B und D um eine gegebene Strecke hervorgerufenen Verschiebungen der übrigen Knotenpunkte gehen aus Fig 246b und c hervor.

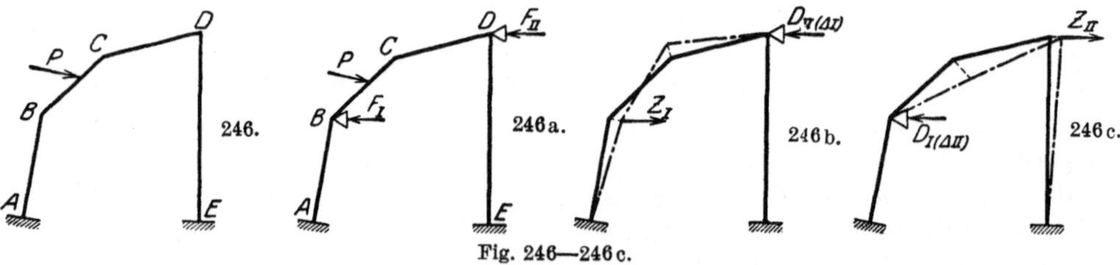

Fig. 246—246c.

Das in Fig 247 dargestellte Tragwerk wird wie ein dreistöckiger Rahmen berechnet, da man, um dasselbe in Ruhe zu halten, an den Knotenpunkten B, D und E je ein Lager anbringen muß (Fig. 247a); der Knotenpunkt C ist dann auch unverschiebbar, da er durch die beiden Stäbe 2 und 3 mit den durch die gedachten Lager festgehaltenen Knotenpunkten verbunden ist. Der Gang der Berechnung dieses Tragwerkes gestaltet sich analog demjenigen des zweistöckigen Rahmens der Fig. 234. R. I liefert die Momente bei unverschiebbaren Knotenpunkten sowie die Festhaltungskräfte F_I, F_{II} und F_{III} (nach Teil I, Kap. VII, 2).

Zur Bestimmung der Zusatzmomente des R. II, herrührend von den am Rahmen wirkenden Verschiebungskräften (Fig. 247 b), verschieben wir nacheinander den Knotenpunkt B, den Stab 3 und den Knotenpunkt E um eine beliebige Strecke, beispielsweise $\varDelta = 1$ mm, ermitteln jeweils die davon herrührenden Momente M' und aus diesen die zugehörigen Erzeugungskräfte Z in Richtung der Festhal-

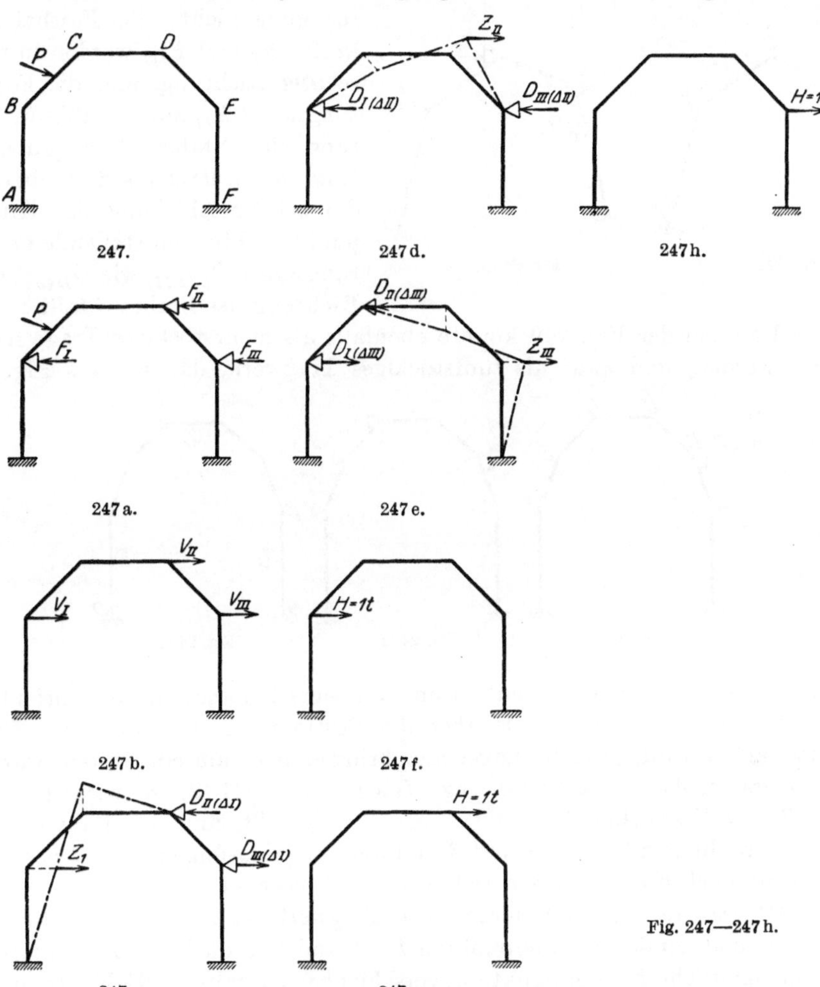

247.

247 d.

247 h.

247 a.

247 e.

247 b.

247 f.

247 c.

247 g.

Fig. 247—247 h.

tungskräfte aus R. I sowie die bei der betreffenden Verschiebung gleichzeitig auftretenden Festhaltungskräfte D (Fig. 247 c, d und e). Bei der Verschiebung des Knotenpunktes E halten wir nicht den Knotenpunkt D, sondern den nächstvorhergehenden, den Knotenpunkt C, unverschiebbar fest, weil sonst gar keine Verschiebung von D möglich wäre; dies hat auf die Berechnung keinen Einfluß, da die dabei auftretende Festhaltungskraft $D_{II(\varDelta III)}$ wie $D_{II(\varDelta I)}$ in den Stab 3 fällt. Durch Kombination der drei M'-Momentenbilder erhalten wir nun die Momente M^* (Fig. 247 f, g, h) und durch Multiplikation derselben mit dem mit seinem Vorzeichen zu nehmenden Werte der betreffenden Verschiebungskraft und Addition der daraus hervorgehenden Momente die gesuchten Zusatzmomente. Durch Addition der Momente aus R. I und der Zusatzmomente aus R. II erhalten wir die endgültigen Momente, aus denen die endgültigen Quer-, Normal- und Auflagerkräfte hervorgehen.

Besitzt der betrachtete Rahmen nicht parallele, sondern beliebig gerichtete Ständer und geneigten Mittelstab *3* (Fig. 248), so ändert sich der Gang der Be-

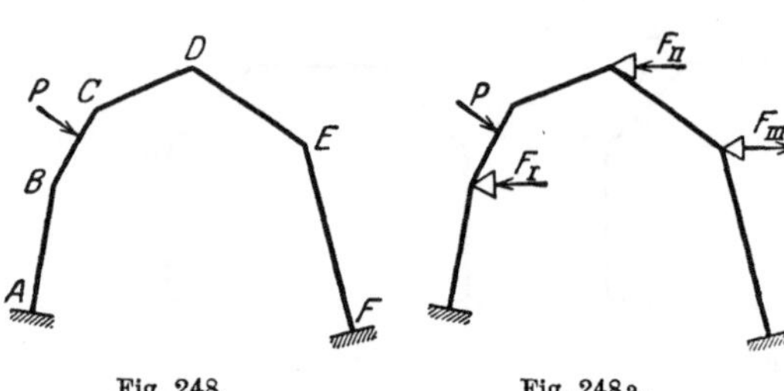

Fig. 248. Fig. 248a.

rechnung nicht; die Festhaltungskräfte F_I und F_{III} werden in waagrechter Richtung, und die Festhaltungskraft F_{II} zweckmäßig in Richtung des Stabes *3* angenommen (Fig. 248a), letzteres deshalb, damit die bei Verschiebung des Knotenpunktes D in C entstehende Festhaltungskraft $D_{C(\Delta II)}$ wie $D_{D(\Delta I)}$ in die Richtung des Stabes *3* fällt.

Der Rahmen der Fig. 249 könnte ebenfalls als mehrstöckiges Tragwerk berechnet werden, und zwar als fünfstöckiges Tragwerk, da, wie aus Fig. 249a

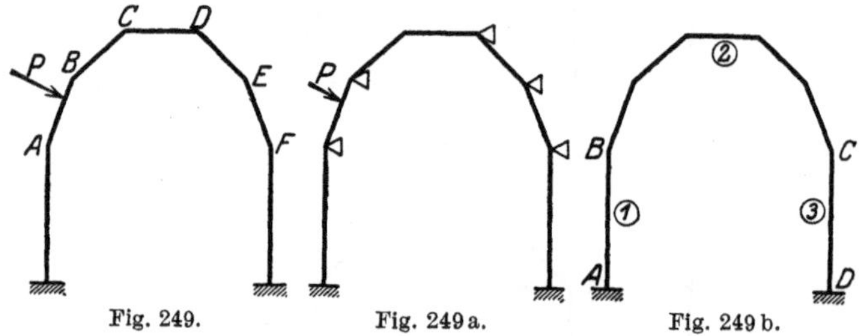

Fig. 249. Fig. 249a. Fig. 249b.

ersichtlich, 5 Lager anzubringen wären, um seine Knotenpunkte während R. I unverschiebbar festzuhalten. Da aber die Bestimmung der Momente M^* um so verwickelter wird, je mehr Lager anzubringen sind, um ein System während R. I unverschiebbar festzuhalten (vgl. Teil II, Kap. III, 2), so wird der Stabzug $ABCDEF$ zweckmäßiger als „Bogen" aufgefaßt, und der Rahmen dann aus den geradlinigen Stäben *1* und *3* und dem bogenförmigen Stab *2* bestehend (Fig. 249b), nach Kap. VIII der Teile I und II berechnet.

Fall II: Das in Fig. 250 dargestellte Tragwerk ist „nach der Seite" dreistöckig, da man an den Knotenpunkten B, D und F gedachte Lager anbringen muß, um sämtliche Knotenpunkte unverschiebbar zu halten; die Knotenpunkte C und E sind dann auch unverschiebbar, da sie durch die Stäbe *2* und *3* bzw. *4* und *5* mit den durch die gedachten Lager festgehaltenen Knotenpunkten verbunden sind. Der Gang der Berechnung dieses Tragwerkes gestaltet sich analog demjenigen des zweistöckigen Rahmens der Fig. 244. R. I liefert die Momente für den festgehaltenen Zustand (Fig. 250a), und aus diesen bestimmen wir nach Teil I, Kap. VII, 2 die drei Festhaltungskräfte F_I, F_{II} und F_{III}, für welche wir die waagrechte Richtung wählen. Um die Zusatzmomente des R. II, herrührend von den am Rahmen wirkenden Verschiebungskräften (Fig. 250b), zu erhalten, bestimmen wir die Momente M' für eine gegebene Verschiebung, beispielsweise $\Delta = 1$ mm, eines jeden der drei im R. I durch gedachte Lager festgehaltenen Knotenpunkte B, D und F, wobei jeweils die andern beiden noch festgehalten werden (Fig. 250c, d und e); bei Verschiebung des Knotenpunktes B erleiden die Stäbe 1, 2 und 3, bei Verschiebung des Knotenpunktes D die Stäbe 2, 3, 4, 5 und 7, und bei Verschiebung des Knotenpunktes F die Stäbe 4, 5 und 6 gegenseitige Verschiebungen ihrer Enden, wodurch Momente an diesen Stäben ver-

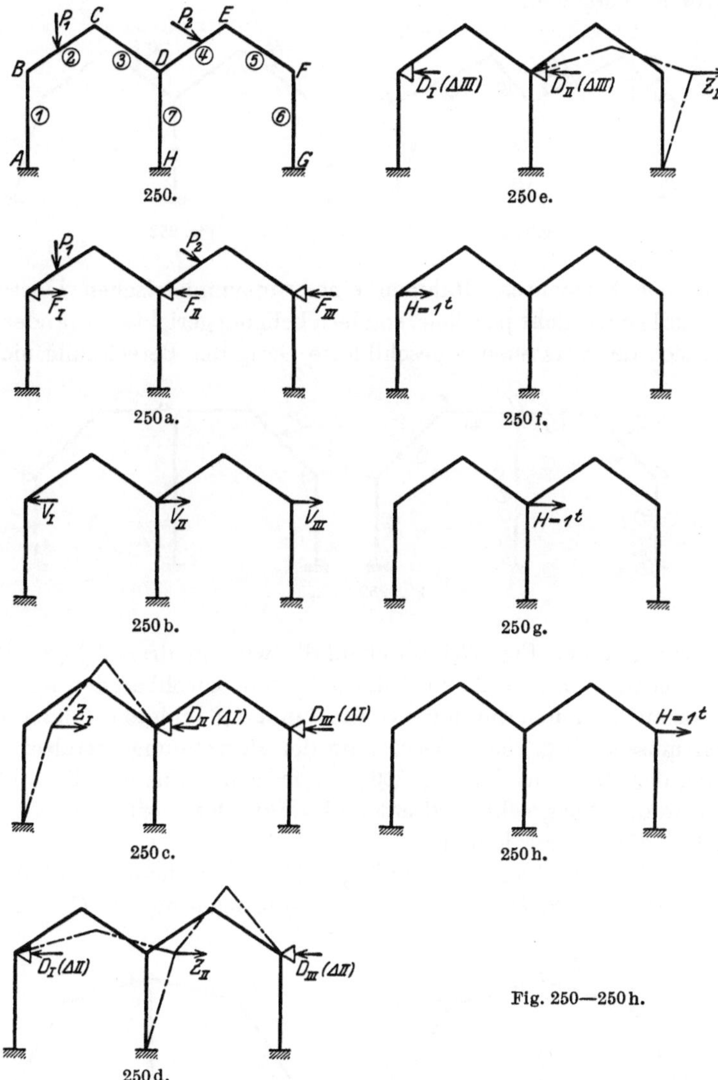

ursacht werden, die wir nach den Gln. (515) und (520) bestimmen, mittels Festpunkte und Verteilungsmaße weiterleiten und darauf addieren. Aus den Momenten M' berechnen wir die zugehörigen Erzeugungskräfte Z in Richtung der Festhaltungskräfte aus R. I und die bei der betreffenden Verschiebung gleichzeitig auftretenden Festhaltungskräfte D. Darauf erhalten wir durch Kombination der drei M'-Momentenbilder die Momente M^* (Fig. 250f, g und h), und durch Multiplikation derselben mit dem mit seinem Vorzeichen zu nehmenden Werte der betreffenden Verschiebungskraft und Addition der daraus hervorgehenden Momente ergeben sich die gesuchten Zusatzmomente.

Durch Addition der Momente aus R. I und R. II erhalten wir wieder die endgültigen Momente, aus welchen die endgültigen Quer-, Normal- und Auflagerkräfte hervorgehen.

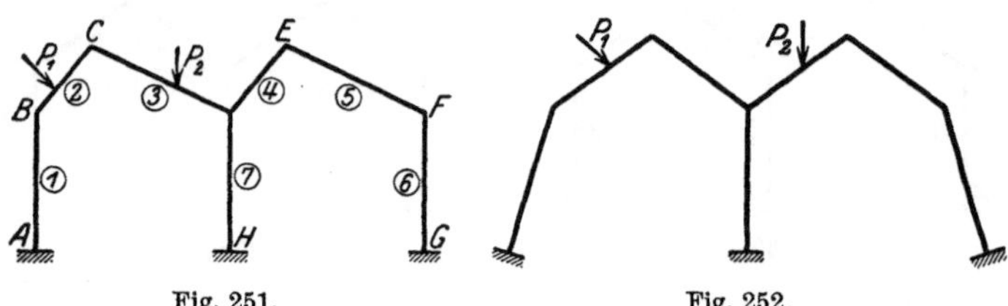

Fig. 251.　　　　　Fig. 252.

Besitzt der betrachtete Rahmen einen unsymmetrischen Überbau (Sägedach, Fig. 251) oder nicht parallele, sondern beliebig gerichtete Ständer (Fig. 252), so ändert sich der vorstehende geschilderte Gang der Berechnung nicht.

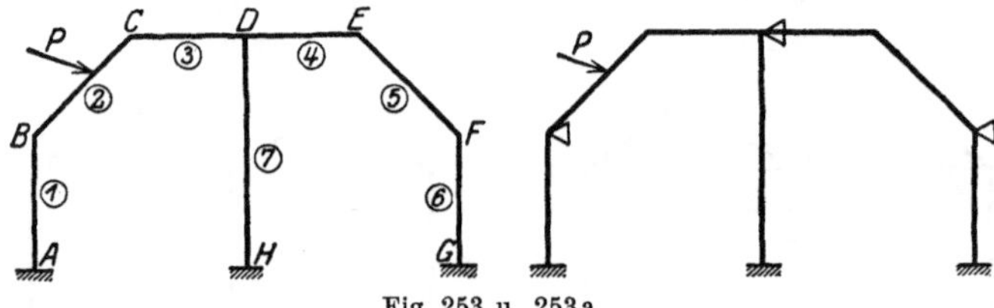

Fig. 253 u. 253a.

Das Tragwerk der Fig. 253 ist ebenfalls wie ein dreistöckiger Rahmen zu berechnen, da wir, um dasselbe in Ruhe zu halten, sowohl an den Knotenpunkten B und F als auch an dem durch die Stäbe *3* und *4* gebildeten Balken je ein Lager anbringen müssen (Fig. 253a). Der Gang der Berechnung gestaltet sich analog demjenigen des Rahmens der Fig. 250; wir brauchen uns nur die Stäbe *3* und *4* nach oben in die Waagrechte gedreht und verkürzt und die mittlere Stütze entsprechend verlängert zu denken.

Dasselbe gilt vom Tragwerk der Fig. 254, an welchem wir während R. I in den Knotenpunkten B, D und F ein Lager anbringen müssen (Fig. 254a).

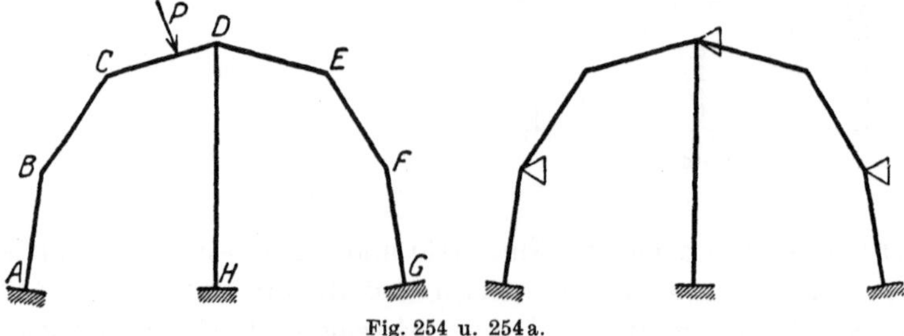

Fig. 254 u. 254a.

Das Tragwerk der Fig. 255 berechnen wir wegen der vielen in R. I anzubringenden Lager (Fig. 255a) und der dadurch länger werdenden Bestimmung der M^*-Momente zweckmäßig nicht als Tragwerk mit nur geradlinigen Stäben, sondern wir fassen die Stabzüge AB und BC als je einen bogenförmigen Stab auf und berechnen diese Tragwerke als solche, bestehend aus 3 gerad-

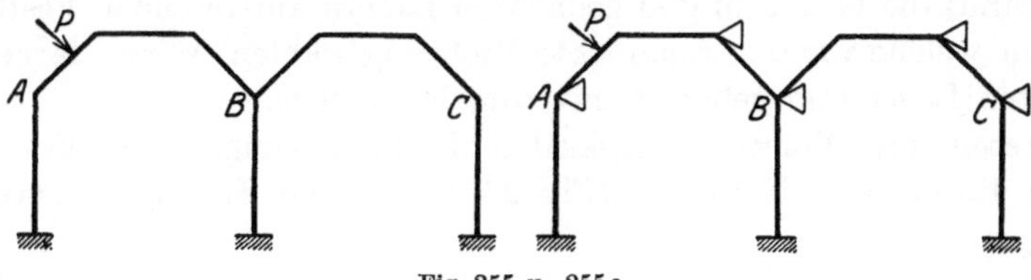

Fig. 255 u. 255 a.

linigen und 2 bogenförmigen Stäben AB und BC nach Kap. VIII der Teile I und II.

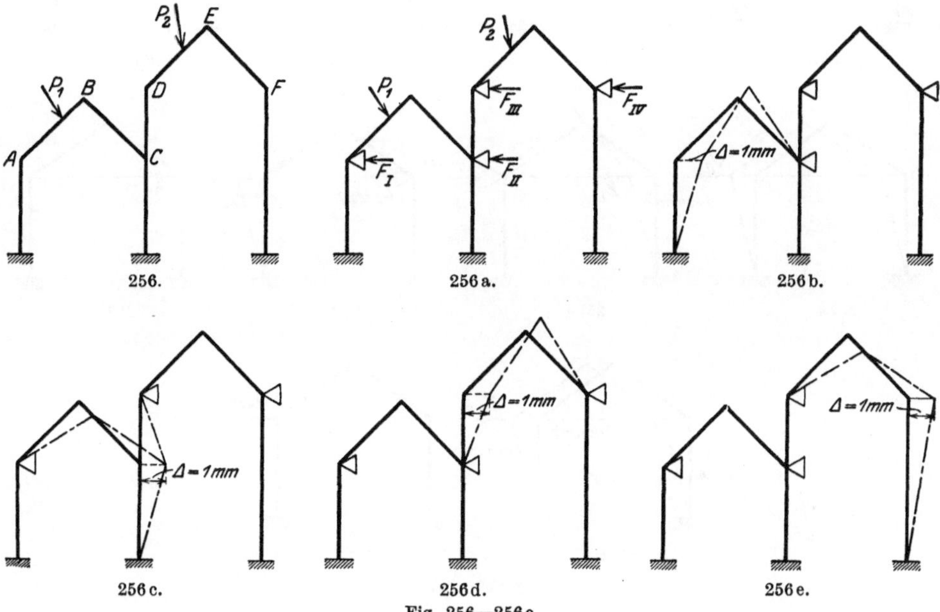

Fig. 256—256 e.

Das in Fig. 256 dargestellte Tragwerk wird wie ein vierstöckiger Rahmen berechnet, da man, um dasselbe in Ruhe zu halten, an den 4 Knotenpunkten A, C, D und F je ein Lager anbringen muß (Fig. 256a). Die Berechnung gestaltet sich analog derjenigen des Tragwerkes der Fig. 250. Die in R. II zur Bestimmung der Zusatzmomente benötigten Verschiebungsbilder haben wir in den Fig. 256b, c, d und e dargestellt.

Fall III: Besitzen die Tragwerke der Fig. 244 und 250 elastische Zugbänder (z. B. Rundeisenstangen), welche keine Momente aufnehmen können, so gestaltet sich die Berechnung analog, es ergeben sich nur dadurch gewisse Eigentümlichkeiten, daß die Säulenköpfe miteinander durch ein Konstruktionsglied verbunden sind, welches wohl Zug- aber keine Druckkräfte von einem Säulenkopf auf den anderen übertragen kann.

Den Gang der Berechnung des durch eine beliebig gerichtete Kraft P belasteten Rahmens der Fig. 257 teilen wir wieder in die beiden Rechnungsabschnitte I und II ein. R. I liefert die Momente für den festgehaltenen Zustand (Fig. 257 a), und aus diesen bestimmen wir genau wie am Rahmen der Fig. 244 (ohne Zugband) die beiden in den gedachten Lagern auftretenden Festhaltungskräfte F, für welche wir die waagrechte Richtung wählen. Wir entfernen darauf die gedachten Lager und gehen damit zum R. II über.

Nun treten die Verschiebungskräfte V (entgegengesetzte Festhaltungskräfte) am Rahmen in Tätigkeit (Fig. 257 b), welche Zusatzmomente hervor-

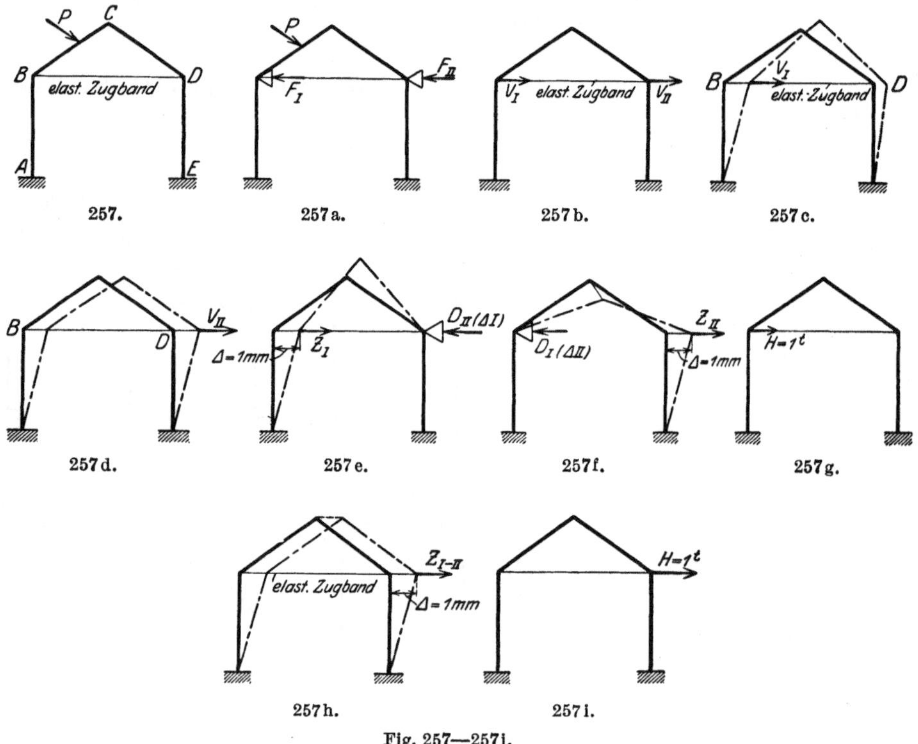

Fig. 257—257i.

rufen. Um diese Zusatzmomente zu bestimmen, verfolgen wir, wie früher, die Wirkung der beiden Verschiebungskräfte getrennt voneinander. Wir erkennen aus den Fig. 257 c und d, daß sich durch die alleinige Wirkung der Verschiebungskraft V_I der Säulenkopf D sich weniger als der Säulenkopf B verschiebt, während sich bei alleiniger Wirkung der Verschiebungskraft V_{II} des Zugbandes wegen beide Säulenköpfe B und D um gleichviel verschieben. Um nun die Momente M^*, welche durch die Belastung des Säulenkopfes B bzw. D mit $H = 1\,t$ (Fig. 257 g bzw. i) hervorgerufen werden, zu erhalten, verschieben wir zunächst (Fig. 257 e) den Säulenkopf B um eine beliebige Strecke, z. B. $\varDelta = 1$ mm, während wir den anderen Säulenkopf D unverschiebbar festhalten, und ermitteln die davon herrührenden Momente M'_I, aus denen wir die zugehörige Erzeugungskraft Z_I und die bei der Verschiebung im gedachten Lager am Säulenkopf D gleichzeitig auftretende Festhaltungskraft $D_{II(\varDelta I)}$ berechnen. Die Momente M^*_I (Fig. 257 g) können wir, wie wir später sehen werden, nur ermitteln, wenn wir auch die Momente M'_{II} sowie die zugehörige Erzeugungskraft Z_{II} und Festhaltungskraft $D_{I\,(\Delta II)}$ kennen infolge Verschiebung des Säulenkopfes D und gleichzeitiger Festhaltung des anderen Säulenkopfes B, d. h. also unter der Annahme, daß das Zugband nicht vorhanden sei (Fig. 257 f); daher werden noch diese Momente M'_{II} bestimmt.

Durch Kombination der beiden M'-Momentenbilder erhalten wir die Momente M_I^* (Fig. 257 g). Die Momente M_{II}^* (Fig. 257 i) ergeben sich des Zugbandes wegen wie an einem einstöckigen Rahmen, indem wir die Momente M'_{I-II}, welche wir durch gleichzeitige Verschiebung der Säulenköpfe B und D um die gleiche Strecke (Fig. 257 h) erhalten, durch die zugehörige Verschiebung der beiden Säulenköpfe dividieren; bei gleichzeitiger Verschiebung der beiden Säulenköpfe erleiden bei parallelen Säulen nur die letzteren gegenseitige Verschiebungen ihrer Enden, während bei schiefen Säulen dies auch noch bei den Dachstäben der Fall ist. Durch Multiplikation der M^*-Momente mit dem mit seinem Vorzeichen zu nehmenden Werte der betreffenden Verschiebungskraft und Addition der daraus hervorgehenden Momente erhalten wir wie früher die Zusatzmomente.

Durch Addition der Momente aus R. I und R. II ergeben sich die endgültigen Momente, aus denen die endgültigen Quer-, Normal- und Auflagerkräfte hervorgehen.

Wollen wir noch den Einfluß einer Verkürzung der Dachstäbe sowie einer Verlängerung des Zugbandes infolge der in diesen Stäben wirkenden Normalkräfte berücksichtigen, so können wir dies nach Kap. VII dieses Teiles zusätzlich vornehmen.

In Fig. 258 haben wir einen unsymmetrischen Doppelrahmen mit elastischem Zugband dargestellt. Die Berechnung desselben erfolgt nach den gleichen Grundsätzen wie diejenige des einfachen Rahmens mit Zugband (Fig. 257). Während R. I müssen wir, wie wenn der Rahmen keine Zugbänder hätte, alle drei Säulenköpfe unverschiebbar festhalten. Zur Bestimmung der Zusatzmomente (R. II) benötigen wir erstens die Momente M_I^*, M_{II}^* und M_{III}^* am Rahmen ohne Zugband (Fig. 258 a, b und c), da z. B. bei Windbelastung die Zugbänder schlaff werden und die Verschiebungskräfte wie an einem Rahmen ohne Zugband wirken, und zweitens die Momente M_{I-II}^*, M_{II-III}^* und $M_{I-II-III}^*$ am Rahmen mit Zugbänder (Fig. 258 d, e und f), da bei gewissen Belastungsfällen die Verschiebungskräfte so wirken, daß infolge der Zugbänder mehrere Säulenköpfe gleichzeitig verschoben werden; der Zugbänder wegen ergibt sich für die an ein und demselben Knotenpunkt von links nach rechts und die von rechts nach links gerichtete Kraft $H = 1\,t$ eine verschiedene Momentenfläche. Zur Bestimmung der genannten M^*-Momente benötigen wir die M'-Momentenflächen für die verschiedenen Verschiebungszustände; und zwar brauchen wir:

1. zur Bestimmung der M_I^*, M_{II}^* und M_{III}^*-Momente wie am Rahmen ohne Zugbänder (Fall II) die M'-Momente und zugehörigen Erzeugungskräfte Z und Festhaltungskräfte D für die in den Fig. 258 g, h und i dargestellten Verschiebungszustände;

2. zur Bestimmung der M_{I-II}^*-Momente (Fig. 258 d) die M'-Momente und zugehörigen Erzeugungskräfte Z und Festhaltungskräfte D für die in den Fig. 258 k und i dargestellten Verschiebungszustände;

258.
P₁
P₂
elast. Zugband
258 a.
H=1t
M_I*
258 b.
H=1t
M_II*
258 c.
H=1t
M_III*
258 d.
H=1t
M_I-II*
258 e.
H=1t
M_II-III*
258 f.
H=1t
M_I-II-III*
258 g.
Δ=1mm
Z_I
D_II(ΔI)
D_III(ΔI)
258 h.
D_I(ΔII)
Z_II
Δ=1mm
D_III(ΔII)
258 i.
D_I(ΔIII)
D_II(ΔIII)
Z_III
Δ=1mm
258 k.
elast. Zugband
Z_I-II
Δ=1mm
D_III(ΔI-II)
258 l.
D_I(ΔII-III)
Z_II-III
elast. Zugband
Δ=1mm
258 m.
elast. Zugband
Z_I-II-III
Δ=1mm

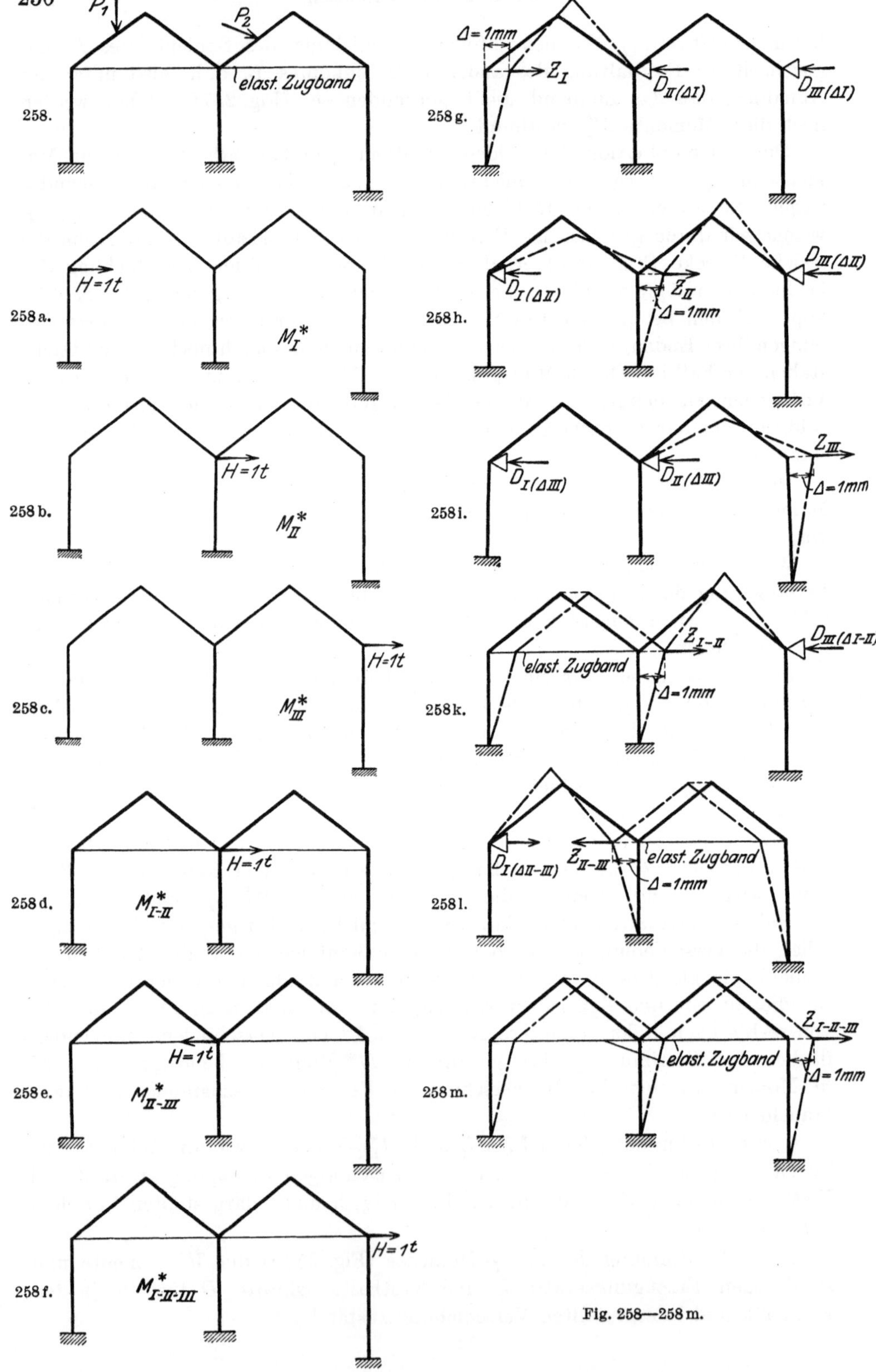

Fig. 258—258 m.

3. zur Bestimmung der M_{II-III}^{*}-Momente (Fig. 258e) die M'-Momente und zugehörigen Erzeugungskräfte Z und Festhaltungskräfte D für die in den Fig. 258l und g dargestellten Verschiebungszustände, und

4. zur Bestimmung der $M_{I-II-III}^{*}$-Momente (Fig. 258f) die M'-Momente und die zugehörige Erzeugungskraft $Z_{I-II-III}$ für den in Fig. 258m dargestellten Verschiebungszustand.

Die $M_{I-II-III}^{*}$-Momentenfläche ergibt sich nach Kap. IV, 1 dieses Teiles durch Division der M'-Momentenfläche für Fig. 258 m durch die zugehörige Erzeugungskraft $Z_{I-II-III}$; für jede der übrigen zu bestimmenden M^{*}-Momentenflächen ergibt sich nach Kap. IV, 2 dieses Teiles ein Gleichungssystem mit ebenso vielen Gleichungen als nach obigem Verschiebungszustände benötigt werden. Der übrige Rechnungsgang gestaltet sich analog wie für den Rahmen ohne Zugbänder.

3. Der Rahmenträger.
(Vierendeel-Träger.)

Der Rahmenträger kann ebenfalls nach der Methode der Festpunkte berechnet werden, und zwar nach dem gleichen Prinzip wie der mehrstöckige Rahmen; der Rahmenträger ist nichts anderes wie ein „liegender" Stockwerkrahmen. Bisher konnte der Rahmenträger mit mehr als 2—3 Feldern nur näherungsweise berechnet werden. Die nachfolgende Berechnung nach der Methode der Festpunkte liefert jedoch genau richtige Ergebnisse, wie sie eine Berechnung nach den Elastizitätsgleichungen liefern würde, die aber wegen der sehr hohen Zahl von statisch unbestimmten Größen praktisch undurchführbar ist.

Die Berechnung gestaltet sich verschieden, je nachdem die Gurtungen des Rahmenträgers parallel oder in gebrochener Linie (geknickt) verlaufen.

a) Der Rahmenträger mit parallelen Gurtungen.

Der in Fig 259 dargestellte

Rahmenträger über eine Öffnung

ist 12fach statisch unbestimmt; seine Berechnung nach den Elastizitätsgleichungen würde die Auflösung eines Systems von 12 Gleichungen mit 12 Unbekannten erfordern.

Die Berechnung des Rahmenträgers nach der Methode der Festpunkte teilen wir wieder in die beiden Rechnungsabschnitte I und II ein.

Rechnungsabschnitt I.

Während des R. I nehmen wir an, die Pfosten des Rahmenträgers seien vorübergehend durch gedachte Lager an denselben in senkrechter Richtung und die obere Gurtung desselben in waagrechter Richtung unverschiebbar festgehalten (Fig. 259a). Der Rahmenträger geht dann in ein Tragwerk mit unverschiebbaren Knotenpunkten über, dessen Berechnung im Teil I vorgeführt wurde. Demgemäß ermitteln wir auf Grund der Festpunkte, Kreuzlinienabschnitte und Verteilungsmaß die Momente an allen Stäben und daraus die drei senkrechten Festhaltungskräfte F_I, F_{II} und F_{III} sowie die waagrechte Festhaltungskraft F_{IV} nach Teil I, Kap. VII, 3.

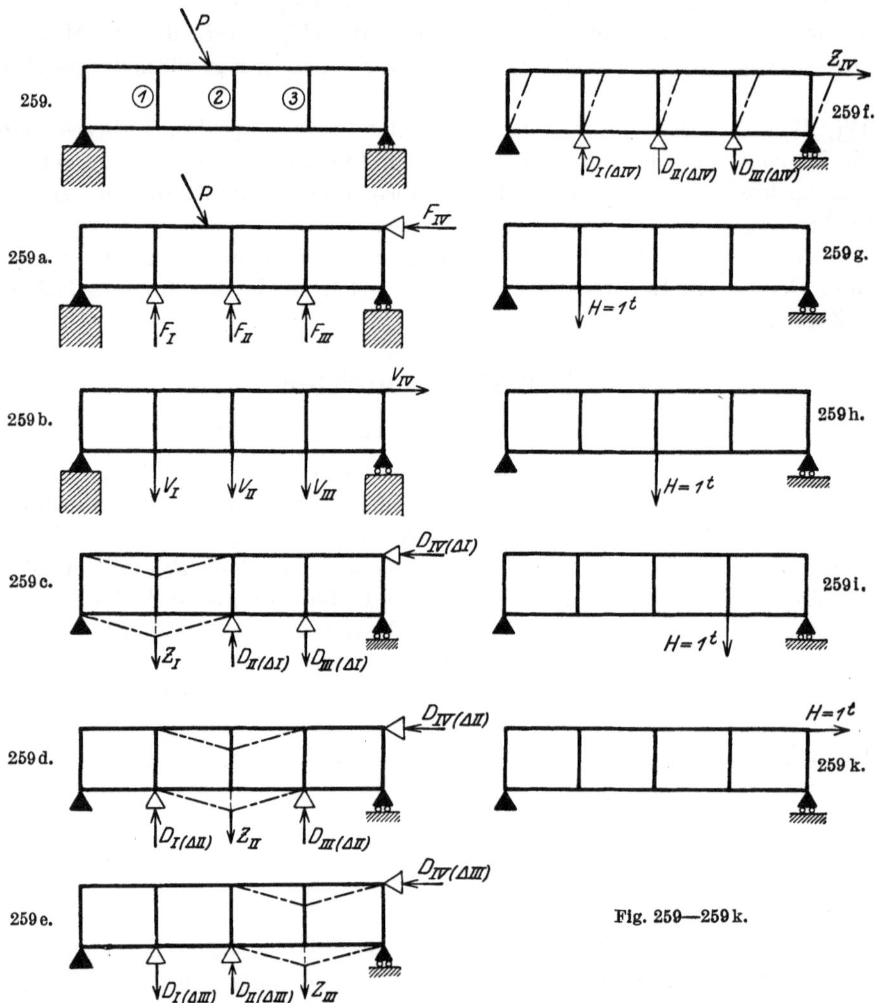

Fig. 259—259 k.

Rechnungsabschnitt II.

Wir entfernen nun die während des R. I an den Pfosten und der oberen Gurtung gedachten Lager, worauf die den Festhaltungskräften gleichen, aber entgegengesetzt gerichteten Verschiebungskräfte in Tätigkeit treten (Fig. 259b) welche den Rahmenträger verschieben und dadurch an diesem noch Zusatzmomente hervorrufen.

Um diese Zusatzmomente zu erhalten, ermitteln wir die Wirkung der einzelnen Verschiebungskräfte V_I, V_{II}, V_{III} und V_{IV} getrennt voneinander und bestimmen dementsprechend die Momente M_I^*, M_{II}^*, M_{III}^* und M_{IV}^* am frei verschiebbaren Rahmenträger (Fig. 259g, h, i und k) infolge der an den einzelnen Pfosten und der oberen Gurtung in Richtung derselben angreifenden

Last $H = 1\ t$. Durch Multiplikation der M^*-Momente mit dem Werte der betreffenden Verschiebungskraft erhalten wir die Momente herrührend von den einzelnen Verschiebungskräften, und durch Addition derselben die Zusatzmomente am Rahmenträger.

Die M^*-Momente am Rahmenträger erhalten wir nach Teil II, Kap. IV, 3 in der Weise, daß wir sowohl die einzelnen Pfosten als auch die obere Gurtung desselben nacheinander um eine gegebene Strecke, beispielsweise $\varDelta = 1$ mm, verschieben (Fig. 259 c, d, e, f), während wir, um die Festpunkte zur Weiterleitung der durch die Verschiebung in den Stäben erzeugten Momente benutzen zu können, die nicht verschobenen Stäbe unverschiebbar festhalten. Dadurch erhalten wir vier M'-Momentenbilder mit je einer Erzeugungskraft Z am verschobenen Stab und drei bei der Verschiebung gleichzeitig auftretenden Festhaltungskräften D an den festgehaltenen Stäben, aus deren Kombination nach Teil II, Kap. IV, 3 die Momente M_I^*, M_{II}^*, M_{III}^* und M_{IV}^* hervorgehen.

Zum Schluß addieren wir die Momente aus R. I und R. II mit ihren Vorzeichen, wodurch wir die endgültigen Momente und daraus die endgültigen Quer-, Normal- und Auflagerkräfte am Rahmenträger infolge der äußeren Belastung erhalten.

Ist der Rahmenträger nicht frei aufgelagert, sondern in biegungsfester Verbindung mit Säulen, wie z. B. in Fig. 260 dargestellt, so gestaltet sich die Berechnung analog wie diejenige des frei aufliegenden Rahmenträgers (Fig. 259), es ist jedoch während R. I noch ein Lager an der unteren Gurtung anzubringen (Fig. 260a), weil diese sonst nicht (wie in Fig. 259 durch das feste Auflager) unverschiebbar ist. Rechnungsabschnitt I liefert wieder die Momente für den festgehaltenen Zustand, aus denen wir die in den gedachten Lagern auftretenden Festhaltungskräfte berechnen. Um die Zusatzmomente des R. II, herrührend von den am Rahmenträger wirkenden Verschiebungskräften V (Fig. 260 b) zu erhalten, müssen wir außer den Pfosten *1, 2* und *3* und der oberen Gurtung (Fig. 259 c, d, e, f) auch die untere Gurtung um eine beliebige Strecke verschieben

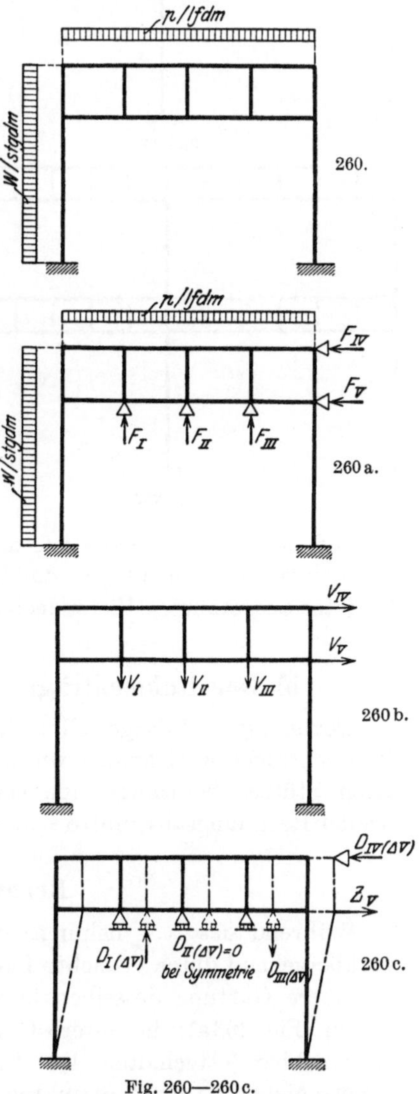

Fig. 260—260c.

(Fig. 260c), wobei wir die Lager *1, 2* und *3*, die in waagrechter Richtung beweglich sind, belassen und die obere Gurtung parallel mit verschieben; dabei muß aber trotzdem an der oberen Gurtung eine Kraft $D_{IV(\varDelta V)}$ angebracht werden, um die Knotenpunkte dieser Gurtung senkrecht über denjenigen der unteren Gurtung zu halten, die Parallelverschiebung der oberen Gurtung ergibt aber den Vorteil, daß nur die beiden Säulen gegenseitige Verschiebungen ihrer Enden erleiden. Daraus ergeben sich die Momente M'_V, aus denen wir die zugehörige Erzeugungskraft Z_V und die bei der Verschiebung der unteren Gurtung gleichzeitig auftretenden Festhaltungskräfte D berechnen. Durch Kombination der fünf M'-Momentenbilder ergeben sich die Momente M_I^*, M_{II}^*, M_{III}^*, M_{IV}^* und

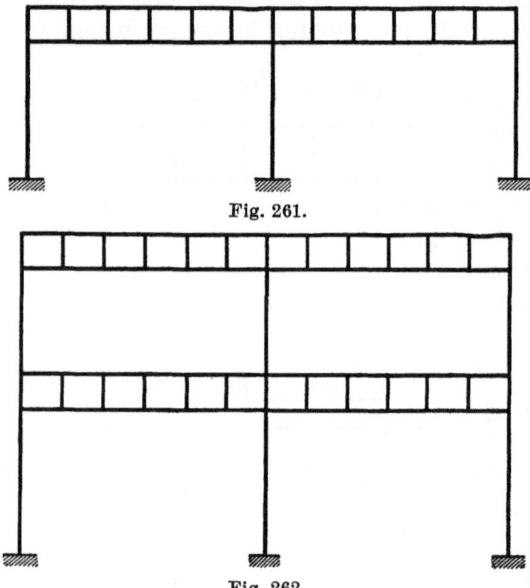

Fig. 261.

Fig. 262.

M_V^*, aus welchen wir durch Multiplikation mit dem Werte der betreffenden Verschiebungskraft und Addition der daraus hervorgehenden Momente die gesuchten Zusatzmomente erhalten. Durch Addition der Momente aus R. I und R. II gelangen wir wieder zu den endgültigen Momenten und daraus zu den endgültigen Quer-, Normal- und Auflagerkräften am Rahmenträger.

Der durchlaufende Rahmenträger auf elastisch drehbaren Stützen (Fig. 261), sowie der Stockwerkrahmen, dessen Balken aus Rahmenträgern bestehen (Fig. 262), werden in analoger Weise berechnet. Die Berechnung liefert die genau richtigen Momente, Quer- und Normalkräfte, so daß man in der Lage ist, diese Tragwerke richtig zu armieren, d. h. die Eiseneinlagen so einzulegen, daß keine Risse entstehen, wie dies bei den meisten bis jetzt ausgeführten Vierendeel-Trägern leider der Fall ist.

b) Der Rahmenträger mit beliebig gerichteten Stäben.

Der in Fig. 263 dargestellte, durch eine beliebig gerichtete Kraft P belastete Rahmenträger wird analog wie der mehrstöckige Rahmen mit beliebig gerichteten Stützen berechnet; den Gang der Berechnung teilen wir wieder in die beiden Rechnungsabschnitte I und II ein.

Rechnungsabschnitt I.

Während des R. I nehmen wir an, die Pfosten des Rahmenträgers seien vorübergehend durch gedachte Lager an denselben in senkrechter Richtung und die obere Gurtung desselben in waagrechter Richtung unverschiebbar festgehalten (Fig. 263a); die untere Gurtung wird durch das feste Auflager in A unverschiebbar festgehalten. Der Rahmenträger geht dann in ein Tragwerk mit unverschiebbaren Knotenpunkten über, dessen Berechnung im Teil I vorgeführt wurde. Demgemäß ermitteln wir auf Grund der Festpunkte, Kreuzlinienabschnitte und Verteilungsmaße die Momente an allen Stäben und daraus nach Teil I, Kap. VII, 3 die drei senkrechten Festhaltungskräfte F_I, F_{II} und F_{III}

sowie die waagrechte Festhaltungskraft F_{IV}; für die Festhaltungskräfte F_I und F_{III} könnten wir ebensogut die Richtung der Stäbe *1* und *3* wählen.

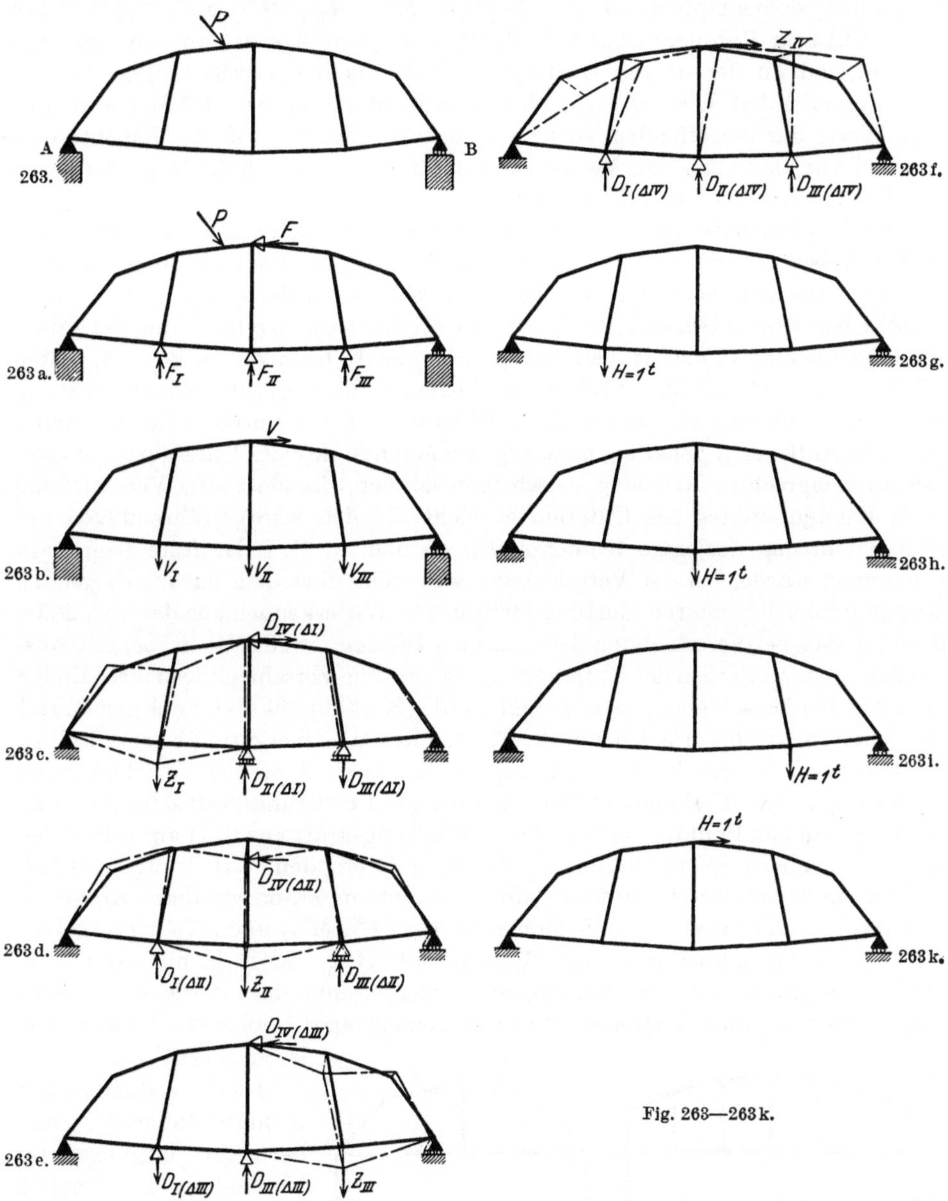

Fig. 263—263 k.

Rechnungsabschnitt II.

Wir entfernen nun die während des R. I an den Pfosten und der oberen Gurtung gedachten Lager, worauf die den Festhaltungskräften gleichen, aber entgegengesetzt gerichteten Verschiebungskräfte in Tätigkeit treten (Fig. 263b), welche Verschiebungen der Knotenpunkte des Rahmenträgers und dadurch noch Zusatzmomente hervorrufen.

Um diese Zusatzmomente zu erhalten, ermitteln wir die Wirkung der einzelnen Verschiebungskräfte V_I, V_{II} V_{III} und V_{IV} getrennt voneinander, und bestimmen dementsprechend die Momente M_I^*, M_{II}^*, M_{III}^* und M_{IV}^* am frei verschiebbaren Rahmenträger (Fig. 263 g, h, i, k) infolge der an den einzelnen Pfosten und an der oberen Gurtung in Richtung der Festhaltungskräfte des R. I angreifenden Last $H = 1\,t$. Durch Multiplikation der M^*-Momente mit dem Werte der betreffenden Verschiebungskraft erhalten wir die Momente herrührend von den einzelnen Verschiebungskräften und durch Addition derselben die Zusatzmomente am Rahmenträger.

Die M^*-Momente am Rahmenträger erhalten wir nach Teil II, Kap. IV, 3 in der Weise, daß wir sowohl die einzelnen Pfosten als auch die obere Gurtung desselben nacheinander um eine gegebene Strecke, beispielsweise $\varDelta = 1\,mm$, verschieben (Fig. 263 c, d, e, f). Um die Festpunkte zur Weiterleitung der durch die Verschiebung in den Stäben erzeugten Momente benutzen zu können, halten wir bei Verschiebung eines Pfostens die beiden anderen in senkrechter Richtung unverschiebbar fest (in waagrechter Richtung ist die untere Gurtung durch das feste Auflager A gehalten, die übrigen Knotenpunkte des Untergurtes müssen sich in waagrechter Richtung verschieben können, da sonst eine Verschiebung eines Knotenpunktes des Untergurtes nicht möglich wäre), während von der oberen Gurtung derjenige Knotenpunkt, an dem in R. I das feste Lager angenommen wurde, bei der Verschiebung senkrecht über dem darunterliegenden Knotenpunkt der unteren Gurtung bleiben soll. Wir erkennen aus den Fig. 263 c, d und e, daß bei Verschiebung der einzelnen Pfosten jeweils alle Stäbe, mit Ausnahme von zwei Stäben des Untergurtes, gegenseitige Verschiebungen ihrer Enden erleiden. Bei Verschiebung des Obergurtes (des Knotenpunktes C, welcher im R. I festgehalten wurde) erleiden nur die Pfosten und die Obergurtstäbe gegenseitige Verschiebungen ihrer Enden (siehe Fig. 263 f). Durch diese vier Verschiebungen erhalten wir vier M'-Momentenbilder mit je einer Erzeugungskraft Z (in Richtung der in demselben Punkte angreifenden Festhaltungskraft aus R. I) am verschobenen und drei bei der Verschiebung gleichzeitig auftretenden Festhaltungskräften D an den durch gedachte Lager festgehaltenen Knotenpunkten, aus deren Kombination nach Teil II, Kap. IV, 3 die Momente M_I^*, M_{II}^*, M_{III}^* und M_{IV}^* hervorgehen.

Zum Schluß addieren wir die Momente aus R. I und R. II mit ihren Vorzeichen, wodurch wir die endgültigen Momente, und daraus die endgültigen Quer-, Normal- und Auflagerkräfte am Rahmenträger infolge der äußeren Belastung erhalten.

Ist der Rahmenträger nicht frei aufgelagert, sondern in biegungsfester Verbindung mit Säulen, wie z. B. in Fig. 264 und 265 dargestellt, so gestaltet sich die Berechnung analog wie diejenige des frei aufliegenden Rahmenträgers (Fig. 263), es ist jedoch während R. I noch ein Lager an der unteren Gurtung anzubringen, weil diese sonst nicht unverschiebbar festgehalten ist (vgl. die Berechnung des Rahmenträgers der Fig. 260).

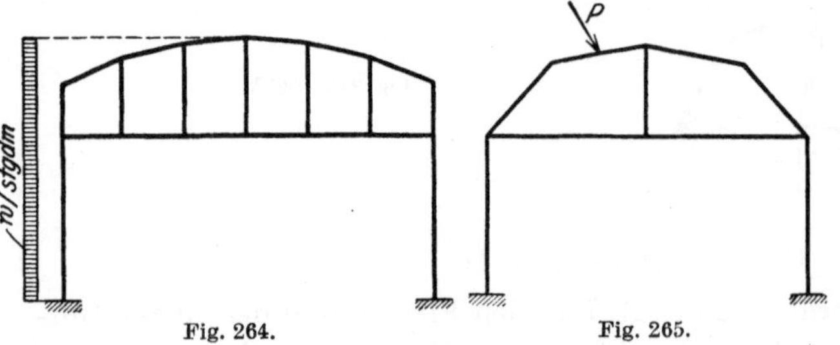

Fig. 264.   Fig. 265.

Der zweistöckige Rahmenträger der Fig. 266 wird ebenfalls analog wie der gewöhnliche Rahmenträger der Fig. 263 berechnet, es ist jedoch wie beim Rahmenträger der Fig. 264 während R. I sowohl am Balken *I* als auch am Balken *II* ein Lager anzubringen, damit der ganze Aufbau horizontal unverschiebbar festgehalten ist; wir haben also im R. I im ganzen drei Festhaltungskräfte (Fig. 266a) zu bestimmen. Um im R. II zu den Momenten M^* zu gelangen, verschieben wir, genau wie unter 2, b) dieses Kapitels erläutert, zunächst den Balken *I* (Fig. 266b) unter Festhaltung des Balkens *II* (in waagrechter Richtung) und des Ständers *III* (in senkrechter Richtung). Dann verschieben wir den Balken *II* unter Festhaltung des Ständers *III* (in senkrechter Richtung und des Balkens *II* (in waagrechter Richtung) (Fig. 266c); das Lager am Balken *I* braucht kein Rollenlager zu sein, weil der Ständer *III* eine senkrecht zur Verschiebungsrichtung des Balkens *II* stehende Gerade bildet. Zum Schluß verschieben wir noch den Ständer *III* um eine beliebige Strecke, wobei wir sowohl das untere als auch das obere Stockwerk so mitgehen lassen, daß die Knotenpunkte C und E senkrecht über dem verschobenen Knotenpunkt H bleiben (Fig. 266d). Aus diesen Verschiebungszuständen erhalten wir die Momente M'_I, M'_{II} und M'_{III}, aus denen wir dann die zugehörigen Erzeugungskräfte Z sowie die bei der betreffenden Verschiebung gleichzeitig auftretenden Festhaltungskräfte D berechnen können. Aus den Fig. 266b, c und d erkennen wir, daß bei Verschiebung des Balkens *I* alle Stäbe des oberen Stockwerkes, bei Verschiebung des Balkens *II* alle Ständer-Stäbe, und bei Verschiebung des Ständers *III* alle Balken-Stäbe des Tragwerkes gegenseitige Verschiebungen ihrer Enden erleiden.

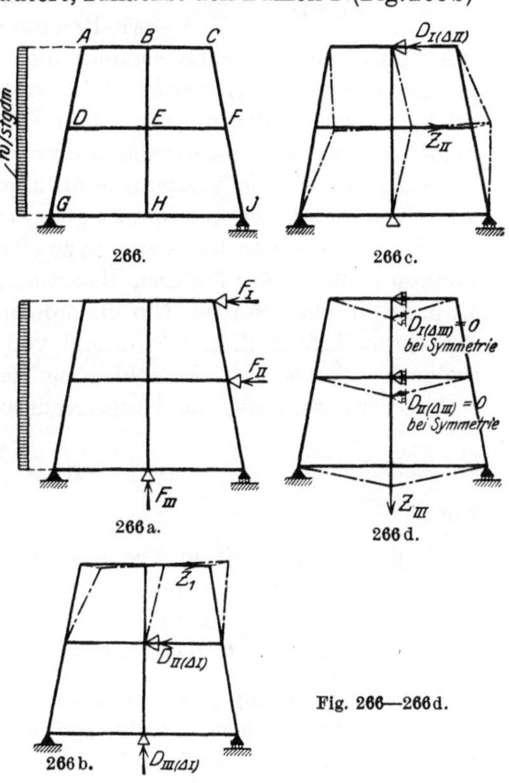

Fig. 266—266d.

4. Das biegungsfeste Fachwerk.

Nach der Methode der Festpunkte ist es auch möglich, die Biegungsmomente in den Stäben eines Fachwerkes zu ermitteln, dessen Stäbe in den Knotenpunkten nicht gelenkartig, sondern biegungsfest miteinander verbunden sind. Besonders sei darauf hingewiesen, daß man nach vorliegender Methode mit Leichtigkeit die Nebenspannungen in Eisenfachwerken, herrührend von der biegungsfesten Verbindung der Stäbe in den Knotenpunkten infolge Vernietung derselben mit den Knotenblechen nicht nur näherungsweise, wie dies bisher erfolgte, sondern genau nachweisen kann.

Die Berechnung des in Fig. 267 dargestellten biegungsfesten Fachwerkes (Dachbinder) gestaltet sich wie folgt:

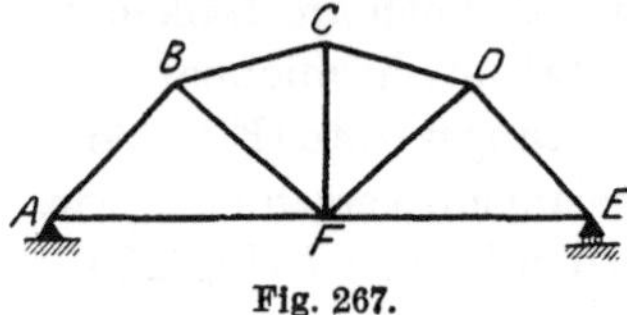
Fig. 267.

Da das Stabwerk aus lauter Dreiecken besteht, so sind alle Knotenpunkte unverschiebbar (wenn wir, wie immer, zunächst von den Knotenpunktsverschiebungen infolge durch die Normalkräfte bewirkter Längenänderung der Stäbe absehen), und wir erhalten nur einen R. I. Da nun aber bei einem Fachwerk nicht die Momente, sondern die Normalkräfte den Hauptteil der Spannungen in den Stäben verursachen, so dürfen die Knotenpunktsverschiebungen infolge Längenänderung der Stäbe, hervorgerufen durch die Normalkräfte, nicht ohne weiteres vernachlässigt werden.

Nachdem wir die Festpunkte an allen Stäben und die Verteilungsmaße an allen Knotenpunkten bestimmt haben, ermitteln wir in bekannter Weise (nach Teil I) die Momentenfläche am ganzen Tragwerk (mit unverschiebbaren Knotenpunkten) infolge der äußeren Belastung, sowie die Normalkräfte (nach Teil I, Kap. IV) in allen Stäben. Um die Momente am biegungsfesten Fachwerk infolge der Normalkräfte, d. h. herrührend von einer Längenänderung der Stäbe und dadurch verursachten Verschiebung der Knotenpunkte, zu bestimmen, berechnen wir zunächst die Längenänderungen aller Stäbe nach der Gleichung:

$$\varDelta l = \frac{N \cdot l}{E \cdot F},\qquad\qquad(480)$$

wenn

N die Normalkraft in irgendeinem Stabe,
l die anfängliche Länge des Stabes,
E der Elastizitätsmodul des Baumaterials und
F der Querschnitt des Stabes,

und zeichnen darauf einen Williotschen Verschiebungsplan[1], wodurch wir die von den Längenänderungen der Stäbe herrührenden wirklichen Knotenpunktsverschiebungen erhalten. Der Williotsche Verschiebungsplan liefert die Knotenpunktsverschiebungen für den Fall, daß die Stäbe an den Knotenpunkten gelenkig anschließen; der Einfluß der biegungsfesten Knotenpunktsverbindung auf die Größe dieser Verschiebungen ist jedoch so gering, daß er vernachlässigt werden kann, es genügt, zu wissen, daß die Knotenpunktsverschiebungen bei biegungsfester Verbindung der Stäbe um ein geringes Maß kleiner sind als bei gelenkigem Anschluß an die Knotenpunkte.

Nun bilden wir die Projektionen jeder Knotenpunktsverschiebung auf die Normalen zu den in dem betreffenden Knotenpunkt vereinigten Stäben, und gelangen auf diese Weise zu der gegenseitigen rechtwinkligen Verschiebung der Enden eines jeden Stabes. Für jeden Stab, dessen Enden gegenseitig verschoben wurden, können wir alsdann nach den allgemeinen Gln. (515) und (520) die dadurch hervorgerufenen Momente an beiden Enden berechnen, dieselben mittels Festpunkte und Verteilungsmaße über das ganze Tragwerk weiterleiten und zum Schluß die Momentenflächen herrührend von allen Stäben, deren Enden

---

[1] Müller-Breslau: Die graphische Statik Bd. 2 (1903) 1 S. 57.

gegenseitig verschoben wurden, addieren; die daraus hervorgehende Momentenfläche stellt den Einfluß der Normalkräfte dar.

Wirkt die äußere Belastung nicht auf die Gurtungsstäbe, sondern direkt auf die Knotenpunkte des Fachwerkes, wie dies bei Eisenkonstruktionen meistens der Fall ist (zur Vermeidung von Biegung in den Fachwerkstäben), so wird mit diesen Knotenpunktslasten und den Auflagerreaktionen ein Cremonaplan gezeichnet, woraus die Normalkräfte (Stabkräfte) in allen Stäben hervorgehen. Hierauf wird der Einfluß der Normalkräfte bzw. der davon herrührenden Längenänderung der Stäbe und dadurch verursachten Verschiebung der Knotenpunkte, wie vorstehend beschrieben, bestimmt.

Handelt es sich darum, die Spannungen in den Stäben, herrührend von einer über den Stabquerschnitt gleichmäßig verteilten Temperaturänderung um t^0 gegenüber der Herstellungstemperatur, zu ermitteln, so bestimmen wir für jeden Stab die davon herrührende Verlängerung bzw. Verkürzung nach der Gleichung

$$\varDelta l = E \cdot t \cdot l \, ,$$

worin

t die für alle Punkte des Stabes gleiche Temperaturänderung,

E der Temperaturausdehnungskoeffizient des Baumaterials bei einer Temperaturänderung um 1^0 C,

l die anfängliche Stablänge,

und zeichnen hiermit einen Williotschen Verschiebungsplan, aus welchem die wirklichen Verschiebungen aller Knotenpunkte, und damit die gegenseitigen rechtwinkligen Verschiebungen aller Stabenden hervorgehen, welche wegen der biegungsfesten Knotenpunktsverbindung Momente am ganzen Tragwerk verursachen, die in bekannter Weise ermittelt werden.

5. Rechnungsproben.

Ein wesentlicher Vorteil der Berechnung eines Tragwerkes nach der Methode der Festpunkte gegenüber derjenigen nach den Elastizitätsgleichungen besteht darin, daß man die Berechnung von Stufe zu Stufe leicht nachprüfen kann, weil sie sich aus mehreren Teilen zusammensetzt, deren jeder für sich abgeschlossen ist, d. h. von welchen jeder die Momentenfläche für einen bestimmten Belastungszustand des Tragwerkes liefert.

Zur Berechnung eines Tragwerkes nach der Methode der Festpunkte müssen die Momente für folgende Belastungszustände ermittelt werden:

a) Belastung des vorübergehend durch gedachte Lager unverschiebbar gemachten Tragwerkes durch die äußere Belastung, wodurch die Momente des R. I entstehen;

b) Belastung des Tragwerkes durch die zu dem betreffenden Verschiebungszustand gehörige Erzeugungskraft unter Belassung der übrigen gedachten Lager, wodurch die M'-Momente entstehen;

c) Belastung des frei verschiebbaren Tragwerkes durch die Kraft $H = 1\,t$ an den Stellen, wo die gedachten Lager angebracht waren, wodurch die M^*-Momente entstehen;

d) Belastung des frei verschiebbaren Tragwerkes durch sämtliche Verschiebungskräfte V gleichzeitig, wodurch die Zusatzmomente entstehen;

e) Belastung des frei verschiebbaren Tragwerkes durch die äußere Belastung, wodurch die endgültigen Momente entstehen.

Bestimmen wir nun für jeden Belastungszustand aus den für denselben mit Hilfe der Festpunkte ermittelten Momenten die Quer- und Normalkräfte an den Knotenpunkten und in den Stäben, und aus diesen die Auflagerreaktionen (nach Teil I, Kap. VI) — die bei Belastungszustand a) und b) vorkommenden Festhaltungskräfte sind auch nichts anderes als Auflagerreaktionen, und zwar in den gedachten Lagern —, so müssen als

<h3 style="text-align:center">Hauptprobe,</h3>

geltend für alle Belastungszustände, die äußeren Kräfte mit den Auflagerreaktionen im Gleichgewicht stehen, d. h. es müssen die analytischen und graphischen Bedingungen des Gleichgewichts von Kräften in derselben Ebene erfüllt sein.

Die drei analytischen notwendigen und hinreichenden Gleichgewichtsbedingungen sind ausgedrückt in dem

Satz: *Zum Gleichgewichte von Kräften in einer Ebene ist erforderlich, daß die Summe ihrer Projektionen auf zwei zueinander senkrechte Achsen der Ebene gleich Null sei und daß die Summe ihrer statischen Momente in bezug auf einen beliebigen Pol in der Ebene verschwinde, d. h. es muß bestehen:*

$$\left.\begin{aligned} \sum (P \cdot \cos \alpha) &= 0, \\ \sum (P \cdot \sin \alpha) &= 0, \\ \sum (P \cdot a) &= 0. \end{aligned}\right\} \tag{481}$$

Die ersten beiden Gleichungen heißen die Projektionsgleichungen, die letzte die Momentengleichung.

Die beiden Projektionsachsen brauchen nicht aufeinander senkrecht zu stehen, dürfen aber nicht zueinander parallel sein.

Die drei genannten Gleichgewichtsbedingungen können auch in besonderen Fällen mit Vorteil durch drei andere ersetzt werden. So kann man z. B. eine Projektionsgleichung und zwei Momentengleichungen benützen, welche sich auf verschiedene Pole beziehen, d. h. ein System

$$\left.\begin{aligned} \sum (P \cdot \cos \alpha) &= 0, \\ \sum (P \cdot a) &= 0, \\ \sum (P \cdot c) &= 0. \end{aligned}\right\} \tag{482}$$

Doch darf die Verbindungslinie der beiden Pole nicht zu der Projektionsachse senkrecht sein, weil das Kräftesystem sich in diesem Falle auf eine in der Verbindungslinie liegende Resultierende reduzieren könnte, und somit die genannten Bedingungen erfüllt wären, ohne daß Gleichgewicht bestehen würde.

Schließlich kann man die Gleichgewichtsbedingungen durch drei Momentengleichungen:

$$\left.\begin{aligned} \sum (P \cdot a) &= 0, \\ \sum (P \cdot b) &= 0, \\ \sum (P \cdot c) &= 0 \end{aligned}\right\} \tag{483}$$

darstellen, welche sich auf Pole beziehen, die nicht in einer geraden Linie liegen dürfen.

Die **graphische** Gleichgewichtsbedingung erfordert, daß der von der äußeren Belastung und den Auflagerreaktionen gebildete Kräftezug sowie die Pfeilrichtung desselben geschlossen ist. Von den Seilstrahlen zu diesem Krafteck wird ein Seileck gebildet, welches die sog. **Stützlinie** für den betreffenden Belastungsfall ist, und diese muß natürlich die Stäbe des Tragwerkes in den Momentennullpunkten schneiden.

Die Anwendung der Hauptprobe sei nachstehend an einem einfachen Beispiel für den Belastungszustand e) (**endgültige Momente**) gezeigt.

Der Balken des Rahmens der Fig. 268 sei durch eine gleichmäßig verteilte Last g_1 und g_2 pro lfd. m belastet; die Stäbe des Rahmens setzen wir im übrigen gewichtslos voraus.

Die in den Fig. 268 und 268a dargestellte Momentenfläche sei die endgültige am frei verschiebbaren Rahmen. Aus den Momenten ermitteln wir nach Teil I, Kap. VI, 3 die Auflagerreaktionen in D, E und F, welche sich aus der Querkraft Q („Reaktion"), der Normalkraft N („Reaktion") und, wegen der Einspannung, dem Moment M (am Stabende) in dem betreffenden Auflagerpunkt

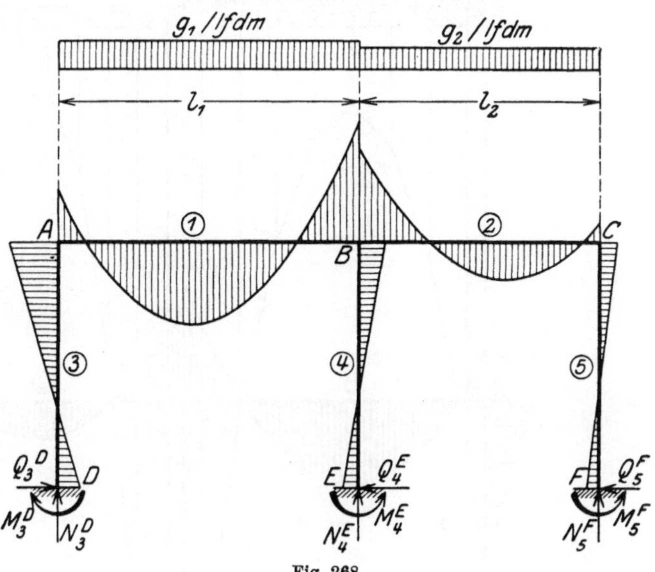

Fig. 268.

zusammensetzen. Es müssen nun die äußeren Kräfte $\sum g_1$ und $\sum g_2$ mit den Auflagerreaktionen R^D, R^E und R^F im Gleichgewicht stehen.

Zur Aufstellung der analytischen Gleichgewichtsbedingungen, z. B. der Gleichungen (481), brauchen wir die Reaktionen R in den Auflagerpunkten nicht zu bilden, sondern wir operieren mit deren Komponenten; es müssen die beiden Projektionsgleichungen bestehen:

$$(1) \quad Q_3^D - Q_4^E - Q_5^F = 0$$

(die Horizontalprojektion der äußeren Belastung ist Null, da letztere senkrecht wirkt)

$$(2) \quad \sum g_1 + \sum g_2 - N_3^D - N_4^E - N_5^F = 0.$$

Um die Momentengleichung anzuschreiben, wählen wir zweckmäßig einen der Auflagerpunkte, z. B. den Punkt D, als Pol; es muß dann sein:

$$\sum g_1 \cdot \frac{l_1}{2} + \sum g_2 \cdot \left(l_1 + \frac{l_2}{2}\right) - N_{4]}^E \cdot l_1 - N_5^F \cdot (l_1 + l_2) + M_3^D - M_4^E - M_5^F = 0$$

(die Momente der Kräfte Q_3^D, N_3^D, Q_4^E und Q_5^F fallen weg, da ihre Hebelarme Null sind).

Die graphische Gleichgewichtsbedingung ist auch erfüllt, was durch die in Fig. 268a auf Grund des Kraftecks, bestehend aus den Kräften Σg_1, Σg_2, R^D, R^E und R^F, eingezeichnete Stützlinie dargetan wird.

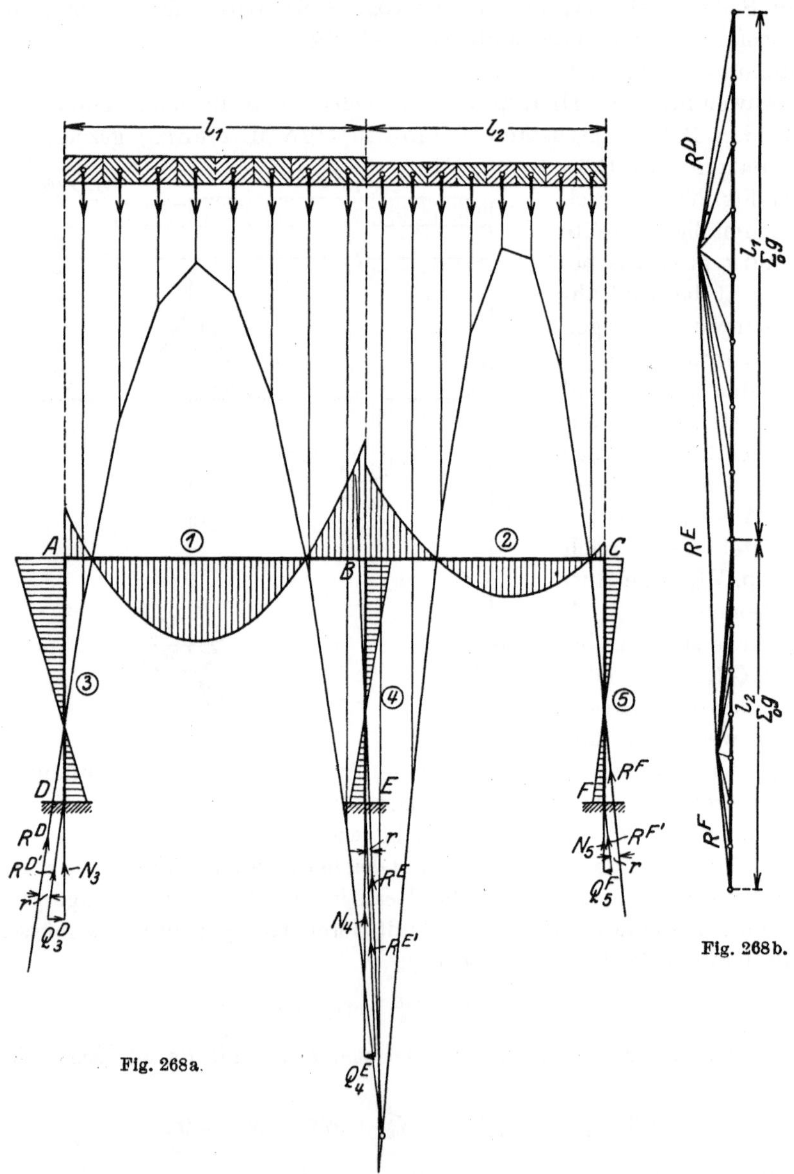

Fig. 268a.

Fig. 268b.

Will man die vollständige Hauptprobe, welche eine absolute Gewähr für die Richtigkeit der Rechnung (bei gegebenen Festpunkten) bietet, nicht für alle Belastungszustände durchführen, so begnügt man sich meistens mit folgenden

Teilproben.

Für den Belastungszustand a): Aus der Momentenfläche des R. I müssen zur weiteren Berechnung ohnedies die Festhaltungskräfte (Auflagerkräfte in den gedachten Lagern) ermittelt werden, und man sieht nun zur Probe nach, ob die eine der drei Gleichgewichtsbedingungen, nämlich die Projektionsgleichung für die Horizontale, erfüllt ist. Die Resultierende der Horizontalprojektionen der äußeren Kräfte, der Festhaltungskräfte F (bei einem einstöckigen Tragwerk ist nur eine vorhanden) und der Resultierenden an den natürlichen Auflagern des Tragwerkes muß Null sein, damit Gleichgewicht besteht.

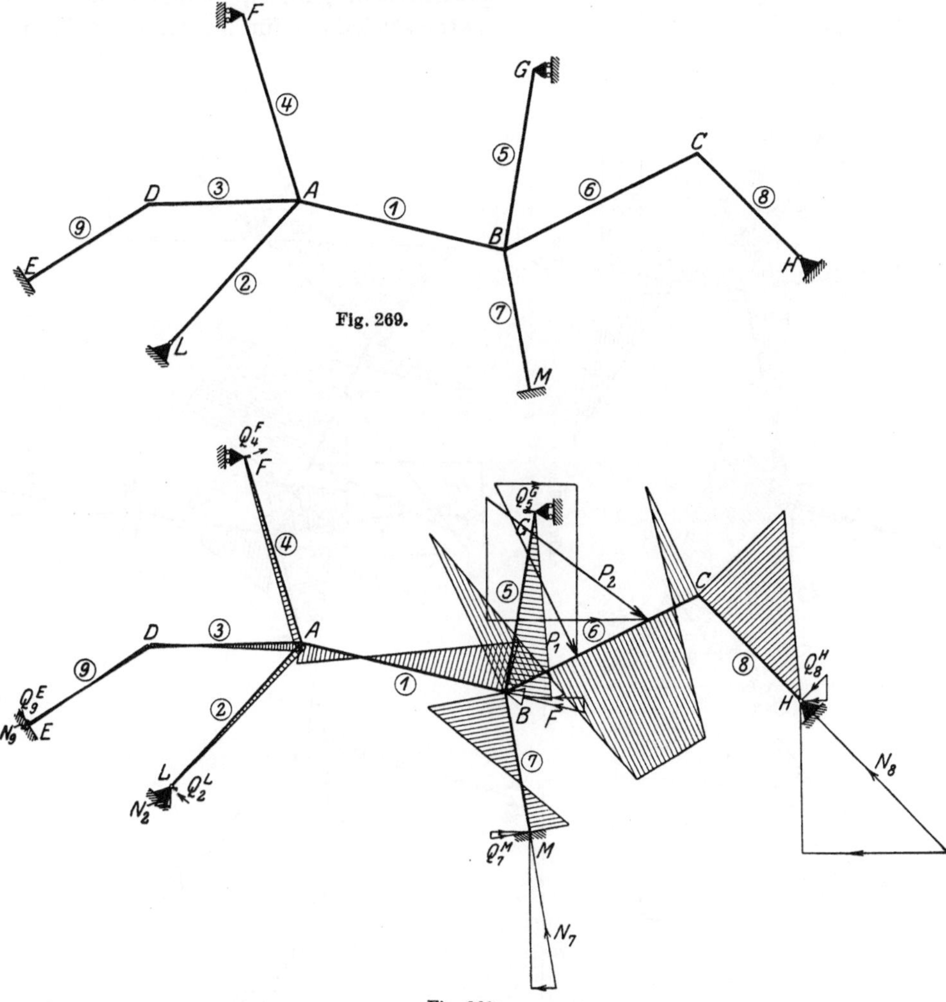

Fig. 269.

Fig. 269 a.

An den Tragwerken der Fig. 269 (einstöckig) und 270 (dreistöckig), für welche in Fig. 269 a bzw. 270 a die Momentenfläche für den festgehaltenen Zustand dargestellt ist, wurden die Horizontalprojektionen der genannten Kräfte konstruiert; an Stelle der Horizontalprojektionen der Resultierenden an den Auflagerpunkten wurden diejenigen der Komponenten Q und N derselben gebildet.

Für den Belastungszustand b): Aus der M'-Momentenfläche für die Verschiebung desjenigen Stabes oder Knotenpunktes, an welchem während R. I ein Lager gedacht ist, muß zur weiteren Berechnung die zugehörige Erzeugungskraft Z (als äußere Belastung aufzufassen) sowie (bei mehrstöckigen Tragwerken) die an den verbliebenen Lagern bei der Verschiebung gleichzeitig auftretenden Festhaltungskräfte D (Auflagerkräfte in den gedachten Lagern) ermittelt werden. Man sieht nun zur Probe wieder nach, ob die eine der drei Gleichgewichtsbedingungen, nämlich die Projektionsgleichung für die Horizontale er-

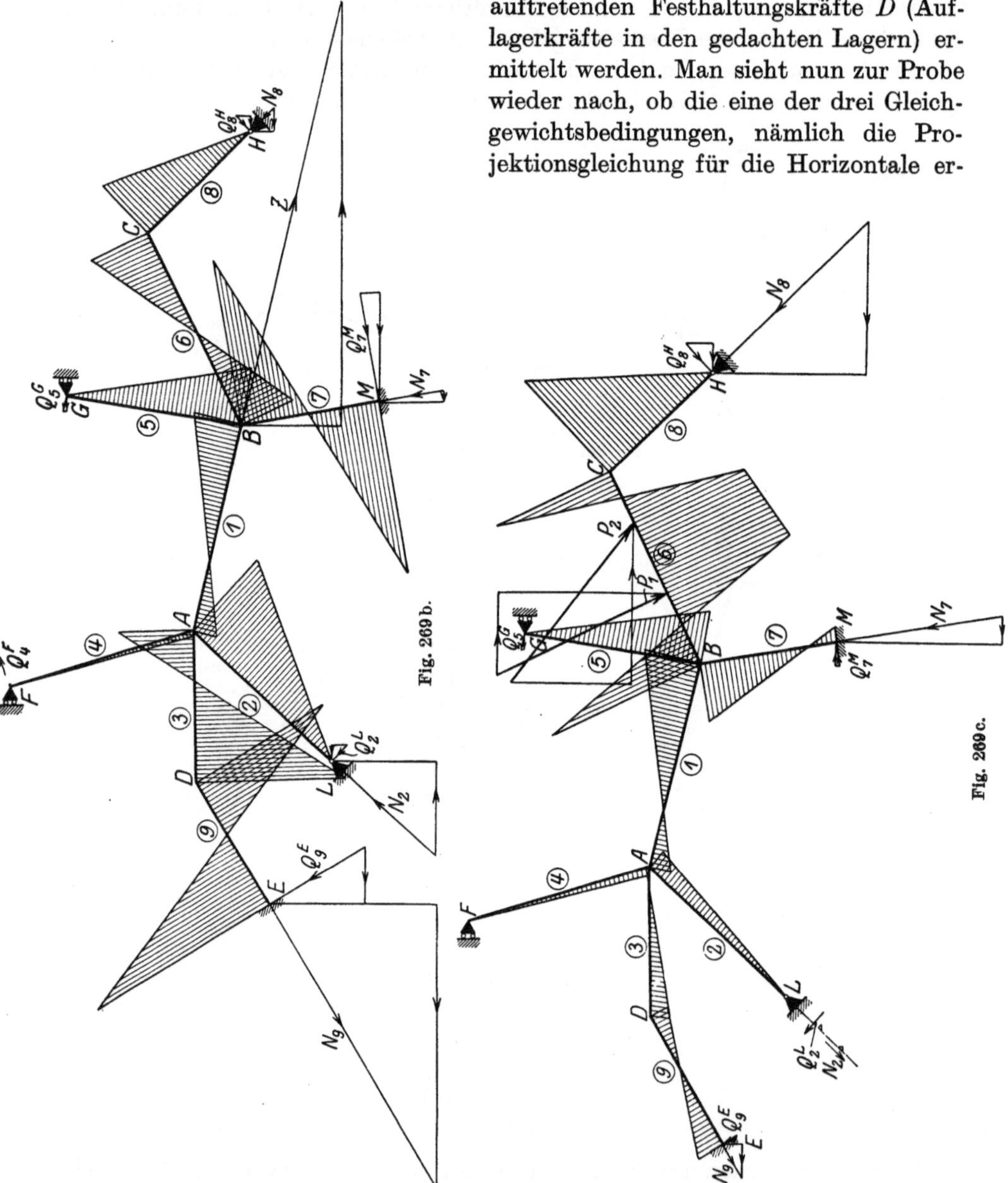

Fig. 269 b.

Fig. 269 c.

füllt ist. Die Resultierende der Horizontalprojektionen der Erzeugungskraft Z, der Festhaltungskräfte D und der Resultierenden an den natürlichen Auflagern des Tragwerkes muß Null sein, damit Gleichgewicht besteht.

In Fig. 269 b wurde diese Probe als Beispiel für den allgemeinen einstöckigen Rahmen, und in den Fig. 270 b, c und d für den allgemeinen Stockwerksrahmen durchgeführt.

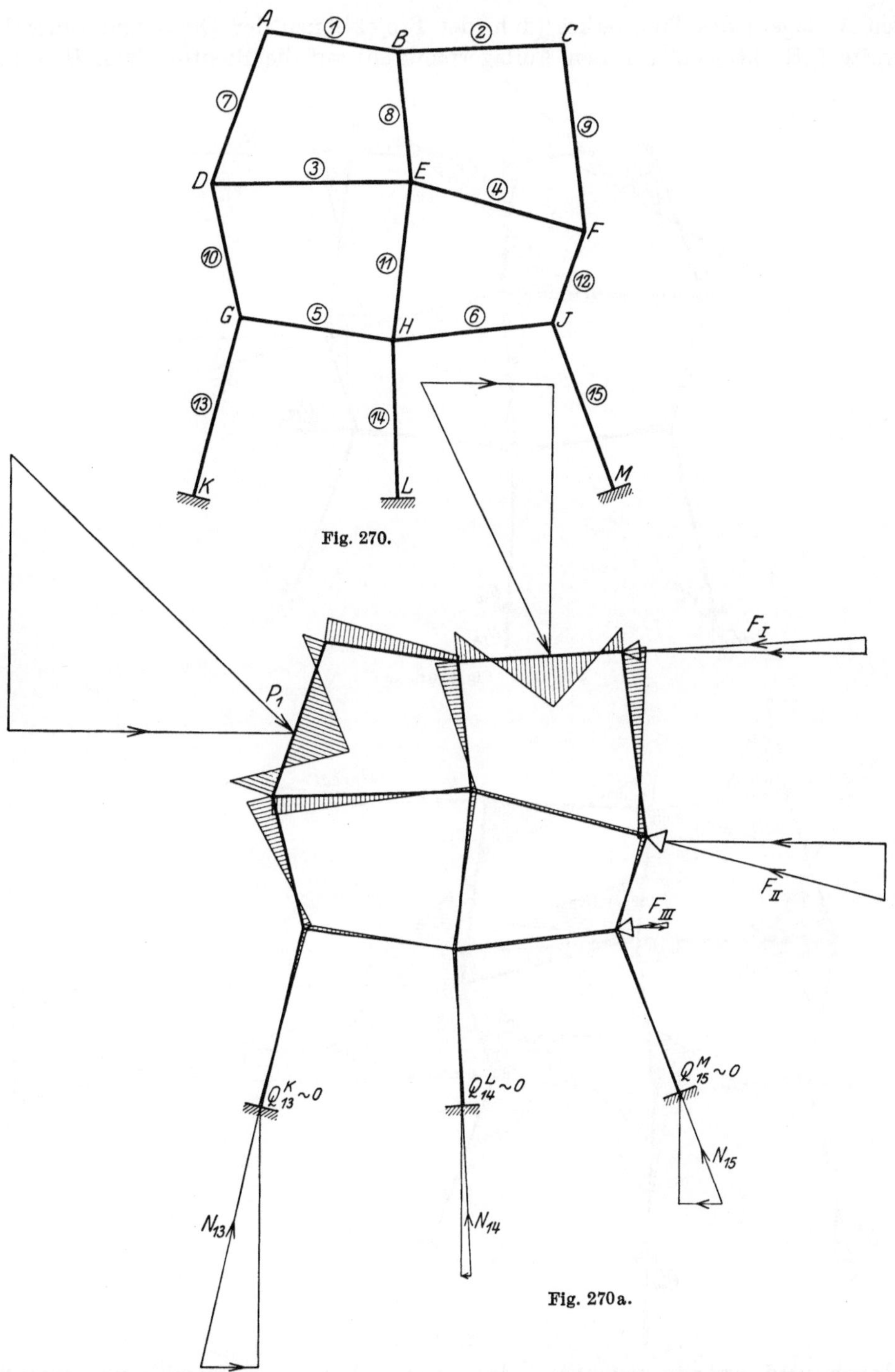

Fig. 270.

Fig. 270a.

Für den Belastungszustand c): Die M^*-Momente werden am frei verschiebbaren Tragwerk durch die Belastung $H = 1\,t$ hervorgerufen. Aus diesem Grunde muß die Resultierende der Projektionen der Resultanten an den Auflagern des Tragwerkes (d. h. der Projektionen der Quer- und Normalkräfte [„Reaktionen"] in den Auflagerpunkten) auf die Richtung von $H = 1\,t$

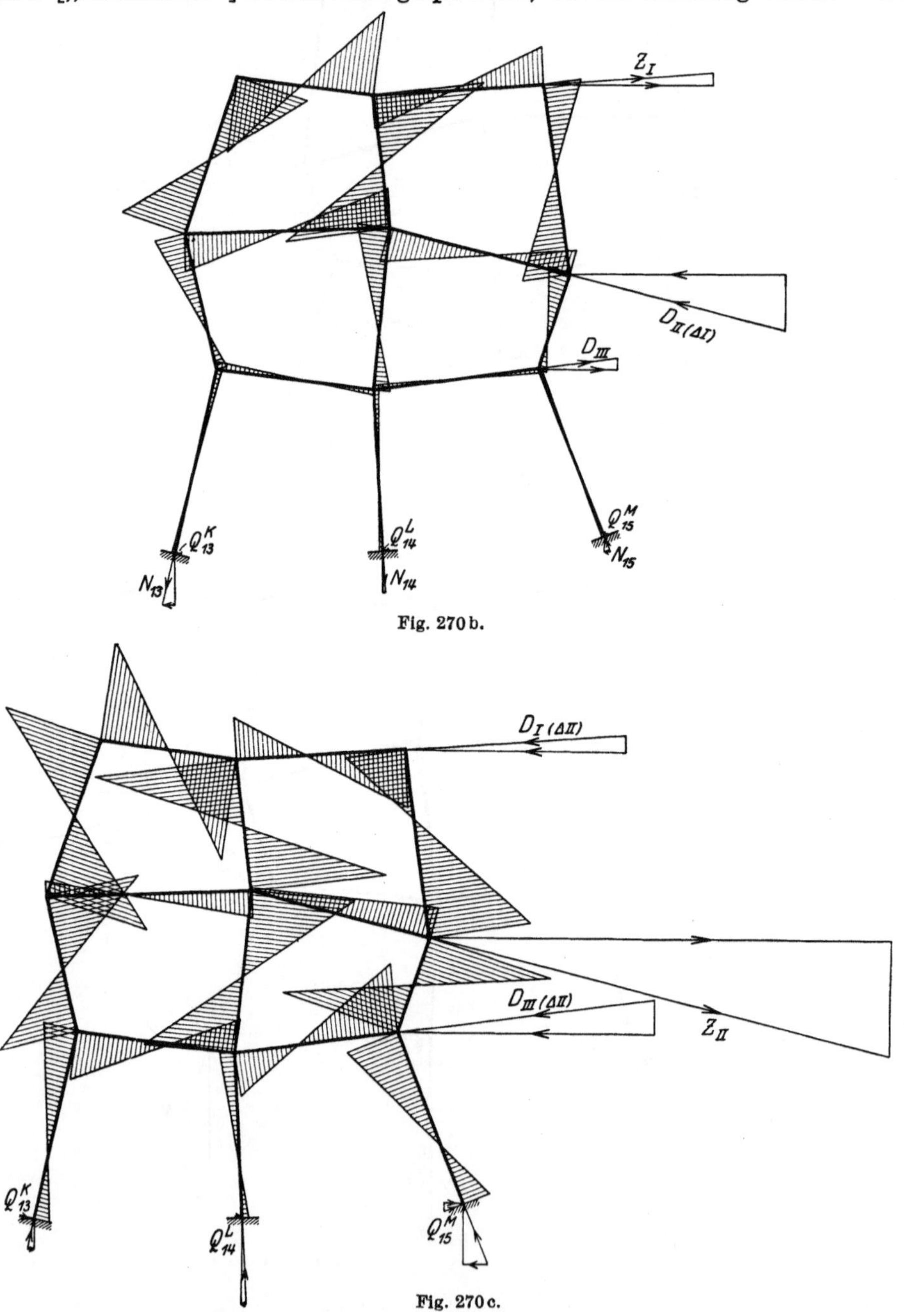

Fig. 270 b.

Fig. 270 c.

gleich und entgegengesetzt der äußeren Last $H = 1\,t$ sein; ferner muß die Resultierende der Projektionen der Quer- und Normalkräfte an den Enden der Stäbe, welche sich an den Stab mit der Last $H = 1\,t$ anschließen, auf die Richtung von $H = 1\,t$ nach Größe und Richtung gleich dieser Kraft sein,

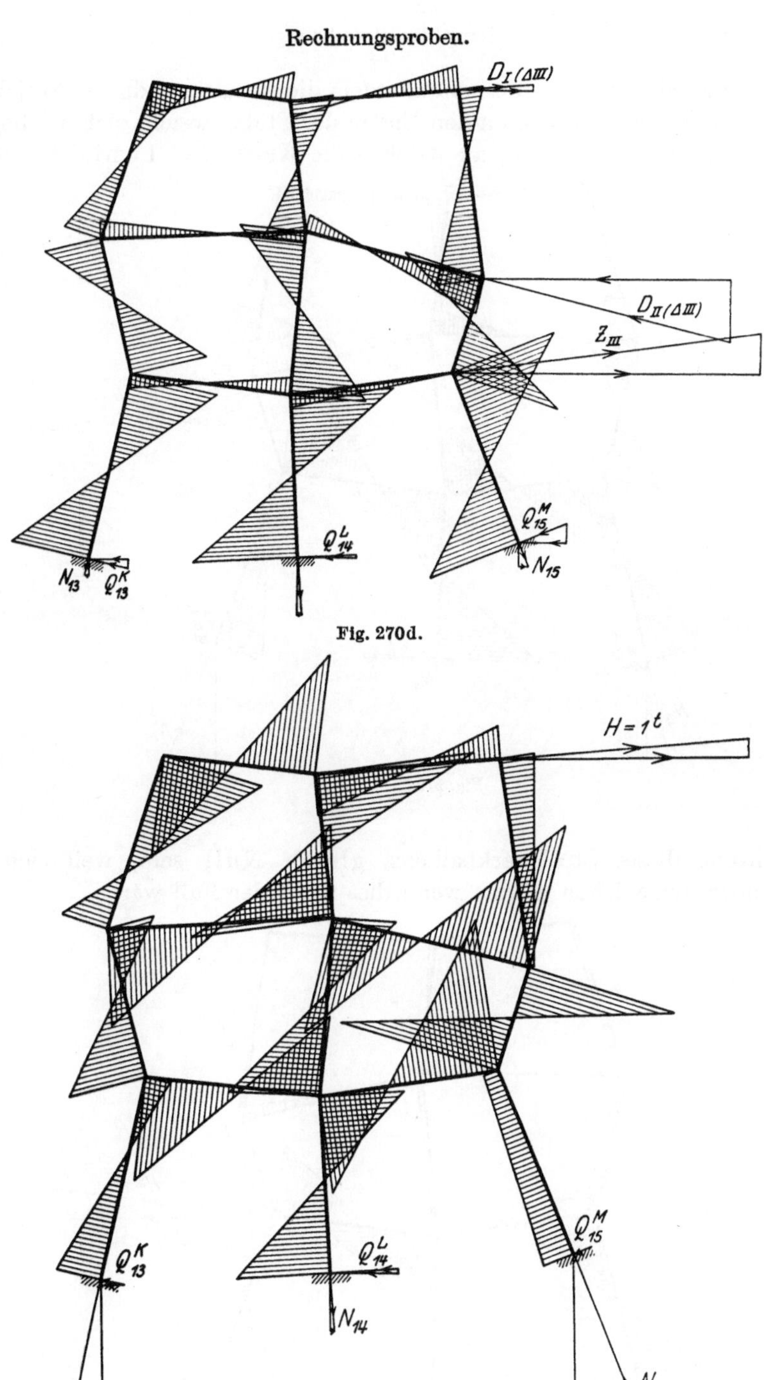

Fig. 270d.

Fig. 270e.

da ja die Kraft $H = 1\,t$ vom Stab, an dem sie angreift, auf die sich an diesen Stab anschließenden Stabenden gemeinsam übertragen wird. Besitzt das Tragwerk mehrere Stockwerke, so muß außerdem die Resultierende der Projektionen der Quer- und Normalkräfte an den Enden der Stäbe, welche sich an diejenigen Stockwerkbalken anschließen, an welchen die Kraft $H = 1\,t$ nicht wirkt, auf

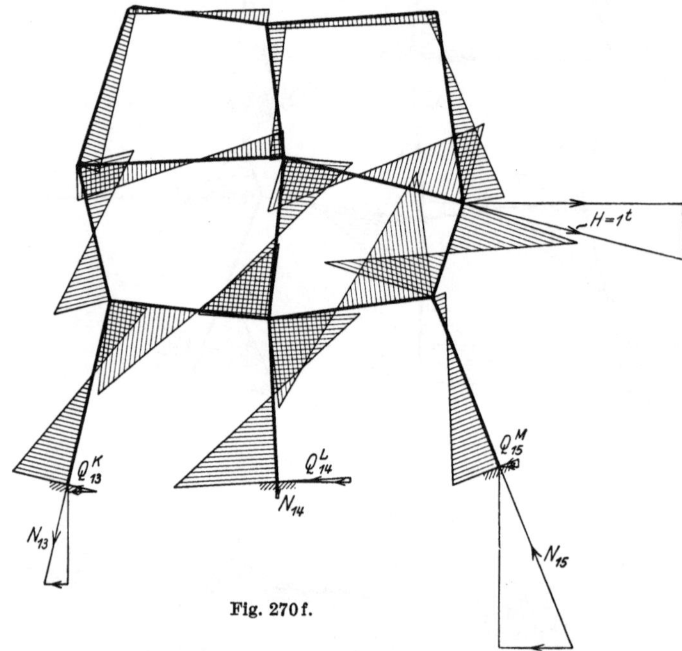

Fig. 270f.

die Richtung dieses Stockwerkbalkens, gleich Null sein, weil sich dieser Balken noch verschieben würde, wenn dies nicht der Fall wäre.

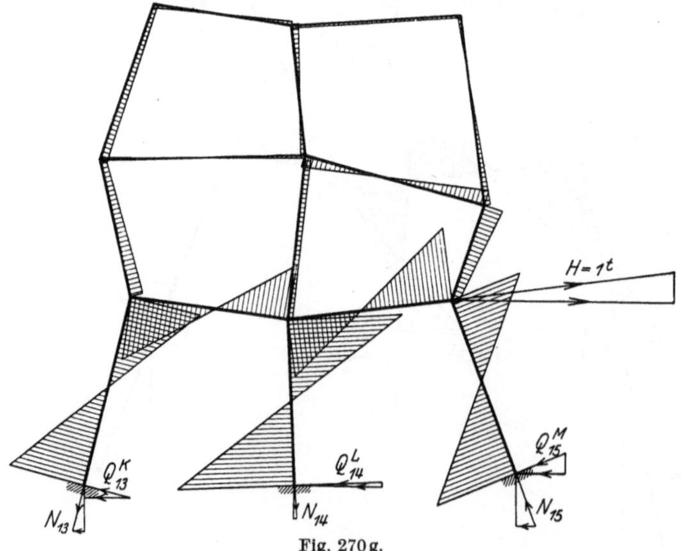

Fig. 270g.

Eine weitere Probe am frei verschiebbaren Tragwerk, dessen Säulenköpfe durch gerade Stäbe miteinander verbunden sind, ergibt sich aus der selbstverständlichen Bedingung, daß die Verschiebungen dieser Säulenköpfe, welche wir auf Grund der Momentenfläche für den betreffenden Belastungszustand nach Teil I, Kap. IV, 3 ermitteln können, gleich groß sein müssen.

In den Fig. 270e, f und g wurde diese Probe als Beispiel für den allgemeinen mehrstöckigen Rahmen durchgeführt.

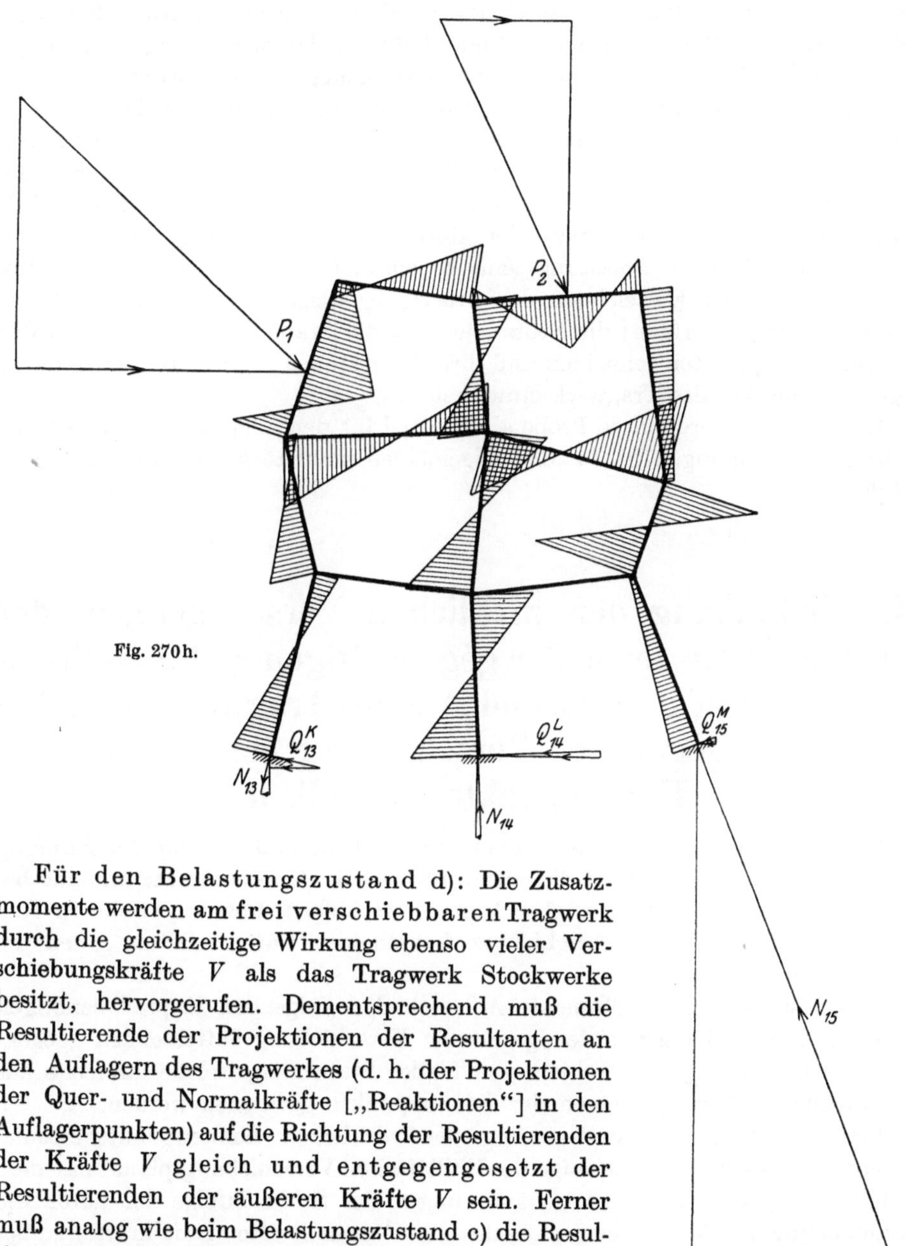

Fig. 270h.

Für den Belastungszustand d): Die Zusatzmomente werden am frei verschiebbaren Tragwerk durch die gleichzeitige Wirkung ebenso vieler Verschiebungskräfte V als das Tragwerk Stockwerke besitzt, hervorgerufen. Dementsprechend muß die Resultierende der Projektionen der Resultanten an den Auflagern des Tragwerkes (d. h. der Projektionen der Quer- und Normalkräfte [„Reaktionen"] in den Auflagerpunkten) auf die Richtung der Resultierenden der Kräfte V gleich und entgegengesetzt der Resultierenden der äußeren Kräfte V sein. Ferner muß analog wie beim Belastungszustand c) die Resultierende der Projektionen der Quer- und Normalkräfte an den Enden der Stäbe, welche sich an den Stab mit einer Verschiebungskraft V anschließen, auf die Richtung dieser Kraft, nach Größe und Richtung gleich dieser Kraft sein.

An Tragwerken, deren Säulenköpfe durch gerade Stäbe miteinander verbunden sind, ergibt sich wieder die Probe, daß die Verschiebungen der Säulenköpfe gleich groß sein müssen.

Für den Belastungszustand e): Die endgültigen Momente, welche am frei verschiebbaren Tragwerk durch die gegebene äußere Belastung hervorgerufen werden, prüfen wir in erster Linie dadurch, daß wir aus der Momentenfläche wie bei Belastungszustand a) die Festhaltungskräfte bestimmen, welche sich zu Null ergeben müssen, weil sich das Tragwerk noch verschieben würde, wenn dies nicht der Fall wäre. Ferner muß die Resultierende der Projektionen der Resultanten an den Auflagern des Tragwerkes (d. h. der Projektionen der Quer- und Normalkraftreaktionen in den Auflagerpunkten) auf die Horizontale gleich und entgegengesetzt der Resultierenden aus den Horizontalprojektionen der äußeren Belastung sein. Es empfiehlt sich, die endgültigen Momente noch durch Einzeichnen der Stützlinie, ausgehend von den Auflagerresultierenden, zu prüfen; die Stützlinie muß die Stäbe des Tragwerkss in den Momentennullpunkten schneiden und ihre Knickstellen müssen auf den Kräften liegen, welche auf das Tragwerk einwirken.

In Fig. 269c wurde diese Probe als Beispiel für den allgemeinen einstöckigen Rahmen, und in Fig. 270h für den allgemeinen mehrstöckigen Rahmen durchgeführt.

II. Bestimmung der wirklichen Verschiebungen der Knotenpunkte sowie der gegenseitigen rechtwinkligen Verschiebung der Stabenden eines Tragwerkes infolge gegebener Verschiebung eines Knotenpunktes desselben.

Im vorhergehenden Kapitel haben wir gesehen, daß wir zur Bestimmung der Zusatzmomente des R. II diejenigen Stäbe bzw. Knotenpunkte um eine beliebige Strecke, beispielsweise $\varDelta = 1$ mm, verschieben müssen, welche in R. I durch gedachte Lager unverschiebbar festgehalten waren; daraus gehen die Momente M' hervor.

Zur Bestimmung der Momente M' nach dem folgenden Kapitel benötigen wir aber die bei der genannten gegebenen Verschiebung auftretenden „gegenseitigen rechtwinkligen Verschiebungen" aller Stabenden, welche ihrerseits aus den wirklichen Verschiebungen der Knotenpunkte gewonnen werden.

Das Verfahren zur Bestimmung der wirklichen Knotenpunktsverschiebungen ist dasselbe wie dasjenige der Williotschen Verschiebungspläne[1] mit dem Unterschied, daß wir die Längenänderungen der Stäbe infolge der durch die Verschiebung in den Stäben entstehenden Normalkräfte (Axialkräfte) außer Betracht lassen, da der Einfluß derselben nach Kap. VII dieses Teiles getrennt berücksichtigt wird; das Verfahren gründet sich auf die

---

[1] Müller-Breslau: Die graphische Statik, Bd. 2 (1903) 1 S. 58.

Aufgabe:

Der Knotenpunkt C (Fig. 271) sei mit den Knotenpunkten A und B durch zwei Stäbe *1* und *2* verbunden, welche in A und B eingespannt oder gelenkig gelagert sein können; die Knotenpunkte A und B (oder nur einer davon) sollen sich in die neuen Lagen A' und B' verschieben, wobei wir die Annahme machen, daß die Verschiebungen AA' und BB' im Verhältnis zu den Längen der Stäbe *1* und *2* verschwindend klein seien, was bei elastischen Knotenpunktsverschiebungen stets der Fall ist; in Fig. 271 wurden dieselben in verzerrtem Maßstab aufgetragen.

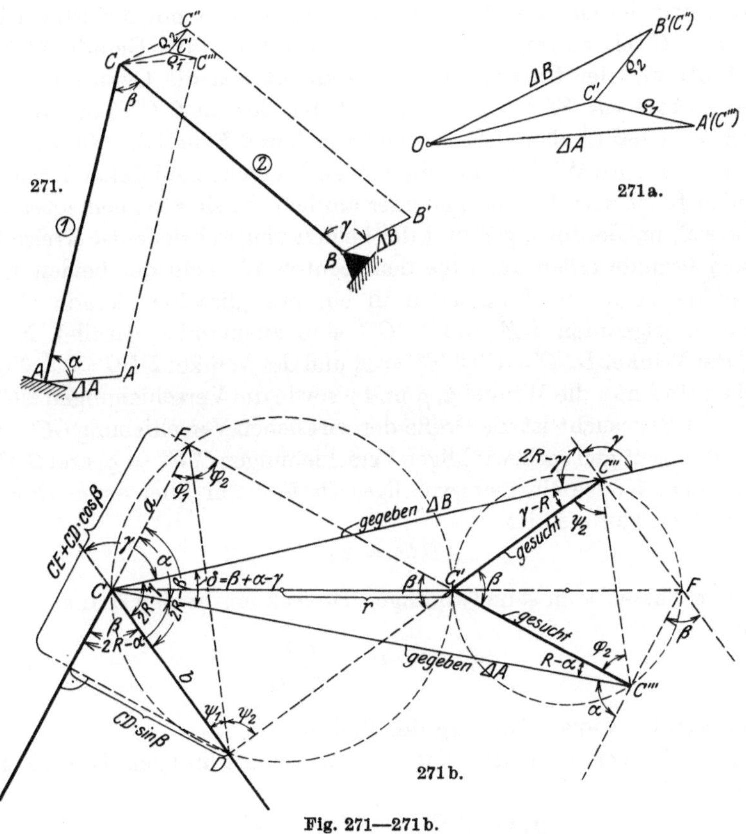

Fig. 271—271b.

Gesucht ist die Verschiebung CC' des Knotenpunktes C (der mit A und B nicht auf derselben Geraden liegen darf) nach Größe und Richtung.

Um die neue Lage von C zu erhalten, denkt man sich bei C die Verbindung beider Stäbe gelöst, verschiebt den Stab *1* parallel zu sich selbst in die Lage $A'C'''$ und den Stab *2* parallel zu sich selbst in die Lage $B'C''$. Nun schlägt man mit den Stablängen AC und BC als Radius Kreisbögen, deren Mittelpunkte A' und B' sind. Der Schnittpunkt C' dieser Bögen ist die gesuchte neue Lage des Knotenpunktes C. In dem hier vorausgesetzten Falle verschwindend kleiner Verschiebungen dürfen die Kreisbögen $C''C'$ und $C'''C'$ durch die auf den Geraden $A'C'''$ und $B'C''$ errichteten Normalen ersetzt werden.

Aus den in Fig. 271 enthaltenen Konstruktionslinien bzw. den von ihnen gebildeten Dreiecken können wir nun die Größe der wirklichen Verschiebung des Knotenpunktes C, sowie der „gegenseitigen rechtwinkligen Verschiebung" der Endpunkte der Stäbe 1 und 2, welche wir im folgenden Kapitel benötigen,

analytisch

bestimmen, wodurch wir die gesuchten Verschiebungen mathematisch genau erhalten.

In Fig. 271a haben wir die Konstruktionslinien, welche zur Bestimmung der neuen Lage des Knotenpunktes C gedient haben, größer herausgezeichnet; dabei haben wir die Gerade $C'''C'$ bis zu ihrem Schnitt mit der Stabrichtung 1, die Gerade $C''C'$ bis zu ihrem Schnitt mit Stab 2 und die Gerade $A'C'''$ bis zu ihrem Schnitt mit der Geraden $B'C''$ verlängert. Da die Gerade $C'C'''$ gemäß Annahme normal zur Stabrichtung 1 und die Gerade $C'C''$ normal zur Stabrichtung 2 ist, so besitzt das Viereck $CDC'E$ in D und E, und das Viereck $CC'''FC''$ in C'' und C'''' rechte Winkel, und die beiden Vierecke sind daher Kreisvierecke. Diese beiden Kreisvierecke sind einander ähnlich, da sie zwei gemeinsame Seiten haben, die sich im Berührungspunkt der beiden umgeschriebenen Kreise kreuzen. Aus diesem Grunde fallen auch die den rechten Winkeln der beiden Kreisvierecke gegenüberliegenden Diagonalen in ein und dieselbe Gerade $CC'F$, und die Verbindungsgeraden DE und $C''C'''$ sind zueinander parallel. Nun ist es klar, daß der Winkel $DEC' = C'C'''C'' = \varphi_2$ und der Winkel $EDC' = C'C''C''' = \psi_2$.

Gegeben sind nun die Winkel α, β und γ sowie die Verschiebungen $CC''' = \varDelta A$ und $CC'' = \varDelta B$; gesucht ist die Größe der wirklichen Verschiebung CC' sowie diejenige der gegenseitigen rechtwinkligen Verschiebungen $C'C'' = \varrho_2$ und $C'C''' = \varrho_1$.

Da in einem Kreise ein rechtwinkliges Dreieck nur über einen Durchmesser errichtet werden kann, so ist

$$CC' = 2r. \tag{484}$$

Nach den Sätzen vom schiefwinkligen Dreieck ergibt sich nun aus dem Dreieck CDE:

$$2r = CC' = \frac{CD}{\sin \varphi_1} \tag{485}$$

für die wirkliche Verschiebung des Punktes C.

Ferner ergibt sich nach den Sätzen vom schiefwinkligen Dreieck aus dem Dreieck $C'C''C'''$:

$$\varrho_2 = C'C'' = \frac{C''C''' \cdot \sin \varphi_2}{\sin \beta}, \tag{485a}$$

$$\varrho_1 = C'C''' = \frac{C''C''' \cdot \sin \psi_2}{\sin \beta} \tag{485b}$$

für die gegenseitigen „rechtwinkligen Verschiebungen" der Endpunkte der Stäbe 1 und 2.

Die in den Gln. (485), (485a) und (485b) vorkommenden Werte von φ_1, φ_2 und ψ_2 erhalten wir nach den Sätzen vom schiefwinkligen Dreieck aus:

$$\operatorname{tg} \varphi_1 = \operatorname{ctg} \varphi_2 = \frac{CD \cdot \sin(2R - \beta)}{CE - CD \cdot \cos(2R - \beta)} = \frac{CD \cdot \sin \beta}{CE - CD \cdot \cos \beta}, \tag{486}$$

$$\operatorname{tg} \psi_1 = \operatorname{ctg} \psi_2 = \frac{CE \cdot \sin(2R - \beta)}{CD - CE \cdot \cos(2R - \beta)} = \frac{CE \cdot \sin \beta}{CD - CE \cdot \cos \beta}. \tag{486a}$$

Die hierin vorkommenden Strecken CD und CE erhalten wir aus:

$$CD = \Delta B \cdot \cos \gamma, \\ CE = \Delta A \cdot \cos \alpha. \quad (486\,\mathrm{b})$$

Die in den Gln. (485a) und (485b) vorkommende Strecke $C''C'''$ erhalten wir nach einem Satz vom schiefwinkligen Dreieck aus dem Dreieck $C'C''C'''$ zu:

$$C''C''' = \sqrt{\overline{CC''}^2 + \overline{CC'''}^2 - 2 \cdot \overline{CC''} \cdot \overline{CC'''} \cdot \cos(\beta + \alpha - \gamma)}. \quad (486\,\mathrm{c})$$

Graphisch

erhalten wir die Größe der gesuchten Verschiebungen entweder durch Abgreifen derselben in Fig. 271 oder, falls dieselbe nicht groß genug aufgetragen wurde, vergrößert aus folgendem besonderen Verschiebungsplan:

Von einem beliebigen Pol O aus (Fig. 271b) trägt man die gegebenen Verschiebungen $OA' = AA'$ und $OB' = BB'$ der Knotenpunkte A und B nach Größe, Richtung und Sinn auf. Durch die Endpunkte dieser Strecken zieht man darauf Normale zu der betreffenden Stabrichtung, deren Schnittpunkt C' dann die gesuchte wirkliche Verschiebung des Knotenpunktes C bestimmt; dieselbe wird nach Größe, Richtung und Sinn durch den Polstrahl OC' dargestellt.

Die Lösung der gestellten Aufgabe gilt natürlich auch für den Fall, daß nur einer der beiden Knotenpunkte A und B, beispielsweise nur der Knotenpunkt A, verschoben wird (Fig. 272). In diesem Fall wird die neue Lage des Knotenpunktes C durch die in den Punkten C'' und C zu den Stabrichtungen AC und BC errichteten Normalen bestimmt.

Aus den in Fig. 272 enthaltenen Konstruktionslinien, welche wir in Fig. 272a größer herausgezeichnet haben, können wir die Größe der wirklichen Verschiebung des Knotenpunktes C sowie der „gegenseitigen rechtwinkligen Verschiebung" der Endpunkte der Stäbe *1* und *2*, welche wir im folgenden Kapitel benötigen,

analytisch

bestimmen, wodurch wir die gesuchten Verschiebungen mathematisch genau erhalten. In Fig. 272 haben wir die Gerade $C''C'$ bis zu ihrem Schnitt mit der Stabrichtung *1* verlängert, worauf wir die beiden rechtwinkligen Dreiecke $CC''C'''$ und $CC'C'''$ erhalten, aus denen wir die gesuchten Größen ermitteln können.

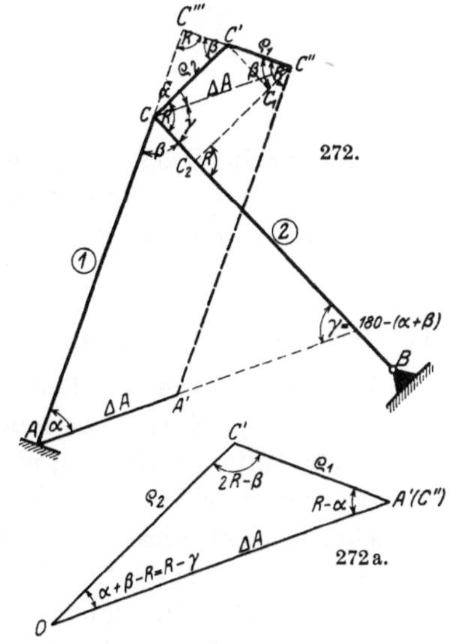

Fig. 272 u. 272a.

Gegeben sind nun die Winkel α und β sowie die Verschiebung $CC'' = \Delta A$; gesucht ist die Größe der wirklichen Verschiebung CC', welche gleichzeitig die gegenseitige rechtwinklige Verschiebung ϱ_2 ist, sowie die Größe der gegenseitigen rechtwinkligen Verschiebung $C''C' = \varrho_1$.

Im rechtwinkligen Dreieck $CC'C'''$ ist:

$$\varrho_2 \cdot \sin \beta = C\,C''',$$

nun ist aber im rechtwinkligen Dreieck $CC''C'''$:

$$C\,C''' = \varDelta A \cdot \cos \alpha,$$

also ist

$$\varrho_2 = \frac{\varDelta A \cdot \cos \alpha}{\sin \beta} \qquad\qquad (487)$$

für die wirkliche Verschiebung des Punktes C und gleichzeitig ϱ_2.

Um ϱ_1 zu erhalten, verlängern wir die gegebene Strecke AA' bis zum Schnitt mit Stab 2, mit welchem dieselbe den Winkel $\gamma = 180^0 - (\alpha + \beta)$ einschließt; alsdann findet sich dieser Winkel γ auch am Punkte C zwischen der Richtung von $\varDelta A$ und dem Stab 2. Nun fällen wir noch aus dem Punkte C'' das Lot $C''C_2$ auf den Stab 2 und aus dem Punkte C' das Lot $C'C_1$ auf die vorgenannte Strecke $C''C_2$. Dann ist $C''C_2 \| C'C$ und $C'C_1 \| CC_2$ und daher

$$C'\,C_1 = C\,C_2. \qquad\qquad (488)$$

Im rechtwinkligen Dreieck $C'C''C_1$ ist nun:

$$C'\,C_1 = \varrho_1 \cdot \sin \beta$$

und im rechtwinkligen Dreieck $CC''C_2$:

$$C\,C_2 = \varDelta A \cdot \cos \gamma,$$

so daß nach Gl. (488):

$$\varrho_1 = \frac{\varDelta A \cdot \cos \gamma}{\sin \beta}. \qquad\qquad (489)$$

Graphisch

erhalten wir die Größe der gesuchten Verschiebungen entweder durch Abgreifen derselben in Fig. 272 oder, falls dieselbe nicht groß genug aufgetragen wurde, vergrößert aus einem besonderen Verschiebungsplan (Fig. 272a).

1. Der einstöckige Rahmen mit beliebig gerichteten Stäben.

An dem allgemeinen Tragwerk der Fig. 273 müssen wir laut dem vorhergehenden Kapitel zur Bestimmung der Zusatzmomente (R. II) den während R. I festgehaltenen Knotenpunkt B und damit den „Balken" des einstöckigen Tragwerkes, welcher durch die Stäbe 1, 3 und 6 gebildet wird, um eine beliebige Strecke, beispielsweise $\varDelta = 1$ mm, verschieben, wodurch die Momente M' entstehen. Wir wählen die Strecke im Verhältnis zu den Stablängen des Tragwerkes verschwindend klein, damit wir das zur Lösung der vorhergehenden Aufgabe verwendete Verfahren (Ersetzen der Kreisbögen durch die Normalen) benützen können. Wir verschieben also den Knotenpunkt B (Fig. 273a) um das gegebene Maß und tragen dieses in demselben rechtwinklig zu Stab 7 auf, letzteres deshalb, weil sich der Knotenpunkt B bei seiner Verschiebung auf einem Kreisbogen um den unverschiebbar vorausgesetzten Auflagerpunkt M bzw. wegen der im Verhältnis zu den Stablängen des Tragwerkes verschwindend klein angenommenen Verschiebung auf einer Normalen zum Stab 7 bewegt. Durch die Verschiebung des Knotenpunktes B nach B' gelangen auch die übrigen Knotenpunkte A, C und D sowie die beiden verschiebbaren Auflagerpunkte F und G

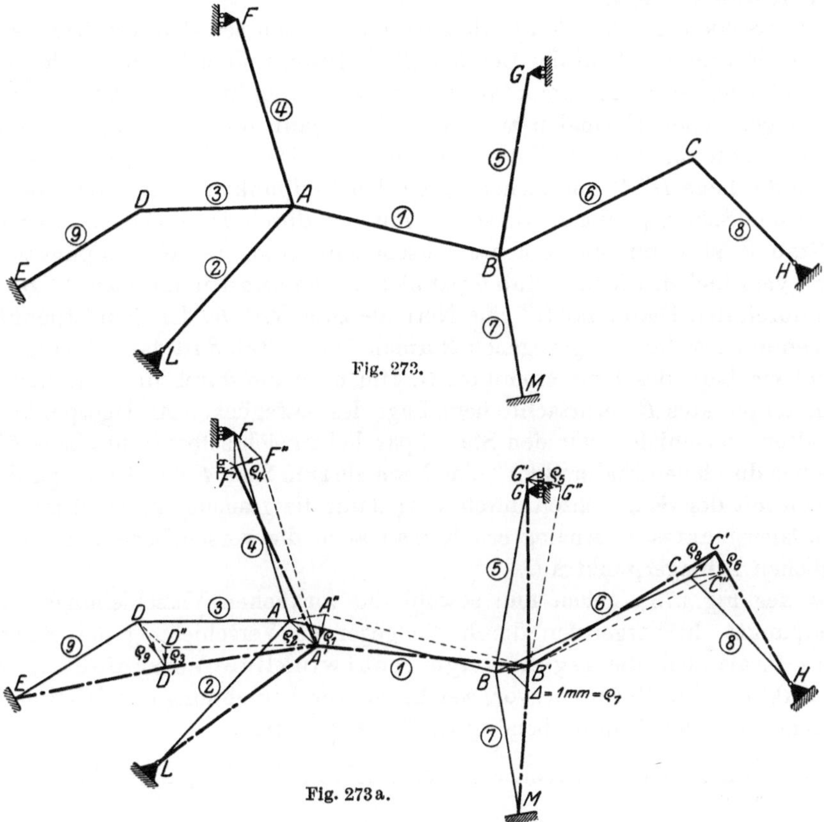

Fig. 273.

Fig. 273a.

in neue Lagen, und wir erkennen aus Fig. 273a, daß wir die vorstehende Aufgabe wiederholt zu lösen haben, und zwar für den Fall, daß die Verschiebung des Fußpunktes des einen Stabes Null ist. Aus den gegebenen Verschiebungen der Punkte L und B (diejenige von L ist Null) erhalten wir die Verschiebung des Knotenpunktes A; aus der nunmehr gegebenen Verschiebung des Punktes A und derjenigen des Punktes E (gleich Null) ergibt sich die Verschiebung des Punktes D; usw.

Da die Auflagerpunkte E, L und H unverschiebbar vorausgesetzt sind, und die Verschiebung des Knotenpunktes B im Verhältnis zur Länge aller Stäbe verschwindend klein ist, so bewegen sich die Knotenpunkte A, C und D auf den

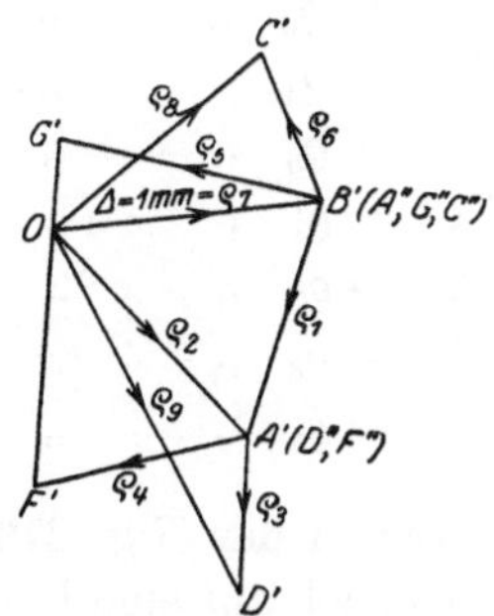

Fig. 273b.

in ihnen zu den Stäben 2 bzw. 8 bzw. 9 errichteten Normalen (Fig. 273a). Die Auflagerpunkte F und G, welche infolge ihrer Rollenlager in Richtung der Auflagerfläche der letzteren, welche im vorliegenden Fall (Fig. 273a) senkrecht angenommen ist, verschiebbar sind, bewegen sich gleichzeitig auf den durch

18*

die Punkte F und G gezogenen Senkrechten. Wir wissen ferner, daß der verschobene Verbindungspunkt zweier Stäbe auch auf der Normalen zum anderen der beiden betrachteten Stäbe liegen muß, und zwar in einem Abstand gleich der Länge dieses Stabes.

Wir verschieben daher den Stab 1 parallel zu sich selbst in die Lage $A''B'$, wobei der Endpunkt B auf der Geraden BB' gleitet, und ziehen durch den Endpunkt A'' eine Normale zum Stab 1; der Schnittpunkt A' derselben mit der durch A gezogenen Normalen zum Stab 2 ist dann die gesuchte verschobene Lage des Knotenpunktes A. Darauf verschieben wir den Stab 3 parallel zu sich selbst in die Lage $D''A'$ und ziehen durch den Endpunkt D'' eine Normale zum Stab 3; der Schnittpunkt D' derselben mit der durch D gezogenen Normalen zum Stab 9 ist dann die gesuchte verschobene Lage des Knotenpunktes D. Endlich verschieben wir den Stab 6 parallel zu sich selbst in die Lage $C''B'$ und ziehen durch den Endpunkt C'' eine Normale zum Stab 6; der Schnittpunkt C' derselben mit der durch C gezogenen Normalen zum Stab 8 ist dann die gesuchte verschobene Lage des Knotenpunktes C. Um noch die durch die Verschiebung des Knotenpunktes B verursachte neue Lage des beweglichen Auflagerpunktes F zu erhalten, verschieben wir den Stab 4 parallel zu sich selbst in die Lage $F'''A'$ und ziehen durch den Endpunkt F'' eine Normale zum Stab 4; der Schnittpunkt F' derselben mit der Senkrechten durch F ist dann die gesuchte verschobene Lage des Auflagerpunktes F. Analog erhält man auch die verschobene Lage G' des beweglichen Auflagerpunktes G.

Aus der Fig. 273a gehen nun sowohl die wirklichen Verschiebungen aller Knotenpunkte, hervorgerufen durch die gegebene Verschiebung des Knotenpunktes B, als auch die gegenseitige rechtwinklige Verschiebung der Endpunkte aller Stäbe hervor, welche wir zur Berechnung der M'-Momente nach dem folgenden Kapitel benötigen: Es ist die Strecke:

$A''A' = \varrho_1$ die gegenseitige rechtwkl. Verschiebung der Endpunkte des Stabes 1

$AA' = \varrho_2$	,,	,,	,,	,,	,,	,,	,,	,,	2
$D''D' = \varrho_3$	,,	,,	,,	,,	,,	,,	,,	,,	3
$F''F' = \varrho_4$	,,	,,	,,	,,	,,	,,	,,	,,	4
$G''G' = \varrho_5$	,,	,,	,,	,,	,,	,,	,,	,,	5
$C''C' = \varrho_6$	,,	,,	,,	,,	,,	,,	,,	,,	6
$BB' = \varrho_7$	,,	,,	,,	,,	,,	,,	,,	,,	7
$CC' = \varrho_8$	,,	,,	,,	,,	,,	,,	,,	,,	8
$DD' = \varrho_9$	,,	,,	,,	,,	,,	,,	,,	,,	9

Die in der Fig. 273a an den Strecken ϱ eingetragenen Pfeilrichtungen beziehen sich auf eine Regel betreffend des Drehsinnes bzw. Vorzeichens der davon herrührenden Momente an beiden Stabenden, deren Berechnung im folgenden Kapitel gezeigt wird.

Die Größe der wirklichen Verschiebungen aller Knotenpunkte sowie diejenige der Strecken ϱ kann leicht mathematisch genau, wie eingangs gezeigt, aus den in Fig. 273a enthaltenen Dreiecken (an jedem Knotenpunkt) berechnet werden.

Aus der Fig. 273a kann man ferner, wenn man sie groß genug zeichnet, die Strecken ϱ abgreifen, andernfalls muß man, wie durch Fig. 271 und 271b dargestellt, die in Fig. 273a enthaltenen Dreiecke in größerem Maßstab herauszeichnen, wobei man sie der Linienersparnis wegen aneinanderreiht. Aus Fig. 273b ist dies zu ersehen:

Von einem Pol O aus haben wir zunächst die gegebene Verschiebung $\varDelta = 1\,\text{mm}$ in einem bestimmten Maßstab abgetragen; darauf ziehen wir durch O eine Normale zum Stab 2, auf welcher der verschobene Knotenpunkt A in erster Linie liegen muß, und durch den Punkt B' eine Normale zum anderen Stab, welcher mit dem ersteren im Knotenpunkt A zusammengeschlossen ist, nämlich zum Stab 1; der Schnittpunkt A' der beiden Normalen begrenzt auf der Normalen durch O die wirkliche Verschiebung des Knotenpunktes A und auf der Normalen durch B' die gegenseitige rechtwinklige Verschiebung ϱ_1 der Endpunkte des Stabes 1, was aus der Ähnlichkeit des Dreiecks $OA'B'$ in Fig. 273b und des Dreiecks $AA'B'$ in Fig. 273a hervorgeht. Ziehen wir ferner durch O eine Normale zum Stab 9 und durch A' eine Normale zum Stab 3, so begrenzt der Schnittpunkt D' derselben auf der ersteren die wirkliche Verschiebung des Knotenpunktes D und auf der letzteren die gegenseitige rechtwinklige Verschiebung der Endpunkte des Stabes 3. Machen wir dies für alle Knotenpunkte, so stellen in Fig. 273b die von O ausgehenden Strecken die **wirklichen** Verschiebungen aller Knotenpunkte, welche für diejenigen Stäbe, deren Auflagerpunkte unverschiebbar, gleichzeitig gegenseitige rechtwinklige Verschiebungen sind, und die übrigen Strecken, welche die Endpunkte der wirklichen Verschiebungen miteinander verbinden, die **gegenseitigen rechtwinkligen** Verschiebungen der Endpunkte aller Stäbe des Tragwerkes dar.

In Fig. 273a haben wir der besseren Übersicht halber strichpunktiert die Stäbe in ihrer neuen Lage eingetragen, wobei jedoch deren Formänderungen herrührend von den infolge der Knotenpunktsverschiebungen in denselben auftretenden Momenten nicht dargestellt haben.

Das Verfahren wird im folgenden noch an einigen einfachen Beispielen gezeigt.

Beispiele.

Beispiel I: Rahmen mit senkrechten Säulen und geneigtem Balken (Fig. 274).

Der Knotenpunkt C werde um die gegebene Strecke $\varDelta = 1\,\text{mm}$ verschoben. Dann verschieben sich, weil alle Säulen (Stäbe, welche zum Drehpunkt führen) parallel zueinander sind, die Knotenpunkte A und B ebenfalls um 1 mm in der selben Richtung wie Knotenpunkt A (rechtwinklig zu der Säulenrichtung), so daß sich die Stäbe 1 und 2 nur parallel zu sich selbst verschieben und keine gegenseitigen Verschiebungen ihrer Endpunkte erleiden

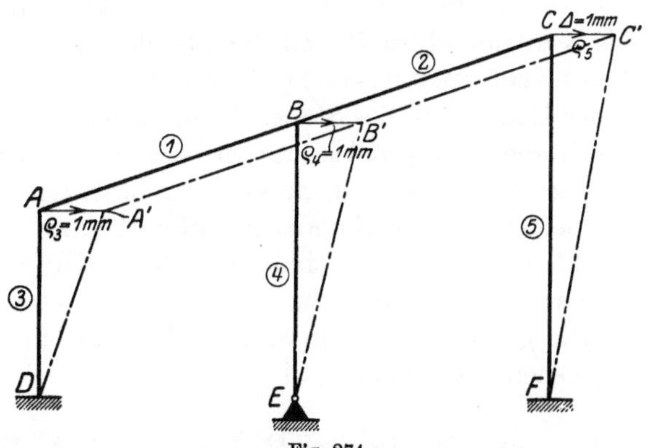

Fig. 274.

Die gegenseitigen Verschiebungen der Endpunkte der Stäbe 3, 4 und 5 sind alle gleich groß, nämlich $\varrho_3 = \varrho_4 = \varrho_5 = 1$ mm, auch wenn die Säulen ungleich lang sind. Dasselbe gilt für den Fall, daß an Stelle des Knotenpunktes C der Knotenpunkt A oder B um die gegebene Strecke $\varDelta = 1$ mm verschoben wird.

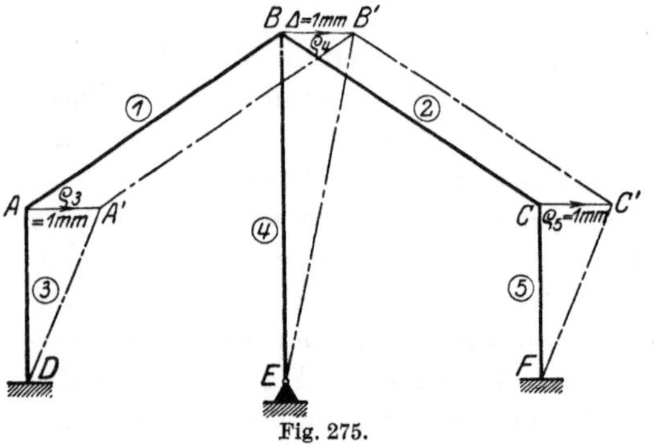

Ist der Balken, wie in Fig. 275, sattelförmig, so gilt genau dasselbe wie für den Rahmen der Fig. 274; die Stäbe 1 und 2 verschieben sich z. B. bei gegebener Verschiebung des Knotenpunktes B ebenfalls nur parallel zu sich selbst und erleiden deshalb keine gegenseitigen rechtwinkligen Verschiebungen ihrer Endpunkte.

Fig. 275.

Beispiel II: Der einfache Rahmen mit beliebig gerichteten Stäben und Aufsatz (Fig. 276).

Der Knotenpunkt D werde um die gegebene Strecke $\varDelta = 1$ mm verschoben. Gesucht ist die wirkliche Verschiebung der Knotenpunkte B und C sowie die gegenseitigen rechtwinkligen Verschiebungen aller Stäbe.

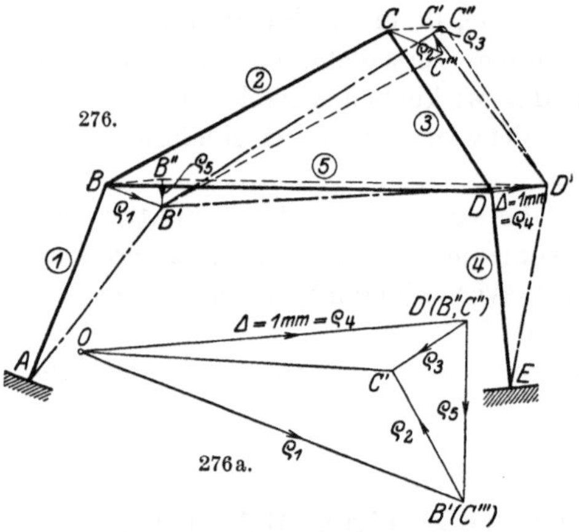

Fig. 276 u. 276a.

Die Lösung erfolgt wieder genau nach dem am allgemeinen Tragwerk der Fig. 273 erläuterten Verfahren. Die gegebene Verschiebung $\varDelta = 1$ mm tragen wir vom Stab D aus rechtwinklig zum Stab 4, um dessen Fußpunkt das Tragwerk sich dreht, auf. Darauf verschieben wir den Stab 5 parallel zu sich selbst in die Lage $D'B''$ und ziehen durch den Endpunkt B'' eine Normale zum Stab 5; der Schnittpunkt B' derselben mit der durch B gezogenen Normalen zum Stab 1 ist dann die gesuchte verschobene Lage des Knotenpunktes B und die Strecke BB' daher die wirkliche Verschiebung dieses Knotenpunktes und gleichzeitig die gegenseitige rechtwinklige Verschiebung ϱ_1 der Endpunkte des Stabes 1; die gegenseitige rechtwinklige Verschiebung ϱ_5 des Stabes 5 ist gleich der Strecke $B''B'$. Um die neue Lage des Knotenpunktes C zu erhalten, müssen wir beachten, daß beide Fußpunkte (B und D) der beiden in C verbundenen Stäbe 2 und 3 Verschiebungen erlitten haben, welche beide bekannt sind, und dieser Fall daher der Aufgabe in ihrer allgemeinen Form entspricht.

Die gegenseitige rechtwinklige Verschiebung ϱ_4 des Stabes 4 ist gleich der gegebenen Verschiebung $\varDelta = 1$ mm.

2. Der mehrstöckige Rahmen mit beliebig gerichteten Stäben.

Am allgemeinen mehrstöckigen Tragwerk (Fig. 277) müssen wir zur Bestimmung der Zusatzmomente (R. II) laut dem vorhergehenden Kapitel die während R. I festgehaltenen Knotenpunkte C, F und J und damit die einzelnen „Stockwerkbalken", welche im obersten Stockwerk durch die Stäbe *1* und *2*, im mittleren durch die Stäbe *3* und *4* und im untersten durch die Stäbe *5* und *6* gebildet werden, nacheinander um eine beliebige Strecke, beispielsweise $\varDelta = 1\,\mathrm{mm}$, verschieben, wobei wir die „Stockwerkbalken" unterhalb des verschobenen durch ein festes Lager und diejenigen oberhalb des verschobenen durch ein Rollenlager, beweglich normal zur Richtung der in R. I bestimmten Festhal-

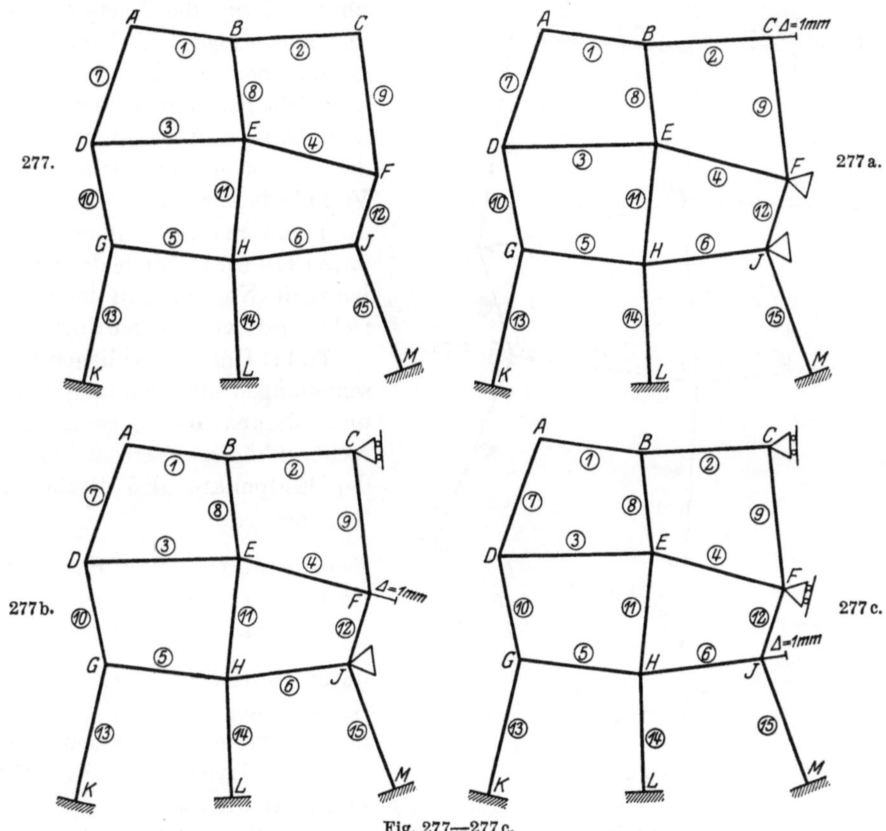

Fig. 277—277 c.

tungskraft des betreffenden Stockwerkes, unverschiebbar festhalten; hierdurch entstehen die der Verschiebung der einzelnen Stockwerke entsprechenden Momente M'.

In den Fig. 277a, b und c wurden die 3 Verschiebungszustände für den allgemeinen Stockwerkrahmen der Fig. 277 dargestellt, welche man auch als Belastungszustände betrachten kann, wenn man von der die gegebene Verschiebung hervorrufenden Erzeugungskraft Z ausgeht.

Beim Stockwerkrahmen mit beliebig gerichteten Stäben können die Stockwerke oberhalb des verschobenen nicht vollständig festgehalten werden, da die gegebene Verschiebung sonst gegebenenfalls gar nicht möglich wäre (in einem Dreieck mit festen Fußpunkten kann der Scheitelpunkt nicht verschoben werden); aus diesem Grunde müssen an diesem Stockwerkbalken auf beliebig gerichteter Bahn verschiebbare, gegen Abheben von derselben gesicherte Rollenlager angebracht werden, welche die betreffenden Stockwerke seitlich unverschiebbar festhalten. Diese Rollenlager müssen wir an denjenigen Knotenpunkten anbringen, welche während R. I festgehalten werden, und die Bahn der Rollenlager wählen wir zweckmäßig normal zu der Festhaltungskraft aus R. I in diesen Knotenpunkten.

Es sei noch erwähnt, daß man bei jedem Verschiebungszustand ein und desselben Tragwerks eine andere Strecke als gegebene Verschiebung wählen kann, ohne daß sich die Werte der aus den zugehörigen M'-Momentengewonnenen M^*-Momente ändern. Wie beim einstöckigen Rahmen (Abschnitt 1) nehmen wir die gegebene Verschiebung im Verhältnis zur Länge aller Stäbe des Tragwers verschwindend klein an, so daß wir an Stelle der Kreisbögen die Normalen zu den Stabrichtungen verwenden dürfen.

Fall I: Um die wirklichen Verschiebungen aller Knotenpunkte und daraus die gegenseitigen rechtwinkligen Verschiebungen der Endpunkte aller Stäbe infolge der

Verschiebung des Knotenpunktes C um die gegebene Strecke $\Delta = 1$ mm

unter Festhaltung der unteren Stockwerke, zu erhalten, verfahren wir genau wie beim einstöckigen Rahmen der Fig. 273, und zwar wie folgt:

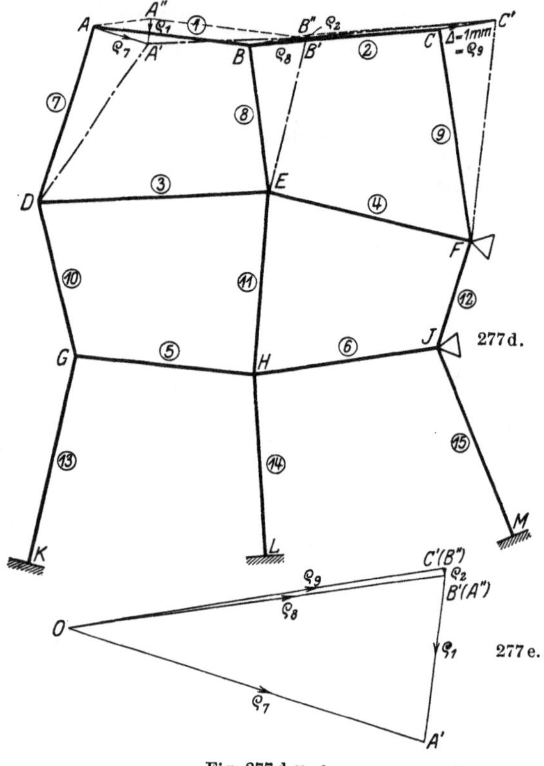

Fig. 277 d u. e.

Die gegebene Verschiebung $\Delta = 1$ mm tragen wir in Fig. 277d vom Punkt C aus rechtwinklig zum Stab 9, um dessen Fußpunkt dieser Stab sich dreht (da Knotenpunkt F durch das gedachte Lager in demselben während dieses Verschiebungszustandes unverschiebbar festgehalten ist), auf. Darauf verschieben wir Stab 2 parallel zu sich selbst in die Lage $C'B''$ und ziehen durch den Endpunkt B'' eine Normale zum Stab 2; der Schnittpunkt B' derselben mit der durch B gezogenen Normalen zum Stab 8 ist dann die gesuchte neue Lage des Punktes B und die Strecke BB' daher die wirkliche Verschiebung dieses Knotenpunktes und gleichzeitig die gegenseitige rechtwinklige Verschiebung ϱ_8 der Endpunkte des Stabes 8. Die gegenseitige rechtwinklige Verschiebung ϱ_2 der Endpunkte des Stabes 2 ist gleich der Strecke $B''B'$. Um die neue Lage des Knotenpunktes A zu erhalten, verschieben wir den Stab 1 parallel zu sich selbst in die Lage $B'A''$ und ziehen durch den Endpunkt A'' eine Normale zum Stab 1; der Schnittpunkt A' derselben mit der durch A gezogenen Normalen zum Stab 7

ist dann die gesuchte verschobene Lage des Knotenpunktes A und die Strecke AA' daher die wirkliche Verschiebung dieses Knotenpunktes und gleichzeitig die gegenseitige rechtwinklige Verschiebung ϱ_7 der Endpunkte des Stabes 7. Die gegenseitige rechtwinklige Verschiebung ϱ_1 der Endpunkte des Stabes 1 ist gleich der Strecke $A''A'$ und diejenige des Stabes 9 ist gleich der gegebenen Verschiebung $\varDelta = 1$ mm. Die Verschiebungen der übrigen Knotenpunkte sind gleich Null, da die beiden unteren Stockwerke festgehalten sind. In Fig. 277d können

aus dem Dreieck $BB'B''$ die Strecken ϱ_8 und ϱ_2 und aus dem Dreieck $AA'A''$ die Strecken ϱ_7 und ϱ_1 analytisch ermittelt werden; graphisch erhält man diese Strecken aus dem Verschiebungsplan der Fig. 277e, in welchem die beiden genannten Dreiecke in größerem Maßstab aneinandergereiht sind.

Fall II: Um die wirklichen Verschiebungen aller Knotenpunkte und daraus die gegenseitigen rechtwinkligen Verschiebungen der Endpunkte aller Stäbe infolge der

Verschiebung des Knotenpunktes F um die gegebene Strecke $\varDelta = 1$ mm

unter Festhaltung des unteren Stockwerks durch ein festes Lager in J und unter Festhaltung des oberen Stockwerkes durch ein normal zum Stab 2 verschiebbares Rollenlager in C zu erhalten, verfahren wir genau nach der Lösung der eingangs gestellten Aufgabe, und zwar wie folgt:

Die gegebene Verschiebung $\varDelta = 1$ mm tragen wir in Fig. 277f vom Punkt F aus rechtwinklig

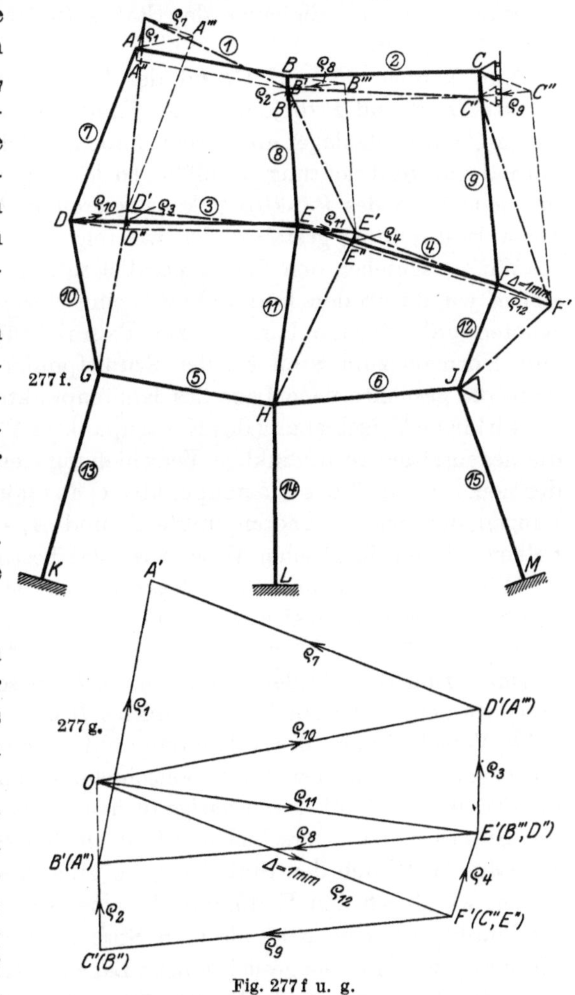

277f.

277g.

Fig. 277f u. g.

zum Stab 12 auf. Darauf verschieben wir Stab 4 parallel zu sich selbst in die Lage $E''F'$ und ziehen durch den Endpunkt E'' eine Normale zum Stab 4; der Schnittpunkt derselben mit der durch E gezogenen Normalen zum Stab 11 ist dann die gesuchte neue Lage des Punktes E und die Strecke EE' daher die wirkliche Verschiebung dieses Knotenpunktes und gleichzeitig die gegenseitige rechtwinklige Verschiebung ϱ_{11} der Endpunkte des Stabes 11. Die gegenseitige rechtwinklige Verschiebung ϱ_4 der Endpunkte des Stabes 4 ist gleich der Strecke $E''E'$. Um die neue Lage des Knotenpunktes D zu erhalten, verschieben wir den Stab *3* parallel zu sich selbst in die Lage $E'D''$ und ziehen durch den Endpunkt D'' eine Normale zum Stab *3*; der Schnittpunkt D' derselben mit der durch D gezogenen Normalen zum Stab *10* ist dann die gesuchte neue Lage des Knotenpunktes D und die Strecke DD' daher die wirkliche Verschiebung dieses Knotenpunktes und gleichzeitig die gegenseitige rechtwinklige Verschiebung ϱ_{10} der Endpunkte des Stabes *10*. Die gegenseitige rechtswinklige Verschiebung der Endpunkte des Stabes *3* ist gleich der Strecke $D''D'$ und diejenige des Stabes *12* ist gleich der gegebenen Verschiebung $\varDelta = 1$ mm.

Nun können wir auf Grund der bekannten Verschiebungen der Knotenpunkte D, E und F diejenigen der Knotenpunkte A, B und C bestimmen; da wir in C ein Rollenlager angebracht haben, welches nur eine Verschiebung von C normal zur Stabrichtung *2* zuläßt, so können wir von F' ausgehend zunächst die neue Lage des Punktes C konstruieren und dann nach links fortschreiten. Diese Bestimmung gestaltet sich wie folgt:

Wir verschieben den Stab *9* parallel zu sich selbst in die Lage $F'C''$. Darauf ziehen wir durch den Endpunkt C'' eine Normale zum Stab *9* und durch den Knotenpunkt C eine Parallele zur Bahnrichtung des Rollenlagers in C (d. h. eine Normale zum Stab *2*); der Schnittpunkt C' dieser beiden Normalen ist dann die gesuchte neue Lage des Knotenpunktes C und die Strecke CC' daher die wirkliche Verschiebung des Knotenpunktes C. Ferner ist die Strecke $C''C' = \varrho_9$ die gegenseitige rechtwinklige Verschiebung der Endpunkte des Stabes *9*. Von der neuen Lage C' des Knotenpunktes C aus können wir nun auch die Verschiebungen der beiden Knotenpunkte B und A, die auf demselben „Stockwerkbalken" liegen, in gleicher Weise wie folgt bestimmen:

Wir verschieben den Stab *2* parallel zu sich selbst in die Lage $C'B''$ und den Stab *8* parallel zu sich selbst in die Lage $E'B'''$. Darauf ziehen wir durch den Endpunkt B'' eine Normale zum Stab *2* und durch den Endpunkt B''' eine Normale zum Stab *8*; der Schnittpunkt B' dieser beiden Normalen ist dann die gesuchte neue Lage des Knotenpunktes B und die Strecke BB' daher die wirkliche Verschiebung dieses Knotenpunktes. Ferner ist die Strecke $B''B' = \varrho_2$ die gegenseitige rechtwinklige Verschiebung der Endpunkte des Stabes *2* und die Strecke $B'''B'$ die gegenseitige rechtwinklige Verschiebung ϱ_8 der Endpunkte des Stabes *8*. Nun verschieben wir noch den Stab *1* parallel zu sich selbst in die Lage $B'A''$ und den Stab *7* parallel zu sich selbst in die Lage $D'A'''$. Darauf ziehen wir durch den Endpunkt A'' eine Normale zum Stab *1* und durch den Endpunkt A''' eine Normale zum Stab *7*; der Schnittpunkt A' dieser beiden Normalen ist dann die gesuchte neue Lage des Knotenpunktes A und die Strecke AA' daher die wirkliche Verschiebung dieses Knotenpunktes. Ferner ist die Strecke $A''A' = \varrho_1$ die gegenseitige rechtwinklige Verschiebung der Endpunkte des Stabes *1* und die Strecke $A'''A'$ die gegenseitige rechtwinklige Verschiebung ϱ_7 der Endpunkte des Stabes *7*.

Die Verschiebungen der Knotenpunkte des untersten „Stockwerkbalkens" sind gleich Null, da derselbe gemäß Voraussetzung unverschiebbar festgehalten ist.

Aus den in Fig. 277f an jedem verschobenen Knotenpunkt ersichtlichen Dreiecken kann die betreffende Strecke ϱ analytisch bestimmt werden; graphisch erhält man diese Strecke aus dem Verschiebungsplan der Fig. 277g, welcher nichts anderes ist als eine Aneinanderreihung der genannten Dreiecke aus Fig. 277f in größerem Maßstabe.

Fall III: Um die wirklichen Verschiebungen aller Knotenpunkte und daraus die gegenseitigen rechtwinkligen Verschiebungen der Endpunkte aller Stäbe infolge der

Verschiebung des Knotenpunktes J um die gegebene Strecke
$\varDelta = 1\,\text{mm}$

unter Festhaltung der beiden oberen Stockwerke durch Rollenlager, zu erhalten,

verfahren wir wieder genau nach der Lösung der eingangs gestellten Aufgabe, und analog wie beim vorhergehenden Fall:

Die gegebene Verschiebung $\varDelta = 1\,\text{mm}$ tragen wir in Fig. 277h vom Punkt J aus rechtwinklig auf und verfahren zur Bestimmung der Verschiebungen der Knotenpunkte H und G in der gleichen Weise wie in Fig. 277d bei Bestimmung der Verschiebungen der Knotenpunkte B und A infolge gegebener Verschiebung des Punktes C. Dann ist

die Strecke $G\,G' \quad = \varrho_{13}$,

„ „ $H\,H' \quad = \varrho_{14}$,

„ „ $H''\,H' = \varrho_6$,

„ „ $J\,J' \quad = \varrho_{15} = 1\,\text{mm}$,

„ „ $G''\,G' = \varrho_5$.

Nun können wir in Fig. 277h auf Grund der bekannten Verschiebungen der Knotenpunkte G, H und J diejenigen der Knotenpunkte F, E und D bestimmen; da der Knotenpunkt F in Richtung des Stabes 4 unverschiebbar ist und sich nur senkrecht zu demselben verschieben kann, so können wir von J' aus F' konstruieren, und dann nach links weiterschreiten. Die Verschiebungen der Knotenpunkte D, E und F und die davon herrührenden gegenseitigen

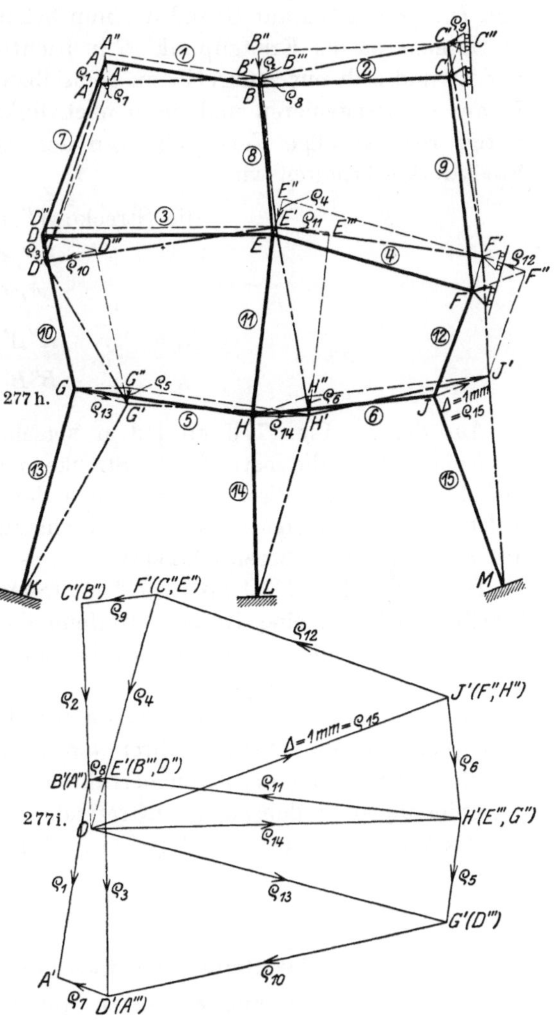

Fig. 277h u. 277i.

rechtwinkligen Verschiebungen der Endpunkte der Stäbe des betreffenden Stockwerks erhalten wir in der gleichen Weise wie diejenigen der Knotenpunkte C, B und A in Fig. 277f infolge gegebener Verschiebung des Punktes F. Dann ist:

$$\text{die Strecke } D'''D' = \varrho_{10},$$
$$\text{,, \quad ,, \quad} E'''E' = \varrho_{11},$$
$$\text{,, \quad ,, \quad} F''F' = \varrho_{12},$$
$$\text{,, \quad ,, \quad} D''D' = \varrho_{3},$$
$$\text{,, \quad ,, \quad} E''E' = \varrho_{4}.$$

Die Verschiebungen der Knotenpunkte C, B und A des obersten Stockwerks können wir nun in der gleichen Weise wie diejenigen der Knotenpunkte F, E und D in Fig. 277h auf Grund der nun bekannten Verschiebungen der letzteren bestimmen, da der Knotenpunkt C in Richtung des Stabes 2 auch unverschiebbar ist und sich nur senkrecht zu demselben verschieben kann, so daß wir von F' aus C' konstruieren und dann nach links fortschreiten können. Als gegenseitige rechtwinklige Verschiebungen der Endpunkte der Stäbe des obersten Stockwerkes erhalten wir:

$$\text{die Strecke } A'''A' = \varrho_{7},$$
$$\text{,, \quad ,, \quad} B'''B' = \varrho_{8},$$
$$\text{,, \quad ,, \quad} C''C' = \varrho_{9},$$
$$\text{,, \quad ,, \quad} A''A' = \varrho_{1},$$
$$\text{,, \quad ,, \quad} B''B' = \varrho_{2}.$$

Aus den in Fig. 277h an jedem verschobenen Knotenpunkt ersichtlichen Dreiecken kann die betreffende Strecke ϱ analytisch bestimmt werden; graphisch erhält man diese Strecken aus dem Verschiebungsplan der Fig. 277i, welcher nichts anderes ist als eine Aneinanderreihung der genannten Dreiecke aus Fig. 277h in größerem Maßstab.

Die in den Fig. 277d bis i an den Strecken ϱ eingetragenen Pfeilrichtungen beziehen sich auf eine Regel betreffend des Drehsinns bzw. Vorzeichens der davon herrührenden Momente an beiden Stabenden, deren Berechnung im folgenden Kapitel gezeigt wird.

In den Fig. 277d, f und h haben wir der besseren Übersicht halber noch strichpunktiert die Stäbe in ihrer verschobenen Lage eingetragen, wobei wir jedoch deren Formänderungen herrührend von den infolge der Knotenpunktsverschiebungen in denselben auftretenden Momenten nicht dargestellt haben.

Das Verfahren wird im folgenden noch an einigen einfacheren Beispielen gezeigt.

Beispiel I: Nach der Seite zweistöckiger Rahmen mit senkrechten Säulen und geneigten Balken (Fig. 278).

Fall I: Der Knotenpunkt B werde um die gegebene Strecke $\varDelta = 1$ mm verschoben (Fig. 278a), während der danebenliegende Balken 2 des (nach der Seite) zweiten Stockwerkes unverschiebbar festgehalten sei. Dann verschiebt sich, weil die beiden Stäbe 3 und 6, um deren Fußpunkte sich die Punkte A und B

drehen, parallel zueinander sind, der Knotenpunkt A ebenfalls um 1 mm in derselben Richtung wie Knotenpunkt B (rechtwinklig zur Säulenrichtung), so daß sich der Stab *1* nur parallel zu sich selbst verschiebt und keine gegenseitigen Verschiebungen seiner Endpunkte erleidet. Die gegenseitigen Verschiebungen der Endpunkte der Stäbe *3* und *6* sind gleich groß, nämlich $\varrho_3 = \varrho_6 = 1$ mm.

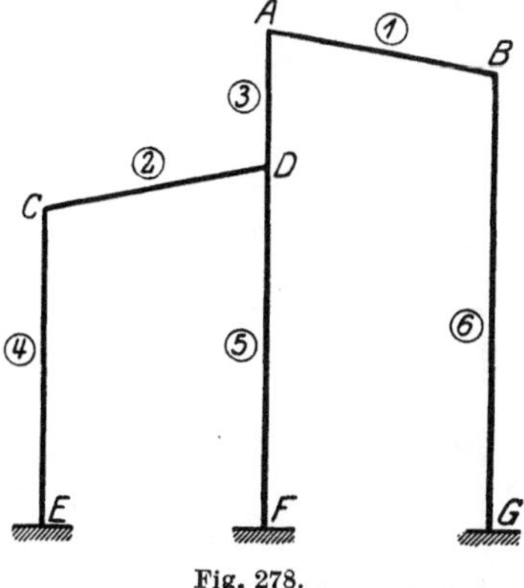
Fig. 278.

Fall II: Der Knotenpunkt D werde um die gegebene Strecke $\varDelta = 1$ mm verschoben (Fig. 278 b), während der danebenliegende Stockwerkbalken *1* parallel mitgehe, d. h. so, daß der Knotenpunkt A senkrecht über dem Knotenpunkt D bleibt. Dann verschieben sich die Knotenpunkte C, A und B, weil alle Säulen parallel zueinander sind, ebenfalls um 1 mm in derselben Richtung wie Knotenpunkt D (rechtwinklig zur Säulenrichtung), so daß sich die Balken *2* und *1* nur parallel zu sich selbst verschieben und keine gegenseitigen Verschiebungen ihrer Endpunkte erleiden; auch der Stab *3* erleidet keine gegen-

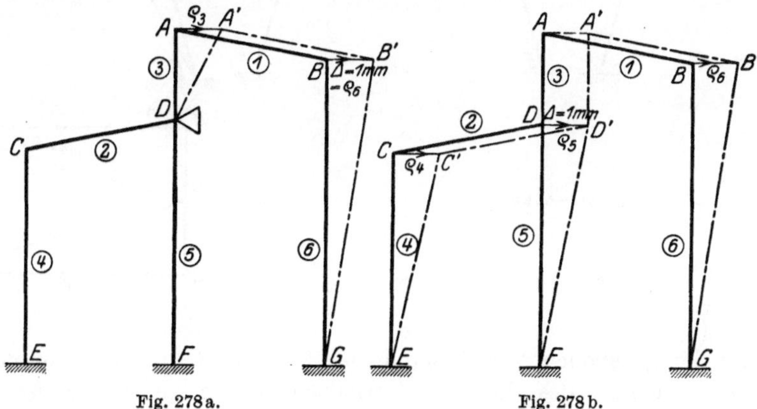

Fig. 278 a.   Fig. 278 b.

seitige Verschiebung seiner Endpunkte, da ja laut Voraussetzung Punkt A über D bleiben soll. Die gegenseitigen Verschiebungen der Endpunkte der Säulen *4*, *5* und *6* sind alle gleich groß, nämlich der gegebenen Verschiebung $\varDelta = 1$ mm. Dasselbe gilt für den Fall, daß an Stelle des Knotenpunktes D der Knotenpunkt C um die gegebene Strecke $\varDelta = 1$ mm verschoben wird.

Beispiel II: Der zweistöckige Jochrahmen (Fig. 279).

Fall I: Der Knotenpunkt B werde um die gegebene Strecke $\varDelta = 1$ mm verschoben (Fig. 279 a), während der untere Stockwerkbalken *2* unverschiebbar festgehalten wird. Dann verschiebt sich der Knotenpunkt A wie am einstöckigen Rechteckrahmen ebenfalls um 1 mm, d. h.

$$\varrho_3 = \varrho_4 = 1 \text{ mm}.$$

Fall II: Der Knotenpunkt D werde um die gegebene Strecke $\varDelta = 1$ mm verschoben (Fig. 279 b), während das obere Stockwerk durch ein auf senkrechter

Bahn laufendes Rollenlager in B horizontal unverschiebbar festgehalten wird. Die Verschiebung des Knotenpunktes C erhalten wir in bekannter Weise, und es ist

$$\text{die Strecke } C''C' = \varrho_2,$$
$$\text{,, \quad ,, \quad } CC' = \varrho_5,$$
$$\text{,, \quad ,, \quad } DD' = \varrho_6 = 1 \text{ mm}.$$

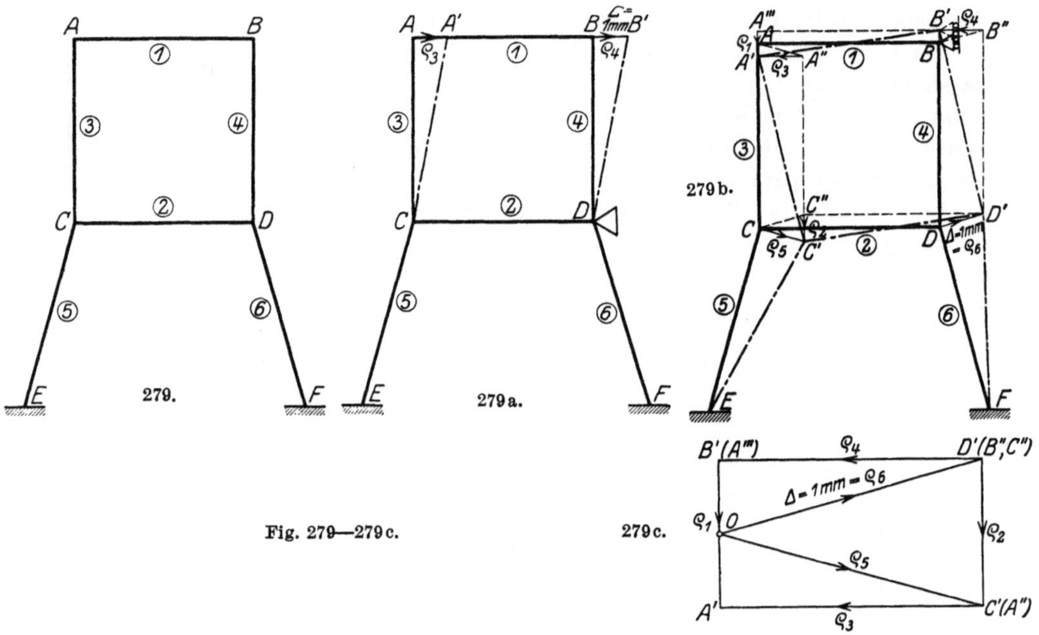

Fig. 279—279 c.

Auf Grund der gegebenen Verschiebung des Punktes D und der nunmehr bekannten Verschiebung des Punktes C erhalten wir in gleicher Weise wie in Fig. 277 h des allgemeinen mehrstöckigen Rahmens die gegenseitigen rechtwinkligen Verschiebungen der Stäbe 1, 3 und 4 des oberen Stockwerkes; es ist

$$\text{die Strecke } A''A' = \varrho_3,$$
$$\text{,, \quad ,, \quad } A'''A' = \varrho_1,$$
$$\text{,, \quad ,, \quad } B''B' = \varrho_4.$$

Es erleiden also alle Stäbe gegenseitige Verschiebungen ihrer Endpunkte. Die Strecken ϱ können aus Fig. 279 b analytisch bestimmt oder aus dem zugehörigen Verschiebungsplan der Fig. 279 c graphisch erhalten werden.

Beispiel III: Hallenrahmen mit 2 Öffnungen und 2 Dachstäben in jeder Öffnung (Fig. 280).

Fall I: Der Knotenpunkt B werde um die gegebene Strecke $\varDelta = 1$ mm verschoben (Fig. 280 a), während die Knotenpunkte D und F unverschiebbar festgehalten sind Es ist:

$$\text{die Strecke } C''C' = \varrho_2,$$
$$\text{,, ,, } CC' = \varrho_3,$$
$$\text{,, ,, } BB' = \varrho_1 = 1 \text{ mm}.$$

Fig. 280 b stellt den zugehörigen Verschiebungsplan dar.

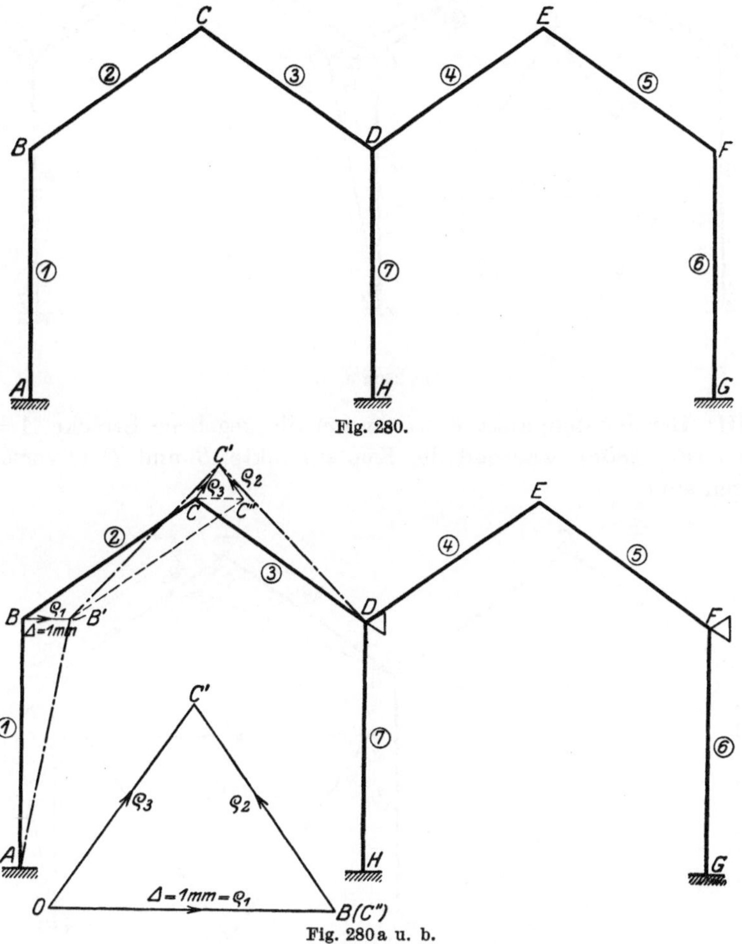

Fig. 280.

Fig. 280 a u. b.

Fall II: Der Knotenpunkt D werde um die gegebene Strecke $\varDelta = 1$ mm verschoben (Fig. 280 c), während die Knotenpunkte B und F unverschiebbar festgehalten sind.

Sowohl die Bestimmung der Verschiebung des Knotenpunktes C als auch diejenige des Knotenpunktes E erfolgt von D aus nach links und rechts vorgehend. Es sind:

$$\text{die Strecke } CC' = \varrho_2,$$
$$\text{,, ,, } C''C' = \varrho_3,$$
$$\text{,, ,, } DD' = \varrho_7 = 1 \text{ mm},$$
$$\text{,, ,, } E''E' = \varrho_4,$$
$$\text{,, ,, } EE' = \varrho_5,$$

ferner ist

$$\varrho_1 = \varrho_6 = 0.$$

Fig. 280d stellt den zugehörigen Verschiebungsplan dar.

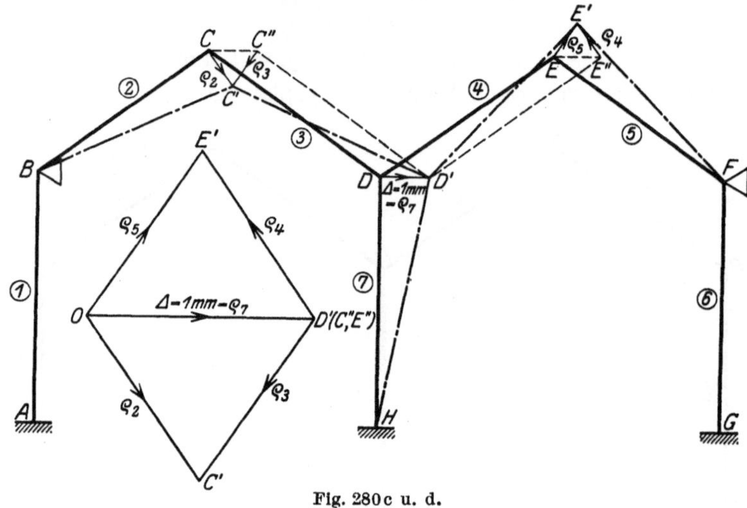

Fig. 280c u. d.

Fall III: Der Knotenpunkt F werde um die gegebene Strecke $\varDelta = 1$ mm verschoben (Fig. 280e), während die Knotenpunkte B und D unverschiebbar festgehalten sind.

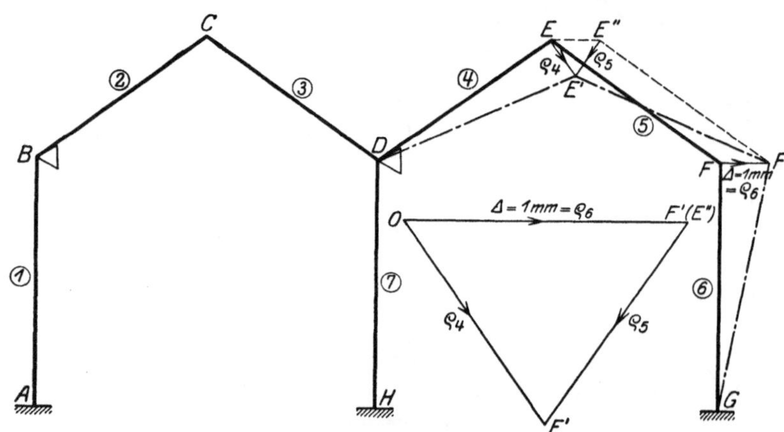

Fig. 280e u. f.

Es sind:

$$\text{die Strecke } EE' = \varrho_4 ,$$
$$\text{,,} \qquad \text{,,} \qquad E'' E' = \varrho_5 ,$$
$$\text{,,} \qquad \text{,,} \qquad FF' = \varrho_6 = 1\text{mm} .$$

Fig. 280f stellt den zugehörigen Verschiebungsplan dar.

3. Der Rahmenträger.

(System Vierendeel.)

Wie schon im vorhergehenden Kapitel ausgeführt, wird der Rahmenträger nach demselben Prinzip wie der mehrstöckige Rahmen berechnet. Zur Bestim-

mung der Zusatzmomente (R. II) am allgemeinen Rahmenträger der Fig. 281
mit beliebig gerichteten Stäben und festem Lager in A müssen wir die einzelnen
Pfosten sowie die obere Gurtung, oder,
was gleichbedeutend ist, je einen der
auf dem betreffenden Pfosten bzw. auf
der oberen Gurtung liegenden Knotenpunkte, um eine beliebige Strecke, beispielsweise $\varDelta = 1$ mm, nacheinander
verschieben. Wir verschieben zweckmäßig
die auf der unteren Gurtung liegenden

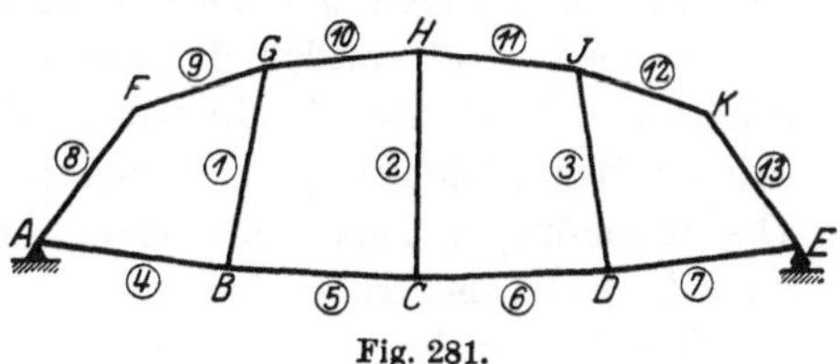
Fig. 281.

Knotenpunkte der Pfosten, sowie den Knotenpunkt H der oberen Gurtung.
Bei Verschiebung eines Knotenpunktes der unteren Gurtung werden, um die
Festpunkte zur Weiterleitung der davon herrührenden Momente benützen zu
können, alle übrigen Knotenpunkte dieser Gurtung in senkrechter Richtung
durch horizontal bewegliche Lager (beweglich, weil sonst bei beliebig gerichteten
Stäben die Verschiebung eines Knotenpunktes der unteren Gurtung nicht mög-
lich wäre) unverschiebbar festgehalten, während die obere Gurtung bzw. der
Knotenpunkt H derselben so mitverschoben wird, daß er senkrecht über dem
Knotenpunkt C verbleibt und darauf durch ein festes Lager in jenem Punkt
unverschiebbar festgehalten wird.

Bei Verschiebung der oberen Gurtung werden alle Knotenpunkte der unteren Gurtung unverschiebbar festgehalten. Hierdurch entstehen die den Verschiebungen der genannten Knotenpunkte entsprechenden Momente M'. Wie
früher nehmen wir die gegebenen Verschiebungen im Verhältnis zur Länge
aller Stäbe des Tragwerks verschwindend klein an. Das Verfahren zur Bestimmung der wirklichen Verschiebungen aller Knotenpunkte, sowie der gegenseitigen rechtwinkligen Verschiebungen sämtlicher Stäbe des Tragwerks infolge
gegebener Verschiebung eines Knotenpunktes ist dasselbe wie beim mehrstöckigen
Rahmen.

III. Bestimmung der Momente M' infolge gegebener Verschiebung eines Knotenpunktes sowie der zugehörigen Erzeugungskraft Z und Festhaltungskräfte D.

Nachdem wir die Verschiebungen aller Knotenpunkte eines Tragwerks bzw.
die gegenseitigen rechtwinkligen Verschiebungen der Endpunkte aller Stäbe
infolge gegebener Verschiebung eines Knotenpunktes desselben kennen, d. h.
nach dem vorhergehenden Kapitel ermittelt haben, sind wir in der Lage, die
davon hervorgerufenen Momente M' am ganzen Tragwerk, beispielsweise an
demjenigen der Fig. 282, wie folgt zu bestimmen:

Wir behandeln die einzelnen Stäbe getrennt voneinander, betrachten daher
zunächst einen einzelnen Stab, z. B. den Stab AB und ermitteln die Momente $M_{(\varrho)}$,
welche durch die Verschiebungen AA' und BB' bzw. die gegenseitige rechtwinklige Verschiebung ϱ der beiden Endpunkte dieses Stabes erzeugt werden,

und zwar einerseits im Stabe AB selbst und anderseits in allen übrigen Stäben des Tragwerks. Darauf ermitteln wir auf dieselbe Weise die Momente $M_{(\varrho)}$ infolge der Verschiebungen der beiden Endpunkte des zweiten, sodann des dritten, vierten usw. und endlich des letzten Stabes. Zum Schluß addieren wir die so erhaltenen Momente $M_{(\varrho)}$ in jedem Stabe und erhalten dadurch die Momente M' infolge der gleichzeitigen Verschiebung aller Knotenpunkte des Tragwerks. Die zugehörigen Quer- und Normalkräfte erhalten wir auf Grund der Momente nach Kap. VI des ersten Teiles.

Es sei noch hervorgehoben, daß wir nicht einzelne Knotenpunktsverschiebungen, sondern stets paarweise die Verschiebungen der beiden Endpunkte eines Stabes betrachten, von denen wir zur Einsetzung in die nachfolgend abgeleiteten Hauptformeln (515) und (520) im besonderen die Summe ϱ ihrer beiden Komponenten rechtwinklig zur Stabrichtung benötigen, die wir, wie im vorhergehenden Kapitel gezeigt, ermitteln.

1. Momente $M_{(\varrho)}$, welche durch die Verschiebungen AA' und BB' der Endpunkte des Stabes AB in diesem Stabe selbst entstehen.

In Fig. 282 haben wir die Formänderungen dargestellt, welche am ganzen Tragwerk durch die gleichzeitige Verschiebung aller Knotenpunkte desselben entstehen, während die Lage der Stäbe vor der Verschiebung ihrer Endpunkte in dünneren Linien eingetragen ist.

Wie wir aus Teil I wissen, kennen wir den Momentenverlauf am ganzen Stab, sobald die beiden Stützenmomente bekannt sind; da der betrachtete Stab wohl an seinen Enden verschoben, nicht aber durch äußere Kräfte belastet ist, so wird die Momentenfläche dieses Stabes begrenzt durch seine Achse und die Verbindungsgerade der Endpunkte der beiden von der Stabachse aus entsprechend ihren Vorzeichen aufgetragenen Stützenmomente.

Um nun die beiden

Stützenmomente M^A und M^B

zu ermitteln, welche durch die Verschiebungen AA' und BB' im Stabe AB selbst entstehen, untersuchen wir, wie dieser Stab aus seiner ursprünglichen spannungslosen Lage AB (Fig. 282) in die endgültige verschobene Lage $A'B'$ kommt. Zu diesem Zwecke halten wir alle Knotenpunkte des Tragwerks in ihrer in Fig. 282 dargestellten Endlage frei drehbar, aber unverschiebbar fest und trennen dann den Stab $A'B'$ durch 2 dicht an seinen Endpunkten geführte Schnitte heraus, wodurch der Stab $A'B'$ wieder in die frühere spannungslose gerade Form übergeht, wie in Fig. 282a dargestellt, während im übrigen Stabsystem derjenige Teil der gesamten Formänderung verschwindet, welcher speziell der Verschiebung AA' und BB' der Endpunkte des Stabes AB entspricht. Aus der ursprünglichen, ebenfalls in Fig. 282a dargestellten Lage AB gelangt nun dieser Stab durch folgende Zwischenstufen in die endgültige Lage $A'B'$ der Fig. 282.

I. Durch eine Parallelverschiebung des geraden Stabes AB (Fig. 282a) in die Lage $A''B'$, wobei der Endpunkt B auf der Geraden BB' gleitet.

II. **Durch eine Drehung des geraden Stabes:** Wir drehen den parallel verschobenen Stab $A''B'$ (Fig. 282a) um seinen Endpunkt B' so, bis A'' nach A' gelangt. Hierbei beschreibt Endpunkt A'' einen Kreisbogen $A''A'$ um B' als Zentrum, und zwar eine Linksdrehung, wie aus Fig. 282a hervorgeht. Weil nun nach der im vorhergehenden Kapitel gemachten Voraussetzung die in Frage kommenden Knotenpunktsverschiebungen im Verhältnis zur Länge

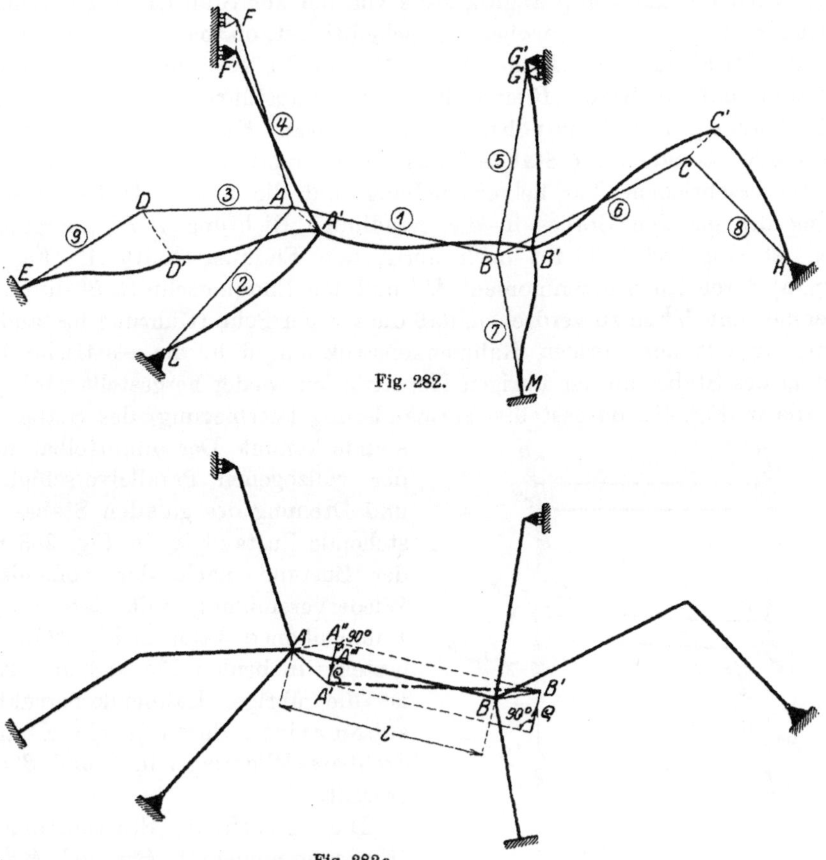

Fig. 282.

Fig. 282a.

sämtlicher Stäbe des Tragwerks verschwindend klein sind, so kann an Stelle der Bogenstrecke $A''A'$ die Kreistangente in A'' gesetzt werden, d. h. $A''A' = \varrho$ ist eine gerade Strecke, welche zu $A''B'$ und damit auch zur ursprünglichen Stabrichtung AB rechtwinklig steht und die Drehung des geraden Stabes AB nach **Größe** und **Drehsinn** darstellt. Größe und Drehsinn der Drehung ϱ müssen für jeden Fall in sorgfältiger Weise bestimmt werden, da nach der späteren Hauptformel (515) und (520) die Größe von ϱ auch die Größe der beiden Stützenmomente des Stabes AB bestimmt und vom Drehsinn von ϱ das Vorzeichen dieser Momente abhängt. Für den Stab AB erhalten wir

a) **Größe der Drehung** $\varrho = A''A'$: Im vorhergehenden Kapitel wurde die Konstruktion von ϱ gezeigt. Nach Fig. 282a ist:

$$\varrho = A''A' = A''A''' + A'''A',$$

19*

worin $A''A'''$ gleich der Komponente der wirklichen Verschiebung BB' rechtwinklig zur Stabrichtung, und $A'''A'$ gleich der Komponente der wirklichen Verschiebung AA' ebenfalls rechtwinklig zur Stabrichtung ist. ϱ ist also gleich der Summe dieser beiden Komponenten, oder schließlich gleich der „gegenseitigen rechtwinkligen Verschiebung der Endpunkte des Stabes 1".

b) **Drehsinn der Drehung** ϱ: Aus Fig. 282a ergibt sich, daß der Pfeil, welcher den Drehsinn von ϱ angibt, stets von der zur Stabrichtung gezogenen Parallelen **abgewendet** ist, wobei es gleichgültig ist, ob man zur Konstruktion von ϱ diese Parallele durch B' oder durch A' zieht. Im vorliegenden Falle deutet der Pfeil an, daß der Stab AB eine Linksdrehung ausführt.

III. **Durch eine Verdrehung der beiden Endquerschnitte des Stabes** AB. Nachdem der Stab AB aus seiner ursprünglichen Lage durch die unter (I) beschriebene Parallelverschiebung und die unter (II) beschriebene Drehung des geraden Stabes in die geradlinige Richtung $A'B'$ übergeführt worden ist (Fig. 282a), bleibt noch übrig, den Endquerschnitt A' (Fig. 283 und 283a) durch ein Stützenmoment M^A und den Endquerschnitt B' durch ein Stützenmoment M^B so zu verdrehen, daß die vor der Schnittführung bestandene Vereinigung mit der übrigen Rahmenkonstruktion, d. h. die elastische Einspannung des Stabes an der übrigen Konstruktion wieder hergestellt wird, wodurch die in Fig. 282 dargestellte Formänderung (Verbiegung) des Stabes zustande kommt. Der unmittelbar nach der vollzogenen Parallelverschiebung und Drehung des geraden Stabes bestehende Zustand ist in Fig. 283 und der Zustand nach der vollendeten Wiedervereinigung mit der übrigen Rahmenkonstruktion in Fig. 283a dargestellt; in beiden Fig. 283 und 283a ist die übrige Rahmenkonstruktion schematisch durch je ein elastisch drehbares Widerlager in A' und B' dargestellt.

Die gesuchten Stützenmomente (Einspannmomente) M^A und M^B erhalten wir nun nach Drehsinn und Größe in folgender Weise:

a) **Der Drehsinn der Stützenmomente** M^A und M^B geht rein mechanisch aus der Anschauung hervor. Aus Fig. 283 erkennen wir nämlich, daß wir zur Wiedervereinigung der beiden klaffenden Querschnitte in A' ein rechtsdrehendes Moment M^A am Stab AB und ein gleich großes, aber linksdrehendes Moment M^A am Widerlager daselbst anbringen müssen; gleichzeitig müssen wir zur Wiedervereinigung der beiden klaffenden Querschnitte in B' (Fig. 283) ein rechtsdrehendes Moment

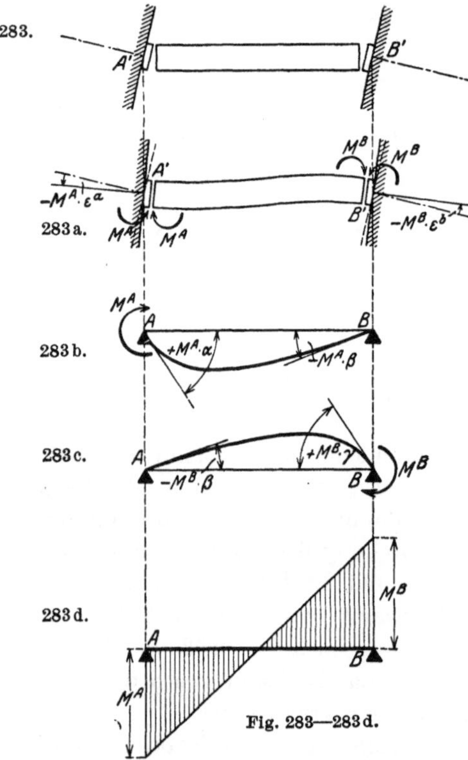

M^B am Stabe AB und ein gleich großes, aber linksdrehendes Moment M^B am Widerlager daselbst anbringen. Diese Momente und die entsprechende Formänderung sind in Fig. 283a dargestellt. Wir können aus der Anschauung folgende Regel aufstellen, welche nicht im Stiche läßt, möge der betreffende Stab waagrecht, senkrecht oder beliebig geneigt sein:

Die beiden an den Enden eines Stabes AB infolge gegenseitiger Verschiebung derselben auftretenden Stützenmomente (Einspannmomente) M^A und M^B haben am herausgetrennten Stab (Fig. 283a) denselben Drehsinn, welcher entgegengesetzt ist wie die Drehung des geraden Stabes AB, d. h. die beiden Momente erzeugen an entgegengesetzten Stabkanten Zugspannungen, haben daher entgegengesetztes Vorzeichen (Fig. 284), und aus der Pfeilrichtung der Drehung ϱ ergibt sich die Zugkante (an welcher das Moment aufzutragen ist) am Knotenpunkt, um den sich die Drehung ϱ vollzieht. Am anderen Ende des Stabes ist dann das Moment auf der entgegengesetzten Stabkante aufzutragen.

Diese Regel macht es überflüssig, den nachfolgend entwickelten Hauptformeln für M^A und M^B ein Vorzeichen beizugeben.

b) Die Größe der Stützenmomente (Einspannmomente) M^A und M^B erhalten wir folgendermaßen aus den Drehwinkeln, welche die Stabendquerschnitte A_1 und B_1 beschreiben, wobei wir eine Rechtsdrehung als positiv und eine Linksdrehung als negativ einführen:

Der Drehwinkel des Stabendquerschnittes A_1

setzt sich zusammen aus dem

1. Drehwinkel infolge der Drehung des Stabes aus der Lage $A''B'$ (Fig. 282a) in die Lage $A'B'$:

$$= -\frac{\varrho}{l} \tag{490}$$

(da dieser Winkel sehr klein, kann an Stelle des Tangens der Winkel selbst gesetzt werden).

2. Drehwinkel infolge Belastung des einfachen Balkens AB mit dem Moment M^A nach Fig. 283b:

$$= + M^A \cdot \alpha, \tag{491}$$

wenn α der Einheitsdrehwinkel aus Fig. 52 ist.

3. Drehwinkel infolge Belastung des einfachen Balkens AB mit dem Moment M^B nach Fig. 283c:

$$= - M^B \cdot \beta, \tag{492}$$

wenn β der Einheitsdrehwinkel aus Fig. 52 ist.

Aus den Gln. (490), (491) und (492) erhalten wir durch Addition den gesamten Drehwinkel des Querschnittes A_1 zu:

$$- \frac{\varrho}{l} + M^A \cdot \alpha - M^B \cdot \beta. \tag{493}$$

Dieser Drehwinkel des Stabquerschnittes A_1 muß gleich sein dem Drehwinkel des Widerlagers von Stab AB an der Einspannstelle A infolge Belastung dieses Widerlagers mit dem Moment M^A (Fig. 283a), nämlich:

$$- M^A \cdot \varepsilon^a, \tag{494}$$

wenn ε^a der Einheitsdrehwinkel aus Fig. 59a ist, woraus wir folgende Gleichung erhalten:

$$-\frac{\varrho}{l} + M^A \cdot \alpha - M^B \cdot \beta = - M^A \cdot \varepsilon^a . \tag{495}$$

Der Drehwinkel des Stabendquerschnittes B_1

setzt sich zusammen aus dem

1. Drehwinkel infolge der Drehung des Stabes aus der Lage $A''B'$ (Fig. 282a) in die Lage $A'B'$:

$$= -\frac{\varrho}{l} . \tag{496}$$

2. Drehwinkel infolge Belastung des einfachen Balkens AB mit dem Moment M^A nach Fig. 283b:

$$= - M^A \cdot \beta , \tag{497}$$

wenn β der Einheitsdrehwinkel aus Fig. 52 ist.

3. Drehwinkel infolge Belastung des einfachen Balkens AB mit dem Moment M^B nach Fig. 283c:

$$= + M^B \cdot \gamma , \tag{498}$$

wenn γ der Einheitsdrehwinkel aus Fig. 53 ist.

Aus den Gln. (496), (497) und (498) erhalten wir durch Addition den gesamten Drehwinkel des Stabendquerschnittes B_1 zu:

$$-\frac{\varrho}{l} - M^A \cdot \beta + M^B \cdot \gamma . \tag{499}$$

Dieser Drehwinkel des Stabendquerschnittes B_1 muß gleich sein dem Drehwinkel des Widerlagers von Stab AB an der Einspannstelle B infolge Belastung dieses Widerlagers mit dem Moment M^B (Fig. 283a), nämlich:

$$- M^B \cdot \varepsilon^b , \tag{500}$$

wenn ε^b der Einheitsdrehwinkel aus Fig. 59b ist, worauf wir folgende Gleichung erhalten:

$$-\frac{\varrho}{l} - M^A \cdot \beta + M^B \cdot \gamma = - M^B \cdot \varepsilon^b . \tag{501}$$

Durch Auflösen des Systems der beiden Gleichungen (495) und (501) erhalten wir nun die gesuchten Stützenmomente M^A und M^B, und zwar wie folgt:

Durch Ordnen gehen diese beiden Gleichungen über in:

$$M^A(\alpha + \varepsilon^a) - M^B \cdot \beta = \frac{\varrho}{l} , \tag{502}$$

$$- M^A \cdot \beta + M^B(\gamma + \varepsilon^b) = \frac{\varrho}{l} . \tag{503}$$

Durch Division beider Seiten von Gl. (502) und (503) durch β folgt:

$$M^A \cdot \frac{\alpha + \varepsilon^a}{\beta} - M^B = \frac{\varrho}{l \cdot \beta} , \tag{504}$$

$$- M^A + M^B \cdot \frac{\gamma + \varepsilon^b}{\beta} = \frac{\varrho}{l \cdot \beta} . \tag{505}$$

Nun ist nach Gl. (4)

$$\frac{\alpha + \varepsilon^a}{\beta} = \frac{l - a}{a}, \tag{506}$$

und analog muß sein:

$$\frac{\gamma + \varepsilon^b}{\beta} = \frac{l - b}{b}. \tag{507}$$

Setzen wir den Wert von Gl. (506) in Gl. (504) und den Wert von Gl. (507) in Gl. (505) ein, so erhalten wir:

$$M^A \cdot \frac{l - a}{a} - M^B = \frac{\varrho}{l \cdot \beta}, \tag{508}$$

$$- M^A + M^B \cdot \frac{l - b}{b} = \frac{\varrho}{l \cdot \beta}. \tag{509}$$

Um M^B zu eliminieren, multiplizieren wir Gl. (508) mit $\frac{l-b}{b}$ und schreiben Gl. (509) unverändert wieder an; es folgt:

$$M^A \cdot \frac{l - a}{a} \cdot \frac{l - b}{b} - M^B \cdot \frac{l - b}{b} = \frac{\varrho}{l \cdot \beta} \cdot \frac{l - b}{b}, \tag{510}$$

$$- M^A + M^B \cdot \frac{l - b}{b} = \frac{\varrho}{l \cdot \beta}. \tag{511}$$

Nun addieren wir die Gln. (510) und (511) und erhalten:

$$M^A \left(\frac{l - a}{a} \cdot \frac{l - b}{b} - 1 \right) = \frac{\varrho}{l \cdot \beta} \left(\frac{l - b}{b} + 1 \right), \tag{512}$$

woraus folgt:

$$M^A \cdot \frac{l^2 - al - bl + ab - ab}{ab} = \frac{\varrho}{l \cdot \beta} \cdot \frac{l - b + b}{b} \tag{513}$$

oder:

$$M^A \cdot \frac{l(l - a - b)}{a \cdot b} = \frac{\varrho}{l \cdot \beta} \cdot \frac{l}{b}. \tag{514}$$

Nach Multiplikation beider Seiten mit $\frac{b}{l}$ ergibt sich M^A zu:

$$M^A = \frac{\varrho}{l \cdot \beta (l - a - b)} \cdot a. \tag{515}$$

Um ferner den gesuchten Wert von M^B zu erhalten, setzen wir in Gl. (509) den Wert von M^A aus Hauptformel (515) ein; wir erhalten:

$$- \frac{\varrho}{l \cdot \beta} \cdot \frac{a}{(l - a - b)} + M^B \cdot \frac{l - b}{b} = \frac{\varrho}{l \cdot \beta} \tag{516}$$

oder:

$$M^B \cdot \frac{l - b}{b} = \frac{\varrho}{l \cdot \beta} \left(1 + \frac{a}{l - a - b} \right) \tag{517}$$

oder:

$$M^B \cdot \frac{l - b}{b} = \frac{\varrho}{l \cdot \beta} \cdot \frac{l - a - b + a}{l - a - b}. \tag{518}$$

Multiplizieren wir beide Seiten mit $\frac{b}{l - b}$, so folgt schließlich: $\tag{519}$

$$M^B = \frac{\varrho}{l \cdot \beta (l - a - b)} \cdot b. \tag{520}$$

Aus den Gleichungen (515) und (520) ersehen wir, daß der Faktor von a bzw. b derselbe und für einen gegebenen Stab konstant ist; daher ist

$$\begin{aligned} M^A &= k \cdot a\,, \\ M^B &= k \cdot b\,, \end{aligned} \right\} \qquad (521)$$

worin

$$k = \frac{\varrho}{l \cdot \beta\,(l - a - b)} \qquad (522)$$

und a und b die beiden Festpunktabstände des betrachteten Stabes sind.

Aus den Gleichungen (515) und (520) ersehen wir ferner, daß die Stützenmomente eines Stabes, dessen Enden verschoben wurden, proportional der gegenseitigen rechtwinkligen Verschiebung ϱ der Endpunkte dieses Stabes sind, so daß also durch eine Parallelverschiebung des Stabes keine Momente in demselben hervorgerufen werden.

In bezug auf den Drehsinn der Stützenmomente M^A und M^B gilt die vorstehend gegebene Regel. Für den Fall, daß man mit Vorzeichen arbeiten will, sei erwähnt, daß dann vor die rechte Seite der Gleichung (515) das „Minus"-, und vor die rechte Seite der Gleichung (520) das „Plus"-Zeichen zu setzen ist, und daß von allen auf der rechten Seite dieser Gleichungen vorkommenden Größen nur die Drehung ϱ ein Vorzeichen erhält, und zwar „Plus" bei Rechtsdrehung und „Minus" bei Linksdrehung. Die Gleichungen (515) und (520) ergeben dann die Stützenmomente in den Stabendquerschnitten mit positivem Vorzeichen, wenn diese Momente an den Endquerschnitten des herausgetrennten Stabes rechts (im Sinne des Uhrzeigers) drehen; erhalten wir für die Momente jedoch ein negatives Vorzeichen, so drehen dieselben an den Endquerschnitten des herausgetrennten Stabes links herum (entgegengesetzt dem Uhrzeiger).

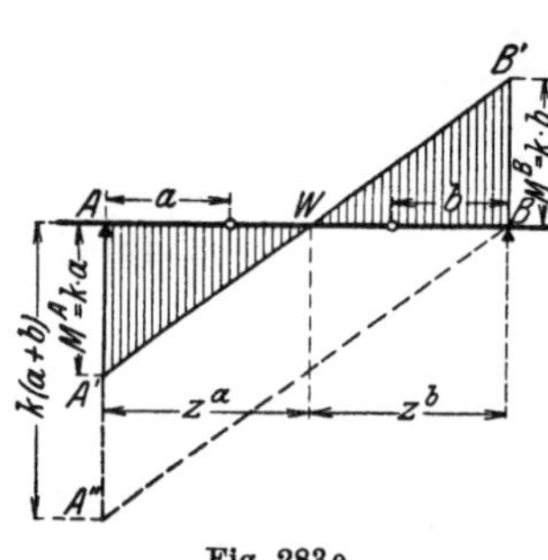

Fig. 283 e.

Trägt man nun die beiden errechneten Stützenmomente als Ordinaten an den beiden Stabenden (Fig. 283 d) auf, und zwar jeweils an der Zugkante, und verbindet die beiden Endpunkte dieser Ordinaten geradlinig, so erhält man in raschester Weise die Momentenfläche am ganzen Stab. Eine vorhergehende Bestimmung des Momentennullpunktes ist überflüssig; der Abstand desselben von einem Stabende kann jedoch leicht aus der Ähnlichkeit der Dreiecke (Fig. 283 e) berechnet werden. Ziehen wir BA'' parallel $A'B'$, so verhält sich in den beiden ähnlichen Dreiecken $AA'W$ und $AA''B$:

$$z^a : l = k \cdot a : k\,(a + b)\,,$$

woraus

$$z^a = \frac{a \cdot l}{a + b}\,; \qquad (522\,\mathrm{a})$$

analog erhält man:

$$z^b = \frac{b \cdot l}{a + b}\,. \qquad (522\,\mathrm{b})$$

2. Momente $M_{(\varrho)}$, welche durch die Verschiebungen AA' und BB' der Endpunkte des Stabes AB in allen übrigen Stäben des Tragwerks entstehen.

Nach Ermittlung der Momente M^A und M^B mittels der Hauptformeln (515) und (520) in den Endquerschnitten desjenigen Stabes AB, dessen gegenseitige

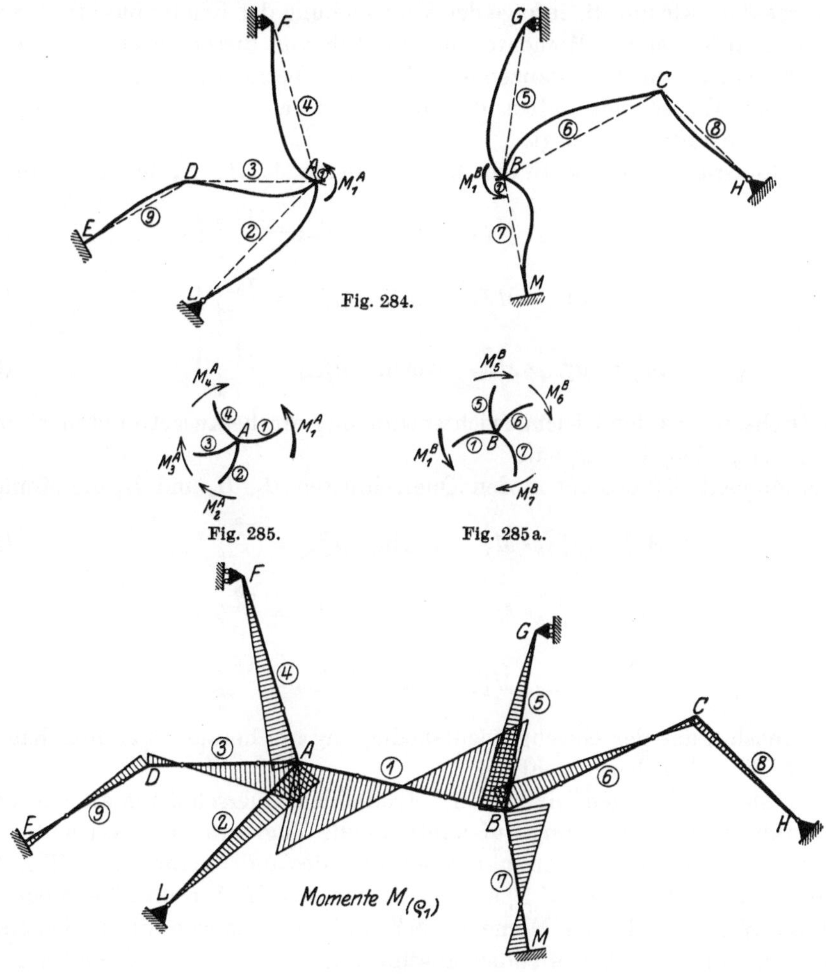

Fig. 284.

Fig. 285.   Fig. 285a.

Fig. 286.

rechtwinklige Endpunktverschiebung ϱ betrachtet wurde, verbleibt jetzt noch die Bestimmung der Momente in allen übrigen Stäben infolge dieser Verschiebung ϱ.

Nachdem die Formänderungen des Tragwerkes infolge der Verschiebung ϱ des Stabes AB vollendet sind und die Momente M^A und M^B in den Endquerschnitten desselben sich ausgebildet haben, können wir diesen Stab herausgeschnitten denken und seine Widerlager A und B mit den Stützenmomenten (Einspannmomenten) M^A und M^B belasten (Fig. 284). Da alle Knotenpunkte des Tragwerkes in ihren Endlagen in Ruhe sind und sich nicht mehr verschieben, so kann das Tragwerk nach vollzogener Verschiebung als in seinen Knotenpunkten unverschiebbar, jedoch frei drehbar festgehalten betrachtet werden, und die Momente M^A und M^B pflanzen sich daher genau wie im Teil I, Kap. II vorgeführt, über die übrigen Stäbe des Tragwerkes fort.

Durch die Belastung der Widerlager A und B des Stabes 1 mit den Momenten M_1^A und M_1^B entsteht die in Fig. 284 dargestellte Formänderung des Tragwerkes; da wir nur die infolge der Verschiebung der Knotenpunkte A und B im Stab 1 auftretenden Momente und die sich von diesem Stab aus über die übrige Konstruktion fortpflanzenden Momente betrachten, so haben wir in Fig. 284 der Einfachheit halber die ursprüngliche (unverschobene) Lage der übrigen Stäbe zugrunde gelegt.

Das Moment M_1^A erzeugt in den Querschnitten A_2, A_3, A_4 die Momente

$$M_2^A = \mu_{1-2}^A \cdot M_1^A, \quad \text{worin} \quad \mu_{1-2}^A = \frac{\tau_{2-3-4}^A}{\tau_2^A}, \tag{523}$$

$$M_3^A = \mu_{1-3}^A \cdot M_1^A, \quad \text{worin} \quad \mu_{1-3}^A = \frac{\tau_{2-3-4}^A}{\tau_3^A}, \tag{524}$$

$$M_4^A = \mu_{1-4}^A \cdot M_1^A, \quad \text{worin} \quad \mu_{1-4}^A = \frac{\tau_{2-3-4}^A}{\tau_4^A}, \tag{525}$$

deren Drehsinn aus der Gleichgewichtsbedingung am herausgetrennten Knotenpunkt A (Fig. 285) hervorgeht.

Das Moment M_1^B erzeugt in den Querschnitten B_5, B_6 und B_7 die Momente

$$M_5^B = \mu_{1-5}^B \cdot M_1^B, \quad \text{worin} \quad \mu_{1-5}^B = \frac{\tau_{5-6-7}^B}{\tau_5^B}, \tag{526}$$

$$M_6^B = \mu_{1-6}^B \cdot M_1^B, \quad \text{worin} \quad \mu_{1-6}^B = \frac{\tau_{5-6-7}^B}{\tau_6^B}, \tag{527}$$

$$M_7^B = \mu_{1-7}^B \cdot M_1^B, \quad \text{worin} \quad \mu_{1-7}^B = \frac{\tau_{5-6-7}^B}{\tau_6^B}, \tag{528}$$

deren Drehsinn aus der Gleichgewichtsbedingung am herausgetrennten Knotenpunkt B (Fig. 285a) hervorgeht.

Diese Momente tragen wir in den betreffenden Querschnitten als Ordinaten rechtwinklig zur Stabrichtung auf (stets an die Zugkante) und verbinden den Ordinatenpunkt mit dem Festpunkt in der Nähe des anderen Stabendes (Fig. 286), wodurch sich die Momente $M_{(\varrho_1)}$ an den Stäben 2, 3, 4, 5, 6 und 7 ergeben. Die auf diese Weise erhaltenen Momente M_3^D und M_6^C pflanzen wir in bekannter Weise noch über den betreffenden anschließenden Stab fort, so daß wir nun die $M_{(\varrho_1)}$-Momente am ganzen Tragwerk besitzen.

3. Momente M', welche durch die gleichzeitige Verschiebung aller Knotenpunkte am ganzen Tragwerk entstehen.

Auf dieselbe Weise wie in den vorhergehenden Abschnitten 1 und 2 für den Stab 1 beschrieben, ermitteln wir nacheinander die Momente $M_{(\varrho_2)}$, $M_{(\varrho_3)}$, $M_{(\varrho_4)}$, $M_{(\varrho_5)}$, $M_{(\varrho_6)}$, $M_{(\varrho_7)}$, $M_{(\varrho_8)}$, $M_{(\varrho_9)}$ in allen Stäben des Tragwerkes infolge der gegenseitigen rechtwinkligen Verschiebungen ϱ_2, $\varrho_3 \ldots \varrho_9$. Zum Schluß addieren wir die so erhaltenen neun Teilmomentenflächen $M_{(\varrho_1)}$, $M_{(\varrho_2)} \ldots M_{(\varrho_9)}$ in jedem

Stab, wodurch wir die M'-Momentenfläche am ganzen Tragwerk infolge gegebener Verschiebung des Knotenpunktes B und infolgedessen gleichzeitig hervorgerufener Verschiebung aller übrigen Knotenpunkte erhalten, welche in Fig. 287 dargestellt ist.

Die Bestimmung der M'-Momente haben wir der Einfachheit halber am allgemeinen einstöckigen Tragwerk gezeigt. Sowohl am mehrstöckigen Rahmen als auch am Rahmenträger gestaltet sich die Bestimmung der M'-Momente genau gleich, nachdem alle Verschiebungen ϱ nach dem im vorhergehenden Kapitel gezeigten Verfahren bestimmt wurden.

4. Erzeugungskraft Z der Momente M' am einstöckigen Rahmen.

Nachdem wir die Momente M' am allgemeinen einstöckigen Tragwerk der Fig. 287 infolge einer gegebenen Verschiebung, z. B. $\Delta = 1$ mm, des während R. I festgehaltenen Knotenpunktes oder anschließenden Stabes nach dem vorhergehenden berechnet haben, bestimmen wir nun, um zu den Momenten M^* zu gelangen, diejenige Kraft, in Richtung der Verschiebungskraft bzw. der umgekehrten Festhaltungskraft des R. I, welche die gegebene Verschiebung zu erzeugen imstande ist, und dies ist die sog. Erzeugungskraft Z.

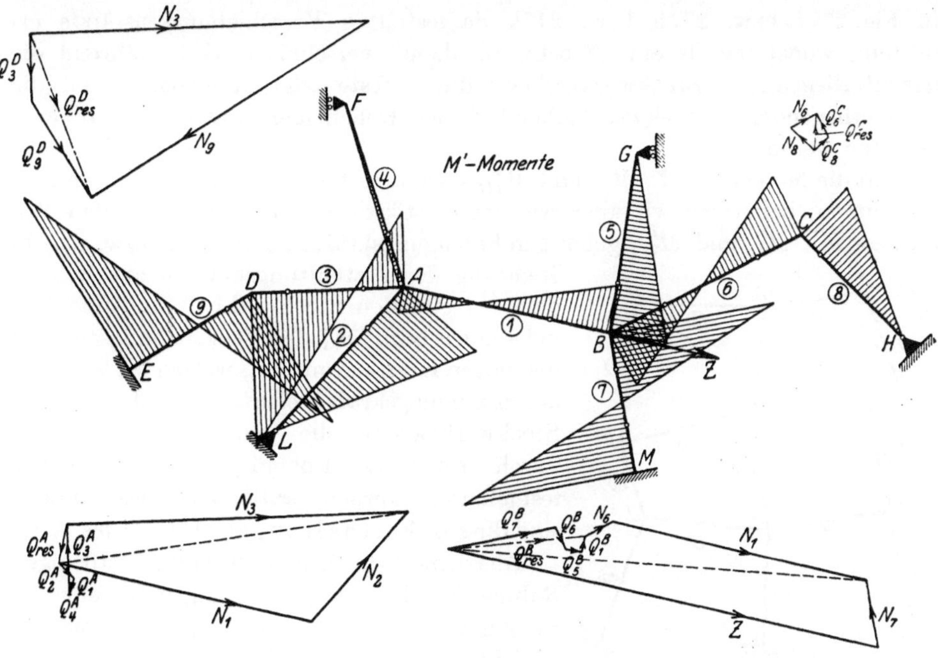

Fig 287.

Zur Bestimmung der Erzeugungskraft Z stellen wir folgende Betrachtung an:

Nach vollzogener Verschiebung des Knotenpunktes B bzw. des Stabes 1 des Tragwerkes der Fig. 287 muß am verschobenen Knotenpunkt bzw. an dem an diesen anschließenden Stab ein gedachtes Lager angebracht werden, damit

sich das ganze Tragwerk nicht wieder in seine ursprüngliche Lage zurückver-
schiebt. Und der in diesem Lager auftretende Auflagerdruck („Reaktion") ist
nun nichts anderes als die zu den Momenten M' gehörige Erzeugungskraft Z.

Wir erkennen, daß die Aufgabe der Bestimmung der Erzeugungs-
kraft Z auf diejenige der Bestimmung der Festhaltungskraft F
(Teil I, Kap. VII) zurückgeführt ist, mit dem die Berechnung vereinfachenden
Unterschied, daß bei der Bestimmung der Erzeugungskraft Z keine äußeren
Belastungen zu berücksichtigen sind.

Die Bestimmung der Erzeugungskraft Z am einstöckigen Tragwerk gestaltet
sich daher genau gleich wie diejenige der Festhaltungskraft F am einstöckigen
Tragwerk, welche in Kap. VII, Abschnitt 1 des Teiles I ausführlich behandelt
wurde, so daß es sich erübrigt, an dieser Stelle nochmals darauf einzugehen.

5. Erzeugungskraft Z der Momente M' und Festhaltungskräfte D am mehrstöckigen Rahmen.

Wie in Kap. I dieses Teiles ausgeführt, benötigen wir zur Bestimmung der
Momente M^* am mehrstöckigen Tragwerk die Momente M' für so viele Verschiebungszustände, als das Tragwerk Stockwerke besitzt.

Am allgemeinen dreistöckigen Tragwerk der Fig. 288 zum Beispiel müssen
wir die Momente M'_I (Fig. 288a), M'_{II} (Fig. 288b) und M'_{III} (Fig. 288c) für die
in Fig. 277f bzw. 277h bzw. 277k dargestellten Verschiebungszustände ermitteln, wobei jeweils ein „Stockwerkbalken" verschoben wird, während die
darunterliegenden „Stockwerkbalken" durch feste oder Rollenlager und die
darüberliegenden „Stockwerkbalken" durch Rollenlager unverschiebbar festgehalten werden.

Um die Momente M^*_I, M^*_{II} und M^*_{III} nach dem folgenden Kapitel bestimmen
zu können, benötigen wir aber wie am einstöckigen Rahmen die zu den Mo-
menten M'_I, M'_{II} und M'_{III} gehörigen Erzeugungskräfte Z_I bzw. Z_{II} bzw. Z_{III} in
Richtung der Festhaltungskraft F aus R. I an
dem betreffenden Stockwerkbalken. Außerdem
müssen wir noch für jeden Verschiebungszustand
diejenigen Kräfte ermitteln, welche bei Wirkung
der Erzeugungskraft gleichzeitig an den übrigen
Stockwerkbalken, die gemäß Voraussetzung
durch feste bzw. Rollenlager unverschiebbar
festgehalten werden, auftreten; diese Kräfte
sind die sog. Festhaltungskräfte D des R. II.

Aus demselben Grunde wie beim einstöckigen
Rahmen werden am mehrstöckigen Rahmen die
Erzeugungskräfte Z_I, Z_{II} und Z_{III} der Momente
M' des betreffenden Verschiebungszustandes
genau gleich (Fig. 288a, 288b und 288c) wie

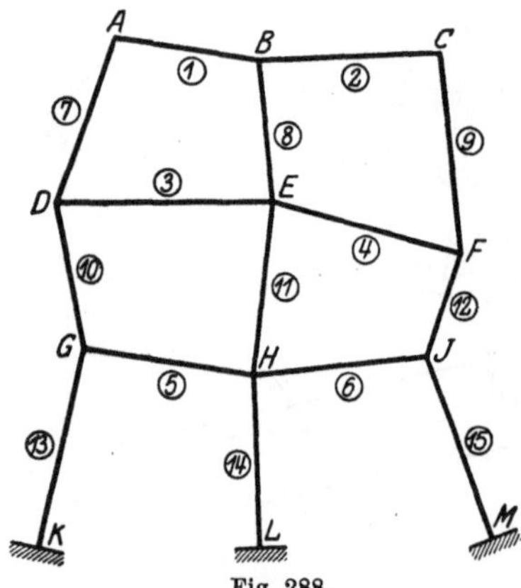

Fig. 288.

die Festhaltungskräfte F des R. I, deren Ermittlung in Kap. VII, 2 des Teiles I
ausführlich behandelt wurde, bestimmt; ferner ist ohne weiteres klar, daß die
Festhaltungskräfte D auch genau gleich wie die Festhaltungskräfte F des R. I
erhalten werden.

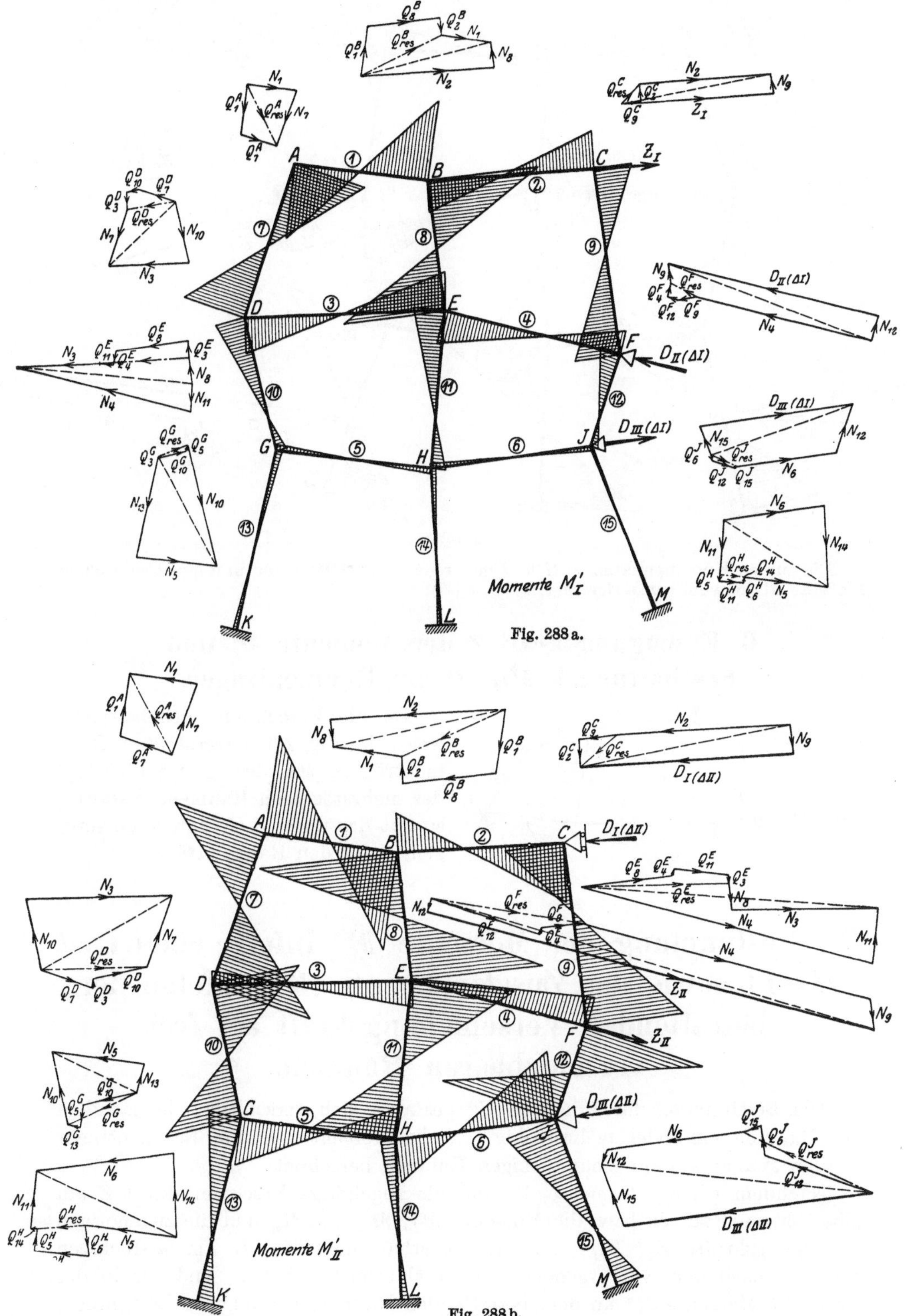

Momente M'_I
Fig. 288 a.
Momente M'_{II}
Fig. 288 b.

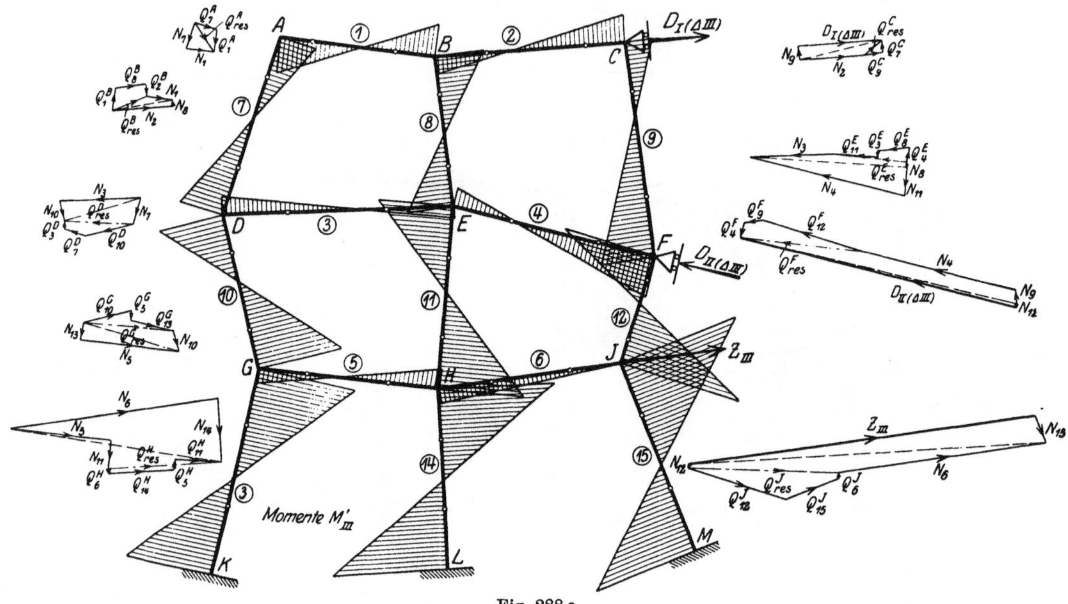

Fig. 288 c.

Die zu den Knotenpunkten G, H u. J gehörigen Kräftepläne sind in doppelt so großem Maßstab als die übrigen aufgetragen.

6. Erzeugungskraft Z der Momente M' und Festhaltungskräfte D am Rahmenträger.

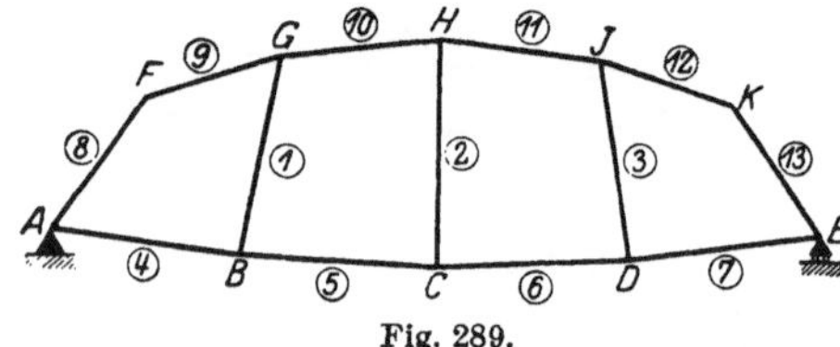

Fig. 289.

Da die Berechnung des beispielsweise in Fig. 289 dargestellten Rahmenträgers sich analog wie diejenige des mehrstöckigen Rahmens gestaltet, so gilt das unter 5 Gesagte auch sinngemäß für den Rahmenträger.

IV. Bestimmung der Momente M^* infolge einer Last $H = 1\,\mathrm{t}$ sowie der Zusatzmomente M_{zus} infolge der betreffenden Verschiebungskraft am frei verschiebbaren Rahmen.

Die Bestimmung der Momente M^* gestaltet sich verschieden, je nachdem der Rahmen ein- oder mehrstöckig ist; die Momente M^* am Rahmenträger werden analog wie am mehrstöckigen Rahmen berechnet.

Nachdem wir die Momente M' und die zugehörige Erzeugungskraft Z am einstöckigen Rahmen bzw. die Momente M'_I, M'_{II}, ... M'_n und die zugehörigen Erzeugungskräfte Z_I, Z_{II} ... Z_n und Festhaltungskräfte D am n-stöckigen Rahmen nach dem vorhergehenden Kapitel ermittelt haben, sind wir in der Lage, die Momente M^* an dem betreffenden Rahmen wie folgt zu bestimmen.

1. Der einstöckige Rahmen[1].

Der gegebenen Verschiebung „$\varDelta = 1$" eines Knotenpunktes des „Balkens" des allgemeinen Rahmens der Fig. 290 entsprechen die Momente M' der Fig. 287 und die in Fig. 287a ermittelte zugehörige Erzeugungskraft Z. Umgekehrt können wir jetzt sagen: Die als äußere Belastung am Rahmen angebrachte Erzeugungskraft Z erzeugt die Verschiebung „$\varDelta = 1$" und die Momente M'; daher erzeugt eine äußere, in Richtung der Erzeugungskraft Z wirkende Kraft „$H = 1$" eine Verschiebung $\dfrac{„\varDelta = 1"}{Z}$ und die Momente $\dfrac{M'}{Z}$.

Nachdem wir also die Momente M' am Rahmen infolge der Verschiebung „$\varDelta = 1$" ermittelt haben, erhalten wir durch Multiplikation derselben mit dem Faktor $\dfrac{1}{Z}$ die gesuchten Momente M^* am einstöckigen Rahmen, welche wir in Fig. 290 dargestellt haben, d. h.

$$M^* = \frac{M'}{Z}. \tag{529}$$

Es sei noch darauf aufmerksam gemacht, daß die Momente M^* nur abhängig von den Abmessungen eines Rahmens sind, und daher für einen gegebenen Rahmen feste Werte haben; diese Tatsache vereinfacht die Berechnung eines Rahmens für mehrere Belastungsfälle wesentlich.

Die Zusatzmomente M_{zus} für jeden Belastungsfall erhalten wir durch Multiplikation der Momente M^* mit der betreffenden Verschiebungskraft V,

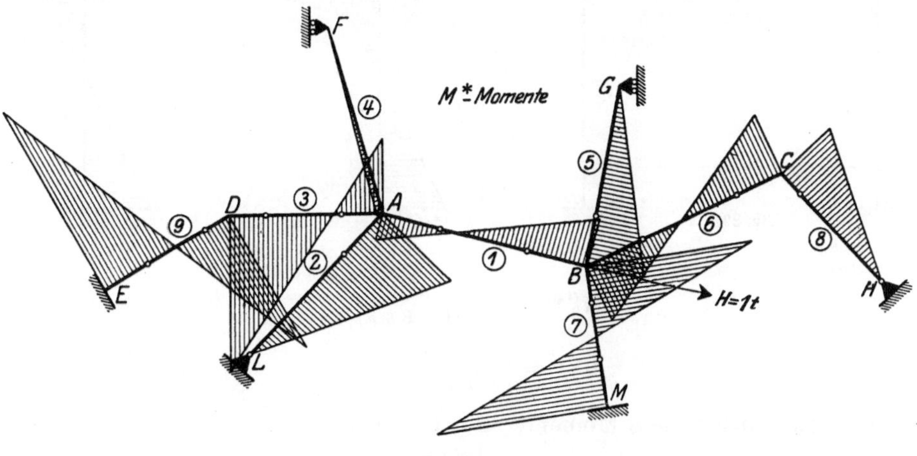

Fig. 290.

Die M^*-Momente sind 5 mal kleiner aufgetragen als die M'-Momente (Fig. 287).

welche gleich und entgegengesetzt ist der aus R. I gewonnenen Festhaltungskraft F für den betreffenden Belastungsfall; d. h. es ist am einstöckigen Rahmen

$$M_{zus} = V \cdot M^*, \tag{529a}$$

---

[1] Vgl. Dr.-Ing. Max Ritter: Der kontinuierliche Balken auf elastisch drehbaren Stützen, Schweiz. Bauztg. Bd. 57, H. 4.

worin V mit seinem Vorzeichen (von links nach rechts gerichtet positiv) einzusetzen ist.

Nachstehend seien noch die Werte der

Momente M^* am einfachen symmetrischen Rahmen mit geradem Balken

angegeben. Das Trägheitsmoment J_b des Balkens mit der Stützweite l sei konstant; beide Pfeiler haben gleiche Höhe h sowie gleiches konstantes Trägheitsmoment J_s, und die starre Strecke f der Pfeilerhöhe wird vernachlässigt. Ferner setzen wir:

$$\frac{J_b}{J_s} = n \,.$$

Am einfachen Rahmen mit Einspannung an den Pfeilerfüßen (Fig. 291)

ist:

$$M_1^{A}{}^* = M_3^{D}{}^* = - \frac{h\,(l + 3\,h\,n)}{2\,(l + 6\,h\,n)}, \qquad (530)$$

$$M_2^{B}{}^* = M_1^{B}{}^* = + \frac{3\,h^2\,n}{2\,(l + 6\,h\,n)}, \qquad (531)$$

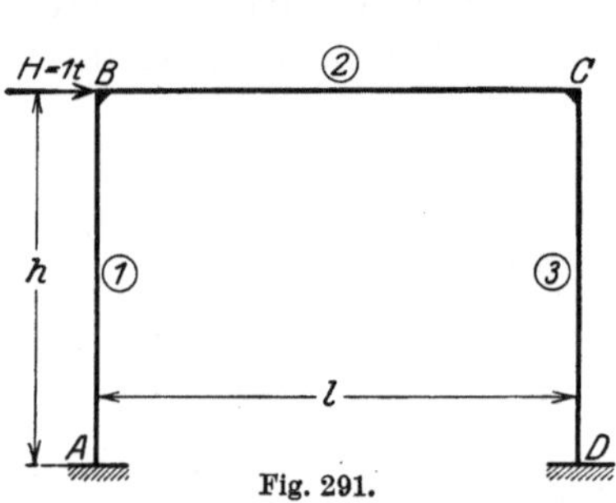

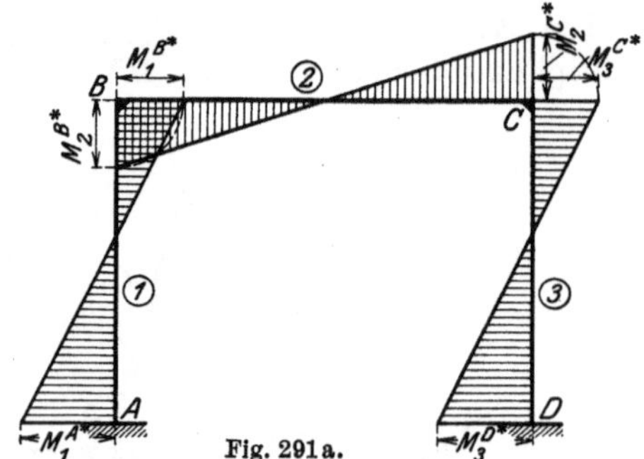

$$M_2^{C}{}^* = - \frac{3\,h^2\,n}{2\,(l + 6\,h\,n)}, \qquad (532)$$

$$M_3^{C}{}^* = + \frac{3\,h^2\,n}{2\,(l + 6\,h\,n)}. \qquad (533)$$

In Fig. 291a wurden diese Momente aufgetragen.

Am einfachen Rahmen mit Fußgelenken (Fig. 292)

ist:

$$M_1^{A}{}^* = M_3^{D}{}^* = 0, \qquad (534)$$

$$M_2^{B}{}^* = M_1^{B}{}^* = + \frac{h}{2}, \qquad (535)$$

$$M_2^{C}{}^* = - \frac{h}{2}, \qquad (536)$$

$$M_3^{C}{}^* = + \frac{h}{2}. \qquad (536a)$$

In Fig. 292a wurden diese Momente aufgetragen.

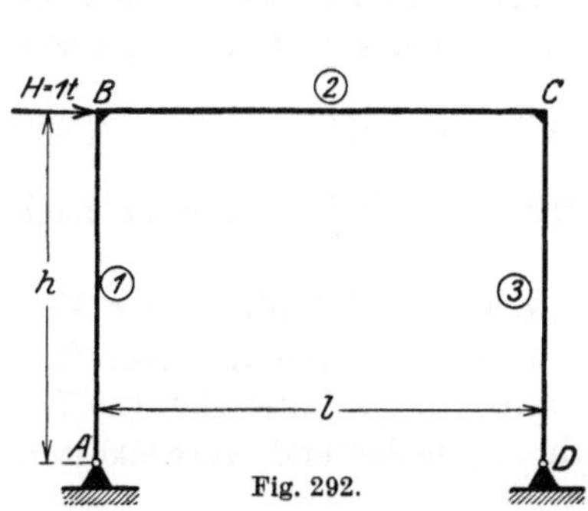

Fig. 292.

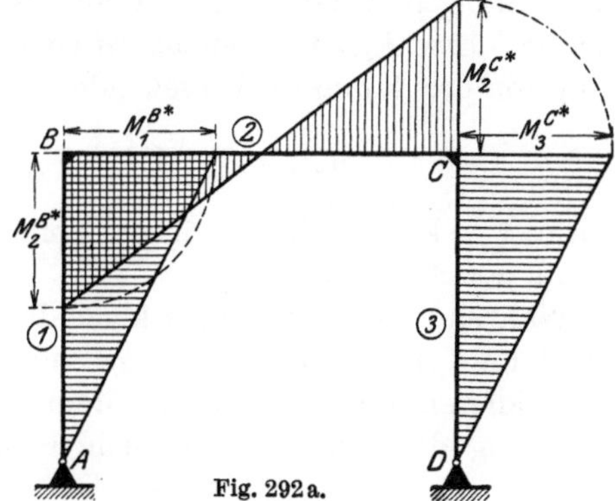

Fig. 292a.

Am symmetrischen geschlossenen Rahmen (Fig. 292b) sind alle Eckmomente ihrem absoluten Werte nach gleich

$$\frac{h}{4}$$

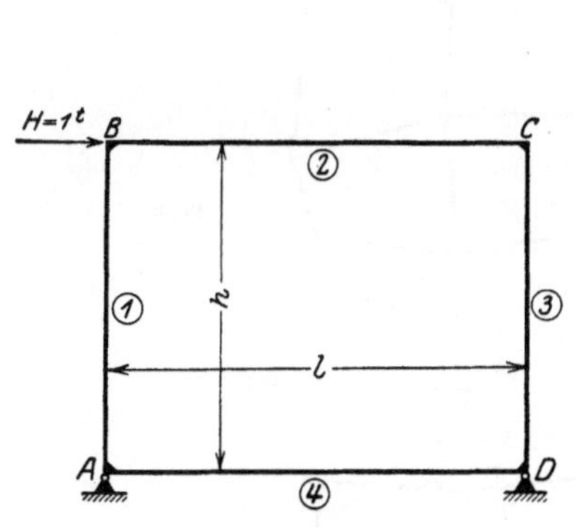

Fig. 292b.

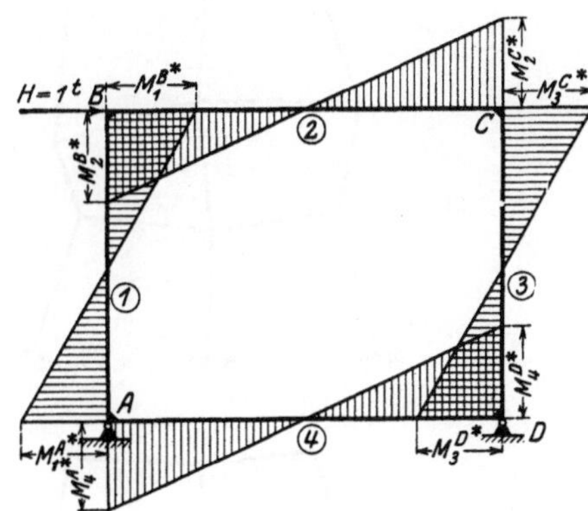

Fig. 292c.

und die Vorzeichen der einzelnen Eckmomente gehen aus der in Fig. 292c aufgetragenen Momentenfläche hervor.

2. Der mehrstöckige Rahmen.

Da die Zusatzmomente am mehrstöckigen Rahmen, wie in Kap. I dieses Teiles ausgeführt wurde, durch ebensoviele Verschiebungskräfte V hervorgerufen werden, als Stockwerke vorhanden sind, so müssen wir zur Bestimmung derselben auch ebensoviele Momentenflächen M^* ermitteln.

Am allgemeinen mehrstöckigen Rahmen der Fig. 293 müssen wir daher die Momente M_I^*, M_{II}^* und M_{III}^* bestimmen, welche durch die in Richtung der Erzeugungskraft Z_I bzw. Z_{II} bzw. Z_{III} wirkende Kraft $H = +1$ t am frei verschiebbaren Rahmen hervorgerufen werden (vgl. Fig. 293a, b und c).

Die Zusatzmomente M_{zus} für jeden Belastungsfall erhalten wir darauf durch Multiplikation der Momente M_I^*, M_{II}^* und M_{III}^* mit der mit ihrem Vorzeichen zu nehmenden Verschiebungskraft V_I bzw. V_{II} bzw. V_{III}, welche gleich und entgegengesetzt sind den aus R. I gewonnenen Festhaltungskräften F_I bzw. F_{II} bzw. F_{III} für den betreffenden Belastungsfall, und durch schließliche Addition der daraus hervorgehenden Momente. Am n-stöckigen Rahmen ist also

$$M_{zus} = V_I \cdot M_I^* + V_{II} \cdot M_{II}^* + \cdots + V_n \cdot M_n^*, \qquad (537)$$

worin V_I, $V_{II} \ldots V_n$ mit ihren Vorzeichen einzusetzen sind (von links nach rechts gerichtet positiv).

Während wir beim einstöckigen Rahmen die Momente M' infolge der Verschiebung „$\varDelta = 1$" des „Balkens" nur durch die zugehörige Erzeugungskraft Z zu dividieren brauchen, um die Momente M^* zu erhalten, gestaltet sich die Bestimmung der letzteren am mehrstöckigen Rahmen bedeutend verwickelter.

a) Bestimmung der Momente M_I^*.

Zur Bestimmung der Momente M_I^* verschieben wir, wie beim einstöckigen Rahmen, zunächst den „Stockwerkbalken" I, an welchem die Last $H = 1\,\mathrm{t}$

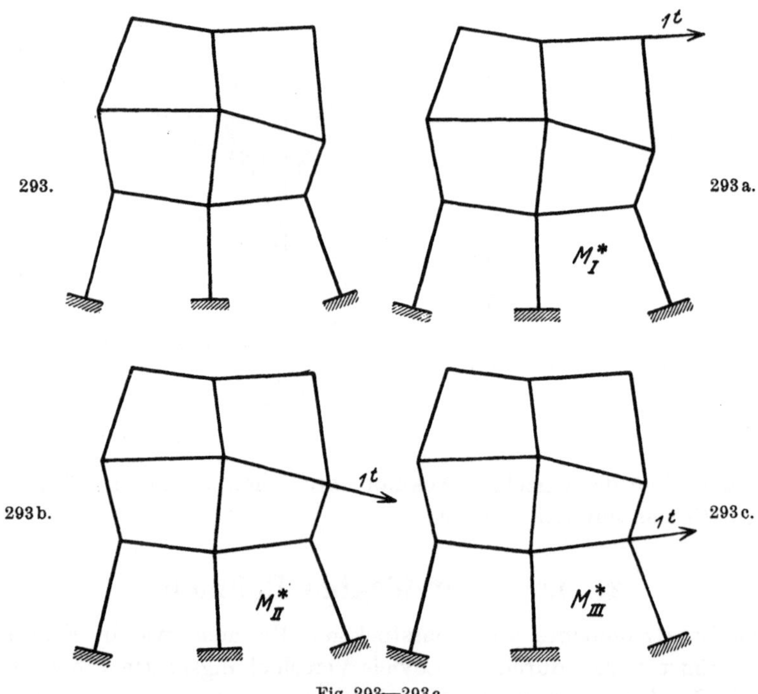

Fig. 293—293c.

angreift, oder, was gleichbedeutend ist, einen auf demselben liegenden Knotenpunkt, um eine gegebene Strecke, beispielsweise $\varDelta = 1\,\mathrm{mm}$, wobei wir aber die darunterliegenden „Stockwerkbalken" analog wie im Rechnungsabschnitt I vorübergehend unverschiebbar festhalten, um die davon herrührenden Momente M_I' mit Hilfe der Festpunkte bestimmen zu können (vgl. Fig. 277f); dabei entstehen in den gedachten Lagern an den beiden unteren „Stockwerkbalken" die

Festhaltungskräfte $D_{II(\varDelta I)}$ und $D_{III(\varDelta I)}$ (vgl. Fig. 294), welche mit der Erzeugungskraft Z_I und den Reaktionen an den natürlichen Auflagern des Rahmens im Gleichgewicht stehen. Wir entfernen nun die an den beiden unteren Stockwerkbalken gedachten Lager, worauf die Festhaltungskräfte D in umgekehrter Richtung in Tätigkeit treten und zu den Momenten M_I' aus Verschiebungszustand I (Fig. 294) zusätzliche Momente hervorrufen. Die Momente M_I^* setzen sich also aus den Momenten für die in den Fig. 294, 294a und 294b dargestellten Belastungszustände zusammen.

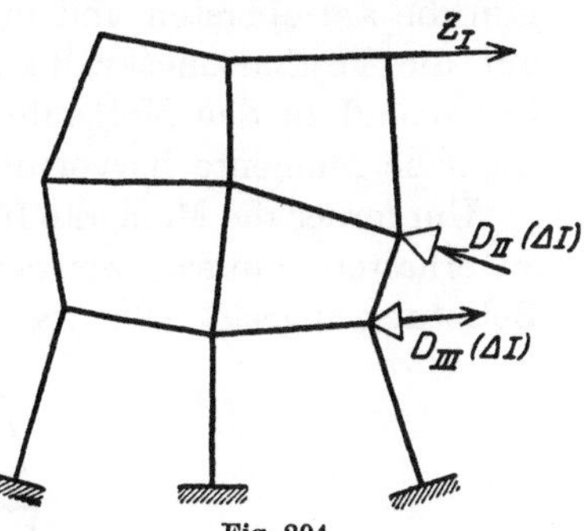

Fig. 294.

Um aber die Momente für den in Fig. 294a dargestellten Belastungszustand zu erhalten, müssen wir den mittleren „Stockwerkbalken", oder, was gleichbedeutend ist, einen auf demselben liegenden Knotenpunkt, an welchem die Belastung angreift, wieder zunächst um eine gegebene Strecke, z. B. $\varDelta = 1$ mm, verschieben, wobei wir aber vorübergehend den darunterliegenden „Stockwerkbalken" unverschiebbar festhalten und den darüberliegenden „Stockwerkbalken" durch ein Rollenlager nach der Seite unverschiebbar machen, um die

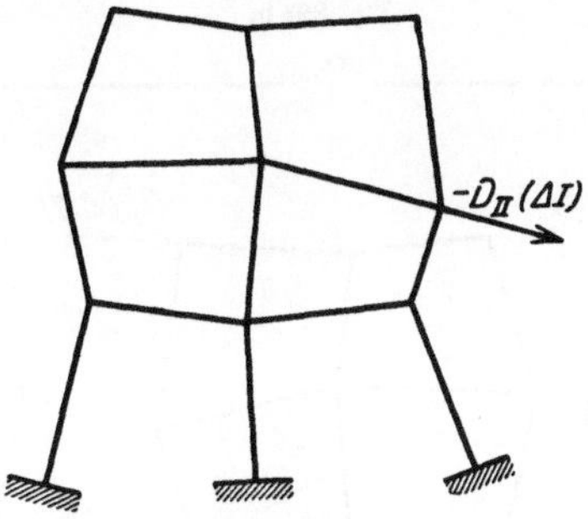

Fig. 294a.

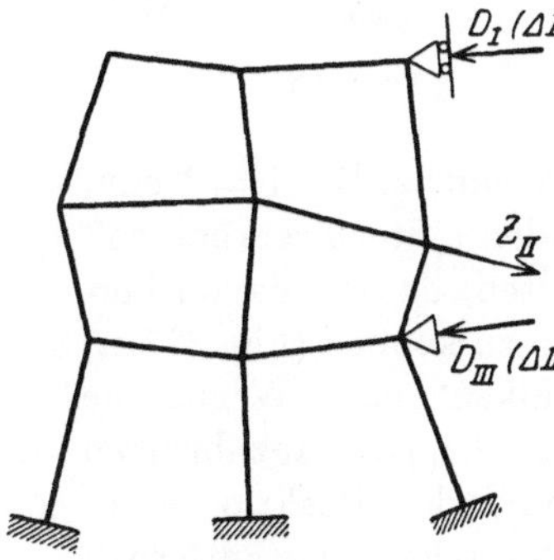

Fig. 295. 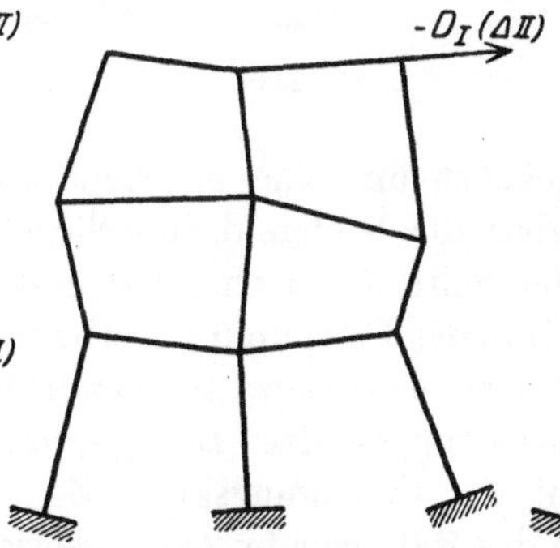   Fig. 295a. 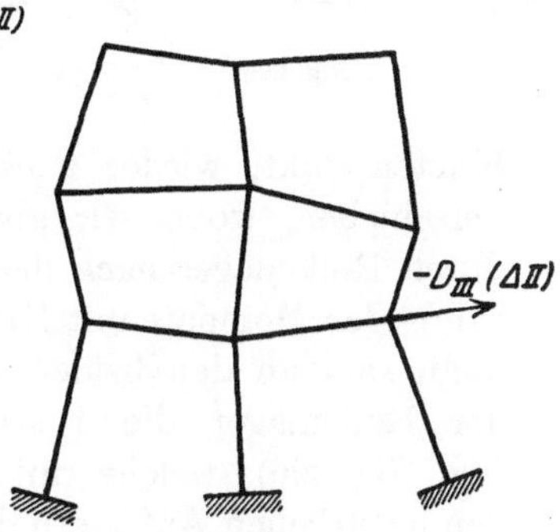   Fig. 295b.

davon herrührenden Momente mit Hilfe der Festpunkte bestimmen zu können (vgl. 277h); dabei entsteht am obersten „Stockwerkbalken" die Festhaltungskraft $D_{I(\varDelta II)}$, und am untersten „Stockwerkbalken" die Festhaltungskraft $D_{III(\varDelta II)}$

20*

(vgl. Fig. 295), welche mit der Erzeugungskraft Z_{II} und den Reaktionen an den natürlichen Auflagern des Rahmens im Gleichgewicht stehen. Wir entfernen nun die am obersten und untersten „Stockwerkbalken" gedachten Lager, worauf die Festhaltungskräfte D wieder in umgekehrter Richtung in Tätigkeit treten und zu den Momenten M'_{II} aus Verschiebungszustand II (Fig. 295) zusätzliche Momente hervorrufen (Fig. 295a und b).

Um ferner die Momente für den in Fig. 294b dargestellten Belastungszustand zu erhalten, müssen wir den untersten „Stockwerkbalken", an welchem die Belastung angreift, oder was gleichbedeutend ist, einen auf demselben liegenden

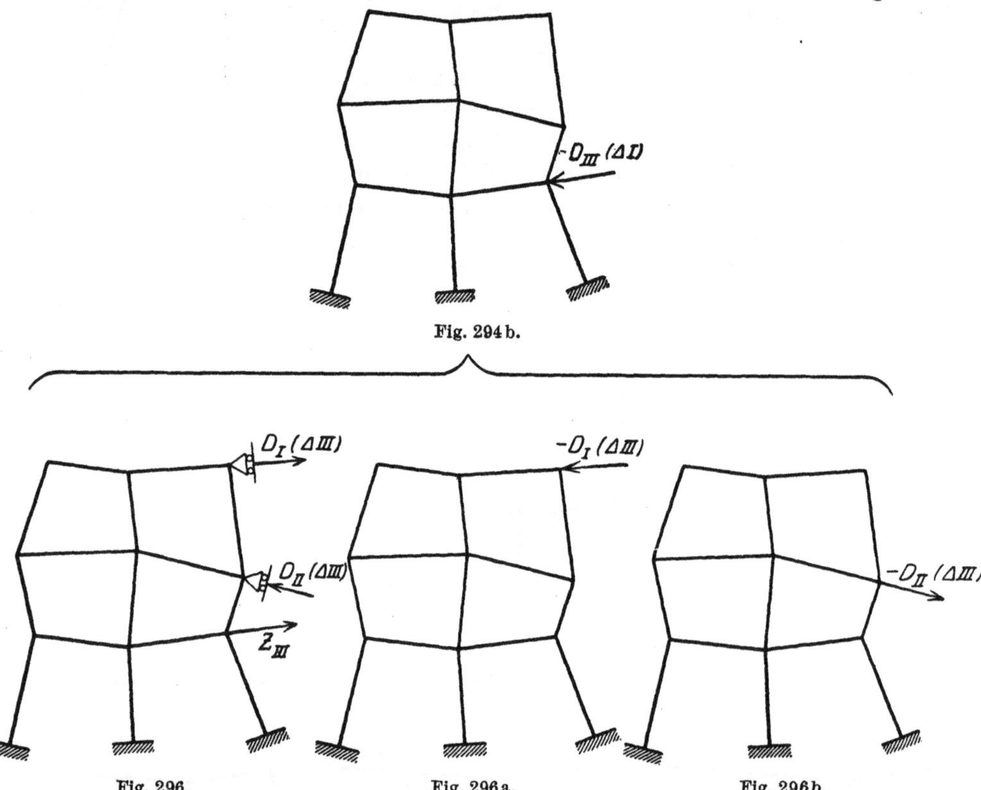

Fig. 294b.

Fig. 296.   Fig. 296a.   Fig. 296b.

Knotenpunkt, wieder zunächst um eine gegebene Strecke, z. B. $\Delta = 1$ mm, verschieben, wobei wir aber die beiden darüberliegenden „Stockwerkbalken" durch Rollenlager nach der Seite unverschiebbar gestalten, um die davon herrührenden Momente mit Hilfe der Festpunkte bestimmen zu können (Fig. 277k); dann sind an den beiden festgehaltenen „Stockwerkbalken" nach Wegnahme der Rollenlager die Festhaltungskräfte $D_{I(\Delta III)}$ und $D_{II(\Delta III)}$ anzubringen (vgl. Fig. 296), welche mit der Erzeugungskraft Z_{III} und den Reaktionen an den natürlichen Auflagern des Rahmens im Gleichgewicht stehen. Wir entfernen nun die an den beiden oberen Stockwerkbalken gedachten Lager, worauf die Festhaltungskräfte D in umgekehrter Richtung in Tätigkeit treten und zu den Momenten M'_{III} aus Verschiebungszustand III (Fig. 296) zusätzliche Momente hervorrufen (Fig. 296a und b).

Wir haben nun von den in Fig. 294, 294a und 294b dargestellten drei Belastungszuständen, welche zusammen die gesuchten Momente M_I^* liefern, den Zustand der Fig. 294a durch die in den Fig. 295, 295a und 295b, und den Zustand der Fig. 294b durch die in den Fig. 296, 296a und 296b dargestellten Belastungszustände ersetzt. Aus diesen letzteren Figuren ersehen wir, daß der Zustand der Fig. 295a wieder durch die Zustände der Fig. 294, 294a und 294b, der Zustand der Fig. 295b durch die Zustände der Fig. 296, 296a und 296b, der Zustand der Fig. 296a wieder durch die Zustände der Fig. 294, 294a und 294b und der Zustand der Fig. 296b durch die Zustände der Fig. 295, 295a und 295b ersetzt werden kann.

Wir erkennen daraus, daß die Gleichung für das Moment M_I^* in irgendeinem Querschnitt des Rahmens die Form hat:

$$M_I^* = X_{I(I)} \cdot M_I' + X_{II(I)} \cdot M_{II}' + X_{III(I)} \cdot M_{III}', \qquad (538)$$

worin $X_{I(I)}$, $X_{II(I)}$ und $X_{III(I)}$ die unbekannten Maßzahlen der zu den einzelnen Verschiebungszuständen gehörigen Momente M' bei Bestimmung der Momente M_I^* sind, die nun zu bestimmen sind.

Aus obiger Hauptgleichung für das Moment M_I^* in irgendeinem Rahmenquerschnitt geht hervor, daß die Größen X den Maßstab angeben, in welchem die Momente M' der einzelnen Verschiebungszustände übereinandergelegt werden müssen, um daraus die Momentenfläche M^* zu erhalten. Würden wir in vor-

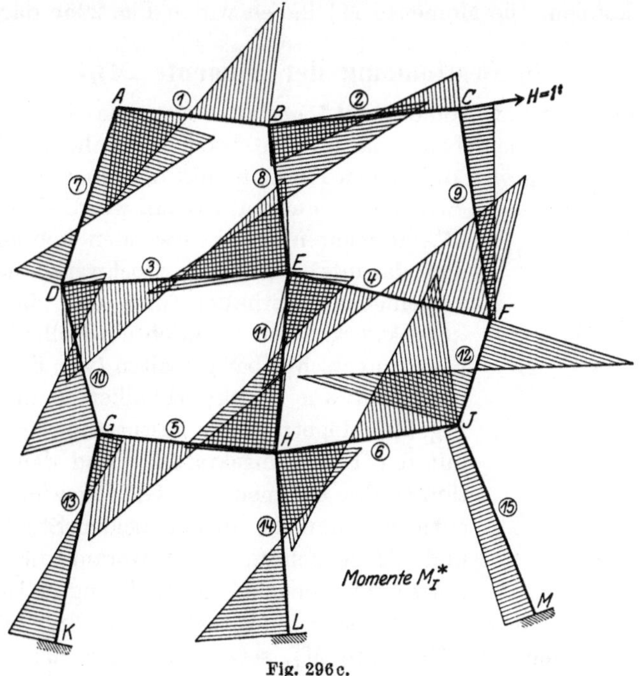

Fig. 296c.

liegendem Falle die Momentflächen M_I' (Fig. 294), M_{II}' (Fig. 295) und M_{III}' (Fig. 296) in gleichem Maßstab übereinanderlegen, d. h. algebraisch addieren, so würden sich auch die in diesen Figuren eingetragenen Kräfte an den einzelnen „Stockwerkbalken" addieren. Nun wissen wir aber aus Kap. V, 5 (Rechnungsproben), daß die aus den Momenten für den frei verschiebbaren Rahmen infolge $H = 1\,\mathrm{t}$ am Balken *1* gewonnene Reaktion eines gedachten Lagers.

am „Stockwerkbalken", an welchem die Kraft $H = 1\,\mathrm{t}$ angreift, gleich dieser Kraft, und

an jedem Stockwerkbalken, an welchem die Kraft $H = 1\,\mathrm{t}$ nicht angreift, gleich Null sein muß.

Daraus ergeben sich nun zur Ermittlung der drei Maßzahlen $X_{I(I)}$, $X_{II(I)}$ und $X_{III(I)}$ zur Bestimmung der Momente M_I^* die drei Gleichungen:

$$\left.\begin{aligned}
X_{I(I)} \cdot Z_I \quad + X_{II(I)} \cdot D_{I(\varDelta II)} \quad + X_{III(I)} \cdot D_{I(\varDelta III)} &= 1\,, \\
X_{I(I)} \cdot D_{II(\varDelta I)} + X_{II(I)} \cdot Z_{II} \quad\;\; + X_{III(I)} \cdot D_{II(\varDelta III)} &= 0\,, \\
X_{I(I)} \cdot D_{III(\varDelta I)} + X_{II(I)} \cdot D_{III(\varDelta II)} + X_{III(I)} \cdot Z_{III} \quad &= 0\,.
\end{aligned}\right\} \qquad (539)$$

Es sei noch erwähnt, daß die Momente M_I', M_{II}' und M_{III}', aus denen sich die Kräfte Z und D ergeben, auf Grund von verschieden großen Verschiebungen ermittelt sein können; die Hauptsache ist, daß sich bei den einzelnen Verschiebungszuständen (Fig. 294, 295 und 296) die Kräfte Z und D mit den Reaktionen in den Auflagerpunkten des Rahmens im Gleichgewicht befinden. Es sei aber darauf aufmerksam gemacht, daß man die gegebenen Verschiebungen zweckmäßig bei allen Verschiebungszuständen in derselben Richtung annimmt, weil sonst beim Anschreiben der Gln. (539) leicht Vorzeichenverwechslungen vorkommen können. Die Momente M_I^* haben wir in Fig. 296c dargestellt.

b) Bestimmung der Momente M_{II}^*.

Die Bestimmung der Momente M_{II}^* gestaltet sich analog wie diejenige der Momente M_I^*. Wir verschieben zunächst den „Stockwerkbalken *II*", an welchem die Kraft $H = 1\,\mathrm{t}$ angreift, d. h. einen Knotenpunkt desselben um eine beliebige, jedoch zweckmäßig gleiche Strecke wie unter a) (so daß wir die bereits ermittelte M_{II}'-Momentenfläche verwenden können), wobei wir

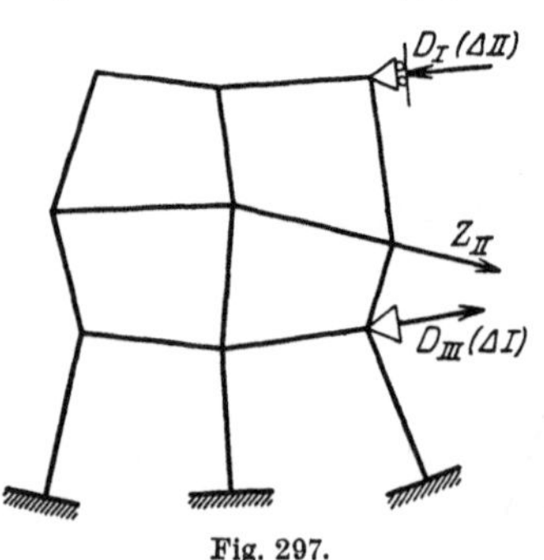

Fig. 297.

den darunterliegenden „Stockwerkbalken *III*" unverschiebbar festhalten und den darüberliegenden „Stockwerkbalken *I*" durch ein Rollenlager nach der Seite unverschiebbar gestalten (vgl. Fig. 277h); dabei entstehen am Stockwerkbalken *I* und *III* die in Fig. 297 eingetragenen Festhaltungskräfte D, welche mit der Erzeugungskraft Z_{II} und den Auflagerreaktionen des Rahmens im Gleichgewicht stehen. Wir entfernen nun die an den beiden Stockwerkbalken *I* und *III* gedachten Lager, worauf die Festhaltungskräfte D in umgekehrter Richtung in Tätigkeit treten

und zu den Momenten M_{II}' aus Verschiebungszustand *II* (Fig. 297) zusätzliche Momente hervorrufen. Die Momente M_{II}^* setzen sich also aus den Momenten für die in den Fig. 297, 297a und 297b dargestellten Belastungszustände zusammen.

Um aber die Momente für den in Fig. 297a dargestellten Belastungszustand zu erhalten, müssen wir den Stockwerkbalken *I* bzw. einen Knotenpunkt desselben, wieder zunächst um eine beliebige, jedoch zweckmäßig gleiche Strecke

wie unter a) verschieben, wobei wir die beiden darunterliegenden Stockwerkbalken *II* und *III* unverschiebbar festhalten (vgl. Fig. 277f); dabei entstehen
an diesen beiden Stockwerkbalken die in Fig. 298 eingetragenen Festhaltungskräfte *D*, welche mit der Erzeugungskraft Z_I und den Auflagerreaktionen des
Rahmens im Gleichgewicht stehen. Wir entfernen nun die an den Stockwerkbalken *II* und *III* gedachten Lager, worauf die Festhaltungskräfte *D* wieder
in umgekehrter Richtung in Tätigkeit treten und zu den Momenten M'_I aus

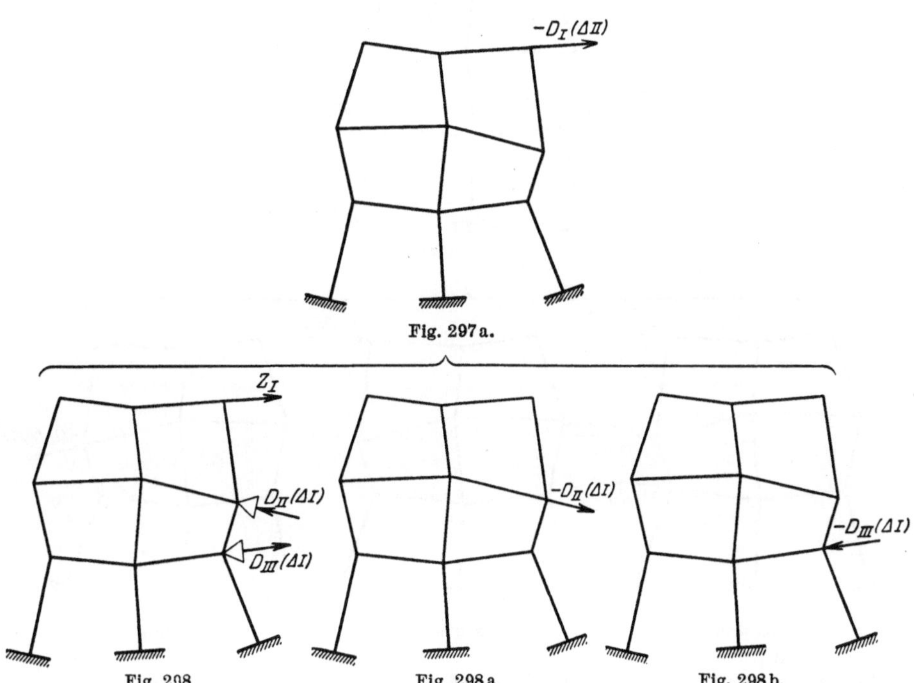

Fig. 297a.

Fig. 298.   Fig. 298a.   Fig. 298b.

Verschiebungszustand *I* (Fig. 298) zusätzliche Momente hervorrufen (Fig. 298a
und b).

Um ferner die Momente für den in Fig. 297b dargestellten Belastungszustand
zu erhalten, müssen wir den Stockwerkbalken *III*, an welchem die Belastung
angreift bzw. einen Knotenpunkt desselben, um eine beliebige, jedoch zweckmäßig gleiche Strecke wie unter a), verschieben, wobei wir die beiden darüberliegenden Stockwerkbalken *I* und *II* durch Rollenlager nach der Seite unverschiebbar gestalten (vgl. Fig. 277k); dann sind an den beiden festgehaltenen
Stockwerkbalken nach Wegnahme der Rollenlager die in Fig. 299 eingetragenen
Festhaltungskräfte *D* anzubringen, welche mit der Erzeugungskraft Z_{III} und
den Auflagerreaktionen des Rahmens im Gleichgewicht stehen. Wir entfernen
nun die an den Stockwerkbalken *I* und *II* gedachten Lager, worauf die Festhaltungskräfte *D* in umgekehrter Richtung in Tätigkeit treten und zu den Momenten M'_{III} aus Verschiebungszustand *III* (Fig. 299) zusätzliche Momente
hervorrufen (Fig. 299a und b).

Wir erkennen, daß die Momente M^*_{II} wie die Momente M^*_I sich aus den
Momenten M'_I, M'_{II} und M'_{III} für die Verschiebungszustände *I*, *II* und *III* zu-

sammensetzen, und daß die Gleichung für das Moment M_{II}^* in irgendeinem Querschnitt des Rahmens daher ebenfalls die Form hat:

$$M_{II}^* = X_{I(II)} \cdot M_I' + X_{II(II)} \cdot M_{II}' + X_{III(II)} \cdot M_{III}' , \qquad (540)$$

worin $X_{I(II)}$, $X_{II(II)}$ und $X_{III(II)}$ andere Maßzahlen als diejenigen in Gl. (538) bedeuten.

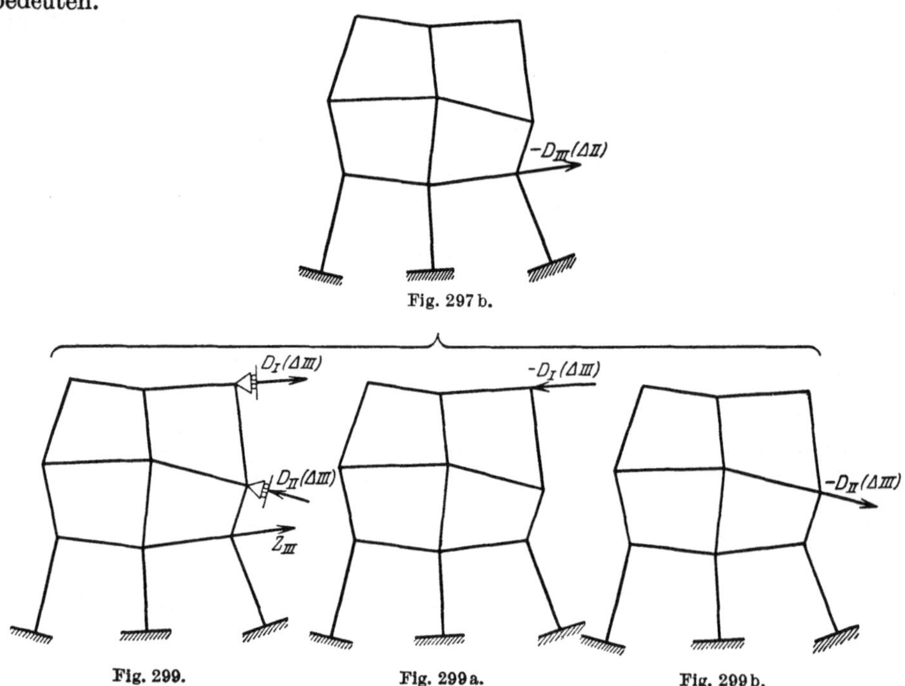

Fig. 297 b.

Fig. 299.   Fig. 299 a.   Fig. 299 b.

Die Größen X geben wieder den Maßstab an, in welchem die Momentenflächen M_I', M_{II}' und M_{III}' übereinandergelegt werden müssen. Da laut Kap. V, 5 die aus den Momenten für den frei verschiebbaren Rahmen infolge $H = 1\,\mathrm{t}$ am Balken II gewonnene Reaktion eines gedachten Lagers

am Stockwerkbalken, an welchem die Kraft $H = 1\,\mathrm{t}$ angreift, gleich dieser Kraft, und

an jedem Stockwerkbalken, an welchem die Kraft $H = 1\,\mathrm{t}$ nicht angreift, gleich Null sein muß,

so ergeben sich zur Ermittlung der drei Maßzahlen $X_{I(II)}$, $X_{II(II)}$ und $X_{III(II)}$ zur Bestimmung der Momente M_{II}^* die 3 Gleichungen:

$$\left.\begin{aligned}
X_{I(II)} \cdot Z_I \;\;\;\;\; + X_{II(II)} \cdot D_{I(\Delta II)} \;\; + X_{III(II)} \cdot D_{I(\Delta III)} &= 0, \\
X_{I(II)} \cdot D_{II(\Delta I)} + X_{II(II)} \cdot Z_{II} \;\;\;\;\;\; + X_{III(II)} \cdot D_{II(\Delta III)} &= 1, \\
X_{I(II)} \cdot D_{III(\Delta I)} + X_{II(II)} \cdot D_{III(\Delta II)} + X_{III(II)} \cdot Z_{III} \;\;\;\;\; &= 0.
\end{aligned}\right\} \qquad (541)$$

In diesem System von 3 Gleichungen mit 3 Unbekannten sind die linken Seiten genau gleich wie im System der Gln. (539), was die Auflösung derselben vereinfacht; dabei ist natürlich vorausgesetzt, daß als M'-Momentenflächen dieselben verwendet werden, wie bei Bestimmung der Momente M_I^*. Die Momente M_{II}^* haben wir in Fig. 299c dargestellt.

c) Bestimmung der Momente M_{III}^*.

Die Bestimmung der Momente M_{III}^* gestaltet sich analog wie diejenige der Momente M_I^* und M_{II}^*. Wir verschieben zunächst den Stockwerkbalken *III*, an welchem die Kraft $H = 1\,$t angreift bzw. einen Knotenpunkt desselben, um eine beliebige, jedoch zweckmäßig gleiche Strecke wie unter a) (so daß wir die bereits ermittelte M_{III}'-Momentenfläche verwenden können), wobei wir die beiden darüberliegenden Stockwerkbalken *I* und *II* durch Rollenlager nach der Seite unverschiebbar festhalten (vgl. Fig. 277k); dann sind an den beiden

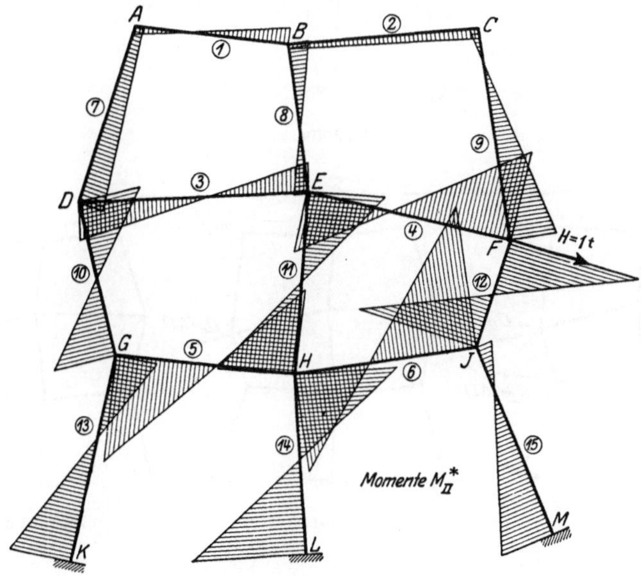

Fig. 299c.

festgehaltenen Stockwerkbalken nach Wegnahme der Rollenlager die in Fig. 300 eingetragenen Festhaltungskräfte D anzubringen, welche mit der Erzeugungskraft Z_{III} und den Auflagerreaktionen des Rahmens im Gleichgewicht stehen. Wir entfernen nun die an den Stockwerkbalken *I* und *II* gedachten Lager, worauf die Festhaltungskräfte D in umgekehrter Richtung in Tätigkeit treten und zu den Momenten M_{III}' aus Verschiebungszustand *III* (Fig. 300) zusätzliche Momente hervorrufen (Fig. 300a und b). Die Momente M_{III}^* setzen sich also aus den Momenten für die in den Fig. 300, 300a und 300b dargestellten Belastungszustände zusammen.

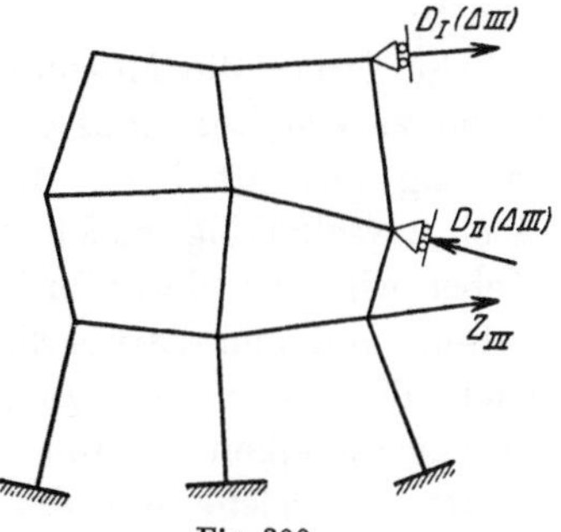

Fig. 300.

Um aber die Momente für den in Fig. 300a dargestellten Belastungszustand zu erhalten, müssen wir den Stockwerkbalken *I* bzw. einen Knotenpunkt desselben wieder zunächst um eine beliebige, jedoch zweckmäßig gleiche Strecke wie unter a) verschieben, wobei wir die beiden darunterliegenden Stockwerkbalken *II* und *III* unverschiebbar festhalten (vgl. Fig. 277f); dabei entstehen an diesen beiden Stockwerkbalken die in Fig. 301 eingetragenen Festhaltungskräfte *D*, welche mit der Erzeugungskraft Z_1 und den Auflagerreaktionen des

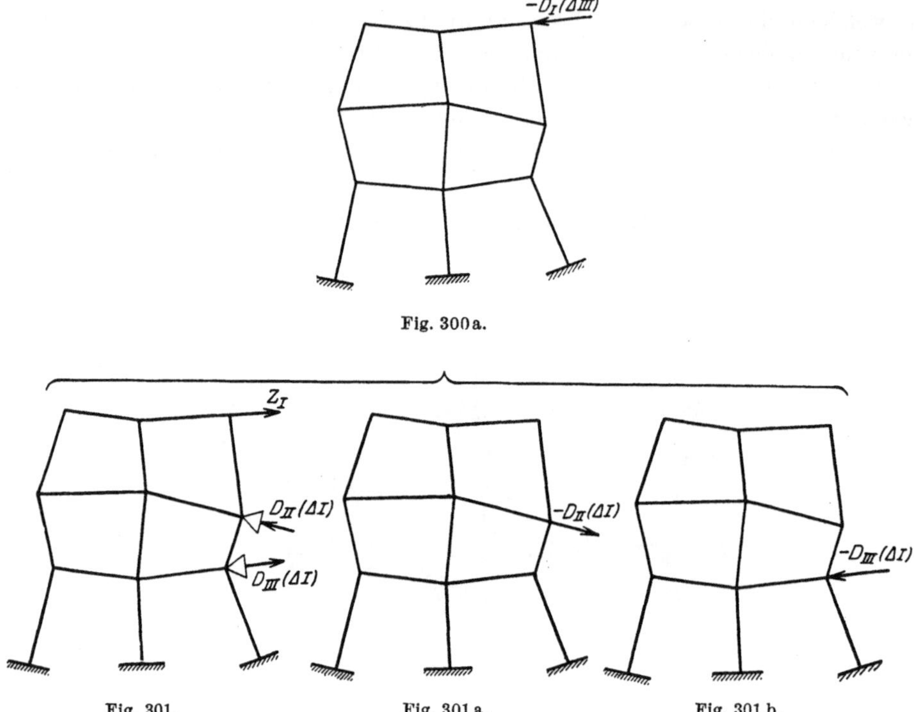

Rahmens im Gleichgewicht stehen. Wir entfernen nun die an den Stockwerkbalken *II* und *III* gedachten Lager, worauf die Festhaltungskräfte *D* wieder in umgekehrter Richtung in Tätigkeit treten und zu den Momenten M'_I aus Verschiebungszustand *I* (Fig. 301) zusätzliche Momente hervorrufen (Fig. 301a und b).

Um ferner die Momente für den in Fig. 300b dargestellten Belastungszustand zu erhalten, müssen wir den Stockwerkbalken *II*, an welchem die Belastung angreift bzw. einen Knotenpunkt desselben, um eine beliebige, jedoch zweckmäßig gleich groß wie unter a) gewählte Strecke verschieben, wobei wir den darunterliegenden Stockwerkbalken *III* unverschiebbar festhalten, und den darüberliegenden Stockwerkbalken *I* durch ein Rollenlager nach der Seite unverschiebbar machen (vgl. 277h); dabei entstehen am Stockwerkbalken *I* und *III* die in Fig. 302 eingetragenen Festhaltungskräfte *D*, welche mit der Erzeugungskraft Z_{II} und den Auflagerreaktionen des Rahmens im Gleichgewicht stehen. Wir entfernen nun die an den beiden Stockwerkbalken *I* und *III* gedachten Lager, worauf die Festhaltungskräfte *D* in umgekehrter Richtung in Tätigkeit treten, und zu den Momenten M'_{II}

aus Verschiebungszustand *II* (Fig. 302) zusätzliche Momente hervorrufen (Fig. 302a und b).

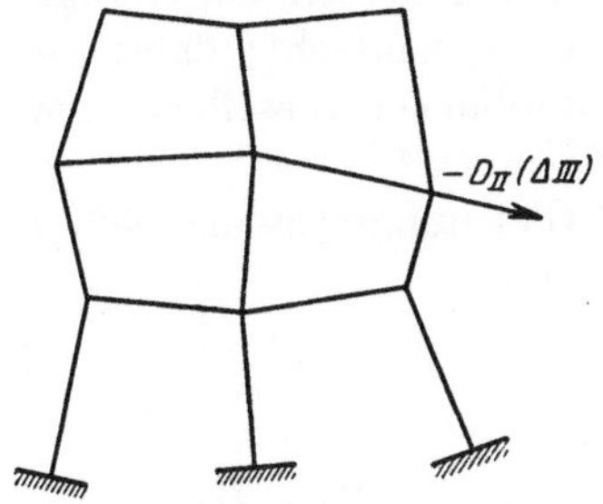

Fig. 300b.

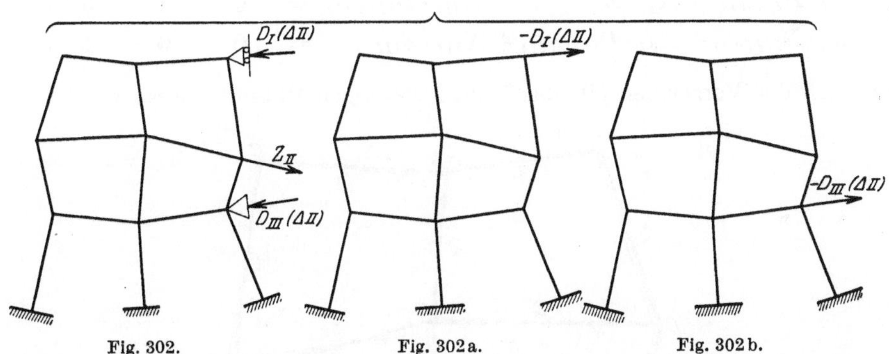

Fig. 302.　　　　Fig. 302a.　　　　Fig. 302b.

Wir erkennen nun, daß die Momente M_{III}^* wie die Momente M_I^* und M_{II}^* sich aus den Momenten M_I', M_{II}' und M_{III}' für die Verschiebungszustände *I*, *II* und *III* zusammensetzen, und daß die Gleichung für das Moment M_{III}^* in irgendeinem Querschnitt des Rahmens daher ebenfalls die Form hat:

$$M_{III}^* = X_{I(III)} \cdot M_I' + X_{II(III)} \cdot M_{II}' + X_{III(III)} \cdot M_{III}', \qquad (542)$$

worin $X_{I(III)}$, $X_{II(III)}$ und $X_{III(III)}$ jedoch wieder andere Maßzahlen als diejenigen in Gl. (538) und (540) sind.

Die Größen X geben wieder den Maßstab an, in welchem die Momentenflächen M_I', M_{II}' und M_{III}' übereinandergelegt werden müssen. Da laut Kap. V, 5 die aus den Momenten für den frei verschiebbaren Rahmen infolge $H = 1$ t am Balken *III* gewonnene Reaktion eines gedachten Lagers

am Stockwerkbalken, an welchem die Kraft $H = 1$ t angreift, gleich dieser Kraft, und

an jedem Stockwerkbalken, an welchem die Kraft $H = 1$ t nicht angreift, gleich Null sein muß,

so ergeben sich zur Ermittelung der drei Maßzahlen $X_{I(III)}$, $X_{II(III)}$ und $X_{III(III)}$ zur Bestimmung der Momente M_{III}^*, welche wir in Fig. 302c dargestellt haben, die 3 Gleichungen:

$$\left.\begin{array}{l} X_{I(III)} \cdot Z_I \quad\quad\; + X_{II(III)} \cdot D_{I(\varDelta II)} \;\; + X_{III(III)} \cdot D_{I(\varDelta III)} = 0, \\[4pt] X_{I(III)} \cdot D_{II(\varDelta I)} + X_{II(III)} \cdot Z_{II} \quad\quad\; + X_{III(III)} \cdot D_{(II\,\varDelta III)} = 0, \\[4pt] X_{I(III)} \cdot D_{III(\varDelta I)} + X_{II(III)} \cdot D_{III(\varDelta II)} + X_{III(III)} \cdot Z_{III} \quad\quad\; = 1. \end{array}\right\} \quad (543)$$

In diesem System von 3 Gleichungen mit 3 Unbekannten sind die linken Seiten wieder gleich wie in den beiden Gleichungssystemen (539) und (541), was die Auflösung derselben vereinfacht; dabei ist natürlich wieder vorausgesetzt, daß als M'-Momentenflächen dieselben verwendet werden wie bei Bestimmung der Momente M_I^* und M_{II}^*.

Wir können daher die 3 Gleichungssysteme (539), (541) und (543) in folgender abgekürzter Form schreiben:

			Zur Bestimmung von		
			M_I^*	M_{II}^*	M_{III}^*
$X_I \cdot Z_I$	$+ X_{II} \cdot D_{I(\varDelta II)}$	$+ X_{III} \cdot D_{I(\varDelta III)} =$	1	0	0
$X_I \cdot D_{II(\varDelta I)}$	$+ X_{II} \cdot Z_{II}$	$+ X_{III} \cdot D_{II(\varDelta III)} =$	0	1	0
$X_I \cdot D_{III(\varDelta I)}$	$+ X_{II} \cdot D_{III(\varDelta II)}$	$+ X_{III} \cdot Z_{III} =$	0	0	1

Bezüglich der Vorzeichen gilt das beim n-stöckigen Rahmen Gesagte.

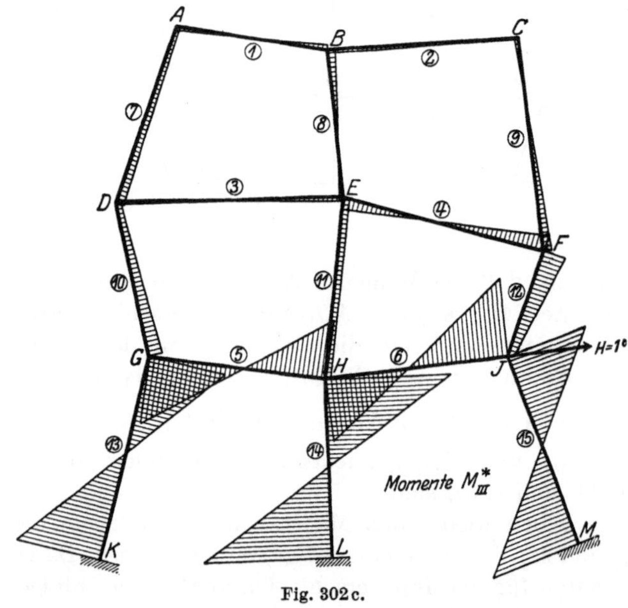

Fig. 302 c.

Am 2-stöckigen Rahmen

können wir die Werte von $X_{I(I)}$ und $X_{II(I)}$ in die Gleichung für M_I^* sowie $X_{I(II)}$ und $X_{II(II)}$ in die Gleichung für M_{II}^* einsetzen, wodurch wir geschlossene Ausdrücke für M_I^* und M_{II}^* an zweistöckigen Rahmen erhalten.

Nach Gl. (538) ist:

$$M_I^* = X_{I(I)} \cdot M_I' + X_{II(I)} \cdot M_{II}'.$$

Die beiden Maßzahlen $X_{I(I)}$ und $X_{II(I)}$ erhalten wir nach Gl. (539) aus dem Gleichungssystem:

$$X_{I(I)} \cdot Z_I \qquad + X_{II(I)} \cdot D_{I(\varDelta II)} = 1,$$
$$X_{I(I)} \cdot D_{II(\varDelta I)} + X_{II(I)} \cdot Z_{II} \qquad = 0,$$

woraus nach Gl. (554)

$$X_{I(I)} = \frac{Z_{II}}{Z_I \cdot Z_{II} - D_{I(\Delta II)} \cdot D_{II(\Delta I)}},$$

und nach Gl. (555):

$$X_{II(I)} = \frac{-D_{II(\Delta I)}}{Z_I \cdot Z_{II} - D_{I(\Delta II)} \cdot D_{II(\Delta I)}}.$$

Diese Werte für $X_{I(I)}$ und $X_{II(I)}$ in die Gleichung für M_I^* eingesetzt, gibt

$$M_I^* = \frac{Z_{II} \cdot M_I' - D_{II(\Delta I)} \cdot M_{II}'}{Z_I \cdot Z_{II} - D_{I(\Delta II)} \cdot D_{II(\Delta I)}}. \tag{544}$$

Ferner ist nach Gl. (540):

$$M_{II}^* = X_{I(II)} \cdot M_I' + X_{II(II)} \cdot M_{II}'.$$

Die beiden Maßzahlen $X_{I(II)}$ und $X_{II(II)}$ erhalten wir nach Gl. (541) aus dem Gleichungssystem:

$$X_{I(II)} \cdot Z_I + X_{II(II)} \cdot D_{I(\Delta II)} = 0,$$
$$X_{I(II)} \cdot D_{II(\Delta I)} + X_{II(II)} \cdot Z_{II} = 1,$$

woraus nach Gl. (554):

$$X_{I(II)} = \frac{-D_{I(\Delta II)}}{Z_I \cdot Z_{II} - D_{I(\Delta II)} \cdot D_{II(\Delta I)}}$$

und nach Gl. (555):

$$X_{II(II)} = \frac{Z_I}{Z_I \cdot Z_{II} - D_{I(\Delta II)} \cdot D_{II(\Delta I)}}.$$

Diese Werte für $X_{I(II)}$ und $X_{II(II)}$ in die Gleichung für M^* eingesetzt gibt:

$$M_{II}^* = \frac{Z_I \cdot M_{II}' - D_{I(\Delta II)} \cdot M_I'}{Z_I \cdot Z_{II} - D_{I(\Delta II)} \cdot D_{II(\Delta I)}}. \tag{545}$$

Wir erkennen, daß die Ausdrücke für M_I^* und M_{II}^* gleichen Nenner haben.

Am n-stöckigen Rahmen

erhalten wir die Momente M_I^*, M_{II}^*, ... M_n^* infolge der Belastung $H = 1\,\mathrm{t}$ am Stockwerkbalken I bzw. II, ... bzw. n des frei verschiebbaren Tragwerks aus den Gleichungen:

$$\left.\begin{aligned}
M_I^* &= X_{I(I)} \cdot M_I' + X_{II(I)} \cdot M_{II}' + \cdots + X_{n(I)} \cdot M_n', \\
M_{II}^* &= X_{I(II)} \cdot M_I' + X_{II(II)} \cdot M_{II}' + \cdots + X_{n(II)} \cdot M_n', \\
&\quad\cdots\cdots\cdots\cdots\cdots\cdots\cdots\cdots \\
&\quad\cdots\cdots\cdots\cdots\cdots\cdots\cdots\cdots \\
M_n^* &= X_{I(n)} \cdot M_I' + X_{II(n)} \cdot M_{II}' + \cdots + X_{n(n)} \cdot M_n'
\end{aligned}\right\} \tag{546}$$

und zur Bestimmung der hierin vorkommenden Maßzahlen

$$\begin{aligned}
X_{I(I)}, \quad X_{II(I)}, \quad \ldots, X_{n(I)} \quad &(\text{für } M_I^*), \\
X_{I(II)}, \quad X_{II(II)}, \quad \ldots, X_{n(n)} \quad &(\text{für } M_{II}^*), \\
\cdots\cdots\cdots\cdots\cdots& \\
\cdots\cdots\cdots\cdots\cdots& \\
X_{I(n)}, \quad X_{II(n)}, \quad \ldots, X_{n(n)} \quad &(\text{für } M_n^*).
\end{aligned}$$

stehen uns n Systeme von n linearen Gleichungen zur Verfügung, und zwar

I. System (für M_I^*)

$$(547)\quad
\begin{cases}
X_{I(I)}\cdot Z_I + X_{II(I)}\cdot D_{I(\Delta II)} + X_{III(I)}\cdot D_{I(\Delta III)} + \cdots + X_{n(I)}\cdot D_{I(\Delta n)} = 1,\\
X_{I(I)}\cdot D_{II(\Delta I)} + X_{II(I)}\cdot Z_{II} + X_{III(I)}\cdot D_{II(\Delta III)} + \cdots + X_{n(I)}\cdot D_{II(\Delta n)} = 0,\\
X_{I(I)}\cdot D_{III(\Delta I)} + X_{II(I)}\cdot D_{III(\Delta II)} + X_{III(I)}\cdot Z_{III} + \cdots + X_{n(I)}\cdot D_{III(\Delta n)} = 0,\\
\phantom{X_{I(I)}\cdot D_{III(\Delta I)}} \cdots\cdots\cdots\cdots\cdots\cdots\cdots\cdots\cdots = 0,\\
\phantom{X_{I(I)}\cdot D_{III(\Delta I)}} \cdots\cdots\cdots\cdots\cdots\cdots\cdots\cdots\cdots = 0,\\
X_{I(I)}\cdot D_{n(\Delta I)} + X_{II(I)}\cdot D_{n(\Delta II)} + X_{III(I)}\cdot D_{n(\Delta III)} + \cdots + X_{n(I)}\cdot Z_n = 0.
\end{cases}$$

II. System (für M_{II}^*)

$$(548)\quad
\begin{cases}
X_{I(II)}\cdot Z_I + X_{II(II)}\cdot D_{I(\Delta II)} + X_{III(II)}\cdot D_{I(\Delta III)} + \cdots + X_{n(II)}\cdot D_{I(\Delta n)} = 0,\\
X_{I(II)}\cdot D_{II(\Delta I)} + X_{II(II)}\cdot Z_{II} + X_{III(II)}\cdot D_{II(\Delta III)} + \cdots + X_{n(II)}\cdot D_{II(\Delta n)} = 0,\\
X_{I(II)}\cdot D_{III(\Delta I)} + X_{II(II)}\cdot D_{III(\Delta II)} + X_{III(II)}\cdot Z_{III} + \cdots + X_{n(II)}\cdot D_{III(\Delta n)} = 0,\\
\phantom{X_{I(II)}\cdot D_{III(\Delta I)}} \cdots\cdots\cdots\cdots\cdots\cdots\cdots\cdots\cdots = 0,\\
\phantom{X_{I(II)}\cdot D_{III(\Delta I)}} \cdots\cdots\cdots\cdots\cdots\cdots\cdots\cdots\cdots = 0,\\
X_{I(II)}\cdot D_{n(\Delta I)} + X_{II(II)}\cdot D_{n(\Delta II)} + X_{III(II)}\cdot D_{n(\Delta III)} + \cdots + X_{n(II)}\cdot Z_n = 0.
\end{cases}$$

$$\cdots\cdots\cdots\cdots\cdots\cdots\cdots\cdots\cdots$$

n-tes System (für M_n^*)

$$(549)\quad
\begin{cases}
X_{I(n)}\cdot Z_I + X_{II(n)}\cdot D_{I(\Delta II)} + X_{III(n)}\cdot D_{I(\Delta III)} + \cdots + X_{n(n)}\cdot D_{I(\Delta n)} = 0,\\
X_{I(n)}\cdot D_{II(\Delta I)} + X_{II(n)}\cdot Z_{II} + X_{III(n)}\cdot D_{II(\Delta III)} + \cdots + X_{n(n)}\cdot D_{II(\Delta n)} = 0,\\
X_{I(n)}\cdot D_{III(\Delta I)} + X_{II(n)}\cdot D_{III(\Delta II)} + X_{III(n)}\cdot Z_{III} + \cdots + X_{n(n)}\cdot D_{III(\Delta n)} = 0,\\
\phantom{X_{I(n)}\cdot D_{III(\Delta I)}} \cdots\cdots\cdots\cdots\cdots\cdots\cdots\cdots\cdots = 0,\\
\phantom{X_{I(n)}\cdot D_{III(\Delta I)}} \cdots\cdots\cdots\cdots\cdots\cdots\cdots\cdots\cdots = 0,\\
X_{I(n)}\cdot D_{n(\Delta I)} + X_{II(n)}\cdot D_{n(\Delta II)} + X_{III(n)}\cdot D_{n(\Delta III)} + \cdots + X_{n(n)}\cdot Z_n = 1
\end{cases}$$

Bezüglich der Indizes der Größen X, Z und D gilt folgendes:

Größen X: Der erste Index $I, II, \ldots n$ deutet an, daß die betreffende Maßzahl X zu der Momentenfläche M_I', $M_{II}' \ldots M_n'$ für den Verschiebungszustand I, $II \ldots n$ gehört. Der zweite, in Klammer gesetzte Index $I, II \ldots n$ deutet an, daß die betreffende Maßzahl X zum I., II., $\ldots n$-ten Gleichungssystem gehört, d. h. zur Bestimmung der Momentenfläche M_I^*, $M_{II}^* \ldots M_n^*$ benötigt wird.

Größen Z: Der Index $I, II \ldots n$ deutet an, daß die betreffende Erzeugungskraft Z zu der Momentenfläche M_I', $M_{II}' \ldots M_n'$ für den Verschiebungszustand I, $II \ldots n$ gehört.

Größen D: Der erste Index $I, II \ldots n$ deutet an, daß die betreffende Festhaltungskraft D in dem gedachten Lager am I., II., $\ldots n$-ten Stockwerk auftritt. Der zweite in Klammer gesetzte Index $\Delta I, \Delta II, \ldots \Delta n$ deutet an, daß die betreffende Festhaltungskraft D sich auf den Verschiebungszustand $I, II, \ldots n$ bezieht, d. h. aus der Momentenfläche M_I', $M_{II}' \ldots M_n$ gewonnen wurde.

Was die Vorzeichen der Größen Z und D betrifft, so gilt folgendes:

Wir bezeichnen die von links nach rechts verlaufende Richtung der gegebenen Kraft $H = 1\,t$, welche die betreffenden Momente M^* hervorruft, als positiv. Dann ist laut Kap. V, 5 (Rechnungsproben) die aus den betreffenden Momenten M^* gewonnene Reaktion eines gedachten Lagers am durch $H = 1\,t$ belasteten Stockwerkbalken, welches denselben nach Wegnahme dieser Belastung in Ruhe hält, ebenfalls positiv, also auf der rechten Seite der betreffenden Gleichung mit $+1$ einzusetzen. An den unbelasteten Stockwerkbalken muß die aus denselben Momenten gewonnene Reaktion eines an ihnen angebrachten gedachten Lagers gleich Null sein. Damit auf der rechten Seite der betreffenden Gleichung in allen Gleichungssystemen der Wert $+1$ erscheint, lassen wir zweckmäßig an allen Stockwerkbalken die Kraft $H = 1\,t$ **in der gleichen Richtung** angreifen, und zwar der Einfachheit halber von links nach rechts.

Eine Verschiebung eines Stockwerkbalkens in Richtung der auf den Rahmen wirkenden Kräfte $H = 1\,t$ betrachten wir naturgemäß ebenfalls als positiv, und es ist einleuchtend, daß wir, um bei Aufstellung der Gleichungssysteme keine Vorzeichenumkehrungen vornehmen zu müssen, zweckmäßig jeden Stockwerkbalken in derselben Richtung verschieben, **und zwar in der Richtung der auf den Rahmen wirkenden Kräfte** $H = 1\,t$.

Entsprechend der Vorzeichenannahme für die Richtung der Kraft $H = 1\,t$, bezeichnen wir die Reaktionen Z und D als positiv, wenn sie von links nach rechts gerichtet sind, und diese Kräfte sind mit ihren Vorzeichen in die Gleichungssysteme einzusetzen.

Es ist selbstverständlich, daß man allen Gleichungssystemen dieselben Momentenflächen M_I', $M_{II}' \ldots M_n'$ zugrunde legt.

Die aus den n Gleichungssystemen gewonnenen Maßzahlen X werden mit ihren Vorzeichen in die Gleichungen für M_I^*, M_{II}^*, $\ldots M_n^*$ eingesetzt.

An mehrstöckigen Rahmen vertreten die Stelle der Stockwerkbalken bzw. je eines daraufliegenden Knotenpunktes diejenigen Knotenpunkte, welche während Rechnungsabschnitt I festgehalten werden müssen, und es gilt dabei für diese alles, was für die Stockwerkbalken bzw. je einen daraufliegenden Knotenpunkt des gewöhnlichen Stockwerkrahmens gesagt wurde.

In obigen n Systemen von n Gleichungen mit n Unbekannten X (Maßzahlen) haben letztere gleiche Koeffizienten Z und D, was die Auflösung der n Systeme vereinfacht. Ferner ist in jedem Gleichungssystem das Absolutglied einer Gleichung gleich 1, und dasjenige aller übrigen Gleichungen gleich Null; und zwar ist

Im   I. System (für M_I^*)   das Absolutglied der   I. Gl. gleich eins,

„ II.   „   (für M_{II}^*)   „   „   „   II. „   „   „

„ III.   „   (für M_{III}^*)   „   „   „   III. „   „   „

. . . .

. . . .

„ n^{ten} „   (für M_n^*)   „   „   „ n^{ten} „   „   „   .

Zur Berechnung eines mehrstöckigen Rahmens haben wir ebensoviele Gleichungssysteme mit ebensovielen Unbekannten aufzulösen, als Stockwerke vorhanden sind, da wir die Momentenflächen M^* für ebensoviele Belastungszustände $H = 1$ t des frei verschiebbaren Rahmens benötigen. Eine Ausnahme machen nur die „nach der Seite" mehrstöckigen Rahmen mit Zugbändern, bei welchen mehr M^*-Momente zu bestimmen, dafür z. T. Systeme mit weniger Gleichungen aufzulösen sind (vgl. Rahmen der Fig. 258).

Die Auflösung

der n Systeme von n linearen Gleichungen mit n Unbekannten kann als bekannt vorausgesetzt werden; da das vorliegende Werk jedoch vor allem dem in der Praxis stehenden Ingenieur dienen soll, so werden folgende Hinweise gegeben[1].

Die Auflösung kann erfolgen

a) mittels Determinanten oder

b) mittels Gaußschem Algorithmus oder

c) mittels Elimination oder

d) auf graphischem Wege[2].

Das gebräuchlichste Verfahren ist dasjenige der

a) Determinanten.

Um z. B. ein System von drei Gleichungen mit drei Unbekannten:

$$a_1\,x + b_1\,y + c_1\,z = d_1\,,$$
$$a_2\,x + b_2\,y + c_2\,z = d_2\,,$$
$$a_3\,x + b_3\,y + c_3\,z = d_3$$

aufzulösen, bildet man zuerst die Nennerdeterminante N, welche für x, y und z dieselbe ist, aus den Koeffizienten der Glieder mit Unbekannten in der Reihenfolge, wie sie in der Gleichung stehen, also

$$\begin{vmatrix} a_1\,b_1\,c_1 \\ a_2\,b_2\,c_2 \\ a_3\,b_3\,c_3 \end{vmatrix} = N\,. \tag{550}$$

Die Zählerdeterminanten erhält man dadurch, daß man in der Nennerdeterminante die a, die b oder die c durch d ersetzt, je nachdem es sich um die Berechnung der Zählerdeterminante für x, für y oder für z handelt. Dann ist:

$$x = \begin{vmatrix} d_1\,b_1\,c_1 \\ d_2\,b_2\,c_2 \\ d_3\,b_3\,c_3 \end{vmatrix} : N\,, \tag{551}$$

$$y = \begin{vmatrix} a_1\,d_1\,c_1 \\ a_2\,d_2\,c_2 \\ a_3\,d_3\,c_3 \end{vmatrix} : N\,, \tag{552}$$

$$z = \begin{vmatrix} a_1\,b_1\,d_1 \\ a_2\,b_2\,d_2 \\ a_3\,b_3\,d_3 \end{vmatrix} : N\,. \tag{553}$$

---

[1] Foerster: Taschenbuch für Bauingenieure, 4. Aufl., S. 49—51.

[2] Mehmke: Leitfaden zum graphischen Rechnen, 1915.

Der Wert einer Determinante wird meistens nach dem allgemeinen Satz über die Auflösung von Determinanten durch fortgesetzte Zerlegung in Unterdeterminanten berechnet; es lautet dieser

Satz: *Eine n-reihige Determinante ist die algebraische Summe von n Produkten, deren erste Faktoren die n Elemente einer beliebigen waagrechten oder senkrechten Reihe, und deren zweite Faktoren die n Unterdeterminanten von $(n-1)$ Reihen, für deren Bildung aus der ursprünglichen Determinante je die beiden Reihen zu streichen sind, in welcher der erste Faktor steht; die Produkte sind abwechslungsweise positiv und negativ zu nehmen.*

Es ist daher:

$$\begin{vmatrix} a_1 & b_1 \\ a_2 & b_2 \end{vmatrix} = a_1 b_2 - a_2 b_1 ,$$

$$\begin{vmatrix} a_1 & b_1 & c_1 \\ a_2 & b_2 & c_2 \\ a_3 & b_3 & c_3 \end{vmatrix} = a_1 \begin{vmatrix} b_2 & c_2 \\ b_3 & c_3 \end{vmatrix} - a_2 \begin{vmatrix} b_1 & c_1 \\ b_3 & c_3 \end{vmatrix} + a_3 \begin{vmatrix} b_1 & c_1 \\ b_2 & c_2 \end{vmatrix}$$

$$\text{oder} \quad = c_3 \begin{vmatrix} a_1 & b_1 \\ a_2 & b_2 \end{vmatrix} - b_3 \begin{vmatrix} a_1 & c_1 \\ a_2 & c_2 \end{vmatrix} + a_3 \begin{vmatrix} b_1 & c_1 \\ b_2 & c_2 \end{vmatrix} ,$$

$$\begin{vmatrix} a_1 & b_1 & c_1 & d_1 \\ a_2 & b_2 & c_2 & d_2 \\ a_3 & b_3 & c_3 & d_3 \\ a_4 & b_4 & c_4 & d_4 \end{vmatrix} = a_1 \begin{vmatrix} b_2 & c_2 & d_2 \\ b_3 & c_3 & d_3 \\ b_4 & c_4 & d_4 \end{vmatrix} - b_1 \begin{vmatrix} c_2 & d_2 & a_2 \\ c_3 & d_3 & a_3 \\ c_4 & d_4 & a_4 \end{vmatrix} + c_1 \begin{vmatrix} d_2 & c_2 & b_2 \\ d_3 & c_3 & b_3 \\ d_4 & c_4 & b_4 \end{vmatrix} - d_1 \begin{vmatrix} a_2 & b_2 & c_2 \\ a_3 & b_3 & c_3 \\ a_4 & b_4 & c_4 \end{vmatrix}$$

$$\text{oder} \quad = a_1 \begin{vmatrix} b_2 & c_2 & d_2 \\ b_3 & c_3 & d_3 \\ b_4 & c_4 & d_4 \end{vmatrix} - a_2 \begin{vmatrix} b_3 & c_3 & d_3 \\ b_4 & c_4 & d_4 \\ b_1 & c_1 & d_1 \end{vmatrix} + a_3 \begin{vmatrix} b_4 & c_4 & d_4 \\ b_1 & c_1 & d_1 \\ b_2 & c_2 & d_2 \end{vmatrix} - a_4 \begin{vmatrix} b_1 & c_1 & d_1 \\ b_2 & c_2 & d_2 \\ b_3 & c_3 & d_3 \end{vmatrix} .$$

Ferner hat man folgende

Nebensätze: 1. Bei Vertauschung einer Zeile (waagrechte Reihe) und einer Kolonne (senkrechte Reihe) ändert die Determinante ihren Wert nicht,

$$\text{also:} \quad \begin{vmatrix} a_1 & b_1 & c_1 \\ a_2 & b_2 & c_2 \\ a_3 & b_3 & c_3 \end{vmatrix} = \begin{vmatrix} a_1 & a_2 & a_3 \\ b_1 & b_2 & b_3 \\ c_1 & c_2 & c_3 \end{vmatrix} .$$

2. Bei Vertauschung zweier paralleler Reihen (waagrechte oder senkrechte) behält die Determinante denselben absoluten Wert, ändert aber ihr Vorzeichen,

$$\text{z. B.} \quad \begin{vmatrix} a_1 & b_1 & c_1 \\ a_2 & b_2 & c_2 \\ a_3 & b_3 & c_3 \end{vmatrix} = - \begin{vmatrix} a_1 & c_1 & b_1 \\ a_2 & c_2 & b_2 \\ a_3 & c_3 & b_3 \end{vmatrix} = - \begin{vmatrix} a_3 & b_3 & c_3 \\ a_1 & b_1 & c_1 \\ a_2 & b_2 & c_2 \end{vmatrix} .$$

3. Multipliziert man alle Elemente einer Reihe mit demselben Faktor, so wird dadurch die Determinante selbst mit diesem Faktor multipliziert,

$$\text{z. B.} \quad \begin{vmatrix} -6 & -8 & -3 \\ -12 & -16 & 0 \\ -12 & -29 & -5 \end{vmatrix} = -6 \cdot \begin{vmatrix} 1 & -8 & -3 \\ 2 & -16 & 0 \\ 2 & -29 & -5 \end{vmatrix} .$$

4. Ändert man die Vorzeichen sämtlicher Elemente irgendeiner Reihe, so behält die Determinante denselben absoluten Wert, ändert aber ihr Vorzeichen,

$$\text{z. B.} \quad -6\begin{vmatrix} 1 & -8 & -3 \\ 2 & -16 & 0 \\ 2 & -29 & -5 \end{vmatrix} = 6\begin{vmatrix} 1 & 8 & -3 \\ 2 & 16 & 0 \\ 2 & 29 & -5 \end{vmatrix} = -6\begin{vmatrix} 1 & 8 & 3 \\ 2 & 16 & 0 \\ 2 & 29 & 5 \end{vmatrix}$$

Es sei nun auf folgende

Reduktions-Sätze[1]

aufmerksam gemacht, mit deren Hilfe die Berechnung des Wertes einer Determinante sich ganz bedeutend vereinfacht.

1. Sind alle Elemente einer Reihe (Zeile oder Kolonne) mit Ausnahme eines einzigen gleich Null, so reduziert sich die Determinante auf das Produkt dieses einen Elementes mit der zu ihm gehörigen Unterdeterminante.

$$\text{So ist z. B.} \quad \begin{vmatrix} a_1 & 0 & 0 \\ a_2 & b_2 & c_2 \\ a_3 & b_3 & c_3 \end{vmatrix} = a_1 \begin{vmatrix} b_2 & c_2 \\ b_3 & c_3 \end{vmatrix},$$

$$\text{ebenso} \quad \begin{vmatrix} a_1 & b_1 & c_1 \\ 0 & b_2 & c_2 \\ 0 & b_3 & c_3 \end{vmatrix} = a_1 \begin{vmatrix} b_2 & c_2 \\ b_3 & c_3 \end{vmatrix}. \tag{553a}$$

2. Der Wert einer Determinante ändert sich nicht, wenn man in dem System der Elemente an Stelle jedes Gliedes einer beliebigen Reihe (Zeile oder Kolonne) die Summe desselben Gliedes und des Produktes des entsprechenden Gliedes einer parallelen Reihe mit demselben beliebigen Faktor setzt.

$$\text{Also z. B.} \quad \begin{vmatrix} a_1 & b_1 & c_1 \\ a_2 & b_2 & c_2 \\ a_3 & b_3 & c_3 \end{vmatrix} = \begin{vmatrix} a_1 & b_1 & c_1 \\ (a_2 + k \cdot a_1) & (b_2 + k \cdot b_1) & (c_2 + k \cdot c_1) \\ (a_3 + m \cdot a_1) & (b_3 + m \cdot b_1) & (c_3 + m \cdot c_1) \end{vmatrix}. \tag{553b}$$

Wählen wir nun die Werte k und m derart, daß

$$a_2 + k \cdot a_1 = 0 \quad \text{und} \quad a_3 + m \cdot a_1 = 0,$$

also

$$k = -\frac{a_2}{a_1} \quad \text{und} \quad m = -\frac{a_3}{a_1},$$

so reduzieren wir damit die Determinante auf diejenige der Gl. (553a), auf welche wir den Reduktionssatz 1 anwenden können und erhalten:

$$\begin{vmatrix} a_1 & b_1 & c_1 \\ 0 & (b_2 + k \cdot b_1) & (c_2 + k \cdot c_1) \\ 0 & (b_3 + m \cdot b_1) & (c_3 + m \cdot c_1) \end{vmatrix} = a_1\{(b_2 + k \cdot b_1)(c_3 + m \cdot c_1) - (b_3 + m \cdot b_1)(c_2 + k \cdot c_1)\}. \tag{553c}$$

Diese Beziehung verwendet man zweckmäßig beim Auflösen von Gleichungen mittels der Determinanten; an Stelle der Zeilen können auch die Kolonnen mit dem beliebigen Faktor multipliziert werden.

---

[1] Schlömilch: Handb. d. Mathem., 2. Aufl., I. Bd., Erstes Buch, § 39.

Um beispielsweise die Determinante

$$\begin{vmatrix} 1 & 5 & 9 & 2 \\ 2 & 4 & 10 & 1 \\ 3 & 3 & 11 & 6 \\ 4 & 8 & 7 & 3 \end{vmatrix} \begin{matrix} \\ -2 \\ -3 \\ -4 \end{matrix}$$

zu berechnen, kann man die erste Zeile der Reihe nach mit -2, -3 und -4 multiplizieren und dann entsprechend zu der zweiten, dritten und vierten Kolonne addieren; die Faktoren schreiben wir zweckmäßig in die Flucht derjenigen Reihe, zu welcher das Produkt addiert werden soll. Man erhält dann

$$\begin{vmatrix} 1 & 5 & 9 & 2 \\ 0 & -6 & -8 & 3 \\ 0 & -12 & -16 & 0 \\ 0 & -12 & -29 & -5 \end{vmatrix} = 1 \begin{vmatrix} -6 & -8 & -3 \\ -12 & -16 & 0 \\ -12 & -29 & -5 \end{vmatrix} \begin{matrix} \\ -2 \\ -2 \end{matrix}$$

Multipliziert man jetzt die erste Zeile der neuen Determinante mit -2 und addiert das Produkt zu der zweiten und dritten Zeile, so erhält man

$$\begin{vmatrix} -6 & -8 & -3 \\ 0 & 0 & +6 \\ 0 & -13 & +1 \end{vmatrix} = -6 \begin{vmatrix} 0 & +6 \\ -13 & +1 \end{vmatrix} = -6 \cdot 6 \cdot 13 = -468.$$

Da in der Praxis an mehrstöckigen Tragwerken (auch „nach der Seite" mehrstöckig) vor allem 2-, 3-, 4- und 5stöckige Rahmen vorkommen, so werden im folgenden noch die Werte der Unbekannten (Maßzahlen) für die zur Berechnung der M^*-Momente an diesen Rahmen anzuschreibenden

2 Systeme von 2 Gleichungen mit 2 Unbekannten
3 „ „ 3 „ „ 3 „
4 „ „ 4 „ „ 4 „
5 „ „ 5 „ „ 5 „

in geschlossenen Ausdrücken angegeben.

a) 2 Systeme von 2 Gleichungen mit 2 Unbekannten.

$$\left. \begin{matrix} a_1 x_1 + b_1 y_1 = 1 \\ a_2 x_1 + b_2 y_1 = 0 \end{matrix} \right\} \text{System 1,}$$

$$\left. \begin{matrix} a_1 x_2 + b_1 y_2 = 0 \\ a_2 x_2 + b_2 y_2 = 1 \end{matrix} \right\} \text{System 2.}$$

Lösung:

$$x_1 = \frac{b_2}{a_1 b_2 - a_2 b_1}; \qquad y_1 = \frac{-a_2}{a_1 b_2 - a_2 b_1}. \tag{554}$$

$$x_2 = \frac{-b_1}{a_1 b_2 - a_2 b_1}; \qquad y_2 = \frac{a_1}{a_1 b_2 - a_2 b_1}. \tag{555}$$

b) 3 Systeme von 3 Gleichungen mit 3 Unbekannten.

$$\left. \begin{matrix} a_1 x_1 + b_1 y_1 + c_1 z_1 = 1 \\ a_2 x_1 + b_2 y_1 + c_2 z_1 = 0 \\ a_3 x_1 + b_3 y_1 + c_3 z_1 = 0 \end{matrix} \right\} \text{System 1.}$$

$$\left.\begin{aligned}
a_1\,x_2 + b_1\,y_2 + c_1\,z_2 &= 0\\
a_2\,x_2 + b_2\,y_2 + c_2\,z_2 &= 1\\
a_3\,x_2 + b_3\,y_2 + c_3\,z_2 &= 0
\end{aligned}\right\}\quad \text{System 2.}$$

$$\left.\begin{aligned}
a_1\,x_3 + b_1\,y_3 + c_1\,z_3 &= 0\\
a_2\,x_3 + b_2\,y_3 + c_2\,z_3 &= 0\\
a_3\,x_3 + b_3\,y_3 + c_3\,z_3 &= 1
\end{aligned}\right\}\quad \text{System 3.}$$

Lösung:

$$\left.\begin{aligned}
x_1 &= \frac{X_1}{N}, & y_1 &= \frac{Y_1}{N}, & z_1 &= \frac{Z_1}{N}\\[2mm]
x_2 &= \frac{X_2}{N}, & y_2 &= \frac{Y_2}{N}, & z_2 &= \frac{Z_2}{N}\\[2mm]
x_3 &= \frac{X_3}{N}, & y_3 &= \frac{Y_3}{N}, & z_3 &= \frac{Z_3}{N}
\end{aligned}\right\}\tag{556}$$

worin:

$$\left.\begin{aligned}
X_1 &= + (b_2\,c_3 - b_3\,c_2)\\
Y_1 &= - (a_2\,c_3 - a_3\,c_2)\\
Z_1 &= + (a_2\,b_3 - a_3\,b_2)
\end{aligned}\right\}\tag{557}$$

$$\left.\begin{aligned}
X_2 &= - (b_1\,c_3 - b_3\,c_1)\\
Y_2 &= + (a_1\,c_3 - a_3\,c_1)\\
Z_2 &= - (a_1\,b_3 - a_3\,b_1)
\end{aligned}\right\}\tag{558}$$

$$\left.\begin{aligned}
X_3 &= + (b_1\,c_2 - b_2\,c_1)\\
Y_3 &= - (a_1\,c_2 - a_2\,c_1)\\
Z_3 &= + (a_1\,b_2 - a_2\,b_1)
\end{aligned}\right\}\tag{559}$$

$$\left.\begin{aligned}
N &= a_1\,X_1 \;+ a_2\,X_2 + a_3\,X_3\\
&= b_1\,Y_1 \;+ b_2\,Y_2 + b_3\,Y_3\\
&= c_1\,Z_1 \;+ c_2\,Z_2 + c_3\,Z_3\\
&= a_1\,(b_2\,c_3 - b_3\,c_2) - a_2\,(b_1\,c_3 - b_3\,c_1) + a_3\,(b_1\,c_2 - b_2\,c_1)
\end{aligned}\right\}\tag{560}$$

c) 4 Systeme von 4 Gleichungen mit 4 Unbekannten.

$$\left.\begin{aligned}
a_1\,x_1 + b_1\,y_1 + c_1\,z_1 + d_1\,v_1 &= 1\\
a_2\,x_1 + b_2\,y_1 + c_2\,z_1 + d_2\,v_1 &= 0\\
a_3\,x_1 + b_3\,y_1 + c_3\,z_1 + d_3\,v_1 &= 0\\
a_4\,x_1 + b_4\,y_1 + c_4\,z_1 + d_4\,v_1 &= 0
\end{aligned}\right\}\quad \text{System 1.}$$

$$\left.\begin{aligned}
a_1\,x_2 + b_1\,y_2 + c_1\,z_2 + d_1\,v_2 &= 0\\
a_2\,x_2 + b_2\,y_2 + c_2\,z_2 + d_2\,v_2 &= 1\\
a_3\,x_2 + b_3\,y_2 + c_3\,z_2 + d_3\,v_2 &= 0\\
a_4\,x_2 + b_4\,y_2 + c_4\,z_2 + d_4\,v_2 &= 0
\end{aligned}\right\}\quad \text{System 2.}$$

$$\left.\begin{aligned}
a_1\,x_3 + b_1\,y_3 + c_1\,z_3 + d_1\,v_3 &= 0\\
a_2\,x_3 + b_2\,y_3 + c_2\,z_3 + d_2\,v_3 &= 0\\
a_3\,x_3 + b_3\,y_3 + c_3\,z_3 + d_3\,v_3 &= 1\\
a_4\,x_3 + b_4\,y_3 + c_4\,z_3 + d_4\,v_3 &= 0
\end{aligned}\right\}\quad \text{System 3.}$$

$$\left.\begin{aligned}
a_1\,x_4 + b_1\,y_4 + c_1\,z_4 + d_1\,v_4 &= 0\\
a_2\,x_4 + b_2\,y_4 + c_2\,z_4 + d_2\,v_4 &= 0\\
a_3\,x_4 + b_3\,y_4 + c_3\,z_4 + d_3\,v_4 &= 0\\
a_4\,x_4 + b_4\,y_4 + c_4\,z_4 + d_4\,v_4 &= 1
\end{aligned}\right\}\quad \text{System 4.}$$

Lösung:

$$x_1 = \frac{X_1}{N}, \qquad y_1 = \frac{Y_1}{N}, \qquad z_1 = \frac{Z_1}{N}, \qquad v_1 = \frac{V_1}{N}$$
$$x_2 = \frac{X_2}{N}, \qquad y_2 = \frac{Y_2}{N}, \qquad z_2 = \frac{Z_2}{N}, \qquad v_2 = \frac{V_2}{N}$$
$$x_3 = \frac{X_3}{N}, \qquad y_3 = \frac{Y_3}{N}, \qquad z_3 = \frac{Z_3}{N}, \qquad v_3 = \frac{V_3}{N}$$
$$x_4 = \frac{X_4}{N}, \qquad y_4 = \frac{Y_4}{N}, \qquad z_4 = \frac{Z_4}{N}, \qquad v_4 = \frac{V_4}{N} \tag{561}$$

worin

$$X_1 = + b_2(\underbrace{c_3\,d_4 - c_4\,d_3}_{=\,k_2}) - b_3(\underbrace{c_2\,d_4 - c_4\,d_2}_{=\,k_3}) + b_4(\underbrace{c_2\,d_3 - c_3\,d_2}_{=\,k_4})$$
$$Y_1 = - a_2 \cdot k_2 + a_3 \cdot k_3 - a_4 \cdot k_4$$
$$Z_1 = + d_2(\underbrace{a_3\,b_4 - a_4\,b_3}_{=\,m_2}) - d_3(\underbrace{a_2\,b_4 - a_4\,b_2}_{=\,m_3}) + d_4(\underbrace{a_2\,b_3 - a_2\,b_2}_{=\,m_4})$$
$$V_1 = - c_2 \cdot m_2 + c_3 \cdot m_3 - c_4 \cdot m_4 \tag{562}$$

$$X_2 = - b_1(\underbrace{c_3\,d_4 - c_4\,d_3}_{=\,n_1\,=\,k_2}) + b_3(\underbrace{c_1\,d_4 - c_4\,d_1}_{=\,n_3}) - b_4(\underbrace{c_1\,d_3 - c_3\,d_1}_{=\,n_4})$$
$$Y_2 = + a_1 \cdot n_1 - a_3 \cdot n_3 + a_4 \cdot n_4$$
$$Z_2 = - d_1(\underbrace{a_3\,b_4 - a_4\,b_3}_{=\,p_1}) + d_3(\underbrace{a_1\,b_4 - a_4\,b_1}_{=\,p_3}) - d_4(\underbrace{a_1\,b_3 - a_3\,b_1}_{=\,p_4})$$
$$V_2 = + c_1 \cdot p_1 - c_3 \cdot p_3 + c_4 \cdot p_4 \tag{563}$$

$$X_3 = + b_1(\underbrace{c_2\,d_4 - c_4\,d_2}_{=\,q_1\,=\,k_2}) - b_2(\underbrace{c_1\,d_4 - c_4\,d_1}_{=\,q_2\,=\,n_3}) + b_4(\underbrace{c_1\,d_2 - c_2\,d_1}_{=\,q_4})$$
$$Y_3 = - a_1 \cdot q_1 + a_2 \cdot q_2 - a_4 \cdot q_4$$
$$Z_3 = + d_1(\underbrace{a_2\,b_4 - a_4\,b_2}_{=\,r_1}) - d_2(\underbrace{a_1\,b_4 - a_4\,b_1}_{=\,r_2}) + d_4(\underbrace{a_1\,b_2 - a_2\,b_1}_{=\,r_4})$$
$$V_3 = - c_1 \cdot r_1 + c_2 \cdot r_2 - c_4 \cdot r_4 \tag{564}$$

$$X_4 = - b_1(\underbrace{c_2\,d_3 - c_3\,d_2}_{=\,s_1}) + b_2(\underbrace{c_1\,d_3 - c_3\,d_1}_{=\,s_2}) - b_3(\underbrace{c_1\,d_2 - c_2\,d_1}_{=\,s_3\,=\,q_4})$$
$$Y_4 = + a_1 \cdot s_1 - a_2 \cdot s_2 + a_3 \cdot s_3$$
$$Z_4 = - d_1(\underbrace{a_2\,b_3 - a_3\,b_2}_{=\,t_1}) + d_2(\underbrace{a_1\,b_3 - a_3\,b_1}_{=\,t_2}) - d_3(\underbrace{a_1\,b_2 - a_2\,b_1}_{=\,t_3})$$
$$V_4 = + c_1 \cdot t_1 - c_2 \cdot t_2 + c_3 \cdot t_3 \tag{565}$$

$$N = a_1 X_1 + a_2 X_2 + a_3 X_3 + a_4 X_4;$$
$$= b_1 Y_1 + b_2 Y_2 + b_3 Y_3 + b_4 Y_4;$$
$$= c_1 Z_1 + c_2 Z_2 + c_3 Z_3 + c_4 Z_4;$$
$$= d_1 V_1 + d_2 V_2 + d_3 V_3 + d_4 V_4;$$
$$= a_1(b_2 \cdot k_2 - b_3 \cdot k_3 + b_4 \cdot k_4)$$
$$- a_2(b_1 \cdot n_1 - b_3 \cdot n_3 + b_4 \cdot n_4)$$
$$+ a_3(b_1 \cdot q_1 - b_2 \cdot q_2 + b_4 \cdot q_4)$$
$$- a_4(b_1 \cdot s_1 - b_2 \cdot s_2 + b_3 \cdot s_3). \tag{566}$$

d) 5 Systeme von 5 Gleichungen mit 5 Unbekannten.

$$\left.\begin{aligned}
a_1 x_1 + b_1 y_1 + c_1 z_1 + d_1 v_1 + e_1 w_1 &= 1\\
a_2 x_1 + b_2 y_1 + c_2 z_1 + d_2 v_1 + e_2 w_1 &= 0\\
a_3 x_1 + b_3 y_1 + c_3 z_1 + d_3 v_1 + e_3 w_1 &= 0\\
a_4 x_1 + b_4 y_1 + c_4 z_1 + d_4 v_1 + e_4 w_1 &= 0\\
a_5 x_1 + b_5 y_1 + c_5 z_1 + d_5 v_1 + e_5 w_1 &= 0
\end{aligned}\right\} \quad \text{System 1.}$$

$$\left.\begin{aligned}
a_1 x_2 + b_1 y_2 + c_1 z_2 + d_1 v_2 + e_1 w_2 &= 0\\
a_2 x_2 + b_2 y_2 + c_2 z_2 + d_2 v_2 + e_2 w_2 &= 1\\
a_3 x_2 + b_3 y_2 + c_3 z_2 + d_3 v_2 + e_3 w_2 &= 0\\
a_4 x_2 + b_4 y_2 + c_4 z_2 + d_4 v_2 + e_4 w_2 &= 0\\
a_5 x_2 + b_5 y_2 + c_5 z_2 + d_5 v_2 + e_5 w_2 &= 0
\end{aligned}\right\} \quad \text{System 2.}$$

$$\left.\begin{aligned}
a_1 x_3 + b_1 y_3 + c_1 z_3 + d_1 v_3 + e_1 w_3 &= 0\\
a_2 x_3 + b_2 y_3 + c_2 z_3 + d_2 v_3 + e_2 w_3 &= 0\\
a_3 x_3 + b_3 y_3 + c_3 z_3 + d_3 v_3 + e_3 w_3 &= 1\\
a_4 x_3 + b_4 y_3 + c_4 z_3 + d_4 v_3 + e_4 w_3 &= 0\\
a_5 x_3 + b_5 y_3 + c_5 z_3 + d_5 v_3 + e_5 w_3 &= 0
\end{aligned}\right\} \quad \text{System 3.}$$

$$\left.\begin{aligned}
a_1 x_4 + b_1 y_4 + c_1 z_4 + d_1 v_4 + e_1 w_4 &= 0\\
a_2 x_4 + b_2 y_4 + c_2 z_4 + d_2 v_4 + e_2 w_4 &= 0\\
a_3 x_4 + b_3 y_4 + c_3 z_4 + d_3 v_4 + e_3 w_4 &= 0\\
a_4 x_4 + b_4 y_4 + c_4 z_4 + d_4 v_4 + e_4 w_4 &= 1\\
a_5 x_4 + b_5 y_4 + c_5 z_4 + d_5 v_4 + e_5 w_4 &= 0
\end{aligned}\right\} \quad \text{System 4.}$$

$$\left.\begin{aligned}
a_1 x_5 + b_1 y_5 + c_1 z_5 + d_1 v_5 + e_1 w_5 &= 0\\
a_2 x_5 + b_2 y_5 + c_2 z_5 + d_2 v_5 + e_2 w_5 &= 0\\
a_3 x_5 + b_3 y_5 + c_3 z_5 + d_3 v_5 + e_3 w_5 &= 0\\
a_4 x_5 + b_4 y_5 + c_4 z_5 + d_4 v_5 + e_4 w_5 &= 0\\
a_5 x_5 + b_5 y_5 + c_5 z_5 + d_5 v_5 + e_5 w_5 &= 1
\end{aligned}\right\} \quad \text{System 5.}$$

Lösung:

$$\left.\begin{aligned}
x_1 &= \frac{X_1}{N}, & y_1 &= \frac{Y_1}{N}, & z_1 &= \frac{Z_1}{N}, & v_1 &= \frac{V_1}{N}, & w_1 &= \frac{W_1}{N}\\[4pt]
x_2 &= \frac{X_2}{N}, & y_2 &= \frac{Y_2}{N}, & z_2 &= \frac{Z_2}{N}, & v_2 &= \frac{V_2}{N}, & w_2 &= \frac{W_2}{N}\\[4pt]
x_3 &= \frac{X_3}{N}, & y_3 &= \frac{Y_3}{N}, & z_3 &= \frac{Z_3}{N}, & v_3 &= \frac{V_3}{N}, & w_3 &= \frac{W_3}{N}\\[4pt]
x_4 &= \frac{X_4}{N}, & y_4 &= \frac{Y_4}{N}, & z_4 &= \frac{Z_4}{N}, & v_4 &= \frac{V_4}{N}, & w_4 &= \frac{W_4}{N}\\[4pt]
x_5 &= \frac{X_5}{N}, & y_5 &= \frac{Y_5}{N}, & z_5 &= \frac{Z_5}{N}, & v_5 &= \frac{V_5}{N}, & w_5 &= \frac{W_5}{N}
\end{aligned}\right\} \quad (567)$$

hierin ist einzusetzen:

$$\left.\begin{aligned}
X_1 &= + b_2\,C_1 \; - b_3\,C_2 \; + b_4\,C_3 \; - b_5\,C_4 \\
Y_1 &= - a_2\,C_1 \; + a_3\,C_2 \; - a_4\,C_3 \; + a_5\,C_4 \\
Z_1 &= + a_2\,C_5 \; - a_3\,C_6 \; + a_4\,C_7 \; - a_5\,C_8 \\
V_1 &= - a_2\,C_9 \; + a_3\,C_{10} - a_4\,C_{11} + a_5\,C_{12} \\
W_1 &= + a_2\,C_{13} - a_3\,C_{14} + a_4\,C_{15} - a_5\,C_{16}
\end{aligned}\right\} \text{System 1.} \qquad (568)$$

$$\left.\begin{aligned}
X_2 &= - b_1\,C_1 \; + b_3\,C_{17} - b_4\,C_{18} + b_5\,C_{19} \\
Y_2 &= + a_1\,C_1 \; - a_3\,C_{17} + a_4\,C_{18} - a_5\,C_{19} \\
Z_2 &= - a_1\,C_5 \; + a_3\,C_{20} - a_4\,C_{21} + a_5\,C_{22} \\
V_2 &= + a_1\,C_9 \; - a_3\,C_{23} + a_4\,C_{24} - a_5\,C_{25} \\
W_2 &= - a_1\,C_{13} + a_3\,C_{26} - a_4\,C_{27} + a_5\,C_{28}
\end{aligned}\right\} \text{System 2.} \qquad (569)$$

$$\left.\begin{aligned}
X_3 &= + b_1\,C_2 \; - b_2\,C_{17} + b_4\,C_{29} - b_5\,C_{30} \\
Y_3 &= - a_1\,C_2 \; + a_2\,C_{17} - a_4\,C_{29} + a_5\,C_{30} \\
Z_3 &= + a_1\,C_6 \; - a_2\,C_{20} + a_4\,C_{31} - a_5\,C_{32} \\
V_3 &= - a_1\,C_{10} + a_2\,C_{23} - a_4\,C_{33} + a_5\,C_{34} \\
W_3 &= + a_1\,C_{14} - a_2\,C_{26} + a_4\,C_{35} - a_5\,C_{36}
\end{aligned}\right\} \text{System 3.} \qquad (570)$$

$$\left.\begin{aligned}
X_4 &= - b_1\,C_3 \; + b_2\,C_{37} - b_3\,C_{38} + b_5\,C_{39} \\
Y_4 &= + a_1\,C_3 \; - a_2\,C_{37} + a_3\,C_{38} - a_5\,C_{39} \\
Z_4 &= - a_1\,C_7 \; + a_2\,C_{21} - a_3\,C_{31} + a_5\,C_{40} \\
V_4 &= + a_1\,C_{11} - a_2\,C_{24} + a_3\,C_{33} - a_5\,C_{41} \\
W_4 &= - a_1\,C_{15} + a_2\,C_{27} - a_3\,C_{35} + a_5\,C_{42}
\end{aligned}\right\} \text{System 4.} \qquad (571)$$

$$\left.\begin{aligned}
X_5 &= + b_1\,C_4 \; - b_2\,C_{43} + b_3\,C_{44} - b_4\,C_{45} \\
Y_5 &= - a_1\,C_4 \; + a_2\,C_{43} - a_3\,C_{44} + a_4\,C_{45} \\
Z_5 &= + a_1\,C_8 \; - a_2\,C_{22} + a_3\,C_{32} - a_4\,C_{40} \\
V_5 &= - a_1\,C_{12} + a_2\,C_{25} - a_3\,C_{34} + a_4\,C_{41} \\
W_5 &= + a_1\,C_{16} - a_2\,C_{28} + a_3\,C_{36} - a_4\,C_{42}
\end{aligned}\right\} \text{System 5.} \qquad (572)$$

$$\left.\begin{aligned}
k_1 &= b_1\,c_2 - b_2\,c_1 & \qquad k_{11} &= d_1\,e_2 - d_2\,e_1 \\
k_2 &= b_1\,c_3 - b_3\,c_1 & k_{12} &= d_1\,e_3 - d_3\,e_1 \\
k_3 &= b_1\,c_4 - b_4\,c_1 & k_{13} &= d_1\,e_4 - d_4\,e_1 \\
k_4 &= b_1\,c_5 - b_5\,c_1 & k_{14} &= d_1\,e_5 - d_5\,e_1 \\
k_5 &= b_2\,c_3 - b_3\,c_2 & k_{15} &= d_2\,e_3 - d_3\,e_2 \\
k_6 &= b_2\,c_4 - b_4\,c_2 & k_{16} &= d_2\,e_4 - d_4\,e_2 \\
k_7 &= b_2\,c_5 - b_5\,c_2 & k_{17} &= d_2\,e_5 - d_5\,e_2 \\
k_8 &= b_3\,c_4 - b_4\,c_3 & k_{18} &= d_3\,e_4 - d_4\,e_3 \\
k_9 &= b_3\,c_5 - b_5\,c_3 & k_{19} &= d_3\,e_5 - d_5\,e_3 \\
k_{10} &= b_4\,c_5 - b_5\,c_4 & k_{20} &= d_4\,e_5 - d_5\,e_4
\end{aligned}\right\} \qquad (573)$$

$$\left.\begin{aligned}
C_1 &= c_3 k_{20} - c_4 k_{19} + c_5 k_{18} & C_{16} &= d_2 k_8 - d_3 k_6 + d_4 k_5 & C_{31} &= b_1 k_{17} - b_2 k_{14} + b_5 k_{11}\\
C_2 &= c_2 k_{20} - c_4 k_{17} + c_5 k_{16} & C_{17} &= c_1 k_{20} - c_4 k_{14} + c_5 k_{13} & C_{32} &= b_1 k_{16} - b_2 k_{13} + b_4 k_{11}\\
C_3 &= c_2 k_{19} - c_3 k_{17} + c_5 k_{15} & C_{18} &= c_1 k_{19} - c_3 k_{14} + c_5 k_{12} & C_{33} &= e_1 k_7 - e_2 k_4 + e_5 k_1\\
C_4 &= c_2 k_{18} - c_3 k_{16} + c_4 k_{15} & C_{19} &= c_1 k_{18} - c_3 k_{13} + c_4 k_{12} & C_{34} &= e_1 k_6 - e_2 k_3 + e_4 k_1\\
C_5 &= b_3 k_{20} - b_4 k_{19} + b_5 k_{18} & C_{20} &= b_1 k_{20} - b_4 k_{14} + b_5 k_{13} & C_{35} &= d_1 k_7 - d_2 k_4 + d_5 k_1\\
C_6 &= b_2 k_{20} - b_4 k_{17} + b_5 k_{16} & C_{21} &= b_1 k_{19} - b_3 k_{14} + b_5 k_{12} & C_{36} &= d_1 k_6 - d_2 k_3 + d_4 k_1\\
C_7 &= b_2 k_{19} - b_3 k_{17} + b_5 k_{15} & C_{22} &= b_1 k_{18} - b_3 k_{13} + b_4 k_{12} & C_{37} &= c_1 k_{19} - c_3 k_{14} + c_5 k_{12}\\
C_8 &= b_2 k_{18} - b_3 k_{16} + b_4 k_{15} & C_{23} &= e_1 k_{10} - e_4 k_4 + e_5 k_3 & C_{38} &= c_1 k_{17} - c_2 k_{14} + c_5 k_{11}\\
C_9 &= e_3 k_{10} - e_4 k_9 + e_5 k_8 & C_{24} &= e_1 k_9 - e_3 k_4 + e_5 k_2 & C_{39} &= c_1 k_{15} - c_2 k_{12} + c_3 k_{11}\\
C_{10} &= e_2 k_{10} - e_4 k_7 + e_5 k_6 & C_{25} &= e_1 k_8 - e_3 k_3 + e_4 k_2 & C_{40} &= b_1 k_{15} - b_2 k_{12} + b_3 k_{11}\\
C_{11} &= e_2 k_9 - e_3 k_7 + e_5 k_5 & C_{26} &= d_1 k_{10} - d_4 k_4 + d_5 k_3 & C_{41} &= e_1 k_5 - e_2 k_2 + e_3 k_1\\
C_{12} &= e_2 k_8 - e_3 k_6 + e_4 k_5 & C_{27} &= d_1 k_9 - d_3 k_4 + d_5 k_2 & C_{42} &= d_1 k_5 - d_2 k_2 + d_3 k_1\\
C_{13} &= d_3 k_{10} - d_4 k_9 + d_5 k_8 & C_{28} &= d_1 k_8 - d_3 k_3 + d_4 k_2 & C_{43} &= c_1 k_{18} - c_3 k_{13} + c_4 k_{12}\\
C_{14} &= d_2 k_{10} - d_4 k_7 + d_5 k_6 & C_{29} &= c_1 k_{17} - c_2 k_{14} + c_5 k_{11} & C_{44} &= c_1 k_{16} - c_2 k_{13} + c_4 k_{11}\\
C_{15} &= d_2 k_9 - d_3 k_7 + d_5 k_5 & C_{30} &= c_1 k_{16} - c_2 k_{13} + c_4 k_{11} & C_{45} &= c_1 k_{15} - c_2 k_{12} + c_3 k_{11}
\end{aligned}\right\} \quad (573\,\mathrm{a})$$

$$\left.\begin{aligned}
N &= a_1 X_1 + a_2 X_2 + a_3 X_3 + a_4 X_4 + a_5 X_5; & N &= b_1 Y_1 + b_2 Y_2 + b_3 Y_3 + b_4 Y_4 + b_5 Y_5;\\
N &= c_1 Z_1 + c_2 Z_2 + c_3 Z_3 + c_4 Z_4 + c_5 Z_5; & N &= d_1 V_1 + d_2 V_2 + d_3 V_3 + d_4 V_4 + d_5 V_5;\\
\end{aligned}\right\} \quad (574)$$
$$N = e_1 W_1 + e_2 W_2 + e_3 W_3 + e_4 W_4 + e_5 W_5.$$

b) Gaußscher Algorithmus.

Das allgemein unter dem Namen Gaußscher Algorithmus bekannte Auflösungsverfahren für lineare Gleichungssysteme mit mehreren Unbekannten beruht auf der systematischen Elimination der Unbekannten. Durch bestimmte Rechnungsvorschriften ist es Gauß gelungen, die Auflösungsarbeit solcher Systeme auf ein Minimum zu reduzieren. Weiter hat diese Methode die großen Vorteile der Übersichtlichkeit (vgl. Tabellen Tafel II und XI)[1] der Rechnungskontrollen und des Herabsetzens der Rechnungsungenauigkeiten. Auf diese einzelnen Punkte wird weiter unten während der Entwicklung des Verfahrens eingegangen.

Schon ein oberflächlicher Vergleich zwischen der Determinanten- und der Gaußschen Methode läßt diese für Systeme von 4 und mehr Unbekannten als die geeignetere erscheinen.

Vorerst soll die Auflösung des folgenden allgemeinen Systemes gezeigt werden, ohne Berücksichtigung der speziellen Verhältnisse bei der Ermittelung der M^*-Momente.

$$(aa) X_1 + (ab) X_2 + (ac) X_3 + \cdots + (ak) X_k + \cdots + (an) X_n + (ao) = 0, \quad (1)$$
$$(ba) X_1 + (bb) X_2 + (bc) X_3 + \cdots + (bk) X_k + \cdots + (bn) X_n + (bo) = 0, \quad (2)$$
$$(ca) X_1 + (cb) X_2 + (cc) X_3 + \cdots + (ck) X_k + \cdots + (cn) X_n + (co) = 0, \quad (3)$$
$$\vdots$$
$$(ka) X_1 + (kb) X_2 + (kc) X_3 + \cdots + (kk) X_k + \cdots + (kn) X_n + (ko) = 0, \quad (k)$$
$$\vdots$$
$$(na) X_1 + (nb) X_2 + (nc) X_3 + \cdots + (nk) X_k + \cdots + (nn) X_n + (no) = 0. \quad (n)$$

---

[1] Die Tafeln II von Band I und XI von Band II befinden sich am Schluß des Buches.

In der gewählten Bezeichnung der Koeffizienten zeigt der erste Buchstabe die Zeile an, der zweite die Kolonne in der sich die Vorzahl befindet.

In der allgemein üblichen abgekürzten Form lautet obiges Gleichungssystem:

	Unbekannte						Absolut-glieder
	X_1	X_2	X_3		X_k		X_n	
(1)	(aa)	(ab)	(ac)	....	(ak)	....	(an)	(ao)
(2)	(ba)	(bb)	(bc)	....	(bk)	....	(bn)	(bo)
(3)	(ca)	(cb)	(cc)	....	(ck)	....	(cn)	(co)
	$\vdots$	$\vdots$	$\vdots$		$\vdots$		$\vdots$	$\vdots$
(k)	(ka)	(kb)	(kc)	....	(kk)	....	(kn)	(ko)
	$\vdots$	$\vdots$	$\vdots$		$\vdots$		$\vdots$	$\vdots$
(n)	(na)	(nb)	(nc)	....	(nk)	....	(nn)	(no)

Für die ganze folgende Untersuchung wird diese übersichtliche Darstellung verwendet, die klar die Matrix (Vorzahlen der Unbekannten) von den Absolut-Gliedern trennt.

Wir zeigen nun den allgemeinen Gaußschen Algorithmus oder das allgemeine Gaußsche Reduktionsverfahren an einem Beispiel mit 3 Unbekannten, um dann die erkannten Regeln für den allgemeinen Fall umzuarbeiten.

Die 3 Gleichungen mit den 3 Unbekannten lauten:

	X_1	X_2	X_3	Absolut-glieder
(1)	(aa)	(ab)	(ac)	(ao)
(2)	(ba)	(bb)	(bc)	(bo)
(3)	(ca)	(cb)	(cc)	(co)

Gleichung (1), die wir konsequenterweise als nullte Reduktionsstufe bezeichnen, wird mit $-\dfrac{(ba)}{(aa)}$ multipliziert und dazu Gleichung (2) addiert. Die einmal reduzierte zweite Gleichung lautet:

$$\left\{-\frac{(ba)}{(aa)}\cdot(aa)+(ba)\right\}X_1+\left\{-\frac{(ba)}{(aa)}\cdot(ab)+(bb)\right\}X_2 \tag{I}$$

$$+\left\{-\frac{(ba)}{(aa)}\cdot(ac)+(bc)\right\}X_3+\left\{-\frac{(ba)}{(aa)}\cdot(ao)+(bo)\right\}=0.$$

In dieser Gleichung verschwindet X_1 und sie lautet unter Verwendung der gebräuchlichen Bezeichnung der einmal reduzierten Koeffizienten:

$$(bb\cdot1)X_2+(bc\cdot1)X_3+(bo\cdot1)=0. \tag{I}$$

Wird nun Gleichung (1) mit $-\dfrac{(ca)}{(aa)}$ multipliziert und zu Gleichung (3) addiert, so lautet die einmal reduzierte dritte Gleichung:

$$(cb\cdot1)X_2+(cc\cdot1)X_3+(co\cdot1)=0. \tag{Ia}$$

Aus den beiden Gleichungen (I) und (Ia) wird X_2 eliminiert, indem die mit $-\dfrac{(cb\cdot1)}{(bb\cdot1)}$ multiplizierte Gleichung (I) zu (Ia) addiert wird. Das Resultat dieser Operation ist die zweimal reduzierte Gleichung:

$$\left\{-\frac{(cb\cdot1)}{(bb\cdot1)}\cdot(bc\cdot1)+(cc\cdot1)\right\}X_3+\left\{-\frac{(cb\cdot1)}{(bb\cdot1)}\cdot(bo\cdot1)+(co\cdot1)\right\}=0 \tag{II}$$

oder mit den üblichen Bezeichnungen:

$$(cc\cdot2)\cdot X_3+(co\cdot2)=0. \tag{II}$$

Diese zweimal reduzierte Gleichung wird direkt erhalten, ohne Anschreiben der Gleichung (I a), wenn zu der Gleichung (3) die mit $-\dfrac{(a\,c)}{(a\,a)}$ multiplizierte nullte Reduktionsstufe und die mit $-\dfrac{(c\,b\cdot 1)}{(b\,b\cdot 1)}$ multiplizierte erste Reduktionsstufe addiert wird. Das Gaußsche Eliminationsverfahren verlangt also nicht die Kenntnis aller Zwischenkoeffizienten, sondern es genügt allein den Koeffizienten $(c\,b\cdot 1)$ dieser Zwischenreduktionsstufe zu ermitteln.

Aus Gleichung (II) ist $X_3 = -\dfrac{(c\,o\cdot 2)}{(c\,c\cdot 2)}$ bekannt. Durch Einsetzen von X_3 in die erste Reduktionsstufe wird X_2 erhalten.

$$X_2 = -\frac{(b\,o\cdot 1)}{(b\,b\cdot 1)}\,\frac{(b\,c\cdot 1)}{(b\,b\cdot 1)}\cdot X_3.$$

Aus der nullten Reduktionsstufe ergibt sich endlich

$$X_1 = -\frac{(a\,o)}{(a\,a)} - \frac{(a\,b)}{(a\,a)}\cdot X_2 - \frac{(a\,c)}{(a\,a)}\cdot X_3.$$

Die am speziellen Beispiel gemachten Erfahrungen lassen sich in folgenden Sätzen verallgemeinern:

1. Die Gleichung der k-Reduktionsstufe beginnt mit X_k.

2. Die Vorzahlen von X_k, $X_{k-1} \ldots X_n$ werden erhalten durch Addition der darüberstehenden Vorzahlen, der mit den Reduktionskoeffizienten multiplizierten Gleichungen der nullten bis $(k-1)$ten Reduktionsstufe.

3. Der Nenner der Reduktionskoeffizienten enthält die Vorzahlen der rechtsfallenden Diagonalen (Hauptdiagonalen), der Zähler ergibt sich aus der negativ genommenen Reduktion der folgenden Gleichungen links der Hauptdiagonalen.

4. Die aufeinanderfolgenden reduzierten Gleichungen der nullten bis $(n-1)$ten Reduktionsstufe bilden ein System von Rekursionsgleichungen mit dreieckförmiger Matrix.

5. Aus der letzten Gleichung ergibt sich die Unbekannte rechts außen X_n, und durch schrittweises Rückwärtseinsetzen in die Reduktionsgleichungen folgen die übrigen Unbekannten in der Reihenfolge von X_{n-1} bis X_1. (Durch Vertauschen der Kolonnen kann die Reihenfolge, in der die Unbekannten ermittelt werden, beliebig festgelegt werden.)

Einleitend wurde hervorgehoben, daß ein bedeutender Vorteil der Gaußschen Methode die leicht durchzuführenden Rechnungsproben sind. Jede Reduktionsgleichung kann auf Rechnungsfehler geprüft werden durch Ermittelung ihrer Quersummen und durch deren Reduktion nach demselben Prinzip, wie die der Vorzahlen und Belastungsglieder. Wir bezeichnen die Quersummen der einzelnen Zeilen durch den zweiten Buchstaben s. Es bedeutet demnach $(a\,s)$ die Quersumme der Gleichung (1), $(b\,s)$ diejenige der Gleichung (2) usw. bis $(n\,s)$ diejenige der Gleichung n. Ebenso bezeichnet $(b\,s\cdot 1)$ die Quersumme der ersten Reduktionsgleichung, $(c\,s\cdot 2)$ diejenige der zweiten Reduktionsgleichung usw.

Es läßt sich leicht einsehen, daß in dem gewählten Beispiel für die erste Reduktionsstufe gelten muß:

$$(b\,s\cdot 1) = (b\,b\cdot 1) + (b\,c\cdot 1) = (b\,s) - \frac{(b\,a)}{(a\,a)}\cdot (a\,s)$$

und analog für die zweite Reduktionsstufe:

$$(c\,s\cdot 2) = (c\,c\cdot 2) = (c\,s) - \frac{(c\,a)}{(a\,a)}\cdot (a\,s) - \frac{(c\,b\cdot 1)}{(b\,b\cdot 1)}\cdot (b\,s\cdot 1).$$

Selbstredend können in die Kontrolle auch die Absolutglieder einbezogen werden; doch wird es sich empfehlen, wenn mehrere Systeme mit derselben Matrix zu behandeln sind, diese Kontrolle nur auf die linke Seite der Tabelle auszudehnen, da die Reduktion der Absolutglieder leicht für sich nachgerechnet werden können.

Als weiterer Vorteil der Gaußschen Reduktionsmethode wurde oben die Verminderung der Fehlerempfindlichkeit aufgeführt. Es ist klar, daß je kleiner die Reduktionskoeffizienten werden, um so geringer auch die Rechnungsungenauigkeiten werden müssen. Ordnen wir die größten Vorzahlen in der Hauptdiagonalen an, so fallen die Reduktionskoeffizienten klein aus, da sie im Nenner (aa), $(bb \cdot 1)$ usw. enthalten. Durch Umstellen der Zeilen und Kolonnen kann dieser Forderung immer Rechnung getragen werden.

Wir gehen nun über zur Betrachtung der speziellen Verhältnisse wie sie bei der Ermittelung der M^*-Momente vorliegen. Im allgemeinen Fall tritt die Aufgabe auf, n Systeme mit n Gleichungen mit n Unbekannten aufzulösen. Diese n Systeme zeichnen sich aber dadurch aus, daß in jedem System nur ein Absolutglied von 0 verschieden ist. Ermitteln wir die M^*-Momente für eine Kraft $H = 1$ t, so können wir die $n \cdot n$ Gleichungen in folgender abgekürzten Form schreiben.

Unbekannte							Absolutglieder						
X_1	X_2	X_3		X_k		X_n	I	II	III		k		n
(aa)	(ab)	(ac)	…	(ak)	…	(an)	1	0	0	…	0	…	0
(ba)	(bb)	(bc)	…	(bk)	…	(bn)	0	1	0	…	0	…	0
(ca)	(cb)	(cc)	…	(ck)	…	(cn)	0	0	1	…	0	…	0
⋮	⋮	⋮		⋮		⋮	⋮	⋮	⋮		⋮		⋮
(ka)	(kb)	(kc)	…	(kk)	…	(kn)	0	0	0	…	1	…	0
⋮	⋮	⋮		⋮		⋮	⋮	⋮	⋮		⋮		⋮
(na)	(nb)	(nc)	…	(nk)	…	(nn)	0	0	0	…	0	…	1

Die Gleichungssysteme werden nun nach dem in Tabelle 1 Tafel II[1] beigegebenen Schema aufgelöst. Wir ersehen aus der Tabelle, daß die einmal reduzierte Matrix für alle Systeme gültig ist. Die Arbeit der Lösung aller n Systeme beschränkt sich also nur noch auf die Durchführung der Reduktion der n Absolutglieder und auf die Bestimmung der X durch Rekursion. Da die Absolutglieder rechts der Hauptdiagonalen der Absolutglieder alle gleich 0 sind, so vermindert sich die Reduktionsarbeit für jedes System, bis endlich die Lösung für das $n$te System direkt als $\dfrac{X_{n-1}}{(nn \cdot (n-1))}$ angeschrieben werden kann.

Bei symmetrischen Gebilden (z. B. symmetrische Rahmenträger) können die M'-Momente symmetrisch auftreten. Die M^*-Momente werden dann aus folgendem Gleichungsschema ermittelt:

Unbekannte							Absolutglieder						
X_1	X_2	X_3		X_{n-2}	X_{n-1}	X_n	I	II	III		$n+2$	$n+1$	n
(aa)	(ab)	(ac)	…	$(an-2)$	$(an-1)$	(an)	1	0	0	…	0	0	0
(ba)	(bb)	(bc)	…	$(bn-2)$	$(bn-1)$	(bn)	0	1	0	…	0	0	0
(ca)	(cb)	(cc)	…	$(cn-2)$	$(cn-1)$	(cn)	0	0	1	…	0	0	0
⋮	⋮	⋮		⋮	⋮	⋮	⋮	⋮	⋮		⋮	⋮	⋮
(cn)	$(cn-1)$	$(cn-2)$	…	(cc)	(cb)	(ca)	0	0	0	…	1	0	0
(bn)	$(bn-1)$	$(bn-2)$	…	(bc)	(bb)	(ba)	0	0	0	…	0	1	0
(an)	$(an-1)$	$(an-2)$	…	(ac)	(ab)	(aa)	0	0	0	…	0	0	1

[1] Die Tafel II von Band I befindet sich am Schluß des Buches.

In diesem Fall mit zentraler Symmetrie der Matrix und der Absolutglieder müssen natürlich auch die M^*-Momente symmetrisch auftreten, da X_n des $n$ten Systemes gleich X_1 des ersten Systemes, X_1 des $n$ten Systemes identisch mit X_n des ersten Systemes sein muß usw.

Ist n eine gerade Zahl, dann sind die Unbekannten nur für die ersten $n/2$ Systeme zu ermitteln. Das bedeutet aber, daß nur die ersten $n/2$ Absolutglieder reduziert werden müssen, um sämtliche $n \cdot n$ Unbekannte zu erhalten. Liegt der Fall einer ungeraden Anzahl Gleichungen vor, so sind $\frac{n+1}{2}$ Systeme zu reduzieren. Dafür ist im $\frac{n+1}{2}$ ten System die Rekursion nur bis zu $\frac{X_{n+1}}{2}$ durchzuführen, da in diesem System $X_1 = X_n$, $X_2 = X_{n-1}$ usw. sein muß. (Natürlich könnte dieses eine System auch von vornherein reduziert werden auf $\frac{n+1}{2}$ Unbekannte, es wird sich jedoch kaum lohnen von der Gaußschen Tabelle, in der schon die Matrix reduziert vorliegt, wegzugehen.)

Auf ein besonders einfach zu behandelndes System soll noch kurz hingewiesen werden. Für die Ermittlung der M^*-Momente hat es zwar keine Bedeutung, es tritt jedoch in der Statik häufig auf. Werden statisch unbestimmte Größen aus den Elastizitätsgleichungen ermittelt, so tritt, wegen der Gültigkeit des Satzes von Maxwell, eine zur Hauptdiagonalen symmetrische Matrix auf.

Die Matrix hat dann die nebenstehende Form:

X_1	X_2	X_3	X_4
(aa)	(ab)	(ac)	(ad)
(ab)	(bb)	(bc)	(bd)
(ac)	(bc)	(cc)	(cd)
(ad)	(bd)	(cd)	(dd)

Unter Verwendung der gebräuchlichen Abkürzung für solche Systeme lautet die allgemeine Gleichung:

Unbestimmte								Absolutglieder	
X_1	X_2	X_3	X_4		X_k		X_n	I	II usw.
(aa)	(aa)	(ac)	(ad)	$\ldots$	(ak)	$\ldots$	(an)	(ao)	(ao)
$\cdot$	(bb)	(bc)	(bd)	$\ldots$	(bk)	$\ldots$	(bn)	(bo)	(bo)
$\cdot$	$\cdot$	(cc)	(cd)	$\ldots$	(ck)	$\ldots$	(cn)	(co)	(co)
$\cdot$	$\cdot$	$\cdot$	(dd)	$\ldots$	(dk)	$\ldots$	(dn)	(do)	(do)
$\vdots$	$\vdots$	$\vdots$	$\vdots$		$\vdots$		$\vdots$	$\vdots$	$\vdots$
$\vdots$	$\vdots$	$\vdots$	$\vdots$	$\ldots$	(kk)	$\ldots$	(kn)	(ko)	(ko)
$\vdots$	$\vdots$	$\vdots$	$\vdots$		$\vdots$		$\vdots$	$\vdots$	$\vdots$
$\cdot$	$\cdot$	$\cdot$	$\cdot$	$\ldots$	$\cdot$	$\ldots$	(nn)	(no)	(no)

Für diese bedeutend einfacher zu behandelnden Systeme sei ohne weitere Ausführung das Auflösungsschema in Tabelle 1 Tafel II von Band I beigegeben.

3. Der Rahmenträger.

Da der Rahmenträger, wie in Kap. I dieses Teiles ausgeführt, für die Berechnung nichts anderes ist wie ein mehrstöckiger Rahmen, so werden die Momente M^* des Rahmenträgers analog wie im vorhergehenden Abschnitt für den mehrstöckigen Rahmen beschrieben, ermittelt.

Der allgemeine Rahmenträger der Fig. 303 z. B. ist für die Berechnung ein vierstöckiger Rahmen, da an demselben während Rechnungsabschnitt I vier gedachte Lager (Fig. 303a) angebracht werden müssen, um sämtliche Knotenpunkte vorübergehend unverschiebbar festzuhalten. Es sind daher zur Bestimmung der Momente M_I^*, M_{II}^* M_{III}^* und M_{IV}^* 4 Systeme von 4 Gleichungen mit 4 Unbekannten aufzulösen, deren Koeffizienten sich aus den Momentenflächen M_I', M_{II}', M_{III}' und M_{IV}' ergeben.

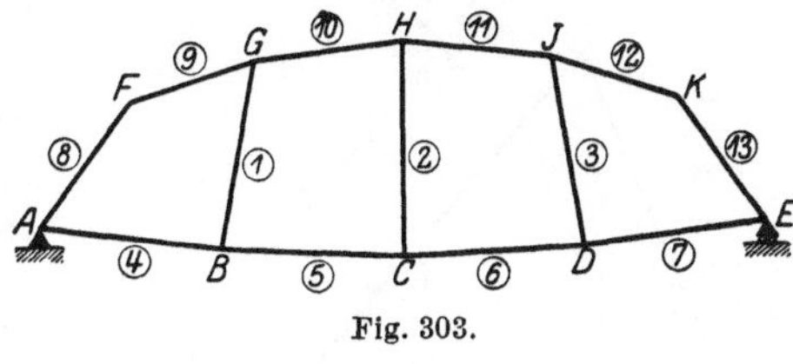

Fig. 303.

Die Zusatzmomente M_{zus} für jeden Belastungsfall erhalten wir darauf durch Multiplikation der Momente M^* mit der betreffenden Verschiebungskraft V und Addition der daraus hervorgehenden Momente.

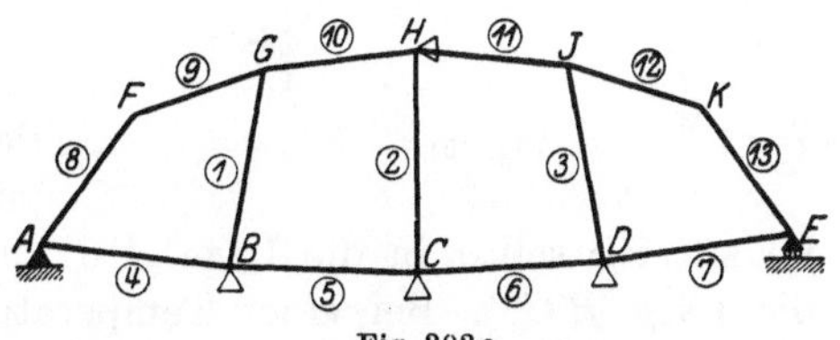

Fig. 303a.

V. Bestimmung der Momente infolge einer Temperaturänderung des Baumaterials.

Ändert sich die Temperatur des Baumaterials eines Tragwerkes gegenüber der Herstellungstemperatur, so ändern sich die Längen der einzelnen Stäbe desselben und wir untersuchen nun den Einfluß dieser Längenänderungen auf die Spannungen des Tragwerkes.

Bei einer gleichmäßigen Erwärmung um t^0 verlängert sich ein Stab von der Länge l um

$$\Delta l = \alpha \cdot t \cdot l, \qquad (575)$$

wenn α der Wärmeausdehnungskoeffizient des betreffenden Baumaterials; es ist für Eisenbeton:

$$\alpha = 0,000012.$$

Wird der Stab um t^0 abgekühlt, so verkürzt er sich um dasselbe Maß.

Durch die Längenänderungen, welche jeder Stab bei einer Temperaturänderung erleidet, verschieben sich alle Knotenpunkte des Tragwerkes, und durch diese Verschiebungen bzw. die „gegenseitigen rechtwinkligen Verschiebungen" der Enden aller Stäbe (Teil II, Kap. II) entstehen die gesuchten „Temperaturmomente" am ganzen Tragwerk.

Das Verfahren zur Bestimmung dieser Knotenpunktsverschiebungen ist genau dasselbe wie dasjenige der Williotschen Verschiebungspläne[1], wenn wir an Stelle der Längenänderungen der Stäbe infolge der Normalkräfte diejenigen infolge der Temperaturänderung setzen. Das Verfahren gründet sich auf die

Aufgabe:

Der Knotenpunkt C (Fig. 304) sei mit den Knotenpunkten A und B durch zwei Stäbe *1* und *2* verbunden, welche in A und B eingespannt oder gelenkig gelagert sein können. Die Knotenpunkte A und B (oder nur einer davon) sollen sich in die neuen Lagen A' und B' verschieben und die Längen der Stäbe *1* und *2*

---

[1] Müller-Breslau: Die graphische Statik Bd. II 1 (1903) S. 58.

um die gegebenen Strecken $\varDelta 1$ und $\varDelta 2$ ändern, wobei wir die Annahme machen, daß die Verschiebungen AA' und BB' und die Längenänderungen $\varDelta 1$ und $\varDelta 2$

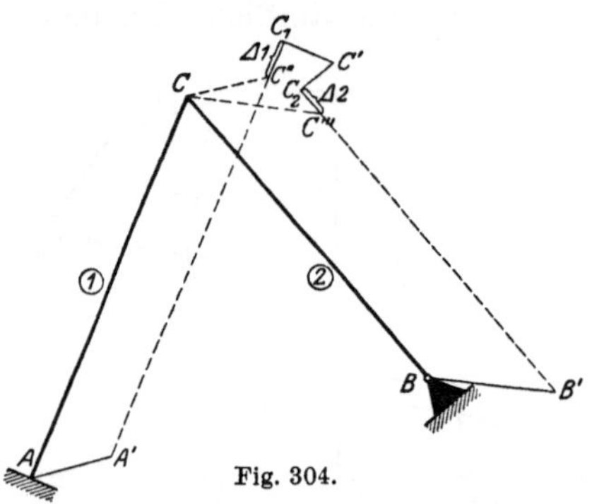
Fig. 304.

im Verhältnis zu den Längen der Stäbe *1* und *2* verschwindend klein seien, was bei Verschiebungen und Längenänderungen infolge Temperaturänderung stets der Fall ist; in Fig. 304 wurden dieselben in vergrößertem Maßstab aufgetragen. Gesucht ist die Verschiebung CC' des Knotenpunkt es C (der mit A und B nicht in derselben Geraden liegen darf) nach Größe und Richtung.

Um die neue Lage von C zu erhalten, denkt man sich bei C die Verbindung beider Stäbe gelöst, verschiebt den Stab *1* parallel zu sich selbst in die Lage $A'C''$ und den Stab *2* parallel zu sich selbst in die Lage $B'C'''$. Bei einer Temperaturerhöhung sind $\varDelta 1$ und $\varDelta 2$ Verlängerungen; man verlängert daher $A'CC''$ um $C''C_1 = \varDelta 1$ und $B'C'''$ um $C'''C_2 = \varDelta 2$. Nun schlägt man mit den Stablängen $A'C_1$ und $B'C_2$ als Radius Kreisbögen, deren Mittelpunkte A' und B' sind. Der Schnittpunkt C' dieser Bögen ist die gesuchte neue Lage des Knotenpunktes C. Da die angenommenen Verschiebungen verschwindend klein sind, dürfen die Kreisbögen C_1C' und C_2C' durch die auf den Geraden $A'C_1$ und $B'C_2$ errichteten Normalen ersetzt werden.

Da die Temperaturmomente im Vergleich zu denjenigen infolge der äußeren Belastung gering sind, so hat es keinen Zweck, einen besonderen Verschiebungsplan zu zeichnen, sondern man kann die Knotenpunktsverschiebungen bzw. die zur weiteren Berechnung benötigten „gegenseitigen rechtwinkligen Verschiebungen" der Endpunkte der Stäbe in Fig. 304 direkt abgreifen.

Die Lösung gilt selbstverständlich auch für den Fall, daß nur einer der beiden Knotenpunkte A und B, beispielsweise nur A, verschoben wird (Fig. 305). In

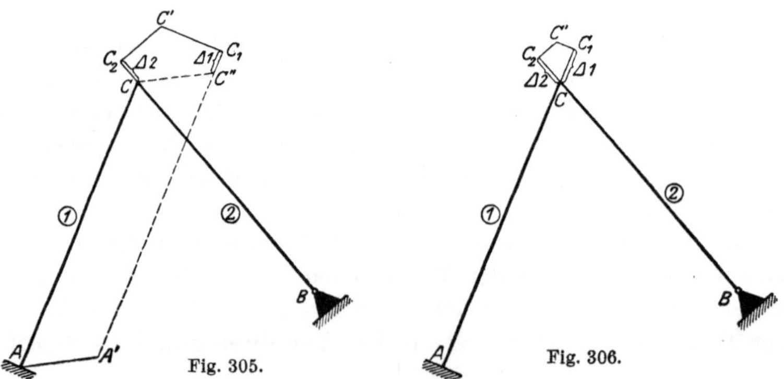
Fig. 305.   Fig. 306.

diesem Falle wird die neue Lage des Knotenpunktes C durch die in den Punkten C_1 und C_2 zu den Stabrichtungen AC und BC errichteten Normalen bestimmt.

Ferner gilt die Lösung auch für den Fall, daß die Knotenpunkte A und B nicht verschoben werden und nur Längenänderungen der beiden Stäbe *1* und *2* eintreten (Fig. 306). Dann wird die neue Lage von C durch die in den Punkten C_1 und C_2 zu den Stabrichtungen AC und BC errichteten Normalen bestimmt.

1. Der einstöckige Rahmen.

Wir betrachten zunächst den allgemeinen, unsymmetrischen, in keinem
Punkte festgehaltenen Rahmen der Fig. 307

mit beliebig gerichteten Stäben.

Um die Verschiebungen aller Knotenpunkte infolge der gegebenen Längenänderungen der Stäbe zu bestimmen, sollten wir wissen, von welchem Punkte
des „Balkens" die Verschiebungen ausgehen; dies können wir jedoch am unsymmetrischen und in keinem Punkte festgehaltenen Rahmen nicht von vornherein angeben und wir müssen daher einen Knotenpunkt des „Balkens" vor-

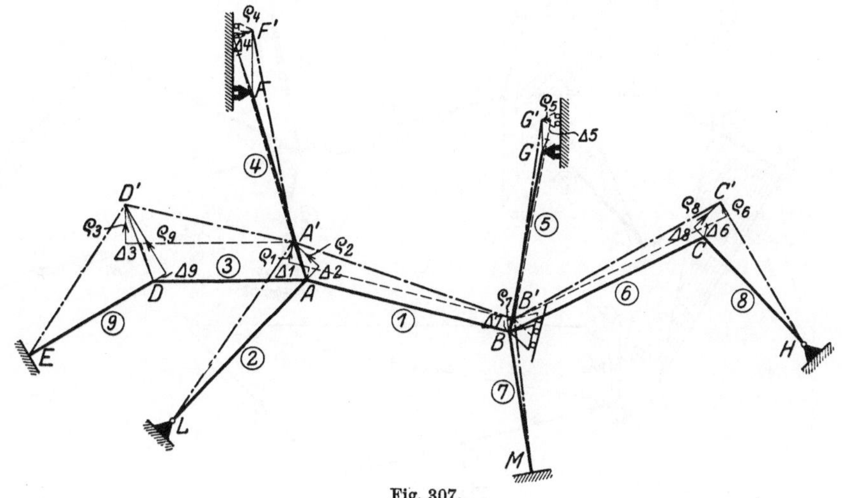

Fig. 307.

übergehend unverschiebbar festhalten, d. h. vorübergehend als denjenigen
Punkt betrachten, welcher bei der vorausgesetzten Temperatur- und damit
Längenänderung aller Stäbe in Ruhe bleibt. In dem an diesem Knotenpunkt
gedachten Lager wird dann aber, wenn dieser nicht zufällig mit dem in Wirklichkeit in Ruhe bleibenden Punkt zusammenfällt, eine Festhaltungskraft F^t
entstehen, genau wie bei Belastung des Rahmens mit einer äußeren Kraft. Entfernen wir das gedachte Lager an dem vorübergehend unverschiebbar festgehaltenen Knotenpunkt, so tritt die Verschiebungskraft V^t (die entgegengesetzt
gerichtete Festhaltungskraft F^t) in Tätigkeit, welche noch zusätzliche Momente am ganzen Rahmen erzeugt, die zu denjenigen für den festgehaltenen
Zustand zu addieren sind, um die genau richtigen Momente infolge der gegebenen
Temperaturänderung zu erhalten.

Da wir schon bei der Bestimmung der Zusatzmomente für die äußere Belastung die Momente M^* infolge Belastung eines Knotenpunktes des Rahmens
mit der Kraft $H = 1$ t ermitteln müssen, so halten wir bei Bestimmung der
Temperaturmomente nicht einen beliebigen Knotenpunkt des „Balkens" vorübergehend unverschiebbar fest, sondern genau denselben wie bei der Berechnung der Momente herrührend von der äußeren Belastung, nämlich am vorliegenden Rahmen den Knotenpunkt B.

Nachdem wir die Verlängerung aller Stäbe infolge einer gegebenen Temperaturerhöhung derselben nach Gl. (575) berechnet haben, bestimmen wir nun in Fig. 307 von B ausgehend die Verschiebung aller Knotenpunkte durch wieder-

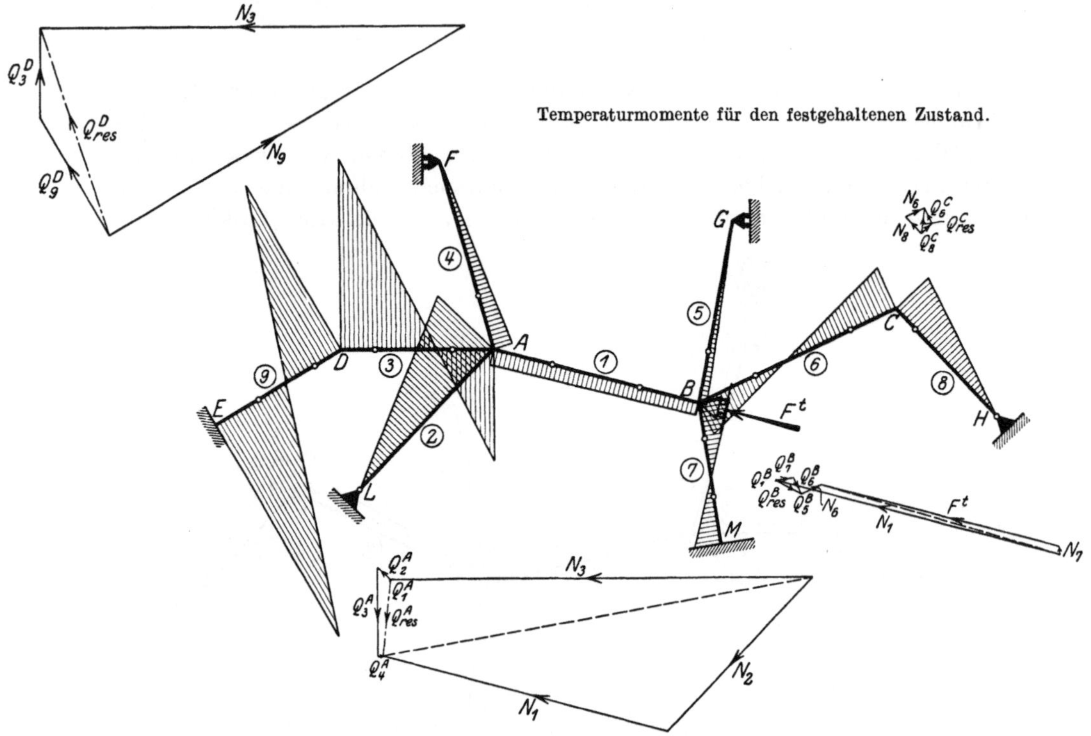

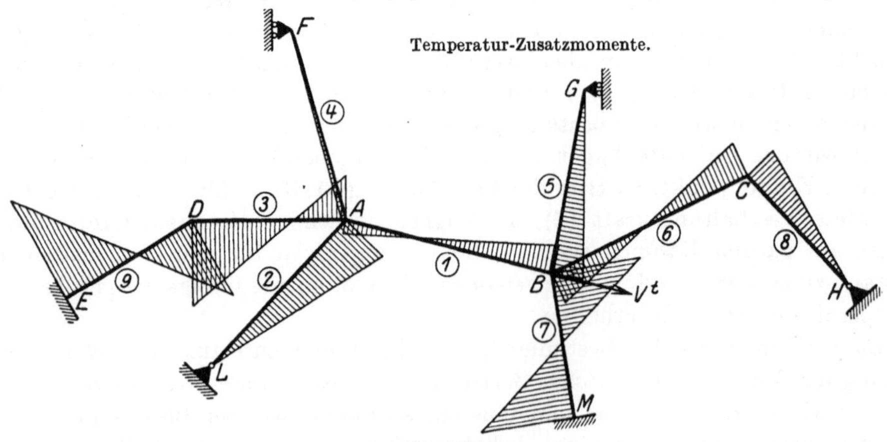

Fig. 307 a.

holte Anwendung des eingangs gezeigten Verfahrens. Die Bestimmung gestaltet sich ähnlich wie diejenige infolge gegebener Verschiebung eines Knotenpunktes

Fig. 307 b.

in Kap. II, 1 dieses Teiles, weshalb sich weitere Erläuterungen erübrigen. Es sei nur erwähnt, daß wir den Knotenpunkt B nicht in seiner ursprünglichen Lage unverschiebbar festhalten, sondern erst, nachdem der Auflagerstab 7 seine Länge

geändert hat. Dies hat jedoch nichts zu sagen, da unseren Zwecken schon gedient ist, wenn wir für die Lage des festgehaltenen Knotenpunktes B eine gewisse Annahme treffen. Wir können also vorschreiben, der Punkt B solle sich

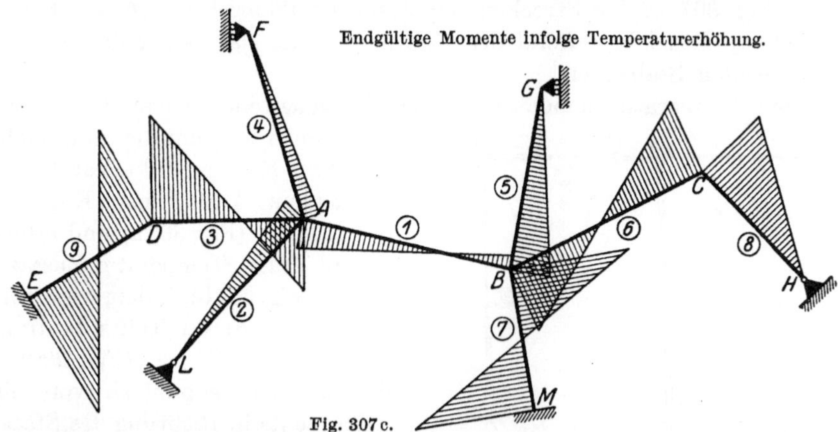

Fig. 307 c.

bei Ausdehnung des Stabes 7 in Richtung des letzteren, oder auf einer Senkrechten oder auf einer Normalen zum Stab 1 bewegen. Am anschaulichsten
ist es, die letztgenannte Annahme
zu machen, und zwar dadurch,
daß wir als gedachtes Lager am
Knotenpunkt B ein Rollenlager
anbringen, welches sich bei Ausdehnung des Stabes 7 auf seiner
Bahn, normal zum Stab 1, bewegt und gegen Abheben von
derselben gesichert gedacht ist.
Hätten wir für die Lage des
Punktes B etwas anderes vor-
geschrieben, so entstünden andere
Momente für den festgehaltenen
Zustand, aber nachher auch eine
andere Festhaltungskraft F^t und
damit andere Zusatzmomente;
die Summe derselben bleibt aber
immer dieselbe. In Fig. 307 haben
wir der besseren Übersicht halber
strichpunktiert die Stäbe in ihrer
neuen Lage eingetragen, wobei
wir jedoch deren Formänderungen
herrührend von den infolge der
Knotenpunktsverschiebungen in
denselben auftretenden Momenten nicht dargestellt haben.

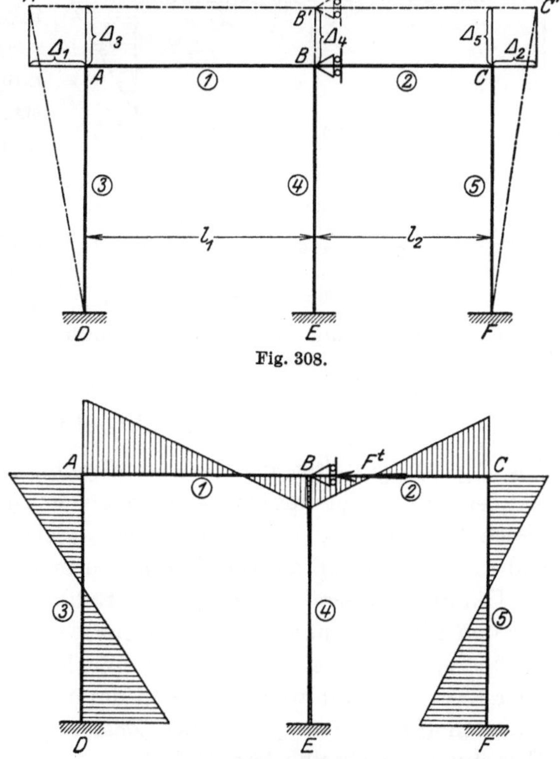

Fig. 308.

Fig. 308a.

Nun besitzen wir, wie früher, nicht nur die wirklichen Verschiebungen aller
Knotenpunkte, sondern auch die „gegenseitigen rechtwinkligen Verschiebungen"

ϱ der Endpunkte aller Stäbe, auf Grund deren sich nach Kap. III dieses Teiles die Momente infolge der Längenänderung der Stäbe für den festgehaltenen Zustand ergeben (Fig. 307 a).

Die in Fig. 307 an den Strecken eingetragenen Pfeilrichtungen beziehen sich wieder auf die Regel betreffend des Vorzeichens der davon herrührenden Momente an beiden Stabenden.

Aus den Temperaturmomenten für den festgehaltenen Zustand (Fig. 307 a) bestimmen wir nun die im gedachten Lager am Knotenpunkt B auftretende Festhaltungskraft F^t nach Kap. VII, 1 des I. Teiles (Fig. 307 a) und erhalten darauf die Temperatur-Zusatzmomente (Fig. 307 b), indem wir die nach Kap. IV, 1 dieses Teiles bestimmte M^*-Momentenfläche (Fig. 290) für die im Knotenpunkt B von links nach rechts in Richtung des Stabes 1 wirkende Kraft $H = 1\,\mathrm{t}$, mit Größe und Vorzeichen der Verschiebungskraft V^t (umgekehrte Festhaltungskraft F^t) multiplizieren.

Durch Addition der Temperaturmomente für den festgehaltenen Zustand und der Temperatur-Zusatzmomente erhalten wir nun die endgültigen Temperaturmomente (Fig. 307 c) und aus ihnen die endgültigen Querkräfte, Normalkräfte und Auflagerkräfte (nach Teil I, Kap. VI) für die gegebene Temperaturänderung.

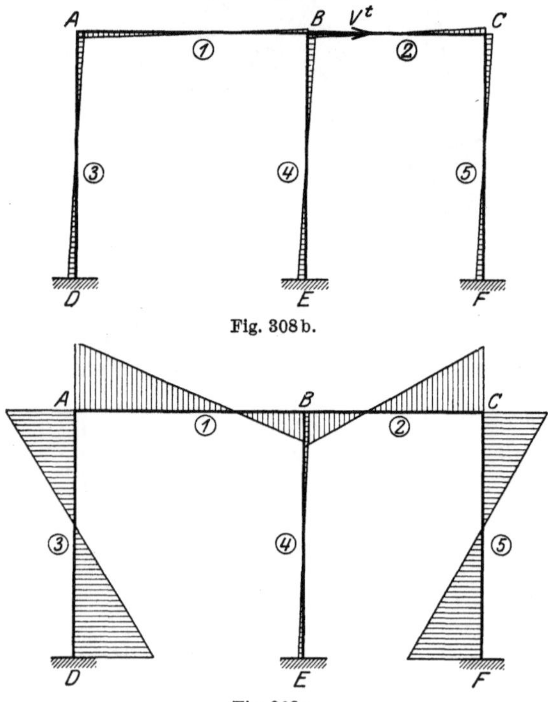

Fig. 308 b.

Fig. 308 c.

Die Bestimmung der Temperaturmomente am unsymmetrischen, in keinem Punkte festgehaltenen

Rechteckrahmen

der Fig. 308 gestaltet sich bedeutend einfacher, indem man dabei nicht nötig hat, erst die Knotenpunktsverschiebungen zu konstruieren. Wenn die Stützen gleich lang sind, so ist außerdem eine gleichmäßige Temperaturänderung derselben ohne Einfluß auf die Temperaturmomente.

Um die Temperaturmomente am Rahmen der Fig. 308 zu bestimmen, halten wir den Knotenpunkt B durch ein normal zum Balken bewegliches Rollenlager vorübergehend unverschiebbar fest. Wir könnten ebensogut den Knotenpunkt A oder C wählen, wir würden jedoch dann stark verschieden große Momente am Rahmen (für den festgehaltenen Zustand) erhalten, was die Genauigkeit der Berechnung nachteilig beeinflußt.

Bei einer Temperaturerhöhung des Rahmens um t^0 verschiebt sich dann der Knotenpunkt A (unter Vernachlässigung des Einflusses der Normalkräfte, welcher nach Kap. VII dieses Teiles gesondert berücksichtigt werden kann) nach links um die Strecke

$$\varDelta 1 = -\,\alpha \cdot t \cdot l_1$$

und der Knotenpunkt C nach rechts um die Strecke:

$$\varDelta 2 = +\,\alpha \cdot t \cdot l_2\,.$$

Da die Säulen des Rahmens gleich lang sind, so dehnen sich dieselben alle um das gleiche Maß nach oben und es treten am Rahmen nur die „gegenseitigen rechtwinkligen Verschiebungen"

$$\varrho_3 = \varDelta 1 \quad \text{und} \quad \varrho_5 = \varDelta 2$$

auf, für welche wir die Momente (Fig. 308a) nach Kap. III dieses Teiles und die zugehörige Festhaltungskraft F^t (Fig. 308a) nach Kap. VII des I. Teiles bestimmen. Bringen wir jetzt die umgekehrte Festhaltungskraft F^t, d. h. die Verschiebungskraft V^t, als äußere, in Balkenachse wirkende Kraft an, so entstehen durch diese Belastung die Temperatur-Zusatzmomente (Fig. 308b), welche wir einfach durch Multiplikation der M^*-Momentenfläche dieses Rahmens mit Größe und Vorzeichen von V^t erhalten.

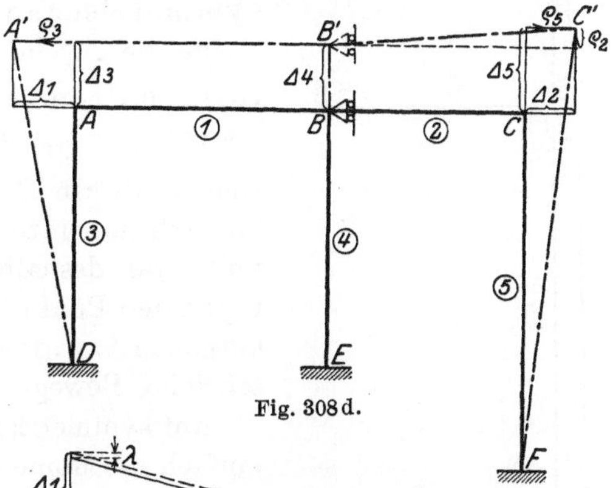

Durch Addition der Temperatur-momente für den festgehaltenen Zu-stand und der Temperatur-Zusatz-momente erhalten wir die endgültigen Temperaturmomente (Fig. 308c) und aus ihnen die endgültigen Querkräfte, Normalkräfte und Auflagerkräfte (nach Teil I, Kap. VI) für die gegebene Temperaturänderung. Ist aber z. B. die rechte Säule (Stab 5) länger als die beiden übrigen (Fig. 308d), so erleidet nicht nur die Säule 3 und die Säule 5, sondern auch noch der Balken 2 eine gegenseitige Verschiebung seiner End-punkte; die weitere Berechnung gestaltet sich analog wie beschrieben.

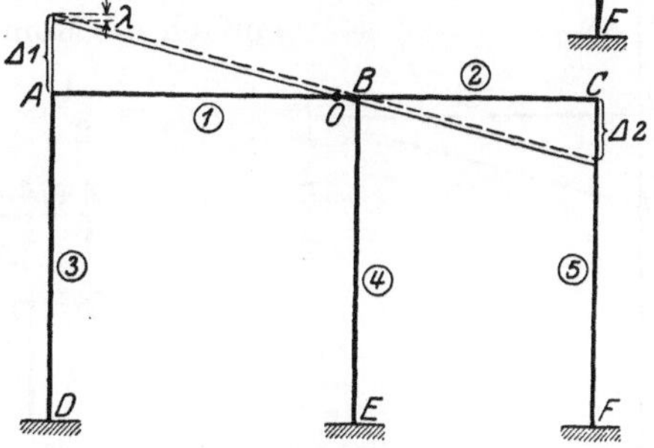

Wünschen wir am Rahmen der Fig. 308 den Punkt des Balkens zu kennen, welcher bei der gegebenen Temperaturerhöhung in Ruhe bleibt, so gehen wir wie folgt vor:

Wir bringen die aus den Momenten für den festgehaltenen Zustand ermittelte Kraft V^t am Rahmen als äußere Kraft an und berechnen die dadurch hervor-gerufene Verschiebung λ des Balkens; diese ist eine Rechtsverschiebung und gleich

$$\lambda = \frac{\text{„}\varDelta = 1\text{"}}{Z} \cdot V^t\,.$$

Da wir zuerst angenommen haben, B bleibe in Ruhe und nun infolge der Verschiebungskraft V^t noch eine Rechtsverschiebung dazukommt, so muß der wirkliche Ruhepunkt links von B liegen, und zwar in einem Abstand x von B, welchen wir dadurch erhalten, daß wir im Diagramm der Temperaturverschiebungen bei festgehaltenem Punkt B (vgl. Fig. 308e) die Strecke λ nach abwärts tragen und eine Parallele zur Diagrammlinie ziehen; letztere ist dann die wirkliche Diagrammlinie, und der von ihr auf der Balkenachse herausgeschnittene Punkt 0 bleibt bei der gegebenen Temperaturerhöhung in Ruhe.

Am einfachsten gestaltet sich die Berechnung der Temperaturmomente am

symmetrischen Rahmen, wenn symmetrisch gelegene Stäbe die gleiche Temperaturänderung erleiden, und am

festgehaltenen Rahmen für beliebige Temperaturänderungen seiner Stäbe,

weil an diesen Rahmen — z. B. Fig. 315, 316, 317, 318 — keine Temperatur-Zusatzmomente zu bestimmen sind, und zwar deshalb, weil man bei beiden Konstruktionstypen den Punkt kennt, von welchem die Verschiebungen ausgehen bzw. welcher bei der Temperaturänderung keine seitliche Bewegung ausführt.

Am symmetrischen Rahmen der Fig. 315 hat man also einfach die Momente herrührend von den Verschiebungen:

$$\varrho_2 = \frac{\varDelta 1}{2} = -\,\alpha \cdot t \cdot \frac{l}{2}\,, \qquad \varrho_3 = \frac{\varDelta 1}{2} = +\,\alpha \cdot t \cdot \frac{l}{2}$$

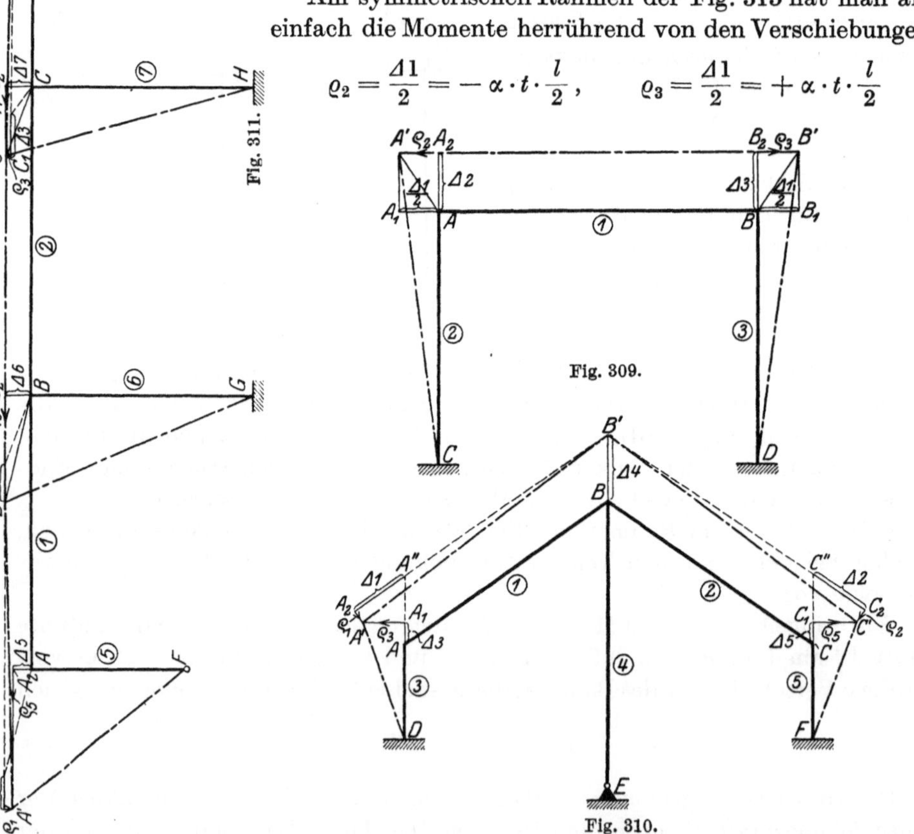

Fig. 311.

Fig. 309.

Fig. 310.

nach Kap. III dieses Teiles zu bestimmen, um damit die endgültigen Momente für eine gegebene Temperaturerhöhung zu besitzen.

Am symmetrischen Rahmen der Fig. 316 müssen wir zunächst die der vorausgesetzten Temperaturerhöhung entsprechende neue Lage des Knotenpunktes A, welche der Symmetrie wegen gleich derjengien des Knotenpunktes C ist, bestimmen (siehe Fig. 310). Hierauf kennen wir die gegenseitigen rechtwinkligen Verschiebungen der Endpunkte aller Stäbe, nämlich

$$\varrho_1 = A_2 A',$$
$$\varrho_2 = C_2 C',$$
$$\varrho_3 = A_1 A',$$
$$\varrho_4 = 0,$$
$$\varrho_5 = C_1 C'$$

und bestimmen nach Kap. III dieses Teiles die zugehörigen Momente, welche die endgültigen Momente für die gegebene Temperaturerhöhung sind.

Der Rahmen der Fig. 311 ist unsymmetrisch, besitzt jedoch an einem Ende ein festes Lager, von welchem aus sich die Längenänderungen des Balkens vollziehen. In Fig. 311 haben wir in bekannter Weise die neuen Lagen aller Knotenpunkte bestimmt, und kennen nun auch die „gegenseitigen rechtwinkligen Verschiebungen" der Endpunkte aller Stäbe, welche durch die gegebene Temperaturerhöhung hervorgerufen werden; es ist:

$$\varrho_4 = D_1 D' = \varDelta 8,$$
$$\varrho_3 = C_1 C' = -\varDelta 8,$$
$$\varrho_2 = \varDelta 6 - \varDelta 7 = 0,$$
$$\varrho_1 = A_1 A' = \varDelta 6 - \varDelta 5,$$
$$\varrho_8 = D_2 D' = \varDelta 4 = \alpha \cdot t \cdot l_4,$$
$$\varrho_7 = C_2 C' = \varDelta 4 + \varDelta 3 = \alpha \cdot t (l_4 + l_3),$$
$$\varrho_6 = B_2 B' = \varDelta 4 + \varDelta 3 + \varDelta 2 = \alpha \cdot t (l_4 + l_3 + l_2),$$
$$\varrho_5 = A_2 A' = \varDelta 4 + \varDelta 3 + \varDelta 2 + \varDelta 1 = \alpha \cdot t (l_4 + l_3 + l_2 + l_1).$$

Wir erkennen, daß wir die Größe der Strecken ϱ auch ohne weiteres anschreiben können, da die Stäbe rechtwinklig aufeinander stehen. Nun können wir nach Kap. III dieses Teiles die diesen Verschiebungen entsprechenden Momente ermitteln, welche die endgültigen Momente für die gegebene Temperaturerhöhung sind.

2. Der mehrstöckige Rahmen.

Wir betrachten zunächst den allgemeinen unsymmetrischen, in keinem Punkte festgehaltenen Rahmen der Fig. 312

mit beliebig gerichteten Stäben.

Um die Verschiebungen aller Knotenpunkte infolge der gegebenen Längenänderungen der Stäbe zu bestimmen, sollten wir wissen, von welchem Punkte eines jeden „Stockwerkbalkens" die Verschiebungen ausgehen und wie sich die einzelnen Stockwerkbalken im Verhältnis zueinander verschieben; dies können wir jedoch auch am unsymmetrischen und in keinem Punkte festgehaltenen Stockwerkrahmen nicht von vornherein angeben und wir müssen daher einen

Knotenpunkt eines jeden „Stockwerkbalkens" vorübergehend unverschiebbar festhalten. In den an diesen Knotenpunkten gedachten Lagern treten Festhaltungskräfte F^t auf, genau wie bei Belastung des Rahmens mit äußeren Kräften.

Entfernen wir die gedachten Lager, so treten an den vorübergehend unverschiebbar festgehaltenen Knotenpunkten die Verschiebungskräfte V^t (die entgegengesetzt gerichteten Festhaltungskräfte F^t) in Tätigkeit, welche noch zusätzliche Momente am ganzen Stockwerkrahmen erzeugen, die zu denjenigen für den festgehaltenen Zustand zu addieren sind, um die genau richtigen Momente infolge der gegebenen Temperaturänderung zu erhalten.

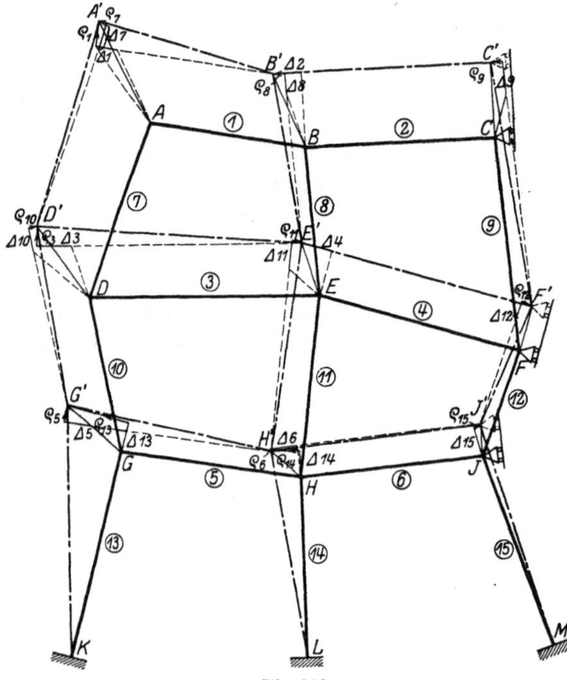

Fig. 312.

Da schon bei der Bestimmung der Zusatzmomente für die äußere Belastung die Momente M^* infolge Belastung der einzelnen „Stockwerkbalken" mit der Kraft $H = 1$ t ermittelt werden müssen, so halten wir bei Bestimmung der Temperaturmomente nicht einen beliebigen Knotenpunkt eines jeden „Stockwerkbalkens" vorübergehend unverschiebbar fest, sondern genau dieselben und mit gleichgestellten gedachten Lagern wie bei der Berechnung der Momente herrührend von der äußeren Belastung, nämlich am vorliegenden Stockwerkrahmen die Knotenpunkte $C\ F$ und J.

Nachdem wir die Verlängerungen aller Stäbe infolge einer gegebenen Temperaturerhöhung derselben nach Gl. (575) berechnet haben, bestimmen wir nun in Fig. 312 vom untersten Stockwerk ausgehend die Verschiebung aller Knotenpunkte durch wiederholte Anwendung des eingangs gezeigten Verfahrens (Lösung der allgemeinen Aufgabe). Die Bestimmung gestaltet sich ähnlich wie diejenige infolge gegebener Verschiebung eines Knotenpunktes eines „Stockwerkbalkens" in Kap. II, 2 dieses Teiles, weshalb sich weitere Erläuterungen erübrigen. Es sei nur erwähnt, daß wir, wie beim einstöckigen Rahmen auseinandergesetzt, die festzuhaltenden Knotenpunkte nicht durch feste Lager, sondern durch Rollenlager (welche gegen Abheben von ihrer Bahn gesichert gedacht sind) stützen, damit sich alle Stäbe ausdehnen können; die Bahn eines jeden Rollenlagers wird der größeren Anschaulichkeit wegen normal zur Richtung der betreffenden gesuchten Festhaltungskraft (Reaktion im Lager) gewählt. In Fig. 312 haben wir der besseren Übersicht halber strichpunktiert die Stäbe in ihrer neuen Lage eingetragen, wobei jedoch deren Formänderungen herrührend von den infolge der Knotenpunktsverschiebungen in denselben auftretenden Momenten nicht dargestellt haben.

Nun besitzen wir, wie in Kap. II, nicht nur die wirklichen Verschiebungen aller Knotenpunkte, sondern auch die „gegenseitigen rechtwinkligen Verschie-

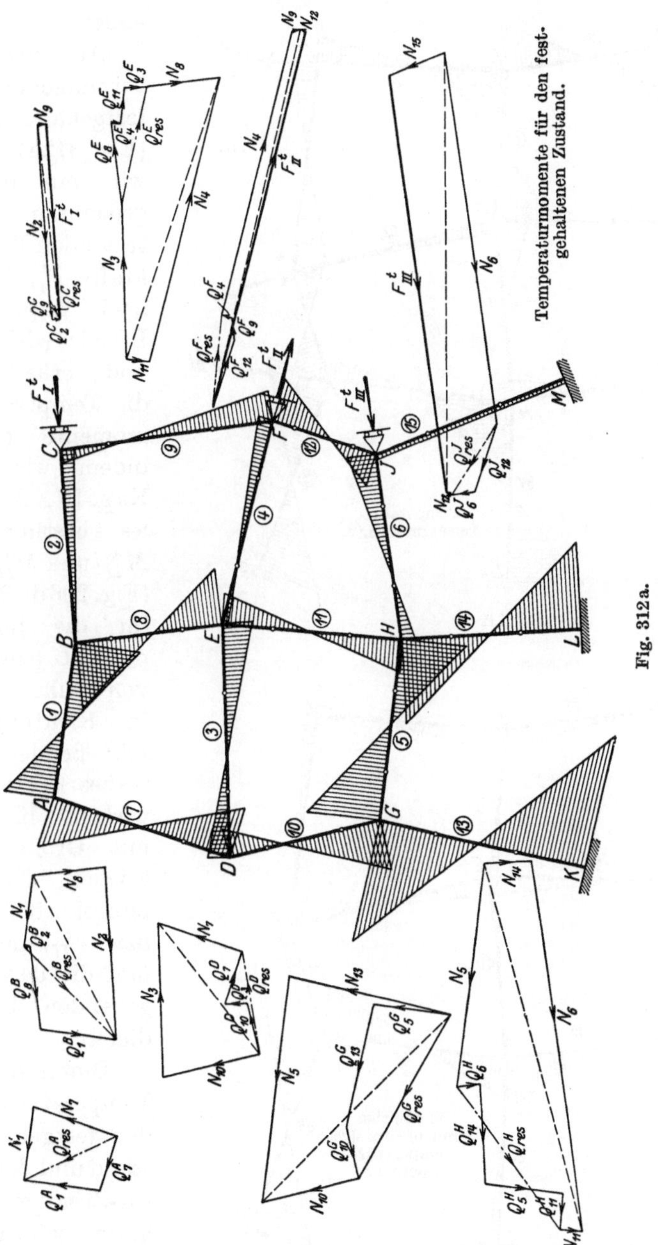

Fig. 312a.

bungen" ϱ der Endpunkte aller Stäbe, auf Grund deren wir nach Kap. III dieses Teiles die Momente infolge der Längenänderungen der Stäbe für den festgehaltenen Zustand bestimmen können; diese Momente haben wir in Fig. 312a dargestellt.

Die in Fig. 312 an den Strecken ϱ eingetragenen Pfeilrichtungen beziehen sich wieder auf die Regel betreffend des Vorzeichens der davon herrührenden Momente an beiden Stabenden.

Aus den Temperaturmomenten für den festgehaltenen Zustand (Fig. 312a) bestimmen wir nun die in den gedachten Lagern auf tretenden Festhaltungskräfte F^t_I, F^t_{II} und F^t_{III} nach Kap. VII, 2 des I. Teiles (siehe Fig. 312a) und erhalten darauf die Temperatur-Zusatzmomente (Fig. 312b), indem wir die nach Kap. IV, 2 dieses Teiles bestimmten M^*_I-, M^*_{II}- und M^*_{III}-Momente (Fig. 296d, 299d, 302d) für die im Knotenpunkt C bzw. F bzw. J von links nach rechts in Richtung des anschließenden Balkenstabes 2 bzw. 4 bzw. 6 wirkende Kraft $H = 1\,\mathrm{t}$ mit Größe und Vorzeichen der Verschiebungskraft V^t_I bzw. V^t_{II} bzw. V^t_{III} multiplizieren und die daraus hervorgehenden Momente addieren.

Durch Addition der Temperaturmomente für den festgehaltenen Zustand und der Temperatur-Zusatzmomente erhalten wir die endgültigen Temperaturmomente (Fig. 312c) und aus ihnen die endgültigen Querkräfte, Normalkräfte und Auflagerkräfte (nach Teil I, Kap. VI) für die gegebene Temperaturänderung.

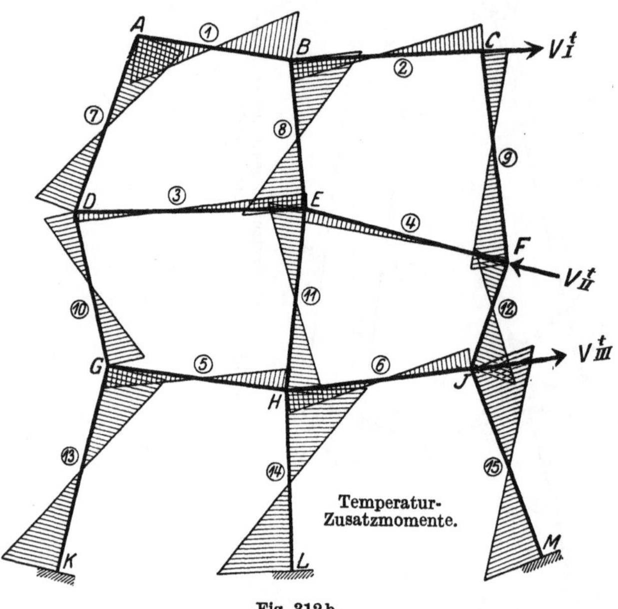

Fig. 312b.

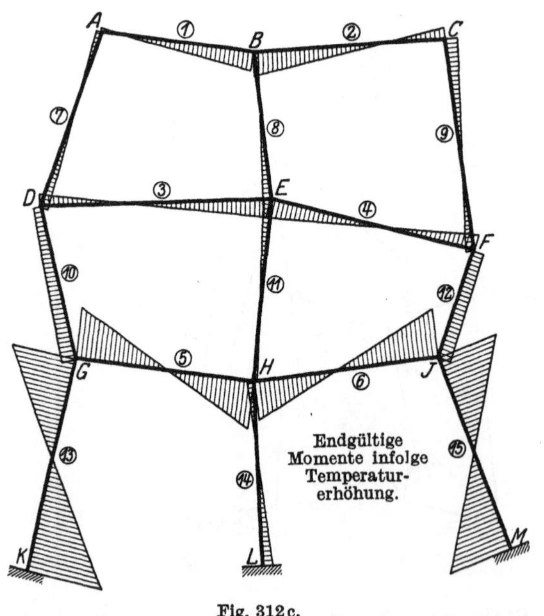

Fig. 312c.

Die Bestimmung der Temperaturmomente am unsymmetrischen, in keinem Punkte festgehaltenen

Rechteck-Stockwerkrahmen

der Fig. 313 gestaltet sich bedeutend einfacher, indem man dabei nicht nötig hat, erst die Knotenpunktsverschiebungen zu konstruieren.

Um die Temperaturmomente am Stockwerkrahmen der Fig. 313 zu bestimmen, bringen wir an den Knotenpunkten B und E vorübergehend Rollenlager an, die normal zu den Stockwerkbalken beweglich sind und wodurch der Rahmen seitlich unverschiebbar festgehalten ist.

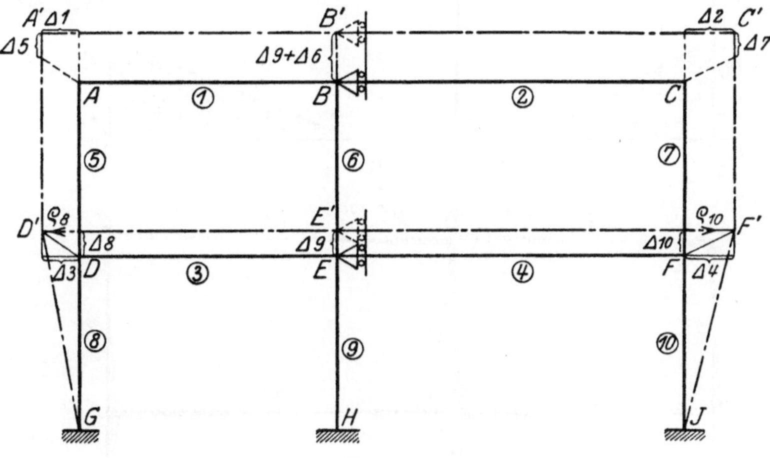

Fig. 313.

Bei einer Temperaturerhöhung des Stockwerkrahmens um t^0 verschieben sich (unter Vernachlässigung des Einflusses der Normalkräfte) die Knotenpunkte A und D nach links um die Strecke

$$\varDelta 1 = \varDelta 3 = -\alpha \cdot t \cdot l_1 = -\alpha \cdot t \cdot l_3,$$

und die Knotenpunkte C und F nach rechts um die Strecke

$$\varDelta 2 = \varDelta 4 = +\alpha \cdot t \cdot l_2 = +\alpha \cdot t \cdot l_4.$$

Da die drei Säulen jedes Stockwerkes gleich lang sind, so dehnen sich dieselben um das gleiche Maß nach oben und es treten am Stockwerkrahmen nur die „gegenseitigen rechtwinkligen Verschiebungen"

$$\varrho_8 = \varDelta 2 \quad \text{und} \quad \varrho_{10} = \varDelta 4$$

auf, für welche wir die Momente nach Kap. III dieses Teiles und die zugehörigen Festhaltungskräfte nach Kap. VII, 2 des I. Teiles bestimmen (Fig. 313a). Bringen wir jetzt die Verschiebungskräfte V_I^t und V_{II}^t (umgekehrte Festhaltungskräfte F_I^t bzw F_{II}^t) als äußere, in Balkenachse wirkenden Kräfte an, so entstehen durch diese Belastung die Temperatur-Zusatzmomente (Fig. 313b), welche wir durch Multiplikation der M_I^*- und M_{II}^*-Momente mit Größe und Vorzeichen von V_I^t bzw V_{II}^t und Addition der daraus hervorgehenden Momente erhalten.

Durch Addition der Temperaturmomente für den festgehaltenen Zustand und der Temperatur-Zusatzmomente erhalten wir die endgültigen Temperatur-

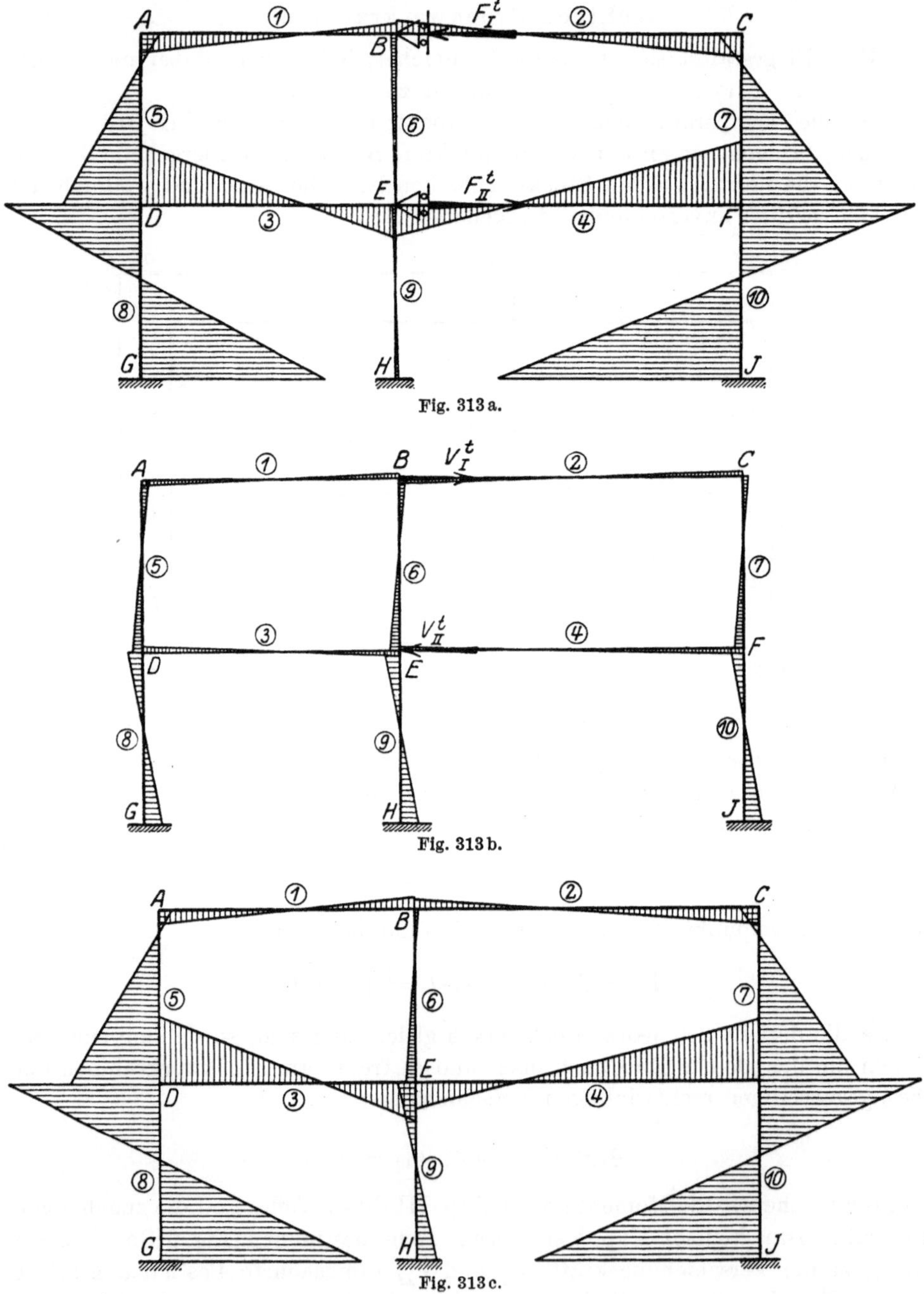

momente (Fig. 313c) und aus ihnen die endgültigen Querkräfte, Normalkräfte und Auflagerkräfte (nach Teil I, Kap. VI, 2) für die gegebene Temperatur-änderung.

Ist z. B. die rechte Säule des unteren Stockwerkes (Stab *10*) länger als die beiden anderen (Fig. 313d), so erleiden nicht nur die Stäbe *8* und *10*, sondern

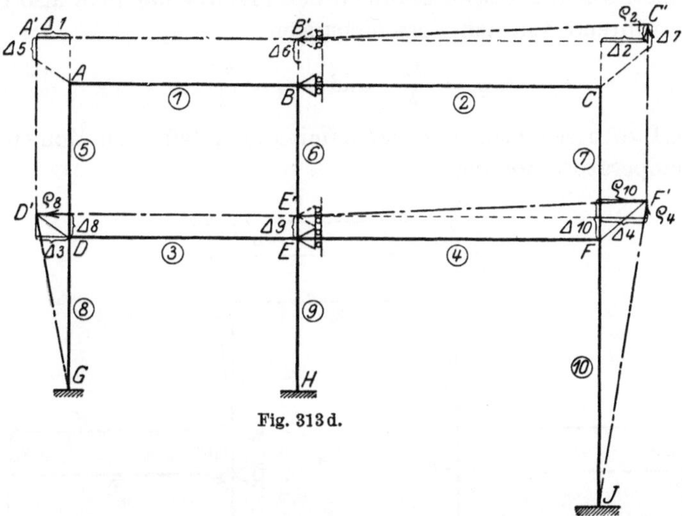

Fig. 313 d.

auch die Stäbe *2* und *4* gegenseitige Verschiebungen ihrer Endpunkte; der weitere Gang der Berechnung ist analog wie oben beschrieben.

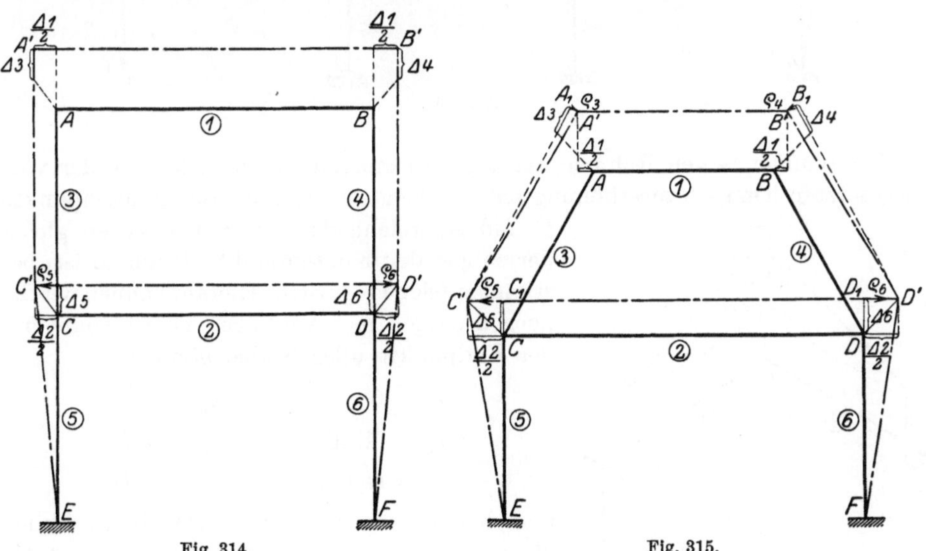

Fig. 314.

Fig. 315.

Am einfachsten gestaltet sich die Berechnung der Temperaturmomente am

symmetrischen Stockwerkrahmen,

weil an diesem Rahmen — z. B. Fig. 314 und 315 — keine Temperatur-Zusatzmomente zu bestimmen sind, und zwar deshalb nicht, weil man bei beiden Konstruktionstypen den Punkt kennt, von welchem die Verschiebungen ausgehen bzw. welcher bei der Temperaturänderung keine seitliche Bewegung ausführt;

eine Ausnahme machen die „nach der Seite" mehrstöckigen Rahmen, wie z. B. Fig. 316 und 317.

Am symmetrischen Stockwerkrahmen der Fig. 314 hat man also einfach die Momente herrührend von den Verschiebungen:

$$\varrho_5 = \frac{\varDelta 2}{2} \quad \text{und} \quad \varrho_6 = \frac{\varDelta 2}{2}$$

nach Kap. III zu bestimmen, und hat damit die endgültigen Momente für eine gegebene Temperaturerhöhung.

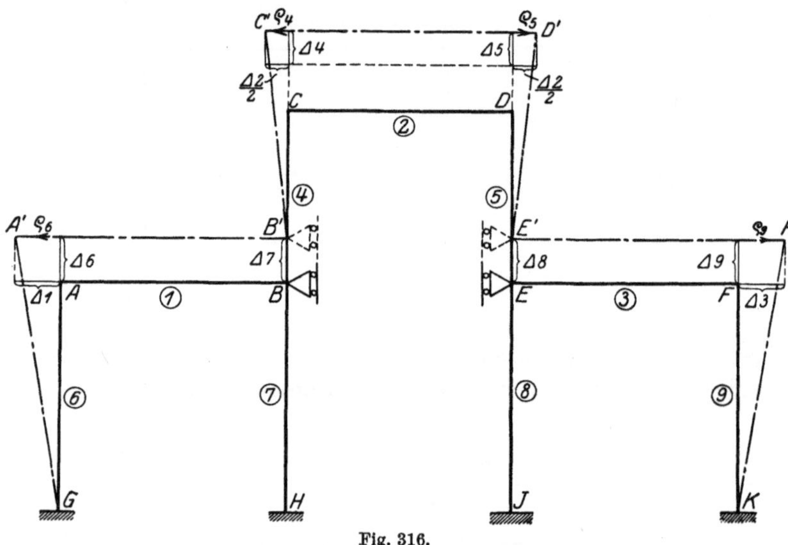

Fig. 316.

Am symmetrischen Rahmen der Fig. 315 müssen wir zunächst die der vorausgesetzten Temperaturerhöhung entsprechende neue Lage der Knotenpunkte

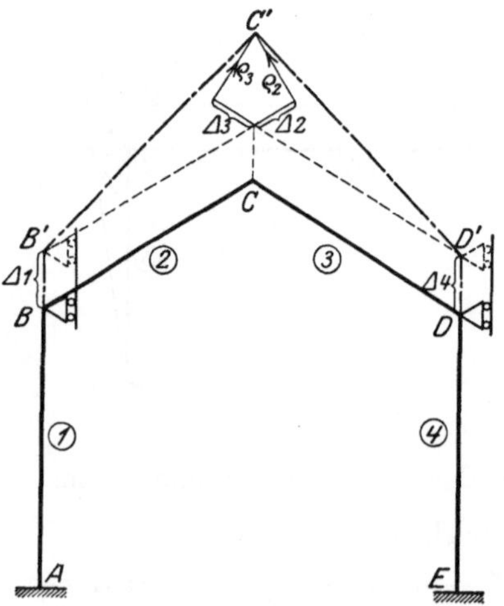

Fig. 317.

C und A, welche der Symmetrie wegen gleich derjenigen der Knotenpunkte D und B ist, bestimmen (siehe Fig. 315). Hierauf kennen wir die „gegenseitigen rechtwinkligen Verschiebungen" der Endpunkte aller Stäbe, nämlich:

$$\varrho_1 = 0, \qquad \varrho_2 = 0,$$
$$\varrho_3 = A_1 A', \qquad \varrho_4 = B_1 B',$$
$$\varrho_5 = C_1 C', \qquad \varrho_6 = D_1 D'$$

und bestimmen nach Kap. III dieses Teiles die zugehörigen Momente, welche die endgültigen Momente für die gegebene Temperaturerhöhung sind.

Am symmetrischen, „nach der Seite" mehrstöckigen Rahmen der Fig. 316 müssen wir zur Berechnung der Temperaturmomente trotz der Symmetrie die Stockwerkbalken *1* und *3* vorübergehend horizontal unverschiebbar festhalten und darauf zu den Momenten für diesen Zustand die Zusatzmomente herrührend von den allein auf den Rahmen wirkenden beiden Verschiebungskräften V_I^t und V_{II}^t addieren.

Dasselbe gilt für den symmetrischen Rahmen der Fig. 317 (Sonderfälle der Stockwerkrahmen).

Ist ein mehrstöckiger Rahmen an jedem Stockwerkbalken von Haus aus festgehalten, wie z. B. derjenige in Fig. 318, so ist er für die Berechnung kein

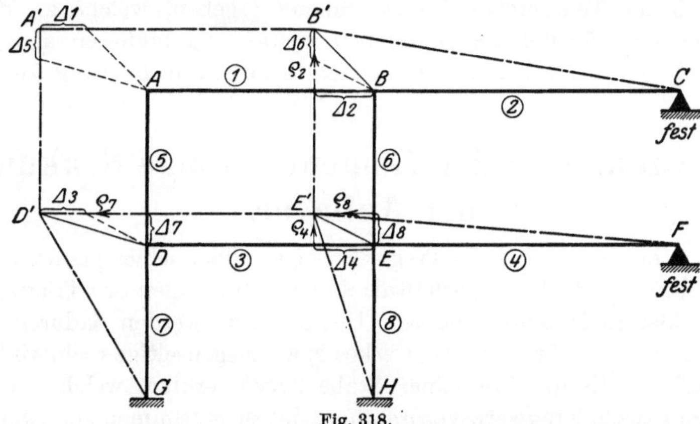

Fig. 318.

Stockwerkrahmen mehr, er wird dann vielmehr genau wie ein einstöckiger Rahmen behandelt. Die Momente herrührend von den Verschiebungen

$$\varrho_2 + \varDelta 8 + \varDelta 6, \qquad \varrho_4 = \varDelta 8,$$
$$\varrho_7 + \varDelta 4 + \varDelta 3, \qquad \varrho_8 = \varDelta 4$$

sind dann die endgültigen Momente für die gegebene Temperaturerhöhung.

3. Der Rahmenträger.

Da der Rahmenträger, wie in Kap. I dieses Teiles ausgeführt, für die Berechnung nichts anderes ist als ein mehrstöckiger Rahmen, so werden die Momente infolge einer gegebenen Temperaturänderung analog wie im vorhergehenden Abschnitt für den mehrstöckigen Rahmen beschrieben, ermittelt.

Da wir z. B. am Rahmenträger der Fig. 319 nicht von vornherein wissen, wieviel sich die Knotenpunkte B, C und D bei der Temperaturänderung senken, so müssen wir diese Punkte vorübergehend vertikal unverschiebbar festhalten (durch Rollenlager mit horizontaler Bahn) und für den Knotenpunkt H der oberen Gurtung vorschreiben, daß er bei der Ausdehnung der Stäbe (bzw. Verkürzung bei Temperaturerniedrigung)

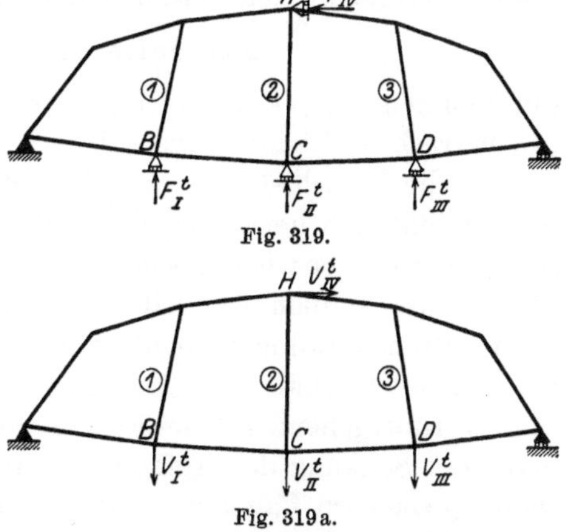

Fig. 319.

Fig. 319a.

senkrecht über dem Knotenpunkt C bleibe, sich aber in senkrechter Richtung bewegen könne; ist die Konstruktion vollkommen symmetrisch, so wird sich die obere Gurtung von selbst so einstellen, ohne daß die Anbringung einer Kraft F^t_{IV} nötig wird. Bei unsymmetrischer Ausbildung (auch wenn nur symmetrisch liegende Stäbe nicht dasselbe Trägheitsmoment haben) treten bei diesem Zustand vier Festhaltungskräfte F^t auf, welche in Wirklichkeit den Wert Null haben sollen. Daher müssen wir den Rahmenträger noch mit den vier Verschiebungskräften V^t (entgegengesetzte Festhaltungskräfte F^t) belasten (Fig. 319a), wodurch sich die Temperatur-Zusatzmomente ergeben, welche zu den Temperaturmomenten für den festgehaltenen Zustand zu addieren sind, um die wirklichen Momente infolge der gegebenen Temperaturänderung zu erhalten.

VI. Bestimmung der Momente infolge Senkungen der Auflager.

Senkt sich ein Auflager eines Tragwerkes gegenüber seiner planmäßigen Lage um ein gegebenes, jedoch im Verhältnis zu den Stablängen des Tragwerkes verschwindend kleines Maß in beliebiger Richtung, so werden dadurch Verschiebungen der Knotenpunkte des Tragwerkes bzw. „gegenseitige rechtwinklige Verschiebungen" der Endpunkte seiner Stäbe hervorgerufen, welche, wie immer, Momente am ganzen Tragwerk verursachen, die zu bestimmen sind. Senken sich mehrere Auflager gleichzeitig, so ist jede einzelne Senkung für sich zu behandeln und am Schluß die Summe der erhaltenen Momentenflächen zu bilden.

Das Verfahren zur Bestimmung der Knotenpunktsverschiebungen infolge der gegebenen Senkung eines Auflagers ist genau dasselbe wie dasjenige, welches wir in Kap. II dieses Teiles zur Bestimmung der Knotenpunktsverschiebungen infolge gegebener Verschiebung eines Knotenpunktes benützt haben, da ja eine Senkung auch eine gegebene Verschiebung eines Stabendpunktes ist.

1. Der einstöckige Rahmen.

Wir betrachten zunächst wieder den allgemeinen, unsymmetrischen, in keinem Punkte festgehaltenen Rahmen der Fig. 320

mit beliebig gerichteten Stäben

und nehmen an, das Auflager L desselben habe sich um die gegebene Strecke Δ in senkrechter Richtung gesenkt.

Um die Verschiebungen aller Knotenpunkte infolge der gegebenen Senkung und die dadurch hervorgerufenen Momente am ganzen Rahmen zu bestimmen, sollten wir wieder wissen, welcher Punkt des „Balkens" bei der Senkung in Ruhe bleibt; dies können wir jedoch am unsymmetrischen und in keinem Punkte festgehaltenen Rahmen nicht von vornherein angeben, und wir müssen daher einen Knotenpunkt des „Balkens" vorübergehend unverschiebbar festhalten, d. h. vorübergehend als denjenigen Punkt betrachten, welcher bei der vorausgesetzten Senkung des Auflagers L in Ruhe bleibt. In dem an diesem Knotenpunkt gedachten Lager wird dann aber, wenn dieser nicht zufällig mit dem in Wirklichkeit in Ruhe bleibenden Punkt zusammenfällt, eine Festhaltungskraft F^s entstehen, genau wie bei Belastung des Rahmens mit einer äußeren Kraft. Entfernen wir das gedachte Lager an dem vorübergehend unverschiebbar festgehaltenen Knotenpunkt, so tritt die Verschiebungskraft V^s (die entgegengesetzt gerichtete Festhaltungskraft F^s) in Tätigkeit, welche noch zusätzliche Momente am ganzen Rahmen erzeugt, die zu denjenigen für den festgehaltenen Zustand zu addieren sind, um die genau richtigen Momente infolge der gegebenen Senkung zu erhalten.

Da wir schon bei der Bestimmung der Zusatzmomente für die äußere Belastung die Momente M^* infolge Belastung eines Knotenpunktes des „Balkens" mit der Kraft $H = 1$ t ermitteln müssen, so halten wir bei Bestimmung der Momente infolge gegebener Senkung nicht einen beliebigen Knotenpunkt des „Balkens" vorübergehend unverschiebbar fest, sondern genau denselben wie bei

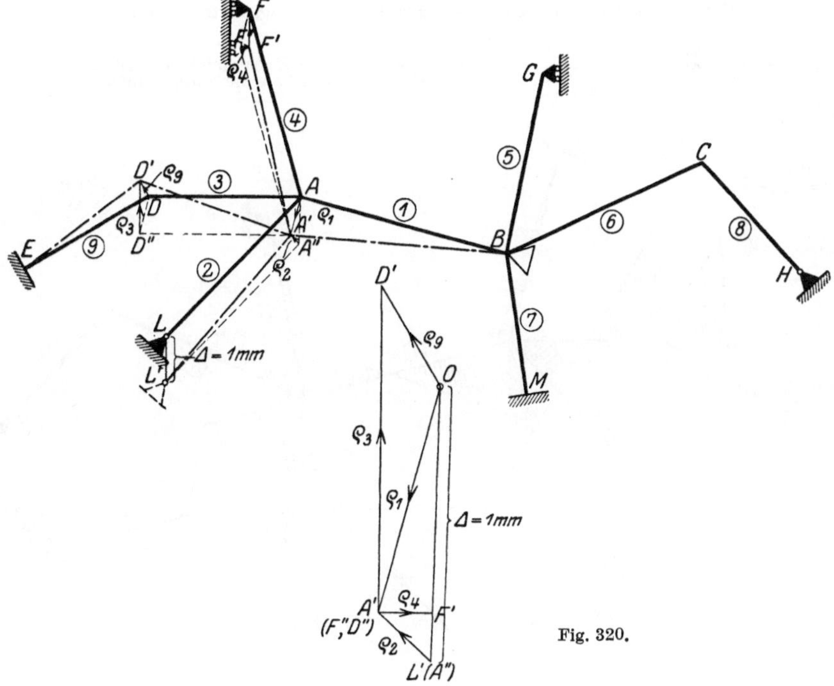

Fig. 320.

der Berechnung der Momente herrührend von der äußeren Belastung, nämlich am vorliegenden Rahmen den Knotenpunkt B.

Würde sich an Stelle des Auflagers L das Auflager M senken, so wäre als gedachtes Lager, womit der „Balken" des Rahmens vorübergehend seitlich unverschiebbar festgehalten wird, am Knotenpunkt B nicht ein festes, sondern wie im vorhergehenden Kapitel ein Rollenlager anzubringen, mit zweckmäßig normal zum Stab *1* gerichteter Bahn, weil sich sonst das Auflager M gar nicht voraussetzungsgemäß senken könnte.

In Fig. 320 bestimmen wir nun von L' und B ausgehend die neue Lage A' des Punktes A, von dieser und dem Auflager E ausgehend die neue Lage D' des Knotenpunkts D und endlich von A' ausgehend die neue Lage F' des beweglichen Auflagers F. Der Knotenpunkt C und das bewegliche Auflager G bleiben in Ruhe, da sich in B das gedachte feste Lager befindet. Die Konstruktion der neuen Lagen der einzelnen Knotenpunkte erfolgt genau wie diejenige infolge gegebener Verschiebung eines Knotenpunktes in Kap. II, 1 dieses Teiles, weshalb sich weitere Erläuterungen erübrigen. In Fig. 320 haben wir der besseren Übersicht halber strichpunktiert die Stäbe in ihrer neuen Lage eingetragen, wobei wir jedoch deren Formänderungen herrührend von den infolge der Knotenpunktsverschiebungen in denselben auftretenden Momenten nicht dargestellt haben.

Nun besitzen wir nicht nur die wirklichen Verschiebungen aller Knotenpunkte, sondern auch die „gegenseitigen rechtwinkligen Verschiebungen" ϱ der Endpunkte aller Stäbe, auf Grund deren sich nach Kap. III dieses Teiles die Momente infolge der gegebenen Senkung für den festgehaltenen Zustand ergeben (Fig. 320a).

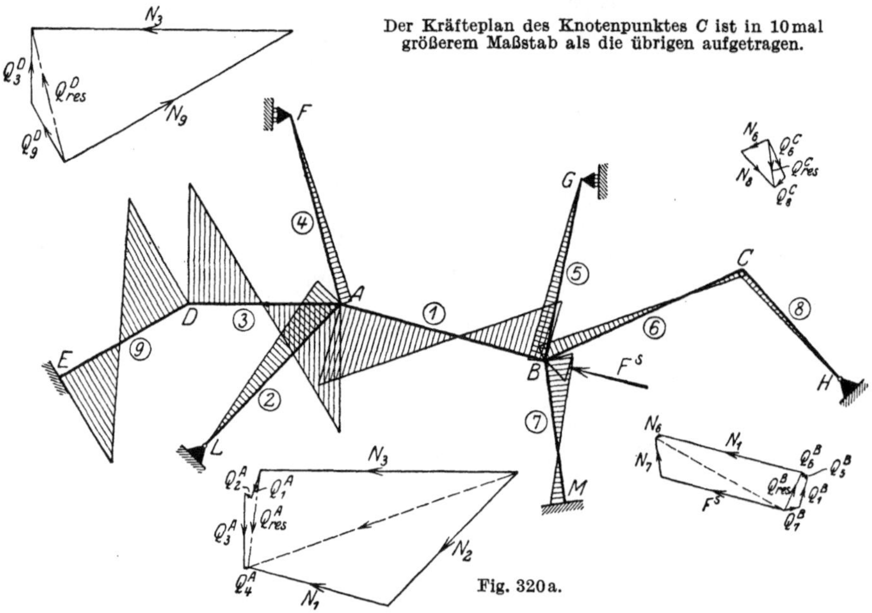

Fig. 320a.

Die in Fig. 320 an den Strecken ϱ eingetragenen Pfeilrichtungen beziehen sich wieder auf die Regel, betreffend des Vorzeichens der davon herrührenden Momente an beiden Stabenden.

Aus den „Senkungsmomenten" für den festgehaltenen Zustand (Fig. 320a) bestimmen wir nun die im gedachten Lager am Knotenpunkt B auftretende Festhaltungskraft F^s nach Kap. VII, 1 des I. Teiles (Fig. 320a) und erhalten darauf die Senkungs-Zusatzmomente (Fig. 320b), indem wir die nach Kap. IV, 1 dieses Teiles bestimmte M^*-Momentenfläche (Fig. 290) für die im Knotenpunkt B von links nach rechts in Richtung des Stabes 1 wirkende Kraft $H = 1$ t mit Größe und Vorzeichen der Verschiebungskraft V^s (umgekehrte Festhaltungskraft F^s) multiplizieren.

Durch Addition der Senkungsmomente für den festgehaltenen Zustand und der Senkungs-Zusatzmomente erhalten wir nun die endgültigen Momente (Fig. 320c) und aus ihnen die endgültigen Querkräfte, Normalkräfte und Auflagerkräfte (nach Teil I, Kap. VI) für die gegebene Senkung des Auflagers L.

Die Bestimmung der Momente infolge gegebener Senkung eines Auflagers am unsymmetrischen, in keinem Punkte festgehaltenen

Rechteckrahmen

der Fig. 321 gestaltet sich bedeutend einfacher, indem man dabei nicht nötig hat, erst die Knotenpunktsverschiebungen zu konstruieren.

Um die Momente infolge der Senkung $\varDelta$ des Auflagers E des Rahmens der

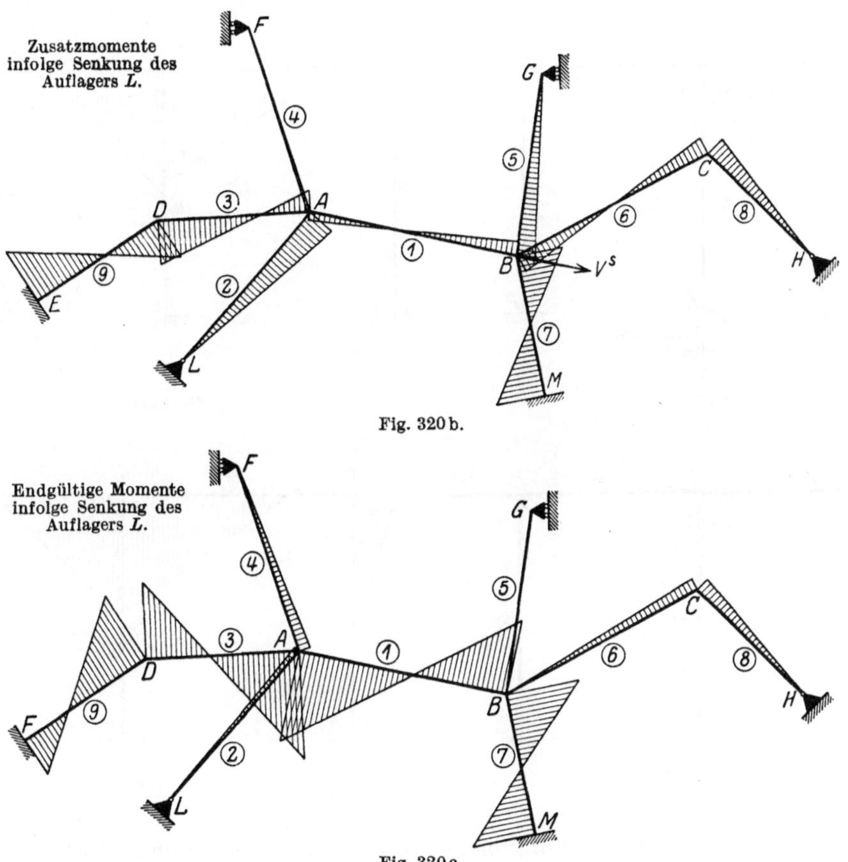

Fig. 320 b.

Fig. 320 c.

Fig. 321 zu bestimmen, gehen wir analog vor, wie am allgemeinen Rahmen der Fig. 320 beschrieben. Wir halten zunächst den Balken, oder was gleichbedeutend ist, den Knotenpunkt C horizontal unverschiebbar fest. Tritt die Senkung $\varDelta$ (senkrecht angenommen) des Auflagerpunktes E dann ein, so senkt sich der Knotenpunkt B um gleichviel senkrecht nach unten, während die Knotenpunkte A und C in ihrer ursprünglichen Lage verbleiben (und zwar deshalb, weil die Senkung des Punktes B normal zum Balken $1-2$ erfolgt und die Senkung des Auflagerpunktes F im Verhältnis zu den Stablängen des Tragwerkes verschwindend klein angenommen wurde), und es treten am festgehaltenen Rahmen nur die „gegenseitigen rechtwinkligen Verschiebungen"

$$\varrho_1 = \varDelta \quad \text{und} \quad \varrho_2 = \varDelta$$

auf, für welche wir die Momente (Fig. 321a) nach Kap. III dieses Teiles und
die dazugehörige Festhaltungskraft F nach Kap. VII des I. Teiles bestimmen.
Bringen wir jetzt die umgekehrte Festhaltungskraft F^s, d. h. die Verschiebungskraft V^s als äußere, in Balkenachse wirkende Kraft an, so entstehen durch diese
Belastung die Senkungs-Zusatzmomente (Fig. 321b), welche wir einfach durch
Multiplikation der M^*-Momentenfläche dieses Rahmens mit Größe und Vorzeichen von V^s erhalten.

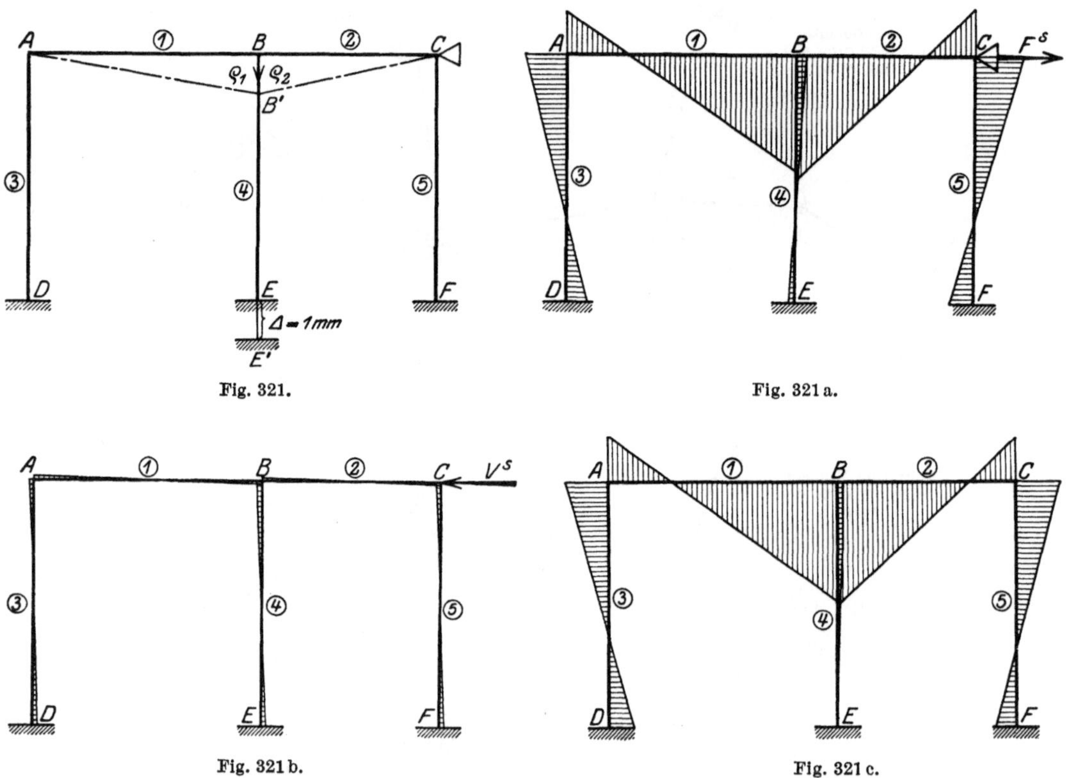

Fig. 321.   Fig. 321a.

Fig. 321b.   Fig. 321c.

Durch Addition der Senkungsmomente für den festgehaltenen Zustand und
der Senkungs-Zusatzmomente erhalten wir die endgültigen Momente (Fig. 321c)
und aus ihnen die endgültigen Querkräfte, Normalkräfte und Auflagerkräfte
(nach Teil I, Kap. VI) für die gegebene Senkung des Auflagerpunktes E. — Es
sei noch erwähnt, daß bei Senkung eines Endauflagers größere Zusatzmomente
entstehen als bei Senkung eines mittleren Auflagers.

Hat sich der Auflagerpunkt E nicht in senkrechter, sondern in beliebiger
Richtung gesenkt (Fig. 321d), so erleiden nicht nur die Stäbe 1 und 2, sondern
auch noch die Säule 4 eine gegenseitige Verschiebung ihrer Endpunkte. Wegen
des gedachten Lagers in C ist die Verschiebung des Punktes B trotzdem senkrecht und gleich der Projektion der gegebenen Senkung auf die Senkrechte;
die gegenseitige rechtwinklige Verschiebung der Säule 4 ist gleich der Projektion
der gegebenen Senkung auf die Waagrechte. Die Berechnung gestaltet sich im
übrigen analog wie für die Senkung in senkrechter Richtung beschrieben.

Am einfachsten gestaltet sich die Berechnung der Momente infolge gegebener Senkung

am symmetrischen Rahmen,

wenn die Senkung in dessen Symmetrieachse liegt, und

am festgehaltenen Tragwerk

für beliebig gerichtete Senkungen, weil an diesen Tragwerken — z. B. Fig. 322 bzw. 323 — keine Senkungs-Zusatzmomente zu bestimmen sind, und zwar des-

halb nicht, weil man bei beiden Konstruktionsarten den Punkt kennt, welcher bei der vorausgesetzten Senkung keine seitliche Bewegung ausführt und man daher von vornherein die endgültige Verschiebung eines jeden Knotenpunktes angeben kann.

Am symmetrischen Rahmen der Fig. 322, dessen mittlere Säule sich um die Strecke $\varDelta$ senkrecht gesenkt habe, wissen wir, daß der Punkt B, trotzdem an keinem der drei Knotenpunkte A, B, C ein Lager angebracht wurde, sich nicht seitlich, sondern nur senkrecht nach unten verschiebt, und zwar um das Maß $BB' = \varDelta$. Vom Punkte B' aus können wir nun in bekannter Weise die neue Lage des Knotenpunktes A und diejenige von C bestimmen (siehe Fig. 322). Hierauf kennen wir die gegenseitigen rechtwinkligen Verschiebungen der Endpunkte aller Stäbe, nämlich

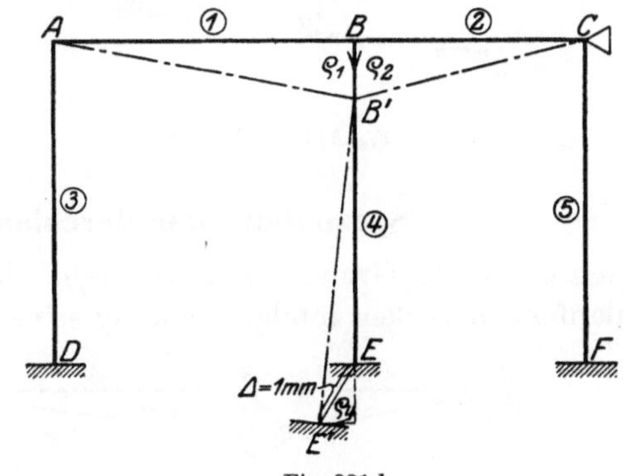

Fig. 321 d.

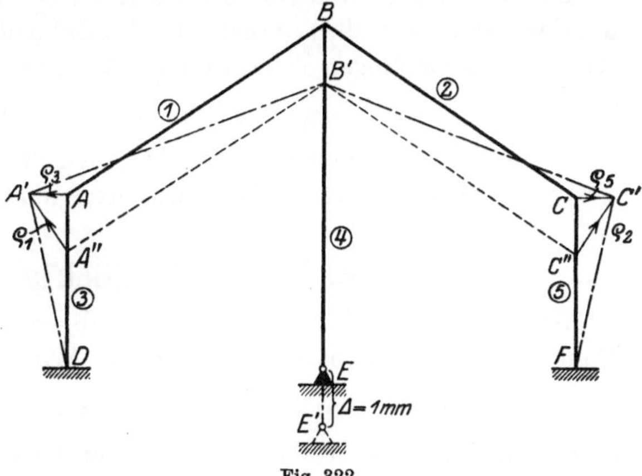

Fig. 322.

$$\varrho_1 = A''A',$$
$$\varrho_2 = C''C',$$
$$\varrho_3 = AA',$$
$$\varrho_4 = 0,$$
$$\varrho_5 = CC',$$

und bestimmen nach Kap. III dieses Teiles die zugehörigen Momente, welche die endgültigen Momente für die gegebene Senkung sind.

Das Tragwerk der Fig. 323 ist unsymmetrisch, besitzt jedoch an einem Ende ein festes Lager, weshalb das Tragwerk bei Senkung einer Säule keine seitlichen

Bewegungen ausführen kann und mithin auch keine Zusatzmomente auftreten können.

Senkt sich z. B. Säule *6* um das Maß $\varDelta$ in senkrechter Richtung, so verschiebt sich Knotenpunkt *B* um dasselbe Maß senkrecht nach unten und die

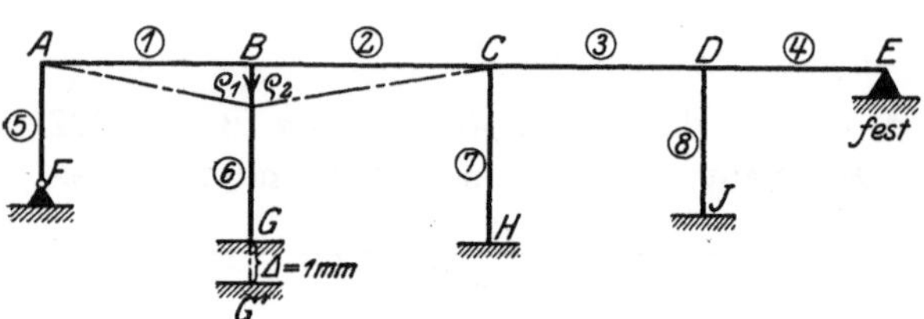

Fig. 323.

Stäbe *1* und *2* erleiden dadurch gegenseitige Verschiebungen ihrer Endpunkte, auf Grund deren wir nach Kap. III die durch die gegebene Senkung am ganzen Tragwerk hervorgerufenen Momente ermitteln können.

Spezialfall: Der durchlaufende Balken.

Nach denselben Grundsätzen ermitteln wir auch die an einem gewöhnlichen durchlaufenden Balken infolge Senkung seiner Auflager entstehenden Momente.

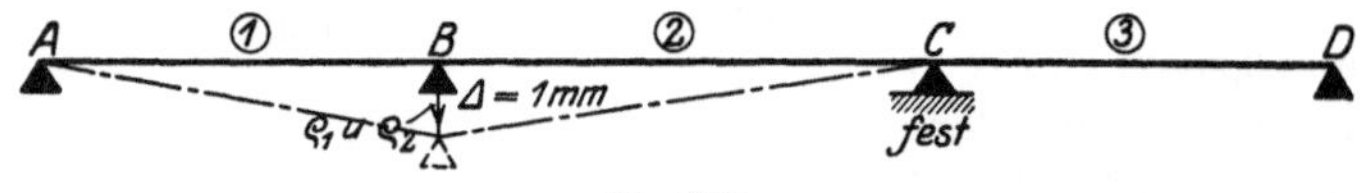

Fig. 324.

Senkt sich am durchlaufenden Balken der Fig. 324 z. B. dessen Auflager *B* um das gegebene Maß $\varDelta$, so erleiden die Balkenöffnungen (Stäbe) *1* und *2* gegenseitige Verschiebungen ihrer Enden. Wir erhalten

$$\varrho_1 = \varDelta\,, \qquad \varrho_2 = \varDelta\,, \qquad \varrho_3 = 0\,,$$

auf Grund deren wir nach Kap. III die durch die gegebene Senkung am ganzen Tragwerk hervorgerufenen Momente ermitteln können.

2. Der mehrstöckige Rahmen.

Wir betrachten wieder zunächst den allgemeinen unsymmetrischen, in keinem Punkte festgehaltenen Rahmen der Fig. 325

mit beliebig gerichteten Stäben

und nehmen an, das Auflager *L* desselben habe sich um die gegebene Strecke $\varDelta$ in senkrechter Richtung gesenkt.

Da wir wieder nicht wissen, welcher Punkt der einzelnen „Stockwerkbalken" bei der gegebenen Senkung in Ruhe bleibt, so müssen wir zur Bestimmung der dadurch hervorgerufenen Momente am ganzen Rahmen wie im vorhergehenden Kapitel einen Knotenpunkt eines jeden „Stockwerkbalkens" vorübergehend nach der Seite unverschiebbar festhalten. In den an diesen Knotenpunkten gedachten Lagern treten Festhaltungskräfte F^s auf, genau wie bei Belastung des Rahmens mit äußeren Kräften. Entfernen wir die gedachten Lager, so treten an den vorübergehend unverschiebbar festgehaltenen Knotenpunkten die Verschiebungskräfte V^s (die entgegengesetzt gerichteten Festhaltungskräfte F^s) in Tätigkeit, welche noch zusätzliche Momente am ganzen Stockwerkrahmen erzeugen, die zu denjenigen für den festgehaltenen Zustand zu addieren sind, um die genau richtigen Momente infolge der gegebenen Senkung zu erhalten.

Da wir schon bei der Bestimmung der Zusatzmomente für die äußere Belastung die Momente M^* infolge Belastung der einzelnen „Stockwerkbalken" mit der Kraft $H = 1\,\mathrm{t}$ ermitteln müssen, so halten wir bei Bestimmung der Senkungsmomente nicht einen beliebigen Knotenpunkt eines jeden „Stockwerkbalkens" vorübergehend unverschiebbar fest, sondern genau dieselben und mit gleich gestellten gedachten Lagern wie bei der Berechnung der Momente herrührend von der äußeren Belastung, nämlich am vorliegenden Stockwerkrahmen die Knotenpunkte C, F und J.

In Fig. 325 bestimmen wir nun von der neuen Lage des Auflagerpunktes L' ausgehend die Verschiebung aller Knotenpunkte, wie in Kap. II, 2 gezeigt, wo-

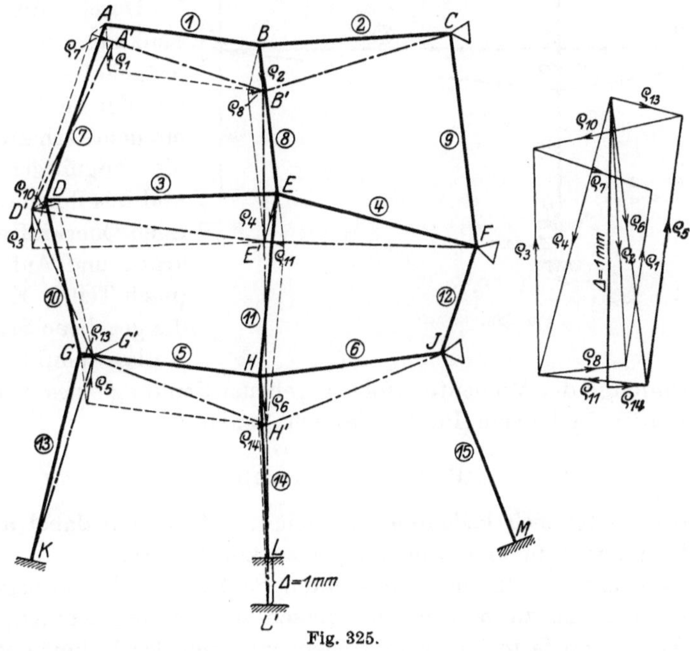

Fig. 325.

bei die Knotenpunkte C, F und J unverschiebbar festgehalten sind; in dieser Figur haben wir der besseren Übersicht halber strichpunktiert die Stäbe in ihrer neuen Lage eingetragen, wobei wir jedoch deren Formänderungen nicht dargestellt haben.

Würde sich an Stelle des Auflagers L das Auflager M senken, so wären an Stelle der gedachten festen Lager bei C, F und J Rollenlager mit zweckmäßig normal zu den anschließenden Balkenstäben gerichteter Bahn, anzubringen, weil sich sonst das Auflager M gar nicht voraussetzungsgemäß senken könnte.

Nun besitzen wir die „gegenseitigen rechtwinkligen Verschiebungen" ϱ der Endpunkte aller Stäbe, auf Grund deren wir nach Kap. III dieses Teiles die Momente infolge der gegebenen Senkung für den festgehaltenen Zustand in bekannter Weise bestimmen können. Die in Fig. 325 an den Strecken ϱ eingetragenen Pfeilrichtungen beziehen sich wieder auf die Regel betreffend des Vorzeichens der davon herrührenden Momente an beiden Stabenden.

Aus den Senkungsmomenten für den festgehaltenen Zustand bestimmen wir darauf die in den gedachten Lagern auftretenden Festhaltungskräfte F^s_I, F^s_{II} und F^s_{III} nach Kap. VII, 2 des ersten Teiles und erhalten hiernach die Senkungs-Zusatzmomente, indem wir die nach Kap. IV, 2 dieses Teiles bestimmten M^*_I-, M^*_{II}- und M^*_{III}-Momente (Fig. 296c, 299c, 302c) für die im Knotenpunkt C bzw. F bzw. J von links nach rechts in Richtung des anschließenden Balkenstabes 2 bzw. 4 bzw. 6 wirkende Kraft $H = 1$ t mit Größe und Vorzeichen der Verschiebungskraft V^s_I bzw. V^s_{II} bzw. V^s_{III} multiplizieren und die daraus hervorgehenden Momente addieren.

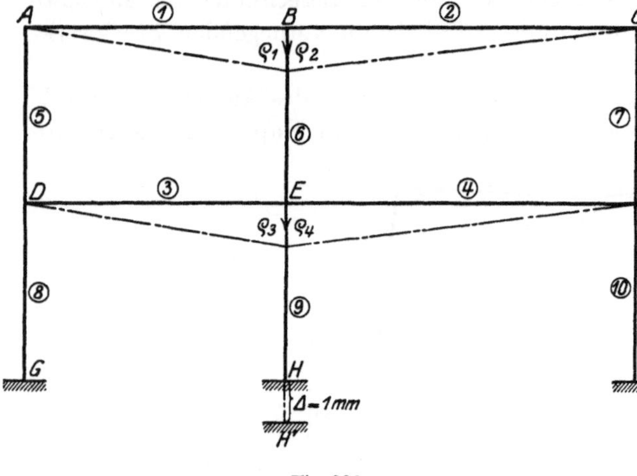

Fig. 326.

Durch Addition der Senkungsmomente für den festgehaltenen Zustand und der Senkungs-Zusatzmomente erhalten wir nun die endgültigen Momente und aus ihnen die endgültigen Querkräfte, Normalkräfte und Auflagerkräfte (nach Teil I, Kap. VI) für die gegebene Senkung des Auflagerpunktes L.

Die Bestimmung der Momente infolge gegebener Senkung eines Auflagers am unsymmetrischen, in keinem Punkte festgehaltenen

Rechteckrahmen

der Fig. 326 gestaltet sich bedeutend einfacher, indem man dabei nicht nötig hat, erst die Knotenpunktsverschiebungen zu konstruieren.

Um die Momente infolge der senkrechten Senkung Δ des Auflagers H des Rahmens der Fig. 326 zu bestimmen, müssen wir an den Knotenpunkten C und F vorübergehend feste Lager anbringen, wodurch der Rahmen seitlich unverschiebbar festgehalten wird. Infolge der gegebenen Senkung des Auflagerpunktes H senken sich die Knotenpunkte E und B ebenfalls um das Maß Δ, während die übrigen Knotenpunkte in ihrer ursprünglichen Lage verbleiben. Es treten daher am festgehaltenen Stockwerkrahmen nur die „gegenseitigen rechtwinkligen Verschiebungen" $\varrho_1, \varrho_2, \varrho_3$ und ϱ_4 auf, welche alle gleich der gegebenen Senkung Δ sind, und für welche wir die Momente nach Kap. III dieses Teiles und die zugehörigen Festhaltungskräfte F^s_I und F^s_{II} nach Kap. VII, 2 des I. Teiles bestimmen. Bringen wir jetzt die Verschiebungskräfte V^s_I und V^s_{II} (umgekehrte Festhaltungskräfte F^s_I bzw. F^s_{II}) als äußere, in Balkenachse wirkende Kräfte an, so entstehen durch diese Belastung die Senkungs-Zusatzmomente, welche wir durch Multiplikation der M^*_I- und M^*_{II}-Momente mit Größe und Vorzeichen von V^s_I bzw. V^s_{II} und Addition der daraus hervorgehenden Momente erhalten.

Durch Addition der Senkungsmomente für den festgehaltenen Zustand und der Senkungs-Zusatzmomente erhalten wir die endgültigen Momente und aus ihnen die endgültigen Querkräfte, Normalkräfte und Auflagerkräfte (nach Teil I, Kap. VI) für die gegebene Senkung des Auflagerpunktes H.

Am einfachsten gestaltet sich die Berechnung der Momente infolge gegebener Senkung

am symmetrischen Stockwerkrahmen,

wenn die Senkung in dessen Symmetrieachse liegt, und

am festgehaltenen Stockwerkrahmen

für beliebig gerichtete Senkungen, weil an diesen Tragwerken keine Senkungs-Zusatzmomente zu bestimmen sind (vgl. das für den einstöckigen symmetrischen oder festgehaltenen Rahmen Gesagte).

3. Der Rahmenträger.

Da der Rahmenträger äußerlich ein einfacher Balken ist, so ruft eine Senkung eines seiner Auflager keine Spannungen in demselben hervor.

Was die durchlaufenden Rahmenträger betrifft, so werden die Momente infolge einer Senkung eines seiner Auflager nach den für den mehrstöckigen Rahmen geltenden Grundsätzen ermittelt.

VII. Bestimmung der Momente infolge der durch die Normalkräfte verursachten Längenänderungen der Stäbe.

Infolge der in den Stäben eines Tragwerkes auftretenden Normalkräfte (Achsialkräfte) ändern sich die Längen der einzelnen Stäbe um

$$\Delta l = \frac{N \cdot l}{E \cdot F}, \tag{576}$$

wenn

   N die Normalkraft in irgendeinem Stabe,

   l die anfängliche Länge dieses Stabes,

   E der Elastizitätsmodul des Baumaterials, und

   F der Querschnitt des Stabes,

und zwar verkürzt sich der Stab, wenn N eine Druckkraft, und er verlängert sich, wenn N eine Zugkraft ist.

Durch diese Längenänderungen verschieben sich die Knotenpunkte des Tragwerkes, und durch diese Verschiebungen bzw. die „gegenseitigen rechtwinkligen Verschiebungen" der Endpunkte aller Stäbe (T. II, Kap. II) entstehen die gesuchten Momente infolge der Normalkräfte am ganzen Tragwerk.

Wir erkennen, daß die Momente infolge der durch die Normalkräfte verursachten Längenänderung der Stäbe genau gleich bestimmt werden wie die Momente infolge der durch eine Temperaturänderung des Baumaterials (Kap. V dieses Teiles) hervorgerufenen Längenänderung der Stäbe.

An Stelle der nach Gl. (575) für eine Temperaturänderung berechneten Δl treten die nach obiger Gl. (576) bestimmten Werte von Δi; nur ist zu beachten, daß letzterer am einen Stab eine Verkürzung und am anderen eine Verlängerung ist, je nachdem die Normalkraft in dem betreffenden Stab eine Druck- oder Zugkraft ist. Dementsprechend ist Δl dann im Verschiebungsplan als Verkürzung oder Verlängerung abzutragen.

1. Der einstöckige Rahmen.

Wir betrachten als Beispiel den allgemeinen einstöckigen Rahmen der Fig. 327.

Die Kräftepläne der Knotenpunkte A und D sind in 5 mal größerem Maßstabe aufgetragen als diejenige der Knotenpunkte B und C.

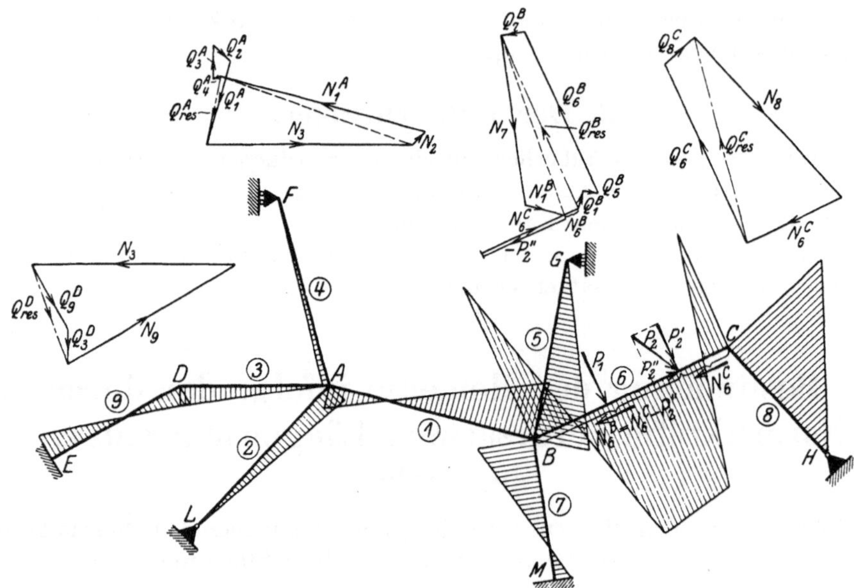

Fig. 327.

Nachdem wir die endgültige Momentenfläche für den betreffenden Belastungsfall (kann auch eine Temperaturänderung oder Senkung sein) nach den vorhergehenden Kapiteln bestimmt und aus dieser die zugehörigen Normalkräfte nach Kap. VI des I. Teiles ermittelt haben (siehe Fig. 327), berechnen wir für jeden Stab die dadurch hervorgerufene Längsänderung Δl desselben nach Gl. (576). Da wir nicht wissen, welcher Punkt des Rahmens bei den durch die Längenänderung Δl der Stäbe hervorgerufenen Verschiebungen sämtlicher Knotenpunkte in Ruhe bleibt, so können wir die wirklichen Verschiebungen der Knotenpunkte nicht angeben. Wir müssen daher, wie im vorhergehenden Kapitel, den „Balken" des Rahmens vorübergehend in einem Knotenpunkte seitlich unverschiebbar festhalten und danach die für den festgehaltenen Zustand erhaltenen Momente durch Addition der Zusatzmomente, hervorgerufen durch Belastung des Rahmens mit der Verschiebungskraft V^N (umgekehrte Festhaltungskraft F^N in dem vorübergehend festgehaltenen Knotenpunkt) in die endgültigen Momente überführen.

Da wir schon bei der Bestimmung der Zusatzmomente für den gegebenen Belastungsfall (kann auch eine Temperaturänderung oder Senkung sein) die Momente M^* infolge Belastung eines Knotenpunktes des Rahmens mit der Kraft

$H = 1$ t ermitteln müssen, so halten wir bei Bestimmung der Momente infolge der Normalkräfte nicht einen beliebigen Knotenpunkt des „Balkens" vorüber-

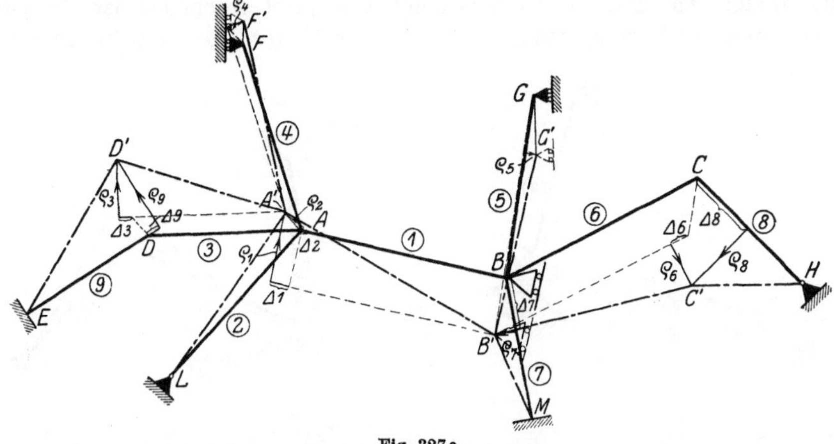

Fig. 327 a.

gehend unverschiebbar fest, sondern genau denselben wie bei der Berechnung der Momente für den gegebenen Belastungsfall, nämlich am vorliegenden Rahmen den Knotenpunkt B. Außerdem bringen wir an diesem Knotenpunkt nicht ein

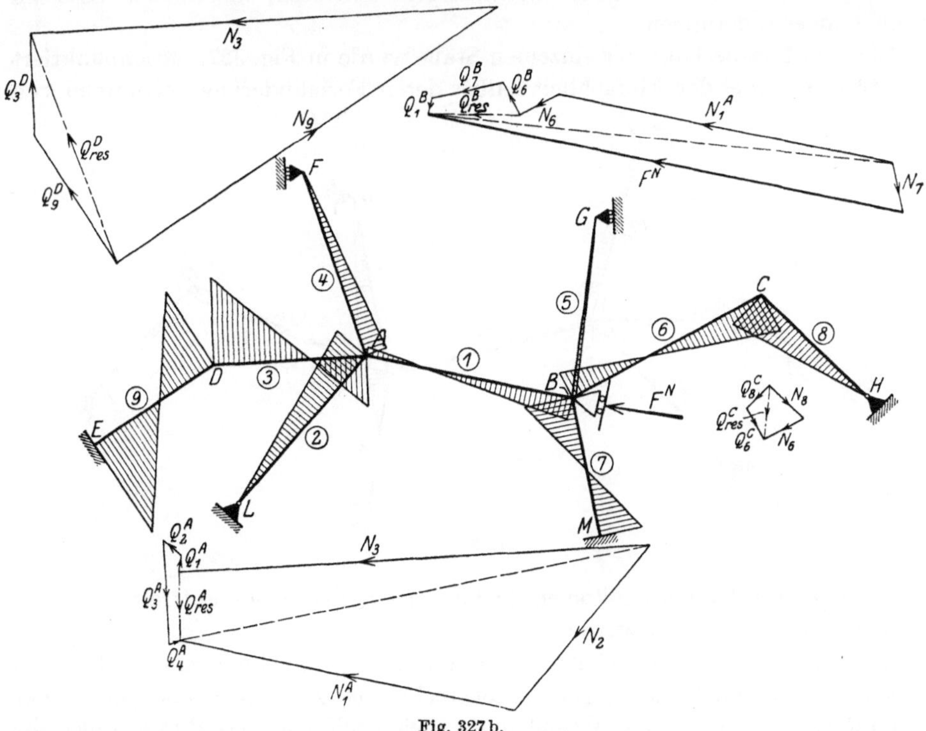

Fig. 327 b.

festes Lager, sondern ein Rollenlager (vgl. Teil II, Kap. V, 1) mit zweckmäßig normal zum Stab *1* gerichteter Bahn an, weil sonst der Stab *7* seine Länge nicht ändern könnte.

Auf Grund der nach Gl. (576) berechneten Längenänderungen $\varDelta l$ konstruieren wir nun in Fig. 327a von B ausgehend die Verschiebung aller Knotenpunkte analog wie dies im vorhergehenden Kapitel geschehen ist; in jenem Kapitel waren nur Verlängerungen, hier sind Verlängerungen und Verkürzungen

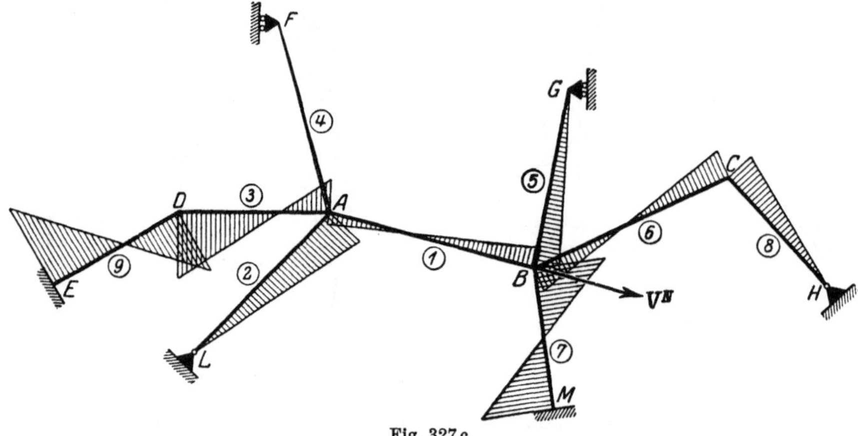

Fig. 327 c.

abzutragen, was zu beachten ist. Da in den Stäben *4* und *5* wegen der beweglichen Lager in F und G keine Normalkräfte auftreten, so erleiden dieselben keine Längenänderungen.

Die verschobene Lage der einzelnen Stäbe wurde in Fig. 327a strichpunktiert eingetragen, wobei der Einfachheit halber deren Formänderung herrührend von

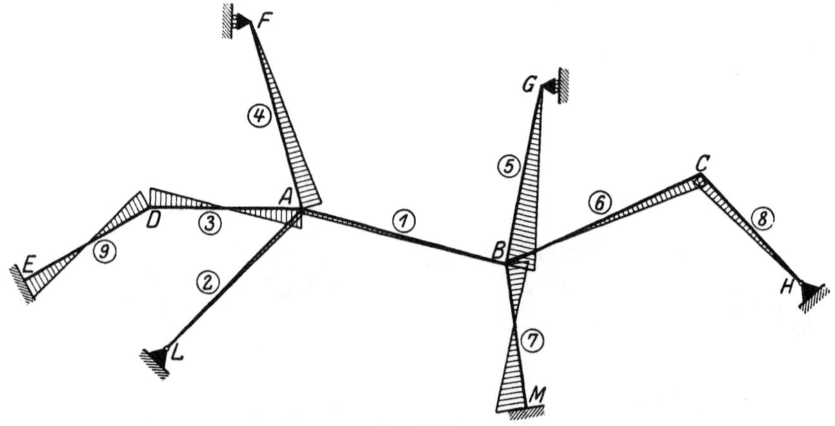

Fig. 327 d.

den infolge der Knotenpunktsverschiebungen in denselben auftretenden Momenten nicht dargestellt wurde.

Nun besitzen wir, wie früher, nicht nur die Verschiebungen aller Knotenpunkte, sondern auch die „gegenseitigen rechtwinkligen Verschiebungen" ϱ der Endpunkte aller Stäbe, auf Grund deren sich nach Kap. III dieses Teiles die Momente infolge der Längenänderung der Stäbe für den festgehaltenen Zustand ergeben (Fig. 327b). Aus diesen Momenten bestimmen wir nun (Fig. 327b) die im gedachten Lager am Knotenpunkt B auftretende Festhaltungskraft F^N nach

Kap. VII, 1 des I. Teiles und erhalten darauf die zugehörigen Zusatzmomente (Fig. 327c), indem wir die nach Kap. IV, 1 dieses Teiles bestimmte M^*-Momentenfläche (Fig. 290) für die im Knotenpunkt B von links nach rechts in Richtung des Stabes *1* wirkende Kraft $H = 1\,t$ mit Größe und Vorzeichen der Verschiebungskraft V^N (umgekehrte Festhaltungskraft F^N) multiplizieren.

Durch Addition der Momente für den festgehaltenen Zustand und der Zusatzmomente erhalten wir nun die endgültigen Momente infolge der Normalkräfte (Fig. 327d).

Zu diesen Momenten gehören nun aber wieder Normalkräfte, welche das erhaltene Resultat um ein geringes Maß verändern, und man könnte nun mit den berichtigten Normalkräften die Berechnung wiederholen. Dies ist jedoch praktisch nicht nötig, da die Momente infolge der Normalkräfte im Vergleich zu den übrigen Momenten überhaupt gering sind.

Bei in einem Punkte festgehaltenen Tragwerken sowie bei symmetrischen Tragwerken, welche symmetrisch belastet sind, gestaltet sich die Berechnung einfacher, weil die Zusatzmomente wegfallen.

2. Der mehrstöckige Rahmen.

Am mehrstöckigen Rahmen gestaltet sich die Bestimmung der Momente infolge der Längenänderungen der Stäbe, hervorgerufen durch die Normalkräfte in denselben, ebenfalls genau gleich wie die Bestimmung der Momente infolge der Längenänderungen der Stäbe, hervorgerufen durch eine Temperaturänderung des Baumaterials (siehe Kap. V dieses Teiles); es ist nur zu beachten, daß die Werte Δl, hervorgerufen durch die Normalkräfte, Verkürzungen oder Verlängerungen sein können.

Wir berechnen daher zunächst die Werte Δl nach Gl. (576) für alle Stäbe auf Grund der aus der endgültigen Momentenfläche für den betreffenden Belastungsfall hervorgehenden Normalkräfte. Darauf konstruieren wir wieder von den an den einzelnen Stockwerkbalken angebrachten Rollenlagern ausgehend die durch die Längenänderungen Δl verursachten Verschiebungen aller Knotenpunkte, wobei wir auch die „gegenseitigen rechtwinkligen Verschiebungen" ϱ der Endpunkte aller Stäbe erhalten. Mittels der Verschiebungen ϱ bestimmen wir nach Kap. III dieses Teiles die Momentenfläche am ganzen Stockwerkrahmen für den festgehaltenen Zustand und konstruieren aus letzterer nach Kap. VII, 2 des I. Teiles die zugehörige Festhaltungskraft F^N an jedem gedachten Rollenlager.

Entfernen wir die gedachten Rollenlager an den Stockwerkbalken, so treten die den Festhaltungskräften F^N entgegengesetzt gleichen Verschiebungskräfte V^N in Tätigkeit, welche am ganzen Rahmen noch Zusatzmomente hervorrufen. Diese werden dadurch erhalten, daß wir die Verschiebungskräfte V^N mit der betreffenden M^*-Momentenfläche multiplizieren und die daraus hervorgehenden Momentenflächen (ebensoviel als Stockwerke vorhanden sind) addieren.

Durch Addition der Momente für den festgehaltenen Zustand und der Zusatzmomente erhalten wir nun die endgültigen Momente infolge der Normalkräfte, welche nicht mehr korrigiert zu werden brauchen, obwohl durch dieselben die ursprünglich gegebenen Normalkräfte sich um ein geringes Maß verändern.

3. Der Rahmenträger.

Da der Rahmenträger für die Berechnung nichts anderes ist als ein mehrstöckiger Rahmen, so werden die Momente infolge der Längenänderungen seiner Stäbe, hervorgerufen durch die Normalkräfte in denselben, analog wie im vorhergehenden Abschnitt für den mehrstöckigen Rahmen beschrieben, ermittelt.

VlII. Bestimmung der Grenzwerte der Momente, Querkräfte und Normalkräfte.

1. Grenzwerte der Momente.

Beim Tragwerk mit verschiebbaren Knotenpunkten gelten bezüglich der Grenzwertbildung wieder die Ausführungen unter Kap. V, 5 (1. Teil) in sinngemäßer Erweiterung, indem noch der Einfluß der Verschiebungskraft zu berücksichtigen ist.

a) Gleichmäßig verteilte Last.

Beim einfachen Rahmen der Fig. 328 erzeugt eine Last P am festgehaltenen Tragwerk die schwach ausgezogene Momentenlinie. Die Momentenlinie infolge der Verschiebungskraft ist punktiert eingetragen. Die endgültige, stark ausgezogene Momentenlinie ergibt sich durch Addition der beiden ersteren. Im Schnitt F zwischen den beiden Festpunkten wird das resultierende Moment negativ.

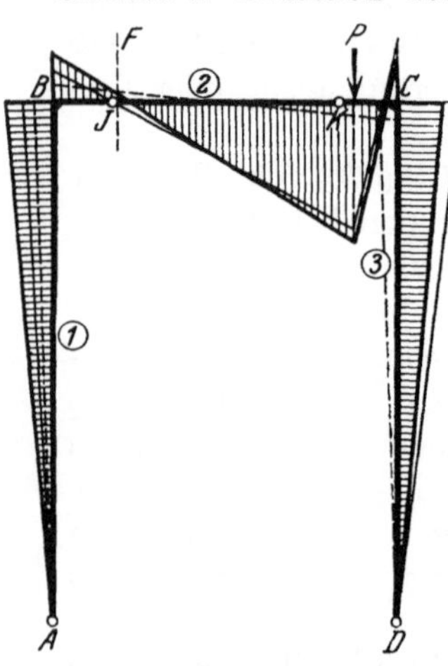

Fig. 328.

Im Gegensatz zu den festgehaltenen Tragwerken können bei denjenigen mit verschiebbaren Knotenpunkten auch zwischen den Festpunkten negative Momente entstehen, wenn das betreffende Feld unsymmetrisch belastet wird.

Vollbelastung des Balkens BC (Fig. 328) erzeugt nicht mehr positive Grenzwerte der Momente längs der ganzen Strecke $J-K$. Es müssen daher für die Grenzwertbildung eventuell auch für Schnitte zwischen den Festpunkten, und nahe diesen gelegen, Einflußlinien konstruiert werden. Meistens genügen aber für die Dimensionierung die maximalen Momente um die Feldmitte, für die auch weiterhin Totalbelastung maßgebend ist.

Zudem verschwindet der Einfluß der Verschiebungskraft auf die Feldmomente stark, sobald am Rahmen mehrere Stützen vorhanden sind.

b) Bewegliche Lasten.

Zur Ermittlung der Grenzwerte der Momente werden wieder Einflußlinien verwendet. Ihre Konstruktion ist anfänglich die gleiche wie in Kap. V, 1, 1. Teil. Es wird zuerst die Einflußlinie für das festgehaltene Tragwerk bestimmt. Nun muß noch der Einfluß der Verschiebungskraft berücksichtigt werden. Dazu ist deren Einflußlinie zu konstruieren, sowie die Momentenfläche M^* infolge einer Verschiebungskraft $V = 1\,\text{t}$.

Der Einfluß der Verschiebungskraft auf eine Einflußlinie wird nun folgendermaßen berücksichtigt:

Für alle Laststellungen $P = 1$ wird die Größe der Verschiebungskraft bestimmt, durch Abgreifen in deren Einflußlinie. Diese Werte V werden multipliziert mit dem Momente M^*, welches in dem Schnitte auftritt, für den die Einflußlinie konstruiert werden soll. Die Ordinaten $V \cdot M^*$ stellen den Anteil der Verschiebungskraft an der Einflußlinie dar. Sie werden unter den ihnen zugehörigen Laststellungen zu den M-Ordinaten addiert und liefern die endgültige Momentenfläche.

Die Verschiebungskraft ist gleich der Summe der Pfeilerquerkräfte. Die Konstruktion der Querkräfte erfolgt graphisch nach Kap. VI, 1b (1. Teil).

Für den durchlaufenden Rahmen der Fig. 153 mit veränderlichem Trägheitsmoment, aber verschiebbarem Auflager E, ist die Einflußlinie in Fig. 329 bis 329b konstruiert. Für die Laststellung $P = 1$ in Schnitt 2 ist die Momentenfläche des festgehaltenen Tragwerkes in Fig. 329 aufgetragen. Die Querkraft am Pfeilerkopf ist gleich dem Abschnitt, den die Schlußlinie der Momentenfläche am Pfeiler auf einer Senkrechten zur Pfeilerachse im Abstande H (Polweite) von einem Festpunkt aus abschneidet.

Für die Laststellung $P = 1$ in Schnitt 2 sind daher die Pfeilerquerkräfte zwischen den Schlußlinien 2 und den Pfeilerachsen abzugreifen. Alle diese Abschnitte mit dem Zirkel unter Berücksichtigung ihres Vorzeichens addiert, ergeben die Einflußordinate η_2 der Verschiebungskraft in Schnitt 2. Ebenso wird die Einflußordinate η_6 für Schnitt 6 aus Fig. 329a erhalten, durch Addition der Abschnitte zwischen den Schlußlinien 6 und den Pfeilerachsen.

Der Pfeil gibt die Richtung der Verschiebungskraft an.

Die Konstruktion der Momentenfläche M^* erfolgt nach Kap. IV (2. Teil).

Zuerst wird die Momentenfläche M' (Fig. 330) infolge einer Verschiebung $\varDelta = 1\,\text{mm}$ bestimmt. Dazu wird das Moment, das an jedem Pfeilerkopf infolge der Verschiebung $\varDelta = 1\,\text{mm}$ entsteht, in den Horizontalbalken eingeleitet. Die Momentenlinien infolge M_5^A sind ausgezogen, infolge M_6^B gestrichelt, infolge M_7^C strichpunktiert und infolge M_8^B punktiert eingetragen. Durch Addition sämtlicher Momentenlinien erhält man die gesuchte M'-Momentenlinie, die stark ausgezogen ist. Hierauf wird die dazugehörende Festhaltungskraft F bestimmt. Durch Division der Momentenfläche M' durch F erhält man die Momentenfläche M^* infolge einer Verschiebungskraft $V = 1\,\text{t}$ (Fig. 331).

Die Konstruktion der Einflußlinien der Momente ist in Fig. 332—332g durchgeführt. Die punktierten Einflußlinien sind diejenigen für den festgehaltenen Zustand. Die zusätzlichen Momente z. B. für die Einflußlinie M_I sind wie folgt bestimmt: Eine Last $P = 1$ in Schnitt 3 erzeugt eine Verschiebungskraft V_3, deren Größe aus der Einflußlinie Fig. 329b entnommen wird. Das Moment M_I^* infolge $V = 1\,\text{t}$ wird aus Fig. 331 in Schnitt 1 abgegriffen. Das Produkt $V_3 \cdot M_1^*$ ergibt nun den gesuchten Wert $\varDelta M_3$, der zu der Momentenordinate unter Schnitt 3 addiert wird.

Das Produkt $V \cdot M^*$ wird am einfachsten mittels des Reduktionswinkels Fig. 332e erhalten. Im Abstande V_3 vom Nullpunkt greift man direkt den Wert

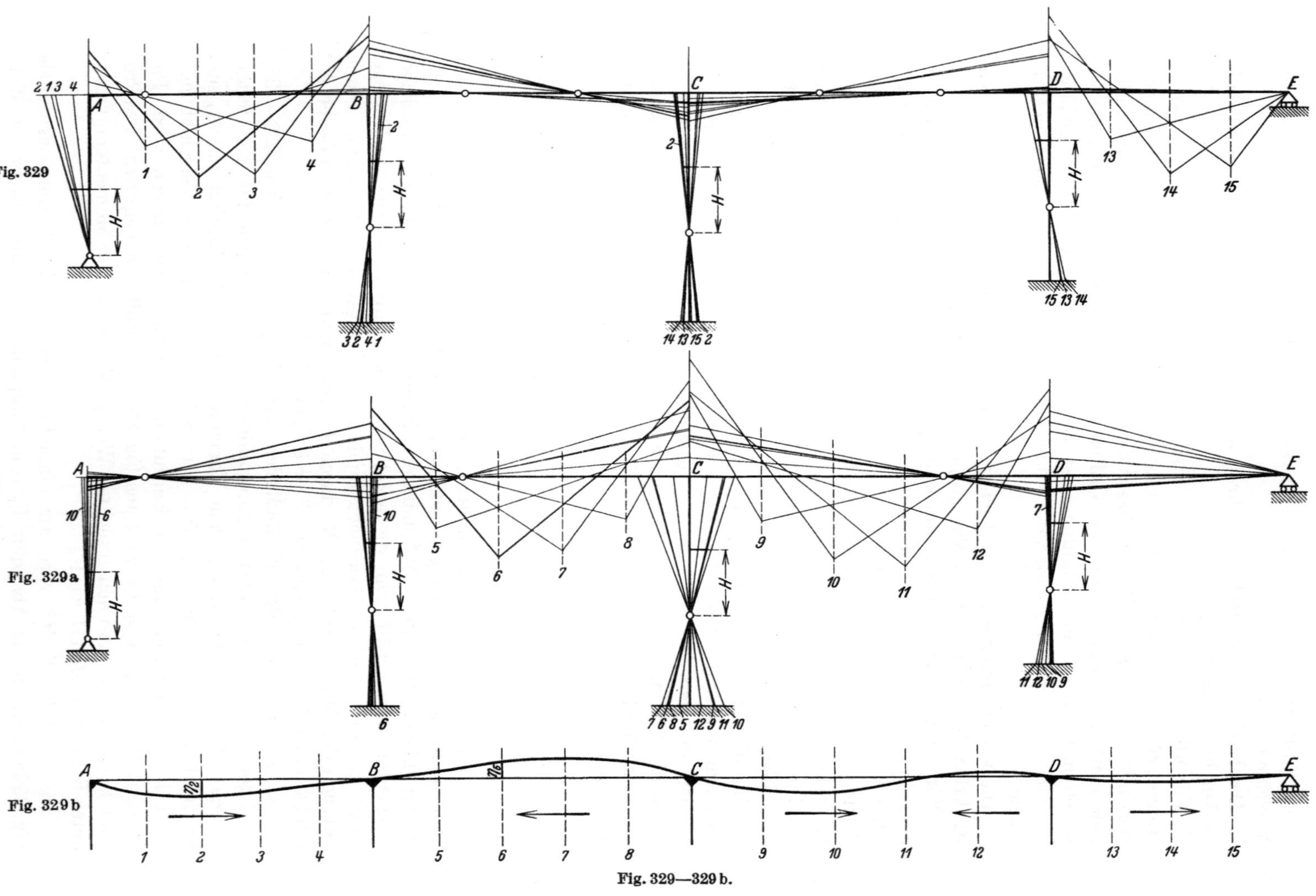
Fig. 329
Fig. 329 a
Fig. 329 b
Fig. 329—329 b.

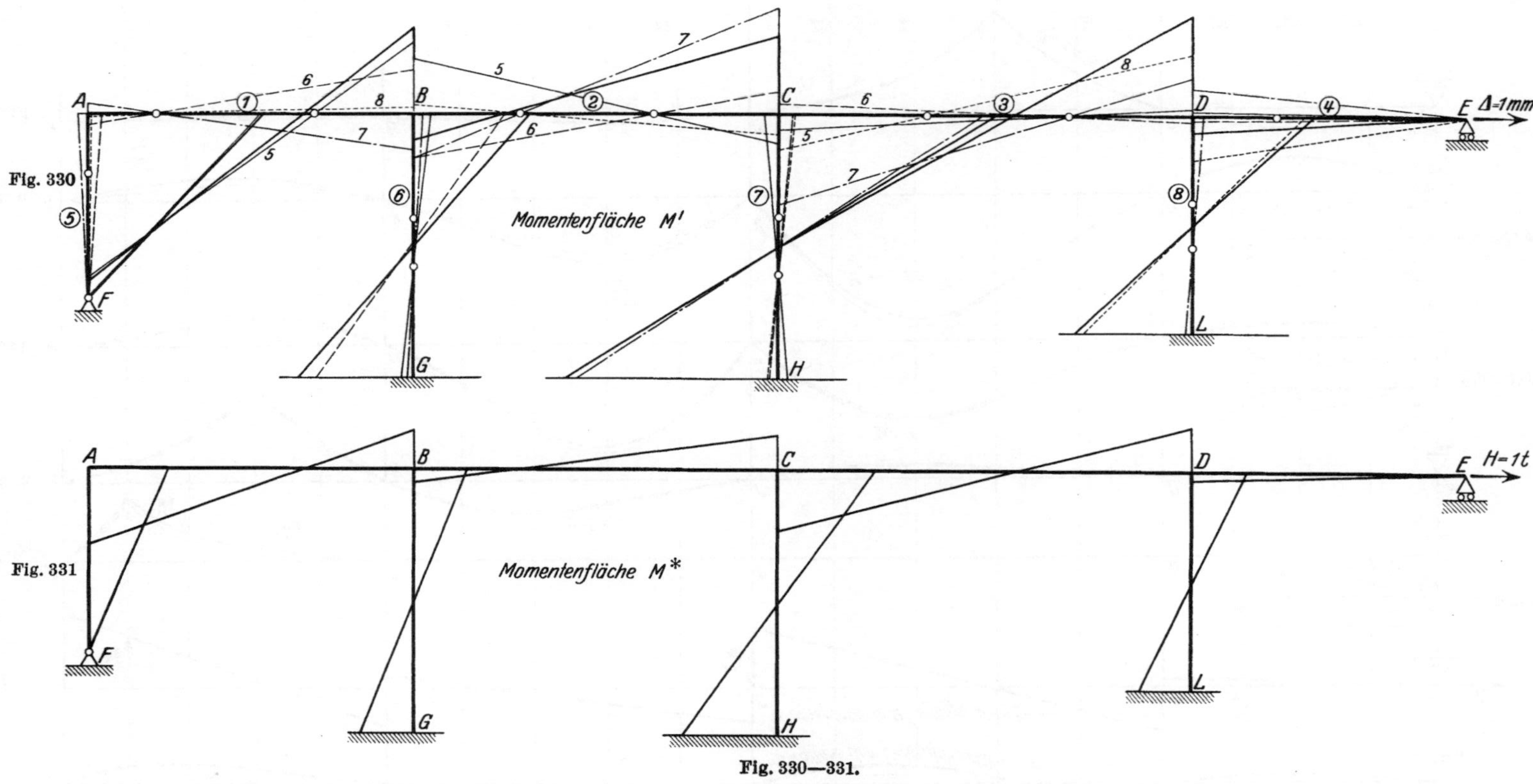
A E Δ=1mm
Fig. 330
Momentenfläche M'
F G H L
A B C D E H=1t
Fig. 331
Momentenfläche M*
F G H L
Fig. 330—331.

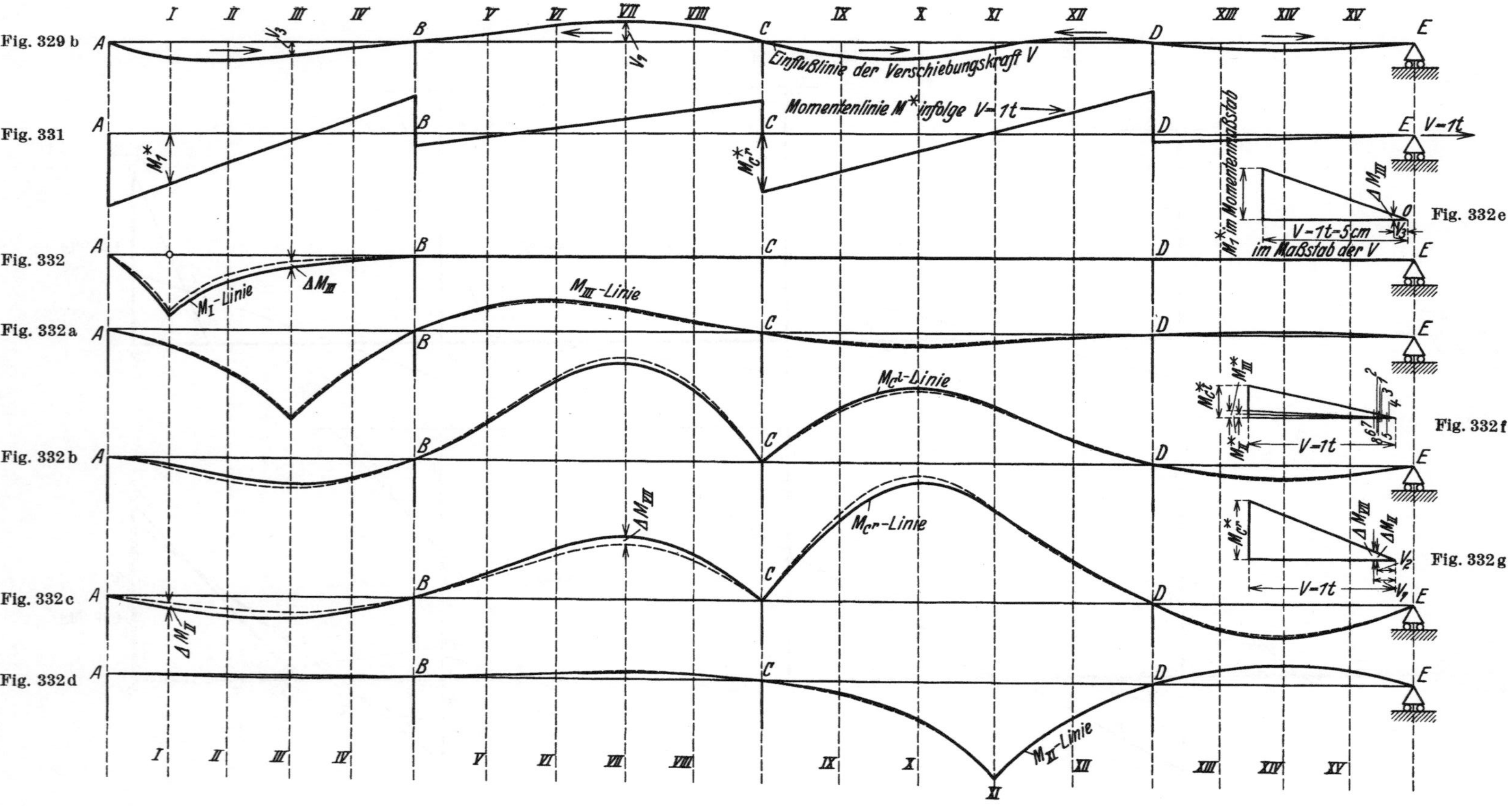

Fig. 329 b, 331, 332a—332g.

$\varDelta M_3 = V_3 \cdot M_1^*$ ab im Momentenmaßstab. Auf gleiche Weise wird die Einflußlinie für das Stützenmoment M_C t bestimmt.

Das Vorzeichen der $\varDelta M$ ergibt sich aus der Einflußlinie der Verschiebungskraft 7 der M^*-Fläche. Stimmt die Pfeilrichtung in der Einflußlinie für den
betreffenden Schnitt mit derjenigen überein, welche die Verschiebungskraft
der M^*-Fläche besitzt, so hat auch der Wert $\varDelta M$ das gleiche Vorzeichen wie
das M^*. Bei entgegengesetztem Pfeilsinn haben auch $\varDelta M \cdot M^*$ verschiedene
Vorzeichen.

Die einzelnen Reduktionswinkel können in eine Figur vereinigt werden.
Trägt man dann sämtliche V ab, erhält man alle vorkommenden Werte $\varDelta M$ für
alle Einflußlinien.

Aus Fig. (332—332d) ist ersichtlich, daß der Einfluß der Verschiebungskraft
auf die Einflußlinien der Feldmomente gering ist, sobald mehrere Pfeiler vorkommen. Da sich die einzelnen Beträge in den verschiedenen Feldern zudem
gegenseitig beinahe aufheben, kann bei einstöckigen Rahmen mit mehreren
Stielen für das Feldmoment direkt die Einflußlinie für den festgehaltenen Zustand benutzt werden. Besonders gilt dies für symmetrische Tragwerke. Am
größten ist der Einfluß der Verschiebungskraft auf die Stützenmomente (Fig. 332b
und c), da hier die M^*-Momente am größten werden.

Bei Tragwerken mit Konsolen ist der Einfluß der Verschiebungskraft auf
den Einflußlinienast der Konsole beträchtlich (Fig. 333).

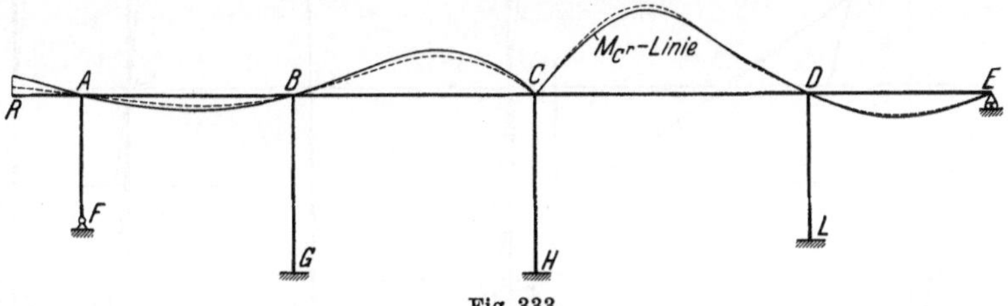

Fig. 333.

Bei indirekter Belastung werden wieder nur die Einflußordinaten für
die Lastpunkte bestimmt und geradlinig verbunden.

Für die Kernpunktsmomente $M_k = M \pm N \cdot k$ ist ein Einfluß der Ver-
schiebungskraft auf das Moment M, wie auf die Normalkraft N vorhanden.
Ihre Einflußlinien sind daher aus den endgültigen M-Linien und den endgültigen
$N \cdot K$-Linien zusammenzusetzen.

In Fig. 334—334g sind für die Schnitte I und II des Rahmens der Fig. 331
die Kernpunktsmomente M_{k_I} und $M_{k_{II}}$ konstruiert. Die punktierten Einflußlinien sind diejenigen für den festgehaltenen Zustand. Die Bestimmung der
endgültigen Momentenlinien M_I und M_{II} erfolgt wie in Fig. 332—332g. Die
Momente M^* sind an den Pfeilerköpfen abzugreifen. (M_I^* und M_{II}^* in Fig. 331.)

Der Einfluß der Verschiebungskraft auf die Normalkräfte wird in Abschnitt 3
dieses Kapitels behandelt. Wie aus Fig. 334a und 334b ersichtlich, ist er auf die
Normalkräfte, und daher auch auf das Produkt $N \cdot k$ sehr klein.

Die endgültigen Einflußlinien der Kernpunktsmomente in Fig. 334b, c, f
und 334g sind von den punktierten, für den festgehaltenen Zustand geltenden,
beträchtlich abweichend.

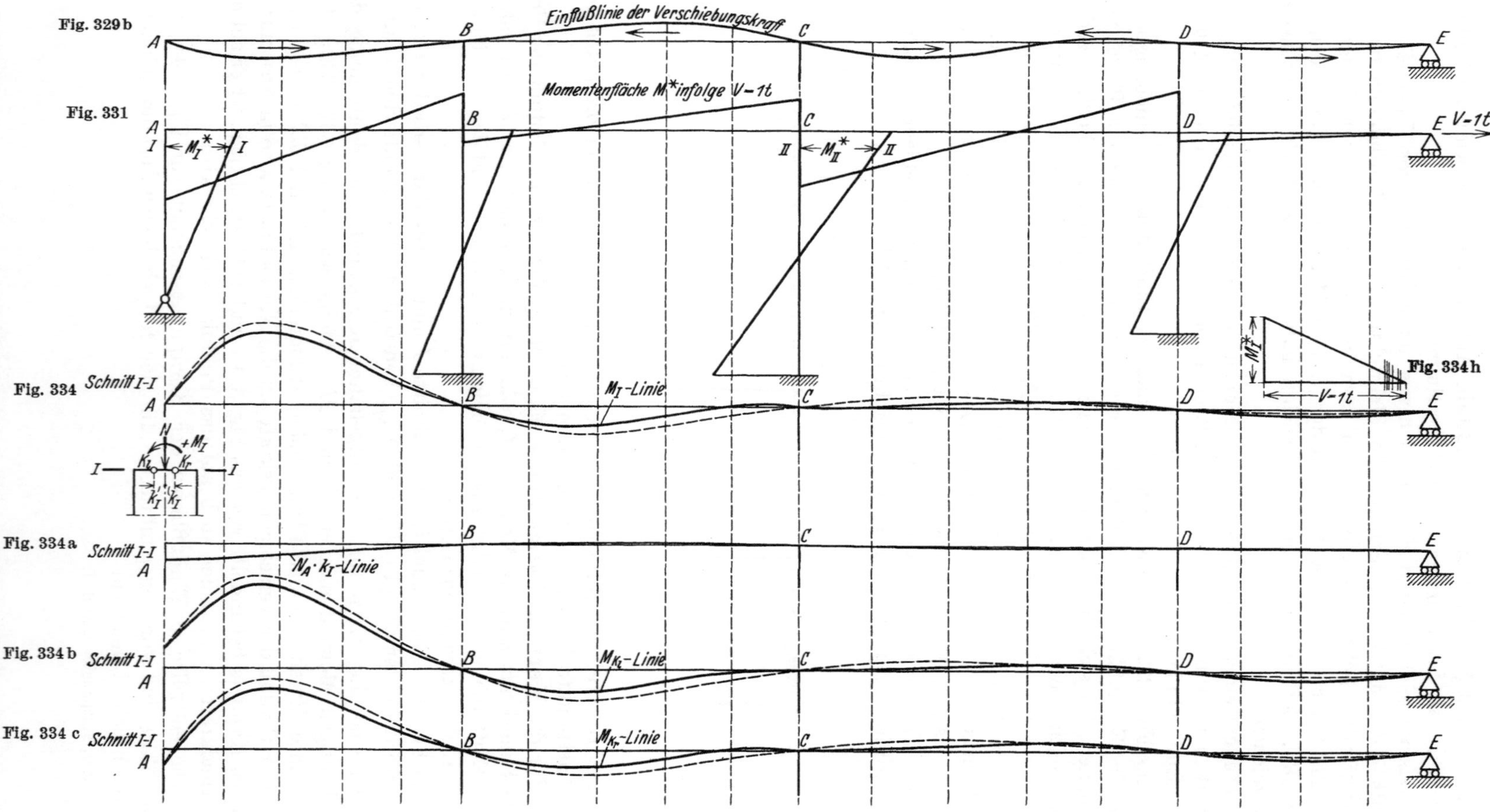

Fig. 329b
Einflußlinie der Verschiebungskraft
Fig. 331
Momentenfläche M* infolge V=1t
M_I^*
M_{II}^*
I
II
E V=1t
Fig. 334
Schnitt I-I
M_I-Linie
N
$+M_I$
k_l
k_r
k_I
k_I
Fig. 334h
M_I^*
V=1t
Fig. 334a
Schnitt I-I
$N_A \cdot k_I$-Linie
Fig. 334b
Schnitt I-I
M_{k_l}-Linie
Fig. 334c
Schnitt I-I
M_{k_r}-Linie
A B C D E

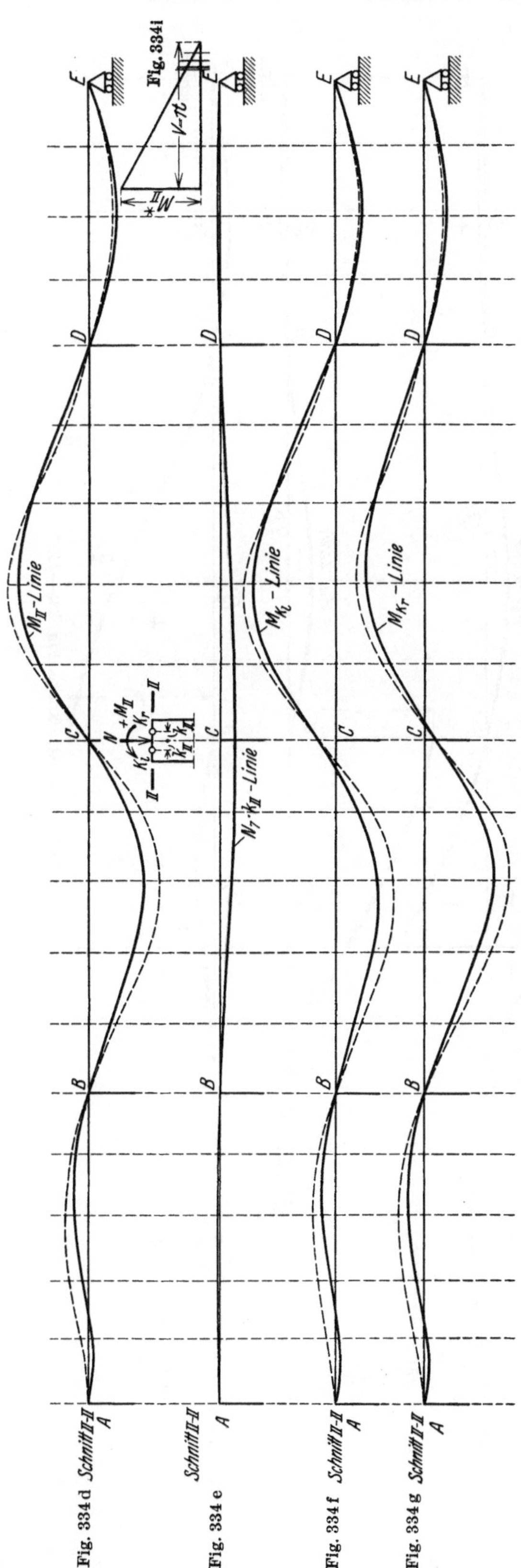

Einflußlinien der Kernpunktsmomente M_{k_I} und $M_{k_{II}}$. Fig. 334—334i.

2. Grenzwerte der Querkräfte.

Die Einflußlinien der Querkräfte für das verschiebbare Tragwerk ermittelt man auf genau gleiche Weise aus den endgültigen Einflußlinien der Stützenmomente, wie unter Kap. VI 1c (1. Teil) die Bestimmung der Querkraftseinflußlinien für das festgehaltene Tragwerk geschah.

An Stelle der Momenteneinflußlinien für das festgehaltene Tragwerk sind einfach die endgültigen Momenteneinflußlinien des Tragwerkes mit verschiebbaren Knotenpunkten zu verwenden.

Die Querkraftseinflußlinien können auch analog Kap. VI, 1 (1. Teil) direkt aus den Momentenflächen der wandernden Last $P = 1$ bestimmt werden. Sie setzen sich zusammenen aus denjenigen für das festgehaltene Tragwerk und dem Einfluß der Verschiebungskraft. Um den Einfluß der Verschiebungskraft zu berücksichtigen, wird die Einflußlinie der Verschiebungskraft ermittelt; sowie die Momentenfläche M^* infolge $V = 1$ t. Die Verschiebungskraft $V = 1$ t erzeugt im Schnitte, für den die Einflußlinie gesucht wird, eine Verschiebungskraft Q^*, die aus der M^*-Fläche in bekannter Weise erhalten wird. Die Einflußlinie der Verschiebungskraft liefert für jede Laststellung $P = 1$ den zugehörigen Wert V. Das Produkt $Q^* \cdot V$ gibt den Einfluß der Verschiebungskraft an. Es sind daher die Ordinaten $Q^* \cdot V$ zu den Q-Ordinaten im festgehaltenen Zustand zu addieren, um die endgültigen Einflußlinien der Querkräfte zu erhalten. Die ersterwähnte Konstruktion

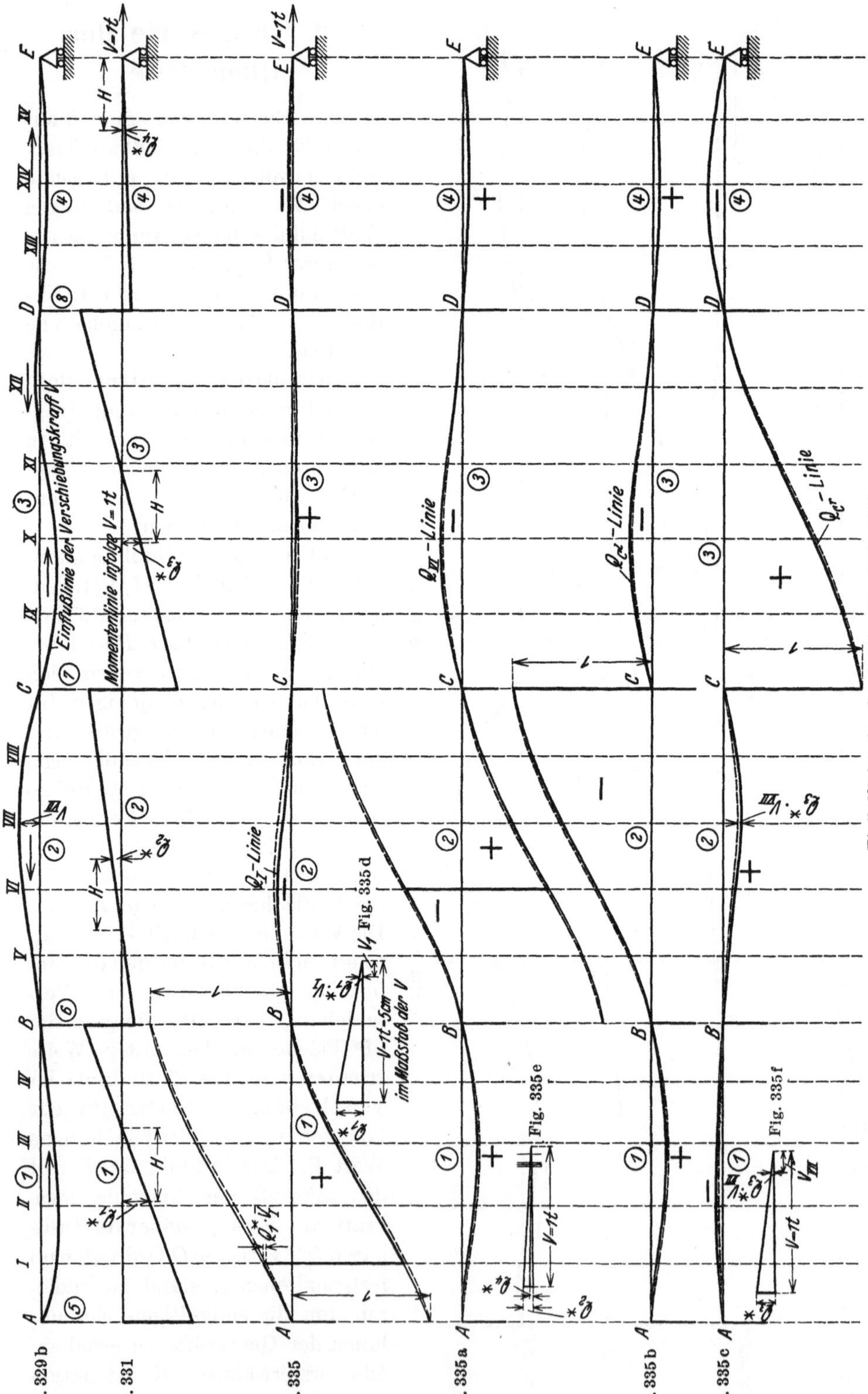

Fig. 329b

Fig. 331

Fig. 335

Fig. 335a

Fig. 335b

Fig. 335c

Einflußlinie der Verschiebungskraft V

Momentenlinie infolge $V=1t$

Q_I-Linie

Q_{II}-Linie

Q_c^r-Linie

Fig. 335d

Fig. 335e

Fig. 335f

Einflußlinien der Querkräfte. Fig. 335—335f.

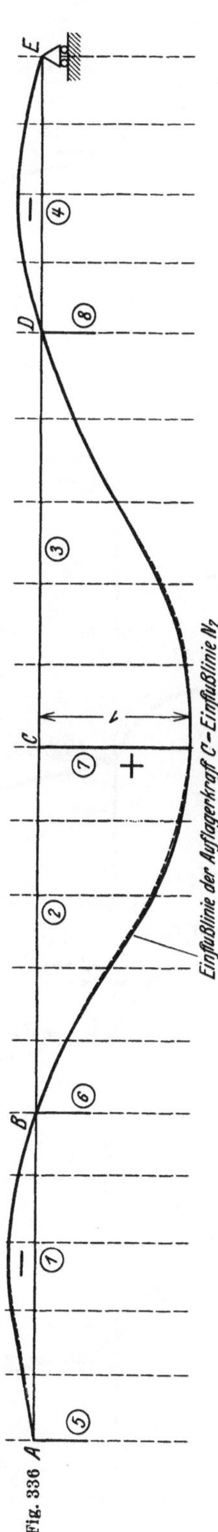

aus den endgültigen Momentenflächen ist aber die einfachere.

In Fig. 335—335c sind Einflußlinien der Querkräfte für den festgehaltenen Zustand punktiert eingetragen. Für die Laststellung $P = 1$ in Schnitt VII erhält man aus Fig. 329b die Verschiebungskraft V_{VII}. Die Verschiebungskraft $V = 1$ t erzeugt in Feld 3 die Querkraft Q_3^*, die aus Fig. 331 entnommen wird. Das Produkt $Q_3^* \cdot V_{VII}$ wird vermittels des Reduktionswinkels Fig. 335f bestimmt. Dieser Wert in Schnitt VII zur Ordinate der Querkraft für den festgehaltenen Zustand addiert, ergibt die endgültige Querkraftsordinate η_{VII} und durch Wiederholung für andere Schnitte die endgültige Querkrafteinflußlinie M_C t. Da die Querkräfte für die einzelnen Felder konstant sind, ist für jede Querkrafteinflußlinie der zusätzliche Wert $V \cdot Q^*$ proportional der Einflußlinie der Verschiebungskraft.

Wie aus den Fig. 335—335c ersichtlich, ist der Einfluß der Verschiebungskraft auf die Querkräfte gering, sobald mehrere Stiele vorkommen.

3. Grenzwerte der Normalkräfte.

Die endgültigen Einflußlinien für die Normalkräfte ergeben sich durch Addition der endgültigen Einflußlinien der Querkräfte links und rechts des Säulenkopfes. In Fig. 336 ist die Einflußlinie für die Normalkraft der Säule 7 durch Addition der Einflußlinien von Q_C^l und Q_C^r erhalten werden. Der Einfluß der Verschiebungskraft ist verschwindend klein. Die punktierte Linie gilt für den festgehaltenen Zustand.

IX. Bestimmung der inneren Kräfte an einem Tragwerk mit bogenförmigen Stäben und verschiebbaren Knotenpunkten.

1. Gang der Berechnung.

In Kap. VIII des „Ersten Teiles" haben wir die Berechnung eines Tragwerkes, das nicht nur aus geradlinigen, sondern auch aus bogenförmigen Stäben besteht, für den Fall vorgeführt, daß die Knotenpunkte A, B und C (und mit letzterem auch D) durch gedachte Lager unverschiebbar festgehalten seien (Rechnungsabschnitt I).

Besitzt dieses Tragwerk (Fig. 337) in Wirklichkeit frei verschiebbare Knotenpunkte, so sind die nach

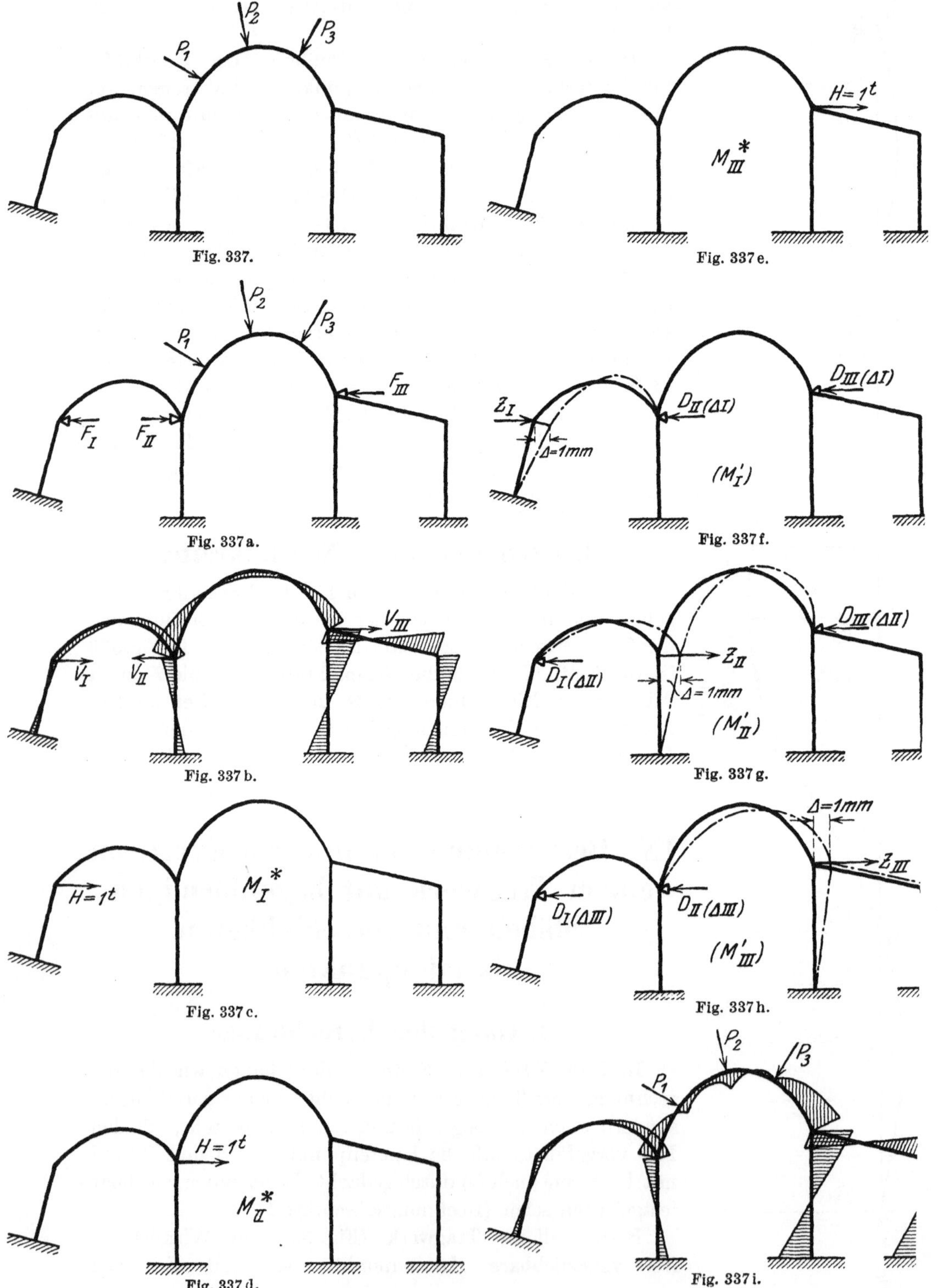

P_1
P_2
P_3
Fig. 337.

H = 1^t
M_{III}^*
Fig. 337e.

P_1
P_2
P_3
F_I
F_{II}
F_{III}
Fig. 337a.

Z_I
Δ = 1mm
D_{II(ΔI)}
D_{III(ΔI)}
(M_I')
Fig. 337f.

V_I
V_{II}
V_{III}
Fig. 337b.

D_{I(ΔII)}
Z_{II}
Δ = 1mm
D_{III(ΔII)}
(M_{II}')
Fig. 337g.

H = 1^t
M_I^*
Fig. 337c.

Δ = 1mm
Z_{III}
D_{I(ΔIII)}
D_{II(ΔIII)}
(M_{III}')
Fig. 337h.

H = 1^t
M_{II}^*
Fig. 337d.

P_1
P_2
P_3
Fig. 337i.

Kap. VIII bestimmten Momente nicht die endgültigen, sondern sie müssen noch durch die

Zusatzmomente (Rechnungsabschnitt II)

ergänzt werden.

Entfernen wir nämlich die vorübergehend an den Knotenpunkten A, B und C gedachten Lager (vgl. Kap. VIII des I. Teiles) und damit die darin wirkenden Festhaltungskräfte, welche die Knotenpunkte des Rahmens während Rechnungsabschnitt I in Ruhe hielten (Fig. 337a), so treten die den Festhaltungskräften („Reaktionen") gleichen, aber entgegengesetzt gerichteten Verschiebungskräfte („Aktionen") in Tätigkeit (Fig. 337b), welche den Rahmen, d. h. die einzelnen Knotenpunkte desselben, noch verschieben und dadurch am ganzen Rahmen Zusatzmomente hervorrufen. Man könnte nun auch die Quer- und Normalkräfte für diesen Belastungszustand (Fig. 337b) bestimmen und diese dann zu denjenigen aus Rechnungsabschnitt I addieren; da jedoch für die Dimensionierung nur die endgültigen Quer- und Normalkräfte in Betracht kommen, so bestimmen wir sowohl an den bogenförmigen als an den geradlinigen Stäben zuerst die endgültigen Momente, und erst hierauf die endgültigen Quer- und Normalkräfte.

Um die Zusatzmomente zu erhalten, ermitteln wir den Einfluß der Verschiebungskräfte V_I, V_{II} und V_{III} getrennt voneinander und bestimmen demgemäß die drei Momentenflächen M_I^*, M_{II}^* und M_{III}^* am frei verschiebbaren Rahmen (Fig. 337c, d und e) infolge der an den Knotenpunkten A bzw. B bzw. C angreifenden Lasten $H = 1\,\text{t}$. Hieraus erhalten wir dann durch Multiplikation mit dem mit seinem Vorzeichen zu nehmenden Werte der betreffenden Verschiebungskraft und durch Addition der daraus hervorgehenden Momente für V_I, V_{II} und V_{III} die Zusatzmomente (Fig 337b).

Wir erkennen, daß ein Tragwerk mit bogenförmigen Stäben und verschiebbaren Knotenpunkten in gleicher Weise berechnet wird wie ein mehrstöckiger Rahmen, insbesondere wie ein „nach der Seite" mehrstöckiger Rahmen (vgl. Teil II, Kap. I, 2 Sonderfälle).

Die M^*-Momente des Rahmens erhalten wir daher in der Weise, daß wir jeden, während R. I festgehaltenen Knotenpunkt um eine beliebige Strecke, z. B. $\varDelta = 1$ mm (von links nach rechts) verschieben (Fig. 337f, g und h), jeweils aber nur einen dieser Punkte verschieben und die beiden übrigen gleichzeitig unverschiebbar festhalten. Diese Verschiebungszustände liefern drei M'-Momentenflächen mit je einer Erzeugungskraft Z, in Richtung der in demselben Punkte angreifenden Festhaltungskraft aus R. I, am verschobenen, und zwei Festhaltungskräfte D an den festgehaltenen Knotenpunkten, aus deren Kombination die Momente M_I^*, M_{II}^* und M_{III}^* hervorgehen.

Zum Schluß addieren wir die mit ihrem Vorzeichen zu nehmenden Momente aus R. I und R. II, wodurch wir die endgültigen Momente (Fig. 337i) infolge der gegebenen äußeren Belastung erhalten.

Die endgültigen Quer- und Normalkräfte an den bogenförmigen Stäben erhalten wir aus der Stützlinie (vgl. Teil I, Kap. VIII) für den betreffenden Belastungsfall, nachdem dieselbe auf Grund des endgültigen Bogenschubes H, den endgültigen Auflagerkräften V an den beiden Kämpfern sowie der endgültigen Kämpfermomente gezeichnet wurde. An den geraden Stäben erhalten wir die endgültigen Quer- und Normalkräfte in bekannter Weise aus den endgültigen Momenten nach Teil I, Kap. VI.

Sind die Kämpfer der bogenförmigen Stäbe des zu berechnenden Tragwerkes durch elastische Zugbänder miteinander verbunden (siehe z. B. Fig. 338),

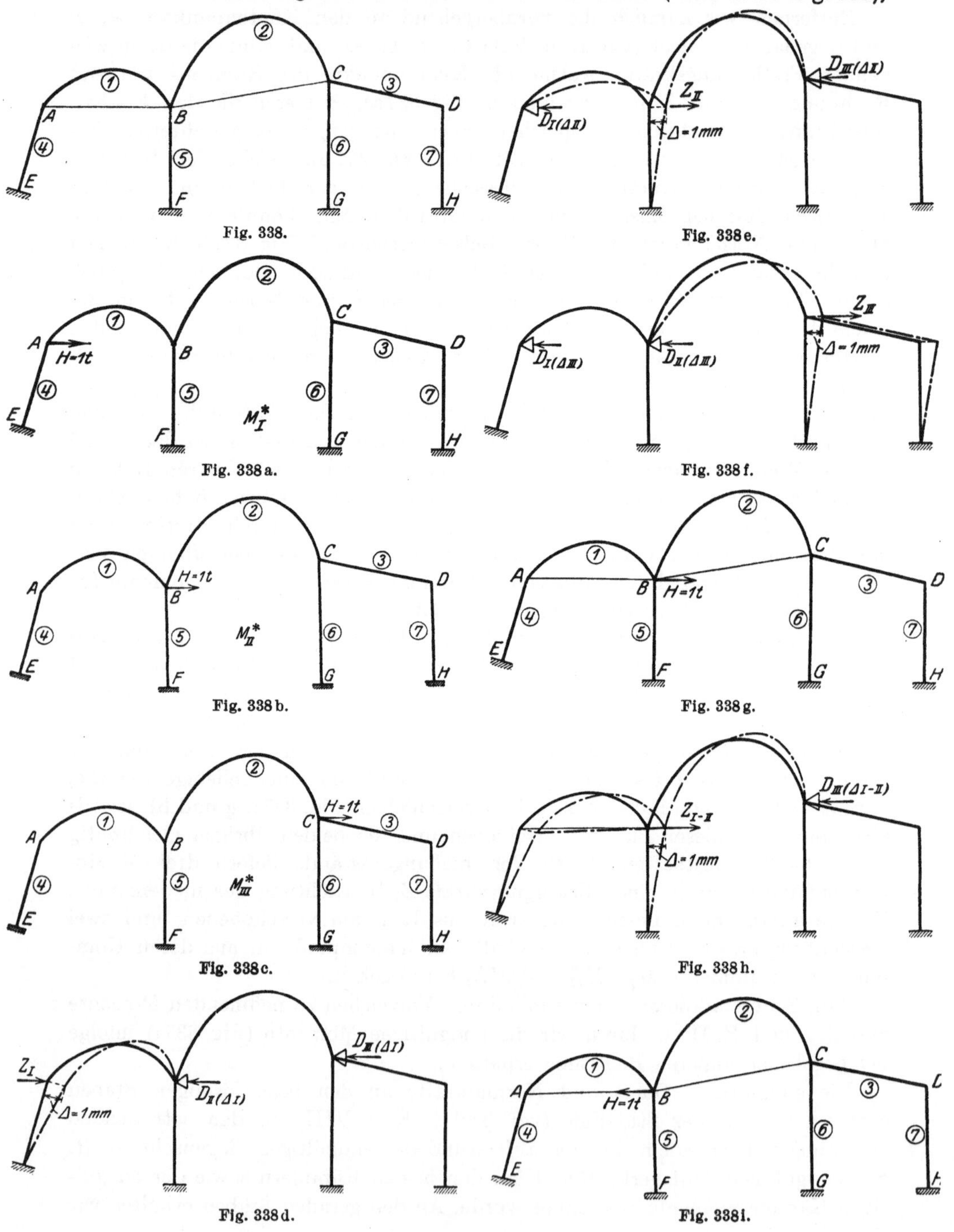

so bleibt R. I, wie in Teil I, Kap. VIII, 1 erwähnt, genau gleich wie beim Rahmen der Fig. 337. Zur Bestimmung der Zusatzmomente des R. II benötigen wir, wie für den „nach der Seite" mehrstöckigen Rahmen (vgl. Teil II, Kap. I, 2 Sonderfälle), erstens die Momente M_I^*, M_{II}^* und M_{III}^* am Rahmen ohne Zugband (Fig. 338a, b und c) und zweitens die Momente M_{I-II}^*, M_{II-III}^* und $M_{I-II-III}^*$ am Rahmen mit Zugband (Fig. 338g, i und l); der Zugbänder wegen ergibt sich für die am gleichen Knotenpunkt von links nach rechts und die von rechts nach links gerichtete Kraft $H = 1$ t eine verschiedene Momentenfläche. Zur Bestimmung der genannten M^*-Momentenflächen benötigen wir wieder die M'-Momentenflächen für die verschiedenen Verschiebungszustände, und zwar brauchen wir:

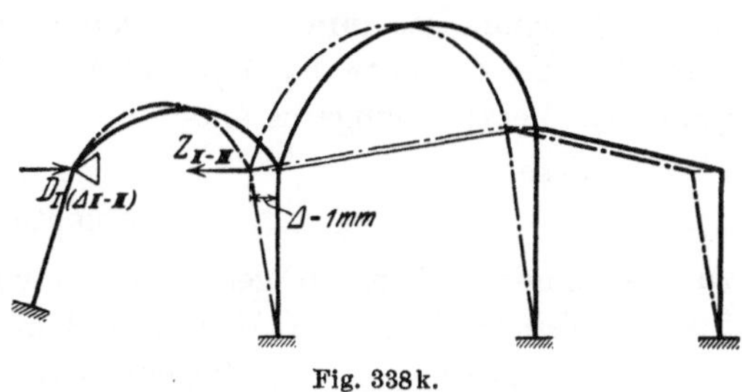

Fig. 338k.

1. zur Bestimmung der M_I^*-, M_{II}^*- und M_{III}^*-Momente wie am Rahmen ohne Zugbänder die M'-Momente und zugehörigen Erzeugungskräfte Z und Festhaltungskräfte D für die in den Fig. 338d, e und f dargestellten Verschiebungszustände;

2. zur Bestimmung der M_{I-II}^*-Momente (Fig. 338g) die M'-Momente und zugehörigen Erzeugungskräfte Z und Festhaltungskräfte D für die in den Fig. 338h und f dargestellten Verschiebungszustände;

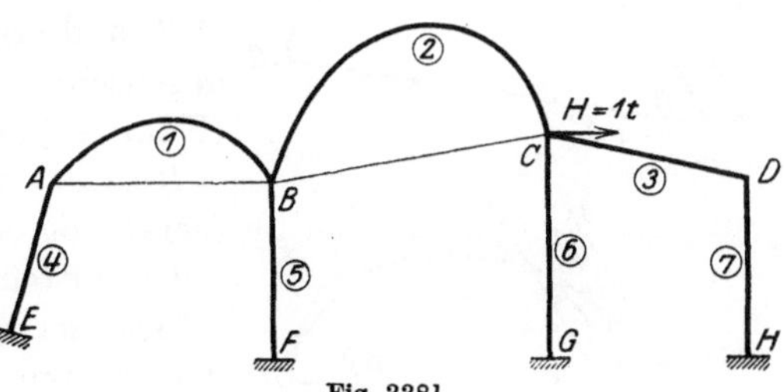

Fig. 338l.

3. zur Bestimmung der M_{II-III}^*-Momente (Fig. 338i) die M'-Momente und zugehörigen Erzeugungskräfte Z und Festhaltungskräfte D für die in den Fig. 338k und d dargestellten Verschiebungszustände; und

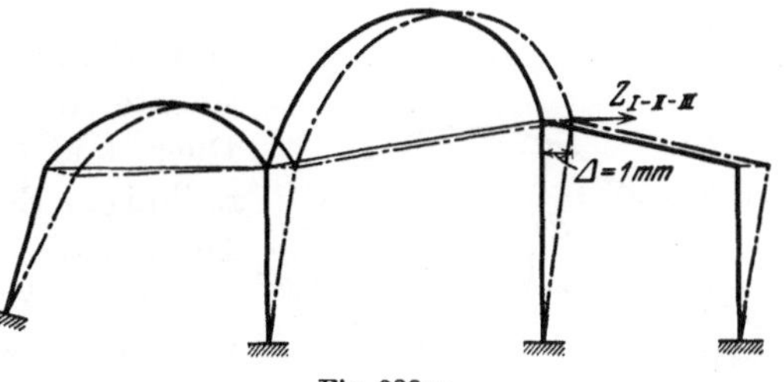

Fig. 338m.

4. zur Bestimmung der $M_{I-II-III}^*$-Momente (Fig. 338l) die M'-Momente und die zugehörige Erzeugungskraft $Z_{I-II-III}$ für den in Fig. 338m dargestellten Verschiebungszustand.

Die $M_{I-II-III}^*$-Momentenfläche ergibt sich nach Kap. IV, 1 dieses Teiles durch Division der M'-Momentenfläche für den Verschiebungszustand der Fig. 338m durch die zugehörige Erzeugungskraft $Z_{I-II-III}$, und für jede der übrigen zu bestimmenden M^*-Momentenflächen ergibt sich nach Teil II, Kap. IV ein Gleichungssystem mit ebensovielen Gleichungen, als nach obigem Verschiebungszustände benötigt werden. — Der übrige Rechnungsgang gestaltet sich analog wie für den Rahmen ohne Zugbänder.

2. Bestimmung der Momente M' infolge gegebener Verschiebung eines Knotenpunktes, sowie der zugehörigen Erzeugungskraft Z und Festhaltungskräfte D.

Wie im vorhergehenden Kapitel erläutert, benötigen wir zur Berechnung der Zusatzmomente am allgemeinen Tragwerk mit bogenförmigen Stäben (Fig. 337) die Momente M'_I, M'_{II} und M'_{III} für die drei in den Fig. 337f, g, h dargestellten Verschiebungszustände.

Um diese

Momente M'

zu bestimmen, gehen wir genau so vor wie am Rahmen mit nur geradlinigen Stäben (Teil II, Kap. III). Wir behandeln die einzelnen Stäbe (geradlinig oder bogenförmig) getrennt voneinander, betrachten daher zunächst einen einzelnen Stab, z. B. den Stab AB, und ermitteln die Momente, welche durch die gegenseitige Verschiebung seiner beiden Endpunkte (Kämpfer) entstehen, und zwar einerseits im Stabe AB selbst und andererseits in allen übrigen Stäben (geradlinig oder bogenförmig) des Tragwerkes. Darauf ermitteln wir auf dieselbe Weise die Momente infolge der Verschiebungen der beiden Endpunkte des zweiten, sodann des dritten, vierten usw. und endlich des letzten Stabes. Zum Schluß addieren wir die so erhaltenen Momente in jedem Stabe und erhalten dadurch die Momente M' für den betrachteten Verschiebungszustand. Die zugehörigen Quer- und Normalkräfte erhalten wir an den geradlinigen Stäben auf Grund der Momente nach Teil I, Kap. VI, an den bogenförmigen Stäben auf Grund der Momente und Bogenschübe nach Teil I, Kap. VIII; wir bestimmen jedoch, wie bereits erwähnt, die Quer- und Normalkräfte erst am Schluß für R. I und R. II zusammen.

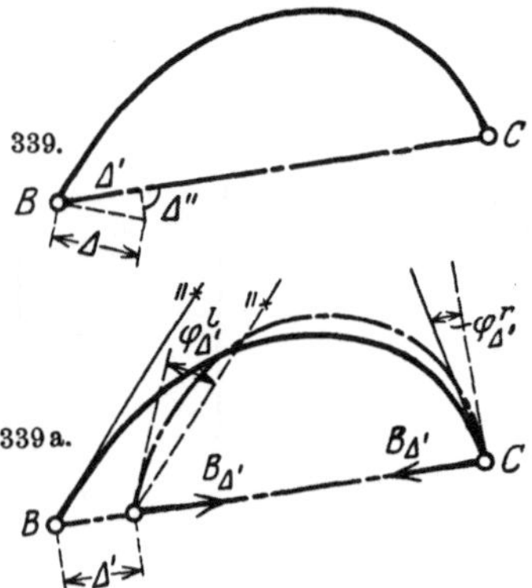

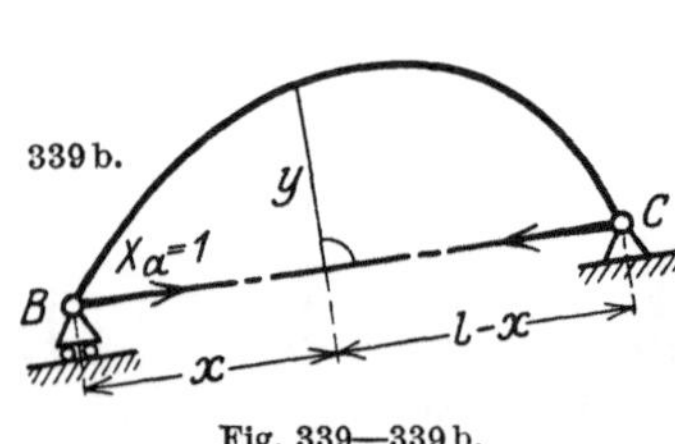

Fig. 339—339b.

Die Momente infolge der gegenseitigen Verschiebung der Endpunkte eines **geradlinigen** Stabes bestimmen wir nach Kap. III, 1 dieses Teiles, d. h. nach den allgemeinen Gln. (515) und (520).

Die Momente infolge der gegenseitigen Verschiebung der Endpunkte (Kämpfer) eines **bogenförmigen** Stabes bestimmen wir wie folgt:

Die gegebene beliebige Verschiebung $\varDelta$ eines Endpunktes des herausgetrennten und an jedem Ende in einem festen Gelenk gestützten bogenförmigen Stabes, d. h. des Zweigelenkbogens (Fig. 339) zerlegen wir in die Richtung der Kämpferverbindungslinie und normal zu dieser, und ermitteln die Momente für die beiden Verschiebungskomponenten $\varDelta'$ und $\varDelta''$ getrennt voneinander.

a) Gegenseitige Verschiebung $\varDelta'$ der Kämpfer des Zweigelenkbogens in Richtung ihrer Verbindungslinie.

Verschieben wir den Kämpfer B des unsymmetrischen Zweigelenkbogens der Fig. 339a mit beliebig veränderlichem Trägheitsmoment um die gegebene Strecke $\varDelta$ (bei einer Verkleinerung des Kämpferabstandes positiv angenommen) in Richtung der Kämpferverbindungslinie, so entstehen dadurch bei elastischer Einspannung Kämpfermomente, die wir aus den allgemeinen Gln. (332) und (333) erhalten, wenn wir darin für φ^a und φ^b die Werte der durch die Verschiebung hervorgerufenen Drehwinkel an den Kämpfern des Zweigelenkbogens einsetzen. Um nun die Größen φ^a und φ^b zu erhalten, müssen wir den an Stelle von $\mathfrak{H}$ in die Gln. (410) und (411) einzusetzenden Bogenschub $B_{\varDelta'}$ bestimmen, welcher bei der gegebenen gegenseitigen Verschiebung der Kämpfer auftritt. Mit den Abkürzungen der Gln. (350) und (351) muß die Gleichung bestehen:

$$\varDelta' = \delta_{ao} + X_a \cdot \delta_{aa}, \tag{579}$$

da keine äußere Belastung vorhanden, so ist $\delta_{ao} = 0$ und daher

$$X_a = B_{\varDelta'} = \frac{\varDelta'}{\delta_{aa}}. \tag{580}$$

Der in dieser Gleichung vorkommende Wert von δ_{aa} ist nach Gl. (351):

$$\delta_{aa} = \sum_0^l M_a^2 \cdot \frac{\varDelta s}{E \cdot J} + \sum_0^l N_a^2 \cdot \frac{\varDelta s}{E \cdot F}, \tag{581}$$

worin M_a und N_a sich auf den Zustand $X_a = 1$ (die Kraft wird in Richtung und im Sinne der gegebenen Verschiebung angenommen) beziehen; es ist nach Fig. 339b:

$$\left.\begin{aligned} M_a &= -y, \\ N_a &= +1 \cdot \cos\varphi. \end{aligned}\right\} \tag{582}$$

Bezüglich des Vorzeichens von N_a gilt sinngemäß das für den Wert N_a der Gl. (360) Gesagte.

Es ist nun

$$\delta_{aa} = \sum_0^l y^2 \frac{\varDelta s}{E \cdot J} + \sum_0^l \cos^2\varphi \frac{\varDelta s}{E \cdot F}, \tag{583}$$

und da

$$\cos\varphi = \frac{\varDelta x}{\varDelta s}$$

$$\delta_{aa} = \sum_0^l y^2 \frac{\varDelta s}{E \cdot J} + \sum_0^l \left(\frac{\varDelta x}{\varDelta s}\right)^2 \frac{\varDelta s}{E \cdot F} \tag{584}$$

oder mit den Bezeichnungen der Gl. (369)

$$\frac{\varDelta s}{J} = w, \qquad \frac{\varDelta s}{F} = v \quad \text{und} \quad \frac{\varDelta x}{\varDelta s} = \xi,$$

$$\delta_{aa} = \frac{1}{E}\left(\sum_0^l y^2 w + \sum_0^l \xi^2 v\right). \tag{585}$$

Durch Einsetzen dieses Wertes in Gl. (580) erhalten wir für den

Bogenschub $B_{\Delta'}$ am unsymmetrischen und symmetrischen Zweigelenkbogen:

$$B_{\Delta'} = \frac{E \cdot \Delta'}{\sum\limits_0^l y^2\, w + \sum\limits_0^l \xi^2\, v}, \qquad\qquad (586)$$

worin die Verschiebung Δ' mit ihrem Vorzeichen einzusetzen ist; sie ist positiv für ein Zusammendrücken und negativ für ein Auseinanderziehen des Bogens angenommen.

$B_{\Delta'}$ ist auch gleich $\mathfrak{H}^j$, wenn bei gleichmäßiger Temperaturerhöhung für $\Delta' = \varepsilon \cdot t \cdot l$ gesetzt wird.

$$\mathfrak{H}^t = \frac{E \cdot \varepsilon \cdot t \cdot l}{\sum\limits_0^l y^2 \cdot w + \sum\limits_0^l \xi^2 \cdot v} \qquad\qquad (586\,\text{a})$$

Es sei wieder hervorgehoben, daß am Zweigelenkbogen mit ungleich hohen Kämpfern die Abszissen x parallel zur Kämpferverbindungslinie und die Ordinaten y normal dazu zu messen sind.

Setzen wir nun obigen Wert von $B_{\Delta'}$ in die Gln. (410) und (411) an Stelle des Wertes $\mathfrak{H}$ ein, so erhalten wir, unter Berücksichtigung, daß $M_0 = 0$ und $N_0 = 0$, für die Drehwinkel $\varphi_{\Delta'}^a$ und $\varphi_{\Delta'}^b$ am unsymmetrischen Zweigelenkbogen:

$$E \cdot \varphi_{\Delta'}^a = -\frac{1}{l}\, B_{\Delta'}\left(\sum\limits_0^l y\,(l-x)\,w + \sum\limits_0^l \xi\,\sqrt{1-\xi^2}\cdot v\right), \qquad (587)$$

$$E \cdot \varphi_{\Delta'}^b = -\frac{1}{l}\, B_{\Delta'}\left(\sum\limits_0^l x\,y\,w - \sum\limits_0^l \xi\,\sqrt{1-\xi^2}\cdot v\right). \qquad (588)$$

Vernachlässigen wir die von den Normalkräften herrührenden Glieder, was nur bei sehr flachen Bögen nicht zulässig ist, so ist nach Gl. (370)

$$\sum\limits_0^l y\,(l-x)\,w = l \cdot B_{(M^A = 1)} \cdot \sum\limits_0^l y^2\, w,$$

und da nach Gl. (586)

$$\sum\limits_0^l y^2\, w = \frac{E \cdot \Delta'}{B_{\Delta'}},$$

so ist

$$\sum\limits_0^l y\,(l-x)\,w = \frac{l \cdot E \cdot \Delta' \cdot B_{(M^A = 1)}}{B_{\Delta'}};$$

analog ist

$$\sum\limits_0^l x\,y\,w = l \cdot B_{(M^B = 1)} \cdot \sum\limits_0^l y^2\, w = \frac{l \cdot E \cdot \Delta' \cdot B_{(M^B = 1)}}{B_{\Delta'}},$$

so daß mit diesen Werten am unsymmetrischen Zweigelenkbogen:

$$\varphi_{\Delta'}^a = -\Delta' \cdot B_{(M^A = 1)}, \qquad\qquad (587\,\text{a})$$

$$\varphi_{\Delta'}^b = -\Delta' \cdot B_{(M^B = 1)}. \qquad\qquad (588\,\text{a})$$

Durch Einsetzen des Wertes von $B_{\varDelta'}$ aus Gl. (586) an Stelle von $\mathfrak{H}$ in den Gln. (420) und (421) und unter Berücksichtigung, daß $M_o = 0$, erhalten wir die Drehwinkel $\varphi^a_{\varDelta'}$ und $\varphi^b_{\varDelta'}$ am symmetrischen Zweigelenkbogen zu:

$$E \cdot \varphi^a_{\varDelta'} = E \cdot \varphi^b_{\varDelta'} = E \cdot \varphi_{\varDelta'} = -\frac{1}{l} B_{\varDelta'} \cdot \sum_0^l x\,y\,w. \tag{589}$$

Vernachlässigen wir wieder die von den Normalkräften herrührenden Glieder, was nur bei sehr flachen Bögen nicht zulässig ist, so erhalten wir nach den Gleichungen (587a) und (588a) unter Berücksichtigung von Gl. (414):

$$\varphi^a_{\varDelta'} = \varphi^b_{\varDelta'} = \varphi_{\varDelta'} = -\varDelta' \cdot \frac{B}{2}. \tag{589a}$$

Ebenso ist bei gleichmäßiger Temperaturerhöhung

$$\varphi^a_t = \varphi^b_{t_i} = \varphi_t = -\frac{\mathfrak{H}^t}{2 \cdot E} \sum_0^l y \cdot w, \tag{589b}$$

$$= -\frac{B}{2} \cdot \varepsilon \cdot t \cdot l. \tag{589c}$$

Durch Einsetzen der Werte $\varphi^a_{\varDelta'}$ und $\varphi^b_{\varDelta'}$ an Stelle der Größen φ^a und φ^b (herrührend von der äußeren Belastung) in die Gln. (334) und (335) erhalten wir die zugehörigen Kämpfermomente am unsymmetrischen Bogen aus:

$$M^B_{\varDelta'} = \frac{-\varphi^a_{\varDelta'}(l-b) + \varphi^b_{\varDelta'} \cdot b}{l \cdot \beta(l-a-b)} \cdot a, \tag{590}$$

$$M^C_{\varDelta'} = \frac{-\varphi^a_{\varDelta'}(l-a) + \varphi^b_{\varDelta'} \cdot b}{l \cdot \beta(l-a-b)} \cdot b. \tag{591}$$

Vernachlässigen wir den Einfluß der Normalkräfte auf die Drehwinkel, was nur bei sehr flachen Bögen nicht zulässig ist, so erhalten wir durch Einsetzen der Werte von $\varphi^a_{\varDelta'}$ und $\varphi^b_{\varDelta'}$ aus den Gln. (587a) und (588a) in obige Gln. am unsymmetrischen Bogen:

$$M^B_{\varDelta'} = \frac{\varDelta'\,[B_{(M^A=1)}\,(l-b) - B_{(M^B=1)} \cdot b]}{l \cdot \beta(l-a-b)} \cdot a \tag{590\,I}$$

$$= \frac{\varDelta'\,[B_{(M^A=1)} \cdot l - (B_{(M^A=1)} + B_{(M^B=1)}) \cdot b]}{l \cdot \beta(l-a-b)} \cdot a$$

oder, da laut Definition:

$$B_{(M^A=1)} = B_{(M^B=1)} = B,$$

$$M^B_{\varDelta'} = \frac{(B_{(M^A=1)} \cdot l - B \cdot b) \cdot \varDelta'}{l \cdot \beta(l-a-b)} \cdot a, \tag{590a}$$

analog folgt

$$M^C_{\varDelta'} = \frac{(B_{(M^B=1)} \cdot l - B \cdot a) \cdot \varDelta'}{l \cdot \beta(l-a-b)} \cdot b. \tag{591a}$$

Die Kämpfermomente am symmetrischen Bogen ergeben sich, da dann $\varphi^a_{\varDelta'} = \varphi^b_{\varDelta'} = \varphi_{\varDelta'}$ zu:

$$M^B_{\varDelta'} = \frac{-\varphi_{\varDelta'}(l-2b) \cdot a}{l \cdot \beta(l-a-b)}, \tag{592}$$

$$M^C_{\varDelta'} = \frac{-\varphi_{\varDelta'}(l-2a) \cdot b}{l \cdot \beta(l-a-b)}. \tag{593}$$

Vernachlässigen wir den Einfluß der Normalkräfte auf die Drehwinkel, was nur bei sehr flachen Bögen nicht zulässig ist, so erhalten wir durch Einsetzen des Wertes von $\varphi_{A'}$ aus Gl. (589a) in obige Gln. am symmetrischen Bogen:

$$M_{A'}^{B} = \frac{B\left(\frac{l}{2} - b\right) \cdot \varDelta' \cdot a}{l \cdot \beta\,(l - a - b)}\,, \tag{592a}$$

$$M_{A'}^{C} = \frac{B\left(\frac{l}{2} - a\right) \cdot \varDelta' \cdot b}{l \cdot \beta\,(l - a - b)}\,. \tag{593a}$$

Gln. (592a) und (593a) gelten auch für gleichmäßige Temperaturzunahme, wenn für

$$B_{A'} = \mathfrak{H}^{t} \cdot \frac{\overset{l}{\underset{0}{\Sigma}}\, y\,w}{E}$$

gesetzt wird.

Den Gesamtbogenschub $H_{A'}$ infolge der gegenwärtigen Verschiebung der Kämpfer in Richtung ihrer Verbindungslinie erhalten wir durch Einseten von $B_{A'}$ an Stelle von $\mathfrak{H}$ in Gl. (443),

am unsymmetrischen Bogen zu:

$$H_{A'} = B_{A'} + M_{A'}^{B} \cdot B_{(M^B = 1)} + M_{A'}^{C} \cdot M_{(M^C = 1)} \tag{594}$$

und durch Einsetzen von $B_{A'}$ an Stelle von $\mathfrak{H}$ in Gl. (444)

am symmetrischen Bogen zu:

$$H_{A'} = B_{A'} + \tfrac{1}{2} B (M_{A'}^{B} + M_{A'}^{C})\,. \tag{595}$$

Da keine äußere Belastung vorhanden ist, so ergeben sich die Auflagerdrücke $V_{A'}^{B}$ und $V_{A'}^{C}$ ohne weiteres aus Gl. (445) und (446) zu:

$$V_{A'}^{B} = -\frac{1}{l}\,(M_{A'}^{B} - M_{A'}^{C}) \tag{596}$$

und

$$V_{A'}^{C} = +\frac{1}{l}\,(M_{A'}^{B} - M_{A'}^{C})\,, \tag{597}$$

worin die Momente $M_{A'}^{B}$ und $M_{A'}^{C}$ mit ihren Vorzeichen einzusetzen sind; ein nach oben (senkrecht zur Kämpferverbindungslinie) gerichteter Auflagerdruck wird dann positiv.

Das Moment in einem beliebigen Querschnitt des Bogens BC ergibt sich nun nach Gl. (455), wenn wir darin $M_o = 0$ setzen, zu:

$$M_x = M_{A'}^{B} \cdot \frac{l - x}{l} + M_{A'}^{C} \cdot \frac{x}{l} - H_{A'} \cdot y\,, \tag{598}$$

worin die Kämpfermomente $M_{A'}^{B}$ und $M_{A'}^{C}$ mit ihren Vorzeichen einzusetzen sind; am Bogen mit ungleich hohen Kämpfern sind wieder die Abszissen x parallel zur Kämpferverbindungslinie und die Ordinaten y normal dazu zu messen.

b) Gegenseitige Verschiebung $\varDelta''$ der Kämpfer des Zweigelenkbogens normal zu ihrer Verbindungslinie.

Verschieben wir den Kämpfer B des unsymmetrischen (oder symmetrischen) Zweigelenkbogens der Fig. 340 mit beliebig veränderlichem Trägheitsmoment um die gegebene Strecke Δ'' (sehr klein im Verhältnis zur Spannweite l) normal zur Verbindungslinie der beiden Kämpfer, so entstehen am Zweigelenkbogen keine Formänderungen.

Die **Drehwinkel der Kämpfertangenten** sind

$$\varphi_{\Delta''}^{a} = - \varphi_{\Delta''}^{b} = \operatorname{tg} \frac{\Delta''}{l} = \frac{\Delta''}{l} \qquad (599)$$

(da $\varphi_{\Delta''}^{a}$ und $\varphi_{\Delta''}^{b}$ sehr kleine Winkel) und die **Kämpfermomente** ergeben sich daher durch Einsetzen dieses Wertes an Stelle von φ^{a} und φ^{b} in die Gln. (334) und (335) sowohl **am unsymmetrischen** als auch **am symmetrischen Bogen** zu:

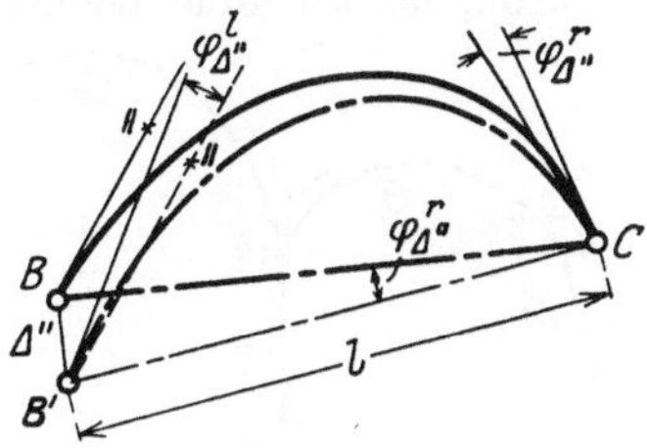

Fig. 340.

$$M_{\Delta''}^{B} = \frac{\Delta'' \cdot a}{l \cdot \beta\,(l - a - b)}, \qquad (600)$$

$$M_{\Delta'}^{C} = \frac{\Delta'' \cdot b}{l \cdot \beta\,(l - a - b)}. \qquad (601)$$

Das Vorzeichen der Momente ergibt sich aus der Anschauung wie bei den Systemen mit geraden Stäben.

Wir erkennen, daß die Ausdrücke für die Momente an den Enden eines bogenförmigen und eines geradlinigen Stabes für eine Verschiebung Δ'' resp. ϱ normal zur Verbindungslinie der Endpunkte genau die gleichen sind. Ferner haben die Gleichungen für die Kämpfermomente infolge Δ' und Δ'' den gleichen Nenner.

Der **Gesamtbogenschub** $H_{\Delta''}$ infolge der gegenseitigen Verschiebung der Kämpfer normal zu ihrer Verbindungslinie ist

am unsymmetrischen Bogen:

$$H_{\Delta''} = M_{\Delta''}^{B} \cdot B_{(M^{B}=1)} + M_{\Delta''}^{C} \cdot B_{(M^{C}=1)} \qquad (602)$$

und am symmetrischen Bogen:

$$H_{\Delta''} = \tfrac{1}{2}\, B\,(M_{\Delta''}^{B} + M_{\Delta''}^{C})\,. \qquad (602\,\mathrm{a})$$

Da keine äußere Belastung vorhanden ist, so ergeben sich die **Auflagerdrücke** $V_{\Delta''}^{B}$ und $V_{\Delta''}^{C}$ zu:

$$V_{\Delta''}^{B} = - \frac{1}{l}\,(M_{\Delta''}^{B} - M_{\Delta''}^{C})\,, \qquad (603)$$

$$V_{\Delta''}^{C} = + \frac{1}{l}\,(M_{\Delta''}^{B} - M_{\Delta''}^{C})\,, \qquad (603\,\mathrm{a})$$

worin die Momente mit ihren Vorzeichen einzusetzen sind; ein nach oben (senkrecht zur Kämpferverbindungslinie) gerichteter Auflagerdruck wird dann positiv.

Das Moment in einem beliebigen Querschnitt des Bogens ergibt sich nun nach Gl. (598), wenn wir darin die Kämpfermomente aus den Gln. (600) und (601) und die Gesamtbogenkraft aus Gl. (602) einsetzen, d. h.

$$M_{x} = M_{\Delta''}^{B} \cdot \frac{l - x}{l} + M_{\Delta''}^{C} \cdot \frac{x}{l} - H_{\Delta''} \cdot y\,. \qquad (604)$$

Wir erhalten also die Momente für die in den Fig. 337f, g und h dargestellten Verschiebungszustände, welche wir zur Berechnung des Rahmens der Fig. 337 benötigen, wie folgt:

Verschiebungszustand I:

Der Knotenpunkt A, welcher während R. I unverschiebbar festgehalten wurde, ist um eine beliebige Strecke, z. B. $\varDelta = 1$ mm (von links nach rechts) zu verschieben (Fig. 341), während die beiden Knotenpunkte B und C gleichzeitig unverschiebbar festgehalten werden.

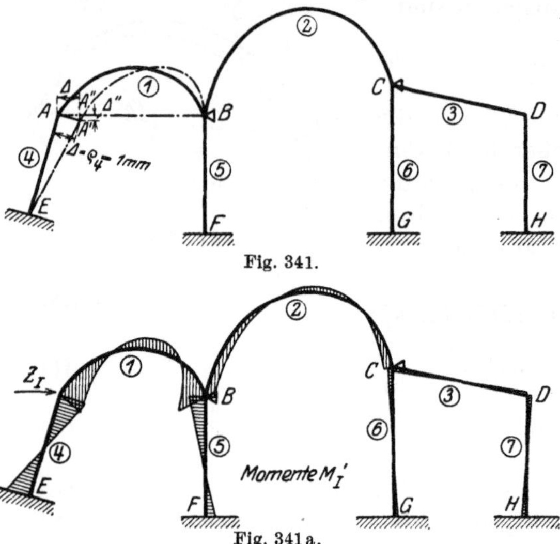

Fig. 341.

Fig. 341a.

Die gegebene Strecke $\varDelta = 1$ mm tragen wir vom Punkt A aus rechtwinklig zum Stab 4 auf, da sich der Knotenpunkt A bei seiner Verschiebung auf einem Kreisbogen um den unverschiebbar vorausgesetzten Auflagerpunkt E bzw. wegen der im Verhältnis zu den Stablängen des Tragwerkes verschwindend klein angenommenen Verschiebung auf einer Normalen zum Stab 4 bewegt. Ziehen wir nun die Verbindungslinie $A\,B$ der beiden Kämpfer des bogenförmigen Stabes 1 und fällen vom Punkt A' (neue Lage des Knotenpunktes A) aus ein Lot auf diese Kämpferverbindungslinie, so erkennen wir, daß die Momente M'_I hervorgerufen werden durch:

1. die gegenseitige rechtwinklige Verschiebung ϱ_4 der Endpunkte des Stabes 4,

2. die gegenseitige Verschiebung $\varDelta' = AA''$ der Kämpfer des bogenförmigen Stabes 1 in Richtung ihrer Verbindungslinie, und

3. die gegenseitige Verschiebung $\varDelta'' = A'A''$ der Kämpfer des bogenförmigen Stabes 1 normal zu ihrer Verbindungslinie.

Die Momentenflächen, herrührend von den drei genannten Ursachen, werden nach den vorhergehend abgeleiteten Gleichungen getrennt ermittelt; die Summe derselben ist die gesuchte M'_I-Momentenfläche (Fig. 341a).

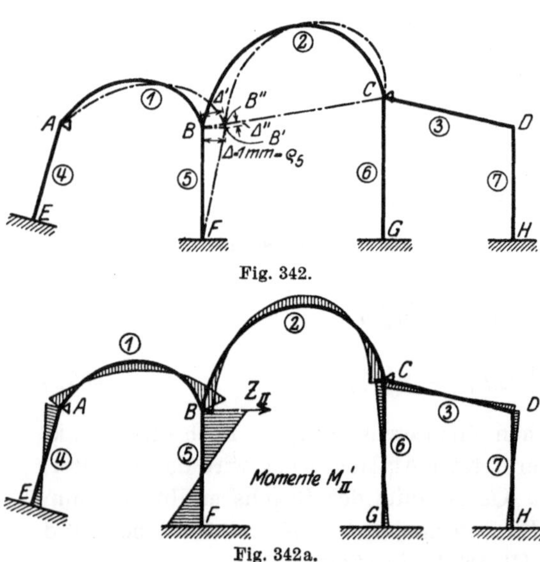

Fig. 342.

Fig. 342a.

Verschiebungszustand II:

Der Knotenpunkt B, welcher während R. I unverschiebbar festgehalten wurde, ist um eine beliebige Strecke, z. B. $\varDelta = 1$ mm (von links nach rechts) zu verschieben (Fig. 342), während die beiden Knotenpunkte A und C gleichzeitig unverschiebbar festgehalten werden.

Die gegebene Strecke $\Delta = 1$ mm tragen wir vom Punkt B aus rechtwinklig zum Stab *5*, um dessen Fußpunkt sich der Punkt B bei seiner Verschiebung dreht, auf. Ziehen wir nun die Verbindungslinie BC der beiden Kämpfer des bogenförmigen Stabes *2* und fällen vom Punkt B' aus ein Lot auf diese Kämpferverbindungslinie, so erkennen wir, daß die Momente M'_{II} hervorgerufen werden durch:

1. die gegenseitige rechtwinklige Verschiebung ϱ_5 der Endpunkte des Stabes *5*,

2. die gegenseitige Verschiebung $\Delta = \Delta' = 1$ mm ($\Delta'' = 0$) der Kämpfer des bogenförmigen Stabes *1* in Richtung ihrer Verbindungslinie;

3. die gegenseitige Verschiebung $\Delta' = BB''$ der Kämpfer des bogenförmigen Stabes *2* in Richtung ihrer Verbindungslinie, und

4. die gegenseitige Verschiebung $\Delta'' = B'B''$ der Kämpfer des bogenförmigen Stabes *2* normal zu ihrer Verbindungslinie.

Die Momentenflächen, herrührend von den vier genannten Ursachen, werden nach den vorhergehend abgeleiteten Gleichungen getrennt ermittelt; die Summe derselben ist die gesuchte M'_{II}-Momentenfläche (Fig. 342a).

Verschiebungszustand III:

Der Knotenpunkt C, welcher während R. I unverschiebbar festgehalten wurde, ist um eine beliebige Strecke, z. B. $\Delta = 1$ mm (von links nach rechts) zu verschieben (Fig. 343), während die beiden Knotenpunkte A und B gleichzeitig unverschiebbar festgehalten werden.

Die gegebene Strecke $\Delta = 1$ mm tragen wir vom Punkt C aus rechtwinklig zum Stab *6*, um dessen Fußpunkt sich der Punkt C bei seiner Verschiebung dreht, auf. Dann verschiebt sich der Knotenpunkt D gleichzeitig um 1 mm waagrecht, da er mit C durch einen geradlinigen Stab verbunden und die Säule *7* parallel zur Säule *6* ist; der Stab *3* verschiebt sich daher parallel zu sich selbst, und seine Endpunkte verschieben sich gegenseitig nicht. Ziehen wir nun die Verbindungslinie BC der beiden Kämpfer des bogenförmigen Stabes *2* und fällen vom Punkt C' aus ein Lot auf die Verlängerung dieser Kämpferverbindungslinie bei C, so erkennen wir, daß die Momente M'_{III} hervorgerufen werden durch

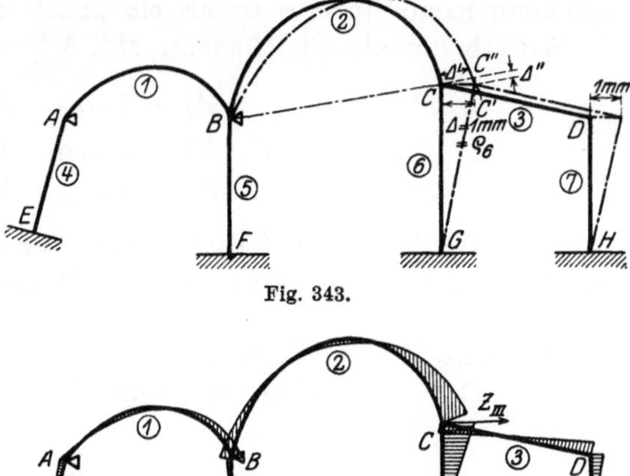

Fig. 343.

Fig. 344.

1. die gegenseitige rechtwinklige Verschiebung ϱ_6 der Endpunkte des Stabes *6*,

2. die gegenseitige rechtwinklige Verschiebung ϱ_7 der Endpunkte des Stabes *7*,

3. die gegenseitige Verschiebung $\Delta' = CC''$ der Kämpfer des bogenförmigen Stabes *2* in Richtung ihrer Verbindungslinie,

4. die gegenseitige Verschiebung $\Delta'' = C'C''$ der Kämpfer des bogenförmigen Stabes *2* normal zu ihrer Verbindungslinie.

Die Momentenflächen infolge der genannten vier Ursachen werden nach den vorhergehend abgeleiteten Gleichungen getrennt ermittelt; die Summe derselben ist die gesuchte M'_{III}-Momentenfläche (Fig. 344).

Die Bestimmung der zu den einzelnen Verschiebungszuständen gehörigen

Erzeugungskraft Z und Festhaltungskräfte D.

in Richtung der Festhaltungskräfte F aus R. I an dem betreffenden Knotenpunkt, welche wir wie beim mehrstöckigen Rahmen (Teil II, Kap. III, 5) zur Berechnung der M^*-Momente benötigen, gestaltet sich genau gleich (Fig. 341a, 342a und 343) wie diejenige der Festhaltungskräfte F des Rechnungsabschnittes I (vgl. Teil I, Kap. VIII, 9).

3. Bestimmung der Momente M^* infolge einer Last $H = 1\,\mathrm{t}$ sowie der Zusatzmomente M_{zus} am frei verschiebbaren Rahmen.

Nachdem wir die Momente M'_I, M'_{II} und M'_{III} sowie die zugehörigen Erzeugungskräfte Z und Festhaltungskräfte D bestimmt haben, sind wir in der Lage, die M^*-Momente zu ermitteln, und zwar genau gleich, wie in Kap. IV, 2 dieses Teiles vorgeführt, da ein Rahmen mit bogenförmigen Stäben für die Berechnung nichts anderes ist als ein „nach der Seite" mehrstöckiger Rahmen.

Wir erhalten also die Momente M_I^*, M_{II}^* und M_{III}^* aus den Gleichungen:

$$\left.\begin{aligned}
M_I^*   &= X_{I(I)} \cdot M'_I + X_{II(I)} \cdot M'_{II} + X_{III(I)} \cdot M'_{III}, \\
M_{II}^* &= X_{I(II)} \cdot M'_I + X_{II(II)} \cdot M'_{II} + X_{III(II)} \cdot M'_{III}, \\
M_{III}^* &= X_{I(III)}\cdot M'_I + X_{II(III)}\cdot M'_{II} + X_{III(III)}\cdot M'_{III},
\end{aligned}\right\} \qquad (605)$$

worin die Größen X die Maßzahlen der Momente M'_I, M'_{II} und M'_{III} sind, welche angeben, in welchem Verhältnis diese Momentenflächen übereinander zu legen sind.

Die Maßzahlen X erhalten wir bei vorliegendem Tragwerk („nach der Seite" dreistöckig) durch Auflösen der folgenden drei Systeme von drei Gleichungen mit drei Unbekannten:

$$\left.\begin{aligned}
X_{I(I)}\cdot Z_I &+ X_{II(I)}\cdot D_{I(\varDelta II)} &&+ X_{III(I)}\cdot D_{I(\varDelta III)} &&= 1, \\
X_{I(I)}\cdot D_{II(\varDelta I)} &+ X_{II(I)}\cdot Z_{II} &&+ X_{III(I)}\cdot D_{II(\varDelta III)} &&= 0, \\
X_{I(I)}\cdot D_{III(\varDelta I)} &+ X_{II(I)}\cdot D_{III(\varDelta II)} &&+ X_{III(I)}\cdot Z_{III} &&= 0,
\end{aligned}\right\} \begin{array}{l}\text{I. System}\\ \text{(für } M_I^*)\end{array} \quad (606)$$

$$\left.\begin{aligned}
X_{I(II)}\cdot Z_I &+ X_{II(II)}\cdot D_{I(\varDelta II)} &&+ X_{III(II)}\cdot D_{I(\varDelta III)} &&= 0, \\
X_{I(II)}\cdot D_{II(\varDelta I)} &+ X_{II(II)}\cdot Z_{II} &&+ X_{III(II)}\cdot D_{II(\varDelta III)} &&= 1, \\
X_{I(II)}\cdot D_{III(\varDelta I)} &+ X_{II(II)}\cdot D_{III(\varDelta II)} &&+ X_{III(II)}\cdot Z_{III} &&= 0,
\end{aligned}\right\} \begin{array}{l}\text{II. System}\\ \text{(für } M_{II}^*)\end{array} \quad (607)$$

$$\left.\begin{aligned}
X_{I(III)}\cdot Z_I &+ X_{II(III)}\cdot D_{I(\varDelta II)} &&+ X_{III(III)}\cdot D_{I(\varDelta III)} &&= 0, \\
X_{I(III)}\cdot D_{II(\varDelta I)} &+ X_{II(III)}\cdot Z_{II} &&+ X_{III(III)}\cdot D_{II(\varDelta III)} &&= 0, \\
X_{I(III)}\cdot D_{III(\varDelta I)} &+ X_{II(III)}\cdot D_{III(\varDelta II)} &&+ X_{III(III)}\cdot Z_{III} &&= 1,
\end{aligned}\right\} \begin{array}{l}\text{III. System}\\ \text{(für } M_{III}^*)\end{array} \quad (608)$$

worin die Größen Z und D die zu den Momenten M'_I, M'_{II} und M'_{III} gehörigen Erzeugungs- und Festhaltungskräfte sind (Fig. 345, 345a und 345b).

Die auf diese Weise erhaltenen Momente M_I^*, M_{II}^* und M_{III}^* sind in Fig. 346, 347 und 348 dargestellt.

An einem Rahmen mit bogenförmigen Stäben, zu dessen Berechnung während R. I zwei Lager angebracht werden müssen, d. h. an einem

„nach der Seite" 2-stöckigen Rahmen

erhalten wir die M^*-Momente nach den in Kap. IV, 2 dieses Teiles abgeleiteten Gln. (544) und (545).

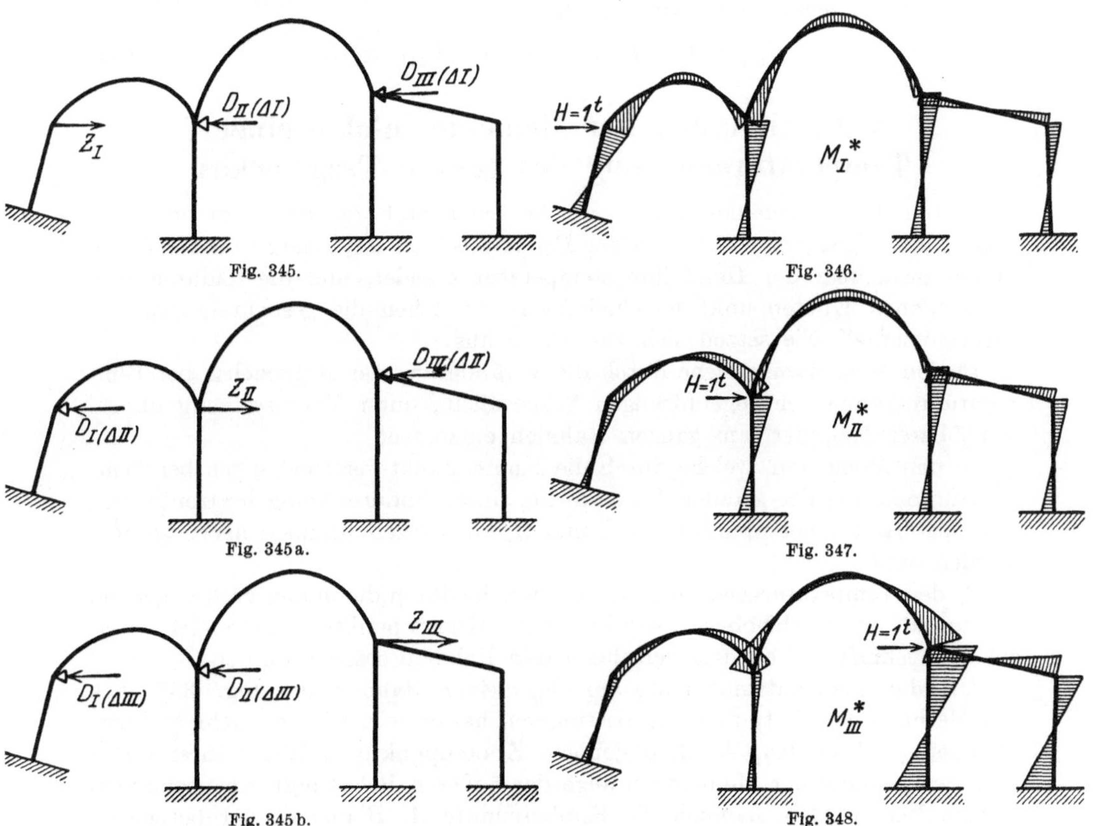

Fig. 345.   Fig. 346.

Fig. 345 a.   Fig. 347.

Fig. 345 b.   Fig. 348.

Die zu den M^*-Momenten gehörigen

Gesamtbogenschübe H^*

setzen sich, genau wie die Momente M^* aus den Momenten M', aus den zu letzteren gehörigen Bogenschüben H_Δ im Verhältnis der Maßzahlen X zusammen. Es ist daher bei vorliegendem Tragwerk für jeden Bogen desselben:

$$\left.\begin{aligned}
H_I^* &= X_{I(I)} \cdot H_{\Delta I} + X_{II(I)} \cdot H_{\Delta II} + X_{III(I)} \cdot H_{\Delta III}, \\
H_{II}^* &= X_{I(II)} \cdot H_{\Delta I} + X_{II(II)} \cdot H_{\Delta II} + X_{III(II)} \cdot H_{\Delta III}, \\
H_{III}^* &= X_{I(III)} \cdot H_{\Delta I} + X_{II(III)} \cdot H_{\Delta II} + X_{III(III)} \cdot H_{\Delta III},
\end{aligned}\right\} \qquad (609)$$

worin $H_{\Delta I}$, $H_{\Delta II}$, $H_{\Delta III}$ die den Momenten M_I' bzw. M_{II}' bzw. M_{III}' entsprechenden Bogenschübe bedeuten.

25*

Die Zusatzmomente M_{zus} für jeden Belastungsfall erhalten wir nun wie an einem mehrstöckigen Rahmen durch Multiplikation der Momente M_I^*, M_{II}^* und M_{III}^* mit dem mit seinem Vorzeichen zu nehmenden Werte der Verschiebungskraft V_I bzw. V_{II} bzw. V_{III} für den betreffenden Belastungsfall und Addition der daraus hervorgehenden Momente, d. h.

$$M_{zus} = V_I \cdot M_I^* + V_{II} \cdot M_{II}^* + V_{III} \cdot M_{III}^* . \tag{610}$$

Die zu den Zusatzmomenten gehörigen Gesamtbogenschübe H_{zus} ergeben sich für jeden Bogen aus der Gl.

$$H_{zus} = V_I \cdot H_I^* + V_{II} \cdot H_{II}^* + V_{III} \cdot H_{III}^* . \tag{611}$$

4. Bestimmung der Momente infolge einer Temperaturänderung des ganzen Tragwerkes.

Durch die Längenänderungen, welche jeder Stab (gerader und bogenförmiger) des allgemeinen Rahmens der Fig. 337 bei der Änderung seines Wärmegrades gegenüber der Herstellungstemperatur erleidet, und die dadurch hervorgerufenen Knotenpunktsverschiebungen, entstehen die gesuchten „Temperaturmomente". Sie setzen sich zusammen aus:

a) den Momenten, welche durch die Veränderung der Bogenachse bei Temperaturänderung der bogenförmigen Stäbe allein, unter Voraussetzung unverschiebbarer Kämpfer, am ganzen Rahmen entstehen,

b) den Momenten, welche durch die Knotenpunktsverschiebungen bei Temperaturänderung der geraden Stäbe allein, unter Voraussetzung horizontal unverschiebbarer Knotenpunkte A, B und C, am ganzen Rahmen hervorgerufen werden, und

c) den Temperatur-Zusatzmomenten, welche durch die in den vorübergehend horizontal unverschiebbar festgehaltenen Knotenpunkten wirkenden Verschiebungskräfte V^t am frei verschiebbaren Rahmen erzeugt werden.

Um die Temperaturmomente am allgemeinen Rahmen der Fig. 337 nach der Methode der Festpunkte zu bestimmen, halten wir, wie am mehrstöckigen Rahmen (Teil II, Kap. V, 2) diejenigen Knotenpunkte, welche während R. I (bei Bestimmung der Momente infolge der äußeren Belastung) unverschiebbar festgehalten wurden, nämlich die Knotenpunkte A, B und C, vorübergehend durch Rollenlager (keine festen Lager, damit sich die Säulen verlängern bzw. verkürzen können) horizontal unverschiebbar fest. In den an diesen Knotenpunkten gedachten Lagern treten dann Festhaltungskräfte F^t auf, genau wie bei Belastung des Rahmens mit äußeren Kräften. Entfernen wir die gedachten Lager, so treten an den vorübergehend horizontal unverschiebbar festgehaltenen Knotenpunkten die Verschiebungskräfte V^t (die entgegengesetzt gerichteten Festhaltungskräfte F^t) in Tätigkeit, welche noch zusätzliche Momente am ganzen Rahmen erzeugen, die zu denjenigen für den festgehaltenen Zustand zu addieren sind, um die genau richtigen Momente infolge der gegebenen Temperaturänderung zu erhalten.

Wir nehmen, wie einleitend erwähnt, an, es würden zunächst nur die bogenförmigen Stäbe *1* und *2* die gegebene Temperaturerhöhung erleiden, wobei sich die Kämpfer derselben nicht verschieben. Dann weicht die Bogenachse dieser

Stäbe infolge Ausdehnung der letzteren nach oben aus, und die dadurch entstehenden unter a) genannten Momente erhalten wir nach Kap. VIII des I. Teiles, indem wir wie bei der Bestimmung der Momente infolge äußerer Belastung verfahren, jedoch in die Gleichungen für φ^a und φ^b als $\mathfrak{H}$ den Wert aus Gl. (395) einsetzen.

Hierauf sollen auch die geraden Stäbe die gegebene Temperaturerhöhung erleiden.

Nachdem wir die Verlängerung aller geraden Stäbe infolge der gegebenen Temperaturerhöhung derselben nach Gl. (575) berechnet haben, bestimmen wir in Fig. 349, genau wie in Kap. V dieses Teiles erläutert, die Verschiebungen aller Knotenpunkte und die davon herrührenden gegenseitigen rechtwinkligen

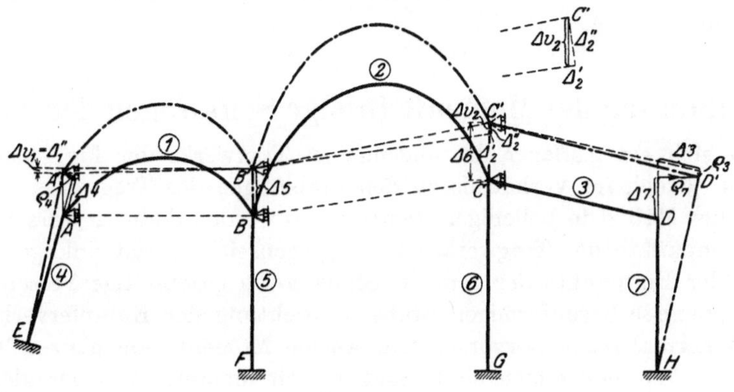

Fig. 349.

Verschiebungen der Endpunkte der geraden Stäbe und die gegenseitigen Verschiebungen der Kämpfer der bogenförmigen Stäbe in Richtung der Kämpferverbindungslinie und normal dazu.

Von den geraden Stäben erleiden die Stäbe *3*, *4* und *7* die gegenseitigen rechtwinkligen Verschiebungen ϱ_1, ϱ_4 und ϱ_7 ihrer Endpunkte, während die Endpunkte der geraden Stäbe *5* und *6* in deren Richtung verbleiben; von den bogenförmigen Stäben erleidet Stab *1*, da seine Kämpfer gleich hoch liegen und in senkrechter Richtung geführt sind, nur eine gegenseitige Verschiebung $\Delta v_1 = \Delta_1''$ seiner Kämpfer normal zu ihrer Verbindungslinie; der bogenförmige Stab *2* erleidet auch eine gegenseitige Verschiebung, nämlich Δv_2 seiner Kämpfer in senkrechter Richtung, dagegen muß diese, weil die Kämpfer ungleich hoch liegen, zur Ermittlung der dadurch im Stab *2* hervorgerufenen Spannungen in die Komponenten Δ_2' und Δ_2'' in Richtung der Kämpferverbindungslinie und normal dazu zerlegt werden.

Die dadurch im ganzen Tragwerk hervorgerufenen Momente erhalten wir in bekannter Weise, und zwar diejenigen infolge der gegenseitigen Verschiebungen ϱ der Endpunkte der geraden Stäbe nach Kap. III dieses Teiles und diejenigen infolge der gegenseitigen Verschiebung Δv_1 am Bogen *1* sowie infolge der gegenseitigen Verschiebungen Δ_2' und Δ_2'' am Bogen *2* nach Abschnitt 2, a) und b) dieses Kapitels; durch Addition dieser Teilmomente erhalten wir die unter b) genannten Momente.

Addieren wir nun die beiden Momentenflächen, nämlich diejenige infolge der Ausdehnung der bogenförmigen Stäbe und diejenige infolge der Ausdehnung der geraden Stäbe, so erhalten wir die Momentenfläche für den angenommenen festgehaltenen Zustand. Aus diesen Momenten bestimmen wir noch die in den gedachten Lagern auftretenden Festhaltungskräfte F_I^t, F_{II}^t und F_{III}^t nach Kap. VIII, 9 des I. Teiles.

Nun erhalten wir die unter c) genannten Temperatur-Zusatzmomente, indem wir die nach dem vorhergehenden Abschnitt bestimmten M_I^*-, M_{II}^*- und M_{III}^*- Momente mit Größe und Vorzeichen der Verschiebungskraft V_I^t bzw. V_{II}^t bzw V_{III}^t multiplizieren und die daraus hervorgehenden Momente addieren.

Zum Schluß erhalten wir durch Addition der Temperaturmomente für den festgehaltenen Zustand und der Temperatur-Zusatzmomente die endgültigen Temperaturmomente.

5. Bestimmung der Momente infolge Senkungen der Auflager.

Senkt sich ein Auflager des allgemeinen Tragwerks der Fig. 350 um ein gegebenes, jedoch im Verhältnis zu den Stablängen des Tragwerks verschwindend kleines Maß Δ in beliebiger Richtung, so werden dadurch Verschiebungen der Knotenpunkte des Tragwerkes bzw. „gegenseitige rechtwinklige Verschiebungen" der Endpunkte der geraden Stäbe sowie gegenseitige Verschiebungen der Kämpfer der bogenförmigen Stäbe in Richtung der Kämpferverbindungslinie und normal dazu, hervorgerufen, welche Momente am ganzen Tragwerk erzeugen, die zu bestimmen sind. Senken sich mehrere Auflager gleichzeitig, so ist jede einzelne Senkung für sich zu behandeln und am Schluß die Summe der erhaltenen Momentenflächen zu bilden.

Um die Momente infolge Senkung des Auflagerpunktes F des allgemeinen Rahmens der Fig. 350 um die Strecke Δ, beispielsweise in senkrechter Richtung, zu bestimmen, halten wir, wie am mehrstöckigen Rahmen (Teil II, Kap. VI, 2) diejenigen Knotenpunkte, die schon während R. I unverschiebbar festgehalten wurden und für welche wir bereits die M^*-Momente (infolge $H = 1\,\mathrm{t}$ in dem betreffenden Knotenpunkt) bestimmt haben, nämlich die Knotenpunkte A, B und C vorübergehend durch gedachte Lager an denselben horizontal unverschiebbar fest, da wir wieder nicht wissen, von welchem Punkt des Rahmens aus sich die Verschiebungen der Knotenpunkte infolge der Senkung vollziehen. Am Knotenpunkt B müssen wir ein Rollenlager (auf senkrechter Bahn beweglich) anbringen, weil sonst die vorausgesetzte Senkung nicht stattfinden könnte (siehe Fig. 350). In den an diesen Knotenpunkten gedachten Lagern treten Festhaltungskräfte F^s auf, genau wie bei Belastung des Rahmens mit äußeren Kräften. Entfernen wir diese Lager, so treten an den vorübergehend horizontal unverschiebbar festgehaltenen Knotenpunkten die Verschiebungskräfte V^s (die entgegengesetzt gerichteten Festhaltungskräfte F^s) in Tätigkeit, welche noch zusätzliche Momente am ganzen Rahmen erzeugen, die zu denjenigen für den festgehaltenen Zustand zu addieren sind, um die genau richtigen Momente infolge der gegebenen Senkung zu erhalten.

In Fig. 350 bestimmen wir nun die Verschiebungen der Knotenpunkte infolge der gegebenen Senkung. Da die Senkung Δ des Auflagerpunktes F in Richtung des anschließenden Stabes *5* erfolgt, so verschiebt sich der Punkt B um dasselbe Maß, und zwar senkrecht nach unten, da das an diesem Punkt gedachte Rollenlager in senkrechter Richtung beweglich ist. Dabei senkt sich nun der Bogen *1* einseitig an seinem Kämpfer B um das Maß Δ, da sein anderer Kämpfer wegen des dort gedachten festen Lagers in Ruhe bleibt, und Bogen *1* erleidet daher eine gegenseitige Verschiebung Δ_1'' seiner Kämpfer normal zu ihrer Verbindungslinie von der Größe der gegebenen Senkung Δ. Der Bogen *2* senkt sich ebenfalls einseitig an seinem linken Kämpfer B um das Maß Δ in senkrechter Richtung, da sein rechter Kämpfer wegen des dort gedachten festen Lagers in Ruhe bleibt. Da jedoch die Kämpfer des Bogens *2* ungleich hoch liegen, so erleidet derselbe durch die Senkung des Kämpfers B nach B' sowohl eine gegenseitige Verschiebung Δ_2' seiner Kämpfer in Richtung ihrer Verbindungslinie

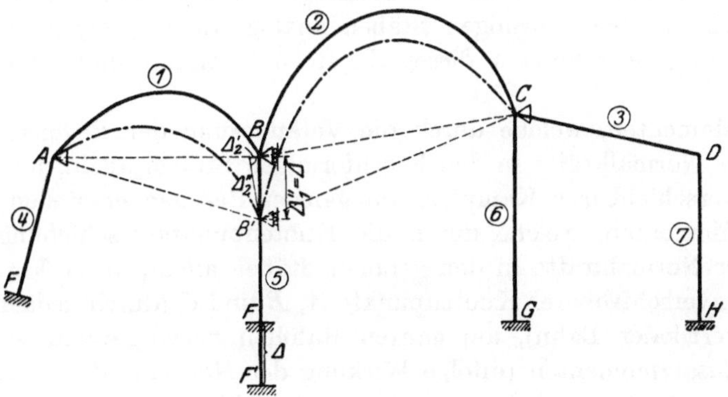

Fig. 350.

als auch eine gegenseitige Verschiebung Δ_2'' normal zur Kämpferverbindungslinie, welche wir durch Zerlegung der Senkung $BB' = \Delta$ in der Richtung der Kämpferverbindungslinie BC und normal zu dieser erhalten (siehe Fig. 350). Die dadurch am ganzen Rahmen hervorgerufenen Momente erhalten wir in bekannter Weise, und zwar sowohl diejenigen infolge der gegenseitigen Verschiebungen Δ_1'' am Bogen *1* als auch jene infolge Δ_2' und Δ_2'' am Bogen *2* nach Abschnitt 2, a) und b) dieses Kapitels; die sich durch Addition dieser Teilmomentenflächen ergebende Momentenfläche ist diejenige für den festgehaltenen Zustand. Aus diesen Momenten bestimmen wir noch die in den gedachten Lagern auftretenden Festhaltungskräfte F_I^s, F_{II}^s, und F_{III}^s nach Kap. VIII, 9 des I. Teiles.

Nun erhalten wir die Senkungs-Zusatzmomente, indem wir die nach Abschnitt 3 dieses Kapitels bestimmten M_I^*-, M_{II}^*,- und M_{III}^*-Momente mit Größe und Vorzeichen der Verschiebungskraft V_I^s bzw. V_{II}^s bzw. V_{III}^s multiplizieren und die daraus hervorgehenden Momente addieren.

Zum Schluß erhalten wir durch Addition der Senkungsmomente für den festgehaltenen Zustand und der Senkungs-Zusatzmomente die endgültigen Momente infolge der gegebenen Senkung des Auflagerpunktes F. Die zugehörigen Querkräfte, Normalkräfte und Auflagerkräfte an den bogenförmigen Stäben ergeben sich nach Kap. VIII, 8 des I. Teiles aus der Stützlinie, diejenige an den geradlinigen Stäben nach Kap. VI des I. Teiles.

Erfolgt die gegebene Senkung nicht in senkrechter, sondern in beliebiger anderer Richtung, so erleidet außerdem Stab 5 eine gegenseitige rechtwinklige Verschiebung ϱ_5 seiner Endpunkte, und die Verschiebung des Knotenpunktes B ist dann nicht mehr gleich der gegebenen Senkung, sondern gleich der Projektion derselben auf die Senkrechte (da Punkt B senkrecht geführt ist).

6. Bestimmung der Momente infolge der durch die Normalkräfte verursachten Längenänderungen der Stäbe.

Durch die Längenänderungen, welche jeder Stab (gerader und bogenförmiger) des allgemeinen Rahmens der Fig. 337 infolge der Normalkräfte erleidet und die dadurch hervorgerufenen Knotenpunktsverschiebungen, entstehen die gesuchten „Momente infolge der Normalkräfte". Diese Momente werden auch am Tragwerk mit bogenförmigen Stäben analog wie diejenigen infolge Temperaturänderung (Abschnitt 4 dieses Kapitels) bestimmt und setzen sich zusammen aus:

a) den Momenten, welche durch die Veränderung der Bogenachse infolge Wirkung der Normalkräfte in den bogenförmigen Stäben allein, unter Voraussetzung unverschiebbarer Kämpfer, am ganzen Rahmen entstehen;

b) den Momenten, welche durch die Knotenpunktsverschiebungen infolge Wirkung der Normalkräfte in den geraden Stäben allein, unter Voraussetzung horizontal unverschiebbarer Knotenpunkte A, B und C (durch gedachte Rollenlager mit vertikaler Bahn), am ganzen Rahmen hervorgerufen werden, und

c) den Zusatzmomenten (infolge Wirkung der Normalkräfte), welche durch die in den vorübergehend horizontal unverschiebbar festgehaltenen Knotenpunkten wirkenden Verschiebungskräfte V^N (umgekehrte Festhaltungskräfte F^N) am frei verschiebbaren Rahmen erzeugt werden.

Die unter a) genannten Momente sind verhältnismäßig sehr gering und werden, falls man sie zu berücksichtigen wünscht, schon bei der Bestimmung der Momente für die betreffende äußere Belastung, unter Voraussetzung horizontal unverschiebbarer Säulenköpfe (siehe drittes und viertes Glied der Formeln in Teil I, Kap. VIII) mitberechnet.

Zur Ermittlung der unter b) genannten Momente konstruieren wir zunächst wie in Abschnitt 4 dieses Kapitels die Verschiebungen der einzelnen Knotenpunkte unter der Voraussetzung senkrecht geführter Knotenpunkte A, B und C; hierbei ist zu beachten, daß die nach Gl. (576) zu berechnenden Längenänderungen der geraden Stäbe Verlängerungen oder Verkürzungen sein können und dementsprechend abzutragen sind. Dadurch erhalten wir für die geraden Stäbe die gegenseitigen rechtwinkligen Verschiebungen ϱ ihrer Endpunkte und für die bogenförmigen Stäbe die gegenseitigen Verschiebungen Δ' und Δ'' ihrer Kämpfer in Richtung der Kämpferverbindungslinie und normal dazu. Die durch die Verschiebungen ϱ erzeugten Momente berechnen wir nach Kap. III dieses Teiles, und diejenigen infolge der gegenseitigen Verschiebungen Δ' und Δ'' der Kämpfer der bogenförmigen Stäbe nach Abschnitt 2, a) und b) dieses Kapitels; durch Addition dieser Teilmomente erhalten wir die unter b) genannten Momente.

Durch Addition der unter a) und b) genannten Momente erhalten wir die Momente für den festgehaltenen Zustand, aus welchen wir die in den gedachten

Lagern an den Knotenpunkten A, B und C auftretenden Festhaltungskräfte F_I^N, F_{II}^N bzw. F_{III}^N nach Kap. VIII, 9 des ersten Teiles bestimmen.

Die unter c) genannten Zusatzmomente infolge Wirkung der Normalkräfte erhalten wir nun, indem wir die nach Abschnitt 3 dieses Kapitels bestimmten M_I^*-, M_{II}^*- und M_{III}^*-Momente mit Größe und Vorzeichen der Verschiebungskraft V_I^N bzw. V_{II}^N bzw. V_{III}^N (umgekehrte Festhaltungskräfte F_I^N, F_{II}^N und F_{III}^N) multiplizieren und die daraus hervorgehenden Momente addieren.

Addieren wir nun zum Schluß die unter a), b) und c) genannten Momente, so erhalten wir die endgültigen Momente infolge der Wirkung der Normalkräfte, welche nicht mehr korrigiert zu werden brauchen, obwohl durch dieselben die ursprünglich gegebenen Normalkräfte sich um ein geringes Maß verändern.

X. Bestimmung der Grenzwerte der Momente, Querkräfte und Normalkräfte.

1. Grenzwerte der Momente.

Die bogenförmigen Tragwerke sind im allgemeinen auf Biegung mit Axialdruck zu dimensionieren. Zur Bestimmung der max. Beanspruchungen werden daher mit Vorteil die Kernpunktsmomente verwendet, aus denen man die Randspannungen direkt erhält. Zur Bestimmung der Grenzwerte der Kernpunktsmomente infolge beweglicher Lasten werden wieder Einflußlinien verwendet.

a) Einflußlinien der Kernpunktmomente.

Das Kernpunktsmoment setzt sich zusammen aus dem Balkenmoment und dem Moment infolge des Bogenschubes des Zweigelenkbogens (R.I). Dazu kommt bei beweglichen Knotenpunkten noch das Zusatzmoment infolge der Verschiebungskräfte (R. II).

$$M_{zus} = V_I \cdot M_I^* + V_{II} \cdot M_{II}^* + V_{III} \cdot M_{III}^* + \cdots + H_{zus} \cdot y, \qquad (612)$$

wobei

$$H_{zus} = V_I \cdot H_I^* + V_{II} \cdot H_{II}^* + \cdots + V_n \cdot H_n^* .$$

Es ist nun zweckmäßig zuerst nur die Momentenfläche aus dem Balkenmoment und dem Zusatzmoment infolge der Verschiebungskräfte (letzteres ohne Berücksichtigung des zusätzlichen Bogenschubes) zu bestimmen. Diese Momentenfläche gibt die endgültigen Werte für die geraden Stäbe und die Kämpfermomente. Für die Schnitte zwischen den Kämpfern werden zuletzt noch die Momente infolge des endgültigen Bogenschubes bestimmt und zur Momentenfläche addiert. Dadurch erhalten wir die endgültige Momentenfläche des ganzen Tragwerkes.

Die Gleichung der Kernpunktsmomente lautet daher in dieser Reihenfolge:

$$M_k = M_0 + M^A \cdot \frac{1-x}{1} + M^B \cdot \frac{x}{1} + V_I \cdot M_I^* + V_{II} \cdot M_{II}^* + \cdots + V_n \cdot M_n^* - H_{tot} \cdot y, \quad (613)$$

wobei

$$H_{tot} = \mathfrak{H} + M^A \cdot B_{(m^a = 1)} + M^B \cdot B_{(m^b = 1)} + V_I \cdot H_I^* + V_{II} \cdot H_{II}^* + \cdots + V_n \cdot H_n^* . \quad (614)$$

Für das bogenförmige, symmetrische Tragwerk der Fig. 351 werden im folgenden die Einflußlinien der Kernpunktsmomente für einige Schnitte bestimmt.

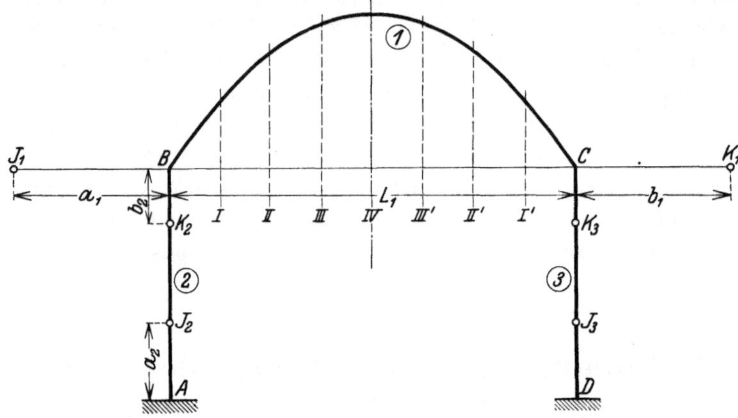

Abb. 351.

Die Balkenmomente für die Laststellungen $P = 1$ in Schnitt $I-IV$ sind in Fig. 353 aufgetragen. Die Kreuzlinienabschnitte für jede Laststellung wurden dabei analog wie beim geraden Stab, mit Hilfe der Biegelinie des Zweigelenkbogens ermittelt, belastet mit $M = 1$ an einem Stabende. Auf Grund des Satzes

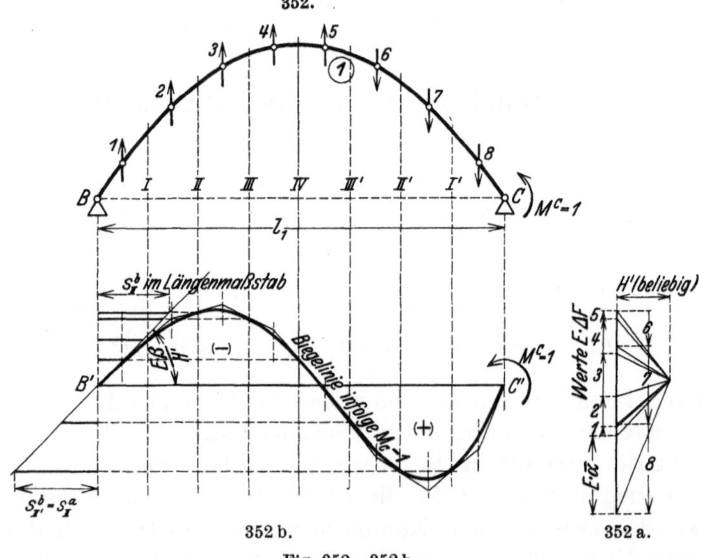

352 b.   352 a.

Fig. 352—352 b.

von der Gegenseitigkeit der Formänderungen ist diese Biegelinie die Einflußlinie der Kreuzlinienabschnitte. Wir erhalten sie nach Mohr durch Belasten des Zweigelenkbogens mit den elastischen Gewichten $E \cdot \Delta F = \left(\dfrac{x}{l} - \dfrac{B}{2} \cdot y \right) \cdot w$ infolge $M = 1$ und Zeichnen eines Seilpolygons dazu. (Fig. 352, 352 a und 352 b). Die Polweite H' ist beliebig.

Die Kreuzlinienabschnitte erhalten wir in Fig. 352b in gleicher Weise wie beim geraden Balken; es ist nach den Gl. (339) und (340) sowie (343) und (344)

$$k^a = -\frac{\delta^b}{\beta} = -s^b \,,$$

$$k^b = -\frac{\delta^a}{\beta} = -s^a \,.$$

Die Werte s^b gehen aus der Biegelinie für $M^C = 1$ hervor. Infolge der Symmetrie des Bogens ist die Biegelinie für $M^B = 1$ das Spiegelbild der in Fig. 352b

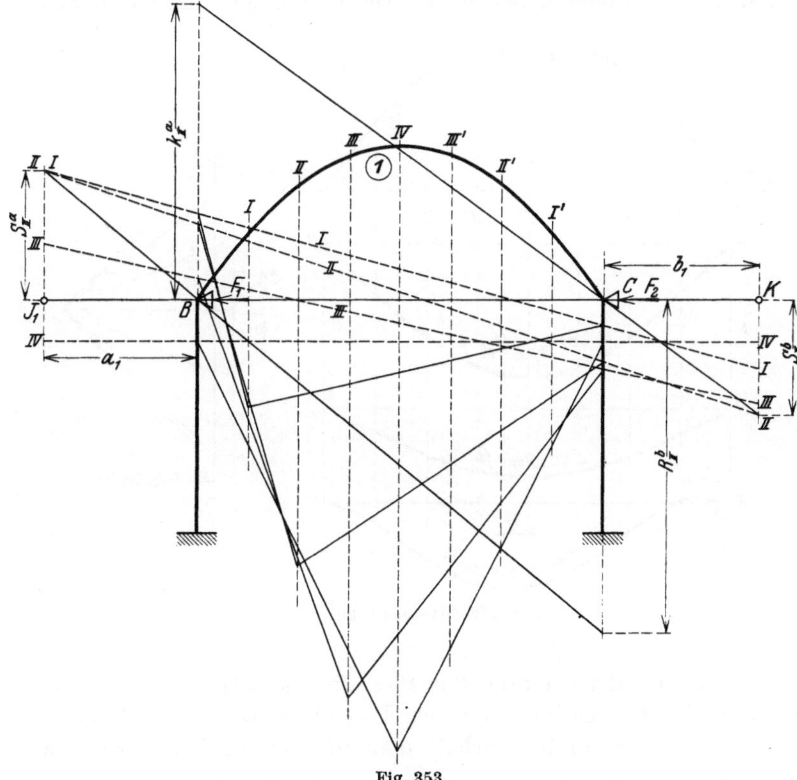

Fig. 353.

gezeichneten. Wir erhalten daher z. B. den Abschnitt s^a_{II} für Schnitt II beim symmetrisch liegenden Schnitt II'

$$s^a_{II} = s^b_{II} \,.$$

Die Kreuzlinienabschnitte $k^a = -s^b$ und $k^b = -s^a$ werden dabei im Längenmaßstab erhalten. Sie werden nun in Fig. 353 im Momentenmaßstab aufgetragen, z. B. k^a_{II} und k^b_{II}, und ergeben die Schlußliniensenkungen S^b_{II} und S^a_{II}. Die Schlußliniensenkungen können auch errechnet werden:

$$S^a = \frac{-a}{l} \cdot s^a \,, \qquad S^b = \frac{-b}{l} \cdot s^b \,.$$

An die so erhaltenen Schlußlinien werden nun die M_o-Momentenflächen angehängt, und ergeben die Balkenmomentenflächen. Für die tatsächlichen Momente bei festgehaltenen Knotenpunkten wäre für Schnitte zwischen den Kämpfern noch das Moment $H \cdot y$ abzuziehen.

Zur Bestimmung der Zusatzmomente brauchen wir die Verschiebungskräfte V_I und V_{II}; für letztere den Bogenschub $\mathfrak{H}$ des Zweigelenkbogens infolge $P = 1$. Die in den einzelnen Laststellungen von $P = 1$ hervorgerufenen Bogenschübe $\mathfrak{H}$ ermittelt man zweckmäßig mit Hilfe der Einflußlinie für $\mathfrak{H}$. Auf Grund des Satzes von der Gegenseitigkeit der Formänderungen ist die Einflußlinie für $\mathfrak{H}$ gleich der Biegelinie des Zweigelenkbogens für den $\dfrac{1}{\delta a \cdot a}$-fachen Zustand $\mathfrak{H} = -1$.

Die Biegelinie des Zweigelenkbogens belastet mit $\mathfrak{H} = -1$ (Fig. 354) ist das Seilpolygon der elastischen Gewichte $1 \cdot y \cdot w$. In Fig. 354a ist das Kräftepolygon

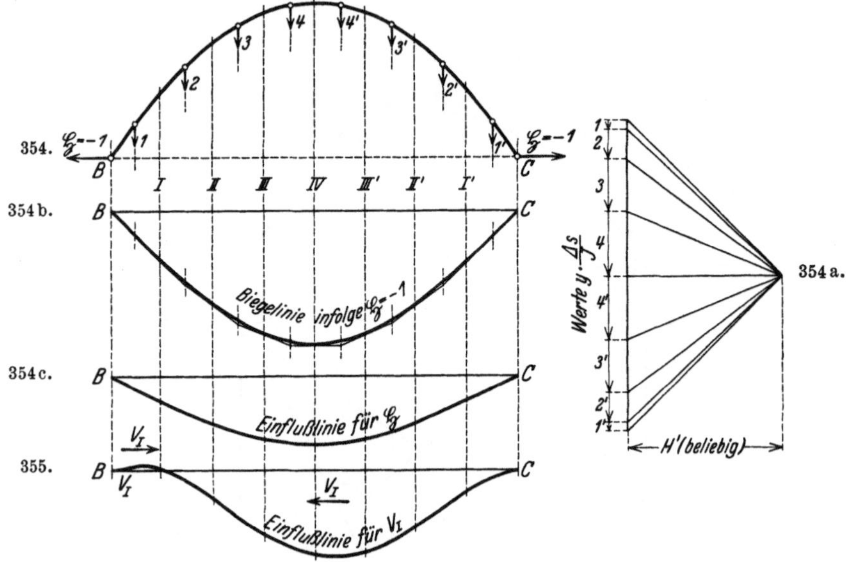

Fig. 354—354c, 355.

aufgetragen, in Fig. 354b daraus die Biegelinie konstruiert. Die Polweite H' ist dabei beliebig. Die Ordinaten η der Biegelinie werden im Längenmaßstab gemessen. Für jede Ordinate η erhält man die entsprechende Einflußordinate von $\mathfrak{H}$ durch Multiplikation mit $\dfrac{H'}{\sum\limits_0^l y^2 \cdot w}$ (H' dabei im Kräftemaßstab der Werte $y \cdot w$ gemessen). Die Einflußlinie für $\mathfrak{H}$ ist in Fig. 354c aufgetragen.

Für jede Laststellung $P = 1$ berechnet man die Verschiebungskraft

$$V_I = \mathfrak{H} + \frac{B}{2}(M^B + M^C) + Q_2^B. \tag{615}$$

Ihre Einflußlinie ist in Fig. 355 aufgetragen. Die Werte für V_{II} sind gleich denjenigen von V_I für die spiegelsymmetrischen Laststellungen.

Die Momente M_I^* und M_{II}^* ergeben sich aus den Momentenlinien M_I', M_{II}' der Fig. 356 und 357.

In Fig. 356 ist mit 1 die Momentenlinie infolge der Verschiebung $\varDelta'$ des Kämpfers B nach innen bezeichnet. Die Momentenlinie 2 ist diejenige infolge der gegenseitigen rechtwinkligen Verschiebung $\varDelta'$ der beiden Endpunkte des Stabes 2.

Der entstehende Horizontalschub ist $+H'_\Delta$. Für Schnitte zwischen den Kämpfern wäre noch $H'_\Delta \cdot y$ in Abzug zu bringen. Dieselben Koeffizienten, welche die Momente M^* liefern, ergeben auch H^*_I.

$$M^*_I = X_{I,(I)} \cdot M'_I \left. + X_{II(I)} \cdot M'_{II}, \right\} (616)$$

$$H^*_I = X_{I(I)} \cdot H_{\Delta'} \left. + X_{II(I)} \cdot H_{\Delta''}. \right\} (617)$$

Die Momentenlinien M^*_I und M^*_{II} sind in Fig. 358 und 359 aufgetragen. Für Schnitte zwischen den Kämpfern wäre noch $H^*_I \cdot y$ in Abzug zu bringen.

Es kann nun für jede Laststellung $P = 1$ der Wert von H_{tot} berechnet werden:

$$H_{tot} = \mathfrak{H} + \frac{B}{2}(M^B + M^C) \left. \begin{array}{l} \\ = V_I \cdot H^*_I \\ + V_{II} \cdot H^*_{II}, \end{array} \right\} (618)$$

und endlich die endgültigen Kernpunktsmomente

$$M_k = M_0 + M^B \cdot \frac{l-x}{l} \left. \begin{array}{l} \\ + M^C \frac{x}{l} + V_I \cdot M^*_I \\ + V_{II} \cdot M^*_{II} \\ - H_{tot} \cdot y. \end{array} \right\} (619)$$

In Fig. 360 ist die Einflußlinie für das Kämpfermoment M^B aufgetragen. Die punktierte Linie zeigt den Einfluß der Balkenmomente allein. Dazu werden die Ordinaten $M_{zus} = V_I \cdot M^*_I + V_{II} \cdot M^*_{II}$ addiert. Die punktierte Linie infolge der Balkenmomente allein ist zugleich die Einflußlinie des

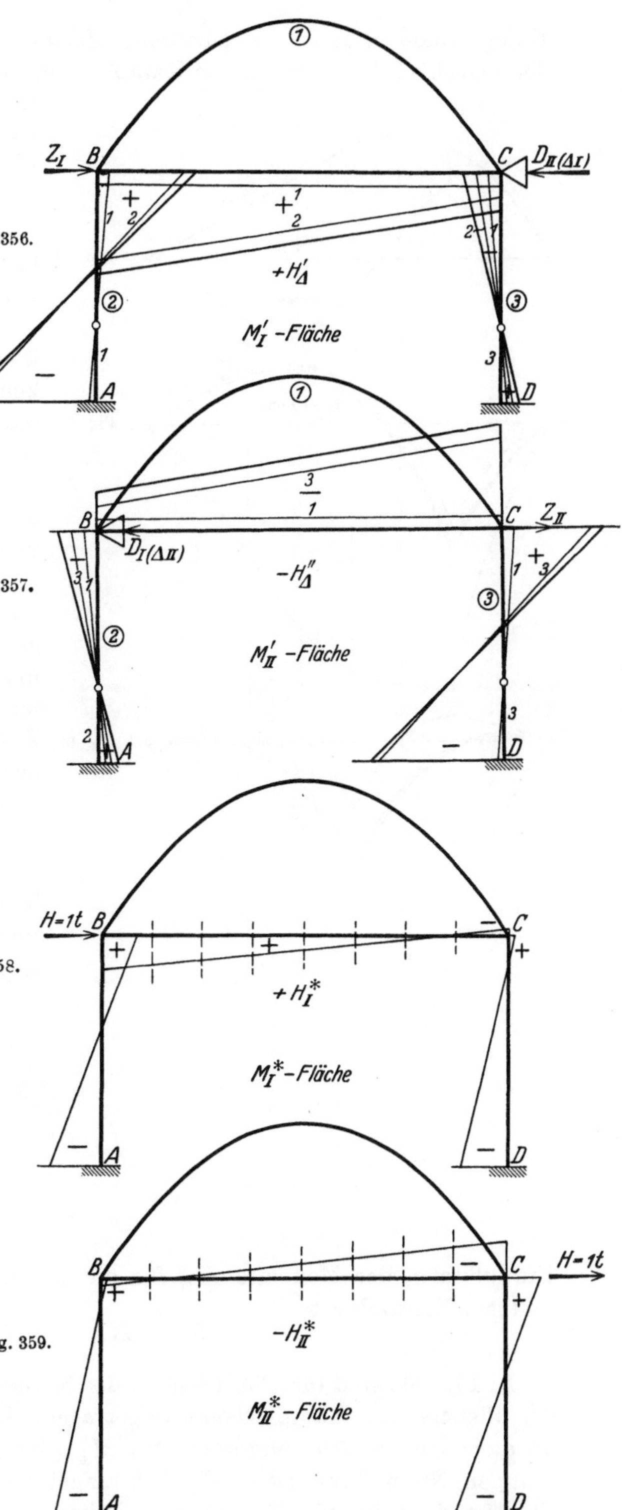

Kämpfermomentes im festgehaltenen Zustand. Es zeigt sich, daß der Einfluß der Verschiebungskraft auf das Kämpfermoment vor allem sehr groß ist. Infolge der Beweglichkeit der Kämpfer treten bei vertikaler Belastung überhaupt keine positiven Kämpfermomente mehr auf.

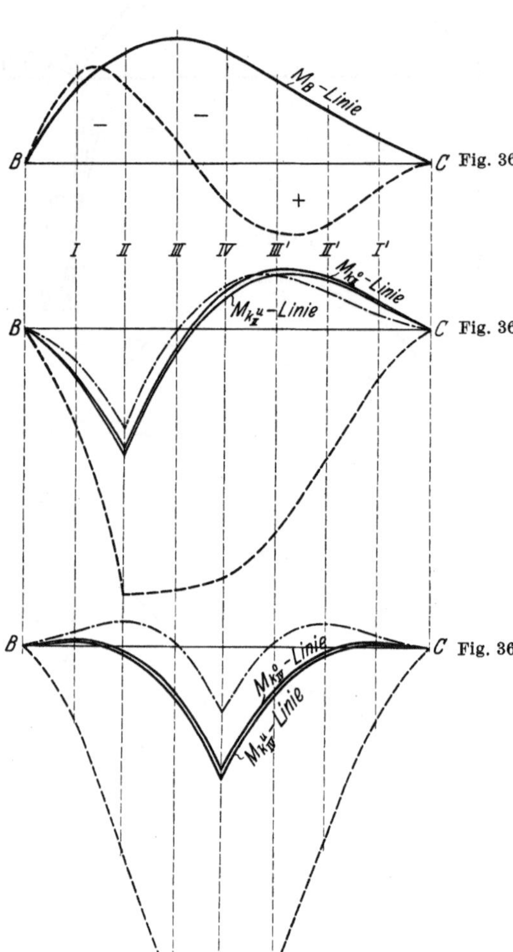

Fig. 360.

Fig. 361.

Fig. 362.

In Fig 361 sind die Einflußlinien für die Kernpunktsmomente M_k^o und M_k^u für Schnitt II konstruiert. Die punktierte Einflußlinie ist wieder diejenige infolge der Balkenmomente allein. Dazu werden die Momente M_{zus} und $H \cdot y^o$ bzw. $H \cdot y^u$ addiert. Vergleichsweise ist strichpunktiert die Einflußlinie für M_k^o eingetragen, bei Annahme unverschieblicher Knotenpunkte.

Ebenso sind in Fig. 362 die Kernpunktsmomente für den Scheitel aufgetragen. Die strichpunktierte Linie stellt vergleichsweise das Kernpunktsmoment M_k^o im festgehaltenen Zustand dar. Auch hier zeigt sich der Einfluß der Beweglichkeit der Knotenpunkte auf die Momente als sehr groß.

b) Die Einflußlinien der Kernpunktmomente für die Pfeiler ergeben sich aus den endgültigen

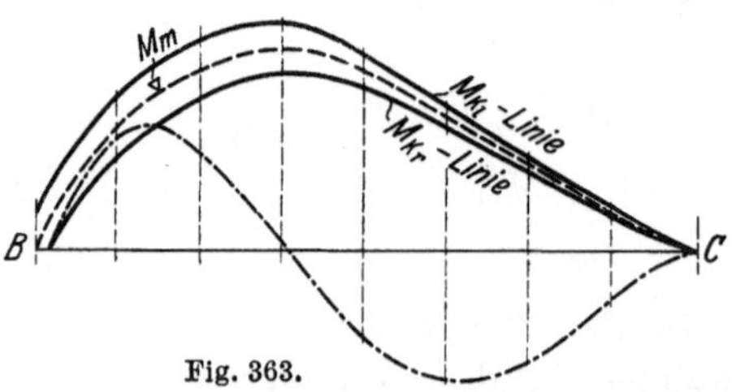

Fig. 363.

Einflußlinien der Momente M_m für die Stabachse und dem Moment der endgültigen Normalkraft

$$M_k = M_m \pm N \cdot k .\tag{620}$$

In Fig. 363 sind die Einflußlinien der Kernpunktsmomente für einen Schnitt des Pfeilers auf Kämpferhöhe aufgetragen. Die punktierte Einflußlinie M_m ist diejenige des Kämpfermomentes M_B (Fig. 360). Die Einflußlinie der endgültigen Normalkraft ist in Fig. 366 aufgetragen. Die strichpunktierte Einflußlinie ist diejenige für M_{kr} im festgehaltenen Zustand.

c) Einflußlinie des endgültigen Bogenschubes.

Die Ordinaten dieser Einflußlinie ergeben sich aus der oben angeschriebenen
Gleichung für H total.

Die Einflußlinie ist in Fig. 364 aufgetragen. Die punktierte Einflußlinie des

Fig. 364.

Bogenschubes ist diejenige im festgehaltenen Zustand. Der Bogenschub wird
im Falle beweglicher Kämpfer stark vermindert.

2. Einflußlinien für die endgültigen Querkräfte an den Säulen.

Für seitlich unbelastete Säulen ist die Querkraft auf die ganze Höhe konstant.
Für einen stehenden, unbelasteten Stab gilt allgemein nach T. I, Kap. VI_1 1
(Gl. 327a)

$$Q_u = \frac{M_u - M_o}{l}. \qquad (621)$$

Es ist aber

$$M_u = -\frac{M_o}{l-a} \cdot a \qquad (622)$$

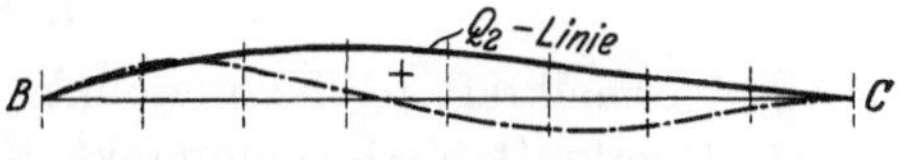

und daher

$$Q_u = -\frac{M_o}{l-a}. \qquad (621\,a)$$

Fig. 365.

Die Einflußlinie für Q_u wird daher direkt aus der endgültigen Einflußlinie von
M_o (Fig. 360) erhalten, indem alle Ordinaten mit dem Koeffizienten $-\dfrac{1}{l-a}$ multipliziert werden.

Die Einflußlinie für die Querkraft an der Säule *2* ist in Fig. 365 aufgezeichnet.
Die strichpunktierte Einflußlinie ist wieder diejenige für den festgehaltenen
Zustand. Der Einfluß der Beweglichkeit der Kämpfer auf die Säulenquerkraft
ist groß. Zugbänder reduzieren daher die Horizontalschübe der Säulenfüße,
vor allem bei Totalbelastung, stark.

3. Einflußlinien der endgültigen Normalkräfte der Säulen.

Die Normalkraft in den Säulen ist abgesehen vom Säuleneigengewicht gleich
dem vertikalen Auflagerdruck des Bogens. Es gilt daher wie für die geradlinigen
Tragwerke

$$N = \mathfrak{B} + \frac{M_r - M_l}{l}, \qquad (623)$$

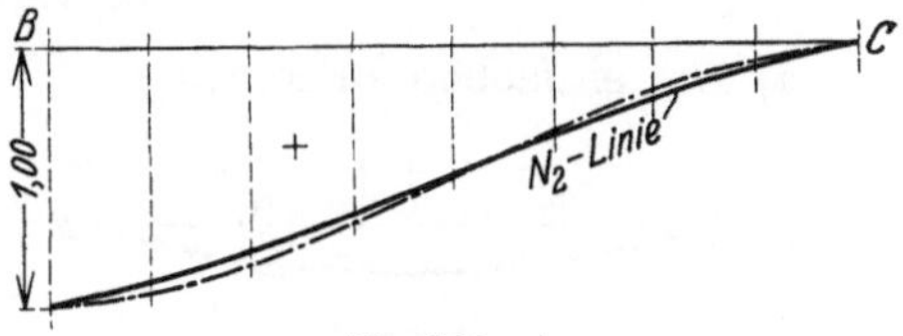

Fig. 366.

wobei für M_r und M_l die endgültigen
Momente einzusetzen sind.

Fig. 366 zeigt die Einflußlinie für
die Normalkraft der Säule *2*.

Im festgehaltenen Zustand gilt die strichpunktierte Einflußlinie. Die Einflußlinie für die Normalkraft der Säule *3* ist symmetrisch zu derjenigen der
Säule *2*.

Anhang.

I. Zusammenstellung der wichtigsten Bezeichnungen.

A. Geradliniger Stab.

1. Kräfte.

N_n^B: Normalkraft im Knotenpunkt B auf Stab n,

Q_n^B: Querkraft im Knotenpunkt B auf Stab n,

F: Festhaltungskraft infolge äußerer Lasten, Temperaturänderung und Stützensenkung,

V: Verschiebungskraft infolge Lasten, Temperatureinfluß und Stützensenkung (entgegengesetzt gleich F),

Z: Erzeugungskraft der angenommenen Verschiebung.

D: Festhaltungskraft infolge Z am festgehaltenen Knotenpunkt.

2. Momente.

M_n^C: Stützenmoment im Knotenpunkt C auf Stab n,

M': Moment infolge einer Verschiebung (z. B. $\varDelta = 1 \,\mathrm{mm}$),

M^*: Moment infolge $H = 1 \,\mathrm{t}$,

M^a: Moment infolge gegenseitiger, rechtwinkliger Verschiebung der beiden Stabenden auf Seite des Festpunktabstandes a,

M_{zus}: Zusatzmoment infolge der Verschiebungskräfte.

3. Drehwinkel.

a) Am einfachen Balken:

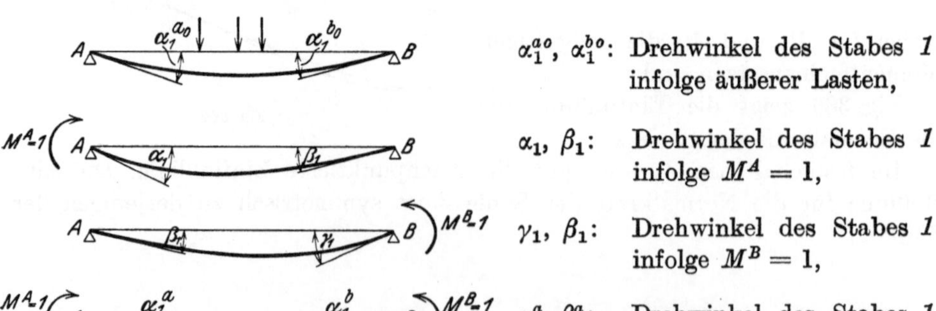

α_1^{ao}, α_1^{bo}: Drehwinkel des Stabes 1 infolge äußerer Lasten,

α_1, β_1: Drehwinkel des Stabes 1 infolge $M^A = 1$,

γ_1, β_1: Drehwinkel des Stabes 1 infolge $M^B = 1$,

α_1^a, β_1^a: Drehwinkel des Stabes 1 infolge $M^A = 1$ und $M^B = 1$.

b) Am elastisch eingespannten Balken:

τ_1^A: Drehwinkel des Stabes *1* in A infolge
$M^A = 1$,

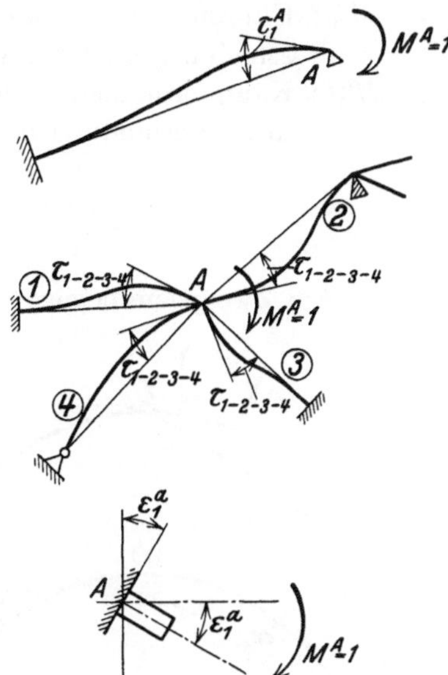

$\tau_{1-2-3-4}^A$:   Gemeinsamer Drehwinkel der Stäbe
1, 2, 3 und *4* in A infolge $M^A = 1$.

c) Am Widerlager:

ε_1^a: Drehwinkel des Widerlagers (oft Knotenpunkt) von Stab *1* auf Seite des
Festpunktsabstandes a infolge $M^A = 1$.

4. Verteilungsmaß.

μ_{1-n}^A: Verteilungsmaß des Momentenüberganges in Knotenpunkt A „von Stab *1*
nach Stab n".

B. Bogenförmiger Stab.

1. Kräfte.

a) Bogenschübe am Zweigelenkbogen:

$\mathfrak{H}$: infolge äußerer Lasten und Temperatureinwirkung,

$B_{(M^a=1)}$: infolge $M^a = 1$,

    B: infolge $M^a = 1$ und $M^b = 1$,

    $B_{\Delta'}$: infolge gegenseitiger Verschiebung Δ' der Kämpfer in Richtung ihrer
Verbindungslinie,

    $B_{\Delta''}$: infolge gegenseitiger Verschiebung Δ'' der Kämpfer normal zu ihrer
Verbindungslinie.

b) Bogenschübe am elastisch eingespannten bogenförmigen Stab:

    $H_{\Delta'}$: infolge gegenseitiger Verschiebung Δ' der Kämpfer in Richtung ihrer
Verbindungslinie,

    $H_{\Delta''}$: infolge gegenseitiger Verschiebung Δ'' der Kämpfer normal zu ihrer
Verbindungslinie,

    H_{zus}: infolge der Verschiebungskräfte,

    H: Totaler Bogenschub.

2. Momente.

$M^a_{\Delta'}$: Kämpfermoment auf Seite des Festpunktsabstandes a infolge Verschiebung Δ' der Kämpfer in Richtung ihrer Verbindungslinie,

$M^a_{\Delta''}$: Kämpfermoment infolge Verschiebung Δ'' der Kämpfer normal zu ihrer Verbindungslinie.

3. Drehwinkel.

a) Am Zweigelenkbogen:

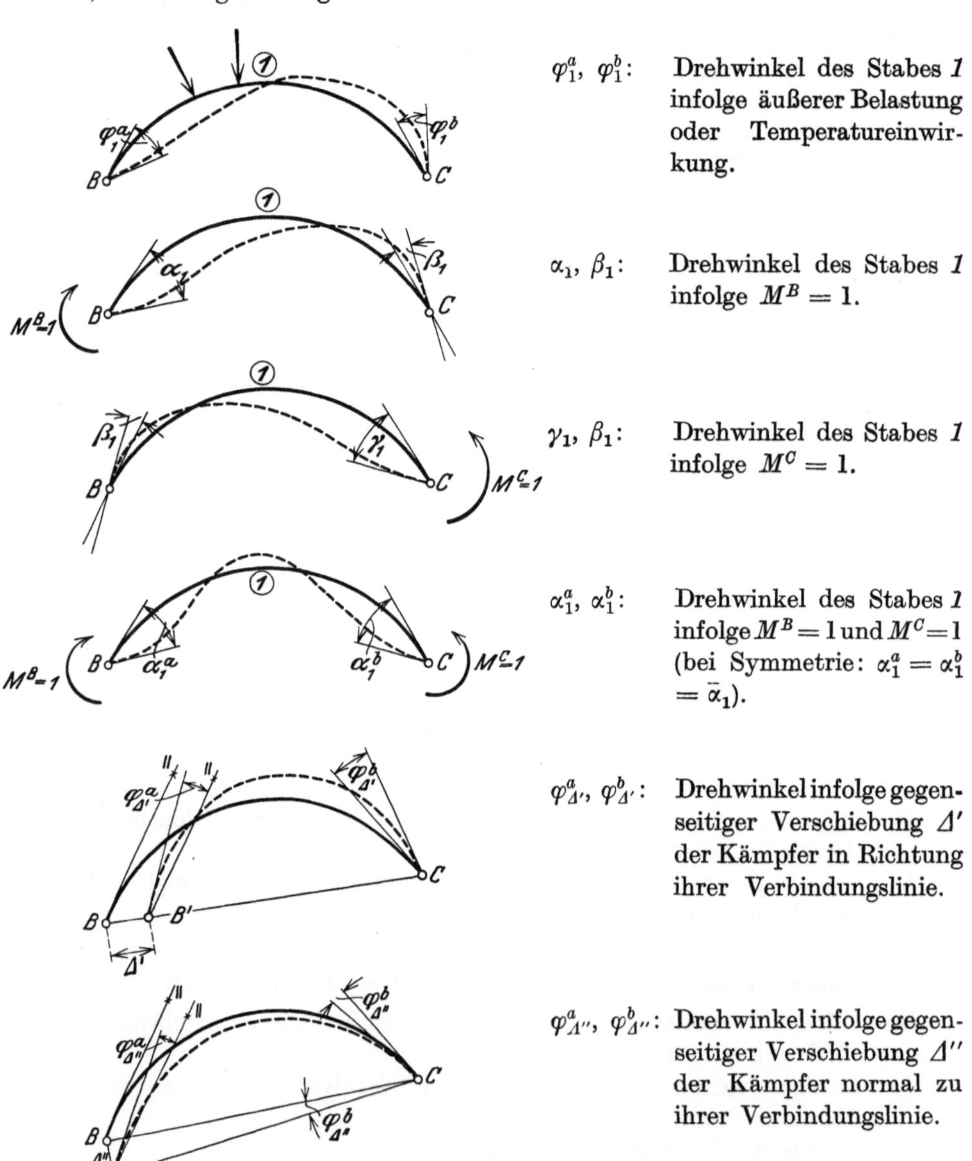

$\varphi^a_1,\ \varphi^b_1$: Drehwinkel des Stabes *1* infolge äußerer Belastung oder Temperatureinwirkung.

$\alpha_1,\ \beta_1$: Drehwinkel des Stabes *1* infolge $M^B = 1$.

$\gamma_1,\ \beta_1$: Drehwinkel des Stabes *1* infolge $M^C = 1$.

$\alpha^a_1,\ \alpha^b_1$: Drehwinkel des Stabes *1* infolge $M^B = 1$ und $M^C = 1$ (bei Symmetrie: $\alpha^a_1 = \alpha^b_1 = \bar{\alpha}_1$).

$\varphi^a_{\Delta'},\ \varphi^b_{\Delta'}$: Drehwinkel infolge gegenseitiger Verschiebung Δ' der Kämpfer in Richtung ihrer Verbindungslinie.

$\varphi^a_{\Delta''},\ \varphi^b_{\Delta''}$: Drehwinkel infolge gegenseitiger Verschiebung Δ'' der Kämpfer normal zu ihrer Verbindungslinie.

b) Am elastisch eingespannten Bogen:

τ_n^A: Drehwinkel des Stabes n im Knotenpunkt A infolge $M^A = 1$.

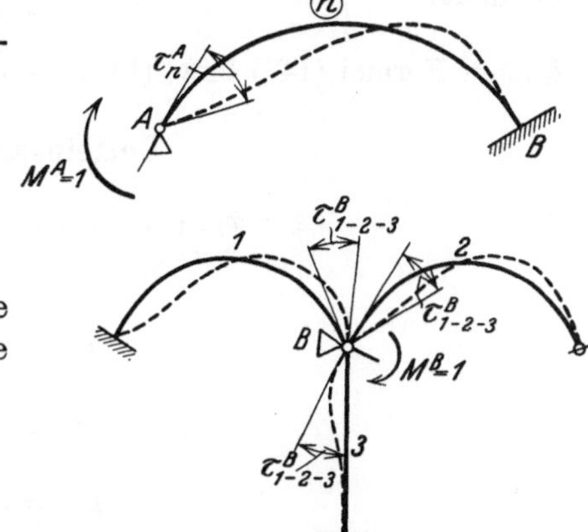

τ^B_{1-2-3}: Gemeinsamer Drehwinkel der Stäbe 1, 2, 3 im Knotenpunkt B infolge $M^B = 1$.

II. Zusammenstellung der im ersten und zweiten Teil abgeleiteten Hauptformeln.

Rechnungsabschnitt I.

A. Geradliniger Stab.

Festpunktabstände (positiv):

$$a = \frac{l \cdot \beta}{\alpha^a + \varepsilon^a}, \tag{7}$$

$$b = \frac{l \cdot \beta}{\alpha^b + \varepsilon^b}, \tag{8}$$

bei konstantem Trägheitsmoment auf die ganze Stablänge:

$$a = \frac{l}{3 + \dfrac{\varepsilon^a}{\beta}}, \tag{7a}$$

$$b = \frac{l}{3 + \dfrac{\varepsilon^b}{\beta}}, \tag{8a}$$

bei voller Einspannung am einen Stabende, konstantem Trägheitsmoment und unter Berücksichtigung der starren Strecke f (Säulenkopf)

$$a = \frac{l'}{3} \frac{l + 2f}{l' + 2f}, \tag{146}$$

$$b = \frac{l'^2 (l + 2f)}{3 l'^2 + 3 l E J \cdot \varepsilon^b}, \tag{147}$$

bei voller Einspannung am einen Stabende und konstant. Trägheitsmoment auf die ganze Stablänge ($f = 0$)

$$a = \frac{l}{3}, \tag{146a}$$

$$b = \frac{l^2}{3 l + 6 E J \cdot \varepsilon^b}, \tag{147a}$$

bei gelenkartiger Lagerung am einen Stabende und konstantem Trägheitsmoment:

$$a = 0,$$

b nach Formel (147) bzw. (147a) wobei ε^b jedoch einen anderen Wert besitzt.

Gemeinsamer Drehwinkel:

$$\varepsilon = \tau_{1-2-3-\cdots-n} = \cfrac{1}{\dfrac{1}{\tau_1} + \dfrac{1}{\tau_2} + \dfrac{1}{\tau_3} + \cdots + \dfrac{1}{\tau_n}}, \tag{18}$$

$$\tau_{2-3} = \frac{\tau_2 \cdot \tau_3}{\tau_2 + \tau_3}. \tag{36}$$

Verteilungsmaß:

$$\mu_{1-n} = \frac{\tau_{2-3-4-\cdots-n}}{\tau_n}, \tag{26a}$$

$$\mu_{1-2} = \frac{\tau_3}{\tau_2 + \tau_3} \text{ (bei 3 Stäben } 1, 2, 3). \tag{37}$$

Einfacher Drehwinkel:

$$\tau^A = \alpha^a - \frac{l}{l-b} \cdot \beta, \tag{42}$$

$$\tau^B = \alpha^b - \frac{l}{l-a} \cdot \beta; \tag{43}$$

bei elastischer Einspannung am anderen Stabende und konstantem Trägheitsmoment auf die ganze Stablänge:

$$\tau^A = \beta \left(3 - \frac{l}{l-b}\right), \tag{42a}$$

$$\tau^B = \beta \left(3 - \frac{l}{l-a}\right); \tag{43a}$$

bei voller Einspannung am anderen Stabende und konstantem Trägheitsmoment:

$$\tau = \tfrac{3}{2}\beta; \tag{42b}$$

bei gelenkiger Lagerung am anderen Stabende und konstantem Trägheitsmoment:

$$\tau = 2 \cdot \beta; \tag{43b}$$

bei voller Einspannung am anderen Stabende, konstantem Trägheitsmoment und Berücksichtigung der starren Strecke f (Säule):

$$E \cdot \tau = \frac{l'^2(2\,l' - 3\,a)}{6\,l\,(l-a) \cdot J}; \tag{138}$$

bei voller Einspannung am anderen Stabende und konstantem Trägheitsmoment auf die ganze Stablänge $(f = 0)$

$$E \cdot \tau = \frac{l}{4\,J}; \tag{138a}$$

bei gelenkartiger Lagerung am anderen Stabende, konstantem Trägheitsmoment und Berücksichtigung der starren Strecke f:

$$E \cdot \tau = \frac{l'^3}{3\,l^2 \cdot J}; \tag{139}$$

bei gelenkartiger Lagerung am anderen Stabende und konstantem Trägheitsmoment auf die ganze Stablänge ($f = 0$):

$$E \cdot \tau = \frac{l}{3J} \, . \tag{139a}$$

Drehwinkel α^a und α^b:

$$E \cdot \alpha^a = \frac{1}{l} \cdot \sum_0^l w \cdot z' \, , \qquad w = \frac{\Delta s}{J} \, , \tag{199}$$

$$E \cdot \alpha^b = \frac{1}{l} \cdot \sum_0^l w \cdot z \, ; \tag{200}$$

bei symmetrischem Stab:

$$\alpha^a = \alpha^b = \bar{\alpha} = 3\,\beta \, ; \tag{207a}$$

bei konstantem Trägheitsmoment, jedoch mit starrer Strecke f an einem Stabende:

$$E \cdot \alpha^a = \frac{l'(l' + 2f)}{2\,l \cdot J} \, , \tag{202}$$

$$E \cdot \alpha^b = \frac{l'^2}{2\,l \cdot J} \, ; \tag{203}$$

bei konstantem Trägheitsmoment auf die ganze Stablänge:

$$E \cdot \alpha^a = E \cdot \alpha^b = E \cdot \bar{\alpha} = \frac{l}{2J} \, , \tag{204}$$

$$\alpha^a = \alpha^b = \bar{\alpha} = 3\,\beta \, . \tag{207a}$$

Drehwinkel β:

$$E \cdot \beta = \frac{1}{l^2} \cdot \sum_0^l w \cdot z \cdot z' \, ; \tag{205}$$

bei konstantem Trägheitsmoment, jedoch mit starrer Strecke f an einem Stabende:

$$E \cdot \beta = \frac{l'^2 (l + 2f)}{6\,l^2 \cdot J} \, ; \tag{206}$$

bei konstantem Trägheitsmoment auf die ganze Stablänge:

$$E \cdot \beta = \frac{l}{6J} \, , \tag{207}$$

$$\beta = \frac{\alpha^a}{3} = \frac{\alpha^b}{3} = \frac{\bar{\alpha}}{3} \, . \tag{207a}$$

Für den Balken mit geraden und parabolischen Vouten sind im Abschnitt III dieses Anhanges Tabellen über die Drehwinkel α^a, α^b und β enthalten.

Drehwinkel α^{a0} und α^{b0}:

$$\alpha^{a0} = \sum P \cdot \delta^a \, , \tag{244}$$

$$\alpha^{b0} = \sum P \cdot \delta^b \, . \tag{245}$$

Stützenmomente,

konstruiert mit Hilfe der

Kreuzlinienabschnitte:

$$k^a = -\frac{\alpha^{b\,0}}{\beta} = -\frac{\sum P \cdot \delta^b}{\beta}, \qquad (223)$$

$$k^b = -\frac{\alpha^{a\,0}}{\beta} = -\frac{\sum P \cdot \delta^a}{\beta}. \qquad (224)$$

Schlußliniensenkungen:

$$S^a = \frac{a}{l} \cdot k^b, \qquad (225)$$

$$S^b = \frac{b}{l} \cdot k^a. \qquad (226)$$

Für die am häufigsten vorkommenden Belastungsfälle sind die Werte der Kreuzlinienabschnitte für den Balken mit konstantem Trägheitsmoment auf Seite 97 ff. zu finden Für den Balken mit geraden und parabolischen Vouten sind im Abschnitt III dieses Anhanges die Ordinaten der Einflußlinien der Kreuzlinienabschnitte k^a und k^b enthalten.

Die Momente am belasteten Stab werden erhalten als Momente am einfachen Balken, belastet durch die (bei Belastung mehrerer Öffnungen, totalen) Stützenmomente und die äußeren Lasten, d. h. es ist

$$M_x = M_0 + M^a \cdot \frac{l-x}{l} + M^b \cdot \frac{x}{l}. \qquad (1)$$

B. Bogenförmiger Stab.

Festpunktabstände (negativ):

$$a = \frac{l \cdot \beta}{\alpha^a + \varepsilon^a}, \qquad (330)$$

$$b = \frac{l \cdot \beta}{\alpha^b + \varepsilon^b}. \qquad (330\,\text{a})$$

Gemeinsamer Drehwinkel:

$$\varepsilon = \tau_{1-2-3-\cdots-n} = \frac{1}{\dfrac{1}{\tau_1} + \dfrac{1}{\tau_2} + \dfrac{1}{\tau_3} + \cdots + \dfrac{1}{\tau_n}}, \qquad (422)$$

$$\tau_{1-5} = \frac{\tau_1 + \tau_5}{\tau_1 \cdot \tau_5}. \qquad (424)$$

Verteilungsmaß:

$$\mu_{1-n} = \frac{\tau_{2-3-4-\cdots-5}}{\tau_n}, \qquad (425)$$

$$\mu_{1-2} = \frac{\tau_3}{\tau_2 + \tau_3} \ \text{(bei 3 Stäben } 1, 2, 3). \qquad (429)$$

Einfacher Drehwinkel:

$$\tau^A = \alpha^a - \frac{l}{l-b} \cdot \beta, \tag{441}$$

$$\tau^B = \alpha^b - \frac{l}{l-a} \cdot \beta. \tag{442}$$

Drehwinkel α^a und α^b

(ohne Berücksichtigung des Einflusses der Normalkräfte):

$$E \cdot \alpha^a = \frac{1}{l} \cdot \sum_0^l (l-x)\,w - \frac{1}{l} \cdot B \cdot \sum_0^l (l-x)\,y \cdot w, \tag{403}$$

$$E \cdot \alpha^b = \frac{1}{l} \cdot \sum_0^l x \cdot w - \frac{1}{l} \cdot B \cdot \sum_0^l x \cdot y \cdot w; \tag{404}$$

bei symmetrischem Stab (der Einfluß der Normalkräfte fällt weg):

$$E \cdot \alpha^a = E \cdot \alpha^b = E \cdot \bar{\alpha} = \sum_0^{l/2} w - B \cdot \sum_0^{l/2} y \cdot w. \tag{418}$$

Drehwinkel β

(ohne Berücksichtigung des Einflusses der Normalkräfte):

$$E \cdot \beta = \frac{1}{l^2} \cdot \sum_0^l x\,(l-x)\,w - \frac{1}{l} \cdot B_{(M^a = 1)} \cdot \sum_0^l x \cdot y \cdot w; \tag{399}$$

bei symmetrischem Stab (ohne Berücksichtigung des Einflusses der Normalkräfte):

$$E \cdot \beta = \frac{2}{l^2} \cdot \sum_0^{l/2} x\,(l-x)\,w - \frac{B}{2} \cdot \sum_0^{l/2} y \cdot w. \tag{417}$$

Drehwinkel φ^a und φ^b

(ohne Berücksichtigung des Einflusses der Normalkräfte):

$$E \cdot \varphi^a = \frac{1}{l} \cdot \sum_0^l M_0\,(l-x)\,w - \frac{1}{l} \cdot \mathfrak{H} \cdot \sum_0^l y \cdot (l-x)\,w, \tag{410}$$

$$E \cdot \varphi^b = \frac{1}{l} \cdot \sum_0^l M_0 \cdot x \cdot w - \frac{1}{l} \cdot \mathfrak{H} \cdot \sum_0^l x \cdot y \cdot w; \tag{411}$$

bei symmetrischem Stab (der Einfluß der Normalkräfte fällt weg):

$$E \cdot \varphi^a = \frac{1}{l} \cdot \sum_0^l M_0\,(l-x)\,w - \frac{\mathfrak{H}}{2} \cdot \sum_0^l y \cdot w, \tag{420}$$

$$E \cdot \varphi^b = \frac{1}{l} \cdot \sum_0^l M_0 \cdot x \cdot w - \frac{\mathfrak{H}}{2} \cdot \sum_0^l y \cdot w. \tag{421}$$

Bogenschub $B_{(M^a=1)}$

(ohne Berücksichtigung des Einflusses der Normalkräfte):

$$B_{(M^a=1)} = \frac{1}{l} \cdot \frac{\sum\limits_0^l y\,(l-x)\cdot w}{\sum\limits_0^l y^2 \cdot w}\,. \qquad (370)$$

Bogenschub $B_{(M^b=1)}$

(ohne Berücksichtigung des Einflusses der Normalkräfte):

$$B_{(M^b=1)} = \frac{1}{l} \cdot \frac{\sum\limits_0^l x\cdot y \cdot w}{\sum\limits_0^l y^2 \cdot w}\,; \qquad (371)$$

bei **symmetrischem Stab** (ohne Berücksichtigung des Einflusses der Normalkräfte):

$$B_{(M^a=1)} = B_{(M^b=1)} = \frac{1}{2} \cdot \frac{\sum\limits_0^{l/2} y \cdot w}{\sum\limits_0^{l/2} y^2 \cdot w} = \frac{1}{2}\,B. \qquad (412)$$

Bogenschub B

(ohne Berücksichtigung des Einflusses der Normalkräfte):

$$B = \frac{\sum\limits_0^l y \cdot w}{\sum\limits_0^l y^2 \cdot w}\,; \qquad (380)$$

bei **symmetrischem Stab** dasselbe.

Bogenschub $\mathfrak{H}$

infolge äußerer Belastung (ohne Berücksichtigung des Einflusses der Normalkräfte):

$$\mathfrak{H} = \frac{\sum\limits_0^l M_0 \cdot y \cdot w}{\sum\limits_0^l y^2 \cdot w}\,; \qquad (394)$$

bei **symmetrischem Stab** dasselbe. $\qquad (415)$

Für **symmetrische Parabelbögen**, deren Stärke vom Scheitel zum Kämpfer gesetzmäßig zunimmt, sind die Drehwinkel $\bar{\alpha}$ und β sowie der Bogenschub B und die Ordinaten der Einflußlinie des Bogenschubes $\mathfrak{H}$ im Abschnitt III dieses Anhanges angegeben.

Bogenschub $\mathfrak{H}^t$

infolge gleichmäßiger Temperaturerhöhung (ohne Berücksichtigung des Einflusses der Normalkräfte):

$$\mathfrak{H}^t = \frac{E \cdot \varepsilon \cdot t \cdot l}{\sum\limits_0^l y^2 \cdot w}\,; \qquad (395)$$

bei **symmetrischem Stab** dasselbe. $\qquad (416)$

Kämpfermomente

konstruiert mit Hilfe der

Kreuzlinienabschnitte:

$$k^a = -\frac{\varphi^b}{\beta} = -\frac{\Sigma P \cdot \delta^b}{\beta}, \tag{339}$$

$$k^b = -\frac{\varphi^a}{\beta} = -\frac{\Sigma P \cdot \delta^a}{\beta}. \tag{340}$$

Schlußliniensenkungen:

$$S^a = \frac{a}{l} \cdot k^b, \tag{341}$$

$$S^b = \frac{b}{l} \cdot k^a; \tag{342}$$

oder berechnet nach folgenden Gleichungen:

$$M^a = \frac{k^b (l-b) - k^a \cdot b}{l (l-a-b)} \cdot a, \tag{336}$$

$$M^b = \frac{k^a (l-a) - k^b \cdot a}{l (l-a-b)} \cdot b. \tag{337}$$

Für symmetrische Parabelbögen, deren Stärke vom Scheitel zum Kämpfer gesetzmäßig zunimmt, sind im Abschnitt III dieses Anhanges die Ordinaten der Einflußlinien für die Kreuzlinienabschnitte k^a und k^b angegeben.

Die Momente am belasteten Stab werden erhalten als Momente am Zweigelenkbogen, belastet mit den äußeren Lasten und den beiden (bei Belastung mehrerer Stäbe, totalen) Kämpfermomenten, d. h. es ist am Bogen mit gleich hoch liegenden Kämpfern und senkrechter Belastung

$$M_x = M_o + M^a \cdot \frac{l-x}{l} + M^b \cdot \frac{x}{l} - H \cdot y. \tag{455}$$

Gesamtbogenschub H

am belasteten Bogen:

$$H = \mathfrak{H} + M^a \cdot B_{(M^a=1)} + M^b \cdot B_{(M^b=1)}, \tag{443}$$

bei Symmetrie:

$$H = \mathfrak{H} + \tfrac{1}{2} B (M^a + M^b). \tag{444}$$

Wirkt an Stelle einer äußeren Belastung eine gleichmäßige Temperaturänderung, so ist in den Gl. (443) und (444) an Stelle von $\mathfrak{H}$ der Wert $\mathfrak{H}^t$ einzusetzen. Am unbelasteten Bogen ($\mathfrak{H} = 0$) ist:

$$H = M^a \cdot B_{(M^a=1)} + M^b \cdot B_{(M^b=1)}, \tag{450}$$

bei Symmetrie:

$$H = \tfrac{1}{2} B (M^a + M^b). \tag{451}$$

Stützlinie als Probe.

Rechnungsabschnitt II.

A. Geradliniger Stab.

Momente M'.

Die Stützenmomente infolge der „gegenseitigen rechtwinkligen Verschiebung ϱ" der beiden Stabenden sind:

$$M^a = \frac{\varrho}{l \cdot \beta\,(l - a - b)} \cdot a = k \cdot a\,, \qquad (515)$$

$$M^b = \frac{\varrho}{l \cdot \beta\,(l - a - b)} \cdot b = k \cdot b\,. \qquad (520)$$

Die Momente am Stab selbst werden durch geradlinige Verbindung von M^a und M^b erhalten.

Abstand des Momentennullpunktes

$$\text{vom Stabende mit } a: \quad z^a = \frac{a \cdot l}{a + b}\,, \qquad (522\,\mathrm{a})$$

$$\text{,,} \qquad \text{,,} \qquad \text{,,} \quad b: \quad z^b = \frac{b \cdot l}{a + b}\,. \qquad (522\,\mathrm{b})$$

Momente M^*

am einstöckigen Rahmen:

$$M^* = \frac{M'}{Z}\,. \qquad (529)$$

Für den symmetrischen eingespannten Rahmen, den Zweigelenk-rahmen und den geschlossenen Rahmen sind die Momente M^* auf Seite 304 und 305 zu finden;
am zweistöckigen Rahmen:

$$M_I^* = \frac{Z_{II} \cdot M_I' - D_{II(\Delta I)} \cdot M_{II}'}{Z_I \cdot Z_{II} - D_{I(\Delta II)} \cdot D_{II(\Delta I)}}\,; \qquad (544)$$

$$M_{II}^* = \frac{Z_I \cdot M_{II}' - D_{I(\Delta II)} \cdot M_I'}{Z_I \cdot Z_{II} - D_{I(\Delta II)} \cdot D_{(II\Delta I)}}\,; \qquad (545)$$

am n-stöckigen Rahmen:

$$\left.\begin{aligned}
M_I^* &= X_{I(I)} \cdot M_I' + X_{II(I)} \cdot M_{II}' + \cdots + X_{n(I)} \cdot M_n'\,, \\
M_{II}^* &= X_{I(II)} \cdot M_I' + X_{II(II)} \cdot M_{II}' + \cdots + X_{n(II)} \cdot M_n'\,, \\
&\;\cdots \cdots \cdots \cdots \cdots \cdots \cdots \cdots \cdots \cdots \cdots \cdots \\
&\;\cdots \cdots \cdots \cdots \cdots \cdots \cdots \cdots \cdots \cdots \cdots \cdots \\
M_n^* &= X_{I(n)} \cdot M_I' + X_{II(n)} \cdot M_{II}' + \cdots + X_{n(n)} \cdot M_n'\,.
\end{aligned}\right\} \qquad (546)$$

Zusatzmomente

am einstöckigen Rahmen:

$$M_{zus} = V \cdot M^*\,; \qquad (529\,\mathrm{a})$$

am n-stöckigen Rahmen:

$$M_{zus} = V_I \cdot M_I^* + V_{II} \cdot M_{II}^* + \cdots + V_n \cdot M_n^*\,. \qquad (537)$$

B. Bogenförmiger Stab.
Momente M'.

a) Kämpfermomente infolge der Verschiebung Δ' der Kämpfer in Richtung ihrer Verbindungslinie (ohne Berücksichtigung des Einflusses der Normalkräfte) (β, a und b mit Vorzeichen eingesetzt):

$$M_{\Delta'}^{a} = \frac{(B_{(M^a=1)} \cdot l - B \cdot b) \cdot \Delta'}{l \cdot \beta\,(l - a - b)} \cdot a\,, \tag{590a}$$

$$M_{\Delta'}^{b} = \frac{(B_{(M^b=1)} \cdot l - B \cdot a) \cdot \Delta'}{l \cdot \beta\,(l - a - b)} \cdot b\,; \tag{591a}$$

am symmetrischen Bogen (ohne Berücksichtigung des Einflusses der Normalkräfte):

$$M_{\Delta'}^{a} = \frac{B\left(\dfrac{l}{2} - b\right) \cdot \Delta'}{l \cdot \beta\,(l - a - b)} \cdot a\,, \tag{592a}$$

$$M_{\Delta'}^{b} = \frac{B\left(\dfrac{l}{2} - a\right) \cdot \Delta'}{l \cdot \beta\,(l - a - b)} \cdot b\,. \tag{593a}$$

Bogenschub $B_{\Delta'}$:
(ohne Berücksichtigung des Einflusses der Normalkräfte):

$$B_{\Delta'} = \frac{E \cdot \Delta'}{\sum\limits_{0}^{l} y^2 \cdot w} \tag{586}$$

(Δ' bei Zusammendrücken des Bogens positiv); bei Symmetrie dasselbe.

Momente am Stab,
dessen Kämpfer in Richtung ihrer Verbindungsgeraden verschoben wurden:

$$M_x = M_{\Delta'}^{a} \cdot \frac{l - x}{l} + M_{\Delta'}^{b} \cdot \frac{x}{l} - H_{\Delta'} \cdot y\,. \tag{598}$$

Gesamtbogenschub $H_{\Delta'}$
infolge obiger Kämpferverschiebung:

$$H_{\Delta'} = B_{\Delta'} + M_{\Delta'}^{a} \cdot B_{(M^a=1)} + M_{\Delta'}^{b} \cdot B_{(M^b=1)}\,, \tag{594}$$

bei Symmetrie:

$$H_{\Delta'} = B_{\Delta'} = \tfrac{1}{2} B\,(M_{\Delta'}^{a} + M_{\Delta'}^{b})\,. \tag{595}$$

b) Kämpfermomente infolge der Verschiebung Δ'' der Kämpfer normal zu ihrer Verbindungslinie:

$$M_{\Delta''}^{a} = \frac{\Delta''}{l \cdot \beta\,(l - a - b)} \cdot a\,, \tag{600}$$

$$M_{\Delta''}^{b} = \frac{\Delta''}{l \cdot \beta\,(l - a - b)} \cdot b\,. \tag{601}$$

Momente am Stab,
dessen Kämpfer normal zu ihrer Verbindungsgeraden verschoben wurden:

$$M_x = M_{\Delta''}^{a} \cdot \frac{l - x}{l} + M_{\Delta''}^{b} \cdot \frac{x}{l} - H_{\Delta''} \cdot y\,. \tag{604}$$

$$\text{Gesamtbogenschub } H_{\varDelta''}$$

infolge obiger Kämpferverschiebung:

$$H_{\varDelta''} = M^a_{\varDelta''} \cdot B_{(M^a=1)} + M^b_{\varDelta''} \cdot B_{(M^b=1)}, \tag{602}$$

bei Symmetrie:

$$H_{\varDelta''} = \tfrac{1}{2}\, B\,(M^a_{\varDelta''} + M^b_{\varDelta''}). \tag{602a}$$

c) Kämpfermomente infolge gleichmäßiger Temperaturzunahme (ohne Berücksichtigung des Einflusses der Normalkräfte) am symmetrischen Bogen:

$$M^a_t = \mathfrak{H}_t \cdot \frac{\sum\limits_0^l y \cdot w}{E} \cdot \frac{\left(\dfrac{l}{2} - b\right)}{l \cdot \beta\,(l - a - b)} \cdot a .$$

Momente M^*

werden am Rahmen mit bogenförmigen Stäben genau wie am („nach der Seite") mehrstöckigen Rahmen erhalten. Die zu den Momenten M^* gehörigen

Gesamtbogenschübe H^*

für jeden Bogen eines (n-stöckigen) Rahmens mit bogenförmigen Stäben ergeben sich aus:

$$\left.\begin{aligned}
H^*_I &= X_{I(I)} \cdot H_{\varDelta I} + X_{II(I)} \cdot H_{\varDelta II} + \cdots + X_{n(I)} \cdot H_{\varDelta n},\\
H^*_{II} &= X_{I(II)} \cdot H_{\varDelta I} + X_{II(II)} \cdot H_{\varDelta II} + \cdots + X_{n(II)} \cdot H_{\varDelta n},\\
&\cdots\cdots\cdots\cdots\cdots\cdots\cdots\cdots\cdots\cdots\cdots\cdots\cdots\cdots\\
&\cdots\cdots\cdots\cdots\cdots\cdots\cdots\cdots\cdots\cdots\cdots\cdots\cdots\cdots\\
H^*_n &= X_{I(n)} \cdot H_{\varDelta I} + X_{II(n)} \cdot H_{\varDelta II} + \cdots + X_{n(n)} \cdot H_{\varDelta n}.
\end{aligned}\right\} \tag{609}$$

Zusatzmomente

werden am Rahmen mit bogenförmigen Stäben genau wie am („nach der Seite") mehrstöckigen Rahmen erhalten zu:

$$M_{zus} = V_I \cdot M^*_I + V_{II} \cdot M^*_{II} + \cdots + V_n \cdot M^*_n . \tag{610}$$

Gesamtbogenschub H_{zus}

für jeden Bogen eines (n-stöckigen) Rahmens mit bogenförmigen Stäben:

$$H_{zus} = V_I \cdot H^*_I + V_{II} \cdot H^*_{II} + \cdots + V_n \cdot H^*_n . \tag{611}$$

III. Tabellen zur raschen Ermittlung der Festpunkte und Kreuzlinienabschnitte.

1. Balken mit beidseitig gleicher gerader Voute.

Drehwinkel $\overline{\alpha}$ und β.

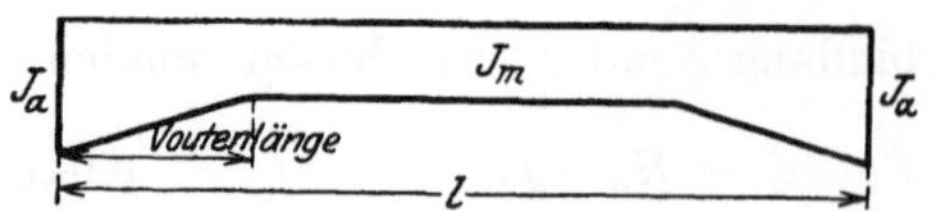

$$E \cdot \overline{\alpha} = \frac{l}{2\,J_m} \cdot c_1 \quad (c_1 = \text{obere Zahl})$$

$$E \cdot \beta = \frac{l}{6\,J_m} \cdot c_2 \quad (c_2 = \text{untere Zahl})$$

Vouten-länge	Werte von $n = \dfrac{J_m}{J_a}$												
	0,020	0,030	0,040	0,050	0,060	0,080	0,100	0,125	0,150	0,200	0,250	0,350	0,500
$\dfrac{l}{2}$	0,172 0,234	0,204 0,271	0,229 0,302	0,250 0,327	0,271 0,349	0,307 0,389	0,339 0,423	0,375 0,460	0,407 0,492	0,462 0,545	0,512 0,593	0,596 0,668	0,705 0,760
$\dfrac{l}{3}$	0,448 0,610	0,468 0,631	0,485 0,647	0,500 0,660	0,513 0,672	0,538 0,692	0,559 0,710	0,583 0,729	0,602 0,743	0,639 0,770	0,673 0,797	0,728 0,835	0,803 0,881
$\dfrac{l}{4}$	0,585 0,767	0,601 0,779	0,614 0,789	0,625 0,797	0,635 0,804	0,653 0,817	0,669 0,827	0,688 0,839	0,701 0,847	0,729 0,864	0,756 0,879	0,797 0,901	0,850 0,931
$\dfrac{l}{5}$	0,668 0,846	0,680 0,853	0,691 0,860	0,700 0,866	0,708 0,870	0,722 0,878	0,734 0,885	0,750 0,894	0,761 0,900	0,784 0,910	0,804 0,921	0,838 0,935	0,881 0,954
$\dfrac{l}{6}$	0,725 0,891	0,734 0,896	0,742 0,900	0,750 0,904	0,756 0,908	0,769 0,914	0,779 0,919	0,792 0,925	0,801 0,929	0,820 0,937	0,837 0,944	0,864 0,954	0,901 0,968

Ordinaten der Einflußlinien für die Kreuzlinienabschnitte k^a und k^b.

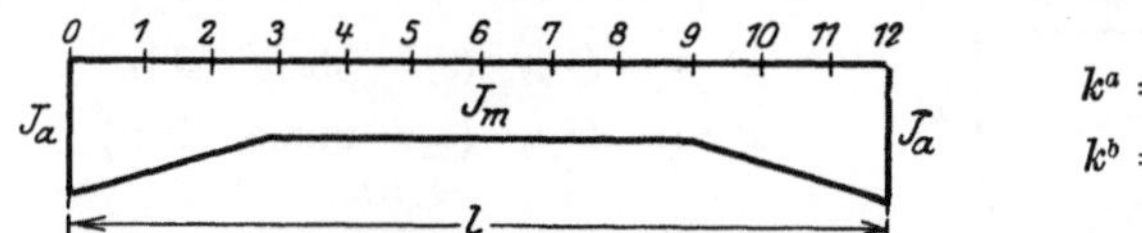

$$k^a = -\,l \cdot c_1 \quad (c_1 = \text{obere Zahl})$$

$$k^b = -\,l \cdot c_2 \quad (c_2 = \text{untere Zahl})$$

Vouten-länge	$n = \dfrac{J_m}{J_a}$	Last $P = 1$ in										
		1	2	3	4	5	6	7	8	9	10	11
—	1,0	0,083 0,146	0,162 0,255	0,234 0,328	0,296 0,370	0,344 0,385	0,375 0,375	0,385 0,344	0,370 0,296	0,328 0,234	0,255 0,162	0,146 0,083
	0,20	0,083 0,117	0,165 0,220	0,242 0,304	0,313 0,365	0,369 0,401	0,402 0,402	0,401 0,369	0,365 0,313	0,304 0,242	0,220 0,165	0,117 0,083
$\dfrac{l}{2}$	0,10	0,083 0,110	0,166 0,212	0,244 0,298	0,318 0,364	0,375 0,405	0,408 0,408	0,405 0,375	0,364 0,318	0,298 0,244	0,212 0,166	0,110 0,083
	0,05	0,084 0,106	0,166 0,206	0,246 0,294	0,319 0,364	0,379 0,407	0,412 0,412	0,407 0,379	0,364 0,319	0,294 0,246	0,206 0,166	0,106 0,084
	0,20	0,083 0,117	0,165 0,223	0,243 0,310	0,312 0,370	0,364 0,398	0,395 0,395	0,398 0,364	0,370 0,312	0,310 0,243	0,223 0,165	0,117 0,083
$\dfrac{l}{3}$	0,10	0,083 0,112	0,166 0,218	0,244 0,307	0,315 0,370	0,368 0,401	0,398 0,398	0,401 0,368	0,370 0,315	0,307 0,244	0,218 0,166	0,112 0,083
	0,05	0,084 0,110	0,166 0,215	0,245 0,305	0,316 0,370	0,370 0,402	0,400 0,400	0,402 0,370	0,370 0,316	0,305 0,245	0,215 0,166	0,110 0,084
	0,20	0,083 0,122	0,165 0,232	0,242 0,318	0,308 0,372	0,358 0,394	0,388 0,388	0,394 0,358	0,372 0,308	0,318 0,242	0,232 0,165	0,122 0,083
$\dfrac{l}{4}$	0,10	0,083 0,118	0,165 0,229	0,243 0,317	0,309 0,372	0,360 0,395	0,390 0,390	0,395 0,360	0,372 0,309	0,317 0,243	0,229 0,165	0,118 0,083
	0,05	0,084 0,117	0,166 0,227	0,243 0,316	0,310 0,372	0,361 0,398	0,391 0,391	0,398 0,361	0,372 0,310	0,316 0,243	0,227 0,166	0,117 0,084
	0,20	0,083 0,126	0,165 0,239	0,240 0,322	0,304 0,372	0,354 0,391	0,384 0,384	0,391 0,354	0,372 0,304	0,322 0,240	0,239 0,165	0,126 0,083
$\dfrac{l}{5}$	0,10	0,083 0,124	0,165 0,237	0,241 0,321	0,306 0,372	0,355 0,392	0,385 0,385	0,392 0,355	0,372 0,306	0,321 0,241	0,237 0,165	0,124 0,083
	0,05	0,084 0,123	0,165 0,236	0,241 0,321	0,306 0,372	0,356 0,393	0,386 0,386	0,393 0,356	0,372 0,306	0,321 0,241	0,236 0,165	0,123 0,084
	0,20	0,083 0,130	0,164 0,244	0,239 0,324	0,302 0,371	0,351 0,390	0,382 0,382	0,390 0,351	0,371 0,302	0,324 0,239	0,244 0,164	0,130 0,083
$\dfrac{l}{6}$	0,10	0,083 0,128	0,165 0,243	0,239 0,324	0,303 0,371	0,352 0,391	0,382 0,382	0,391 0,352	0,371 0,303	0,324 0,239	0,243 0,165	0,128 0,083
	0,05	0,084 0,127	0,165 0,242	0,240 0,323	0,304 0,372	0,352 0,391	0,383 0,383	0,391 0,352	0,372 0,304	0,323 0,240	0,242 0,165	0,127 0,084

2. Balken mit beidseitig gleicher parabolischer Voute.

Drehwinkel $\bar{\alpha}$ und β.

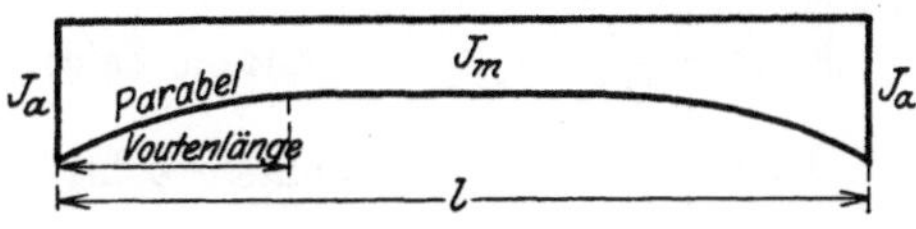

$$E \cdot \bar{\alpha} = \frac{l}{2\,J_m} \cdot c_1 \quad (c_1 = \text{obere Zahl})$$

$$E \cdot \beta = \frac{l}{6\,J_m} \cdot c_2 \quad (c_2 = \text{untere Zahl})$$

Vouten-länge	Werte von $n = \dfrac{J_m}{J_a}$												
	0,02	0,03	0,04	0,05	0,06	0,08	0,10	0,125	0,15	0,20	0,25	0,35	0,50
$\dfrac{l}{2}$	0,354 0,479	0,387 0,515	0,412 0,542	0,435 0,565	0,454 0,584	0,486 0,615	0,514 0,643	0,545 0,670	0,570 0,692	0,616 0,732	0,656 0,763	0,720 0,812	0,800 0,872
$\dfrac{l}{3}$	0,569 0,742	0,591 0,761	0,608 0,774	0,622 0,786	0,635 0,795	0,657 0,811	0,677 0,825	0,696 0,839	0,714 0,849	0,744 0,868	0,769 0,884	0,813 0,909	0,869 0,938
$\dfrac{l}{4}$	0,676 0,847	0,693 0,858	0,706 0,866	0,717 0,873	0,727 0,879	0,743 0,888	0,757 0,897	0,772 0,905	0,785 0,911	0,808 0,922	0,828 0,932	0,860 0,946	0,902 0,964
$\dfrac{l}{5}$	0,741 0,899	0,754 0,907	0,764 0,912	0,773 0,916	0,780 0,920	0,794 0,927	0,806 0,932	0,818 0,938	0,829 0,942	0,847 0,949	0,861 0,955	0,888 0,965	0,922 0,976
$\dfrac{l}{6}$	0,784 0,928	0,795 0,933	0,803 0,938	0,811 0,941	0,818 0,943	0,829 0,947	0,839 0,952	0,848 0,956	0,857 0,958	0,872 0,964	0,886 0,968	0,906 0,975	0,932 0,983

Ordinaten der Einflußlinien für die Kreuzlinienabschnitte k^a und k^b.

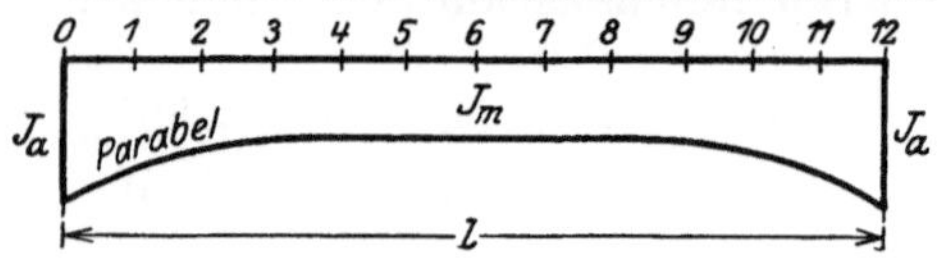

$$k^a = -\, l \cdot c_1 \quad (c_1 = \text{obere Zahl})$$

$$k^b = -\, l \cdot c_2 \quad (c_2 = \text{untere Zahl})$$

Vouten-länge	$n = \dfrac{J_m}{J_a}$	Last $P = 1$ in										
		1	2	3	4	5	6	7	8	9	10	11
—	1,0	0,083 0,146	0,162 0,255	0,234 0,328	0,296 0,370	0,344 0,385	0,375 0,375	0,385 0,344	0,370 0,296	0,328 0,234	0,255 0,162	0,146 0,083
$\dfrac{l}{2}$	0,20	0,083 0,123	0,164 0,230	0,241 0,312	0,308 0,368	0,361 0,396	0,393 0,393	0,396 0,361	0,368 0,308	0,312 0,241	0,230 0,164	0,123 0,083
	0,10	0,083 0,119	0,165 0,225	0,242 0,309	0,311 0,368	0,364 0,398	0,396 0,396	0,398 0,364	0,368 0,311	0,309 0,242	0,225 0,165	0,119 0,083
	0,05	0,083 0,117	0,165 0,223	0,243 0,308	0,312 0,368	0,366 0,399	0,398 0,398	0,399 0,366	0,368 0,312	0,308 0,243	0,223 0,165	0,117 0,083
$\dfrac{l}{3}$	0,20	0,083 0,125	0,164 0,234	0,240 0,317	0,307 0,371	0,358 0,394	0,388 0,388	0,394 0,358	0,371 0,307	0,317 0,240	0,234 0,164	0,125 0,083
	0,10	0,083 0,122	0,165 0,230	0,241 0,315	0,309 0,371	0,360 0,395	0,389 0,389	0,395 0,360	0,371 0,309	0,315 0,241	0,230 0,165	0,122 0,083
	0,05	0,083 0,120	0,165 0,229	0,242 0,314	0,309 0,371	0,361 0,396	0,391 0,391	0,396 0,361	0,371 0,309	0,314 0,242	0,229 0,165	0,120 0,083
$\dfrac{l}{4}$	0,20	0,083 0,129	0,164 0,240	0,239 0,322	0,304 0,371	0,353 0,391	0,384 0,384	0,391 0,353	0,371 0,304	0,322 0,239	0,240 0,164	0,129 0,083
	0,10	0,083 0,127	0,165 0,238	0,240 0,321	0,305 0,371	0,354 0,392	0,385 0,385	0,392 0,354	0,371 0,305	0,321 0,240	0,238 0,165	0,127 0,083
	0,05	0,083 0,126	0,165 0,237	0,240 0,321	0,305 0,372	0,355 0,392	0,385 0,385	0,392 0,355	0,372 0,305	0,321 0,240	0,237 0,165	0,126 0,083
$\dfrac{l}{5}$	0,20	0,083 0,132	0,164 0,245	0,238 0,324	0,302 0,371	0,350 0,389	0,381 0,381	0,389 0,350	0,371 0,302	0,324 0,238	0,245 0,164	0,132 0,083
	0,10	0,083 0,131	0,164 0,243	0,239 0,324	0,302 0,371	0,351 0,390	0,382 0,382	0,390 0,351	0,371 0,302	0,324 0,239	0,243 0,164	0,131 0,083
	0,05	0,083 0,130	0,164 0,243	0,239 0,324	0,303 0,371	0,352 0,390	0,382 0,382	0,390 0,352	0,371 0,303	0,324 0,239	0,243 0,164	0,130 0,083
$\dfrac{l}{6}$	0,20	0,083 0,135	0,164 0,248	0,237 0,325	0,300 0,371	0,349 0,388	0,379 0,379	0,388 0,349	0,371 0,300	0,325 0,237	0,248 0,164	0,135 0,083
	0,10	0,083 0,134	0,164 0,247	0,238 0,325	0,301 0,371	0,349 0,389	0,380 0,380	0,389 0,349	0,371 0,301	0,325 0,238	0,247 0,164	0,134 0,083
	0,05	0,083 0,133	0,164 0,246	0,238 0,325	0,301 0,371	0,350 0,389	0,380 0,380	0,389 0,350	0,371 0,301	0,325 0,238	0,246 0,164	0,133 0,083

3. Balken mit einseitiger gerader Voute.
Drehwinkel α^a, α^b und β.

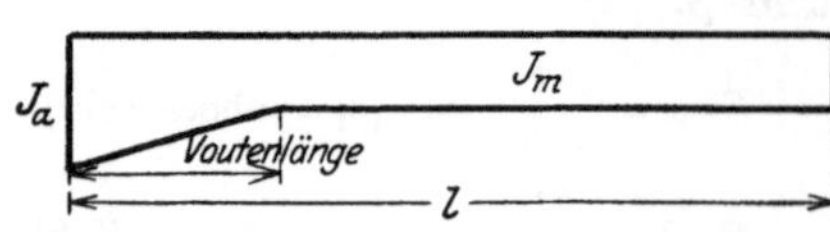

$$E \cdot \alpha^a = \frac{l}{2\,J_m} \cdot c_1 \quad (c_1 = \text{obere Zahl})$$

$$E \cdot \alpha^b = \frac{l}{2\,J_m} \cdot c_2 \quad (c_2 = \text{mittlere Zahl})$$

$$E \cdot \beta = \frac{l}{6\,J_m} \cdot c_3 \quad (c_3 = \text{untere Zahl})$$

Vouten-länge	Werte von $n = \dfrac{J_m}{J_a}$												
	0,02	0,03	0,04	0,05	0,06	0,08	0,10	0,125	0,15	0,20	0,25	0,35	0,50
l	0,074	0,097	0,117	0,136	0,154	0,185	0,215	0,249	0,282	0,342	0,395	0,492	0,625
	0,272	0,311	0,342	0,368	0,392	0,430	0,464	0,512	0,531	0,585	0,647	0,698	0,787
	0,125	0,157	0,184	0,208	0,230	0,268	0,303	0,341	0,376	0,438	0,490	0,580	0,703
$\dfrac{l}{2}$	0,355	0,376	0,394	0,410	0,421	0,451	0,474	0,500	0,524	0,567	0,600	0,670	0,758
	0,818	0,827	0,836	0,842	0,845	0,858	0,866	0,875	0,883	0,896	0,907	0,925	0,946
	0,617	0,636	0,651	0,664	0,676	0,695	0,712	0,730	0,746	0,774	0,797	0,835	0,882
$\dfrac{l}{3}$	0,530	0,546	0,560	0,572	0,583	0,603	0,620	0,639	0,657	0,688	0,716	0,757	0,827
	0,919	0,922	0,926	0,929	0,932	0,937	0,941	0,944	0,947	0,954	0,958	0,966	0,976
	0,805	0,815	0,823	0,830	0,836	0,846	0,855	0,864	0,872	0,887	0,898	0,917	0,941
$\dfrac{l}{4}$	0,632	0,645	0,655	0,666	0,674	0,690	0,704	0,719	0,733	0,758	0,781	0,816	0,865
	0,955	0,957	0,959	0,961	0,962	0,664	0,967	0,968	0,971	0,974	0,979	0,981	0,985
	0,884	0,890	0,895	0,899	0,902	0,909	0,914	0,916	0,924	0,933	0,940	0,951	0,964
$\dfrac{l}{5}$	0,699	0,709	0,718	0,726	0,733	0,746	0,758	0,770	0,782	0,803	0,819	0,861	0,891
	0,971	0,972	0,973	0,975	0,976	0,977	0,978	0,981	0,982	0,984	0,986	0,989	0,992
	0,923	0,927	0,930	0,933	0,935	0,940	0,943	0,947	0,950	0,956	0,961	0,968	0,977
$\dfrac{l}{6}$	0,746	0,754	0,762	0,768	0,775	0,782	0,795	0,805	0,816	0,833	0,848	0,878	0,908
	0,979	0,980	0,981	0,981	0,982	0,983	0,984	0,987	0,987	0,989	0,990	0,992	0,994
	0,944	0,948	0,950	0,952	0,954	0,957	0,961	0,962	0,964	0,968	0,972	0,977	0,983

Ordinaten der Einflußlinien für die Kreuzlinienabschnitte k^a und k^b.

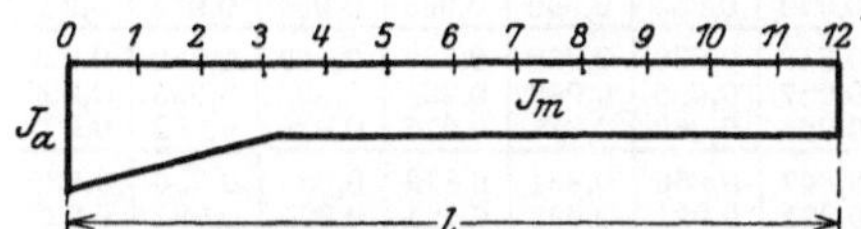

$$k^a = - l \cdot c_1 \quad (c_1 = \text{obere Zahl})$$
$$k^b = - l \cdot c_2 \quad (c_2 = \text{untere Zahl})$$

Vouten-länge	$n = \dfrac{J_m}{J_a}$	Last $P = 1$ in										
		1	2	3	4	5	6	7	8	9	10	11
l	0,20	0,082	0,165	0,242	0,313	0,373	0,419	0,446	0,448	0,416	0,340	0,207
		0,103	0,185	0,249	0,292	0,316	0,321	0,306	0,273	0,223	0,158	0,082
	0,10	0,083	0,165	0,244	0,317	0,382	0,435	0,470	0,479	0,455	0,381	0,239
		0,088	0,161	0,219	0,261	0,286	0,294	0,285	0,259	0,215	0,155	0,082
	0,05	0,083	0,166	0,245	0,321	0,390	0,448	0,490	0,509	0,492	0,423	0,273
		0,075	0,139	0,192	0,231	0,257	0,269	0,265	0,244	0,206	0,152	0,081
$\dfrac{l}{2}$	0,20	0,083	0,165	0,244	0,318	0,382	0,429	0,451	0,442	0,396	0,311	0,180
		0,094	0,176	0,244	0,296	0,329	0,339	0,323	0,286	0,230	0,161	0,083
	0,10	0,083	0,166	0,247	0,323	0,393	0,447	0,474	0,467	0,421	0,331	0,192
		0,080	0,153	0,217	0,269	0,307	0,324	0,315	0,281	0,228	0,160	0,083
	0,05	0,083	0,166	0,248	0,327	0,401	0,461	0,493	0,489	0,442	0,349	0,203
		0,069	0,135	0,195	0,247	0,288	0,312	0,308	0,278	0,227	0,160	0,082
$\dfrac{l}{3}$	0,20	0,083	0,165	0,244	0,315	0,371	0,409	0,422	0,408	0,363	0,283	0,163
		0,106	0,199	0,277	0,332	0,359	0,359	0,335	0,291	0,232	0,161	0,083
	0,10	0,083	0,166	0,246	0,320	0,380	0,419	0,434	0,421	0,374	0,292	0,168
		0,095	0,183	0,261	0,320	0,351	0,354	0,332	0,290	0,232	0,161	0,083
	0,05	0,083	0,166	0,248	0,324	0,386	0,427	0,443	0,430	0,383	0,302	0,174
		0,087	0,171	0,247	0,309	0,344	0,351	0,330	0,289	0,231	0,161	0,083
$\dfrac{l}{4}$	0,20	0,083	0,165	0,243	0,310	0,363	0,396	0,408	0,393	0,349	0,271	0,156
		0,115	0,216	0,298	0,349	0,371	0,366	0,339	0,294	0,233	0,162	0,083
	0,10	0,083	0,166	0,245	0,314	0,368	0,403	0,415	0,400	0,355	0,276	0,159
		0,107	0,205	0,288	0,343	0,366	0,363	0,338	0,293	0,233	0,162	0,083
	0,05	0,083	0,166	0,246	0,317	0,372	0,408	0,420	0,406	0,360	0,280	0,161
		0,100	0,196	0,281	0,337	0,362	0,361	0,336	0,292	0,233	0,162	0,083
$\dfrac{l}{5}$	0,20	0,083	0,165	0,243	0,308	0,360	0,391	0,403	0,387	0,344	0,266	0,153
		0,118	0,223	0,306	0,356	0,375	0,369	0,340	0,295	0,232	0,161	0,083
	0,10	0,083	0,166	0,245	0,312	0,363	0,397	0,407	0,392	0,348	0,270	0,156
		0,112	0,214	0,299	0,352	0,342	0,367	0,340	0,294	0,233	0,162	0,083
	0,05	0,083	0,166	0,247	0,314	0,367	0,401	0,411	0,397	0,351	0,271	0,156
		0,105	0,206	0,295	0,348	0,369	0,365	0,338	0,293	0,234	0,162	0,083
$\dfrac{l}{6}$	0,20	0,083	0,165	0,243	0,307	0,358	0,387	0,400	0,383	0,341	0,263	0,150
		0,120	0,228	0,311	0,361	0,378	0,371	0,340	0,296	0,230	0,160	0,083
	0,10	0,083	0,166	0,245	0,311	0,360	0,393	0,402	0,387	0,343	0,266	0,154
		0,115	0,220	0,306	0,358	0,359	0,370	0,341	0,294	0,233	0,162	0,083
	0,05	0,083	0,166	0,247	0,312	0,374	0,396	0,405	0,391	0,345	0,265	0,153
		0,108	0,213	0,304	0,355	0,374	0,368	0,339	0,293	0,234	0,162	0,083

4. Balken mit einseitiger parabolischer Voute.

Drehwinkel α^a, α^b und β.

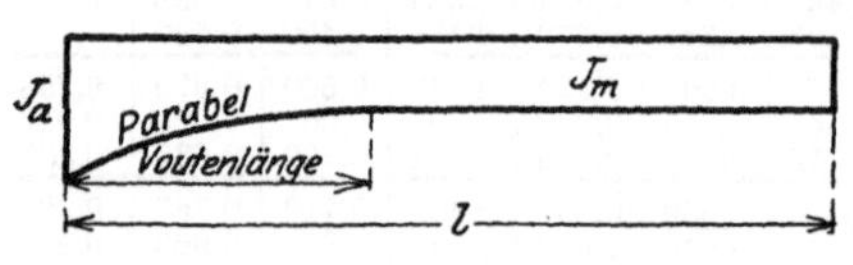

$$E \cdot \alpha^a = \frac{l}{2\,J_m} \cdot c_1 \quad (c_1 = \text{obere Zahl})$$

$$E \cdot \alpha^b = \frac{l}{2\,J_m} \cdot c_2 \quad (c_2 = \text{mittlere Zahl})$$

$$E \cdot \beta = \frac{l}{6\,J_m} \cdot c_3 \quad (c_3 = \text{untere Zahl})$$

Vouten-länge	Werte von $n = \dfrac{J_m}{J_a}$												
	0,02	0,03	0,04	0,05	0,06	0,08	0,10	0,125	0,15	0,20	0,25	0,35	0,50
	0,172 0,536 0,309	0,203 0,571 0,349	0,230 0,597 0,380	0,253 0,619 0,407	0,272 0,636 0,430	0,308 0,665 0,469	0,340 0,689 0,501	0,374 0,714 0,536	0,407 0,735 0,566	0,464 0,770 0,617	0,512 0,792 0,657	0,601 0,838 0,741	0,632 0,910 0,881
$\frac{l}{2}$	0,471 0,884 0,740	0,495 0,893 0,758	0,514 0,899 0,771	0,532 0,905 0,783	0,545 0,909 0,792	0,570 0,916 0,808	0,593 0,923 0,821	0,615 0,928 0,834	0,637 0,933 0,846	0,674 0,943 0,866	0,706 0,950 0,886	0,757 0,959 0,905	0,824 0,972 0,933
$\frac{l}{3}$	0,622 0,949 0,871	0,640 0,952 0,880	0,653 0,954 0,887	0,661 0,957 0,893	0,677 0,959 0,898	0,695 0,962 0,905	0,711 0,965 0,912	0,728 0,968 0,918	0,743 0,970 0,925	0,770 0,974 0,935	0,792 0,978 0,942	0,829 0,982 0,953	0,879 0,988 0,968
$\frac{l}{4}$	0,706 0,971 0,924	0,721 0,973 0,930	0,732 0,974 0,934	0,741 0,976 0,937	0,750 0,977 0,940	0,764 0,979 0,945	0,777 0,980 0,949	0,791 0,982 0,953	0,803 0,983 0,956	0,823 0,986 0,962	0,839 0,987 0,966	0,868 0,989 0,973	0,906 0,992 0,981
$\frac{l}{5}$	0,760 0,982 9,950	0,772 0,983 0,954	0,782 0,984 0,956	0,790 0,985 0,959	0,796 0,985 0,961	0,808 0,986 0,964	0,818 0,987 0,966	0,830 0,988 0,969	0,839 0,990 0,971	0,856 0,991 0,975	0,869 0,992 0,978	0,892 0,993 0,982	0,922 0,995 0,987
$\frac{l}{6}$	0,799 0,988 0,964	0,807 0,988 0,967	0,816 0,989 0,969	0,823 0,989 0,970	0,828 0,990 0,972	0,839 0,990 0,974	0,847 0,991 0,976	0,856 0,991 0,978	0,864 0,993 0,980	0,879 0,994 0,982	0,889 0,995 0,985	0,910 0,997 0,987	0,935 0,997 0,991

Ordinaten der Einflußlinien für die Kreuzlinienabschnitte k^a und k^b.

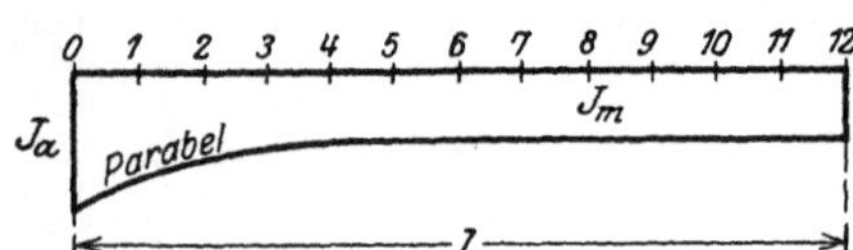

$$k^a = -\,l \cdot c_1 \quad (c_1 = \text{obere Zahl})$$

$$k^b = -\,l \cdot c_2 \quad (c_2 = \text{untere Zahl}$$

Vouten-länge	$n = \dfrac{J_m}{J_a}$	Last $P = 1$ in										
		1	2	3	4	5	6	7	8	9	10	11
l	0,20	0,083 0,098	0,165 0,180	0,243 0,245	0,315 0,292	0,377 0,319	0,424 0,325	0,450 0,312	0,449 0,278	0,412 0,226	0,330 0,159	0,196 0,082
	0,10	0,083 0,082	0,166 0,154	0,246 0,213	0,321 0,259	0,387 0,289	0,442 0,301	0,476 0,294	0,482 0,276	0,449 0,221	0,366 0,158	0,220 0,082
	0,05	0,083 0,069	0,166 0,131	0,247 0,185	0,324 0,230	0,396 0,261	0,455 0,278	0,498 0,276	0,512 0,256	0,486 0,215	0,404 0,156	0,247 0,082
$\frac{l}{2}$	0,20	0,083 0,106	0,165 0,199	0,243 0,274	0,314 0,327	0,372 0,354	0,411 0,356	0,426 0,333	0,413 0,291	0,368 0,232	0,287 0,161	0,165 0,083
	0,10	0,083 0,094	0,166 0,180	0,246 0,254	0,319 0,309	0,381 0,342	0,424 0,348	0,441 0,329	0,429 0,288	0,383 0,231	0,299 0,161	0,173 0,083
	0,05	0,083 0,085	0,166 0,164	0,247 0,236	0,323 0,294	0,389 0,330	0,435 0,340	0,455 0,324	0,444 0,286	0,397 0,230	0,311 0,161	0,180 0,083
$\frac{l}{3}$	0,20	0,083 0,117	0,165 0,219	0,242 0,299	0,308 0,349	0,362 0,371	0,395 0,366	0,407 0,339	0,392 0,294	0,348 0,233	0,271 0,162	0,155 0,083
	0,10	0,083 0,109	0,166 0,207	0,244 0,288	0,313 0,342	0,367 0,366	0,402 0,366	0,415 0,338	0,400 0,292	0,356 0,233	0,276 0,162	0,159 0,083
	0,05	0,083 0,101	0,166 0,197	0,246 0,278	0,316 0,333	0,372 0,360	0,408 0,360	0,421 0,336	0,407 0,291	0,362 0,232	0,282 0,162	0,162 0,083
$\frac{l}{4}$	0,20	0,083 0,125	0,165 0,232	0,240 0,311	0,305 0,359	0,355 0,377	0,388 0,370	0,398 0,342	0,384 0,295	0,340 0,234	0,264 0,162	0,152 0,083
	0,10	0,083 0,118	0,165 0,224	0,242 0,305	0,308 0,354	0,359 0,374	0,392 0,368	0,403 0,341	0,388 0,294	0,344 0,234	0,267 0,162	0,154 0,083
	0,05	0,083 0,113	0,166 0,217	0,243 0,300	0,310 0,351	0,362 0,372	0,396 0,367	0,407 0,340	0,392 0,294	0,348 0,233	0,270 0,162	0,156 0,083

Ordinaten der Einflußlinien für die Kreuzlinienabschnitte k^a und k^b (Fortsetzung).

Vouten-länge	$n = \dfrac{J_m}{J_a}$	Last $P = 1$ in										
		1	2	3	4	5	6	7	8	9	10	11
$\dfrac{l}{5}$	0,20	0,083 0,128	0,165 0,237	0,240 0,316	0,304 0,363	0,352 0,379	0,385 0,371	0,395 0,343	0,381 0,295	0,337 0,234	0,261 0,162	0,152 0,083
	0,10	0,083 0,122	0,165 0,231	0,241 0,312	0,306 0,359	0,356 0,377	0,388 0,369	0,398 0,342	0,383 0,295	0,339 0,234	0,263 0,162	0,157 0,083
	0,05	0,083 0,118	0,166 0,225	0,242 0,309	0,308 0,358	0,358 0,377	0,391 0,370	0,402 0,342	0,386 0,295	0,343 0,233	0,265 0,162	0,154 0,083
6	0,20	0,083 0,130	0,165 0,240	0,240 0,319	0,304 0,366	0,350 0,380	0,382 0,371	0,393 0,343	0,279 0,295	0,335 0,234	0,259 0,162	0,152 0,083
	0,10	0,083 0,125	0,165 0,236	0,241 0,317	0,305 0,362	0,354 0,379	0,385 0,369	0,395 0,342	0,380 0,295	0,336 0,234	0,260 0,162	0,159 0,083
	0,05	0,083 0,121	0,166 0,230	0,242 0,315	0,307 0,363	0,355 0,380	0,388 0,372	0,399 0,343	0,382 0,295	0,340 0,233	0,262 0,162	0,153 0,083

5. Sonderfall: Gleichmäßig verteilte Belastung der unter 1. bis 4. behandelten Balken.

Wie in Kap. V, 2, c) auf Seite 94 erwähnt, sind für einen beliebigen symmetrischen Balken, also auch für die unter 1. und 2. behandelten Balken, für gleichmäßig verteilte Belastung auf der ganzen Länge die Kreuzlinienabschnitte:

$$k^a = k^b = - \frac{p\,l^2}{4} = - 2f,$$

d. h. genau gleich groß wie wenn das Trägheitsmoment auf die ganze Balkenlänge konstant wäre.

Für die unter 3. und 4. behandelten Balken mit einseitiger Voute sind die Werte der Kreuzlinienabschnitte k^a und k^b in nachstehenden beiden Tabellen zusammengestellt, damit man die unter 3. und 4. angegebenen Einflußlinien der Kreuzlinienabschnitte für diesen häufig vorkommenden Belastungsfall nicht auszuwerten braucht.

a) Balken mit einseitiger gerader Voute.

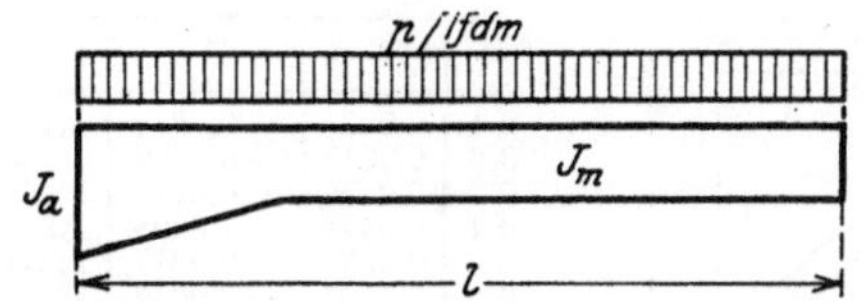

$$k^a = - p\,l^2 \cdot c_1 \quad (c_1 = \text{obere Zahl})$$
$$k^b = - p\,l^2 \cdot c_2 \quad (c^2 = \text{untere Zahl})$$

Vouten-länge	Werte von $n = \dfrac{J_m}{J_a}$												
	0,02	0,03	0,04	0,05	0,06	0,08	0,10	0,125	0,15	0,20	0,25	0,35	0,50
l	0,344 0,157	0,335 0,166	0,328 0,172	0,323 0,177	0,318 0,182	0,311 0,189	0,306 0,194	0,304 0,196	0,297 0,197	0,289 0,203	0,285 0,215	0,278 0,222	0,269 0,231
$\dfrac{l}{2}$	0,318 0,182	0,313 0,187	0,310 0,190	0,308 0,193	0,305 0,195	0,301 0,199	0,298 0,203	0,294 0,206	0,291 0,209	0,286 0,215	0,281 0,219	0,275 0,225	0,268 0,233
$\dfrac{l}{3}$	0,287 0,213	0,285 0,215	0,283 0,217	0,282 0,218	0,281 0,219	0,279 0,221	0,277 0,223	0,275 0,225	0,274 0,227	0,271 0,229	0,269 0,231	0,265 0,235	0,260 0,239
$\dfrac{l}{4}$	0,273 0,227	0,272 0,228	0,271 0,229	0,270 0,230	0,270 0,231	0,269 0,232	0,267 0,233	0,265 0,234	0,265 0,235	0,263 0,237	0,262 0,238	0,260 0,241	0,257 0,243
$\dfrac{l}{5}$	0,266 0,234	0,265 0,235	0,265 0,236	0,264 0,236	0,263 0,237	0,263 0,238	0,262 0,238	0,261 0,239	0,260 0,240	0,259 0,241	0,258 0,242	0,257 0,243	0,255 0,245
$\dfrac{l}{6}$	0,260 0,239	0,260 0,240	0,260 0,240	0,260 0,240	0,259 0,241	0,259 0,241	0,259 0,241	0,258 0,242	0,257 0,243	0,256 0,244	0,255 0,245	0,255 0,245	0,254 0,246

b) Balken mit einseitiger parabolischer Voute.

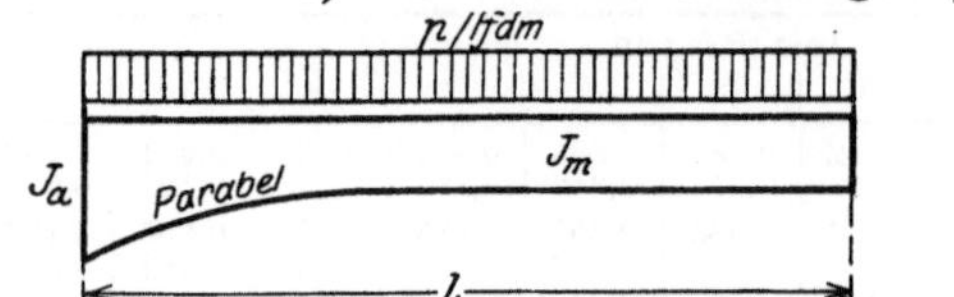

$$k^a = -p\,l^2 \cdot c_1 \quad (c_1 = \text{obere Zahl})$$
$$k^b = -p\,l^2 \cdot c_2 \quad (c_2 = \text{untere Zahl})$$

Vouten-länge	\multicolumn{13}{c}{Werte von $n = \dfrac{J_m}{J_a}$}
	0,02	0,03	0,04	0,05	0,06	0,08	0,10	0,125	0,15	0,20	0,25	0,35	0,50
l	0,338 0,160	0,332 0,168	0,326 0,174	0,321 0,179	0,317 0,183	0,310 0,189	0,306 0,195	0,301 0,200	0,296 0,204	0,289 0,211	0,285 0,216	0,277 0,223	0,267 0,233
$\frac{l}{2}$	0,296 0,204	0,293 0,208	0,290 0,210	0,288 0,212	0,286 0,214	0,283 0,217	0,281 0,220	0,278 0,222	0,276 0,224	0,273 0,228	0,270 0,230	0,266 0,234	0,261 0,239
$\frac{l}{3}$	0,275 0,225	0,273 0,227	0,272 0,228	0,270 0,229	0,269 0,230	0,268 0,232	0,267 0,233	0,265 0,234	0,265 0,235	0,263 0,237	0,261 0,239	0,259 0,241	0,256 0,244
$\frac{l}{4}$	0,266 0,235	0,264 0,236	0,263 0,237	0,263 0,237	0,262 0,238	0,261 0,239	0,261 0,240	0,260 0,240	0,259 0,241	0,258 0,242	0,257 0,243	0,255 0,245	0,254 0,246
$\frac{l}{5}$	0,261 0,239	0,260 0,240	0,259 0,241	0,259 0,241	0,258 0,242	0,258 0,242	0,257 0,243	0,257 0,243	0,256 0,244	0,255 0,245	0,255 0,245	0,254 0,246	0,253 0,246
$\frac{l}{6}$	0,258 0,242	0,257 0,243	0,256 0,244	0,253 0,244	0,256 0,245	0,256 0,245	0,255 0,245	0,255 0,245	0,254 0,246	0,254 0,246	0,254 0,246	0,254 0,246	0,253 0,246

6. Der symmetrische Parabelbogen mit vom Scheitel zu den Kämpfern zunehmendem Trägheitsmoment.

Nachstehenden Tabellen liegt eine Zunahme des Trägheitsmomentes vom Scheitel zu den Kämpfern nach dem Gesetz von Dr.-Ing. Max Ritter[1]):

$$\frac{J_s}{J_x \cdot \cos\varphi} = 1 - (1-n)\left(1 - \frac{x}{l/2}\right)^2$$

zugrunde, worin

$$n = \frac{J_s}{J_k \cdot \cos\varphi_k};$$

hierin bedeuten:

J_s das Trägheitsmoment am Scheitel,

J_k das Trägheitsmoment an den Kämpfern,

φ_k der Neigungswinkel der Bogenachse an den Kämpfern.

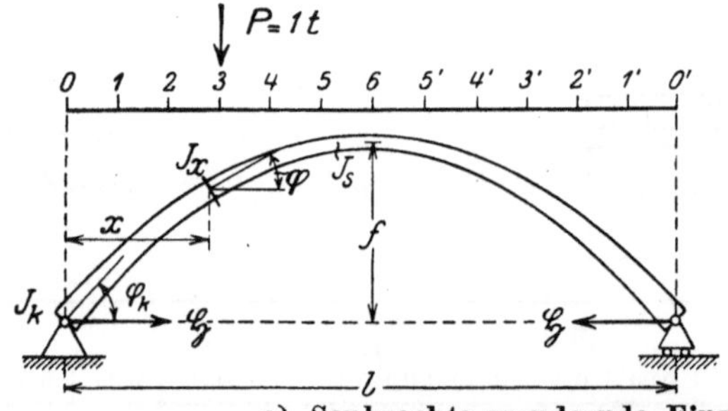

Drehwinkel $\bar\alpha$ und β sowie Bogenschub B.

n	$E\cdot\bar\alpha$	$E\,\beta$	B
0,1	0,0285	—0,0241	1,1762
0,2	0,0347	—0,0260	1,1855
0,3	0,0409	—0,0279	1,1944
0,4	0,0471	—0,0298	1,2031
0,5	0,0532	—0,0317	1,2115
0,6	0,0593	—0,0337	1,2197
0,8	0,0714	—0,0377	1,2353
1,0	0,0833	—0,0417	1,2500
	$\cdot\dfrac{l}{J_s}$	$\cdot\dfrac{l}{J_s}$	$\cdot\dfrac{1}{f}$

a) Senkrechte wandernde Einzellast.
Ordinaten der Einflußlinie für den Bogenschub $\mathfrak{H}$.

n	\multicolumn{6}{c}{Last $P = 1$ in}	
	1	2	3	4	5	6	
0,1	0,0487	0,0960	0,1378	0,1709	0,1925	0,1954	
0,2	0,0490	0,0964	0,1379	0,1708	0,1920	0,1963	
0,3	0,0494	0,0967	0,1381	0,1706	0,1916	0,1973	
0,4	0,0498	0,0971	0,1383	0,1705	0,1911	0,1978	$\Big\}\cdot\dfrac{l}{f}$
0,5	0,0500	0,0974	0,1386	0,1703	0,1907	0,1983	
0,6	0,0503	0,0978	0,1387	0,1702	0,1903	0,1989	
0,8	0,0508	0,0984	0,1389	0,1699	0,1895	0,1994	
1,0	0,0514	0,0990	0,1391	0,1697	0,1888	0,2000	

[1] Vgl. Dr.-Ing. Max Ritter: Beiträge zur Theorie der vollwandigen Bogenträger ohne Scheitelgelenk.

Ordinaten der Einflußlinien für Schlußliniensenkungen S^a und S^b.

$S^a = a \cdot$ obere Zahl \
$S^b = b \cdot$ untere Zahl

worin die Festpunktabstände a und b mit ihren Vorzeichen einzusetzen sind.

n	Last $P = 1$ in										
	1	2	3	4	5	6	5'	4'	3'	2'	1'
0,1	+0,1569 −0,0821	+0,2371 −0,1583	+0,2329 −0,1995	+0,1602 −0,1986	+0,0504 −0,1521	−0,0631 −0,0631	−0,1521 +0,0504	−0,1986 +0,1602	−01995, +0,2329	−0,1533 +0,2371	−0,0821 +0,1569
0,2	+0,1606 −0,0818	+0,2363 −0,1516	+0,2276 −0,1936	+0,1540 −0,1947	+0,0464 −0,1495	−0,0635 −0,0635	−0,1495 +0,0464	−0,1947 +0,1540	−0,1936 +0,2276	−0,1516 +0,2363	−0,0818 +0,1606
0,3	+0,1637 −0,0815	+0,2354 −0,1502	+0,2229 −0,1906	+0,1485 −0,1911	+0,0430 −0,1470	−0,0637 −0,0637	−0,1470 +0,0430	−0,1911 +0,1485	−0,1906 +0,2229	−0,1502 +0,2354	−0,0815 +0,1637
0,4	+0,1663 −0,0813	+0,2344 −0,1487	+0,2186 −0,1879	+0,1437 −0,1878	+0,0400 −0,1452	−0,0638 −0,0638	−0,1452 +0,0400	−0,1878 +0,1437	−0,1879 +0,2186	−0,1487 +0,2344	−0,0813 +0,1663
0,5	+0,1684 −0,0810	+0,2334 −0,1475	+0,2147 −0,1854	+0,1394 −0,1848	+0,0375 −0,1425	−0,0637 −0,0637	−0,1425 +0,0375	−0,1848 +0,1394	−0,1854 +0,2147	−0,1475 +0,2334	−0,0810 +0,1684
0,6	+0,1702 −0,0808	+0,2323 −0,1464	+0,2111 −0,1832	+0,1356 −0,1817	+0,0352 −0,1405	−0,0636 −0,0636	−0,1405 +0,0352	−0,1817 +0,1356	−0,1832 +0,2111	−0,1464 +0,2323	−0,0808 +0,1702
0,8	+0,1727 −0,0804	+0,2300 −0,1444	+0,2047 −0,1792	+0,1290 −0,1771	+0,0316 −0,1367	−0,0632 −0,0632	−0,1367 +0,0316	−0,1771 +0,1290	−0,1792 +0,2047	−0,1444 +0,2300	−0,0804 +0,1727
1,0	+0,1745 −0,0801	+0,2278 −0,1428	+0,1992 −0,1758	+0,1235 −0,1728	+0,0287 −0,1333	−0,0625 −0,0625	−0,1333 +0,0287	−0,1728 +0,1235	−0,1758 +0,1992	−0,1428 +0,2278	−0,0801 +0,1745

b) Senkrechte, auf der Bogenhälfte gleichmäßig verteilte Belastung p/lfdm.

n	0,1	0,2	0,3	0,4	0,5	0,6	0,8	1,0	
$\mathfrak{H}$	für alle Werte von n: $\mathfrak{H} = \dfrac{p\,l^2}{16\,f}$								
S^a	+0,0692	+0,0682	+0,0670	+0,0664	+0,0657	+0,0649	+0,0636	+0,0625	$.apl$ $\Big\}$ a und b mit Vor- $.bpl$ zeichen einsetzen
S^b	−0,0692	−0,0682	−0,0670	−0,0664	−0,0657	−0,0649	−0,0636	−0,0625	

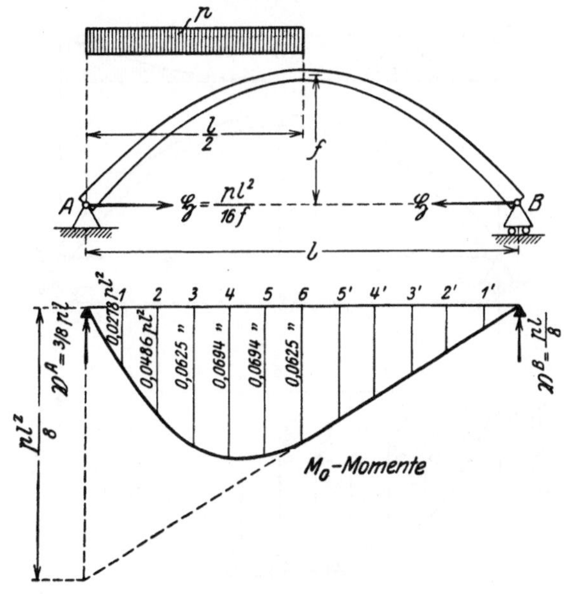

c) Senkrechte, auf dem ganzen Bogen gleichmäßig verteilte Belastung.

$$\mathfrak{H} = \frac{p\,l^2}{8\,f} \quad \text{(unabhängig von } n\text{)},$$

$$S^a = S^b = 0,$$

da bei Parabelform des Bogens und gleichmäßig verteilter Belastung:

$$M_0 - \mathfrak{H} \cdot y = 0 \quad [\text{vgl. Gl. (478)}]$$

und damit

$$\varphi = 0.$$

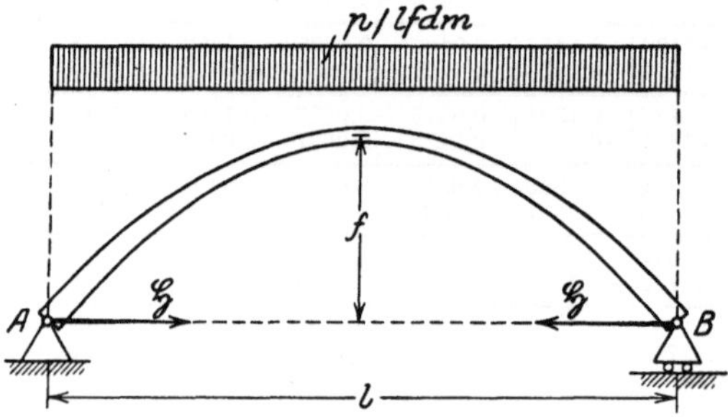

d) Senkrechte, symmetrische, parabelförmige Belastung.

n	0,1	0,2	0,3	0,4	0,5	0,6	0,8	1,0	
$\mathfrak{H}$	0,0307	0,0304	0,0300	0,0296	0,0293	0,0289	0,0283	0,0277	$\cdot \dfrac{p\,l^2}{f}$
S^a	0,0083	0,0086	0,0088	0,0090	0,0091	0,0093	0,0094	0,0095	$\cdot a\,p\,l$ ⎰ a und b mit Vor-
S^b	0,0083	0,0086	0,0088	0,0090	0,0091	0,0093	0,0094	0,0095	$\cdot b\,p\,l$ ⎰ zeichen einsetzen

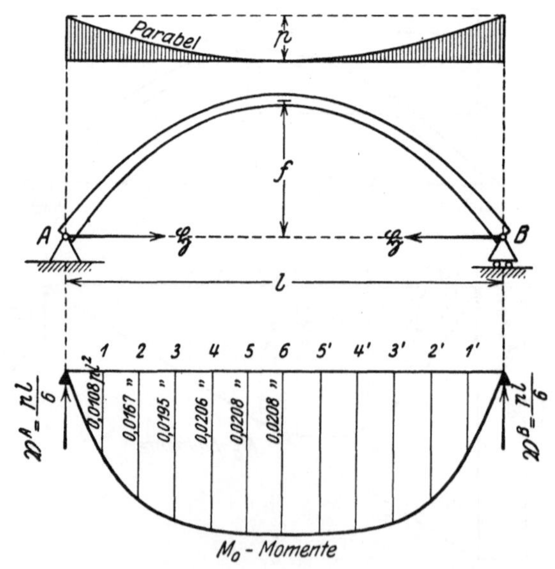

e) Waagrechte, gleichmäßig verteilte Belastung (Wind).

n	0,1	0,2	0,3	0,4	0,5	0,6	0,8	1,0	
$\mathfrak{H}$	0,3689	0,3643	0,3598	0,3555	0,3513	0,3472	0,3394	0,3320	$\cdot\, w\,f$
S^a	+0,6117	+0,6164	+0,6177	+0,6184	+0,6185	+0,6184	+0,6167	+0,6143	$\cdot\, \dfrac{a}{l}\, w\,f^2$
S^b	−0,4152	−0,4105	−0,4064	−0,4026	−0,3992	−0,3960	−0,3905	−0,3857	$\cdot\, \dfrac{b}{l}\, w\,f^2$

a und b mit Vorzeichen einsetzen

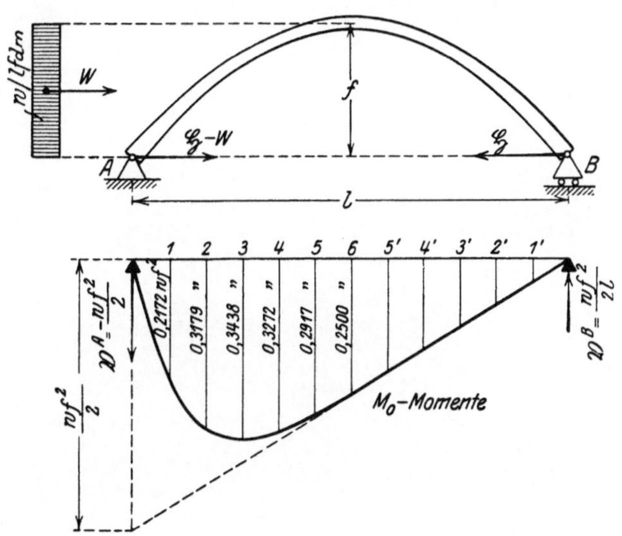

Zweiter Band

bearbeitet von

F. Häusler

Beispiele aus der Praxis.

Die im nachfolgenden behandelten Tragwerke sind nach der im ersten Band entwickelten Methode der Festpunkte berechnet. Die Verfahren, die auf Eisenbetonkonstruktionen angewendet sind, gelten selbstverständlich auch für entsprechende Bauglieder aus anderen Baustoffen.

Um die Handhabung der Bücher zu erleichtern, sind im Anhang des ersten Bandes alle in demselben abgeleiteten Hauptformeln zusammengestellt. Daselbst befinden sich ebenfalls Tabellen zur raschen Ermittlung der Festpunktabstände und Kreuzlinienabschnitte für Balken mit geraden und parabolisch gekrümmten Vouten und für symmetrische Parabelbögen mit Querschnittsabmessungen, die vom Scheitel zum Kämpfer gleichmäßig zunehmen.

Bei allen Beispielen wurden für die vorkommenden Beanspruchungen die Momente, Normalkräfte und Querkräfte ermittelt; die Bemessung der Querschnitte dagegen ist nicht aufgeführt.

I. Durchlaufende Decke mit Auflagerschrägen über vier Öffnungen.

Es soll an diesem Beispiel gezeigt werden, daß weitgespannte Eisenbetondecken (Dachdecken) in einfacher Weise, mit Berücksichtigung des veränderlichen Trägheitsmomentes, berechnet werden können.

Man erhält dadurch das durch die Auflagerverstärkungen verminderte Feldmoment, was eine Eisenersparnis bedeutet, da im allgemeinen die erhöhten Stützenmomente, infolge der stärkeren Betonabmessungen an den Auflagern, ohne Mehraufwand an Eisen aufgenommen werden.

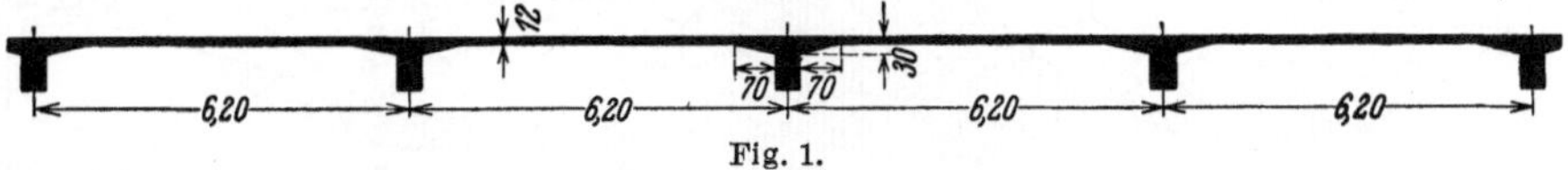

Fig. 1.

Die Ermittlung der Festpunkte erfolgte graphisch nach Band I, 1. Teil, Kapitel III und diejenige der Momentenfläche nach Kapitel V; als Trägheitsmoment wurde hierbei d^3 an Stelle von $\dfrac{1 \cdot d^3}{12}$ eingeführt, da es nur auf das gegenseitige Verhältnis der Trägheitsmomente ankommt.

In Fig. 2a wurde die reduzierte Momentenfläche in verhältnismäßig breite Streifen eingeteilt, um die Berechnung kurz zu gestalten; in diesem Falle sind die Abstände z nicht einfach von Streifenmitte, sondern von den zu bestimmenden Schwerpunkten der Streifenflächen aus zu messen. In Fig. 2b ist die rechte Drittellinie der ersten Öffnung ermittelt. Die linke und rechte Drittellinie der zweiten Öffnung liegen in der gleichen Entfernung vom benachbarten

Durchlaufende Decke mit Auflagerschrägen über vier Öffnungen.

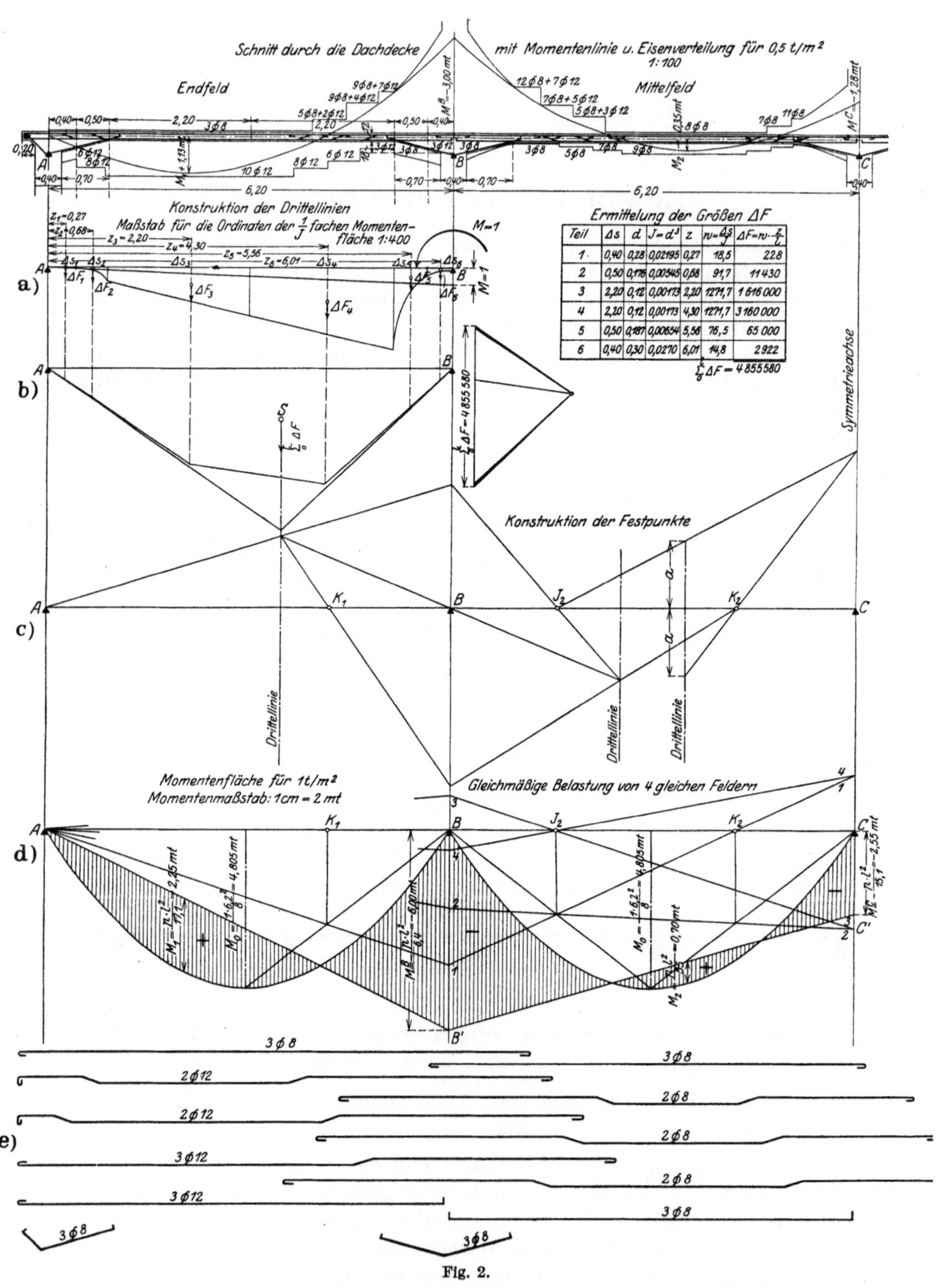

Fig. 2.

Auflager wie die rechte Drittellinie der ersten Öffnung, da Spannweite und Verlauf des Trägheitsmomentes in allen Öffnungen gleich angenommen wurde.

Aus Fig. 2c ist die Konstruktion der Festpunkte ersichtlich; der Symmetrie wegen brauchten wir dazu nur zwei Öffnungen.

In Fig. 2d wurde die Momentenfläche für eine ständige Belastung von 1 t/m^2 ermittelt, während aus Fig. 2 die Momentenlinie sowie die Eisenverteilung für eine ständige Belastung von $0,5 \text{ t/m}^2$ ersichtlich ist; Fig. 2e zeigt die Form der angeordneten Eiseneinlagen.

II. Kontinuierliche Balkenbrücke mit drei Öffnungen.

Es soll ein Hauptträger der in den Fig. 3 und 3a dargestellten Brücke (Fußgängersteg) unter Berücksichtigung des veränderlichen Trägheitsmomentes berechnet werden.

Trägheitsmomente.

In Fig. 3b sind die Trägheitsmomente für 3 verschiedene Querschnitte des Trägers nach dem bekannten graphischen Verfahren von Mohr ermittelt worden. Es ergibt sich für die Lamellen (siehe Fig. 3c):

$$1 \text{ bis } 8 \text{ und } 13 \text{ bis } 21: \quad J_1 = 0,127 \cdot 0,396 = 0,0503 \text{ m}^4,$$
$$9, 12 \text{ und } 22: \quad J_2 = 0,163 \cdot 0,525 = 0,0856 \text{ m}^4,$$
$$10, 11 \text{ und } 23: \quad J_3 = 0,253 \cdot 0,941 = 0,238 \text{ m}^4.$$

Festpunkte.

Graphisch erhalten wir die Festpunkte nach Kap. III des ersten Teiles (Bd. I). Der Symmetrie wegen ist $b_2 = a_2$ und $a_3 = b_1$.

Zur Ermittlung der sog. Drittellinien lassen wir über dem Auflager B (Fig. 3d) das Moment $M = 1$ angreifen und bilden in jeder anstoßenden Öffnung die Resultierende der Größen $\varDelta F$, welche in den nachfolgenden Tabellen 1 und 2 berechnet sind.

$$\text{Für den Balken } AB \text{ ist: } \quad \varDelta F = \frac{\varDelta s}{J} \cdot \frac{z}{l},$$
$$\text{,, ,, ,, } BC \text{ ,, } \quad \varDelta F = \frac{\varDelta s}{J} \cdot \frac{z'}{l}.$$

Tabelle 1. Endfeld $l_1 = 19,65$ m.

Lamelle	$\varDelta s$	J	z	z'	$w = \dfrac{\varDelta s}{J}$	$w \cdot z$	$\varDelta F = \dfrac{w \cdot z}{l_1}$	$w \cdot z \cdot z'$
1	2,00	0,0503	1,00	18,65	39,76	39,76	2,02	742
2	2,00	0,0503	3,00	16,65	39,76	119,28	6,07	1986
3	2,00	0,0503	5,00	14,65	39,76	198,80	10,12	2912
4	2,00	0,0503	7,00	12,65	39,76	278,32	14,16	3520
5	2,00	0,0503	9,00	10,65	39,76	357,84	18,21	3810
6	2,00	0,0503	11,00	8,65	39,76	437,36	22,26	3784
7	2,00	0,0503	13,00	6,65	39,76	516,88	26,30	3438
8	2,15	0,0503	15,075	4,575	42,74	644,20	32,79	2948
9	1,90	0,0856	17,10	2,55	22,20	379,70	19,32	968
10	1,60	0,2380	18,85	0,80	6,72	126,70	6,45	101
						3098,84	157,70	24209

Tabelle 2. Mittelfeld $l_2 = 24{,}50$ m.

Lamelle	Δs	J	z	z'	$w = \dfrac{\Delta s}{J}$	$w \cdot z'$	$\Delta F = \dfrac{w \cdot z'}{l_2}$	$w \cdot z\, z'$
11	1,60	0,2380	0,80	23,70	6,72	159,3	6,50	127
12	1,90	0,0856	2,55	21,95	22,20	487,0	19,89	1242
13	2,00	0,0503	4,50	20,00	39,76	795,2	32,46	3578
14	2,00	0,0503	6,50	18,00	39,76	715,5	29,21	4650
15	2,00	0,0503	8,50	16,00	39,76	636,0	25,97	5408
16	2,00	0,0503	10,50	14,00	39,76	556,2	22,72	5900
17	1,50	0,0503	12,25	12,25	39,76	365,0	14,91	4472
18	2,00	0,0503	14,00	10,50	39,76	417,3	17,04	5840
19	2,00	0,0503	16,00	8,50	39,76	338,0	13,79	5405
20	2,00	0,0503	18,00	6,50	39,76	258,4	10,55	4650
21	2,00	0,0503	20,00	4,50	39,76	179,0	7,30	3580
22	1,90	0,0856	21,95	2,55	22,20	101,4	2,31	2226
23	1,60	0,2380	23,70	0,80	6,72	31,8	0,22	754
						5040,1	202,87	47832

Zur Ermittlung der sog. verschränkten Drittellinie bei B bilden wir die Resultierende aus $\sum\limits_{0}^{l_1}\Delta F$ und $\sum\limits_{0}^{l_2}\Delta F$, was in Fig. 3e graphisch geschehen ist.

Rechnerisch ergeben sich die Abstände d_1^r und d_2^l der Drittellinien zu:

$$d_1^r = \frac{\sum\limits_{0}^{l_1} w \cdot z \cdot z'}{\sum\limits_{0}^{l_1} w \cdot z} = \frac{24\,209}{3098{,}8} = 7{,}81 \text{ m},$$

$$d_2^l = \frac{\sum\limits_{0}^{l_2} w \cdot z' \cdot z}{\sum\limits_{0}^{l_2} w \cdot z'} = \frac{47\,832}{5040{,}1} = 9{,}49 \text{ m}.$$

Aus Symmetriegründen ist:

$$d_2^r = d_2^l \quad \text{und} \quad d_3^l = d_1^r\,;$$

ferner ergeben sich die Abstände der verschränkten Drittellinie zu:

$$v_{1-2}^l = \frac{\dfrac{1}{l_2}\sum\limits_{0}^{l_2} w \cdot z'}{\dfrac{1}{l_1}\sum\limits_{0}^{l_1} w \cdot z + \dfrac{1}{l_2}\sum\limits_{0}^{l_2} w \cdot z'}\,(d_1^r + d_2^l)$$

$$= \frac{\dfrac{1}{24{,}50}\cdot 5040{,}1}{\dfrac{1}{19{,}65}\cdot 3098{,}84 + \dfrac{1}{24{,}50}\cdot 5040{,}1}\,(7{,}81 + 9{,}49) = 9{,}80 \text{ m}.$$

$$v_{1-2}^r = \frac{\dfrac{1}{l_1}\sum\limits_{0}^{l_1} w \cdot z}{\dfrac{1}{l_1}\sum\limits_{0}^{l_1} w \cdot z + \dfrac{1}{l_2}\sum\limits_{0}^{l_2} w \cdot z'}\,(d_1^r + d_2^l)$$

$$= \frac{\dfrac{1}{19{,}65}\cdot 3098{,}84}{\dfrac{1}{19{,}65}\cdot 3098{,}84 + \dfrac{1}{24{,}50}\cdot 5040{,}1}\,(7{,}81 + 9{,}49) = 7{,}50 \text{ m}.$$

Als Kontrolle muß sich ergeben:

$$v^l_{1-2} + v^r_{1-2} = d^r_1 + d^r_2,$$

oder

$$9,80 + 7,50 = 7,81 + 9,49.$$

Nun können wir die Festpunkte in bekannter Weise konstruieren (siehe Fig. 3g); die Festpunkte J und K liegen symmetrisch, weil der Träger symmetrisch ausgebildet ist.

Um die Festpunkte zur Probe rechnerisch zu erhalten, bestimmen wir die Auflagerwinkel α und β als Auflagerdrücke der reduzierten Momentenflächenstreifen ΔF. Diese Auflagerdrücke ergeben sich nach Fig. 3f zu:

$$E \cdot \alpha^b_1 = \sum_0^{l_1} \Delta F = 157,70\,\frac{1}{\mathrm{m}^3},$$

$$E \cdot \alpha^a_2 = \sum_0^{l_2} \Delta F = 202,87\,\frac{1}{\mathrm{m}^3},$$

$$E \cdot \beta_1 = \frac{d^r_1}{l_1} \cdot \sum_0^{l_1} \Delta F = \frac{7,81}{19,65} \cdot 157,70 = 62,68\,\frac{1}{\mathrm{m}^3},$$

$$E \cdot \beta_2 = \frac{d^l_2}{l_2} \cdot \sum_0^{l_2} \Delta F = \frac{9,49}{24,50} \cdot 202,87 = 78,58\,\frac{1}{\mathrm{m}^3}.$$

Ferner ist:

$$E \cdot \varepsilon^a_2 = E \cdot \tau^B_1 = \sum_0^{l_1} \Delta F - E \cdot \beta_1 = 157,70 - 62,68 = 95,02\,\frac{1}{\mathrm{m}^3},$$

daher Festpunktabstand:

$$a_2 = \frac{l_2 \cdot \beta_2}{\alpha^a_2 + \varepsilon^a_2} = \frac{24,50 \cdot 78,58}{202,87 + 95,02} = 6,46\ \mathrm{m}.$$

Ferner ist:

$$E \cdot \varepsilon^b_1 = E \cdot \tau^B_2 = E\left(\alpha^b_2 - \frac{l_2}{l_2 - a_2} \cdot \beta_2\right) = 202,87 - \frac{24,50}{18,04} \cdot 78,58 = 96,05\,\frac{1}{\mathrm{m}^3},$$

daher Festpunktabstand:

$$b_1 = \frac{l_1 \cdot \beta_1}{\alpha^b_1 + \varepsilon^b_1} = \frac{19,65 \cdot 62,68}{157,70 + 96,05} = 4,85\ \mathrm{m}.$$

Momente aus Eigengewicht.

In den nachfolgenden Tabellen 3 und 3a sind die Gewichte G_1 bis G_{19} der Eigengewichtslamellen der Öffnungen I und II sowie die Ordinaten der betreffenden Biegungslinien enthalten, mittels derer wir nach den Gln. (250) und (251) die Kreuzlinienabschnitte für die gegebene Belastung ermitteln.

Bei graphischer Ermittlung der Momente mit der Polweite H sind die Werte der obengenannten Gleichungen noch durch H zu dividieren, wodurch wir erhalten:

$$\frac{k^a_1}{H} = \frac{\sum\limits_0^{l_1} G \cdot \delta}{H} \cdot \frac{l_1}{t^B_1} = \frac{k^b_3}{H} = \frac{115,09}{H} \cdot \frac{19,65}{15,55} = 7,27\ \mathrm{m},$$

$$\frac{k^b_2}{H} = \frac{\sum\limits_0^{l_2} G \cdot \delta}{H} \cdot \frac{l_2}{t^B_2} = \frac{k^a_3}{H} = \frac{175,50}{20} \cdot \frac{24,50}{18,70} = 11,50\ \mathrm{m}.$$

Tabelle 3.

Gewichte G d. I. Öffnung	Ordinaten δ der Biegungslinie I	$G \cdot \delta$
$G_1 = 3{,}17$ t	0,86	2,72
$G_2 = 2{,}95$ t	2,45	7,22
$G_3 = 4{,}42$ t	4,10	18,12
$G_4 = 4{,}42$ t	5,50	24,26
$G_5 = 4{,}42$ t	5,90	26,05
$G_6 = 4{,}42$ t	4,90	21,62
$G_7 = 3{,}53$ t	2,95	10,40
$G_8 = 4{,}70$ t	1,00	4,70
$\sum G = 32{,}03$ t		$\overset{l_1}{\underset{0}{\sum}} G \cdot \delta = 115{,}09$

(Die Ordinaten δ sind im Längenmaßstab abgemessen.)

Tabelle 3a.

Gewichte G d. II. Öffnung	Ordinaten δ der Biegungslinie II	$G \cdot \delta$
$G_9 = 4{,}70$ t	1,05	4,94
$G_{10} = 3{,}53$ t	3,00	10,59
$G_{11} = 3{,}68$ t	5,05	18,59
$G_{12} = 3{,}68$ t	6,52	24,00
$G_{13} = 3{,}68$ t	7,16	26,35
$G_{14} = 3{,}68$ t	7,05	25,93
$G_{15} = 3{,}68$ t	6,30	23,16
$G_{16} = 3{,}68$ t	5,10	18,76
$G_{17} = 3{,}68$ t	3,55	13,06
$G_{18} = 3{,}53$ t	2,00	7,06
$G_{19} = 4{,}70$ t	0,65	3,06
$\sum G = 42{,}22$ t		$\overset{l_2}{\underset{0}{\sum}} G \cdot \delta = 175{,}50$

In Fig. 3h wurden die Momente aus Eigengewicht mit Hilfe dieser Werte ermittelt.

Momente aus Verkehrslast.

Belastung: $p = \dfrac{2{,}20}{2} \cdot 0{,}540 = 0{,}594$ t/lfdm Hauptträger.

Die in den einzelnenen Schnitten von der Verkehrslast hervorgerufenen größten positiven und negativen Momente erhalten wir mittels der in den Fig. 4a bis h aufgetragenen Einflußlinien.

Um zu den Einflußlinien zu gelangen, zeichnen wir die am kontinuierlichen Balken von der wandernden Last $P = 1$ t in einer jeden Stellung derselben hervorgerufene, über alle Öffnungen sich erstreckende Momentenfläche (Fig. 4), in welcher alle Einflußordinaten enthalten sind. Die Kreuzlinienabschnitte bzw. die Ordinaten $\dfrac{k}{H} = \dfrac{1 \cdot s}{H}$ der Last $P = 1$ t [den Gln. (252) und (253) entsprechend] sind hier nicht heruntergeklappt, sondern gemäß ihren negativen Vorzeichen von der Stabachse aus nach oben abgetragen; von der gewonnenen Schlußlinie aus ist die Momentenfläche dann nach unten angetragen worden, so daß die Stabachse die Trennungslinie zwischen der positiven und negativen Momentenfläche bildet und sämtliche Momentenordinaten (Einflußordinaten) von der Stabachse aus gemessen werden.

Die Ordinaten der Einflußlinie des Biegungsmomentes für einen Schnitt finden wir als die auf der Senkrechten durch diesen Schnitt abgegriffenen Ordinaten sämtlicher, den einzelnen Laststellungen in allen Öffnungen entsprechenden Momentenflächen; diese Abschnitte werden in denjenigen Laststellungen aufgetragen, aus deren zugehöriger Momentenfläche sie gewonnen wurden.

In folgender Tabelle 4 sind nun die durch Auswertung der genannten Einflußlinien erhaltenen positiven und negativen Verkehrsmomente für die einzelnen Schnitte eingetragen, und daraus wurden unter Berücksichtigung der Eigengewichtsmomente die Grenzwerte der Momente erhalten.

Querkräfte aus Eigengewicht.

In Fig. 3i sind die Querkräfte infolge Eigenlast graphisch durch Ziehen der Parallelen zu den Schlußlinien der Momentenflächen der Fig. 3h ermittelt

Tabelle 4.

Schnitt	Momente aus				Grenzwerte der Momente	
	Eigengewicht		Verkehr			
	positiv	negativ	positiv	negativ	maxim.	minim.
I	+29,50		+16,12	− 4,92	**+45,62**	+ 24,58
II	+34,50		+23,00	− 9,32	**+57,50**	+ 25,18
III	+16,30		+20,22	−13,74	**+36,52**	+ 2,56
IV		−26,00	+ 9,35	−19,40	−16,65	**− 45,40**
B		−90,00	+ 6,41	−40,00	−83,59	**−130,00**
V		−34,50	+ 6,74	−19,40	−27,76	**− 53,90**
VI	+ 9,00		+16,00	−11,40	**+25,00**	− 2,40
VII	+24,00		+21,80	−11,50	**+45,80**	+ 12,50

Die fett gedruckten Werte sind für die Dimensionierung maßgebend.

worden (nach Kapitel VI, 1, b des ersten Teiles); es ergab sich

$$\text{im Endfeld:} \quad Q_1^A = + 10,20\,\text{t}; \quad Q_1^B = - 21,83\,\text{t};$$

$$\text{im Mittelfeld:} \quad Q_2^B = + 21,11\,\text{t}; \quad Q_2^C = - 21,11\,\text{t}.$$

Querkräfte aus Verkehrslast.

Die in den einzelnen Schnitten von der Verkehrslast hervorgerufenen größten positiven und negativen Querkräfte erhalten wir mittels der in den Fig. 5 bis 5e aufgetragenen Einflußlinien.

Die Ordinaten der Einflußlinie der Querkraft für einen Schnitt in der belasteten Öffnung finden wir aus dem Kräftepolygon, mit dem die den einzelnen Laststellungen entsprechenden einfachen Momentenflächen in dieser Öffnung gezeichnet wurden, und in welchem die Ordinaten durch die Parallelen zu den den einzelnen Laststellungen entsprechenden Schlußlinien auf der Last $P = 1$ t abgeschnitten werden (Krafteck *1* und *2* oberhalb der Fig. 4); die Ordinaten der Einflußlinie der Querkraft für einen Schnitt in einer unbelasteten Öffnung werden auf einer im Abstand H (Polweite) vom Festpunkt, durch welchen die den einzelnen Laststellungen entsprechenden Schlußlinien (siehe Fig. 4) in dieser Öffnung gehen, gezogenen Vertikalen von den genannten Schlußlinien abgeschnitten (Bd. I, Kap. VI, Abschn. 1, b des ersten Teiles).

Die Ordinaten der Einflußlinie des Auflagerdruckes an einer Endstütze sind identisch mit denjenigen der Einflußlinie der Querkraft daselbst; die Ordinaten der Einflußlinie des Auflagerdruckes an einer Mittelstütze sind gleich der Summe der Ordinaten der Einflußlinien für die Querkräfte unmittelbar links und rechts dieser Stütze.

Tabelle 5.

Schnitt	Querkräfte aus				Grenzwerte der Querkräfte	
	Eigengewicht		Verkehrslast			
	positiv	negativ	positiv	negativ	maxim.	minim.
A	+10,20		+5,25	−1,20	**+15,45**	+ 9,00
II		− 2,86	+1,78	−2,48	− 1,08	**− 5,34**
B^l		−21,83	+0,35	−8,00	−21,48	**−29,83**
B^r	+21,11		+8,33	−1,05	**+29,44**	+20,06
VII	+ 0,00	− 0,00	+2,67	−2,67	**+ 2,67**	**− 2,67**

Die aus den Fig. 5 bis 5e ersichtlichen Einflußlinien wurden ausgewertet und in Tabelle 5 (S. 7) eingetragen, in welcher darauf die Grenzwerte der Querkräfte gebildet wurden.

Die größten Auflagerdrücke betragen:

$$\text{in } A:\ 15{,}45\,\text{t,}$$
$$\text{in } B:\ 29{,}83 + 29{,}44 = 59{,}27\,\text{t.}$$

Grenzwerte der Momente und Querkräfte.

In Fig. 6 sind links die Grenzwerte der Querkräfte, rechts die Grenzwerte der Momente nebst der Eisenverteilung aufgetragen.

Fig. 6a zeigt die Armierung des Hauptträgers, die Schubdiagramme zur Ermittlung der Lage der abgebogenen Eisen sowie die Ausbildung der Auflager auf den Pfeilern und an den Widerlagern.

Stützensenkung.

Wir ermitteln noch die Momente und Querkräfte, welche bei einer unvorhergesehenen Senkung eines Pfeilers auftreten würden.

Wir nehmen an, die Mittelstütze B senke sich um 1 cm. Dabei erleiden die Balken *1* und *2* je eine „gegenseitige rechtwinklige Verschiebung" ihrer Enden um $\varrho_1 = \varrho_2 = 0{,}01$ m. Die Momente infolge dieser gegenseitigen Verschiebungen ϱ ermitteln wir nach den Gln. (515) und (520) und wir erhalten: infolge ϱ_1:

$M_1^A = 0$, weil freies Auflager in A, und daher $a_1 = 0$,

$$M_1^B = \frac{\varrho_1}{l_1 \cdot \beta_1\,(l_1 - b_1)} \cdot b_1 \ (\text{da } a_1 = 0)$$
$$= \frac{0{,}01 \cdot 2\,100\,000}{19{,}65 \cdot 62{,}68 \cdot 14{,}80} \cdot 4{,}85 = +\,5{,}59\ \text{mt.}$$

Das Moment M_1^B leiten wir nach links zum Balkenende A und nach rechts durch den Festpunkt K_2 zum Balkenende D (siehe Fig. 7).

Infolge ϱ_2:

$$M_2^B = \frac{\varrho_2}{l_2 \cdot \beta_2\,(l_2 - a_2 - b_2)} \cdot a_2$$
$$= \frac{0{,}01 \cdot 2\,100\,000}{24{,}50 \cdot 78{,}58 \cdot 11{,}58} \cdot 6{,}46 = +\,6{,}09\ \text{mt.}$$
$$M_2^C = -\,M_2^B = -\,6{,}09\ \text{mt.}$$

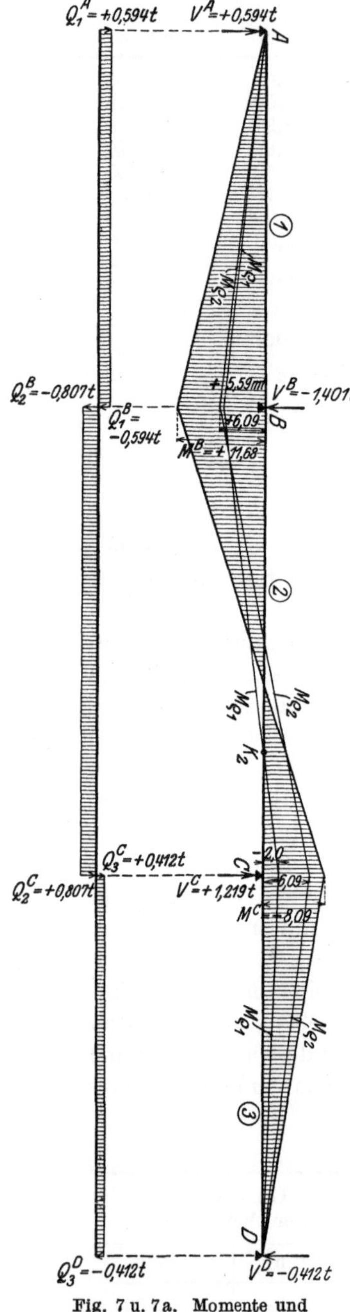

Fig. 7 u. 7a. Momente und Querkräfte infolge Senkung der Stütze B um 1 cm.

Diese Momente leiten wir ebenfalls nach den beiden Balkenenden weiter.

Addieren wir nun die Teilmomentenflächen, so erhalten wir als Gesamt-momente (Fig. 7):

$$\text{an der Stütze } B\colon M^B = + 11{,}68 \text{ mt},$$

$$\text{an der Stütze } C\colon M^C = - 8{,}09 \text{ mt}.$$

Die Querkräfte (Fig. 7a) infolge der vorausgesetzten Stützensenkung betragen:

$$Q_1^A = \frac{11{,}68}{19{,}65} = + 0{,}594 \text{ t},$$

$$Q_1^B = - 0{,}594 \text{ t};$$

$$Q_2^B = \frac{M_2^C - M_2^B}{l_2} = \frac{-8{,}09 - 11{,}68}{24{,}50} = - 0{,}807 \text{ t},$$

$$Q_2^C = + 0{,}807 \text{ t},$$

$$Q_3^C = \frac{-8{,}09}{19{,}65} = + 0{,}412 \text{ t},$$

$$Q_3^D = - 0{,}412 \text{ t}$$

und die Auflagerdrücke:

$$V^A = Q_1^A = + 0{,}594 \text{ t (nach oben gerichtet)},$$

$$V^B = Q_1^B + Q_2^B = - 0{,}594 - 0{,}807 = - 1{,}401 \text{ t (nach unten gerichtet)},$$

$$V^C = Q_2^C + Q_3^C = + 0{,}807 + 0{,}412 = + 1{,}219 \text{ t},$$

$$V^D = Q_3^D = - 0{,}412 \text{ t}.$$

III. Rahmenbrücke mit drei Öffnungen.

Ein Hauptträger (Binder) der in Fig. 8 und 8a im Längs- und Querschnitt dargestellten Brücke aus Eisenbeton soll unter Berücksichtigung des veränderlichen Trägheitsmomentes sowie der elastischen Einspannung des Balkens (Stäbe *1* bis *3*) in den Pfeilern (Stäbe *4* und *5*) berechnet werden; der Balken ist an seinen beiden Enden horizontal verschiebbar gelagert.

Trägheitsmomente.

Aus Fig. 8 ist ersichtlich, daß die Balkenhöhe in den beiden Seitenöffnungen von den Enden A und D nach den Pfeilern stark zunimmt, während sie in der Mittelöffnung auf der Strecke zwischen den beiden Voutenanfängen konstant ist. Die beiden Pfeiler haben auf der Strecke $l' = 5{,}00$ m zwischen Einspannungsquerschnitt am Fuß und Voutenanfang am Kopfe eine konstante Stärke von $0{,}80$ m, während auf der Strecke $f = 1{,}60$ m zwischen Voutenanfang und Schnittpunkt von Balken- und Pfeilerachse das Trägheitsmoment unendlich groß eingeführt wird.

Die Trägheitsmomente der Balkenquerschnitte in der Mitte der in Fig. 8 eingetragenen Lamellen sind aus den nachfolgenden Tabellen 1 und 2 ersichtlich.

Das Trägheitsmoment der homogenen Pfeilerquerschnitte beträgt

$$J_4 = J_5 = 0{,}0704 \text{ m}^4.$$

Festpunkte.

Graphisch erhalten wir die Festpunkte nach Kap. III des ersten Teiles, Bd. I. Der Symmetrie wegen ist $b_2 = a_2$ und $b_1 = a_3$, so daß nur die Festpunktabstände a (Festpunkte J) bestimmt zu werden brauchen.

Zur Ermittlung der sog. Drittellinien lassen wir über dem Auflager B (Fig. 8b) das Moment $M = 1$ angreifen und bilden in jeder anstoßenden Öffnung (graphisch mit beliebiger Polweite) die Resultierende der Größen ΔF, welche in den nachfolgenden Tabellen 1 und 2 berechnet sind.

$$\text{Für den Balken } AB \text{ ist:} \quad \Delta F = \frac{\Delta s}{J} \cdot \frac{z}{l},$$

$$\text{,, \quad ,, \quad ,, } \quad BC \text{ ,, :} \quad \Delta F = \frac{\Delta s}{J} \cdot \frac{z'}{l}.$$

Tabelle 1. Endfeld $l_1 = 17{,}50$ m.

Lamelle	Δs	J	z	z'	$w = \dfrac{\Delta s}{J}$	$w \cdot z$	$\Delta F = \dfrac{w \cdot z}{l_1}$	$w \cdot z \cdot z'$
1	1,556	0,173	0,776	16,724	8,994	6,997	0,399	117,018
2	1,556	0,188	2,332	15,168	8,277	19,302	1,103	292,773
3	1,556	0,205	3,888	13,612	7,590	29,510	1,686	401,690
4	1,556	0,222	5,444	12,056	7,009	38,157	2,180	460,021
5	1,556	0,240	7,000	10,500	6,483	45,381	2,593	476,500
6	1,556	0,259	8,556	8,944	6,007	51,396	2,936	459,686
7	1,556	0,278	10,112	7,388	5,597	56,597	3,234	418,139
8	1,556	0,298	11,668	5,832	5,222	60,930	3,482	355,344
9	1,556	0,319	13,224	4,276	4,878	64,507	3,686	275,832
10	1,166	0,369	14,585	2,915	3,159	46,074	2,633	134,306
11	1,166	0,457	15,751	1,749	2,551	40,181	2,296	70,277
12	1,166	1,050	16,917	0,583	1,110	18,778	1,073	10,948
						477,810	27,302	3472,534

Tabelle 2. Mittelfeld $l_2 = 28{,}60$ m.

Lamelle	Δs m	J m^4	z	z'	$w = \dfrac{\Delta s}{J}$	$w \cdot z'$	$\Delta F = \dfrac{w \cdot z'}{l_2}$	$w \cdot z' \cdot z$
13	1,136	1,080	0,457	28,143	1,054	29,663	1,037	13,556
14	1,136	0,590	1,595	27,005	1,928	52,066	1,820	83,045
15	1,136	0,507	2,733	25,867	2,244	58,046	2,030	158,640
16	1,556	0,447	4,080	24,520	3,481	85,354	2,984	348,244
17	1,556	0,447	5,636	22,964	3,481	79,938	2,795	450,531
18	1,556	0,447	7,192	21,408	3,481	74,521	2,606	535,955
19	1,556	0,447	8,748	19,852	3,481	69,105	2,416	604,531
20	1,556	0,447	10,404	18,196	3,481	63,340	2,215	658,989
21	1,556	0,447	11,960	16,640	3,481	57,924	2,025	692,771
22	1,556	0,447	13,516	15,084	3,481	52,507	1,836	709,685
23	1,556	0,447	15,072	13,528	3,481	47,090	1,646	709,740
24	1,556	0,447	16,628	11,972	3,481	41,675	1,457	692,972
25	1,556	0,447	18,184	10,416	3,481	36,258	1,268	659,315
26	1,556	0,447	19,740	8,860	3,481	30,842	1,078	608,821
27	1,556	0,447	21,296	7,304	3,481	25,425	0,889	541,451
28	1,556	0,447	22,852	5,748	3,481	20,009	0,700	457,246
29	1,556	0,447	24,408	4,192	3,481	14,592	0,510	356,162
30	1,136	0,507	25,755	2,845	2,244	6,384	0,223	164,420
31	1,136	0,590	26,893	1,707	1,928	3,291	0,115	88,505
32	1,136	1,080	28,032	0,568	1,054	0,600	0,021	16,819
						848,630	29,672	8551,398

Zur Ermittlung der sog. verschränkten Drittellinie S^B bei B bilden wir die Resultierende aus $\overset{l_1}{\underset{0}{\sum}}\varDelta F$ und $\overset{l_2}{\underset{0}{\sum}}\varDelta F$, was in Fig. 8f graphisch, und zwar wie folgt geschehen ist: Auf der linken Drittellinie tragen wir $\overset{l_1}{\underset{0}{\sum}}\varDelta F$ und auf der rechten Drittellinie $\overset{l_2}{\underset{0}{\sum}}\varDelta F$ im gleichen Maßstabe auf; die verschränkte Drittellinie S^B geht dann durch den Schnittpunkt G der Linien, welche die Endpunkte der Kräfte $\overset{l_1}{\underset{0}{\sum}}\varDelta F = R_{1-12}$ und $\overset{l_2}{\underset{0}{\sum}}\varDelta F = R_{13-32}$ kreuzweise verbinden.

Die Lage der verschränkten Drittellinie S^C bei C ergibt sich aus der Bedingung, daß S^B und S^C symmetrisch zur Balkenmitte liegen müssen.

Rechnerisch ergeben sich die Abstände d_1^r und d_2^l der Drittellinien nach Gl. (101) und (99) zu

$$d_1^r = \frac{\overset{l_1}{\underset{0}{\sum}} w \cdot z \cdot z'}{\overset{l_1}{\underset{0}{\sum}} w \cdot z} = \frac{3472{,}534}{477{,}810} = 7{,}267 \text{ m}\,,$$

$$d_2^l = \frac{\overset{l_2}{\underset{0}{\sum}} w \cdot z' \cdot z}{\overset{l_2}{\underset{0}{\sum}} w \cdot z'} = \frac{8551{,}398}{848{,}630} = 10{,}077 \text{ m}\,.$$

Aus Symmetriegründen ist

$$d_2^r = d_2^l \qquad \text{und} \qquad d_3^l = d_1^r\,;$$

ferner ergeben sich die Abstände der verschränkten Drittellinie zu

$$v_{1-2}^l = \frac{\dfrac{1}{l_2}\overset{l_2}{\underset{0}{\sum}} w \cdot z'}{\dfrac{1}{l_1}\overset{l_1}{\underset{0}{\sum}} w \cdot z + \dfrac{1}{l_2}\cdot\overset{l_2}{\underset{0}{\sum}} w \cdot z'}(d_1^r + d_2^l)$$

$$= \frac{\dfrac{1}{28{,}60}\cdot 848{,}630}{\dfrac{1}{17{,}50}\cdot 477{,}810 + \dfrac{1}{28{,}60}\cdot 848{,}630}(7{,}267 + 10{,}077) = 9{,}033\,\text{m}\,,$$

$$v_{1-2}^r = \frac{\dfrac{1}{l_1}\cdot\overset{l_1}{\underset{0}{\sum}} w \cdot z}{\dfrac{1}{l_1}\overset{l_1}{\underset{0}{\sum}} w \cdot z + \dfrac{1}{l_2}\cdot\overset{l_2}{\underset{0}{\sum}} w \cdot z'}(d_1^r + d_2^l)$$

$$= \frac{\dfrac{1}{17{,}50}\cdot 477{,}810}{\dfrac{1}{17{,}50}\cdot 477{,}810 + \dfrac{1}{28{,}60}\cdot 848{,}630}(7{,}267 + 10{,}077) = 8{,}311\,\text{m}\,.$$

Als Kontrolle muß sich ergeben

$$v_{1-2}^l + v_{1-2}^r = d_1^r + d_2^l$$

oder
$$9{,}033 + 8{,}311 = 7{,}267 + 10{,}077\,.$$

Aus Symmetriegründen ist

$$v^l_{2-3} = v^r_{1-2} \quad \text{und} \quad v^r_{2-3} = v^l_{1-2}\,.$$

Nun können wir die **Festpunkte** des Balkens in bekannter Weise konstruieren (siehe Fig. 8 g), wobei wir jedoch beachten müssen, daß sich der Balken in B und C in biegungsfester Verbindung mit einem Pfeiler befindet.

Der Festpunkt J_1 fällt wegen der freien Auflagerung der Balkenenden mit A zusammen.

Zur Bestimmung von J_2 verbinden wir J_1 mit dem beliebigen Punkte B'' der verschränkten Drittellinie S^B, ziehen die Geraden HBL' und $B''L$ und bestimmen auf der letzteren den Schnittpunkt E_2 mit derjenigen Vertikalen, welche die Strecke v^r_{1-2} im Verhältnis $\dfrac{e}{e'}$ der Formel (137):

$$\frac{e}{e'} = k_2 \cdot \frac{l_2}{2\cdot\tau^B_4} \cdot \frac{v^r_{1-2}}{d^l_2}$$

teilt, worin nach Gl. (119):

$$E \cdot k_2 = \frac{2\cdot\sum\limits_0^{l_2} w\cdot z'}{l_2^2} = \frac{2\cdot 848{,}630}{28{,}60^2} = 2{,}075\,;$$

ferner ist nach Gl. (138):

$$E \cdot \tau^B_4 = \frac{l_4'^2\,(2\,l_4 - 3\,a_4)}{6\cdot l_4\,(l_4 - a_4)\cdot J_4}\,,$$

worin a_4 nach Formel (146):

$$a_4 = \frac{l_4'}{3}\cdot\frac{l_4 + 2f_4}{l_4' + 2f_4} = \frac{5{,}00}{3}\cdot\frac{6{,}60 + 2\cdot 1{,}60}{5{,}00 + 2\cdot 1{,}60} = 1{,}992\ \text{m}\,,$$

also

$$E \cdot \tau^B_4 = \frac{5{,}00^2\,(2\cdot 5{,}00 - 3\cdot 1{,}992)}{6\cdot 6{,}60\,(6{,}60 - 1{,}992)\cdot 0{,}0704} = 7{,}8315\,.$$

Setzen wir die Werte von k und τ^B_4 sowie die früher ermittelten Werte von d^l_2 und v^r_{1-2} in die Formel für $\dfrac{e}{e'}$ ein, so folgt:

$$\frac{e}{e'} = 2{,}075 \cdot \frac{28{,}60}{2\cdot 7{,}8315} \cdot \frac{8{,}311}{10{,}077} = 3{,}125\,.$$

Nachdem Punkt E_2 ermittelt ist, erhalten wir J_2 als Schnittpunkt der Geraden $E_2 L'$ und der Balkenachse.

Zur Bestimmung des Festpunktes J_3 ziehen wir von J_2 aus eine beliebig gerichtete Gerade, welche die verschränkte Drittellinie im Punkte C'' schneidet, zeichnen ferner die Geraden NCP' und $C''P$ und bestimmen auf der letzteren den Schnittpunkt E_3 mit derjenigen Vertikalen, welche die Strecke v^r_{2-3} im Verhältnis $\dfrac{e}{e'}$ nach Formel (137):

$$\frac{e}{e'} = k_3 \cdot \frac{l_3}{2\cdot\tau^C_5} \cdot \frac{v^r_{2-3}}{d^l_3}$$

teilt, worin nach Gl. (119):

$$E \cdot k_3 = \frac{2\cdot\sum\limits_0^{l_3} w\cdot z'}{l_3^2} = \frac{2\cdot 447{,}810}{17{,}50^2} = 3{,}120$$

$$\left(\text{da } \sum_0^{l_3} w\cdot z' = \sum_0^{l_1} w\cdot z \text{ wegen der Symmetrie}\right);$$

ferner ist

$$E \cdot \tau_5^C = E \cdot \tau_4^B = 7{,}8315 \, .$$

Setzen wir die Werte von k_3 und τ_5^C sowie die früher ermittelten Werte von $v_{2-3}^r = v_{1-2}^l$ und $d_3^l = d_1^r$ in die Formel für $\dfrac{e}{e'}$ ein, so folgt:

$$\frac{e}{e'} = 3{,}120 \cdot \frac{17{,}50}{2 \cdot 7{,}8315} \cdot \frac{9{,}033}{7{,}267} = 4{,}333 \, .$$

Nachdem E_3 ermittelt ist, erhalten wir den gesuchten Festpunkt J_3 als Schnittpunkt der Geraden $E_3 P'$ und der Balkenachse.

Nach Ermittlung der linken Festpunkte J des Balkens kennen wir auch die Lage der rechten Festpunkte K, denn es ist aus Symmetriegründen:

$$b_3 = a_1 = 0 \, ,$$
$$b_2 = a_2 = 8{,}561 \text{ m} \, ,$$
$$b_1 = a_3 = 6{,}121 \text{ m} \, .$$

Der Abstand des unteren Festpunktes J_4 des Pfeilers B (Stab *4*) vom Pfeilerfuß wurde oben nach Gl. (146) berechnet zu:

$$a_4 = 1{,}992 \text{ m} \, .$$

Der Abstand des oberen Festpunktes K_4 des Pfeilers B vom Knotenpunkt B ergibt sich nach Gl. (147) zu:

$$b_4 = \frac{\overline{l}_4^{\,2} \, (l_4 + 2 f_4)}{3 \cdot \overline{l}_4^{\,2} + 6 \cdot l_4 \cdot E \cdot J \cdot \varepsilon_4^b} \, ,$$

worin nach Gl. (36):

$$\varepsilon_4^b = \tau_{1-2}^B = \frac{\tau_1^B \cdot \tau_2^B}{\tau_1^B + \tau_2^B} \, .$$

Nun ist nach Gl. (43):

$$\tau_1^B = \alpha_1^b - \frac{l_1}{l_1 - a_1} \cdot \beta_1 \, ,$$

worin nach Gl. (200):

$$E \cdot \alpha_1^b = \frac{1}{l_1} \cdot \sum_0^{l_1} w \cdot z = \sum_0^{l_1} \varDelta F = 27{,}302$$

und nach Gl. (205):

$$E \cdot \beta_1 = \frac{1}{l_1^2} \sum_0^{l_1} w \cdot z \cdot z' = \frac{3472{,}534}{17{,}50^2} = 11{,}339 \, ,$$

daher

$$E \cdot \tau_1^B = 27{,}302 - \frac{17{,}50}{17{,}50 - 0} \cdot 11{,}339 = 15{,}964 \, .$$

Und nach Gl. (42):

$$\tau_2^B = \alpha_2^a - \frac{l_2}{l_2 - b_2} \cdot \beta_2 \, ,$$

worin nach Gl. (199):

$$E \cdot \alpha_2^a = \frac{1}{l_2} \cdot \sum_0^{l_2} w \cdot z' = \sum_0^{l_2} \varDelta F = 29{,}672$$

und nach Gl. (205):

$$E \cdot \beta_2 = \frac{1}{l_2^2} \cdot \sum_0^{l_2} w \cdot z \cdot z' = \frac{8551{,}398}{28{,}60^2} = 10{,}454 \, ,$$

daher

$$E \cdot \tau_2^B = 29{,}672 - \frac{28{,}60}{28{,}60 - 8{,}561} \cdot 10{,}454 = 14{,}752 \, .$$

Setzen wir die Werte von τ_1^B und τ_2^B in die Formel für ε_4^b ein, so erhalten wir

$$E \cdot \varepsilon_4^b = \frac{15{,}964 \cdot 14{,}752}{15{,}964 + 14{,}752} = 7{,}667 \, .$$

Diesen Wert in die Gl. für b_4 eingesetzt, gibt:

$$b_4 = \frac{5{,}00^2 \, (6{,}60 + 2 \cdot 1{,}60)}{3 \cdot 5{,}00^2 + 6 \cdot 6{,}60 \cdot 7{,}667 \cdot 0{,}0704} = 2{,}542 \, \text{m} \, .$$

Aus Symmetriegründen ist

$$a_5 = a_4 \qquad \text{und} \qquad b_5 = b_4 \, .$$

Zur Probe erhalten wir die Festpunktsabstände des Balkens rechnerisch nach Hauptformel (7). Es ist

$$a_2 = \frac{l_2 \cdot \beta_2}{\alpha_2^a + \varepsilon_2^a} \, ,$$

worin nach Gl. (36):

$$\varepsilon_2^a = \tau_{1-4}^B = \frac{\tau_1^B \cdot \tau_4^B}{\tau_1^B + \tau_4^B} \, .$$

Nach obigem war:

$$E \cdot \tau_1^B = 15{,}964 \qquad \text{und} \qquad E \cdot \tau_4^B = 7{,}8315 \, ,$$

daher ist

$$\varepsilon_2^a = \frac{15{,}964 \cdot 7{,}8315}{15{,}964 + 7{,}8315} = 5{,}254$$

und also

$$a_2 = \frac{28{,}60 \cdot 10{,}454}{29{,}672 + 5{,}254} = 8{,}561 \, \text{m} \, .$$

Ferner ist

$$a_3 = \frac{l_3 \cdot \beta_3}{\alpha_3^a + \varepsilon_3^a} \, ,$$

worin aus Symmetriegründen:

$$\beta_3 = \beta_1 \, , \qquad \alpha_3^a = \alpha_1^b \, ,$$

$$\varepsilon_3^a = \varepsilon_1^b = \tau_{2-4}^B = \frac{\tau_2^B \cdot \tau_4^B}{\tau_2^B + \tau_4^B} = \frac{14{,}752 \cdot 7{,}8315}{14{,}752 + 7{,}8315} = 5{,}115 \, ,$$

daher ist

$$a_3 = \frac{17{,}50 \cdot 11{,}339}{27{,}302 + 5{,}115} = 6{,}121 \, \text{m} \, .$$

Verteilungsmaße.

Graphisch erhalten wir die Verteilungsmaße μ nach Kap. III, 8 des ersten Teiles, Bd. I aus den Konstruktionslinien zur Bestimmung der Festpunkte (Fig. 8g) durch Abmessen der Strecken $B'B''$, $B'B'''$, $C'C''$ und $C'C'''$ in beliebigem Maßstabe und Einsetzen derselben in Formel (160):

$$\mu_{2-1}^B = \frac{B'B''}{B'B'''} = \frac{9{,}00}{27{,}45} = 0{,}328$$

und

$$\mu_{3-2}^C = \frac{C'C''}{C'C'''} = \frac{7{,}15}{20{,}60} = 0{,}347 \, .$$

Analytisch erhalten wir die Verteilungsmaße nach Kap. II, 5 des ersten Teiles mit Hilfe der bereits ermittelten Zahlenwerte von τ_1^B, $\tau_2^C = \tau_2^B$ und $\tau_4^B = \tau_5^C$ nach Formel (37) zu:

und

$$\mu_{2-1}^B = \frac{\tau_4^B}{\tau_1^B + \tau_4^B} = \frac{7{,}8315}{15{,}964 + 7{,}8315} = 0{,}328$$

$$\mu_{3-2}^C = \frac{\tau_5^C}{\tau_2^C + \tau_5^C} = \frac{7{,}8315}{14{,}752 + 7{,}8315} = 0{,}347 \, .$$

Aus Symmetriegründen ist:

und

$$\mu_{1-2}^B = \mu_{3-2}^C = 0{,}347$$

$$\mu_{2-3}^C = \mu_{2-1}^B = 0{,}328 \, .$$

I. Eigengewicht.

1. Momente aus Eigengewicht.

Der Gang der Rechnung teilt sich, wie in Kap. I des zweiten Teiles erläutert, in zwei Abschnitte.

Rechnungsabschnitt I:

Der Rahmen wird durch ein gedachtes Lager in D vorübergehend festgehalten; darauf werden die Momente für die Eigenlast nach Kap. V des ersten Teiles Bd. I ermittelt.

In den nachfolgenden Tabellen 3 und 3a sind die Gewichte G_1 bis G_{32} der Eigengewichtslamellen der Öffnungen I und II sowie die Ordinaten der betreffenden Biegelinien für $M = 1$ enthalten, mittels deren wir nach den Gl. (250) und (251) die Kreuzlinienabschnitte für die gegebene Belastung ermitteln.

Tabelle 3. I. Öffnung.

La- melle Nr.	Gewichte G der Lamelle t	Ordinaten δ der Biegungs- linie I	$G \cdot \delta$
1	4,93	0,70	3,45
2	4,90	2,20	10,77
3	5,05	3,65	18,43
4	5,11	4,70	24,01
5	5,17	5,50	28,43
6	5,23	6,00	31,37
7	5,29	6,05	32,00
8	5,35	5,70	30,49
9	5,41	4,80	25,96
10	4,23	3,60	15,23
11	4,59	2,30	10,55
12	6,83	0,85	5,81

$$\sum_0^{l_1} G \cdot \delta = 236{,}50$$

(Die Ordinaten δ sind im Längenmaßstab abgemessen.)

Tabelle 3a. II. Öffnung.

La- melle Nr.	Gewichte G der Lamelle t	Ordinaten δ der Biegungs- linie II	$G \cdot \delta$
13	6,79	0,95	6,45
14	4,81	2,55	12,26
15	4,43	3,95	17,50
16	5,72	5,50	31,47
17	5,72	6,90	39,48
18	5,72	7,90	45,20
19	5,72	8,63	49,38
20	5,72	9,05	51,78
21	5,72	9,20	52,64
22	5,72	9,10	52,07
23	5,72	8,75	50,07
24	5,72	8,20	46,92
25	5,72	7,53	43,09
26	5,72	6,65	38,05
27	5,72	5,65	32,33
28	5,72	4,60	26,32
29	5,72	3,40	19,45
30	4,43	2,35	10,41
31	4,81	1,40	6,73
32	6,79	0,50	3,39

$$\sum_0^{l_2} G \cdot \delta = 634{,}99$$

Bei graphischer Ermittlung der Momente mit der Polweite H sind die Werte der Gl. (250) und (251) noch durch H zu dividieren, wodurch wir erhalten:

$$\frac{k_1^a}{H} = \frac{\sum\limits_0^{l_1} G \cdot \delta}{H} \cdot \frac{l_1}{t_1^B} = \frac{k_3^b}{H} = \frac{236,50}{20} \cdot \frac{17,50}{17,30} = 11,96 \text{ m},$$

$$\frac{k_2^b}{H} = \frac{\sum\limits_0^{l_2} G \cdot \delta}{H} \cdot \frac{l_2}{t_2^B} = \frac{k_2^a}{H} = \frac{634,99}{20} \cdot \frac{28,60}{23,70} = 38,32 \text{ m}.$$

Nun können diese Strecken im Längenmaßstab in Fig. 9 angetragen und die Momente aus Eigengewicht ermittelt werden, wobei zu beachten ist, daß die Momente an den Stützen vor dem Weiterleiten mit dem betreffenden Verteilungsmaß μ zu multiplizieren sind, was graphisch mittels Verwandlungswinkel oder rechnerisch erfolgen kann. Die Momentenfläche an den Pfeilern (unbelastete Stäbe) erhalten wir durch Weiterleiten der Pfeilerkopfmomente durch die unteren Festpunkte J_4 bzw. J_5 der Pfeiler.

Zum Schluß ermitteln wir die im gedachten Lager bei D auftretende Festhaltungskraft F („Reaktion"); es ist nach Kap. VII des ersten Teiles, Bd. I:

$$F = Q_4^B + Q_5^C.$$

Nach Kap. VI, 1 des ersten Teiles ist:

$$Q_4^B = \frac{M_4^B - M_4^E}{l_4} = \frac{-56,40 - 24,38}{6,60} = -12,24 \text{ t (nach links gerichtet)},$$

$$Q_5^C = \frac{M_5^C - M_5^F}{l_5} = \frac{+56,40 + 24\,38}{6,60} = +12,24 \text{ t (nach rechts gerichtet)},$$

daher

$$F = -12,24 + 12,24 = 0.$$

Rechnungsabschnitt II.

Wir entfernen das während R. I am Balken angenommene Lager und ermitteln die Zusätze infolge der Verschiebungskraft V (umgekehrte Festhaltungskraft). Da dieselbe nun aber Null ist, so sind auch die Zusätze Null, was übrigens beim symmetrisch ausgebildeten und symmetrisch belasteten Rahmen selbstverständlich ist; daraus folgt, daß die endgültigen inneren Kräfte am Rahmen infolge Eigengewicht gleich denjenigen sind, welche sich aus R. I ergeben.

2. Querkräfte aus Eigengewicht.

In Fig. 9a und b sind die Querkräfte am Balken infolge Eigenlast graphisch durch Ziehen der Parallelen zu den Schlußlinien der Momentenflächen der Fig. 9 ermittelt worden (nach Kap. VI, 1, b des ersten Teiles); es ergab sich

$$\text{im Endfeld:} \quad Q_1^A = +17,50 \text{ t}; \quad Q_1^B = -44,67 \text{ t},$$
$$\text{im Mittelfeld:} \quad Q_2^B = +56,08 \text{ t}; \quad Q_2^C = -56,08 \text{ t}.$$

An den Pfeilern ergibt sich rechnerisch:

$$\text{am Pfeiler } B: \quad Q_4^B = -12,24 \text{ t}; \quad Q_4^E = +12,24 \text{ t},$$
$$\text{am Pfeiler } C: \quad Q_5^C = +12,24 \text{ t}; \quad Q_5^F = -12,24 \text{ t}.$$

3. Normalkräfte aus Eigengewicht.

Die beiden Querkräfte Q_4^B und Q_5^C an den Pfeilerköpfen („Reaktionen“) sind nach auswärts gerichtet, daher ist die Normalkraft („Aktion“) im Stab *2* eine Druckkraft, und zwar

$$N_2 = 12{,}24 \text{ t} \, .$$

Ferner ist

$$N_1 = 0 \quad \text{und} \quad N_3 = 0 \, ,$$

da die Stäbe *1* und *3* an einem Ende ein bewegliches Auflager besitzen.

Die Normalkraft am Kopfe der Pfeiler B und C beträgt:

$$N_4^B = Q_1^B + Q_2^B = 100{,}75 \text{ t} \quad \text{bzw.} \quad N_5^C = Q_2^C + Q_3^C = 100{,}75 \text{ t} \, ,$$

und zwar ist sie eine Druckkraft.

Im Fußquerschnitt dieser Pfeiler beträgt die Normalkraft (Druckkraft):

$$N_4^E = N_4^B + \text{Gewicht des Pfeilerschaftes} = 100{,}75 + 16{,}4 = 117{,}15 \text{ t}$$

und

$$N_5^F = 117{,}15 \text{ t} \, .$$

4. Auflagerdrücke aus Eigengewicht an den Balkenenden.

In den beiden Auflagern an den Balkenenden ist der Auflagerdruck

$$V^A = Q_1^A = 17{,}50 \text{ t} \, ,$$
$$V^D = Q_3^D = 17{,}50 \text{ t} \, .$$

II. Verkehrslast.

Als Verkehrsbelastung wird eingeführt:

ein Wagenzug mit einem auf 13,00 m Länge gleichmäßig verteilten Gewicht $p_w = 1{,}95$ t pro lfdm Träger, sowie vor und hinter demselben ein Menschengedränge von $p_m = 1{,}00$ t pro lfdm Träger,

oder

ein Wagenzug mit einem auf 8,00 m Länge gleichmäßig verteilten Gewicht $p_w = 1{,}85$ t pro lfdm Träger, sowie vor und hinter demselben ein Menschengedränge von $p_m = 1{,}00$ t pro lfdm Träger,

oder

ein Wagenzug mit einem auf 5,50 m Länge gleichmäßig verteilten Gewicht $p_w = 1{,}53$ t pro lfdm Träger, sowie vor und hinter demselben ein Menschengedränge von $p_m = 1{,}00$ t pro lfdm Träger.

Die in den einzelnen Schnitten von der Verkehrslast hervorgerufenen größten positiven und negativen Momente und Querkräfte erhalten wir mittels der in Fig. 15 aufgetragenen Einflußlinien.

Rechnungsabschnitt I.

Wir nehmen an, der Balken des Rahmens sei vorübergehend durch ein gedachtes Lager in D horizontal unverschiebbar festgehalten, für welchen Zustand die gestrichelten Einflußlinien der Fig. 15 aufgetragen wurden.

Um zu diesen Einflußlinien zu gelangen, zeichnen wir die am festgehaltenen Rahmen von der wandernden Last $P = 1{,}0$ t in einer jeden Stellung derselben hervorgerufene, über alle Öffnungen sich erstreckende Momentenfläche (Fig. 10), die sog. Zustandsfläche, in welcher alle Einflußordinaten enthalten sind. Hierbei ist zu beachten, daß die Momente an den Pfeilern B und C beim Überschreiten der letzteren mit den entsprechenden Verteilungsmaßen μ zu multiplizieren sind; die Pfeiler sind unbelastete Stäbe des Rahmens. Die Kreuzlinienabschnitte zu den Zustandsflächen, bzw. die Ordinaten $\dfrac{k}{H} = \dfrac{1 \cdot s}{H}$ der Last $P = 1\,\mathrm{t}$ [den Gl. (252) und (253) entsprechend] sind hier, wie im vorhergehenden Beispiel, nicht heruntergeklappt, sondern gemäß ihren negativen Vorzeichen von der Stabachse aus nach oben abgetragen (vgl. Fig. 10); von der gewonnenen Schlußlinie aus ist die Momentenfläche dann nach unten angetragen worden, so daß die Stabachse die Trennungslinie zwischen der positiven und negativen Momentenfläche bildet und sämtliche Momentenordinaten (Einflußordinaten) von der Stabachse aus gemessen werden. Wäre der Rahmen unsymmetrisch, so müßte zur Bestimmung des linken Kreuzlinienabschnittes k_2^a an Stelle der aus dem Momentendreieck $BB'C$ (Fig. 8b) abgeleiteten Biegelinie II eine andere Biegelinie benutzt werden, welche aus einem Momentendreieck mit der Grundlinie l_2 und einer Höhe $h = 1$ in C herzuleiten wäre; im vorliegenden Falle des symmetrischen Rahmens jedoch können wir k_2^a ebenfalls mittels Biegelinie II erhalten, indem wir überlegen, daß der gesuchte linke Kreuzlinienabschnitt für $P = 1{,}0\,\mathrm{t}$ z. B. im Schnitt VIII gleich sein muß dem rechten Kreuzlinienabschnitt für $P = 1{,}0\,\mathrm{t}$ im Schnitt $VIII'$, d. h. es muß sein für Laststellung VIII:

$$k_2^a = s_{VIII'}^a \cdot \frac{P}{H} = 2 \cdot s_{VIII'}^a$$

(da $P = 1\,\mathrm{t}$ und $H = \tfrac{1}{2}\,\mathrm{t}$).

Die Ordinaten der Einflußlinie des Biegungsmomentes für einen Schnitt finden wir als die auf der Senkrechten durch diesen Schnitt abgegriffenen Ordinaten sämtlicher den einzelnen Laststellungen (Belastungsfälle) in allen Öffnungen entsprechenden Momentenflächen; diese Abschnitte werden in denjenigen Laststellungen aufgetragen, aus deren zugehöriger Momentenfläche sie gewonnen wurden. Die Ordinaten der Einflußlinie der Querkraft für einen Schnitt an einem belasteten Stab finden wir aus dem Kräftepolygon, mit dem die den einzelnen Laststellungen entsprechenden einfachen Momentenflächen an diesem Stab gezeichnet wurden und in welchem die Ordinaten durch die Parallelen zu den den einzelnen Laststellungen entsprechenden Schlußlinien auf der Last $P = 1\,\mathrm{t}$ abgeschnitten werden (Fig. 10c und d); die Ordinaten der Einflußlinie der Querkraft für einen Schnitt an einem unbelasteten Stab werden auf einer im Abstand H (Polweite) vom Festpunkt, durch welchen die den einzelnen Laststellungen entsprechenden Schlußlinien an diesem Stab gehen, gezogenen Senkrechten von den genannten Schlußlinien abgeschnitten (Bd. I, Teil I, Kap. VI, Abschn. 1, b). Die Ordinaten der Einflußlinie des Auflagerdruckes an einer Mittelstütze sind gleich der Summe der Ordinaten der Einflußlinien für die Querkräfte unmittelbar links und rechts dieser Stütze.

In jeder Stellung der wandernden Last $P = 1\,\mathrm{t}$ tritt in dem während des R. I in D angenommenen festen Lager eine Festhaltungskraft F auf, welche gleich der Resultierenden aus den beiden Querkräften an den Pfeilerköpfen ist, d. h.

$$F = Q_4^B + Q_5^C,$$

worin die Q mit ihren Vorzeichen einzusetzen sind (von links nach rechts positiv).

Rechnungsabschnitt II.

Entfernen wir jetzt das gedachte Lager in D und stellen in dieser Weise den ursprünglichen Zustand der freien Verschiebbarkeit wieder her, so tritt die den einzelnen Stellungen der Last $P = 1\,\mathrm{t}$ entsprechende Verschiebungskraft (umgekehrte Festhaltungskraft) in Tätigkeit, welche, sofern sie von Null verschieden ist, dem Balken des Rahmens eine in ihrer Richtung erfolgende Verschiebung erteilt, der neue, bisher noch nicht berücksichtigte innere Kräfte entsprechen. Die im R. I ermittelten, in den Fig. 15 und 16 gestrichelt dargestellten Einflußlinien der Biegungsmomente, Querkräfte und Auflagerdrücke müssen daher noch durch Zusätze ergänzt werden.

Zur Bestimmung dieser Zusätze ermitteln wir nachfolgend die einer jeden Stellung der wandernden Last $P = 1\,\mathrm{t}$ entsprechende Ursache dieser Zusätze, nämlich die jeweilige Verschiebungskraft V; dann folgt die Ermittlung der von den einzelnen Verschiebungskräften V am Rahmen hervorgerufenen Momente und Querkräfte und schließlich die Bestimmung der Zusätze selbst.

1. Verschiebungskraft V („Aktion") in den einzelnen Stellungen der Kraft $P = 1\,\mathrm{t}$.

Es ist
$$V = -F = -(Q_4^B + Q_5^C).$$

Die Querkräfte an einem unbelasteten Stab (z. B. Stab *4* und *5*) werden nach Bd. I, Teil I, Kap. VI, 1, b auf einer im Abstand H (Polweite) vom Festpunkt, durch welchen die den einzelnen Laststellungen entsprechenden Schlußlinien gehen, gezogenen Normalen zum Stab von den genannten Schlußlinien abgeschnitten (siehe Fig. 10a und b). Um beispielsweise die Ordinate im Schnitt *III* zu erhalten, greifen wir in Fig. 10a die durch die Schlußlinie *3* des Stabes *4* (Pfeiler B) auf der Normalen zu diesem Stab im Abstand $H = \frac{1}{2}\,\mathrm{t}$ vom Festpunkt J_4 abgeschnittene positive Strecke ab und ziehen davon die von der Schlußlinie *3* des Stabes *5* (Pfeiler C) auf der Normalen zu diesem Stab im Abstand $H = \frac{1}{2}\,\mathrm{t}$ vom Festpunkt J_5 bestimmte negative Strecke ab; die Differenz ist dann, im Kräftemaßstab der Kräftepolygone *I* und *II* gemessen, die gesuchte Verschiebungskraft V für die Laststellung *III*, welche in Fig. 11 im Schnitte *III* aufgetragen ist. Aus Symmetriegründen haben die Ordinaten links und rechts der Mitte gleiche Größe, aber entgegengesetztes Vorzeichen.

2. Ermittlung der Momente M' infolge der waagerechten Verschiebung des Balkens um $\varDelta = 1\,\mathrm{mm}$, sowie der Momente M^* infolge $H = 1,00\,\mathrm{t}$ am Balken.

Durch die gegebene Verschiebung des Balkens erleiden die beiden Pfeiler (Stäbe *4* und *5*) „gegenseitige rechtwinklige Verschiebungen" ihrer Endpunkte, und zwar ist
$$\varrho_4 = 1\,\mathrm{mm} \qquad \text{und} \qquad \varrho_5 = 1\,\mathrm{mm}$$
(Bd. I, Teil II, Kap. III).

Nach den Hauptformeln (515) und (520) entstehen infolge ϱ_4 an den Enden des Stabes *4* die Momente
$$M_4^E = \frac{\varrho_4}{l_4 \cdot \beta_4\,(l_4 - a_4 - b_4)} \cdot a_4,$$
$$M_4^B = \frac{\varrho_4}{l_4 \cdot \beta_4\,(l_4 - a_4 - b_4)} \cdot b_4.$$

Nun ist nach Gl. (206):

$$E \cdot \beta_4 = \frac{\bar{l}_4^2 (l_4 + 2 f_4)}{6 \cdot l_4^2 \cdot J_4} = \frac{5{,}00^2 (6{,}60 + 2 \cdot 1{,}60)}{6 \cdot 6{,}60^2 \cdot 0{,}0704} = 13{,}315$$

und daher mit $E = 2\,100\,000 \ \text{t/m}^2$:

$$M_4^E = - \frac{2\,100\,000 \cdot 0{,}001}{6{,}60 \cdot 13{,}315 \,(6{,}60 - 1{,}992 - 2{,}542)} \cdot 1{,}992 = - 23{,}034 \ \text{mt}\,,$$

$$M_4^B = + \frac{2\,100\,000 \cdot 0{,}001}{6{,}60 \cdot 13{,}315 \,(6{,}60 - 1{,}992 - 2{,}542)} \cdot 2{,}542 = + 29{,}402 \ \text{mt}\,.$$

Aus Symmetriegründen entstehen infolge ϱ_5 an den Enden des Stabes 5 die gleichen Momente wie am Stab 4, also

$$M_5^F = - 23{,}034 \ \text{mt} \qquad \text{und} \qquad M_5^C = + 29{,}402 \ \text{mt}\,.$$

Diese Momente wurden in Fig. 12 aufgetragen und über die anschließenden Stäbe mittels Festpunkte und Verteilungsmaße weitergeleitet.

Es ist nach Gl. (37):

$$\mu_{4-2}^B = \frac{\tau_1^B}{\tau_2^B + \tau_1^B} = \frac{15{,}964}{14{,}752 + 15{,}964} = 0{,}520$$

und nach Gl. (38):

$$\mu_{4-1}^B = (1 - \mu_{4-2}^B) = 0{,}480\,.$$

Durch Addition der beiden Teilmomentenflächen für ϱ_4 und ϱ_5 erhalten wir darauf die in Fig. 12 schraffierte M'-Momentenfläche, aus welcher wir schließlich die zugehörige Erzeugungskraft Z nach Bd. I, Teil II, Kap. III, 4 genau wie die Festhaltungskraft des R. I gewinnen; es ist

$$Z = (Q_4^B + Q_5^C) = 2 \left(\frac{33{,}792 + 24{,}932}{6{,}60} \right) = 17{,}796 \ \text{t}\,.$$

Würde man diese in Balkenachse wirkende innere Kraft als äußere Belastung am Rahmen anbringen, so würde diese Belastung umgekehrt die Verschiebung $\varDelta = + 0{,}001$ m und die der letzteren entsprechenden M'-Momente hervorrufen; daraus folgt, daß durch die äußere Belastung $H = + 1{,}00$ t Momente M^* am Rahmen entstehen, welche aus den M'-Momenten durch Division mit 17,796 hervorgehen (Bd. I Teil II, Kap. IV, 1). Die M^*-Momente infolge $H = 1{,}00$ t sind in Fig. 13 aufgetragen worden.

3. Momente und Querkräfte am Rahmen, welche von den, den Stellungen I bis IX der wandernden Last $P = 1{,}00$ t entsprechenden, Verschiebungskräften V hervorgerufen werden.

Steht beispielsweise die wandernde Last $P = 1$ t im Schnitt III, so wirkt am Balken eine nach links gerichtete Verschiebungskraft V_{III} („Aktion"), deren Größe aus der Einflußlinie der Fig. 11 erhalten wird, indem man daselbst die Ordinate III mit dem Maßstab dieser Figur mißt; um die durch V_{III} hervorgerufene in Fig. 14d, l und m dargestellte Momentenfläche am Rahmen zu erhalten, hat man nur nötig, die Ordinaten der M^*-Momentenfläche der Fig. 13 mit V_{III} zu multiplizieren. Diese Multiplikation wurde in einfacher Weise graphisch mittels der in den Fig. 14a und m dargestellten Reduktionswinkel vorgenommen. Während die Momente am Balken für jede Laststellung in einer besonderen Figur

(14 b bis k) — wegen dem leichteren Abgreifen der Ordinaten — aufgetragen wurden, konnten die Momentenflächen an den Pfeilern in je einer Figur (14 l und n) vereinigt werden.

Um die zugehörigen Querkräfte zu erhalten, belasten wir die an ihren Enden durchgeschnitten gedachten Balken der ersten und zweiten Öffnung sowie einen an seinen Enden durchgeschnitten gedachten Pfeiler mit den aus den Fig. 14 b bis n hervorgehenden Stützenmomenten und ermitteln die entsprechenden Auflagerdrücke; wir erhalten die letzteren, indem wir (Fig. 14 b bis n) in der ersten Öffnung von A aus, in der zweiten Öffnung von der Mitte aus und am Pfeiler vom Momentennullpunkt aus im Abstande $H = \frac{1}{2}$ t (Polweite der den einzelnen Laststellungen entsprechenden Momentenflächen, Fig. 10) eine Normale zum Stab ziehen und die Momentenordinaten auf der letzteren mit dem Kräftemaßstab messen, in welchem die Polweite H aufgetragen wurde (Bd. I. Teil I, Kap. VI, 1, b).

4. Zusätze zu den im Rechnungsabschnitt I ermittelten, in den Fig. 15a bis o und 16a bis h gestrichelt dargestellten Einflußlinien der Biegungsmomente, Querkräfte und Auflagerdrücke.

Diese Zusätze sind eine Folge der Verschiebungskräfte V, welche in den einzelnen Stellungen der wandernden Last 1 t im Balken wirken und durch die Einflußlinie der Fig. 11 dargestellt sind. Da nun die Ordinaten der linken Hälfte dieser Einflußlinie entgegengesetzt gleich sind den Ordinaten der rechten Hälfte, so können wir uns darauf beschränken, die Zusätze auf der linken Hälfte der einzelnen Einflußlinien zu ermitteln und die Zusätze auf der rechten Hälfte entgegengesetzt gleich zu nehmen. In den Fig. 15a bis o und 16a bis h bedeuten die voll ausgezogenen Kurven die Einflußlinien mit Berücksichtigung der Zusätze.

a) Zusätze zu den Einflußlinien der Biegungsmomente.

Beispielsweise erhält man die Zusätze zu den Ordinaten der in Fig. 15d gestrichelt gezeichneten Einflußlinie des Biegungsmomentes im Schnitt IV aus den in Fig. 14 dargestellten Momentenflächen, und zwar ist der Zusatz im Schnitt I gleich der im Schnitt IV der Fig. 14b abgegriffenen Momentenordinate, der Zusatz im Schnitt II gleich der im Schnitt IV der Fig. 14c abgegriffenen Momentenordinate, und so weiter in allen übrigen Schnitten der linken Hälfte.

Ferner betrachten wir noch die Zusätze zu den Ordinaten der in Fig. 15n gestrichelt dargestellten Einflußlinie des Biegungsmomentes am Pfeilerkopf B: Im Schnitt I ist die Zusatzordinate gleich der am Pfeilerkopf der Fig. 14 l von der Schlußlinie 1 abgeschnittenen Momentenordinate, welche gleich ist der Summe der Momentenordinaten M_1^B und M_2^B in Fig. 14b (weil $M_4^B = [+ M_1^B] - [- M_2^B]$); im Schnitt II ist der Zusatz gleich der am Pfeilerkopf B der Fig. 14 l von der Schlußlinie 2 abgeschnittenen Momentenordinate, und so weiter in allen übrigen Schnitten der linken Hälfte.

Die Zusätze zu den Ordinaten der in Fig. 15o gestrichelt dargestellten Einflußlinie des Biegungsmomentes am Pfeiler E erhalten wir in analoger Weise aus Fig. 14 l.

b) Zusätze zu den Einflußlinien der Querkräfte.

Die Zusätze zu den Ordinaten I bis IX der in Fig. 16a gestrichelt dargestellten Einflußlinie der Querkraft in A sind gleich den Auflagerdrücken, welche auf die vorher unter 3. beschriebene Weise am linken Ende des einfachen Balkens AB erhalten werden. Beispielsweise ist der Zusatz im Schnitt I gleich der in der Momentenfläche (Fig. 14b) abgegriffenen Momentenordinate im Abstande H von A, der Zusatz im Schnitt II gleich der in der Momentenfläche der Fig. 14c abgegriffenen Momentenordinate im Abstande H von A usw.

Die Zusätze zu den gestrichelt dargestellten Einflußlinien der Querkräfte in den Schnitten III und B^l (Fig. 16b und c) sind gleich den vorhergehend behandelten Zusätzen zu der Einflußlinie der Querkraft in A.

Die Zusätze zu den gestrichelt dargestellten Einflußlinien der Querkräfte in den Schnitten B^r, VIII und X (Fig. 16d, f und g) sind gleich den Auflagerdrücken, welche auf die vorher unter 3. beschriebene Weise am linken Ende des einfachen Balkens BC erhalten werden. Beispielsweise ist der Zusatz im Schnitt I aller drei Einflußlinien (weil in unbelasteten Öffnungen die Querkraft über die ganze Öffnung konstant ist) gleich der in der Momentenfläche der Fig. 14b abgegriffenen Momentenordinate im Abstande H von der Trägermitte, der Zusatz im Schnitt II aller drei Einflußlinien gleich der in der Momentenfläche der Fig. 14c abgegriffenen Momentenordinate im Abstande H von der Trägermitte usw.

Die Zusätze zu der gestrichelt dargestellten Einflußlinie der Querkraft am Kopfe des Pfeilers B (Fig. 16h) sind gleich den Auflagerdrücken, welche auf die vorher unter 3. beschriebene Weise am oberen Ende des einfachen Balkens BE erhalten werden. Beispielsweise ist der Zusatz im Schnitt III gleich der in Fig. 14 l von der Schlußlinie 3 auf der Normalen zum Pfeiler im Abstande H von A (im Kräftemaßstab) abgeschnittenen Momentenordinate usw. Als Kontrolle für richtiges Konstruieren muß die endgültige, voll ausgezogene Einflußlinie für Q_4^B eine symmetrisch zur Trägermitte verlaufende Kurve ergeben.

Die Einflußlinie für die Querkraft am Pfeilerfuß ist entgegengesetzt gleich wie diejenige für die Querkraft am Pfeilerkopf.

c) Zusätze zu den Einflußlinien der Auflagerdrücke.

Die Zusätze zu den Ordinaten der Einflußlinie des Auflagerdruckes in A sind identisch mit denjenigen zu den Ordinaten der Einflußlinie für die Querkraft daselbst.

Die Zusätze zu den Ordinaten I bis IX der in Fig. 16e gestrichelt dargestellten Einflußlinie des Auflagerdruckes in B sind jeweils gleich der algebraischen Summe der beiden Auflagerdrücke, welche auf die vorher unter 3. beschriebene Weise am rechten Ende des einfachen Balkens AB und am linken Ende des einfachen Balkens BC erhalten werden. Beispielsweise ist der Zusatz im Schnitt I gleich der algebraischen Summe der beiden Momentenordinaten, welche in der Momentenfläche der Fig. 14b im Abstande H von A und im Abstande H von der Trägermitte abgegriffen werden; ebenso ist der Zusatz im Schnitt II gleich der algebraischen Summe der beiden Momentenordinaten, welche in der Momentenfläche der Fig. 14c im Abstande H von A und im Abstande H von der Trägermitte abgegriffen werden usw.

Es sei noch darauf hingewiesen, daß sowohl die Ordinaten der Einflußlinien des R. I. als auch die vorhin ermittelten Zusätze zu denselben, leicht
mathematisch genau aus den in den graphischen Konstruktionen enthaltenen
Dreiecken berechnet werden können.

Nachdem alle Einflußlinien auf die vorhergehend beschriebene Weise konstruiert sind, können wir die am Rahmen durch die Verkehrsbelastung hervorgerufenen resultierenden Momente, Querkräfte, Normalkräfte und Auflagerdrücke ermitteln. Zu diesem Zweck haben wir den jeweils ungünstigsten der
drei eingangs beschriebenen Verkehrslastenzüge in der ungünstigsten Stellung
über den endgültigen, voll ausgezogenen Einflußlinien aufgestellt und die letzteren ausgewertet. Das Ergebnis der Auswertung ist jeweils neben der betreffenden Einflußlinie vermerkt.

III. Temperaturänderung um $t = \pm 15^0$ C.

Nachstehend ermitteln wir die inneren Kräfte am Rahmen infolge Temperaturerhöhung um $t = 15^0$ C; die inneren Kräfte infolge Temperaturerniedrigung haben dann dieselbe Größe, jedoch entgegengesetztes Vorzeichen.

Infolge der symmetrischen Ausbildung der Brücke bleibt die Mitte der Mittelöffnung bei Temperaturänderung in Ruhe; unter Annahme eines Ausdehnungskoeffizienten $\alpha = 0,000012$ verschiebt sich daher bei einer Temperaturerhöhung
von $t = 15^0$ der Pfeilerkopf C um

$$\Delta C = + \alpha \cdot t^0 \cdot \frac{l_2}{2} = + 0,000012 \cdot 15 \cdot 14,30 = + 0,002574 \, \text{m}$$

und der Pfeilerkopf B um:

$$\Delta B = - \Delta C = - 0,002574 \, \text{m} \, ,$$

wodurch die Stäbe *4* und *5* (Pfeiler) gegenseitige rechtwinklige Verschiebungen
ihrer Endpunkte erleiden, und zwar ist

$$\varrho_4 = \Delta B = 0,002574 \, \text{m} \text{ (von rechts nach links gerichtet)} ,$$

$$\varrho_5 = \Delta C = 0,002574 \, \text{m} \text{ (von links nach rechts gerichtet)} .$$

1. Momente.

Die Momente infolge dieser gegenseitigen Verschiebungen ϱ ermitteln wir
nach den Gl. (515) und (520) und wir erhalten:

infolge ϱ_4:

$$M_4^E = \frac{\varrho_4}{l_4 \cdot \beta_4 \, (l_4 - a_4 - b_4)} \cdot a_4 = k \cdot a_4$$

$$= \frac{0,002574 \cdot 2\,100\,000}{6,60 \cdot 13,315 \, (6,60 - 1,992 - 2,542)} \cdot 1,992 = + 59,290 \, \text{mt} .$$

$$M_4^B = k \cdot b_4 = 29,764 \cdot 2,542 = - 75,681 \, \text{mt} .$$

Das Moment M_4^B spaltet sich am Knotenpunkt B in

$$M_2^B = \mu_{4-2}^B \cdot M_4^B = 0,520 \cdot 75,681 = - 39,354 \, \text{mt} ,$$

$$M_1^B = (1 - \mu_{4-2}^B) \, M_4^B = 0,480 \cdot 75,681 = + 36,327 \, \text{mt} .$$

Das Moment M_2^B pflanzen wir nach rechts mittels des Festpunktes K_2 und des Verteilungsmaßes $\mu_{2-3}^C = 0{,}328$ fort; es ergibt sich:

$$M_2^C = -M_2^B \cdot \frac{b_2}{l_2 - b_2} = +16{,}813 \text{ mt},$$

$$M_3^C = \mu_{2-3}^C \cdot M_2^C = 0{,}328 \cdot 16{,}813 = +5{,}515 \text{ mt},$$

$$M_5^C = (1 - \mu_{2-3}^C)\, M_2^C = (1 - 0{,}328)\, 16{,}813 = -11{,}298 \text{ mt}.$$

Endlich leiten wir noch das Moment M_5^C durch den Festpunkt J_5 zum Pfeilerfuß; es ist

$$M_5^F = -M_5^C \cdot \frac{a_5}{l_5 - a_5} = +4{,}884 \text{ mt},$$

infolge ϱ_5:

Aus Symmetriegründen sind diese Momente die spiegelbildlich gleichen wie diejenigen infolge ϱ_4.

Addieren wir nun die Teilmomentenflächen infolge ϱ_4 und ϱ_5, so erhalten wir die in Fig. 17 schraffierte Gesamtmomentenfläche infolge einer Temperaturerhöhung des Rahmens gegenüber der Herstellungstemperatur um 15^0. Da der Rahmen symmetrisch ist, so wird die Festhaltungskraft $F^t = 0$, weshalb keine Zusatzmomente auftreten und die Momentenfläche der Fig. 17 die endgültigen Temperaturmomente darstellt.

2. Querkräfte.

Nach Bd. I Teil I, Kap. VI, 1 ist die Querkraft infolge der gegebenen Temperaturerhöhung:

in allen Querschnitten der ersten und dritten Öffnung

$$Q_1 = Q_3 = \frac{41{,}842}{17{,}50} = +2{,}39 \text{ t}.$$

in allen Querschnitten der zweiten Öffnung

$$Q_2 = 0,$$

in allen Querschnitten des Pfeilers B:

$$Q_4 = \frac{64{,}383 + 54{,}406}{6{,}60} = +18{,}00 \text{ t},$$

in allen Querschnitten des Pfeilers C:

$$Q_5 = -18{,}00 \text{ t}.$$

3. Normalkräfte.

Nach Bd. I Teil I, Kap. VI, 2 ist die Normalkraft infolge der gegebenen Temperaturerhöhung:

in allen Querschnitten der ersten und dritten Öffnung:

$$N_1 = N_3 = 0,$$

da an deren Enden bewegliche Lager sind;

in allen Querschnitten der Mittelöffnung:

$$N_2 = -Q_4 = -Q_5 = 18{,}00 \text{ t (Druckkraft)};$$

in allen Querschnitten der beiden Pfeiler:

$$N_4 = N_5 = 2{,}39 \text{ t (Zugkraft).}$$

4. Auflagerdrücke an den Balkenenden.

Es ist in A:

$$V^A = Q_1 = 2{,}39 \text{ t},$$

und in D:

$$V^D = Q_3 = 2{,}39 \text{ t}.$$

IV. Bremskraft der Verkehrsbelastung.

Werden die auf der Brücke verkehrenden schweren Elektromotorwagen mit Anhängewagen während der Fahrt von links nach rechts gebremst, so entsteht eine in der Balkenachse wirkende, nach rechts gerichtete Bremskraft:

$$Br = +7{,}00 \text{ t};$$

bei der Fahrt von rechts nach links entsteht dagegen eine nach links gerichtete Bremskraft

$$Br = -7{,}00 \text{ t}.$$

Nachstehend ermitteln wir die inneren Kräfte am Rahmen infolge $Br = +7{,}00$ t; die inneren Kräfte infolge $Br = -7{,}00$ t haben dann gleiche Größe, jedoch entgegengesetztes Vorzeichen

1. Momente.

Wir erhalten die in Fig. 18 eingetragenen Momente infolge $Br = +7{,}00$ t, indem wir die in Fig. 13 dargestellten Momente infolge $H = +1{,}00$ t mit 7,00 multiplizieren.

2. Querkräfte.

Nach Bd. I Teil I, Kap. VI, 1 ist die Querkraft infolge der gegebenen Bremskraft:

in allen Querschnitten der ersten und dritten Öffnung:

$$Q_1 = Q_3 = \frac{-4{,}712}{17{,}50} = -0{,}27 \text{ t},$$

in allen Querschnitten der zweiten Öffnung:

$$Q_2 = \frac{-8{,}580 - 8{,}580}{28{,}60} = -0{,}60 \text{ t},$$

in allen Querschnitten der Pfeiler B und C:

$$Q_4 = Q_5 = \frac{-13{,}292 - 9{,}808}{6{,}60} = -3{,}50 \text{ t}.$$

3. Normalkräfte.

Die Normalkräfte in den Balken sind verschieden, je nachdem die Bremskraft im Punkte A, B, C oder D angreift, und zwar ermitteln wir dieselben dadurch, daß wir jeweils auf das Balkenstück links des betrachteten Schnittes die Gleichgewichtsbedingung $\sum H = 0$ anwenden.

a) Die Bremskraft $Br = + 7{,}00$ t greift in A an; dann entsteht in allen Querschnitten der ersten Öffnung eine axiale Druckkraft

$$N_1 = Br = 7{,}00 \text{ t},$$

in allen Querschnitten der Mittelöffnung eine axiale Druckkraft

$$N_2 = Br + Q_4^B = 7{,}00 - 3{,}50 = 3{,}50 \text{ t},$$

und in allen Querschnitten der dritten Öffnung:

$$N_3 = Br + Q_4^B + Q_5^B = 7{,}00 - 3{,}50 - 3{,}50 = 0.$$

b) Die Bremskraft $Br = + 7{,}00$ t greift in B an; dann entsteht in allen Querschnitten der Mittelöffnung eine axiale Druckkraft

$$N_2 = 7{,}00 - 3{,}50 = 3{,}50 \text{ t},$$

während in allen Querschnitten der ersten und dritten Öffnung die Normalkraft Null ist.

c) Die Bremskraft $Br = + 7{,}00$ t greift in C an; dann entsteht in allen Querschnitten der Mittelöffnung eine axiale Zugkraft

$$N_2 = - 3{,}50 \text{ t},$$

während in allen Querschnitten der ersten und dritten Öffnung die Normalkraft Null ist.

d) Die Bremskraft $Br = + 7{,}00$ t greift in D an; dann entsteht in allen Querschnitten der ersten Öffnung

$$N_1 = 0,$$

in allen Querschnitten der zweiten Öffnung eine axiale Zugkraft

$$N_2 = 3{,}50 \text{ t},$$

und in allen Querschnitten der dritten Öffnung eine axiale Zugkraft

$$N_3 = 7{,}00 \text{ t}.$$

Die Normalkraft im Pfeiler B ist in allen Querschnitten eine axiale Zugkraft

$$N_4 = - (Q_1^B + Q_2^B) = - (0{,}27 - 0{,}60) = 0{,}33 \text{ t},$$

und die Normalkraft im Pfeiler C ist in allen Querschnitten eine axiale Druckkraft

$$N_5 = - (Q_2^C + Q_3^C) = - (0{,}60 - 0{,}27) = - 0{,}33 \text{ t}.$$

V. Grenzwerte der inneren Kräfte.

Nachdem in den vorhergehenden Abschnitten die von den einzelnen Belastungsfällen hervorgerufenen inneren Kräfte bestimmt worden sind, stellen wir dieselben tabellarisch und graphisch zusammen und ermitteln die Grenzwerte, welche der Querschnittsberechnung zugrunde zu legen sind.

In Fig. 19 wurden die Momente der Tabelle 4 in den Schnitten I bis X aufgetragen und schließlich die Kurven der Maximal- und Minimalmomente konstruiert. In dieser Figur bedeutet die strichpunktierte, mit E bezeichnete Linie die Momentenlinie infolge Eigengewicht, die mit $E + T$ bezeichnete Linie die Momentenlinie infolge Eigengewicht + Temperatur, die mit $E + T + B$

bezeichnete Linie die Momentenlinie infolge Eigengewicht + Temperatur + Bremskraft, und schließlich die voll ausgezogene sowie auch die gestrichelte mit $E + T + B + V$ bezeichnete Linie die Momentenlinie infolge Eigengewicht + Temperatur + Bremskraft + Verkehrslast. Zwischen der voll ausgezogenen

Tabelle 4. Zusammenstellung der Momente am Balken.

Die Momente infolge Eigengewicht wurden aus der Momentenfläche Fig. 9, die Momente infolge Verkehrslast aus den Einflußlinien, die Momente infolge Temperaturänderungen aus der Momentenfläche Fig. 17, und die Momente infolge Bremskraft aus der Momentenfläche Fig. 18 übertragen.

Schnitt	Eigengewicht mt	Verkehrsbelastung		Temperaturänderungen		Bremskraft		Grenzwerte	
		max. mt	min. mt	$t = +15°$ mt	$t = -15°$ mt	$Br = +7{,}00$ t mt	$Br = -7{,}00$ t mt	max. mt	min. mt
I	$+\ 39{,}00$	$+30{,}42$	$-\ 5{,}91$	$+\ 7{,}17$	$-\ 7{,}17$	$-0{,}81$	$+0{,}81$	$+\ 77{,}40$	$+\ 25{,}11$
II	$+\ 48{,}00$	$+44{,}07$	$-\ 12{,}02$	$+14{,}34$	$-14{,}34$	$-1{,}61$	$+1{,}61$	$+108{,}02$	$+\ 20{,}03$
III	$+\ 28{,}00$	$+39{,}29$	$-\ 18{,}15$	$+21{,}51$	$-21{,}51$	$-2{,}42$	$+2{,}42$	$+\ 91{,}22$	$-\ 14{,}08$
IV	$-\ 23{,}00$	$+19{,}28$	$-\ 25{,}37$	$+28{,}68$	$-28{,}68$	$-3{,}23$	$+3{,}23$	$+\ 28{,}19$	$-\ 80{,}28$
V	$-105{,}00$	$+\ 2{,}26$	$-\ 41{,}54$	$+35{,}85$	$-35{,}85$	$-4{,}04$	$+4{,}04$	$-\ 62{,}85$	$-186{,}43$
B^l	$-198{,}00$	$+\ 0{,}07$	$-\ 85{,}48$	$+41{,}84$	$-41{,}84$	$-4{,}71$	$+4{,}71$	$-151{,}38$	$-330{,}03$
B^r	$-254{,}40$	$+20{,}74$	$-116{,}80$	$-22{,}54$	$+22{,}54$	$+8{,}58$	$-8{,}58$	$-202{,}54$	$-402{,}33$
VI	$-132{,}00$	$+16{,}79$	$-\ 67{,}96$	$-22{,}54$	$+22{,}54$	$+7{,}08$	$-7{,}08$	$-\ 85{,}58$	$-229{,}58$
VII	$-\ 35{,}00$	$+22{,}09$	$-\ 35{,}19$	$-22{,}54$	$+22{,}54$	$+5{,}58$	$-5{,}58$	$+\ 15{,}21$	$-\ 98{,}21$
VIII	$+\ 51{,}00$	$+44{,}82$	$-\ 20{,}70$	$-22{,}54$	$+22{,}54$	$+3{,}78$	$-3{,}78$	$+122{,}14$	$+\ 3{,}98$
IX	$+106{,}00$	$+65{,}23$	$-\ 13{,}30$	$-22{,}54$	$+22{,}54$	$+1{,}89$	$-1{,}89$	$+195{,}66$	$+\ 68{,}27$
X	$+124{,}60$	$+72{,}86$	$-\ 11{,}97$	$-22{,}54$	$+22{,}54$	$0{,}00$	$0{,}00$	$+220{,}00$	$+\ 90{,}09$

Tabelle 5. Zusammenstellung der Querkräfte am Balken.

Schnitt	Eigengewicht t	Verkehrsbelastung		Temperaturänderungen		Bremskraft		Grenzwerte	
		max. t	min. t	$t = +15°$ t	$t = -15°$ t	$Br = +7{,}00$ t t	$Br = -7{,}00$ t t	max. t	min. t
A	$+17{,}50$	$+13{,}24$	$-\ 2{,}04$	$+2{,}39$	$-2{,}39$	$-0{,}27$	$+0{,}27$	$+33{,}40$	$+12{,}80$
III	$-14{,}50$	$+\ 2{,}04$	$-\ 7{,}63$	$+2{,}39$	$-2{,}39$	$-0{,}27$	$+0{,}27$	$-\ 9{,}80$	$-24{,}79$
B^l	$-44{,}67$	$0{,}00$	$-21{,}48$	$+2{,}39$	$-2{,}39$	$-0{,}27$	$+0{,}27$	$-42{,}01$	$-68{,}81$
B^r	$+56{,}08$	$+25{,}27$	$-\ 2{,}02$	$0{,}00$	$0{,}00$	$-0{,}60$	$+0{,}60$	$+81{,}95$	$+53{,}46$
VIII	$+23{,}20$	$+13{,}85$	$-\ 2{,}43$	$0{,}00$	$0{,}00$	$-0{,}60$	$+0{,}60$	$+37{,}65$	$+20{,}17$
X	$0{,}00$	$+\ 7{,}20$	$-\ 7{,}20$	$0{,}00$	$0{,}00$	$-0{,}60$	$+0{,}60$	$+\ 7{,}80$	$-\ 7{,}80$

Tabelle 6. Axiale Normalkräfte am Balken.

(Eine Druckkraft wird als positiv, eine Zugkraft als negativ eingeführt.)

Öffnung	Eigengewicht t	Verkehrsbelastung		Temperaturänderungen		Bremskraft		Grenzwerte	
		max. t	min. t	$t = +15°$ t	$t = -15°$ t	$Br = +7{,}00$ t t	$Br = -7{,}00$ t t	max. t	min. t
l_1	$0{,}0$	$0{,}0$	$0{,}0$	$0{,}0$	$0{,}0$	$+7{,}00$	$-7{,}00$	$+\ 7{,}00$	$-\ 7{,}00$
l_2	$+12{,}24$	$+14{,}54$	$-8{,}77$	$+18{,}00$	$-18{,}00$	$+3{,}50$ / $-3{,}50$	$+3{,}50$ / $-3{,}50$	$+48{,}28$	$-18{,}23$

Tabelle 7. Auflagerdrücke am Balken.

Eigengewicht	Verkehrsbelastung		Temperaturänderungen		Bremskraft		Grenzwerte	
	max. t	min. t	$t = +15°$ t	$t = -15°$ t	$Br = +7{,}00$ t t	$Br = -7{,}00$ t t	max. t	min. t
$V^A = +\ 17{,}50$	$+13{,}24$	$-2{,}04$	$+2{,}39$	$-2{,}39$	$-0{,}27$	$+0{,}27$	$+\ 33{,}40$	$+12{,}80$
$V^B = +100{,}75$	$+39{,}01$	$-1{,}82$	$-2{,}39$	$+2{,}39$	$-0{,}33$	$+0{,}33$	$+142{,}48$	$+96{,}21$

und der gestrichelten mit $E + T + B + V$ bezeichneten Kurve besteht folgender Unterschied: Die voll ausgezogene Kurve wurde durch Auswerten der

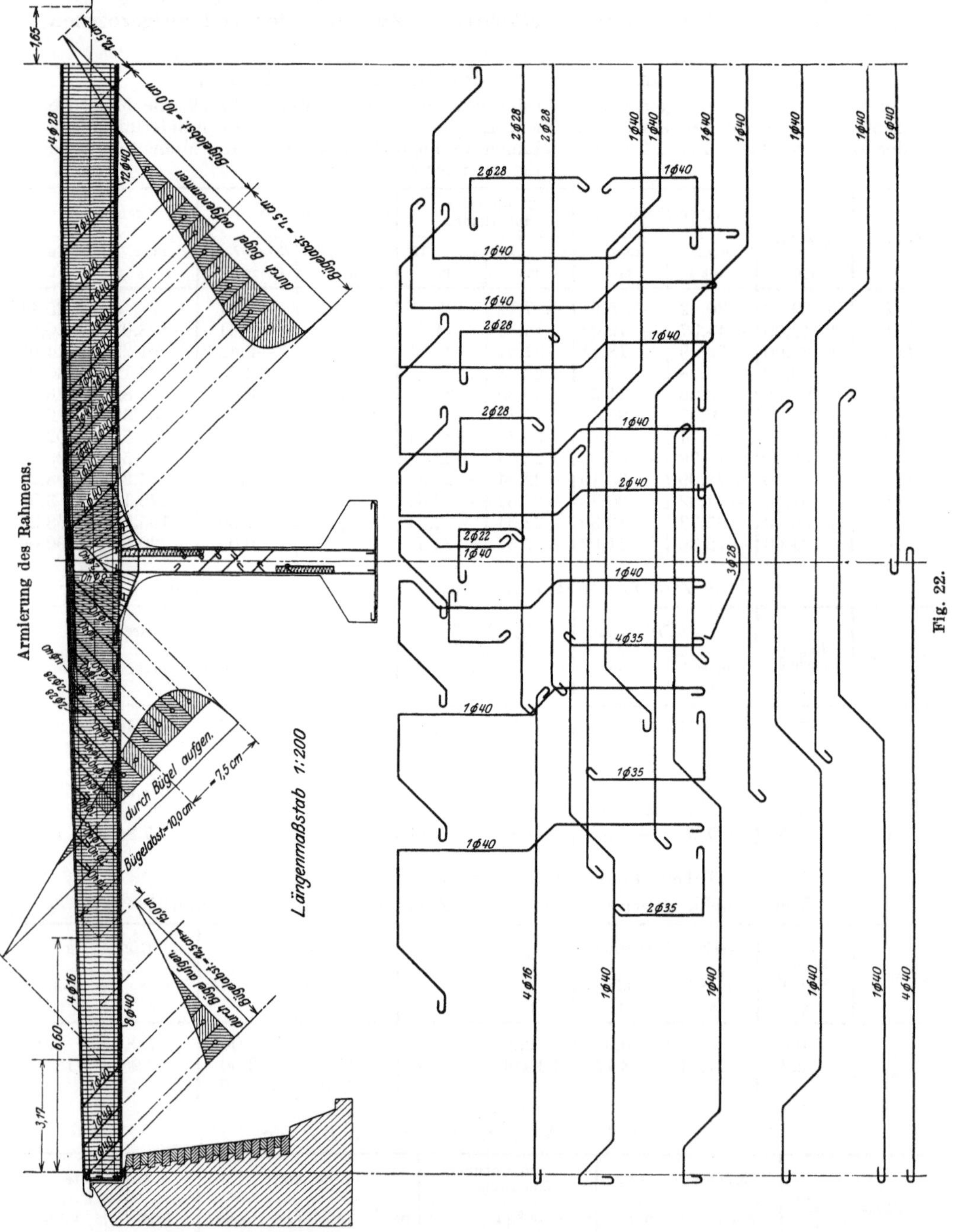

voll ausgezogenen Einflußlinien der Biegungsmomente erhalten, also unter Berücksichtigung des R. I und der aus R. II sich ergebenden Zusätze, während

die gestrichelte Kurve durch Auswerten der gestrichelt dargestellten Einflußlinien der Biegungsmomente erhalten wurde, d. h. unter alleiniger Berücksichtigung des R. I. Ferner wurden in Fig. 19a die in Tabelle 8 enthaltenen Momente
am Pfeiler B aufgetragen.

In Fig. 20 sind die in Tabelle 5 enthaltenen Querkräfte am Balken, und
in Fig. 20a die in Tabelle 8 enthaltenen Querkräfte am Pfeiler B dargestellt,
wobei die eingetragenen abgekürzten Bezeichnungen E, T, B und V die vorhergehend erklärte Bedeutung haben.

In Fig. 22 ist die Armierung des Rahmens dargestellt nebst den Schub-
diagrammen, welche zur Bestimmung der Lage der abgebogenen Eisen dienen;
in Fig. 19 und 19a wurde die zugehörige Staffellinie eingetragen.

Tabelle 8. Momente, Querkräfte und Normalkräfte, welche einander am
Pfeiler B entsprechen.
Ein Moment wird als positiv eingeführt, wenn es an der rechten, und als negativ, wenn es
an der linken Pfeilerkante Zug erzeugt; eine nach rechts gerichtete Querkraft wird als positiv,
und eine nach links gerichtete Querkraft als negativ eingeführt; eine Normalkraft wird als
positiv eingeführt, wenn sie Druck, und als negativ, wenn sie Zug erzeugt.

		Eigen-gewicht	Verkehrsbelastung		Temperatur-änderungen		Bremskraft		Grenzwerte	
			max.	min.	$t=+15^\circ$	$t=-15^\circ$	$B_r=+7{,}00\,t$	$B_r=-7{,}00\,t$	max.	min.
Pfeiler-kopf	Moment mt	− 56,40	−66,56	+41,78	−64,38	+64,38	+13,29	−13,29	−200,63	+ 63,05
	Querkraft t	− 12,24	−14,54	+ 8,77	−18,00	+18,00	+ 3,50	− 3,50	− 48,28	+ 18,03
	Normalkr. t	+100,75	+22,45	+15,09	− 2,39	+ 2,39	− 0,33	+ 0,33	+125,92	+117,81
Vouten-anfang	Moment mt	− 33,76	−39,66	+25,55	−31,08	+31,08	+ 6,82	− 6,82	−111,32	+ 29,69
	Querkraft t	− 12,24	−14,54	+ 8,77	−18,00	+18,00	+ 3,50	− 3,50	− 48,28	+ 18,03
	Normalkr. t	+100,75	+22,45	+15,09	− 2,39	+ 2,39	− 0,33	+ 0,33	+125,92	+117,81
Pfeiler-fuß	Moment mt	+ 24,38	−16,10	+29,40	+54,41	−54,41	− 9,81	+ 9,81	− 55,94	+118,00
	Querkraft t	− 12,24	+ 8,77	−14,54	−18,00	+18,00	+ 3,50	− 3,50	+ 18,03	− 48,28
	Normalkr. t	+117,15	+15,09	+22,45	− 2,39	+ 2,39	− 0,33	+ 0,33	+134,30	+138,06

Anmerkung: Für die Berechnung der Pfeilerquerschnitte kommen nur die Momente
Querkräfte und Normalkräfte zwischen Voutenanfang und Pfeilerfuß in Betracht.

VI. Untersuchung der Bodenfuge von Pfeiler B.

Im Einspannquerschnitt E zwischen Säule und Fundament werden auf das
letztere nach Tabelle 8 infolge Eigengewicht, Verkehrslast, Temperaturänderungen und Bremskraft die zwei folgenden ungünstigsten Kräftegruppen übertragen:

1. Ein Moment $M^E = + 118{,}00$ mt, eine Querkraft $Q^E = − 48{,}28$ t, und
eine axiale Normalkraft $N^E = + 138{,}06$ t; addieren wir zu letzterer noch das
Eigengewicht des Fundamentes von 21,00 t, so beträgt die einzuführende resultierende Normalkraft

$$N^E = + 138{,}06 + 21{,}00 = +159{,}06 \text{ t (Fig. 21).}$$

N^E und Q^E setzen wir zu ihrer durch die Mitte des Querschnittes E gehenden
Resultante

$$R_1' = \sqrt{159{,}06^2 + 48{,}28^2} = 166 \text{ t}$$

zusammen, und schließlich wird R_1' mit M^E zum resultierenden Bodendruck R_1

vereinigt, welcher gleich R_1' ist und in einem Abstande

$$r_1 = \frac{M^E}{R_1'} = \frac{118,00}{166} = 0,71 \text{ m}$$

parallel zu R_1' liegt.

2. Ein Moment $M^E = -55,94$ mt, eine Querkraft $Q^E = +18,03$ t, und eine axiale Normalkraft $N^E = +134,30$ t; addieren wir zu letzterer noch das Eigengewicht des Fundamentes von 21,00 t, so beträgt die einzuführende resultierende Normalkraft

$$N^E = +134,30 + 21,00 = +155,30 \text{ t (Fig. 21 a).}$$

N^E und Q^E setzen wir zu ihrer durch die Mitte des Querschnittes E gehenden Resultante

$$R_2' = \sqrt{155,30^2 + 18,03^2} = 156 \text{ t}$$

zusammen, und schließlich wird R_2' mit M^E zum resultierenden Bodendruck R_2 vereinigt, welcher gleich groß wie R_2' ist und in einem Abstande

$$r_2 = \frac{M^E}{R_2'} = \frac{55,94}{156} = 0,36 \text{ m}$$

parallel zu R_2' liegt.

VII. Stützensenkung.

Wir ermitteln noch die Momente, welche bei einer unvorhergesehenen Senkung eines Pfeilerfundamentes am ganzen Rahmenträger auftreten würden.

Wir nehmen an, das Fundament des Pfeilers B senke sich um 1 mm in seiner Richtung.

Durch die Senkung erleiden die Knotenpunkte Verschiebungen, die wir aber nicht zum vornherein angeben können. Wir müssen daher den Balken zunächst horizontal unverschiebbar festhalten (vgl. Teil II, Kap. VI) und die Momente für diesen Zustand (R. I) bestimmen (siehe Fig. 23). Bei festgehaltenem Balken senkt sich der Knotenpunkt B gleichviel wie das Fundament des Pfeilers B und es treten dadurch am festgehaltenen Rahmen nur die „gegenseitigen rechtwinkligen Verschiebungen"

$$\varrho_1 = 1 \text{ mm} \qquad \text{und} \qquad \varrho_2 = 1 \text{ mm}$$

auf. Die Momente infolge dieser gegenseitigen Verschiebungen ϱ ermitteln wir nach den Gl. (515) und (520) und wir erhalten:

infolge ϱ_1:

$M_1^A = 0$, weil in A ein freies Auflager und daher $a_1 = 0$,

$$M_1^B = \frac{\varrho_1}{l_1 \cdot \beta_1 (l_1 - b_1)} \cdot b \ (\text{da } a_1 = 0) = \frac{2\,100\,000 \cdot 0,001}{17,50 \cdot 11,273 \,(17,50 - 6,12)} = 5,73 \text{ mt.}$$

Die Momentenordinate M_1^B verbinden wir mit der Ordinate $M_1^A = 0$, d. h. mit dem Punkte A; ferner leiten wir M_1^B über den Pfeiler B sowie nach rechts über die Stäbe *2*, *3* und *5* mit Hilfe von Festpunkten und Verteilungsmaßen in bekannter Weise weiter (siehe Fig. 23);

infolge ϱ_2:

$$M_2^B = \frac{\varrho_2}{l_2 \cdot \beta_2 (l_2 - a_2 - b_2)} \cdot a_2 = \frac{2\,100\,000 \cdot 0,001}{28,60 \cdot 10,454 \,(28,60 - 8,56 - 8,56)} \cdot 8,56 = 5,24 \text{ mt,}$$

$$M_2^C = -M_2^B = -5,24 \text{ mt.}$$

Das Moment M_2^B leiten wir über die Stäbe *1* und *4* weiter, nachdem wir es mit den am Knotenpunkt *B* maßgebenden Verteilungsmaßen multipliziert haben, und das Moment M_2^C pflanzen wir in analoger Weise über die Stäbe *3* und *5* fort.

Addieren wir nun die beiden Teilmomentenflächen, so erhalten wir die in Fig. 23 schraffierte Momentenfläche für den festgehaltenen Zustand, aus welcher wir noch die im gedachten Lager auftretende Festhaltungskraft F^s gewinnen; es ist

$$F^s = Q_4^B + Q_5^C = \frac{4,00 + 1,75}{6,60} - \frac{0,25 + 0,10}{6,60} = 0,82 \text{ t}.$$

Entfernen wir nun das gedachte Lager, so tritt die Verschiebungskraft V^s (umgekehrte Festhaltungskraft F^s) in Tätigkeit, welche die Senkungs-Zusatzmomente (Fig. 23a) hervorruft; letztere erhalten wir einfach durch Multiplikation der M^*-Momentenfläche der Fig. 13 mit $V^s = -0,82$ t.

Durch Addition der Senkungsmomente für den festgehaltenen Zustand und der Senkungs-Zusatzmomente erhalten wir die endgültigen Momente (siehe Fig. 23b) infolge der vorausgesetzten Senkung.

Anmerkung zum Beispiel 3.

In den Fig. 19 und 20 sind die resultierenden Momente und Querkräfte an der zu berechnenden Rahmenbrücke einmal voll und einmal gestrichelt ausgezogen worden. Die erstere Darstellung entspricht der tatsächlich hier vorliegenden Tatsache, daß der Brückenträger einen Rahmen bildet, dessen Balken in keinem Punkte festgelagert ist, während die letztere Darstellung der nicht zutreffenden Annahme entspricht, daß wir es mit einem kontinuierlichen Balken auf elastisch drehbaren Pfeilern mit horizontal unverschieblichen Pfeilerköpfen zu tun haben. Wie aus den Fig. 19 und 20 ersichtlich, sind die unter beiden Annahmen gerechneten resultierenden Momente und Querkräfte jedoch nur wenig voneinander verschieden; dies kommt daher, daß im vorliegenden Falle die Berechnung der vom Eigengewicht herrührenden inneren Kräfte wegen der symmetrischen Ausbildung des Trägers keiner Zusatzrechnung bedurfte (R. II fiel fort), daß wegen der massigen Konstruktion der Einfluß des Eigengewichtes überwiegend war, und daß wegen der gleichmäßigen Verteilung der Verkehrsbelastung die positiven und negativen Zusätze, welche man durch Auswerten der voll ausgezogenen (gegenüber den gestrichelt ausgezogenen) Einflußlinien erhielt, sich symmetriehalber vielfach gegenseitig aufgehoben haben. Wir können daher aus diesem Vergleich den Schluß ziehen, daß wir bei schweren symmetrischen Rahmenbrücken die Berechnung der durch Verkehrslast hervorgerufenen inneren Kräfte genügend genau unter der Annahme durchführen können, daß der Balken des Rahmens in einem Punkte festgelagert ist, wobei dann der R. II fortfällt, und die gestrichelt dargestellten Einflußlinien zugrunde gelegt werden.

Ist jedoch der zu berechnende Rahmenträger unsymmetrisch und die Verkehrsbelastung nicht gleichmäßig verteilt, sondern aus einer Reihe schwerer, voneinander sehr verschiedener Einzellasten zusammengesetzt, so empfiehlt es sich, den unter der Annahme der horizontalen Unverschieblichkeit der Pfeilerköpfe durchgeführten R. I sowohl für Eigengewicht wie für Verkehrsbelastung durch den R. II zu ergänzen, wobei die Berechnung der von der Verkehrslast herrührenden inneren Kräfte mittels des in diesem Beispiel beschriebenen Ein-

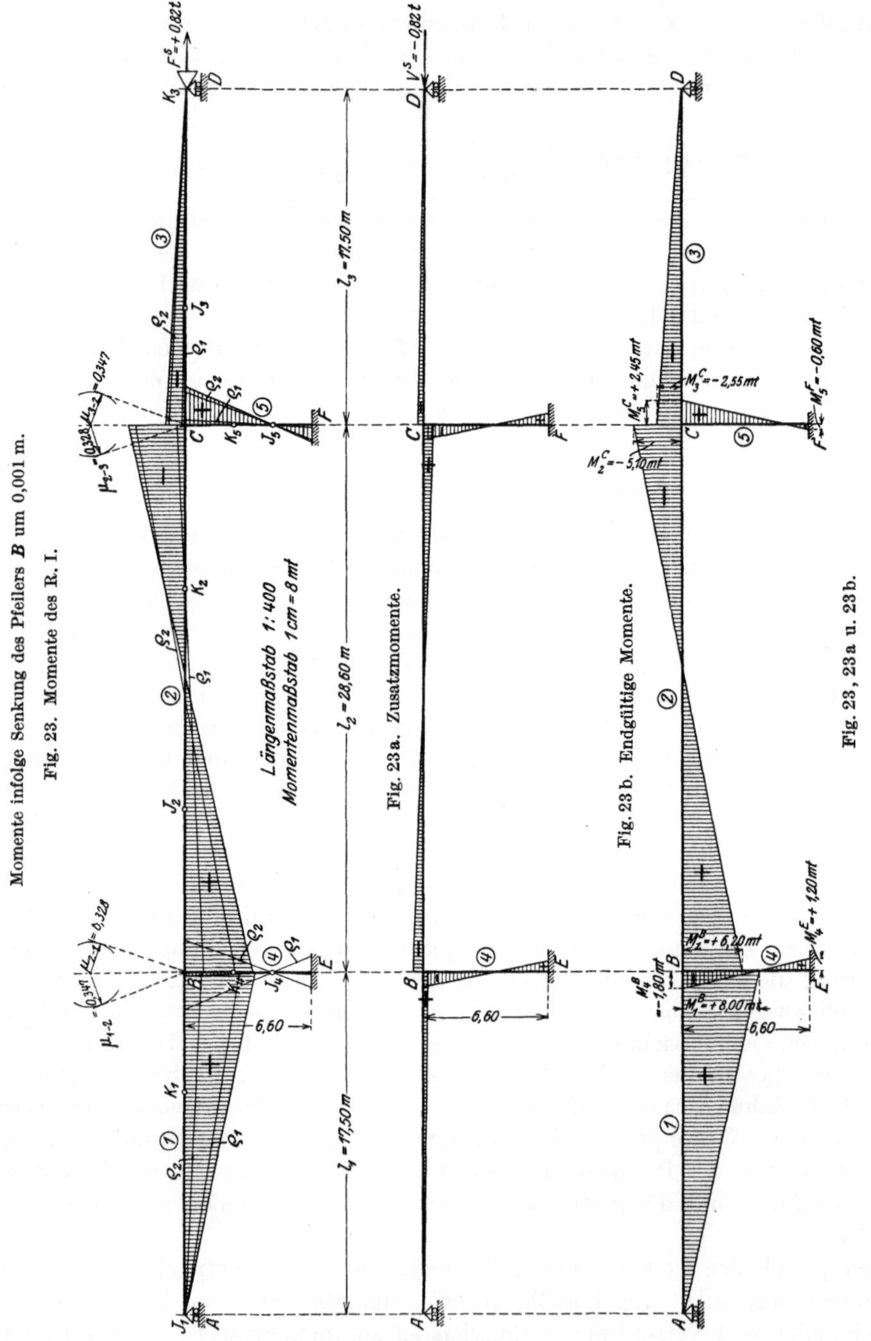

flußlinienverfahrens erfolgt; die in diesem Beispiel vorgeführte Ermittlung der Zusätze zu den Einflußlinien erfordert wenig Zeit und liefert genau dieselben

Einflußlinien, welche man durch eine nach den allgemeinen Elastizitätsgleichungen durchgeführte, aber bedeutend umständlichere Rechnung erhalten würde.

IV. Unsymmetrischer Rechteckrahmen mit zwei Öffnungen.

Es soll ein Binder der in Fig. 24 dargestellten Halle für Eigengewicht und Schneelast, Kranbelastung, sowie für Temperaturänderungen berechnet werden. Die Größe dieser Lasten ist aus Fig. 24 ersichtlich.

Die Resultate dieses Beispieles wurden durch eine Berechnung nach den allgemeinen Elastizitätsgleichungen nachgeprüft. Aus diesem Grunde mußten insbesondere die Festpunktsabstände und Verteilungsmaße analytisch ermittelt

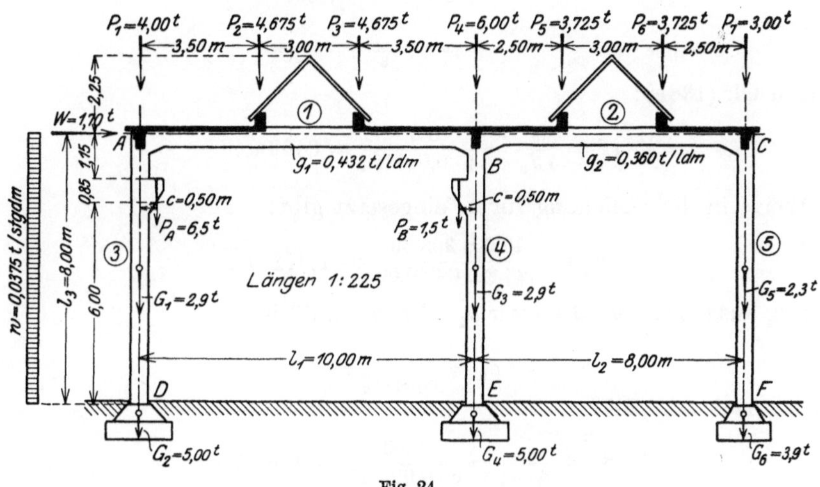

Fig. 24.

werden, um sie mathematisch genau zu erhalten; ferner wurden aus demselben Grunde die genauen Werte aller Eckmomente mit Hilfe der in den graphischen Konstruktionen enthaltenen Dreiecke berechnet. Man hätte diese Werte jedoch ebensogut wie beim vorhergehenden Beispiel graphisch ermitteln können.

Trägheitsmomente.

Der Balken habe innerhalb jeder Öffnung konstantes, jedoch von Öffnung zu Öffnung sprungweise veränderliches Trägheitsmoment; es ist

$$J_1 = 0{,}0054 \text{ m}^4 \quad \text{und} \quad J_2 = 0{,}003125 \text{ m}^4 .$$

Die Säulen haben konstantes Trägheitsmoment, und es wird $f = 0$ angenommen; es ist

$$J_3 = J_4 = 0{,}003125 \text{ m}^4 \quad \text{und} \quad J_5 = 0{,}0016 \text{ m}^4 .$$

Alle Säulen sind an ihren Füßen fest eingespannt vorausgesetzt.

Festpunkte.

a) *Rechnerische Ermittelung.*

Die Abstände der unteren Festpunkte der 3 Säulen sind

$$a_3 = a_4 = a_5 = \frac{8,00}{3} = 2,667 \text{ m} .$$

Von a_3 ausgehend erhalten wir a_1. Nach Gl. (7) ist:

$$a_1 = \frac{l_1 \cdot \beta_1}{\alpha_1^a + \varepsilon_1^a} ,$$

hierin ist nach Gl. (207):

$$E \cdot \beta_1 = \frac{l_1}{6 J_1} = \frac{10,00}{6 \cdot 0,0054} = 308,63 ,$$

und nach Gl. (204):

$$E \cdot \alpha_1^a = E \cdot \alpha_1^b = \frac{l_1}{2 J_1} = \frac{10,00}{2 \cdot 0,0054} = 925,89 .$$

Ferner ist

$$\varepsilon_1^a = \tau_3^A$$

und nach Gl. (138a):

$$E \cdot \tau_3^A = \frac{l_3}{4 J_3} = \frac{8,00}{4 \cdot 0,003125} = 640,00 .$$

Diese Werte in die Gleichung für a_1 eingesetzt gibt:

$$\boldsymbol{a_1} = \frac{10,00 \cdot 308,63}{925,89 + 640,00} = \boldsymbol{1,971 \text{ m}} .$$

Von a_1 ausgehend erhalten wir a_2. Nach Gl. (7) ist:

$$a_2 = \frac{l_2 \cdot \beta_2}{\alpha_2^a + \varepsilon_2^a} ,$$

hierin ist nach Gl. (207):

$$E \cdot \beta_2 = \frac{l_2}{6 \cdot J_2} = \frac{8,00}{6 \cdot 0,003125} = 426,67 ,$$

und nach Gl. (204):

$$E \cdot \alpha_2^a = E \cdot \alpha_2^b = \frac{l_2}{2 \cdot J_2} = \frac{8,00}{2 \cdot 0,003125} = 1280,01 .$$

Ferner ist

$$\varepsilon_2^a = \tau_{1-4}^B$$

und nach (Gl. (36):

$$\tau_{1-4}^B = \frac{\tau_1^B \cdot \tau_4^B}{\tau_1^B + \tau_4^B} ,$$

worin nach Gl. (42b):

$$E \cdot \tau_1^B = \beta_1 \left(3 - \frac{l_1}{l_1 - a_1} \right) = 308,63 \left(3 - \frac{10,00}{10,00 - 1,971} \right) = 541,518$$

und nach Gl. (138a):

$$E \cdot \tau_4^B = \frac{l_4}{4 \cdot J_3} = \frac{8,00}{4 \cdot 0,003125} = 640,00 ,$$

also

$$E \cdot \tau_{1-4}^B = \frac{541,52 \cdot 640,00}{541,52 + 640,00} = 293,33 .$$

Diese Werte in die Gleichung für a_2 eingesetzt gibt:

$$a_2 = \frac{8,00 \cdot 426,67}{1280,01 + 293,33} = 2,169 \text{ m}.$$

Von a_2 ausgehend erhalten wir b_5. Nach Gl. (8) ist:

$$b_5 = \frac{l_5 \cdot \beta_5}{\alpha_5^b + \varepsilon_5^b},$$

hierin ist nach Gl. (207):

$$E \cdot \beta_5 = \frac{l_5}{6 \cdot J_5} = \frac{8,00}{6 \cdot 0,0016} = 833,33,$$

und nach Gl. (204):

$$E \cdot \alpha_5^b = \frac{l_5}{2 \cdot J_5} = \frac{8,00}{2 \cdot 0,0016} = 2500,00.$$

Ferner ist

$$\varepsilon_5^b = \tau_2^C$$

und nach Gl. (42 b):

$$E \cdot \tau_2^C = \beta_2\left(3 - \frac{l_2}{l_2 - a_2}\right) = 426,67\left(3 - \frac{8,00}{8,00 - 2,169}\right) = 694,57.$$

Diese Werte in die Gleichung für b_5 eingesetzt gibt:

$$b_5 = \frac{8,00 \cdot 833,33}{2500,00 + 694,57} = 2,087 \text{ m}.$$

Von a_5 aus nach links schreitend erhalten wir b_2. Nach Gl. (8) ist:

$$b_2 = \frac{l_2 \cdot \beta_2}{\alpha_2^b + \varepsilon_2^b},$$

hierin ist nach früherem:

$$E \cdot \beta_2 = 426,67 \qquad \text{und} \qquad E \cdot \alpha_2^b = 1280,01.$$

Ferner ist

$$\varepsilon_2^b = \tau_5^C,$$

und nach Gl. (138 a):

$$E \cdot \tau_5^C = \frac{l_5}{4 \cdot J_5} = \frac{8,00}{4 \cdot 0,0016} = 1250,00.$$

Diese Werte in die Gleichung für b_2 eingesetzt gibt:

$$b_2 = \frac{8,00 \cdot 426,67}{1280,01 + 1250,00} = 1,349 \text{ m}.$$

Von b_2 ausgehend erhalten wir b_1. Nach Gl. (8) ist:

$$b_1 = \frac{l_1 \cdot \beta_1}{\alpha_1^b + \varepsilon_1^b},$$

hierin ist nach früherem:

$$E \cdot \beta_1 = 308,63 \qquad \text{und} \qquad E \cdot \alpha_1^b = 925,89.$$

Ferner ist

$$\varepsilon_1^b = \tau_{2-4}^B$$

und nach Gl. (36):

$$\tau_{2-4}^B = \frac{\tau_2^B \cdot \tau_4^B}{\tau_2^B + \tau_4^B},$$

worin nach Gl. (42a):

$$E \cdot \tau_2^B = \beta_2 \left(3 - \frac{l_2}{l_2 - b_2} \right) = 426{,}67 \left(3 - \frac{8{,}00}{8{,}00 - 3{,}149} \right) = 766{,}78$$

und nach früherem

$$E \cdot \tau_4^B = 640{,}00 \,,$$

also

$$E \cdot \tau_{2-4}^B = \frac{766{,}78 \cdot 640{,}00}{766{,}78 + 640{,}00} = 348{,}84 \,.$$

Diese Werte in die Gleichung für b_1 eingesetzt gibt:

$$b_1 = \frac{10{,}00 \cdot 308{,}63}{925{,}89 + 348{,}84} = 2{,}421 \text{ m} \,.$$

Von b_1 ausgehend erhalten wir b_3. Nach Gl. (8) ist:

$$b_3 = \frac{l_3 \cdot \beta_3}{\alpha_3^b + \varepsilon_3^b} \,,$$

hierin ist nach Gl. (207):

$$E \cdot \beta_3 = \frac{l_3}{6 \cdot J_3} = \frac{8{,}00}{6 \cdot 0{,}003125} = 426{,}67 \,,$$

und nach Gl. (204):

$$E \cdot \alpha_3^b = \frac{l_3}{2 \cdot J_3} = \frac{8{,}00}{2 \cdot 0{,}003125} = 1280{,}01 \,.$$

Ferner ist

$$\varepsilon_3^b = \tau_1^A$$

und nach Gl. (42a):

$$E \cdot \tau_1^A = \beta_1 \left(3 - \frac{l_1}{l_1 - b_1} \right) = 308{,}63 \left(3 - \frac{10{,}00}{10{,}00 - 2{,}421} \right) = 518{,}68 \,.$$

Diese Werte in die Gleichung für b_3 eingesetzt gibt:

$$b_3 = \frac{8{,}00 \cdot 426{,}67}{1280{,}01 + 518{,}68} = 1{,}898 \text{ m} \,.$$

Schließlich erhalten wir noch von a_1 und b_2 ausgehend den Festpunktsabstand b_4. Nach Gl. (8) ist:

$$b_4 = \frac{l_4 \cdot \beta_4}{\alpha_4^b + \varepsilon_4^b} \,,$$

hierin ist, da $J_3 = J_4$:

$$E \cdot \beta_4 = E \cdot \beta_3 = 426{,}67 \qquad \text{und} \qquad E \cdot \alpha_4^b = E \cdot \alpha_3^b = 1280{,}01,$$

Ferner ist

$$\varepsilon_4^b = \tau_{1-2}^B$$

und nach Gl. (36):

$$\tau_{1-2}^B = \frac{\tau_1^B \cdot \tau_2^B}{\tau_1^B + \tau_2^B} \,,$$

worin nach früherem

$$E \cdot \tau_1^B = 541{,}52 \qquad \text{und} \qquad E \cdot \tau_2^B = 766{,}78 \,,$$

also

$$E \cdot \tau_{1-2}^B = \frac{541{,}52 \cdot 766{,}78}{541{,}52 + 766{,}78} = 317{,}38 \,.$$

Diese Werte in die Gleichung für b_4 eingesetzt gibt:

$$b_4 = \frac{8,00 \cdot 426,67}{1280,01 + 317,38} = 2,137 \text{ m}.$$

b) *Graphische Ermittelung.*

Die oben rechnerisch bestimmten Festpunktabstände können auf sehr einfache Art auch zeichnerisch ermittelt werden (Bd. I, 1. Teil, Kap. III). Zu diesem Zwecke klappen wir die Endstützen auf (Fig. 25) und ermitteln zunächst alle Festpunkte des so entstandenen durchlaufenden Trägers über fünf Stützen. Nachher ist noch gesondert der obere Festpunkt des Pfeilers *4* zu suchen. Dieses geschieht mit Hilfe der Fig. 26, in welcher dieser Pfeiler ebenfalls aufgeklappt erscheint und ein Mittelfeld des durch die Aufklappung entstandenen Systems bildet, während das Balkenfeld *2* darin als aufrecht stehender, in *B* angeschlossener Stab erscheint.

Nach Aufzeichnung des aufgeklappten Systems werden zunächst alle Drittelslinien aufgezeichnet. Da die Stäbe konstant bleibende Trägheitsmomente haben, gehen diese durch die Drittelspunkte der Feldweiten. Hierauf erfolgt die Bestimmung der verschränkten Drittelslinien. Um die Lage irgendeiner derselben aufzeichnen zu können, denken wir uns an der betreffenden Stütze, in deren Nähe sie sich befindet, den Wert $M = 1,0$ mt aufgetragen und mit diesem Wert als gemeinsame Höhe die beiden Belastungsdreiecke über den Balkenfeldern links und rechts der Stütze gezeichnet. Die Ordinaten dieser Dreiecke sind mit $\dfrac{1}{JE}$ zu multiplizieren, wodurch wir die sog. reduzierten Belastungsflächen erhalten,

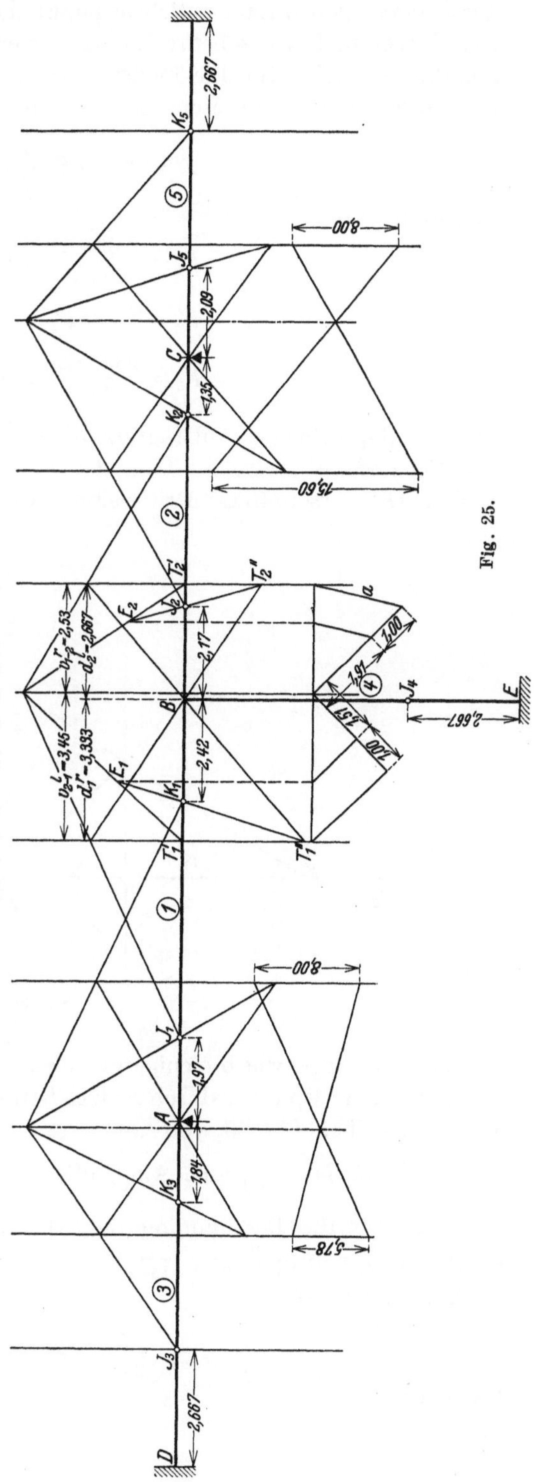

Fig. 25.

durch deren gemeinsamen Schwerpunkt die gesuchte verschränkte Drittelslinie geht. Um einfache Zwischenrechnungen zu erhalten, setzen wir $J_2 = J_3 = J_4 = J_C$ und da die Zahl E für alle Felder gleich ist, können wir mit den $2 \cdot J_C \cdot E$-fachen Werten der reduzierten Momentenflächen rechnen. Diese betragen:

$$F' = 2\,J_C \cdot E \cdot \frac{1}{2} \cdot \frac{l}{J \cdot E} = \frac{J_C}{J} \cdot l \,.$$

Daraus folgt:

$$F'_1 = \frac{0{,}003125}{0{,}0054} \cdot 10{,}0 = 5{,}78 \ \text{m}^2 \,,$$

$$F'_2 = F'_3 = F'_4 = 8{,}0 \ \text{m}^2 \,,$$

$$F'_5 = \frac{0{,}003125}{0{,}0016} \cdot 8{,}0 = 15{,}6 \ \text{m}^2 \,.$$

Durch entsprechende Auftragung dieser Werte auf den Drittelslinien, siehe Fig. 25a und 25b, wird die Lage der verschränkten Drittelslinien graphisch gefunden. Die verschränkte Drittelslinie zwischen den Feldern 1 und 4 in Fig. 26

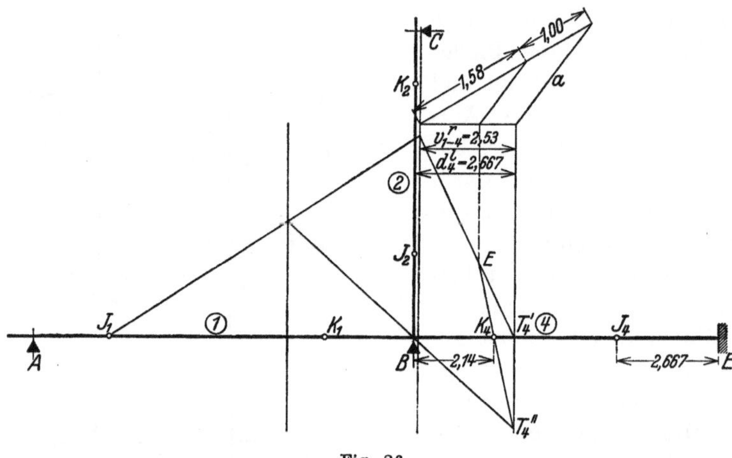

Fig. 26.

hat dieselbe Lage wie diejenige zwischen Feld 1 und 2 der Fig. 25. Nun kann die Lage der Festpunkte durch Aufzeichnung der bekannten Linienzüge erfolgen. Wir gehen bei Fig. 25 von dem zum vornherein gegebenen Festpunkt J_3 $\left(\text{Abstand von } D = \dfrac{l_3}{3}\right)$ aus. Am Auflager B ist der Pfeiler 4 angeschlossen. Es muß also für die Bestimmung des Abstandes a_2 das Verhältnis $\dfrac{e'}{e}$ gefunden werden (Bd. I, Teil 1, Kap. III).

Nach (137) ist:

$$\frac{e'}{e} = k_2 \cdot \frac{l_2}{2 \cdot \tau^B} \cdot \frac{v^r_{1-2}}{d^l_2} \,.$$

Darin ist:

$$k_2 = \frac{F'_2}{F_2} = \frac{F_2 \cdot \dfrac{1}{E \cdot J_2}}{F_2} = \frac{1}{E \cdot J_2} \,.$$

Für den am Fuße eingespannten Pfeiler mit konstantem Trägheitsmoment und der starren Strecke $f = 0$ ist nach (138a):

$$\tau_4^B = \frac{l}{4 \cdot E \cdot J_4},$$

$$\tau_4^B = \frac{8,0}{4 \cdot E \cdot J_4},$$

$$J_4 = J_2 = J_C.$$

Es ist also:

$$\frac{e}{e'} = \frac{1}{E \cdot J_C} \cdot \frac{8,0 \cdot 4 \cdot E \cdot J_C}{2 \cdot 8,0} \cdot \frac{2 \cdot 53}{2 \cdot 667} = 2\,\frac{253}{2,667} = 1,91.$$

Damit kann der Punkt E_2 gefunden werden (siehe Fig. 25c). Die Verbindungslinie von E_2 mit T''' schneidet die Balkenachse im gesuchten Festpunkt J_2.

Bei der Ermittlung der linken Festpunkte K ist in gleicher Weise das Verhältnis $\frac{e}{e'}$, für die Teilung der Strecke v_{2-1}^l zu bestimmen. Hierfür gilt:

$$\frac{e}{e'} = k_1 \cdot \frac{l_1}{2 \cdot \tau_4^B} \cdot \frac{v_{2-1}^l}{d_1^r}.$$

Darin ist:

$$k_1 = \frac{1}{E \cdot J_1},$$

$$\frac{e}{e'} = \frac{1}{E \cdot J_1} \cdot \frac{l_1 \cdot 4 \cdot E \cdot J_4}{2 \cdot 8,0} \cdot \frac{v_{2-1}^l}{d_1^r}.$$

Darin ist:

$$\frac{l_1 \cdot J_4}{J_1} = F_1' = 5,78,$$

$$\frac{e}{e'} = 5,78 \cdot \frac{4}{2 \cdot 8,0} \cdot \frac{3,45}{3,33} = 1,51.$$

Dieses Verhältnis ermöglicht, K_1 in derselben Weise zu bestimmen, wie es oben für J_2 geschehen ist.

Die Fig. 26 zeigt die Konstruktion für die zeichnerische Ermittlung des obern Festpunktes K_4 des Mittelpfeilers. Es wird in dem aufgeklappten System von dem bereits ermittelten Festpunkt J_1 in bekannter Weise ausgegangen. Für die Strecke v_{1-4}^r ist wiederum das Verhältnis $\frac{e}{e'}$ zu errechnen. Dieses beträgt:

$$\frac{e}{e'} = k_4 \cdot \frac{l_4}{2 \cdot \tau_2^B} \cdot \frac{v_{1-4}^r}{d_4^l}.$$

Darin ist:

$$k_4 = \frac{1}{J_4 \cdot E},$$

$$\tau_2^B = \beta_2 \left(3 - \frac{l_2}{l_2 - b_2}\right),$$

$$\beta_2 = \frac{l}{6 \cdot J_2 \cdot E},$$

$$b_2 = 1,35\,\mathrm{m},$$

$$\left(3 - \frac{l_2}{l_2 - b_2}\right) = \left(3 - \frac{8,0}{8,0 - 1,35}\right) = 1,80,$$

$$\frac{e}{e'} = \frac{1}{J_C \cdot E} \cdot \frac{l_4 \cdot 6 \cdot J_C \cdot E}{2 \cdot l_2 \cdot 1,80} \cdot \frac{2,53}{2,67} = \frac{6}{2 \cdot 1,8} \cdot \frac{2,53}{2,67} = 1,58.$$

Mit diesem Wert wird, durch die oben erläuterte Konstruktion, der Festpunkt K_4 gefunden. Damit haben wir alle Festpunkte bestimmt.

Wird die Konstruktion in einem Maßstab ausgeführt, der eine deutliche Zeichnung ermöglicht (im vorliegenden Fall 1 : 50), so ergeben sich Resultate, die von den errechneten Abständen nur um wenige Millimeter abweichen. Die Genauigkeit ist also mehr als genügend.

Verteilungsmaße.

Nach Gl. (37) ist

$$\mu_{1-2}^B = \frac{\tau_4^B}{\tau_2^B + \tau_4^B} = \frac{640{,}00}{766{,}78 + 640{,}00} = 0{,}455\,,$$

$$\mu_{2-1}^B = \frac{\tau_4^B}{\tau_1^B + \tau_4^B} = \frac{640{,}00}{541{,}52 + 640{,}00} = 0{,}542\,,$$

$$\mu_{4-1} = \frac{\tau_2^B}{\tau_1^B + \tau_2^B} = \frac{766{,}78}{541{,}52 + 766{,}78} = 0{,}586\,,$$

$$\mu_{4-2} = (1 - \mu_{4-1}) = 0{,}414\,.$$

I. Eigengewicht und Schneelast.

Die von Eigengewicht und Schneedruck herrührenden Belastungen sind in Fig. 27 eingetragen; die von der gleichmäßig verteilten Belastung g_1 und g_2 sowie von den Einzellasten P_2, P_3, P_5 und P_6 erzeugten inneren Kräfte werden getrennt ermittelt.

A. Gleichmäßig verteilte Belastung g_1 und g_2 pro laufenden Meter.

1. Momente.

Die Berechnung wird nach Bd. I, Teil II, Kap. I, 1 durchgeführt.

Rechnungsabschnitt I.

Wir halten den Balken durch ein in C gedachtes festes Lager vorübergehend horizontal unverschiebbar fest.

Die graphische Konstruktion der Momentenfläche erfolgt nach Teil I, Kap. V, wobei die Multiplikation des über die Mittelsäule hinweg fortzupflanzenden Momentes M_1^B bzw. M_2^B mit dem Verteilungsmaß μ_{1-2}^B bzw. μ_{2-1}^B graphisch mittels der beiden in Fig. 27 angetragenen Verwandlungswinkel durchgeführt wird, deren Konstruktion in Kap. III, 8a, β erklärt ist.

In der Öffnung l_1 tragen wir den Scheitelpunkt der einfachen Momentenparabel mit der Pfeilhöhe

$$f_1 = \frac{g_1 l_1^2}{8} = \frac{0{,}432 \cdot 10{,}00^2}{8} = 5{,}40 \text{ mt}$$

an, bestimmen die Schnittpunkte J_1' und K_1' der durch den Scheitel gehenden Kreuzlinien mit den Festpunktsvertikalen, und ziehen die der Belastung g_1 entsprechende Schlußlinie $J_1' K_1'$, welche auf den Auflagersenkrechten durch A und B die Stützenmomente $M_{1(g_1)}^A$ und $M_{1(g_1)}^B$ abschneiden; durch graphische Multiplikation der Strecke $M_{1(g_1)}^B$ mit dem Verteilungsmaß μ_{1-2}^B erhalten wir das Stützenmoment $M_{2(g_1)}^B$ sowie das Säulenkopfmoment $M_{4(g_1)}^B$ als Differenz der beiden

Momente $M^B_{1(g_1)}$ und $M^B_{2(g_1)}$, und durch Verbinden des Endpunktes der Strecke M^B_2 mit dem Festpunkt K_2 die der Belastung g_1 entsprechende Schlußlinie in der zweiten Öffnung, welche auf der Auflagersenkrechten durch C das Stützenmoment M^C_2 abschneidet. Die Säulenkopfmomente M^A_3 und M^D_5 sind gleich den Momenten an den Enden der anstoßenden Balken. Verbinden wir nun die Endpunkte der Säulenkopfmomentenordinaten mit den unteren Säulenfest-

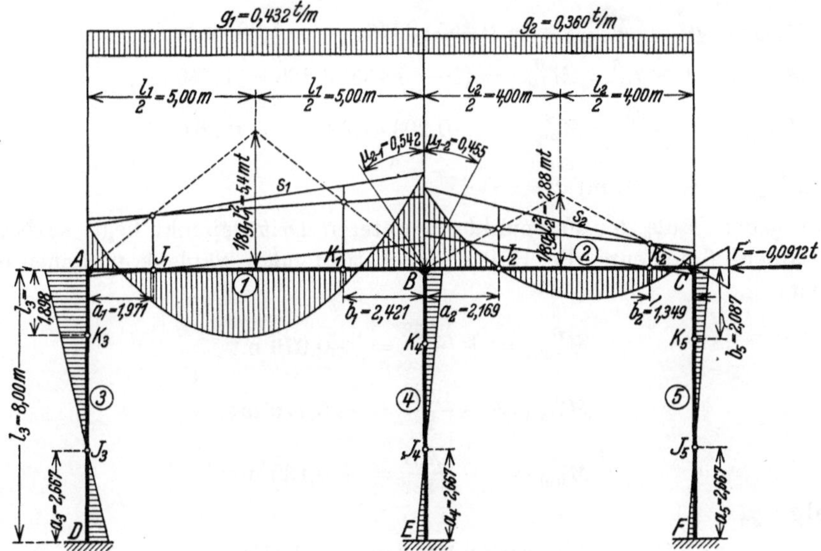

Fig. 27. Momente des R. I infolge $g_1 + g_2$.

punkten, so schneiden diese Verbindungsgeraden an den Säulenfüßen die Säulenfußmomente ab. Nun besitzen wir die Momentenfläche an ganzen Rahmen infolge der Belastung g_1.

Auf dieselbe Weise konstruieren wir den der Belastung g_2 entsprechenden Scheitel der einfachen Momentenparabel der Pfeilhöhe

$$f_2 = \frac{g_2 l_2^2}{8} = \frac{0{,}360 \cdot 8{,}00^2}{8} = 2{,}88 \; \text{mt}$$

und die zu ihr gehörenden Momentenlinien am ganzen Rahmen.

Schließlich erhalten wir durch Addition der beiden Teilmomentenflächen die Momentenfläche infolge g_1 und g_2 für den festgehaltenen Zustand.

Diese in Fig. 27 durchgeführte graphische Ermittlung der Momente würde für die Praxis vollkommen genügen; nachstehend wollen wir jedoch auch noch die rein rechnerische Ermittlung der Momente an allen Stabenden vorführen:

Nach Gl. (292) ist für einen gleichmäßig belasteten symmetrischen Träger, an welchem

$$k^a = k^b = \frac{g\,l^2}{4},$$

$$M^A = \frac{g\,l}{4} \cdot \frac{a\,(l - 2b)}{l - a - b},$$

$$M^B = \frac{g\,l}{4} \cdot \frac{b\,(l - 2a)}{l - a - b};$$

daher ist:

infolge g_1:

$$M^A_{1(g_1)} = -\frac{0{,}432 \cdot 10{,}00}{4} \cdot \frac{1{,}971\,(10{,}00 - 2 \cdot 1{,}971)}{10{,}00 - 1{,}971 - 2{,}421} = -1{,}958\ \mathrm{mt} = M^A_{3(g_1)},$$

$$M^B_{1(g_1)} = -\frac{0{,}432 \cdot 10{,}00}{4} \cdot \frac{2{,}421\,(10{,}00 - 2 \cdot 1{,}971)}{10{,}00 - 1{,}971 - 2{,}421} = -2{,}825\ \mathrm{mt},$$

$$M^B_{2(g_1)} = \mu^B_{1-2} \cdot M^B_{1(g_1)} = -0{,}455 \cdot 2{,}825 = -1{,}285\ \mathrm{mt},$$

$$M^B_{4(g_1)} = (1 - \mu^B_{1-2})\, M^B_{1(g_1)} = (1 - 0{,}455)\, 2{,}825 = 1{,}540\ \mathrm{mt},$$

$$M^C_{2(g_1)} = -\frac{b_2}{l_2 - b_2} \cdot M^B_{2(g_1)} = +0{,}203 \cdot 1{,}285 = +0{,}261\ \mathrm{mt},$$

$$M^C_{5(g_1)} = -0{,}261\ \mathrm{mt}.$$

Da an jeder Säule der Festpunkt im unteren Drittelspunkt liegt, so betragen die Säulenfußmomente die Hälfte der betreffenden Säulenkopfmomente; daher ist:

$$M^D_{3(g_1)} = +\frac{1{,}958}{2} = +0{,}979\ \mathrm{mt},$$

$$M^E_{4(g_1)} = -\frac{1{,}540}{2} = -0{,}770\ \mathrm{mt},$$

$$M^F_{5(g_1)} = +\frac{0{,}261}{2} = +0{,}130\ \mathrm{mt};$$

infolge g_2:

$$M^B_{2(g_2)} = -\frac{0{,}360 \cdot 8{,}00}{4} \cdot \frac{2{,}169\,(8{,}00 - 2 \cdot 1{,}349)}{8{,}00 - 2{,}169 - 1{,}349} = -1{,}848\ \mathrm{mt},$$

$$M^C_{2(g_2)} = -\frac{0{,}360 \cdot 8{,}00}{4} \cdot \frac{1{,}349\,(8{,}00 - 2 \cdot 2{,}169)}{8{,}00 - 2{,}169 - 1{,}349} = -0{,}793\ \mathrm{mt}.$$

$$M^C_{5(g_2)} = +0{,}793\ \mathrm{mt},$$

$$M^B_{1(g_2)} = \mu^B_{2-1} \cdot M^B_{2(g_2)} = -0{,}542 \cdot 1{,}848 = -1{,}001\ \mathrm{mt},$$

$$M^B_{4(g_2)} = (1 - \mu^B_{2-1})\, M^B_{2(g_2)} = -(1 - 0{,}542)\, 1{,}848 = -0{,}847\ \mathrm{mt},$$

$$M^A_{1(g_2)} = -\frac{a_1}{l_1 - a_1} \cdot M^B_{1(g_1)} = +0{,}245 \cdot 1{,}001 = +0{,}246\ \mathrm{mt} = M^A_{3(g_2)}.$$

Da an jeder Säule der Festpunkt im unteren Drittelpunkt liegt, so betragen die Säulenfußmomente die Hälfte der betreffenden Säulenkopfmomente; daher ist:

$$M^D_{3(g_2)} = -\frac{0{,}246}{2} = -0{,}123\ \mathrm{mt},$$

$$M^E_{4(g_2)} = +\frac{0{,}847}{2} = +0{,}423\ \mathrm{mt},$$

$$M^F_{5(g_2)} = -\frac{0{,}793}{2} = -0{,}396\ \mathrm{mt}.$$

Aus den vorhergehenden Momenten erhalten wir nun durch Addition:

$$M^A_{1(g_1+g_2)} = -1{,}712\ \mathrm{mt}, \qquad\qquad M^B_{2(g_1+g_2)} = -3{,}133\ \mathrm{mt}.$$

$$M^B_{1(g_1+g_2)} = -3{,}826\ \mathrm{mt}, \qquad\qquad M^C_{2(g_1+g_2)} = -0{,}533\ \mathrm{mt},$$

$$M^A_{3(g_1+g_2)} = -1{,}712 \text{ mt}, \qquad M^D_{3(g_1+g_2)} = +0{,}856 \text{ mt},$$

$$M^B_{4(g_1+g_2)} = +0{,}693 \text{ mt}, \qquad M^E_{4(g_1+g_2)} = -0{,}346 \text{ mt},$$

$$M^C_{5(g_1+g_2)} = +0{,}533 \text{ mt}, \qquad M^F_{5(g_1+g_2)} = -0{,}266 \text{ mt}.$$

Die im gedachten Lager bei C während R. I auftretende **Festhaltungs-kraft** F ist gleich der Resultierenden aus den 3 Querkräften an den Säulenköpfen, d. h.

$$F = Q^A_3 + Q^B_4 + Q^C_5.$$

Nun ist

$$Q^A_3 = \frac{M^A_3 - M^D_3}{l_3} = \frac{-1{,}712 - 0{,}856}{8{,}00} = -0{,}3210\,\text{t},$$

$$Q^B_4 = \frac{M^B_4 - M^E_4}{l_4} = \frac{+0{,}693 + 0{,}346}{8{,}00} = +0{,}1299\,\text{t},$$

$$Q^C_5 = \frac{M^C_5 - M^F_5}{l_5} = \frac{+0{,}533 + 0{,}266}{8{,}00} = +0{,}0999\,\text{t},$$

$$\text{daher} \quad \boldsymbol{F = -\overline{0{,}0912\,\text{t}}.}$$

Rechnungsabschnitt II.

Wir entfernen das während des R. I am Balken gedachte Lager und ermitteln die Zusätze infolge Belasten des Rahmens mit der äußeren, nach rechts gerichteten, in Balkenachse wirkenden **Verschiebungskraft**

$$V = -F = +0{,}0912\,\text{t}.$$

Zu dem Zweck bestimmen wir die Momente M^* infolge der äußeren nach rechts gerichteten, in Balkenachse wirkenden Kraft $H = +1{,}00$ t und multiplizieren dieselben dann mit der nach Größe und Vorzeichen einzuführenden Kraft $V = +0{,}0912$ t. Die Momente M^* erhalten wir nach Bd. I Teil II, Kap. IV, 1, indirekt aus den Momenten M', welche am Rahmen durch die gleichzeitige horizontale Verschiebung sämtlicher Pfeilerköpfe um $\Delta = 1{,}00$ cm nach rechts entstehen, und welche daher zuerst ermittelt werden.

a) Ermittlung der Momente M' sowie der zugehörigen Erzeugungskraft Z.

Durch die gegebene Verschiebung $\Delta = 1$ cm des Balkens erleiden die 3 Säulen (Stäbe *3, 4* und *5*) „gegenseitige rechtwinklige Verschiebungen" ihrer Endpunkte, und zwar ist

$$\varrho_3 = 1\,\text{cm}, \qquad \varrho_4 = 1\,\text{cm} \qquad \text{und} \qquad \varrho_5 = 1\,\text{cm}$$

(siehe Teil II, Kap. III).

Die Momente infolge dieser gegenseitigen Verschiebungen ϱ ermitteln wir nach den Gl. (515) und (520) und wir erhalten:

infolge ϱ_3:

$$M^D_3 = \frac{\varrho_3}{l_3 \cdot \beta_3 (l_3 - a_3 - b_3)} \cdot a_3 = k \cdot a_3 = \frac{0{,}01 \cdot 2\,100\,000}{8{,}00 \cdot 426{,}67\,(8{,}00 - 2{,}667 - 1{,}898)} \cdot 2{,}667$$

$$= 1{,}791 \cdot 2{,}667 = -4{,}777\,\text{mt},$$

$$M^A_3 = k \cdot b_3 = 1{,}791 \cdot 1{,}898 = +3{,}399\,\text{mt}.$$

Die Vorzeichen dieser beiden Momente ergeben sich aus der Anschauung gemäß
der in Teil II, Kap. III, 1 angegebenen Regel.

Die beiden Momente sind in Fig. 28 aufgetragen; das letztere wurde mit-
tels des Festpunktes K_1, der Verteilungsmaße μ_{1-2}^B und $(1 - \mu_{1-2}^B)$ sowie der

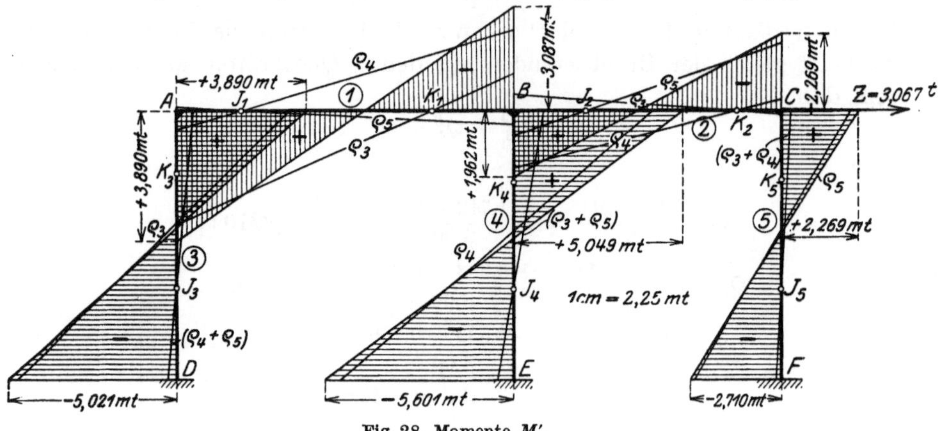

Fig. 28. Momente M'.

Festpunkte J_4, K_2 und J_5 nach rechts über den Rahmen fortgepflanzt; die entsprechende Momentenlinie ist an allen Stäben mit ϱ_3 bezeichnet;

infolge ϱ_4:

$$M_4^E = \frac{\varrho_4}{l_4 \cdot \beta_4 (l_4 - a_4 - b_4)} \cdot a_4 = k \cdot a_4 = \frac{0{,}01 \cdot 2\,100\,000}{8{,}00 \cdot 426{,}67\,(8{,}00 - 2{,}667 - 2{,}137)} \cdot 2{,}667$$

$$= 1{,}925 \cdot 2{,}667 = -5{,}134\,\text{mt},$$

$$M_4^B = k \cdot b_4 = 1{,}925 \cdot 2{,}137 = +4{,}114\,\text{mt}.$$

Die beiden Momente sind in Fig. 28 aufgetragen; das letztere wurde mittels
des Verteilungsmaßes μ_{1-4}^B und der Festpunkte J_1 und J_3 nach links sowie mittels
des Verteilungsmaßes $\mu_{4-2}^B = (1 - \mu_{4-1}^B)$ und der Festpunkte K_2 und J_5 nach
rechts weitergeleitet; die entsprechende Momentenlinie ist an allen Stäben mit ϱ_4
bezeichnet;

infolge ϱ_5:

$$M_5^F = \frac{\varrho_5}{l_5 \cdot \beta_5 (l_5 - a_5 - b_5)} \cdot a_5 = k \cdot a_5 = \frac{0{,}01 \cdot 2\,100\,000}{8{,}00 \cdot 833{,}33\,(8{,}00 - 2{,}667 - 2{,}087)} \cdot 2{,}667$$

$$= 0{,}970 \cdot 2{,}667 = -2{,}587\,\text{mt},$$

$$M_5^C = k \cdot b_5 = 0{,}970 \cdot 2{,}087 = +2{,}024\,\text{mt}.$$

Die beiden Momente sind in Fig. 28 aufgetragen; das letztere wurde mittels
des Festpunktes J_1, der Verteilungsmaße μ_{2-1}^B und $(1 - \mu_{2-1}^B)$ sowie der Festpunkte J_4, J_1 und J_3 nach links über den Rahmen fortgepflanzt; die entsprechende
Momentenlinie ist an allen Stäben mit ϱ_5 bezeichnet.

Durch Addition der drei Teilmomentenflächen für ϱ_3, ϱ_4 und ϱ_5 erhalten
wir nun die in Fig. 28 schraffierte M'-Momentenfläche, aus welcher wir
schließlich die zugehörige Erzeugungskraft Z nach Bd. I, Teil II, Kap. III, 4
genau wie die Festhaltungskraft des R. I gewinnen; es ist

$$Z = (Q_3^A + Q_4^B + Q_5^C) = 1{,}114 + 1{,}331 + 0{,}623 = 3{,}068\,\text{t}.$$

b) *Ermittlung der Momente M*.*

Die Momente M^* infolge der Belastung $H = 1,00$ t erhalten wir nun nach
Bd. I, Teil II, Kap. IV, 1, indem wir die Momente M' Fig. 28 durch ihre Erzeugungskraft $Z = 3,068$ dividieren; die M^*-Momente sind in Fig. 29 aufgetragen
worden.

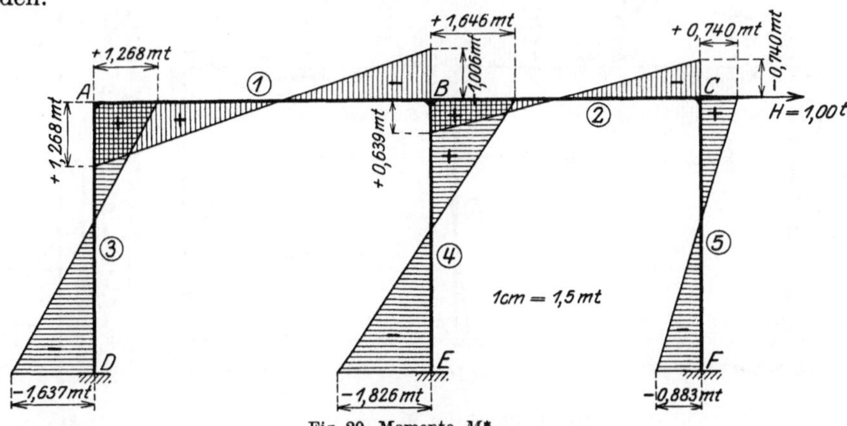

Fig. 29. Momente M^*.

c) *Zusatzmomente des R. II.*

Die gesuchten Zusatzmomente infolge Belasten des Rahmens mit der nach
rechts gerichteten Verschiebungskraft $V = +0,0912$ t erhalten wir nun durch
Multiplikation der M^*-Momente mit der Zahl 0,0912; diese Zusatzmomente
der Belastung $(g_1 + g_2)$ wurden in Fig. 30 dargestellt.

Belastung $(g_1 + g_2)$.

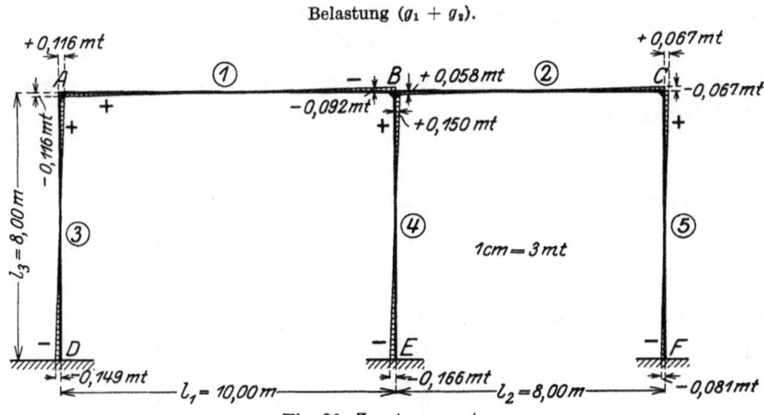

Fig. 30. Zusatzmomente.

Durch Addition der Momente aus R. I und R. II ergeben sich nun die endgültigen, vom Belastungsfall $(g_1 + g_2)$ am Rahmen hervorgerufenen Momente,
welche in Fig. 31 dargestellt sind.

2. Querkräfte.

Mit Hilfe der Fig. 31 und 31a wurden die Querkräfte am belasteten Balken
(Stäbe *1* und *2*) laut Bd. I, Teil I, Kap. VI, 1 graphisch ermittelt.

Es ergab sich:

$$Q_1^A = +1{,}93\ \mathrm{t}, \qquad\qquad Q_2^B = +1{,}75\ \mathrm{t},$$
$$Q_1^B = +2{,}39\ \mathrm{t}, \qquad\qquad Q_2^C = +1{,}13\ \mathrm{t}.$$

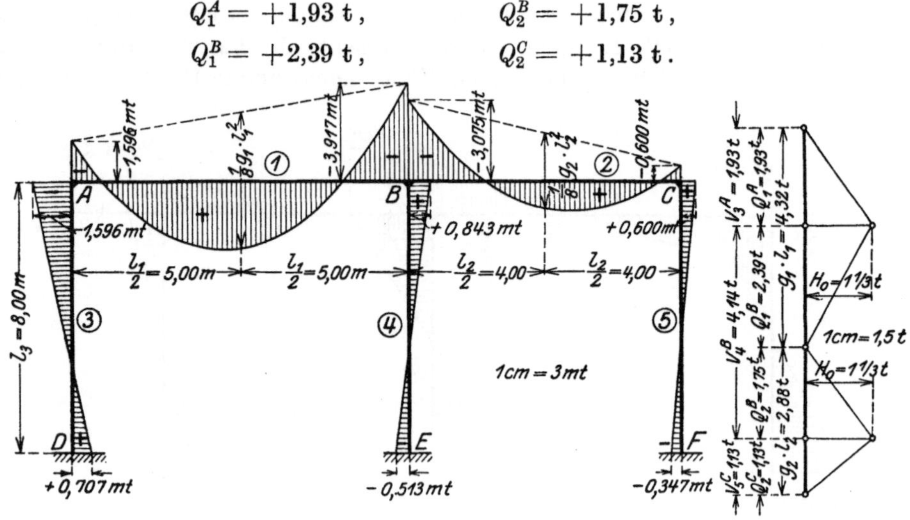

Fig. 31. Endgültige Momente.   Fig. 31a.

Die Querkräfte an den Säulen (unbelastete Stäbe *3*, *4* und *5*) sind auf deren ganze Höhe konstant und ergeben sich zu:

$$Q_3^D = \frac{M_3^D - M_3^A}{l_3} = \frac{+0{,}707 + 1{,}596}{8{,}00} = +0{,}29\ \mathrm{t},$$

$$Q_4^E = \frac{M_4^E - M_4^B}{l_4} = \frac{-0{,}513 - 0{,}843}{8{,}00} = -0{,}17\ \mathrm{t},$$

$$Q_5^F = \frac{M_5^F - M_5^C}{l_5} = \frac{-0{,}347 - 0{,}600}{8{,}00} = -0{,}12\ \mathrm{t}.$$

Die Querkräfte am ganzen Rahmen infolge der Belastung $(g_1 + g_2)$ wurden in Fig. 32 aufgetragen.

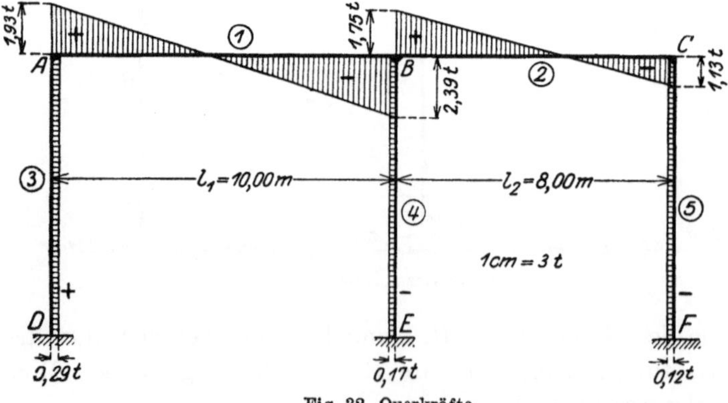

Fig. 32. Querkräfte.

3. Normalkräfte.

Infolge der Belastung $(g_1 + g_2)$ entstehen folgende Normalkräfte (vgl. Bd. I, Teil I, Kap. VI, 2):

$$N_1 = -Q_{3\cdot}^A = 0,29\,\mathrm{t} \;\text{(Druckkraft)},$$

$$N_2 = -Q_5^C = 0,12\,\mathrm{t} \;\text{(Druckkraft)},$$

$$N_3 = -Q_1^A = 1,93\,\mathrm{t} \;\text{(Druckkraft)},$$

$$N_4 = -(Q_1^B + Q_2^B) = 4,14\,\mathrm{t} \;\text{(Druckkraft)},$$

$$N_5 = -Q_2^C = 1,13\,\mathrm{t} \;\text{(Druckkraft)}.$$

B. Einzellasten P_2, P_3, P_5 und P_6.

1. Momente.

Die Berechnung wird nach Bd. I Teil II, Kap. I, 1 durchgeführt.

Rechnungsabschnitt I.

Wir halten den Balken durch ein in C gedachtes festes Lager vorübergehend horizontal unverschiebbar fest.

Die graphische Konstruktion der Momentenfläche erfolgt nach Teil I, Kap. V, wobei die Multiplikation des über die Mittelsäule hinweg fortzupflanzenden Momentes M_1^B bzw. M_2^B mit dem Verteilungsmaß μ_{1-2}^B bzw. μ_{2-1}^B graphisch mittels der beiden in Fig. 33 angetragenen Verwandlungswinkel durchgeführt wird, deren Konstruktion in Kap. III, 8, a, β erklärt ist.

Zunächst ermitteln wir die von den Kräften P_2 und P_3 am ganzen Balken hervorgerufene Momentenfläche. Zu dem Zweck konstruieren wir mittels des Kräftepolygons der Fig. 33a (in welchem dieselbe Polweite zu nehmen ist wie im Kräftepolygon der Fig. 31a in der Öffnung l_1 die Momentenfläche ABG_0H_0 des einfachen Balkens. Die Kreuzlinienabschnitte können wegen Symmetrie der Kräfte P_2 und P_3 in besonders einfacher Weise erhalten werden: Wir verlängern die Gerade G_0H_0 bis zu ihrem Schnittpunkt H' mit der Stützenvertikalen durch B, ermitteln den Schnittpunkt G' der Geraden AH' mit der Verlängerung der Kraft P_2, machen die Strecke $G''G'''$ gleich der Strecke $G'G_0$ und verbinden die Punkte R und S, welche im Abstand l_1 links und rechts von P_2 liegen, mit dem Punkte G'''; die Geraden SG''' und RG''' schneiden dann auf den Vertikalen durch A und B die der Kraft P_2 zugeordneten Kreuzlinienabschnitte AA' und BB' ab. Wegen Symmetrie ist ohne weitere Konstruktion der Kreuzlinienabschnitt der Kraft P_3 auf der Senkrechten durch A gleich der Strecke BB', und der Kreuzlinienabschnitt auf der Senkrechten durch B gleich der Strecke AA'; machen wir daher die Strecke $A'A''$ gleich der Strecke BB', und die Strecke $B'B''$ gleich der Strecke AA', so bilden die beiden gleichen Strecken AA'' und BB'' die Kreuzlinienabschnitte der Kräfte P_2 und P_3. Ziehen wir jetzt die beiden Kreuzlinien AB'' und BA'' ,und ermitteln die Schnittpunkte J_1' und K_1' derselben mit den Festpunktsvertikalen, so erhalten wir in der mit der Ziffer 1 bezeichneten Verbindungslinie $J_1'K_1'$ die den Kräften P_2 und P_3 entsprechende Schlußlinie der ersten Öffnung, welche auf den Auflagersenkrechten durch A und B die Stützenmomente M_1^A und M_1^B abschneidet; durch graphische Multiplikation des Momentes M_1^B mit dem Verteilungsmaß μ_{1-2}^B erhalten wir das Stützenmoment M_2^B und durch Verbinden dieser Momentenordinate mit dem Festpunkt K_2 die der Belastung $(P_2 + P_3)$ entsprechende Schlußlinie in der zweiten Öffnung, welche auf der Auflagersenkrechten durch C das Stützen-

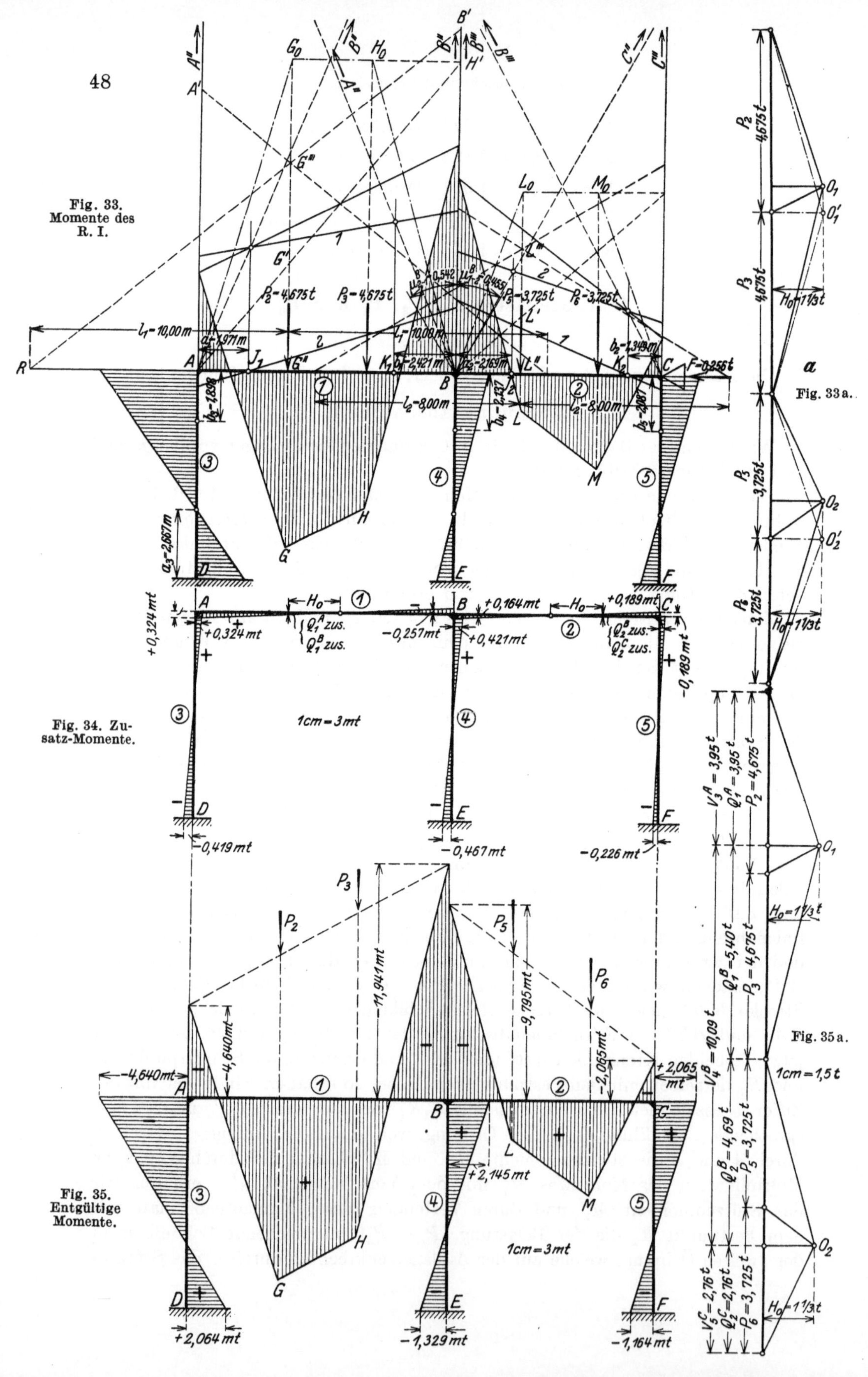

48
Fig. 33. Momente des R. I.
Fig. 33a.
a
Fig. 34. Zusatz-Momente.
1cm = 3mt
Fig. 35. Entgültige Momente.
Fig. 35a.
1cm = 1,5 t
1cm = 3mt

moment M_2^C abschneidet. Die Säulenkopfmomente M_3^A und M_5^C sind gleich den Momenten an den Enden der anstoßenden Balken, und das Säulenkopfmoment M_4^B ist gleich dem mit dem Verteilungsmaß $(1 - \mu_{1-2}^B)$ multiplizierten Moment M_1^B. Verbinden wir nun die Endpunkte der Säulenkopfmomentenordinaten mit den unteren Säulenfestpunkten, so schneiden diese Verbindungsgeraden an den Säulenfüßen die Säulenfußmomente ab. Nun besitzen wir die Momentenfläche am ganzen Rahmen infolge der Belastung $(P_2 + P_3)$, deren Schlußlinien wir an allen Stäben mit der Ziffer *1* versehen haben.

Auf dieselbe Weise konstruieren wir die den Kräften P_5 und P_6 entsprechende einfache Balkenmomentenfläche BCL_0M_0, die Kreuzlinienabschnitte BB''' und CC'', die Kreuzlinien BC'' und CB''' der zweiten Öffnung und die mit der Ziffer *2* bezeichneten Schlußlinien am ganzen Rahmen.

Schließlich erhalten wir durch Addition der beiden Teilmomentenflächen die Momentenfläche infolge der Einzellasten für den festgehaltenen Zustand (siehe Fig. 33).

Die im gedachten Lager bei C während R. I auftretende **Festhaltungskraft** F ist gleich der Resultierenden aus den 3 Querkräften an den Säulenköpfen, d. h.

$$F = Q_3^A + Q_4^B + Q_5^C.$$

Nun ist

$$Q_3^A = \frac{M_3^A - M_3^D}{l_3} = \frac{-4{,}965 - 2{,}482}{8{,}00} = -0{,}931 \text{ t},$$

$$Q_4^B = \frac{M_4^B - M_4^E}{l_4} = \frac{+1{,}725 + 0{,}862}{8{,}00} = +0{,}323 \text{ t},$$

$$Q_5^C = \frac{M_5^C - M_5^F}{l_5} = \frac{+1{,}876 + 0{,}938}{8{,}00} = +0{,}352 \text{ t},$$

$$\text{daher} \quad \boldsymbol{F = -\overline{0{,}256 \text{ t}}}.$$

Rechnungsabschnitt II.

Wir entfernen das während R. I am Balken (bei C) gedachte Lager und ermitteln die Zusätze infolge Belasten des Rahmens mit der äußeren, nach rechts gerichteten, in Balkenachse wirkenden **Verschiebungskraft**

$$V = -F = +0{,}256 \text{ t}.$$

Diese Zusätze erhalten wir durch Multiplizieren der bereits ermittelten M*-Momente (siehe Fig. 29) infolge $H = +1{,}00$ t mit der Zahl 0,256; die Zusatzmomente der Belastung P_2, P_3, P_5 und P_6 wurden in Fig. 34 dargestellt.

Durch Addition der Momente aus R. I und R. II ergeben sich nun die endgültigen, von der Belastung P_2, P_3, P_5 und P_0 am Rahmen hervorgerufenen Momente, welche in Fig. 35 dargestellt sind.

2. Querkräfte.

Mit Hilfe der Fig. 35 und 35a wurden die Querkräfte am belasteten Balken (Stäbe *1* und *2*) laut Bd. I, Teil I, Kap. VI, 1 graphisch ermittelt.

Es ergab sich:

$$Q_1^A = +3{,}95 \text{ t}, \qquad\qquad Q_2^B = +4{,}69 \text{ t},$$

$$Q_1^B = +5{,}41 \text{ t}, \qquad\qquad Q_2^C = +2{,}76 \text{ t}.$$

Die Querkräfte an den Säulen (unbelastete Stäbe *3, 4* und *5*) sind auf deren ganze Höhe konstant und ergeben sich zu

$$Q_3^D = \frac{M_3^D - M_3^A}{l_3} = \frac{+2,064 + 4,640}{8,00} = +0,84 \text{ t},$$

$$Q_4^E = \frac{M_4^E - M_4^B}{l_4} = \frac{-1,330 - 2,145}{8,00} = -0,44 \text{ t},$$

$$Q_5^F = \frac{M_5^F - M_5^C}{l_5} = \frac{-1,164 - 2,065}{8,00} = -0,40 \text{ t}.$$

Die Querkräfte am ganzen Rahmen infolge der Belastung P_2, P_3, P_5 und P_6 wurden in Fig. 36 aufgetragen.

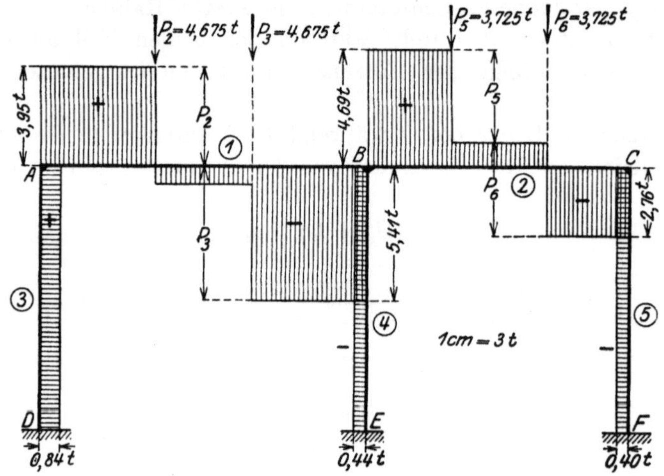

Fig. 36. Querkräfte infolge der Belastung $(P_2 + P_3 + P_5 + P_6)$.

3. Normalkräfte.

Infolge der Belastung $(P_2,\ P_3,\ P_5,\ P_6)$ entstehen folgende Normalkräfte (vgl. Bd. I, Teil I, Kap. VI, 2):

$$N_1 = -Q_3^A = 0,84 \text{ t (Druckkraft)},$$

$$N_2 = -Q_5^C = 0,40 \text{ t (Druckkraft)},$$

$$N_3 = -Q_1^A = 3,95 \text{ t (Druckkraft)},$$

$$N_4 = -(Q_1^B + Q_2^B) = 10,10 \text{ t (Druckkraft)},$$

$$N_5 = -Q_2^C = 2,76 \text{ t (Druckkraft)}.$$

C. Einzellasten P_1, P_4 und P_7
(siehe Fig. 24).

Diese Einzellasten erzeugen keine Momente, sondern nur Normalkräfte in den Säulenquerschnitten, da sie in ihren Achsen angreifen; so entsteht z. B. in einem beliebigen Querschnitt der Mittelsäule eine Normalkraft, welche sich aus dem Gewicht des über dem Querschnitt befindlichen Säulenschaftes und aus der Einzellast P_4 zusammensetzt. Insbesondere in den Einspannquerschnitten D, E

und F zwischen den Säulen und ihren Fundamenten entstehen folgende Normalkräfte (Druckkräfte):

$$N_3^D = P_1 + G_1 = 4,00 + 2,90 = 6,90\,\text{t},$$
$$N_4^E = P_4 + G_3 = 6,00 + 2,90 = 8,90\,\text{t},$$
$$N_5^F = P_7 + G_5 = 3,00 + 2,30 = 5,30\,\text{t}.$$

II. Wind von links.

1. Momente.

Es kommt nur Winddruck auf den Binder selbst von 0,30 m Breite und das Oberlicht in Betracht, da die Umfassungsmauer zwischen den Bindern den auf sie entfallenden Winddruck selbst auf den Baugrund übertragen. Am vorliegenden unsymmetrischen Rahmen sind die vom Winddruck erzeugten inneren Kräfte nicht nur dem Vorzeichen, sondern auch der Größe nach verschieden, je nachdem der Wind von links oder von rechts kommt; da jedoch der Winddruck auf die Säulen sehr gering ist und die Momente aus Winddruck auf das Oberlicht, welche die ersteren überwiegen, sowieso gleich groß sind, ob der Wind von links oder rechts herkommt, so führen wir die Berechnung nur für Wind von links durch und nehmen die Momente für Wind von rechts entgegengesetzt gleich an.

Auf die Säule *3* wirkt ein Winddruck von $w = 0,30 \cdot 0,125 = 0,0375$ t/stgdm. Der Winddruck auf das Oberlicht beträgt pro Binder $W = 1,70$ t und wirkt als horizontale Kraft in Balkenachse.

A. Gleichmäßig verteilter Winddruck w pro stgdm auf die linke Endsäule.

Rechnungsabschnitt I (Fig. 37).

Wir halten den Balken durch ein in C gedachtes festes Lager vorübergehend horizontal unverschiebbar fest.

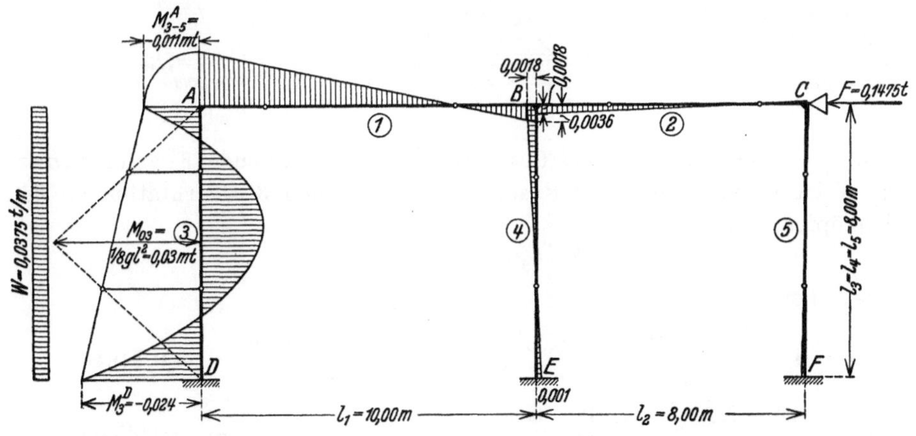

Fig. 37 Wind auf die linke Säule   Momente des R. I.

Die Momentenfläche an der linken Endsäule (Stab *3*) infolge gleichmäßig verteiltem Winddruck ermitteln wir genau gleich wie diejenige an der ersten

Balkenöffnung (Stab *1*) infolge gleichmäßig verteiltem Eigengewicht. Säule und Balken sind beides Stäbe des Rahmens und werden als solche gleich behandelt.

Die M_0-Linie ist eine Parabel mit der Pfeilhöhe

$$f_3 = \frac{w \cdot l_3^2}{8} = \frac{0{,}0375 \cdot 8{,}00^2}{8} = 0{,}30 \,\text{mt}.$$

Mit Hilfe der Festpunkte J_3 und K_3 und der Kreuzlinien erhalten wir die Schluß-linie, welche die beiden Stützenmomente M_3^D und M_3^A abschneidet. Das Moment M_3^A pflanzt sich nach rechts über den ganzen Rahmen fort: Es ist zunächst $M_1^A = M_3^A$; von M_1^A aus ziehen wir eine Gerade durch den Festpunkt K_1, welche bei B das Moment M_1^B abschneidet. Nun spaltet sich M_1^B in

$$M_2^B = M_1^B \cdot \mu_{1-2}^B$$

und

$$M_4^B = M_1^B \left(1 - \mu_{1-2}^B\right).$$

Von M_4^B aus ziehen wir eine Gerade durch den Festpunkt J_4, welche in E das Säulenfußmoment M_4^E abschneidet. Ferner ziehen wir von M_2^B aus eine Gerade durch den Festpunkt K_2 und erhalten als Abschnitt bei C das Moment M_2^C. Endlich ist das Säulenkopfmoment M_5^C gleich M_2^C und durch geradlinige Verbindung dieses Momentes mit dem Festpunkt J_5 erhalten wir als Abschnitt bei F das Säulenfußmoment M_5^F (siehe Fig. 37).

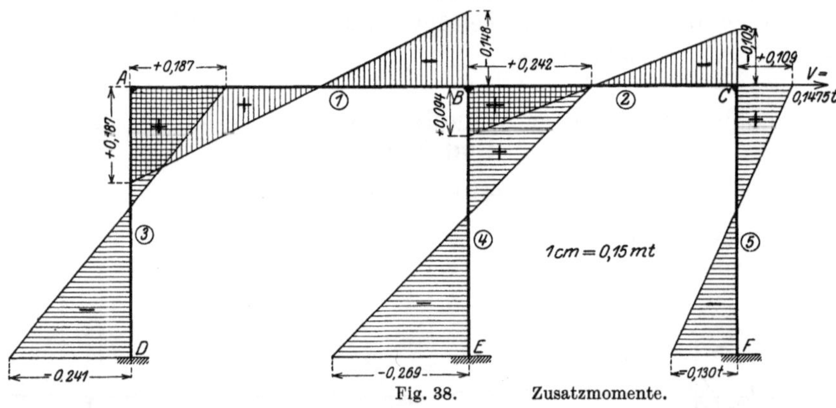

Fig. 38.   Zusatzmomente.

Die im gedachten Lager bei C während R. I auftretende **Festhaltungs-kraft** F ist wieder gleich der Resultierenden aus den 3 Querkräften an den Säulenköpfen, d. h.

$$F = Q_3^A + Q_4^B + Q_5^C.$$

Nun ist aber:

$$Q_3^A = \mathfrak{Q} + \frac{M_3^A - M_3^D}{l_3} = -\frac{0{,}0375 \cdot 8{,}00}{2} + \frac{-0{,}011 + 0{,}024}{8{,}00} = -0{,}1484 \,\text{t},$$

$$Q_4^B = \frac{M_4^B - M_4^E}{l_4} = \frac{-0{,}0018 - 0{,}001}{8{,}00} = -0{,}0003 \,\text{t},$$

$$Q_5^C = \frac{M_5^C - M_5^F}{l_5} = \frac{+0{,}0005 + 0{,}0003}{8{,}00} = -0{,}0001 \,\text{t},$$

$$\text{daher} \quad \boldsymbol{F = -0{,}1488\,\text{t}.}$$

Rechnungsabschnitt II.

Wir entfernen das während R. I am Balken (bei C) gedachte Lager und ermitteln die Zusätze infolge Belasten des Rahmens mit der äußeren, nach rechts gerichteten, in Balkenachse wirkenden Verschiebungskraft

$$V = -F = +0{,}1488\ \text{t}.$$

Diese Zusätze erhalten wir durch Multiplizieren der bereits ermittelten M^*-Momente (siehe Fig. 29) infolge $H = +1{,}00\,\text{t}$ mit der Zahl 0,1488; die Zusatzmomente der Belastung w wurden in Fig. 38 dargestellt.

B. Winddruck W auf das Oberlicht, als Einzellast in Balkenachse angreifend.

Die Momente infolge $W = 1{,}70\,\text{t}$ erhalten wir durch Multiplizieren der durch $H = +1{,}00\,\text{t}$ hervorgerufenen Momente M^* (siehe Fig. 29) mit der

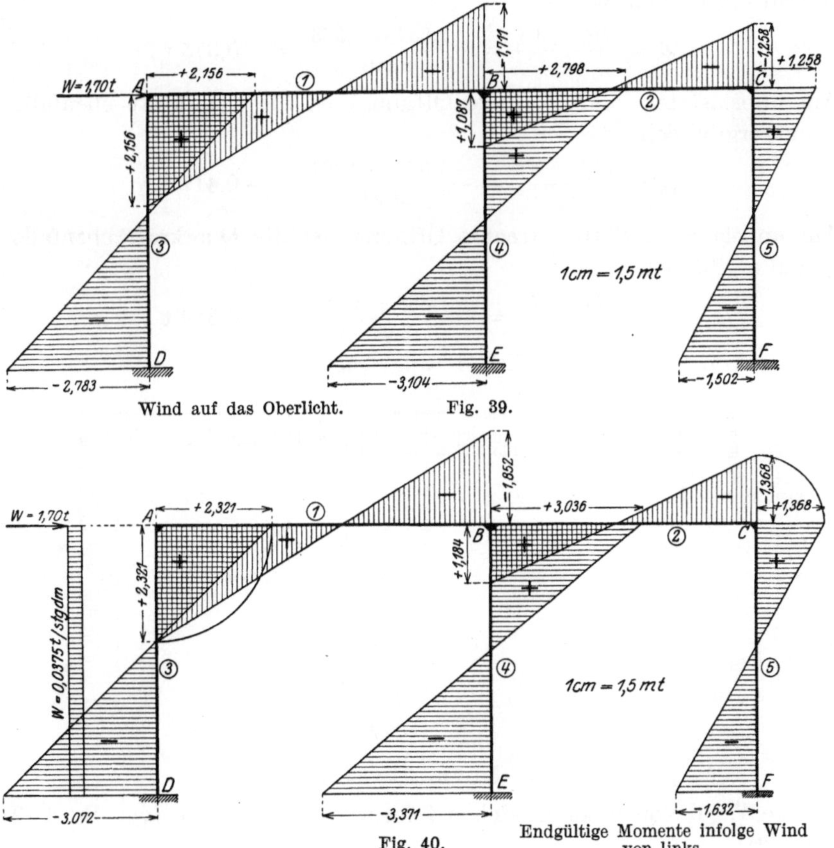

Wind auf das Oberlicht.   Fig. 39.

Fig. 40.   Endgültige Momente infolge Wind von links.

Zahl 1,70; diese Momente wurden in Fig. 39 aufgetragen. Für diesen Belastungsfall gibt es also keinen R. I.

Durch Addition der Momente aus A, R. I und R. II, sowie aus B ergeben sich nun die endgültigen, von der Belastung: Wind von links am Rahmen hervorgerufenen Momente, welche in Fig. 40 dargestellt sind.

2. Querkräfte.

Die Querkräfte am ganzen Rahmen werden nach Bd. I, Teil 1, Kap. VI, 1 ermittelt.

Am belasteten Stab *3* (linke Endsäule) ergibt sich:

$$Q_3^D = \frac{w \cdot l_3}{2} + \frac{M_3^D - M_3^A}{l_3} = -\frac{0,0375 \cdot 8,00}{2} + \frac{-3,072 - 2,321}{8,00} = -0,824 \text{ t},$$

$$Q_3^A = \frac{w \cdot l_3}{2} + \frac{M_3^A - M_3^D}{l_3} = -\frac{0,0375 \cdot 8,00}{2} + \frac{2,321 + 3,072}{8,00} = 0,524 \text{ t}.$$

Am unbelasteten Stab *4* (Mittelsäule) ist die Querkraft auf die ganze Stabhöhe konstant und ergibt sich zu:

$$Q_4^E = \frac{M_4^E - M_4^B}{l_4} = \frac{-3,371 - 3,036}{8,00} = -0,801 \text{ t}.$$

Am unbelasteten Stab *5* (rechte Endsäule) ist die Querkraft ebenfalls konstant und ergibt sich zu:

$$Q_5^F = \frac{M_5^F - M_5^C}{l_5} = \frac{-1,632 - 1,368}{8,00} = -0,375 \text{ t}.$$

Am unbelasteten Stab *1* (linke Öffnung) ist die Querkraft ebenfalls konstant und ergibt sich zu:

$$Q_1^A = \frac{M_1^B - M_1^A}{l_1} = \frac{-1,852 - 2,321}{10,00} = -0,417 \text{ t}.$$

Am unbelasteten Stab *2* (rechte Öffnung) ist die Querkraft ebenfalls konstant und ergibt sich zu:

$$Q_2^B = \frac{M_2^C - M_2^B}{l_2} = \frac{-1,368 - 1,184}{8,00} = -0,319 \text{ t}.$$

Diese Querkräfte wurden in Fig. 41 aufgetragen.

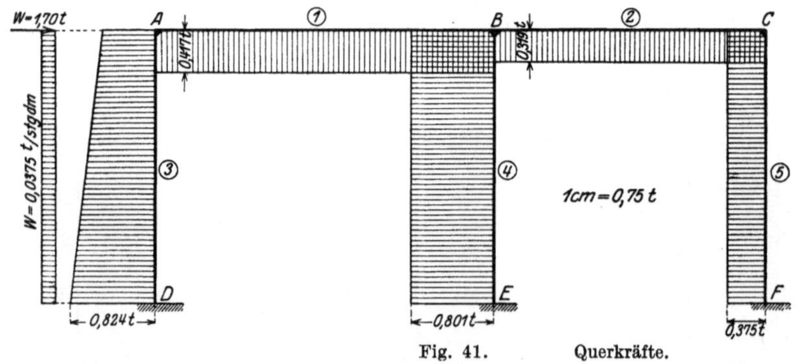

Fig. 41.   Querkräfte.

3. Normalkräfte.

Infolge Wind von links entstehen folgende Normalkräfte (vgl. Bd. I, Teil I, Kap. VI, 2):

$$N_1 = -Q_5^C - Q_4^B = 0,375 + 0,801 = 1,176 \text{ t (Druckkraft)},$$
$$N_2 = -Q_5^C = 0,375 \text{ t (Druckkraft)},$$
$$N_3 = -Q_1^A = 0,417 \text{ t (Druckkraft)},$$
$$N_4 = -Q_1^B - Q_2^B = 0,417 - 0,319 = 0,098 \text{ t (Druckkraft)},$$
$$N_5 = -Q_2^C = 0,319 \text{ t (Druckkraft)}.$$

III. Kranlast in der linken Öffnung.

Die Auflagerdrücke $P_A = 6{,}5$ t und $P_B = 1{,}5$ t des in der Öffnung l_1 stehenden Laufkranes (siehe Fig. 42) erzeugen Normalkräfte in den Säulen A und B von der Größe dieser Auflagerdrucke sowie Konsolmomente $M_3 = + 3{,}25$ mt und $M_4 = - 0{,}75$ mt, welche als äußere Belastung der Konsole einzuführen sind.

1. Momente.

Rechnungsabschnitt I.

(Fig. 24).

Wir halten den Balken wieder durch ein in C gedachtes festes Lager vorübergehend horizonatl unverschiebbar fest und führen die Berechnung für die Lastmomente $M_3 = + 3{,}25$ mt und $M_4 = - 0{,}75$ mt getrennt durch.

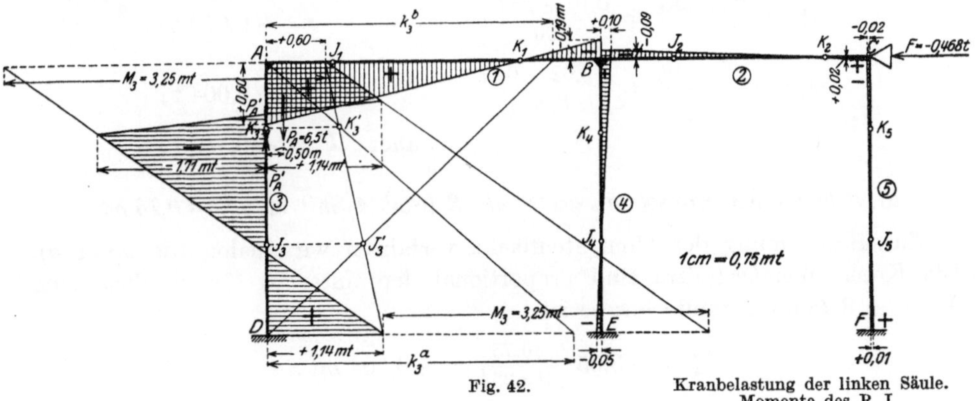

Fig. 42.

Kranbelastung der linken Säule.
Momente des R. I.

a) Belasten der Konsole an der Säule A (Stab 3) mit $M_3 = + 3{,}25$ mt.

Die Momentenfläche an der belasteten Säule ermitteln wir graphisch nach Kap. V, 3, d), insbesondere nach Fig. 136d (Bd I).

Damit wir die Momentenfläche gleich so erhalten, daß die Stabachse die positiven und negativen Momente trennt, bestimmen wir zuerst die Schlußlinie am belasteten Stab mit Hilfe der Kreuzlinienabschnitte und hängen dann die M_0-Fläche an die Schlußlinie an. Die Kreuzlinienabschnitte erhalten wir nach den Gl. (281) und (282) zu:

$$k_3^a = - M_3 \left(1 - \frac{e^2 + 3z(e+z)}{l^2} \right)$$

$$= - 3{,}25 \left(1 - \frac{0{,}85^2 + 3 \cdot 6{,}00 \, (0{,}85 + 0{,}60)}{8{,}00^2} \right) = + 3{,}05 \text{ mt},$$

$$k_3^b = - M_3 \left(\frac{e^2 + 3z'(e+z')}{l^2} - 1 \right)$$

$$= - 3{,}25 \left(\frac{0{,}85^2 + 3 \cdot 1{,}15 \, (0{,}85 + 1{,}15)}{8{,}00^2} - 1 \right) = + 2{,}86 \text{ mt}.$$

An die mittels dieser Kreuzlinienabschnitte in Fig. 42 erhaltene Schlußlinie tragen wir unten $M_3 = 3{,}25$ mt nach rechts, oben dasselbe nach links auf und verbinden die Endpunkte dieser Momentenordinaten mit dem anderen Stabende (bzw, Schlußlinienende). Bringen wir nun die durch den Zug- und Druckmittelpunkt der Konsole gezogenen Waagrechten zum Schnitt mit diesen Verbindungsgeraden, so erhalten wir durch geradlinige Verbindung der beiden Schnittpunkte die in Fig. 42 schraffierte Momentenfläche des belasteten Stabes *3*.

Das Moment M_4^A ist nun mit Hilfe der Festpunkte und Verteilungsmaße nach rechts weiterzuleiten (siehe Fig. 42).

Die im gedachten Lager bei C während R. I auftretende **Festhaltungskraft** F ist gleich der Resultierenden aus den 3 Querkräften an den Säulenköpfen, d. h.

$$F = Q_3^A + Q_4^B + Q_5^C \, .$$

Nun ist aber

$$Q_3^A = \mathfrak{Q} + \frac{M_3^A - M_3^D}{l_3} = -\frac{3{,}25}{8{,}00} + \frac{0{,}60 - 1{,}14}{8{,}00} = -0{,}483 \ \mathrm{t} \, ,$$

$$Q_4^B = \frac{M_4^B - M_4^E}{l_4} = \frac{0{,}10 + 0{,}05}{8{,}00} \qquad\qquad = +0{,}019 \ \mathrm{t} \, ,$$

$$Q_5^C = \frac{M_5^C - M_5^F}{l_5} = \frac{-0{,}02 - 0{,}01}{8{,}00} \qquad\qquad = -0{,}004 \ \mathrm{t} \, ,$$

$$\text{daher} \quad F = -\overline{0{,}468 \ \mathrm{t}} \, .$$

b) Belasten der Konsole an der Säule B (Stab 4) mit $M_4 = -0{,}75 \, mt$.

Zur Bestimmung der Momentenfläche verfahren wir analog wie unter *a)*. Die Kreuzlinienabschnitte sind proportional den unter *a)* für die Belastung $M_3 = +3{,}25 \, mt$ gefundenen; es ist

$$k_4^a = +3{,}05 \left(\frac{-0{,}75}{+3{,}25} \right) = -0{,}704 \ mt \, ,$$

$$k_4^b = +2{,}86 \left(\frac{-0{,}75}{+3{,}25} \right) = -0{,}660 \ mt \, .$$

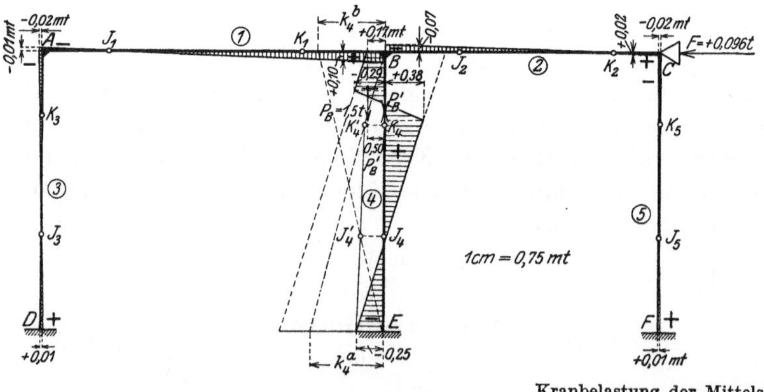

Fig. 43.   Kranbelastung der Mittelsäule. Momente des R. I.

An die mittels dieser Kreuzlinienabschnitte in Fig. 43 erhaltene Schlußlinie tragen wir analog wie unter *a)* die M_0-Fläche an und erhalten die in Fig. 43 schraffierte Momentenfläche des belasteten Stabes *4*.

Das Moment M_4^B ist nun mit Hilfe der Festpunkte und Verteilungsmaße nach links und rechts weiterzuleiten (siehe Fig. 43).

Die im gedachten Lager bei C während R. I auftretende **Festhaltungs-kraft** F ist wieder gleich der Resultierenden aus den 3 Querkräften an den Säulenköpfen. Es ist

$$Q_3^A = \frac{M_3^A - M_3^D}{l_3} = \frac{-0,02 - 0,01}{8,00} \qquad\qquad = -0,004 \, \text{t},$$

$$Q_4^B = \mathfrak{Q} + \frac{M_4^B - M_4^E}{l_4} = +\frac{0,75}{8,00} + \frac{-0,17 + 0,25}{8,00} = +0,104 \, \text{t},$$

$$Q_5^C = \frac{M_5^G - M_5^F}{l_5} = \frac{-0,02 - 0,01}{8,00} \qquad\qquad = -0,004 \, \text{t},$$

$$\text{daher} \quad \boldsymbol{F = +\overline{0,096 \, \text{t}}.}$$

c) Gleichzeitiges Belasten der beiden Konsolen mit $M_3 = +3,25$ mt und
$$M_4 = -0,75 \text{ mt}.$$

Die diesbezügliche Momentenfläche erhalten wir durch Addieren der unter *a*) und *b*) gefundenen Momentenordinaten mit ihren Vorzeichen; die zugehörige Festhaltungskraft hat die Größe:

$$F_{tot.} = -0,468 + 0,096 = -0,372 \, \text{t}.$$

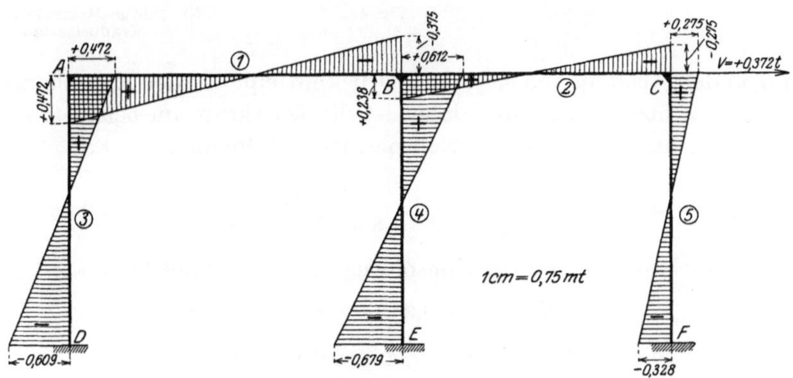

Fig. 44. Zusatzmomente infolge Kranbelastung.

Rechnungsabschnitt II.

Wir entfernen das während R. I am Balken (bei C) gedachte Lager und ermitteln die Zusätze infolge Belasten des Rahmens mit der äußeren, nach rechts gerichteten, in Balkenachse wirkenden Verschiebungskraft

$$V = -F = +0,372 \, \text{t}.$$

Diese Zusätze erhalten wir durch Multiplizieren der bereits ermittelten M^*-Momente (siehe Fig. 29) infolge $H = +1,00$ t mit der Zahl 0,372; diese Zusatzmomente der Kranbelastung wurden in Fig. 44 dargestellt.

Durch Addition der Momente aus R. I (Fig. 42 und 43) und der sog. Zusatz-momente (Fig. 44) ergeben sich nun die endgültigen von der Kranbelastung am Rahmen hervorgerufenen Momente, welche in Fig. 45 dargestellt sind.

2. Querkräfte.

Die Querkräfte am ganzen Rahmen werden nach Bd. I, Teil I, Kap. VI, 1 ermittelt.

Der Stab *3* (linke Endsäule) ist durch das Konsolmoment $M_3 = + 3{,}25$ mt belastet, welches durch das Kräftepaar

$$P_3 = \frac{3{,}25}{0{,}85} = 3{,}82\,\text{t}$$

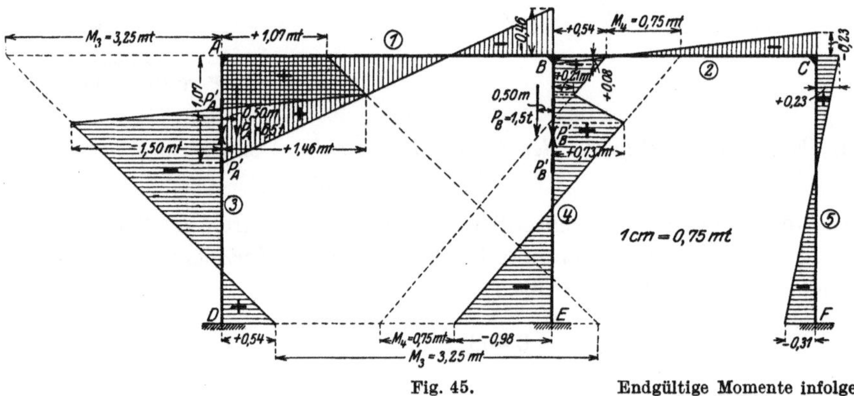

Fig. 45.   Endgültige Momente infolge Kranbelastung.

(worin 0,85 den Abstand von Zug- und Druckmittelpunkt der Konsole bedeutet) auf den Stab *3* übertragen wird; daher ist die Querkraft am belasteten Stab *3*: in allen Querschnitten unterhalb Konsoldruckmittelpunkt:

$$Q_3^D = + \frac{M_3}{l_3} + \frac{M_3^D - M_3^A}{l_3} = + \frac{3{,}25}{8{,}00} + \frac{0{,}54 - 1{,}07}{8{,}00} = + 0{,}34\,\text{t}$$

in allen Querschnitten zwischen Konsol-Zug- und Druckmittelpunkt:

$$Q_3 = Q_3^D - P = 0{,}34 - 3{,}82 = - 3{,}48\,\text{t},$$

in allen Querschnitten oberhalb Konsolzugmittelpunkt:

$$Q_{3_1}^A = - \frac{M_3}{l_3} + \frac{M_3^A - M_3^D}{l_3} = - \frac{3{,}25}{8{,}00} + \frac{1{,}07 - 0{,}54}{8{,}00} = - 0{,}34\,\text{t}.$$

Der Stab *4* (Mittelsäule) ist durch das Konsolmoment $M_4 = - 0{,}75$ mt belastet, welches durch das Kräftepaar

$$P_4 = \frac{0{,}75}{0{,}85} = 0{,}88\,\text{t}$$

auf den Stab *4* übertragen wird; daher ist die Querkraft am belasteten Stab *4*: in allen Querschnitten unterhalb Konsoldruckmittelpunkt:

$$Q_4^E = - \frac{M_4}{l_4} + \frac{M_4^E - M_4^B}{l_4} = - \frac{0{,}75}{8{,}00} + \frac{- 0{,}98 - 0{,}54}{8{,}00} = - 0{,}28\,\text{t};$$

in allen Querschnitten zwischen Konsol-Zug- und Druckmittelpunkt:

$$Q_4 = Q_4^E + P_4 = - 0{,}28 + 0{,}88 = + 0{,}60\,\text{t};$$

in allen Querschnitten oberhalb Konsolzugmittelpunkt:

$$Q_4^B = + \frac{M_4}{l_4} + \frac{M_4^B - M_4^E}{8,00} = + \frac{0,75}{8,00} + \frac{0,54 + 0,98}{8,00} = + 0,28 \text{ t}.$$

Am unbelasteten Stab 5 (rechte Endsäule) ist die Querkraft auf die ganze Stabhöhe konstant, und zwar:

$$Q_5^F = \frac{M_5^F - M_5^O}{l_5} = \frac{-0,31 - 0,23}{8,00} = -0,06 \text{ t}.$$

Am unbelasteten Stab 1 (linke Öffnung) ist die Querkraft ebenfalls konstant und ergibt sich zu:

$$Q_1^A = \frac{M_1^B - M_1^A}{l_1} = \frac{-0,46 - 1,07}{10,00} = -0,15 \text{ t}.$$

Am unbelasteten Stab 2 (rechte Öffnung) ist die Querkraft ebenfalls konstant, und zwar:

$$Q_2^B = \frac{M_2^O - M_2^B}{l_2} = \frac{-0,23 - 0,08}{8,00} = -0,04 \text{ t}.$$

Diese Querkräfte wurden in Fig. 46 aufgetragen.

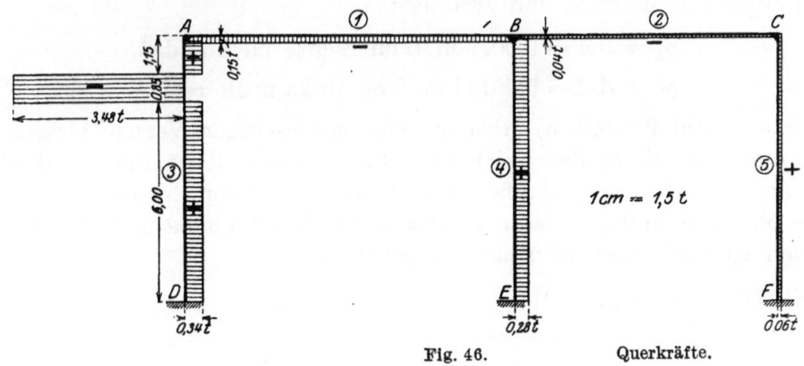

Fig. 46.　　　　Querkräfte.

3. Normalkräfte.

Infolge der gegebenen Kranbelastung entstehen folgende Normalkräfte (vgl. Bd. I, Teil I, Kap. VI, 2):

$$N_1 = -Q_3^A = 0,34 \text{ t (Druckkraft)},$$

$$N_2 = -Q_5^O = 0,06 \text{ t (Druckkraft)},$$

$$N_3^A = -Q_1^A = 0,15 \text{ t (Druckkraft)},$$

$$N_3^D = N_3^A + P_A' = 6,65 \text{ t (Druckkraft)},$$

$$N_4^B = -Q_1^B - Q_2^B = 0,15 - 0,04 = 0,11 \text{ t (Druckkraft)},$$

$$N_4^E = N_4^B + P_B' = 0,11 + 1,50 = 1,61 \text{ (Druckkraft)},$$

$$N_5 = -Q_2^O = 0,04 \text{ t (Druckkraft)}.$$

IV. Temperaturänderung um $t = 15^0$.

Nachstehend ermitteln wir die inneren Kräfte am Rahmen infolge Temperaturerhöhung um $t = 15^0$ C; die inneren Kräfte infolge Temperaturerniedrigung haben dann dieselbe Größe, jedoch entgegengesetztes Vorzeichen.

1. Momente.

Rechnungsabschnitt I.

Da der Rahmen unsymmetrisch ist, kann der Balkenpunkt, welcher bei Temperaturänderungen in Ruhe bleibt, nicht von vornherein angegeben werden; deshalb müssen wir (vgl. Bd. I, Teil II, Kap. V, 1) den Balken, z. B. Knotenpunkt B, vorübergehend horizontal unverschiebbar festhalten. Unter Annahme eines Ausdehnungskoeffizienten $\alpha = 0{,}000012$ verschiebt sich daher bei einer Temperaturerhöhung von $t = 15^0$:

der Knotenpunkt A um:

$$\varDelta A = -\alpha \cdot t^0 \cdot l_1 = -0{,}000012 \cdot 15 \cdot 10{,}00 = -0{,}0018 \text{ m} ,$$

und der Knotenpunkt C um:

$$\varDelta C = +\alpha \cdot t^0 \cdot l_2 = +0{,}000012 \cdot 15 \cdot 8{,}00 = +0{,}00144 \text{ m} ,$$

wodurch die Stäbe 3 und 5 (Pfeiler) gegenseitige rechtwinklige Verschiebungen ihrer Endpunkte erleiden, und zwar ist:

$$\varrho_3 = \varDelta A = 0{,}0018 \text{ m (von rechts nach links)},$$

$$\varrho_5 = \varDelta C = 0{,}00144 \text{ m (von links nach rechts)}.$$

Die Stäbe 1 und 2 (Balken) erleiden keine gegenseitigen Verschiebungen ihrer Endpunkte, weil die Säulen gleich lang sind und sich daher alle um gleich viel ausdehnen, so daß sich die Stäbe 1 und 2 nur parallel verschieben.

Die Momente infolge dieser gegenseitigen Verschiebungen ϱ ermitteln wir nach den Gl. (515) und (520) und wir erhalten

infolge ϱ_3:

$$M_3^D = \frac{\varrho_3}{l_3 \cdot \beta_3 (l_3 - a_3 - b_3)} \cdot a_3 = k \cdot a_3$$

$$= \frac{0{,}0018 \cdot 2\,100\,000}{8{,}00 \cdot 426{,}67 (8{,}00 - 2{,}667 - 1{,}898)} \cdot 2{,}667 = 0{,}322 \cdot 2{,}667 = +0{,}860 \text{ mt} ,$$

$$M_3^A = k \cdot b_3 = 0{,}322 \cdot 1{,}898 = -0{,}611 \text{ mt} .$$

Die Vorzeichen dieser beiden Momente ergeben sich aus der Anschauung gemäß der im Bd. I, Teil II, Kap. IV, 1 angegebenen Regel.

Die beiden Momente sind in Fig. 47 aufgetragen; das letztere wurde darauf nach rechts über den Rahmen fortgepflanzt; die entsprechende Momentenlinie ist an allen Stäben mit ϱ_3 bezeichnet.

infolge ϱ_5:

$$M_5^F = \frac{\varrho_5}{l_5 \cdot \beta_5 (l_5 - a_5 - b_5)} \cdot a_5 = k \cdot a_5$$

$$= \frac{0{,}00144 \cdot 2\,100\,000}{8{,}00 \cdot 833{,}33 (8{,}00 - 2{,}667 - 2{,}087)} \cdot 2{,}667 = 0{,}14 \cdot 2{,}667 = -0{,}373 \text{ mt} ,$$

$$M_5^C = k \cdot b_5 = 0{,}14 \cdot 2{,}087 = +0{,}292 \text{ mt} .$$

Die Vorzeichen dieser beiden Momente ergeben sich wieder aus der An-schauung.

Die beiden Momente sind in Fig. 47 aufgetragen; das letztere wurde nach links über den Rahmen weitergeleitet; die entsprechende Momentenlinie ist an allen Stäben mit ϱ_5 bezeichnet.

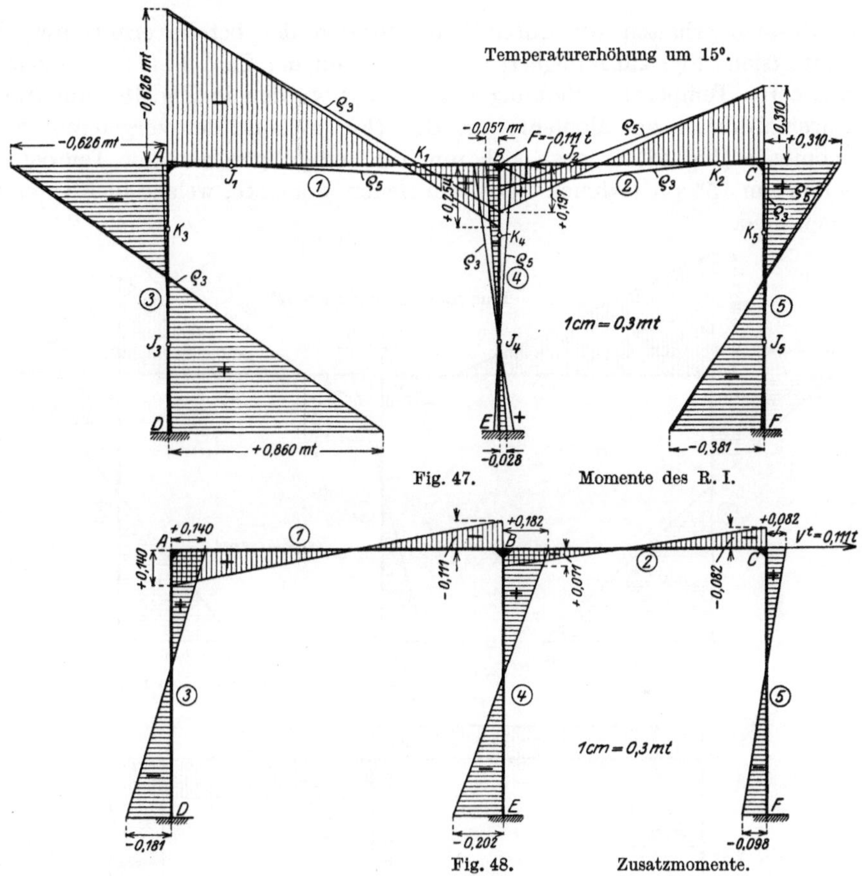

Fig. 47.   Momente des R. I.

Fig. 48.   Zusatzmomente.

Durch Addition der beiden Teilmomentenflächen für ϱ_3 und ϱ_5 erhalten wir die in Fig. 47 schraffierte Momentenfläche für den festgehaltenen Zustand, aus welcher wir die Festhaltungskraft F^t gewinnen; es ist:

$$F^t = Q_3^A + Q_4^B + Q_5^C$$

und

$$Q_3^A = \frac{M_3^A - M_3^D}{l_3} = \frac{-0{,}626 - 0{,}867}{8{,}00} = -0{,}186 \text{ t},$$

$$Q_4^B = \frac{M_4^B - M_4^E}{l_4} = \frac{-0{,}0568 - 0{,}0284}{8{,}00} = -0{,}011 \text{ t},$$

$$Q_5^C = \frac{M_5^C - M_5^F}{l_5} = \frac{+0{,}310 + 0{,}381}{8{,}00} = -0{,}086 \text{ t},$$

$$\text{daher} \quad \boldsymbol{F^t = -\overline{0{,}111 \text{ t}}}.$$

Rechnungsabschnitt II.

Wir entfernen das während R. I am Balken (bei B) gedachte Lager und ermitteln die Zusätze infolge Belasten des Rahmens mit der äußeren, nach rechts gerichteten in Balkenachse wirkenden Verschiebungskraft

$$V = -F = +0,111 \text{ t}.$$

Diese Zusätze erhalten wir durch Multiplizieren der bereits ermittelten M^*-Momente (siehe Fig. 29) infolge $H = +1,00$ t mit der Zahl 0,111; diese Zusatzmomente für Temperaturerhöhung um $t = 15^0$ wurden in Fig. 48 aufgetragen.

Durch Addition der Momente aus R. I (Fig. 47) und der vorgenannten Zusatzmomente (Fig. 48) ergeben sich nun die endgültigen von der Temperaturerhöhung um 15^0 am Rahmen hervorgerufenen Momente, welche in Fig. 49 aufgetragen sind.

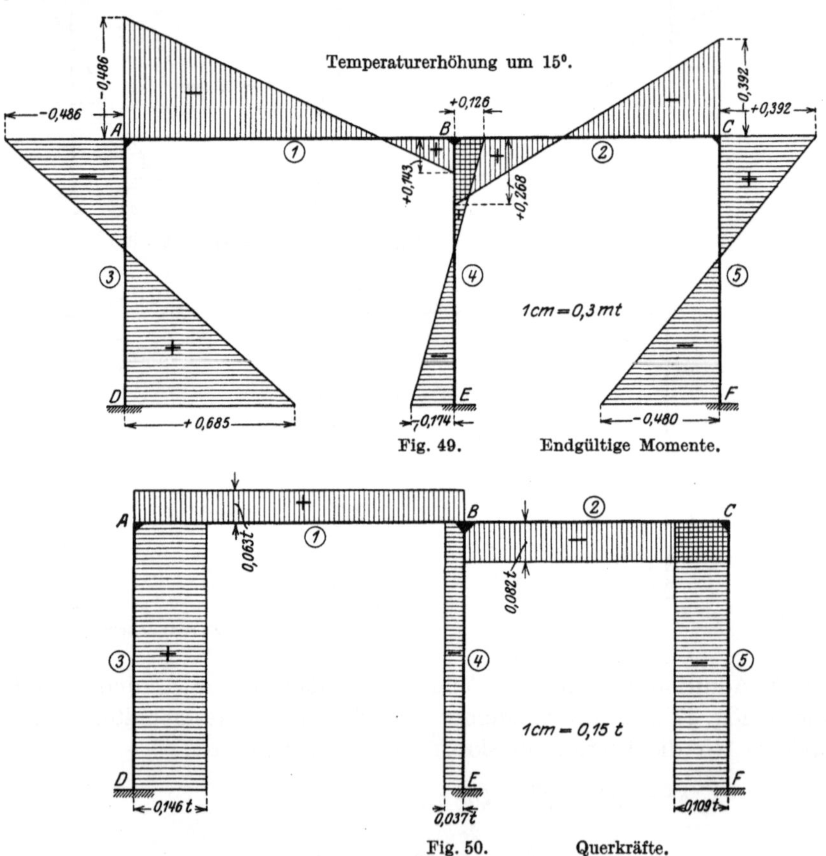

Fig. 49.   Endgültige Momente.

Fig. 50.   Querkräfte.

2. Querkräfte.

Nach Bd. I, Teil I, Kap. VI, 1 ist die Querkraft infolge der gegebenen Temperaturerhöhung:
in allen Querschnitten der ersten Öffnung:

$$Q_1^A = \frac{+0,143 + 0,486}{10,00} = +0,063 \text{ t},$$

in allen Querschnitten der zweiten Öffnung:

$$Q_2^B = \frac{-0{,}392 - 0{,}268}{8{,}00} = -0{,}082 \text{ t},$$

in allen Querschnitten der linken Säule:

$$Q_3^D = \frac{+0{,}685 + 0{,}486}{8{,}00} = +0{,}146 \text{ t},$$

in allen Querschnitten der Mittelsäule:

$$Q_4^E = \frac{-0{,}174 - 0{,}126}{8{,}00} = -0{,}037 \text{ t},$$

in allen Querschnitten der rechten Säule:

$$Q_5^F = \frac{-0{,}480 - 0{,}392}{8{,}00} = -0{,}109 \text{ t}.$$

Diese Querkräfte wurden in Fig. 50 aufgetragen.

3. Normalkräfte.

Nach Bd. I, Teil I, Kap. VI, 2 ist die Normalkraft infolge der gegebenen Temperaturerhöhung:

in allen Querschnitten der ersten Öffnung:

$$N_1 = 0{,}146 \text{ t (Druckkraft)},$$

in allen Querschnitten der zweiten Öffnung:

$$N_2 = 0{,}146 - 0{,}037 = 0{,}109 \text{ t (Druckkraft)},$$

in allen Querschnitten der linken Säule:

$$N_3 = 0{,}063 \text{ t (Druckkraft)},$$

in allen Querschnitten der Mittelsäule:

$$N_4 = 0{,}063 + 0{,}082 = 0{,}145 \text{ t (Zugkraft)},$$

in allen Querschnitten der rechten Säule:

$$N_5 = 0{,}082 \text{ t (Druckkraft)}.$$

Nachdem nun im vorstehenden die von den einzelnen Belastungsfällen hervorgerufenen inneren Kräfte bestimmt worden sind, können wir dieselben tabellarisch und graphisch zusammenstellen und die Grenzwerte ermitteln, welche der Querschnittsberechnung zugrunde zu legen sind, wie dies im vorhergehenden sowie in den folgenden Beispielen geschehen ist; außerdem sind wir dann in der Lage, die Resultierenden an den Fundamenten nach Bd. I, Teil I, Kap. VI, 3 zu konstruieren.

Es soll zum Schluß noch untersucht werden, welche Momente am Rahmen auftreten, falls sich das Fundament der linken Säule um ein bestimmtes Maß senkt.

V. Stützensenkung.

Wir nehmen an, das Fundament der linken Säule (Stab *3*) senke sich um 1 cm in Richtung der letzteren.

Durch die Senkung erleiden die Knotenpunkte Verschiebungen, die wir aber nicht zum Vornherein angeben können. Wir müssen daher den Balken zunächst horizontal unverschiebbar festhalten (vgl. Bd. I, Teil II, Kap. VI) und die Momente für diesen Zustand (R. I) bestimmen (siehe Fig. 51); bei festgehaltenem Rahmen tritt dann nur die „gegenseitige rechtwinklige Verschiebung"

$$\varrho_1 = 1 \ \text{cm} .$$

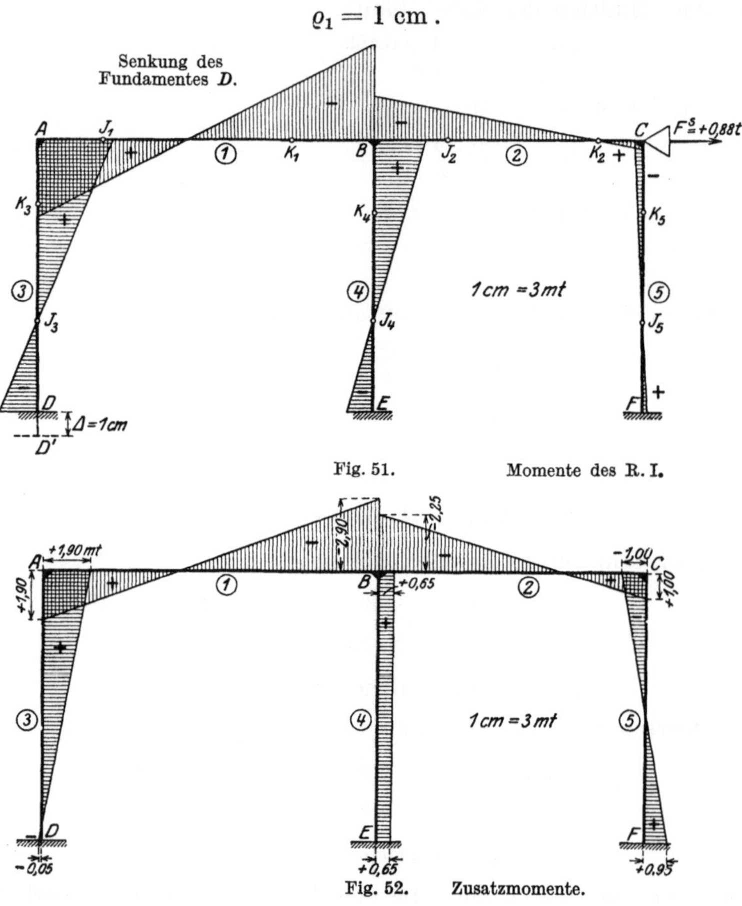

auf, wodurch sich nach den Gl. (515) und (520) folgende Momente an den Enden des Stabes *1* ergeben:

$$M_1^A = \frac{\varrho_1}{l_1 \cdot \beta_1 (l_1 - a_1 - b_1)} \cdot a_1 = k \cdot a_1$$

$$= \frac{0{,}01 \cdot 2\,100\,000}{10{,}00 \cdot 308{,}63\,(10{,}00 - 1{,}97 - 2{,}42)} \cdot 1{,}97 = 1{,}55 \cdot 1{,}97 = +\,3{,}05\,\text{mt},$$

$$M_1^B = k \cdot b_1 = 1{,}55 \cdot 2{,}42 = -\,3{,}75\,\text{mt} .$$

Diese beiden Momente wurden in Fig. 51 aufgetragen und M_1^A nach links und M_1^B nach rechts in bekannter Weise weitergeleitet.

Aus der erhaltenen Momentenfläche ermitteln wir nun die im gedachten Lager bei C auftretende Festhaltungskraft F^s; es ist

$$F^s = Q_3^A + Q_4^B + Q_5^C = \frac{3{,}05 + 1{,}50}{8{,}00} + \frac{2{,}05 + 1{,}00}{8{,}00} - \frac{0{,}35 + 0{,}20}{8{,}00}$$

$$= 0{,}57 + 0{,}38 - 0{,}07 = +\,0{,}88\,\text{t} .$$

Entfernen wir nun das gedachte Lager in C, so tritt die Verschiebungskraft V^s (umgekehrte Festhaltungskraft F^s) in Tätigkeit, welche die Senkungs-Zusatzmomente (Fig. 52) hervorruft; letztere erhalten wir durch Multiplikation der M^*-Momentenfläche der Fig. 29 mit $V^s = -0,88$ t.

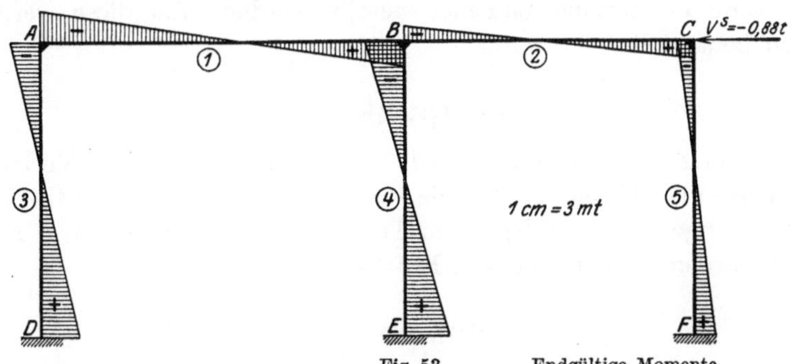

Fig. 53.   Endgültige Momente.

Durch Addition der Senkungsmomente für den festgehaltenen Zustand und der Senkungs-Zusatzmomente erhalten wir die endgültigen Momente (siehe Fig. 53) infolge der vorausgesetzten Senkung.

V. Wasserhochbehälter.

Es soll ein Längsbinder (Längsträger mit Wandrippen) des in den Fig. 54 und 54a dargestellten Wasserhochbehälters berechnet werden.

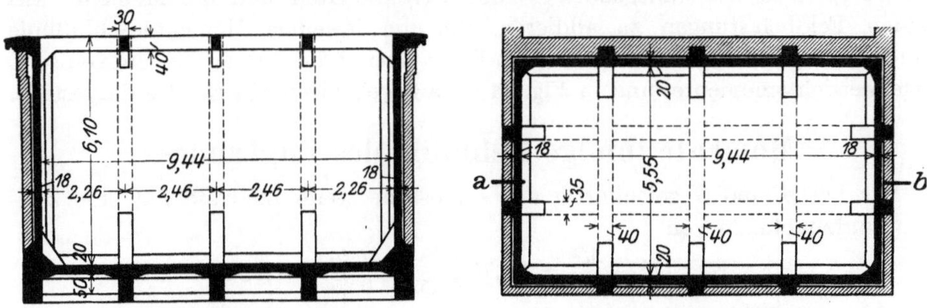

Fig. 54. Längenschnitt a—b.   Fig. 54a. Horizontalschnitt.

Das in Fig. 54b dargestellte Belastungsschema enthält für die Belastungsbreite $b = \dfrac{1,78 + 1,99}{2} = 1,885$ m nachstehende Lasten:

Eigengewicht:

Bodenträger: einschl. Plattenstreifen:

$$g = (0,35 \cdot 0,50 + 1,885 \cdot 0,20) \cdot 2,4 = 1,325 \text{ t/m}.$$

Nutzlast durch Wasser:

Für die Seitenrippen beträgt der Wasserdruck in der Tiefe 5,80 m:

$$w = 1,885 \cdot 5,80 = 10,93 \text{ t/m},$$

und für die Dreiecksbelastung des Bodenträgers ist die Belastungshöhe ebenfalls

$$w = 10,93 \text{ t/m}.$$

Zwecks graphischer Ermittlung der Momente nach Bd. I, Teil I, Kap. V ist die Wasserbelastung in einzelne Lamellen geteilt worden, und diese werden wie Einzellasten behandelt.

Festpunkte.

Zur Ermittlung der Festpunkte werden die Seitenrippen in die Verlängerung der Balkenachse umgeklappt, so daß die Festpunkte wie für den kontinuierlichen Träger mit sprungweise veränderlichem Trägheitsmoment nach Bd. I, Kap. III, 10 ermittelt werden können, was aus Fig. 54c ersichtlich ist.

Momente.

Mittels Kraft- und Seileck wurden die M_0-Flächen für die einzelnen Belastungsfälle graphisch ermittelt. In gleicher Weise wurden die Schwerlinien der M_0-Flächen bestimmt, um die Kreuzlinienabschnitte bzw. die Längenordinaten

$$\frac{k}{H} = \frac{6 \cdot F_0 \cdot \zeta}{l^2 \cdot H}$$

nach der allgem. Gl. (240) zu bilden, wobei F_0 den Inhalt der M_0-Fläche und ζ (bzw. ζ') den Schwerpunktsabstand derselben vom Auflager bedeuten.

Die mittels der Kreuzlinien ermittelten Stützenmomente sind dann durch die Festpunkte der anliegenden Felder weiterzuleiten und die Momente aus beiden Feldbelastungen zu addieren, um die jeweilige Momentenschlußlinie zu erhalten (siehe Fig. 54d bis 54m). In Fig. 54n sind die Gesamtmomente einschl. Eigengewichtsmomente, und in Fig. 54o die zugehörigen Querkräfte dargestellt.

Momente infolge Dehnung des Zugbandes.

Das bei A und G gelenkartig angeschlossene steife Zugband hat eine Zugkraft aufzunehmen von

$$Z = Q_0^A + \frac{M^B}{h} = 31,70 \frac{2,28}{6,25} - \frac{26,91}{6,25} = 7,46 \text{ t}.$$

Die Bewehrung des Zugbandes bestehe aus

$$4 \, \S \, 20 \text{ mm} \qquad \text{mit} \qquad f_e = 12,57 \text{ cm}^2,$$

so daß eine Dehnung des Zugbandes von

$$\Delta l = \frac{Z \cdot l}{E \cdot F} = \frac{7460 \cdot 992}{2\,100\,000 \cdot 12,57} = 0,242 \text{ cm}$$

entsteht, d. h. die Punkte A und G verschieben sich je um

$$\varrho = \frac{\Delta l}{2} = 0,121 \text{ cm}$$

nach außen. Diesen Verschiebungen entsprechen nach den Gl. (515) und (520) die Momente:

$$M_\varrho^B = - \frac{\varrho}{h \cdot \beta \, (h - b)} \cdot b,$$

wobei

$$\beta = \frac{h}{6\,J_s\,E} = \frac{6{,}25}{6 \cdot 0{,}0063 \cdot 2\,100\,000} = 0{,}00788\ ^1/\text{mt},$$

daher

$$M_\varrho^B = -\frac{0{,}00121 \cdot 1{,}94}{6{,}25 \cdot 0{,}00788 \cdot 4{,}31} = -1{,}107\ \text{mt} = M_\varrho^F.$$

Diese Momente durch die entsprechenden Festpunkte weitergeleitet und dann addiert, ergeben die in Fig. 55 dargestellte Momentenfläche.

Nachstehende Tabelle enthält die Zusammenstellung der in Fig. 56 aufgetragenen größten Momente.

| Schnitt in | Momente infolge | | | | Gesamtmoment infolge Wasserdruck + Eigengewicht | Zusatzmom. infolge Dehnung der Zugstange | Gesamt-Momente |
| | Wasserdruck auf die | | | Eigengew. des ganzen Bodenträg. | | | |
	Felder a	Felder b	Felder c				mt
A	0	0	0	0	0	0	0
I	+ 0,8	−0,01	0	0	**+ 0,79**	−0,018	+ 0,77
II	+ 6,8	−0,07	0	−0,012	**+ 6,72**	−0,16	+ 6,56
III	+12,3	−0,13	+0,005	−0,025	**+12,15**	−0,34	+11,81
IV	+15,0	−0,19	+0,02	−0,038	**+14,79**	−0,51	+14,28
V	+12,0	−0,25	+0,035	−0,051	**+11,73**	−0,69	+11,04
VI	+ 1,5	−0,31	+0,05	−0,064	**+ 1,18**	−0,87	+ 0,31
VII	−17,7	−0,37	+0,065	−0,077	−18,08	−1,045	**−19,13**
B	−26,5	−0,40	+0,07	−0,08	−26,91	−1,107	**−28,02**
VIII	−15,2	+3,10	−0,40	+0,57	−11,93	−0,646	**−12,58**
IX	− 8,0	+3,60	−0,70	+0,50	− 4,60	−0,314	**− 4,91**
X	± 0	+1,20	−1,00	+0,07	+ 0,27	+0,005	**+ 0,28**
C	+ 8,0	−2,85	−1,30	−0,87	+ 2,98	+0,324	**+ 3,30**
XI	+ 5,0	−1,80	+1,60	±0,0	+ 4,80	+0,203	**+ 5,00**
XII	+ 2,2	−0,75	+2,60	+0,29	+ 4,34	+0,082	**+ 4,42**
XIII	− 0,8	+0,40	±0	+0,17	− 0,23	−0,039	− 0,27
D	− 0,4	+1,40	−4,5	−0,58	− 7,68	−0,16	**− 7,84**

Bemerkung: Für die Dimensionierung in Betracht kommende Momente sind fettgedruckt.

Auf Grund dieser Momente wurden die Abmessungen des Binders sowie dessen Eiseneinlagen bestimmt, welche aus Fig. 57 ersichtlich sind.

Windbelastung.

Will man den Winddruck auf die Behälter-Seitenwand in Rechnung stellen, so ermitteln sich die Momente wie folgt:

Rechnungsabschnitt I.

Belastung:

$$w = 1{,}885 \cdot 0{,}150 = 0{,}283\ \text{t/m},$$

$$M_0 = \frac{0{,}283 \cdot 6{,}25^2}{8} = 1{,}38\ \text{mt}.$$

Die Momentenfläche für den festgehaltenen Zustand wurde in Fig. 58 in bekannter Weise graphisch ermittelt.

Bei der Annahme, daß sich das gelenkig angeschlossene Zugband nicht ausbiege, beträgt die Festhaltungskraft im gedachten Lager in G:

$$F_{hor} = \mathfrak{Q}_1^A - \frac{M_1^B}{h} = -\frac{0{,}283 \cdot 6{,}25}{2} + \frac{1{,}24}{6{,}25} = -0{,}686\ \text{t}.$$

(Am Stab *6* ist $M = 0$, daher auch kein Einfluß auf die Festhaltungskraft.)

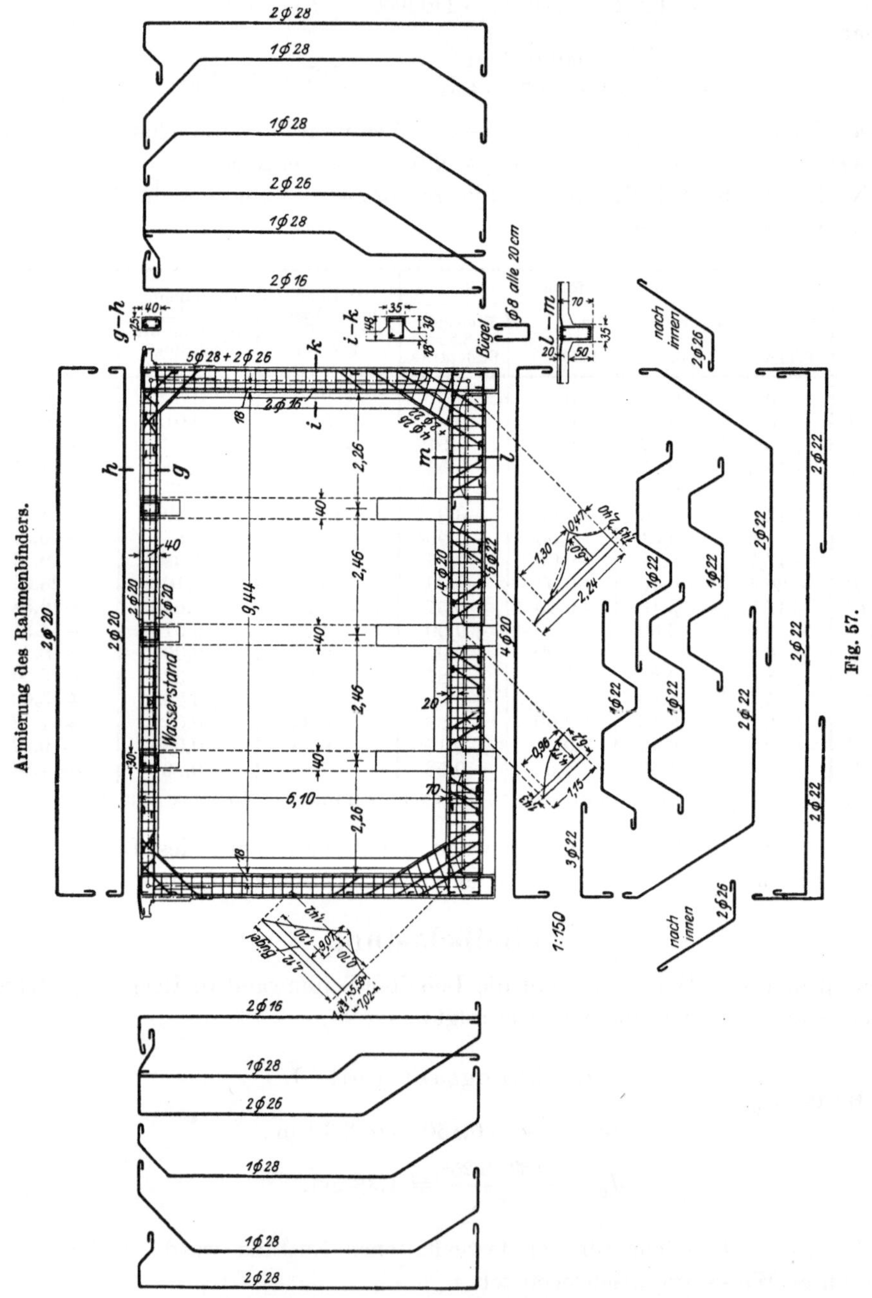

Rechnungsabschnitt II.

Die Verschiebungskraft $V = -F = +0,686$ t verteilt sich infolge Symmetrie je zur Hälfte auf die Knotenpunkte A und G, so daß wir ohne weiteres

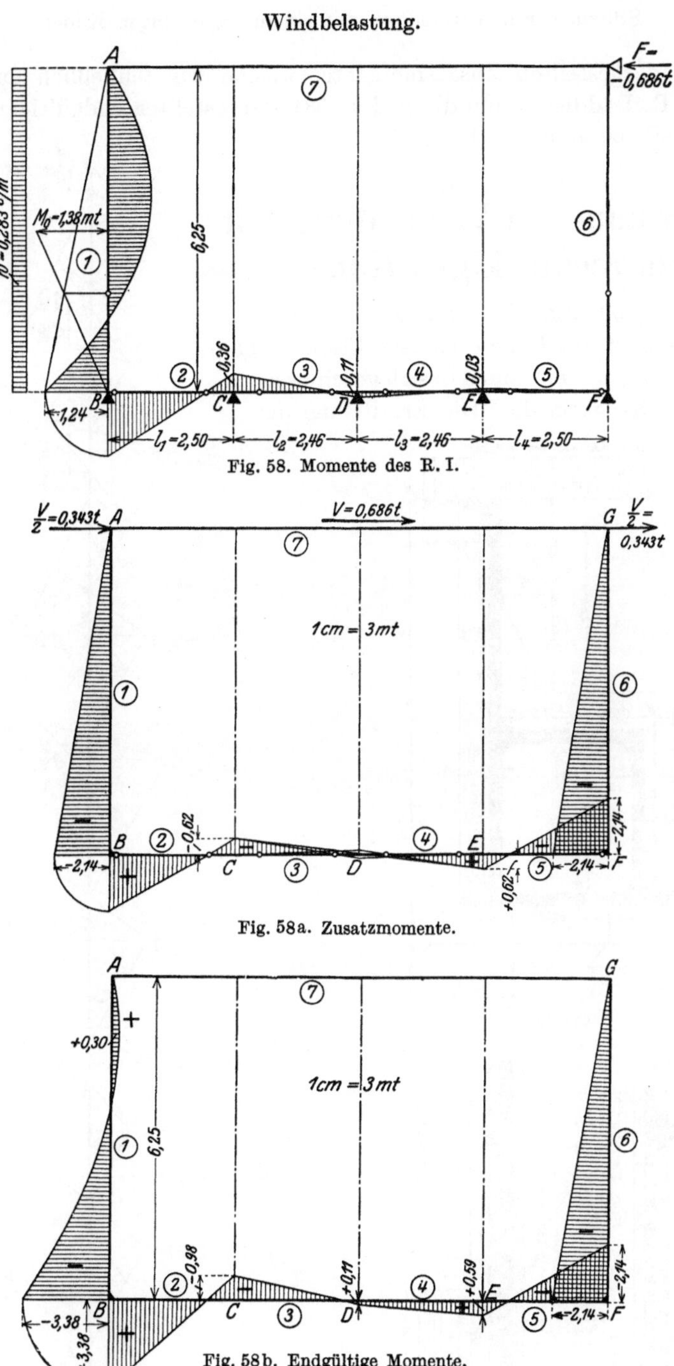

Fig. 58. Momente des R. I.

Fig. 58a. Zusatzmomente.

Fig. 58b. Endgültige Momente.

die Einspannmomente bei B und F angeben können; es ist

$$M_1^B = M_1^F = -\frac{V}{2} \cdot h = -\frac{0{,}686}{2} \, 6{,}25 = -2{,}14 \text{ mt}.$$

Diese Momente leiten wir nun durch die Festpunkte weiter und erhalten die in Fig. 58a dargestellten Zusatzmomente, welche wir schließlich zu den Momenten des R. I addieren, um die in Fig. 58b dargestellten endgültigen Momente aus der Windbelastung zu erhalten.

VI. Stützmauer in Verbindung mit einem rechteckigen Kanal.

In den Fig. 59 und 59a sind Querschnitt und Horizontalschnitt durch diese Konstruktion dargestellt. Das System stellt einen in sich geschlossenen Rahmen mit Kragarm dar. Die Ermittlung der

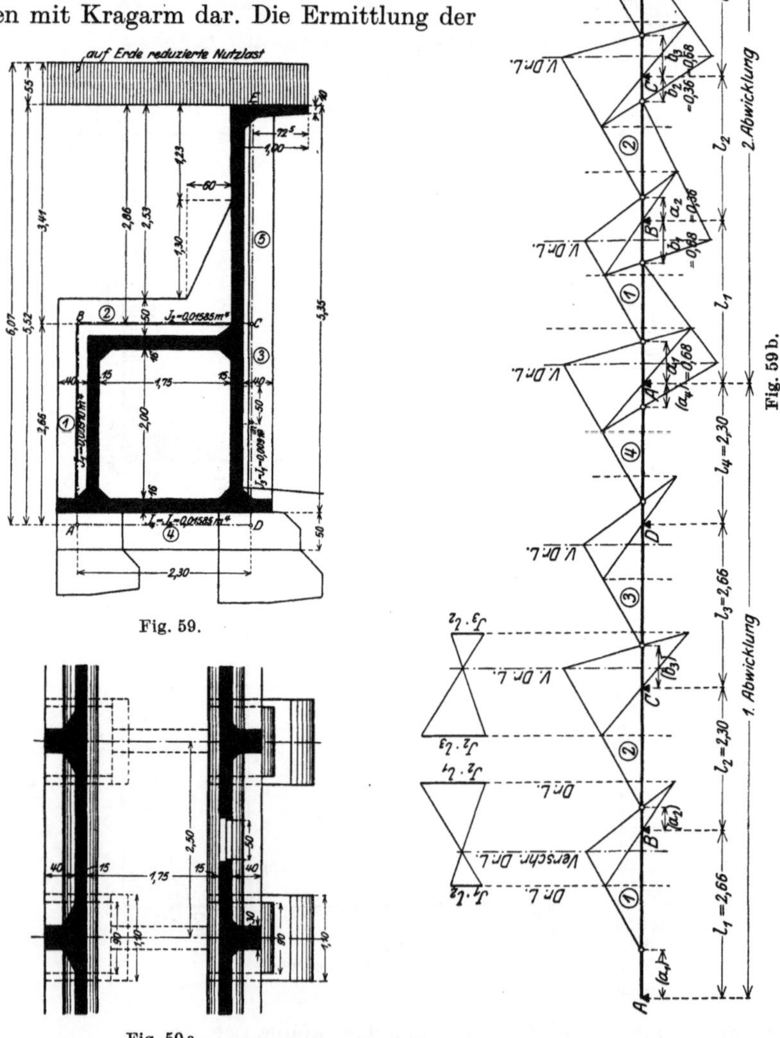

Fig. 59.

Fig. 59a.

Fig. 59b.

Festpunkte

geschieht in der Weise, daß wir die den Rahmen bildenden Stäbe *1* bis *4* (Fig. 59b) in eine Gerade ausstrecken, den ersten Festpunkt a_1 schätzungsweise annehmen, und die übrigen in bekannter Weise ermitteln. Infolge Symmetrie soll dann z. B. $a_1 = b_3$ sein. Ist diese Beziehung nicht genügend genau erfüllt, so tragen wir die Abwicklung des Rahmens nochmals, anschließend an die erstere ab (vgl. Bd. I, Teil I, Kap. III, 9, b und 10, a) und fahren mit der Festpunkt-Konstruktion weiter, worauf sich die Korrektur ohne weiteres vollzieht, wobei wir mit genügender Genauigkeit $a_1 = b_3 = 0{,}68$ m und $a_2 = b_4 = 0{,}36$ m ermittelt haben.

Verteilungsmaß.

Für die Weiterleitung eines bei C entstehenden Konsolmomentes infolge seitlicher Belastung der überstehenden Wand, sind die Verteilungsmaße erforderlich.

Drehwinkel für Stab *2* und *3* bei C (entsprechend Gl. 42 a):

$$\tau_2^C = \frac{l_2}{6 J_2 E}\left(3 - \frac{l_2}{l_2 - a_2}\right) = \frac{2{,}30}{6 \cdot 0{,}01585\, E}\left(3 - \frac{2{,}30}{2{,}30 - 0{,}36}\right) = \frac{43{,}8}{E},$$

$$\tau_3^C = \frac{l_3}{6 J_3 E}\left(3 - \frac{l_3}{l_3 - a_3}\right) = \frac{2{,}66}{6 \cdot 0{,}0091\, E}\left(3 - \frac{2{,}66}{2{,}66 - 0{,}68}\right) = \frac{80{,}5}{E}.$$

Nach Gl. (37) erhalten wir das Verteilungsmaß

$$\mu_{5-2}^C = \frac{\tau_3^C}{\tau_2^C + \tau_3^C} = \frac{80{,}5}{43{,}8 + 80{,}5} = 0{,}65,$$

$$\mu_{5-3}^C = 1 - 0{,}65 = 0{,}35.$$

Momente bei festgehaltenen Säulenköpfen.

I. **Momente aus der gleichmäßig verteilten Belastung des Deckenträgers (Stab** *2***).**

Diese Belastung setzt sich zusammen aus:

a) Eigengewicht der Rippe mit Deckenplatte:

$$(2{,}30 \cdot 0{,}30 \cdot 0{,}50 + 2{,}05 \cdot 2{,}50 \cdot 0{,}16)\, 2{,}4 = 2{,}80\ \text{t},$$

b) vertikale Erdlast:

$$1{,}90 \cdot 2{,}50 \cdot 3{,}09 \cdot 1{,}8 = 26{,}00\ \text{t},$$

c) Verkehrslast mit $1{,}0$ m/t²:

$$1{,}90 \cdot 2{,}50 \cdot 1{,}0 = \underline{4{,}75\ \text{t},}$$

$$\text{Gesamtbelastung:}\quad 33{,}55\ \text{t}.$$

Auflagerdrücke:

$$A_2^B = A_2^C = \frac{33{,}55}{2} = 16{,}77\ \text{t},$$

$$M_0 = \frac{33{,}55 \cdot 2{,}30}{8} = 9{,}92\ \text{mt}.$$

In Fig. 60 sind die Momente aus diesem Belastungsfall dargestellt. Infolge Rahmen- und Belastungs-Symmetrie ist die **Festhaltungskraft gleich Null.**

II. **Momente aus dem seitlichen Erddruck auf die Wand** $A—B$, **einschließlich Belastung durch Verkehr.**

Die Verkehrslast umgerechnet in Erdlast ergibt eine Belastungshöhe

$$h_1 = 5{,}52 + \frac{1{,}0}{1{,}8} = 5{,}52 + 0{,}55 = 6{,}07\ \text{m}$$

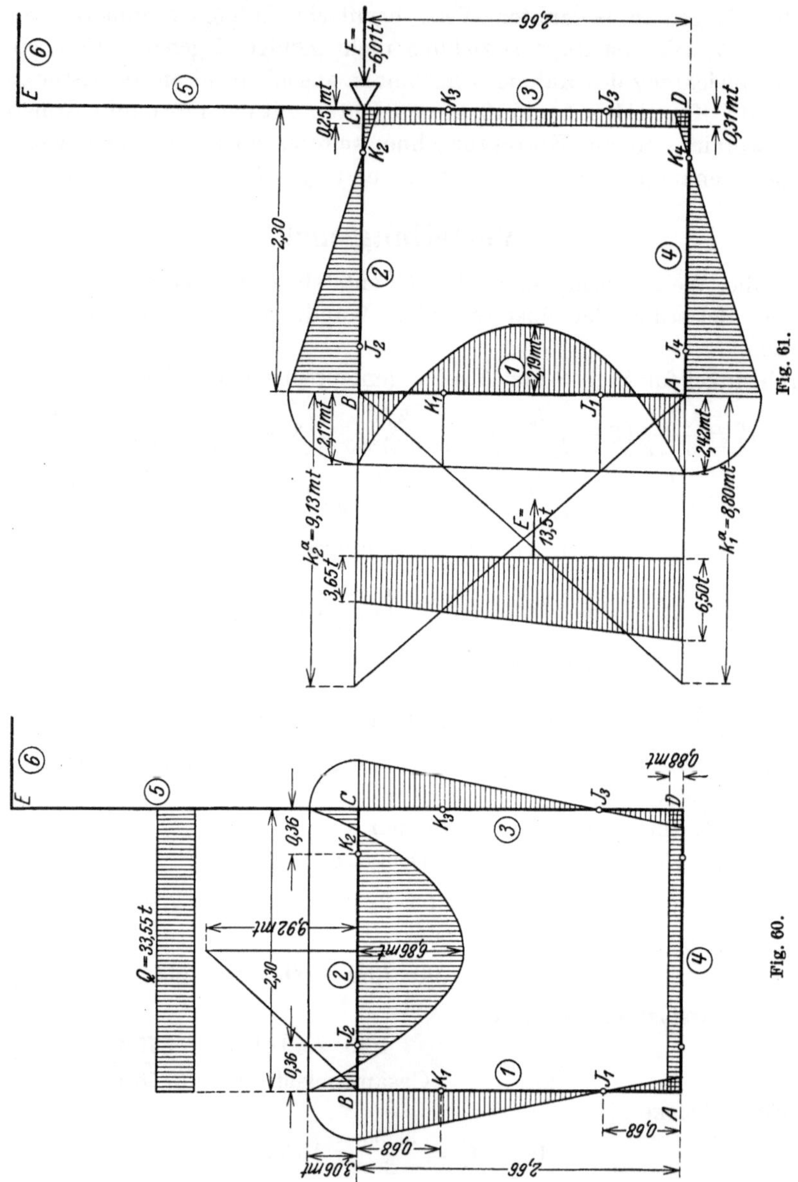

Fig. 61.

Fig. 60.

und mit $\varphi = 38^0$ und $\gamma = 1{,}8$ erhalten wir für die Belastungsbreite von $b = 2{,}50$ m für die Längeneinheit in der Tiefe h:

$$p = \gamma \cdot b \cdot h \cdot \mathrm{tg}^2\left(45^0 - \frac{38^0}{2}\right) = 1{,}8 \cdot 2{,}50 \cdot 0{,}238\, h = 1{,}071\, h \ \text{t/stgd m},$$

$$p^A = 1{,}071 \cdot 6{,}07 = 6{,}50 \ \text{t/stgd m},$$

$$p^B = 1{,}071 \cdot 3{,}41 = 3{,}64 \ \text{t/stgd m},$$

$$p^E = 1{,}071 \cdot 0{,}55 = 0{,}59 \ \text{t/stgd m}.$$

Die Gesamtbelastung von Stab *1* beträgt somit

$$Q = \frac{6,50 + 3,65}{2} \cdot 2,66 = 13,50 \text{ t}$$

und die Auflagerdrücke dieser Last sind (unter Berücksichtigung ihres Vorzeichens):

$$A_1^A = - \left(\frac{3,65 \cdot 2,66}{2} + \frac{(6,50 - 3,65)\,2,66}{3} \right) = - (4,85 + 2,53) = - 7,38 \text{ t},$$

$$A_1^B = 7,38 - 13,50 = - 6,12 \text{ t}.$$

Die Ordinaten der M_0-Momentenfläche haben wir mittels der Koeffizienten der Fig. 129 (Bd. I), die Kreuzlinienabschnitte nach Gl. (268) ermittelt. In Fig. 61 sind die Momente aus diesem Belastungsfall ermittelt.

Die Festhaltungskraft in dem in C gedachten Lager erhalten wir als die Summe der beiden Säulenquerkräfte bei D und C:

$$Q_1^B = \mathfrak{Q}_1^B + \frac{M_1^B - M_1^A}{l_1} = - 6,12 + \frac{-2,17 + 2,42}{2,66} = - 6,12 + 0,09 = - 6,03 \text{ t},$$

$$Q_3^C = \frac{M_3^C - M_3^D}{l_3} = \frac{-0,25 + 0,31}{2,66} = \ldots \ldots \ldots \ldots \ldots \quad + 0,02 \text{ t}$$

$$F_{hor} = - 6,01 \text{ t}.$$

III. Momente infolge Belastung des Kragarmes (Stab *5*) mit Konsole.

a) Momente durch die Konsole:

$$\text{Gewicht der Platte: } 0,725 \cdot 0,15 \cdot 2,50 \cdot 2,4 = 0,65 \text{ t}$$
$$\text{Nutzlast: } \quad 0,725 \cdot 2,50 \cdot 1,0 \quad = 1,81 \text{ t}$$
$$\text{zusammen } = 2,46 \text{ t pro Rippe.}$$

$$M_5^C = - \frac{2,46 \cdot 0,725}{2} = - 0,89 \text{ mt}.$$

b) Momente am Stab *5* infolge des seitlichen Erddruckes:

Gesamter seitlicher Erddruck $E_1 = \dfrac{0,59 + 3,65}{2} \cdot 2,86 = 6,06$ t, welcher im Abstand 1,09 m oberhalb C angreift, woraus sich

$$M_5^C = - 6,06 \cdot 1,09 = - 6,61 \text{ mt}$$

ergibt.

Daher ist das gesamte, bei C am Stab *5* angreifende Moment

$$M_5^C = - 0,89 - 6,61 = - 7,50 \text{ mt},$$

das wir in Fig. 62 aufgetragen und mittels der Verteilungsmaße in die Stäbe *2* und *3* eingeleitet haben. So erhielten wir

$$M_2^C = \mu_{5-2} \cdot M_5^C = - 0,65 \cdot 7,50 = - 4,87 \text{ mt}$$

und

$$M_3^C = - 0,35 \cdot 7,50 = - 2,63 \text{ mt},$$

welche durch die Festpunkte weitergeleitet worden sind. Hierbei ist die Wirkung der Festhaltungskraft vorausgesetzt, die sich bestimmt aus:

$$F_{hor} = Q_1^B + Q_3^C + Q_5^C - E_1 = \frac{0,85 + 0,14 - 2,63 - 0,86}{2,66} - 6,06 = - 7,00 \text{ t}.$$

Zusatz-Momente infolge der Verschiebungskräfte.

Infolge der Symmetrie des geschlossenen Rahmens können wir die Ermittlung der M'-Momente umgehen und wir erhalten die M^*-Momente infolge $H = 1$ im Knotenpunkt C direkt nach Gl. (536); es ist

$$M_1^B = M_2^C = + \frac{h}{4} = + \frac{2{,}66}{4} = 0{,}665\,\text{mt} = -M_1^A = -M_3^D$$

(Fig. 63).

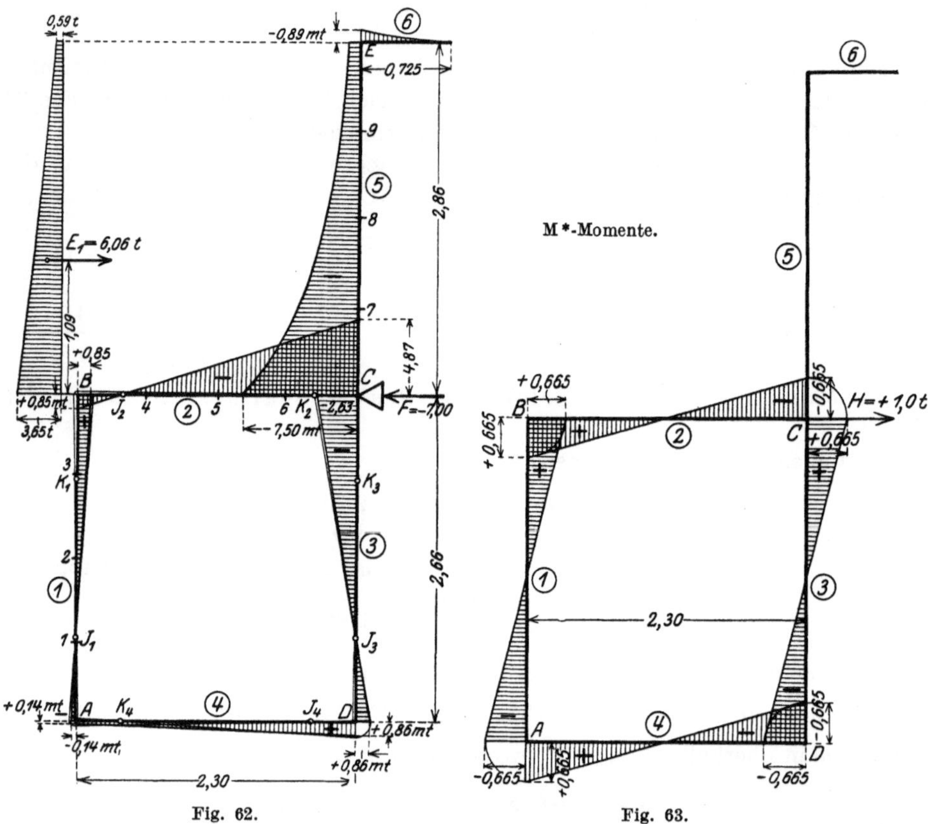

Fig. 62.   Fig. 63.

Durch Multiplikation der M^*-Momentenfläche mit den Verschiebungskräften $V = + 6{,}01$ t für den Belastungsfall II und $V = + 7{,}00$ t für den Belastungsfall III erhalten wir die in den Fig. 64 und 65 dargestellten Zusatzmomente, während die

Gesamtmomente

dieser beiden Belastungsfälle in den Fig. 66 und 67 veranschaulicht sind. Die infolge der Belastungsfälle I bis III entstehenden

Querkräfte

sind aus den Fig. 68 bis 70 zu ersehen.

Die Größtwerte der Momente und Querkräfte sind in den Tabellen 1 und 2 zusammengestellt und in den Fig. 71 und 72 aufgetragen.

Tabelle 1. Zusammenstellung der Momente.

Stab	Schnitt	Totalmomente aus Belastungsfall			Größtwerte der Momente
		I. Gleichm. vert. Belastung auf Stab *2* (Deckenträg.) mt	II. Seitl. Erddruck auf Stab *1* mt	III. Kragbelastung auf Stab *5* einschl. Konsole mt	mt
(1)	A_1	+0,88	−6,42	−4,80	−10,34
	I	+0,10	−0,84	−2,23	− 2,97
	II	−1,09	+2,18	+0,35	+ 1,44
	III	−2,07	+2,97	+2,93	+ 3,83
	B_1	−3,06	+1,83	+5,51	+ 4,28
(2)	B_2	−3,06	+1,83	+5,51	+ 4,28
	IV	+4,40	+0,43	+1,76	+ 6,59
	V	+6,86	−0,96	−2,00	+ 3,90
	VI	+4,40	−2,35	−5,76	− 3,71
	C_2	−3,06	−3,75	−9,53	−16,34
(3)	C_3	+3,06	+3,75	+2,03	+ 8,84
	D_3	−0,88	−4,31	−3,80	− 8,99
(4)	D_4	−0,88	−4,31	−3,80	− 8,99
	A_4	−0,88	+6,42	+4,80	+10,34
(5)	C_5	—	—	−7,50	− 7,50
	VII	—	—	−4,01	− 4,01
	VIII	—	—	−2,21	− 2,21
	IX	—	—	−1,10	− 1,10
	E_5	—	—	−0,89	− 0,89

Tabelle 2. Zusammenstellung der Querkräfte.

Stab	Schnitt	Querkräfte aus Belastungsfall			Größtwerte Querkräfte
		I. Gleichm. Belastung von Stab *2* t	II. Seitl. Erddruck auf Stab *1* t	III. Seitl. Erddruck auf d. Kragarm t	t
(1)	A_1	− 1,48	−10,48	−3,88	−15,84
	I	− 1,48	− 0,40	−3,88	−11,76
	II	− 1,48	− 2,80	−3,88	− 8,16
	III	− 1,48	+ 0,34	−3,88	− 5,02
	B_1	− 1,48	+ 3,02	−3,88	− 2,34
(2)	B_2	+16,77	− 2,43	−6,54	+ 7,80
	IV	+ 8,38	− 2,43	−6,54	− 0,59
	V	± 0	− 2,43	−6,54	− 8,97
	VI	− 8,38	− 2,43	−6,54	−17,35
	C_2	−16,77	− 2,43	−6,54	−25,74
(3)	C_3	− 1,48	− 3,03	−2,19	− 3,74
	D_3	+ 1,48	− 3,03	−2,19	− 3,74
(4)	D_4	0	− 4,67	−3,74	− 8,41
	A_4	0	− 4,67	−3,74	− 8,41
(5)	C_5	—	—	+6,06	+ 6,06
	VII	—	—	+3,73	+ 3,73
	VIII	—	—	+1,94	+ 1,94
	IX	—	—	+0,70	+ 0,70
	E_5	—	—	0	0

Fundamentkräfte.

Horizontaler Erddruck:

$$E_1 = 13{,}50 + 6{,}06 = 19{,}56 \text{ t}.$$

Lotrechter Erddruck:

$$E_2 = 1{,}90 \cdot 2{,}50 \cdot 3{,}58 \cdot 1{,}8 = 30{,}61 \text{ t}.$$

Eigenlasten:

Deckenplatte:	$2{,}05 \cdot 2{,}50 \cdot 0{,}16 = 0{,}82$ m³
Bodenplatte:	$2{,}85 \cdot 2{,}50 \cdot 0{,}16 = 1{,}14$,,
Seitenwände:	$2 \cdot 2{,}00 \cdot 2{,}50 \cdot 0{,}15 = 1{,}50$,,
Decken- und Bodenrippen:	$2 \cdot 0{,}30 \cdot 0{,}50 \cdot 2{,}85 = 0{,}86$,,
Wandrippen:	$2 \cdot 0{,}30 \cdot 0{,}40 \cdot 2{,}32 = 0{,}56$,,

$$G_1 = \overline{4{,}88} \cdot 2{,}4 = 11{,}71 \text{ t}.$$

Kragwand:	$3{,}03 \cdot 2{,}50 \cdot 0{,}15 = 1{,}14$ m³
Kragwandrippe:	$3{,}03 \cdot 0{,}30 \cdot 0{,}40 = 0{,}36$,,
Obere Platte:	$2{,}50 \cdot 0{,}85 \cdot 0{,}15 = 0{,}32$,,

$$\overline{1{,}82} \cdot 2{,}4 = 4{,}37 \text{ t}$$

Nutzlast auf der oberen Platte: $0{,}85 \cdot 2{,}50 \cdot 1{,}0 = \underline{2{,}13 \text{ t}}$

$$G_2 = \overline{6{,}50 \text{ t}}.$$

Diese Lasten sind mittels Kraft- und Seileck zu einer Resultierenden zusam-
sammenzusetzen, und daraus die Bodenpressungen und Auflagerdrucke zu ermitteln.

VII. Vordach eines Erzsilos, in letzterem eingespannt.

Infolge der festen Einspannung des Säulenfußes im Fundament und des
Balkens im Silo (siehe Fig. 73) kann die Berechnung wie für einen durchlaufenden

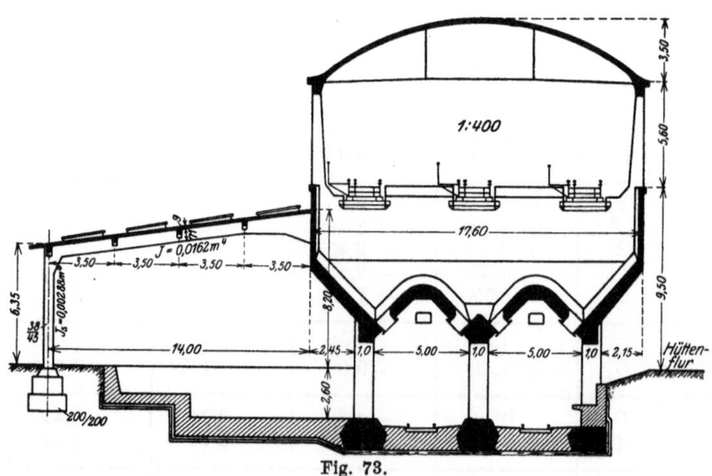

Fig. 73.

Balken auf 3 Stützen mit sprungweise veränderlichem Trägheitsmoment und
fester Einspannung an den Enden erfolgen. Die Ermittlung der Festpunkte
wurde graphisch vorgenommen und ist aus Fig. 74 ersichtlich.

Da der Balken im Silo eingespannt ist, so kann er keine seitlichen Verschiebungen ausführen, und die aus R. I erhaltenen Momente sind daher die endgültigen Momente.

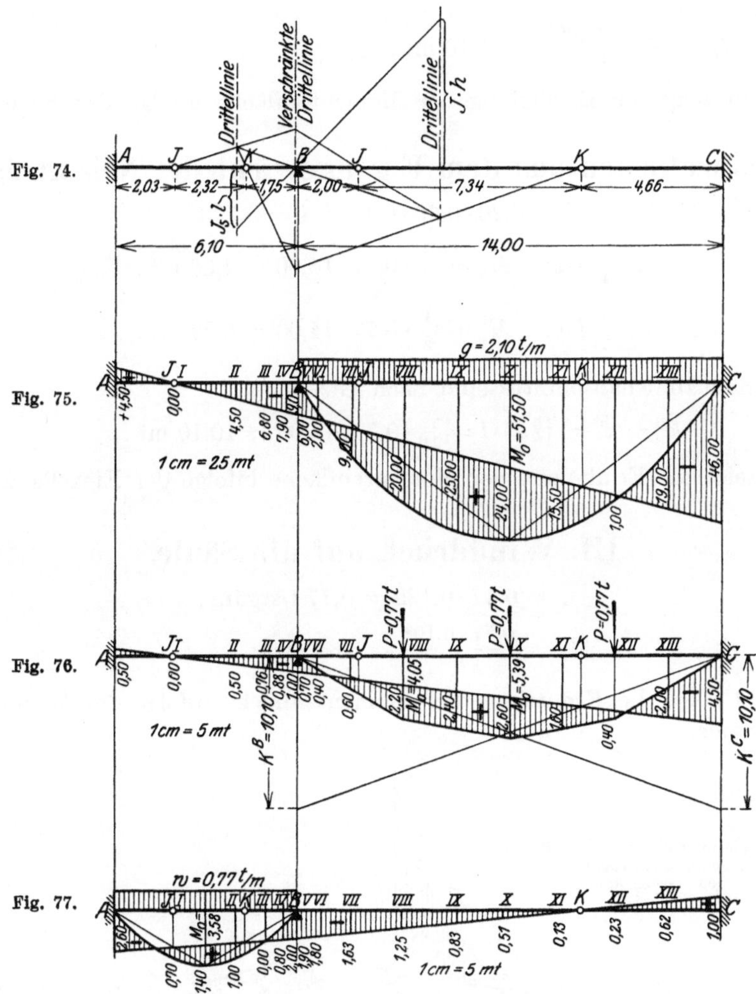

Trägheitsmomente.

$$\text{Säule:} \quad J_s = \frac{0{,}38 \cdot 0{,}45^3}{12} = 0{,}002\,88 \text{ m}^4,$$

$$\text{Balken:} \quad J_b = \frac{0{,}38 \cdot 0{,}80^3}{12} = 0{,}016\,20 \text{ m}^4.$$

I. Gleichmäßig verteilte Belastung des Balkens.

Dachdecke: $6{,}17 \cdot 0{,}09 \cdot 2{,}4 = 1{,}33$ t/lfdm
Balken: $0{,}38 \cdot 0{,}71 \cdot 2{,}4 = 0{,}65$ t/lfdm
Schnee und Wind: $= 0{,}10$ t/lfdm
                              $2{,}08$ t/lfdm in der Dachneigung

oder

$$g = 2,08 \cdot \frac{14,14}{14,00} = 2,10 \text{ t/lfdm in der Horizontalprojektion,}$$

womit folgt

$$M_0 = \frac{2,10 \cdot 14,00^2}{8} = 51,10 \text{ mt}.$$

Fig. 75 zeigt die Ermittlung der Momentenfläche infolge der Belastung g.

II. Einzellasten aus dem Eigengewicht der Nebenträger.

$$P = 0,20 \cdot 0,26 \cdot 6,17 \cdot 2,4 = 0,77 \text{ t},$$

$$\text{in } \frac{l}{4} \text{ ist:} \quad M_0 = \frac{3}{8} \cdot 0,77 \cdot 14,00 = 4,05 \text{ mt},$$

$$\text{in } \frac{l}{2} \text{ ist:} \quad M_0 = \frac{1}{2} \cdot 0,77 \cdot 14,00 = 5,39 \text{ mt},$$

Die Kreuzlinienabschnitte sind nach Gl. (265c):

$$k^B = k^C = \tfrac{15}{16} P \cdot l = \tfrac{15}{16} \cdot 0,77 \cdot 14,00 = 10,10 \text{ mt}.$$

Fig. 76 zeigt die Ermittlung der Momentenfläche infolge der Einzellasten P.

III. Winddruck auf die Säule.

$$w = 6,17 \cdot 0,125 = 0,77 \text{ t/stgdm},$$

$$M_0 = \frac{0,77 \cdot 6,10^2}{8} = 3,85 \text{ mt}.$$

Fig. 77 zeigt die Ermittlung der Momentenfläche infolge des Winddruckes auf die Säule.

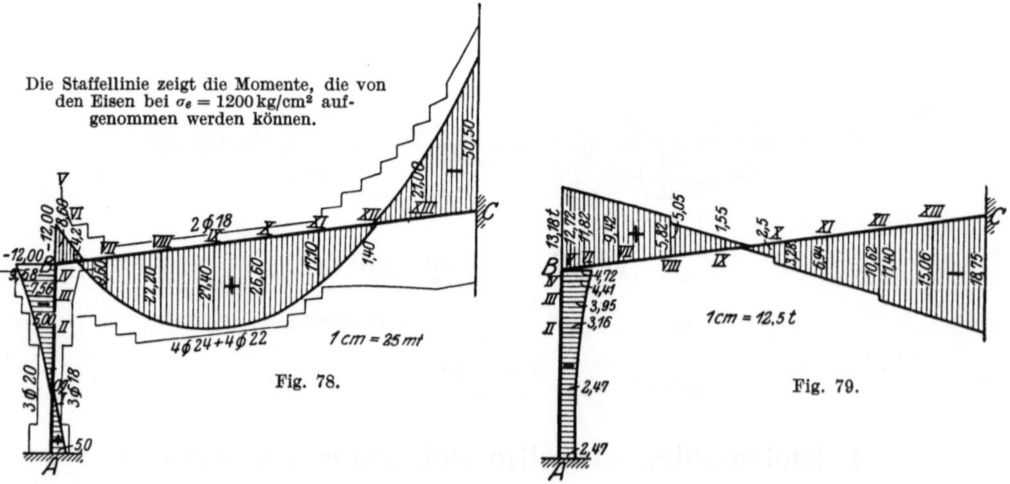

Fig. 78.   Fig. 79.

In nachstehender Tabelle sind die Momente aus den einzelnen Belastungsfällen sowie die daraus hervorgehenden Querkräfte zusammengestellt; in den Fig. 78 und 79 sind die Größtwerte der Momente und Querkräfte graphisch dargestellt.

Tabelle der Momente und Querkräfte.

Schnitt	Momente infolge gleichm. L.	Einzellast	Wind	Maximale Momente	Querkräfte infolge gleichm. L.	Einzellast	Wind	Maximale Querkräfte
A	+ 4,50	+0,50	−2,60	+ 5,00	− 2,22	−0,25	+2,45	− 2,47
I	0,00	0,00	+0,70	+ 0,70	− 2,22	−0,25	+0,87	− 2,47
II	− 4,50	−0,50	+1,00	− 5,00	− 2,22	−0,25	−0,69	− 3,16
III	− 6,80	−0,76	0,00	− 7,56	− 2,22	−0,25	−1,48	− 3,95
IV	− 7,90	−0,88	−0,80	− 9,58	− 2,22	−0,25	−1,94	− 4,41
B	− 9,00	−1,00	−2,00	−12,00	l− 2,22 r+12,06	−0,25 +0,91	−2,25 +0,21	− 4,72 +13,18
V	− 6,00	−0,70	−1,90	− 8,60	+11,60	+0,91	+0,21	+12,72
VI	− 2,00	−0,40	−1,80	− 4,20	+10,70	+0,91	+0,21	+11,82
VII	+ 9,00	+0,60	−1,63	+ 9,60	+ 8,30	+0,91	+0,21	+ 9,42
VIII	+20,00	+2,20	−1,25	+22,20	+ 4,70	l+0,91 r+0,14	+0,21	+ 5,82 + 5,05
IX	+25,00	+2,40	−0,83	+27,40	+ 1,20	+0,14	+0,21	+ 1,55
X	+24,00	+2,60	−0,51	+26,60	− 2,64	l+0,14 r−0,64	+0,21	− 2,50 − 3,28
XI	+15,50	+1,60	−0,13	+17,10	− 6,30	−0,64	+0,21	− 6,94
XII	+ 1,00	+0,40	+0,23	+ 1,40	− 9,98	l−0,64 r−1,41	+0,21	−10,62 −11,40
XIII	−19,00	−2,00	+0,62	−21,00	−13,65	−1,41	+0,21	−15.06
C	−46,00	−4,50	+1,00	−50,50	−17,34	−1,41	+0,21	−18,75

Wollen wir den

Einfluß der Temperaturänderungen

berücksichtigen, z. B. eine Temperaturerhöhung um $t = + 20^0$, so berechnen wir die davon herrührenden Längenänderungen

$$\varDelta = \alpha \cdot t \cdot l;$$

es ist für die Säule $\qquad \varDelta_1 = 0{,}000010 \cdot 20 \cdot 6{,}10 = 0{,}00122 \text{ m},$

und für den Balken $\qquad \varDelta_2 = 0{,}000010 \cdot 20 \cdot 14{,}14 = 0{,}00283 \text{ m}.$

Die gegenseitigen rechtwinkligen Verschiebungen, die hierbei die Enden der beiden Stäbe 1 und 2 erleiden, ermitteln sich graphisch, oder rechnerisch zu

$$\varrho_1 = \frac{\varDelta_2 + \varDelta_1 \cos \alpha}{\sin \alpha},$$

und

$$\varrho \;\; = \frac{\varDelta + \varDelta \cos \alpha}{\sin \alpha},$$

wobei α den spitzen Winkel der beiden Stabrichtungen bedeutet (Fig. 80); es ist

$$\varrho_1 = \frac{0{,}00283 + 0{,}00122 \cdot 0{,}139}{0{,}990} = 0{,}0030 \text{ m},$$

$$\varrho_2 = \frac{0{,}00122 + 0{,}00283 \cdot 0{,}139}{0{,}990} = 0{,}00163 \text{ m}.$$

Die Momente infolge dieser Verschiebungen erhalten wir nach den Gl. (515) und (520), wobei
für die Stütze

$$E\,\beta_1 = \frac{l_1}{6\,J_1} = \frac{6{,}10}{6 \cdot 0{,}00288} = 354{,}0 \; \frac{1}{\text{m}^3},$$

und für die Balken

$$E\,\beta_2 = \frac{l_2}{6\,J_2} = \frac{14,14}{6\cdot 0,0162} = 145,5\,\frac{1}{\mathrm{m}^3}\,.$$

Momente infolge ϱ_1:

$$M_1^B = -\frac{E\cdot 0,0030}{6,10\cdot 354,0\cdot 2,32}\cdot 1,75 = -2,20\ \mathrm{mt}\,,$$

$$M_1^A = +\frac{2,20}{1,75}\cdot 2,03 = +2,56\ \mathrm{mt}\,.$$

Momente infolge ϱ_2:

$$M_2^B = -\frac{E\cdot 0,00163}{14,14\cdot 145,5\cdot 7,34}\cdot 2,00 = -0,45\ \mathrm{mt}\,,$$

$$M_2^C = +\frac{0,45}{2,00}\cdot 4,66 = +1,05\ \mathrm{mt}\,.$$

Fig. 80a zeigt den Verlauf der Momente.

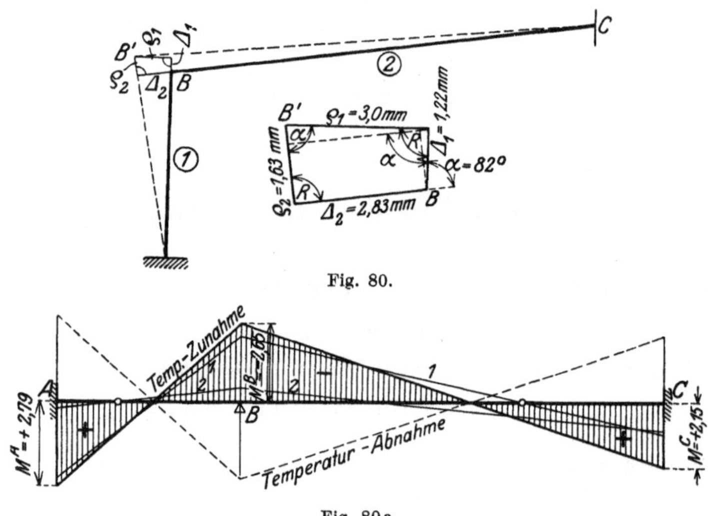

Fig. 80.

Fig. 80a.

VIII. Rahmenbinder einer Werkstätte mit schiefem Balken und Kragarm.

In Fig. 81 ist der Querschnitt einer Werkstättenhalle dargestellt; Fig. 80a und Fig. 81b zeigen Längsschnitt und Grundriß. Das Oberlicht ist frei aufgelagert, so daß die beiden Rahmen links und rechts statisch voneinander getrennt wirken. Einer der beiden Rahmen soll nun für die in Fig. 81 dargestellten Belastungsfälle berechnet werden. Beide Säulen sind an ihren Füßen fest eingespannt und alle Stäbe werden mit konstantem Trägheitsmoment eingeführt.

Festpunkte.

Die graphische Ermittlung der Festpunkte ist in Fig. 82 mit den dort eingeschriebenen, auf Stablänge konstanten Trägheitsmomenten zu ersehen. Rech-

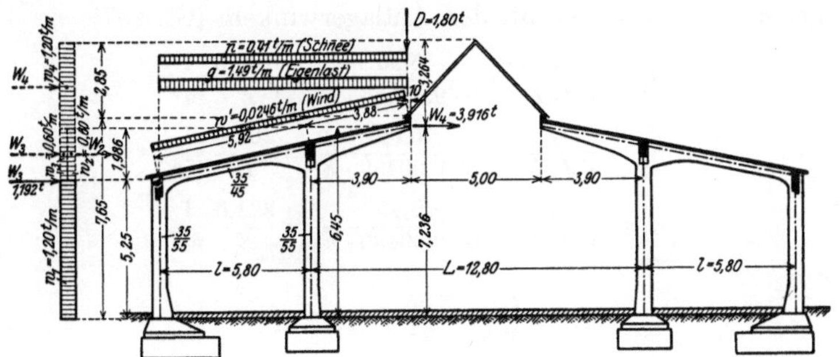

Fig. 81.

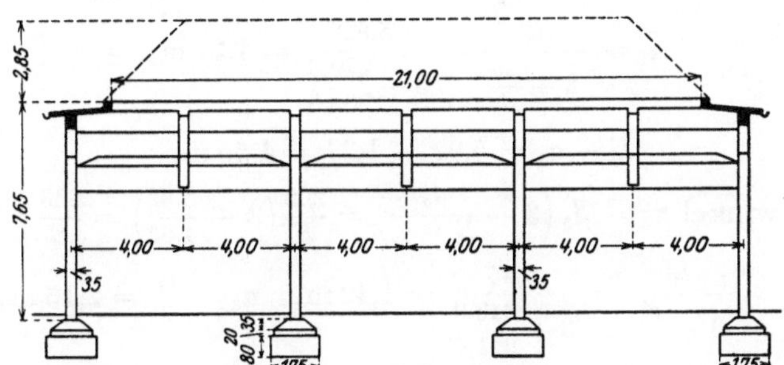

Fig. 81 a.

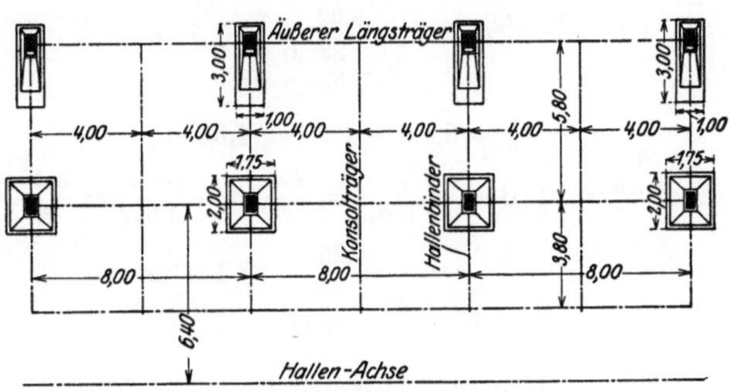

Fig. 81 b.

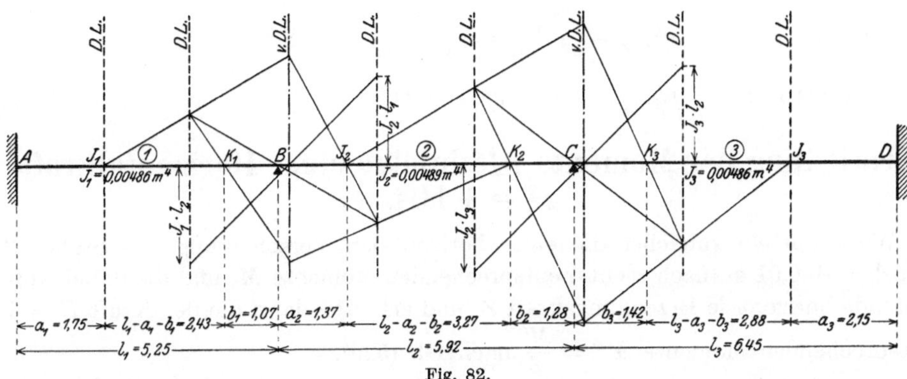

Fig. 82.

nerisch ergeben sich dieselben mit den Auflagerwinkeln (Gl. 207):

$$\beta_1 = \frac{l_1}{6\,J_1\,E} = \frac{5,25}{6 \cdot 0,00486 \cdot E} = \frac{180,0}{E}\,\frac{1}{m^3}$$

$$\beta_2 = \frac{l_2}{6\,J_2\,E} = \frac{5,92}{6 \cdot 0,00489 \cdot E} = \frac{202,0}{E}\,\frac{1}{m^3}$$

$$\beta_3 = \frac{l_3}{6\,J_3\,E} = \frac{6,45}{6 \cdot 0,00486 \cdot E} = \frac{221,6}{E}\,\frac{1}{m^3}$$

wie folgt:

Stab 1:
$$a_1 = \frac{l_1}{3} = \frac{5,25}{3} = 1,75\,\text{m}\,,$$

Drehwinkel $\tau_1^B = \dfrac{l_1}{4\,J_1\,E} = \dfrac{5,25}{4 \cdot 0,00486 \cdot E} = \dfrac{270,0}{E}\,\dfrac{1}{\text{mt}} = \varepsilon_2^a$.

Stab 2:
$$a_2 = \frac{l_2}{3 + \dfrac{\varepsilon_a^2}{\beta_2}} = \frac{5,92}{3 + \dfrac{270,0}{202,0}} = 1,37\,\text{m}\,,$$

$$l_2 - a_2 = 5,92 - 1,37 = 4,55\,\text{m},$$

Drehwinkel $\tau_2^C = \beta_2\left(3 - \dfrac{l_2}{l_2 - a_2}\right) = \dfrac{202}{E}\left(3 - \dfrac{5,92}{4,55}\right) = \dfrac{343}{E} = \varepsilon_3^b$.

Stab 3:
$$b_3 = \frac{l_3}{3 + \dfrac{\varepsilon_3^b}{\beta_3}} = \frac{6,45}{3 + \dfrac{343,0}{221,6}} = 1,42\,\text{m}\,, \quad a_3 = \frac{l_3}{3} = 2,15\,\text{m}\,,$$

Drehwinkel $\tau_3^C = \dfrac{l_3}{4\,J_3\,E} = \dfrac{6,45}{4 \cdot 0,00486\,E} = \dfrac{332,0}{E} = \varepsilon_2^b$.

Stab 2:
$$b_2 = \frac{l_2}{3 + \dfrac{\varepsilon_2^b}{\beta_3}} = \frac{5.92}{3 + \dfrac{332,0}{202,0}} = 1,28\,\text{m}\,,$$

$$l_2 - b_2 = 5,92 - 1,28 = 4,64\,\text{m},$$

Drehwinkel $\tau_2^B = \beta_2\left(3 - \dfrac{l_2}{l_2 - b_2}\right) = \dfrac{202}{E}\left(3 - \dfrac{5,92}{4,64}\right) = \dfrac{3,48}{E} = \varepsilon_1^b$.

Stab 1:
$$b_1 = \frac{l_1}{3 + \dfrac{\varepsilon_1^b}{\beta_1}} = \frac{5,25}{3 + \dfrac{348,0}{180,0}} = 1,07\,\text{m}\,.$$

Verteilungsmaße μ.

Nach Gl. (37) erhalten wir für $M_4^C = 1$:

am Stab 2:
$$\mu_{4-2}^C = \frac{\tau_3^C}{\tau_2^C + \tau_3^C} = \frac{332}{343 + 332} = 0,492$$

und am Stab 3:
$$\mu_{4-3}^C = 1 - 0,492 = 0,508\,.$$

Ermittlung der Momente M^* infolge einer Horizontalkraft $H = +1,0\,\text{t}$.

Wir ermitteln zunächst die einer horizontalen Verschiebung des Stabes 2 um $\varDelta = +0,01$ m (nach rechts) entsprechenden Momente M' und die dabei auftretende horizontale Erzeugungskraft Z, und erhalten dann die der Kraft $H = 1$ entsprechenden Momente $M^* = \dfrac{M'}{Z}$ nach Gl. (529).

Bei der horizontalen Verschiebung von Stab *2* erleidet derselbe nur eine Parallelverschiebung, und demnach liefern nur die Stäbe *1* und *3* Anteile zu den Momenten M'.

Momente infolge der gegenseitigen rechtwinkligen Verschiebung $\varrho_1 = 0,01$ m. Mit $E = 2\,100\,000$ t/m² erhalten wir nach den Gl. (515) und (520) die Momente:

$$M_1^B = \frac{\varrho_1}{l_1 \cdot \beta_1 \cdot (l_1 - a_1 - b_1)} \cdot b_1 = + \frac{0,01 \cdot 2\,100\,000}{5,25 \cdot 180 \cdot 2,43}\, 1,07 = + 9,70\,\text{mt}.$$

$$M_1^A = - \frac{9,70}{1,07} \cdot 1,75 = - 15,95\,\text{mt}.$$

M_1^B leiten wir durch die Festpunkte K_2 und J_3 weiter (Fig. 83).

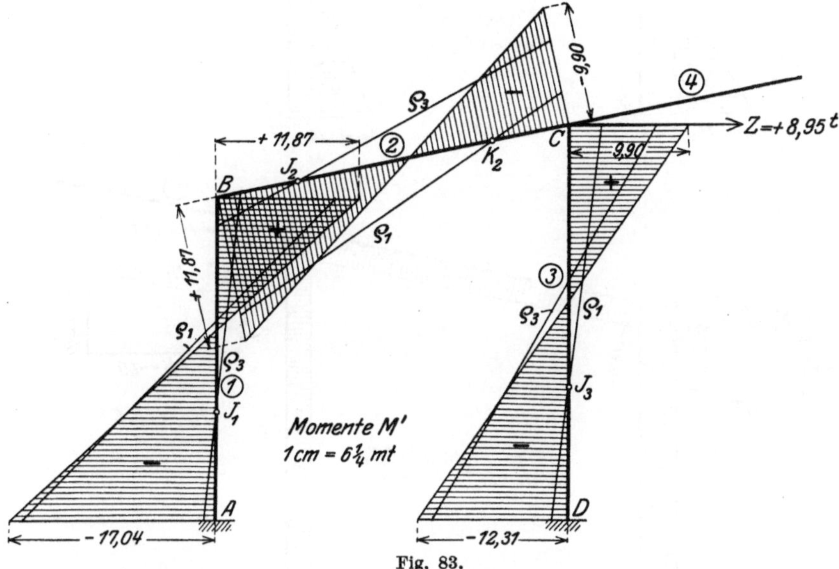

Fig. 83.

Momente infolge der gegenseitigen rechtwinkligen Verschiebung $\varrho = 0,01$ m:

$$M_3^C = \frac{\varrho_3}{l_3 \cdot \beta_3 \cdot (l_3 - a_3 - b_3)} \cdot b_3 = + \frac{0,01 \cdot 2\,100\,000}{6,45 \cdot 221,6 \cdot 2,88} \cdot 1,42 = + 7,23\,\text{mt}.$$

$$M_3^D = - \frac{7,23}{1,42} \cdot 2,15 = - 10,98\,\text{mt}.$$

Nachdem M_3^C durch J_2 und J_1 weitergeleitet ist, werden die Momente aus beiden Verschiebungen ϱ addiert und wir erhalten die in Fig. 83 eingetragenen Momente M'. Die Erzeugungskraft Z dieser Momente bestimmt sich als die Summe der beiden Säulenquerkräfte bei B und C (Bd. I, Teil II, IV).

$$Q_1^B = \frac{11,87 + 17,04}{5,25} = + 5,51\,\text{t},$$

$$Q_3^C = \frac{9,90 + 12,31}{6,45} = + 3,44\,\text{t},$$

$$Z = + \overline{8,95\,\text{t}}.$$

Die der horizontalen Kraft $H = + 1,0$ t entsprechenden Momente M^* zeigt Fig. 83a; in Fig. 83b sind die den M^*-Momenten entsprechenden Querkräfte dargestellt.

6*

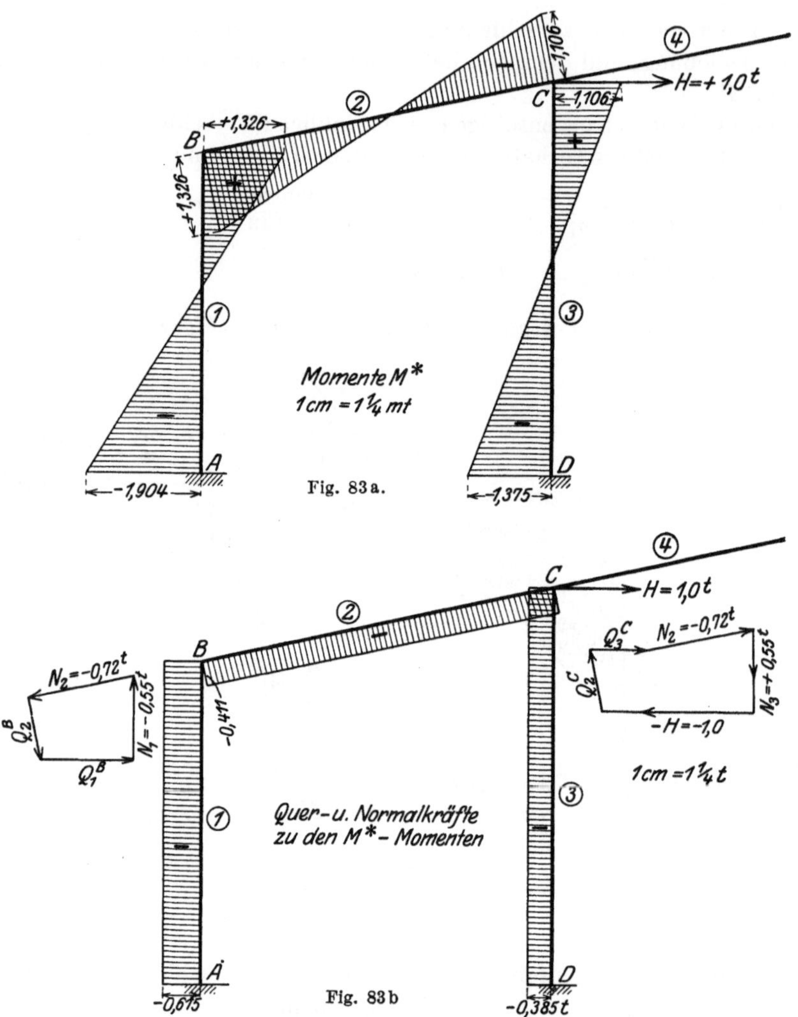

Ermittlung der Momente und Querkräfte für die verschiedenen Belastungsfälle.

1. Eigengewicht des Balkens.

(Fig. 84—84c.)

Belastung: $g_0 = 1,46$ t/m.

Für den lfdm. Horizontalprojektion ist $g = \dfrac{g_0}{\cos \alpha} = \dfrac{1,46}{0,98} = 1,49$ t/m.
Die M_0-Momente sind für

$$\text{Stab } 2: \quad M_0^m = \frac{g\,l^2}{8} = \frac{1,49 \cdot 5,80^2}{8} = +6,28 \text{ mt}.$$

$$\text{Stab } 4: \quad M_4^C = -\frac{g\,l^2}{2} = -\frac{1,49 \cdot 3,80^2}{2} = -10,75 \text{ mt}.$$

Von M_4^C gelangt

in Stab 2: $M_2^C = \mu_{4-2}^C \cdot M_4^C = -0,492 \cdot 10,75 = -5,29$ mt,

in Stab 3: $M_3^C = -10,75 - (-5,29) = -5,29$ mt.

Da die Säulenköpfe unverschiebbar vorausgesetzt sind (R. I), können wir diese Momente durch die entsprechenden Festpunkte weiterleiten; wir vereinigen

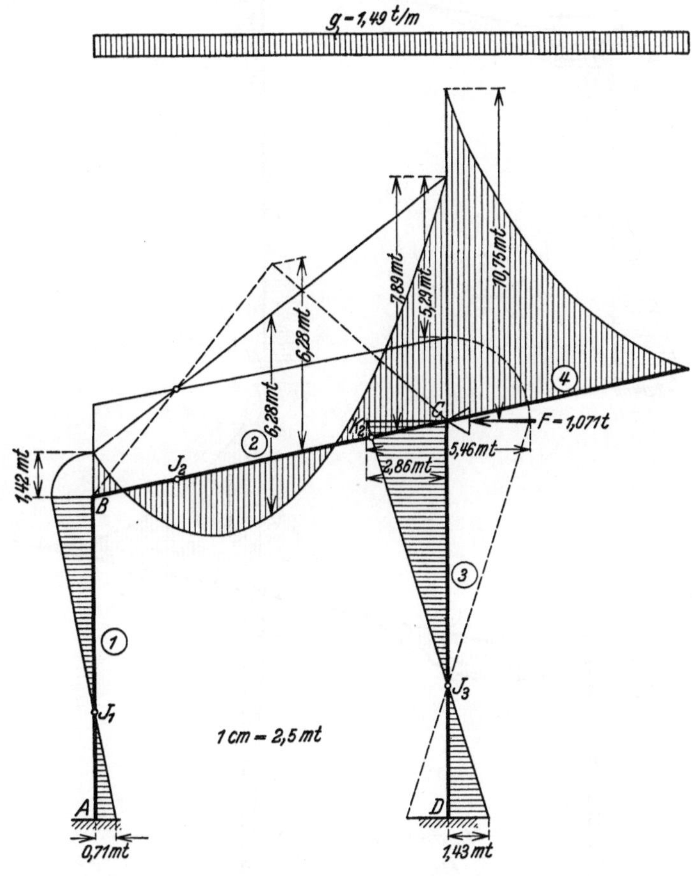

Fig. 84.

die erhaltenen Momente mit denen vom Balken 2, die wir durch Konstruktion der Schlußlinie und Weiterleitung der Stützenmomente, ebenfalls durch die Festpunkte, erhalten haben (Fig. 84). Hierbei ist der Balken festgehalten von den beiden Säulenquerkräften, welche sich zu der im gedachten Lager in C wirkenden Festhaltungskraft F_{hor} zusammensetzen; es ist:

$$Q_1^B = \frac{-1,42 - 0,71}{5,25} = -0,406 \text{ t},$$

$$Q_3^C = \frac{-2,86 - 1,43}{6,45} = -0,665 \text{ t},$$

$$F_{hor} = -\overline{1,071} \text{ t}.$$

Entfernen wir nun das gedachte Lager, so tritt die Verschiebungskraft $V = -F_{hor}$ in Tätigkeit, welche die Zusatzmomente $V \cdot M^*$ der Fig. 84a hervorruft, die wir zu denen für festgehaltene Säulenköpfe addieren, um die aus Fig. 84b ersichtlichen Gesamtmomente infolge Eigenlast zu erhalten.

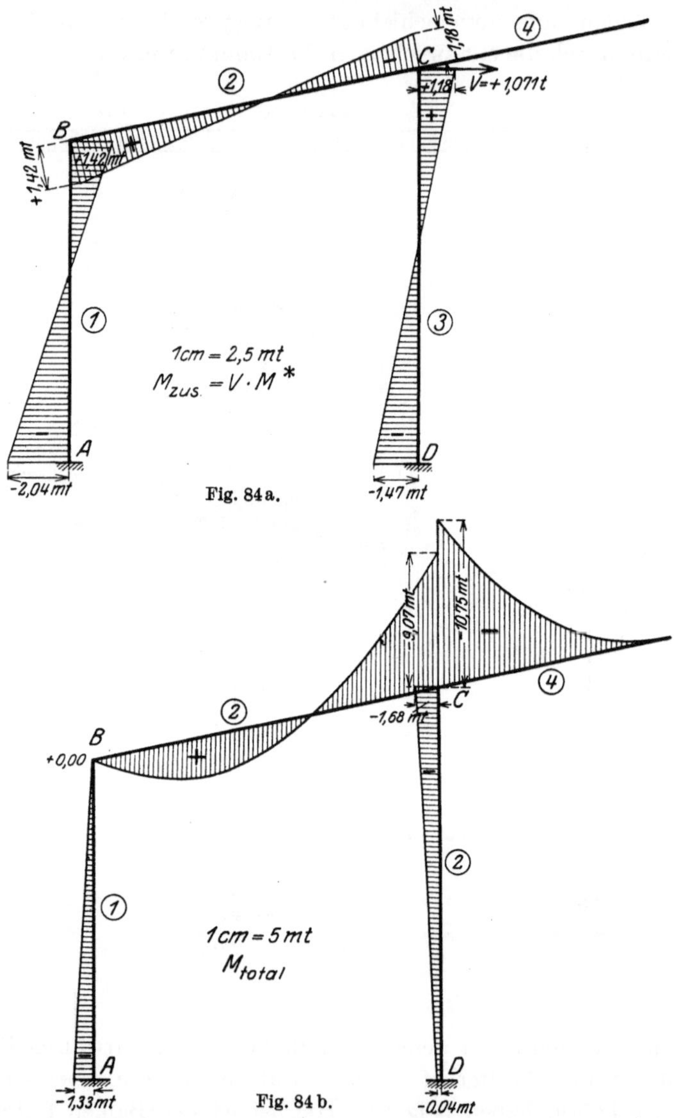

Fig. 84a.

Fig. 84b.

Die in Fig. 84c dargestellten Querkräfte berechnen sich wie folgt:

Stab 1: $\quad Q_1^A = \dfrac{M_1^A - M_1^B}{l_1} = \dfrac{-1,33 - 0,00}{5,25} = -0,254 \text{ t}.$

Stab 2:
$$Q_2^B = \left[\mathfrak{Q}_2^B + \frac{M_2^C - M_2^B}{l} \right] \cos \alpha = \left[\frac{1,49 \cdot 5,80}{2} + \frac{-9,07 - 0,00}{5,80} \right] \cdot 0,98 = +2,70 \text{ t},$$

$$Q_2^C = \left[\mathfrak{Q}_2^C + \frac{M_2^C - M_2^B}{l} \right] \cos \alpha = \left[\frac{-1,49 \cdot 5,80}{2} + \frac{-9,07 - 0,00}{5,80} \right] \cdot 0,98 = -5,76 \text{ t}.$$

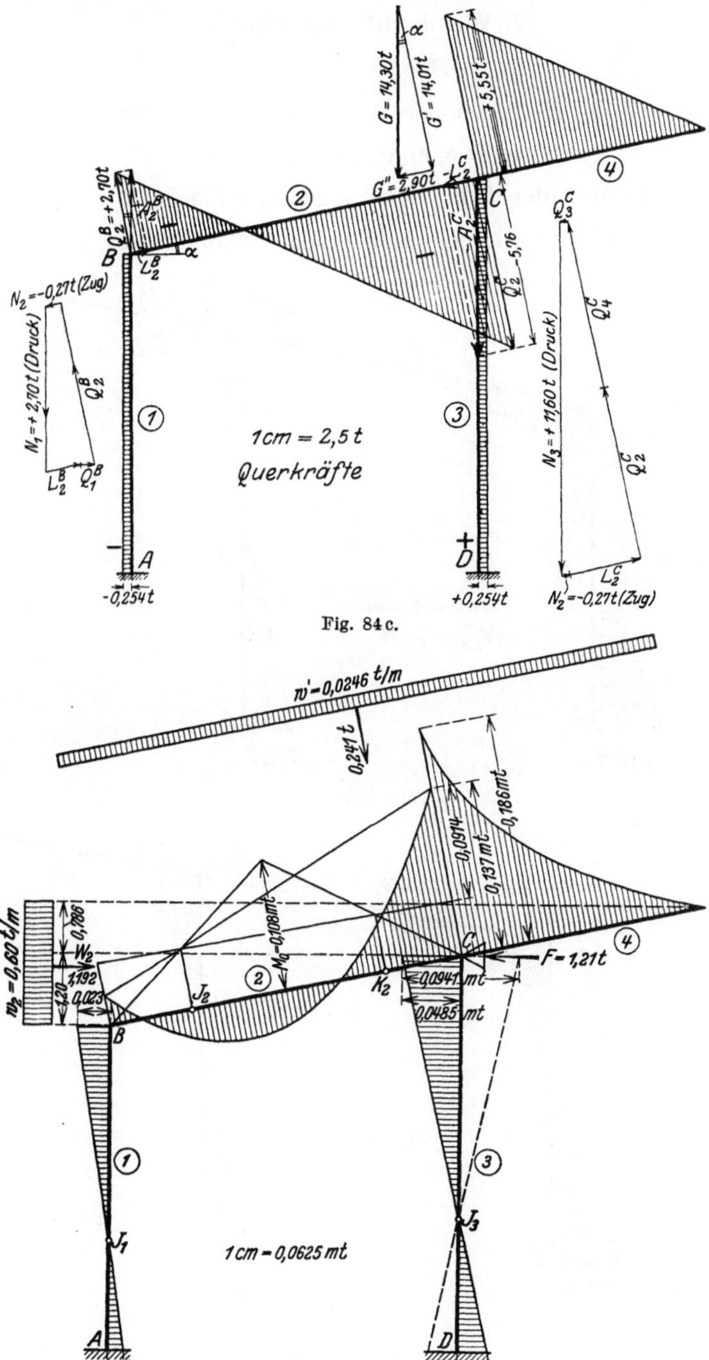

Fig. 84c.

Fig. 85.

Stab 3: $Q_3^C = \dfrac{M_3^D - M_3^C}{l} = \dfrac{-0{,}04 + 1{,}68}{6{,}45} = +0{,}254\ \text{t}\,.$

Stab 4: $Q_4^C = g \cdot l_4 \cdot \cos\alpha = 1{,}49 \cdot 3{,}88 \cdot 0{,}98 = +5{,}55\ \text{t}\,.$

2. Wind auf den Balken.

(Fig. 85—85c.)

Auf die vertikale Fläche ist der Winddruck für den lfdm.

$$w_2 = 4{,}00 \cdot 0{,}150 = 0{,}60 \; \text{t/m}$$

und demnach auf die unter dem Winkel α geneigte Fläche.

$$w' = w_2 \cdot \sin^2 \alpha = 0{,}60 \cdot 0{,}203^2 = 0{,}0246 \; \text{t/m} .$$

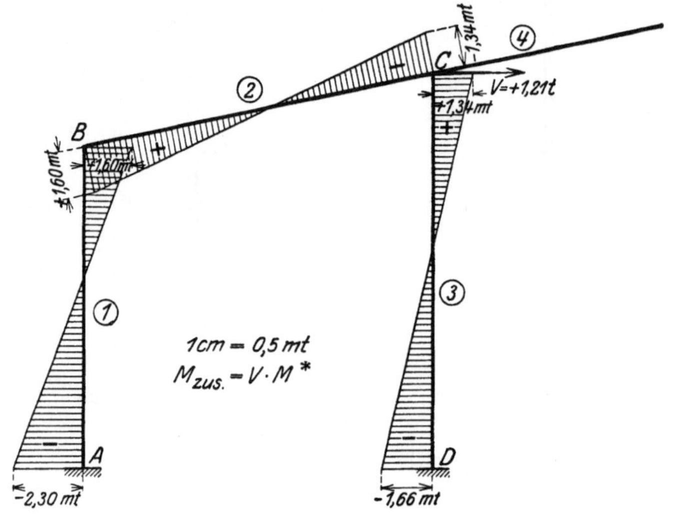

Fig. 85a.

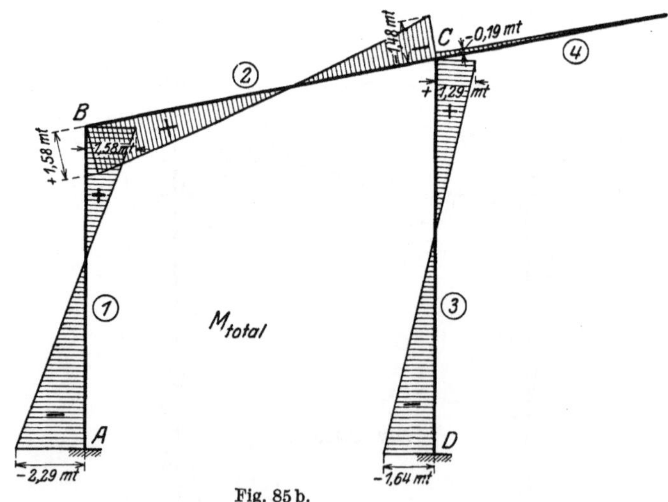

Fig. 85b.

M_0-Momente.

$$\text{Stab } 2: \quad M_0^m = \frac{0{,}0246 \cdot 5{,}92^2}{8} = +0{,}108 \; \text{mt}.$$

$$\text{Stab } 4: \quad M_4^C = \frac{0{,}024 \cdot 3{,}88^2}{2} = -0{,}186 \; \text{mt}.$$

Von M_4^C gelangt

$$\text{in Stab } 2: \quad M_2^C = -0{,}186 \cdot 0{,}492 = -0{,}0914 \text{ mt}$$

$$\text{und in Stab } 3: \quad M_3^C = -0{,}186 \cdot 0{,}508 = -0{,}0941 \text{ mt}.$$

Den Verlauf der Momente zeigt Fig. 85, wobei die Säulenköpfe B und C durch das gedachte Lager in C in Ruhe gehalten sind.

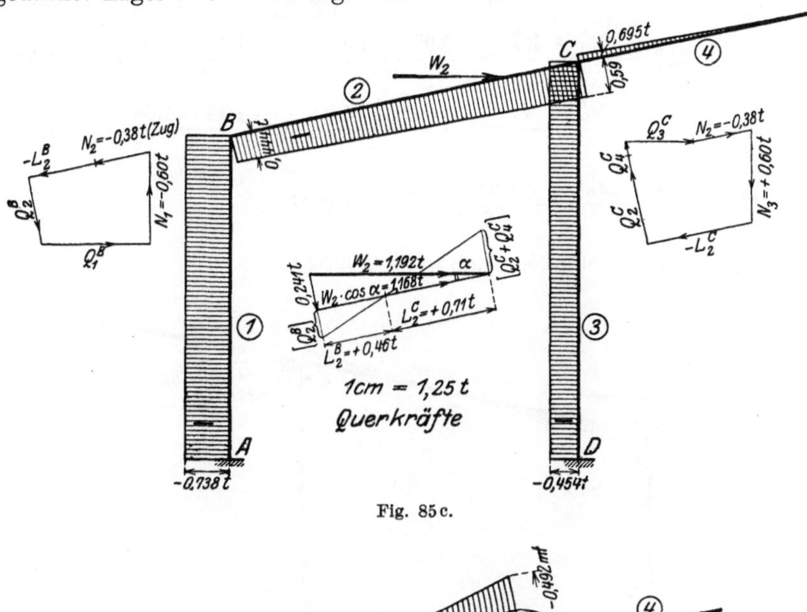

Fig. 85c.

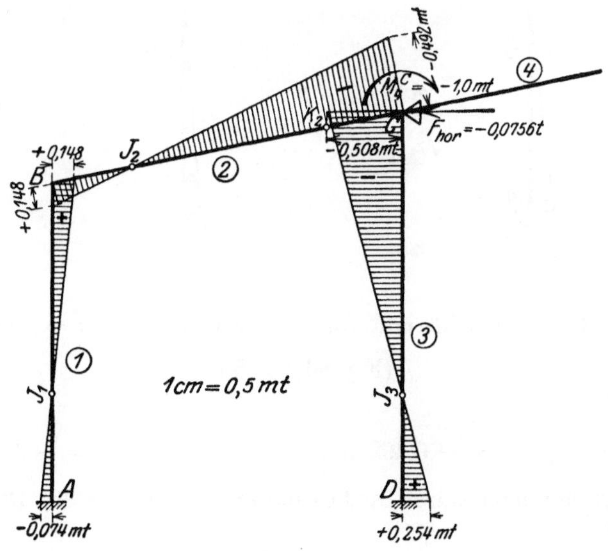

Fig. 86.

Die im gedachten Lager in C auftretende Festhaltungskraft setzt sich zusammen aus den beiden Säulenquerkräften sowie der Reaktion von der horizontalen Windbelastung:

$$F_{hor} = Q_1^B + Q_3^C - W_2 = \frac{-0{,}023 - 0{,}0115}{5{,}25} + \frac{-0{,}0485 - 0{,}02425}{6{,}45} - 1{,}192 = -1{,}21 \text{ t}.$$

Mit der Verschiebungskraft $V = + 1,21$ t erhalten wir die in Fig. 85a ersichtlichen Zusatzmomente $V \cdot M^*$, welche wir zu den Momenten aus R. I addieren, um die in Fig. 85b dargestellten Gesamtmomente zu erhalten.

Die aus Fig. 85c zu ersehenden Querkräfte erhalten wir zu:

$$\text{Stab } 1: \quad Q_1^A = \frac{M_1^A - M_1^B}{l_1} = \frac{-2,29 - 1,58}{5,25} = -0,738 \text{ t}.$$

$$\text{Stab } 2: \quad \begin{cases} Q_2^B = \mathfrak{Q}_2^B + \dfrac{M_2^C - M_2^B}{l_2} = \dfrac{0,0246 \cdot 5,92}{2} + \dfrac{-1,48 - 1,58}{5,92} = -0,444 \text{ t}, \\[3mm] Q_2^C = \mathfrak{Q}_2^C + \dfrac{M_2^B - M_2^C}{l_2} = -\dfrac{0,0246 \cdot 5,92}{2} + \dfrac{-1,48 - 1,58}{5,92} = -0,590 \text{ t}. \end{cases}$$

$$\text{Stab } 3: \quad Q_3^D = \frac{M_3^D - M_3^C}{l_3} = \frac{-1,64 - 1,29}{6,45} = -0,454 \text{ t}.$$

$$\text{Stab } 4: \quad Q_4^C - \mathfrak{Q}_4^C = + 0,0246 \cdot 3,88 = + 0,0954 \text{ t}.$$

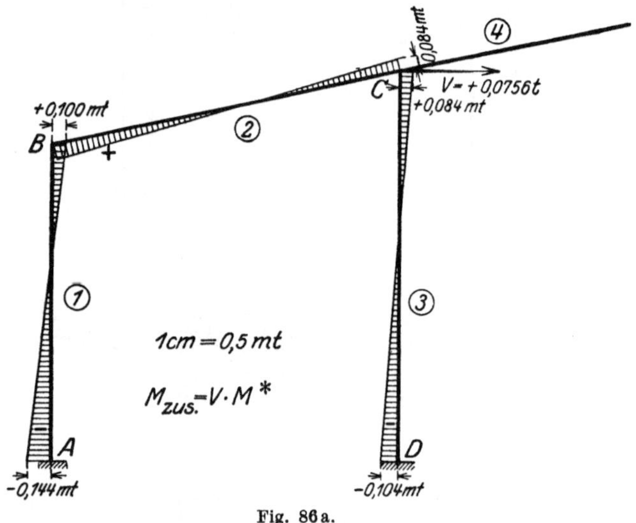

Fig. 86a.

3. Belastung durch das Kragmoment $M_4^C = - 1,0$ mt.

(Fig. 86 bis 86c.)

Es ist:

$$M_2^C = - \mu_{4-2}^C = - 0,492 \text{ mt}; \qquad M_3^C = - \mu_{4-3}^C = - 0,508 \text{ mt}.$$

Diese Momente leiten wir durch die Festpunkte weiter (Fig. 86). Die Festhaltungskraft beträgt:

$$F_{hor} = Q_1^B + Q_3^C = \frac{+0,1482 + 0,0741}{5,25} + \frac{-0,508 - 0,254}{6,45}$$

Die Verschiebungskraft $V = + 0,0756$ t liefert die Zusatzmomente der Fig. 86a, welche, zu obigen Momenten addiert, die in Fig. 86b dargestellten Gesamtmomente ergeben.

Die zugehörigen Querkräfte zeigt Fig. 86c.

4. Gleichmäßig verteilte Windbelastung der äußeren Säule.

(Fig. 87 bis 87 c.)

Belastung: $w_1 = 8{,}00 \cdot 0{,}150 = 1{,}20 \text{ t/m}$,

$$M_0 = \frac{1{,}20 \cdot 5{,}25^2}{8} = 4{,}14 \text{ mt}.$$

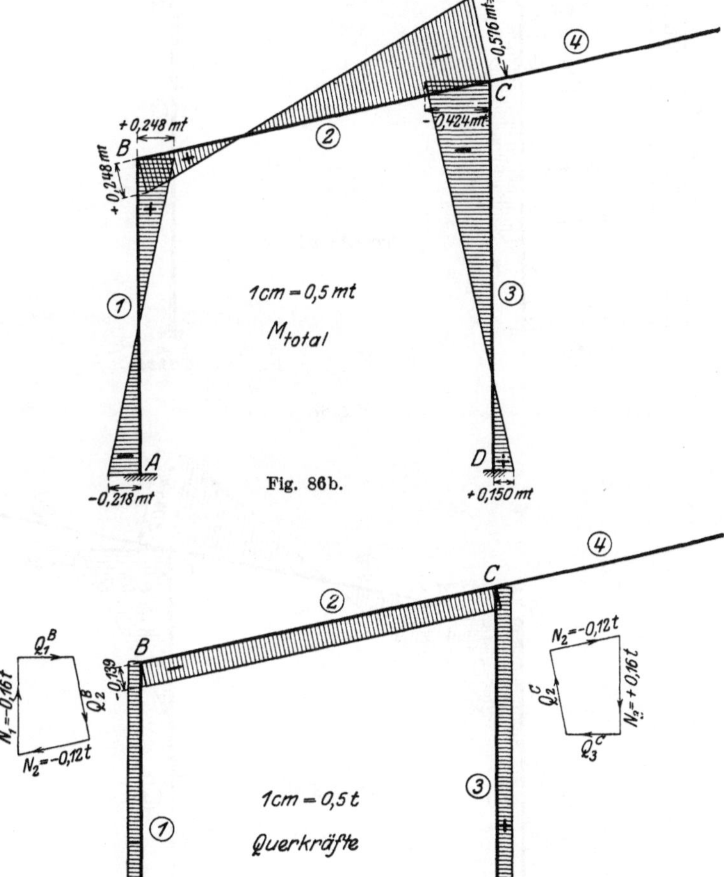

Fig. 86 b.

Fig. 86 c.

Die in Fig. 87 ermittelten und durch die Festpunkte weitergeleiteten Momente setzen folgende Festhaltungskraft voraus:

$$Q_1^B = \mathfrak{Q}_1^B + \frac{M_1^B - M_1^A}{l_1} = -\frac{1{,}20 \cdot 5{,}20}{2} + \frac{-1{,}15 + 3{,}60}{5{,}25} = -2{,}683 \text{ t},$$

$$Q_3^C = \frac{M_3^C - M_3^D}{l_3} = \frac{-0{,}318 - 0{,}159}{6{,}45} = -0{,}074 \text{ t},$$

$$F_{hor} = -2{,}757 \text{ t}.$$

Die zugehörigen Zusatz- und Gesamtmomente zeigen Fig. 87a bzw. 87b, während die Querkräfte aus Fig. 87c zu ersehen sind.

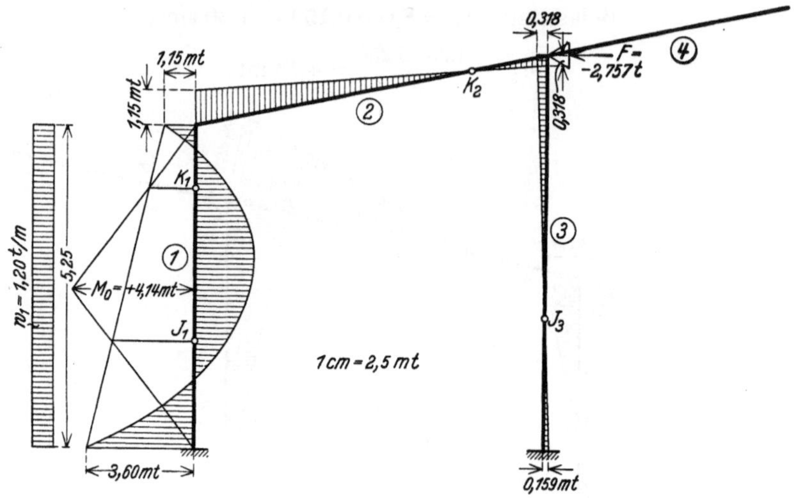

Fig. 87.

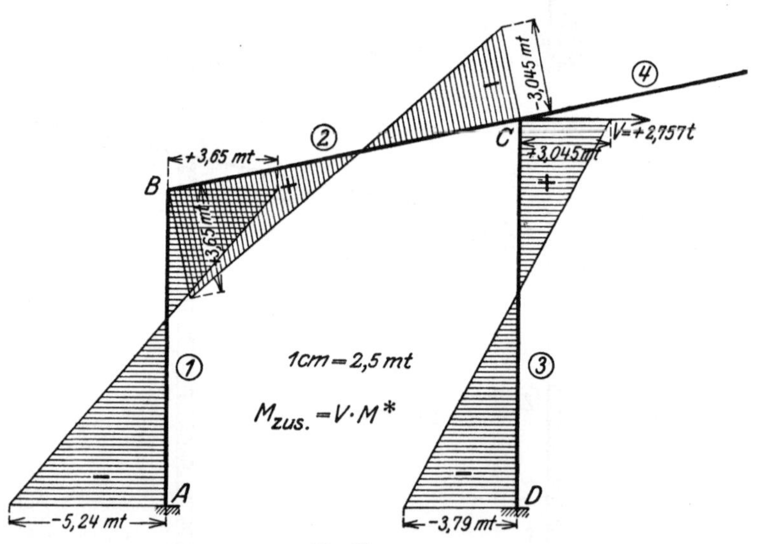

Fig. 87a.

5. Temperaturänderung des Stabes 2 um + 20° C.

(Fig. 88 bis 88c.)

Wir denken uns zunächst wieder den Stab 2 resp. beispielsweise den Knotenpunkt B festgehalten und ermitteln die Momente und dann die Festhaltungskraft wie bei den vorhergehenden Belastungsfällen.

Längenänderung von Stab 2: $\Delta l_2 = \alpha \cdot t \cdot l_2 = 0{,}00001 \cdot 20 \cdot 5{,}92 = 0{,}001184$ m.

Die gegenseitigen rechtwinkligen Verschiebungen der Stäbe *2* und *3* betragen:

$$\varrho_2 = 0{,}000245 \, \text{m},$$

$$\varrho_3 = 0{,}00121 \, \text{m}.$$

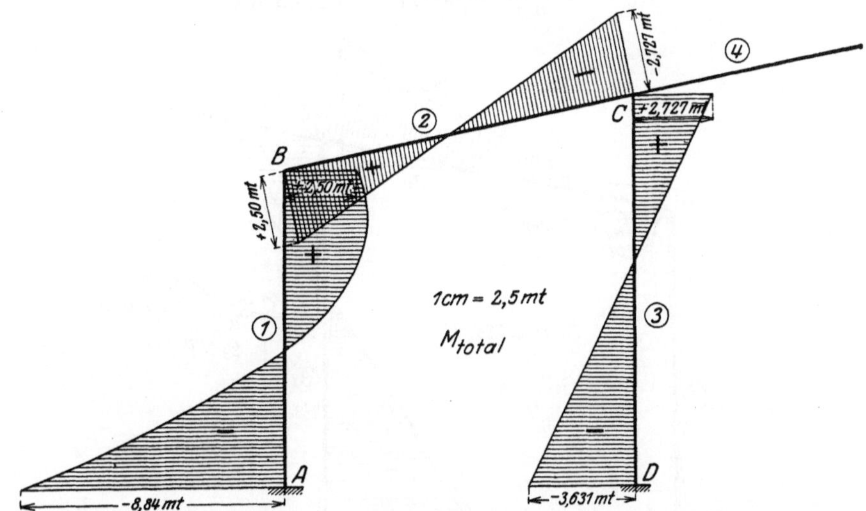

Fig. 87b.

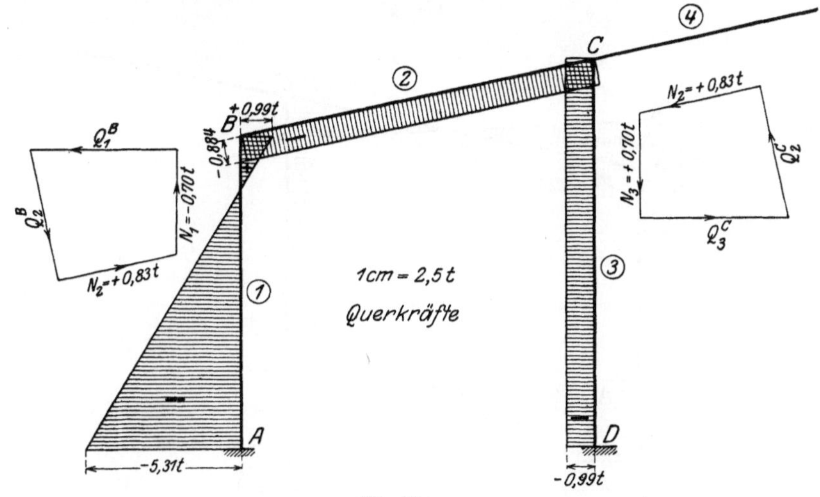

Fig. 87c.

Nach den Gl. (515) und (520) ergibt die Verschiebung ϱ_2 die Momente:

$$M_2^C = + \frac{\varrho_2}{l_2 \cdot \beta_2 \, (l_2 - a_2 - b_2)} \cdot b_2 = + \frac{0{,}000245 \cdot 2\,100\,000}{5{,}92 \cdot 202{,}0 \cdot 3{,}27} \cdot 1{,}28 = +0{,}168 \, \text{mt},$$

$$M_2^B = - \frac{0{,}168}{1{,}28} \cdot 1{,}37 = -0{,}1802 \, \text{mt}.$$

Die Momente infolge der Verschiebung ϱ_3 erhalten wir durch Proportion aus den vorhergehend für die Verschiebung $\varrho_3 = 0{,}01$ m ermitteten M'-Momenten zu

$$M_3^C = +\,\frac{7{,}23}{0{,}01}\cdot 0{,}00121 = +\,0{,}875\,\text{mt},$$

$$M_3^D = -\,\frac{10{,}98}{0{,}01}\cdot 0{,}00121 + -\,1{,}329\,\text{mt}.$$

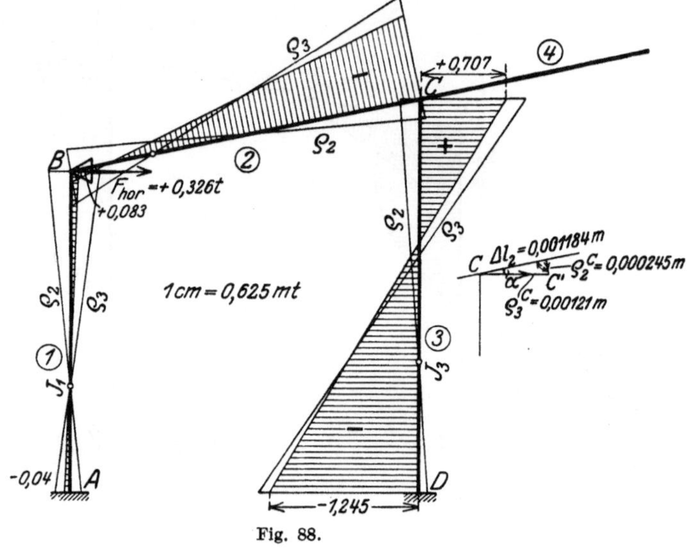

Fig. 88.

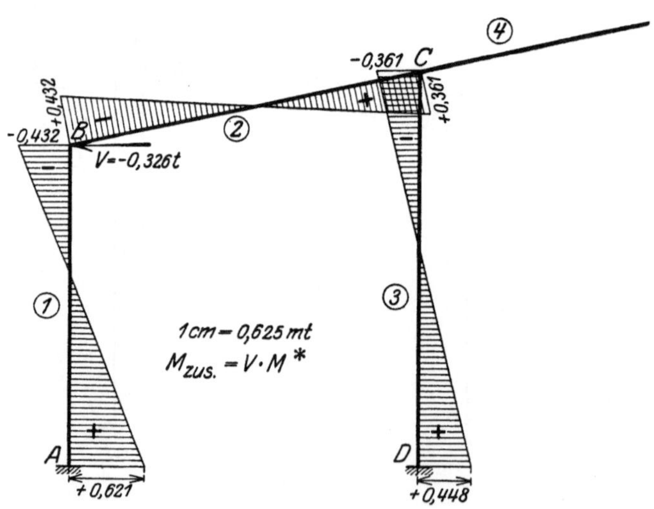

Fig. 88a.

Diese Momente leiten wir einzeln durch die Festpunkte und addieren sie dann (Fig. 88).

Die beiden Säulenquerkräfte liefern wieder die Festhaltungs- bzw. Verschiebungskraft.

Zusatz- und Gesamtmomente zeigen die in Fig. 88a und 88b, während in Fig. 88c die Querkräfte dargestellt sind.

6. Senkung der Säule *3* um $\Delta l_3 = 0,01$ m.

Hierbei gelangt Punkt C nach C' und die beiden Stäbe *2* und *3* erleiden die gegenseitigen rechtwinkligen Verschiebungen (Fig. 89):

$$\varrho_2 = 0,0102\ \text{m},$$

$$\varrho_2 = 0,00207\ \text{m}.$$

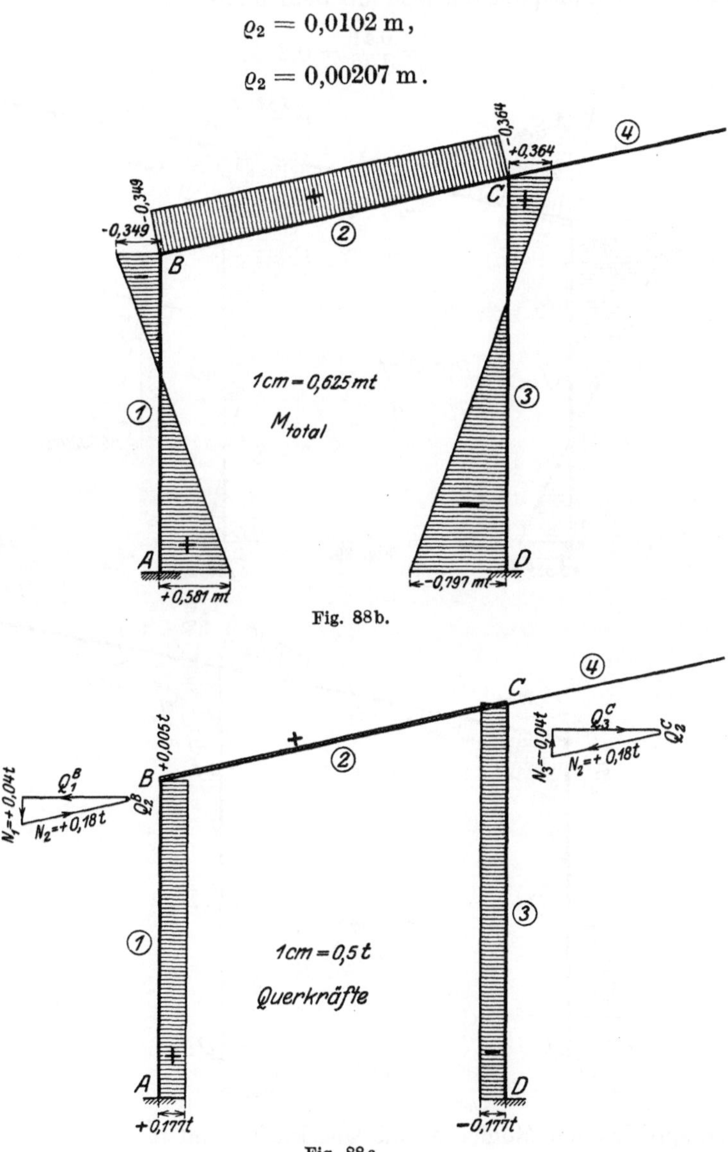

Fig. 88b.

Fig. 88c.

In derselben Weise wie beim vorhergehenden Belastungsfall sind auch hier die Momente ermittelt worden (siehe Fig. 89 bis 89b). Fig. 89c zeigt die zugehörigen Querkräfte.

Für die nun folgenden Belastungsfälle ergeben sich die Gesamtmomente und Querkräfte durch Proportion aus den vorhergehend ermittelten.

7. Schneebelastung.

$$p = 0,41 \ \text{t/m}.$$

Momente und Querkräfte sind proportional jenen aus dem Eigengewicht des Balkens; wir multiplizieren jene mit dem Faktor

$$k = \frac{0,41}{1,49} = 0,275.$$

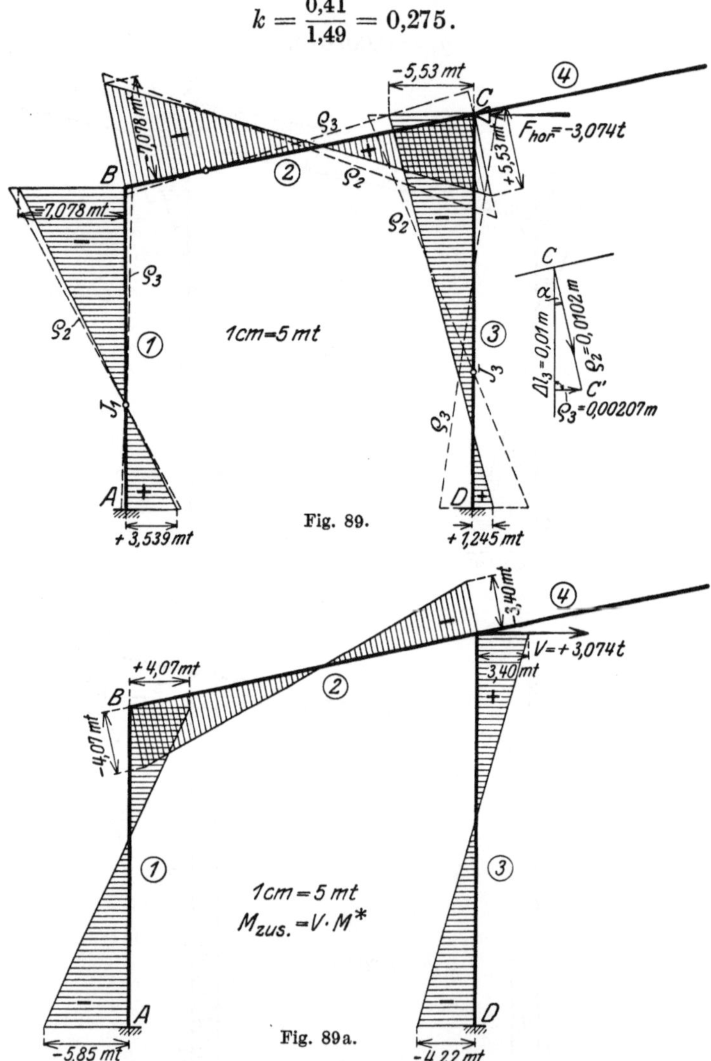

Die entsprechenden Momente und Querkräfte sind in den Tabellen 2 und 3 zusammengestellt.

8. Winddruck auf den Konsolträger.

Der zwischen je einem Binder liegende Konsolträger überträgt auf den Rahmen eine horizontale Einzelkraft.

$$W_3 = 0,60 \cdot 1,986 = +1,192 \ \text{t}.$$

Wir erhalten die Momente und Querkräfte aus den M^*-Momenten und deren Querkräften durch einfaches Multiplizieren mit dem Faktor

$$k = 1{,}192.$$

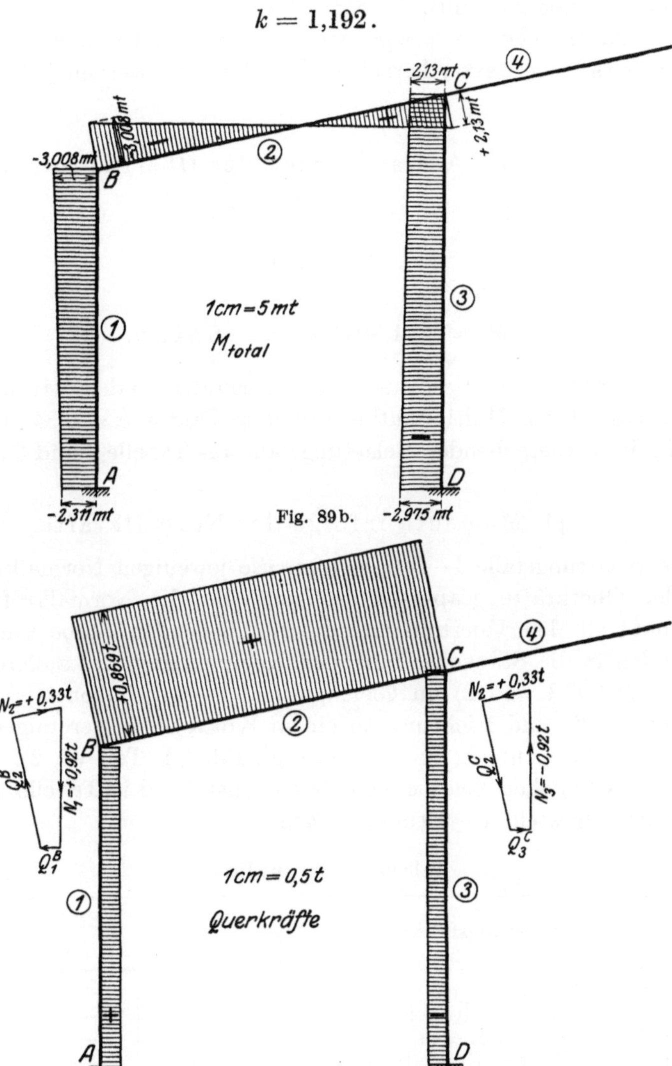

Fig. 89b.

Fig. 89c.

9. Winddruck auf das Oberlicht.

Bei Annahme freier Auflagerung auf der rechten Seite des Oberlichtes entfällt auf dessen linkes Auflager die horizontale Windlast

$$W_4 = 1{,}20 \cdot 3{,}264 = 3{,}916\,\mathrm{t};$$

diese Kraft wirkt nun in dreifacher Weise:

a) Als horizontale, den Rahmen verschiebende Einzelkraft: Die Momente erhalten wir wie vor aus den M^*-Momenten durch Multiplikation der letzteren mit dem Faktor $k = -3{,}916$.

b) Als Moment $M_{w4} = + 3{,}916 \cdot 0{,}786 = - 3{,}08$ mt im Schnitt C_4: In diesem Fall haben wir Momente und Querkräfte infolge $M_4^C = - 1{,}0$ mt mit dem Faktor $k = 3{,}08$ zu multiplizieren.

c) Als Auflagerdruck am Kragarmende, welcher links nach oben und rechts nach unten wirkt; die davon herrührenden Momente werden jedoch außer Betracht gelassen.

10. Auflagerdruck des Oberlichtes.

Der lotrechte Auflagerdruck des Oberlichtes

$$D = 1{,}80 \, \text{t}$$

erzeugt das Konsolmoment

$$M_4^C = - 1{,}80 \cdot 3{,}80 = - 6{,}84 \, \text{mt}.$$

Die davon herrührenden Momente und Querkräfte finden wir aus jenen für $M_4^C = - 1{,}0$ mt durch Multiplikation mit dem Faktor $k = 6{,}84$. Die Resultate sind wie für die vorhergehenden Belastungsfälle aus Tabelle 2 und 3 ersichtlich.

11. Momente infolge der Normalkräfte.

Für die Belastungsfälle 1—6 haben wir die jeweiligen Normalkräfte bei den Figuren der Querkräfte graphisch ermittelt. Da die Normalkräfte an einem Knotenpunkt mit den Querkräften der anschließenden Stäbe und den Reaktionen aus den in die Stabachse fallenden Komponenten der äußeren Belastung (bei Belastungsfall 1 und 2) im Gleichgewicht stehen, haben wir einfach diese Kräfte nach Größe und Richtung zu einem Krafteck zu vereinigen und in die anstoßenden Stabrichtungen zu zerlegen (vgl. Bd. I 1. Teil VI, 2).

Für die tatsächlichen Belastungen sind nachstehend in Tabelle 1 die Normalkräfte zusammengestellt ($+$ Druck, $-$ Zug).

Tabelle 1. Normalkräfte.

Nr.	Belastungsfall	Stab 1 t	Stab 2 t	Stab 3 t
1	Eigengewicht des Riegels	$+ 2{,}70$	$-0{,}27$	$+11{,}60$
7	Schneebelastung des Riegels	$+ 0{,}74$	$-0{,}07$	$+ 3{,}19$
2	Windbelastung des Riegels	$- 0{,}60$	$-0{,}38$	$+ 0{,}60$
8	Winddruck W_3 auf Konsolträger . . .	$- 0{,}66$	$-0{,}86$	$+ 0{,}66$
9	Winddruck auf {Einzelkraft W_4 . . .	$- 2{,}15$	$-2{,}82$	$+ 2{,}15$
	das Oberlicht {Moment $M w_4$ . . .	$- 0{,}49$	$-0{,}37$	$+ 0{,}49$
4	Windbelastung von Stütze 1	$- 0{,}70$	$+0{,}83$	$+ 0{,}70$
10	Eigengewicht des Oberlichtes.	$- 1{,}09$	$-0{,}82$	$+ 1{,}09$
5	Temperatur (Stab 2)	$\mp 0{,}04$	$\mp 0{,}18$	$\pm 0{,}18$
	$N =$	$- 2{,}29$	$-4{,}94$	$+20{,}66$
	Längsträger:	$+10{,}06$	$-$	$+26{,}95$
	$N_{total} =$	$+ 7{,}77$	$-4{,}94$	$+47{,}61$

Zu den Normalkräften in den Säulen kommen noch die Auflagerdrücke der Längsträger, die sich für Säule 1 zu $N = + 10{,}06$ t und für Säule 3 zu $N = + 26{,}95$ t ergeben haben. Nun erhalten wir die davon herrührenden

Längenänderungen:

$$\Delta l = \frac{N \cdot l}{E \cdot F},$$

Stab 1: $\Delta l_1 = -\dfrac{7{,}77 \cdot 5{,}25}{2\,100\,000 \cdot 0{,}35 \cdot 0{,}55} = -0{,}00010 \text{ m},$

Stab 2: $\Delta l_2 = +\dfrac{4{,}94 \cdot 5{,}92}{2\,100\,000 \cdot (0{,}25 \cdot 0{,}45 + 0{,}10 \cdot 1{,}25)} = +0{,}00006 \text{ m},$

Stab 3: $\Delta l_3 = -\dfrac{47{,}61 \cdot 6{,}45}{2\,100\,000 \cdot 0{,}35 \cdot 0{,}55} = -0{,}00076 \text{ m}.$

Die relative Senkung des Knotenpunktes C beträgt demnach

$$\Delta C = \Delta l_3 - \Delta l_1 = -0{,}00076 + 0{,}00010 = -0{,}00066 \text{ m}.$$

Die Momente für diese Senkung erhalten wir aus den unter 6. für $\Delta l_3 = 0{,}01$ m ermittelten, durch Multiplikation mit dem Faktor $k = \dfrac{0{,}00066}{0{,}01} = 0{,}066$; ebenso erhalten wir die Querkräfte.

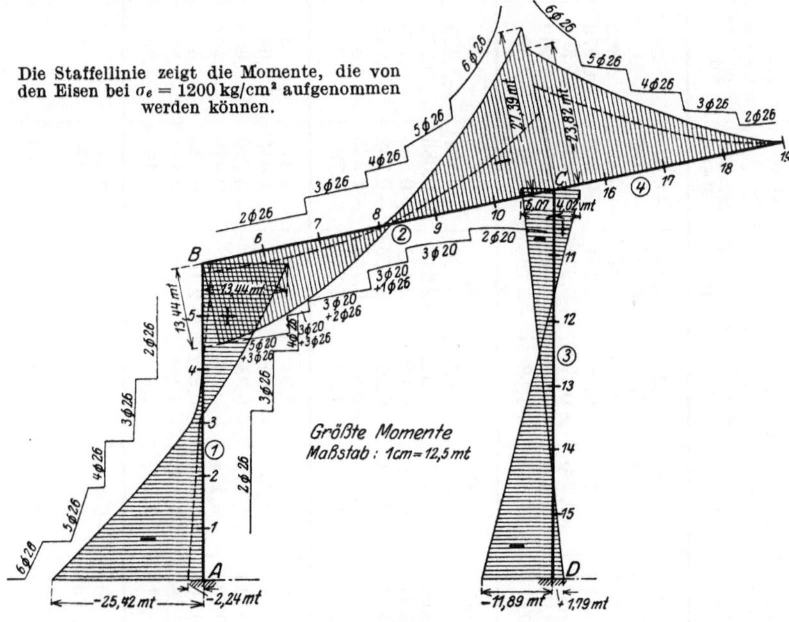

Fig. 90.

Momente und Querkräfte aus der Verlängerung des Stabes 2 erhalten wir aus jenen für die Temperaturänderung um $+20^\circ$ C, wofür wir $\Delta l_2 = 0{,}001184$ m hatten, durch Multiplikation mit dem Faktor $k = \dfrac{0{,}000058}{0{,}001184} = 0{,}049.$

In nachfolgenden Tabellen 2 und 3 sind die Gesamtmomente und Querkräfte für die einzelnen Knotenpunkte (ohne den Einfluß der Normalkräfte) zusammengestellt; ferner sind in Fig. 90 die Größtwerte der Momente und in Fig. 91 die Größtwerte der Querkräfte dargestellt.

7*

Tabelle 2. Momente.

Stab	Quer-schnitt	Eigengew. des Balkens	Schnee-belastung des Balkens	Wind-belastung des Balkens	Winddruck W_3 auf den Konsol-träger	Winddruck auf das Oberlicht Einzelkraft W_4	Moment M_{W_4}	Wind-belastung der äußeren Säule	Moment M_D Eigengew. des Oberlichts	Tempera-turänderung $\pm 20°$	Stützen-senkung	Größt-werte	Kleinst-werte
Äußere Säule 1	A_1	− 1,33	−0,366	−2,29	−2,27	−7,46	−0,67	−8,84	+1,49	±0,581	−0,125	− 2,24	−25,42
	1	− 1,11	−0,305	−1,645	−1,625	−5,35	−0,432	−4,655	−0,959	±0,426	−0,140	− 1,64	−16,65
	2	− 0,888	−0,244	−1,000	−0,984	−3,242	−0,194	−1,385	−0,428	±0,271	−0,155	− 1,04	− 8,79
	3	− 0,666	−0,183	−0,355	−0,343	−1,134	+0,044	+0,970	+0,103	±0,116	−0,170	− 0,45	− 1,85
	4	− 0,444	−0,122	+0,290	+0,298	+0,974	+0,282	+2,395	+0,634	±0,043	−0,185	+ 4,29	− 0,15
	5	− 0,222	−0,061	+0,935	+0,939	+3,082	+0,520	+2,900	+1,165	∓0,194	−0,201	+ 9,31	+ 0,75
	B_1	0,0	0,0	+1,58	+1,58	+5,19	+0,76	+2,50	+1,70	∓0,349	−0,216	+13,44	+ 1,35
Balken 2	B_2	0,0	0,0	+1,58	+1,58	+5,19	+0,76	+2,50	+1,70	±0,349	−0,216	+13,44	+ 1,35
	6	+ 1,938	+0,533	+1,130	+1,095	+3,605	+0,337	+1,629	+0,76	±0,352	−0,159	+11,22	+ 2,35
	7	+ 2,526	+0,691	+0,656	+0,612	+2,018	−0,086	+0,758	−0,18	±0,354	−0,103	+ 7,25	+ 1,99
	8	+ 1,744	+0,474	+0,158	+0,129	+2,431	−0,509	−0,113	−1,12	±0,357	−0,046	+ 1,71	+ 0,27
	9	− 0,498	−0,143	−0,364	−0,354	−1,156	−0,932	−0,985	−2,06	±0,359	+0,010	− 2,20	− 6,84
	10	− 4,11	−1,135	−0,91	−0,837	−0,743	−1,355	−1,856	−3,00	±0,361	+0,067	− 6,75	−16,24
	C_2	− 9,07	−2,50	−1,48	−1,32	−4,33	−1,78	−2,73	−3,94	±0,364	+0,123	−12,65	−27,39
Innere Säule 3	C_3	− 1,68	−0,463	+1,29	+1,32	+4,33	−1,31	+2,73	−2,90	±0,364	−0,123	+ 4,02	− 5,07
	11	− 1,40	−0,386	+0,802	+0,827	+2,71	−1,015	+1,667	−2,245	±0,170	−0,141	+ 1,38	− 4,34
	12	− 1,13	−0,311	+0,314	+0,334	+1,09	−0,720	+0,608	−1,580	∓0,023	−0,159	− 0,90	− 3,04
	13	− 0,86	−0,236	−0,174	−0,159	−0,53	−0,425	−0,452	−0,925	∓0,216	−0,178	− 1,57	− 4,15
	14	− 0,586	−0,161	−0,662	−0,652	−2,15	−0,130	−1,512	−0,270	∓0,411	−0,197	− 0,44	− 6,73
	15	− 0,313	−0,086	−1,150	−1,145	−3,77	+0,165	−2,571	+0,375	∓0,603	−0,216	+ 0,66	− 9,31
	D_3	− 0,04	−0,011	−1,64	−1,64	−5,39	+0,46	−3,63	+1,03	∓0,797	−0,235	+ 1,79	−11,89
Kragarm 4	C_4	−10,75	−2,96	−0,185			−3,08		−6,84			−17,59	−23,81
	16	− 6,050	−1,665	−0,104			−2,30		−5,13			−11,18	−15,25
	17	− 2,690	−0,740	−0,046			−1,534		−3,42			− 6,11	− 8,43
	18	− 0,672	−0,185	−0,012			−0,767		−1,71			− 2,38	− 3,35
	19	0,00	0,00	0,00			0,00		0,00			0,00	0,00

Tabelle 3. Querkräfte.

Stab	Querschnitt	Eigengew. des Balkens	Schneebelastung des Balkens	Windbelastung des Balkens	Winddruck W_3 auf den Konsolträger	Winddruck auf das Oberlicht		Windbelastung der äußeren Säule	Moment M_D Eigengew. des Oberlichts	Temperaturänderung $\pm 20°$	Stützensenkung	Größtwerte	Kleinstwerte
						Einzelkraft W_4	Moment M_{W_4}						
A_1		−0,254	−0,070	−0,738	−0,733	−2,41	−0,274	−5,31	−0,609	±0,177	+0,016	−0,69	−10,56
Äußere Säule 1	1	−0,254	−0,070	−0,738	−0,733	−2,41	−0,274	−4,26	−0,609	±0,177	+0,016	−0,69	− 9,51
	2	−0,254	−0,070	−0,738	−0,733	−2,41	−0,274	−3,21	−0,609	±0,177	+0,016	−0,69	− 8,46
	3	−0,254	−0,070	−0,738	−0,733	−2,41	−0,274	−2,16	−0,609	±0,177	+0,016	−0,69	− 7,41
	4	−0,254	−0,070	−0,738	−0,733	−2,41	−0,274	−1,11	−0,609	±0,177	+0,016	−0,69	− 6,36
	5	−0,254	−0,070	−0,738	−0,733	−2,41	−0,274	−0,06	−0,609	±0,177	+0,016	−0,69	− 5,31
	B_1	−0,254	−0,070	−0,738	−0,733	−2,41	−0,274	+0,99	−0,609	±0,177	+0,016	−0,69	− 5,15
B_2		+2,70	+0,743	−0,444	−0,489	−1,604	−0,428	−0,884	−0,951	±0,0005	+0,057	+2,49	− 2,04
Balken 2	6	+1,29	+0,355	−0,468	−0,489	−1,604	−0,428	−0,884	−0,951	±0,0005	+0,057	+0,69	− 3,48
	7	−0,12	−0,033	−0,492	−0,489	−1,604	−0,428	−0,884	−0,951	±0,0005	+0,057	−1,07	− 4,94
	8	−1,53	−0,421	−0,516	−0,489	−1,604	−0,428	−0,884	−0,951	±0,0005	+0,057	−2,48	− 6,77
	9	−2,94	−0,809	−0,540	−0,489	−1,604	−0,428	−0,884	−0,951	±0,0005	+0,057	−3,89	− 8,59
	10	−4,35	−1,197	−0,565	−0,489	−1,604	−0,428	−0,884	−0,951	±0,0005	+0,057	−5,30	−10,41
	C_2	−5,76	−1,585	−0,590	−0,489	−1,604	−0,428	−0,884	−0,951	±0,0005	+0,057	−6,71	−12,23
C_3		+0,254	+0,070	−0,454	−0,459	−1,506	+0,274	−0,99	+0,609	∓0,177	−0,016	+1,11	− 1,57
Innere Säule 3	11	+0,254	+0,070	−0,454	−0,459	−1,506	+0,274	−0,99	+0,609	∓0,177	−0,016	+1,11	− 1,57
	12	+0,254	+0,070	−0,454	−0,459	−1,506	+0,274	−0,99	+0,609	∓0,177	−0,016	+1,11	− 1,57
	13	+0,254	+0,070	−0,454	−0,459	−1,506	+0,274	−0,99	+0,609	∓0,177	−0,016	+1,11	− 1,57
	14	+0,254	+0,070	−0,454	−0,459	−1,506	+0,274	−0,99	+0,609	∓0,177	−0,016	+1,11	− 1,57
	15	+0,254	+0,070	−0,454	−0,459	−1,506	+0,274	−0,99	+0,609	∓0,177	−0,016	+1,11	− 1,57
	D_3	+0,254	+0,070	−0,454	−0,459	−1,506	+0,274	−0,99	+0,609	∓0,177	−0,016	+1,11	− 1,57
C_4		+5,55	+1,528	+0,095			+0,795		+1,764			+9,73	+ 7,31
Kragarm 4	16	+4,16	+1,140	+0,072			+0,795		+1,764			+7,93	+ 5,92
	17	+2,77	+0,760	+0,048			+0,795		+1,765			+6,14	+ 4,53
	18	+1,39	+0,380	+0,024			+0,795		+1,764			+4,35	+ 3,15
	19	+0,00	+0,00	+0,00			+0,795		+1,764			+2,56	+ 1,76

Mit den ermittelten Werten läßt sich die Bewehrung und die Fundamentbeanspruchung bestimmen.

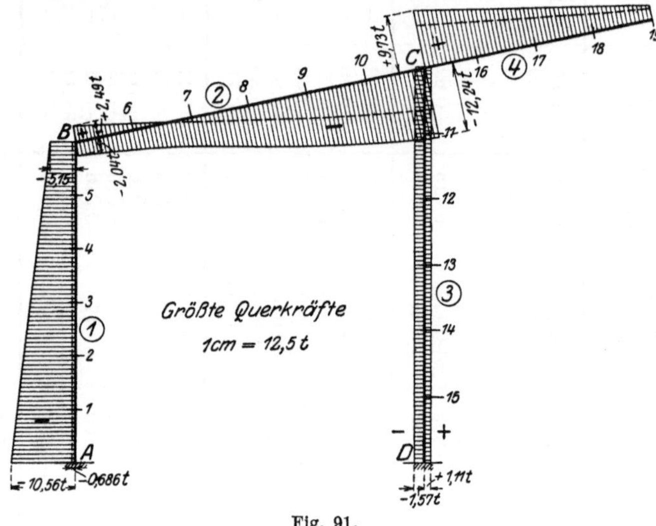

Fig. 91.

IX. Zweistöckiger Rahmenbinder eines Erzsilos.

Es soll der Binder eines Erzsilos, dessen unterer Stockwerkbalken durch den Siloboden und dessen oberer Stockwerkbalken durch die Erzzufuhrgeleise belastet ist (vgl. Fig. 92 und 92 a), berechnet werden; die einzelnen Stäbe des Stockwerkrahmens haben auf ihre Länge konstantes Trägheitsmoment. Die Entfernung der Binder beträgt 4,15 m.

Mit den in Fig. 92 b eingetragenen Trägheitsmomenten und Auflagerwinkeln $E \cdot \beta$ erhalten wir nachstehende

Festpunkte.

Da bei A, B und C gelenkige Auflagerung angenommen, so ist

$$a_1 = a_2 = a_3 = 0.$$

Um die übrigen Festpunkte alle berechnen zu können, müssen wir vorerst zwei derselben schätzungsweise annehmen. Wir wählen $b_4 = 0,50$ m und $b_5 = 1,10$ m.

Drehwinkel τ bei D:

$$\tau_1^D = 2\,\beta_1 = 2 \cdot \frac{48,3}{E} = \frac{96,6}{E}\,\frac{1}{\text{mt}},$$

$$\tau_4^D = \beta_4\left(3 - \frac{l_4}{l_4 - b_4}\right) = \frac{27,0}{E}\left(3 - \frac{5,02}{5,02 - 0,50}\right) = \frac{51,0}{E},$$

$$\tau_{1-4}^D = \frac{\tau_1^D \cdot \tau_4^D}{\tau_1^D + \tau_4^D} = \frac{96,6 \cdot 51,0}{(96,6 + 51,0)\,E} = \frac{33,4}{E} = \varepsilon_7^a,$$

$$a_7 = \frac{l_7}{3 + \dfrac{\varepsilon_7^a}{\beta_7}} = \frac{5,475}{3 + \dfrac{33,4}{8,13}} = 0,77 \text{ m} = b_8,$$

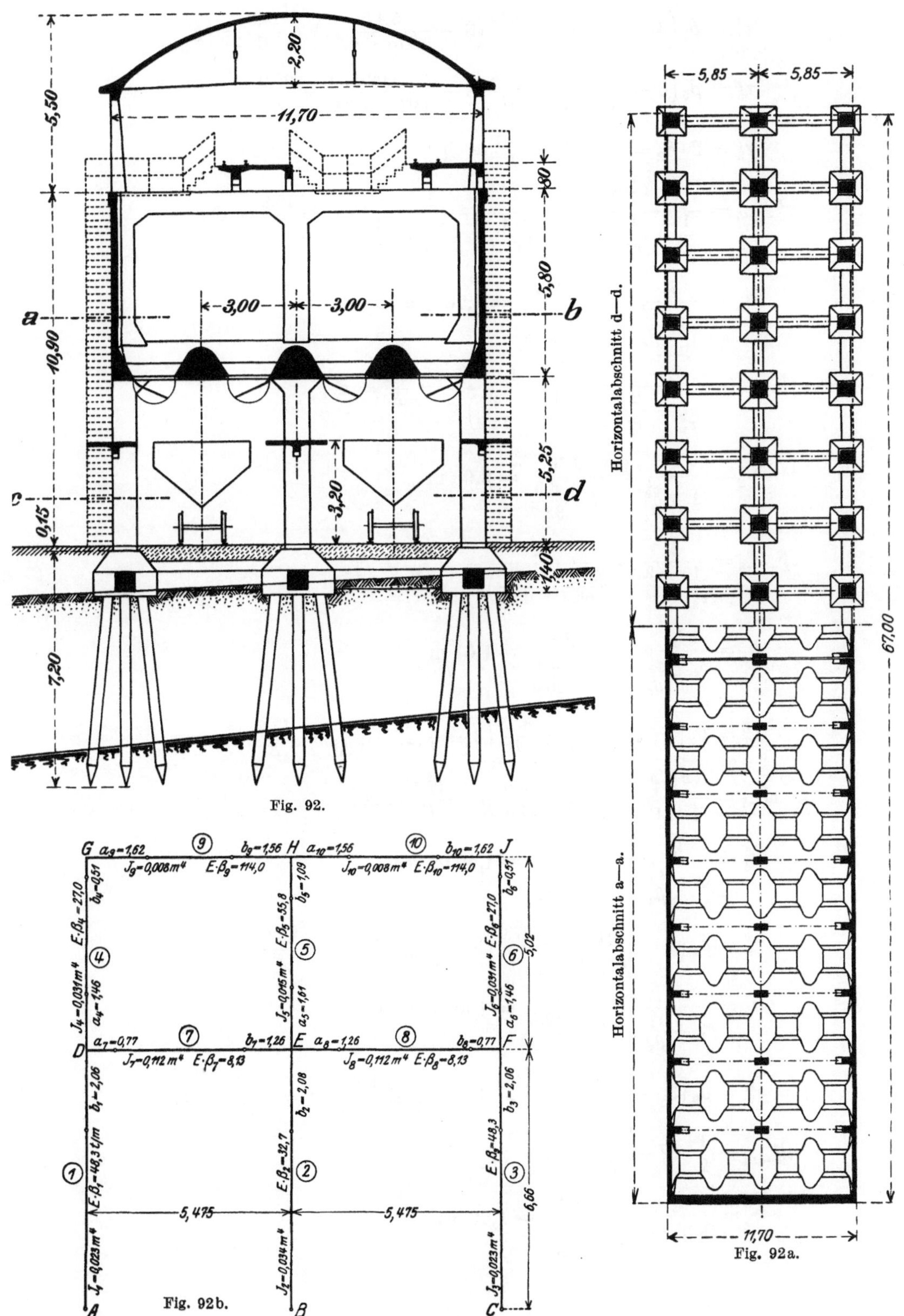

2,20
5,50
11,70
80
5,80
a
b
10,90
3,00
3,00
5,25
c
d
0,15
1,40
7,20
Fig. 92.

5,85
5,85
Horizontalabschnitt d—d.
67,00
Horizontalabschnitt a—a.
11,70
Fig. 92 a.

G a_9=1,62
9
b_9=1,56
H a_{10}=1,56
10
b_{10}=1,52
J
J_9=0,008 m^4
E·β_9=114,0
J_{10}=0,008 m^4
E·β_{10}=114,0
b_4=0,51
b_5=1,09
b_6=0,51
E·β_4=27,0
E·β_5=55,8
E·β_6=27,0
4
J_4=0,031 m^4
5
J_5=0,015 m^4
6
J_6=0,031 m^4
5,02
a_4=1,46
a_5=1,61
a_6=1,46
a_7=0,77
7
b_7=1,26
E a_8=1,26
8
b_8=0,77
F
D
J_7=0,112 m^4
E·β_7=8,13
J_8=0,112 m^4
E·β_8=8,13
b_1=2,06
b_2=2,08
b_3=2,06
E·β_1=48,3 t/m
E·β_2=32,7
E·β_3=48,3
6,66
1
2
3
J_1=0,023 m^4
J_2=0,034 m^4
J_3=0,023 m^4
5,475
5,475
Fig. 92 b.
A
B
C

$$\tau_7^E = \beta_7\left(3 - \frac{l_7}{l_7 - a_7}\right) = \frac{8,13}{E}\left(3 - \frac{5,475}{5,475 - 0,77}\right) = \frac{14,9}{E} = \tau_8^E,$$

$$\tau_5^E = \beta_5\left(3 - \frac{l_5}{l_5 - b_5}\right) = \frac{55,8}{E}\left(3 - \frac{5,02}{5,02 - 1,10}\right) = \frac{96,0}{E},$$

$$\tau_2^E = 2 \cdot \beta_2 = 2 \cdot 32,7 = \frac{65,4}{E} = \varepsilon_8^a,$$

$$\tau_{2-5-7}^E = \frac{1}{\dfrac{1}{\tau_2^E} + \dfrac{1}{\tau_5^E} + \dfrac{1}{\tau_7^E}} = \frac{1}{\left(\dfrac{1}{65,4} + \dfrac{1}{96,0} + \dfrac{1}{14,9}\right)E} = \frac{10,8}{E} = \varepsilon_8^a,$$

$$\boldsymbol{a}_8 = \frac{l_8}{3 + \dfrac{\varepsilon_8^a}{\beta_8}} = \frac{5,475}{3 + \dfrac{10,8}{8,13}} = 1,26\,\text{m} = \boldsymbol{b}_7,$$

$$\tau_{2-7-8}^E = \frac{1}{\dfrac{1}{\tau_5^E} + \dfrac{2}{\tau_7^E}} = \frac{1}{\left(\dfrac{1}{96,0} + \dfrac{2}{14,9}\right)E} = \frac{6,9}{E} = \varepsilon_2^b,$$

$$\boldsymbol{b}_2 = \frac{l_2}{3 + \dfrac{\varepsilon_2^b}{\beta_2}} = \frac{6,66}{3 + \dfrac{6,9}{32,7}} = 2,08\,\text{m},$$

$$\tau_{2-7-8}^E = \frac{1}{\dfrac{1}{\tau_2^E} + \dfrac{2}{\tau_7^E}} = \frac{1}{\left(\dfrac{1}{65,4} + \dfrac{2}{14,9}\right)E} = \frac{6,7}{E} = \varepsilon_5^a,$$

$$\boldsymbol{a}_5 = \frac{l_{10}}{3 + \dfrac{\varepsilon_5^a}{\beta_5}} = \frac{5,02}{3 + \dfrac{6,7}{55,8}} = 1,61\,\text{m},$$

$$\tau_7^D = \beta_7\left(3 - \frac{l_7}{l_7 - b_7}\right) = \frac{8,13}{E}\left(3 - \frac{5,475}{5,475 - 1,26}\right) = \frac{13,8}{E},$$

$$\tau_{1-7}^D = \frac{\tau_1^D \cdot \tau_7^D}{\tau_1^D + \tau_7^D} = \frac{96,6 \cdot 13,8}{(96,6 + 13,8)E} = \frac{12,1}{E} = \varepsilon_4^a,$$

$$\boldsymbol{a}_4 = \frac{l_4}{3 + \dfrac{\varepsilon_4^a}{\beta_4}} = \frac{5,02}{3 + \dfrac{12,1}{27,0}} = 1,46\,\text{m} = \boldsymbol{a}_6,$$

$$\tau_4^G = \beta_4\left(3 - \frac{l_4}{l_4 - a_4}\right) = \frac{27,0}{E}\left(3 - \frac{5,02}{5,02 - 1,46}\right) = \frac{42,8}{E} = \varepsilon_9^a,$$

$$\boldsymbol{a}_9 = \frac{l_9}{3 + \dfrac{\varepsilon_9^a}{\beta_9}} = \frac{5,475}{3 + \dfrac{42,8}{114,0}} = 1,62\,\text{m} = \boldsymbol{b}_{10},$$

$$\tau_9^H = \beta_9\left(3 - \frac{l_9}{l_9 - a_9}\right) = \frac{114,0}{E}\left(3 - \frac{5,475}{5,475 - 1,62}\right) = \frac{180,0}{E} = \tau_{10}^J,$$

$$\tau_{9-10}^H = \frac{1}{2} \cdot \tau_9^H = \frac{90,0}{E} = \varepsilon_5^b,$$

$$\boldsymbol{b}_5 = \frac{l_5}{3 + \dfrac{\varepsilon_5^b}{\beta_5}} = \frac{5,02}{3 + \dfrac{90,0}{55,8}} = 1,09\,\text{m},$$

$$\tau_5^H = \beta_5\left(3 - \frac{l_5}{l_5 - a_5}\right) = \frac{55{,}8}{E}\left(3 - \frac{5{,}02}{5{,}02 - 1{,}61}\right) = \frac{85{,}0}{E},$$

$$\tau_{5-10}^H = \frac{\tau_5^H \cdot \tau_{10}^H}{\tau_5^H + \tau_{10}^H} = \frac{85{,}0 \cdot 180{,}0}{(85{,}0 + 180{,}0)\,E} = \frac{57{,}7}{E} = \varepsilon_9^b,$$

$$\boldsymbol{b_9} = \frac{l_9}{3 + \dfrac{\varepsilon_9^b}{\beta_9}} = \frac{5{,}475}{3 + \dfrac{57{,}7}{114{,}0}} = \boldsymbol{1{,}56\ \mathrm{m} = a_{10}},$$

$$\tau_9^G = \beta_9\left(3 - \frac{l_9}{l_9 - b_9}\right) = \frac{114{,}0}{E}\left(3 - \frac{5{,}475}{5{,}475 - 1{,}56}\right) = \frac{183{,}0}{E} = \varepsilon_4^b,$$

$$\boldsymbol{b_4} = \frac{l_4}{3 + \dfrac{\varepsilon_4^b}{\beta_4}} = \frac{5{,}02}{3 + \dfrac{183{,}0}{27{,}0}} = \boldsymbol{0{,}51\ \mathrm{m} = b_6},$$

$$\tau_{4-7}^D = \frac{\tau_4^D \cdot \tau_7^D}{\tau_4^D + \tau_7^D} = \frac{51{,}0 \cdot 13{,}8}{(51{,}0 + 13{,}8)\,E} = \frac{10{,}8}{E} = \varepsilon_1^b,$$

$$\boldsymbol{b_1} = \frac{l_1}{3 + \dfrac{\varepsilon_1^b}{\beta_1}} = \frac{6{,}66}{3 + \dfrac{10{,}8}{48{,}3}} = \boldsymbol{2{,}06\ \mathrm{m} = b_3}.$$

Die schätzungsweise angenommenen Werte waren somit genügend zutreffend.

Verteilungsmaße.

Knotenpunkt D:

$$\mu_{1-4}^D = \frac{\tau_{4-7}^D}{\tau_4^D} = \frac{10{,}8}{51{,}0} = 0{,}21; \qquad \mu_{1-7}^D = 1 - \mu_{1-4}^D = 1 - 0{,}21 = 0{,}79;$$

$$\mu_{4-1}^D = \frac{\tau_{1-7}^D}{\tau_1^D} = \frac{12{,}1}{96{,}6} = 0{,}12; \qquad \mu_{4-7}^D = 0{,}88;$$

$$\mu_{7-1}^D = \frac{\tau_{1-4}^D}{\tau_1^D} = \frac{33{,}4}{96{,}6} = 0{,}35; \qquad \mu_{7-4}^D = 0{,}65.$$

Knotenpunkt E:

$$\mu_{2-5}^E = \frac{\tau_{5-7-8}^E}{\tau_5^E} = \frac{6{,}9}{96{,}0} = 0{,}08; \qquad \mu_{2-7}^E = \frac{0{,}92}{2} = 0{,}46 = \mu_{2-8}^E;$$

$$\mu_{5-2}^E = \frac{\tau_{2-7-8}^E}{\tau_2^E} = \frac{6{,}7}{65{,}4} = 0{,}10; \qquad \mu_{5-7}^E = \frac{0{,}90}{2} = 0{,}45 = \mu_{5-8}^E;$$

$$\mu_{7-8}^E = \frac{\tau_{2-5-8}^E}{\tau_8^E} = \frac{10{,}8}{14{,}9} = 0{,}72 = \mu_{8-7}^E;$$

$$\mu_{7-2}^E = \frac{\mu_{2-5-8}^E}{\tau_2^E} = \frac{10{,}8}{65{,}4} = 0{,}17; \qquad \mu_{7-5}^E = 1 - 0{,}72 - 0{,}17 = 0{,}11$$

Knotenpunkt H:

$$\mu_{5-9}^H = \frac{\tau_{9-10}^H}{\tau_9^H} = \frac{90{,}0}{180{,}0} = 0{,}50 = \mu_{5-10}^H;$$

$$\mu_{9-10}^H = \frac{\tau_{5-10}^H}{\tau_{10}^H} = \frac{57{,}7}{180{,}0} = 0{,}32 = \mu_{10-9}^H; \qquad \mu_{9-5}^H = 0{,}68 = \mu_{10-5}^H.$$

Da wir für alle Belastungsfälle die Momente M' bzw. M^* benötigen, werden dieselben nachstehend zuerst ermittelt.

Momente M_I'.

Wir verschieben den oberen Stockwerkbalken GHJ um $\varDelta = 1$ mm nach rechts, wobei der untere Balken DEF unverschiebbar festgehalten sein soll; dann treten die gegenseitigen rechtwinkligen Verschiebungen $\varrho_4 = \varrho_5 = \varrho_6$ auf. Infolge $\varrho_4 = 0{,}001$ m erhalten wir nach Gl. (515) und (520) die Momente:

$$M_4^G = \frac{\varrho_4 \cdot b_4}{l_4 \cdot \beta_4 (l_4 - a_4 - b_4)} = + \frac{0{,}001 \cdot 2\,100\,000 \cdot 0{,}51}{5{,}02 \cdot 27{,}0 \cdot (5{,}02 - 1{,}46 - 0{,}51)} = + 2{,}59\ \text{mt},$$

$$M_4^D = \frac{M_4^G}{b_4} \cdot a_4 = - \frac{2{,}59}{0{,}51} \cdot 1{,}46 = - 7{,}42\ \text{mt}.$$

Infolge $\varrho_5 = 0{,}001$ m die Momente:

$$M_5^H = \frac{0{,}001 \cdot 2\,100\,000 \cdot 1{,}09}{5{,}02 \cdot 55{,}8\,(5{,}02 - 1{,}61 - 1{,}09)} = + 3{,}52\ \text{mt}.$$

$$M_5^E = - \frac{3{,}52}{1{,}09} \cdot 1{,}61 = - 5{,}20\ \text{mt}.$$

und endlich infolge $\varrho_6 = 0{,}001$ m die Momente:

$$M_6^J = M_4^G = + 2{,}59\ \text{mt}; \qquad M_6^F = M_4^D = - 7{,}42\ \text{mt}.$$

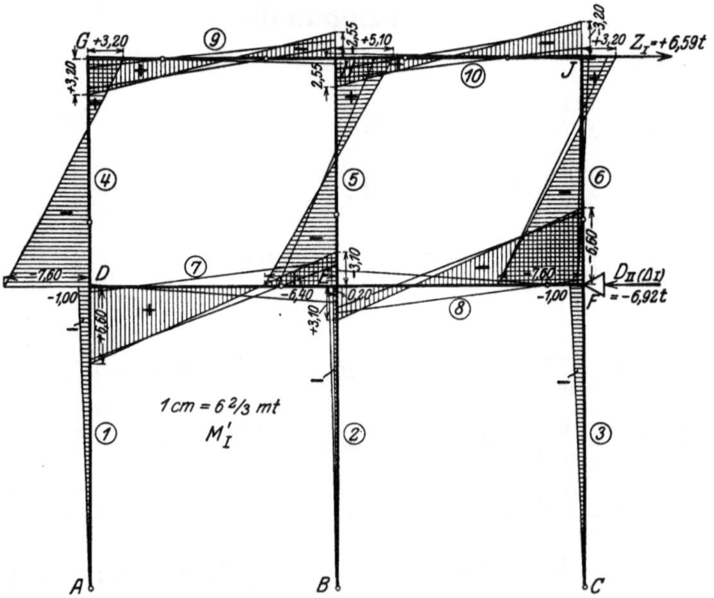

Fig. 93.

Diese Momente einzeln mittels Festpunkte und Verteilungsmaße über den Rahmen weitergeleitet und dann summiert, ergeben die in Fig. 93 dargestellten Momente M_I' infolge Verschiebung des oberen Stockwerkbalkens.

Die Erzeugungskraft Z_I dieser Momente erhalten wir als die Summe der horizontalen Querkräfte an den Säulenköpfen G, H und J zu:

$$Z_I = \frac{2 \cdot (3{,}20 + 7{,}60) + 5{,}10 + 6{,}40}{5{,}02} = + 6{,}59\ \text{t}.$$

Der untere Stockwerkbalken wird dabei voraussetzungsgemäß unverschiebbar festgehalten von der Festhaltungskraft $D_{II\,(\Delta I)}$, welche sich aus nachstehenden Querkräften zusammensetzt:

von den oberen Säulen $\qquad\qquad\qquad -Z_I = -6{,}59\ \text{t}$

von den unteren Säulen $\quad \sum Q = -\dfrac{2\cdot 1{,}00 + 0{,}20}{6{,}66} = -0{,}33\ \text{t}$

$$\text{Festhaltungskraft}\ \ D_{II(\Delta I)} = -\overline{6{,}92\ \text{t}}\,.$$

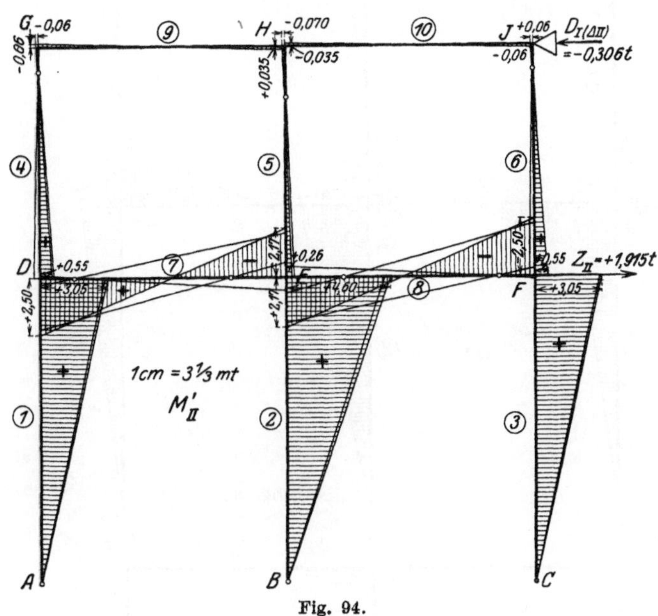

Fig. 94.

Momente M'_{II}.

Wir verschieben jetzt in gleicher Weise den unteren Stockwerkbalken DEF um $\Delta = 1$ mm nach rechts, wobei sich der obere Stockwerkbalken parallel mitverschieben soll. Dann erhalten wir die gegenseitigen rechtwinkligen Verschiebungen $\varrho_1 = \varrho_2 = \varrho_3$ und daraus folgende Momente:

Infolge ϱ_1 bzw. $\varrho_3 = 0{,}001$ m:

$$M_1^D = \frac{0{,}001\cdot 2\,100\,000\cdot 2{,}06}{6{,}66\cdot 48{,}3\,(6{,}66 - 2{,}06)} = +2{,}93\ \text{mt} = M_3^F\,.$$

Infolge $\varrho_2 = 0{,}001$ m:

$$M_2^E = \frac{0{,}001\cdot 2\,100\,000\cdot 2{,}08}{6{,}66\cdot 32{,}7\,(6{,}66 - 2{,}08)} = +4{,}36\ \text{mt}\,.$$

In Fig. 94 sind diese drei Einzelmomente wieder mittels Verteilungsmaße und Festpunkte weitergeleitet und dann addiert, wodurch sich die Momente M'_{II} ergeben.

Die Kraft, welche die voraussetzungsgemäße Mitverschiebung des oberen Balkens bewirkt, ist gleich der Summe der drei Säulenquerkräfte bei G, H und J; somit ist

$$D_{I(\Delta II)} = -\frac{2\cdot(0{,}06 + 0{,}55) + 0{,}07 + 0{,}25}{5{,}02} = -0{,}306\ \text{t}\,.$$

Die am unteren Stockwerkbalken wirkende Erzeugungskraft Z_{II} der Momente M'_{II} besteht aus der Summe der 6 Säulenquerkräfte am unteren Stockwerkbalken, daher ist

$$Z_{II} = \sum Q = + 0{,}306 + \frac{2 \cdot 3{,}05 + 4{,}60}{6{,}66} = + 1{,}915 \text{ t}.$$

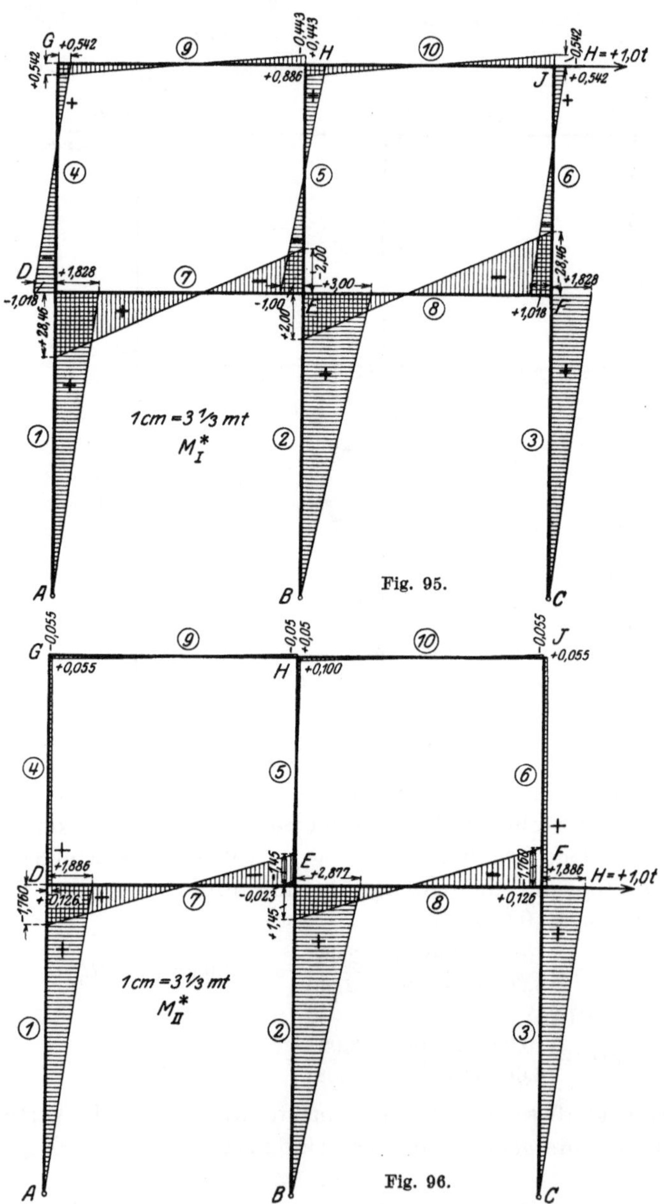

Fig. 95.

Fig. 96.

M^*-Momente.

Nach Gl. (544) erhalten wir nun die M_I^*-Momente infolge der Kraft $H = + 1{,}0$ t am oberen Stockwerkbalken (I) zu:

$$M_I^* = \frac{Z_{II} \cdot M_I' - D_{II(\Delta I)} \cdot M_{II}'}{Z_I \cdot Z_{II} - D_{I(\Delta II)} \cdot D_{II(\Delta I)}} = \frac{1{,}915\, M_I' + 6{,}92 \cdot M_{II}'}{6{,}59 \cdot 1{,}915 - 0{,}306 \cdot 6{,}92}$$

$$= + 0{,}182\, M_I' + 0{,}658\, M_{II}'.$$

Ferner erhalten wir nach Gl. (545) die M_{II}^*-Momente infolge $H = + 1{,}0$ t am unteren Stockwerksbalken (II) zu:

$$M_{II}^* = \frac{Z_I \cdot M_{II}' - D_{I(\Delta II)} \cdot M_I'}{Z_I \cdot Z_{II} - D_{I(\Delta II)} \cdot D_{II(\Delta I)}} = \frac{6{,}59\, M_{II}' + 0{,}306\, M_I'}{6{,}59 \cdot 1{,}915 - 0{,}306 \cdot 6{,}92}$$

$$= 0{,}0291\, M_I' + 0{,}627\, M_{II}'.$$

Nach diesen beiden Gleichungen wurden die M^*-Momente aus den M'-Momenten für die einzelnen Schnitte berechnet und in den Fig. 95 und 96 aufgetragen.

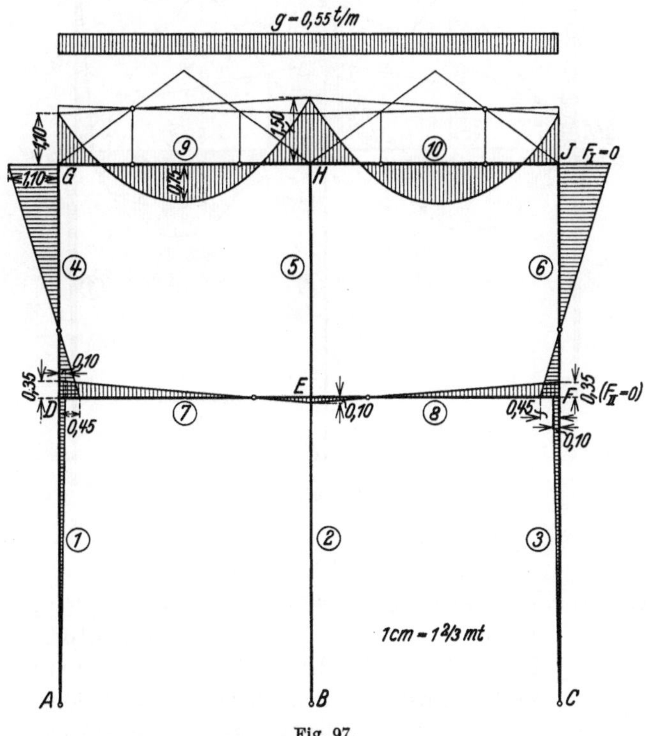

Fig. 97.

Momente und Querkräfte aus den äußeren Belastungen.

I. Eigengewicht.

a) Eigengewicht des oberen Stockwerkbalkens:

$$g = 0{,}35 \cdot 0{,}65 \cdot 2{,}4 = 0{,}55 \text{ t/m},$$

$$M_0 = \frac{0{,}55 \cdot 5{,}475^2}{8} = 2{,}06 \text{ mt}.$$

Mittels Festpunkte und Verteilungsmaße sind die in Fig. 97 ersichtlichen Momente (R. I) ermittelt.

b) Eigengewicht des unteren Stockwerkbalkens:

$$\text{Querschnitt } F = 2{,}42\,\text{m}^2; \qquad g = 2{,}42 \cdot 2{,}4 = 5{,}80 \text{ t/m};$$

$$M_0 = \frac{5{,}80 \cdot 5{,}475^2}{8} = 21{,}70 \text{ mt}.$$

Fig. 98 enthält die Momente aus dieser Belastung. Da der Symmetrie wegen keine Zusatzmomente hinzukommen, bilden diese Momente die fertigen Werte aus der Belastung g.

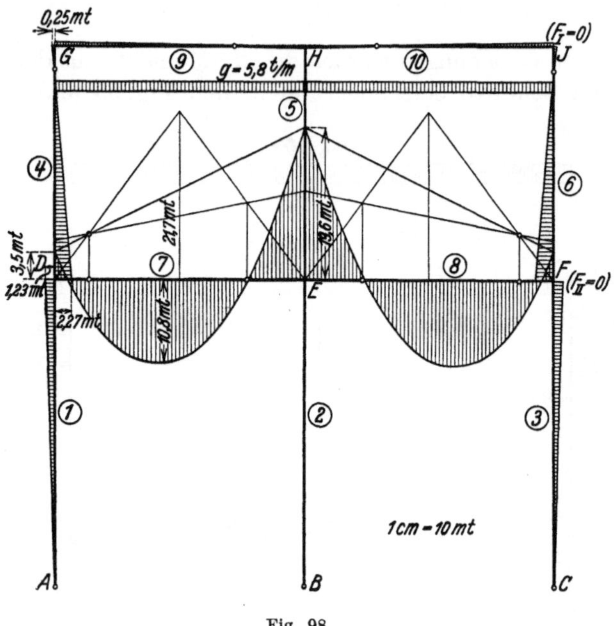

Fig. 98.

II. Einzellasten.

Stab *9*: Eigenlast der Gleisträger $0{,}475 \cdot 4{,}15 \cdot 1{,}14 =$ 2,24 t,

       Säule $=$ 0,16 t,

       Platte $0{,}10 \cdot 0{,}70 \cdot 2{,}4 \cdot 4{,}15 \cdot 1{,}14 =$ 0,80 t,

       Verkehrslast auf dem Gleis $=$ 6,90 t,

       „   „   der Platte $=$ 0,70 t,

$$P_9 = 10{,}80 \text{ t}.$$

$$M_0 = \frac{10{,}80 \cdot 1{,}90 \cdot 3{,}575}{5{,}475} = 13{,}40 \text{ mt}.$$

Stab *10*: Dieselbe Einzellast wirkt auch hier, also $P_{10} = 10{,}80$ t.

$$M_0 = \frac{10{,}80 \cdot 1{,}35 \cdot 4{,}125}{5{,}475} = 11{,}00 \text{ mt}.$$

Die Momente des R. I zeigt Fig. 99.

Um die Stockwerkbalken während R. I unverschiebbar festzuhalten, sind nachstehende Festhaltungskräfte erforderlich:

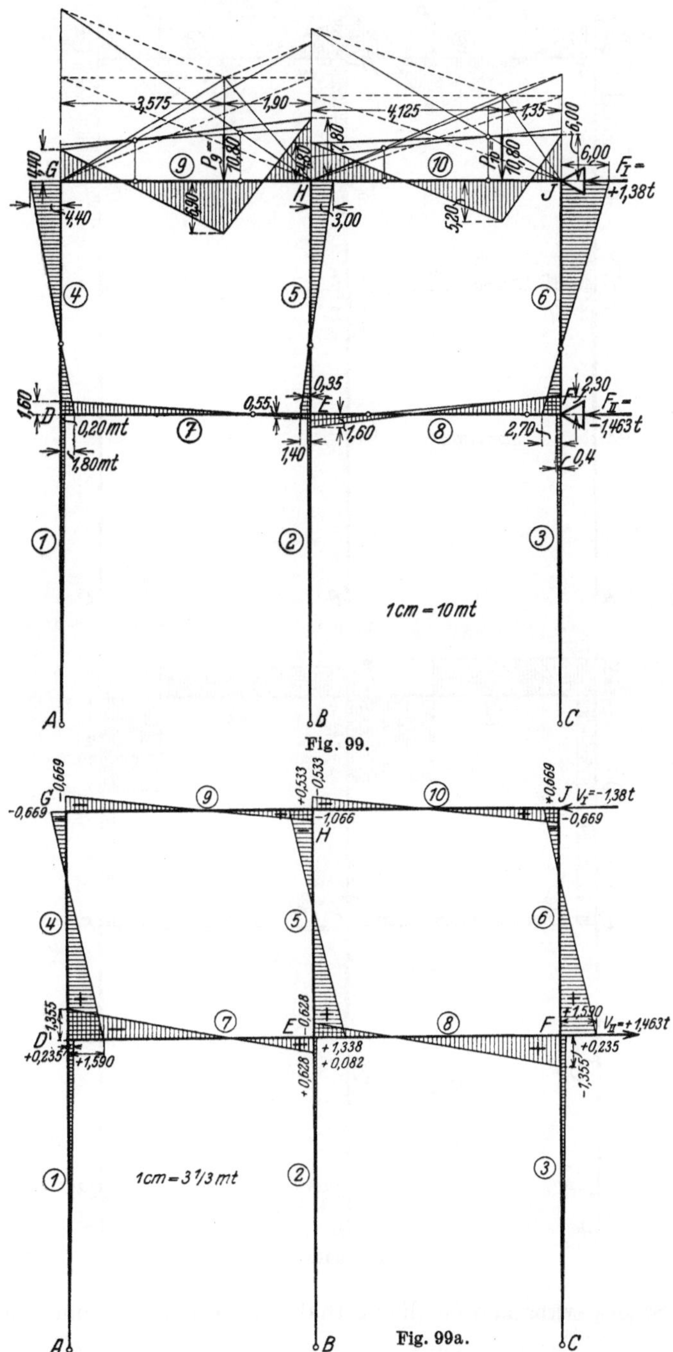

Fig. 99.

Fig. 99a.

Die Festhaltungskraft am oberen Stockwerkbalken ist die Summe der horizontalen Querkräfte bei G, H und J:

$$F_I = \Sigma Q = \frac{-(4,40 + 1,60) + 3,00 + 1,40 + 6,00 + 2,70}{5,02} = +1,38 \text{ t}.$$

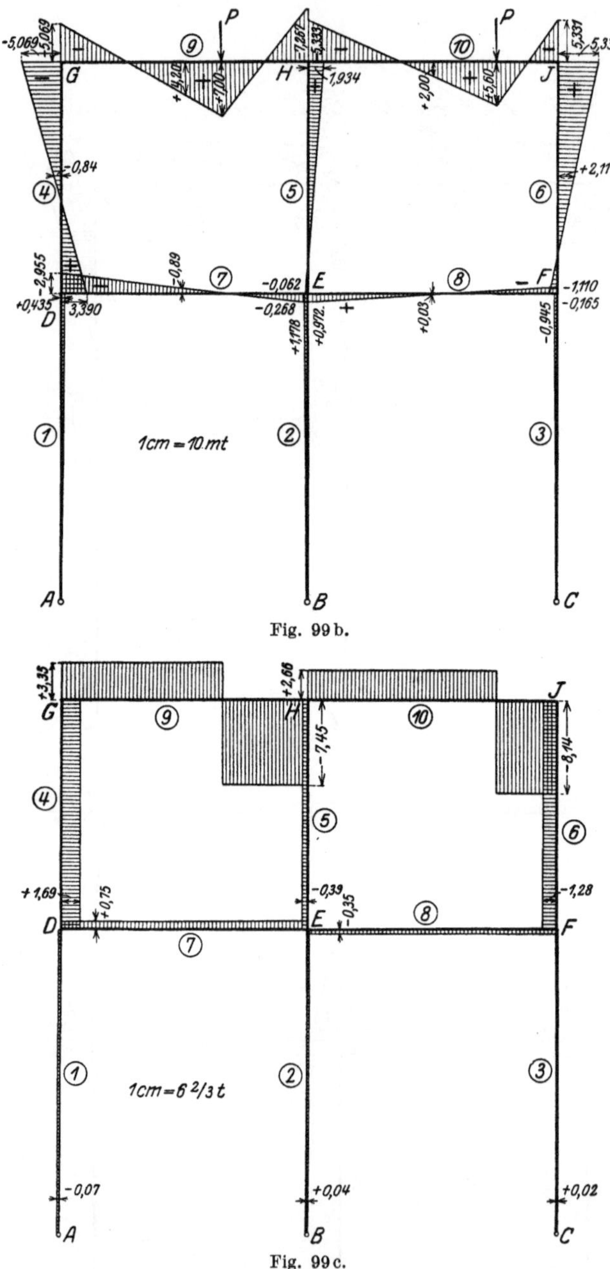

Fig. 99 b.

Fig. 99 c.

Am unteren Stockwerkbalken ist die Festhaltungskraft die Summe aller 6 Säulenquerkräfte:

$$\text{vom oberen Stockwerk} \qquad\qquad -F_1 = -1{,}38 \ \ \text{t,}$$

$$\text{,,}\quad \text{unteren}\quad\text{,,}\qquad \frac{+0{,}20 - 0{,}35 - 0{,}40}{6{,}66} = -0{,}083 \ \text{t,}$$

$$F_{II} = -\overline{1{,}463 \ \text{t.}}$$

Mit den Verschiebungskräften

$$V_I = -1,38 \text{ t} \qquad \text{und} \qquad V_{II} = +1,463 \text{ t}$$

erhalten wir die Zusatzmomente

$$M_{Zus.} = -1,38\, M_I^* + 1,463\, M_{II}^*,$$

welche für die einzelnen Knotenpunkte berechnet und in Fig. 99a aufgezeichnet wurden. Fig. 99b enthält die Gesamtmomente von Belastungsfall II, Fig. 99c die zugehörigen Querkräfte.

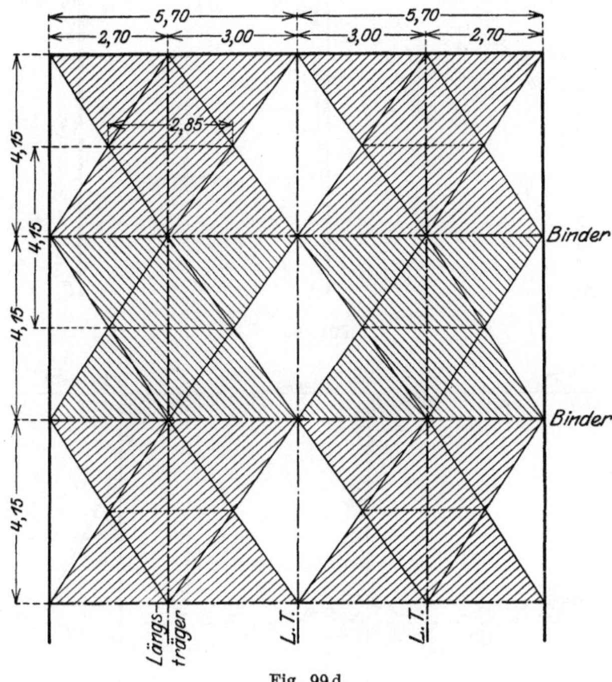

Fig. 99d.

III. Linksseitige Erzfüllung.

Der Einfachheit halber nehmen wir die Belastung über der in Fig. 99d schraffierten Fläche als gleichmäßig verteilt an:

Mit $\gamma = 1,6$ und der Belastungshöhe $h = 5,30$ m ist die Belastung für 1 Silofeld

$$\frac{2,70 + 3,00 + 2,85}{2} \cdot 4,15 \cdot 5,30 \cdot 1,6 = 150,43 \text{ t}$$

oder pro lfdm

$$p = \frac{150,43}{5,70} = 26,40 \text{ t},$$

daher

$$M_0 = \frac{26,40 \cdot 5,475^2}{8} = 99,0 \text{ mt}.$$

Druck auf die Seitenwand ($\varphi = 45^0$, $b = 4,15$ m):

$$p = \gamma \cdot h \cdot \text{tg}^2\left(45 - \frac{\varphi}{2}\right) \cdot b = 1,6 \cdot 5,02 \cdot 0,414^2 \cdot 4,15 = 5,71 \text{ t/m}.$$

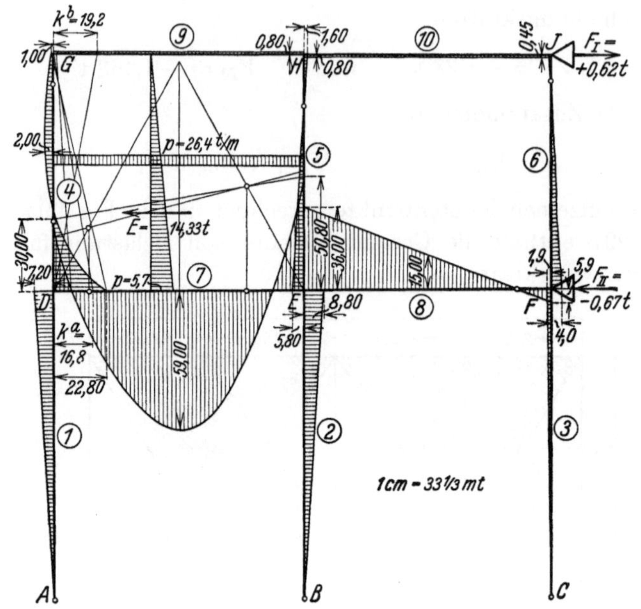

Fig. 100.

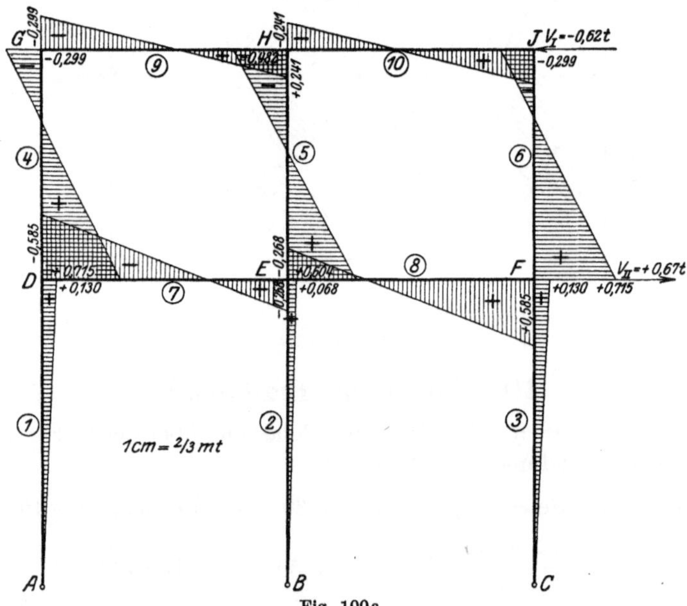

Fig. 100 a.

Kreuzlinienabschnitte (nach Gl. (267)):

$$k^a = \frac{7}{60}\, p\, l^2 = \frac{7}{60} \cdot 5{,}71 \cdot 5{,}02^2 = 16{,}80\ \text{mt},$$

$$k^b = \frac{2}{15}\, p\, l^2 = \frac{2}{15} \cdot 5{,}71 \cdot 5{,}02^2 = 19{,}20\ \text{mt}.$$

Die Momente aus diesen Belastungen (Boden- und Seitendruck) sind in Fig. 100 bestimmt worden. Die beiden Stockwerkbalken werden hierbei festgehalten durch die Festhaltungskräfte F_I und F_{II}, welche sich aus nachstehenden Querkräften zusammensetzen:

Oberer Balken:

Stützenkopf G:

$$Q_4^G = \mathfrak{Q}_4^G + \frac{M_4^G - M_4^D}{l_4} = +\frac{14{,}33}{3} + \frac{-1{,}00 - 22{,}80}{5{,}02} = +4{,}78 - 4{,}74 = +0{,}04\,\text{t},$$

Stützenkopf H: $Q_5^H = \dfrac{+1{,}60 + 5{,}80}{5{,}02}$ . . . . $= +1{,}47\,\text{t}$,

„ J: $Q_6^J = \dfrac{-0{,}45 - 4{,}00}{5{,}02}$ . . . . $= -0{,}89\,\text{t}$,

$$F_I = +\overline{0{,}62\,\text{t}}.$$

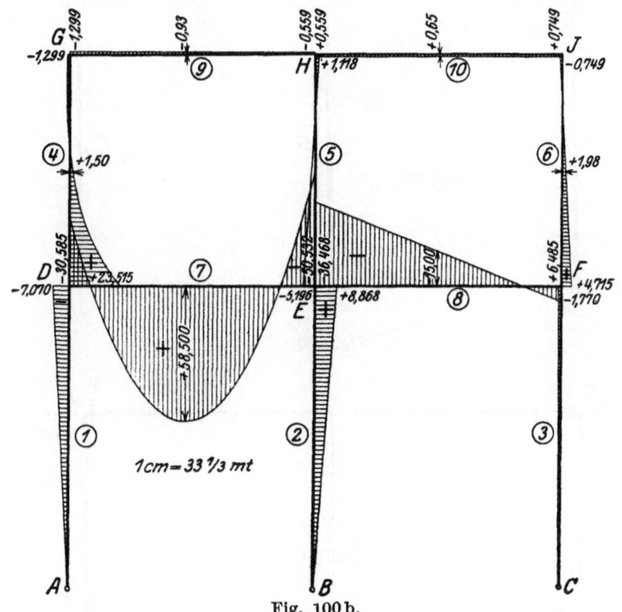

Fig. 100 b.

Unterer Balken:

vom oberen Stockwerk:

$$Q_4^D = +\tfrac{2}{3}\cdot 14{,}33 + 4{,}74 \;= +14{,}29\,\text{t},$$
$$Q_5^E = -\,Q_5^H \;\;.\;.\;.\;.\;. \;= -\;1{,}47\,\text{t},$$
$$Q_6^F = -\,Q_6^J \;\;.\;.\;.\;.\;. \;= +\;0{,}89\,\text{t},$$

Normalkraft im Stab 7:

$$N_7 = E \;.\;.\;.\;.\;.\;.\;.\;. \;= -14{,}33\,\text{t},$$

von den unteren Säulen:

$$\Sigma Q = \frac{-7{,}20 + 8{,}80 - 1{,}90}{6{,}66} = -\;0{,}05\,\text{t},$$

$$F_{II} = -\;\overline{0{,}67\,\text{t}}.$$

Mit den Verschiebungskräften $V_I = -\,0{,}62\,\text{t}$ und $V_{II} = +\,0{,}67\,\text{t}$ erhalten wir die Zusatzmomente (Fig. 100 a):

$$M_{Zus.} = -0{,}62\,M_I^* + 0{,}67\,M_{II}^*,$$

8*

womit wir in Fig. 100b die Gesamtmomente und in Fig. 100c die Querkräfte aus
diesem Belastungsfall erhalten.

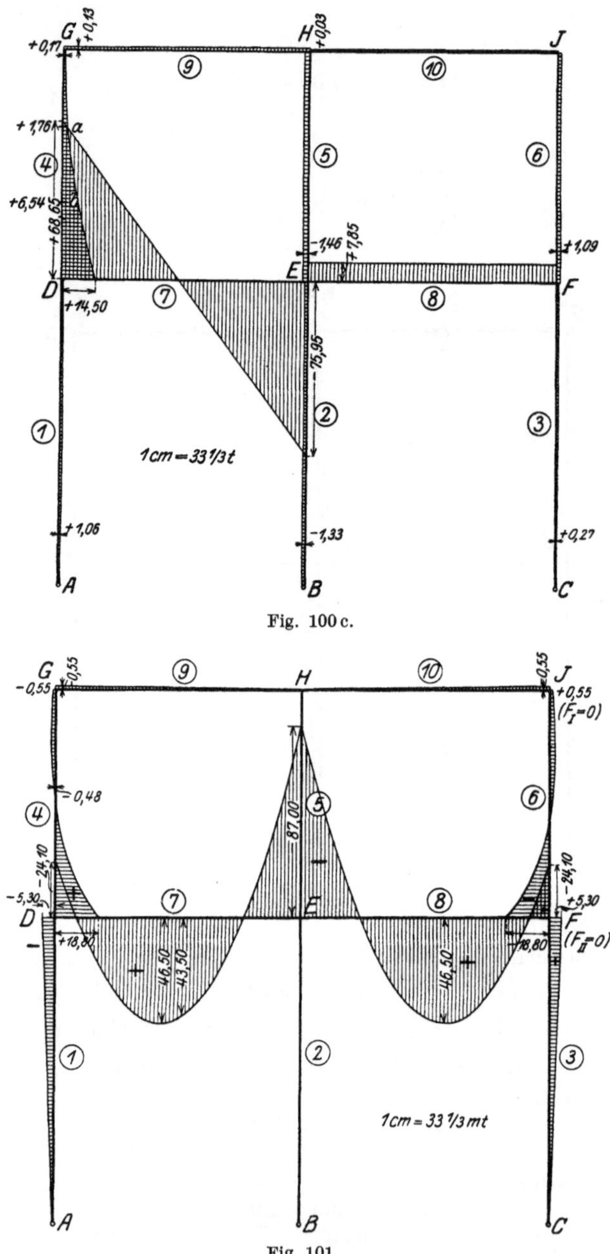

Fig. 100 c.

Fig. 101.

IV. Beiderseitige Erzfüllung.

Die Momente und Querkräfte erhalten wir durch entsprechende Addition
der Momente für einseitige Füllung. Dieselben sind in Fig. 101 und 101 a dargestellt.

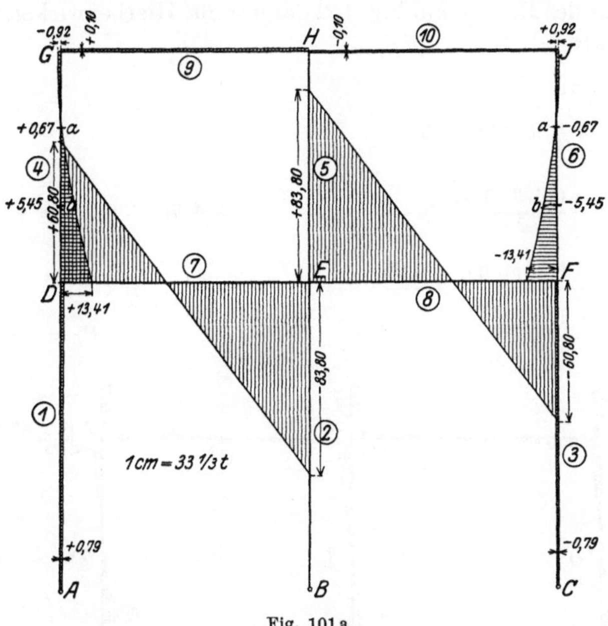

Fig. 101a.

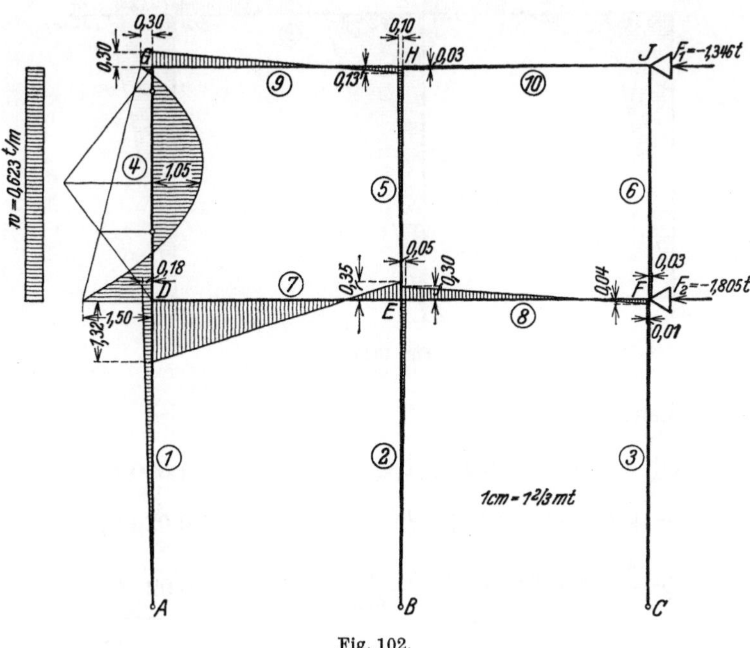

Fig. 102.

V. Wind von links.

Belastung:
$$w = 0,150 \cdot 4,15 = 0,623 \text{ t/m},$$

daher
$$M_0 = \frac{0,623 \cdot 5,02^2}{8} = 1,96 \text{ mt}.$$

Die Momente des R. I sind in Fig. 102 dargestellt. Hierbei wirken nachstehende Festhaltungskräfte:

Oberer Balken:

$$Q_4^G = \mathfrak{D}_4^G + \frac{M_4^G - M_4^D}{l_4}$$

$$= \frac{-0{,}623 \cdot 5{,}02}{2} + \frac{-0{,}30 + 1{,}50}{5{,}02} = -1{,}56 + 0{,}24 = -1{,}320 \text{ t},$$

$$Q_5^H + Q_6^J = \frac{-0{,}10 + 0{,}0 - 0{,}03}{5{,}02} \quad \ldots \ldots \ldots \ldots = -0{,}026 \text{ t},$$

$$F_I = -\overline{1{,}346 \text{ t}}.$$

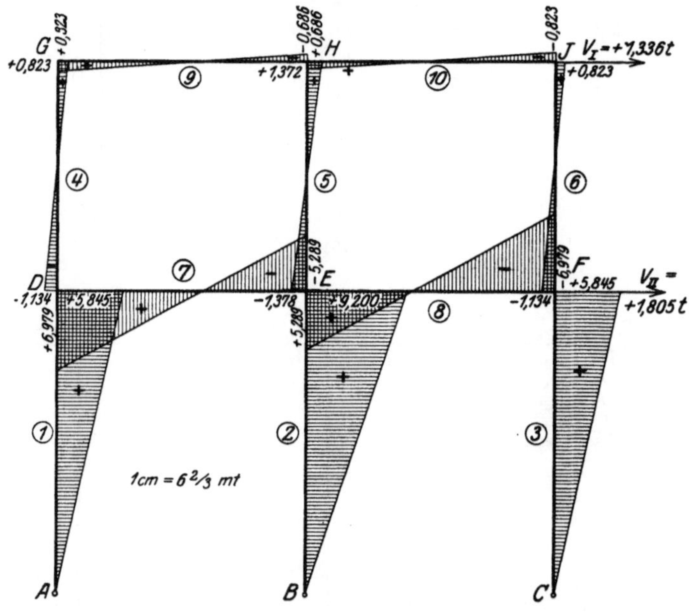

Fig. 102a.

Unterer Balken:

$$Q_4^D = -1{,}56 - 0{,}24 \ldots \ldots \ldots = -1{,}800 \text{ t},$$

$$Q_5^E + Q_6^F = -(Q_5^H + Q_6^J) \ldots \ldots = +0{,}026 \text{ t},$$

$$Q_1^D + Q_2^E + Q_3^F = \frac{-0{,}18 + 0{,}05 - 0{,}01}{6{,}66} = -0{,}021 \text{ t},$$

$$F_{II} = -\overline{1{,}805 \text{ t}}.$$

Mit den Verschiebungskräften

$$V_I = +1{,}346 \text{ t} \qquad \text{und} \qquad V_{II} = +1{,}805 \text{ t}$$

erhalten wir die Zusatzmomente

$$M_{Zus.} = +1{,}346\, M_I^* + 1{,}805\, M_{II}^*,$$

die in Fig. 102 a dargestellt sind. Fig. 102 b zeigt die Gesamtmomente und Fig. 102 c die Querkräfte für diesen Belastungsfall.

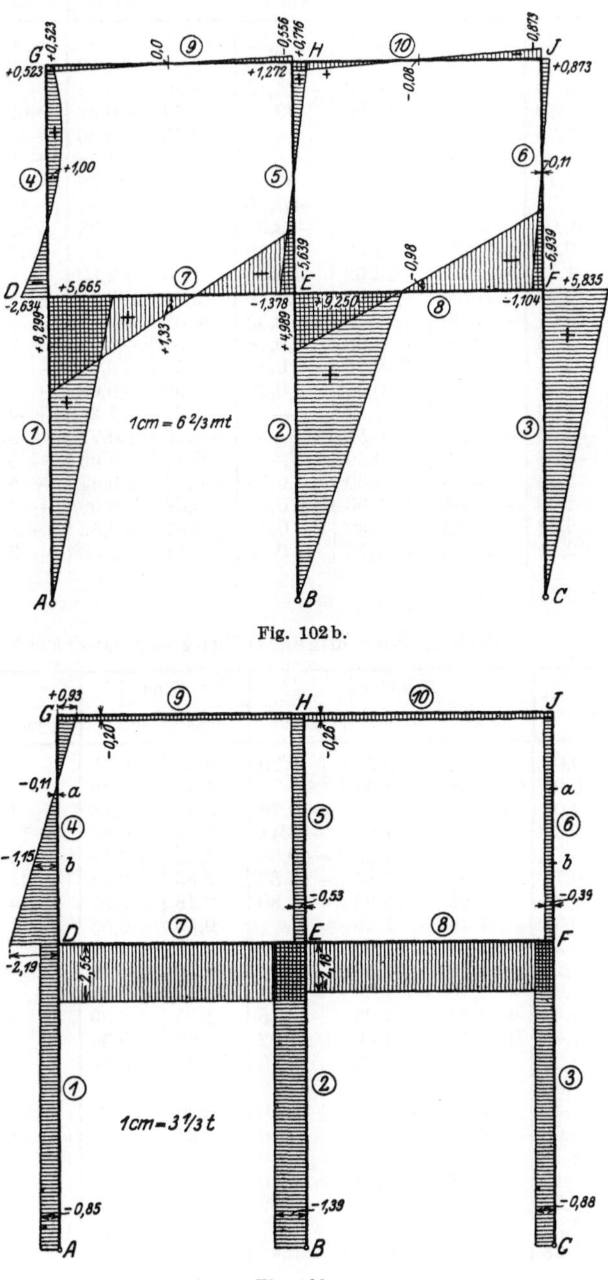

Fig. 102 b.

Fig. 102 c.

Die Größtwerte der Momente und Querkräfte sind in Tabelle 1 und 2 zusammengestellt.

Tabelle 1. Zusammenstellung der Momente.

Schnitt	Eigenlast	Einzellasten	Erzfüllung links	Erzfüllung rechts	Erzfüllung beiders.	Wind links	Wind rechts	Grenzwerte max.	Grenzwerte min.
D_1	$-\,1{,}13$	$+0{,}44$	$-\;7{,}07$	$+\;1{,}77$	$-\;5{,}30$	$+5{,}67$	$-5{,}84$	$+\;6{,}75$	$-\;13{,}60$
D_4	$+\;2{,}72$	$+3{,}39$	$+23{,}52$	$-\;4{,}72$	$+18{,}80$	$-2{,}63$	$+1{,}10$	$+30{,}73$	$-\;1{,}24$
D_7	$-\;3{,}85$	$-2{,}95$	$-30{,}59$	$+\;6{,}49$	$-24{,}10$	$+8{,}30$	$-6{,}94$	$+\;7{,}99$	$-\;44{,}33$
7_m	$+10{,}70$	$-0{,}89$	$+58{,}50$	$-15{,}00$	$+43{,}50$	$+1{,}33$	$-0{,}98$	$+69{,}64$	$-\;2{,}57$
E_2	—	$-0{,}27$	$+\;8{,}87$	$-\;8{,}87$	—	$+9{,}25$	$-9{,}25$	$+17{,}85$	$-\;18{,}39$
E_5	—	$-0{,}06$	$-\;5{,}20$	$+\;5{,}20$	—	$-1{,}38$	$+1{,}38$	$+\;6{,}52$	$-\;6{,}64$
E_7	$-19{,}50$	$+1{,}18$	$-50{,}53$	$-36{,}46$	$-87{,}00$	$-5{,}64$	$+4{,}99$	$(-13{,}33)$	$-110{,}96$
E_8	$-19{,}50$	$+0{,}97$	$-36{,}46$	$-50{,}53$	$-87{,}00$	$+4{,}99$	$-5{,}64$	$(-13{,}54)$	$-111{,}17$
8_m	$+10{,}70$	$+0{,}03$	$-15{,}00$	$+58{,}50$	$+43{,}50$	$-0{,}98$	$+1{,}33$	$+69{,}56$	$-\;5{,}25$
F_3	$+\;1{,}13$	$-0{,}16$	$-\;1{,}77$	$+\;7{,}07$	$+\;5{,}30$	$+5{,}84$	$-5{,}67$	$+13{,}88$	$-\;5{,}33$
F_6	$-\;2{,}72$	$-1{,}11$	$+\;4{,}72$	$-23{,}52$	$-18{,}80$	$-1{,}10$	$+2{,}63$	$+\;3{,}52$	$-\;28{,}45$
F_8	$-\;3{,}85$	$-0{,}95$	$+\;6{,}49$	$-30{,}59$	$-24{,}10$	$-6{,}94$	$+8{,}30$	$+\;9{,}99$	$-\;42{,}33$
G_4	$-\;1{,}35$	$-5{,}07$	$-\;1{,}30$	$+\;0{,}75$	$-\;0{,}55$	$+0{,}52$	$-0{,}87$	$(-\;5{,}15)$	$-\;8{,}59$
4_m	$+\;0{,}75$	$-0{,}84$	$+\;1{,}50$	$-\;1{,}98$	$-\;0{,}48$	$+1{,}00$	$+0{,}11$	$+\;2{,}41$	$-\;2{,}07$
G_9	$-\;1{,}35$	$-5{,}07$	$-\;1{,}30$	$+\;0{,}75$	$-\;0{,}55$	$+0{,}52$	$-0{,}87$	$(-\;5{,}15)$	$-\;8{,}59$
9_m	$+\;0{,}75$	$+4{,}20$	$-\;0{,}93$	$+\;0{,}65$	$-\;0{,}28$	$0{,}00$	$-0{,}08$	$+\;5{,}59$	$+\;3{,}94$
H_5	—	$+1{,}93$	$+\;1{,}12$	$-\;1{,}12$	—	$+1{,}27$	$-1{,}27$	$+\;4{,}32$	$-\;0{,}46$
H_9	$-\;1{,}40$	$-7{,}86$	$-\;0{,}56$	$+\;0{,}56$	—	$-0{,}56$	$-0{,}71$	$(-\;8{,}70)$	$-\;10{,}57$
H_{10}	$-\;1{,}40$	$-5{,}33$	$+\;0{,}56$	$-\;0{,}56$	—	$+0{,}71$	$-0{,}56$	$(-\;5{,}46)$	$-\;7{,}85$
J_{10}	$-\;1{,}35$	$-5{,}33$	$+\;0{,}75$	$-\;1{,}30$	$-\;0{,}55$	$-0{,}87$	$+0{,}87$	$(-\;5{,}06)$	$-\;8{,}85$
10_m	$+\;0{,}75$	$+2{,}00$	$+\;0{,}65$	$-\;0{,}93$	$-\;0{,}28$	$-0{,}08$	$0{,}00$	$+\;3{,}40$	$(+\;3{,}76)$
J_6	$+\;1{,}35$	$+5{,}33$	$-\;0{,}75$	$+\;1{,}30$	$+\;0{,}55$	$+0{,}87$	$-0{,}52$	$+\;8{,}85$	$+\;5{,}41$
6_m	$-\;0{,}75$	$+2{,}11$	$+\;1{,}98$	$-\;1{,}50$	$+\;0{,}48$	$-0{,}11$	$-1{,}00$	$+\;3{,}34$	$-\;1{,}14$

Tabelle 2. Zusammenstellung der Querkräfte.

Schnitt	Eigenlast	Einzellasten	Erzfüllung links	Erzfüllung rechts	Erzfüllung beiders.	Wind links	Wind rechts	Grenzwerte max.	Grenzwerte min.
A_1	$+\;0{,}16$	$-0{,}07$	$+\;1{,}06$	$-\;0{,}27$	$+\;0{,}79$	$-0{,}85$	$+0{,}85$	$+\;2{,}00$	$-\;1{,}03$
D_2	—	$+0{,}04$	$-\;1{,}33$	$+\;1{,}33$	—	$-1{,}39$	$+1{,}39$	$+\;2{,}76$	$-\;2{,}68$
C_3	$-\;0{,}16$	$+0{,}02$	$+\;0{,}27$	$-\;1{,}06$	$-\;0{,}79$	$-0{,}88$	$+0{,}88$	$+\;1{,}01$	$-\;2{,}08$
D_4	$+\;0{,}81$	$+1{,}69$	$+14{,}50$	$-\;1{,}09$	$+13{,}41$	$-2{,}19$	$+0{,}39$	$+\;17{,}38$	$-\;0{,}78$
D_7	$+13{,}11$	$+0{,}75$	$+68{,}65$	$-\;7{,}85$	$+60{,}80$	$-2{,}55$	$+2{,}18$	$+\;84{,}69$	$(+\;3{,}46)$
E_7	$-18{,}79$	$+0{,}75$	$-75{,}95$	$-\;7{,}85$	$-83{,}80$	$-2{,}55$	$+2{,}18$	$(-\;15{,}86)$	$(-104{,}39)$
E_8	$+18{,}79$	$-0{,}35$	$+\;7{,}85$	$+75{,}95$	$+83{,}80$	$-2{,}18$	$+2{,}55$	$+104{,}79$	$(+\;16{,}26)$
E_5	—	$-0{,}39$	$-\;1{,}46$	$+\;1{,}46$	—	$-0{,}53$	$+0{,}53$	$+\;1{,}60$	$-\;2{,}38$
F_8	$-13{,}11$	$-0{,}35$	$+\;7{,}85$	$-68{,}65$	$-60{,}80$	$-2{,}18$	$+2{,}55$	$(-\;2{,}36)$	$-\;83{,}59$
F_6	$-\;0{,}81$	$-1{,}28$	$+\;1{,}09$	$-14{,}50$	$-13{,}41$	$-0{,}39$	$+2{,}19$	$+\;1{,}19$	$-\;16{,}98$
4_a	$+\;1{,}00$	$+1{,}69$	$+\;1{,}76$	$-\;1{,}09$	$+\;0{,}67$	$-0{,}11$	$+0{,}39$	$+\;4{,}84$	$(+\;1{,}49)$
4_b	$+\;1{,}00$	$+1{,}69$	$+\;6{,}54$	$-\;1{,}09$	$+\;5{,}45$	$-1{,}15$	$+0{,}39$	$+\;9{,}62$	$(+\;0{,}45)$
G_4	$+\;0{,}81$	$+1{,}69$	$+\;0{,}17$	$-\;1{,}09$	$-\;0{,}92$	$+0{,}95$	$+0{,}39$	$+\;3{,}62$	$(+\;1{,}41)$
G_9	$+\;1{,}46$	$+3{,}35$	$+\;0{,}13$	$-\;0{,}03$	$+\;0{,}10$	$-0{,}20$	$+0{,}26$	$+\;5{,}20$	$(+\;4{,}58)$
P^r_9	$-\;0{,}51$	$-7{,}45$	$+\;0{,}13$	$-\;0{,}03$	$+\;0{,}10$	$-0{,}20$	$+0{,}26$	$(-\;7{,}57)$	$(-\;8{,}19)$
H_9	$-\;1{,}46$	$-7{,}45$	$+\;0{,}13$	$-\;0{,}03$	$+\;0{,}10$	$-0{,}20$	$+0{,}26$	$(-\;8{,}52)$	$(-\;9{,}14)$
H_{10}	$+\;1{,}56$	$+2{,}66$	$+\;0{,}03$	$-\;0{,}13$	$-\;0{,}10$	$-0{,}26$	$+0{,}20$	$(+\;4{,}45)$	$(+\;3{,}83)$
P^r_{10}	$-\;0{,}72$	$-8{,}14$	$+\;0{,}03$	$-\;0{,}13$	$-\;0{,}10$	$-0{,}26$	$+0{,}20$	$(-\;8{,}63)$	$(-\;9{,}25)$
J_{10}	$-\;1{,}46$	$-8{,}14$	$+\;0{,}03$	$-\;0{,}13$	$-\;0{,}10$	$-0{,}26$	$+0{,}20$	$(-\;9{,}37)$	$(-\;9{,}99)$
J_6	$-\;0{,}81$	$-1{,}28$	$+\;1{,}09$	$-\;0{,}17$	$+\;0{,}92$	$-0{,}39$	$-0{,}93$	$+\;0{,}08$	$(-\;3{,}19)$
6_a	$-\;1{,}00$	$-1{,}28$	$+\;1{,}09$	$-\;1{,}76$	$-\;0{,}67$	$-0{,}39$	$+0{,}11$	$(-\;1{,}08)$	$-\;4{,}43$
6_b	$-\;1{,}00$	$-1{,}28$	$+\;1{,}09$	$-\;6{,}54$	$-\;5{,}45$	$-0{,}39$	$+1{,}15$	$(-\;0{,}04)$	$-\;9{,}21$

Die Werte in den Klammern kommen für die Dimensionierung nicht in Betracht. Die Einzellasten sind als ständige Lasten betrachtet. Die Querkräfte der Eigenlasten sind nach dem Ausdruck $Q = Q_0 + \dfrac{M^l - M^r}{l}$ berechnet, worin M aus Tabelle 1 entnommen ist.

X. Hallenbinder einer Erzbrikettierungsanlage, nach der Seite zweistöckig.

Es soll der in Fig. 103 dargestellte, nach der Seite zweistöckige Hallenbinder berechnet werden, dessen Säulenfüße fest eingespannt sind.

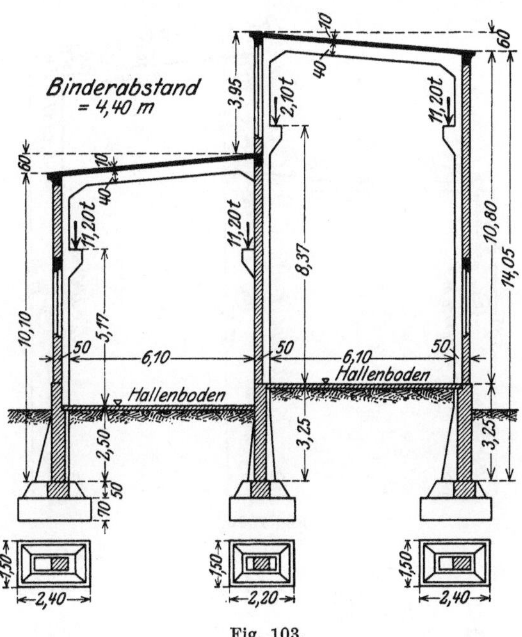

Fig. 103.

Drehwinkel β.

Das Trägheitsmoment ist auf die Stablänge als konstant angenommen, wodurch sich nachstehende Auflagerwinkel

$$\beta = \frac{l}{6\,J\,E}$$

ergeben:

Stab *1* und *2*:
$$\beta_1 = \beta_2 = \frac{6{,}63}{6 \cdot 0{,}005\,34\,E} = \frac{207}{E}\,\frac{1}{\mathrm{mt}},$$

Stab *3*:
$$\beta_3 = \frac{3{,}95}{6 \cdot 0{,}004\,16\,E} = \frac{158}{E}\,\frac{1}{\mathrm{mt}},$$

Stab *4*:
$$\beta_4 = \frac{9{,}85}{6 \cdot 0{,}004\,16\,E} = \frac{395}{E}\,\frac{1}{\mathrm{mt}},$$

Stab *5*:
$$\beta_5 = \frac{10{,}45}{6 \cdot 0{,}004\,16\,E} = \frac{418}{E}\,\frac{1}{\mathrm{mt}},$$

Stab *6*:
$$\beta_6 = \frac{13{,}80}{6 \cdot 0{,}004\,16\,E} = \frac{553}{E}\,\frac{1}{\mathrm{mt}},$$

Festpunkte.

Es ergeben sich folgende Festpunktabstände (vgl. Fig. 103a):

Stab *4*:
$$a_4 = \frac{l_4}{3} = 3{,}28 \text{ m},$$

Kopfdrehwinkel $\tau_4^B = \dfrac{l_4}{4 J_4 E} = \dfrac{9{,}85}{4 \cdot 0{,}00416\, E} = \dfrac{593}{E}\, \dfrac{1}{\mathrm{mt}} = \varepsilon_1^a.$

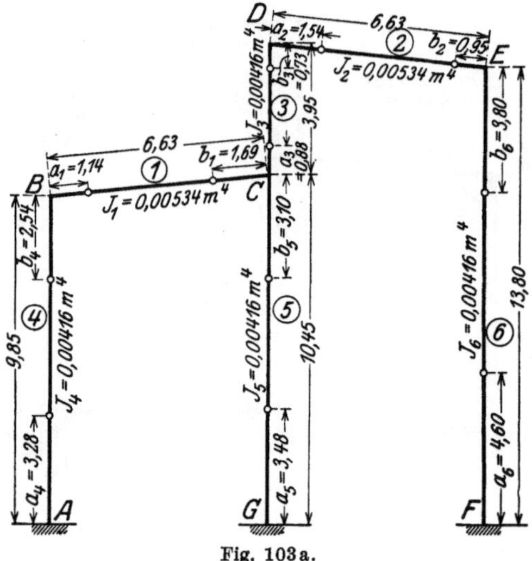

Fig. 103a.

Stab *1*:
$$a_1 = \frac{l_1}{3 + \dfrac{\varepsilon_1^a}{\beta_1}} = \frac{6{,}63}{3 + \dfrac{593}{207}} = 1{,}14 \text{ m}; \quad l_1 - a_1 = 6{,}63 - 1{,}14 = 5{,}49 \text{ m},$$

$$\tau_1^C = \beta_1 \left(3 - \frac{l_1}{l_1 - a_1}\right) = \frac{207}{E}\left(3 - \frac{6{,}63}{5{,}49}\right) = \frac{370}{E}.$$

Stab *5*:
$$a_5 = \frac{l_5}{3} = \frac{10{,}45}{3} = 3{,}48 \text{ m}.$$

$$\tau_5^C = \frac{l_5}{4 J E} = \frac{10{,}45}{4 \cdot 0{,}00416\, E} = \frac{627}{E},$$

$$\tau_{1-5}^C = \frac{\tau_1^C \cdot \tau_5^C}{\tau_1^C + \tau_5^C} = \frac{370 \cdot 627}{370 + 627} = \frac{233}{E} = \varepsilon_3^a.$$

Stab *3*:
$$a_3 = \frac{l_3}{3 + \dfrac{\varepsilon_3^a}{\beta_3}} = \frac{395}{3 + \dfrac{233}{158}} = 0{,}88 \text{ m}; \quad l_3 - a_3 = 3{,}95 - 0{,}88 = 3{,}07 \text{ m},$$

$$\tau_3^D = \beta_3 \left(3 - \frac{l_3}{l_3 - a_3}\right) = 158 \left(3 - \frac{3{,}95}{3{,}07}\right) = \frac{271}{E} = \varepsilon_2^a.$$

Stab *1*:
$$a_2 = \frac{l_2}{3 + \dfrac{\varepsilon_2^a}{\beta_2}} = \frac{6{,}63}{3 + \dfrac{271}{207}} = 1{,}54 \text{ m}; \quad l_2 - a_2 = 6{,}63 - 1{,}54 = 5{,}09 \text{ m},$$

$$\tau_2^E = \beta_2 \left(3 - \frac{l_2}{l_2 - a_2}\right) = 207 \left(3 - \frac{6{,}63}{5{,}09}\right) = \frac{351}{E} = \varepsilon_6^b.$$

Stab 6: $b_6 = \dfrac{l_6}{3 + \dfrac{\varepsilon_6^b}{\beta_6}} = \dfrac{13,80}{3 + \dfrac{351}{553}} = \mathbf{3,80\ m}$.

Stab 6: $a_6 = \dfrac{13,80}{3} = \mathbf{4,60\ m}$,

$$\tau_6^F = \frac{l_6}{4\,J_6\,E} = \frac{13,80}{4\cdot 0,004\,16\,E} = \frac{830}{E} = \varepsilon_2^b .$$

Stab 2: $b_2 = \dfrac{l_2}{3 + \dfrac{\varepsilon_2^b}{\beta_2}} = \dfrac{6,63}{3 + \dfrac{830}{207}} = \mathbf{0,95\ m}$; $l_2 - b_2 = 6,63 - 0,95 = 5,68\,\mathrm{m}$,

$$\tau_2^D = \beta_2\left(3 - \frac{l_2}{l_2 - b_2}\right) = 207\left(3 - \frac{6,63}{5,68}\right) = \frac{379}{E} = \varepsilon_2^b .$$

Stab 3: $b_3 = \dfrac{l_3}{3 + \dfrac{\varepsilon_3^b}{\beta_3}} = \dfrac{3,95}{3 + \dfrac{379}{158}} = \mathbf{0,73\ m}$; $l_3 - b_3 = 3,95 - 0,73 = 3,22\,\mathrm{m}$,

$$\tau_3^C = \beta_3\left(3 - \frac{l_3}{l_3 - b_3}\right) = 158\left(3 - \frac{3,95}{3,22}\right) = \frac{280}{E} ,$$

$$\tau_{1-3}^C = \frac{\tau_1^C \cdot \tau_3^C}{\tau_1^C + \tau_3^C} = \frac{370 \cdot 280}{370 + 280} = \frac{159}{E} = \varepsilon_5^b .$$

Stab 5: $b_5 = \dfrac{l_5}{3 + \dfrac{\varepsilon_5^b}{\beta_5}} = \dfrac{10,45}{3 + \dfrac{159}{418}} = \mathbf{3,10\ m}$,

$$\tau_{3-5}^C = \frac{\tau_3^C \cdot \tau_5^C}{\tau_3^C + \tau_5^C} = \frac{280 \cdot 627}{280 + 627} = \frac{193}{E} = \varepsilon_1^b .$$

Stab 1: $b_1 = \dfrac{l_1}{3 + \dfrac{\varepsilon_1^b}{\beta_1}} = \dfrac{6,63}{3 + \dfrac{193}{207}} = \mathbf{1,69\ m}$; $l_1 - b_1 = 6,63 - 1,69 = 4,94\,\mathrm{m}$,

$$\tau_1^B = \beta_1\left(3 - \frac{l_1}{l_1 - b_1}\right) = 207\left(3 - \frac{6,63}{4,94}\right) = \frac{344}{E} = \varepsilon_4^b .$$

Stab 4: $b_4 = \dfrac{l_4}{3 + \dfrac{\varepsilon_1^b}{\beta_1}} = \dfrac{9,85}{3 + \dfrac{344}{395}} = \mathbf{2,54\ m}$.

Verteilungsmaße für den Knotenpunkt C.

$$\mu_{1-5}^C = \frac{\tau_{3-5}^C}{\tau_5^C} = \frac{193}{627} = 0,31;\quad \mu_{1-3}^C = 1 - 0,31 = 0,69 ,$$

$$\mu_{5-3}^C = \frac{\tau_{1-3}^C}{\tau_3^C} = \frac{159}{280} = 0,57;\quad \mu_{5-1}^C = 1 - 0,57 = 0,43 ,$$

$$\mu_{3-1}^C = \frac{\tau_{1-5}^C}{\tau_1^C} = \frac{233}{370} = 0,63;\quad \mu_{3-5}^C = 1 - 0,63 = 0,37 .$$

Momente M_I'.

Diese erhalten wir, wenn wir den Balken 1 um $\varDelta = 1$ cm nach rechts verschieben, wobei Balken 2 dieselbe Verschiebung mitmachen soll (Fig. 104 und 104a). Dann erleiden die Säulen 4, 5 und 6 (siehe Fig. 104a) gegenseitige rechtwinklige Verschiebungen ϱ ihrer Enden, welche gleich der gegebenen Verschiebung $\varDelta = 1$ cm sind.

Die davon herrührenden Momente erhalten wir nach den Gl. (515) und (520),
und zwar:

a) **Infolge $\varrho_4 = 1\,\mathrm{cm}$:**

$$M_4^B = \frac{\varrho_4 \cdot b_4}{l_4 \cdot \beta_4\,(l_4 - a_4 - b_4)} = \frac{0{,}01 \cdot 2\,100\,000 \cdot 2{,}54}{9{,}85 \cdot 3{,}95\,(9{,}85 - 3{,}28 - 2{,}54)} = +\,3{,}40\,\mathrm{mt},$$

$$M_4^A = \frac{M^B}{b_4} \cdot a_4 = -\,\frac{3{,}40}{2{,}54} \cdot 3{,}28 = -\,4{,}30\,\mathrm{mt}.$$

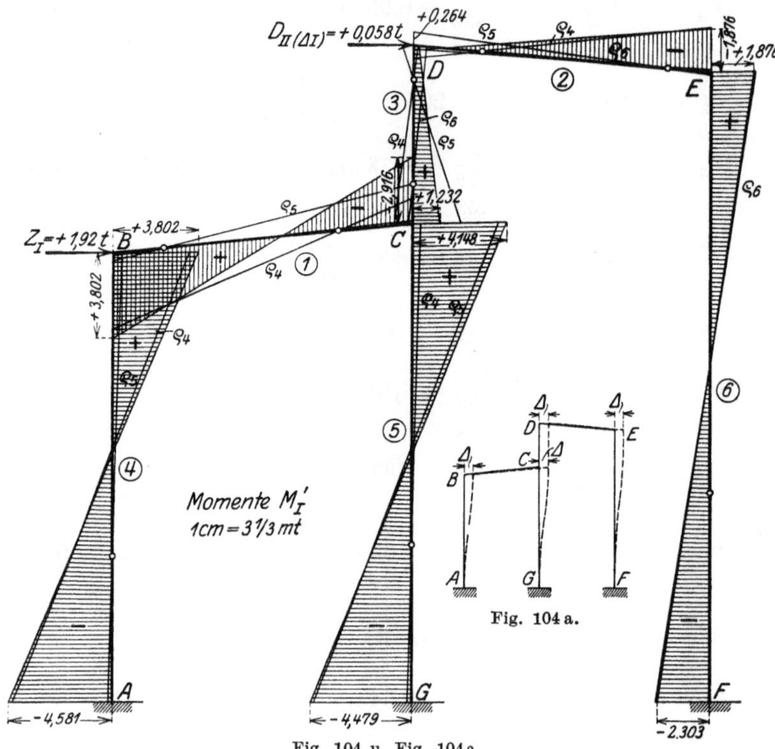

Fig. 104 u. Fig. 104a.

Das Moment M^B leiten wir mittels der Festpunkte und Verteilungsmaße über
die übrigen Stäbe weiter (Fig. 104).

b) **Infolge $\varrho_5 = 1\,\mathrm{cm}$:**

$$M_5^C = \frac{\varrho_5 \cdot b_5}{l_5 \cdot \beta_5 \cdot (l_5 - a_5 - b_5)} = \frac{0{,}01 \cdot 2\,100\,000 \cdot 3{,}10}{10{,}45 \cdot 418\,(10{,}45 - 3{,}48 - 3{,}10)} = +\,3{,}85\,\mathrm{mt},$$

$$M_5^G = \frac{M_5^C}{b_5} \cdot a_5 = -\,\frac{3{,}85}{3{,}10} \cdot 3{,}48 = -\,4{,}33\,\mathrm{mt}.$$

M_5^C leiten wir wieder mittels Verteilungsmaße und Festpunkte weiter.

c) **Infolge $\varrho_6 = 1\,\mathrm{cm}$:**

$$M_6^E = \frac{\varrho_6 \cdot b_6}{l_6 \cdot \beta_6\,(l_6 - a_6 - b_6)} = \frac{0{,}01 \cdot 2\,100\,000 \cdot 3{,}80}{13{,}80 \cdot 553\,(13{,}80 - 4{,}60 - 3{,}80)} = +\,1{,}93\,\mathrm{mt},$$

$$M_6^F = \frac{M_6^E}{b_6} \cdot a_6 = -\,\frac{1{,}93}{3{,}80} \cdot 4{,}60 = -\,2{,}33\,\mathrm{mt}.$$

M_6^E wieder wie die vorhergehenden Momente weitergeleitet und dann zu diesen addiert, ergibt die in Fig. 105 dargestellten Momente M'_I.

Die Erzeugungskraft Z_I dieser Momente stellt sich als die Summe der Säulenquerkräfte bei B und C dar:

$$Q_4^B = \frac{+3{,}802 + 4{,}581}{9{,}85} = +0{,}850\ \text{t},$$

$$Q_5^C = \frac{+4{,}148 + 4{,}479}{10{,}45} = +0{,}825\ \text{t},$$

$$Q_3^C = \frac{+1{,}232 - 0{,}264}{3{,}95} = +0{,}245\ \text{t},$$

$$Z_I = +\overline{1{,}920\ \text{t}}.$$

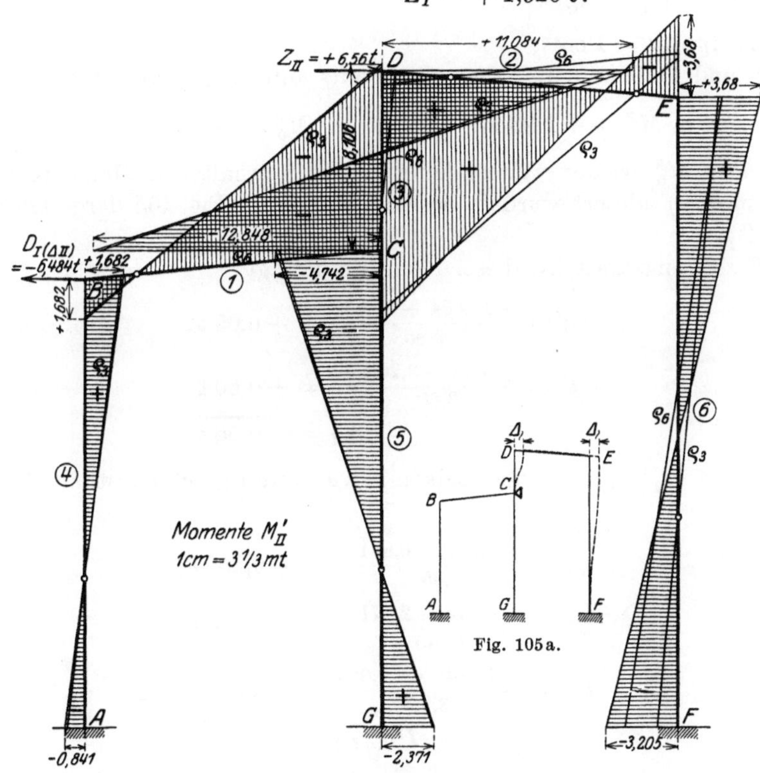

Fig. 105 u. Fig. 105a.

Die Kraft $D_{II(\Delta I)}$, die den Balken 2 in der mitverschobenen Lage festhält, ist die Summe der beiden Säulenquerkräfte bei D und E, nämlich:

$$Q_3^D = -Q_3^C = -0{,}245\ \text{t},$$

$$Q_6^E = \frac{+1{,}876 + 2{,}303}{13{,}80} = +0{,}303\ \text{t},$$

$$D_{II(\Delta I)} = +\overline{0{,}058\ \text{t}}.$$

Momente M'_{II}.

Wir verschieben nun den Balken 2 um $\Delta = 1\,\text{cm}$ nach rechts, wobei der Balken 1 unverschiebbar festgehalten werden soll (Fig. 105 und 105a). Dann erleiden die Säulen *3* und *6* die gegenseitigen Verschiebungen $\varrho_3 = \varrho_6 = 1\,\text{cm}$, und die davon herrührenden Momente erhalten wir nach den Gl. (515) und (520), und zwar:

a) Infolge $\varrho_3 = 1\,\text{cm}$:

$$M_3^D = \frac{\varrho_3 \cdot b_3}{l_3 \cdot \beta_3 \,(l_3 - a_3 - b_3)} = \frac{0{,}01 \cdot 2\,100\,000 \cdot 0{,}73}{3{,}95 \cdot 158\,(3{,}95 - 0{,}88 - 0{,}73)} = +\,5{,}87\,\text{mt},$$

$$M_3^C = \frac{M_3^D}{b_3} \cdot a_3 = -\,\frac{5{,}87}{0{,}73} \cdot 0{,}88 = -\,12{,}68\,\text{mt}.$$

Diese beiden Momente sind wieder mittels Festpunkte und Verteilungsmaße weiterzuleiten (Fig. 105).

b) Infolge $\varrho/ = 1\,\text{cm}$:

Kopf- und Fußmomente haben wir bereits unter M_I' ermittelt zu:

$$M_6^E = +\,1{,}93\,\text{mt} \qquad \text{und} \qquad M_6^F = -\,2{,}33\,\text{mt}.$$

Nachdem M_6^E wieder weitergeleitet und die erhaltenen Momente zu denjenigen unter a) addiert wurden, besitzen wir die in Fig. 105 dargestellten Momente M_{II}'.

Die Erzeugungskraft Z_{II} dieser Momente beträgt:

$$Q_3^D = \frac{+\,11{,}084 + 12{,}848}{3{,}95} = +\,6{,}06\,\text{t},$$

$$Q_3^E = \frac{+\,3{,}68 + 3{,}205}{13{,}80} = +\,0{,}50\,\text{t},$$

$$Z_{II} = +\,\overline{6{,}56\,\text{t}.}$$

Die Kraft $D_{I(\varDelta II)}$, die den Balken *1* wie vorausgesetzt festhält, bestimmt sich zu:

$$Q_4^B = \frac{+\,1{,}682 + 0{,}841}{9{,}85} = +\,0{,}256\,\text{t},$$

$$Q_5^C = \frac{-\,4{,}742 - 2{,}371}{10{,}45} = -\,0{,}680\,\text{t},$$

$$Q_3^C = \frac{-\,12{,}848 - 11{,}084}{3{,}95} = -\,6{,}060\,\text{t},$$

$$D_{I(\varDelta II)} = -\,\overline{6{,}484\,\text{t}.}$$

Momente M_I^*.

Die Momente M_I^* infolge der horizontalen Kraft $H = +\,1\,\text{t}$ am Balken *1* erhalten wir aus den M'-Momenten nach der Gl. (544) zu:

$$M_I^* = \frac{Z_{II} \cdot M_I' - D_{II(\varDelta I)} \cdot M_{II}'}{Z_I \cdot Z_{II} - D_{I(\varDelta II)} \cdot D_{II(\varDelta I)}}$$

$$= \frac{6{,}56\,M_I' - 0{,}058\,M_{II}'}{1{,}92 \cdot 6{,}56 + 6{,}484 \cdot 0{,}058} = 0{,}50573\,M_I' - 0{,}00447\,M_{II}'.$$

Mit diesen Koeffizienten erhalten wir z. B. am Punkte *A* das M_I^*-Moment:

$$M^{A*} = -\,0{,}50573 \cdot 4{,}581 + 0{,}00447 \cdot 0{,}841 = -\,2{,}316\,\text{mt}\ \text{(Fig. 106)}.$$

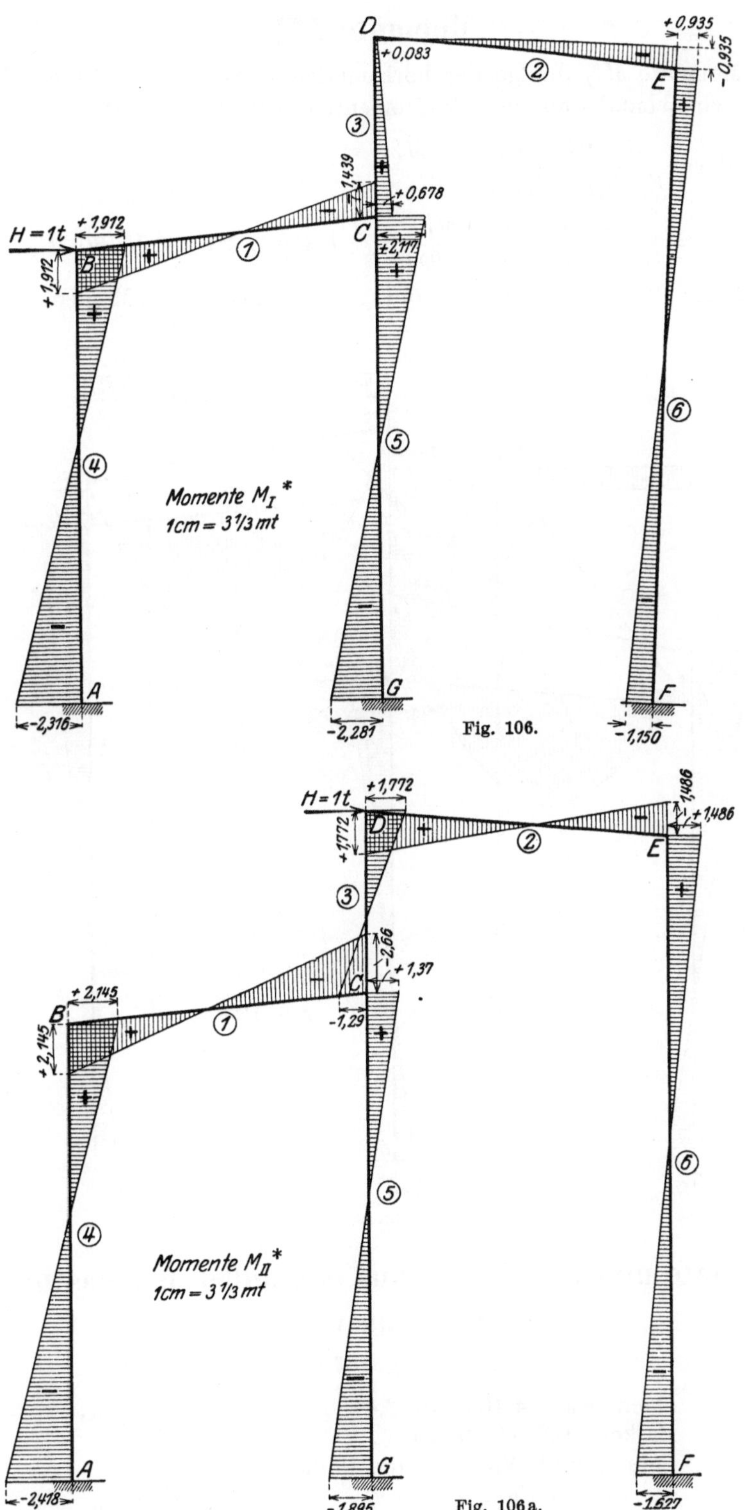
D
+ 0,935
+ 0,083
2
E
- 0,935
3
1,439
+ 0,678
H = 1t
+ 1,912
B
1
C
+ 2,117
+ 1,912
+
Momente M_I^*
1cm = 3⅓ mt
4
5
6
A
G
F
- 2,316
- 2,281
Fig. 106.
- 1,150

H = 1t
+ 1,772
1,486
1,772
D
2
E
+ 1,486
3
- 2,66
+ 1,37
+ 2,145
B
1
C
+ 2,145
- 1,29
Momente M_{II}^*
1cm = 3⅓ mt
4
5
6
A
G
F
- 2,478
- 1,895
Fig. 106a.
- 1,527

Momente M_{II}^*.

Die Momente M_{II}^* infolge der horizontalen Kraft $H = +1\,\mathrm{t}$ am Balken *2* erhalten wir ebenfalls aus den M'-Momenten nach der Gl. (545) zu:

$$M_{II}^* = \frac{Z_I \cdot M_{II}' - D_{I\,(\varDelta II)} \cdot M_I'}{Z_I \cdot Z_{II} - D_{I\,(\varDelta II)} \cdot D_{II\,(\varDelta I)}}$$

$$= \frac{1{,}92\,M_{II}' + 6{,}484\,M_I'}{1{,}92 \cdot 6{,}56 + 6{,}484 \cdot 0{,}058} = +0{,}499\,87\,M_I' + 0{,}107\,60\,M_{II}'.$$

Mittels dieser Gleichung werden die in Fig. 106a dargestellten Momente berechnet.

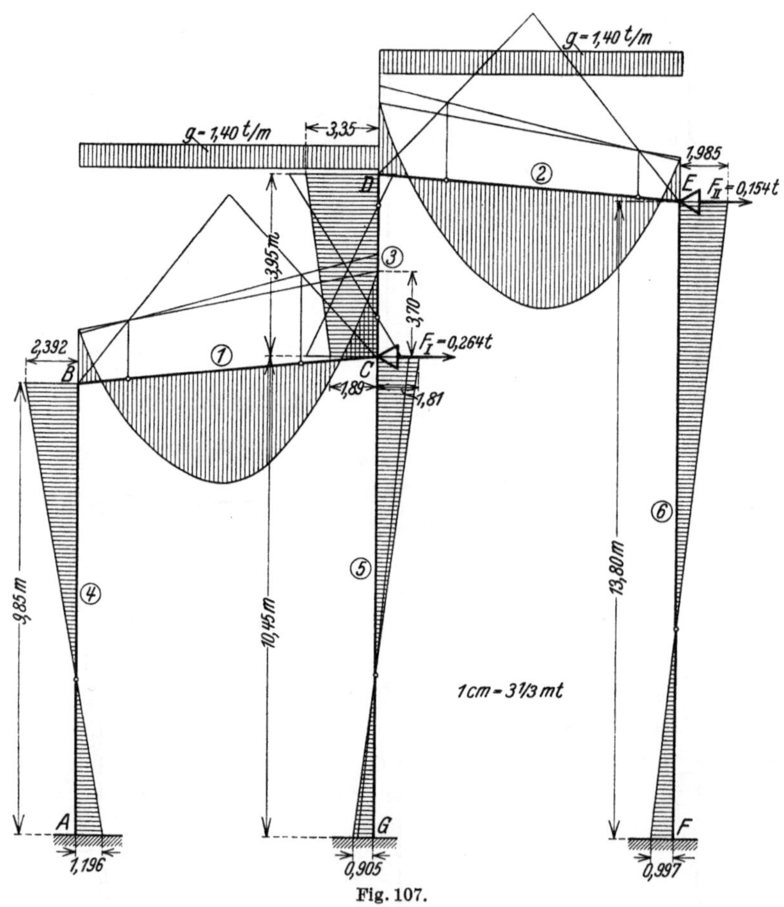

Fig. 107.

Momente und Querkräfte aus den äußeren Belastungen.

I. Eigengewicht.

(Fig. 107.)

Dachdecke: $4{,}40 \cdot 0{,}10 \cdot 2{,}4 \;\ldots\ldots\; = 1{,}06\,\mathrm{t/m,}$
Balken: $0{,}25 \cdot 0{,}40 \cdot 2{,}4 \;\ldots\ldots\; = 0{,}24 \;\;"$
Schnee und Wind auf die Balken $\;.\;. = 0{,}10 \;\;"$
für beide Balken $\;\ldots\ldots\; g = \overline{1{,}40\,\mathrm{t/m,}}$

daher ist für beide Balken *1* und *2*

$$M_0 = \frac{1{,}40 \cdot 6{,}60^2}{8} = 7{,}62 \text{ mt}.$$

Mittels Festpunkte und Verteilungsmaße erhalten wir bei unverschiebbaren Säulenköpfen (R. I) die in Fig. 107 dargestellten Momente.

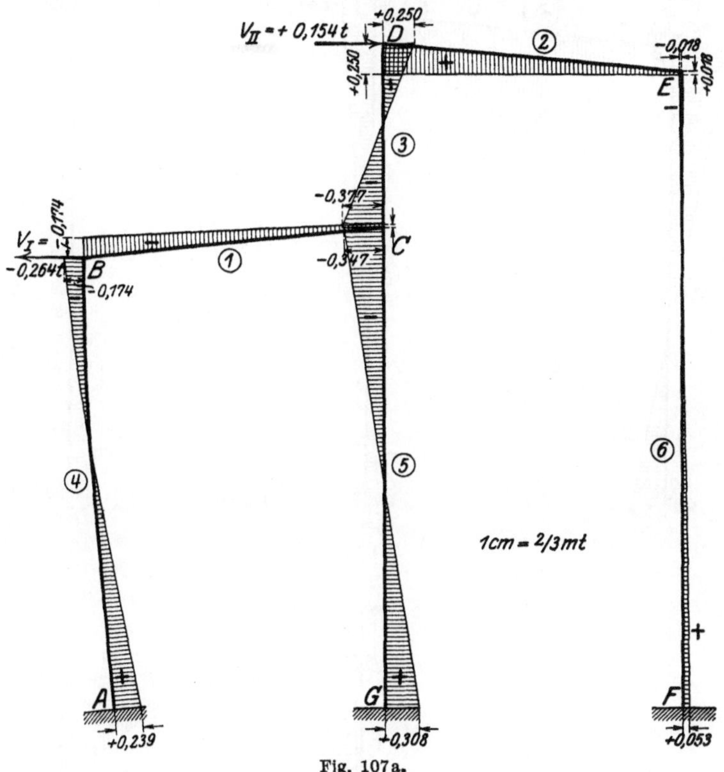

Fig. 107a.

Balken *1* wird festgehalten von den 3 Säulenquerkräften

$$Q_4^B = \frac{-2{,}392 - 1{,}196}{9{,}85} = -0{,}365\,t$$

$$Q_3^C = \frac{-1{,}89 + 3{,}35}{3{,}95} = +0{,}370\,t$$

$$Q_5^C = \frac{+1{,}81 + 0{,}905}{10{,}45} = +0{,}259\,t$$

Festhaltungskraft $F_I = +\overline{0{,}264\,t.}$

Balken *2* wird festgehalten von:

$$Q_3^D = -Q_3^C = -0{,}370\,t$$

$$Q_6^E = \frac{+1{,}985 + 0{,}997}{13{,}80} = +0{,}216\,t$$

Festhaltungskraft $F_{II} = -\overline{0{,}154\,t.}$

Mit den Verschiebungskräften

$$V_I = -F_I = -0{,}264\,t \qquad \text{und} \qquad V_{II} = -F_{II} = +0{,}154\,t$$

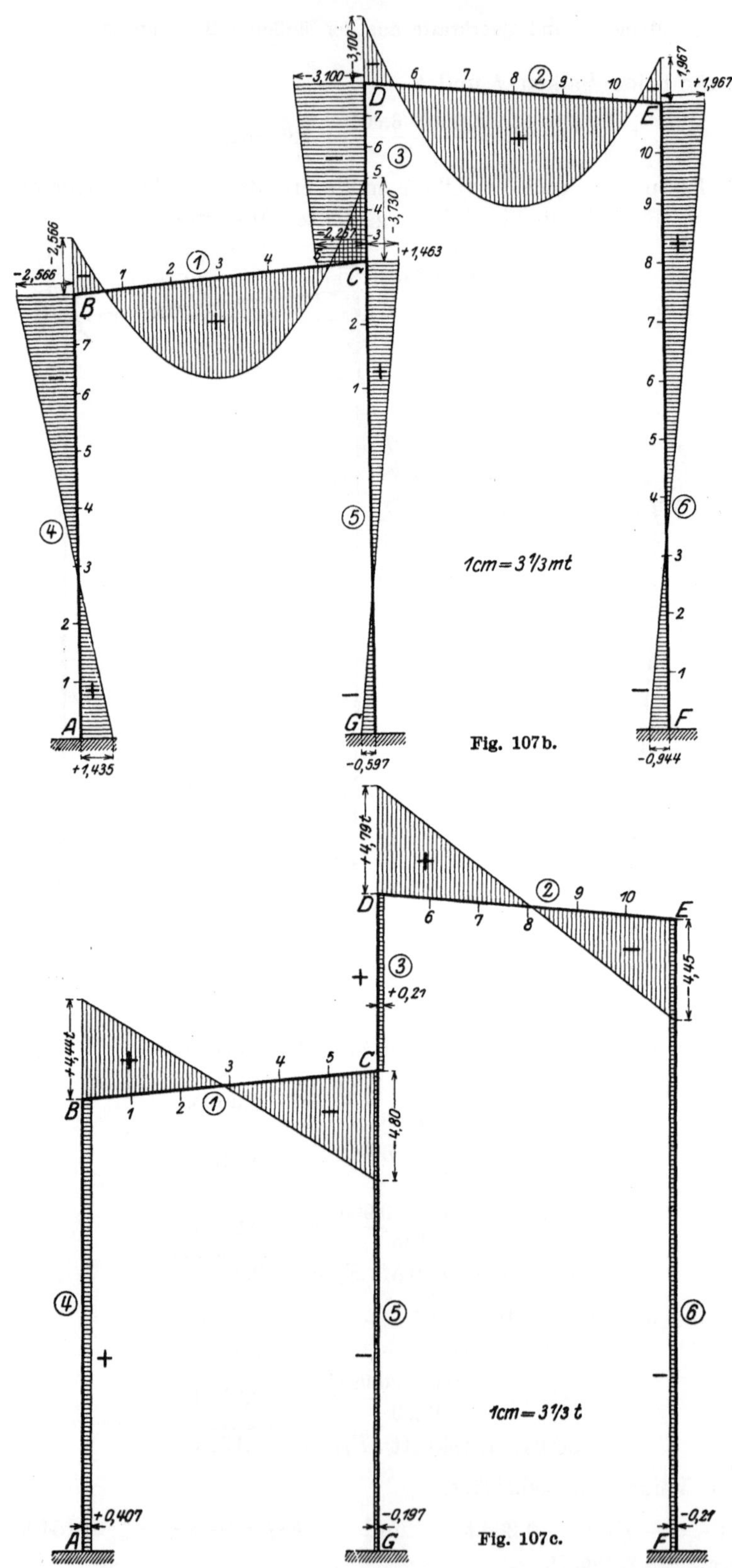

1cm=3⅓mt
Fig. 107b.
1cm=3⅓t
Fig. 107c.

erhalten wir aus den M^*-Momenten die in Fig. 107a dargestellten Zusatzmomente:

$$M_{Zus.} = V_I \cdot M_I^* + V_{II} \cdot M_{II}^* = -0{,}264\,M_I^* + 0{,}154\,M_{II}^*.$$

So erhalten wir z. B. für den Knotenpunkt A:

$$M_{Zus.}^A = +0{,}264 \cdot 2{,}316 - 0{,}154 \cdot 2{,}418 = +0{,}239\,\text{mt}.$$

Diese Momente addieren wir zu denen des R. I aus Fig. 107 und erhalten dann die in Fig. 107b dargestellten Gesamtmomente für diesen Belastungsfall. Die zugehörigen Querkräfte zeigt Fig. 107c.

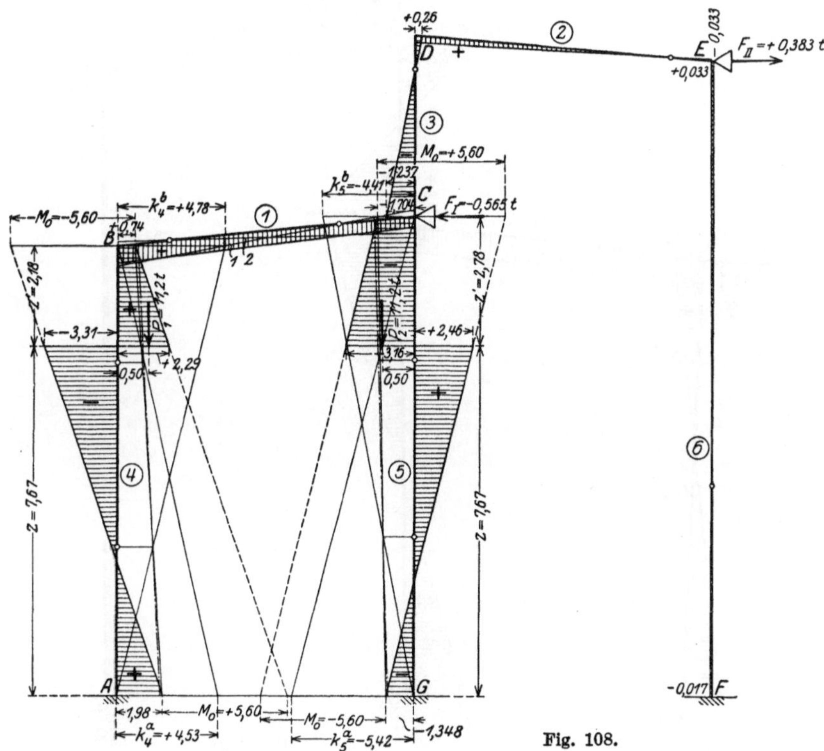

Fig. 108.

II. Kranlasten am kleinen Rahmen.
(Fig. 108.)

Die Konsolen der Säulen *4* und *5* sind durch zwei gleiche Kranlasten $P = 11{,}20\,t$ im Abstand von 0,50 m von der Säulenachse belastet. Daher wird bei den Konsolen ein Moment

$$M_0 = 11{,}20 \cdot 0{,}50 = 5{,}60\,\text{mt}$$

in die Säulen eingeleitet.

Die Kreuzlinienabschnitte erhalten wir nach den Gl. (283) und (284) für Säule *4* zu:

$$k_4^a = -M_0\left(1 - \frac{3 \cdot z^2}{l_4^2}\right) = -5{,}60\left(1 - \frac{3 \cdot 7{,}67^2}{9{,}85^2}\right) = +4{,}53\,\text{mt},$$

$$k_4^b = -M_0\left(\frac{3 \cdot z'^2}{l_4^2} - 1\right) = -5{,}60\left(\frac{3 \cdot 2{,}18^2}{9{,}85^2} - 1\right) = +4{,}78\,\text{mt};$$

9*

für Säule *5*:

$$k_5^a = +5{,}60\left(1 - \frac{3 \cdot 7{,}67^2}{10{,}45^2}\right) = -5{,}42\ \text{mt}\,,$$

$$k_1^b = +5{,}60\left(\frac{3 \cdot 2{,}78^2}{10{,}45} - 1\right) = -4{,}41\ \text{mt}\,.$$

Die mittels der Festpunkte (vgl. Bd. I, 1. Teil, V, 3, d) bei *B* und *C* ermittelten Momente sind in gleicher Weise wie beim I. Belastungsfall weiterzuleiten und dann zu addieren (siehe Fig. 108).

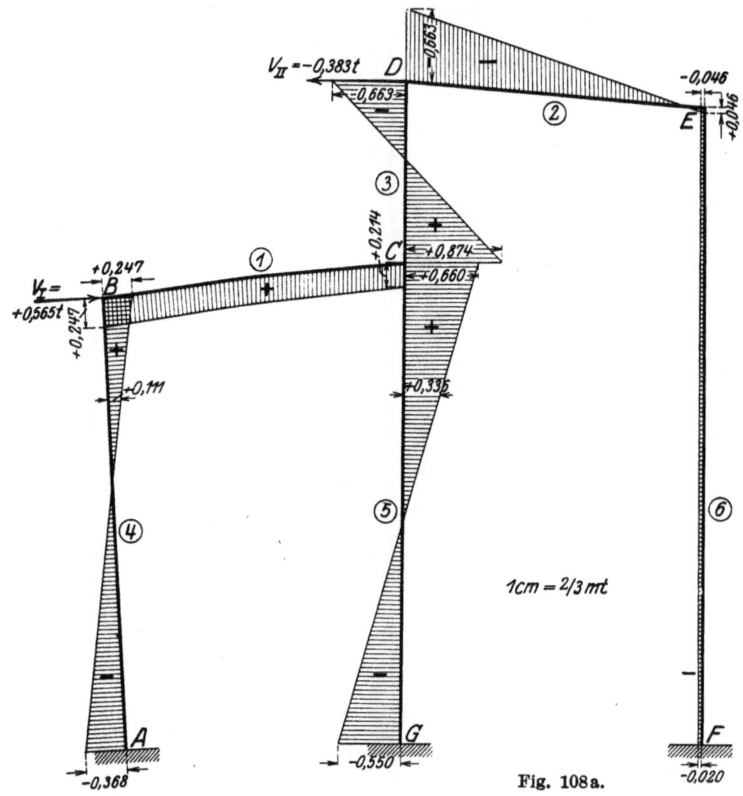

Fig. 108a.

Die Festhaltungskräfte betragen:

am Balken *1*:

$$Q_4^B = \frac{+0{,}74 - 2{,}29}{2{,}18} = -0{,}710\ \text{t}$$

$$Q_3^C = \frac{-1{,}237 - 0{,}26}{3{,}95} = -0{,}380\ \text{t}$$

$$Q_5^C = \frac{-1{,}704 + 3{,}16}{2{,}78} = +0{,}525\ \text{t}$$

$$F_I = -0{,}565\ \text{t}\,;$$

am Balken *2*:

$$Q_3^D = -Q_3^C = +0{,}380\ \text{t}$$

$$Q_6^E = \frac{+0{,}033 + 0{,}0017}{13{,}80} = +0{,}003\ \text{t}$$

$$F_{II} = +0{,}383\ \text{t}\,.$$

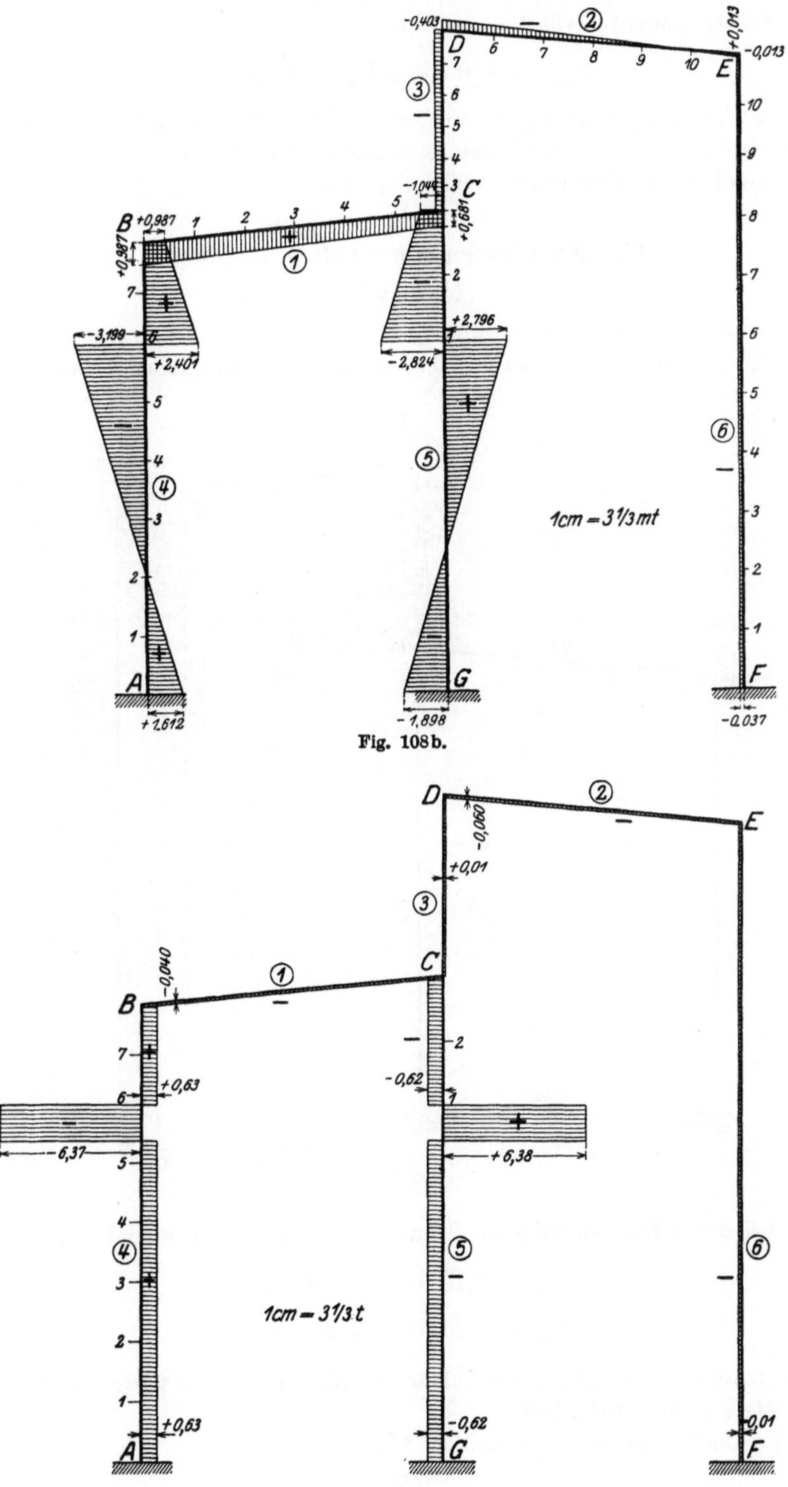

Fig. 108b.

Fig. 108c.

Als Zusatzmomente erhalten wir daher:

$$M_{Zus.} = +0{,}565\,M_I^* - 0{,}383\,M_{II}^*,$$

welche in Fig. 108a aufgetragen sind; schließlich ergeben sich durch Addition der Momente aus R. I und der Zusatzmomente die Gesamtmomente der Fig. 108b. Die zugehörigen Querkräfte zeigt Fig. 108c.

III. Kranlasten am großen Rahmen.
(Fig. 109.)

Die Konsole der Säule *3* ist mit $P_3 = 2{,}10$ t, und diejenige der Säule *6* mit $P_6 = 11{,}20$ t, beide im Abstand von 0,50 m von der Säulenachse, belastet. Daher

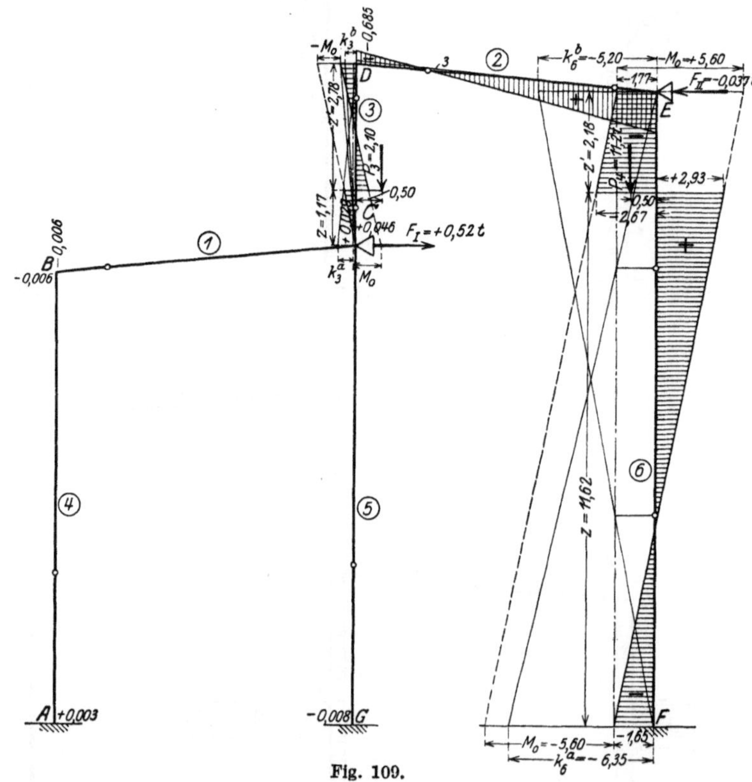

Fig. 109.

werden bei den Konsolen folgende Momente in die Säulen eingeleitet:

$$M_{03} = 2{,}10 \cdot 0{,}50 = 1{,}05\,\text{mt},$$

$$M_{06} = 11{,}20 \cdot 0{,}50 = 5{,}60\,\text{mt}.$$

Der Momentenverlauf und die Festhaltungskräfte sind wie im vorigen Belastungsfall ermittelt worden (Fig. 109).

Die Festhaltungskräfte am Balken *1* und *2* betragen:

$$F_I = +0{,}452\,\text{t} \qquad \text{und} \qquad F_{II} = -0{,}037\,\text{t},$$

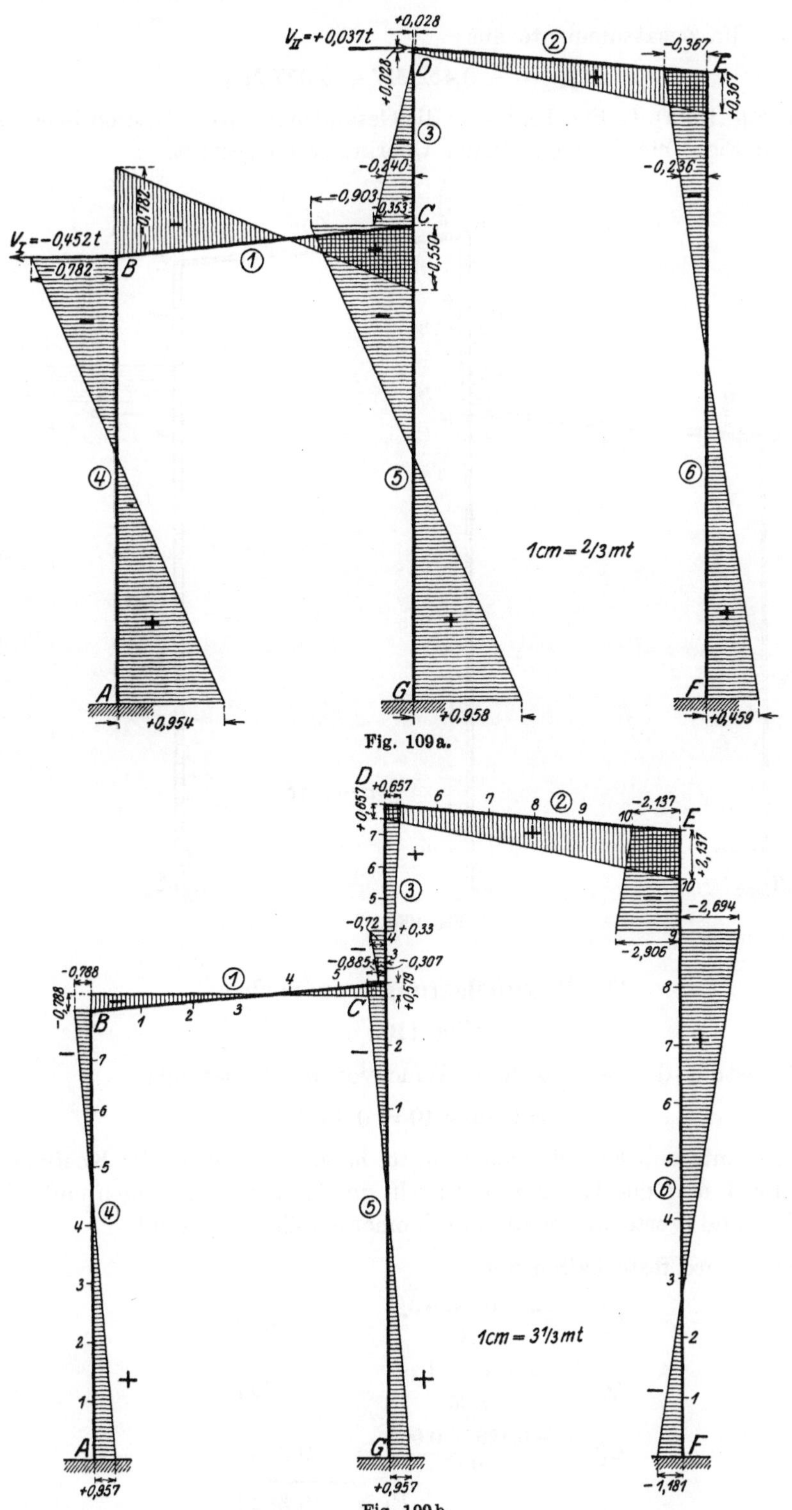

Fig. 109a.

Fig. 109b.

womit wir die Zusatzmomente aus

$$M_{Zus.} = -0,452\,M_I^* + 0,037\,M_{II}^*$$

erhalten (Fig. 109a). In Fig. 109b sind die Gesamtmomente für diesen Belastungsfall und in Fig. 109c die zugehörigen Querkräfte dargestellt.

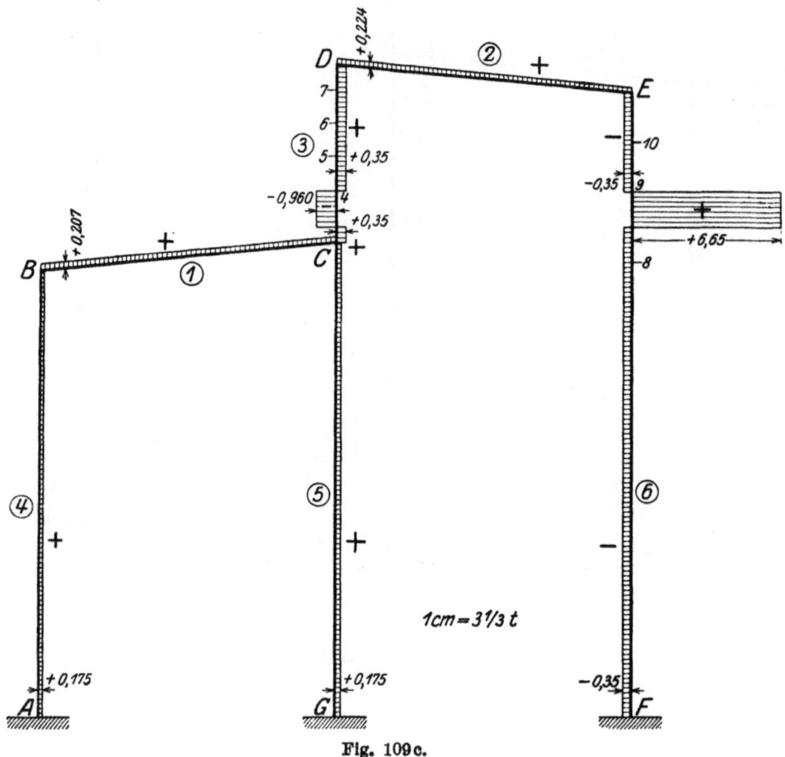

Fig. 109c.

IV. Windbelastung von rechts.
(Fig. 110.)

Die Belastung der Säule *6* durch Wind von rechts beträgt:

$$w = 0,75 \cdot 4,40 = 0,33\,\text{t/m}\,.$$

Die M_0-Momente und Kreuzlinienabschnitte haben wir mittels der Koeffizienten
der Fig. 130 I und der Gl. (274) ermittelt, in Fig. 110 aufgetragen und mittels
Festpunkte und Verteilungsmaße das Momentenbild hergestellt.

Balken *1* wird festgehalten von:

$$Q_4^B = \frac{+0,04 + 0,02}{9,85} = +0,006\,\text{t}$$

$$Q_3^C = \frac{-0,34 - 1,12}{3,95} = -0,370\,\text{t}$$

$$Q_5^C = \frac{-0,126 - 0,063}{10,45} = -0,018\,\text{t}$$

$$F_I = -0,382\,\text{t}\,.$$

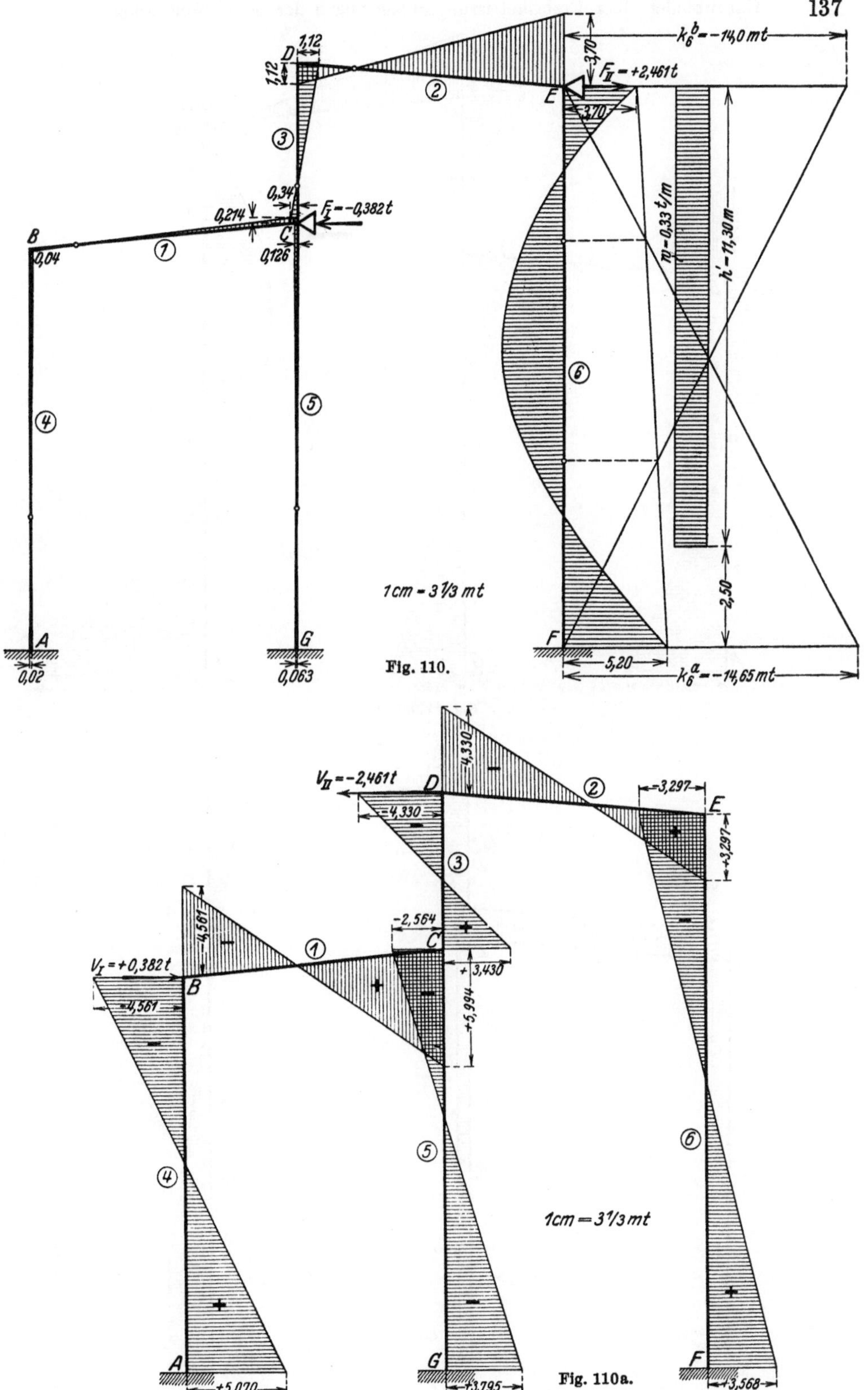

Fig. 110.

Fig. 110a.

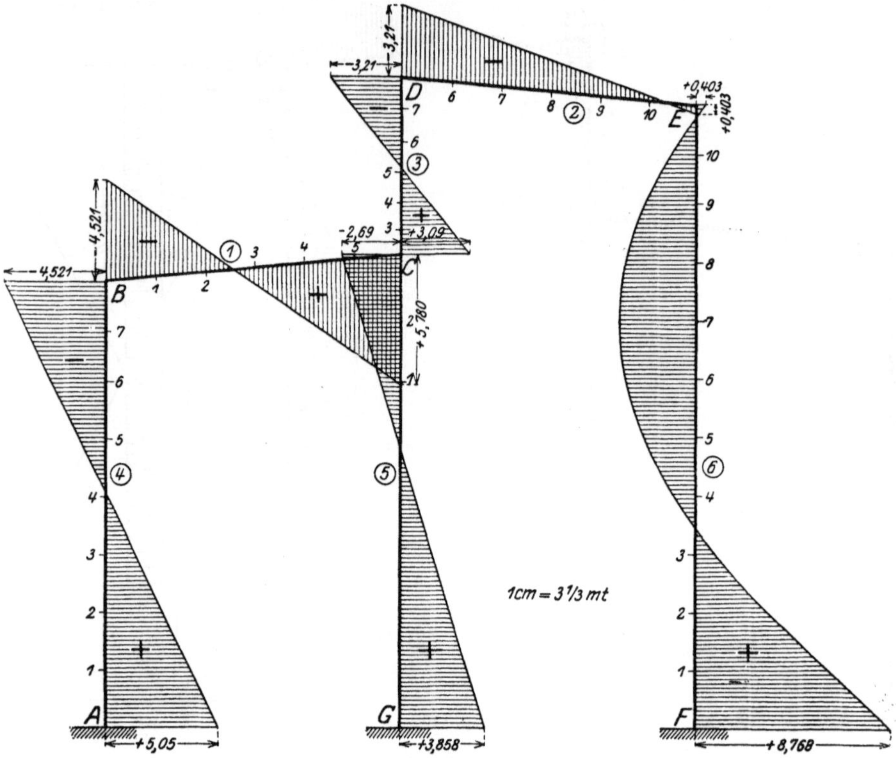

Fig. 110b.

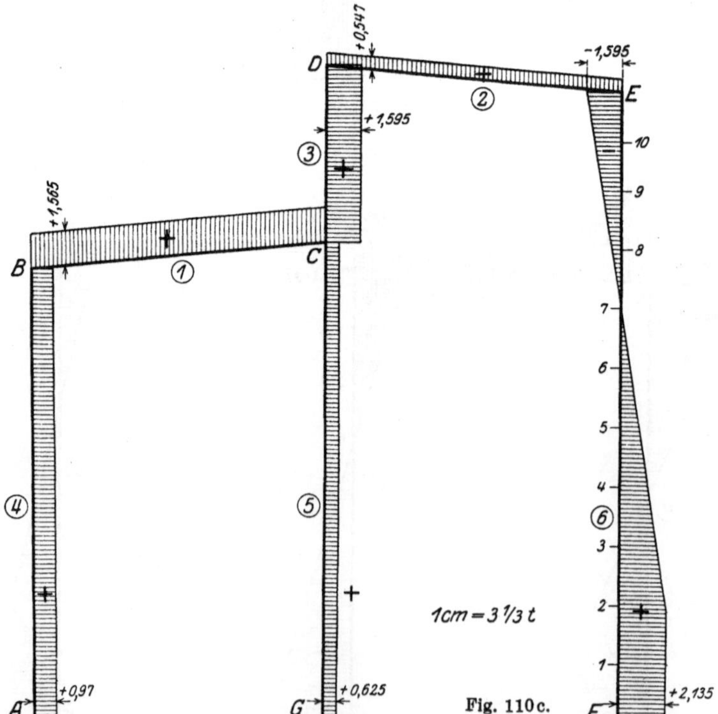

Fig. 110c.

Balken *2* wird festgehalten von:

$$Q_3^D = -Q_4^G \qquad\qquad\qquad = +0{,}370\,\text{t}$$

$$Q_6^E = \frac{0{,}33 \cdot 11{,}30\left(13{,}80 - \dfrac{11{,}30}{2}\right)}{13{,}80} + \frac{+3{,}70 - 5{,}20}{13{,}80} = +2{,}091\,\text{t}$$

$$F_{II} = +2{,}461\,\text{t}\,.$$

Die Zusatzmomente (Fig. 110a) erhalten wir daher aus der Gleichung:

$$M_{Zus.} = +0{,}382\,M_I^* - 2{,}461\,M_{II}^*\,.$$

Die Gesamtmomente und die zugehörigen Querkräfte zeigen die Fig. 110b
und 110c.

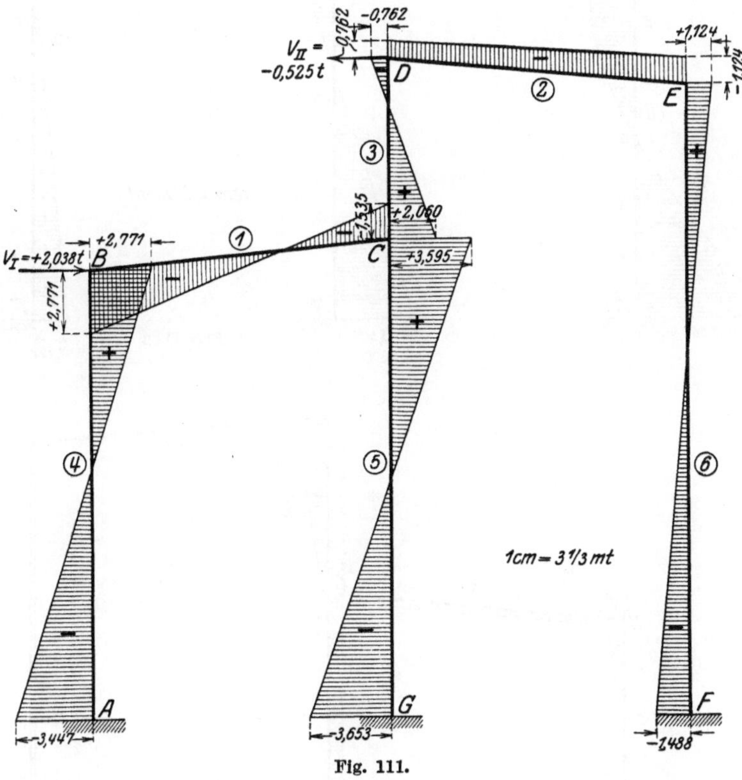

Fig. 111.

V. Windbelastung von links.

Die Belastung pro lfd. m ist dieselbe wie beim vorhergehenden Belastungsfall,
nämlich:

$$w = 0{,}33\,\text{t/m}\,.$$

Der Rechnungsgang ist ebenfalls derselbe wie beim vorhergehenden Belastungsfall, und die Fig. 111 bis 111b zeigen die Zusatzmomente, Gesamtmomente und Querkräfte für Wind von links.

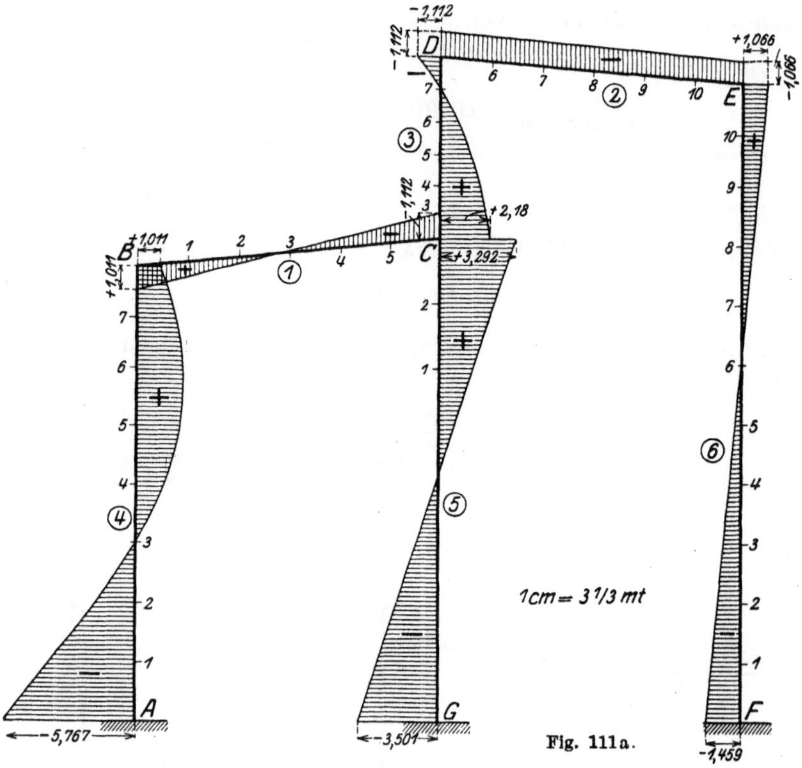

Fig. 111a.

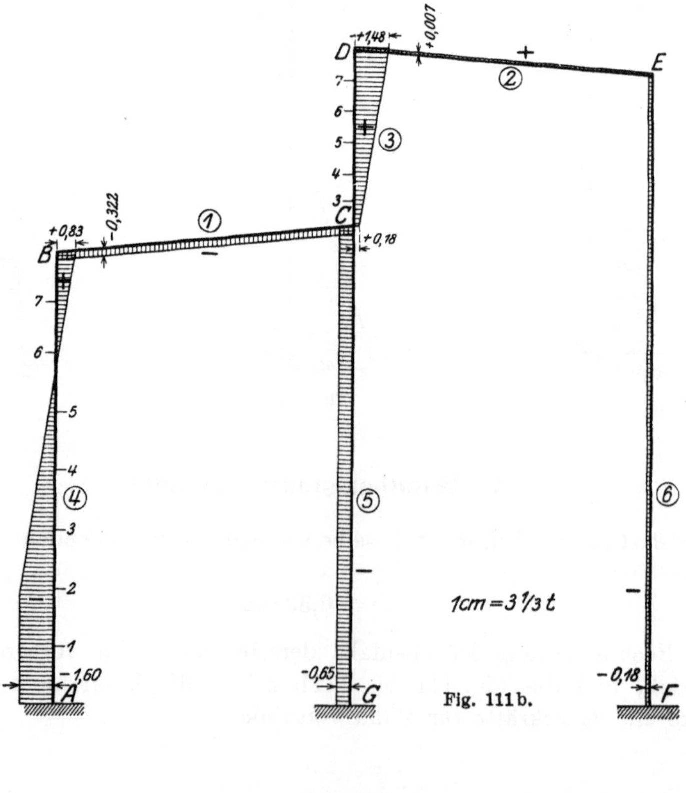

Fig. 111b.

VI. Momente infolge Temperaturänderung um 20° C.
(Fig. 112.)

Bei einer Temperaturzunahme um 20° C beträgt die Längenänderung eines Balkens $\Delta l = + 0,00001 \cdot 20 \cdot 6,60 = + 0,00132$ m, wodurch die Säulen gegenseitige Verschiebungen ihrer Endpunkte erleiden. Da die Längenunterschiede von Säule *4* und *5* einerseits, sowie Säule *3 + 5* und *6* andererseits im Verhältnis zu ihren Gesamtlängen sehr gering sind, so erleiden die Balken derart geringe gegenseitige Verschiebungen ihrer Endpunkte, daß dieselben vernachlässigt werden können.

Wir berechnen wieder zunächst die Momente bei festgehaltenen Balkenenden, und zwar bringen wir die Lager zweckmäßig bei *C* und *D* an.

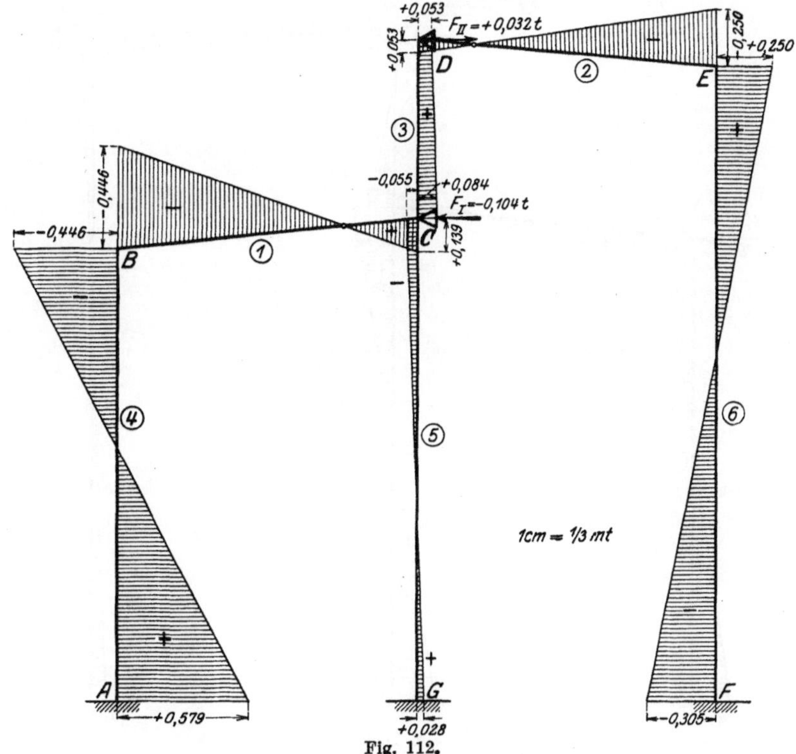

Fig. 112.

Am Säulenkopf *B* bzw. am Säulenfuß *A* erhalten wir mit $\varrho_4 = \Delta l = 0,00132$ m das Moment durch Proportion aus den für die M'_1-Momente berechneten Werten infolge $\varrho_4 = 0,01$ m zu:

$$M_4^B = - 0,132 \cdot 3,40 = - 0,449 \text{ mt},$$

$$M_4^A = + 0,132 \cdot 4,30 = + 0,568 \text{ mt}.$$

Die Momente an den Enden der Säule *6* infolge $\varrho_6 = \Delta l = 0,00132$ m erhalten wir wieder durch Proportion aus den für $\varrho_6 = 0,01$ m berechneten Werten zu:

$$M_6^E = + 0,132 \cdot 1,93 = + 0,255 \text{ mt},$$

$$M_6^F = - 0,132 \cdot 2,33 = - 0,308 \text{ mt}.$$

Nachdem wir die Momente M_4^B und M_6^E mittels Festpunkte und Verteilungsmaße weitergeleitet und die erhaltenen Momente dann addiert haben, erhalten wir die in Fig. 112 dargestellten Momente. Die Festhaltungskräfte ergeben sich wie bei den vorhergehenden Belastungsfällen als die Summen der Säulenquerkräfte zu:

$$F_I = -1{,}04\ \text{t} \qquad \text{und} \qquad F_{II} = +0{,}032\ \text{t},$$

welche uns in umgekehrter Richtung genommen als Verschiebungskräfte durch Multiplikation derselben mit den M^*-Momenten die aus Fig. 112a ersichtlichen Zusatzmomente liefern. Die Gesamtmomente und zugehörigen Querkräfte für diesen Belastungsfall zeigen die Fig. 112b und 112c.

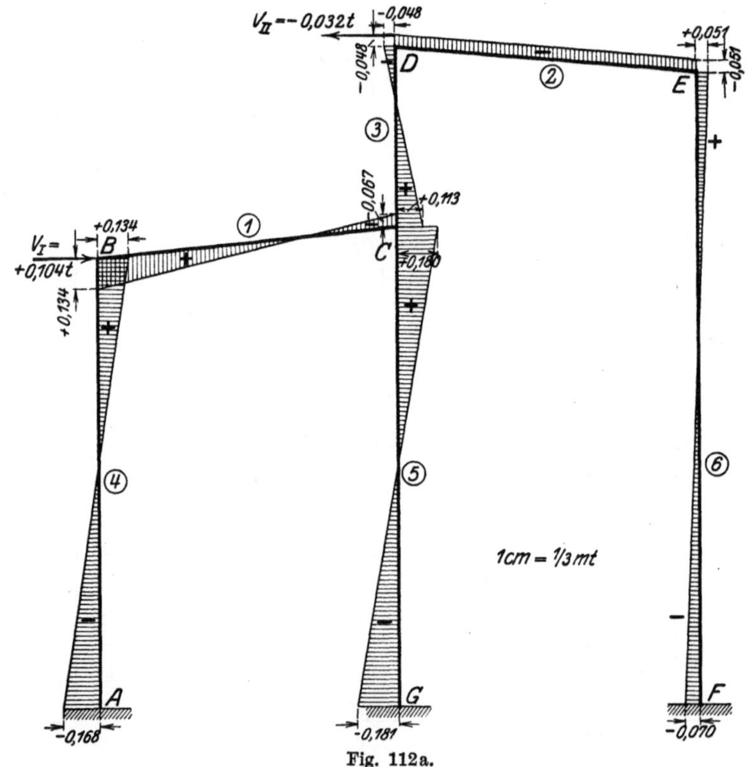

Fig. 112a.

Kontrollberechnung.

Da die Knotenpunkte B und C bzw. D und E je durch einen geraden Stab miteinander verbunden sind, so müssen sich B und C bzw. D und E unter Wirkung der gegebenen äußeren Belastung je um gleich viel verschoben haben; und weil wir ferner diese Verschiebungen nur auf Grund der Momentenfläche für die gegebene äußere Belastung bestimmen können, so ist obige Bedingung eine Probe für diese Momentenfläche.

Um diese Verschiebungen zu berechnen, wenden wir den Mohrschen Satz III an (Bd. I, 1. Teil, IV, 3). Wir zeigen die Kontrolle beispielsweise für Belastungsfall I und VI.

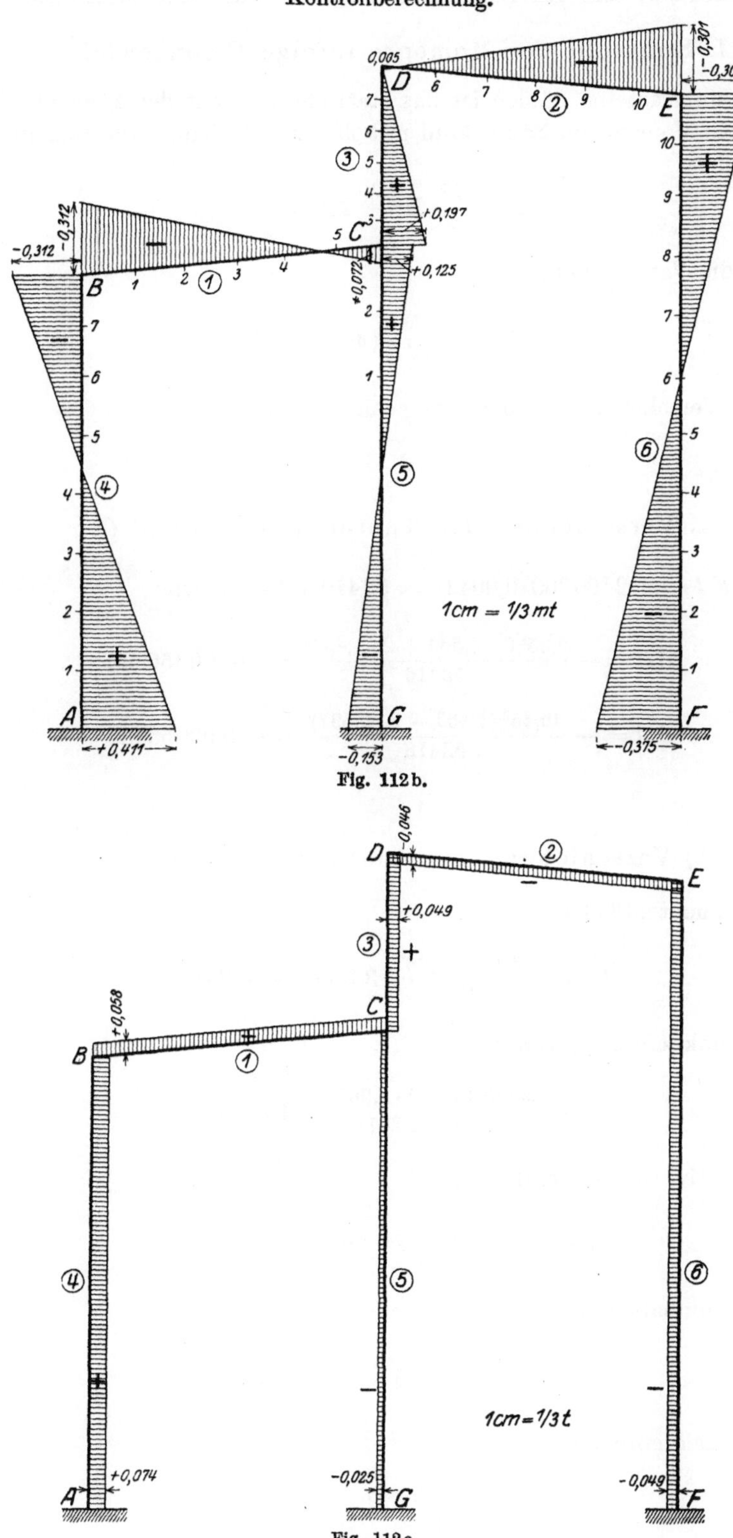

Fig. 112b.

Fig. 112c.

1. Kontrolle der Momente infolge Eigengewicht.

Für die unbelasteten Säulen ist das statische Moment der Momentenfläche, wenn wir das Moment am Säulenkopf mit M^k und dasjenige am Säulenfuß mit M^f bezeichnen:

$$\mathfrak{S}t = \frac{h^2}{6}\,(M^k + 2\,M^f)$$

und somit die Verschiebung

$$\varDelta = -\frac{h^2}{6\,J\,E}\,(M^k + 2\,M^f)$$

(wobei eine Verschiebung nach rechts positiv zählt).

a) Verschiebung der Knotenpunkte B und C:

Mit $6\ EJ = 6\cdot2100000\cdot0,00416 = 52416$ erhalten wir:

$$\varDelta B = -\frac{9,85^2\,(-2,566 + 2\cdot1,435)}{52416} = -0,00056\ \mathrm{m}\,,$$

$$\varDelta C = -\frac{10,45^2\,(1,463 - 2\cdot0,597)}{52416} = -0,00056\ \mathrm{m}\,.$$

b) Verschiebung der Knotenpunkte D und E:

Säule *3*: Momentenfläche:

$$F_3 = \frac{-3,10 + 2,267}{2}\cdot3,95 = -10,60;$$

Schwerpunktsabstand von D:

$$\xi = \frac{3,95\,(3,10 + 2\cdot2,267)}{3\,(3,10 + 2,267)} = 1,87\ \mathrm{m}\,.$$

Säule *5*: positive Momentenfläche:

$$F_5 = \frac{1,463\cdot10,45}{2} = 7,62;$$

Schwerpunktsabstand von D:

$$\xi = 3,95 + \frac{10,45}{3} = 7,43\ \mathrm{m};$$

negative Momentenfläche:

$$F_5 = \frac{-0,597\cdot10,45}{2} = -3,12;$$

Schwerpunktsabstand von D:

$$\xi = 3{,}95 + \tfrac{2}{3}\cdot 10{,}45 = 10{,}91 \text{ m}.$$

$$\Delta D = -\,\frac{-10{,}60\cdot 1{,}87 + 7{,}62\cdot 7{,}43 - 3{,}12\cdot 10{,}91}{2100000\cdot 0{,}00416} = -\,0{,}00029 \text{ m}.$$

Ferner ist nach eingangs erwähnter Formel:

$$\Delta E = -\,\frac{13{,}80^2\,(1{,}967 - 2\cdot 0{,}944)}{52416} = -\,0{,}00029 \text{ m}.$$

2. Kontrolle der Momente infolge Temperaturzunahme.

a) Verschiebung der Knotenpunkte B und C:

$$\Delta B = -\,\frac{h^2\,(M^k + 2\,M^l)}{6\,J\,E} = -\,\frac{9{,}85^2\,(-0{,}312 + 2\cdot 0{,}41)}{52416} = -\,0{,}000943 \text{ m};$$

$$\Delta C = -\,\frac{10{,}45^2\,(0{,}125 + 2\cdot 0{,}153)}{52416} = -\,0{,}000377 \text{ m}.$$

Diese beiden Verschiebungen müssen (absolut genommen) gleich sein der Längenänderung von Balken *1* infolge der Temperaturzunahme, d. h.

$$0{,}000943 + 0{,}000377 = 0{,}00132 \text{ m} = \Delta l_1.$$

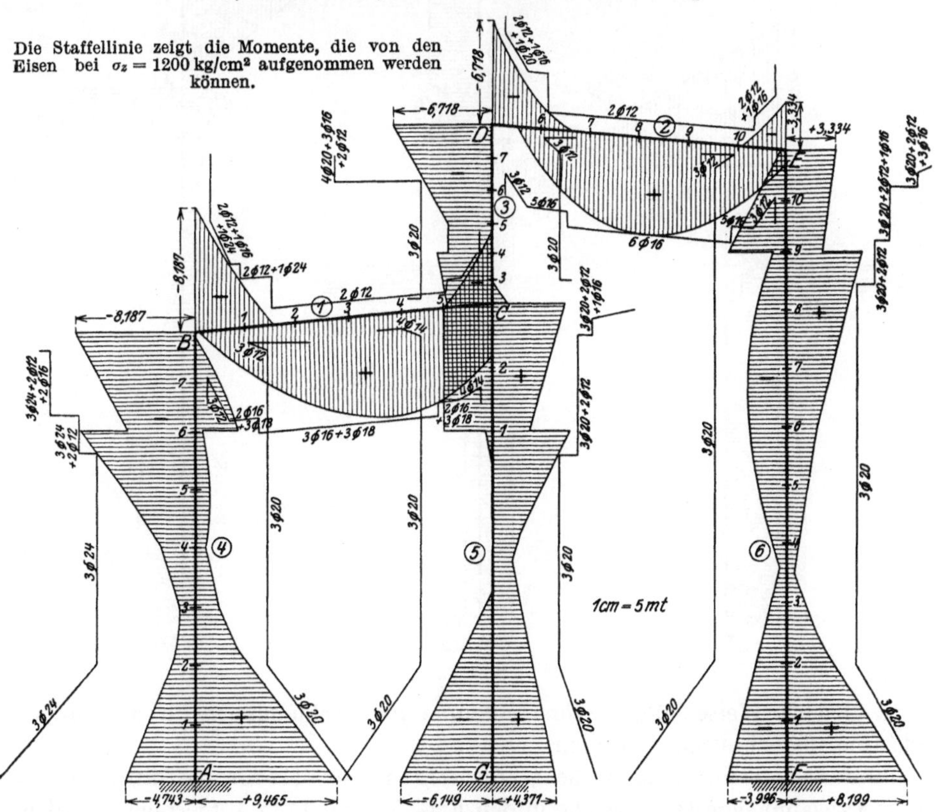

b) Verschiebung der Knotenpunkte D und E:

Es wurde bereits ermittelt $\qquad \Delta C = + 0,000377$ m

Verschiebung von D,

von der Momentenfläche an Säule 5 herrührend:

$$F_5 = \frac{(0,125 - 0,153)\,10,45}{2} = -0,146\ \text{m}^2\text{t}$$

$$-\frac{F_5 \cdot l_3}{JE} = \frac{0,146 \cdot 3,95}{2\,100\,000 \cdot 0,00416} = +0,000066\ \text{m}$$

von der Momentenfläche an Säule 3 herrührend:

$$\frac{-h^2(M^k + 2M^j)}{6\,JE} = -\frac{3,95^2(0,005 + 2 \cdot 0,197)}{52\,416} = -0,000119\ \text{m}$$

$$\Delta D = +\overline{0,00032}\ \text{m}.$$

$$\Delta E = -\frac{13,80^2(0,301 - 2 \cdot 0,375)}{52\,416} = +0,00164\ \text{m}.$$

Es muß nun sein:

$$\Delta E = \Delta D + \Delta l_2, \qquad \text{also} \qquad 0,00164 = 0,00032 + 0,00132.$$

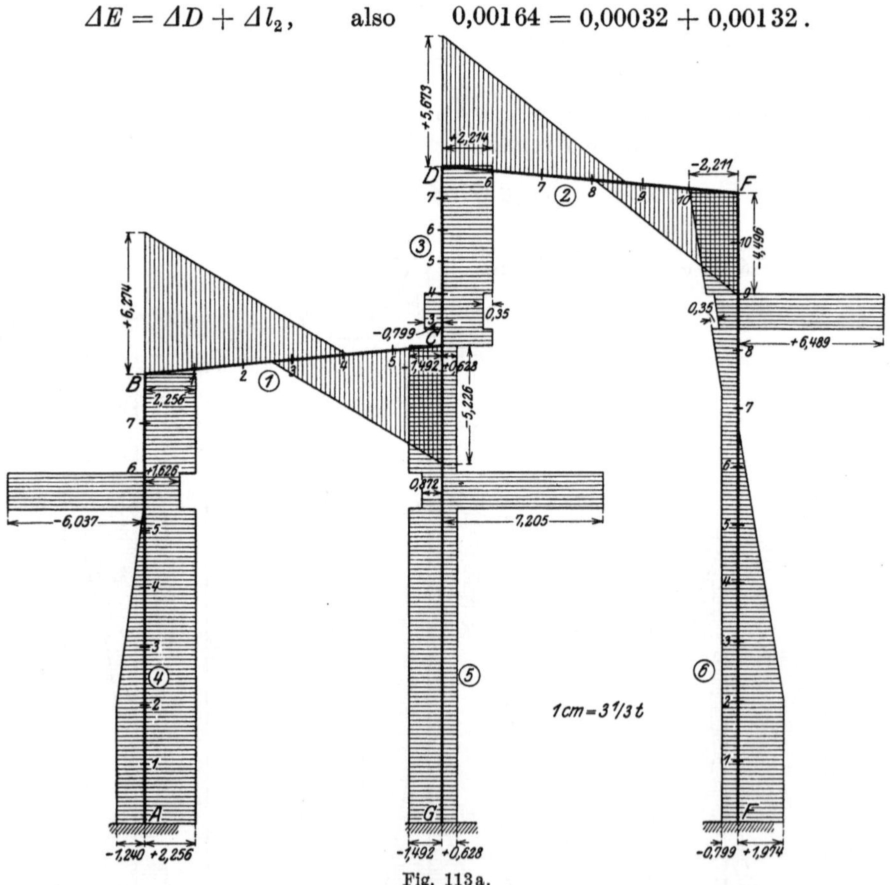

Fig. 113a.

In gleicher Weise können die Knotenpunktsverschiebungen für die übrigen Belastungsfälle bestimmt werden.

In Tabelle 1 und 2 sind die Größtwerte der Momente und Querkräfte zusammengestellt, welche in den Fig. 113 und 113a aufgetragen wurden.

Tabelle 1. Zusammenstellung der Momente.

Rahmenteil	Schnitt	Momente aus						Maximale Momente	
		Eigenlast	Kranlast am kl. Rahmen	Kranlast am gr. Rahmen	Wind von rechts	Wind von links	Temp. ± 20° C	positiv	negativ
Balken 1	B_1	−2,566	+0,987	−0,788	−4,521	+1,011	∓0,312	—	−8,187
	1	+1,200	+0,936	−0,760	−2,760	+0,666	∓0,246	+3,048	−2,566
	2	+3,600	+0,885	−0,332	−1,050	+0,305	∓0,182	+4,972	—
	3	+4,500	+0,834	−0,104	+0,662	−0,032	∓0,116	+6,112	—
	4	+3,700	+0,783	+0,125	+2,390	−0,393	∓0,055	+7,053	—
	5	+0,950	+0,732	+0,348	+4,100	−0,745	±0,009	+6,139	—
	C_1	−3,730	+0,681	+0,579	+5,780	−1,112	±0,072	+3,382	−4,914
Balken 2	D_2	−3,100	−0,403	+0,657	−3,210	−1,112	±0,005	—	−6,718
	6	+1,600	−0,334	+0,904	−2,620	−1,105	∓0,045	+2,549	−1,381
	7	+4,300	−0,262	+1,150	−2,010	−1,097	∓0,097	+5,547	—
	8	+5,100	−0,193	+1,400	−1,410	−1,089	∓0,147	+6,647	—
	9	+4,200	−0,126	+1,643	−0,805	−1,081	∓0,199	+6,042	—
	10	+1,800	−0,057	+1,890	−0,218	−1,074	∓0,250	+3,940	—
	E_2	−1,967	+0,013	+2,137	+0,403	−1,066	∓0,301	+0,887	−3,334
Säule 3	C_3	−2,267	−0,363	−0,307	+3,090	+2,180	±0,197	+1,020	−3,134
	3	−2,391	−0,372	−0,514	+2,170	+2,000	±0,169	—	−3,446
	unterhalb			−0,720				—	−3,754
	4	−2,514	−0,380		+1,250	+1,750	±0,140		
	oberhalb			+0,330				—	−3,034
	5	−2,660	−0,386	+0,412	+0,160	+1,350	±0,107	—	−3,153
	6	−2,806	−0,392	+0,494	−0,940	+0,700	±0,073	—	−4,211
	7	−2,952	−0,398	+0,576	−2,070	−0,100	±0,039	—	−5,459
	D_3	−3,100	−0,403	+0,657	−3,210	−1,112	±0,005	—	−6,718
Säule 4	A_4	+1,435	+1,612	+0,957	+5,050	−5,767	±0,411	+9,465	−4,743
	1	+0,915	+0,806	+0,730	+3,790	−3,730	±0,318	+6,559	−3,133
	2	+0,395	+0,000	+0,505	+2,550	−1,700	±0,224	+3,674	−1,529
	3	−0,120	−0,800	+0,279	+1,312	±0,000	±0,130	+1,601	−1,050
	4	−0,640	−1,600	+0,053	+0,073	+1,200	±0,037	+0,650	−2,277
	5	−1,150	−2,400	−0,173	−1,165	+1,900	∓0,055	+0,805	−4,943
	unterhalb		−3,199					+0,485	−7,792
	6	−1,665		−0,398	−2,380	+2,000	∓0,150		
	oberhalb		+2,401					+2,886	−4,593
	7	−2,105	+1,694	−0,593	−3,470	+1,700	∓0,231	+1,520	−6,399
	B_4	−2,566	+0,987	−0,788	−4,521	+1,011	∓0,312	—	−8,187
Säule 5	G_5	−0,597	−1,898	+0,957	+3,858	−3,501	∓0,153	+4,371	−6,149
	unterhalb		+2,796					+5,204	−0,492
	1	+0,908		−0,410	−0,940	+1,450	±0,050		
	oberhalb		−2,824					+2,408	−3,316
	2	+1,185	−1,934	−0,650	−1,815	+2,360	±0,087	+3,632	−3,301
	C_5	+1,463	−1,044	−0,886	−2,690	+3,292	±0,125	+4,880	−3,282
Säule 6	F_6	−0,944	−0,037	−1,181	+8,768	−1,459	∓0,375	+8,199	−3,996
	1	−0,682	−0,035	−0,761	+6,000	−1,230	∓0,312	+5,630	−3,020
	2	−0,410	−0,033	−0,326	+3,300	−0,995	∓0,251	+3,141	−2,015
	3	−0,142	−0,031	+0,092	+0,900	−0,762	∓0,188	+1,180	−1,123
	4	+0,143	−0,028	+0,535	−1,000	−0,523	∓0,125	+0,803	−1,010
	5	+0,402	−0,026	+0,950	−2,350	−0,288	∓0,061	+1,413	2,035
	6	+0,677	−0,024	+1,387	−3,150	−0,055	±0,005	+2,069	−2,502
	7	+0,945	−0,021	+1,825	−3,450	+0,173	±0,066	+3,009	−2,592
	8	+1,222	−0,019	+2,260	−3,150	+0,410	±0,127	+4,019	−2,074
	unterhalb			+2,694				+5,036	−1,009
	9	+1,500	−0,017		−2,300	+0,650	±0,192		
	oberhalb			−2,906				+2,342	−3,915
	10	+1,730	−0,015	−2,522	−1,150	+0,850	±0,247	+2,827	−2,204
	E_6	+1,967	−0,013	−2,137	+0,403	+1,066	±0,301	+3,334	−0,484

Tabelle 2. Zusammenstellung der Querkräfte.

Rahmenteil	Schnitt	Eigenlast	Kranlast am kl. Rahmen	Kranlast am gr. Rahmen	Wind von rechts	Wind von links	Temp. $\pm 20°$ C	Maximale Querkräfte positiv	Maximale Querkräfte negativ
Balken 1	B_1	+4,44						+6,274	—
	1	+2,90						+4,730	—
	2	+1,36						+3,190	—
	3	−0,18	−0,046	+0,207	+1,565	−0,322	$\pm$0,058	+1,650	−0,606
	4	−1,72						+0,110	−2,146
	5	−3,26						—	−3,686
	C_1	−4,80						—	−5,226
Balken 2	D_2	+4,79						+5,673	—
	6	+3,25						+4,133	—
	7	+1,71						+2,593	—
	8	+0,17	+0,066	+0,224	+0,547	+0,007	$\mp$0,046	+1,053	—
	9	−1,37						—	−1,416
	10	−2,91						—	−2,956
	E_2	−4,45						—	−4,496
Säule 3	C_3			−0,35		+0,18			—
	3					+0,37			
	unterhalb								−0,799
	4	+0,21	+0,01	−0,960	+1,595	+0,56	$\pm$0,049	+2,214	
	oberhalb								
	5			+0,35		+0,80			
	6					+1,02			—
	7					+1,25			
	D_3					+1,48			
Säule 4	A_4					−1,60			−1,240
	1					−1,60			−1,240
	2		0,63			−1,60			−1,240
	3					−1,18		+2,256	−0,856
	4	+0,407		+0,175	+0,97	−0,74	+0,074		−0,488
	5					−0,32			−0,122
	unterhalb		−6,37					+1,626	−6,037
	6					+0,11			
	oberhalb								
	7		+0,63			+0,20		+2,256	—
	B_4					+0,52			
Säule 5	G_5		−0,62					+0,628	−0,492
	unterhalb		+6,38					+7,205	−0,872
	1	−0,197		+0,175	+0,625	−0,65	$\mp$0,025		
	oberhalb								
	2		−0,62					+0,628	−1,492
	C_5								
Säule 6	F_6				+2,135			+1,974	
	1				+2,135			+1,974	
	2				+2,135			+1,974	
	3			−0,35	+1,72			+1,559	
	4	−0,21	−0,01		+0,28	−0,18	$\mp$0,049	+1,119	−0,799
	5				+0,85			+0,689	
	6				+0,44			+0,279	
	7				$\pm$0,00				−1,056
	8				−0,44				
	unterhalb			+6,65				6,489	−1,116
	9				−0,85				
	oberhalb								
	10			−0,35	−1,21				−1,826
	E_6				−1,595				−2,211

XI. Zelle eines Getreidesilos mit unregelmäßigem Querschnitt.

Die in Fig. 144 im Horizontalschnitt dargestellte Silozelle ist für den Wanddruck des Füllgutes zu berechnen.

Das Achsensystem des Rahmens wird bei A aufgeschnitten und in eine Gerade aufgeklappt. An den Stellen der Ecken sind zunächst nicht senkbare Stützen anzunehmen. Für dieses ausgestreckte Tragsystem werden auf dem graphischen Wege in genau derselben Weise wie bei Beispiel 4 die Festpunkte bestimmt (Fig. 115).

Hierfür und für den weitern Gang der Berechnung brauchen wir die in der folgenden Tabelle 1 zusammengestellten Werte:

Tabelle 1.

Stab	Wand-stärke s cm	Stab-länge l m	$J = \dfrac{b\,s^3}{12}$ $(b = 1,0\,\text{m})$ m⁴	$\dfrac{J_e}{J} = \dfrac{J_2}{J}$	$2J_e\,E\,F' = \dfrac{J_c}{J}\,l$	$M_0 = \dfrac{1}{8}\cdot 1,0\,l^2$ mt	$E_\beta = \dfrac{l}{6\,J}$ m⁻³
1	0,35	0,80	0,0036	0,159	0,13	0,08	37
2	0,19	5,12	0,000572	1,00	5,12	3,28	1495
3	0,16	4,00	0,00034	1,68	6,73	2,00	1965
4	0,19	2,10	0,000572	1,00	2,10	0,55	612
5	0,19	4,40	0,000572	1,00	4,40	2,43	1280

Die verschränkten Drittelslinien zwischen den Feldern 1 und 2 sowie 1 und 5 fallen nahezu mit den Drittelslinien der großen Felder zusammen. Da der Festpunkt zwischen Drittelslinie und verschränkter Drittelslinie liegen muß, so machen wir nur einen Fehler von ca. 2 cm, wenn wir die Festpunkte J_2 und K_5 in den Dritteln der Felder annehmen, d. h. wenn wir das Feld 1 als starre Strecke betrachten, an welche die Nachbarfelder mit voller Einspannung anschließen. Dadurch haben wir bereits vier bekannte Festpunktlagen, nämlich J_1, K_2, J_2 und K_5 und können ohne weiteres die übrigen aufsuchen. Wäre kein Festpunkt zum vorneherein bekannt, so müßte je eine Festpunktlage J und K als Ausgangspunkt der zeichnerischen Konstruktion geschätzt und die Schätzung, wenn nötig, korrigiert werden.

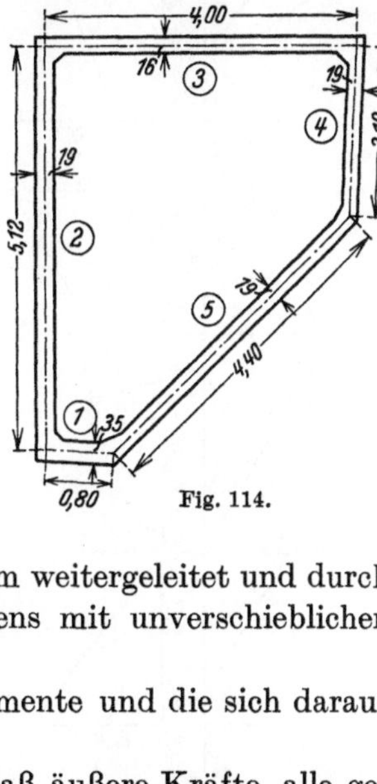

Nach Ermittlung der Festpunkte werden in Fig. 116 bis 119 die Momente für die einzelnen Feldbelastungen mit $p = 1,0$ t/m über das ganze System weitergeleitet und durch Summierung die Größe der Eckmomente des Rahmens mit unverschieblichen Ecken gefunden.

Fig. 114.

In der nachstehenden Tabelle 2 sind diese Eckmomente und die sich daraus ergebenden Querkräfte eingetragen.

Die oben ermittelten Werte gelten für den Fall, daß äußere Kräfte alle gegenseitigen Verschiebungen der Stabenden senkrecht zur Stabachse verhindern. Da die Querkräfte ohne Rücksicht auf diese gedachten Auflagerkräfte in den Ecken ermittelt sind, so ist an ihrer Gesamtsumme und an ihrer Richtung gegenüber der Wirklichkeit nichts geändert, nur die Verteilung der Querkräfte ist durch

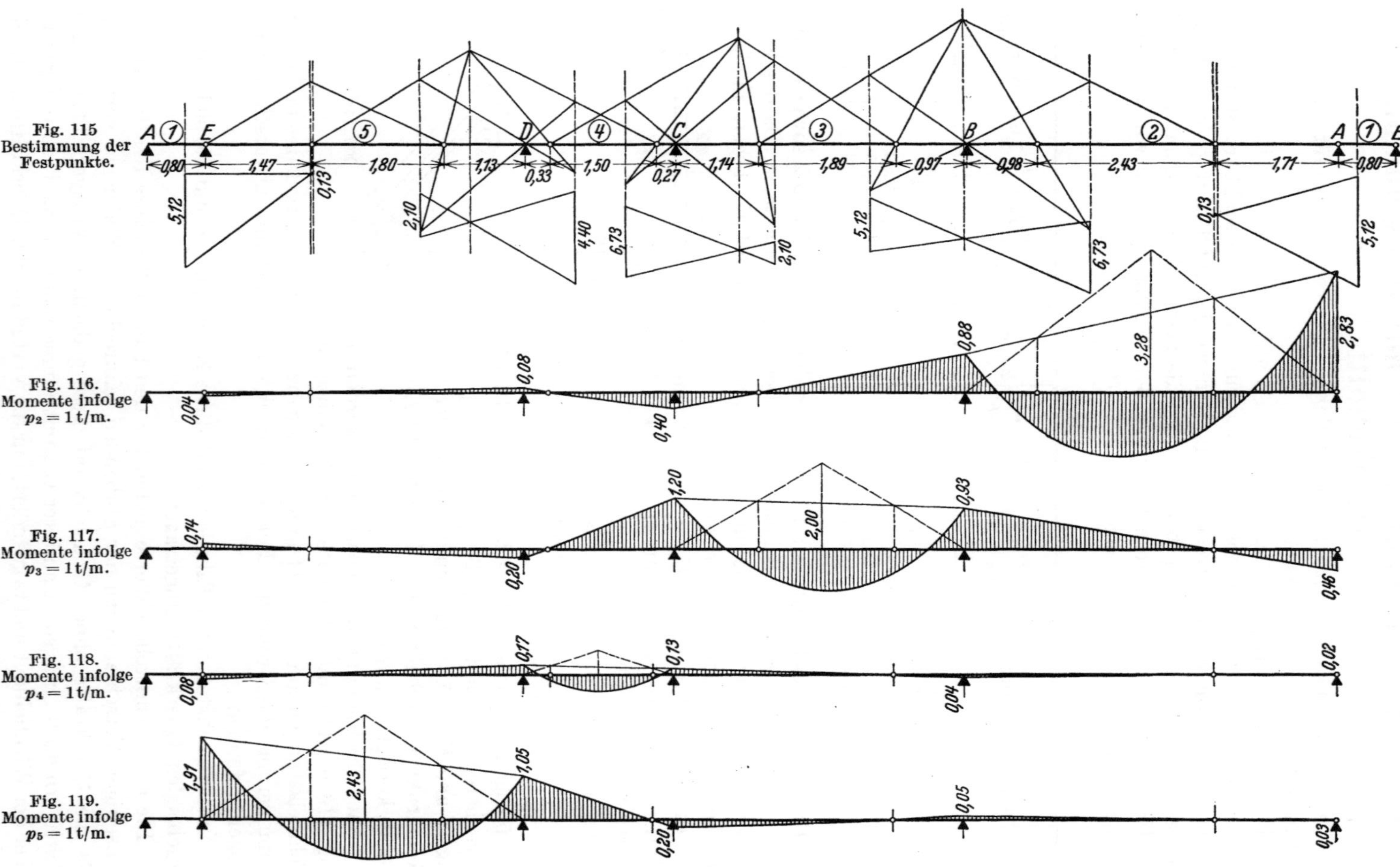

Fig. 115.
Bestimmung der Festpunkte.

Fig. 116.
Momente infolge $p_2 = 1\,\text{t/m}$.

Fig. 117.
Momente infolge $p_3 = 1\,\text{t/m}$.

Fig. 118.
Momente infolge $p_4 = 1\,\text{t/m}$.

Fig. 119.
Momente infolge $p_5 = 1\,\text{t/m}$.

Tabelle 2.

Be-zeichnung	Stützen-moment mt	Be-zeichnung	Querkräfte t
A	−2,36	A_1	$\frac{1}{2} \cdot 0,8 \; + \; \frac{1}{0,8}\,(2,36 - 1,93) = 0,40 + 0,55 = 0,95$
		A_2	$\frac{1}{2} \cdot 5,12 + \frac{1}{5,12}\,(2,36 - 1,82) = 2,56 + 0,10 = 2,66$
B	−1,82	B_2	$= 2,56 - 0,10 = 2,46$
		B_3	$\frac{1}{2} \cdot 4,0 \; + \; \frac{1}{4,0}\,(1,82 - 0,73) = 2,00 + 0,27 = 2,27$
C	−0,73	C_3	$= 2,00 - 0,27 = 1,73$
		C_4	$\frac{1}{2} \cdot 2,10 + \frac{1}{2,10}\,(0,73 - 1,10) = 1,05 - 0,17 = 0,88$
D	−1,10	D_4	$= 1,05 + 0,17 = 1,22$
		D_5	$\frac{1}{2} \cdot 4,40 - \frac{1}{4,4}\,(1,10 - 1,93) = 2,20 - 0,19 = 2,01$
E	−1,93	E_5	$= 2,20 + 0,19 = 2,39$
		E_1	$\frac{1}{2} \cdot 0,8 \; + \; \frac{1}{0,8}\,(1,93 - 2,36) = 0,40 - 0,55 = -0,15$

die Annahme beeinflußt. Die Zusammensetzung der Tabellenwerte muß also ein geschlossenes Krafteck und ein offenes Seiteck ergeben (siehe Fig. 121 und 121d).

Um sämtliche Ecken unverschieblich festzuhalten, können wir ein festes Auflager A (Fig. 120) einführen mit drei Festhaltungskräften F_1, F_2 und F_3, welche die Stützpunkte in bezug auf A unverrückbar halten. Da wir aber in A und in E

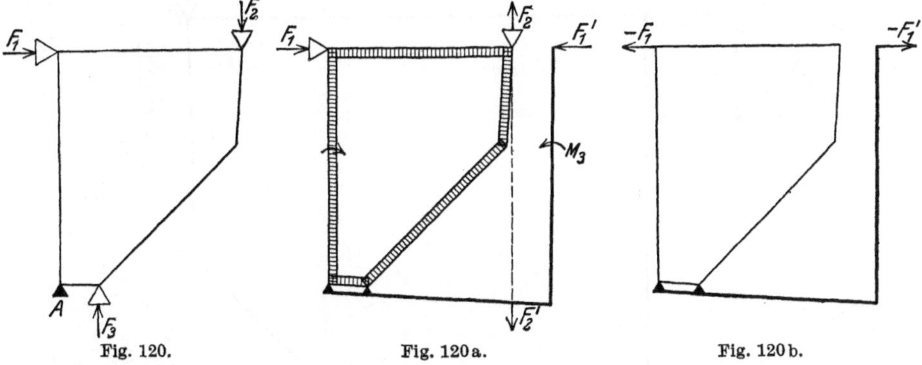

feste Einspannung haben (siehe Fig. 115) und der Stab *1* also keine Momente in die Ecken hineinleitet, können wir denselben als starren Körper ansehen und ihn mit einem starren, gewichtlosen Arm (Fig. 121a bis 121d) beliebig verbunden denken. Das äußere Kräftesystem der Fig. 121a erfüllt dann die Bedingungen der bereits vorgenommenen Ermittlungen der Momente und Querkräfte (Fig. 116 bis 119 und Tabelle 2). Wenn wir nacheinander die äußeren Kräfte und Momente der Fig. 120b, c und d auf das System wirken lassen und die sich daraus ergebenden Momente und Querkräfte ermitteln, so brauchen wir nur alle vier Belastungsfälle (Fig. 120a bis d) übereinander zu legen, um die wirklichen Beanspruchungen zu bekommen, denn beim Übereinanderlegen heben sich alle äußern, von uns eingeführten Kräfte auf, und es bleiben nur noch die wirklichen Belastungen und Beanspruchungen zurück.

In Fig. 121 werden auf zeichnerischem Wege die Festhaltungskräfte $F_1 = 1,66$ t, $F_2 = 2,45$ t gefunden. Bei der Konstruktion wird bei Knotenpunkt D begonnen in gleicher Weise, wie wenn in E und in A feste Auflagen vorhanden wären. Zum Schluß finden wir dann die Auflagerkräfte R^A und R^E und daraus die Lage, Größe und Richtung der Gesamtreaktion R des als starr angenommenen Auflagerkörpers. Die vorliegende Belastung gibt keine Kräfte nach außen ab. Alle Querkräfte der Stäbe des festgehaltenen Systems, die nicht von den Normalkräften

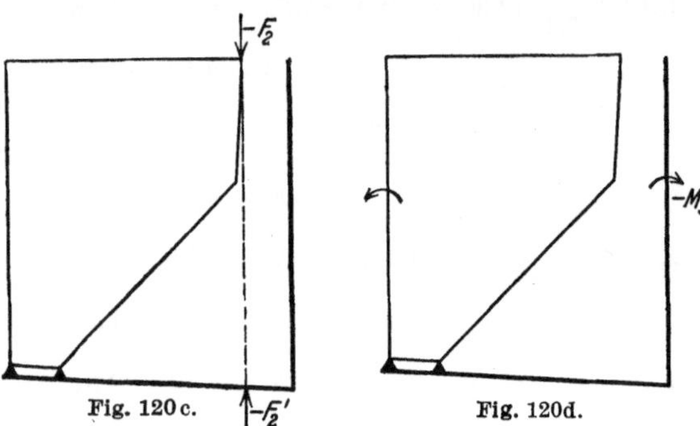

Fig. 120 c.   Fig. 120d.

aufgezehrt werden, weisen wir aber äußeren Festhaltungskräften zu. Damit das System in Ruhe bleibt, müssen diese unter sich im Gleichgewicht sein. Das Moment M_3 ist also in unserem Fall Null (Fig. 120d).

Um zu den Zusatzmomenten des Rechnungsganges II zu gelangen, entfernen wir zunächst in der üblichen Weise die äußere Kraft F_1 und halten den Eckpunkt C

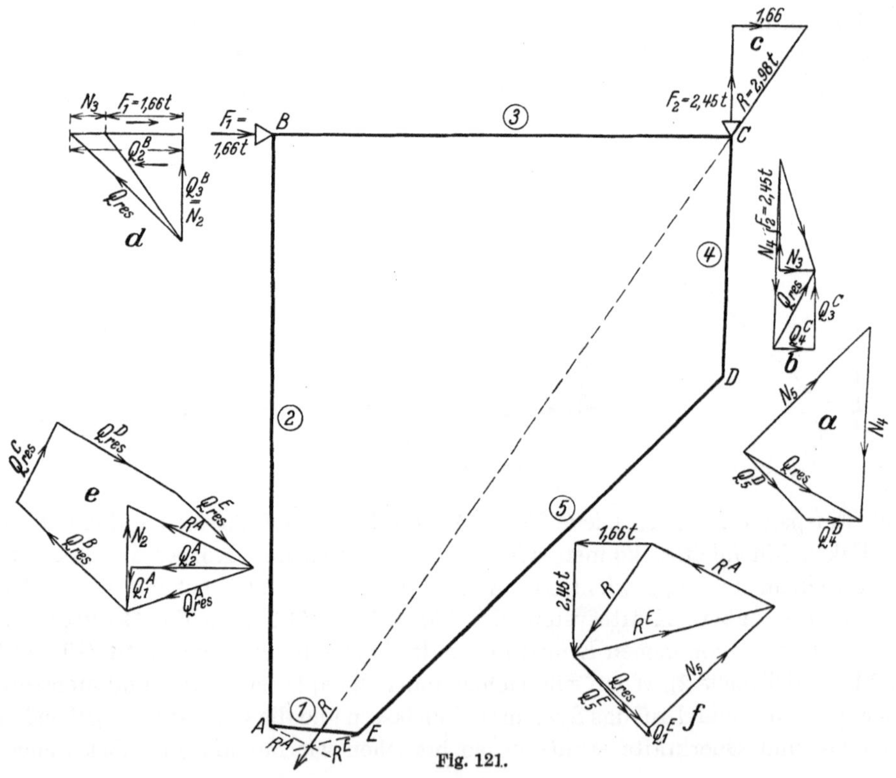

Fig. 121.

in der bisherigen Weise fest. Dadurch kommt die Reaktion Z und die Festhaltungskraft D_{II} zur Wirkung. Wir finden die entsprechenden Momente M_I^*, indem wir zunächst die Momente für eine Verschiebung des Eckpunktes B in der Kraftrichtung um $\varDelta = 1$ cm in bezug auf die festgedachte Auflagerung AE berechnen. In dem Verschiebungsplan Fig. 122 sind die gegenseitigen Verschiebun-

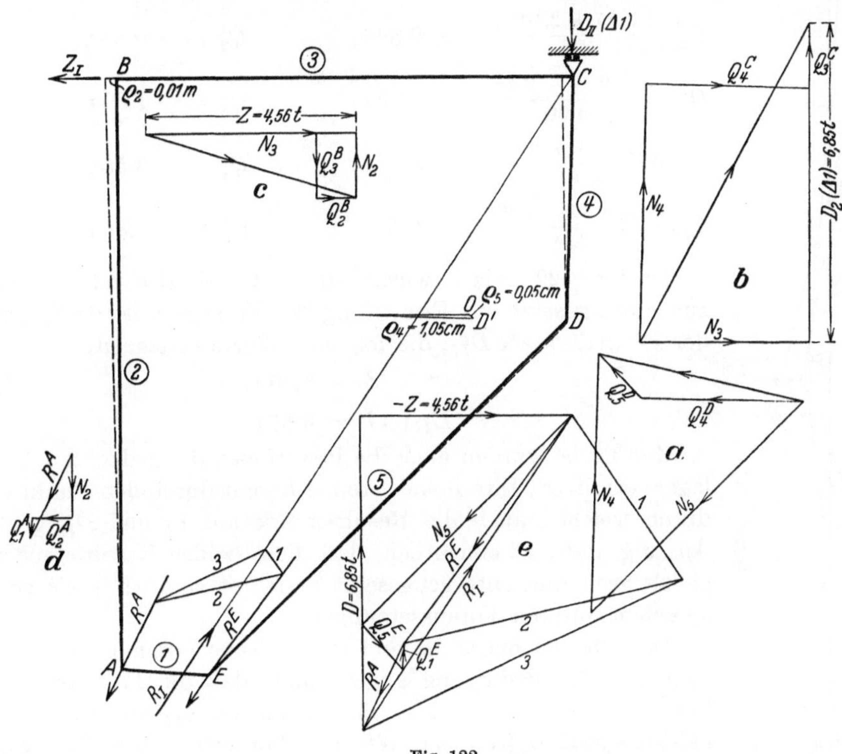

Fig. 122.

gen ϱ der Stabenden ermittelt. Mit diesen Werten und den bereits gefundenen Festpunktabständen (Fig. 115) und Drehwinkeln β (Tabelle 1) ergeben sich nach Gleichungen (515) und (520) die folgenden Eckmomente für die einzelnen Stäbe im

Verschiebungszustand I.

$$\text{Stab } 2\colon \quad M_2^A = -\frac{\varrho \cdot a_2}{l_2 \cdot \beta_2\,(l_2 - a_2 - b_2)} = -\frac{0,01 \cdot 1,71 \cdot 2\,100\,000}{5,12 \cdot 1495 \cdot 2,43} = -1,93 \text{ mt},$$

$$M_2^B = \qquad\qquad +1,93\,\frac{0,98}{1,71} = +1,12 \text{ mt}.$$

$$\text{Stab } 4\colon \quad M_4^C = -\frac{\varrho \cdot a_4}{l_4 \cdot \beta_4\,(l_4 - a_4 - b_4)} = -\frac{0,0105 \cdot 0,27 \cdot 2\,100\,000}{2,10 \cdot 612 \cdot 1,5} = -3,08 \text{ mt},$$

$$M_4^D = \qquad\qquad +3,08\,\frac{0,33}{0,27} = +3,77 \text{ mt}.$$

$$\text{Stab } 5\colon \quad M_5^D = +\frac{\varrho \cdot a_5}{l_5 \cdot \beta_5\,(l_5 - a_5 - b_5)} = +\frac{0,0005 \cdot 1,13 \cdot 2\,100\,000}{4,4 \cdot 1280 \cdot 1,8} = +0,12 \text{ mt},$$

$$M_5^E = \qquad\qquad -0,12\,\frac{1,47}{1,13} = -0,16 \text{ mt}.$$

Diese Momente werden in Fig. 123 einzeln aufgetragen und über das ganze System weitergeleitet. Aus den Summen der Eckmomente (siehe Fig. 123) ergeben sich die folgenden Querkräfte:

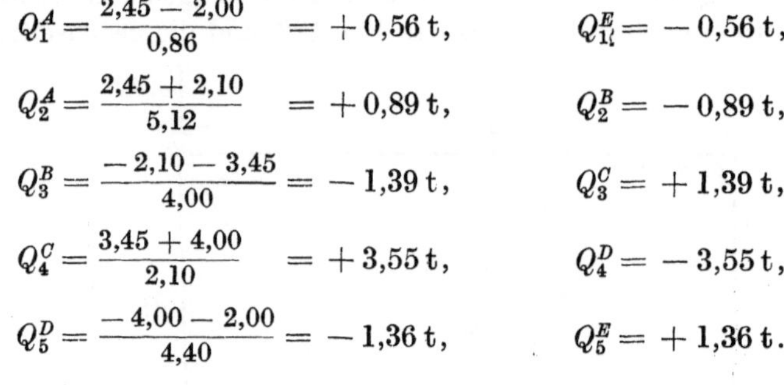

Fig. 123. Momente M'.

$$Q_1^A = \frac{2,45 - 2,00}{0,86} = +0,56\,\text{t}, \qquad Q_1^E = -0,56\,\text{t},$$

$$Q_2^A = \frac{2,45 + 2,10}{5,12} = +0,89\,\text{t}, \qquad Q_2^B = -0,89\,\text{t},$$

$$Q_3^B = \frac{-2,10 - 3,45}{4,00} = -1,39\,\text{t}, \qquad Q_3^C = +1,39\,\text{t},$$

$$Q_4^C = \frac{3,45 + 4,00}{2,10} = +3,55\,\text{t}, \qquad Q_4^D = -3,55\,\text{t},$$

$$Q_5^D = \frac{-4,00 - 2,00}{4,40} = -1,36\,\text{t}, \qquad Q_5^E = +1,36\,\text{t}.$$

In Fig. 122a bis c wurden diese Querkräfte zeichnerisch zusammengesetzt zur Ermittlung der Erzeugungskraft Z_I und der Festhaltekraft D_{II}, die folgende Werte erreichen:

$$Z_I = 4,56\,\text{t},$$

$$D_{II}(\Delta I) = 6,85\,\text{t}.$$

Zur Probe wurden auch die Reaktionen des gedachten Auflagers ermittelt. Ihre Resultierende R geht durch den Punkt C, durch welchen auch die Resultierende aus Z_I und D_{II} geht. Aus Fig. 122e ist ersichtlich, daß diese beiden Resultierenden gleich groß und entgegengesetzt gerichtet sind, d. h. sie entsprechen unseren Voraussetzungen.

Derselbe zeichnerische und rechnerische Vorgang wird nun auch für die Bedingung angewendet, daß die Festhaltungskraft F_2 wegfällt und also ihre Reaktion Z_{II} und die Festhaltungskraft $D_I(\Delta_{II})$ zur Wirkung kommen (siehe Fig. 124). Aus den gefundenen Werten ϱ des Verschiebungsplanes Fig. 124 bestimmen wir genau wie für den Verschiebungszustand I die Momente für den einzelnen Stab des

Verschiebungszustandes II.

Stab *3*:

$$M_3^B = +\frac{\varrho \cdot a_3}{l_3 \cdot \beta_3 \,(l_3 - a_3 - b_3)} = +\frac{0,01 \cdot 0,97 \cdot 2\,100\,000}{4,00 \cdot 1965 \cdot 1,89} = +1,36\,\text{mt},$$

$$M_3^C = \qquad\qquad\qquad\qquad\quad -1,36\,\frac{1,14}{0,97} = -1,62\,\text{mt}.$$

Stab *4*:

$$M_4^C = -\frac{\varrho \cdot a_4}{l_4 \cdot \beta_4 \,(l_4 - a_4 - b_4)} = -\frac{0,01 \cdot 0,27 \cdot 2\,100\,000}{2,10 \cdot 612 \cdot 1,50} = -2,95\,\text{mt}.$$

$$M_4^D = \qquad\qquad\qquad\qquad\quad +2,95\,\frac{0,33}{0,27} = +3,60\,\text{mt}.$$

Stab *5*: $\quad M_5^D = +\dfrac{\varrho \cdot a_5}{l_5 \cdot \beta_5 \,(l_5 - a_5 - b_5)} = +\dfrac{0,0147 \cdot 1,13 \cdot 2\,100\,000}{4,40 \cdot 1280 \cdot 1,80} = +3,42\,\text{mt},$

$$M_5^E = \qquad\qquad\qquad\qquad\quad -3,42\,\frac{1,47}{1,13} = -4,45\,\text{mt}.$$

Diese Momente werden in Fig. 125 mit Hilfe der Fixpunkte über das ganze System hin geleitet und für jeden Eckpunkt die Summe gebildet. Aus diesen Summen ergeben sich die folgenden Querkräfte an den Ecken des Systems:

$$Q_1^A = \frac{-6,20 + 1,20}{0,8} = -6,25\,\text{t}, \qquad Q_1^E = +6,25\,\text{t},$$

$$Q_2^A = +\frac{1,2 + 2,4}{5,12} = +0,70\,\text{t}, \qquad Q_2^B = -0,70\,\text{t},$$

$$Q_3^B = \frac{-2,4 - 5,10}{4,00} \quad -1,87\,\text{t}, \qquad Q_3^C = +1,87\,\text{t},$$

$$Q_4^C = +\frac{5,10 + 7,40}{2,10} \quad +5,95\,\text{t}, \qquad Q_4^D = -5,95\,\text{t},$$

$$Q_5^D = \frac{-7,40 - 6,2}{4,4} \quad -3,10\,\text{t}, \qquad Q_5^E = +3,10\,\text{t}.$$

Die zeichnerische Zusammensetzung dieser Kräfte in Fig. 124a, b und c ergibt:

$$D_I\,(\varDelta II) = -\;7,0\,\text{t},$$
$$Z_{II} = +12,35\,\text{t}.$$

In Fig. 124d und e werden überdies die Reaktionen am gedachten starren Auflagerstab bestimmt und zusammengesetzt. Daraus ist ersichtlich, daß die

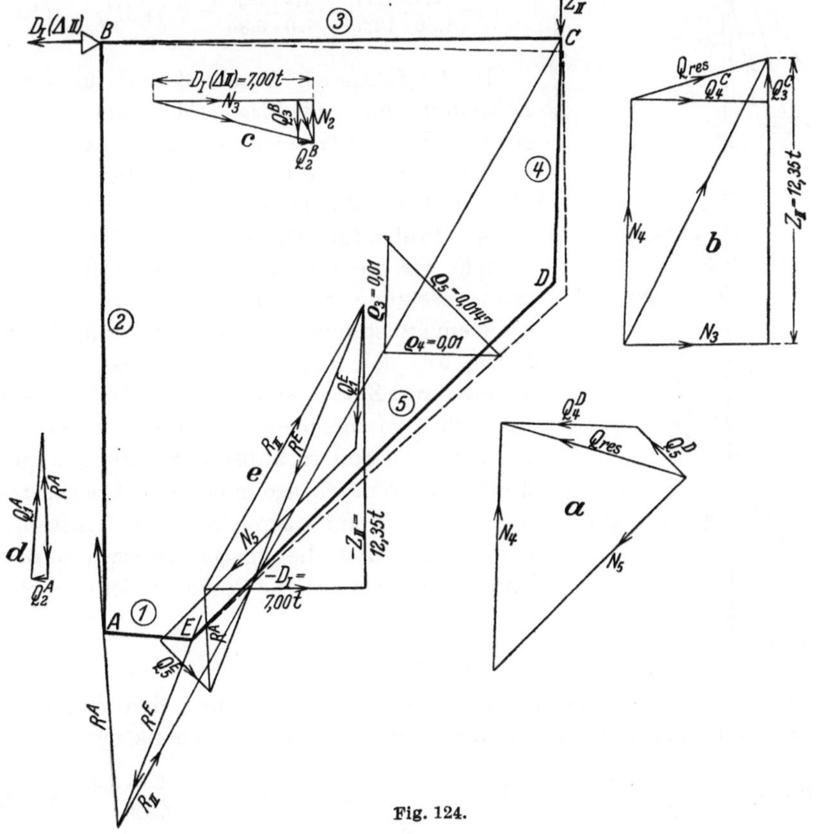

Fig. 124.

Resultierende dieser Auflagerkräfte die Kräfte D_I und Z_{II} im Gleichgewicht hält, und daß somit die Bedingungen der Probe erfüllt sind.

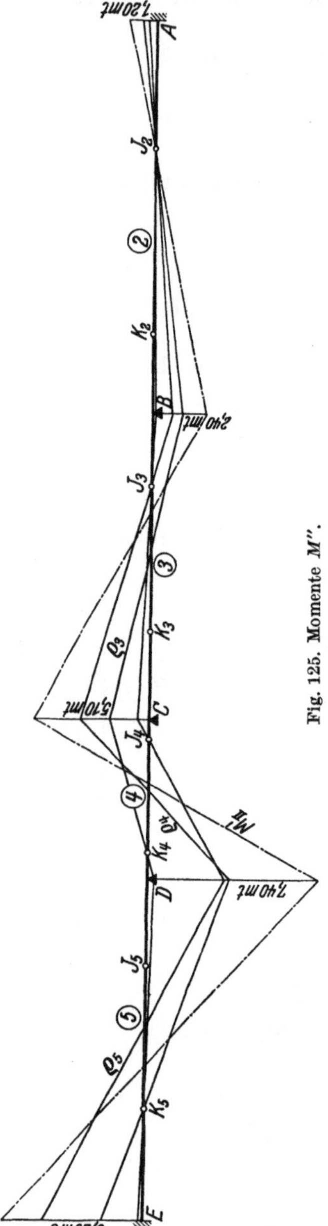

Fig. 125. Momente M''.

Mit Hilfe der vier gefundenen Kräfte Z_I, Z_{II}, D_{II} und D_I stellen wir zunächst die Formel auf für die Bestimmung der M^*-Momente, d. h. derjenigen Momente im Rahmen, welche sich erzeugen würden, wenn Verschiebungskräfte von der Größe $Z_I = 1{,}0$ t und $Z_{II} = 1{,}0$ t wirkten. Daraus können dann die wirklichen Zusatzmomente errechnet werden, indem wir diese M^*-Momente für die Krafteinheit mit den Werten der wirklichen Verschiebungskräfte Z_I bzw. Z_{II} multiplizieren.

Nach Gl. (544) und (545) ergibt sich:

$$M_I^* = \frac{Z_{II} \cdot M_I' - D_{II}(\varDelta I) \cdot M_{II}'}{Z_I \cdot Z_{II} - D_I(\varDelta II) \cdot D_{II}(\varDelta I)}$$

$$= \frac{12{,}35 \cdot M_I' - 6{,}85 \cdot M_{II}'}{4{,}56 \cdot 12{,}35 - 7{,}0 \cdot 6{,}85} = 1{,}455\, M_I' - 0{,}81\, M_{II}' ,$$

$$M_{II}^* = \frac{Z_I \cdot M_{II}' - D_I(\varDelta II) \cdot M_I'}{Z_I \cdot Z_{II} - D_I(\varDelta II) \cdot D_{II}(\varDelta I)}$$

$$= \frac{4{,}56 \cdot M_{II}' - 7{,}0 \cdot M_I'}{4{,}56 \cdot 12{,}35 - 7{,}0 \cdot 6{,}85} = 0{,}54\, M_{II}' - 0{,}825\, M_I' .$$

In der folgenden Tabelle 3 sind für sämtliche Eckpunkte die endgültigen Momente zusammengestellt. Diese setzen sich zusammen aus den Einflüssen der Belastungszustände Fig 120a bis c, also aus den Teilmomenten M_0, M_I und M_{II}.

Als Probe für die Momente M_I^* und M_{II}^* ermitteln wir die zugehörigen Querkräfte Ihre Zusammensetzung muß den Bedingungen der Verschiebungszustandes entsprechen, d. h. die Querkräfte aus den Momenten M_I^* müssen in B die äußere Kraft $Z_I = 1$ und an dem gedachten, starren Arm die entsprechende Reaktion hervorrufen, während alle andern äußeren Stützkräfte zu Null werden müssen. Ebenso müssen die Querkräfte aus M_{II}^* in C und am starren Arm die Kraft $Z_{II} = 1$ verursachen und die übrigen Stützen unbelastet lassen. Die zeichnerische Probe ist hier weggelassen.

Querkräfte.

Aus den in Tabelle 3 ermittelten Gesamtmomenten und den Wanddrücken ergeben sich die folgenden Querkräfte an den einzelnen Eckpunkten:

$$A_1 = 0{,}4 + \frac{-2{,}58 + 3{,}35}{0{,}80} = +1{,}37 , \qquad A_2 = 2{,}56 + \frac{-0{,}96 + 3{,}35}{5{,}12} = +3{,}02 ,$$

$$B_2 = 2{,}56 - 0{,}46 = +2{,}10 , \qquad B_3 = 2{,}00 + \frac{-2{,}04 + 0{,}96}{4{,}00} = +1{,}73 ,$$

$$C_3 = 2{,}00 + 0{,}27 = +2{,}27 , \qquad C_4 = 1{,}05 + \frac{+0{,}35 + 2{,}04}{2{,}10} = +2{,}17 ,$$

$$D_4 = 1{,}05 - 1{,}12 = -0{,}07 , \qquad D_5 = 2{,}20 + \frac{-0{,}35 - 2{,}58}{4{,}4} = +1{,}53 ,$$

$$E_5 = 2{,}20 + 0{,}67 = +2{,}87 , \qquad E_1 = 0{,}4 \ - 0{,}96 \qquad\; = -0{,}56 .$$

Tabelle 3.

	A	B	C	D	E
$1{,}455\,M_I'$	$-3{,}56$	$+3{,}05$	$-5{,}03$	$+5{,}82$	$-2{,}91$
$-0{,}810\,M_{II}'$	$+0{,}97$	$-1{,}95$	$+4{,}13$	$-6{,}00$	$+5{,}03$
M_I^*	$-2{,}59$	$+1{,}10$	$-0{,}90$	$-0{,}18$	$+2{,}12$
$M_I = 166\,M_I^*$	$-4{,}30$	$+1{,}83$	$-1{,}50$	$-0{,}30$	$+3{,}52$
$0{,}540\,M_{II}'$	$-0{,}66$	$+1{,}31$	$-2{,}76$	$+4{,}00$	$-3{,}35$
$-0{,}825\,M_I'$	$+2{,}01$	$-1{,}71$	$+2{,}84$	$-3{,}29$	$+1{,}65$
M_{II}^*	$+1{,}35$	$-0{,}40$	$+0{,}08$	$+0{,}71$	$-1{,}70$
$M_{II} = 2{,}45\,M_{II}^*$	$+3{,}31$	$-0{,}97$	$+0{,}19$	$+1{,}75$	$-4{,}17$
$M_I + M_{II}$	$-0{,}99$	$+0{,}86$	$-1{,}31$	$+1{,}45$	$-0{,}65$
M_0	$-2{,}36$	$-1{,}82$	$-0{,}73$	$-1{,}10$	$-1{,}93$
Gesamtmomente	$-3{,}35$	$-0{,}96$	$-2{,}04$	$+0{,}35$	$-2{,}58$

In der folgenden Tabelle 4 sind die Querkräfte der einzelnen Belastungszustände eingetragen, deren Summe die oben ermittelten Werte ergeben müssen.

Die Fig. 126 zeigt die Gesamtmomente an allen Stäben und die Fig. 126a bis e die aus den Querkräften ermittelten Normalkräfte. Da jede Normalkraft an zwei Knotenpunkten erscheint, ergibt diese Bestimmung der Normalkräfte eine letzte Probe für die Richtigkeit der Rechnung.

Tabelle 4.

Eckp.	Belastungszustand			Gesamt-querkraft
	R. I	$Z_I = 1{,}66$ t	$Z_{II} = 2{,}45$ t	
A_1	$+0{,}95$	$+9{,}77$	$-0{,}35$	$+1{,}37$
A_2	$+2{,}65$	$+1{,}21$	$-0{,}83$	$+3{,}02$
B_2	$+2{,}47$	$-1{,}21$	$+0{,}83$	$+2{,}09$
B_3	$+2{,}27$	$-0{,}83$	$+0{,}29$	$+1{,}73$
C_3	$+1{,}73$	$+0{,}83$	$-0{,}29$	$+2{,}27$
C_4	$+0{,}88$	$+0{,}56$	$+0{,}73$	$+2{,}17$
D_4	$+1{,}22$	$-0{,}56$	$-0{,}73$	$-0{,}07$
D_5	$+2{,}01$	$+0{,}87$	$-1{,}35$	$+1{,}53$
E_5	$+2{,}39$	$-0{,}87$	$+1{,}35$	$+2{,}87$
E_1	$-0{,}15$	$-9{,}77$	$+9{,}35$	$-0{,}56$

Die so erhaltenen Werte für die Belastung 1,0 t/m² kann nun der Bemessung zugrunde gelegt werden, indem sie für verschiedene Tiefen des Silos mit der Größe des Wanddruckes multipliziert werden. Ohne Fehler von praktischer Bedeutung können die ermittelten Zahlen auch dann für die ganze Silohöhe verwendet werden, wenn die Wandstärken, entsprechend der Belastung, nach oben abnehmen.

XII. Zweistöckiger Rahmenbinder eines Kühlturmes.
(Fig. 127.)

Die Stäbe 5 und 7 des oberen Stockwerkes des geschlossenen Rahmens mit beliebig gerichteten Säulen seien mit den Einzellasten $P_7 = P_5 = 10{,}00$ t belastet. Um die Berechnung für einen unsymmetrischen geschlossenen Rahmen vorzuführen, wurden die Trägheitsmomente symmetrisch liegender Stäbe verschieden angenommen. Die Festpunktabstände und Verteilungsmaße

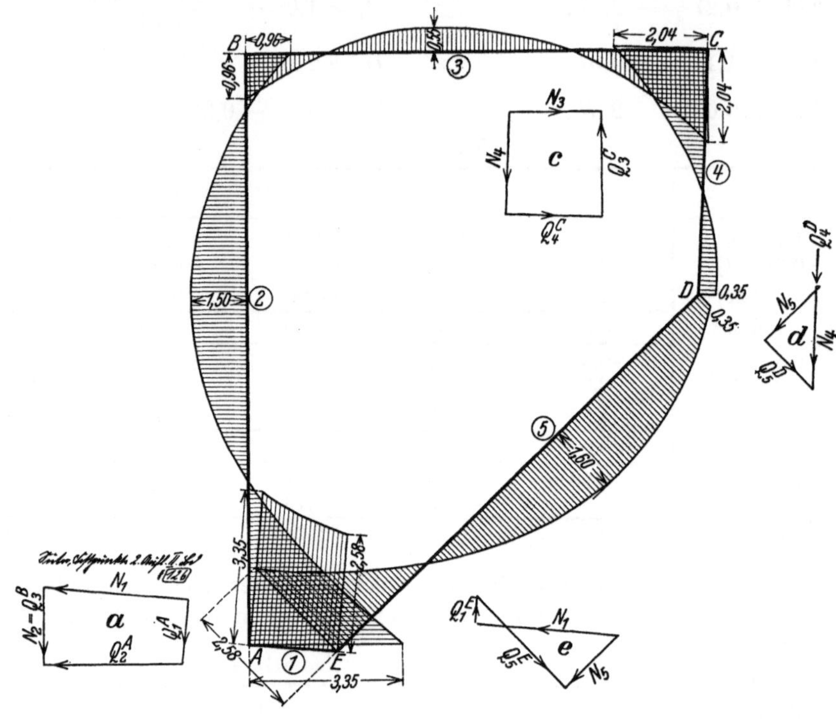

Fig. 126.

betrachten wir hier als gegeben; erstere sind in Fig. 128 eingetragen, letztere wurden ermittelt zu:

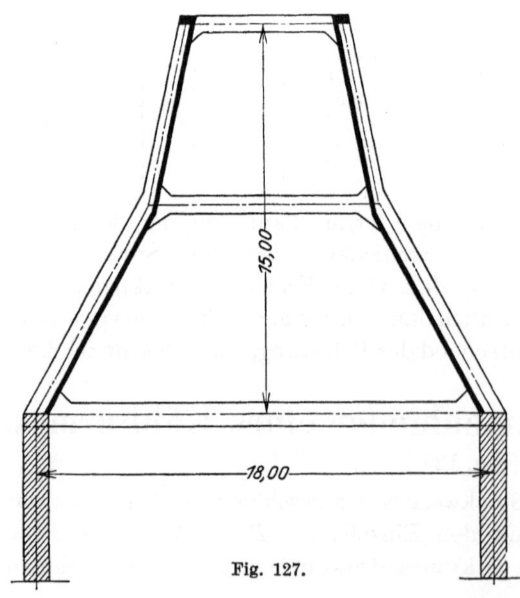

Fig. 127.

am Knotenpunkt C:

$$\mu^C_{2-5} = 0{,}449, \qquad \mu^C_{4-2} = 0{,}634,$$
$$\mu^C_{5-4} = 0{,}414, \qquad \mu^C_{5-2} = 0{,}586,$$
$$\mu^C_{2-4} = 0{,}551, \qquad \mu^C_{4-5} = 0{,}366;$$

am Knotenpunkt D:

$$\mu^D_{3-6} = 0{,}567, \qquad \mu^D_{4-3} = 0{,}603,$$
$$\mu^D_{6-4} = 0{,}330, \qquad \mu^D_{6-3} = 0{,}670,$$
$$\mu^D_{3-4} = 0{,}433, \qquad \mu^D_{4-6} = 0{,}397.$$

Momente des Rechnungsabschnittes I.

Die Kraft $P_5 = 10{,}00$ t zerlegen wir in ihre beiden Komponenten

$$P'_5 = P_5 \cdot \cos 30^0 = 8{,}66 \text{ t}$$

und

$$P''_5 = P_5 \cdot \sin 30^0 = 5{,}00 \text{ t}.$$

Die Komponente P_5'' kommt für die M_0-Momentenfläche nicht in Betracht; diese hat die größten Ordinaten

am Stab 5:

$$M_0 = \frac{8{,}66 \cdot 3{,}50 \cdot 3{,}72}{7{,}22} = 15{,}62 \text{ mt},$$

am Stab 7:

$$M_0 = \frac{10{,}00 \cdot 4{,}00 \cdot 2{,}00}{6{,}00} = 13{,}33 \text{ mt}.$$

Mittels Festpunkte und Verteilungsmaße können nun die Momente aus R. I der Fig. 128 in bekannter Weise ermittelt werden.

Festhaltungskräfte:

Knotenpunkt E:

Stab 7:

$$Q_7^E = \mathfrak{Q}_7^E + \frac{M_7^F - M_7^E}{l_7} = \frac{10{,}00 \cdot 2{,}00}{6{,}00} + \frac{-3{,}00 + 8{,}60}{6{,}00} = +3{,}333 + 0{,}934 = +4{,}267 \text{ t},$$

Stab 5:

$$Q_5^E = \mathfrak{Q}_5^E + \frac{M_5^E - M_5^C}{l_5} = \frac{-8{,}66 \cdot 3{,}50}{7{,}22} + \frac{-8{,}60 + 6{,}05}{7{,}22} = -4{,}200 - 0{,}353 = -4{,}553 \text{ t}.$$

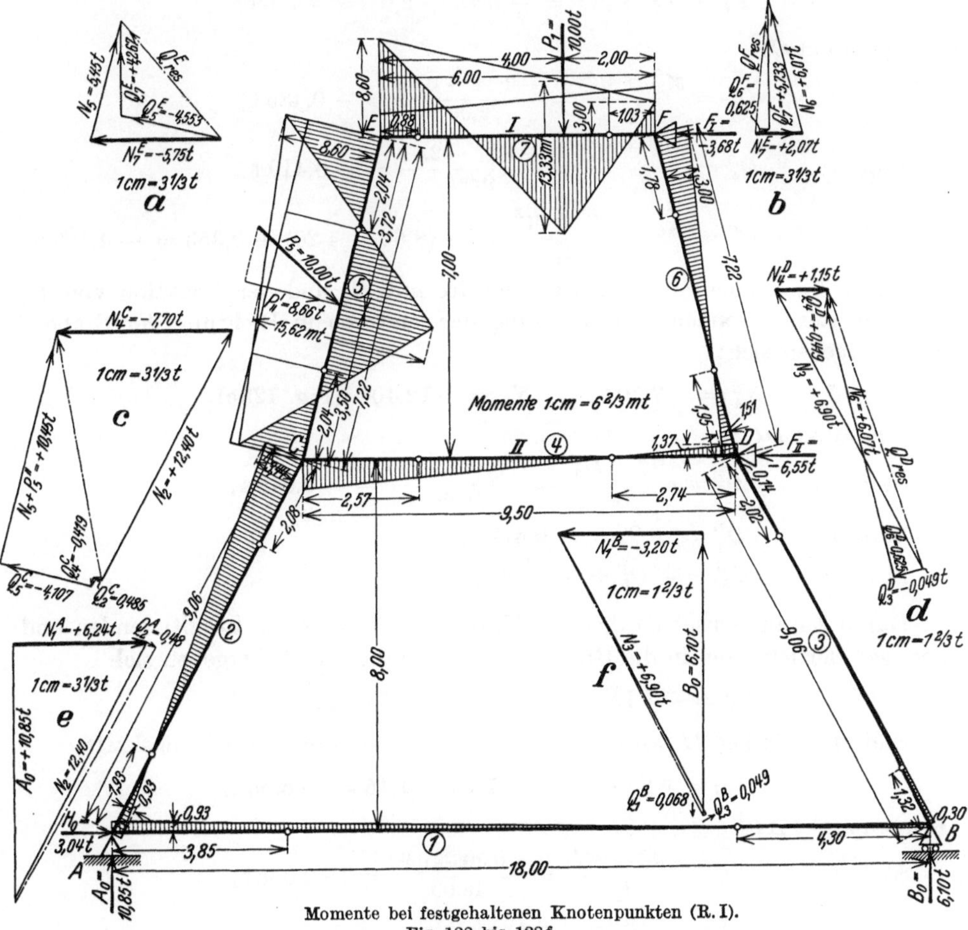

Momente bei festgehaltenen Knotenpunkten (R. I).
Fig. 128 bis 128f

Durch Vereinigung dieser beiden Querkräfte zu einer Resultierenden und Zerlegung derselben nach den beiden Stabrichtungen 5 und 7 erhalten wir die Horizontalkomponente

$$N_7^E = -5{,}75 \text{ t}$$

und eine Komponente in Richtung des Stabes 5:

$$N_5 = +5{,}45 \text{ t} \quad \text{(siehe Fig. 128a).}$$

Knotenpunkt F:

Stab 7: $Q_7^F = \mathfrak{Q}_7^F + \dfrac{M_7^E - M_7^F}{l_7} = (10{,}00 - 3{,}333) - 0{,}934 = +5{,}733 \text{ t},$

Stab 6: $Q_6^F = \dfrac{M_6^F - M_6^D}{l_6} = \dfrac{3{,}00 + 1{,}51}{7{,}22} = +0{,}625 \text{ t}.$

Durch Vereinigung dieser beiden Kräfte zu einer Resultierenden und Zerlegung derselben nach den Stabrichtungen 5 und 7 erhalten wir:

$$N_7^F = +2{,}07 \text{ t} \qquad \text{und} \qquad N_6 = +6{,}07 \text{ t} \quad \text{(Fig. 128b).}$$

Stab 7 = Balken I wird in Ruhe gehalten von:

$$\boldsymbol{F_I} = N_7^E + N_7^F = -5{,}75 + 2{,}07 = -\mathbf{3{,}68} \text{ t}.$$

Knotenpunkt C:

Stab 2: $Q_2^C = \dfrac{M_2^C - M_2^A}{l_2} = \dfrac{-3{,}44 - 0{,}93}{9{,}06} = -0{,}485 \text{ t},$

Stab 4: $Q_4^C = \dfrac{M_4^D - M_4^C}{l_4} = \dfrac{-1{,}37 - 2{,}61}{9{,}50} = -0{,}419 \text{ t},$

Stab 5: $Q_5^C = \mathfrak{Q}_5^C + \dfrac{M_5^C - M_5^E}{l_5} = -(8{,}66 - 4{,}20) + 0{,}353 = -4{,}107 \text{ t}.$

Durch Zusammensetzen dieser 3 Kräfte mit N_5 und der Reaktion von P_5'' zu einer Resultierenden und Zerlegung der letzteren in Richtung der Stäbe 4 und 2 ergeben sich:

$$N_4^C = -7{,}70 \text{ t}; \qquad N_2 = +12{,}40 \text{ t} \quad \text{(Fig. 128c).}$$

Knotenpunkt D:

Stab 3: $Q_3^D = \dfrac{M_3^D - M_3^B}{l_3} = \dfrac{-0{,}14 - 0{,}30}{9{,}06} = -0{,}049 \text{ t},$

Stab 4: $Q_4^D = -Q_4^C = +0{,}419 \text{ t},$

Stab 6: $Q_6^D = -Q_6^F = -0{,}625 \text{ t}.$

Durch Zusammensetzen dieser 3 Kräfte mit N_6 zu einer Resultierenden und Zerlegen der letzteren in die Richtungen der Stäbe 3 und 4 ergeben sich

$$N_4^D = +1{,}15 \text{ t}, \qquad N_3 = +6{,}90 \text{ t} \quad \text{(Fig. 128d).}$$

Stab 4 = Balken II wird in Ruhe gehalten von der Festhaltungskraft

$$\boldsymbol{F_{II}} = N_4^C + N_4^D = -7{,}70 + 1{,}15 = -\mathbf{6{,}55} \text{ t}.$$

Knotenpunkt A:

Stab 1: $Q_1^A = \dfrac{M_1^B - M_1^A}{l_1} = \dfrac{+0{,}30 + 0{,}93}{18{,}00} = +0{,}068 \text{ t},$

Stab 2: $Q_2^A = -Q_2^C = +0{,}485 \text{ t}.$

Vereinigen wir diese beiden Kräfte mit N_2 zu einer Resultierenden und zerlegen diese in eine horizontale und vertikale Komponente, so erhalten wir:

$$N_1^A = +6{,}25\,\mathrm{t} \qquad \text{und} \qquad A_0 = +10{,}85\,\mathrm{t} \ \text{(Fig. 128e)}.$$

Knotenpunkt B:

Stab 1:	$Q_1^B = -Q_1^A = -0{,}068\,\mathrm{t},$
Stab 3:	$Q_3^B = -Q_3^D = +0{,}049\,\mathrm{t}.$

Durch Zusammensetzen dieser beiden Kräfte mit N_3 zu einer Resultierenden und Zerlegen derselben in Richtung der Horizontalen und Vertikalen ergeben sind:

$$N_1^B = -3{,}20\,\mathrm{t} \qquad \text{und} \qquad B_0 = +6{,}10\,\mathrm{t} \ \text{(Fig. 128f)}.$$

Als Kontrolle für die Richtigkeit der ermittelten Querkräfte und deren Zerlegung müssen die 3 Gleichgewichtsbedingungen

$$\sum H = 0, \qquad \sum V = 0 \qquad \text{und} \qquad \sum M = 0$$

erfüllt sein.

Die Kraft P_5 schließt mit der Horizontalen den Winkel von 44^0 ein. Demnach ist:

$$V_5 = 10{,}00 \cdot \sin 44^0 = 6{,}05\,\mathrm{t},$$

$$H_5 = 10{,}00 \cdot \cos 44^0 = 7{,}19\,\mathrm{t}.$$

$$\sum H = F_I + F_{II} + H_5 + N_1^A + N_1^B = -3{,}68 + 7{,}19 - 6{,}55 + 6{,}24 - 3{,}20 = 0$$

$$\sum V = P_7 + V_5 + A_0 + B_0 = 10{,}00 + 6{,}95 - 10{,}90 - 6{,}05 = 0.$$

Drehpunkt E:
$$\sum M = P_7 \cdot 4{,}00 + F_{II} \cdot 7{,}00 + A_0 \cdot 6{,}00 - P_6' \cdot 3{,}72$$
$$- H_0 \cdot 15{,}00 - B_0 \cdot 12{,}00 = 10{,}00 \cdot 4{,}00 + 6{,}55$$
$$\cdot 7{,}00 + 10{,}85 \cdot 6{,}00 - 8{,}66 \cdot 3{,}72 - 3{,}04 \cdot 15{,}00$$
$$- 6{,}10 \cdot 12{,}00 = 0.$$

Momente aus Rechnungsabschnitt II.
Momente M'_I.

Wir verschieben zunächst den Stockwerkbalken I um $\varDelta = 0{,}01$ m nach rechts und halten dabei den unteren Balken II fest (Fig. 129). Dabei erleiden die Stäbe 5, 6 und 7 gegenseitige rechtwinklige Verschiebungen, und zwar ist $\varrho_5 = \varrho_6 = 0{,}01$ m und $\varrho_7 = 0{,}005$ m, woraus sich nach den Gl. (515) und (520) nachstehende Momente ergeben:

1. Infolge $\varrho_5 = 0{,}01$ m:

$$M_5^E = \frac{\varrho_5 \cdot b_5}{l_5 \cdot \beta_5\,(l_5 - a_5 - b_5)}, \qquad \beta_5 = 0{,}0000638$$

$$= \frac{0{,}01 \cdot 2{,}04}{7{,}22 \cdot 0{,}0000638 \cdot 3{,}14} = +14{,}10\,\mathrm{mt}, \qquad M_5^C = -14{,}10\,\mathrm{mt}.$$

2. Infolge $\varrho_6 = 0{,}01$ m mit $\beta_6 = 0{,}000040$:

$$M_6^F = \frac{0{,}01 \cdot 1{,}78}{7{,}22 \cdot 0{,}000040 \cdot 3{,}49} = +17{,}67\,\mathrm{mt},$$

$$M_6^D = \frac{17{,}67}{1{,}78} \cdot 1{,}95 = -19{,}34\,\mathrm{mt}.$$

3. Infolge $\varrho_7 = 0{,}005$ m mit $\beta_7 = 0{,}0000228$:

$$M_7^E = \frac{0{,}005 \cdot 0{,}80}{6{,}00 \cdot 0{,}0000228 \cdot 4{,}17} = +7{,}00\,\mathrm{mt}, \qquad M_7^F = \frac{7{,}00}{0{,}80} \cdot 1{,}03 = -9{,}00\,\mathrm{mt}.$$

Mittels Festpunkte und Verteilungsmaße sind diese Momente einzeln in Fig. 130 weitergeleitet und dann addiert worden, wodurch sich die Momente M'_I ergaben. Die **Erzeugungskraft** Z_I dieser Momente erhalten wir wie folgt: Knotenpunkt E:

Stab 7:
$$Q_7^E = \frac{-29,63 - 24,05}{6,00} = -8,95\,\text{t},$$

Stab 5:
$$Q_5^E = \frac{+24,05 + 18,90}{7,22} = +5,95\,\text{t}.$$

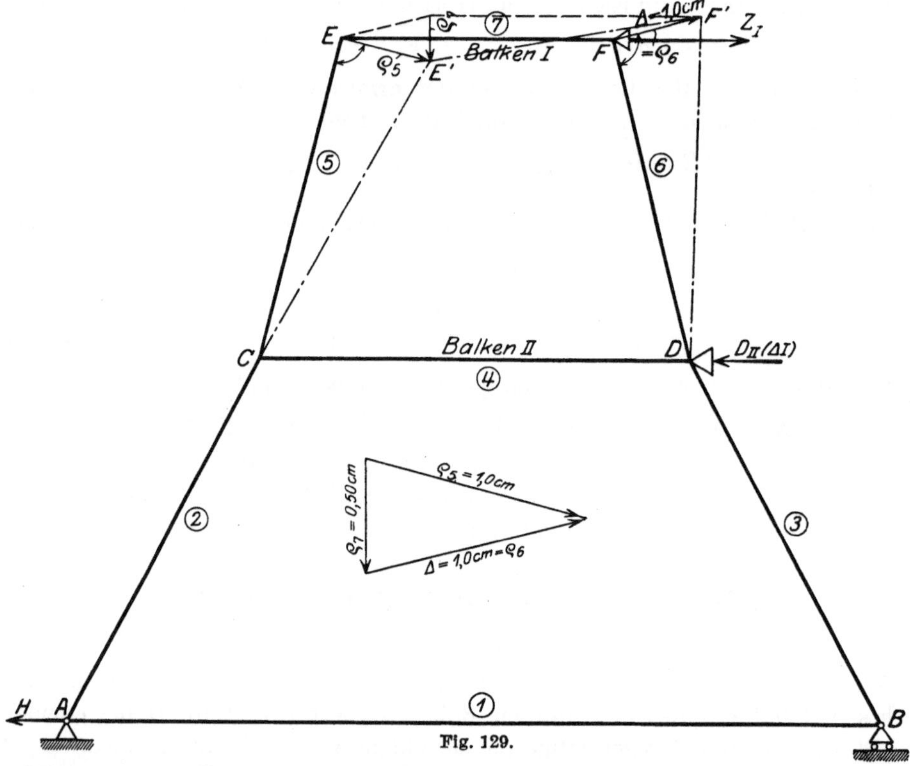

Diese beiden Kräfte zu einer Resultierenden vereinigt und letztere nach den Stabrichtungen 7 und 5 zerlegt gibt:

$$N_7^E = +8,40\,\text{t} \qquad \text{und} \qquad N_5 = -10,70\,\text{t} \;\; (\text{Fig. 130a}).$$

Knotenpunkt F:

Stab 7:
$$Q_7^F = -Q_7^E = +8,95\,\text{t},$$

Stab 6:
$$Q_6^F = \frac{+29,63 + 24,96}{7,22} = +7,56\,\text{t}.$$

Die nach den Stabrichtungen 7 und 6 zerlegte Resultierende aus diesen beiden Kräften ergibt:

$$N_7^F = +10,00\,\text{t} \qquad \text{und} \qquad N_6 = +11,10\,\text{t} \;\; (\text{Fig. 130b}).$$

Somit beträgt die Erzeugungskraft am Balken I:

$$Z_I = N_7^E + N_7^F = 8,40 + 10,00 = +18,40\,\text{t}.$$

Nun benötigen wir noch die Festhaltungskraft $D_{II(\varDelta I)}$ am Balken II, welche wie folgt bestimmt wird:

Knotenpunkt C:

Stab 2: $\qquad Q_2^C = \dfrac{-8{,}61 - 3{,}13}{9{,}06} = -1{,}30\,\mathrm{t}$,

Stab 4: $\qquad Q_4^C = \dfrac{-10{,}74 - 10{,}29}{9{,}50} = -2{,}21\,\mathrm{t}$,

Stab 5: $\qquad Q_5^C = -Q_5^E = -5{,}95\,\mathrm{t}$.

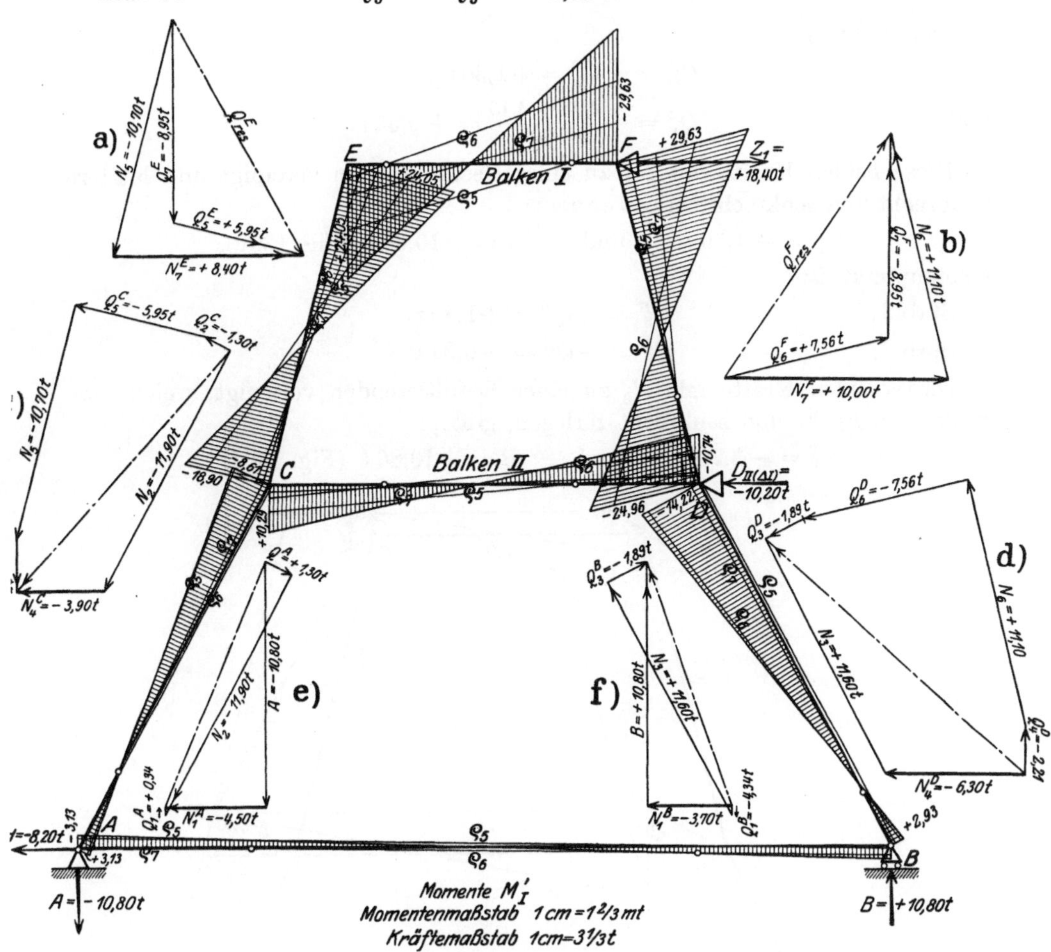

Momente M'_I
Momentenmaßstab $1\,cm = 1^2/_3\,mt$
Kräftemaßstab $1\,cm = 3^1/_3\,t$

Fig. 130 bis 130 f.

Diese drei Kräfte mit N_5 zu einer Resultierenden vereinigt und letztere nach den Stabrichtungen 4 und 2 zerlegt ergibt:

$$N_4^C = -3{,}90\,\mathrm{t} \qquad \text{und} \qquad N_2 = -11{,}90\,\mathrm{t}\ \text{(Fig. 130 c)}.$$

Knotenpunkt D:

Stab 3: $\qquad Q_3^D = \dfrac{-14{,}22 - 2{,}93}{9{,}06} = -1{,}89\,\mathrm{t}$,

Stab 4: $\qquad Q_4^D = -Q_4^C = +2{,}21\,\mathrm{t}$,

Stab 6: $\qquad Q_6^D = -Q_6^F = -7{,}56\,\mathrm{t}$.

11*

Diese drei Kräfte mit N_6 zu einer Resultierenden vereinigt und letztere nach den Stabrichtungen *4* und *3* zerlegt ergibt:

$$N_4^D = -6{,}30\,\mathrm{t} \qquad \text{und} \qquad N_3 = +11{,}60\,\mathrm{t}\ \text{(Fig. 130 d)}.$$

Der Balken *II* wird nun in Ruhe gehalten von:

$$\boldsymbol{D}_{II\,(\varDelta I)} = N_4^C + N_4^D = -3{,}90 - 6{,}30 = -10{,}20\,\mathrm{t}.$$

Wir bestimmen noch den Horizontalschub am festen Lager bei A, und zwar wie folgt:

Knotenpunkt A:

Stab *2*: $\qquad\qquad\qquad Q_2^A = -Q_2^C = +1{,}30\,\mathrm{t},$

Stab *1*: $\qquad\qquad\qquad Q_1^A = \dfrac{+2{,}93 + 3{,}13}{18{,}00} = +0{,}34\,\mathrm{t}.$

Diese beiden Kräfte mit N_3 zu einer Resultierenden vereinigt und letztere waagrecht und senkrecht zerlegt ergibt:

$$N_1^A = -4{,}50\,\mathrm{t} \qquad \text{und} \qquad A = -10{,}80\,\mathrm{t}\ \text{(Fig. 130 e)}.$$

Knotenpunkt B:

Stab *3*: $\qquad\qquad\qquad Q_3^B = -Q_3^D = +1{,}89\,\mathrm{t},$

Stab *1*: $\qquad\qquad\qquad Q_1^B = -Q_1^A = -0{,}34\,\mathrm{t}.$

Diese beiden Kräfte mit N_3 zu einer Resultierenden vereinigt, welche wir wieder waagrecht und senkrecht zerlegen, gibt:

$$N_1^B = -3{,}70\,\mathrm{t} \qquad \text{und} \qquad B = +10{,}80\,\mathrm{t}\ \text{(Fig. 130 f)}.$$

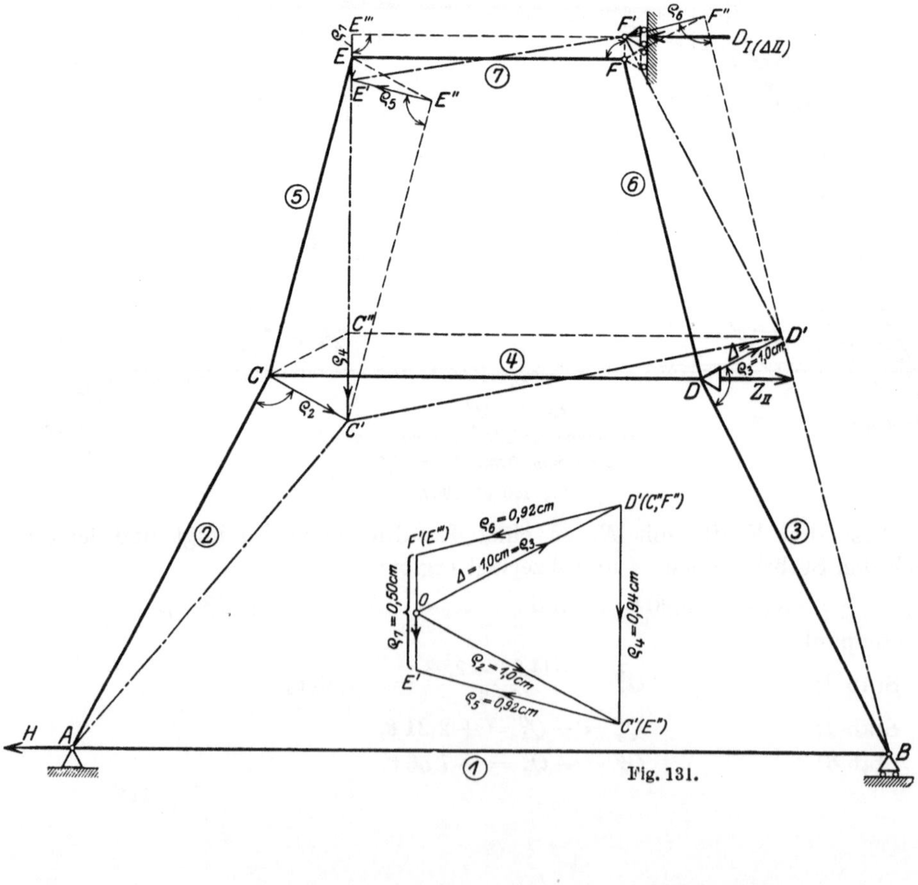

Fig. 131.

Am festen Auflager wirkt somit der Horizontalschub:

$$H = N_1^A + N_1^B = -4,50 - 3,70 = -8,20\,\text{t}\,.$$

Als Kontrolle ist, wie ersichtlich, $\sum H = 0$, $\sum V = 0$ und (Drehpunkt A)

$$\sum M = 18,40 \cdot 15,00 - 10,20 \cdot 8,0 - 10,80 \cdot 18,00 = 0\,.$$

Momente M'_{II}.

Wir verschieben jetzt den Balken II um $\varDelta = 1,0$ cm, wobei wir am Knotenpunkt F des Balkens I ein Rollenlager mit senkrechter Bahn angebracht denken. In Fig. 131 sind die gegenseitigen rechtwinkligen Verschiebungen ϱ der einzelnen Stäbe graphisch ermittelt worden, worauf wir nachstehend die einzelnen sich daraus ergebenden Momente an den Stabenden ermitteln können.

Nach den Gl. (515) und (520) erhalten wir mit den Drehwinkeln

$$\beta_2 = 0,0000338,$$
$$\beta_3 = 0,0000238,$$
$$\beta_4 = 0,0000528:$$

am Stab 2:
$$M_2^C = \frac{0,01 \cdot 2,08}{9,06 \cdot 0,0000338 \cdot 5,05} = +13,50\,\text{mt},$$

$$M_2^A = \frac{13,50}{2,08} \cdot 1,93 = -12,47\,\text{mt},$$

am Stab 3:
$$M_3^D = \frac{0,01 \cdot 2,02}{9,06 \cdot 0,0000238 \cdot 5,72} = +16,37\,\text{mt},$$

$$M_3^B = \frac{16,37}{2,02} \cdot 1,32 = -10,70\,\text{mt},$$

am Stab 4:
$$M_4^C = \frac{0,0094 \cdot 2,57}{9,50 \cdot 0,0000528 \cdot 4,19} = +11,50\,\text{mt},$$

$$M_4^D = \frac{11,50}{2,57} \cdot 2,74 = -12,26\,\text{mt}.$$

(Die Vorzeichen von M_2^A, M_3^B und M_4^D ergeben sich wieder aus der Anschauung.)

Für die Stäbe 5, 6 und 7 haben wir bei Verschiebung des Balkens I bereits die Momente für $\varrho_5 = \varrho_6 = 1,0$ cm und $\varrho_7 = 0,50$ cm ermittelt; durch Proportion erhalten wir:

am Stab 5: $M_5^E = -14,10 \cdot 0,92 = -12,97\,\text{mt};$ $M_5^C = +12,97\,\text{mt},$

am Stab 6: $M_6^F = -17,67 \cdot 0,92 = -16,25\,\text{mt};$ $M_6^D = +19,35 \cdot 0,92$
                       $= +17,80\,\text{mt},$

am Stab 7: $M_7^E = +7,00\,\text{mt};$ $M_7^F = -9,00\,\text{mt}.$

Diese Momente leiten wir wieder mittels Festpunkte und Verteilungsmaße über den Rahmen weiter, worauf wir durch Addition der Teilmomentenflächen die Momente M'_{II} (Fig. 132) erhalten.

Die zu diesen Momenten gehörige **Festhaltungskraft** $D_{I(\varDelta II)}$ und die **Erzeugungskraft** Z_{II} bestimmen wir wie folgt:

Knotenpunkt E:

Stab 5: $Q_5^E = \dfrac{-9,47 - 13,31}{7,22} = -3,16\,\text{t},$

Stab 6: $Q_7^E = \dfrac{+11,61 - 9,47}{6,00} = +3,51\,\text{t}.$

Die Resultierende aus diesen beiden Kräften nach den Stabrichtungen 7 und 5 zerlegt ergibt:

$$N_7^E = -4{,}10 \text{ t} \qquad \text{und} \qquad N_5 = +4{,}40 \text{ t} \quad \text{(Fig. 132 a)}.$$

Knotenpunkt F:

Stab 7: $\qquad\qquad\qquad Q_7^F = -Q_7^E = -3{,}51 \text{ t},$

Stab 6: $\qquad\qquad\qquad Q_6^F = \dfrac{-11{,}61 - 20{,}19}{7{,}22} = -4{,}40 \text{ t}.$

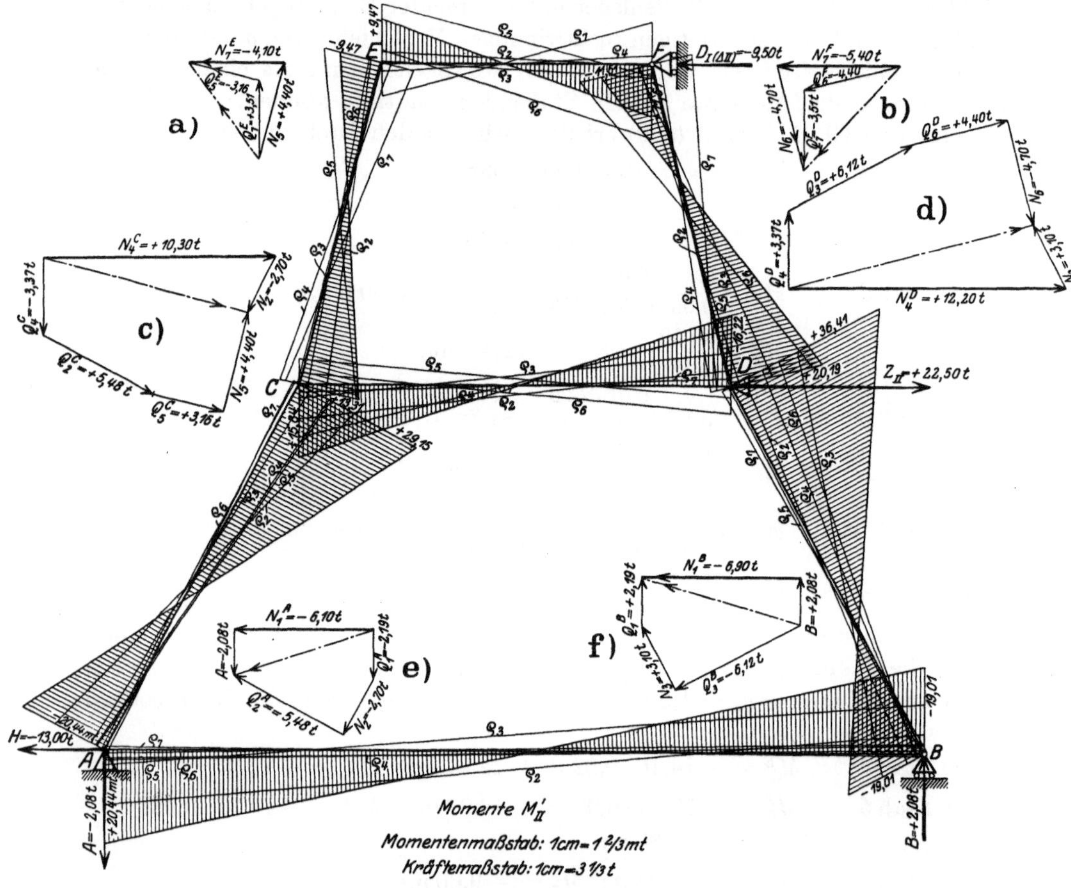

Fig. 132 bis 132f.

Die Resultierende dieser beiden Kräfte nach den Stabrichtungen 7 und 6 zerlegt ergibt:

$$N_7^F = -5{,}40 \text{ t} \qquad \text{und} \qquad N_6 = -4{,}70 \text{ t} \quad \text{(Fig. 132 b)},$$

und nun ist die Festhaltungskraft

$$D_{I\,(\varDelta II)} = N_7^E + N_7^F = -4{,}10 - 5{,}40 = -9{,}50 \text{ t}.$$

Diese Kraft regelt, wie vorausgesetzt, die Verschiebung des Knotenpunktes F bzw. des oberen Stockwerkes.

Die Erzeugungskraft Z_{II} der Momente M'_{II} bestimmt sich wie folgt:

Knotenpunkt C:

Stab 2: $\qquad Q_2^C = \dfrac{+\,29{,}15 + 20{,}44}{9{,}06} = +\,5{,}48\,\text{t},$

Stab 4: $\qquad Q_4^C = \dfrac{-\,16{,}22 - 15{,}84}{9{,}50} = -\,3{,}37\,\text{t},$

Stab 5: $\qquad Q_5^C = -\,Q_5^E = +\,3{,}16\,\text{t}.$

Diese drei Kräfte mit N_5 zu einer Resultierenden vereinigt und letztere nach den Stabrichtungen 4 und 2 zerlegt gibt:

$$N_4^C = +\,10{,}30\,\text{t} \qquad \text{und} \qquad N_2 = -\,270\,\text{t} \quad \text{(Fig. 132c)}.$$

Knotenpunkt D:

Stab 3: $\qquad Q_3^D = \dfrac{+\,36{,}41 + 19{,}01}{9{,}06} = +\,6{,}12\,\text{t},$

Stab 4: $\qquad Q_4^D = -\,Q_4^C = +\,3{,}37\,\text{t},$

Stab 6: $\qquad Q_6^D = -\,Q_6^F = +\,4{,}40\,\text{t}.$

Diese drei Kräfte mit N_6 zu einer Resultierenden zusammengesetzt und letztere nach den Stabrichtungen 4 und 3 zerlegt ergibt:

$$N_4^D = +\,12{,}20\,\text{t} \qquad \text{und} \qquad N_3 = +\,3{,}10\,\text{t} \quad \text{(Fig. 132d)};$$

nun ist die Erzeugungskraft Z_{II} am Balken II:

$$\boldsymbol{Z_{II}} = N_4^C + N_{4|}^D = +\,10{,}30 + 12{,}20 = +\,22{,}50\,\text{t}.$$

Wir bestimmen noch den Horizontalschub am festen Lager bei A, und zwar wie folgt:

Knotenpunkt A:

Stab 2: $\qquad Q_2^A = -\,Q_2^C = -\,5{,}48\,\text{t},$

Stab 1: $\qquad Q_1^A = \dfrac{-\,19{,}01 - 20{,}44}{18{,}00} = -\,2{,}19\,\text{t}.$

Diese beiden Kräfte mit N_2 zu einer Resultierenden vereinigt und letztere horizontal und lotrecht zerlegt ergibt:

$$N_1^A = -\,6{,}10\,\text{t} \qquad \text{und} \qquad A = -\,2{,}08\,\text{t} \quad \text{(Fig. 132e)}.$$

Knotenpunkt B:

Stab 3: $\qquad Q_3^B = -\,Q_3^D = -\,6{,}12\,\text{t},$

Stab 1: $\qquad Q_1^B = -\,Q_1^A = +\,2{,}19\,\text{t}.$

Diese beiden Kräfte mit N_3 zu einer Resultierenden vereinigt und letztere waagrecht und senkrecht zerlegt ergibt:

$$N_1^B = -\,6{,}90\,\text{t} \qquad \text{und} \qquad B = +\,2{,}08\,\text{t} \quad \text{(Fig. 132f)}.$$

Am festen Lager in A wirkt daher der Horizontalschub:

$$H = N_1^A + N_1^B = -\,6{,}10 - 6{,}90 = -\,13{,}00\,\text{t}.$$

Als Kontrolle müssen die drei Gleichgewichtsbedingungen erfüllt sein. $\sum H = 0$ und $\sum V = 0$ sind, wie ohne weiteres ersichtlich, erfüllt; die dritte Bedingung mit A als Pol ergibt:

$$\sum M = 22{,}50 \cdot 8{,}00 - 9{,}50 \cdot 15{,}00 - 2{,}08 \cdot 18{,}00 = 0\,.$$

Tabelle der Momente.

Schnitt	A_1	A_2	B_1	B_3	C_2	C_4	C_5
$0{,}07096\,M'_I$	$-0{,}222$	$+0{,}222$	$+0{,}208$	$+0{,}208$	$-0{,}611$	$+0{,}730$	$-1{,}341$
$0{,}03217\,M'_{II}$	$+0{,}658$	$-0{,}658$	$-0{,}612$	$-0{,}612$	$+0{,}938$	$+0{,}510$	$+0{,}428$
M^*_I	$+0{,}436$	$-0{,}436$	$-0{,}404$	$-0{,}404$	$+0{,}327$	$+1{,}240$	$-0{,}913$
$V_I \cdot M^*_I$	$+1{,}604$	$-1{,}604$	$-1{,}487$	$-1{,}487$	$+1{,}203$	$+4{,}563$	$-3{,}360$
$0{,}02996\,M'_I$	$-0{,}094$	$+0{,}094$	$+0{,}088$	$+0{,}088$	$-0{,}258$	$+0{,}308$	$-0{,}566$
$0{,}05803\,M'_{II}$	$+1{,}186$	$-1{,}186$	$-1{,}103$	$-1{,}103$	$+1{,}691$	$+0{,}919$	$+0{,}772$
M^*_{II}	$+1{,}092$	$-1{,}092$	$-1{,}015$	$-1{,}015$	$+1{,}433$	$+1{,}227$	$+0{,}206$
$V_{II} \cdot M^*_{II}$	$+7{,}153$	$-7{,}153$	$-6{,}648$	$-6{,}648$	$+9{,}386$	$+8{,}037$	$+1{,}349$
$M_{(R.I.)}$	$-0{,}93$	$+0{,}93$	$+0{,}30$	$+0{,}30$	$-3{,}44$	$+2{,}61$	$-6{,}05$
$M_{zus.}$	$+8{,}757$	$-8{,}757$	$-8{,}135$	$-8{,}135$	$+10{,}589$	$+12{,}600$	$-2{,}011$
M_{total}	$+7{,}827$	$-7{,}827$	$-7{,}835$	$-7{,}835$	$+7{,}149$	$+15{,}210$	$-8{,}061$

Schnitt	D_3	D_4	D_6	E_5	E_7	F_6	F_7
$0{,}07096\,M'_I$	$-1{,}009$	$-0{,}762$	$-1{,}771$	$+1{,}707$	$+1{,}707$	$+2{,}103$	$-2{,}103$
$0{,}03217\,M'_{II}$	$+1{,}171$	$-0{,}522$	$+0{,}649$	$-0{,}305$	$-0{,}305$	$-0{,}373$	$+0{,}373$
M^*_I	$+0{,}162$	$-1{,}284$	$-1{,}122$	$+1{,}402$	$+1{,}402$	$+1{,}730$	$-1{,}730$
$V_I \cdot M^*_I$	$+0{,}596$	$-4{,}725$	$-4{,}129$	$+5{,}159$	$+5{,}159$	$+6{,}366$	$-6{,}366$
$0{,}02996\,M'_I$	$-0{,}426$	$-0{,}322$	$-0{,}748$	$+0{,}721$	$+0{,}721$	$+0{,}888$	$-0{,}888$
$0{,}05803\,M'_{II}$	$+2{,}113$	$-0{,}941$	$+1{,}172$	$-0{,}550$	$-0{,}550$	$-0{,}674$	$+0{,}674$
M^*_{II}	$+1{,}687$	$-1{,}263$	$+0{,}424$	$+0{,}171$	$+0{,}171$	$+0{,}214$	$-0{,}214$
$V_{II} \cdot M^*_{II}$	$+11{,}050$	$-8{,}273$	$+2{,}777$	$+1{,}120$	$+1{,}120$	$+1{,}402$	$-1{,}402$
$M_{(R.I.)}$	$-0{,}14$	$-1{,}37$	$-1{,}51$	$-8{,}60$	$-8{,}60$	$+3{,}00$	$-3{,}00$
$M_{zus.}$	$+11{,}646$	$-12{,}998$	$-1{,}352$	$+6{,}279$	$+6{,}279$	$+7{,}768$	$-7{,}768$
M_{total}	$+11{,}506$	$-14{,}368$	$-2{,}862$	$-2{,}321$	$-2{,}321$	$+10{,}768$	$-10{,}768$

Momente M^*_I und M^*_{II}.

Aus den eben ermittelten Momenten M'_I und M'_{II} sowie den zugehörigen Erzeugungs- und Festhaltungskräften bestimmen sich nach den Gl. (544) und (545) die M^*-Momente für die Krafteinheit am Balken I und II zu:

$$M^*_{II} = \frac{Z_{II} \cdot M'_I - D_{II(\Delta I)} \cdot M'_{II}}{Z_I \cdot Z_{II} - D_{I(\Delta II)} \cdot D_{II(\Delta I)}}$$

$$= \frac{+\,22{,}50\,M'_I + 10{,}20\,M'_{II}}{+\,18{,}40 \cdot 22{,}50 - 9{,}50 \cdot 10{,}20}$$

$$= +\,0{,}07096\,M'_I + 0{,}03217\,M'_{II},$$

$$M^*_{II} = \frac{Z_I \cdot M'_{II} - D_{I(\Delta II)} \cdot M'_I}{Z_I \cdot Z_{II} - D_{I(\Delta II)} \cdot D_{II(\Delta I)}}$$

$$= \frac{18{,}40\,M'_{II} + 9{,}50\,M'_I}{18{,}40 \cdot 22{,}50 - 9{,}50 \cdot 10{,}20}$$

$$= 0{,}02996\,M'_I + 0{,}05803\,M'_{II}.$$

In nebenstehender Tabelle sind die Momente M^* für die einzelnen Knotenpunkte berechnet und in Fig. 133 und 134 dargestellt. Zur Kontrolle der M^*-Momente ist in beiden Figuren die Querkraftszerlegung an den einzelnen Knotenpunkten durchgeführt, worauf die drei Gleichgewichtsbedingungen angeschrieben worden sind.

Die Zusatzmomente (Fig. 135) bestimmen sich nun zu:

$$M_{Zus.} = V_I \cdot M^*_I + V_{II} \cdot M^*_{II}$$

$$= +\,3{,}68\,M^*_I + 6{,}55\,M^*_{II}.$$

Diese addieren wir zu den Momenten aus R. I und erhalten damit die endgültigen Momente (Fig. 136) für die gegebene äußere Belastung.

Die den Totalmomenten entsprechenden

Querkräfte

ergeben sich zu:

am Stab 1:

$$Q_1^A = \frac{-7{,}835 - 7{,}827}{18{,}00} = -0{,}87\,t,$$

am Stab 2:

$$Q_2^A = \frac{-7{,}827 - 7{,}149}{9{,}06} = -1{,}65\,t,$$

am Stab 3:

$$Q_3^B = \frac{-7{,}835 - 11{,}506}{9{,}06} = -2{,}13\,t,$$

am Stab 4:

$$Q_4^o = \frac{-14{,}368 - 15{,}210}{9{,}50} = -3{,}10\,t,$$

am Stab 5:
$$Q_5^C = \mathfrak{D}_5^C + \frac{M_5^C - M_5^E}{l_5} = -4{,}46 + \frac{-8{,}061 + 2{,}321}{7{,}22}$$

$$= -4{,}46 - 0{,}80 = -5{,}26\,t,$$

$$Q_5^E = Q_5^E + \frac{M_5^C - M_5^E}{l_5} = +4{,}20 - 0{,}80 = +3{,}40\,t,$$

am Stab 6:
$$Q_6^D = \frac{-2{,}862 - 10{,}768}{9{,}06} = -1{,}89\,t,$$

am Stab 7:
$$Q_7^E = \mathfrak{D}_7^E + \frac{M_7^F - M_7^E}{l_7} = +3{,}33 + \frac{-10{,}768 + 2{,}321}{6{,}00}$$

$$= +3{,}33 - 1{,}41 = +1{,}92\,t,$$

$$Q_7^F = \mathfrak{D}_7^F + \frac{M_7^F - M_7^E}{l_7} = -6{,}67 - 1{,}41 = -8{,}08\,t.$$

Fig. 137 zeigt diese Querkräfte sowie ihre Zusammensetzung und Zerlegung an den einzelnen Knotenpunkten zwecks Gleichgewichtskontrolle.

XIII. Fachwerk-Kragdach an einem Silo.

Es soll nachstehend ein Binder des in Fig. 138 dargestellten Fachwerk-Kragdaches, dessen Stäbe im Silo fest eingespannt und im Knotenpunkt B (Fig. 139 u. f.) biegungsfest miteinander verbunden sind, für Eigengewicht, Schnee und Wind berechnet werden.

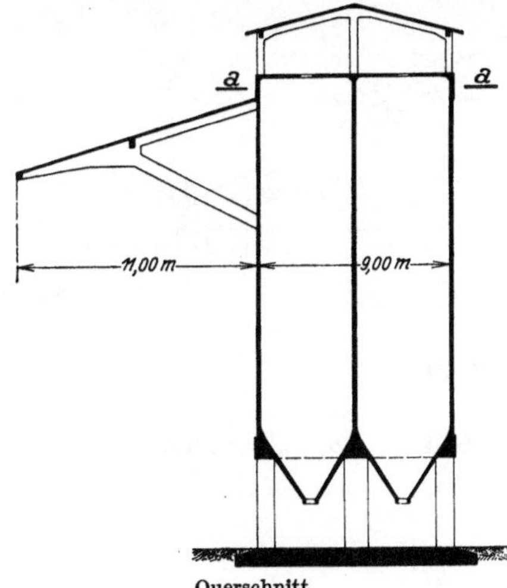

Querschnitt.

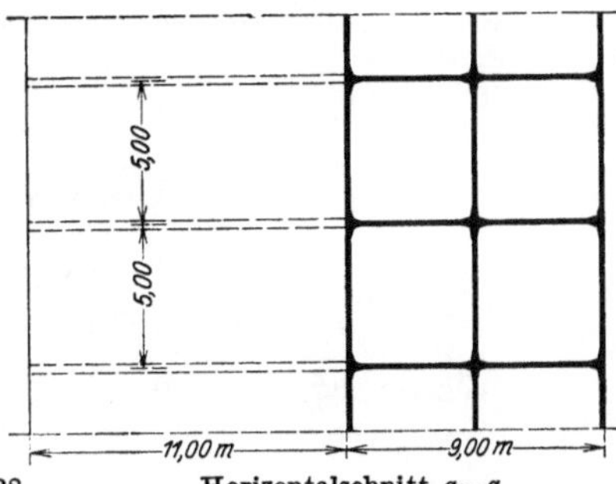

Horizontalschnitt a—a.

Fig. 138.

Drehwinkel.

Mit den in Fig. 138a eingeschriebenen Stablängen und Trägheitsmomenten erhalten wir die Stabdrehwinkel

$$\beta_2 = \frac{l_2}{6\,J_2\,E} = \frac{7{,}00}{6 \cdot 0{,}0086\,E} = \frac{135{,}6}{E},$$

$$\beta_3 = \frac{l_3}{6 \cdot J_3\,E} = \frac{7{,}60}{6 \cdot 0{,}0054\,E} = \frac{234{,}6}{E},$$

und bei fester Einspannung der Stabenden bei C und D ist:

$$\tau_2^B = 1{,}5\,\beta_2 = 1{,}5 \cdot \frac{135{,}6}{E} = \frac{203{,}4}{E} = \varepsilon_3^a,$$

$$\tau_3^B = 1{,}5\,\beta_3 = 1{,}5 \cdot \frac{234{,}6}{E} = \frac{351{,}9}{E} = \varepsilon_2^a.$$

Festpunkte.

Stab 2:
$$a_2 = \frac{l_2}{3 + \dfrac{\varepsilon_2^a}{\beta_2}} = \frac{7{,}00}{3 + \dfrac{351{,}9}{135{,}6}} = 1{,}25\,\mathrm{m},$$

$$b_2 = \frac{7{,}00}{3} = 2{,}33\,\mathrm{m},$$

Stab 3:
$$a_3 = \frac{l_3}{3 + \dfrac{\varepsilon_3^a}{\beta_3}} = \frac{7{,}60}{3 + \dfrac{203{,}4}{234{,}6}} = 1{,}97\,\mathrm{m}, \quad b_3 = \frac{7{,}60}{3} = 2{,}53\,\mathrm{m}.$$

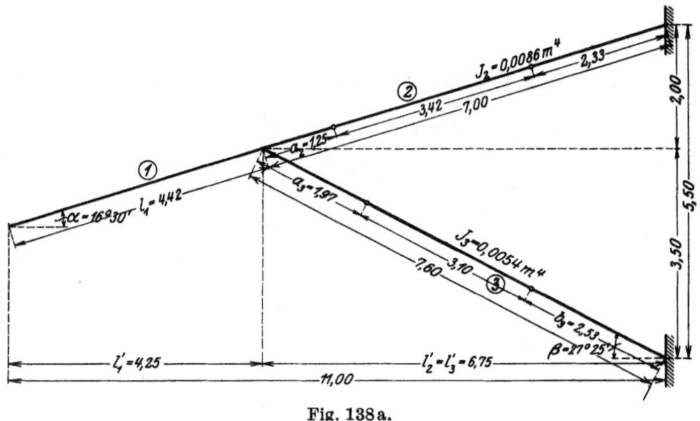

Fig. 138a.

Verteilungsmaße.

$$\mu_{1-2}^B = \frac{\tau_3^B}{\tau_2^B + \tau_3^B} = \frac{351{,}9}{203{,}4 + 351{,}9} = 0{,}634, \qquad \mu_{1-3} = 0{,}366,$$

$$\mu_{2-3}^B = \mu_{3-2}^B = 1{,}0.$$

Momente.

Belastung: Eigengewicht, Schnee und Wind.

Bei 5,00 m Rippenabstand und einer mittleren Rippenhöhe von 0,50 m beträgt das Eigengewicht in der Horizontalprojektion:

$$g = \frac{(0{,}10 \cdot 5{,}00 + 0{,}30 \cdot 0{,}50) \cdot 2{,}4}{\cos \alpha} = \frac{1{,}56}{0{,}958} = 1{,}62\,\mathrm{t/m},$$

Schnee und Wind: $0{,}100 \cdot 5{,}00 \qquad\qquad = 0{,}50\,\mathrm{t/m}$

$$q = 2{,}12\,\mathrm{t/m}.$$

M_0-Momente:

Stab *1*: $M_0 = \dfrac{2{,}12 \cdot 4{,}25^2}{2} = 19{,}15\,\mathrm{mt}$,

Stab *2*: $M_0 = \dfrac{2{,}12 \cdot 6{,}75^2}{8} = 12{,}09\,\mathrm{mt} = \dfrac{k_2}{2}$,

Stab *3*: $g = \dfrac{0{,}30 \cdot 0{,}60 \cdot 2{,}4}{\cos\beta} = \dfrac{0{,}432}{0{,}888} = 0{,}486\,\mathrm{t/m}$,

$$M_0 = \frac{0{,}486 \cdot 6{,}75^2}{8} = 2{,}77\,\mathrm{mt} = \frac{k_3}{2}.$$

In Fig. 139 sind die Momente ohne Berücksichtigung der Längenänderungen der Stäbe infolge der Normalkräfte als R. I dargestellt.

Normalkräfte.

Wir ermitteln dieselben, indem wir die am Knotenpunkt B wirkenden Auflagerdrücke zusammenfassen und dann nach den Stabrichtungen *2* und *3* zerlegen (siehe Fig. 139a); es ist am

Stab *1*: $A_1^B = q \cdot l_1' = 2{,}12 \cdot 4{,}25 \qquad\qquad = +\ 9{,}01\,\mathrm{t}$

Stab *2*: $A_2^B = \dfrac{q \cdot l_2'}{2} + \dfrac{M_2^C - M_2^B}{l_2'} = \dfrac{2{,}12 \cdot 6{,}75}{2} + \dfrac{-4{,}80 + 14{,}00}{6{,}75} = +\ 8{,}52\,\mathrm{t}$

Stab *3*: $A_3^B = \dfrac{g \cdot l_3'}{2} + \dfrac{M_3^D - M_3^B}{l_3'} = \dfrac{0{,}486 \cdot 6{,}75}{2} + \dfrac{-0{,}15 + 5{,}15}{6{,}75} = \underline{+\ 2{,}38\,\mathrm{t}}$

$$\sum A^B = +\ 19{,}91\,\mathrm{t}$$

$$N_2 = 19{,}91 \cdot \frac{\sin 62^0\,35'}{\sin 43^0\,55'} = 19{,}91 \cdot \frac{0{,}888}{0{,}693} = 25{,}20\,\mathrm{t}\ (\text{Zug}),$$

$$N_3 = 19{,}91 \cdot \frac{\sin 73^0\,30'}{\sin 43^0\,55'} = 19{,}91 \cdot \frac{0{,}959}{0{,}693} = 27{,}60\,\mathrm{t}\ (\text{Druck}).$$

Längenänderungen infolge der Normalkräfte.

$$E \cdot \varDelta l_2 = \frac{N_2 \cdot l_2}{F_2} = \frac{25{,}20 \cdot 7{,}00}{0{,}30 \cdot 0{,}60 + 0{,}10 \cdot 1{,}00} = 630\,\mathrm{t/m},$$

$$E \cdot \varDelta l_3 = \frac{N_3 \cdot l_3}{F_3} = \frac{-27{,}60 \cdot 7{,}60}{0{,}30 \cdot 0{,}60} = 1165\,\mathrm{t/m}.$$

Nun können wir die durch die Längenänderungen der Stäbe *2* und *3* verursachten gegenseitigen rechtwinkligen Verschiebungen ϱ_2 und ϱ_3 der Enden der Stäbe *2* und *3* nach Teil II, Kap. VII, konstruieren (siehe Fig. 139b). Außerdem können wir die Größe von ϱ_2 und ϱ_3 auch rechnerisch leicht ermitteln, da das von den Strecken $\varDelta l_2$, $\varDelta l_3$, ϱ_2 und ϱ_3 gebildete Viereck ein Kreisviereck ist; es ist darin:

$$\cos\gamma = \cos 43^0\,35' = 0{,}720,$$

und somit nach dem Cosinussatz

$$S = \sqrt{630^2 + 1165^2 + 2 \cdot 630 \cdot 1165 \cdot 0{,}720} = 1675.$$

Der Winkel φ ermittelt sich aus der Beziehung

$$\sin\varphi = \frac{E \cdot \varDelta l_3 \cdot \sin\gamma}{S} = \frac{1165 \cdot 0{,}693}{1675} = 0{,}478,$$

$$\varphi = 28^0\,35', \qquad \gamma - \varphi = 43^0\,35' - 28^0\,35' = 15^0.$$

Somit
$$E \cdot \varrho_2 = \frac{E \cdot \varDelta l_2}{\operatorname{tg}(\gamma - \varphi)} = \frac{630}{0{,}268} = 2350 \text{ t/m},$$

$$E \cdot \varrho_3 = \frac{E \cdot \varDelta l_3}{\operatorname{tg}\varphi} = \frac{1165}{0{,}545} = 2140 \text{ t/m}.$$

Damit erhalten wir nach den Gl. (515) und (520) die

Momente:

am Stab 2:
$$M_2^B = \frac{\varrho_2 \cdot a_2}{l_2 \cdot \beta_2 (l_2 - a_2 - b_2)} = \frac{2350 \cdot 1{,}25}{7{,}00 \cdot 135{,}6 \cdot 3{,}42} = +\,0{,}91 \text{ mt},$$

$$M_2^C = -\,\frac{M_2^B}{a_2} \cdot b_2 = -\,\frac{0{,}91}{1{,}25} \cdot 2{,}33 = -\,1{,}70 \text{ mt},$$

am Stab 3:
$$M_3^B = \frac{\varrho_3 \cdot a_3}{l_3 \cdot \beta_3 \cdot (l_3 - a_3 - b_3)} = \frac{2140 \cdot 1{,}97}{7{,}60 \cdot 234{,}7 \cdot 3{,}10} = +\,0{,}76 \text{ mt},$$

$$M_3^D = -\,\frac{M_3^B}{a_3} \cdot b_3 = -\,\frac{0{,}76}{1{,}97} \cdot 2{,}53 = -\,0{,}98 \text{ mt}.$$

Durch Weiterleitung dieser Momente und Addition erhalten wir die in Fig. 140 dargestellten Momente infolge der durch die Normalkräfte hervorgerufenen Längenänderungen der Stäbe *2* und *3*.

Durch Addition der Momente der Fig. 139 (R. I) und der Momente der Fig. 140 ergeben sich die Gesamtmomente der Fig. 141.

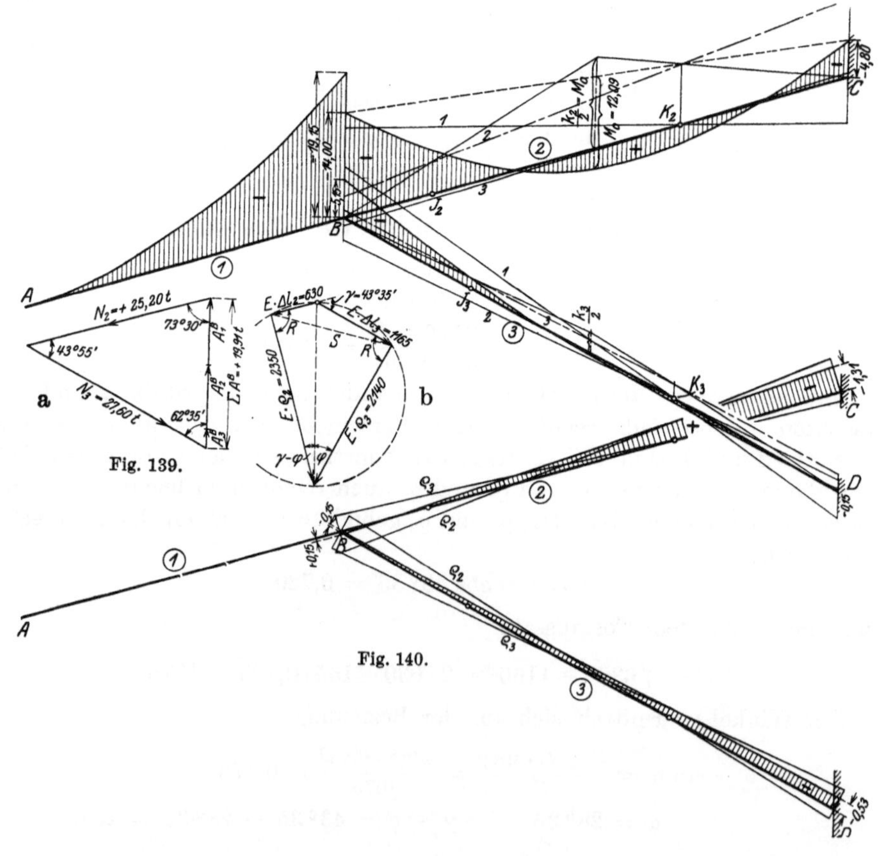

Fig. 139.

Fig. 140.

Querkräfte. (Fig. 142.)

$$Q_1^B = A_1^B \cdot \cos\alpha = 9{,}01 \cdot 0{,}958 = 8{,}63\,\text{t},$$

$$Q_2^B = \left(\frac{2{,}12 \cdot 6{,}75}{2} + \frac{-6{,}11 + 5{,}00}{6{,}75}\right) \cdot 0{,}958 = (7{,}15 - 0{,}16) \cdot 0{,}958 = +6{,}70\,\text{t},$$

$$Q_2^C = -(7{,}15 + 0{,}16) \cdot 0{,}958 = -7{,}00\,\text{t},$$

$$Q_3^B = \left(\frac{0{,}486 \cdot 6{,}75}{2} + \frac{-0{,}68 + 5{,}00}{6{,}75}\right) \cdot 0{,}888 = (1{,}64 + 0{,}64)\,0{,}888 = +2{,}92\,\text{t},$$

$$Q_3^D = (-1{,}64 + 0{,}64) \cdot 0{,}888 = -0{,}89\,\text{t}.$$

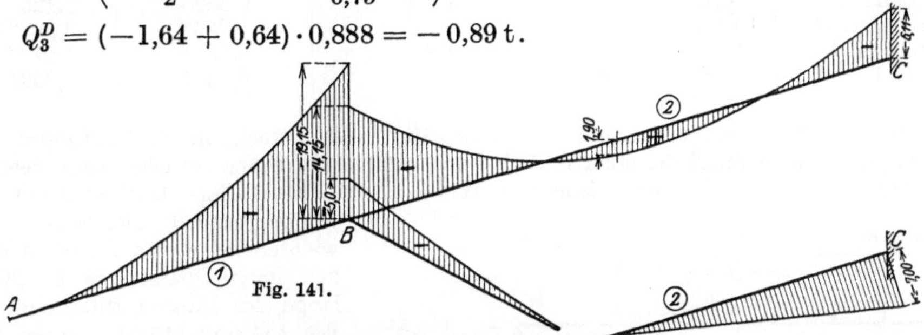

Fig. 141.

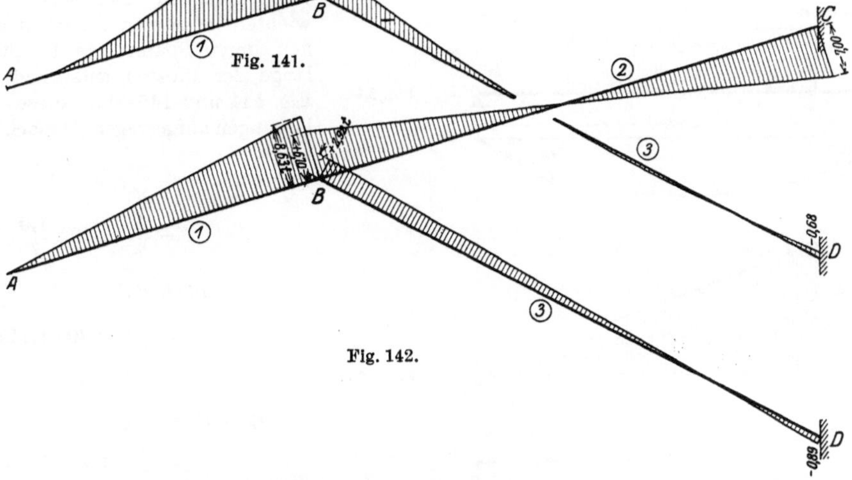

Fig. 142.

XIV. Tragwand eines Maschinenhauses als Vierendeelträger.

(Fig. 143 u. 143a.)

Die in Fig. 143 und 143a dargestellte Wand überträgt einen Teil des Eigengewichtes, die festen und veränderlichen Säulenlasten der Frontwand eines Maschinenhauses auf die Außenwände der darunter liegenden Einlaufspirale. Die zwischen den Fensteröffnungen übrigbleibenden Pfosten bilden zusammen mit der Brüstung und dem durchlaufenden Sturz

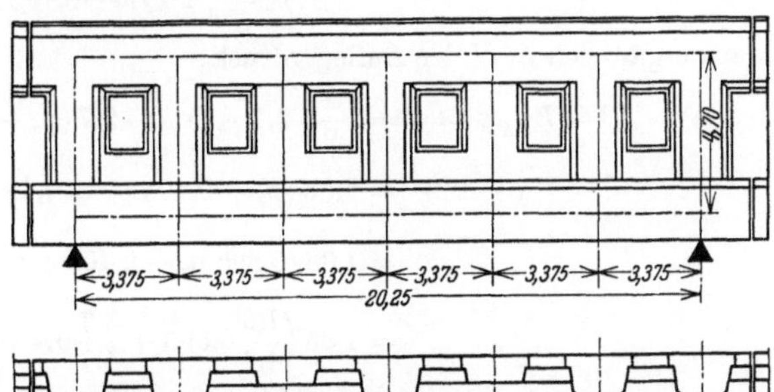

Fig. 143.

Fig. 143a.

einen Vierendeelträger. Die Lagerung und Spannweite sind aus Fig. 143 und die Stablänge aus Fig. 146 ersichtlich.

Im Laufe der Berechnung brauchen wir die folgenden Festwerte, die in der üblichen Weise ermittelt sind:

Tabelle 1.

Stäbe	Quer-schnitt m²	Trägheits-moment m⁴	$\dfrac{J_c}{J}$ $(J_c = 1,000 \text{ m}^4)$	$E \cdot J_c \cdot \beta = \dfrac{l}{6J}$ *	$E \cdot J_c \cdot \alpha = 2\beta$ *
Obergurt. . . .	2,89	0,7964	1,257	0,7071	1,414
Untergurt . . .	3,00	1,000	1,000	0,5625	1,125
Pfosten *9* u. *11* .	1,66	0,5708	1,755	1,056*	2,3692*
Pfosten *8, 10, 12*	2,88	0,824	1,215	0,730*	1,640*
Pfosten *1* u. *13* .	2,88	0,824	1,215	0,9517	1,9034

* Da die Mittelpfosten auf eine verhältnismäßig große Strecke in die Gurtungen eindringen, muß der Einfluß der starren Enden der senkrechten Stäbe berücksichtigt werden. Wir berechnen daher bei diesen Gliedern die Winkel α und β als Auflagerdrucke der mit den entsprechenden elastischen Gewichten belasteten einfachen Balken, deren Spannweite der Stablänge der Pfosten entspricht. In Fig. 144 und 145 sind diese Belastungen aufgetragen. Danach beträgt

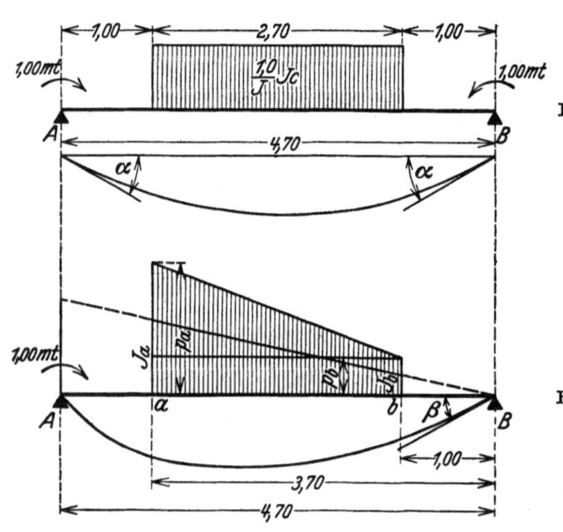

Fig. 144.

Fig. 145.

$$Q = EJ_c\alpha = \alpha'$$
$$= \frac{1}{2} \cdot 2{,}70 \cdot \frac{1{,}0}{J} \cdot J_c,$$

$$\alpha'_9 = \alpha'_{11}$$
$$= \frac{1}{2} \cdot 2{,}70 \cdot 1{,}755$$
$$= 2{,}3692,$$

$$\alpha'_8 = \alpha'_{10} = \alpha'_{12}$$
$$= \frac{1}{2} \cdot 2{,}70 \cdot 1{,}215$$
$$= 1{,}640.$$

Die Belastungshöhe für die Berechnung von β bzw. $E \cdot J \cdot \beta$, beträgt in *a*:

$$p_a = \frac{3{,}7}{4{,}7} \cdot 1{,}0 \cdot \frac{J_c}{J}$$

und in *b*:

$$p_b = \frac{1{,}0}{4{,}7} \cdot 1{,}0 \cdot \frac{J_c}{J}.$$

Daraus ergibt sich in *B* der Auflagerdruck:

$$Q^B = EJ_c\beta = \beta' = \left[\frac{1}{2} \cdot 2{,}7\, p_b + \frac{1}{2} \cdot 2{,}7\, (p_a - p_b) \frac{1{,}0 + \frac{1}{3} \cdot 2{,}7}{4{,}7} \right] \frac{J_c}{J}$$

$$= 1{,}35\, (p_b + 0{,}405\, p_a - 0{,}405\, p_b) \frac{J_c}{J}$$

$$= 1{,}35\, (0{,}595\, p_b + 0{,}405\, p_a) \frac{J_c}{J}$$

$$= 1{,}35 \left(\frac{1{,}0}{4{,}7}\, 0{,}595 + \frac{3{,}7}{4{,}7}\, 0{,}405 \right) \frac{J_c}{J}$$

$$= 0{,}602\, \frac{J_c}{J},$$

$$\beta'_9 = \beta'_{11} = 0{,}602 \cdot 1{,}755 = 1{,}056,$$
$$\beta'_8 = \beta'_{10} = \beta'_{12} = 0{,}602 \cdot 1{,}215 = 0{,}730.$$

Festpunkte.

Die Festpunkte sind auf rechnerischem Wege ermittelt. Zunächst wurden die Abstände b_7, b_8, b_9 und b_{10} geschätzt, darauf erfolgte die Berechnung genau in derselben Weise wie bei Beispiel 12.

Die gefundenen Werte a, $l-a$, b und $l-b$ sind in der folgenden Tabelle 2 (in m) zusammengestellt und in Fig. 146 aufgetragen.

Tabelle 2.

Stab	Länge l	Abstand a	Abstand b	$l-a$	$l-b$
1		0,575	0,935	2,80	2,44
2	3,375	0,930	0,910	2,445	2,465
3		0,910	0,935	2,465	2,44
4					
5		entsprechend *3, 2, 1*			
6					
7		1,19	1,12	3,51	3,58
8	4,700	1,61	1,54	3,09	3,16
9		1,77	1,69	2,93	3,01
10		1,64	1,55	3,06	3,15
11					
12		entsprechend *9, 8, 7*			
13					
14		0,645	0,960	2 73	2,415
15	3,375	0,955	0,935	2,42	2,440
16		0,935	0,960	2,44	2,415
17					
18		entsprechend *16, 15, 14*			
19					

Verteilungsmaße.

An den Knotenpunkten, außer denjenigen an den Endpfosten, kommen drei Stäbe zusammen, die Verteilung geschieht also überall nach dem Gesetz:

$$\mu_{1-2} = \frac{\tau_3^N}{\tau_2^N + \tau_3^N}. \qquad (37)\ (\text{s. Fig. } 147.)$$

Die Winkel τ sind bereits für die Bestimmung der Festpunkte ermittelt. Die Gleichung (37) liefert die im folgenden zusammengestellten Werte:

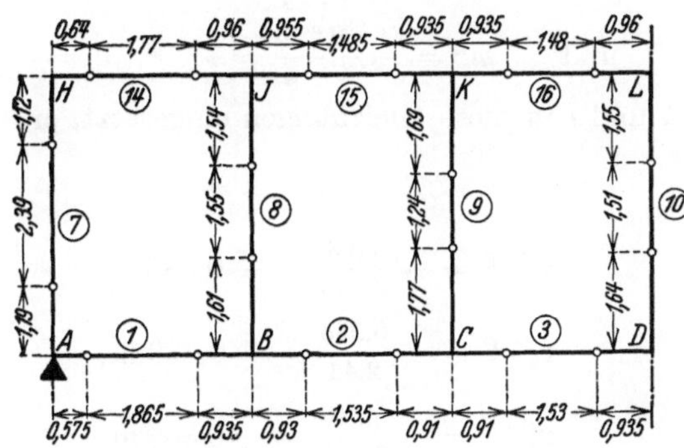

Fig. 146.

Fig. 147.

Knotenpunkt B:

$$\mu_{1-2}^B = 0{,}376,$$
$$\mu_{1-8}^B = 0{,}624,$$
$$\mu_{2-8}^B = 0{,}647,$$
$$\mu_{2-1}^B = 0{,}353,$$
$$\mu_{8-1}^B = 0{,}485,$$
$$\mu_{8-2}^B = 0{,}515.$$

Knotenpunkt C:

$$\mu_{2-3}^C = 0{,}438,$$
$$\mu_{2-9}^C = 0{,}562,$$
$$\mu_{3-2}^C = 0{,}438,$$
$$\mu_{3-9}^C = 0{,}562,$$
$$\mu_{9-2}^C = 0{,}500,$$
$$\mu_{9-3}^C = 0{,}500.$$

Knotenpunkt D:
$$\mu^D_{3-4} = 0{,}375,$$
$$\mu^D_{3-10} = 0{,}625,$$
$$\mu^D_{10-3} = 0{,}500.$$

Knotenpunkt J:
$$\mu^J_{14-15} = 0{,}316,$$
$$\mu^J_{14-8} = 0{,}684,$$
$$\mu^J_{15-14} = 0{,}298,$$
$$\mu^J_{15-8} = 0{,}702,$$
$$\mu^J_{8-14} = 0{,}479,$$
$$\mu^J_{8-15} = 0{,}521.$$

Knotenpunkt K:
$$\mu^K_{15-16} = 0{,}372,$$
$$\mu^K_{15-9} = 0{,}628,$$
$$\mu^K_{16-15} = 0{,}370,$$
$$\mu^K_{16-9} = 0{,}630,$$
$$\mu^K_{9-15} = 0{,}497,$$
$$\mu^K_{9-16} = 0{,}503.$$

Knotenpunkt L:
$$\mu^L_{16-17} = 0{,}312,$$
$$\mu^L_{16-10} = 0{,}688,$$
$$\mu^L_{10-16} = 0{,}500.$$

Da an jedem Knoten das Moment in zwei Stäbe weitergeleitet wird, müssen zur Probe die Summen zweier entsprechender $\mu = 1$ sein. Diese Bedingung ist überall erfüllt.

Weiterleitung der Knotenpunktmomente.

Damit wir die Eckmomente der einzelnen Stäbe auf rechnerischem Wege weiterleiten können, stellen wir für jeden Stab das Verhältnis auf, in welchem das weiterzuleitende Stützenmoment zu dem erzeugten Moment am andern Stabende steht.

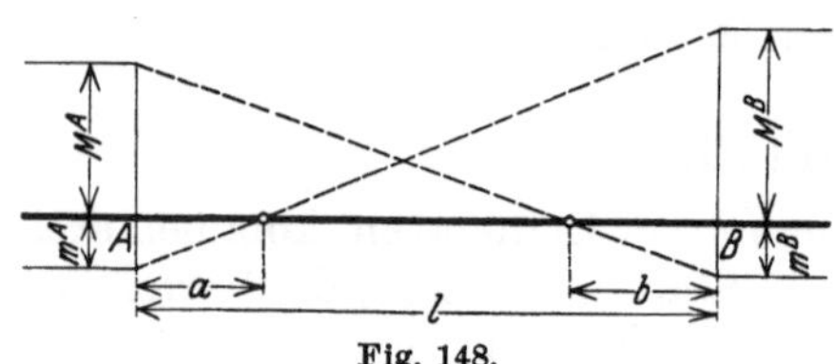

Fig. 148.

Nach Fig. 148 ist:
$$m^B = -\frac{M^A \cdot b}{l-b} = v^{A-B}$$

und

$$m^A = -\frac{M^B \cdot a}{l-a} = v^{B-A}.$$

Die bereits bekannten Größen a, b und l in diese Gleichungen eingesetzt, ergeben die folgenden Werte für v:

Untergurt:
$$v^{A-B}_1 = -\frac{0{,}935}{2{,}44} = -0{,}383\,\text{m},$$
$$v^{B-A}_1 = -\frac{0{,}575}{2{,}80} = -0{,}205\,\text{m},$$
$$v^{B-C}_2 = -\frac{0{,}910}{2{,}465} = -0{,}369\,\text{m},$$

$$v^{C-B}_2 = -\frac{0{,}93}{2{,}445} = -0{,}380\,\text{m},$$
$$v^{C-D}_3 = -\frac{0{,}935}{2{,}44} = -0{,}383\,\text{m},$$
$$v^{D-C}_3 = -\frac{0{,}910}{2{,}465} = -0{,}369\,\text{m}.$$

Pfosten:
$$v^{A-H}_7 = -\frac{1{,}12}{3{,}58} = -0{,}313\,\text{m},$$
$$v^{H-A}_7 = -\frac{1{,}19}{3{,}51} = -0{,}339\,\text{m},$$
$$v^{B-J}_8 = -\frac{1{,}54}{3{,}16} = -0{,}487\,\text{m},$$
$$v^{J-B}_8 = -\frac{1{,}61}{3{,}09} = -0{,}521\,\text{m},$$

$$v^{C-K}_9 = -\frac{1{,}69}{3{,}01} = -0{,}560\,\text{m},$$
$$v^{K-C}_9 = -\frac{1{,}77}{2{,}93} = -0{,}604\,\text{m},$$
$$v^{D-L}_{10} = -\frac{1{,}55}{3{,}15} = -0{,}491\,\text{m},$$
$$v^{L-D}_{10} = -\frac{1{,}64}{3{,}06} = -0{,}535\,\text{m}.$$

Obergurt:

$$v_{14}^{H-J} = - \frac{0{,}96}{2{,}415} = -0{,}397 \text{ m}, \qquad v_{15}^{K-J} = - \frac{0{,}955}{2{,}42} = -0{,}395 \text{ m},$$

$$v_{14}^{J-H} = - \frac{0{,}645}{2.73} = -0{,}236 \text{ m}, \qquad v_{16}^{K-L} = - \frac{0{,}96}{2{,}415} = -0{,}397 \text{ m},$$

$$v_{15}^{J-K} = - \frac{0{,}935}{2{,}44} = -0{,}383 \text{ m}, \qquad v_{16}^{L-K} = - \frac{0{,}935}{2{,}44} = -0{,}383 \text{ m}.$$

Ermittlung der Momente M'.

Um ein statisches System zu erhalten, bei welchem die Momente in der gewöhnlichen Weise mit Hilfe der Kreuzlinien und Festpunkte auf das Tragwerk verteilt werden können, müssen alle Zwischenpfosten in senkrechtem und der Obergurt in waagrechtem Sinne durch „Festhaltekräfte" unverschieblich gemacht werden. Dieses festgehaltene System liefert die Momente und Kräfte des Rechnungszustandes I (R. I). Da die Ständer im vorliegenden Fall außerordentlich steif sind, können wir davon absehen, eine waagrechte Festhaltungskraft am Obergurt angreifen zu lassen, da dieselbe verschwindend klein würde, wie es der Verlauf der Rechnung zeigt. Durch die Annahme eines unverschieblichen Obergurtes vermindert sich die statische Unbestimmtheit des Systems und selbstverständlich als Folge die Rechenarbeit. Natürlich würde sich am Rechnungsgang nichts Grundsätzliches ändern, wenn wir die waagrechte Festhaltungskraft beibehielten. Diese wäre genau zu behandeln wie die übrigen unter sich gleichgerichteten Kräfte (siehe Beispiel 11).

Damit wir den Einfluß der noch notwendigen Festhaltekräfte finden können, werden zunächst die M'-Momente ermittelt. (Ausführliches Anwendungsbeispiel für dieselben siehe Beispiel 11.) Diese M'-Momente entstehen dann, wenn an Stelle einer der angeführten Festhaltekräfte ihre Reaktion als einzige Belastung des im übrigen festgehaltenen Systems wirkt, und zwar mit der Größe, die erforderlich ist, um ihren Angriffspunkt um 0,1 mm zu verschieben. Die dabei entstehenden Festhaltungskräfte D gewinnen wir aus den gefundenen M'-Momenten.

a) Momente M'_I.

Die Momente, die erzeugt werden, wenn sich der Knotenpunkt B unter der Wirkung von Z_I um 1 mm senkt (siehe Fig. 149), werden mit M'_I und die entsprechenden Festhaltungskräfte mit $D_{II}(\varDelta I)$, $D_{III}(\varDelta I)$ usw. bezeichnet. Bei dieser Verschiebung erleiden die Enden der Stäbe 1, 2, 14 und 15 je eine gegenseitige Verschiebung senkrecht zur Stabachse von $\varrho = 0{,}1$ mm. Bei den übrigen Stäben treten keine gegenseitigen Lageänderungen der Enden auf.

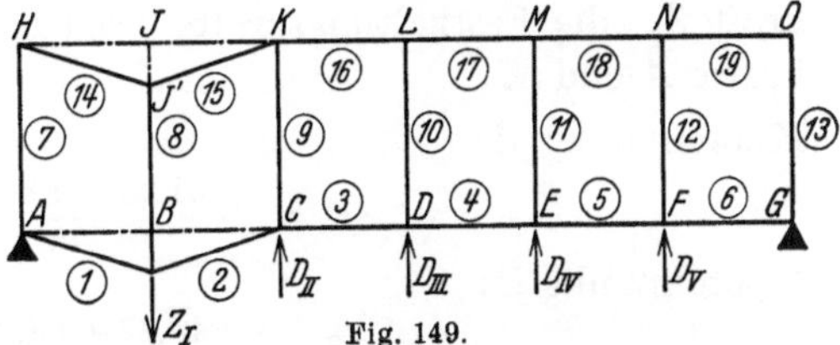

Fig. 149.

Nach Gl. (515) und (520) ergeben sich für die verschobenen Stäbe die folgenden Werte für die Stützenmomente:

$$M_{14}^J = \frac{\varrho_{14} \cdot b_{14}}{l_{14}\,\dfrac{\beta_{14}}{E\,J_o}\,(l_{14} - Q_{14} - b_{14})} = \frac{0{,}001 \cdot 2\,100000 \cdot 1{,}0 \cdot 0{,}96}{3{,}375 \cdot 0{,}707 \cdot 1{,}77} = 47{,}73\,\text{mt},$$

$$M_{14}^H = -M_{14}^J \cdot \frac{Q_{14}}{b_{14}} = -47{,}73 \cdot \frac{0{,}645}{0{,}96} = -32{,}07\,\text{mt},$$

$$M_{15}^J = \frac{210 \cdot 1{,}0 \cdot 0{,}955}{3{,}375 \cdot 0{,}707 \cdot 1{,}485} = -56{,}60\,\text{mt},$$

$$M_{15}^K = -56{,}60\,\frac{0{,}935}{0{,}955} = +55{,}41\,\text{mt},$$

$$M_1^B = +\frac{210 \cdot 1{,}0 \cdot 0{,}935}{3{,}375 \cdot 0{,}562 \cdot 1{,}865} = +55{,}50\,\text{mt},$$

$$M_1^A = -55{,}50\,\frac{0{,}575}{0{,}935} = -34{,}14\,\text{mt},$$

$$M_2^B = +\frac{210 \cdot 1{,}0 \cdot 0{,}93}{3{,}375 \cdot 0{,}562 \cdot 1{,}535} = +67{,}08\,\text{mt},$$

$$M_2^C = -67{,}08\,\frac{0{,}91}{0{,}93} = -65{,}64\,\text{mt}.$$

Diese Momente werden mit Hilfe der bereits ermittelten Größen μ und ν über das ganze System weitergeleitet. Die dadurch erhaltenen Gesamtmomente sind in Fig. 150 aufgetragen.

Aus den gefundenen Momenten berechnen wir im folgenden die Erzeugungs-

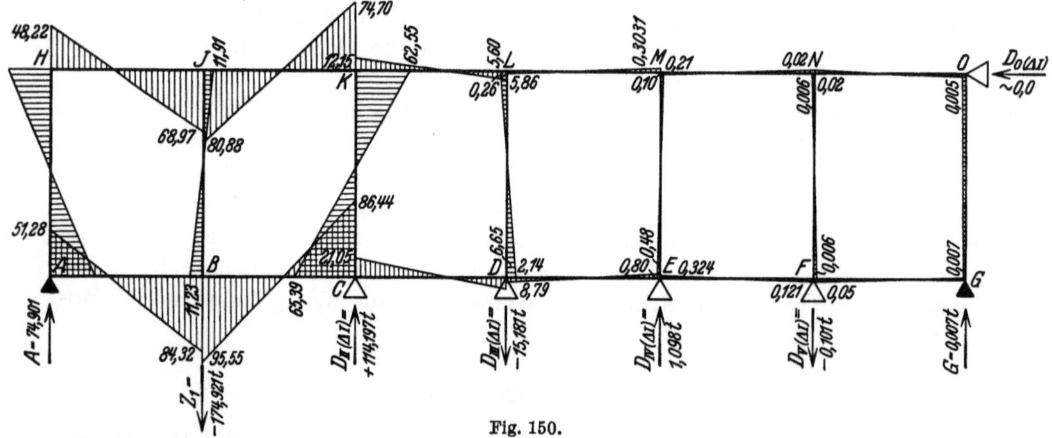

Fig. 150.

kraft Z_I, die Festhaltungskräfte $D\,(\varDelta\,I)$ und für die Probe auch die Auflagerkräfte A und G.

Knotenpunkt A:

$$Q_I^A = +\frac{51{,}28 + 84{,}32}{3{,}375} = +40{,}178\,\text{t},$$

Knotenpunkt H:

$$Q_{14}^H = +\frac{48{,}22 + 68{,}97}{3{,}375} = +34{,}723\,\text{t},$$

$$\text{Auflagekraft } A = +74{,}901\,\text{t}.$$

Knotenpunkt B:

$$Q_1^B = -Q_1^A \qquad = -\;\;40{,}178\,\text{t},$$

$$Q_2^B = -\frac{95{,}55 + 86{,}44}{3{,}375} = -\;\;53{,}923\,\text{t},$$

Knotenpunkt J:

$$Q_{14}^J = -Q_{14}^H \qquad = -\;\;34{,}723\,\text{t},$$

$$Q_{15}^J = -\frac{80{,}88 + 74{,}70}{3{,}375} = -\;\;46{,}097\,\text{t},$$

$$\text{Erzeugungskraft } Z_I = -\;\underline{\underline{174{,}921\,\text{t}}}.$$

Knotenpunkt C:

$$Q_2^C = -Q_2^B \qquad = +\;\;53{,}923\,\text{t},$$

$$Q_3^C = +\frac{21{,}05 + 8{,}79}{3{,}375} = +\;\;\;\;8{,}841\,\text{t},$$

Knotenpunkt K:

$$Q_{15}^K = -Q_{15}^J \qquad = +\;\;46{,}097\,\text{t},$$

$$Q_{16}^K = +\frac{12{,}15 + 5{,}86}{3{,}375} = +\;\;\;\;5{,}336\,\text{t},$$

$$\text{Festhaltungskraft } D_{II(\varDelta I)} = +\;\underline{\underline{114{,}197\,\text{t}}}.$$

Knotenpunkt D:

$$Q_3^D = -Q_3^C \qquad = -\;\;\;\;8{,}841\,\text{t},$$

$$Q_4^D = -\frac{2{,}14 + 0{,}80}{3{,}375} = -\;\;\;\;0{,}863\,\text{t},$$

Knotenpunkt L:

$$Q_{16}^L = -Q_{16}^K \qquad = -\;\;\;\;5{,}336\,\text{t},$$

$$Q_{17}^L = -\frac{0{,}26 + 0{,}21}{3{,}375} = -\;\;\;\;0{,}141\,\text{t},$$

$$\text{Festhaltungskraft } D_{III(\varDelta I)} = -\;\underline{\underline{15{,}181\,\text{t}}}.$$

Knotenpunkt E:

$$Q_4^E = -Q_4^D \qquad = +\;\;\;\;0{,}863\,\text{t},$$

$$Q_5^E = +\frac{0{,}324 + 0{,}121}{3{,}375} = +\;\;\;\;0{,}129\,\text{t},$$

Knotenpunkt M:

$$Q_{17}^M = -Q_{17}^L \qquad = +\;\;\;\;0{,}141\,\text{t},$$

$$Q_{18}^M = -\frac{0{,}100 + 0{,}020}{3{,}375} = -\;\;\;\;0{,}035\,\text{t},$$

$$\text{Festhaltungskraft } D_{IV(\varDelta I)} = +\;\underline{\underline{1{,}098\,\text{t}}}.$$

Knotenpunkt F:

$$Q_5^F = -Q_5^E \qquad = -\;\;\;\;0{,}129\,\text{t},$$

$$Q_6^F = -\frac{0{,}050 + 0{,}007}{3{,}375} = -\;\;\;\;0{,}016\,\text{t},$$

Knotenpunkt N:

$$Q_{18}^N = -Q_{18}^M \qquad = +\;\;\;\;0{,}035\,\text{t},$$

$$Q_{19}^N = +\frac{0{,}026 + 0{,}005}{3{,}375} = +\;\;\;\;0{,}009\,\text{t},$$

$$\text{Festhaltungskraft } D_{V(\varDelta I)} = -\;\underline{\underline{0{,}101\,\text{t}}}.$$

Auflagerkraft G:

$$G = -Q_{19}^N + Q_6^F = -0{,}009 + 0{,}016 = +0{,}007\,\text{t}.$$

Proben:

1. Die Momentensummen für jeden Knotenpunkt müssen 0 sein.

2. Die Auflagerreaktionen und die Festhaltungskräfte müssen der Erzeugungs-kraft das Gleichgewicht halten.

Rechnungsprobe:

Aus dem Pfostenmomenten geht hervor:

$$D_{0(\varDelta I)} = \frac{151{,}876 - 111{,}831}{4{,}70} = 8{,}520 \text{ mt},$$

$$\sum M = 0 \,(\text{Pol } D) \quad M = (74{,}901 - 0{,}007) \cdot 10{,}125 + (114{,}197 - 1{,}098)$$

$$\times\ 3{,}375 + 8{,}520 \cdot 4{,}70 = 1140{,}11 + 40{,}04 \quad = 1180{,}15 \text{ mt},$$

$$M = (174{,}921 - 0{,}101) \cdot 6{,}75 \qquad\qquad = 1180{,}04 \text{ mt},$$

$$\overline{ 0{,}11 \text{ mt}.}$$

$$\sum\uparrow = 0 \quad \sum\uparrow = \ \ 74{,}901 + 114{,}197 + 1{,}098 + 0{,}007 = \ \ 190{,}203 \text{ t},$$

$$\sum\downarrow = 174{,}921 + \ \ 15{,}181 + 0{,}101 \qquad\qquad = \ \ 190{,}203 \text{ t},$$

$$\overline{\pm \qquad 0{,}000}$$

b) Momente M'_{II}.

In derselben Weise wie die M'_I-Momente erhalten wir bei Senkung des Knoten-punktes C um $\varDelta = 0{,}1$ mm die Momente M'_{II}.

Aus der Fig. 151 ist ersichtlich, daß die Stäbe *2, 3, 15* und *16* eine gegen-

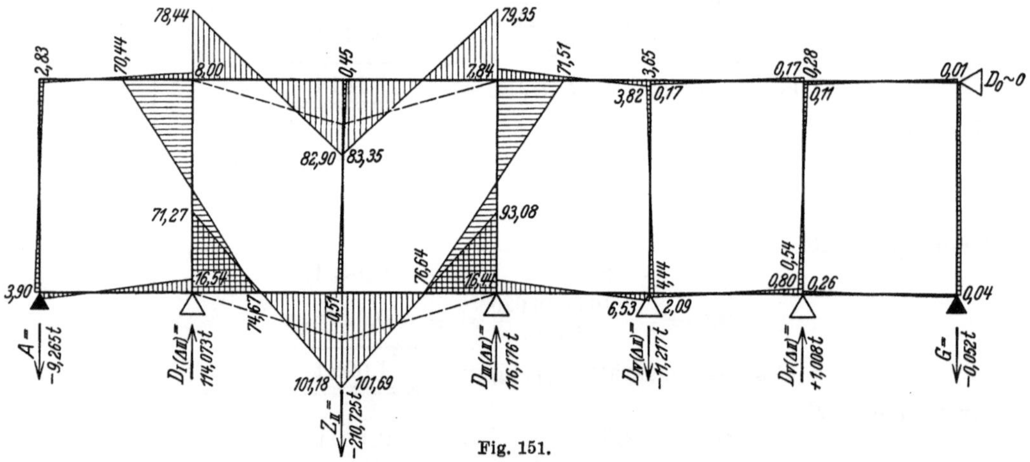

Fig. 151.

seitige Verschiebung der Enden um das Senkungsmaß erleiden. Wie vorher ermitteln wir die entsprechenden Stützenmomente zu

$$M^J_{15} = -\ 56{,}60 \text{ mt},$$

$$M^K_{15} = +\ 55{,}41 \text{ mt},$$

$$M^K_{16} = \frac{\varrho_{16} \cdot a_{16}}{l_{16} \cdot \dfrac{\beta_{16}}{E J_c}\,(l_{16} - a_{16} - b_{16})} = \frac{0{,}0001 \cdot 2\,100\,000 \cdot 1{,}0}{3{,}375 \cdot 0{,}707 \cdot 1{,}48} \cdot 0{,}935 = +\ 55{,}60 \text{ mt},$$

$$M_{16}^L = - M_{16}^K \frac{b_{16}}{a_{16}} = - 55{,}60 \cdot \frac{0{,}96}{0{,}935} = - 57{,}09\,\text{mt},$$

$$M_2^C = 65{,}64\,\text{mt},$$

$$M_2^B = - 67{,}08\,\text{mt},$$

$$M_3^C = \frac{210 \cdot 1 \cdot 0{,}91}{3{,}375 \cdot 0{,}562 \cdot 1{,}53} = + 65{,}85\,\text{mt},$$

$$M_3^D = - 65{,}85\,\frac{0{,}935}{0{,}91} = 67{,}66\,\text{mt}.$$

In Fig. 151 sind die über den Träger weitergeleiteten Momente dargestellt.

Ermittlung der Erzeugungskraft Z_{II} und der
Festhaltungskräfte $D\,(\Delta\,II)$.

Knotenpunkt A:

$$Q_1^A = - \frac{3{,}90 + 16{,}54}{3{,}375} = - 6{,}056\,\text{t},$$

Knotenpunkt H:

$$Q_{14}^H = - \frac{2{,}83 + 8{,}00}{3{,}375} = - 3{,}209\,\text{t},$$

Auflagerkraft $A = - 9{,}265\,\text{t}.$

Knotenpunkt B:

$$Q_1^B = - Q_1^A = + 6{,}056\,\text{t},$$

$$Q_{2_1}^B = + \frac{91{,}27 + 101{,}18}{3{,}375} = + 57{,}004\,\text{t},$$

Knotenpunkt J:

$$Q_{14}^J = - Q_{14}^H = + 3{,}209\,\text{t},$$

$$Q_{14}^J = + \frac{78{,}44 + 82{,}90}{3{,}375} = + 47{,}804\,\text{t},$$

Festhaltungskraft $D_{I(\Delta\,II)} = + 114{,}073\,\text{t}.$

Knotenpunkt C:

$$Q_2^C = - Q_2^B = - 57{,}004\,\text{t},$$

$$Q_6^C = - \frac{101{,}69 + 93{,}08}{3{,}375} = - 57{,}710\,\text{t},$$

Knotenpunkt K:

$$Q_{15}^K = - Q_{15}^J = - 47{,}804\,\text{t},$$

$$Q_{16}^K = - \frac{83{,}35 + 79{,}35}{3{,}375} = - 48{,}207\,\text{t},$$

Erzeugungskraft $Z_{II} = - 210{,}725\,\text{t}.$

Knotenpunkt D:

$$Q_3^D = - Q_3^C = + 57{,}710\,\text{t},$$

$$Q_4^D = + \frac{16{,}44 + 6{,}53}{3{,}375} = + 6{,}806\,\text{t},$$

Knotenpunkt L:

$$Q_{16}^L = - Q_{16}^K = + 48{,}207\,\text{t},$$

$$Q_{17}^L = + \frac{7{,}84 + 3{,}82}{3{,}375} = + 3{,}455\,\text{t},$$

Festhaltungskraft $D_{III(\Delta\,II)} = + 116{,}178\,\text{t}.$

Knotenpunkt E:

$$Q_4^E = - Q_4^D \qquad\qquad = - \;\; 6{,}806 \text{ t},$$

$$Q_5^E = - \frac{2{,}09 + 0{,}80}{3{,}375} = - \;\; 0{,}856 \text{ t},$$

Knotenpunkt M:

$$Q_{17}^M = - Q_{17}^L \qquad\qquad = - \;\; 3{,}455 \text{ t},$$

$$Q_{18}^M = - \frac{0{,}17 + 0{,}17}{3{,}375} = - \;\; 0{,}100 \text{ t},$$

$$\text{Festhaltungskraft } D_{II(\varDelta II)} = \underline{\underline{- \; 11{,}217 \text{ t}}}.$$

Knotenpunkt F:

$$Q_5^F = - Q_5^E \qquad\qquad = + \;\; 0{,}856 \text{ t},$$

$$Q_6^F = + \frac{0{,}26 + 0{,}04}{3{,}375} = + \;\; 0{,}088 \text{ t},$$

Knotenpunkt N:

$$Q_{18}^N = - Q_{18}^M \qquad\qquad = + \;\; 0{,}100 \text{ t},$$

$$Q_{19}^N = - \frac{0{,}11 + 0{,}01}{3{,}375} = - \;\; 0{,}036 \text{ t},$$

$$\text{Festhaltungskraft } D_{V(\varDelta II)} = \underline{\underline{+ \;\; 1{,}008 \text{ t}}}.$$

$$\text{Auflagerkraft } G = - Q_6^F + Q_{19}^N = - 0{,}088 + 0{,}036 = - 0{,}052 \text{ t}.$$

Auflagerreaktion $A_{0(\varDelta II)} =$ Summe der Querkräfte in den Pfosten

$$A_{0(\varDelta II)} = \frac{156{,}65 - 153{,}21}{4{,}70} = \frac{3{,}44}{4{,}70} = 0{,}732 \text{ t}.$$

Rechnungsprobe

$$\Sigma \uparrow = 0, \;\; \Sigma \uparrow = 114{,}073 + 116{,}178 + 1{,}008 \qquad\quad = 231{,}259 \text{ t},$$

$$\Sigma \downarrow = 9{,}265 + 210{,}725 + 11{,}217 + 0{,}052 = 231{,}259 \text{ t}.$$

$\Sigma M = 0$ für Pol D,

$$\curvearrowright M = (114{,}073 - 1{,}008)\, 6{,}75 + 0{,}732 \cdot 4{,}70 \qquad\qquad = \underline{766{,}62 \;\; \text{mt}},$$

$$\curvearrowleft M = (9{,}265 - 0{,}052) \cdot 10{,}125 + (210{,}725 - 11{,}217) \cdot 3{,}375 = \underline{766{,}62 \;\; \text{mt}},$$

$$\pm \underline{\underline{\;\; 0{,}0 \;\;}}$$

c) Momente M'_{III}.

Genau wie in den vorhergehenden Fällen werden die M'_{III}-Momente gewonnen aus einer angenommenen Senkung des Knotens D um 0,1 mm bei Wirkung der Festhaltekräfte $D\,(\varDelta III)$

Aus der Fig. 152 geht hervor, daß die Enden der Stäbe *3, 4, 16* und *17* eine gegenseitige Verdrehung erleiden. Wegen der Symmetrie des Trägers haben wir nur die Momente für die Stäbe *3* und *16* zu ermitteln. Ihr Absolutwert ist bereits bestimmt; es ist

$$M_{16}^K = - 55{,}60 \text{ mt} = M_{17}^M,$$

$$M_{16}^L = + 57{,}09 \text{ mt} = M_{17}^L,$$

$$M_3^C = - 65{,}85 \text{ mt} = M_4^E,$$

$$M_3^D = + 67{,}66 \text{ mt} = M_4^D.$$

In Fig. 152 sind die über den Träger weitergeleiteten Momente dargestellt.

Ermittelung der Erzeugungskraft Z_{III} und der Festhaltungskräfte
$$D_{(\Delta III)}.$$

Knotenpunkt B:

$$Q_1^B = -\frac{2,07 \cdot 0,42}{3,375} = -\ 0,734\,\text{t},$$

$$Q_2^B = -\frac{8,99 \cdot 21,66}{3,375} = -\ 9,081\,\text{t},$$

Knotenpunkt J:

$$Q_{14}^J = -\frac{0,15+0,14}{3,375} = -\ 0,085\,\text{t},$$

$$Q_{15}^J = -\frac{5,88+12,02}{3,375} = -\ 5,308\,\text{t},$$

Festhaltungskraft $D_{I(\Delta III)} = -\ 15,208\,\text{t}.$

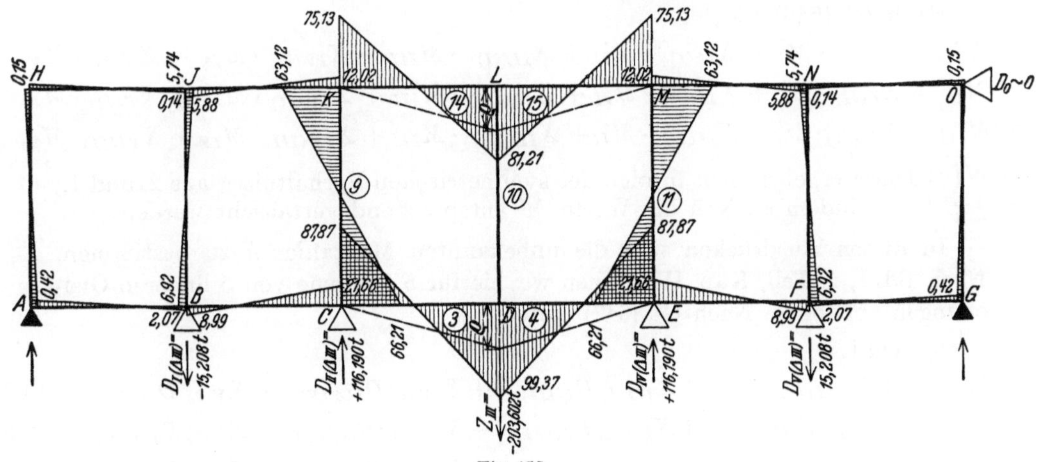

Fig. 152.

Knotenpunkt C:

$$Q_2^C = -Q_2^B \qquad\qquad = +\ \ \ 9,081\,\text{t},$$

$$Q_3^C = +\frac{87,87+99,37}{3,375} = +\ \ 55,479\,\text{t},$$

Knotenpunkt K:

$$Q_{15}^K = -Q_{15}^J \qquad\qquad = +\ \ \ 5,308\,\text{t},$$

$$Q_{16}^K = -\frac{75,13+81,21}{3,375} = +\ \ 46,322\,\text{t},$$

Festhaltungskraft $D_{II(\Delta III)} = +\ 116,190\,\text{t}.$

Erzeugungskraft $Z_{III} = Q_3^D + Q_4^D + Q_{16}^L + Q_{17}^L = -\ 2\,(Q_3^C + Q_{16}^K)$

$$= -\ 2\,(55,479 + 46,322) = -\ 203,602\,\text{t}.$$

Festhaltungskraft $\qquad D_{IV\,(\Delta III)} = D_{II\,(\Delta III)} = +\ 116,190\,\text{t}.$

$$D_{V\,(\Delta III)} = D_{I\,(\Delta III)} = -\ \ 15,208\,\text{t}.$$

Da wir mit bereits geprüften Momentenwerten gerechnet haben, und die Symmetrie der Verhältnisse die Gleichgewichtsbedingungen erfüllt, können wir von weiteren Proben absehen.

d) Momente M'_{IV}.

e) Momente M'_V.

Die Momente d) und e) ergeben sich durch Symmetrie aus a) und b).

Bestimmung der Momente M^*.

Um die endgültigen Zusatzmomente finden zu können, welche den Momenten des R. I zuzufügen sind, müssen die Momente bekannt sein, die den angenommenen Festhaltungskräften bzw. ihren Reaktionen, entsprechen. Aus den M^*-Momenten lassen sich nach Gl. (546) die Momentengrößen ermitteln, die entstehen, wenn in den festgehaltenen Knotenpunkten nacheinander die Krafteinheit als einzige Belastung (bei weggenommenen Festhaltungskräften) wirkt. Wir bezeichnen mit M^* diejenigen Momente, die auf diese Weise durch die Kraftgröße $H = -10,0$ t erzeugt werden.

Nach Gl. (546) ist

$$1.\ M_I^* = X_{I(I)} \cdot M'_I + X_{II(I)} \cdot M'_{II} + X_{III(I)} \cdot M'_{III} + X_{IV(I)} \cdot M'_{IV} + X_{V(I)} \cdot M'_V,$$

$$2.\ M_{II}^* = X_{I(II)} \cdot M'_I + X_{II(II)} \cdot M'_{II} + X_{III(II)} \cdot M'_{III} + X_{IV(II)} \cdot M'_{IV} + X_{V(II)} \cdot M'_V,$$

$$3.\ M_{III}^* = X_{I(III)} \cdot M'_I + X_{II(III)} \cdot M'_{II} + X_{III(III)} \cdot M'_{III} + X_{IV(III)} \cdot M'_{IV} + X_{V(III)} \cdot M'_V,$$

$$\left.\begin{matrix} 4.\ M_{IV}^* \\ 5.\ M_V^* \end{matrix}\right\}$$ Diese ergeben sich infolge der symmetrischen Verhältnisse aus 2. und 1., indem einfach die Werte M' entsprechend vertauscht werden.

In diesen Ausdrücken sind die unbekannten Maßzahlen μ zu bestimmen. Nach Bd. I, 2. Teil, Kap. IV können wir hierfür 5 Systeme von 5 linearen Gleichungen aufstellen. Nach Gl. (547) lautet das

System I.

$$X_{I(I)} Z_I + X_{II(I)} D_{I(\Delta II)} + X_{III(I)} D_{I(III)} + X_{IV(I)} D_{I(\Delta IV)} + X_{V(I)} D_{I(\Delta V)} = 10,0,$$

$$X_{I(I)} D_{II(\Delta I)} + X_{II(I)} Z_{II} + X_{III(I)} D_{II(\Delta III)} + X_{IV(I)} D_{II(\Delta IV)} + X_{V(I)} D_{II(\Delta V)} = 0,0,$$

$$X_{I(I)} D_{III(\Delta I)} + X_{II(I)} D_{III(\Delta II)} + X_{III(I)} Z_{III} + X_{IV(I)} D_{III(\Delta IV)} + X_{V(I)} D_{III(\Delta V)} = 0,0,$$

$$X_{I(I)} D_{IV(\Delta I)} + X_{II(I)} D_{IV(\Delta II)} + X_{III(I)} D_{IV(\Delta III)} + X_{IV(I)} Z_{IV} + X_{V(I)} D_{IV(\Delta V)} = 0,0,$$

$$X_{I(I)} D_{V(\Delta I)} + X_{II(I)} D_{V(\Delta II)} + X_{III(I)} D_{V(\Delta III)} + X_{IV(I)} D_{IV(\Delta IV)} + X_{V(I)} Z_V = 0,0.$$

Durch Einsetzen der bereits gefundenen Werte für Z und D ergeben sich diese Gleichungen I zu:

$$-174{,}921\,X_{I(I)} + 114{,}073\,X_{II(I)} - 15{,}208\,X_{III(I)} + 1{,}008\,X_{IV(I)} - 0{,}101\,X_{V(I)} = -10{,}0,$$

$$+114{,}197\,X_{I(I)} - 210{,}725\,X_{II(I)} + 116{,}190\,X_{III(I)} - 11{,}217\,X_{IV(I)} + 1{,}089\,X_{V(I)} = 0{,}0,$$

$$-15{,}181\,X_{I(I)} + 116{,}178\,X_{II(I)} - 203{,}602\,X_{III(I)} + 116{,}178\,X_{IV(I)} - 15{,}181\,X_{V(I)} = 0{,}0,$$

$$+1{,}098\,X_{I(I)} - 11{,}217\,X_{II(I)} + 116{,}190\,X_{III(I)} - 210{,}725\,X_{IV(I)} + 114{,}197\,X_{V(I)} = 0{,}0,$$

$$-0{,}101\,X_{I(I)} + 1{,}008\,X_{II(I)} - 15{,}208\,X_{III(I)} + 114{,}073\,X_{IV(I)} - 174{,}921\,X_{V(I)} = 0{,}0.$$

System II. Dieses System ergibt sich, wenn in den obigen Gleichungen der Index (I) aller X durch (II) ersetzt wird und auf der rechten Seite die Werte $-10,0$ für die zweite Gleichung und 0 für die übrigen angeschrieben werden.

System III. Dieses wird in analoger Weise erhalten durch Einführung der Indizes (III) und durch Versetzen des Wertes $10,0$ in die 3. Gleichung.

$$\left.\begin{matrix} \textbf{System IV.} \\ \textbf{System V.} \end{matrix}\right\}$$ Das Aufstellen derselben ist infolge Symmetrie der Verhältnisse überflüssig (siehe oben).

Die Auflösung erfolgt nach dem in Bd. I, 2. Teil, Kap. IV behandelten Gaußschen Reduktionsverfahren. In der folgenden Tabelle 3 schreiben wir die oben aufgestellten Gleichungen in die Gaußsche Form um, und zwar benutzen wir dabei, zweckmäßig auch für das System III, die vollständige fünfgliedrige Form, obwohl $X_{II(III)} = X_{IV(III)}$ und $X_{I(III)} = X_{V(III)}$ ist, und also zwei Glieder wegfallen könnten.

Tabelle 3.

X_I	X_{II}	X_{III}	X_{IV}	X_V	Absolutglieder		
					I	II	III
$-\,174{,}921$ (aa)	$+\,114{,}073$ (ab)	$-\,15{,}208$ (ac)	$+\,1{,}008$ (ad)	$-\,0{,}101$ (ae)	$+10$ (ao)	0 (ao)	0 (ao)
$+\,114{,}197$ (ba)	$-\,210{,}725$ (bb)	$-\,116{,}190$ (bc)	$-\,11{,}217$ (bd)	$+\,1{,}098$ (be)	0 (bo)	$+10$ (bo)	0 (bo)
$-\,15{,}181$ (ca)	$+\,116{,}178$ (cb)	$-\,203{,}602$ (cc)	$+\,116{,}178$ (cd)	$-\,15{,}181$ (ce)	0 (co)	0 (co)	$+10$ (co)
$+\,1{,}098$ (da)	$-\,11{,}217$ (db)	$+\,116{,}190$ (dc)	$-\,210{,}725$ (dd)	$+\,114{,}197$ (de)	0 (do)	0 (do)	0 (do)
$-\,0{,}101$ (ea)	$+\,1{,}008$ (eb)	$-\,15{,}208$ (ec)	$+\,114{,}073$ (ed)	$-\,174{,}921$ (ee)	0 (eo)	0 (eo)	0 (eo)

Die Auflösung erfolgt mit Hilfe der Tabelle 4. Aus derselben ergeben sich:

System I	System II	System III
$X_{I(I)} = +\,0{,}121383$	$X_{I(II)} = +\,0{,}108969$	$X_{I(III)} = 0{,}083776$
$X_{II(I)} = +\,0{,}109184$	$X_{II(II)} = +\,0{,}186961$	$X_{II(III)} = 0{,}155738$
$X_{III(I)} = +\,0{,}084022$	$X_{III(II)} = +\,0{,}155773$	$X_{III(III)} = 0{,}214356$
$X_{IV(I)} = +\,0{,}057986$	$X_{IV(II)} = +\,0{,}107822$	$X_{IV(III)} = X_{II(III)}$
$X_{V(I)} = +\,0{,}031069$	$X_{V(II)} = +\,0{,}057786$	$X_{V(III)} = X_{I(III)}$

Die M^*-Momente betragen also:

$$M_I^* = 0{,}121383\,M_I' + 0{,}109184\,M_{II}' + 0{,}084022\,M_{III}' + 0{,}057986\,M_{IV}'$$
$$+\,0{,}031069\,M_V',$$

$$M_{II}^* = 0{,}108969\,M_I' + 0{,}186961\,M_{II}' + 0{,}155773\,M_{III}' + 0{,}107822\,M_{IV}'$$
$$+\,0{,}057786\,M_V',$$

$$M_{III}^* = 0{,}083776\,(M_I' + M_V') + 0{,}155738\,(M_{II}' + M_{IV}') + 0{,}214456\,M_{III}'.$$

Diese 3 (bzw. 5) M^*-Momente werden in der folgenden Tabelle 5 berechnet.

Zu einer bessern Übersicht und für eine Erleichterung der Arbeit werden die ermittelten Momente M^* für jeden der fünf Belastungsfälle ($H = -\,10{,}0$ t) in gesonderten Zeichnungen aufgetragen. Da diese Darstellungen nichts Wesentliches beitragen, ist ihre Wiedergabe hier weggelassen.

Proben: 1. Jeder Knotenpunkt muß im Gleichgewicht sein: $\sum M^K = 0$.

2. Der Träger muß im Gleichgewicht sein: $A + G = -10{,}0$ t.

Auflagerkräfte:

M_I^* Fläche.

$$Q_{14}^H = \frac{5{,}5573 + 7{,}5156}{3{,}375}$$

$$Q_1^A = \frac{5{,}8316 + 8{,}5894}{3{,}375}$$

$$\text{Auflagerkraft } A = Q_{14}^H + Q_1^A = \frac{27{,}4939}{3{,}375} = 8{,}1463 \text{ t}.$$

$$Q_{19}^O = \frac{1{,}6998 + 1{,}3472}{3{,}375}$$

$$Q_6^G = \frac{1{,}6118 + 1{,}3988}{3{,}375}$$

$$\text{Auflagerkraft } G = Q_{19}^O + Q_6^G = \frac{6{,}2576}{3{,}375} = 1{,}8541 \text{ t}.$$

$$A + G = 8{,}1463 + 1{,}8541 = \underline{\underline{10{,}0004 \text{ t}}}.$$

M_{II}^* Fläche.

$$Q_{14}^H = \frac{4{,}7497 + 6{,}0521}{3{,}375}$$

$$Q_1^A = \frac{4{,}9203 + 6{,}3930}{3{,}375}$$

$$\text{Auflagerkraft } A = Q_{14}^H + Q_1^A = \frac{22{,}1151}{3{,}375} = 6{,}5526 \text{ t}.$$

$$Q_{19}^O = \frac{3{,}1624 + 2{,}3061}{3{,}375}$$

$$Q_6^G = \frac{3{,}3680 + 2{,}6015}{3{,}375}$$

$$\text{Auflagerkraft } G = Q_{19}^O + Q_6^G = \frac{11{,}6380}{3{,}375} = 3{,}4483 \text{ t}.$$

$$A + G = 6{,}65526 + 3{,}4483 = \underline{\underline{10{,}0009 \text{ t}}}.$$

M_{III}^* Fläche.

$$Q_{14}^H = \frac{3{,}6322 + 4{,}5768}{3{,}375}$$

$$Q_1^A = \frac{3{,}7730 + 4{,}8956}{3{,}375}$$

$$\text{Auflagerkraft } A = G = \frac{16{,}8776}{3{,}375} = 5{,}0008 \text{ t}.$$

Belastungen des Trägers.

A. Ständige Lasten. a) Einzellasten auf die Knoten J, L und N (Säulenlasten)

$$S_1 = S_2 = S_3 = 93{,}4 \text{ t}: \quad \text{(Fig. 153)}.$$

b) Einzellasten auf die Knoten H, K, M und O (Windrippen)

$$F = 11{,}5 \text{ t}:$$

c) Gleichmäßig verteilte Last, auf den Obergurt wirkend

$$p_0 = 7{,}35 \text{ mt}.$$

Diese Belastung erzeugt nur Zusatzmomente innerhalb des vorliegenden Vierendeelsystems, da alle Eigengewichte des Trägers von der Spiralendecke aufgenommen werden, von welcher der Untergurt ein Teil ausmacht.

B. Veränderliche Lasten. a) Hallenkran auf die Säulen S_1, S_2 und S_3 wirkend.

Es kommen dabei die folgenden zwei ungünstigsten Stellungen des Krans in Betracht:

Laststellung I. Der Kran erzeugt die Säulendrucke

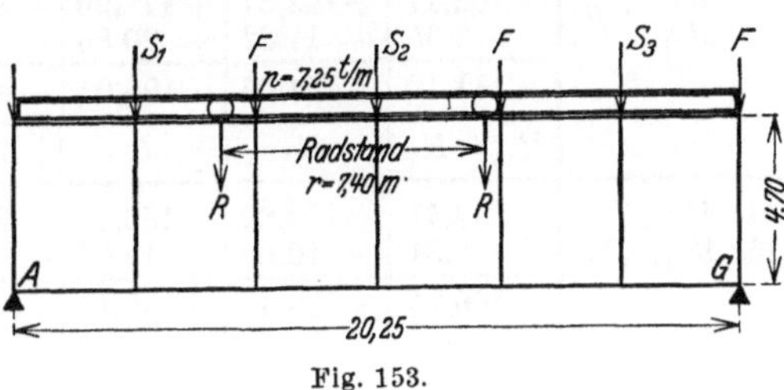

Fig. 153.

$$S_1 = 105{,}0\ \mathrm{t}, \quad S_2 = 160{,}4\ \mathrm{t}, \quad S_3 = S_1.$$

Laststellung II. Der Kran erzeugt die Säulendrucke

$$S_1 = 158{,}0\ \mathrm{t}, \quad S_2 = 133{,}0\ \mathrm{t}, \quad S_3 = 30{,}0\ \mathrm{t}.$$

b) Dammbalkenkran auf den Obergurt wirkend (Fig. 153):

Raddruck 10,5 t, Radabstand 7,4 m.

c) Angehängtes Trägerfeld:

Ein Teil der Träger hat noch ein weiteres außerhalb des Auflager A liegendes konsolartig angehängtes Feld aufzunehmen. Dieses gibt die folgenden größten Einspannungsmomente ab:

$$\text{in } H \quad M_H = -103{,}0\ \mathrm{mt},$$
$$\text{in } A \quad M_A = -118{,}0\ \mathrm{mt}.$$

Diese Belastung erzeugt wie die Last p_0 Zusatzmomente, die den Hauptbeanspruchungen beizufügen sind.

Beanspruchung aus den Auflasten.

I. Ständige Einzellasten (Fig. 154).

Da wir die Momente, herrührend von Einzellasten $H = -10{,}0$ t, die in den untern Knotenpunkten angreifen (M^*-Momente), bereits ermittelt haben, können wir die Beanspruchungen infolge der Säulenlasten S und F direkt aus den M^*-Momenten ableiten.

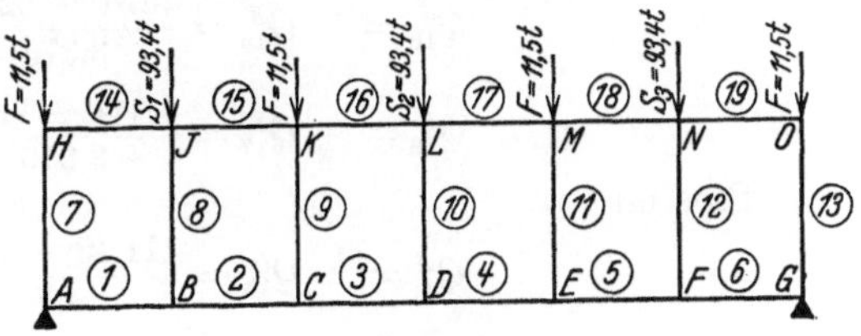

Fig. 154.

Die Knotenpunktmomente der Stäbe betragen demnach:

$$M = \frac{93{,}4}{10{,}0}\left(M_I^* + M_{III}^* + M_V^*\right) + \frac{11{,}5}{10{,}0}\left(M_{II}^* + M_{IV}^*\right).$$

Diese Werte sind in der folgenden Tabelle 6 errechnet und in Fig. 155a aufgetragen.

Tabelle 6.

	$A_1=-A_7$	B_1	B_8	B_2	C_2	C_9	C_3	D_3
$9{,}34\,(M^*_{I+V+III})$	$-102{,}77$	$+142{,}87$	$+177{,}20$	$-34{,}33$	$+42{,}66$	$+78{,}33$	$-35{,}67$	$+48{,}73$
$1{,}15\,(M^*_{II+IV})$.	$-\ 8{,}65$	$+\ 11{,}22$	$+\ 20{,}85$	$-\ 9{,}63$	$+10{,}61$	$+\ 9{,}60$	$+\ 1{,}01$	$+\ 0{,}57$
M	$-111{,}42$	$+154{,}09$	$+198{,}05$	$-43{,}96$	$+53{,}27$	$+87{,}93$	$+34{,}66$	$+49{,}30$

	$H_{14}=H_7$	J_{14}	J_8	J_{15}	K_{15}	K_9	K_{16}	L_{16}
$9{,}34\,(M^*_{I+V+VI})$	$-\ 98{,}41$	$+128{,}82$	$-166{,}49$	$-37{,}67$	$+42{,}99$	$-75{,}70$	$-32{,}71$	$+40{,}59$
$1{,}15\,(M^{1*}_{I+IV})$..	$-\ 8{,}34$	$+\ 10{,}60$	$-\ 19{,}63$	$-\ 9{,}03$	$+\ 9{,}55$	$-\ 9{,}28$	$+\ 0{,}27$	$+\ 0{,}72$
M	$-106{,}75$	$+139{,}42$	$-186{,}12$	$-46{,}70$	$+52{,}54$	$-84{,}98$	$-32{,}44$	$+41{,}31$

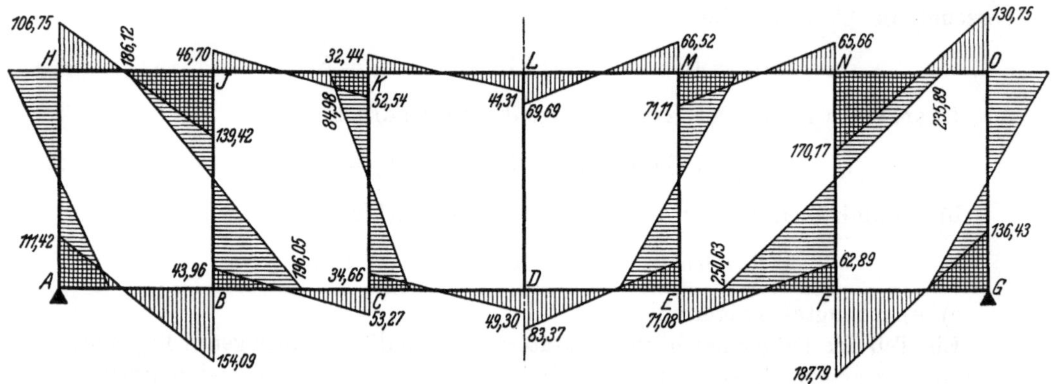

a) Momente infolge ständiger Einzellasten.   b) Momente infolge zufälliger Einzellasten (Stellung I).
Fig. 155.

Querkräfte.

Untergurt:

$$Q_1^A = -\,Q_1^B = \frac{111{,}42 + 154{,}09}{3{,}375} = +78{,}67\ \text{t},$$

$$Q_2^B = -\,Q_2^C = \frac{43{,}96 + 53{,}27}{3{,}375} = +28{,}81\ \text{t},$$

$$Q_3^C = -\,Q_3^D = \frac{34{,}66 + 49{,}30}{3{,}375} = +24{,}88\ \text{t}.$$

Obergurt:

$$Q_{14}^H = -\,Q_{14}^J = \frac{106{,}75 + 139{,}42}{3{,}375} = +72{,}93\ \text{t},$$

$$Q_{15}^J = -\,O_{15}^K = \frac{46{,}70 + 52{,}54}{3{,}375} = +29{,}40\ \text{t},$$

$$Q_{16}^K = -\,Q_{17}^{K} = \frac{32{,}44 + 41{,}31}{3{,}375} = +21{,}85\ \text{t}.$$

Pfosten:

$$Q_1^A = \quad Q_{13}^O = \frac{111{,}42 + 106{,}75}{4{,}70} = +46{,}42\ \text{t},$$

$$Q_8^B = \quad Q_{12}^N = \frac{198{,}05 + 186{,}12}{4{,}70} = +81{,}74\ \text{t},$$

$$Q_9^C = \quad Q_{11}^M = \frac{87{,}93 + 84{,}98}{4{,}70} = +36{,}79\ \text{t}.$$

Auflagerkraft:

$$A = G = 11{,}5 + Q_1^A + Q_{14}^H = 11{,}5 + 78{,}67 + 72{,}93 = 162{,}10\ \text{t}.$$

Gleichmäßig verteilte ständige Last auf den Obergurt wirkend.

Um die genauen Beanspruchungen aus dieser Belastung zu bekommen, müssen wir, wie folgt, vorgehen (siehe Beispiel 11).

1. In der bekannten Weise sind die M_0-Momente zu ermitteln und mit Hilfe der bereits gefundenen Festpunkte über das ganze System zu verteilen.

2. Aus den Momenten und Belastungen sind die Querkräfte in allen Knotenpunkten zu errechnen.

3. Die Querkräfte sind zusammenzusetzen und die Festhaltungskräfte $F_I - F_V$ daraus zu bestimmen.

4. Mit Hilfe der Maßzahlen der Festhaltungskräfte und der M^*-Momente sind die Zusatzmomente zu finden, wie es oben für die Knotenlasten geschehen ist, wo diese Zusatzmomente bereits die endgültigen Momente darstellen. Die gefundenen Zusatzmomente werden zu den Momenten der R I (1.) hinzugefügt und so die endgültigen Momente erhalten, woraus auch die Querkräfte und Normalkräfte bestimmt werden können.

Da in unserm vorliegenden Fall diese Beanspruchungen gegenüber den andern eine untergeordnete Rolle spielen, ist es am Platze, dieselben nur angenähert, mit Hilfe eines vereinfachten Verfahrens zu ermitteln.

Wir machen dafür die folgenden Annahmen:

1. Das Trägersystem sei als solches starr. Dann haben wir volle Einspannung der Pfosten im Untergurt (siehe Fig. 156).

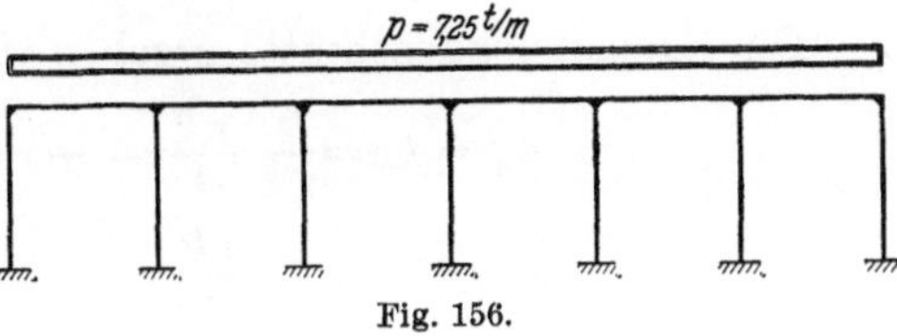

Fig. 156.

2. Das Trägheitsmoment verbleibe für alle beeinflußten Stäbe gleich groß.

3. Für die Obergurtstäbe wird keine Auflagerverstärkung berücksichtigt.

4. Für die Pfosten wird mit einer starren Endstrecke von $f = 1,0$ m gerechnet.

Dann ist für die Pfosten nach Gl. (203) und (206):

$$E J \alpha^b = \frac{l^{12}}{2\,l} = \frac{2,7}{2 \cdot 3,7} = 0,980,$$

$$E J \beta = \frac{l^{12}(l + 2f)}{6 \cdot l^2} = \frac{2,7^7}{6 \cdot 3,7^7}(3,2 + 2,0) = 0,391,$$

$$a_{7-13} = \frac{l'}{3} \cdot \frac{l + 2f}{l' + 2f} = \frac{2,7}{3} \cdot \frac{3,7 + 2}{2,7 + 2} = 1,09 \text{ m}, \quad l - \alpha = 2,61 \text{ m}.$$

$$\tau^b_{Pfosten}: \qquad \alpha - \beta \frac{l}{l - a} = 0,980 - 0,391 \frac{3,70}{2,61} = 0,425 \frac{1}{E},$$

$$\varepsilon^H_{14} = \tau^b_{Pfosten} = 0,425 \frac{1}{E}, \qquad \beta_{14} = 0,707 \frac{1}{E} \text{ (Tab. 1)},$$

$$a_{14} = \frac{3,375}{3 + \dfrac{0,425}{0,707}} = 0,905 \text{ m}, \quad l_{14} - a_{14} = 2,47 \text{ m}, \quad (7\,\text{a})$$

$$\tau^J_{14} = 0,707 \left(3 - \frac{3,37}{2,47}\right) = 0,920,$$

$$\varepsilon^J_{15} = \frac{\tau^J_{14} \cdot \tau^J_8}{\tau^J_{14} + \tau^J_8} = \frac{0,920 \cdot 0,425}{0,920 + 0,425} = 0,291,$$

$$a_{15} = \frac{3{,}375}{3 + \dfrac{0{,}291}{0{,}707}} = 0{,}96\ \text{m}, \quad l_{15} = a_{15} = 2{,}41\ \text{m},$$

$$\tau_{15}^K = 0{,}707 \left(3 - \frac{3{,}37}{2{,}41}\right) = 0{,}900,$$

$$\varepsilon_{16}^K = \frac{\tau_{15}^K \cdot \tau_9^K}{\tau_{15}^K + \tau_9^K} = \frac{0{,}900 \cdot 0{,}425}{1{,}325} = 0{,}289.$$

Da der Wert $\varepsilon_{16}^K \cong \varepsilon_{13}^K$ ist, so ist auch $a_{16} = a_{15}$. Wir können daher mit den folgenden Festpunktabständen rechnen:

$$a_{14} = b_{19} = 0{,}90\ \text{m}, \qquad \text{alle übrigen} \qquad a = b = 0{,}96\ \text{m}.$$

Das Verteilungsverhältnis am Knoten K ist:

$$\mu_{15-16} = \frac{\tau_9^K}{\tau_{16}^K + \tau_9^K} = \frac{0{,}425}{0{,}425 + 0{,}900} = 0{,}32,$$

$$\mu_{15-9} = 1{,}0 - 0{,}32 = 0{,}68.$$

Diese Verteilungsmaße gelten auch für alle übrigen Knoten.
Das Maß ν beträgt überall:

$$\nu = \frac{a}{l - a} = \frac{0{,}96}{2{,}41} = 0{,}40.$$

Die Kreuzlinienabschnitte ergeben sich zu:

$$k_a = k_b = -\frac{p\,l^2}{4} = -\frac{7{,}25 \cdot 3{,}375^2}{4} = -20{,}7\ \text{mt},$$

$$M_0 = \frac{p\,l^2}{8} = 10.35\ \text{mt}.$$

Die Fig. 157 gibt uns die Stützenmomente, die wir mit Hilfe der Maße μ und ν über das System hinleiten und mit den M_0-Momenten zusammensetzen.

Die so erhaltenen Momente sind in Fig. 158 aufgezeichnet.

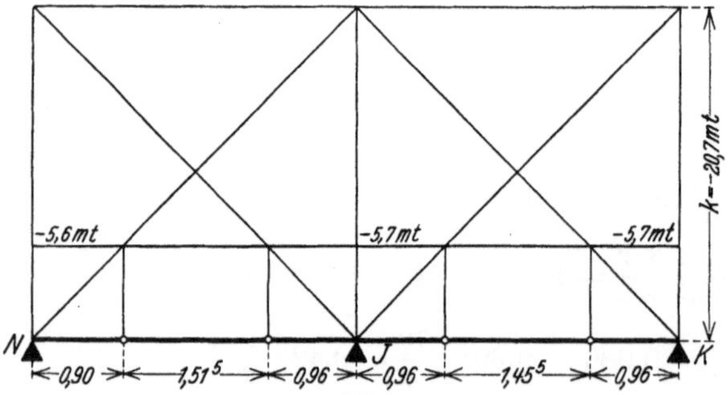

Aus den Momenten errechnen wir in bekannter Weise die Querkräfte zu:

$$Q_0 = Q_{15}^J - Q_{18}^N = 12{,}25\ \text{t},$$
$$Q_{14}^H = Q_{19}^O = 13{,}19\ \text{t},$$
$$Q_{14}^J = Q_{19}^N = 11{,}50\ \text{t},$$
$$Q_7^N = -Q_{13}^O = -1{,}85\ \text{t},$$
$$Q_8^J = -Q_{12}^J = +0{,}25\ \text{t}.$$

Fig. 157.

Die Normalkräfte ergeben sich aus den Querkräften unmittelbar zu

$$N_{14} = N_{19} = -1{,}85\ \text{t},$$
$$N_{15} = N_{18} = -1{,}60\ \text{t},$$
$$N_7 = N_{13} = -12{,}25\ \text{t},$$
$$N_8 = N_{12} = -25{,}25\ \text{t},$$
$$N_9 = N_{10} = N_{11} = -24{,}50\ \text{t}.$$

Zufällige Belastungen der Säulen S_1, S_2 und S_3.

Laststellung I. Auch für diesen Belastungsfall ergeben sich, wie für Fall 1

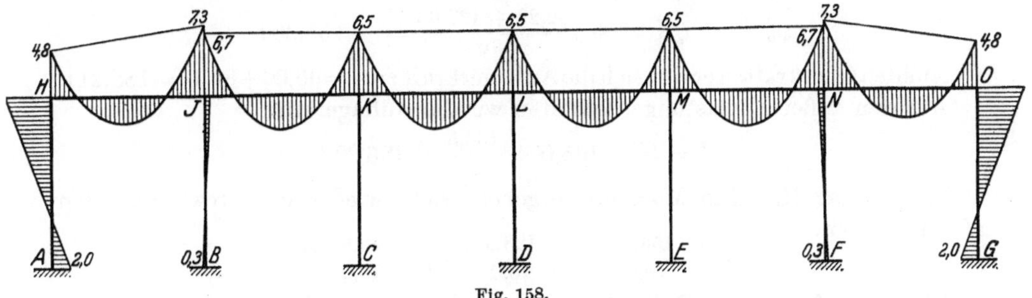

Fig. 158.

die endgültigen Momente aus den bereits ermittelten M^*-Momenten. Es ist für
jede Einspannstelle

$$M = \frac{105,0}{10,5}\,(M_I^* + M_V^*) + \frac{160,5}{10,0}\,M_{III}^* . \quad \text{(Fig. 159)}.$$

Diese Momente sind in der nachfolgenden Tabelle 7 errechnet und in
Fig. 155 b aufgetragen.

Das Momentenbild ist wie für die
ständigen Lasten symmetrisch.

Fig. 159.

Tabelle 7.

	$A_1 = -A_1$	B_1	B_8	B_2	C_2	C_9	C_3	D_3
$10,5\,(M_{I+V}^*)$.	$-\ 75,91$	$+\ 109,21$	$+\ 101,72$	$+\ 7,49$	$+\ 4,17$	$+\ 4,23$	$-\ 0,06$	$+\ 0,60$
$16,05\,(M_{III}^*)$.	$-\ 60,52$	$+\ 78,53$	$+\ 148,91$	$-\ 70,38$	$+\ 66,90$	$+\ 128,06$	$-\ 61,15$	$+\ 82,77$
M	$-\ 136,43$	$+\ 187,74$	$+\ 250,63$	$-\ 62,89$	$+\ 71,08$	$+\ 132,29$	$-\ 61,21$	$+\ 83,37$

	$N_{14} = H_7$	J_{14}	J_8	J_{15}	K_{15}	K_9	K_{16}	L_{16}
$10,5\,(M_{I+V}^*)$.	$-\ 72,49$	$+\ 96,76$	$-\ 94,93$	$+\ 1,83$	$+\ 5,18$	$-\ 4,52$	$+\ 0,66$	$+\ 0,04$
$16,05\,(M_{III}^*)$.	$-\ 58,26$	$+\ 73,41$	$-\ 140,90$	$-\ 67,49$	$+\ 65,93$	$-\ 123,11$	$-\ 57,18$	$+\ 69,65$
M	$-\ 130,75$	$+\ 170,17$	$-\ 235,83$	$-\ 65,66$	$+\ 71,11$	$-\ 127,63$	$-\ 56,52$	$+\ 69,69$

Querkräfte.

Untergurt:
$$Q_1^A = -Q_1^B = \frac{136,43 + 187,74}{3,375} = +\ 96,06\,\text{t},$$

$$Q_2^B = -Q_2^C = \frac{62,89 + 71,08}{3,375} = +\ 39,69\,\text{t},$$

$$Q_3^C = -Q_3^D = \frac{61,21 + 83,37}{3,375} = +\ 42,84\,\text{t}.$$

Obergurt:
$$Q_{14}^H = -Q_{14}^J = \frac{130,75 + 170,17}{3,375} = +\ 89,15\,\text{t},$$

$$Q_{15}^J = -Q_{15}^K = \frac{65,66 + 71,11}{3,375} = +\ 40,52\,\text{t},$$

$$Q_{16}^J = -Q_{16}^L = \frac{56,52 + 69,69}{3,375} = +\ 37,40\,\text{t}.$$

Pfosten:

$$Q_7^A = \quad Q_{13}^O = + \frac{136{,}43 + 130{,}75}{4{,}70} = + \; 56{,}85 \, t,$$

$$Q_8^B = \quad Q_{12}^N = + \frac{250{,}63 + 235{,}83}{4{,}70} = + \, 103{,}50 \, t,$$

$$Q_9^C = \quad Q_{11}^M = + \frac{132{,}29 + 127{,}63}{4{,}70} = + \; 55{,}30 \, t.$$

Aus den Querkräften ergibt sich die Auflagerkraft zu $A = 96{,}06 + 89{,}15 = 185{,}21 \, t$. Aus den äußern Belastungen erhalten wir die Auflagerkraft

$$A = G = 105{,}0 + \frac{160{,}5}{2} = 185{,}20 \, t \, .$$

Laststellung II. Die Momente ergeben sich wiederum direkt aus den M^*-Momenten.

$$M = \frac{158{,}0}{10{,}0} \, M_I^* + \frac{133{,}5}{10{,}0} \, M_{III}^* + \frac{30{,}8}{10{,}0} \, M_V^* \, .$$

Wir vereinfachen die Rechnung etwas, indem wir die Lasten S_1 und S_3 zerlegen in die Lasten

$$S_1' = S_3 = 30{,}8 \, t,$$
$$S_1'' = 158{,}0 - 30{,}8 = 127{,}2 \, t.$$

Durch diese Zerlegung nützen wir die Symmetrie des Tragwerkes aus. Es wird nun

$$M = \frac{127{,}2}{10{,}0} \, M_I^* + \frac{133{,}5}{10{,}0} \, M_{III}^* + \frac{30{,}8}{10{,}0} \, M_V^* \, .$$

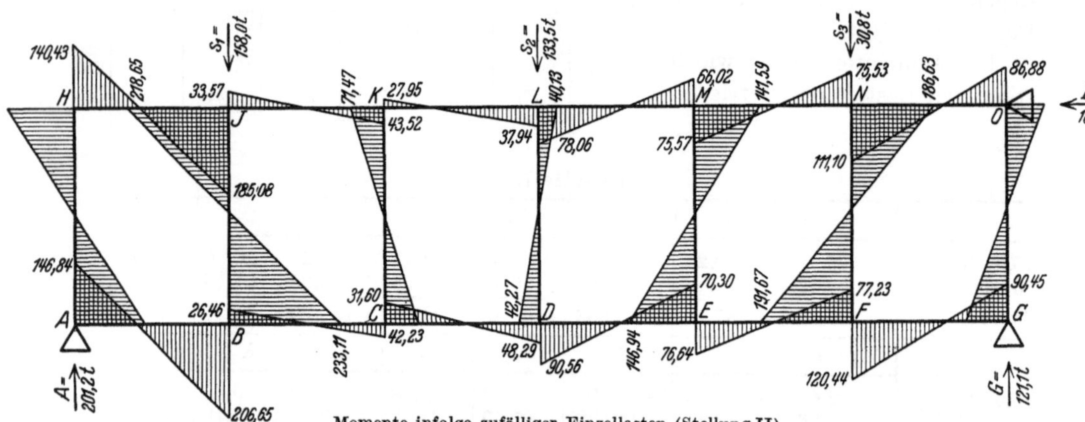

Momente infolge zufälliger Einzellasten (Stellung II).
Fig. 160.

In der folgenden Tabelle 8 werden die Werte errechnet und in Fig. 160 dargestellt. Querkräfte.

Untergurt:

$$Q_1^A = - Q_1^B = \frac{146{,}84 + 206{,}65}{3{,}375} = + 104{,}74 \, t,$$

$$Q_2^B = - Q_2^C = \frac{26{,}46 + 42{,}23}{3{,}375} = + \; 20{,}35 \, t,$$

$$Q_3^C = - Q_3^D = \frac{31{,}60 + 48{,}29}{3{,}375} = + \; 23{,}67 \, t,$$

$$Q_4^D = - Q_4^E = - \frac{90{,}56 + 70{,}30}{3{,}375} = - \; 47{,}66 \, t,$$

$$Q_5^E = - Q_5^F = - \frac{76{,}64 + 77{,}23}{3{,}375} = - \; 45{,}59 \, t,$$

$$Q_6^F = - Q_6^G = - \frac{120{,}44 + 90{,}45}{3{,}375} = - \; 62{,}49 \, t.$$

Obergurt:

$$Q_{14}^H = -Q_{14}^J = \frac{140,43 + 185,08}{3,375} = +\ 96,45\ \text{t},$$

$$Q_{15}^J = -Q_{15}^K = \frac{33,57 + 43,52}{3,375} = +\ 22,84\ \text{t},$$

$$Q_{16}^K = -Q_{16}^L = \frac{27,95 + 37,94}{3,375} = +\ 19,52\ \text{t},$$

$$Q_{17}^L = -Q_{17}^M = -\frac{78,06 + 66,02}{3,375} = -\ 42,69\ \text{t},$$

$$Q_{18}^M = -Q_{18}^N = -\frac{75,57 + 75,53}{3,375} = -\ 44,77\ \text{t},$$

$$Q_{19}^N = -Q_{19}^O = -\frac{111,10 + 86,88}{3,375} = -\ 58,66\ \text{t}.$$

Pfosten:

$$Q_7^A = -Q_7^H = \frac{146,84 + 140,43}{4,70} = +61,12\ \text{t},$$

$$Q_8^B = -Q_8^J = \frac{233,11 + 218,65}{4,70} = +96,12\ \text{t},$$

$$Q_9^C = -Q_9^K = \frac{73,83 + 71,47}{4,70} = +30,91\ \text{t},$$

$$Q_{10}^D = -Q_{10}^L = -\frac{40,13 + 42,27}{4,70} = -17,53\ \text{t},$$

$$Q_{11}^E = -Q_{11}^M = -\frac{146,94 + 141,59}{4,70} = -61,39\ \text{t},$$

$$Q_{12}^F = -Q_{12}^N = -\frac{197,67 + 186,63}{4,70} = -81,77\ \text{t},$$

$$Q_{13}^G = -Q_{13}^O = -\frac{90,45 + 86,88}{4,70} = -37,73\ \text{t}.$$

Auflagerkräfte:

$$A = +Q_1^A + Q_{14}^J = 104,74 + 96,45 = +201,19\ \text{t},$$
$$G = +Q_6^G + Q_{19}^O = \ 62,49 + 58,66 = +121,15\ \text{t}.$$

Die horizontale Auflagerkraft in 0 beträgt $\sum Q$-Pfosten

$$A^0 = 61,12 + 96,12 + 30,91 - 17,53 - 61,39 - 81,77 - 37,73 = -10,27\ \text{t}.$$

Diese Kraft ist trotz der großen exzentrischen Belastung klein. Die Vereinfachung, die getroffen wurde, ist also gerechtfertigt.

Probe: Die Summe der Querkräfte, die links und rechts von zwei übereinander liegenden Knoten wirken, muß gleich der äußeren Kraft sein, die in senkrechtem Sinn auf diesen Knoten wirkt.

Es genügt, den Nachweis für die drei belasteten Knotenpaare zu bringen, da die gleichen Querkräfte auch an den andern Knoten auftreten.

$$\text{Knoten } B: \quad Q_1^B + Q_2^B = -104,74 + 20,35 = -\ 84,39\ \text{t},$$
$$\text{Knoten } J: \quad Q_{14}^J + Q_{15}^J = -\ 96,45 + 22,84 = \underline{-\ 73,61\ \text{t},}$$
$$-158,00\ \text{t}.$$

$$\text{Äußere Last } = \underline{-158,00\ \text{t},}$$
$$0,00.$$

$$\text{Knoten } D: \quad Q_3^D + Q_4^D = -\ 23{,}67 - 47{,}66 = -\ 71{,}33 \text{ t.}$$

$$\text{Knoten } L: \quad Q_{16}^L + Q_{17}^L = -\ 19{,}52 - 42{,}69 = \underline{-\ 62{,}21 \text{ t,}}$$

$$-133{,}54 \text{ t,}$$

$$\text{Äußere Last} = \underline{-133{,}50 \text{ t,}}$$

$$0{,}04 \text{ t.}$$

$$\text{Knoten } F: \quad Q_3^F + Q_6^F = +\ 45{,}59 - 62{,}49 = -\ 16{,}90 \text{ t,}$$

$$\text{Knoten } N: \quad Q_{18}^N + Q_{19}^N = -\ 58{,}66 + 44{,}77 = \underline{-\ 13{,}89 \text{ t,}}$$

$$-\ 30{,}79 \text{ t,}$$

$$\text{Äußere Last} = \underline{-\ 30{,}80 \text{ t,}}$$

$$0{,}01 \text{ t.}$$

Kranlasten. Um die ungünstigsten Beanspruchungen zu finden, gehen wir, wie folgt, vor:

Wir lassen den Kran von links nach rechts über den Balken fahren. Dabei schreiben wir für verschiedene ausgezeichnete Laststellungen die Knotenpunktsmomente der Stäbe auf. Aus diesen so gefundenen Momenten, können wir dann die Größtwerte auswählen und der Bemessung zugrunde legen. Die Fig. 161 stellt sämtliche in Betracht kommenden Laststellungen dar. Da die Stellungen *1, 2, 3* zu den Stellungen *7, 6, 5* symmetrisch in bezug auf die Trägermitte liegen, so genügt es, die Untersuchung für die vier ersten Lastfälle durchzuführen.

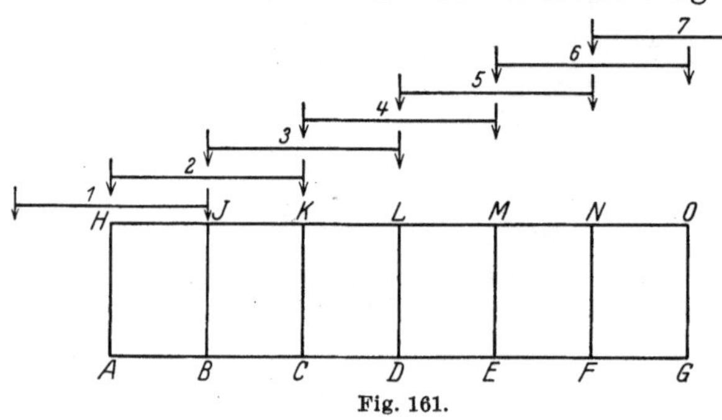

Fig. 161.

Bei der Laststellung *1* steht das Vorderrad auf dem Knotenpunkt *J*, während das Hinterrad den Balken nicht belastet.

Bei den andern zu betrachtenden Fällen wird die Mitte des Fahrzeuges über einen Knoten gestellt, dann stellen sich die Räder in eine Entfernung von

$$e = \frac{7{,}40 - 6{,}75}{2} = 0{,}325 \text{ m}$$

von den zwei benachbarten Knoten. Bei der vorhandenen großen Dicke der Pfosten, geben sie in Wirklichkeit die Lasten ganz an die Ständer ab. Wir können somit wie mit reinen Knotenlasten rechnen. In der nachfolgenden Tabelle 9 schreiben wir für jede Laststellung die erzeugten Momente heraus, und zwar für Raddrücke von $R' = 10{,}5$ t.

Multiplizieren wir die aus der Tabelle 9 hervorgehenden Grenzwerte der Knotenpunktsmomente mit 1,05, so gewinnen wir die vorkommenden Höchstbeanspruchungen aus der Kranbelastung. Dieses wird in der folgenden Tabelle 10 durchgeführt.

Querkräfte. Wir stellen im folgenden die absolut größten Querkräfte aus den Kranlasten auf, also nicht diejenigen, die zu den Größtwerten der Momente (siehe nachfolgende Tabelle 10) gehören. Diese Grenzwerte ergeben sich, wenn wir in der Tabelle 9 die größten vorhandenen Differenzen der maßgebenden Momente aufsuchen.

Die größten Querkräfte betragen:

Untergurt:
$$Q_1^A = -Q_1^B = \frac{9{,}60 + 13{,}48}{3{,}375} \cdot 1{,}05 = +7{,}18\,\text{t},$$

$$Q_2^B = -Q_2^C = \frac{8{,}37 + 9{,}23}{3{,}375} \cdot 1{,}05 = +5{,}47\,\text{t},$$

$$Q_2^B = -Q_2^C = -\frac{2{,}35 + 1{,}15}{3{,}375} \cdot 1{,}05 = -1{,}09\,\text{t},$$

$$Q_3^C = -Q_3^D = -\frac{5{,}33 + 6{,}85}{3{,}375} \cdot 1{,}05 = +3{,}79\,\text{t},$$

$$Q_3^C = -Q_3^D = -\frac{3{,}60 + 2{,}61}{3{,}375} \cdot 1{,}05 = +1{,}93\,\text{t}.$$

Obergurt:
$$Q_{14}^H = -Q_{14}^J = +\frac{12{,}09 + 9{,}18}{3{,}375} \cdot 1{,}05 = +6{,}62\,\text{t},$$

$$Q_{15}^J = -Q_{15}^K = +\frac{7{,}86 + 8{,}30}{3{,}375} \cdot 1{,}05 = +5{,}02\,\text{t},$$

$$Q_{15}^J = -Q_{15}^K = -\frac{1{,}74 + 1{,}01}{3{,}375} \cdot 1{,}05 = -0{,}86\,\text{t},$$

$$Q_{16}^K = -Q_{16}^L = +\frac{5{,}02 + 5{,}92}{3{,}375} \cdot 1{,}05 = +3{,}40\,\text{t},$$

$$Q_{16}^K = -Q_{16}^L = -\frac{2{,}96 + 2{,}37}{3{,}375} \cdot 1{,}05 = -1{,}67\,\text{t}.$$

Pfosten:
$$Q_7^A = -Q_7^H = +\frac{9{,}60 + 9{,}18}{4{,}70} \cdot 1{,}05 = +4{,}20\,\text{t},$$

$$Q_8^B = -Q_2^J = +\frac{18{,}13 + 17{,}06}{4{,}70} \cdot 1{,}05 = +7{,}86\,\text{t},$$

$$Q_9^C = -Q_9^K = +\frac{11{,}05 + 10{,}64}{4{,}70} \cdot 1{,}05 = +4{,}85\,\text{t},$$

$$Q_9^C = -Q_9^K = -\frac{2{,}67 + 2{,}54}{4{,}70} \cdot 1{,}05 = -1{,}16\,\text{t},$$

$$Q_{10}^D = -Q_{10}^L = -\frac{5{,}72 + 5{,}38}{4{,}70} \cdot 1{,}05 = -2{,}48\,\text{t}.$$

Angehängtes Trägerfeld. Rechnungsabschnitt I. Die Momente M^A und M^H werden mit Hilfe der Festpunkte und Verteilungsmaße in den Träger hineingeleitet.

Aus der Fig. 162 ist ersichtlich, daß das dritte Trägerfeld bereits keinen in Betracht kommenden Einfluß mehr erleidet.

Die Querkräfte ergeben sich zu:

$$Q_1^B = -\frac{61{,}0 + 27{,}0}{3{,}375} = -26{,}1\,\text{t},$$

$$Q_2^B = -\frac{3{,}0 + 1{,}0}{3{,}375} = -1{,}2\,\text{t},$$

$$Q_{14}^J = -\frac{48{,}0 + 24{,}0}{3{,}375} = -19{,}2\,\text{t},$$

$$K_{15}^J = -\frac{4{,}0 + 2{,}0}{3{,}375} = -1{,}8\,\text{t},$$

Festhaltungskraft $F_I = -48{,}3\,\text{t}$.

Festhaltungskraft $F_{II} = +\ 1{,}2 + 1{,}8 = 3{,}0\,\text{t}$.

13*

Rechnungsabschnitt II. Die endgültigen Momente betragen:

$$M = M_0 = \frac{48,3}{10,0}\, M_I^* + \frac{3,0}{1,00}\, M_{II}^* .$$

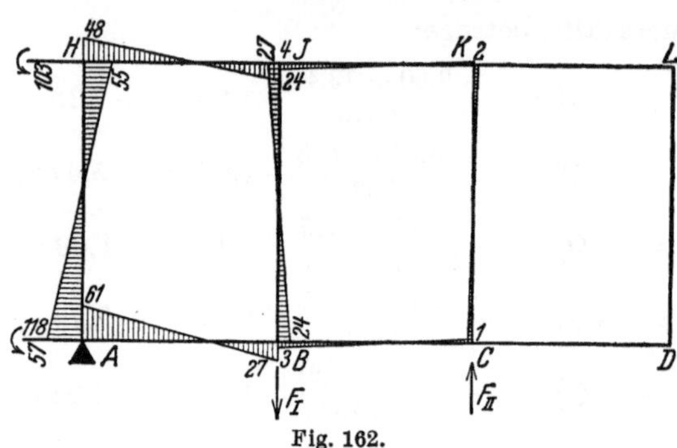

Fig. 162.

Die Werte sind in der nachstehenden Tabelle 11 errechnet und in Fig. 163 aufgetragen.

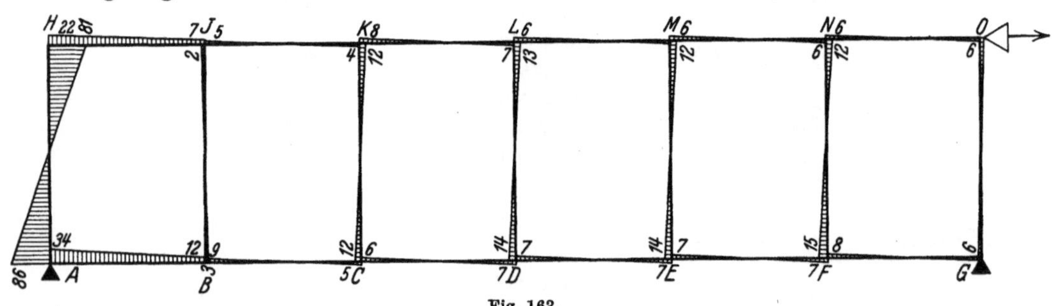

Fig. 163.

Die Querkräfte finden wir aus den Momenten. Sie betragen:
Im Untergurt:

$$Q_1^A = 6,0\,\mathrm{t} = -\,Q_1^B .$$

Für die übrigen Stäbe:

linkes Auflager $\qquad Q = +\,4,0\,\mathrm{t}$,

rechtes Auflager $\qquad Q = -\,4,0\,\mathrm{t}$.

Im Obergurt:

$$Q_{15}^J = 3,0\,\mathrm{t} = Q_{15}^K .$$

Für die übrigen Stäbe wie Untergurt.

In den Pfosten:

$$Q_7^A = -\,35,5\,\mathrm{t} = -\,Q_7^H , \qquad Q_{11}^E = +\,5,7\,\mathrm{t} = -\,Q_{11}^M ,$$
$$Q_8^B = -\ \ 1,0\,\mathrm{t} = -\,Q_8^J , \qquad Q_{12}^F = +\,5,8\,\mathrm{t} = -\,Q_{12}^N ,$$
$$Q_9^C = +\ \ 5,1\,\mathrm{t} = -\,Q_9^K , \qquad Q_{13}^G = +\,2,5\,\mathrm{t} = -\,Q_{13}^O .$$
$$Q_{10}^D = +\ \ 5,8\,\mathrm{t} = +\,Q_{10}^L ,$$

Die Normalfälle in den Gurtungen:

$$N_1 = -\,35,5 = -\,N_{14} , \qquad N_4 = -\,25,6 = -\,N_{17} ,$$
$$N_2 = -\,36,5 = -\,N_{15} , \qquad N_5 = -\,19,9 = -\,N_{18} ,$$
$$N_3 = -\,31,4 = -\,N_{16} , \qquad N_6 = -\,14,1 = -\,N_{19} .$$

Die gefundenen Momente, Querkräfte und Normalkräfte, wären nur dann exakt, wenn der Knotenpunkt 0 keine Kraft nach außen abgeben würde, da wir die Festhaltungskraft in 0 vernachlässigt haben. In Wirklichkeit beträgt dieselbe für den eben behandelten Belastungsfall:

$$F = 14{,}1 - 2{,}5 = 11{,}6\,\text{t}.$$

Da es sich im Vergleich mit den übrigen Beanspruchungen um geringe Einflüsse handelt, können für die Bemessung die gefundenen Resultate beibehalten werden. In Wirklichkeit werden sich die Beanspruchungen der Pfosten derart modifizieren, daß die obige Kraft F verschwindet.

Zusammenstellung der Beanspruchungen.

In den folgenden Tabellen 12, 13 und 14 sind die Grenzwerte der Beanspruchungen ermittelt unter Ausschluß der Zusatzbelastungen A c) und B e).

Tabelle 14.

Stab	1	2	3	7	8	9	10
a) Ständige Knotenlast	+ 46,42	+ 128,16	+ 164,95	− 84,43	− 49,86	− 3,93	− 49,76
b) Zufällige Säulenlasten Laststellung I . . .	+ 56,85	− 160,35	+ 215,65	− 89,15	− 56,37	+ 3,15	− 85,68
c) Zufällige Säulenlasten Laststellung II . . .	+ 61,12	+ 157,24	+ 188,15	− 96,45	− 84,39	+ 3,32	− 71,33
d) Kranlast Größte Normalkräfte	+ 4,20	+ 12,06	+ 16,91	− 10,50	− 5,57	− 5,57	− 5,60
e) Kranlast KleinsteNormalkrätfe	0	0	− 1,16	0	0	0	0
Kleinste Normalkraft	+ 46,42	+ 128,16	+ 163,79	− 84,43	− 49,86	+ 2,54	− 49,76
Größte Normalkraft .	+ 111,74	+ 300,61	+ 397,61	− 194,38	− 139,76	− 9,50	− 131,04

Erklärungen zu den vorstehenden Tabellen 12, 13 und 14: Positives Vorzeichen bedeutet Zug im Stab. Negatives Vorzeichen bedeutet Druck im Stab.

Die Normalkräfte erhalten wir direkt aus den Querkräften, da die Stäbe senkrecht zueinander stehen.

In den Pfosten ergeben sich die Normalkräfte als Summe der beiden links- und rechtsliegenden Querkräfte der unbelasteten Gurtung. Um die größte Normalkraft des Belastungsfalles B b) zu erhalten, wird die Last $R = 10{,}5\,\text{t}$ auf den maßgebenden Pfosten gestellt (Tabelle 9).

$$N_7 = -10{,}5\,\text{t},$$

$$N_8 = \frac{8{,}59 + 5{,}83 + 2{,}35 + 1{,}15}{3{,}375} \cdot 1{,}05 = -5{,}57\,\text{t},$$

$$N_9 = \frac{5{,}32 + 6{,}33 + 3{,}69 + 2{,}60}{3{,}375} \cdot 1{,}05 = -5{,}57\,\text{t},$$

$$N_{10} = \frac{2{,}30 + 3{,}53 + 6{,}85 + 5{,}33}{3{,}375} \cdot 1{,}05 = -5{,}60\,\text{t}.$$

Die Normalkräfte im Pfosten 7 ergeben sich aus der Querkraft des Obergurtes $Q_{14}^H +$ Knotenlast. Letztere ist nur im Belastungsfall A a) mit $F = 11{,}5\,\text{t}$ zu berücksichtigen.

In den Gurtstäben ergeben sich die Normalkräfte aus der Gleichgewichtsbedingung $\underset{\rightarrow}{\sum} H = 0$ für jeden herausgetrennten Knoten.

Bei symmetrischer Belastung [Fälle A a) und B a)] wird die Festhaltungskraft in $0 = o$. Somit erhalten wir für den Eckknotenpunkt die Normalkraft $N = Q$ Pfosten. Jeder Obergurtstab arbeitet auf Druck, jeder Untergurtstab auf Zug. Da keine horizontalen Pfostenlasten auftreten, sind die Normalkräfte der Gurtstäbe desselben Feldes einander entgegengesetzt gleich.

Nach jedem Knotenpunkt nimmt die Normalkraft in der Gurtung um den Betrag der Querkraft des Pfostens zu.

Bei unsymmetrischer Belastung haben wir in O horizontal unverschiebliche Lage angenommen. Da die Knoten A und H ohne äußere Kraft im Gleichgewicht sein müssen, beginnen wir wie für die symmetrische Belastung mit den Stabkräften 1 und 14.

1. Ständige Knotenlast:

$$Q_7^A = +\;\; 46{,}42 = N_1,$$
$$Q_8^B = +\;\; 81{,}74$$
$$\overline{ + 128{,}16 = N_2,}$$
$$Q_9^C = +\;\; 36{,}79$$
$$\overline{ 164{,}95 = N_3.}$$

2. Zufällige Lasten. Laststellung I:

$$Q_7^A = +\;\; 56{,}85 = N_1,$$
$$Q_8^B = + 103{,}50$$
$$\overline{ + 160{,}35 = N_2,}$$
$$Q_9^C = +\;\; 55{,}30$$
$$\overline{ 215{,}65 = N_3.}$$

3. Zufällige Lasten. Laststellung II:

$$Q_7^A = +\;\; 61{,}12 = N_1,$$
$$Q_8^B = +\;\; 96{,}12$$
$$\overline{ + 157{,}24 = N_2,}$$
$$Q_9^C = +\;\; 30{,}91$$
$$\overline{ + 188{,}15 = N_3,}$$
$$Q_{10}^D = -\;\; 17{,}33$$
$$\overline{\phantom{Q_{10}^D = } + 170{,}82 = N_4,}$$
$$Q_{11}^E = -\;\; 61{,}39$$
$$\overline{\phantom{Q_{11}^E = } + 109{,}43 = N_5,}$$
$$Q_{12}^F = -\;\; 81{,}77$$
$$\overline{\phantom{Q_{12}^F = } + 27{,}66 = N_6,}$$
$$Q_{13}^G = -\;\; 37{,}73$$
$$\overline{\phantom{Q_{13}^G = } - 10{,}07 = G.}$$

Die Auflagerkraft G wird sich in Wirklichkeit auf die Pfosten verteilen, so daß sie selbst verschwindet und dagegen die übrigen Kräfte geringe Veränderungen gegenüber den errechneten Resultaten erreichen. Diese Abweichungen sind aber praktisch ohne Belang. Der kleine Betrag von G zeigt, daß unsere Annahme einer verschwindend kleinen Festhaltungskraft in G berechtigt war.

4. Kranlasten. Der Einfluß der Kranlasten ist im Vergleich zu den übrigen Beanspruchungen gering. Wir bestimmen die Normalkräfte daher aus den Pfostenquerkräften in vereinfachter Weise, wie folgt:

$$Q_7^A = +\ 4{,}20\,\mathrm{t} = N_1 = N_6,$$
$$Q_8^B = +\ 7{,}86\,\mathrm{t},$$
$$\overline{\ 12{,}06\,\mathrm{t}} = N_2 = N_5,$$
$$Q_9^C = +\ 4{,}85\,\mathrm{t},$$
$$\overline{\ 16{,}91} = N_3 = N_4$$

Grenzwerte der Gesamtbeanspruchung.

In den nachfolgenden Tabellen 15 und 16 werden die aufgerundeten Beträge

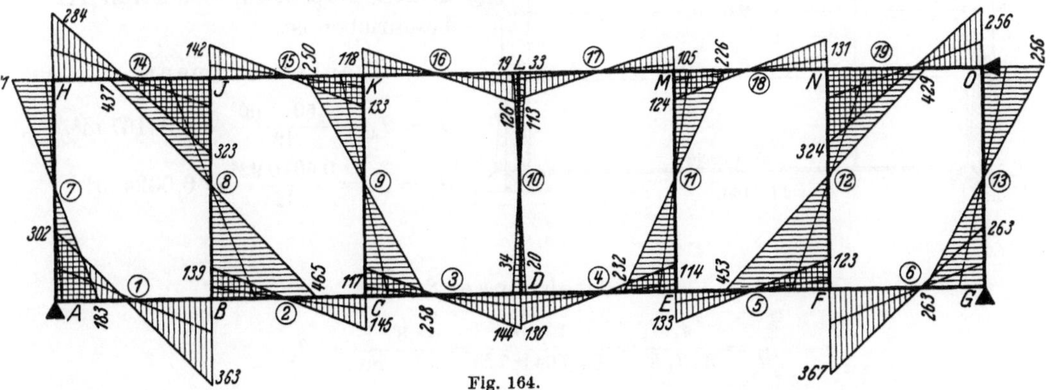

Fig. 164.

der Momente und Normalkräfte ermittelt für die Gesamtbelastung einschließlich die Zusatzbelastungen aus Obergurtgewicht und Kragbelastung.

Die Grenzwerte der Querkräfte werden durch diese Zusatzbelastungen nur

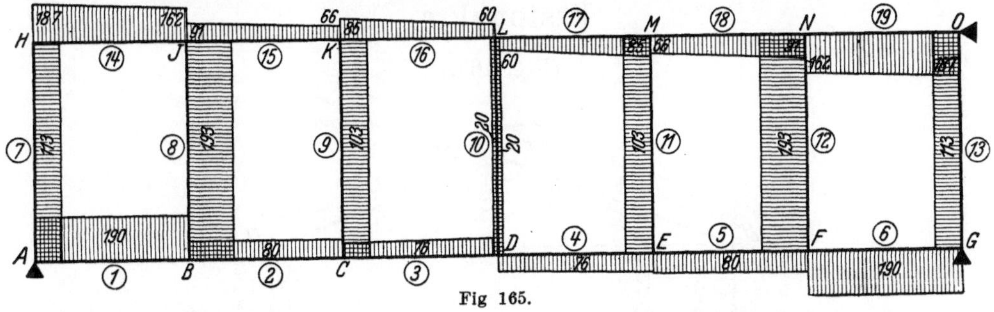

Fig 165.

für den Stab 7 aus der Kragbelastung und für die Obergurtstäbe aus dem Eigengewicht beeinflußt.

Es ist:

$$Q_7^A\,\mathrm{max} = 151{,}8 - 35{,}5 = +116{,}3\,\mathrm{t},$$
$$Q_7^A\,\mathrm{min} =\ \ 86{,}5 - 35{,}5 = -\ 51{,}0\,\mathrm{t}.$$

Für die Obergurtstäbe kommt zu den Beträgen der Tabelle 13 ein Zuschlag von 12 t. Die übrigen Werte dieser Tabelle sind absolute Grenzwerte.

In den Fig. 164 und 165 sind die Grenzwerte der Querkräfte und Momente aufgezeichnet.

XV. Rahmenbinder einer Maschinenhalle mit Zugband.

Der in Fig. 166 dargestellte Rahmenbinder mit Zugband und eingespannten Säulenfüßen fällt unter die Kategorie „Sonderfälle der nach der Seite mehrstöckigen Rahmen", und werden daher nicht die das Dach bildenden Stäbe zusammen als Bogen betrachtet, sondern als je ein gerader Stab in die Berechnung eingeführt. Der Gang der Berechnung erfolgt wie es im I. Bd., 2. Teil, Kap. I, für Sonderfall III beschrieben ist.

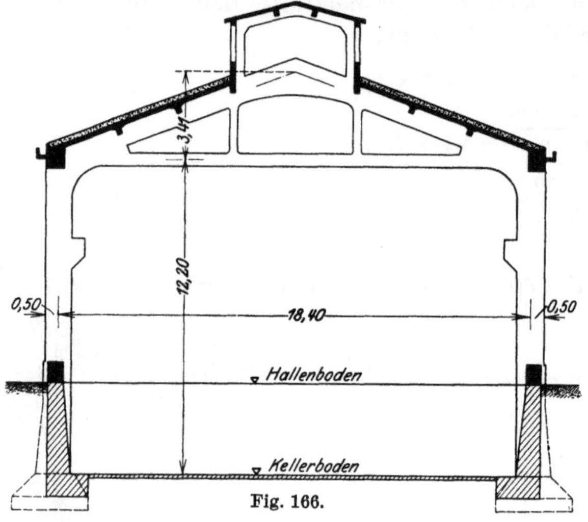

Fig. 166.

Trägheitsmomente.

$$J_1 = J_4 = \frac{0,50 \cdot 1,00^3}{12} = 0,04167 \, \text{m}^4,$$

$$J_2 = J_3 = \frac{0,50 \cdot 0,92^3}{12} = 0,0324 \, \text{m}^4.$$

Drehwinkel β.

$$\beta_1 = \frac{l_1}{6 \cdot J_1 E} = \frac{12,20}{6 \cdot 0,04167 E} = \frac{48,8}{E} \frac{1}{\text{mt}} = \beta_4,$$

$$\beta_2 = \frac{l_2}{6 \cdot J_2 E} = \frac{9,81}{6 \cdot 0,03244 E} = \frac{50,4}{E} \frac{1}{\text{mt}} = \beta_3.$$

Festpunkte.

(Fig. 167.)

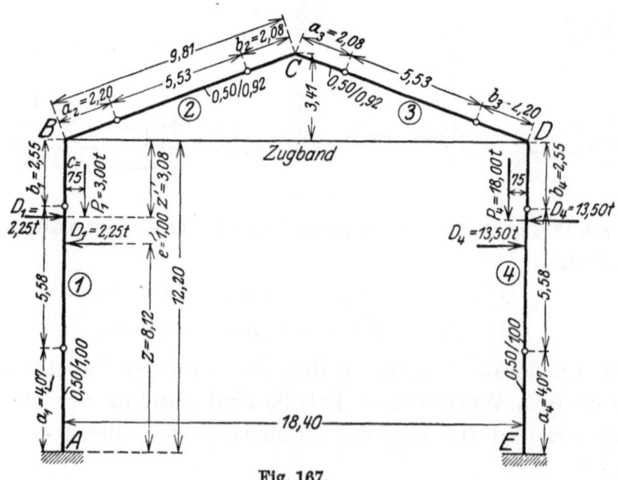

Fig. 167.

Bei fester Einspannung ist:

$$a_1 = a_4 = \frac{12{,}20}{3} = 4{,}07\,\mathrm{m},$$

$$\tau_1^B = 1{,}5\,\beta_1 = 1{,}5 \cdot \frac{48{,}8}{E} = \frac{73{,}2}{E}\frac{1}{\mathrm{mt}} = \varepsilon_3^a,$$

$$a_2 = \frac{l_2}{3 + \dfrac{\varepsilon_2^a}{\beta_2}} = \frac{9{,}81}{3 + \dfrac{73{,}2}{50{,}4}} = 2{,}20\,\mathrm{m} = b_3,$$

$$\tau_2^C = \beta_2\left(3 - \frac{l_2}{l_2 - a_2}\right) = \frac{50{,}4}{E}\left(3 - \frac{9{,}81}{9{,}81 - 2{,}20}\right) = \frac{86{,}2}{E} = \varepsilon_3^a,$$

$$a_3 = \frac{l_3}{3 + \dfrac{\varepsilon_3^a}{\beta_3}} = \frac{9{,}81}{3 + \dfrac{86{,}2}{50{,}4}} = 2{,}08\,\mathrm{m} = b_2,$$

$$\tau_3^D = \beta_3\left(3 - \frac{l_3}{l_3 - a_3}\right) = \frac{50{,}4}{E}\left(3 - \frac{9{,}81}{9{,}81 - 2{,}08}\right) = \frac{87{,}2}{E} = \varepsilon_4^b,$$

$$b_4 = \frac{l_4}{3 + \dfrac{\varepsilon^b}{\beta_4}} = \frac{12{,}20}{3 + \dfrac{87{,}2}{48{,}8}} = 2{,}55\,\mathrm{m} = b_1.$$

Momente M'_I.

Wir verschieben den Säulenkopf B um $\Delta = 1$ cm nach rechts, während der Knotenpunkt D festgehalten sein soll (siehe Fig. 168). Hierbei erleiden die Stäbe *2* und *3* die gegenseitigen rechtwinkligen Verschiebungen

$$\varrho_2 = \varrho_3 = \frac{1}{2\sin\alpha}$$
$$= \frac{9{,}81}{2 \cdot 3{,}41} = 1{,}430\,\mathrm{cm},$$

während für Stab *1*:

$$\varrho_1 = \Delta = 1\,\mathrm{cm}.$$

Nach den Gl. (515) und (520) ergeben sich infolge dieser Verschiebungen ϱ folgende Momente an den Stabenden, und zwar:

a) infolge $\varrho_1 = 1$ cm:

$$M_1^B = \frac{\varrho_1 \cdot b_1}{l_1 \cdot \beta_1\,(l_1 - a_1 - b_1)}$$
$$= \frac{0{,}01 \cdot 2100000}{12{,}20 \cdot 48{,}8 \cdot 5{,}58} \cdot 2{,}55$$
$$= +16{,}12\,\mathrm{mt},$$

$$M_1^A = \frac{M_1^B}{b_1} \cdot a_1 = -\frac{16{,}12}{2{,}55} \cdot 4{,}07 = -25{,}73\,\mathrm{mt},$$

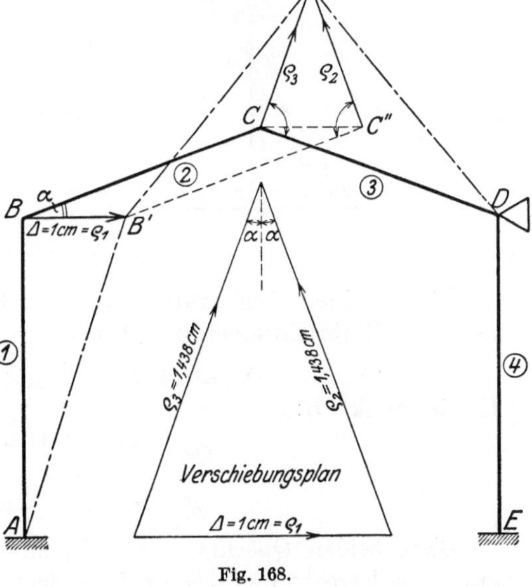

Fig. 168.

b) infolge $\varrho_2 = 1{,}438$ cm:

$$M_2^C = -\frac{0{,}01438 \cdot 2100000}{9{,}81 \cdot 50{,}4 \cdot 5{,}53} \cdot 2{,}08 = -22{,}97\ \text{mt},$$

$$M_2^B = +\frac{22{,}97}{2{,}08} \cdot 2{,}20 = +24{,}30\ \text{mt},$$

c) infolge $\varrho_3 = 1{,}438$ cm:

$$M_3^C = -22{,}97\ \text{mt} \qquad \text{und} \qquad M_3^D = +24{,}30\ \text{mt}.$$

Diese Momente werden in Fig. 169 einzeln durch die entsprechenden Festpunkte weitergeleitet und dann addiert, wodurch wir das Momentenbild M_1' erhalten.

Die Erzeugungskraft Z_I und Festhaltungskraft $D_{I(\varDelta II)}$ dieser Momente ermitteln wir aus nachstehenden Querkräften:

Knotenpunkt C:

$$Q_2^C = \frac{47{,}06 + 50{,}28}{9{,}81} = +9{,}92\ \text{t},$$

$$Q_3^C = \frac{32{,}19 + 50{,}28}{9{,}81} = +8{,}41\ \text{t}.$$

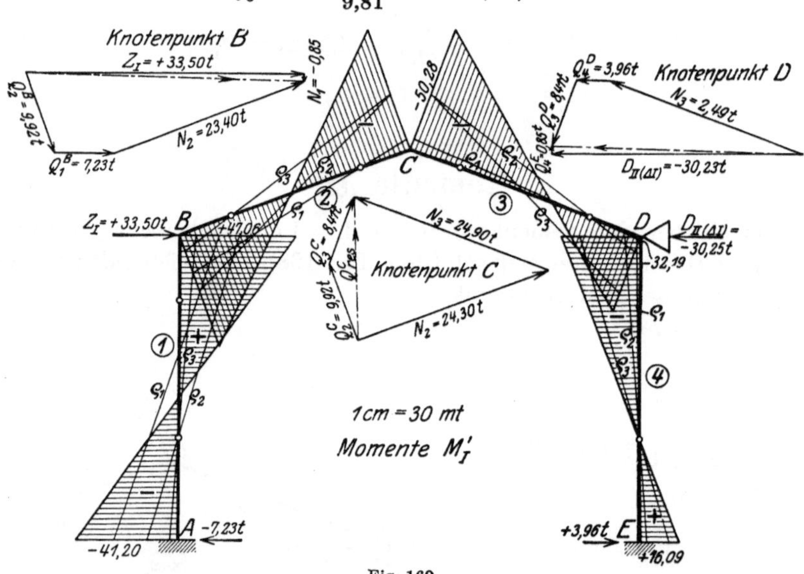

Fig. 169.

Diese beiden Querkräfte zu einer Resultierenden vereinigt und letztere nach den Stabrichtungen 2 und 3 zerlegt, ergibt uns die Normalkräfte

$$N_2 = 24{,}30\ \text{t} \qquad \text{und} \qquad N_3 = 24{,}90\ \text{t}.$$

Knotenpunkt B:

$$Q_1^B = \frac{47{,}06 + 41{,}20}{12{,}20} = +7{,}23\ \text{t},$$

$$Q_2^B = -Q_2^C = -9{,}92\ \text{t}.$$

Diese beiden Querkräfte mit N_2 zu einer Resultierenden zusammengesetzt und diese lotrecht und waagrecht zerlegt ergibt:

$$N_1 = -0{,}85\ \text{t}$$

und

$$Z_I = +33{,}50\ \text{t}.$$

Knotenpunkt D:

$$Q_4^D = -\frac{32,19 + 16,09}{12,20} = -3,96\,\text{t},$$

$$Q_3^D = -Q_3^C = -8,41\,\text{t}.$$

Setzen wir diese beiden Querkräfte wieder mit N_3 zu einer Resultierenden zusammen, so ergibt die lotrechte und waagrechte Zerlegung derselben:

$$N_4 = +0,85\,\text{t},$$

$$D_{II(\varDelta I)} = -30,25\,\text{t}.$$

Momente M'_{II}.

Diese Momente, welche durch Verschieben des Knotenpunktes D um $\varDelta = 1$ cm nach Wegnahme des Zugbandes entstehen, sind aus Gründen der Symmetrie bereits bekannt und in Fig. 169a dargestellt.

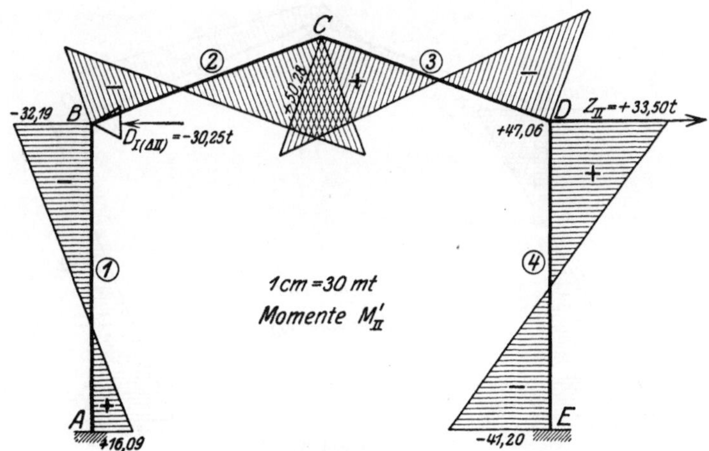

Fig. 169 a.

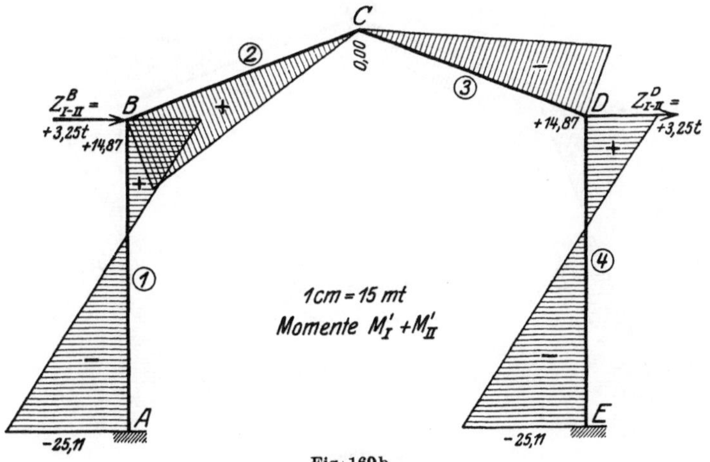

Fig. 169b.

Momente $M_I' + M_{II}'$.

Diese Momente entstehen durch gleichzeitiges Verschieben der Knotenpunkte B und D um $\varDelta = 1$ cm, welcher Fall bei vorhandenem Zugband eintritt, wenn wir den Knotenpunkt D nach rechts verschieben. Die Momente infolge dieser Verschiebungen erhalten wir durch Addition der Momente M_I' und M_{II}' (siehe Fig. 169 b).

Momente M_I^*.

Für die Kraft $H = + 1{,}0$ t am Knotenpunkt B erhalten wir nach Gl. (544) die Momente:

$$M_I^* = \frac{Z_{II} \cdot M_I' - D_{II(\varDelta I)} \cdot M_{II}'}{Z_I \cdot Z_{II} - D_{I(\varDelta II)} \cdot D_{II(\varDelta I)}} = \frac{33{,}50\, M_I' + 30{,}25\, M_{II}'}{33{,}50^2 - 30{,}25^2}$$

$$= 0{,}1617\, M_I' + 0{,}1460\, M_{II}',$$

wonach die in Fig. 170 dargestellten Momente berechnet werden.

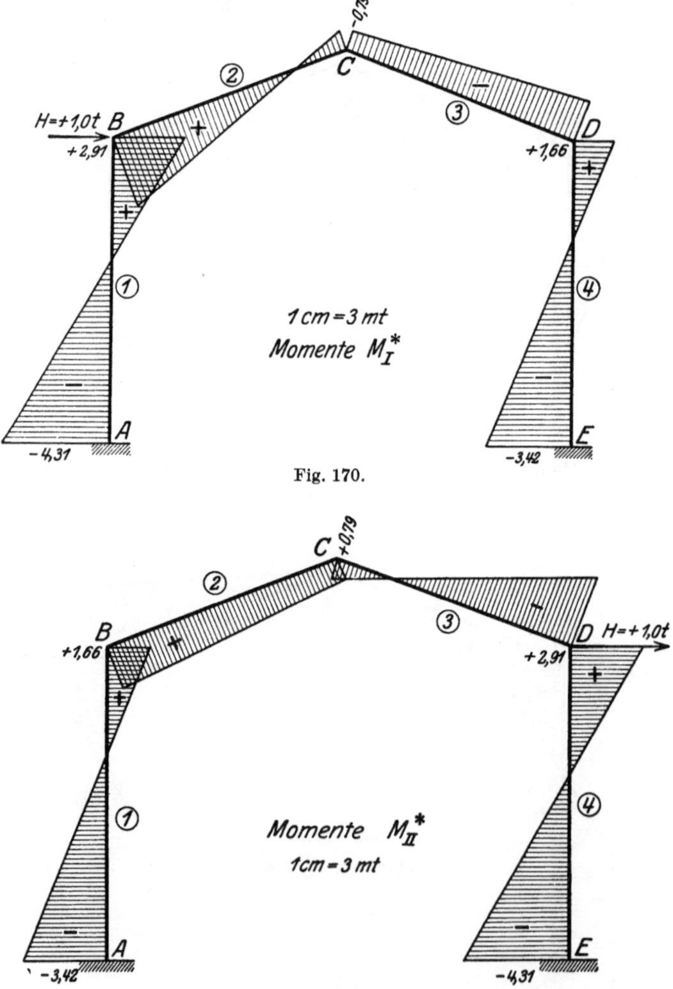

Fig. 170.

Fig. 170 a.

Momente M_{II}^{*}.

Aus Symmetriegründen sind uns diese Momente, welche am Rahmen ohne Zugband infolge $H = +1\,\mathrm{t}$ am Knotenpunkt D entstehen, bereits bekannt und in Fig. 170a dargestellt.

Momente M_{I-II}^{*}.

Diese Momente entstehen, wenn die Kraft $H = +1\,\mathrm{t}$ bei vorhandenem Zugband am Knotenpunkt D angreift, so daß sie also auf beide Knotenpunkte B und D wirkt. Daher erhalten wir in diesem Falle die M^{*}-Momente wie an einem einstöckigen Rahmen durch Division der M_{I-II}'-Momente durch die zugehörige Gesamterzeugungskraft; es ist also:

$$M_{I-II}^{*} = \frac{M_I' + M_{II}'}{2 \cdot 3{,}25},$$

wonach die in Fig. 170b dargestellten Momente berechnet werden.

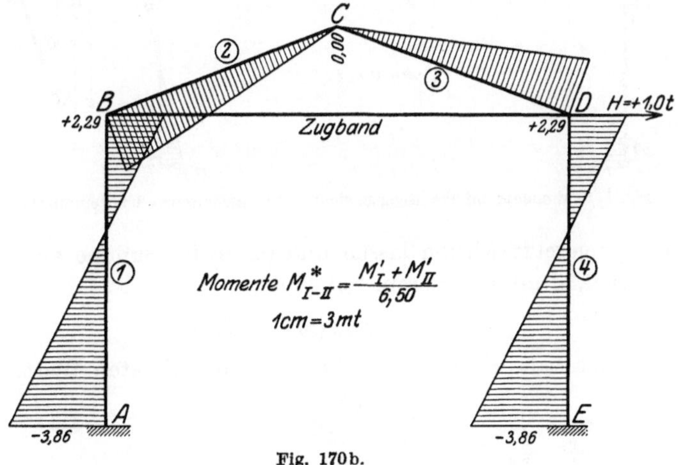

Fig. 170b.

Dieses Momentenbild kommt jedoch nur in Betracht, wenn am Knotenpunkt D eine nach rechts, oder am Knotenpunkt B eine nach links gerichtete Kraft berücksichtigt werden soll, was in den nachfolgenden Belastungsfällen nicht der Fall ist.

I. Belastung: Eigengewicht.
Momente.

Die Gewichte der einzelnen Balkenlamellen einschließlich einer 30 cm hohen Kiesschüttung und Schnee sind in Fig. 171 eingetragen und die Momente für festgehaltene Säulenköpfe (R. I) graphisch ermittelt worden.

Entfernen wir die gedachten Lager in B und D, so verschiebt sich Punkt B und D infolge der Dehnung des Zugbandes um je

$$\frac{\Delta l}{2} = \frac{1}{2} \cdot \frac{\sigma_e \cdot l}{E}\,\frac{1}{2}\,\frac{7500 \cdot 18{,}40}{21\,000\,000} = 0{,}0033\,\mathrm{m}.$$

Da wir die Momente infolge einer Verschiebung der Stützenköpfe B und D um je 1 cm nach rechts in Fig. 169 u. 169a bereits ermittelt haben, so erhalten wir die Zusatzmomente infolge der Dehnung des Zugbandes, indem wir Z_1 in

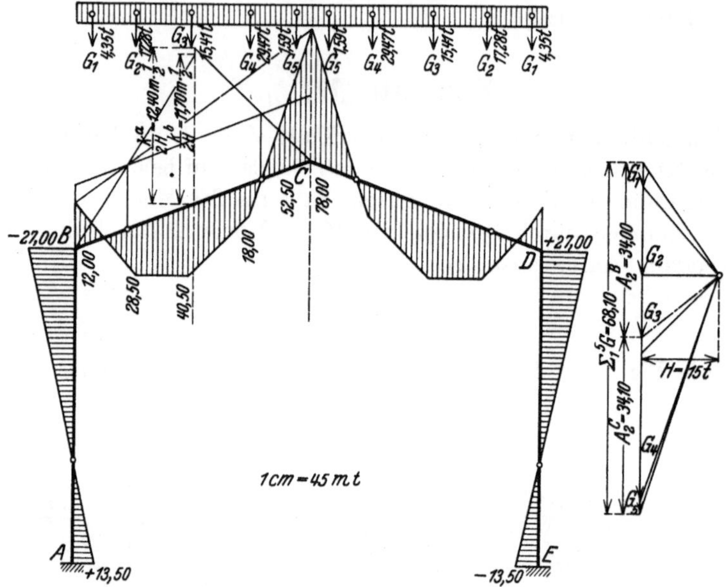

Fig. 171. Momente infolge Eigengewicht bei festgehaltenen Knotenpunkten.

Fig. 169 entgegengesetzt wirken lassen und dann die Summe aus M'_I und M'_{II} mit dem Faktor 0,33 multiplizieren. Somit ist:

$$M_{Zus.} = 0,33 \left(M'_{II} - M'_I \right).$$

Fig. 171a enthält die nach dieser Gleichung berechneten Werte.

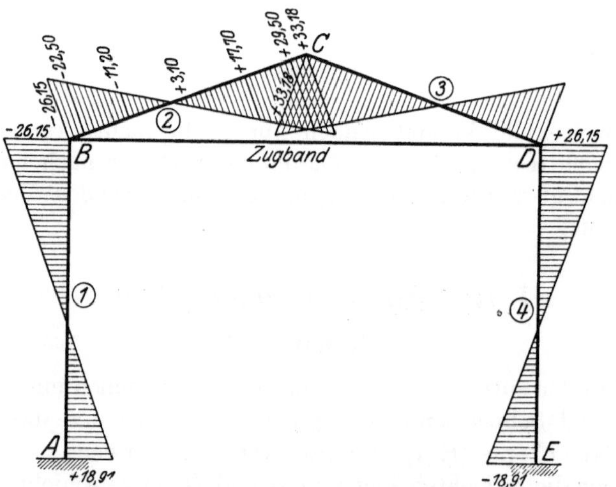

Fig. 171a. Zusatzmomente für Eigengewicht infolge Dehnung des Zugbandes.

Durch Addition der Momente aus R. I und dieser Zusatzmomente erhalten wir die in Fig. 171b dargestellten Gesamtmomente infolge Eigengewicht. Die

Momente infolge der von den übrigen Normalkräften herrührenden Stabverlängerungen oder -Verkürzungen sollen hier unberücksichtigt bleiben.

Querkräfte.

$$Q_1^A = \frac{32{,}41 + 53{,}15}{12{,}20} = +7{,}01 \text{ t},$$

$$\begin{aligned}
Q_2^B = A_2^B \cdot \cos\alpha = 34{,}00 \cdot 0{,}9378 &= +31{,}89 \text{ t}\\
-G_1 \cdot \cos\alpha &= -\ 4{,}08 \text{ t}\\
\hline
Q_1 &= +27{,}81 \text{ t}\\
-G_2 \cdot \cos\alpha &= -16{,}21 \text{ t}\\
\hline
Q_2 &= +11{,}60 \text{ t}\\
-G_3 \cdot \cos\alpha &= -14{,}45 \text{ t}\\
\hline
Q_3 &= -\ 2{,}85 \text{ t}\\
-G_4 \cdot \cos\alpha &= -27{,}64 \text{ t}\\
\hline
Q_4 &= -30{,}49 \text{ t}\\
-G_5 \cdot \cos\alpha &= -\ 1{,}49 \text{ t}\\
\hline
Q_2^C &= -31{,}98 \text{ t}.
\end{aligned}$$

In Fig. 171c sind die Querkräfte aus Eigengewicht dargestellt.

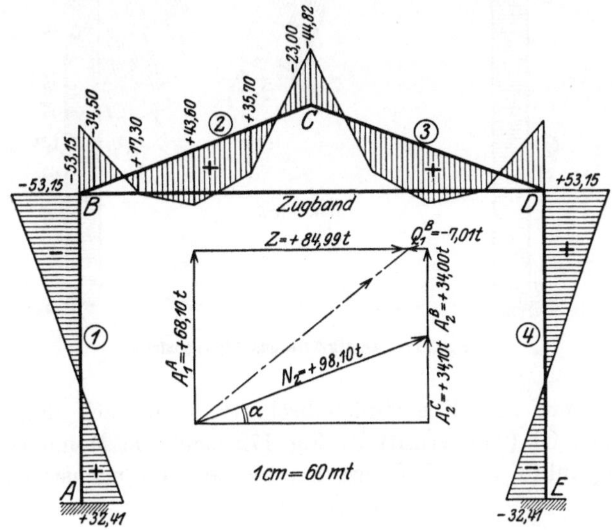

Fig. 171b. Gesamtmoment infolge Eigengewicht.

Normalkräfte.

Stab 2: $\quad N_{2\,\text{max}} = \dfrac{A_2^C}{\sin\alpha} = \dfrac{34{,}10}{3{,}41} \cdot 9{,}81 = +98{,}10 \text{ t},$

Stab 1: $\quad N_1 = A_2^B + A_2^C = 34{,}10 + 34{,}00 = +68{,}10 \text{ t},$

Zugband: $\quad Z = \dfrac{A_2^C}{\text{tg}\,\alpha} + Q_1^B = \dfrac{34{,}10 \cdot 9{,}20}{3{,}41} - 7{,}01 = +84{,}99 \text{ t}.$

Die graphische Ermittlung der Normalkräfte ist aus Fig. 171b ersichtlich.

II. Belastungsfall: Winddruck.

Momente.

a) Wind auf Stütze *1* und Dachbalken *2*.

Bei 5,50 m Binderabstand beträgt die Belastung des Stabes *1*:

$$w_1 = 0{,}125 \cdot 5{,}50 = 0{,}688 \, \text{t/m},$$

senkrecht zu Stab *2* wirkt $w_2 = w_1 \cdot \sin^2 \alpha = 0{,}688 \cdot \left(\dfrac{3{,}41}{9{,}81}\right)^2 = 0{,}083 \, \text{t/m}.$

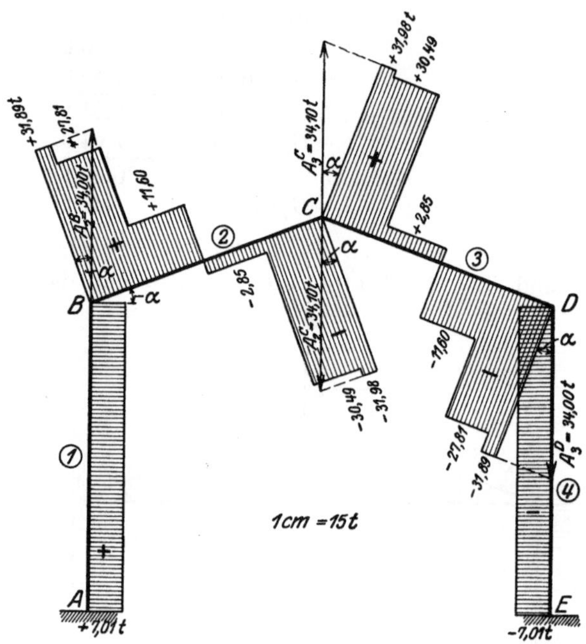

Fig. 171c. Querkräfte aus Eigengewicht.

Die M_0-Momente und Kreuzlinienabschnitte sind nach den Koeffizienten der Fig. 130 bzw. Gl. (269) ermittelt. Fig. 172 zeigt die Momente des R. I.

Die Knotenpunkte B und D werden hierbei von nachstehenden Kräften festgehalten:

Knotenpunkt C:

$$Q_2^C = \frac{0{,}60 \cdot 3{,}625}{9{,}81} - \frac{4{,}00 + 0{,}60}{9{,}81} = +0{,}22 - 0{,}47 = -0{,}25 \, \text{t},$$

$$Q_3^C = \frac{0{,}60 + 0{,}17}{9{,}81} = -0{,}08 \, \text{t}.$$

Die Normalkraft im Stab *2* aus der äußeren Last

$$W_2 \cdot \cos \alpha = 1{,}69 \cdot \frac{9{,}20}{9{,}81} = 1{,}59 \, \text{t}$$

hat in C die Reaktion

$$-L_2^C = -0{,}36 \, \text{t} \quad \text{(Fig. 172)}.$$

Diese drei Kräfte zu einer Resultierenden zusammengesetzt und letztere
nach den Stabrichtungen *2* und *3* zerlegt, ergibt die Normalkräfte

$$N_2 = -0{,}77 \text{ t} \qquad \text{und} \qquad N_3 = -0{,}48 \text{ t.}$$

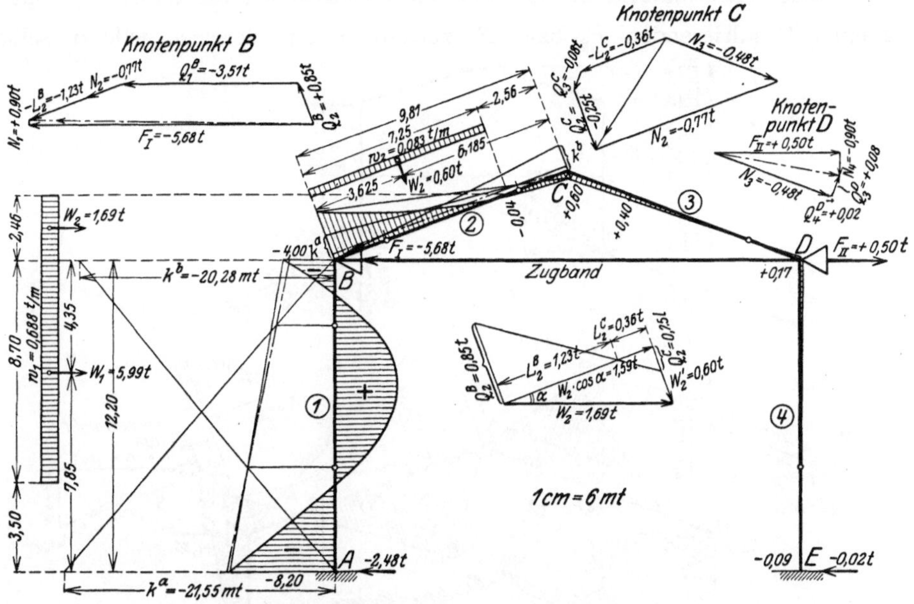

Fig. 172. Momente infolge Winddruck (ohne Oberlicht).

Knotenpunkt *B*:

$$Q_1^B = -\frac{5{,}99 \cdot 7{,}85}{12{,}20} + \frac{-4{,}00 + 8{,}20}{12{,}20} = -3{,}85 + 0{,}34 = -3{,}51 \text{ t,}$$

$$Q_2^B = +\frac{0{,}60 \cdot 6{,}185}{9{,}81} + \frac{0{,}60 + 4{,}00}{9{,}81} = +0{,}38 + 0{,}47 = +0{,}85 \text{ t.}$$

Diese beiden Querkräfte mit N_2 und der Reaktion aus der äußeren Last,
$-L_2^B = -1{,}23$ t, zu einer Resultierenden vereinigt, und letztere lotrecht und
waagrecht zerlegt, liefert uns

$$N_1 = +0{,}90 \text{ t} \qquad \text{und} \qquad F_I = -5{,}68 \text{ t.}$$

Knotenpunkt *D*:

$$Q_3^D = -Q_3^C = +0{,}08 \text{ t,}$$

$$Q_4^D = +\frac{0{,}17 + 0{,}09}{12{,}20} = +0{,}02 \text{ t.}$$

Setzen wir diese beiden Querkräfte mit N_3 zu einer Resultierenden zusammen
und zerlegen dieselbe nach der Senkechten und Waagrechten, so erhalten wir

$$N_4 = -0{,}90 \text{ t} \qquad \text{und} \qquad F_{II} = +0{,}50 \text{ t.}$$

b) Wind auf das Oberlicht.

Wir berücksichtigen den horizontalen Winddruck auf das Oberlicht dadurch,
daß wir die gesamte Windlast W_3 (Fig. 172a) auf die beiden gelenkig angenommenen Füße des Oberlichts je zur Hälfte verteilen; ferner wirken in den Anschluß-
punkten der Oberlichtsäulen zwei gleiche und entgegengerichtete vertikale

Kräfte $V = \dfrac{W_3 \cdot 1,80}{4,80} = 0,93$ t, von denen diejenige am Stab *2* nach oben und diejenige am Stab *3* nach unten gerichtet ist.

An jedem Anschlußpunkt des Oberlichtes setzen wir die Kräfte $\dfrac{W_3}{2}$ und V zu einer Resultierenden P_2 bzw. P_3 zusammen und zerlegen jede derselben

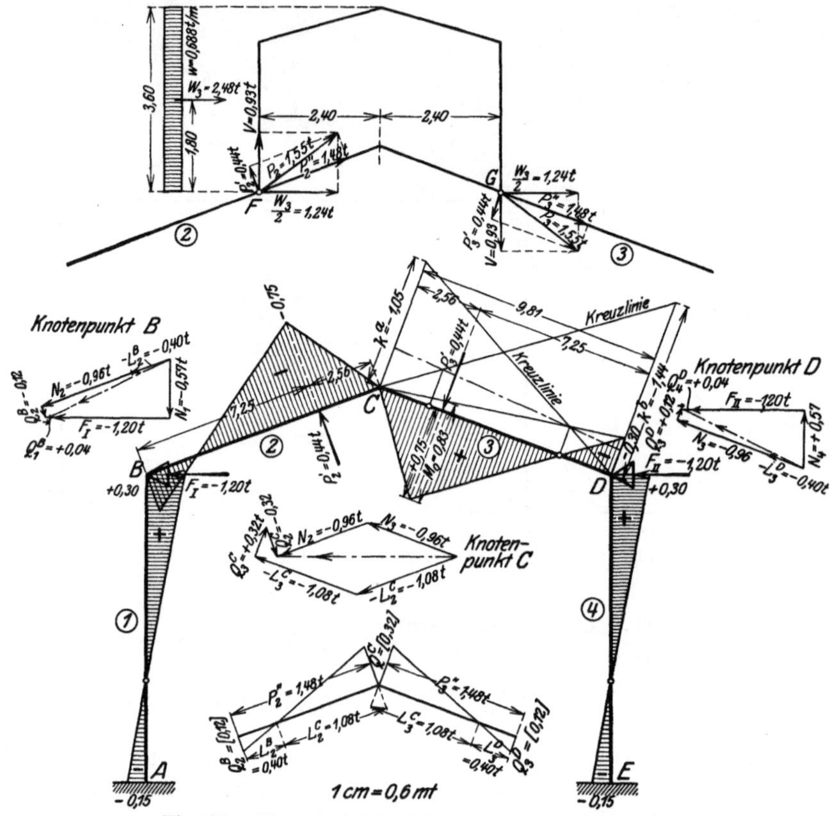

Fig. 172a. Momente infolge Winddruck auf das Oberlicht.

normal und in Richtung des betreffenden Stabes, wodurch wir die Kräfte erhalten:

am Punkt F: $P_2' = 0,44$ t (nach oben)   und $P_2'' = 1,48$ t (nach rechts),

,,   ,, G: $P_3' = 0,44$ t (,,   unten)   ,, $P_3'' = 1,48$ t (,,   ,,   ).

Die Momente des R. I aus den zur Stabachse normal gerichteten Kräften P' haben wir in Fig. 172a in üblicher Weise ermittelt. In gleicher Weise wie beim I. Belastungsfall haben wir die Festhaltungskräfte F_I und F_{II} ermittelt (Fig. 172a).

Die Zusatzmomente zu diesen beiden Belastungsfällen ermitteln wir zusammen, und zwar mit den Verschiebungskräften:

$$V_I = +5,68 + 1,20 = +6,88 \text{ t} \qquad \text{und} \qquad V_{II} = -0,50 + 1,20 = +0,70 \text{ t},$$

und erhalten die Zusatzmomente:

$$M_{Zus.} = +6,88\, M_I^* + 0,70\, M_{II}^*,$$

welche in Fig. 172b aufgetragen sind. Zu diesen addieren wir nun die Momente des R. I aus Fig. 172 u. 172a, um die Gesamtmomente für die ganze Windbelastung zu erhalten, welche in Fig. 172c dargestellt sind.

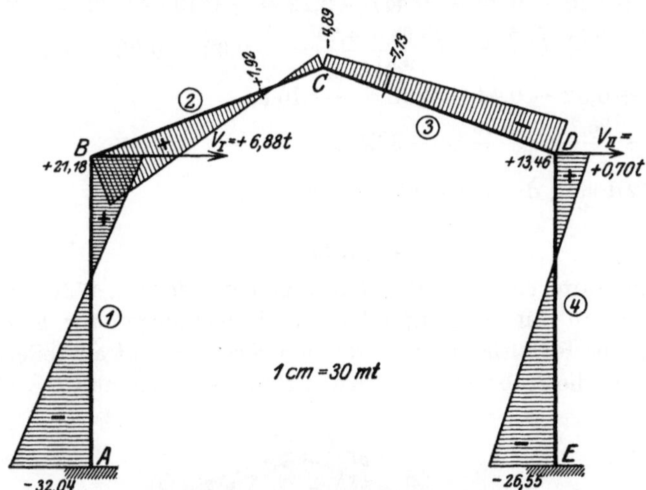

Fig. 172b. Zusatzmomente für Winddruck.

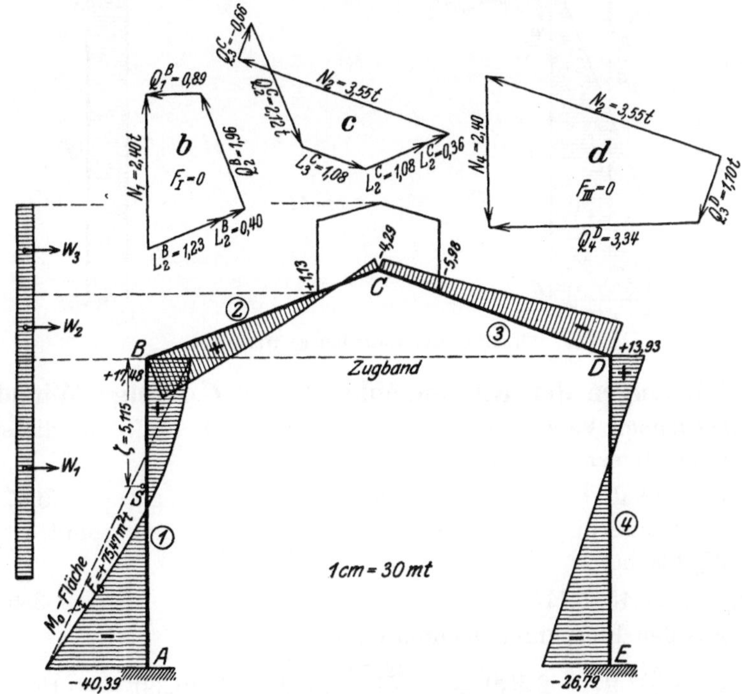

Fig. 172c. Gesamtmomente infolge Winddruck.

Querkräfte.

$$Q_1^A = -\frac{5{,}99 \cdot 4{,}35}{12{,}20} - \frac{40{,}39 + 17{,}48}{12{,}20} = -2{,}14 - 4{,}74 = -6{,}88\,\mathrm{t},$$

$$Q_1^B = +\frac{5{,}99 \cdot 7{,}85}{12{,}20} - 4{,}74 = +3{,}85 - 4{,}74 = -0{,}89\,\mathrm{t},$$

14*

$$Q_2^B = \frac{0,60 \cdot 6,185 - 0,44 \cdot 2,56}{9,81} - \frac{4,29 + 17,48}{9,81} = +0,26 - 2,22 = -1,96\,\text{t},$$

$$Q_2^C = +0,26 - (0,60 - 0,44) - 2,22 = +0,10 - 2,22 = -2,12\,\text{t},$$

$$Q_3^C = +\frac{0,44 \cdot 7,25}{9,81} + \frac{-13,93 + 4,29}{9,81} = +0,32 - 0,98 = -0,66\,\text{t},$$

$$Q_3^D = +0,32 - 0,44 - 0,98 = -1,10\,\text{t},$$

$$Q_1^E = -\frac{26,79 + 13,93}{12,20} = -3,34\,\text{t}.$$

In Fig. 172d sind die Querkräfte dargestellt.

Normalkräfte.

Die Normalkräfte sind aus den Kräfteplänen der Fig. 172c zu entnehmen. In dem Kräfteplan für Knotenpunkt B und demjenigen für Knotenpunkt D muß als Probe die Resultierende aus den am Knotenpunkt angreifenden inneren Kräften genau in die Stabrichtung 1 bzw. 4 fallen; d. h. es muß $F_I = F_{II} = 0$ sein.

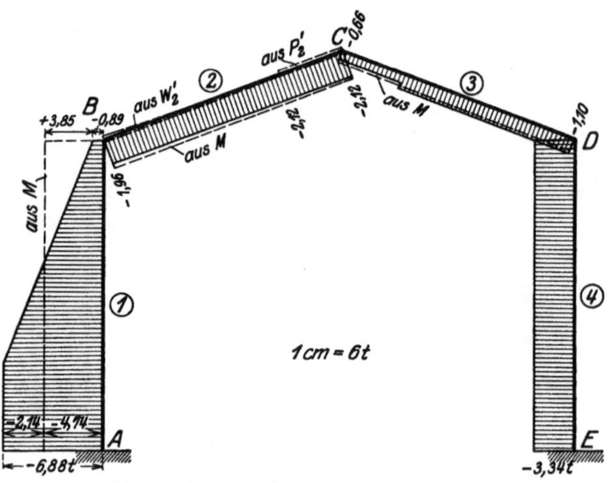

Fig. 172d. Querkräfte infolge Winddruck.

Verschiebungen der Knotenpunkte B und C infolge Winddruck.

Die $J \cdot E$ fachen Verschiebungen erhalten wir nach Mohr als die statischen Momente der Momentenflächen.

Stab 1: Der Inhalt der M_0-Fläche wurde ermittelt zu $F_0 = +75,47\,\text{m}^2\text{t}$ und ihr Schwerpunktsabstand von B zu $\xi = 5,115\,\text{m}$, somit ist aus der M_0-Fläche:

$$J E \delta_0 = -75,45 \cdot 5,115 \qquad\qquad = -386,03\,\text{m}^3\text{t}.$$

Aus den Einspannmomenten ergibt sich:

$$J E \delta' = -\frac{h_1^2}{6}(M_1^B + 2 M_1^A) = -\frac{12,20^2}{6}(17,48 - 2 \cdot 40,39) = +\underline{1568,90\,\text{m}^3\text{t}}.$$

$$J E \delta_I = +\overline{1182,87\,\text{m}^3\text{t}}.$$

Stab 4:

$$J E \delta_{II} = -\frac{h_4^2}{6}(M_4^D + 2 M_4^E) = -\frac{12,20^2}{6}(13,93 - 2 \cdot 26,79) = +833,62\,\text{m}^3\text{t}.$$

Daraus geht hervor, daß bei Belastung des Rahmens durch Winddruck die Wirksamkeit des Zugbandes ausgeschaltet ist.

III. Belastungsfall: Kranlasten.
Momente.

Die beiden Säulen sind durch die Kranlasten $P_1 = 3,00$ t und $P_4 = 18,00$ t belastet, deren Konsolmomente M_0 wir durch die im Abstand $e = 1,00$ m wirkenden Kräftepaare D_1 bzw. D_2 ersetzen (Fig. 167).

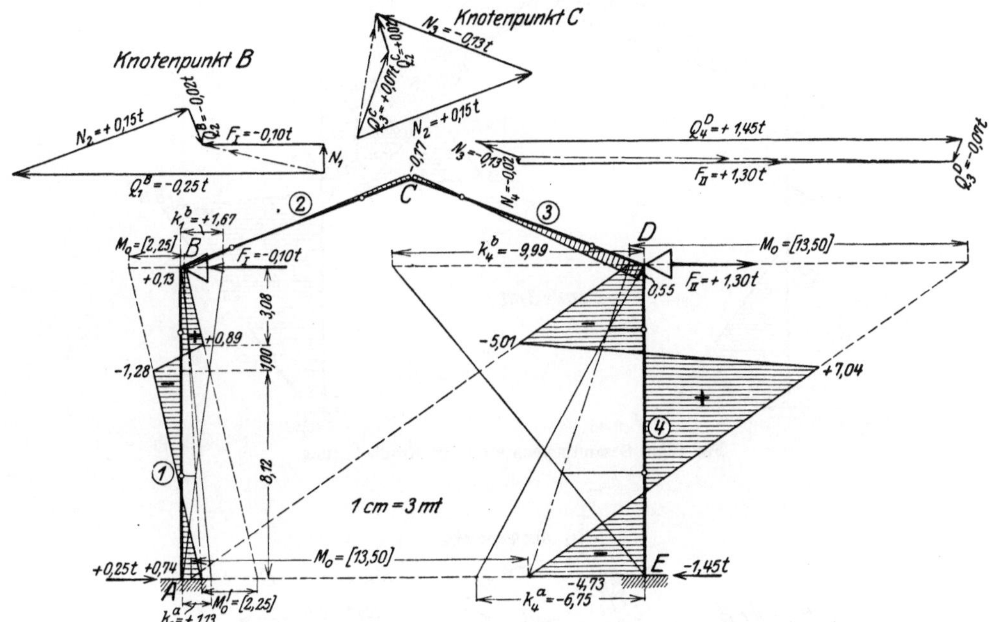

Fig. 173. Momente infolge Kranbelastung bei festgehaltenen Knotenpunkten.

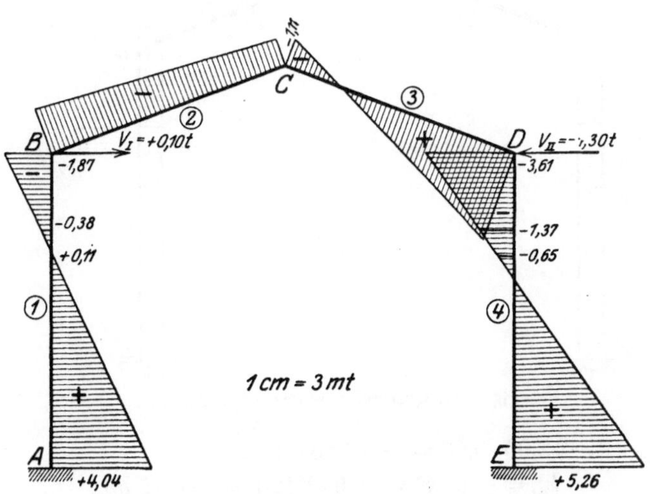

Fig. 173a. Zusatzmomente für Kranbelastung.

Säule *1*: $M_{01} = 3{,}00 \cdot 0{,}75 = 2{,}25\,\text{mt}$.

Kreuzlinienabschnitte [nach den Gl. (281) u. (282)]:

$$k_1^a = -\,M_0\left[1 - \frac{e^2 + 3z\,(e+z)}{l^2}\right] = -2{,}25\left[1 - \frac{1{,}00^2 + 3 \cdot 8{,}12 \cdot 9{,}12}{12{,}20^2}\right] = +1{,}125\,\text{mt},$$

$$k_1^b = +\,M_0\left[1 - \frac{e^2 + 3z'\,(e+z')}{l^2}\right] = +2{,}25\left[1 - \frac{1{,}00^2 + 3 \cdot 3{,}08 \cdot 4{,}08}{12{,}20^2}\right] = +1{,}665\,\text{mt}.$$

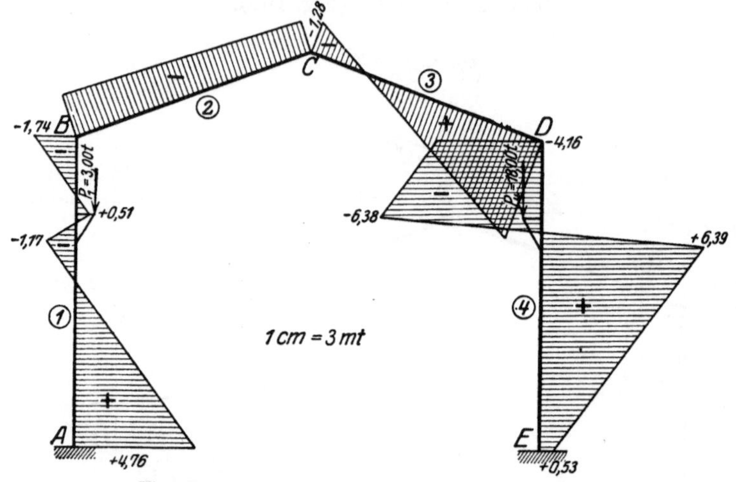

Fig. 173b. Gesamtmomente infolge Kranbelastung.

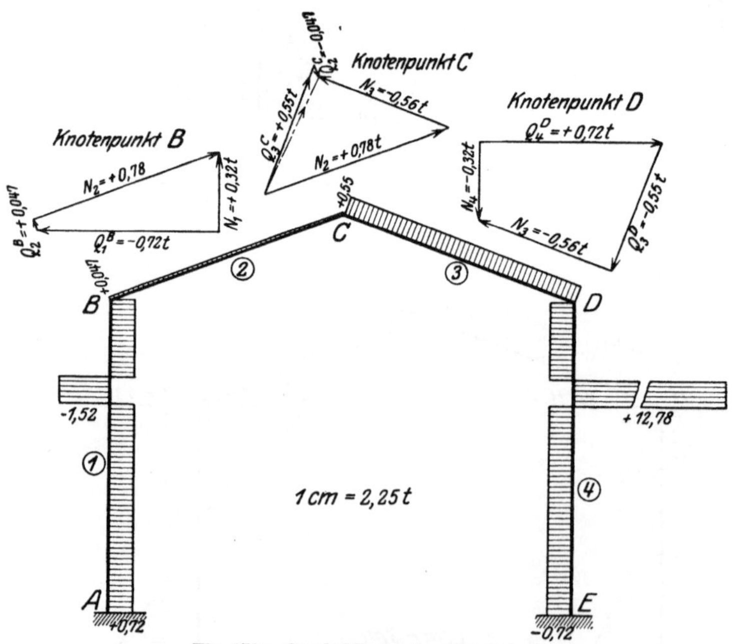

Fig. 173c. Querkräfte infolge Kranbelastung.

Säule *4*: $M_{04} = -18{,}00 \cdot 0{,}75 = -13{,}50\,\text{mt}$,

$$k_4^a = -6 \cdot k_1^a = -6 \cdot 1{,}125 = -6{,}75\,\text{mt},$$

$$k_4^b = -6 \cdot k_1^b = -6 \cdot 1{,}665 = -9{,}99\,\text{mt}.$$

Die Momente des R. I zeigt Fig. 173, wo auch die Festhaltungskräfte in bekannter Weise bestimmt wurden. Die Zusatz- und Gesamtmomente gehen aus Fig. 173a bzw. 173b hervor.

Querkräfte.

$$Q_1^A = \frac{M_{01} + M_1^A - M_1^B}{l_1} = \frac{+2,25 + 4,76 + 1,74}{12,20} = +0,72\,\text{t}.$$

An der Konsole: $0,72 - 2,25 = -1,52\,\text{t}.$

$$Q_2^B = \frac{-1,28 + 1,74}{9,81} = +0,047\,\text{t},$$

$$Q_3^C = \frac{4,16 + 1,28}{9,81} = +0,55\,\text{t},$$

$$Q_4^E = \frac{M_{04} + M_4^E - M_4^D}{l_4} = \frac{-13,50 + 0,53 + 4,16}{12,20} = -0,72\,\text{t}.$$

An der Konsole: $-0,72 + 13,50 = +12,78\,\text{t}.$

Normalkräfte.

Die Normalkräfte aus Kranbelastung sind aus den Kraftecken über der Fig. 173c zu entnehmen.

Nun können die Resultierenden an den Säulenfüßen in bekannter Weise (Bd. I, 1. Teil, Kap. VI, 3) bestimmt werden.

XVI. Einschiffige Halle mit gewölbtem Dach
(ohne Zugband).

Die Festpunktmethode wird bei gewölbten Konstruktionen, besonders für kompliziert zusammengesetzte Systeme, mit großem Vorteil verwendet. In einfachen Fällen sind die gewöhnlichen Methoden nach der Elastizitätstheorie meistens dienlicher. Der in das Verfahren der Festpunkte sicher eingearbeitete Ingenieur wird allerdings auch für einfache Formen diese mit Erfolg beibehalten.

Die als Beispiel 16 durchgeführte Berechnung soll die Anwendung des Festpunktverfahrens an einem sehr durchsichtigen Fall eines gewölbten Trägers zeigen, weil sich an einem solchen die Elemente der Berechnungsweise klarer aufzeigen lassen als an den komplizierten Konstruktionen, die in den nachfolgenden Beispielen behandelt werden.

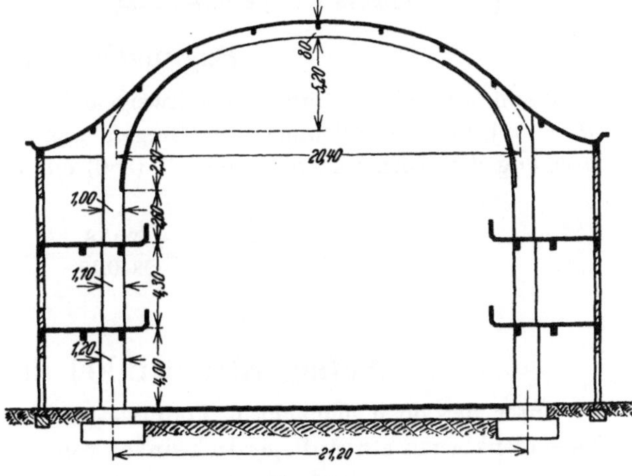

Fig. 174.

Es soll der in Fig. 174 dargestellte Binder eines Saalbaues für Eigengewicht, Schnee und Wind und die Nutzlasten berechnet werden.

Zunächst werden die von den Belastungen unabhängigen, im Laufe der Berechnung gebrauchten Werte des Systems ermittelt.

Im Scheitel des Bogens wird eine Zone von der Breite 12d der Dachhaut als mitwirkende Druckplatte in den Binderquerschnitt eingerechnet. Diese

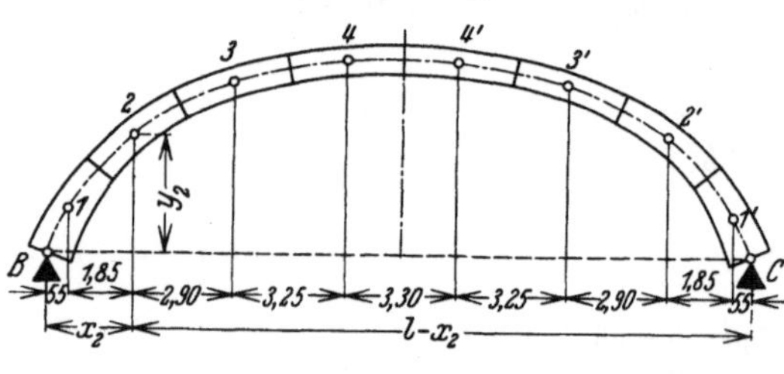

Fig. 175.

Breite wird nach dem Kämpfer hin gleichmäßig bis auf Null verringert. Am Kämpfer ist in der Ebene der Rabitzdecke eine Platte in Eisenbeton vorhanden, die daselbst als Druckplatte dient und in der Rechnung in entsprechender Weise wie die Dachhaut erscheint.

Die Abmessungen des Rahmens sind aus Fig. 174 ersichtlich.

Der bogenförmige Teil BC der Konstruktion (siehe Fig. 175) wird in acht Elemente unterteilt. Die Begrenzungen der Achsen der einzelnen Elemente fallen mit den Angriffspunkten der konzentrierten Lasten zusammen.

Die nachfolgende Tabelle 1 enthält die Zusammenstellung der in bekannter Weise ermittelten Festwerte des Bogens. (Längen in m.)

Tabelle 1.

La-melle	Δs	h	J	$\omega = \dfrac{\Delta s}{J}$	y	$y\,\omega$	$y^2\,\omega$	x	$x\,\omega$	$l-x$	$(l-x)\,\omega$	$x\cdot(l-x)\,\omega$	$x\,y\,\omega$
1	3,00	1,15	0,0880	33,98	1,2	40,78	48,94	0,55	18,69	19,85	674,90	371,2	22,43
2	3,20	1,00	0,0822	38,91	3,4	132,29	449,79	2,40	93,38	18,00	700,38	1680,5	317,56
3	3,20	0,90	0,0775	41,14	4,9	201,59	987,79	5,30	213,93	15,10	625,33	3251,7	1048,26
4	3,20	0,80	0,0715	44,75	5,5	246,12	1353,66	8,55	382,61	11,85	530,29	4533,8	2104,35
				158,78		620,78	2840,18		708,61		2530,90	9837,20	3492,60

Bogenschub B.

Wenn an beiden Enden des Zweigelenkbogens BC je ein Moment von $M = +1,0$ mt als alleinige Belastungen angreifen, so entsteht, bei Vernachlässigung der Normalkräfte, nach Gl. (380) ein Bogenschub von

$$B = \frac{\sum\limits_{0}^{l} y\,w}{\sum\limits_{0}^{l} y^2\,w} = \frac{620,78}{2840,18} = +0,219\,\text{t}.$$

Auflagerdrehwinkel des Bogens.

Unter der oben gemachten Voraussetzung ergibt sich nach Gl. (418) am Zweigelenkbogen ein Auflagerdrehwinkel von

$$\alpha = \frac{1}{E}\left(\sum\limits_{0}^{l/2} w - B \sum\limits_{0}^{l/2} y\,w\right),$$

$$E\,\alpha = 158,78 - 0,219 \cdot 620,78 = +22,25.$$

Wirkt nur am einen Kämpfer das Moment $M = +\,1{,}0$ mt, so erzeugt dieses am andern Auflager nach Gl. (417) den Drehwinkel:

$$\beta = \frac{1}{E}\left(\frac{2}{l^2}\cdot\sum_0^{l/2}\cdot x\,(l-x)\,w - \frac{B}{2}\sum_0^{l/2}y\,w\right),$$

$$E\,\beta = \frac{2}{20{,}4^2}\cdot 9837{,}20 - \frac{0{,}219}{2}\cdot 620{,}78 = -\,21{,}0\,.$$

Auflagerdrehwinkel der Säulen. (Fig. 176 u. 176 a).

Die Auflagerdrehwinkel der geraden Stäbe AB und DC werden bestimmt als die Auflagerdrücke des einfachen Balkens DC, dessen Belastung durch die mit J dividierten Momentenflächen aus den äußern Belastungen gebildet ist. Für die Bestimmung der Winkel α besteht diese äußere Belastung aus $M_D = +\,1{,}0$ mt und $M_C = +\,1{,}0$ mt und für die Bestimmung von β aus $M_C = +\,1{,}0$ mt. Die elastischen Gewichte aus diesen Belastungen sind in der folgenden Tabelle 2 zusammengestellt.

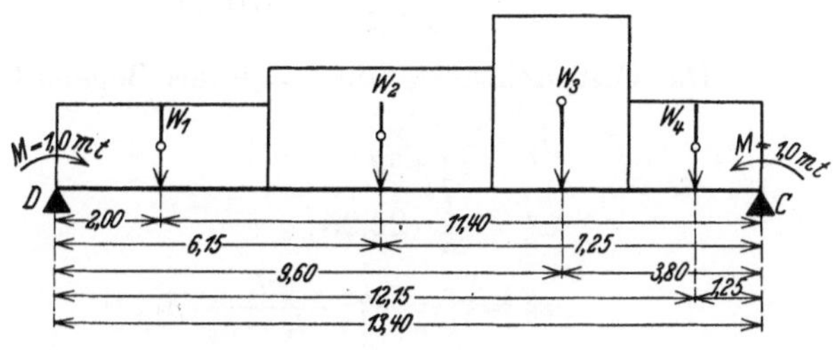

Fig. 176.

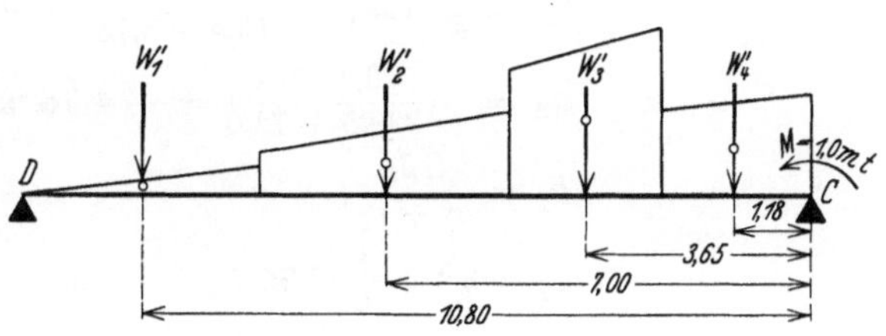

Fig. 176 a.

Tabelle 2.

Element	Δs	b	h	J	$w = \dfrac{\Delta s}{J}$	$\dfrac{\omega}{l} = \dfrac{\omega}{13{,}4}$	$a\,{*}$	$\dfrac{\omega a}{l}$	$l-a\,{*}$	$\dfrac{\omega(l-a)}{l}$	$l-a'\,{**}$	$\omega' = \dfrac{wa}{l}$	$\dfrac{w'(l-a')}{l}$
5	4,0	0,45	1,20	0,0648	61,75	4,60	2,0	9,20	11,40	52,3	10,80	9,20	7,40
6	4,30	0,40	1,10	0,0445	96,60	7,20	6,15	44,40	7,25	52,3	7,00	44,40	23,20
7	2,60	0,35	1,00	0,0292	89,10	6,65	9,60	63,80	3,80	25,2	3,65	63,80	17,40
8	2,50	0,35	1,26	0,0585	42,45	3,15	12,15	38,30	1,25	3,9	1,18	38,30	3,40
								155,70		133,7			51,40

Es ist also

$$\alpha_1^D = \alpha_1^A = \frac{1}{E}\sum w\,\frac{l-a}{l} = \frac{1}{E}\cdot 133{,}7\,,$$

$$\alpha_1^C = \alpha_1^B = \frac{1}{E}\sum w\,\frac{a}{l} = \frac{1}{E}\cdot 155{,}7\,,$$

$$\beta_1 \qquad = \frac{1}{E}\,w'\,\frac{l-a'}{l}\,\frac{1}{E}\cdot 51{,}40\,.$$

---

* Aus Fig. 176.   ** Aus Fig. 176a.

Festpunkte.

Der untere Festpunktabstand a an der Säule ist nach Gl. (7):

$$a_1 = \frac{l\,\beta_1}{\alpha_1^a + \varepsilon_1^a}\,,$$

$$\alpha_1^a = \alpha_1^A = \frac{1}{E} \cdot 133{,}7\,,$$

$$\varepsilon_1^a = 0 \ \text{(volle Einspannung)},$$

$$a_1 = \frac{13{,}4 \cdot 51{,}4}{133{,}7} = 5{,}15 \ \text{m}\,.$$

Die Festpunktabstände $a = b$ des Bogens betragen nach Gl. (330) ebenfalls:

$$a_2 = \frac{l\,\beta_2}{\alpha_2^a + \varepsilon_2^a}\,,$$

$$\alpha_2^a = \frac{1}{E} \cdot 22{,}25\,,$$

$$\varepsilon_2^a = \tau_1^B = \alpha_1^b - \frac{l_1}{l_1 - a_1} \cdot \beta_1\,,$$

$$\alpha_1^b = \alpha_1^B = \frac{1}{E} \cdot 155{,}7\,,$$

$$\tau_1^B = \frac{1}{E}\left(155{,}7 - \frac{13{,}4}{13{,}4 - 5{,}15} \cdot 51{,}4\right) = \frac{1}{E} \cdot 72{,}0\,,$$

$$a_2 = -\frac{20{,}4 \cdot 21{,}0}{22{,}25 + 72{,}0} = -4{,}55 \ \text{m}\,,$$

$$b_1 = \frac{l_1\,\beta_1}{\alpha_1^b + \varepsilon_1^b}\,,$$

$$\alpha_1^b = \alpha^B = \frac{1}{E} \cdot 155{,}7\,,$$

$$\varepsilon_1^b = \tau_2^B = \alpha_2^B - \frac{l_2}{l_2 - a_2} \cdot \beta_2 = \frac{1}{E}\left(22{,}25 + \frac{20{,}4}{20{,}4 + 4{,}55} \cdot 21{,}0\right) = 39{,}42\,,$$

$$b_1 = \frac{13{,}4 \cdot 51{,}4}{155{,}7 + 39{,}4} = 3{,}53 \ \text{m}\,.$$

Das Achsensystem des Rahmens mit den Festpunkten ist in Fig. 177 dargestellt.

Momente M_I'.

Die Momente M_I' entstehen, wenn der Knotenpunkt B durch eine horizontale Verschiebungskraft Z nach innen um 0,001 m verschoben und gleichzeitig der Knotenpunkt C durch eine Festhaltekraft D in seiner Lage festgehalten wird (Fig. 177).

Die Enden des Stabes *1* verschieben sich dabei gegenseitig in der Richtung senkrecht zur Stabachse um das Maß $\varrho = 0{,}001$ m. (Die geringe Neigung der Stabachse wird vernachlässigt.)

Der Bogen erleidet eine Verkürzung seiner Spannweite um dasselbe Maß.

An den Enden der Stäbe entstehen dadurch die folgenden Momente:

Nach Gl. (515) und (520):

$$M_1^B = \frac{\varrho_1}{l_1\,\beta_1(l_1 - a_1 - b_1)} \cdot b = \frac{0{,}001 \cdot 2\,100\,000}{13{,}4 \cdot 51{,}4 \cdot 4{,}72} \cdot 3{,}53 = \quad 2{,}28 \ \text{mt}\,,$$

$$M_1^A = -M_1^B \frac{a}{b} = -2{,}28\,\frac{5{,}15}{3{,}53} \qquad\qquad = -3{,}33 \ \text{mt}\,.$$

Nach Gl. (592a) und (593a):

$$M_{\Delta'}^{a} = B\,\frac{\left(\dfrac{l_2}{2} - b_2\right)\Delta'}{l_2\,\beta_2\,(l_2 - a_2 - b_2)}\cdot a_2 = M_{\Delta'}^{b} = M_2^{B} = M_2^{C},$$

$$M_2^{B} = M_2^{C} = +\,\frac{0{,}219\,(10{,}2 + 4{,}55)\,0{,}001\cdot 2\,100\,000}{20{,}4\cdot 21{,}0\cdot 29{,}50}\cdot 4{,}55 = +\,2{,}45\,\text{mt}.$$

Diese Momente werden in Fig. 177 aufgetragen und mittels der Festpunkte über das System hingeleitet. Durch Addition der gefundenen Momente ergibt sich das Bild der M'-Momente für die Eckpunkte des Systems. Das Momentenbild ist auch gültig für die zwischen den Eckpunkten liegenden Schnitte der geraden Stäbe, während in der gewölbten Zone zwischen den Kämpfern noch der Einfluß des Bogenschubes hinzutritt. Dieser wird aber erst bei der Bildung der Gesamtmomente jedes Belastungsfalles hinzugefügt.

Festhaltungs- und Erzeugungskräfte für Verschiebungszustand I.

Die zu den Momenten M_1' gehörenden Festhaltungs- und Erzeugungskräfte berechnen sich wie folgt.

Auf den Knotenpunkt B wirken die nachstehenden Kräfte:

a) Bogenschub:

$$H_\Delta' = B_\Delta' + \frac{B_2}{2}\,(M_{\Delta'}^{B} + M_{\Delta'}^{C}) \qquad\qquad \text{Gl. (595)}$$

$$B_\Delta' = \frac{E\,\Delta'}{\displaystyle\sum_0 y^2\,w} = \frac{2\,100\,000\cdot 0{,}001}{2\cdot 2840{,}18} \qquad = 0{,}370\,\text{t}, \qquad \text{Gl. (586)}$$

$$\frac{B}{2}\,(M_{\Delta'}^{B} + M_{\Delta'}^{C}) = \frac{0{,}219}{2}\,(4{,}73 + 2{,}87) = \underline{0{,}830\,\text{t}}, \quad \text{(Fig. 177)}.$$

$$H_{\Delta'} = 1{,}200\,\text{t}.$$

b) Querkraft am Säulenkopf:

$$Q_1 = \frac{4{,}73 + 4{,}86}{13{,}4} \qquad\qquad\qquad = \underline{0{,}716\,\text{t}},$$

Die Erzeugungskraft beträgt also $\qquad\qquad Z_1 = 1{,}916\,\text{t}.$

Auf den Knotenpunkt C wirken hingegen:

a) Bogenschub $H\Delta'$ $\qquad\qquad\qquad\qquad = 1{,}200\,\text{t},$

b) Querkraft am Säulenkopf $= Q_3\,\dfrac{2{,}87 + 1{,}79}{13{,}4} = \underline{0{,}348\,\text{t}},$

Festhaltungskraft $D_{II\,(I)} = 1{,}548\,\text{t}.$

Momente M_{II}'.

Diese entstehen entsprechend wie die Momente M_I' für eine Verschiebung des Kämpfers C um $\Delta'' = 0{,}001$ m nach innen.

Das Momentenbild ist also das symmetrische Bild der Fig. 177, welche die M'-Momente darstellt.

Momente M_I^*.

Diese Momente werden erzeugt durch die nach innen gerichtete Horizontalkraft $H = 1{,}0$ t im Kämpfer B als einzige Belastung des Rahmens.

Um sie zu finden, müssen wir die Momente M_I' mit einer Zahl $X_{(I)}$ und die Momente M_{II}' mit einer Zahl $X_{(II)}$ multiplizieren. Diese Unbekannten müssen

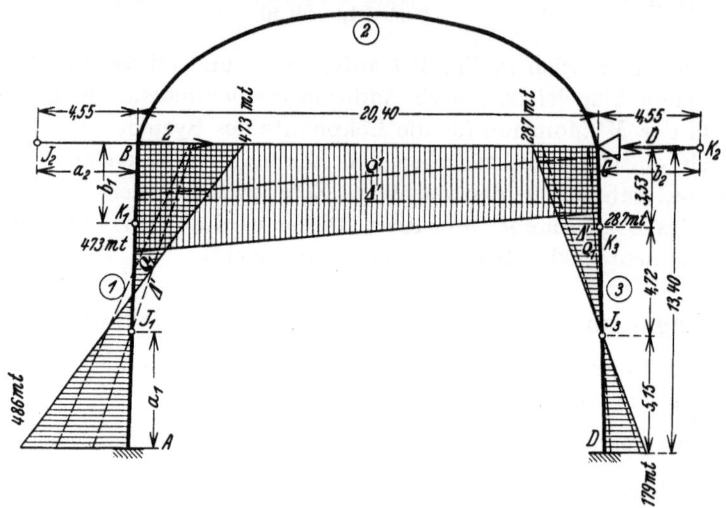

Fig. 177.

die Bedingung erfüllen, daß beim Übereinanderlegen der beiden so entstandenen Bilder der Momente mit ihren Erzeugungs- und Festhaltungskräften, in B die Horizontalkraft $H = 1{,}0$ t übrigbleibt und in C jede äußere Kraft verschwindet. (Fig. 178 und 179)

Es ist also:
$$X_I Z_I + X_{II} D_{I\,(II)} = 1{,}0$$
und
$$X_I D_{II\,(I)} + X_{II} Z_{II} = 0.$$

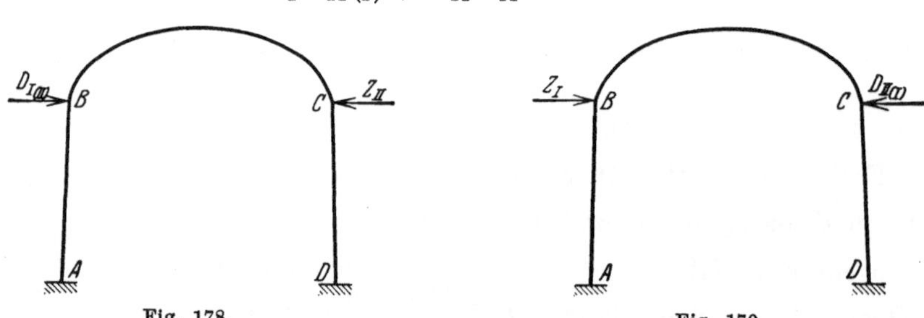

Fig. 178.   Fig. 179.

Lösen wir diese Gleichungen nach X_I und X_{II} auf, so erhalten wir nach Einsetzung dieser Werte in den Ausdruck $M^* = X_I M_I' + X_{II} M_{II}'$ die Gleichung (544) in der Form:

$$M^* = \frac{Z_{II} M_{II}' + D_{II\,(I)} M_{II}'}{Z_{II} Z_I - D_{I\,(II)} D_{II\,(I)}}, \qquad \text{Gl. (544)}$$

wobei Z und D mit ihren Absolutwerten eingesetzt werden. Man kann sich natürlich die Ableitung der Gl. (544) ersparen, wenn man sich an die im ersten

Band gegebene Herleitung derselben hält, unter sorgfältiger Beachtung der dort verwendeten Kraftrichtungen.

Die Werte für Z und D in (544) eingesetzt, ergeben:

$$M^* = \frac{1{,}916\,M_I' - 1{,}548\,M_{II}'}{1{,}916^2 - 1{,}548^2} = 1{,}50\,M_I' - 1{,}21\,M_{II}'\,.$$

Diese Momente sind in Tabelle 3 berechnet und in Fig. 180 dargestellt.

Daraus ergeben sich die folgenden Horizontalkräfte:

Tabelle 3.

Knoten	A	B	C	D
$+ 1{,}50\,M_I'$ ..	$- 7{,}30$	$+ 7{,}11$	$+ 4{,}30$	$- 2{,}67$
$- 1{,}21\,M_{II}'$ ..	$+ 2{,}18$	$- 3{,}48$	$- 5{,}74$	$+ 5{,}89$
M_I^*	$- 5{,}12$	$+ 3{,}63$	$- 1{,}44$	$+ 3{,}22$

in B

a) Der Bogenschub

$$1{,}50\,H_{AI} - 1{,}21\,H_{AII} = H_{AI}^* = (1{,}50 - 1{,}21)\,1{,}20 = \quad 0{,}348\,t,$$

b) Die Querkraft am Säulenkopf $Q = \dfrac{5{,}12 + 3{,}63}{13{,}4} \qquad = \quad 0{,}652\,t,$

$$F = \overline{1{,}000\,t;}$$

in C

a) Der Bogenschub H $\qquad\qquad\qquad = + 0{,}348\,t,$

b) Die Querkraft am Säulenkopf $Q = \dfrac{-1{,}44 - 3{,}22}{13{,}4} \qquad = -0{,}348\,t,$

$$\pm 0{,}0.$$

Momente $\overset{*}{_{II}}$.

Entsprechend wie die Momente M_I^* erhalten wir diese unter der Bedingung, daß in C die nach innen wirkende Kraft $H = 1{,}0$ als alleinige Belastung des

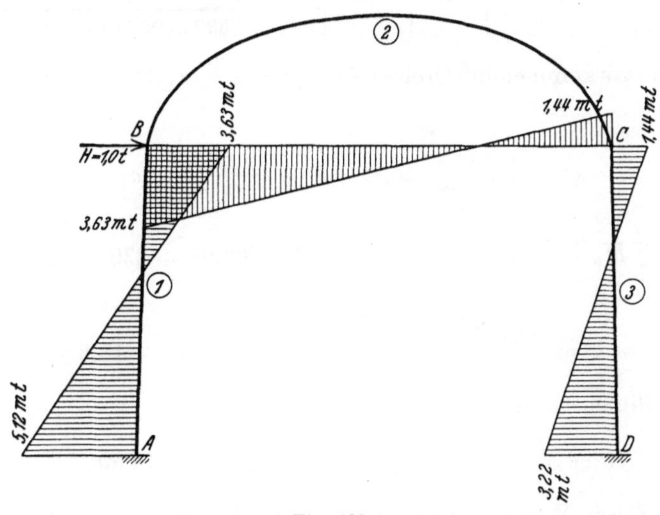

Fig. 180.

Rahmens wirkt. Die Momente M_{II}^* geben also das symmetrische Bild zu den M_I^*-Momenten (Fig. 180).

Belastung des Bogens durch gleichmäßig verteilte lotrechte Lasten (Eigengewicht, Schnee und lotrechten Anteil des Windes). Lastfall I.

Diese Lasten werden zu Einzellasten in den Auflagerpunkten der Dachlängsträger zusammengezogen, 1. Fig. 181.

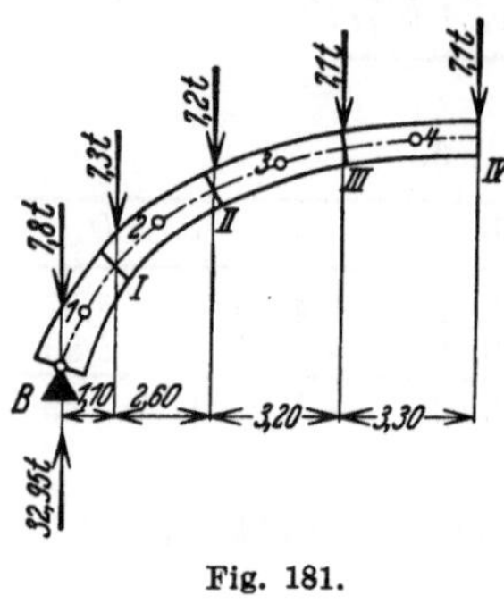

Fig. 181.

In der nachstehenden Tabelle 4 sind die Momente M_0 für den einfachen Balken BC (für eine Hälfte) berechnet, sowie die Zähler und Nenner der Ausdrücke für den Bogenschub und die Kreuzlinienabschnitte.

Nach Gl. (394) beträgt der Bogenschub am Zweigelenkbogen für die alleinige Wirkung der äußeren Lasten (unter Vernachlässigung der Normalkräfte):

$$\mathfrak{H} = \frac{\overset{l}{\underset{0}{\sum}} M_0\, y\, w}{\overset{l}{\underset{0}{\sum}} y^2 w} = \frac{53713,06}{2840,18} = +18,90 \text{ t}.$$

Die Kreuzlinienabschnitte betragen nach Gl. (339) und (340) $k^a = k^b = -\dfrac{\varphi}{\beta}$.

Tabelle 4.

Schnitt	Punkt	Q	λ	$Q\lambda$	$M_0 = \Sigma Q\lambda$		$M_0\, y\, w$	$M_0\, x\, w$	$M_0\,(1-x)\,w$
B		32,95	0	0	0				
	1					13,82	563,58	258,29	9327,12
I		25,15	1,10	27,65	27,65				
	2					50,85	6726,95	4748,37	35614,32
II		17,85	2,60	46,40	74,05				
	3					91,10	18364,85	19489,02	56967,56
III		10,65	3,20	34,10	108,15				
	4					114,00	28057,68	43617,54	60453,06
IV		3,55	3,30	11,70	119,85				
							53713,06	68113,22	162362,06

Der darin vorkommende Drehwinkel $\varphi^a = \varphi^b$ ergibt sich nach Gl. (420) und (421) zu

$$\varphi = \frac{1}{E}\left[\frac{1}{l}\overset{l}{\underset{0}{\sum}} M_0\,(l-x)\,w - \frac{\mathfrak{H}}{2}\overset{l}{\underset{0}{\sum}} y\,w\right],$$

$$\overset{l}{\underset{0}{\sum}} M_0\,(l-x)\,w = 68113,22 + 162362,06 = 230475,28,$$

$$k^a = k^b = \frac{\dfrac{1}{20,4}\cdot 230475,28 - \dfrac{18,9}{2}\cdot 2 \cdot 620,78}{21,0} = -18,8 \text{ mt}.$$

Die Schlußliniensenkung beträgt:

$$S^a - S^b = \frac{a}{l}\,k = \frac{-4,55}{20,4}\,(-18,8) = +4,19 \text{ mt}.$$

Mit Hilfe dieser Werte werden in Fig. 182 die Knotenpunktsmomente für den Rechnungsabschnitt I aufgetragen.

Während des R. I müssen die Säulenköpfe durch Festhaltekräfte unverschieblich gehalten werden, die den folgenden Kräften das Gleichgewicht halten:

a) Dem Bogenschub des Zweigelenkbogens $\mathfrak{H}$ und demjenigen infolge der Kämpfermomente:

$$H = \mathfrak{H} + \frac{B}{2}\,(M^C + M^B) = 18{,}90 + \frac{0{,}219}{2}\cdot 2\cdot 4{,}19 = 18{,}90 + 0{,}92 = 19{,}82\,\text{t},$$

b) Der Querkraft am Säulenkopf $Q \qquad = \dfrac{4{,}19 + 2{,}61}{13{,}40} = \underline{0{,}51\,\text{t}},$

$$\underline{\underline{20{,}33\,\text{t}.}}$$

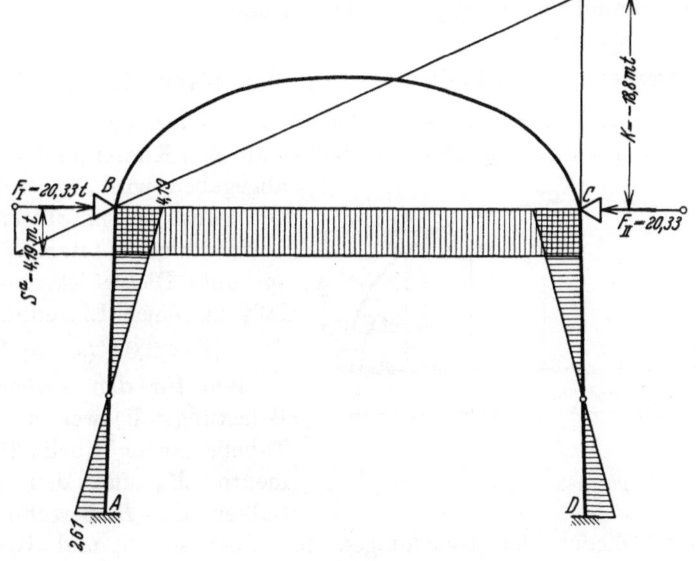

Fig. 182.

Die Festhaltekräfte $F_I = F_{II}$ betragen also $F = 20{,}33$ t und sind beide nach innen gerichtet.

Zusatzmomente für den obigen Belastungsfall.

Da die obigen Festhaltungskräfte in Wirklichkeit nicht vorhanden sind, sind ihre Reaktionen in Wirksamkeit zu denken. An den Auflagern des Bogens in B und in C sind also die beiden nach außen gerichteten Verschiebungskräfte $V_I = -F$ und $V_{II} = -F$ einzuführen; diese erzeugen an jeder Stelle die Zusatzmomente:

$$M_{Zus.} = -F_I M_I^* - F_{II} M_{II}^* = -F\,(M_I^* + M_{II}^*)$$

und den Bogenschub:

$$H_{Zus.} = -F\,(H_{\Delta I}^* + H_{\Delta II}^*) = -20{,}33\,(0{,}348 + 0{,}348) = -14{,}10\,\text{t}.$$

Der gesamte Bogenschub beträgt also:

$$H = H_{(RI)} + H_{Zus.} = 19{,}82 - 14{,}10 = +5{,}72\,\text{t}$$

und die Gesamtmomente:

für die Säulen: $\qquad M = M_{(RI)} + M_{Zus.}$,

für den Bogen: $\qquad M = M_{(RI)} + M_0 + M_{Zus.} - H\,y$.

Diese Momente sind in der nachfolgenden Tabelle 5 zusammengestellt.

Tabelle 5.

Schnitt	$M_{RI} + M_0$	$M_I^* + M_{II}^*$	$M_{Zus.} = -20,33(M_I^* + M_{II}^*)$	y	$-5,72\,y$	$M_{tot.}$
A	$-\quad 2,61$	$-5,12+3,22$	$+38,5$	$-$	$-$	$+35,89$
B	$+\quad 4,19$	$+3,63-14,4$	$-44,5$	$-$	$-$	$-40,31$
2	$+\ 55,04$	$-$	$-44,5$	$3,4$	$-19,5$	$-\ 8,96$
4	$+118,19$	$-$	$-44,5$	$5,5$	$-31,4$	$+42,29$

Das Momentenbild ist in Fig. 187 eingezeichnet.

Waagrechte Windbelastung auf das Dach (Lastfall II).

Da der Teil des horizontal wirkenden Winddruckes, der auf die unterste Zone fällt von dem außen liegenden Dachbalken auf den Knotenpunkt B (bzw. C)

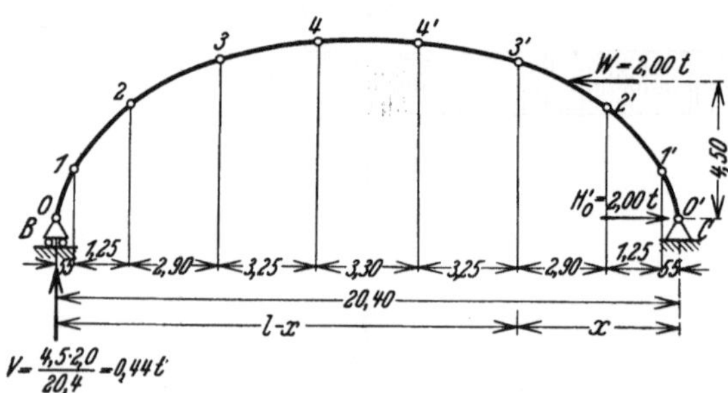

Fig. 183.

abgegeben wird, so wird der Bogen selbst nur im oberen Teil von horizontalgerichtetem Wind beansprucht. Dieser ist zusammengefaßt zu einer Einzelkraft

$$W = 2,0\ \text{t (s. Fig. 183)}.$$

Wie für den vorhergehenden Belastungsfall werden in einer Tabelle (siehe Tabelle 6) die Momente M_0 für den einfachen Balken $C-B$ berechnet, sowie die einzelnen Glieder der Gleichungen für Bogenschub und Kreuzlinienabschnitte.

Tabelle 6.

P	M_0		$M_0\,\omega\,y$	$x\,\omega$	$(l-x)\,\omega$	$M_0\,x\,\omega$	$M_0(l-x)\,\omega$
B							
1	$0,44\cdot\ 0,55 =$	$0,24$	$9,80$	$674,90$	$18,69$	$161,80$	$4,48$
2	$0,44\cdot\ 2,40 =$	$1,06$	$140,23$	$700,38$	$93,38$	$742,40$	$98,98$
3	$0,44\cdot\ 5,30 =$	$2,33$	$469,70$	$625,33$	$213,93$	$1457,02$	$498,46$
4	$0,44\cdot\ 8,55 =$	$3,75$	$922,95$	$530,29$	$382,61$	$1988,59$	$1434,79$
$4'$	$0,44\cdot11,85 =$	$5,22$	$1284,75$	$382,61$	$530,29$	$1997,22$	$2768,11$
$3'$	$0,44\cdot15,10 =$	$6,65$	$1340,57$	$213,93$	$625,33$	$1422,63$	$4158,44$
$2'$	$0,44\cdot18,00 - 2,0\cdot1,1 = 5,70$		$754,05$	$93,38$	$700,38$	$532,26$	$3992,17$
$1'$	$0,44\cdot19,85 - 2,0.3,3 = 2,14$		$87,10$	$18,69$	$674,90$	$40,00$	$1444,29$
C	$0,44\cdot20,40 - 2,0\cdot4,5 = 0,00$						
			$5009,15$			$8341,92$	$14399,72$

Gl. (394) gibt für den Bogenschub am Zweigelenkbogen

$$\mathfrak{H} = \frac{5009,15}{2\cdot2840,18} = 0,885\ \text{t}.$$

Die Drehwinkel φ betragen nach (420) und (421)

$$\varphi^b = \frac{1}{l}\sum_0^l M_0\,(l-x)\,\omega - \frac{\mathfrak{H}}{2}\cdot\sum_0^l \cdot y\,\omega$$

$$= \frac{1}{20,4}\cdot14399,72 - \frac{0,885}{2}\cdot2\cdot620,78 = +154,5,$$

$$\varphi^a = \frac{1}{l} \sum_0^l M_0\,xw - \frac{\mathfrak{H}}{2} \sum_0^l yw$$

$$= \frac{1}{20,4} \cdot 8341,92 - \frac{0,885}{2} \cdot 2 \cdot 620,78 = -142,0.$$

Die Kreuzlinienabschnitte sind dann

$$k^a = -\frac{\varphi^b}{\beta} = \frac{154,5}{21,0} = +7,39 \,\text{mt},$$

$$k^b = -\frac{\varphi^a}{\beta} = -\frac{142,0}{21,0} = -6,75 \,\text{mt}.$$

Damit lassen sich die Kämpfermomente direkt berechnen. Sie sind nach Gl. (336) und (337):

$$M^B = \frac{k^b\,(l-b) - k^a\,b}{l\,(l-a-b)} \cdot a$$

$$= -\frac{-6,75\,(20,4+4,55) + 7,39 \cdot 4,55}{20,4\,(20,4 + 2 \cdot 4,55)} \cdot 4,55 = +1,04 \,\text{mt},$$

$$M^C = \frac{k^a\,(l-a) - k^b\,a}{l\,(l-a-b)} \cdot b$$

$$= -\frac{7,39 \cdot 24,95 - 6,75 \cdot 4,55}{20,4\,(20,4 + 2 \cdot 4,55)} \cdot 4,55 = -1,16 \,\text{mt}.$$

Die Fußmomente sind:

$$M^A = -\frac{1,04 \cdot 5,15}{(13,4 - 5,15)} = -0,650 \,\text{mt},$$

$$M^D = -\frac{1,16 \cdot 5,15}{(13,4 - 5,15)} = +0,725 \,\text{mt}.$$

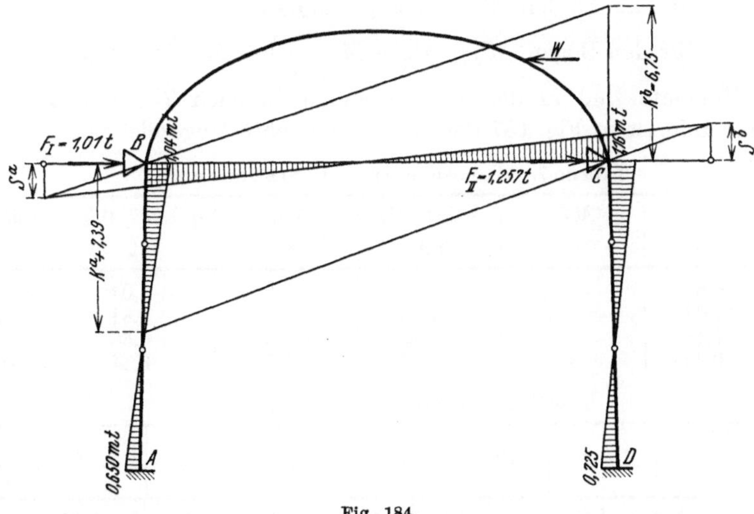

Fig. 184.

Die Knotenpunktmomente sind in Fig. 184 aufgetragen.

Aus den obigen Werten lassen sich die Festhaltungskräfte wie folgt berechnen:

Am Kämpfer B:

     Bogenschub

$$H = \mathfrak{H} + \frac{B}{2}\,(M^B + M^C) = 0{,}885 + \frac{0{,}219}{2}\,(1{,}04 - 1{,}16) = +\,0{,}884\,\text{t},$$

$$\text{Querkraft der Säule } Q = \frac{1{,}04 + 0{,}65}{13{,}40} = +\,0{,}126\,\text{t},$$

$$H + Q = \overline{+\,1{,}010\,\text{t}.}$$

Demnach ist $F_I = 1{,}01$ t nach innen gerichtet.

Am Kämpfer C:

     Bogenschub H $= +\,0{,}884\,\text{t},$

     Horizontale Auflagerkraft des einfachen Balkens $H_0 = -\,2{,}000\,\text{t},$

$$\text{Querkraft der Säule } Q = \frac{1{,}16 + 0{,}725}{13{,}4} = -\,0{,}141\,\text{t},$$

$$H + Q = \overline{-\,1{,}257\,\text{t}.}$$

Es ist also $F_{II} = 1{,}257$ t nach außen gerichtet.

Zusatzmomente für Windbelastung auf das Dach.

Wenn an Stelle der Festhaltungskräfte F_I und F_{II} ihre Reaktionen V_I (nach außen gerichtet) und V_{II} (nach innen gerichtet) in Wirksamkeit treten, so erzeugen sich:

Die Zusatzmomente $\qquad M_{Zus.} = -1{,}01\,M_I^* + 1{,}257\,M_{II}^*$

und der zusätzliche Bogenschub $H_{Zus.} = -1{,}01\,H_{\Delta I}^* + 1{,}257\,H_{\Delta II}^*$

$$= (1{,}257 - 1{,}01)\cdot 0{,}348 = 0{,}085\,\text{t}.$$

Der Gesamtschub beträgt demnach:

$$H = H_{(RI)} + H_{Zus.} = 0{,}885 + 0{,}085 = 0{,}97\,\text{t}$$

und die Gesamtmomente:

$$\text{für die Säulen } M = M_{(RI)} + M_{Zus.},$$

$$\text{für den Bogen } M_x = M_0 + M^C\,\frac{l-x}{l} + M^B\,\frac{x}{l} - H\,y.$$

Diese Momente sind in den nachfolgenden Tabellen 7 und 8 zusammengestellt. Ihr Bild ist in Fig. 187 der Gesamtmomente eingezeichnet.

Tabelle 7. Momente an den Stabenden.

Schnitt	M_{RI} mt	M_I^* mt	$-1{,}01\,M_I^*$ mt	M_{II}^* mt	$+1{,}257\,M_{II}^*$ mt	$M_{tot.}$ mt
A	$-0{,}65$	$-5{,}12$	$+5{,}17$	$+3{,}22$	$+4{,}04$	$+8{,}56$
B	$+1{,}04$	$+3{,}63$	$-3{,}67$	$-1{,}44$	$-1{,}81$	$-4{,}44$
C	$-1{,}16$	$-1{,}44$	$+1{,}45$	$+3{,}63$	$+4{,}56$	$+4{,}85$
D	$+0{,}725$	$+3{,}22$	$-3{,}25$	$-5{,}12$	$-6{,}44$	$-8{,}965$

Tabelle 8. Momente am Bogen.

Schnitt	M^0	$l-x$	$M^C\dfrac{l-x}{l}$	x	$M^B\dfrac{x}{l}$	y	$-H\,y$	M_{tot}
2	$+1{,}06$	$2{,}40$	$+0{,}57$	$18{,}00$	$-3{,}92$	$3{,}4$	$-3{,}30$	$-5{,}59$
4	$+3{,}75$	$8{,}55$	$+2{,}04$	$11{,}85$	$-2{,}58$	$5{,}5$	$-5{,}35$	$-2{,}14$
$4'$	$+5{,}22$	$11{,}85$	$+2{,}82$	$8{,}55$	$-1{,}86$	$5{,}5$	$-5{,}35$	$+0{,}83$
$3'$	$+6{,}65$	$15{,}10$	$+3{,}60$	$5{,}30$	$-1{,}15$	$4{,}9$	$-4{,}75$	$+4{,}35$
2	$+5{,}70$	$18{,}00$	$+4{,}29$	$2{,}40$	$-0{,}52$	$3{,}4$	$-3{,}30$	$+6{,}17$

Horizontale Belastung der Stützen (Lastfall *III*).

Da die Achsen der Stützen etwas schief stehen, haben die lotrechten Einzellasten eine Komponente, die senkrecht zur Stabachse wirkt. Diese Teilkräfte betragen

$$P_5^h = 25{,}0 \sin \alpha \quad = 25{,}0 \cdot 0{,}0298 \quad = 0{,}75\,\mathrm{t},$$
$$P_6^h = 22{,}0 \sin \alpha \quad = 22{,}0 \cdot 0{,}0298 \quad = 0{,}65\,\mathrm{t},$$
$$P_7^h = 5{,}0 \sin \alpha \quad = 5{,}0 \cdot 0{,}0298 \quad = 0{,}15\,\mathrm{t},$$
$$P_B^h = P_C^h = V \sin \alpha = 32{,}95 \cdot 0{,}0298 = 0{,}97\,\mathrm{t}.$$

(Bei der Berechnung von P_B und C_C ist der geringe Einfluß der lotrechten Auflagerkräfte aus den Lastfällen II und II vernachlässigt.)

Die Windlasten betragen:

$$W_5 = 2{,}05\,\mathrm{t}, \qquad W_7 = 1{,}3\ \,\mathrm{t},$$
$$W_6 = 1{,}65\,\mathrm{t}, \qquad W_C = 2{,}10\,\mathrm{t}.$$

Die ungünstigsten horizontalen Belastungen der geraden Stäbe ergeben somit das Belastungsbild der Fig. 186. Damit werden die Momente und Kräfte des Rechnungsabschnittes I ermittelt. Die Kreuzlinienabschnitte für eine Lastgruppe betragen nach Gl. (223) und (224):

$$k^a = -\frac{\alpha^{b\,0}}{\beta} = -\frac{\Sigma P\,\delta^b}{\beta},$$
$$k^b = -\frac{\alpha^{a\,0}}{\beta} = -\frac{\Sigma P\,\delta^a}{\beta}.$$

Der Wert β dieser Formeln ist in Tabelle 2 bereits ermittelt. Die Werte $\alpha^{b\,0}$ und $\alpha^{a\,0}$ werden mit Hilfe der Biegelinien für die Belastung $M = 1{,}0$ mt an den Enden des einfachen Balkens DC (siehe Fig. 176) bestimmt. Diese Biegelinie ist zugleich die Einflußlinie für den Winkel $\alpha^{b\,0}$ bzw. $\alpha^{a\,0}$. Diese Winkel betragen nach dem Gesetz der Gegenseitigkeit der Formände-

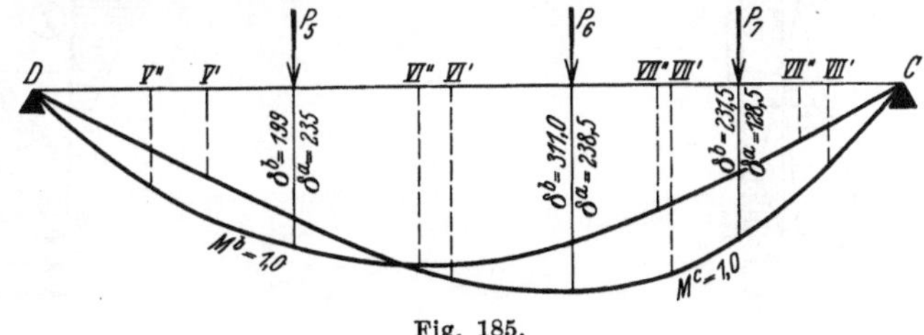

Fig. 185.

rungen für eine äußere Belastung von $P = 1{,}0$ t $\alpha^{a\,0} = \delta^b$ und $\alpha^{b\,0} = \delta^a$ [siehe obige Gl. (223) und (224)].

Die Ordinaten der Biegelinien werden in der nachfolgenden Tabelle 9 berechnet und in Fig. 185 dargestellt. Die elastischen Gewichte W' und W'' $\left(W'' = \dfrac{\omega\,(l - a)}{l}\right)$ sind der Tabelle 2 entnommen. In der Tabelle 9 sind nur die aus ihnen hervorgehenden Querkräfte eingetragen.

Tabelle 9. Biegungslinien.

Belastung $M^D = +1{,}0$ mt Auflagerkraft $C = \beta$				Belastung $M^C = +1{,}0$ mt Auflagerkraft $D = \beta$			
Punkt	Q	λ	$Q\lambda$	$\Sigma Q\lambda$	Punkt	Q	λ	$Q\lambda$	$\Sigma Q\lambda$
C	51,4	1,65	84,5	—	D	51,4	2,60	133,5	—
$VIII''$	47,5	2,20	104,0	84,5	V'	42,2	3,80	160,3	133,5
VII''	22,3	3,65	81,0	188,5	VI'	$-\ 2{,}2$	3,35	$-\ 7{,}4$	293,8
VI''	$-30{,}0$	4,15	$-125{,}0$	269,5	VII'	$-\ 66{,}0$	2,47	$-163{,}1$	286,4
V''	$-82{,}3$	1,75	$-144{,}5$	144,5	$VIII'$	$-104{,}3$	1,18	$-123{,}3$	123,3

Nach Fig. 185 und 186 betragen die Kreuzlinienabschnitte
für Stab $A - B$

$$k^a = -\frac{1}{51,4}(199,0 \cdot 0,75 + 311,0 \cdot 0,65 + 231,5 \cdot 0,15) = -7,5\,\text{mt},$$

$$k^b = -\frac{1}{51,4}(235,0 \cdot 0,75 + 238,5 \cdot 0,65 + 128,5 \cdot 0,15) = -6,8\,\text{mt},$$

für Stab $D - C$

$$k^a = -\frac{1}{51,4}[199,0\,(0,75 + 2,05) + 311,0\,(0,65 + 1,65) + 231,5\,(0,15 + 1,3)] = -31,3\,\text{mt},$$

$$k^b = -\frac{1}{51,4}[235,0\,(0,75 + 2,05) + 238,5\,(0,65 + 1,65) + 128,5\,(0,15 + 1,3)] = -27,2\,\text{mt}.$$

Mit diesen Werten läßt sich nun in Fig. 186 der Momentenverlauf für das
festgehaltene System auftragen. Der Einfluß des Bogenschubes wird in der
gewölbten Zone erst später berücksichtigt.

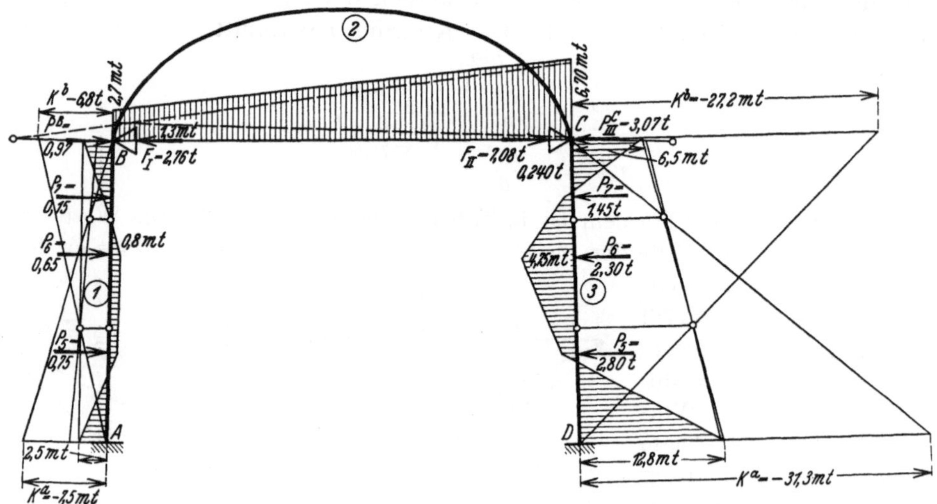

Fig. 186.

Nach Fig. 186 ergeben sich die folgenden Festhaltekräfte:
Knotenpunkt C:

a) Der Bogenschub beträgt

$$H = \frac{B}{2}(M^C + M^B) = \frac{0,219}{2}(2,7 + 6,7) = -1,03\,\text{t},$$

b) die waagrechte Komponente der Auflagerkraft des Stabes 3:

$$Q_0 \cos \alpha = -(3,44 + 2,10 + 0,97) \cdot 0,9995 \quad = -6,50\,\text{t},$$

$$Q_3^C \cos \alpha = +\frac{12,8 - 6,5}{13,4} \cdot 0,9995 \qquad\qquad = +0,45\,\text{t},$$

$$\overline{\qquad\qquad -7,08\,\text{t}.}$$

Die Festhaltekraft ist also nach außen gerichtet und beträgt

$$F_{II} = 7,08\,\text{t}.$$

Tabelle 10. Momente M_0 (nach Fig. 186).

	Stab $A-B$					Stab $D-C$			
Schnitt	Q	λ	$Q\lambda$	$\Sigma Q\lambda$	Schnitt	Q	λ	$Q\lambda$	$\Sigma Q\lambda$
A	0,80	4,0	3,20	—	D	3,11	4,0	12,44	—
5	0,05	4,3	0,21	3,20	5	0,31	4,3	1,32	$+12{,}44$
6	$-0{,}60$	2,6	$-1{,}56$	3,41	6	$-1{,}99$	2,6	$-5{,}18$	$+13{,}76$
7	$-0{,}75$	2,5	$-1{,}85$	1,81	7	$-3{,}44$	2,5	$-8{,}58$	$+\ 8{,}58$
B	—	—	—	—	C	—	—	—	—

Knotenpunkt B:

a) Bogenschub H $\qquad\qquad\qquad\qquad\qquad\qquad\qquad = -1{,}03\,\mathrm{t}$,

b) Auflagerkraft $\qquad Q_0 \cos\alpha = -(0{,}75 + 0{,}97)\cdot 0{,}9995 = -1{,}72\,\mathrm{t}$,

$$Q_1^B \cos\alpha = + \frac{2{,}5 - 2{,}7}{B_1\,4}\cdot 0{,}9995 \qquad = -0{,}45\,\mathrm{t},$$

$$\overline{\qquad\qquad -2{,}76\,\mathrm{t}.}$$

Die Festhaltekraft ist nach außen gerichtet und beträgt

$$F_I = 2{,}76\,\mathrm{t}.$$

Zusatzmomente für die waagrechten Säulenlasten.

Wenn an Stelle der beiden Festhaltungskräfte ihre Reaktionen V_I und V_{II} (beide nach innen gerichtet) in Wirksamkeit treten, so entstehen die folgenden Zusatzmomente und Kräfte:

Zusatzmomente

$$M_{Zus.} = 2{,}76\,M_I^* + 7{,}08\,M_{II}^*\,.$$

Zusätzlicher Bogenschub

$$H_{Zus.} = 2{,}76\,H_{AI}^* + 7{,}08\,H_{AII}^* = (2{,}76 + 7{,}08)\,0{,}348 = +3{,}42\,\mathrm{t}.$$

Der gesamte Bogenschub beträgt also

$$H_{tot.} = H_{(RI)} + H_{Zus.} = -1{,}03 + 3{,}42 = +2{,}39\,\mathrm{t}.$$

Die Gesamtmomente betragen:

für die Säulen $\qquad M = M_{(RI)} + M_{Zus.}$,

für den Bogen $\qquad M_x = M^C\,\dfrac{l-x}{l} + M^B\,\dfrac{x}{l} - Hy$.

Diese Momente werden in den folgenden Tabellen 11 und 12 zusammengestellt und in die Fig. 187 eingezeichnet.

Tabelle 11. Säulenmomente (in mt).

Schnitt	$M_{(RI)}$	M_I^*	$2{,}76 \cdot M_I^*$	M_{II}^*	$7{,}08\,M_{II}^*$	$M_{tot.}$
A	$-\ 2{,}50$	$-5{,}12$	$-14{,}2$	$+3{,}22$	$+22{,}80$	$+\ 6{,}10$
6	$+\ 0{,}80$	$+0{,}30$	$+\ 0{,}83$	$+0{,}25$	$+\ 1{,}77$	$+\ 2{,}40$
B	$-\ 2{,}70$	$+3{,}63$	$+10{,}05$	$-1{,}44$	$-10{,}40$	$-\ 3{,}05$
C	$-\ 6{,}90$	$-1{,}44$	$-\ 4{,}00$	$+3{,}63$	$+25{,}70$	$+14{,}80$
$6'$	$+\ 4{,}75$	$+0{,}25$	$+\ 0{,}89$	$+0{,}30$	$+\ 2{,}12$	$+\ 7{,}76$
D	$-12{,}80$	$+3{,}22$	$+\ 8{,}90$	$-5{,}12$	$-36{,}30$	$-40{,}20$

Tabelle 12. Bogenmomente.

Schnitt	$(l-x)$	$\dfrac{M^C}{l}(l-x)=\dfrac{+14,8}{20,4}(l-x)$	x	$\dfrac{M^B}{l}x=\dfrac{-3,05}{20,4}x$	y	$-Hy$	M_{tot}
B	—	—	20,4	$-3,05$	—	—	$-3,05$
2	2,4	$+\,1,74$	18,00	$-2,71$	3,4	$-\,8,10$	$-9,87$
4	8,55	$+\,6,21$	11,85	$-1,78$	5,5	$-13,10$	$-8,67$
$4'$	11,85	$+\,8,56$	8,55	$-1,28$	5,5	$-13,10$	$-5,82$
$2'$	18,00	$+13,10$	2,40	$-0,22$	3,4	$-\,8,10$	$+\,4,78$
C	20,40	$+14,80$	—	—	—	—	$+14,80$

Gesamtmomente, Querkräfte und Normalkräfte aus den Belastungsfällen *I*, *II* und *III*.

Die für die drei Belastungszustände errechneten Momente werden in Fig. 187 eingezeichnet und addiert.

Die Gesamtbelastung gibt die folgenden Kräfte in den Knotenpunkten (die römischen Zahlen *I*, *II* und *III* beziehen sich auf die Lastfälle):

In *B*

Vertikale (V) und horizontale (H) Auflagerkräfte des Bogens:

$$V_I \qquad \text{(Fig. 181)} \qquad = 32,95\,\text{t}, \qquad H_I = +5,72\,\text{t},$$

$$V_{II} = 0,440 + \frac{4,44 + 4,85}{20,40} = 0,90\,\text{t}, \qquad H_{II} = +0,97\,\text{t},$$

$$V_{III} = \frac{3,05 + 14,8}{20,4} \qquad = 0,87\,\text{t}, \qquad H_{III} = +2,39\,\text{t},$$

$$V_2^B = 34,72\,\text{t}. \qquad H_2^B = +9,08\,\text{t}.$$

Querkraft des Stabes *1*:

$$Q_0^{III} = +\frac{1}{13,4}(0,75 \cdot 4,0 + 0,65 \cdot 8,3 + 0,15 \cdot 10,9) = +0,75\,\text{t},$$

$$Q_1^B = +\frac{50,55 + 47,80}{13,4} \qquad\qquad = +7,35\,\text{t},$$

$$Q_1^B = +8,10\,\text{t}.$$

In Fig. 187a wird daraus die Normalkraft $N_1^B = 35,00$ gefunden.

In *A*:

Nach Fig. 187b beträgt die Normalkraft im Stab *1*:

$$N_1 = 51,9 + 35,0 = 86,9\,\text{t}.$$

Querkraft des Stabes *1*:

$$Q_0^{III} = \frac{1}{13,4}(0,75 \cdot 9,4 + 0,65 \cdot 5,1 + 0,15 \cdot 2,5) = \quad 0,80\,\text{t},$$

$$Q_1^{A'} = -Q_1^B \qquad\qquad\qquad = -7,35\,\text{t},$$

$$-6,55\,\text{t}.$$

In Fig. 187b wird die Resultierende in *A* gefunden zu $R^A = 87,2\,\text{t}$. Ihr Achsenabstand beträgt

$$r_A = \frac{50,55}{87,2} = 0,58\,\text{m}.$$

In *C* vom Bogen:

$$V_I \qquad\qquad\qquad = \quad 32,95\,\text{t}, \qquad H_I \qquad\qquad = +5,72\,\text{t},$$

$$V_{II} = -0,440 - \frac{4,44 + 4,85}{20,40} = -\,0,90\,\text{t}, \qquad H_{II} = -2,0 + 0,97 = -1,03\,\text{t},$$

$$V_{III} = \qquad -\frac{3,05 + 14,8}{20,4} = -\,0,87\,\text{t}, \qquad H_{III} = \qquad\qquad +2,39\,\text{t},$$

$$31,18\,\text{t}. \qquad\qquad H_2^C = \qquad +7,08\,\text{t}.$$

Querkraft des Stabes:

$$Q_0 = - \frac{1}{13,4}\,[(0,75 + 2,05) \cdot 4,0 + (0,65 + 1,65) \cdot 8,3$$
$$+ (0,15 + 1,30) \cdot 10,9 + 2,10] = -5,54\,\mathrm{t},$$
$$Q_3^C = - \frac{20,66 - 13,27}{13,4} \qquad\qquad\qquad = -0,55\,\mathrm{t},$$
$$Q_3^C = -6,09\,\mathrm{t}.$$

Durch Fig. 187c wird die Normalkraft $N_3^C = 31,3\,\mathrm{t}$ auf zeichnerischem Wege gefunden.

In D:

Bei Vernachlässigung des verschwindenden Anteils der Windkräfte auf den Stab 3 wird die Normalkraft in D:

$$N_3^D = 31,3 + 51,90 \ (\text{nach Fig. 187a}) \ = 83,2\,\mathrm{t},$$
$$Q_0 = 13,4\,[(0,75 + 2,05) \cdot 9,4 + (0,65 + 1,65) \cdot 5,1 + (0,15 + 1,30) \cdot 2,5] = 3,11\,\mathrm{t},$$
$$Q_3^{D'} = - Q_3^{C'} \qquad\qquad\qquad\qquad\qquad = -0,55\,\mathrm{t},$$
$$Q_3^D = +2,56\,\mathrm{t}.$$

Die Resultierende R^D wird in Fig. 187b gefunden zu

$$R^D = 83,0\,\mathrm{t}.$$

Ihr Abstand beträgt:

$$r^D = \frac{13,27}{83,00} = 0,15\,\mathrm{m}.$$

Da nun die Auflagerkräfte festgelegt sind, kann auch mit Hilfe des Kraftecks (Fig. 187b) die Stützlinie eingezeichnet werden. Diese ist zugleich eine Probe für die Richtigkeit der Momentenermittelung.

Aus der Stützlinie ergibt sich ohne weiteres die Querkraft und die Normalkraft für jeden beliebigen Schnitt.

Temperaturspannungen (Lastfall IV).

Bei einer Abnahme der Temperatur um 10^0 gegenüber der Herstellungstemperatur ergibt sich eine Verkürzung des Bogens um

$$\Delta_2 = \alpha t l = 0,000012 \cdot 10 \cdot 20,4 = 0,0025\,\mathrm{m}.$$

Diese Verschiebung erzeugt am elastisch eingespannten Bogen bei Vernachlässigung des Einflusses der Normalkräfte nach Gl. (592a) und (593a) die Kämpfermomente:

$$M_\Delta^B = M_\Delta^C = \frac{B\left(\dfrac{l}{2} - a\right)\Delta}{l \cdot \beta\,(l - a - b)} \cdot b$$

$$= - \frac{0,219\,(10,2 + 4,55) \cdot 0,0025 \cdot 2\,100\,000}{20,4 \cdot 21,0 \cdot 29,5} \cdot 4,55 = -6,10\,\mathrm{mt}.$$

Die Fußmomente betragen demnach:

$$M_\Delta^A = M_\Delta^D = \frac{5,15}{(13,4 - 5,15)} \cdot 6,10 = +3,81\,\mathrm{mt}.$$

Diese Momente gelten für die festgehaltenen Rahmen (R. I). Die Festhaltekräfte verschieben also die Kämpfer des verkürzten Bogens nach außen in die Ursprungslage.

Die Festhaltekräfte berechnen sich demnach wie folgt:
Der Bogenschub $B\varDelta$ am Zweigelenkbogen beträgt nach Gl. (586):

$$B\varDelta = \frac{E\varDelta}{\displaystyle\sum_0^l y_\omega^2} = -\frac{2\,100\,000 \cdot 0,0025}{2 \cdot 2840,18} = -0,927\,\text{t}.$$

Der Bogenschub infolge der Kämpfermomente am elastisch eingespannten Bogen beträgt nach Gl. (444) oder (595):

$$H_{(M)} = \tfrac{1}{2} B\,(M_\varDelta^D + M_\varDelta^C) = -\tfrac{1}{2} \cdot 0,219\,(6,10 + 6,10 = -1,338\,\text{t}.$$

Also $H_\varDelta = -(0,927 + 1,338)$ $\hspace{3cm} = -2,265\,\text{t},$

die Querkraft des geraden Stabes $= Q_1^B = \dfrac{3,81 + 6,10}{13,4} = -0,735\,\text{t},$

$$\hspace{8cm} -3,000\,\text{t}.$$

Die Festhaltekräfte betragen also:

$$F_I = F_{II} = 3,0\,\text{t}.$$

Da diese Kräfte F_I und F_{II} nach außen gerichtet sind, und also ihre Reaktionen nach innen wirken, betragen die Zusatzmomente:

$$M_{Zus.} = F_I\,M_I^* + F_{II} \cdot M_{II}^* = F\,(M_I^* + M_{II}^*)$$

und der Bogenschub:

$$H_{Zus.} = F\,(H_{\varDelta I}^* + H_{\varDelta II}^*) = 3,0\,(0,348 + 0,348) = +2,088\,\text{t}.$$

Der Gesamtbogenschub ergibt sich zu:

$$H = H_{(RI)} + H_{Zus.} = -2,265 + 2,088 = -0,177\,\text{t}.$$

Die Gesamtmomente betragen:

Für die Säulen $\hspace{2cm} M = M_{(RI)} + M_{Zus.}.$

Für den Bogen $\hspace{2cm} M = M^B + H\,y.$

Tabelle 13.

Schnitt	$M_{(RI)}$	$M_I^* + M_{II}^*$	$M_{Zus.}=3,0\,(M_I^* + M_{II}^*)$	y	$H \cdot y = 0,177\,y$	$M_{tot.}$
$A = D$	$+3,81$	$-5,12 + 3,22$	$-5,70$	—	—	$-1,89$
$D = C$	$-6,10$	$+3,63 - 1,44$	$+6,58$	—	—	$+0,48$
2			$\}\;M^B = M^C = 0,48$	$3,4$	$+0,61$	$+1,09$
4				$5,5$	$+1,00$	$+1,48$

Die Querkräfte und Normalkräfte berechnen sich wie folgt:

$$Q^A = Q^D = -\frac{0,48 + 1,89}{13,4} = -0,177\,\text{t},$$

$$Q^B = Q^C = -Q^A \hspace{2cm} = +0,177\,\text{t}.$$

Die Momente, Querkräfte und Normalkräfte für den Belastungsfall IV sind in Fig. 188 aufgetragen. Da diese Figur die Beanspruchung für eine Wärmeabnahme von 10% darstellt, kann aus ihr leicht jede Beanspruchung für alle andern möglichen Wärmeänderungen (oder für Schwindvorgänge) abgeleitet werden.

Anmerkung. Wenn bei Tragwerken mit bogenförmigen Stäben eine größere Zahl Festhaltungskräfte eingeführt werden müssen, so ist es oft von Vorteil

an die Bogen anschließende gerade Stäbe als Bogenelemente zu den gekrümmten
Zonen hinzuzurechnen, um so einzelne Festhaltungskräfte zu ersparen. Dieses
vereinfacht den Rechnungsgang wesentlich.

Im vorliegenden Fall hätte also ein Stab (z. B. Stab *1*) als Bogenelement
angesehen werden können, so daß das System aus dem unsymmetrischen gebogenen Stab AC und dem geraden Stab CD bestanden hätte mit einem einzigen

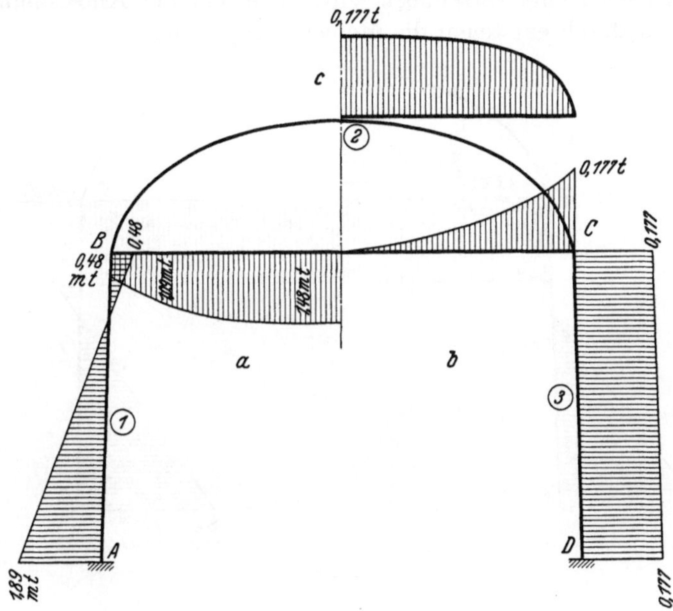

Fig. 188. Beanspruchungen für eine Wärmeabnahme von 10°.
a) Momente.　　b) Querkräfte.　　c) Normalkräfte.

festgehaltenen Knotenpunkt in C. Oder der ganze Rahmen hätte natürlich auch
als eingespannter Bogen gerechnet werden können.

Da aber die Verhältnisse des Rechnungsganges II hier sehr einfach sind,
hätte es sich nicht gelohnt, die kompliziertere und ausgedehnte Rechnungsarbeit
in den Kauf zu nehmen, die eine Vermehrung der Bogenelemente mit sich gebracht hätte.

Ein System bestehend aus einem einzigen bogenförmigen Stab ist in Beispiel 17 und ein unsymmetrischer Bogen in Beispiel 19 vorgerechnet.

XVIa. Einschiffige Halle mit gewölbtem Dach
(mit Zugband).

Der Rahmen (Fig. 176, Beispiel 16) soll unter Beibehaltung aller Betonabmessungen noch mit einem Zugband gerechnet werden.

Da der Rechnungsgang gleich ist, ob ein Zugband vorhanden ist oder nicht
(nur können natürlich die in der Schlußanmerkung des Beispiels 16 erwähnten
Maßnahmen dann nicht angewendet werden, wenn ein Zugband vorgesehen ist),
so benützen wir alle Berechnungen des Beispiels 16 und fügen einfach die Einflüsse des Zugbandes hinzu.

Außer den bereits berechneten Festwerten des Systems können noch die folgenden benötigt werden (unsere vorgesehenen Lastfälle erfordern allerdings ihre Ermittelung nicht).

Momente $M_I' + M_{II}'$.

Wenn bei Vorhandensein des Zugbandes der Knotenpunkt C um das Maß $\varrho = 0{,}001$ m nach rechts verschoben wird, so macht der Knotenpunkt B denselben Weg; dadurch entstehen die Momente $M_I' + M_{II}''$.

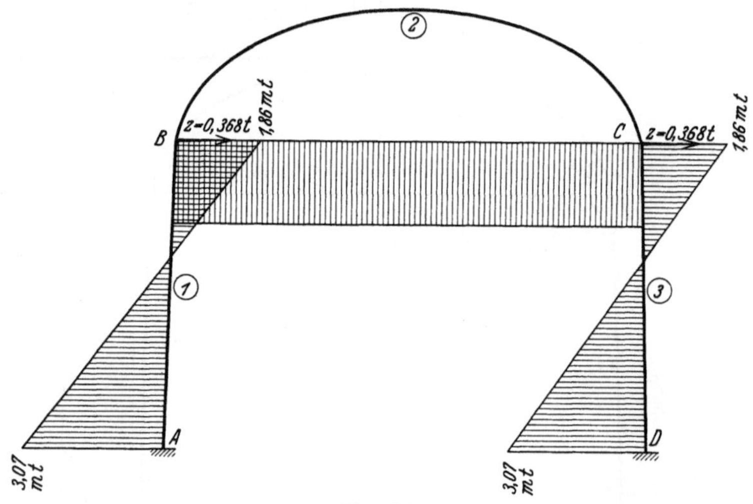

Fig. 189.

Dieselben gehen aus Fig. 177 ohne weiteres hervor, indem man zu den darin dargestellten Momenten M' die Momentenwerte $- M_{II}'$ hinzufügt. Ihr Bild ist durch Fig. 189 wiedergegeben.

Momente M_{I-II}^{*}.

In derselben Weise kann der Momentenverlauf bestimmt werden für den Fall, daß eine Kraft von $H = 1{,}0$ t einen Knotenpunkt nach außen zieht und infolge des Zugbandes den andern mitnimmt.

Belastung des Bogens durch die lotrechten Lasten (Lastfall *I*)
(siehe Beispiel 16).

Für den Rechnungsabschnitt I gelten die im Beispiel 16 bereits ermittelten Werte.

Das Zugband ist bemessen für eine größte Spannung von 800 kg/cm². Es erleidet also eine größte Längendehnung von

$$\Delta' = \frac{\sigma_t\, l}{E_t} = \frac{8000 \cdot 20{,}40}{21\,000\,000} = 0{,}0078\ \text{m}.$$

Jeder der beiden Knoten B und C legt also einen Weg von $\dfrac{\Delta l}{2} = 0{,}0039$ m zurück, da die für den R. I angenommenen Festhaltekräfte nicht vorhanden sind.

Die Fig. 177 zeigt den Momentenverlauf für eine Verschiebung des Knotenpunktes B nach innen. Legen wir das symmetrische Bild darüber, so bekommen wir die Momente (und die Erzeugungskraft) für eine Verkürzung des Bogens um $2 \cdot 0{,}001$ mm. Durch Multiplikation der Werte mit $-3{,}9$ erhalten wir die wirklichen Zusatzmomente zu R. I. Diese betragen:

$$M^A_{Zus.} = M^D_{Zus.} = -3{,}9\,(-4{,}86 - 1{,}79) = +26{,}0\ \text{mt}\,,$$

$$M^B_{Zus.} = M^C_{Zus.} = -3{,}9\,(+4{,}73 + 2{,}87) = -29{,}5\ \text{mt}\,.$$

Die gesamten Säulenmomente betragen demnach:

$$M^A = M^A_{(RI)} + M^A_{Zus.} = -2{,}61 + 26{,}0 = +23{,}39\ \text{mt}\,,$$

$$M^B = M^B_{(RI)} + M^B_{Zus.} = +4{,}19 - 29{,}5 = -25{,}31\ \text{mt}\,.$$

Der gesamte Bogenschub beträgt:

$$H = \mathfrak{H} + B\varDelta + \frac{B}{2}\,(M^0 + M^B)$$

$$= +18{,}90 - \frac{2\,100\,000 \cdot 0{,}0078}{2 \cdot 2840{,}18} - \frac{0{,}219}{2}\,(25{,}31 + 25{,}31) = +10{,}47\ \text{t}\,.$$

Die Biegungsmomente im Bogen betragen:

$$M_X = M_0 + M^B - Hy\,,$$

also:

$$M_2 = 50{,}85 - 25{,}31 - 10{,}47 \cdot 3{,}4 = -10{,}16\ \text{mt}\,,$$

$$M_4 = 114{,}0 - 25{,}31 - 10{,}47 \cdot 5{,}5 = +31{,}19\ \text{mt}\,.$$

Die übrigen Belastungen (Wind und horizontale Säulenbelastung) beanspruchen das Zugband nicht, es gelten also für diese die in Beispiel 16 ermittelten Werte der Momente und Kräfte.

In Fig. 190 werden die Gesamtwerte aus den drei Lastfällen und in Fig. 191 die Querkräfte und Normalkräfte (d) zusammengestellt.

Die lotrecht wirkenden Auflagerkräfte erleiden durch die Einfügung des Zugbandes keine Änderung. Es gelten also dafür die Größen des Beispiel 16.

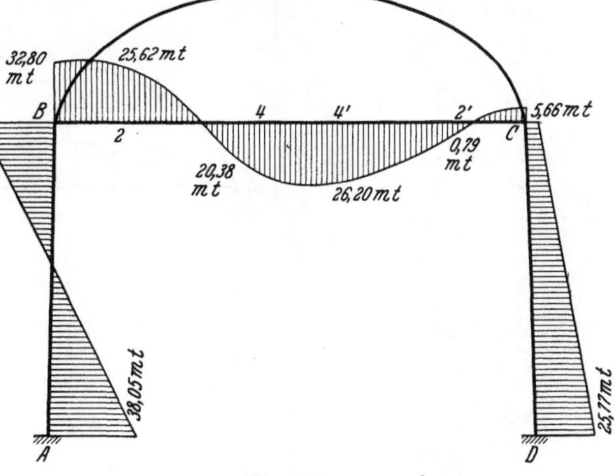

Fig. 190.

Die Horizontalkräfte betragen (die Zahlen I, II und III beziehen sich auf die Lastfälle):

In B:

Vom Bogen $\quad H_I =$ $\qquad +10{,}47$ t,

$\qquad\qquad\qquad\ H_{II} =$ $\qquad +\ 0{,}97$ t,

$\qquad\qquad\qquad\ H_{III} =$ $\qquad +\ 2{,}39$ t,

$\qquad\qquad\qquad\ H_2^B$ $\qquad \overline{+13{,}83\text{ t.}}$

Querkraft der Säule

$\qquad\qquad\qquad\ Q_{III}^0 =$ $\qquad -\ 0{,}75$ t,

$$Q_1^B = -\frac{38{,}05 + 32{,}80}{13{,}4} = -\ 5{,}28 \text{ t,}$$

$\qquad\qquad\qquad\ Q_1^B$ $\qquad \overline{-\ 6{,}03 \text{ t.}}$

Zu C:

Vom Bogen $\quad H_I =$ $\qquad +10{,}47$ t,

$\qquad\qquad\qquad\ H_{II} =$ $\qquad -\ 1{,}03$ t,

$\qquad\qquad\qquad\ H_{III} =$ $\qquad +\ 2{,}39$ t,

$\qquad\qquad\qquad\ H_2^C =$ $\qquad \overline{+11{,}83 \text{ t.}}$

Querkraft der Säule

$\qquad\qquad\qquad\ Q_{III}^0 =$ $\qquad -\ 5{,}54$ t,

$$Q_3^C = +\frac{25{,}77 - 5{,}66}{13{,}4} = +\ 1{,}50 \text{ t,}$$

$\qquad\qquad\qquad\ Q_3^C$ $\qquad \overline{-\ 4{,}04 \text{ t.}}$

Mit diesen Werten werden in Fig. 191 b u. c die Normalkräfte der Säulen und die Zugkraft des Zugbandes graphisch bestimmt.

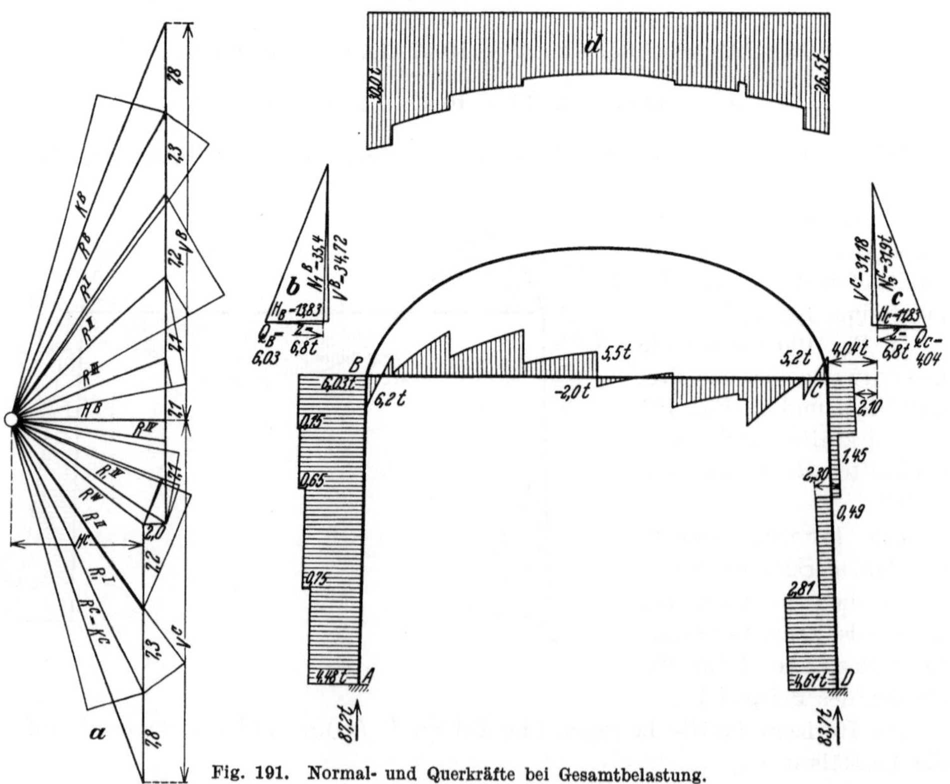

Fig. 191. Normal- und Querkräfte bei Gesamtbelastung.

XVII. Eingespannte Bogenbrücke mit aufgehängter Fahrbahn.

Der in Fig. 192 dargestellte eingespannte Bogen soll nach der Methode der Festpunkte berechnet werden. Die Fahrbahn besitzt in Brückenmitte eine bis zum Bogen durchgehende Fuge, damit sie nicht als Zugband wirkt.

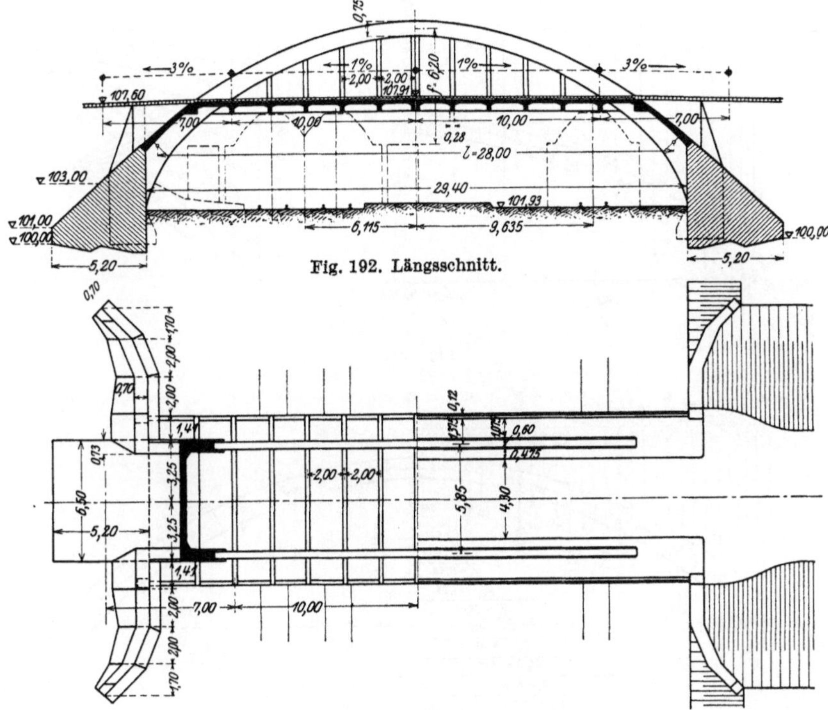

Fig. 192. Längsschnitt.

Fig. 192a. Grundriß.

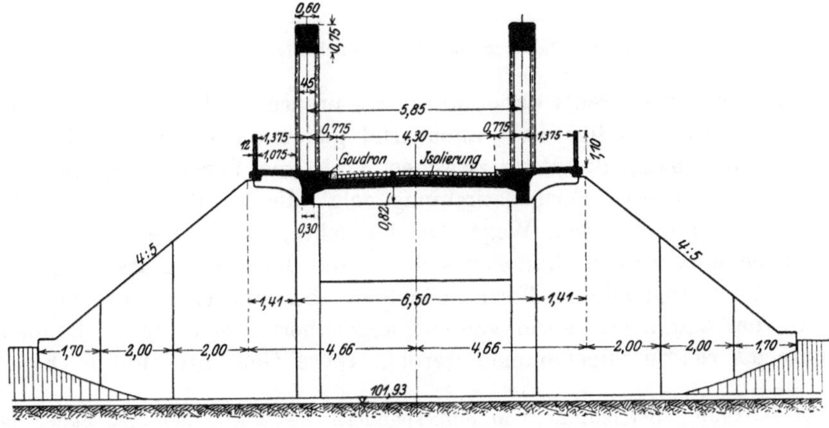

Fig. 192b. Querschnitt.

Bogenform.

Der Bogenachse geben wir zweckmäßig die Form einer Stützlinie für ständige Last[1], was nur mittels Versuchsrechnungen möglich ist.

Die erste Formbestimmung, die zu einer angenäherten Form geführt hat, wurde graphisch durchgeführt (Fig. 193) durch Legen des Seilpolygons für die ständige Last durch die 3 Punkte: Scheitelmitte und beide Kämpfermitten (wie

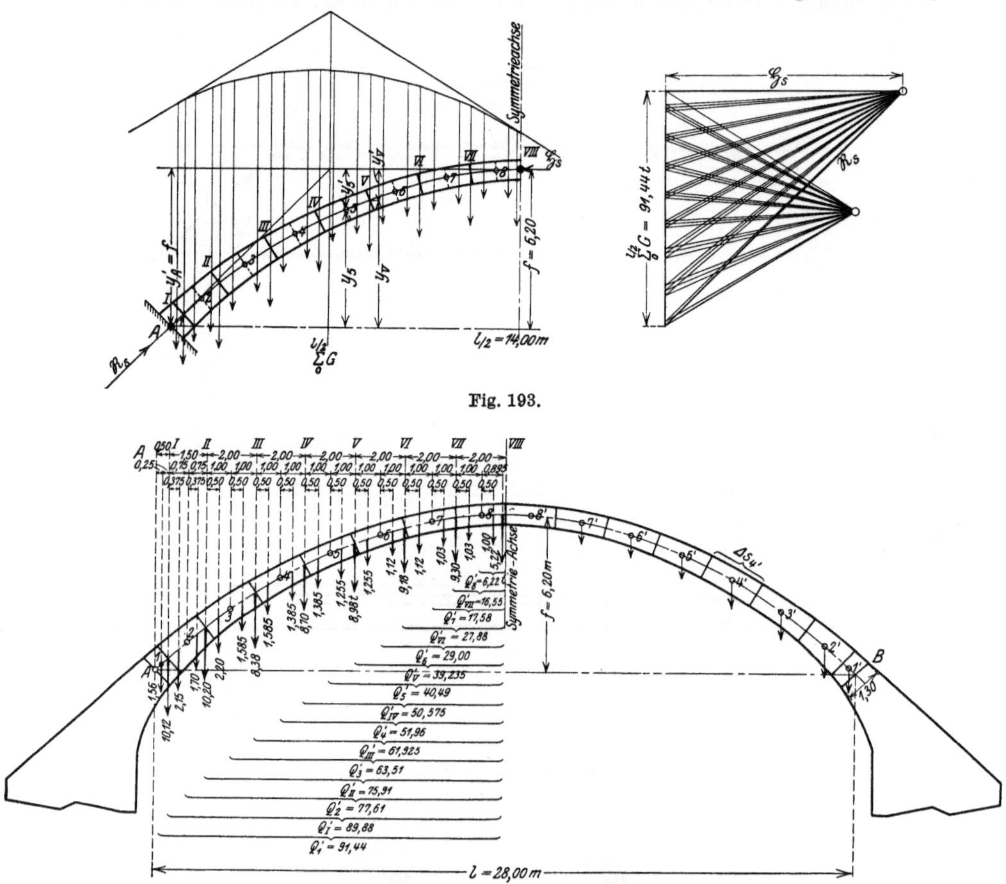

Fig. 193.

Fig. 193a. Belastung des Bogens durch Eigengewicht.

für einen Dreigelenkbogen); dabei wurde als ursprüngliche Form eine Parabel gewählt, weil die ständige Last annähernd gleichmäßig verteilt ist; andernfalls wird zweckmäßig die Mitte zwischen Kreis und Parabel zugrunde gelegt.

Nach dieser ersten Formbestimmung folgt die zweite, definitive Formermittlung auf analytischem Wege. Die Gewichte, die zu dieser zweiten Berechnung benutzt werden, beziehen sich auf die durch die graphische Berechnung erhaltene angenäherte Form; nachdem aber nur eine sehr geringe Abweichung der definitiven Form von der angenäherten sich ergibt, können die Gewichte als richtig angenommen werden. Diese Gewichte sind in Fig. 193a

---

[1] Vgl. Mörsch: Berechnung von eingespannten Gewölben. Schweiz. Bauzg. Bd. 47 Nr. 7 u. 8. — Die Gmündertobelbrücke bei Teufen. Schweiz. Bauzg. Bd. 53, Nr. 10.

eingetragen; aus letzterer ist auch ersichtlich, daß das Eigengewicht des Bogens zwischen den Hängesäulen-Einzellasten durch je 2 Teillasten eingeführt wird.

Um die Bogenform analytisch zu bestimmen, berechnen wir zweckmäßig die Ordinaten y' zwischen der verlängerten Seilseite durch die Scheitelmitte (Bogenschub $\mathfrak{H}_s$) und den anderen Seilseiten (Bogenachse); diese Ordinaten, multipliziert mit der Polweite (Bogenschub $\mathfrak{H}_s$), mit welcher das betreffende Seilpolygon (Bogenachse) gezeichnet wurde, sind nicht anderes als die statischen Momente der in A eingespannten, frei auskragenden Bogenhälfte infolge Eigengewicht bezüglich der betr. Bogenschnitte. Wir erhalten daher die Ordinaten y' durch Division der auf analytischem Wege ermittelten Momente der Lamellengewichte (Lamellenmomente) vom Scheitel her bezüglich der einzelnen Bogenpunkte (wie an einem Kragträger) durch den Bogenschub $\mathfrak{H}_s$, d. h. es ist $y' = \dfrac{M}{\mathfrak{H}_s}$; dann sind die Ordinaten y von der Kämpferverbindungslinie aus:

$$y = f - y' = f - \frac{M}{\mathfrak{H}_s}.$$

Der Bogenschub $\mathfrak{H}_s$ ergibt sich durch Division des Lamellenmomentes bezüglich des Kämpfers durch die Pfeilhöhe f, da $y'_A = f$.

In nachstehender Tabelle 1 wurden die Lamellenmomente berechnet, und zwar jedes folgende Moment unter Benutzung des vorhergehenden. Es ist nämlich allgemein jedes folgende Moment

$$M = M' + Q' \cdot \lambda + M_\lambda,$$

worin M' und Q' Moment und Querkraft im vorhergehenden Schnitt, λ der Abstand der beiden Schnitte und M_λ das Moment der zwischen den beiden Schnitten liegenden Kräfte in bezug auf den folgenden Schnitt, für den wir M

Tabelle 1.

Schnitt	Lamellenmomente in mt	$y = f - \dfrac{M}{\mathfrak{H}_s}$ in m
VIII	$M_{VIII} = = 0,00$	$y_{VIII} = 6,200$
8	$M_8 = 0,00 + 5,22 \cdot 0,895 + 1,00 \cdot 0,50 = 5,17$	$y_8 = 6,141$
VII	$M_{VII} = 5,17 + 6,22 \cdot 1,00 + 1,03 \cdot 0,50 = 11,91$	$y_{VII} = 6,078$
7	$M_7 = 11,91 + 16,55 \cdot 1,00 + 1,03 \cdot 0,50 = 28,97$	$y_7 = 5,890$
VI	$M_{VI} = 28,97 + 17,58 \cdot 1,00 + 1,12 \cdot 0,50 = 47,11$	$y_{VI} = 5,702$
6	$M_6 = 47,11 + 27,88 \cdot 1,00 + 1,12 \cdot 0,50 = 75,55$	$y_6 = 5,392$
V	$M_V = 75,55 + 29,00 \cdot 1,00 + 1,255 \cdot 0,50 = 105,18$	$y_V = 5,081$
5	$M_5 = 105,18 + 39,235 \cdot 1,00 + 1,255 \cdot 0,50 = 145,04$	$y_5 = 4,648$
IV	$M_{IV} = 145,04 + 40,49 \cdot 1,00 + 1,385 \cdot 0,50 = 186,22$	$y_{IV} = 4,215$
4	$M_4 = 186,22 + 50,575 \cdot 1,00 + 1,385 \cdot 0,50 = 237,49$	$y_4 = 3,659$
III	$M_{III} = 237,49 + 51,96 \cdot 1,00 + 1,585 \cdot 0,50 = 290,24$	$y_{III} = 3,102$
3	$M_3 = 290,24 + 61,925 \cdot 1,00 + 1,585 \cdot 0,50 = 352,96$	$y_3 = 2,424$
II	$M_{II} = 352,96 + 63,51 \cdot 1,00 + 2,20 \cdot 0,50 = 417,57$	$y_{II} = 1,743$
2	$M_2 = 417,57 + 75,91 \cdot 0,75 + 1,70 \cdot 0,375 = 475,14$	$y_2 = 1,117$
1	$M_I = 475,14 + 77,61 \cdot 0,75 + 2,15 \cdot 0,375 = 534,16$	$y_I = 0,488$
1	$M_1 = 534,16 + 89,88 \cdot 0,25 = 556,63$	$y_1 = 0,245$
A	$M_A = 556,63 + 91,44 \cdot 0,25 = 579,49$	$y_A = 0,000$

suchen. Die Richtigkeit dieser Zusammensetzung ist aus Fig. 193b leicht ersichtlich: das durch die Strecke AC dargestellte Moment $H \cdot \overline{AC}$ ergibt sich wegen der Ähnlichkeit der Dreiecke ABC und $A'OC'$ zu $Q' \cdot \lambda$, und das durch die Strecke CD dargestellte Moment $H \cdot \overline{CD}$ ist nach dem bekannten Satze vom statischen Moment paralleler Kräfte gleich dem Moment M_λ der zwischen den beiden Schnitten liegenden Kräfte in bezug auf den folgenden Schnitt.

Als Probe für die Richtigkeit der so berechneten Lamellenmomente wurde das Moment in bezug auf den Kämpfer noch direkt ermittelt.

Nun ermitteln wir in Tabelle 2 die von der Belastung unabhängigen Größen, die wir zur Berechnung der Festpunkte benötigen. Als elastische

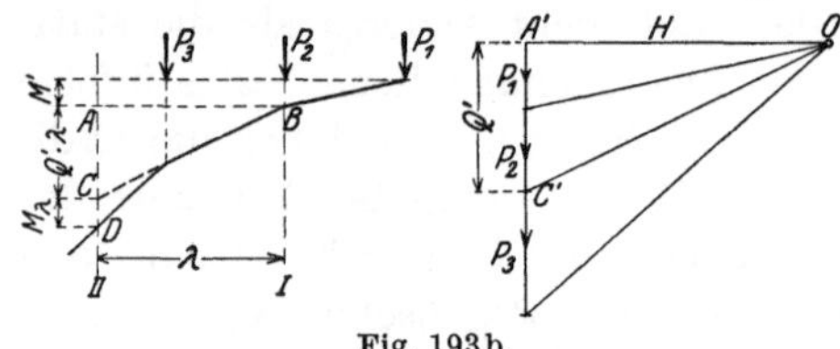

Fig. 193b.

Elemente werden die Bogenstücke zwischen den Hängesäulen angenommen, und zwar mit Rücksicht auf die Ermittlung der Einflußlinien, die zwischen je zwei Säulen geradlinig verlaufen; dann erhält man unter den durch die Hängesäulen auf den Bogen übertragenen Einzellasten genaue Einflußordinaten.

Den Bogenschub B infolge $M = 1$ an beiden Enden des symmetrischen Zweigelenkbogens erhalten wir nach Gl. (380) zu

$$B = \frac{\sum\limits_{0}^{l/2} y\,w}{\sum\limits_{0}^{l/2} y^2\,w} = \frac{2117,0}{11143,5} = 0,190\,\text{t}.$$

Der Auflagerdrehwinkel $\bar{\alpha}$ infolge $M = 1$ an beiden Enden des symmetrischen Zweigelenkbogens beträgt nach Gl. (418)

$$\bar{\alpha} = \frac{\sum\limits_{0}^{l/2} w - B \cdot \sum\limits_{0}^{l/2} y\,w}{E} = \frac{442,40 - 0,190 \cdot 2117,0}{E} = +\frac{40,17}{E}\,\frac{1}{\text{mt}}.$$

Tabelle 2.

La-melle	Δs	b	h	$1000\,J$	$w=\dfrac{\Delta s}{J}$	y	$y \cdot w$	$y^2 \cdot w$	x	$l-x$	$x(l-x)w$	F	$v=\dfrac{\Delta s}{F}$
1	0,70	0,65	1,28	113,60	6,16	0,245	1,5	0,4	0,25	27,75	42,7	0,83	0,84
2	1,90	0,65	1,21	95,98	19,80	1,117	22,1	24,7	1,25	26,75	662,1	0,79	2,41
3	2,45	0,55	1,07	56,61	43,28	2,424	104,9	254,3	3,00	25,00	3246,0	0,58	4,22
4	2,30	0,55	0,98	43,14	53,31	3,659	195,1	713,7	5,00	23,00	6130,7	0,54	4,26
5	2,15	0,55	0,91	34,51	62,30	4,648	289,6	1345,9	7,00	21,00	9158,1	0,50	4,30
6	2,10	0,55	0,85	28,15	74,60	5,392	402,2	2168,9	9,00	19,90	12756,6	0,48	4,38
7	2,05	0,55	0,80	23,47	87,35	5,890	514,5	3030,4	11,00	17,00	16334,5	0,44	4,66
8	2,00	0,55	0,77	20,92	95,60	6,141	587,1	3605,2	13,00	15,00	18642,0	0,42	4,76
				$\sum\limits_{0}^{l/2} = 442,40$			2117,0	11143,5			66972,7		29,83

Der Auflagerdrehwinkel β am symmetrischen Zweigelenkbogen infolge $M = 1$ am gegenüberliegenden Bogenende ergibt sich nach Gl. (417) zu:

$$\beta = \frac{2 \cdot \sum\limits_{0}^{l/2} x\,(l - x)\,w}{E \cdot l^2} - \frac{B \cdot \sum\limits_{0}^{l/2} y\,w}{2\,E}$$

$$= \frac{2 \cdot 66972,7}{28,00^2 \cdot E} - \frac{0,190 \cdot 2117,0}{2\,E} = -\frac{30,265}{E}\,\frac{1}{\text{mt}}.$$

Festpunkte.

Bei fester Einspannung der Bogenkämpfer ergeben sich mit $\varepsilon = 0$ die Festpunktabstände zu:

$$a = b = \frac{l \cdot \beta}{\bar{\alpha}} = -\frac{28,00 \cdot 30,265}{40,17} = -21,10\,\text{m}.$$

I. Belastungsfall: Eigengewicht.

Da das Tragwerk nur aus **einem** bogenförmigen Stab besteht, dessen Enden unverschiebbar gelagert sind, so besteht die Berechnung nur aus Rechnungsabschnitt I.

Der zu den Kräften der Stützlinie für Eigengewicht (Fig. 193a) noch hinzutretende **Ergänzungsbogenschub** $\mathfrak{H}_e$, herrührend von der Zusammendrückung des Bogens durch die Normalkräfte (vgl. Teil I, Kap. VIII) ergibt sich nach Gl. (468) unter Vernachlässigung des zweiten Nennergliedes zu:

$$\mathfrak{H}_e = -\frac{\mathfrak{H}_s \cdot \overset{l/2}{\underset{0}{\sum}} v}{\overset{l/2}{\underset{0}{\sum}} y^2 w} = -\frac{93,466 \cdot 29,83}{11143,50} = -0,250\,\text{t}.$$

Die **Kämpfermomente** infolge Verkürzung der Bogenachse erhalten wir nun nach Gl. (474) zu:

$$M^A = M^B = \frac{\mathfrak{H}_e}{E \cdot \bar{\alpha}} \overset{l/2}{\underset{0}{\sum}} yw = \frac{-0,250}{40,17} \cdot 2117,0 = -13,175\,\text{mt},$$

und der **endgültige Bogenschub** am eingespannten Bogen infolge Eigengewicht beträgt:

$$H_g = \mathfrak{H}_s + \mathfrak{H}_e + B \cdot M^A = \mathfrak{H}_s + H',$$

$$H' = -0,250 - 0,190 \cdot 13,175 = -2,753\,\text{t},$$

$$H_g = +93,466 - 2,753 = +90,713\,\text{t}.$$

Bei der Ermittlung der Momente aus Eigengewicht fallen die äußeren Lasten mit ihren Reaktionen $\mathfrak{H}_s$ und $\mathfrak{V}_s$ außer Betracht, weil infolge der Stützlinienform (Gl. 478) des Bogens $M_0 - \mathfrak{H}_s \cdot y = 0$. Die Momente in einem beliebigen Schnitt ergeben sich daher nach Gl. (477) zu:

$$M_g = M_g^A - H' \cdot y = -13,175 + 2,753\,y,$$

wonach in Tabelle 3 die Momente für die einzelnen Schnitte berechnet und in Fig. 194 aufgetragen wurden.

Die gleichzeitig auftretende Normalkraft in einem beliebigen Schnitt setzt sich zusammen aus (vgl. Fig. 194a):

$$\mathfrak{N}_x = \mathfrak{H}_s \cdot \cos\varphi + \mathfrak{V}_x \cdot \sin\varphi = \frac{\mathfrak{H}_s}{\cos\varphi} \qquad \text{und} \qquad N'_x = H' \cdot \cos\varphi,$$

daher ist

$$N_x = \frac{\mathfrak{H}_s}{\cos\varphi} + H' \cdot \cos\varphi = \frac{\mathfrak{H}_s + H' \cdot \cos^2\varphi}{\cos\varphi}.$$

Die lotrechte Abweichung der Stützlinie für Eigengewicht infolge $\mathfrak{H}_e$ beträgt nach Gl. (479):

$$\Delta y = \frac{M_g}{H_g},$$

also

am Scheitel: $\Delta y = \dfrac{+\,3{,}89}{90{,}713} = +\,0{,}043\ \mathrm{m}$ (nach oben),

am Kämpfer: $\Delta y = \dfrac{-\,13{,}175}{90{,}713} = -\,0{,}145\,\mathrm{m}$ (nach unten).

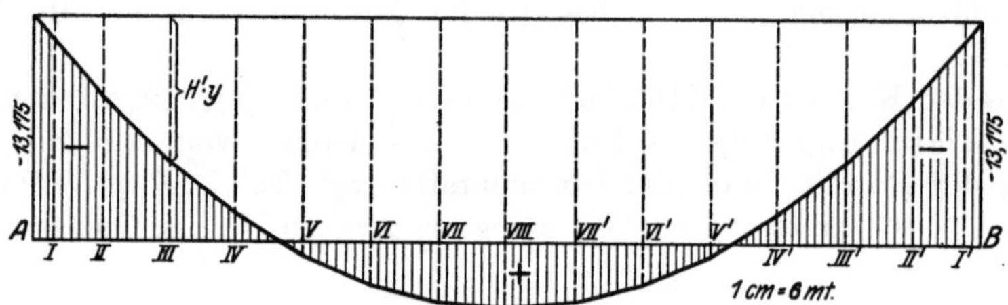

Fig. 194. Momente infolge Eigengewicht.

Tabelle 3.
Momenten aus Eigengewicht.

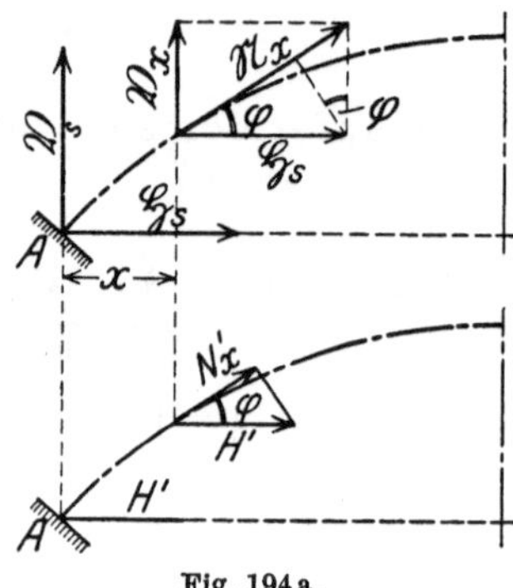

Schnitt	$M^A = M^B$	$2{,}753\,y$	M_g
A	$-\,13{,}175$	$0{,}000$	$-\,13{,}175$
I	$-\,13{,}175$	$1{,}343$	$-\,11{,}83$
II	$-\,13{,}175$	$4{,}798$	$-\,8{,}38$
III	$-\,13{,}175$	$8{,}540$	$-\,4{,}64$
IV	$-\,13{,}175$	$11{,}604$	$-\,1{,}57$
V	$-\,13{,}175$	$13{,}988$	$+\,0{,}81$
VI	$-\,13{,}175$	$15{,}697$	$+\,2{,}52$
VII	$-\,13{,}175$	$16{,}733$	$+\,3{,}56$
VIII	$-\,13{,}175$	$17{,}069$	$+\,3{,}89$

Fig. 194 a.

Die Randspannungen infolge Eigengewicht in einem beliebigen Schnitt betragen dann:

$$\sigma_o = \frac{\mathfrak{H}_s + H' \cdot \cos^2\varphi}{F \cdot \cos\varphi} + \frac{M_g}{W} = \sigma_1 + \sigma_2,$$

$$\sigma_u = \frac{\mathfrak{H}_s + H' \cdot \cos^2\varphi}{F \cdot \cos\varphi} - \frac{M_g}{W} = \sigma_1 - \sigma_2.$$

Hätten wir an Stelle der Momente auf die Querschnittsmitten diejenigen bezüglich der beiden Kernpunkte eines jeden Querschnittes gebildet, so würden wir aus

$$\sigma_o = \frac{\mathfrak{H}_s}{F \cdot \cos\varphi} + \frac{M_{ku}}{W},$$

$$\sigma_u = \frac{\mathfrak{H}_s}{F \cdot \cos\varphi} - \frac{M_{ko}}{W}$$

die genau gleichen Randspannungen erhalten haben, jedoch wäre dieser Weg in vorliegendem Falle (Bogenform = Stützlinie für Eigengewicht) umständlicher.

II. Belastungsfall: Verkehrslast.

Die Verkehrsbelastung besteht aus 400 kg/m² Menschengedränge und einer 17,5 t schweren Dampfwalze (siehe Fig. 199). Diese wird durch die Hängesäulen auf den Bogen übertragen.

Die in den einzelnen Schnitten von der Verkehrslast hervorgerufenen größten Randspannungen bestimmen wir mittels der Einflußlinien der Kernpunktsmomente, aus welchen wir durch Division mit dem Widerstandsmomente W die Randspannungen ohne weiteres erhalten, d. h. ohne die Normalkraft für den betreffenden Belastungsfall ermitteln zu müssen; es ist nämlich:

$$\sigma_o = \frac{M_{ku}}{W} \qquad \text{und} \qquad \sigma_u = - \frac{M_{ko}}{W}.$$

Um die Einflußlinien der Momente M_k bezüglich der Kernpunkte der zu untersuchenden Bogenquerschnitte auftragen zu können, benötigen wir die Momentenlinien für die einzelnen Stellungen der Last $P = 1$ t; wir haben 15 Laststellungen angenommen, welche sich jedoch der Symmetrie wegen auf die 8 Laststellungen der Bogenhälfte reduzieren. Da das Tragwerk nur aus einem bogenförmigen Stab besteht, dessen Enden unverschiebbar gelagert sind, so besteht die Berechnung nur aus Rechnungsabschnitt I.

Momente M_0.

<table>
<tr><td>Last $P = 1$ t
in I: $M_0 = \dfrac{0,50 \cdot 27,50}{28,00} = 0,491$ mt</td><td>Last $P = 1$ t
in V: $M_0 = \dfrac{8,00 \cdot 20,00}{28,00} = 5,714$ mt</td></tr>
<tr><td>in II: $M_0 = \dfrac{2,00 \cdot 26,00}{28,00} = 1,857$</td><td>in VI: $M_0 = \dfrac{10,00 \cdot 18,00}{28,00} = 6,429$</td></tr>
<tr><td>in III: $M_0 = \dfrac{4,00 \cdot 24,00}{28,00} = 3,429$</td><td>in VII: $M_0 = \dfrac{12,00 \cdot 16,00}{28,00} = 6,857$</td></tr>
<tr><td>in IV: $M_0 = \dfrac{6,00 \cdot 22,00}{28,00} = 4,714$</td><td>in VIII: $M_0 = \dfrac{14,00 \cdot 14.00}{29,00} = 7,000$</td></tr>
</table>

Bogenschübe $\mathfrak{H}$.

Die durch die Last $P = 1$ t in ihren einzelnen Stellungen am Zweigelenkbogen hervorgerufenen Bogenschübe $\mathfrak{H}$ ermitteln wir zweckmäßig mit Hilfe der Einflußlinie für $\mathfrak{H}$, welche wir am einfachsten graphisch auf Grund des Satzes von der Gegenseitigkeit der Formänderungen erhalten, indem wir die Biegelinie für den Zustand $\mathfrak{H} = -1$ (mit den elastischen Gewichten $1 \cdot y \cdot w$) zeichnen (Fig. 195). Sind $\eta = \dfrac{E \cdot \delta}{H'}$ die im Längenmaßstab gemessenen Ordinaten der mit der beliebigen Polweite $\mathfrak{H}'$ gezeichneten Biegelinie, so ist der Bogenschub $\mathfrak{H}$ für eine bestimmte Laststellung:

$$\mathfrak{H} = \frac{E \cdot \delta}{\sum\limits_{0}^{l} y^2 w} = \frac{H'}{2 \cdot \sum\limits_{0}^{l/2} y^2 w} \cdot \eta = \frac{2000}{2 \cdot 11143,5} \cdot \eta = 0,0897\, \eta.$$

Rechnerisch erhalten wir die Durchbiegungen $E \cdot \delta$, wenn wir in nachfolgender Tabelle 4 die Momente des mit $1 \cdot y \cdot w$ belasteten einfachen Balkens ermitteln, was am einfachsten dadurch geschieht, daß wir jedes folgende

16*

Moment aus dem vorhergehenden (wie bei der Bogenform) berechnen, zu welchem Zweck man sich die Querkräfte für die elastischen Gewichte $E \cdot \Delta F$ bildet (siehe Fig. 195a). Durch Division der Werte $E \cdot \delta$ durch $2 \sum\limits_{0}^{l/2} y^2 w$ erhalten wir dann die vorgenannter Tabelle angefügten Werte der Einflußlinienordinaten für $\mathfrak{H}$.

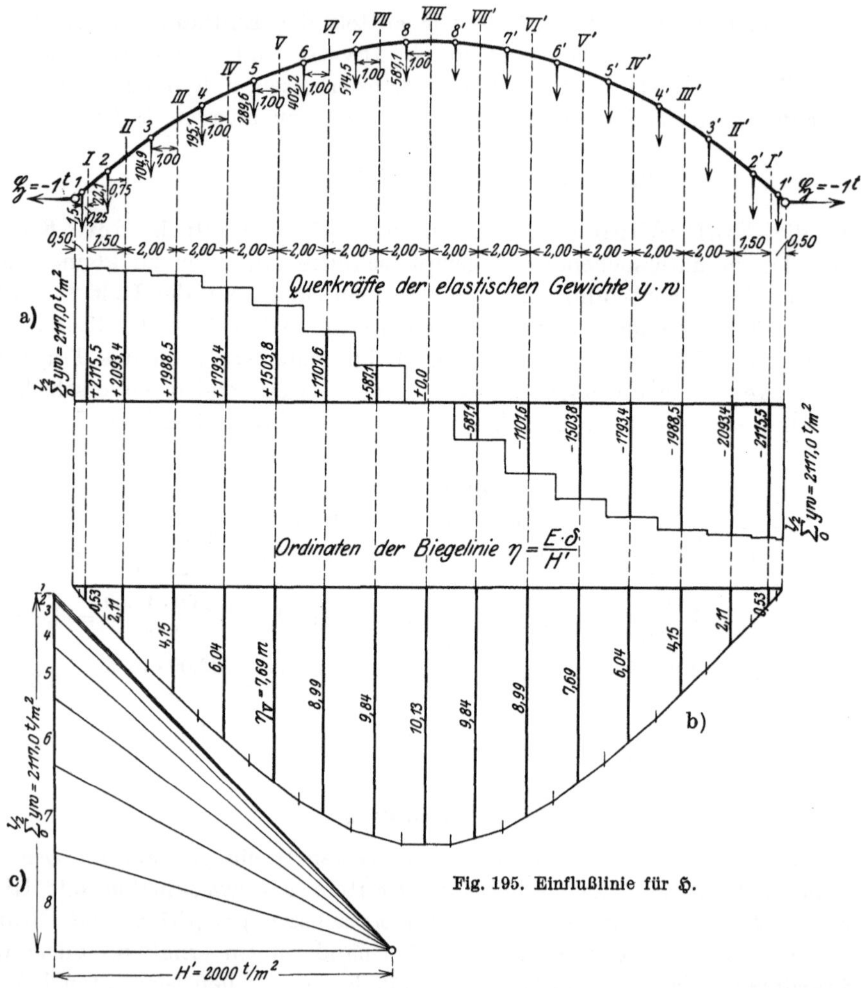

Fig. 195. Einflußlinie für $\mathfrak{H}$.

Tabelle 4.   Ordinaten der Einflußlinie für $\mathfrak{H}$.

Schnitt	$E \cdot \delta$				$\mathfrak{H}$
A				$0{,}00$	$0{,}000$ t
I	$0{,}00$	$+\ 2117{,}0 \cdot 0{,}50$	$-\ \ \ 1{,}5 \cdot 0{,}25$	$=\ \ 1058{,}12_5$	$0{,}047$ t
II	$1058{,}12_5$	$+\ 2115{,}5 \cdot 1{,}50$	$-\ 22{,}1 \cdot 0{,}75$	$=\ \ 4214{,}80$	$0{,}189$ t
III	$4214{,}80$	$+\ 2093{,}4 \cdot 2{,}00$	$-\ 104{,}9 \cdot 1{,}0$	$=\ \ 8296{,}70$	$0{,}372$ t
IV	$8296{,}70$	$+\ 1988{,}5 \cdot 2{,}00$	$-\ 195{,}1 \cdot 1{,}0$	$= 12078{,}60$	$0{,}542$ t
V	$12078{,}60$	$+\ 1793{,}4 \cdot 2{,}00$	$-\ 289{,}6 \cdot 1{,}0$	$= 15375{,}80$	$0{,}690$ t
VI	$15375{,}80$	$+\ 1503{,}8 \cdot 2{,}00$	$-\ 402{,}2 \cdot 1{,}0$	$= 17981{,}20$	$0{,}807$ t
VII	$17981{,}20$	$+\ 1101{,}6 \cdot 2{,}00$	$-\ 514{,}5 \cdot 1{,}0$	$= 19669{,}90$	$0{,}883$ t
VIII	$19669{,}90$	$+\ \ 587{,}1 \cdot 2{,}00$	$-\ 587{,}1 \cdot 1{,}0$	$= 20257{,}00$	$0{,}909$ t

Kreuzlinienabschnitte bzw. Schlußliniensenkungen.

Die Kreuzlinienabschnitte für jede Stellung der Last $P = 1\,\text{t}$ (für jeden Belastungsfall) ermitteln wir der vielen Stellungen wegen nicht mit Hilfe von φ^a und φ^b bzw. M_0 und $\mathfrak{H}$, sondern wie beim geraden Stab (vgl. Teil I, Kap. V, sowie Beisp. 2, 3 und 16) auf Grund des Satzes von der Gegenseitigkeit der Formänderungen mit Hilfe der Biegelinie des Zweigelenkbogens für die Belastung $M = 1$ am Stabende, welche nichts anderes ist als die Einflußlinie der Kreuzlinienabschnitte bzw. Schlußliniensenkungen. Diese Biegelinie erhalten wir nach Mohr durch Belasten des Zweigelenkbogens mit den in nebenstehender Tabelle 5 zusammengestellten elastischen Gewichten $E \cdot \Delta F = \left(\dfrac{x}{l} - \dfrac{B}{2} \cdot y\right) w$ infolge $M = 1$ bei B (als Kontrolle muß

$$\sum_0^l \frac{x}{l} w = \frac{1}{2} \sum_0^l w \quad \text{und} \quad \sum_0^l E \cdot \Delta F = E \cdot \bar{\alpha}$$

sein) und Zeichnen eines Seilpolygons dazu mit der Polweite H' (Fig. 196). Die Kreuzlinienabschnitte bzw. die Schluß-

Tabelle 5.

Lamelle	$\dfrac{x}{l} w$	$\dfrac{B}{2} y w$	$E \cdot \Delta F$
1	0,05	0,14	− 0,09
2	0,88	2,10	− 1,22
3	4,64	9,97	− 5,33
4	9,52	18,53	− 9,01
5	15,57	27,51	− 11,94
6	23,98	38,21	− 14,23
7	34,32	48,88	− 14,56
8	44,39	55,77	− 11,38
8′	51,21	55,77	− 4,56
7′	53,04	48,88	+ 4,16
6′	50,62	38,21	+ 12,41
5′	46,73	27,51	+ 19,22
4′	43,79	18,53	+ 25,26
3′	38,64	9,97	+ 28,67
2′	18,91	2,10	+ 16,81
1′	6,10	0,14	+ 5,96
$\frac{1}{2} \cdot \sum w = 442{,}40$		$E \cdot \bar{\alpha} = + 40{,}17$	

liniensenkungen, welch letztere wir beim Bogen vorteilhafter verwenden, erhalten wir nun in gleicher Weise wie beim geraden Stab für eine bestimmte Laststellung zu:

$$k^a = -\frac{\delta^b}{\beta} = -s^b \qquad \text{und} \qquad k^b = -\frac{\delta^a}{\beta} = -s^a$$

oder

$$S^b = \frac{b}{l} \cdot k^a = -\frac{b}{l} \cdot \frac{\delta^b}{\beta} = -\frac{b}{l} \cdot s^b$$

und

$$S^a = \frac{a}{l} \cdot k^b = -\frac{a}{l} \cdot \frac{\delta^a}{\beta} = -\frac{a}{l} \cdot s^a \,.$$

Da wir den Winkel β bereits besitzen, so wählen wir:

$$S^b = -\frac{b}{l} \cdot \frac{\delta^b}{\beta} = -\frac{-21{,}10 \cdot E \cdot \delta^b}{-28{,}00 \cdot 30{,}265} ,$$

$$E \cdot \delta^b = \eta^b \cdot H', \qquad H' = 25, \qquad \text{daher} \qquad S^b = -0{,}6225 \cdot \eta^b ,$$

worin η^b die im Längenmaßstab zu messenden Ordinaten der Biegelinie für $M^B = 1$ sind.

Die Werte $E \cdot \delta^b$ gehen aus der Biegelinie für $M^B = 1$ hervor; da der Bogen symmetrisch ist, so ist die Biegelinie für $M^A = 1$ das Spiegelbild der in Fig. 196 b für $M^B = 1$ gezeichneten. Aus diesem Grunde erhalten wir die Werte $E \cdot \delta^a$ aus dieser Figur dadurch, daß wir symmetrisch liegende Laststellungen vertauschen; es ist daher z. B.

$$E \cdot \delta_I^a = E \cdot \delta_{I'}^b, \qquad \text{und, da} \qquad a = b,$$

so ist
$$S_I^a = S_{I'}^b,$$

so daß die Ordinaten S^a auch bekannt sind (siehe Tabelle 5).

Tabelle 6.

Schnitt	$E \cdot \delta^b$	S^a	S^b	$\frac{S^a + S^b}{2} B$	$\mathfrak{H}$	H
A	$0,00$	$0,000$	$0,000$	—	—	—
I	$0,00 - 30,265 \cdot 0,50 + 0,09 \cdot 0,25 = - 15,11$	$- 0,840$	$+ 0,376$	$- 0,044$	$+ 0,047$	$+ 0,00$
II	$- 15,11 - 30,175 \cdot 1,50 + 1,22 \cdot 0,75 = - 59,46$	$- 2,934$	$+ 1,480$	$- 0,138$	$+ 0,189$	$+ 0,05$
III	$- 59,46 - 28,955 \cdot 2,00 + 5,33 \cdot 1,00 = - 112,04$	$- 4,594$	$+ 2,790$	$- 0,171$	$+ 0,372$	$+ 0,20$
IV	$- 112,04 - 23,625 \cdot 2,00 + 9,01 \cdot 1,00 = - 150,28$	$- 4,911$	$+ 3,742$	$- 0,111$	$+ 0,542$	$+ 0,43$
V	$- 150,28 - 14,615 \cdot 2,00 + 11,90 \cdot 1,00 = - 167,57$	$- 4,120$	$+ 4,172$	$+ 0,005$	$+ 0,690$	$+ 0,69$
VI	$- 167,57 - 2,675 \cdot 2,00 + 14,23 \cdot 1,00 = - 158,69$	$- 2,542$	$+ 3,951$	$+ 0,133$	$+ 0,807$	$+ 0,94$
VII	$- 158,69 + 11,555 \cdot 2,00 + 14,56 \cdot 1,00 = - 121,02$	$- 0,551$	$+ 3,013$	$+ 0,234$	$+ 0,883$	$+ 1,11$
VIII	$- 121,02 + 26,115 \cdot 2,00 + 11,38 \cdot 1,00 = - 57,41$	$+ 1,430$	$+ 1,430$	$+ 0,272$	$+ 0,909$	$+ 1,18$
VII'	$- 57,41 + 37,495 \cdot 2,00 + 4,56 \cdot 1,00 = + 22,14$	$+ 3,013$	$- 0,551$			$+ 1,11$
VI'	$+ 22,14 + 42,055 \cdot 2,00 - 4,16 \cdot 1,00 = + 102,09$	$+ 3,951$	$- 2,542$			$+ 0,94$
V'	$+ 102,09 + 37,895 \cdot 2,00 - 12,41 \cdot 1,00 = + 165,47$	$+ 4,172$	$- 4,120$			$+ 0,69$
IV'	$+ 165,47 + 25,485 \cdot 2,00 - 19,22 \cdot 1,00 = + 197,22$	$+ 3,742$	$- 4,911$		Aus Tabelle 4	$+ 0,43$
III'	$+ 197,22 + 6,265 \cdot 2,00 - 25,26 \cdot 1,00 = + 184,49$	$+ 2,790$	$- 4,594$			$+ 0,20$
II'	$+ 184,49 - 18,995 \cdot 2,00 - 28,67 \cdot 1,00 = + 117,83$	$+ 1,480$	$- 2,934$			$+ 0,05$
I'	$+ 117,83 - 47,665 \cdot 1,50 - 16,81 \cdot 0,75 = + 33,73$	$+ 0,376$	$- 0,840$			$+ 0,00$
B	$+ 33,73 - 64,475 \cdot 0,50 - 5,96 \cdot 0,25 = 0,00$	$0,000$	$0,000$			—

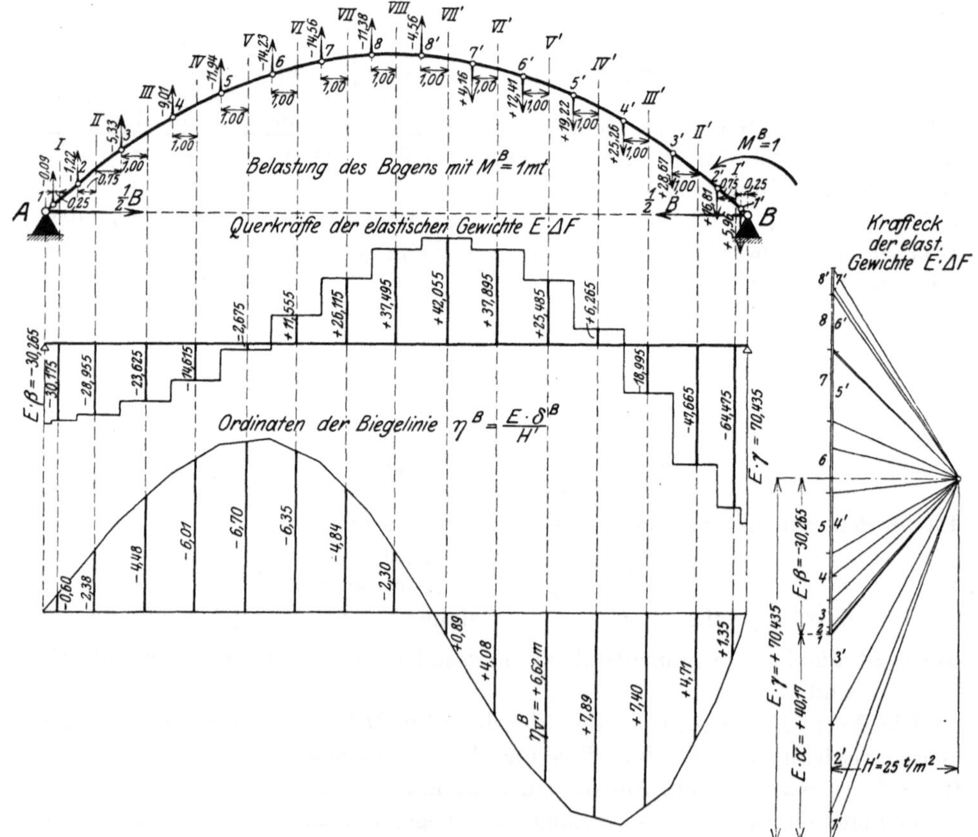

Fig. 196. Einflußlinie für die Kreuzlinienabschnitte.

Rechnerisch erhalten wir die Durchbiegungen $E \cdot \delta^b$, wenn wir (siehe Tabelle 6) die Momente des mit den elastischen Gewichten $E \cdot \Delta F$ der Tabelle 5 belasteten einfachen Balkens ermitteln, was wieder am einfachsten dadurch geschieht, daß wir jedes folgende Moment aus dem vorhergehenden ermitteln, zu welchem Zweck man sich die Querkräfte für die elastischen Gewichte $E \cdot \Delta F$ bildet (siehe Fig. 196a).

Gesamtbogenschübe H.

Die durch die Last $P = 1\,\mathrm{t}$ in ihren einzelnen Stellungen am eingespannten Bogen hervorgerufenen Gesamtbogenschübe H erhalten wir nach Gl. (444) zu

$$H = \mathfrak{H} + \frac{B}{2}(M^A + M^B).$$

Nun ist aber [vgl. Fig. 171e, Bd. I sowie Gl. (221) und (222)] am symmetrischen geraden oder bogenförmigen Stab:

$$M^A \cdot \frac{l-a}{a} + M^B = k^b = S^a \cdot \frac{l}{a},$$

$$M^B \cdot \frac{l-b}{b} + M^A = k^a = S^b \cdot \frac{l}{b},$$

oder

$$M^A \cdot \frac{l-a}{l} + M^B \cdot \frac{a}{l} = S^a,$$

$$M^A \cdot \frac{b}{l} + M^B \cdot \frac{l-b}{l} = S^b,$$

woraus durch Addition:

$$M^A \left(\frac{l-a+b}{l}\right) + M^B \left(\frac{l-b+a}{l}\right) = S^a + S^b$$

und, da $a = b$:

$$M^A + M^B = S^a + S^b,$$

so daß bei Symmetrie

$$\boldsymbol{H = \mathfrak{H} + \frac{B}{2}(S^a + S^b)},$$

wonach in Tabelle 6 für die einzelnen Stellungen der Last $P = 1\,\mathrm{t}$ die Gesamtbogenschübe H berechnet wurden, deren Werte auch als Ordinaten der Einflußlinie für H betrachtet werden können.

Einflußlinien der Kernpunkts-Momente.

Die Kernpunktsordinaten y_{ko} bzw. y_{ku} berechnen sich aus (vgl. Fig. 197)

$$y_k = y \pm \frac{h}{6} \cos \varphi,$$

wobei

$$\cos \varphi = \frac{1}{\sqrt{1 + \mathrm{tg}^2 \varphi}} = \frac{1}{\sqrt{1 + \left(\frac{\Delta y}{\Delta x}\right)^2}}.$$

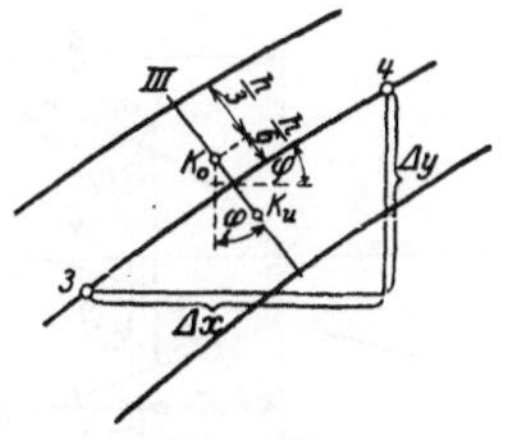

Fig. 197.

Für die Querschnittshöhen h setzen wir das Mittel der in Tabelle 2 eingeführten Höhen.

Die Balkenmomente für die einzelnen Laststellungen sind in Fig. 198 konstruiert worden. Die Momentenlinien für die einzelnen Laststellungen (Belastungsfälle) tragen wir wie üblich an ein und dieselbe Systemfigur an. Zuerst bestimmen wir mit Hilfe der Festpunkte und Kreuzlinienabschnitte bzw. Schlußliniensenkungen die Schlußlinie und hängen an diese die M_0-Fläche an.

Tabelle 7. Ordinaten der Kernpunkte.

Schnitt	Δy	Δx	$\cos \varphi$	y	h	$\dfrac{h}{6}\cos \varphi$	y_{ko}	y_{ku}
A	0,245	0,25	0,715	0,000	1,30	0,155	0,155	$-0,155$
I	0,872	1,00	0,753	0,488	$1,24_5$	0,154	0,642	0,334
II	1,307	1,75	0,802	1,743	1,14	0,152	1,895	1,591
III	1,235	2,00	0,851	3,102	$1,02_5$	0,145	3,247	2,957
IV	0,989	2,00	0,897	4,215	$0,94_5$	0,141	4,356	4,074
V	0,744	2,00	0,937	5,081	0,88	0,137	5,218	4,944
VI	0,498	2,00	0,970	5,702	$0,82_5$	0,133	5,835	5,569
VII	0,251	2,00	0,992	6,078	$0,78_5$	0,130	6,208	5,948
VIII	0,000	2,00	1,000	6,200	0,75	0,125	6,325	6,075

Tabelle 8. Bogenmomente $-Hy_k$.

Last $P=1$ in	Kämpfer	Schnitt III	Schnitt V	Scheitel
A	— —	— —	— —	— —
I	$-0,000_5$ $+0,000_5$	$-0,010$ $-0,009$	$-0,016$ $-0,015$	$-0,018$ $-0,018$
II	$-0,008$ $+0,008$	$-0,166$ $-0,151$	$-0,266$ $-0,252$	$-0,323$ $-0,310$
III	$-0,031$ $+0,031$	$-0,653$ $-0,594$	$-1,049$ $-0,994$	$-1,271$ $-1,221$
IV	$-0,067$ $+0,067$	$-1,399$ $-1,274$	$-2,249$ $-2,131$	$-2,726$ $-2,618$
V	$-0,108$ $+0,108$	$-2,257$ $-2,055$	$-3,627$ $-3,436$	$-4,396$ $-4,222$
VI	$-0,146$ $+0,146$	$-3,052$ $-2,780$	$-4,905$ $-4,647$	$-5,946$ $-5,711$
VII	$-0,173$ $+0,173$	$-3,627$ $-3,303$	$-5,829$ $-5,522$	$-7,065$ $-6,786$
VIII	$-0,183$ $+0,183$	$-3,835$ $-3,492$	$-6,162$ $-5,839$	$-7,470$ $-7,175$

Die Bogenmomente $-H \cdot y_{ko}$ und $-H \cdot y_{ku}$ haben wir für die 4 Schnitte, für welche wir die Einflußlinien der Kernpunktsmomente bestimmen wollen, in Tabelle 8 berechnet und in Fig. 198a aufgetragen.

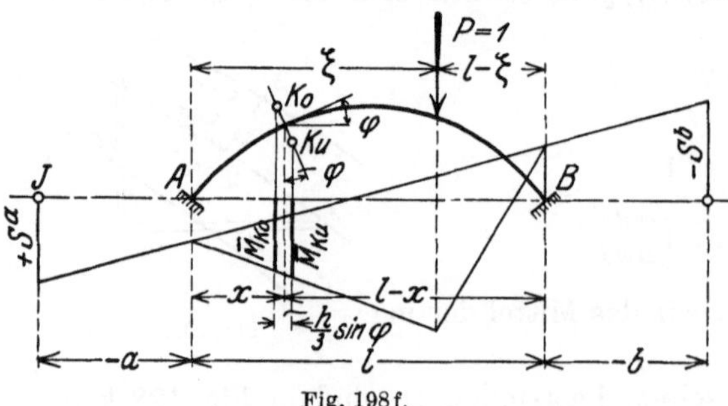

Fig. 198 f.

Die Ordinaten der Einflußlinie des Momentes bezüglich eines Kernpunktes finden wir als die auf der Senkrechten durch diesen Punkt abgegriffenen Ordinaten sämtlicher, den einzelnen Laststellungen entsprechenden Balkenmomentenflächen, zuzüglich (algebraisch) der unter der betreffenden Laststellung abgegriffenen Ordinate des Bogenmomentes bezüglich des betreffenden Kernpunktes; diese resultierenden Ordinaten werden in denjenigen Laststellungen aufgetragen, aus deren zugehöriger Balkenmomenten-

Tabelle 9. Berechnung der Einflußlinien der Kernpunktsmomente.

Last $P=1$ in	Bogenmomente $\overline{M}_k$				Bogenmomente $-Hy_k$				Ordinaten der Einflußlinien			
	Kämpfer	Schnitt III	Schnitt V	Scheitel	Kämpfer	Schnitt III	Schnitt V	Scheitel	Kämpfer	Schnitt III	Schnitt V	Scheitel
A	— —	— —	— —	— —	— —	— —	— —	— —	— —	— —	— —	— —
I	$-0{,}60$ $-0{,}34$	$+0{,}03$ $+0{,}04$	$+0{,}04$ $+0{,}05$	$+0{,}01$ $+0{,}01$	$-0{,}00$ $+0{,}00$	$-0{,}01$ $-0{,}01$	$-0{,}02$ $-0{,}02$	$-0{,}02$ $-0{,}02$	$-0{,}60$ $-0{,}34$	$+0{,}02$ $+0{,}03$	$+0{,}02$ $+0{,}03$	$-0{,}01$ $-0{,}01$
II	$-1{,}69$ $-1{,}47$	$+0{,}37$ $+0{,}41$	$+0{,}35$ $+0{,}37$	$+0{,}27$ $+0{,}27$	$-0{,}01$ $+0{,}01$	$-0{,}17$ $-0{,}15$	$-0{,}27$ $-0{,}25$	$-0{,}32$ $-0{,}31$	$-1{,}70$ $-1{,}46$	$+0{,}20$ $+0{,}26$	$+0{,}08$ $+0{,}12$	$-0{,}05$ $-0{,}04$
III	$-1{,}49$ $-2{,}23$	$+1{,}41$ $+1{,}47$	$+1{,}31$ $+1{,}33$	$+1{,}10$ $+1{,}10$	$-0{,}03$ $+0{,}03$	$-0{,}65$ $-0{,}59$	$-1{,}05$ $-0{,}99$	$-1{,}26$ $-1{,}22$	$-2{,}52$ $-2{,}20$	$+0{,}76$ $+0{,}88$	$+0{,}26$ $+0{,}34$	$-0{,}16$ $-0{,}12$
IV	$-2{,}41$ $-2{,}21$	$+0{,}99$ $+1{,}39$	$+2{,}93$ $+2{,}94$	$+2{,}44$ $+2{,}44$	$-0{,}07$ $+0{,}07$	$-1{,}14$ $-1{,}27$	$-2{,}25$ $-2{,}14$	$-2{,}74$ $-2{,}62$	$-2{,}48$ $-2{,}14$	$-0{,}15$ $+0{,}12$	$+0{,}68$ $+0{,}80$	$-0{,}30$ $-0{,}18$
V	$-1{,}73$ $-1{,}51$	$+1{,}63$ $+1{,}76$	$+5{,}03$ $+5{,}04$	$+4{,}06$ $+4{,}06$	$-0{,}11$ $+0{,}11$	$-2{,}25$ $-2{,}06$	$-3{,}63$ $-3{,}44$	$-4{,}40$ $-4{,}23$	$-1{,}84$ $-1{,}40$	$-0{,}62$ $-0{,}30$	$+1{,}40$ $+1{,}60$	$-0{,}34$ $-0{,}17$
VI	$-0{,}63$ $-0{,}49$	$+2{,}30$ $+2{,}43$	$+5{,}31$ $+5{,}30$	$+5{,}75$ $+5{,}75$	$-0{,}15$ $+0{,}15$	$-3{,}05$ $-2{,}78$	$-4{,}91$ $-4{,}65$	$-5{,}95$ $-5{,}72$	$-0{,}78$ $-0{,}34$	$-0{,}75$ $-0{,}35$	$+0{,}40$ $+0{,}70$	$-0{,}20$ $+0{,}03$
VII	$+0{,}45$ $+0{,}63$	$+2{,}97$ $+3{,}05$	$+5{,}50$ $+5{,}52$	$+7{,}29$ $+7{,}29$	$-0{,}17$ $+0{,}17$	$-3{,}63$ $-3{,}30$	$-5{,}83$ $-5{,}52$	$-7{,}08$ $-6{,}78$	$+0{,}28$ $+0{,}80$	$-0{,}66$ $-0{,}25$	$-0{,}33$ $-0{,}00$	$+0{,}21$ $+0{,}51$
VIII	$+1{,}36$ $+1{,}52$	$+3{,}42$ $+3{,}47$	$+5{,}46$ $+5{,}48$	$+8{,}43$ $+8{,}43$	$-0{,}18$ $+0{,}18$	$-3{,}84$ $-3{,}49$	$-6{,}16$ $-5{,}84$	$-7{,}42$ $-7{,}13$	$+1{,}18$ $+1{,}70$	$-0{,}42$ $-0{,}02$	$-0{,}70$ $-0{,}36$	$+1{,}01$ $+1{,}30$
VII'	$+1{,}92$ $+1{,}98$	$+3{,}45$ $+3{,}46$	$+4{,}98$ $+4{,}98$	$+7{,}29$ $+7{,}29$	$-0{,}17$ $+0{,}17$	$-3{,}63$ $-3{,}30$	$-5{,}83$ $-5{,}52$	$-7{,}08$ $-6{,}78$	$+1{,}75$ $+2{,}15$	$-0{,}18$ $+0{,}16$	$-0{,}85$ $-0{,}54$	$+0{,}21$ $+0{,}51$
VI'	$+1{,}99$ $+2{,}05$	$+3{,}05$ $+3{,}08$	$+4{,}13$ $+4{,}13$	$+5{,}75$ $+5{,}75$	$-0{,}15$ $+0{,}15$	$-3{,}05$ $-2{,}78$	$-4{,}91$ $-4{,}65$	$-5{,}95$ $-5{,}72$	$+1{,}84$ $+2{,}20$	$+0{,}00$ $+0{,}30$	$-0{,}78$ $-0{,}52$	$-0{,}20$ $+0{,}03$
V'	$+1{,}66$ $+1{,}70$	$+2{,}35$ $+2{,}36$	$+3{,}01$ $+3{,}03$	$+4{,}06$ $+4{,}06$	$-0{,}11$ $+0{,}11$	$-2{,}25$ $-2{,}06$	$-3{,}63$ $-3{,}44$	$-4{,}40$ $-4{,}23$	$+1{,}55$ $+1{,}81$	$+0{,}10$ $+0{,}30$	$-0{,}62$ $-0{,}41$	$-0{,}34$ $-0{,}17$
IV'	$+1{,}12$ $+1{,}16$	$+1{,}24$ $+1{,}49$	$+1{,}85$ $+1{,}87$	$+2{,}44$ $+2{,}44$	$-0{,}07$ $+0{,}07$	$-1{,}14$ $-1{,}27$	$-2{,}25$ $-2{,}14$	$-2{,}74$ $-2{,}62$	$+1{,}05$ $+1{,}23$	$+0{,}10$ $+0{,}22$	$-0{,}40$ $-0{,}27$	$-0{,}30$ $-0{,}18$
III'	$+0{,}54$ $+0{,}58$	$+0{,}73$ $+0{,}72$	$+0{,}85$ $+0{,}86$	$+1{,}10$ $+1{,}10$	$-0{,}03$ $+0{,}03$	$-0{,}65$ $-0{,}59$	$-1{,}05$ $-0{,}99$	$-1{,}26$ $-1{,}22$	$+0{,}51$ $+0{,}61$	$+0{,}08$ $+0{,}13$	$-0{,}20$ $-0{,}13$	$-0{,}16$ $-0{,}12$
II'	$+0{,}16$ $+0{,}20$	$+0{,}21$ $+0{,}20$	$+0{,}21$ $+0{,}21$	$+0{,}27$ $+0{,}27$	$-0{,}01$ $+0{,}01$	$-0{,}17$ $-0{,}15$	$-0{,}27$ $-0{,}25$	$-0{,}32$ $-0{,}31$	$+0{,}15$ $+0{,}19$	$+0{,}04$ $+0{,}05$	$-0{,}06$ $-0{,}04$	$-0{,}05$ $-0{,}04$
I'	$+0{,}03$ $+0{,}04$	$+0{,}02$ $+0{,}03$	$+0{,}00$ $+0{,}01$	$+0{,}01$ $+0{,}01$	$-0{,}00$ $+0{,}00$	$-0{,}01$ $-0{,}01$	$-0{,}02$ $-0{,}02$	$-0{,}02$ $-0{,}02$	$+0{,}03$ $+0{,}04$	$+0{,}01$ $+0{,}02$	$-0{,}02$ $-0{,}01$	$-0{,}01$ $-0{,}01$
B	— —	— —	— —	— —	— —	— —	— —	— —	— —	— —	— —	— —

Obere Zahl $= M_{ko}$. Untere Zahl $= M_{ku}$.

fläche sie gewonnen wurden. Dabei ist zu beachten, daß die Laststellungen der rechten Bogenhälfte der Symmetrie wegen das Spiegelbild der Balkenmomentenflächen infolge der Laststellungen auf der linken Bogenhälfte hervorrufen, so daß man die Ordinaten für die rechte Hälfte der Einflußlinien in dem symmetrisch zur Bogenmitte liegenden (mit Strich bezeichneten) Schnitt abgreifen muß. In Fig. 198b—e sind die Einflußlinien der Kernpunktsmomente für den Kämpfer, die Schnitte III und V, sowie den Scheitel des Bogens aufgetragen.

Rechnerisch erhalten wir die Ordinaten der Einflußlinien der Kernpunktsmomente aus Tabelle 9. Wie aus Fig. 198f ersichtlich, haben die Balkenmomente M_k die Werte:

a) Last $P = 1$ t rechts vom Schnitt x:

$$\overline{M}_k = S^a + \frac{S^b - S^a}{l - a - b}\left(x - a \mp \frac{h}{6}\sin\varphi\right) + \frac{l - \xi}{l}\left(x \mp \frac{h}{6}\sin\varphi\right);$$

b) Last $P = 1$ t links vom Schnitt x:

$$\overline{M}_k = S^a + \frac{S^b - S^a}{l - a - c}\left(x - a \mp \frac{h}{6}\sin\varphi\right) + \frac{\xi}{l}\left(l - x \pm \frac{h}{6}\sin\varphi\right).$$

Hierin gilt das obere Vorzeichen für M_{ko} und das untere für M_{ku}.

Auswertung der Einflußlinien.

Die Übertragung der Verkehrslast auf den Bogen erfolgt mittels der Hängesäulen. Die Fahrbahn ist demnach so zu belasten, daß in den Hängestangen
die größte Reaktion auftritt, was für einen Bogen dann eintritt, wenn die Dampf-

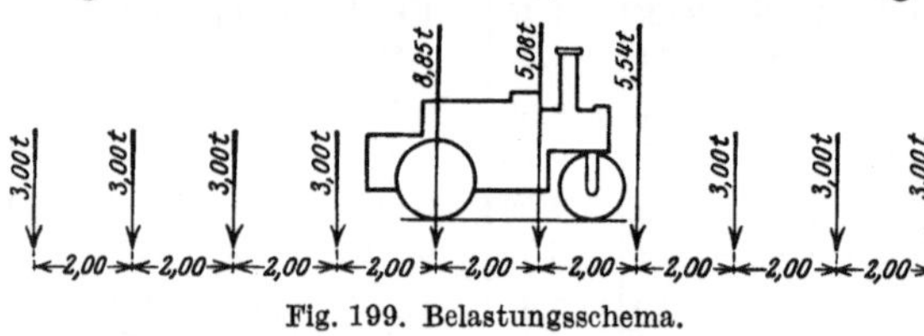

Fig. 199. Belastungsschema.

walze möglichst nahe am Randstein entlang fährt. Da die Belastung der Fahrbahn neben
einer Dampfwalze von 17,5 t
Dienstgewicht aus 0,400 t/m²
Menschengedränge besteht, so
ergibt sich für die Auswertung

der Einflußlinien vorstehendes Belastungsschema (Fig. 199), wobei die Lasten auch in umgekehrter Reihenfolge wirken können. Über den Einflußlinien
(Fig. 198b—e) sind die jeweiligen Laststellungen eingetragen, welche die da-
neben eingeschriebenen Größtwerte der Kernpunktsmomente zur Folge haben.

Auflagerdrücke V^A.

Die durch die Last $P = 1$ t in ihren einzelnen Stellungen am eingespannten
Bogen hervorgerufenen Auflagerdrücke V^A erhalten wir nach Gl. (447) zu:

$$V^A = \mathfrak{B}^A + \frac{M^B - M^A}{l}.$$

Hierin ist

$$\mathfrak{B}^A = 1 \cdot \frac{l - x}{l}$$

und die Kämpfermomente M^A und M^B erhalten wir entweder graphisch aus
Fig. 198 oder rechnerisch nach den Gl. (336) und (337).

In Tabelle 10 werden die Auflagerdrücke V^A für die einzelnen Stellungen
der Last $P = 1$ t berechnet; diese Werte sind nichts anderes als die Ordinaten
der Einflußlinie für V^A, welche wir neben derjenigen für H und M^A zur
Bestimmung der Kämpferresultierenden für eine bestimmte Verkehrsbelastung
benötigen.

Bestimmung der Kämpferresultierenden.

Die Kämpferresultierende für eine bestimmte Stellung der Verkehrslast
erhalten wir durch Auswerten der Einflußlinien für H, V^A und M^A, welche in
Fig. 200 aufgetragen sind, und Zusammensetzen der erhaltenen Werte. So
z. B. erhalten wir für Vollbelastung die in Fig. 200 eingeschriebenen Werte

für H, V^A und M^A, woraus

$$R = \sqrt{H^2 + V^2} = \sqrt{35{,}99^2 + 28{,}13^2} = 45{,}68 \text{ t}, \qquad \text{und}$$

$$r = \frac{M^A}{R} = \frac{14{,}26}{45{,}68} = 0{,}312 \text{ m} \quad \text{(nach oben, siehe Fig. 200 a)}.$$

Tabelle 10.

$P = 1$ in	$\mathfrak{B}$	M^A	M^B	$\dfrac{M^B - M^A}{l}$	V^A
A	1,000	0	0	0	1,000
I	0,982	— 0,47	0,01	0,017	0,999
II	0,909	— 1,58	0,17	0,063	0,992
III	0,857	— 2,36	0,56	0,104	0,961
IV	0,786	— 2,31	1,14	0,123	9,909
V	0,714	— 1,62	1,68	0,118	0,832
VI	0,643	— 0,56	2,02	0,092	0,735
VII	0,572	0,54	1,95	0,050	0,622
VIII	0,500	1,43	1,43	0,000	0,500
VII'	0,429	1,95	0,54	0,051	0,378
VI'	0,357	2,02	— 0,56	— 0,092	0,265
V'	0,286	1,68	— 1,62	— 0,118	0,168
IV'	0,214	1,14	— 2,31	— 0,123	0,091
III'	0,143	0,56	— 2,36	— 0,104	0,039
II'	0,071	0,17	— 1,58	— 0,063	0,008
I'	0,018	0,01	— 0,47	— 0,017	0,001

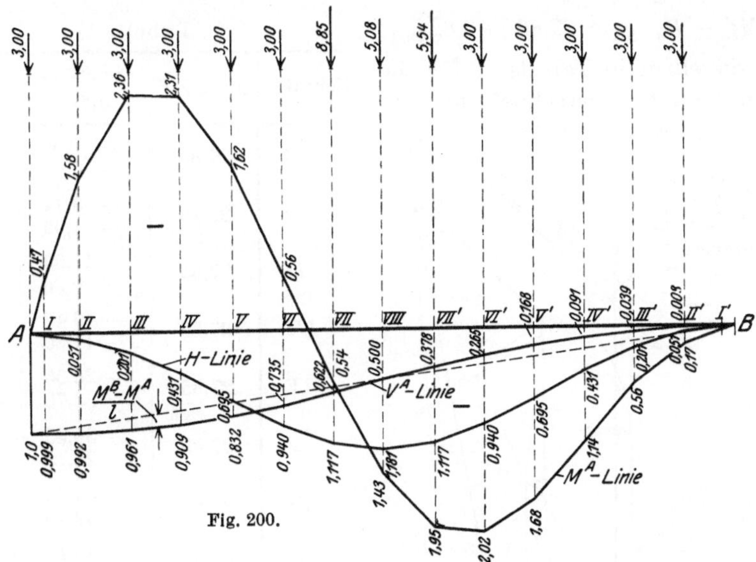

Fig. 200.

$V^A = 3{,}00 \, (1{,}0 + 0{,}992 + 0{,}961 + 0{,}909 + 0{,}832 + 0{,}735 + 0{,}265 + 0{,}168 + 0{,}091 + 0{,}039$
$\qquad + 0{,}008) + 8{,}85 \cdot 0{,}622 + 5{,}08 \cdot 0{,}5 + 5{,}54 \cdot 0{,}378 = 28{,}13 \, t.$

$H = 3{,}00 \, (0{,}051 + 0{,}201 + 0{,}431 + 0{,}695 + 0{,}940) \cdot 2 + 8{,}85 \cdot 1{,}117 + 5{,}08 \cdot 1{,}181$
$\qquad + 5{,}54 \cdot 1{,}117 = 35{,}99 \, t.$

$M^A = 8{,}85 \cdot 0{,}54 + 5{,}08 \cdot 1{,}43 + 5{,}54 \cdot 1{,}95 + 3{,}00 \, (2{,}02 + 1{,}68 + 1{,}14 + 0{,}56 + 0{,}17$
$\qquad - 0{,}56 - 1{,}62 - 2{,}31 - 2{,}36 - 1{,}58) = 14{,}26 \, mt.$

III. Belastungsfall: Temperaturänderung um ± 20° C.

Die Berechnung erfolgt für eine Temperaturzunahme von $t = + 20°$ C. Für eine Temperaturabnahme um $20°$ sind die Momente dann entgegengesetzt gleich.

Der Temperaturzunahme von $t = 20°$ C entspricht eine Spannweitenänderung von

$$\Delta = \alpha \cdot t^0 \cdot l = 0{,}00001 \cdot 20 \cdot 28{,}00 = 0{,}0056 \text{ m}.$$

Damit erhalten wir nach Gl. (592a) unter Berücksichtigung, daß wegen der Symmetrie $b = a$ und wegen voller Einspannung an den Kämpfern $\alpha = \dfrac{l \cdot \beta}{\bar{\alpha}}$, die Kämpfermomente:

$$M_t^A = M_t^B = \frac{\Delta \cdot B}{2 \cdot \bar{\alpha}} = \frac{2\,100000 \cdot 0{,}0056 \cdot 0{,}190}{2 \cdot 40{,}17} = 27{,}85 \text{ mt},$$

und nach Gl. (444) unter Berücksichtigung von Gl. (586) den Gesamtbogenschub:

$$H_t = \mathfrak{H}_t + M_t^A \cdot B = \frac{\dfrac{E \cdot \Delta}{l}}{\overset{}{\underset{0}{\Sigma}}\, y^2\, w} + M_t^A \cdot B$$

$$= \frac{2\,100000 \cdot 0{,}0056}{2 \cdot 11143{,}5} + 27{,}85 \cdot 0{,}190 = 5{,}82 \text{ t}.$$

Nun ergeben sich die Kernpunktsmomente infolge der gegebenen Temperaturerhöhung aus:

$$M_k = M_t^A - H_t \cdot y_k = 27{,}85 - 5{,}82\, y_k,$$

wonach dieselben in Tabelle 11 für die einzelnen Schnitte berechnet und in Fig. 201 aufgetragen wurden.

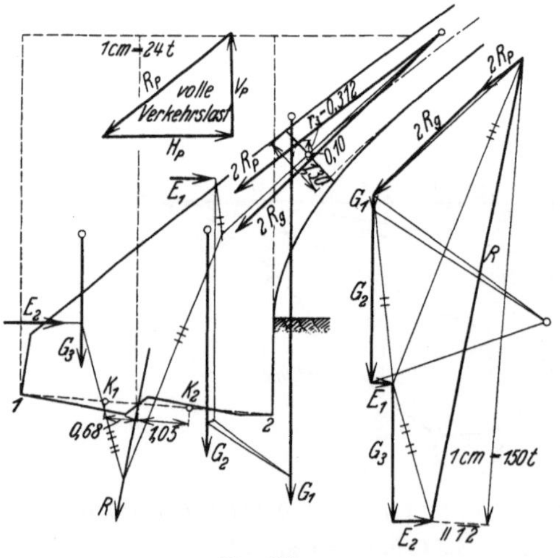

Tabelle 11.

Schnitt	$M_t^A = M_t^B$	$-5{,}82\, y_{ko}$ $-5{,}82\, y_{ku}$	M_{ko} M_{ku}
A	27,85	− 0,90 + 0,90	+ 26,95 + 26,75
I	27,85	− 3,74 − 1,95	+ 24,11 + 25,90
II	27,85	− 11,03 − 9,26	+ 16,82 + 18,59
III	27,85	− 19,47 − 17,20	+ 8,38 + 10,65
IV	27,85	− 25,35 − 23,70	+ 2,50 + 4,15
V	27,85	− 30,35 − 28,75	− 2,50 − 0,90
VI	27,85	− 33,95 − 32,40	− 6,10 − 4,55
VII	27,85	− 36,15 − 34,60	− 8,30 − 6,75
VIII	27,85	− 36,80 − 35,30	− 8,95 − 7,45

Fig. 200 a.

Die Randspannungen infolge Temperaturerhöhung ergeben sich darauf zu:

$$\sigma_o = \frac{M_{ku}}{W} \qquad \text{und} \qquad \sigma_u = -\frac{M_{ko}}{W}.$$

Grenzwerte der Randspannungen.

In nachstehender Tabelle 12 wurden die in den 4 Schnitten: Kämpfer, Schnitt *III*, Schnitt *V* und Scheitel auftretenden Randspannungen für die ein-

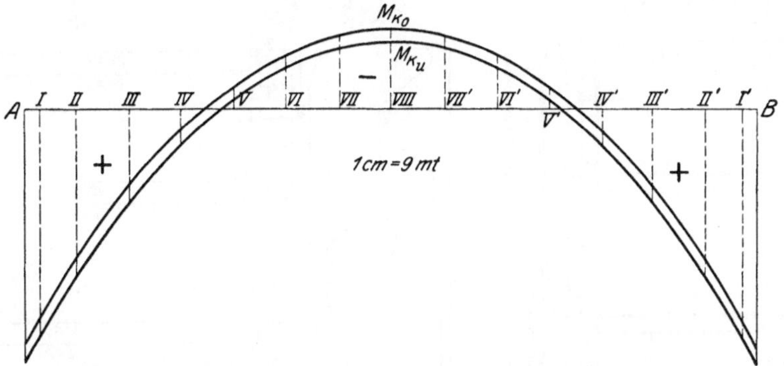

Fig. 201. Kernpunktsmomente infolge Temperaturerhöhung um 20° C.

Tabelle 12.

		Kämpfer	Schnitt *III*	Schnitt *V*	Scheitel	
$F = b\,h$		0,845	0,564	0,484	0,413	m²
$W = \dfrac{b\,h^2}{6}$		0,183	0,0963	0,0709	0,0516	m³
$\cos \varphi$		0,715	0,851	0,937	1,000	
Normalspannung $\sigma_1 = \dfrac{\mathfrak{H}_s + H' \cdot \cos^2 \varphi}{F \cdot \cos \varphi}$		152,5	190,6	201,0	219,5	t/m² $\begin{cases}\mathfrak{H}_s = 93{,}466\ \text{t}\\ H' = -2{,}753\ \text{t}\end{cases}$
Biegungsspannung $\sigma_2 = \dfrac{M_g}{W}$		− 72,0	− 48,2	11,6	75,4	,,
Randspannung vom Eigengewicht	$\sigma_o = \sigma_1 + \sigma_2$	80,5	142,4	212,6	294,9	,,
	$\sigma_u = \sigma_1 - \sigma_2$	224,5	238,8	189,4	144,1	,,
Momente durch Verkehrslast	M_{ko}	43,06	8,71	18,72	9,53	mt
	M_{ku}	53,83	12,95	22,56	15,89	,,
	$- M_{ko}$	52,89	15,33	19,93	9,32	,,
	$- M_{ku}$	43,59	5,89	12,09	4,72	,,
Momente durch Temperatur	M_{ko}	± 26,95	± 8,38	± 2,50	± 8,95	mt
	M_{ku}	± 28,75	± 10,65	± 0,90	± 7,45	,,
Grenzwerte der Momente durch Verkehr und Temperatur	M_{ko}	70,01	17,09	21,22	18,48	mt
	M_{ku}	82,58	23,60	23,46	23,34	,,
	$- M_{ko}$	79,84	23,71	22,43	18,27	,,
	$- M_{ku}$	72,34	16,54	12,99	12,17	,,
Randspannungen durch Verkehr und Temperatur — Aus pos. Momenten	$\sigma_u = - \dfrac{M_{ko}}{W}$	−383	−178	−300	−358	t/m²
	$\sigma_o = \dfrac{M_{ku}}{W}$	452	245	331	453	,,
Aus neg. Momenten	$\sigma_u = - \dfrac{M_{ko}}{W}$	436	246	316	354	,,
	$\sigma_o = \dfrac{M_{ku}}{W}$	−395	−172	−183	−236	,,
Grenzwerte der Randspannungen	$\sigma_{o\,\text{max}}$	+533	+387	+544	+748	t/m²
	$\sigma_{u\,\text{max}}$	+661	+485	+505	+498	,,
	$\sigma_{o\,\text{min}}$	−314	− 30	+ 30	+ 59	,,
	$\sigma_{u\,\text{min}}$	−159	+ 61	−111	−214	,,

$\left.\begin{array}{l} + = \text{Druck}\\ - = \text{Zug}\end{array}\right.$

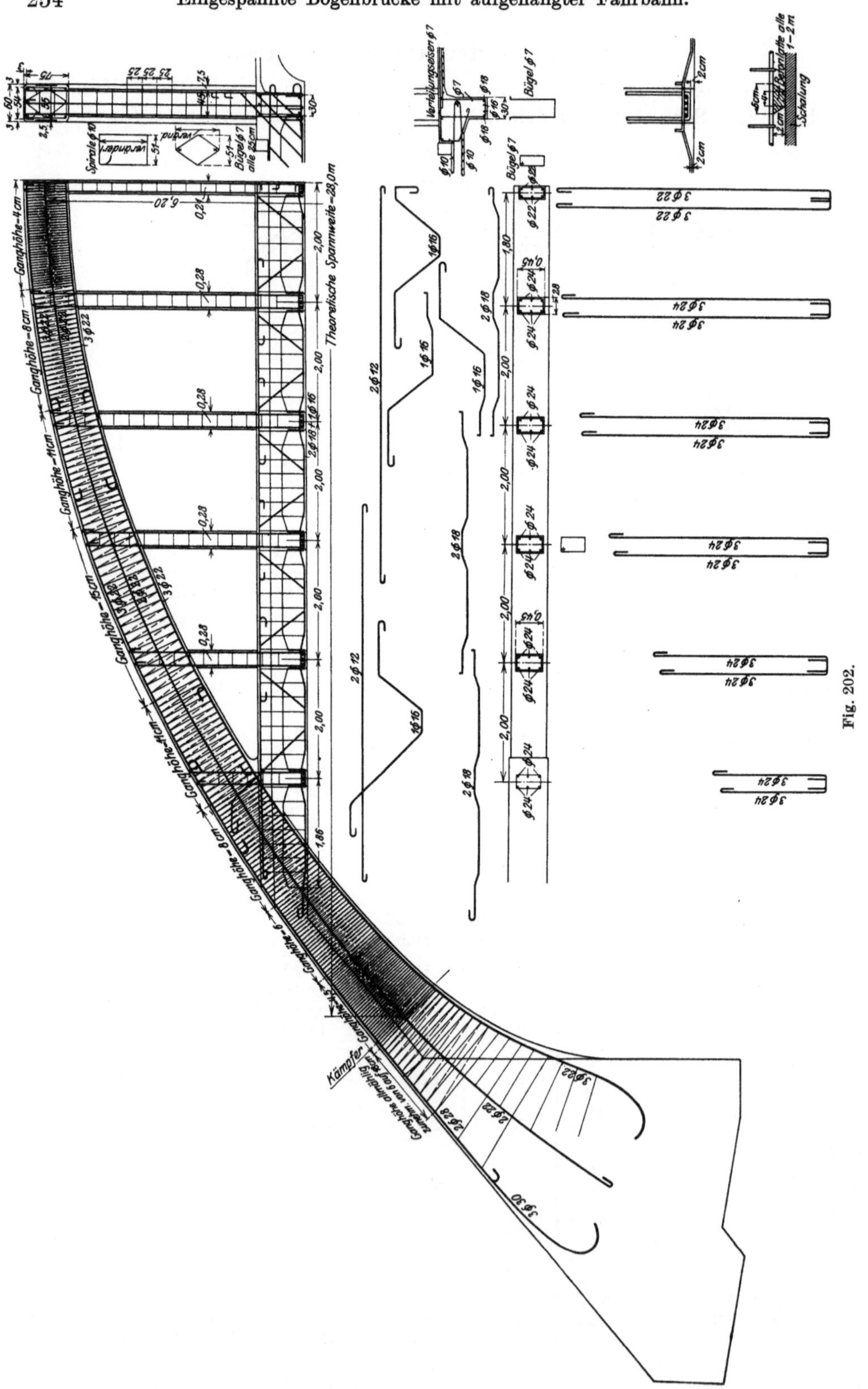

Fig. 202.

zelnen Belastungsfälle berechnet und die Grenzwerte der Randspannungen gebildet.

Die Armierung des Bogens zeigt Fig. 202.

IV. Berechnung der Widerlager.

a) Eigenlast.

Der von der Eigenlast herrührende Kämpferdruck R_g besteht aus der lotrechten Auflagerkraft $V_g = 91,44$ t und dem Bogenschub $H_g = 90,713$ t. Am Kämpferquerschnitt wirkt außerdem noch das Moment $M_g = -13,175$ mt.

Die Lage von $R_g = \sqrt{91,44^2 + 90,713^2} = 128,80$ t ist bestimmt

durch $\qquad r = \dfrac{M_g}{R_g} = -\dfrac{13,175}{128,80} = -0,10$ m (nach unten).

Die Eigenlasten des Fundamentes und die auf dasselbe einwirkende Erddrücke wurden in Fig. 203 ermittelt und mit den Kämpferresultierenden der beiden Bögen zusammengesetzt. Hieraus ergaben sich mit

$$N_g = 735,0 \text{ t}$$

und $\quad W = \dfrac{b\,h^2}{6} = \dfrac{6,50 \cdot 5,20^2}{6} = 29,3 \text{ m}^3,$

die Bodenpressungen:

$$\sigma_1 = \frac{M_{k_2}}{W} = \frac{735,0 \cdot 0,75}{29,3} = 18,8 \text{ t/m}^2,$$

$$\sigma_2 = -\frac{M_{k_1}}{W} = -\frac{-735,0 \cdot 0,98}{29,3} = 24,6 \text{ t/m}^2.$$

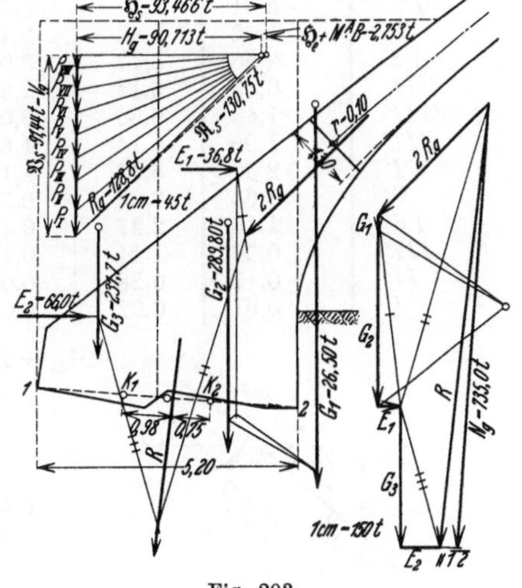

Fig. 203.

b) Verkehrslast.

Zur Berechnung der Bodenpressungen infolge der Verkehrslast benutzen wir wieder die Einflußlinien. Sind x bzw. y die Hebelarme der Auflagerkraft V^A bzw. des Bogenschubes H bezüglich der Kernpunkte der Bodenfuge, und ist M^A das Kämpfermoment, so wird (Fig. 203a):

$$M_{k_1} = M^A + H \cdot y_1 - V^A \cdot x_1, \qquad \text{wobei} \qquad x_1 = 4,15 \text{ m}, \qquad y_1 = 5,50 \text{ m},$$

$$M_{k_2} = M^A + H \cdot y_2 - V^A \cdot x_2, \qquad \text{,,} \qquad x_2 = 2,43 \text{ m}, \qquad y_2 = 5,40 \text{ m},$$

und wonach wir in Tabelle 13 diese Momente für die einzelnen Stellungen der Last $P = 1$ t berechnet haben, welche die Ordinaten η_k der Einflußlinien der Kernmomente in der Bodenfuge darstellen.

Durch Auswertung dieser in Fig. 203a aufgetragenen Einflußlinien erhalten wir die größten Bodenpressungen infolge Verkehrslast zu:

$$\sigma_1 = \frac{2\,M_{k_2}}{W} = \frac{2 \cdot 193,54}{29,3} = 13,2 \text{ t/m}^2,$$

$$\sigma_1 = \frac{2\,M_{k_2}}{W} = -\frac{2 \cdot 83,23}{29,3} = -5,7 \text{ t/m}^2,$$

$$\sigma_2 = -\frac{2\,M_{k_1}}{W} = -\frac{2 \cdot 168{,}20}{29{,}3} = -11{,}5\ \text{t/m}^2,$$

$$\sigma_2 = -\frac{2\,M_{k_1}}{W} = -\frac{2 \cdot 121{,}01}{29{,}3} = 8{,}3\ \text{t/m}^2,$$

wobei wir angenommen haben, daß die Kämpferreaktion infolge Verkehrslast für beide nebeneinander liegenden Bögen die gleiche sei; dadurch erhalten wir bei der angenommenen Belastungsart (Dampfwalze am Randstein aufgestellt) etwas zu große Werte für σ_1 und σ_2.

Tabelle 13.

Last $P=1$ in	Aus Tab.10 M^A	Kernpunkt 1			Kernpunkt 2		
		$H \cdot y_1$	$V^A \cdot x_1$	η_{k_1}	$H \cdot y_2$	$V^A \cdot x_2$	η_{k_2}
A	0	0	4,16	$-$ 4,16	0	2,43	$-$ 2,43
I	$-$ 0,47	0,02	4,15	$-$ 4,60	0,02	2,43	$-$ 2,88
II	$-$ 1,58	0,28	4,13	$-$ 5,43	0,28	2,41	$-$ 3,71
III	$-$ 2,36	1,11	4,00	$-$ 5,25	1,09	2,34	$-$ 3,61
IV	$-$ 2,31	2,37	3,78	$-$ 3,72	2,33	2,21	$-$ 2,19
V	$-$ 1,62	3,82	3,46	$-$ 1,26	3,76	2,02	0,11
VI	$-$ 0,56	5,17	3,06	1,55	5,08	1,79	2,73
VII	0,54	6,14	2,59	4,09	6,03	1,51	5,06
VIII	1,43	6,50	2,08	5,85	6,38	1,22	6,59
VII'	1,95	6,14	1,57	6,52	6,03	0,92	7,06
VI'	2,02	5,17	1,10	6,09	5,08	0,64	6,46
V'	1,68	3,82	0,70	4,80	3,76	0,41	5,04
IV'	1,14	2,37	0,38	3,13	2,33	0,22	3,25
III'	0,56	1,11	0,16	1,51	1,09	0,09	1,56
II'	0,17	0,28	0,03	0,42	0,28	0,02	0,43
I'	0,01	0,02	0,00	0,03	0,02	0,00	0,03

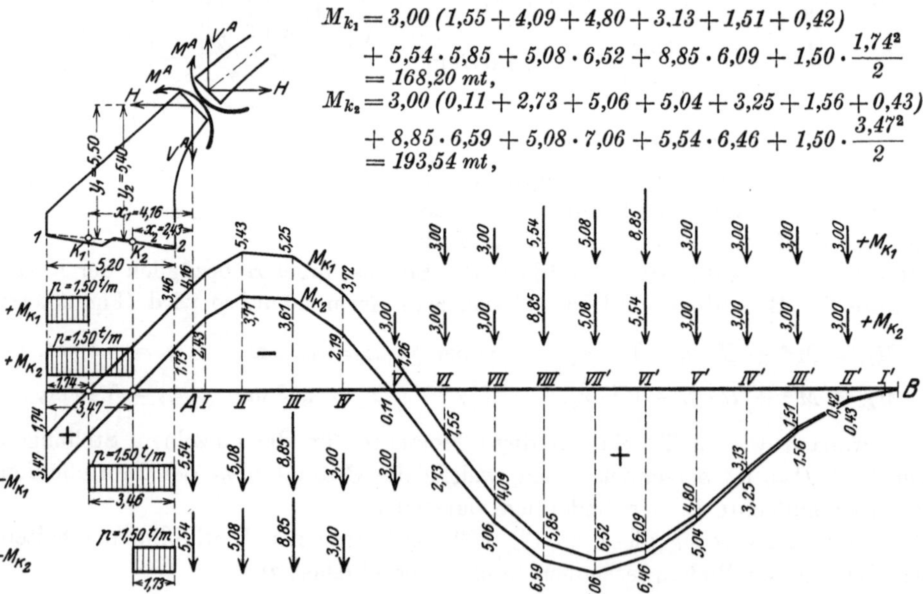

$$M_{k_1} = 3{,}00\ (1{,}55 + 4{,}09 + 4{,}80 + 3{.}13 + 1{,}51 + 0{,}42)$$
$$+\ 5{,}54 \cdot 5{,}85 + 5{,}08 \cdot 6{,}52 + 8{,}85 \cdot 6{,}09 + 1{,}50 \cdot \frac{1{,}74^2}{2}$$
$$=\ 168{,}20\ mt,$$
$$M_{k_2} = 3{,}00\ (0{,}11 + 2{,}73 + 5{,}06 + 5{,}04 + 3{,}25 + 1{,}56 + 0{,}43)$$
$$+\ 8{,}85 \cdot 6{,}59 + 5{,}08 \cdot 7{,}06 + 5{,}54 \cdot 6{,}46 + 1{,}50 \cdot \frac{3{,}47^2}{2}$$
$$=\ 193{,}54\ mt,$$

$$-\,M_{k_1} = 5{,}54 \cdot 4{,}16 + 5{,}08 \cdot 5{,}43 + 8{,}85 \cdot 5{,}25 + 3{,}00\ (3{,}72 + 1{,}26) + 1{,}50 \cdot \frac{3{,}46^2}{2} = 121{,}01\ mt,$$

$$-\,M_{k_2} = 5{,}54 \cdot 2{,}43 + 5{,}08 \cdot 3{,}71 + 8{,}85 \cdot 3{,}61 + 3{,}00 \cdot 2{,}19 + 1{,}50 \cdot \frac{1{,}73^2}{2} = 83{,}23\ mt.$$

Fig. 203a. Einflußlinien der Fundament-Kernpunktsmomente.

c) Temperatur.

Infolge der angenommenen Temperaturschwankung von $\pm\,20^0\,C$ entstehen mit M_t^A als Kämpfermoment und H_t als Gesamtbogenschub des einen Bogens die Kernpunktsmomente:

$$M_{k_1} = M_t^A + H_t \cdot y_1 = \pm \left(\frac{26,95 + 28,75}{2} + 5,82 \cdot 5,50\right) = \pm\,59,84\,\text{mt},$$

$$M_{k_2} = M_t^A + H_t \cdot y_2 = \pm\,(27,85 + 5,82 \cdot 540) = \pm\,59,28\,\text{mt}.$$

Hieraus ergeben sich die Bodenpressungen:

$$\sigma_1 = \pm\frac{2\,M_{k_2}}{W} = \pm\frac{2 \cdot 59,28}{29,3} = \pm\,4,0\,\text{t/m}^2,$$

$$\sigma_2 = \pm\frac{2\,M_{k_1}}{W} = \pm\frac{2 \cdot 59,84}{29,3} = \pm\,4,1\,\text{t/m}^2.$$

d) Grenzwerte der Bodenpressungen.

Diese werden in nachstehender Tabelle 14 gebildet:

Tabelle 14.

Boden-pressung	Eigenlast	Verkehr	Temperatur	Grenzwerte der Bodenpressungen	
σ_1	+ 18,8	+ 13,2 − 5,7	± 4,0	+ 36,0 + 9,1	} t/m²
σ_2	+ 24,6	− 11,5 + 8,3	± 4,1	+ 9,0 + 37,0	

XVIII. Rahmenbinder mit geraden und bogenförmigen Stäben.

Der in Fig. 204 dargestellte Rahmenträger soll für folgende vier Lastfälle berechnet werden:

    I. Eigengewicht,
    II. Schwinden,
    III. Temperaturänderung,
    IV. Wind von links.

Das statische System ist aus Fig. 205 ersichtlich. Aus ihr geht hervor, daß wir vier Festhaltekräfte einführen müssen, um das Rahmenwerk für den Rechnungszustand I unverschieblich halten zu können.

Zunächst berechnen wir die von den Belastungen unabhängigen Festwerte des Systems.

I. Trägheitsmomente der geraden Stäbe.

Stütze _1_:
$$J_1 = \frac{0,30^4}{12} = 0,000\,67\,\text{m}^4 = J_4,$$

Stütze _2_:
$$J_2 = \frac{0,35 \cdot 0,60^3}{12} = 0,006\,30\,\text{m}^4,$$

Stütze _3_:
$$J_3 = \frac{0,60 \cdot 1,05^3}{12} = 0,0578\,\text{m}^4,$$

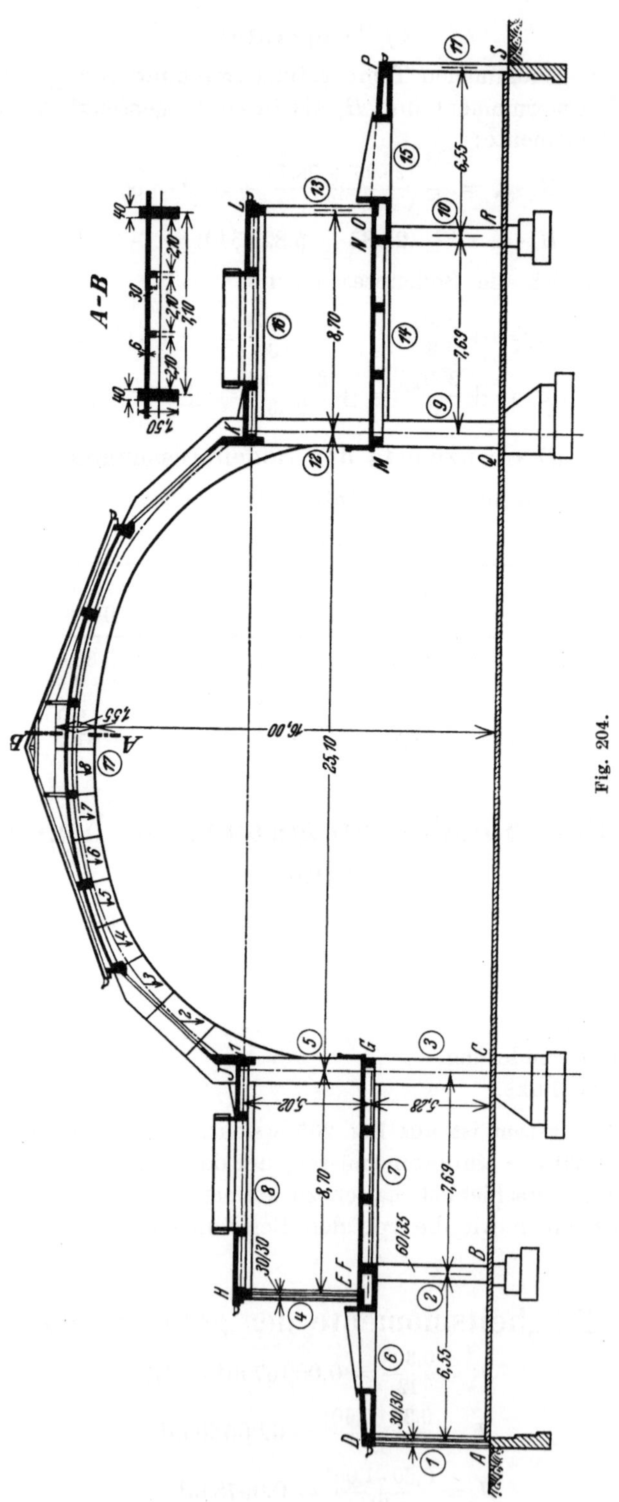

Fig. 204.

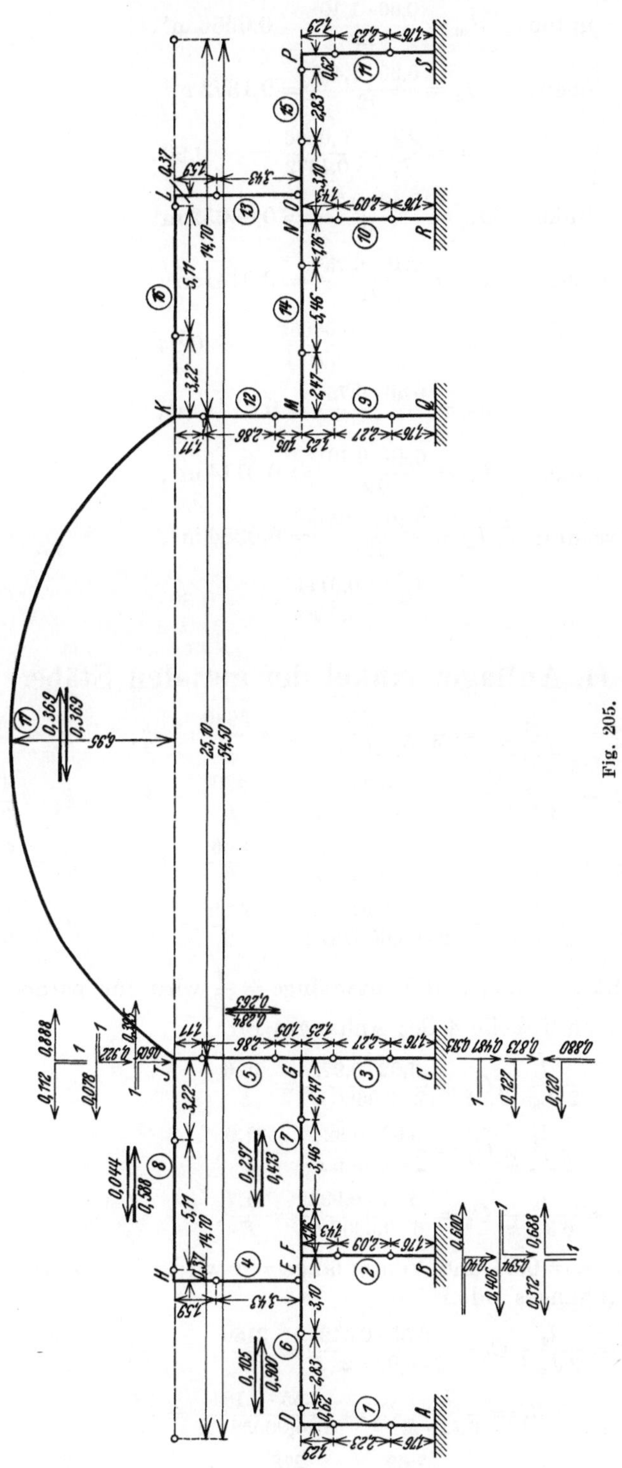

Fig. 205.

Stütze 5:   unten: $J_m = \dfrac{0{,}60 \cdot 1{,}10^3}{12} = 0{,}0666 \text{ m}^4$,

oben: $J_a = \dfrac{0{,}60 \cdot 1{,}40^3}{12} = 0{,}1372 \text{ m}^4$,

$$n = \frac{J_m}{J_a} = \frac{0{,}0666}{0{,}1372} = {\sim}\,0{,}50\,,$$

Balken 6:   links: $J_m = \dfrac{0{,}40 \cdot 0{,}25^3}{12} = 0{,}00052 \text{ m}^4$,

rechts: $J_a = \dfrac{0{,}40 \cdot 0{,}75^3}{12} = 0{,}0141 \text{ m}^4$,

$$n = \frac{J_m}{J_a} = \frac{0{,}00052}{0{,}0141} = {\sim}\,0\,04\,,$$

Balken 7: $J_7 = \dfrac{0{,}40 \cdot 0{,}75^3}{12} = 0{,}0141 \text{ m}^4$,

Balken 8:   links: $J_m = \dfrac{0{,}40 \cdot 0{,}70^3}{12} = 0{,}0114 \text{ m}^4$,

rechts: $J_a = \dfrac{0{,}40 \cdot 1{,}05^3}{12} = 0{,}0384 \text{ m}^4$,

$$n = \frac{J_m}{J_a} = \frac{0{,}0114}{0{,}0384} = {\sim}\,0{,}30\,.$$

II. Auflagerwinkel der geraden Stäbe.

Stab 1: $\alpha_1^a = \dfrac{l_1}{2\,J_1\,E} = \dfrac{5{,}28}{2 \cdot 0{,}000675 \cdot E} = \dfrac{3910}{E} = \alpha_1^b$, $\beta_1 = \dfrac{\alpha_1}{3} = \dfrac{1303}{E}$,

Stab 2: $\alpha_2^a = \dfrac{l_2}{2\,J_2\,E} = \dfrac{5{,}28}{2 \cdot 0{,}0063\,E} = \dfrac{420}{E} = \alpha_2^b$, $\beta_2 = \dfrac{420}{3\,E} = \dfrac{140}{E}$,

Stab 3: $\alpha_3^a = \dfrac{l_3}{2 \cdot J_3 \cdot E} = \dfrac{5{,}28}{2 \cdot 0{,}0578\,E} = \dfrac{45{,}6}{E} = \alpha_3^b$, $\beta_3 = \dfrac{45{,}6}{3\,E} = \dfrac{15{,}2}{E}$,

Stab 4: $\alpha_4^a = \dfrac{l_4}{2 \cdot J_4 \cdot E} = \dfrac{5{,}02}{2 \cdot 0{,}000675 \cdot E} = \dfrac{3720}{E} = \alpha_4^b$, $\beta_4 = \dfrac{3720}{3\,E} = \dfrac{1240}{E}$,

Stab 5:   Mit $n = 0{,}50$ und Voutenlänge $= \dfrac{l}{2}$ wird für parabelförmige einseitige Voute nach Tabelle 4 des Anhanges Bd. I

$$\alpha_5^a = \frac{l_5}{2\,J_m \cdot E}\,C_2 = \frac{5{,}02 \cdot 0{,}972}{2 \cdot 0{,}0666\,E} = \frac{36{,}6}{E}\,,$$

$$\alpha_5^b = \frac{l_5}{2\,J_m\,E}\,C_1 = \frac{5{,}02 \cdot 0{,}824}{2 \cdot 0{,}0666\,E} = \frac{31{,}0}{E}\,,$$

$$\beta_5 = \frac{l_5}{6\,J_m\,E}\,C_3 = \frac{5{,}02 \cdot 0{,}933}{6 \cdot 0{,}0666\,E} = \frac{11{,}7}{E}\,,$$

Stab 6:   Mit $n = 0{,}04$ und Voutenlänge $= l$ wird für einseitige Voute nach Tabelle 3 des Anhanges Bd. I

$$\alpha_6^a = \frac{l_6}{2\,J_m\,E}\,C_2 = \frac{6{,}55 \cdot 0{,}342}{2 \cdot 0{,}00052 \cdot E} = \frac{2150}{E}\,, \qquad \alpha_6^b = \frac{2150}{E} \cdot \frac{0{,}117}{0{,}342} = \frac{736}{E}\,,$$

$$\beta_6 = \frac{l_6}{6\,J_m \cdot E}\,C_3 = \frac{6{,}55 \cdot 0{,}184}{6 \cdot 0{,}00052 \cdot E} = \frac{387}{E}\,,$$

Stab 7: $\alpha_7^a = \dfrac{l_7}{2\,J_7 \cdot E} = \dfrac{7{,}69}{2 \cdot 0{,}0141 \cdot E} = \dfrac{273}{E} = \alpha_7^b$, $\beta_7 = \dfrac{273}{3\,E} = \dfrac{91}{E}$,

Stab *8*: Mit $n = 0{,}30$ und Voutenlänge $= \dfrac{l}{5}$ wird nach obiger Tabelle:

$$\alpha_8^a = \frac{l_8}{2\,J_m \cdot E}\,C_2 = \frac{8{,}70 \cdot 0{,}988}{2 \cdot 0{,}0114 \cdot E} = \frac{376}{E}, \qquad \alpha_8^b = \frac{376}{E} \cdot \frac{0{,}840}{0{,}988} = \frac{320}{E},$$

$$\beta_8 = \frac{l_8}{6 \cdot J_m \cdot E}\,C_3 = \frac{8{,}70 \cdot 0{,}964}{6 \cdot 0{,}0114 \cdot E} = \frac{122}{E}.$$

Die Auflagerwinkel der übrigen Stäbe sind infolge Symmetrie gegeben.

III. Festwerte des Bogens.

Tabelle 1.

La-melle	Δs	b	h	$100\,J$	$w = \dfrac{\Delta s}{J}$	y	$y \cdot w$	$y^2 \cdot w$	x	$l - x$	$x\,(l-x)\,w$
1	2,10	0,40	2,00	26,70	7,85	0,85	6,7	5,7	0,60	24,50	115,4
2	2,10	0,40	1,60	13,65	15,40	2,50	38,5	96,3	1,90	23,20	678,8
3	2,10	0,40	1,50	11,25	18,70	4,10	76,7	314,3	3,35	21,75	1362,5
4	1,75	0,40	1,30	7,30	24,00	5,15	123,6	636,5	4,95	20,15	2393,8
5	1,75	0,40	1,20	5,75	30,40	5,80	176,3	1022,7	6,60	18,50	3711,8
6	1,75	0,40	1,30	7,30	24,00	6,30	151,2	952,6	8,25	16,85	3336,3
7	1,75	0,40	1,40	9,15	19,15	6,75	129,3	872,5	9,95	15,15	2886,7
8	1,75	0,40	1,50	11,26	15,55	6,90	107,3	740,3	18,70	13,40	2437,9
$\sum\limits_0^{l/2}$					155,05		809,6	4640,9			16923,2

$$\text{Bogenschub } B = \frac{\sum y \cdot w}{\sum y^2 \cdot w} = \frac{809{,}6}{4640{,}9} = 0{,}1744\,\text{t}.$$

$$\text{Auflagerwinkel:} \quad \bar{\alpha} = \sum_0^{l/2} \frac{w}{E} - B \sum_0^{l/2} y \cdot \frac{w}{E} = \frac{155{,}05}{E} - 0{,}1744\,\frac{809{,}6}{E} = +\,\frac{13{,}9}{E},$$

$$\beta = \frac{2 \sum\limits_0^{l/2} x\,(l-x)\,\dfrac{w}{E}}{l^2} - \frac{B}{2} \sum_0^{l/2} y \cdot \frac{w}{E} = \frac{2 \cdot 16923{,}2}{25{,}10^2 \cdot E} - \frac{0{,}1744}{2} \cdot \frac{809{,}6}{E} = \frac{16{,}9}{E}.$$

IV. Festpunkte.

(Fig. 205.)

In den Fundamenten ist feste Einspannung für die Säulen vorhanden; die Stützen *4* bzw. *13* sind unten gelenkig an den Träger angeschlossen. Die untern Festpunkte der untern Stützenreihe liegen somit in $a = \dfrac{l}{3}$. Es ist also:

$$a_1 = a_2 = a_3 = a_9 = a_{10} = a_{11} = \frac{5{,}28}{3} = 1{,}76\,\text{m}.$$

Drehwinkel: $\quad \tau_1^D = \dfrac{\alpha_1}{2} = \dfrac{3910}{2E} = \dfrac{1955}{E} = \varepsilon^a.$

$$a_6 = \frac{l_6 \cdot \beta_6}{\alpha_6^a + \varepsilon_6^a} = \frac{6{,}55 \cdot 387}{2150 + 1955} = 0{,}62\,\text{m}, \quad l - a = 6{,}55 - 0{,}62 = 5{,}93\,\text{m},$$

$$\tau_6^F = \alpha_6^b - \beta_6 \frac{l_6}{l_{6-a}} = \frac{736}{E} - \frac{387}{E} \cdot \frac{6{,}55}{5{,}93} = \frac{308}{E},$$

$$\tau_2^F = \frac{\alpha_2}{2} = \frac{420}{2E} = \frac{210}{E},$$

$$\tau_{2-6}^F = \frac{\tau_2^F \cdot \tau_6^F}{\tau_2^F + \tau_6^F} = \frac{210 \cdot 308}{(210 + 308)E} = \frac{125}{E} = \varepsilon_7^a.$$

$$a_7 = \frac{l_7 \cdot \beta_7}{\alpha_7^a \cdot \varepsilon_7^a} = \frac{7,69 \cdot 91}{273 + 125} = 1,76\,\text{m}, \quad l - a = 5,93\,\text{m},$$

$$\tau_7^G = \beta_7\left(3 - \frac{l_7}{l_7 - a_7}\right) = \frac{\alpha_1}{E}\left(3 - \frac{7,69}{5 \cdot 93}\right) = \frac{155}{E},$$

$$\tau_3^G = \frac{\alpha_3}{2} = \frac{45,6}{2\,E} = \frac{22,8}{E},$$

$$\tau_{3-7}^G = \frac{22,8 \cdot 155}{(22,8 + 155)\,E} = \frac{19,9}{E} = \varepsilon_5^a.$$

$$a_5 = \frac{l_5 \cdot \beta_5}{\alpha_5^a + \varepsilon_5^a} = \frac{5,02 \cdot 11,7}{36,6 + 19,9} = 1,05\,\text{m}, \quad l - a = 3,97\,\text{m},$$

$$\tau_5^J = \alpha_5^b - \beta_5\frac{l_5}{l_5 - a_5} = \frac{31,0}{E} - \frac{11,7}{E}\cdot\frac{5,02}{3,97} = \frac{16,2}{E}$$

$$a_4 = 0; \qquad \tau_4^H = 2\,\beta_4 = 2\,\frac{1240}{E} = \frac{2480}{E} = \varepsilon_8^a.$$

$$a_8 = \frac{l_8 \cdot \beta_8}{\alpha_8^a + \varepsilon_8^a} = \frac{8,70 \cdot 122}{376 + 2480} = 0,37\,\text{m}, \quad l - a = 8,33\,\text{m},$$

$$\tau_8^J = \alpha_8^b - \beta\frac{l_8}{l_8 - a_8} = \frac{320}{E} - \frac{122 \cdot 870}{E \cdot 8,33} = \frac{193}{E},$$

$$\tau_{5-8}^J = \frac{16,2 \cdot 193}{(16,2 + 193)\,E} = \frac{15,0}{E} = \varepsilon_{17}^J.$$

$$a_{17} = \frac{l_{17} \cdot \beta_{17}}{\overline{\alpha}_{17}^a + \varepsilon_{17}^a} = -\frac{25,10 \cdot 16,9}{13,9 + 15,0} = -14,70\,\text{m}, \quad l - a = 39,80\,\text{m},$$

$$\tau_{17}^K = \overline{\alpha}^b - \beta\frac{l}{l - a} = \frac{13,9}{E} + \frac{16,9}{E}\cdot\frac{25,10}{39,80} = \frac{24,5}{E} = \tau_{17}^J,$$

$$\tau_{5-17}^J = \frac{16,2 \cdot 24,5}{(16,2 + 24,5)\,E} = \frac{9,8}{E} = \varepsilon_8^b.$$

$$b_8 = \frac{l_8 \cdot \beta_8}{\alpha_8^b + \varepsilon_8^b} = \frac{8,70 \cdot 122}{320 + 9,8} = 3,22\,\text{m}, \quad l - b = 5,48\,\text{m},$$

$$\tau_8^H = \alpha_8^a - \beta_8\frac{l_8}{l_8 - b} = \frac{376}{E} - \frac{122}{E}\cdot\frac{8,70}{5,48} = \frac{182}{E} = \varepsilon_4^b.$$

$$b_4 = \frac{l_4 \cdot \beta_4}{\alpha_4^b + \varepsilon_4^b} = \frac{5,02 \cdot 1240}{3720 + 182} = 1,59\,\text{m},$$

$$\tau_{8-17}^J = \frac{193 \cdot 24,5}{(193 + 24,5)\,E} = \frac{21,7}{E} = \varepsilon_5^b.$$

$$b_5 = \frac{l_5 \cdot \beta_5}{\alpha_5^b + \varepsilon_5^b} = \frac{5,02 \cdot 11,7}{31,0 + 21,7} = 1,11\,\text{m}, \quad l - b = 3,91\,\text{m},$$

$$\tau_5^G = \alpha_5^a - \beta\frac{l_5}{l_5 - b_5} = \frac{36,6}{E} - \frac{11,7}{E}\cdot\frac{5,02}{3,91} = \frac{21,6}{E},$$

$$\tau_{3-5}^G = \frac{22,8 \cdot 21,6}{(22,8 + 21,6)\,E} = \frac{11,1}{E} = \varepsilon_7^b.$$

$$b_7 = \frac{l_7 \cdot \beta_7}{\alpha_7^b + \varepsilon_7^b} = \frac{7,69 \cdot 91}{273 + 11,1} = 2,47\,\text{m}, \qquad l - b = 5,22\,\text{m},$$

$$\tau_7^F = \beta_7\left(3 - \frac{l_7}{l_7 - b_7}\right) = \frac{91}{E}\left(3 - \frac{7,69}{5,22}\right) = \frac{139}{E},$$

$$\tau_{2-7}^F = \frac{210 \cdot 139}{(210 + 139)\,E} = \frac{83,5}{E} = \varepsilon_6^b.$$

$$b_6 = \frac{l_6 \cdot \beta_6}{\alpha_6^b + \varepsilon_6^b} = \frac{6{,}55 \cdot 387}{736 + 83{,}5} = \mathbf{3{,}10\,m}, \qquad l - b = 3{,}45\,\mathrm{m},$$

$$\tau_1^D = \alpha_6^a - \beta\,\frac{l_1}{l_1 - b} = \frac{2150}{E} - \frac{387}{E} \cdot \frac{6{,}55}{3{,}45} = \frac{1434}{E} = \varepsilon_1^b.$$

$$b_1 = \frac{l_1 \cdot \beta_1}{\alpha_1^b + \varepsilon_1^b} = \frac{5{,}28 \cdot 1303}{3910 + 1424} = \mathbf{1{,}29\,m},$$

$$\tau_{6-7}^F = \frac{308 \cdot 139}{(308 + 139)E} = \frac{96}{E} = \varepsilon_2^b.$$

$$b_2 = \frac{l_2 \cdot \beta_2}{\alpha_2^b + \varepsilon_2^b} = \frac{5{,}28 \cdot 140}{420 + 96} = \mathbf{1{,}43\,m},$$

$$\tau_{5-7}^G = \frac{21{,}6 \cdot 155}{(21{,}6 + 155)E} = \frac{19{,}0}{E} = \varepsilon_3^b.$$

$$b_3 = \frac{l_3 \cdot \beta_3}{\alpha_3^b + \varepsilon_3^b} = \frac{5{,}28 \cdot 15{,}2}{45{,}6 + 19{,}0} = \mathbf{1{,}25\,m}.$$

Infolge Symmetrie sind damit auch die Festpunkte der rechten Rahmenhälfte bekannt.

V. Verteilungsmaße.

Knotenpunkt F:

$$\mu_{6-7} = \frac{\tau_{2-7}^F}{\tau_7^F} = \frac{83{,}5}{139} = 0{,}600, \qquad \mu_{6-2} = 0{,}400,$$

$$\mu_{7-6} = \frac{\tau_{2-6}^F}{\tau_6^F} = \frac{125}{308} = 0{,}406, \qquad \mu_{7-2} = 0{,}594,$$

$$\mu_{2-6} = \frac{\tau_{6-7}^F}{\tau_6^F} = \frac{96}{308} = 0{,}312, \qquad \mu_{2-7} = 0{,}688.$$

Knotenpunkt G:

$$\mu_{7-3} = \frac{\tau_{3-5}^G}{\tau_3^G} = \frac{11{,}1}{22{,}8} = 0{,}487, \qquad \mu_{7-5} = 0{,}513,$$

$$\mu_{3-5} = \frac{\tau_{5-7}^G}{\tau_3^G} = \frac{19{,}0}{21{,}6} = 0{,}880, \qquad \mu_{3-7} = 0{,}120,$$

$$\mu_{5-3} = \frac{\tau_{3-7}^G}{\tau_3^G} = \frac{19{,}9}{22{,}8} = 0{,}873, \qquad \mu_{5-7} = 0{,}127.$$

Knotenpunkt J:

$$\mu_{8-5} = \frac{\tau_{5-17}^J}{\tau_5^J} = \frac{9{,}8}{16{,}2} = 0{,}605, \qquad \mu_{8-17} = 0{,}395,$$

$$\mu_{17-8} = \frac{\tau_{5-8}^J}{\tau_8^J} = \frac{15{,}0}{193} = 0{,}078, \qquad \mu_{17-5} = 0{,}992,$$

$$\mu_{5-8} = \frac{\tau_{8-17}^J}{\tau_8^J} = \frac{21{,}7}{193} = 0{,}112, \qquad \mu_{5-17} = 0{,}888.$$

Der Symmetrie wegen sind die Verteilungsmaße auch für die übrigen, rechtsseitigen Knotenpunkte bekannt.

VI. Weiterleitung der Stützmomente.

Damit die Stützmomente, welche über das System hin zu verteilen sind, leicht rechnerisch weitergeleitet werden können, ist in Fig. 205 für jeden Stab (mit Pfeilstrich versehen) der Absolutwert des Stützenmomentes eingetragen, welches durch das Stützmoment $M = 1{,}0$ m am andern Stabende erzeugt wird.

VII. Momente M_I'.

Diese Momente entstehen, wenn der Balken $H - J$ in Richtung seiner Achse um 1 cm nach rechts verschoben wird, wobei die übrigen Balken unverschieblich festgehalten gedacht sind. Dadurch werden die gegenseitigen, rechtwinklig zur Achse gemessenen Verschiebungen der Balkenenden von $\varrho_4 = \varrho_5 = 1$ cm hervorgerufen.

Mit dem Werte $E \cdot \varrho = 2\,100\,000 \cdot 0{,}01 = 21\,000$ erhalten wir nach Gl. (515) und (520) an den verschobenen Stäben:

$$M_4^H = \frac{\varrho_4 \cdot b_4}{l_4 \cdot \beta_4 (l_4 - a_4 - b_4)} = + \frac{21\,000 \cdot 1{,}59}{5{,}02 \cdot 1240{,}0 \cdot 3{,}43} = + 1{,}56 \,\text{mt},$$

$$M_4^E = 0,$$

$$M_5^J = \frac{\varrho_5 \cdot b_5}{l_5 \cdot \beta_5 (l_5 - a_5 - b_4)} = \frac{21\,000 \cdot 1{,}11}{5{,}02 \cdot 11{,}7 \cdot 2{,}86} = + 139{,}0 \,\text{mt},$$

$$M_5^G = - M_5^J \cdot \frac{a_5}{b_5} = \frac{- 139{,}0 \cdot 1{,}05}{1{,}11} = - 131{,}3 \,\text{mt}.$$

Nach Gl. (592 a) am Bogenkämpfer:

$$E \varDelta' = 21\,000 \,\text{t/m},$$

$$M^a = M^b = \frac{B\left(\frac{l}{2} - b\right)\varDelta'}{l \cdot \beta (l - a - b)} a = + \frac{0{,}1744 \,(12{,}55 - 14{,}70)\, 21\,000}{25{,}10 \cdot 16{,}9 \cdot 54{,}5} \, 14{,}70 = + 63{,}4 \,\text{mt}.$$

Diese Momente durch den Rahmen weitergeleitet und dann addiert, ergeben das Momentenbild M_I' (Fig. 206). Hierbei wirken an den Stützenköpfen nachstehende Kräfte:

Stützenkopf H:
$$Q_4^H = \frac{M_4^H}{h} = + \frac{2{,}04}{5{,}02} = + \, 0{,}41 \,\text{t},$$

Stützenkopf J:
$$Q_3^J = \frac{M_5^J - M_5^G}{h_5} = \frac{198{,}05 + 146{,}85}{5{,}02} = + 68{,}71 \,\text{t},$$

Bogenschub:
$$H_{\varDelta I} = B_\varDelta + \frac{B}{2} (M^l + M^r)$$

nach Gl. 586 ist

$$B_\varDelta' = \frac{E \varDelta'}{\underset{0}{\overset{c}{\sum}} y^2 w} = \frac{21\,000}{2 \cdot 4640{,}9} = 2{,}26 \,\text{t},$$

$$H_{\varDelta I} = 2{,}26 + \frac{0{,}1744}{2} (186{,}44 + 108{,}77) \quad = \underline{28{,}00 \,\text{t}},$$

Die Erzeugungskraft Z_I beträgt also $\qquad\qquad \underline{97{,}12 \,\text{t}}.$

Balken $L - K$:

Stützenkräfte
$$\sum Q = \frac{- 100{,}18 - 20{,}47 + 0{,}39}{5{,}02} = - 25{,}14 \,\text{t},$$

$$- H_{\varDelta I} = \qquad\qquad \underline{- 28{,}00 \,\text{t}},$$

Das Lager III ist festgehalten durch: $\qquad \underline{D_{III\,(\varDelta I)} = - 53{,}14 \,\text{t}}.$

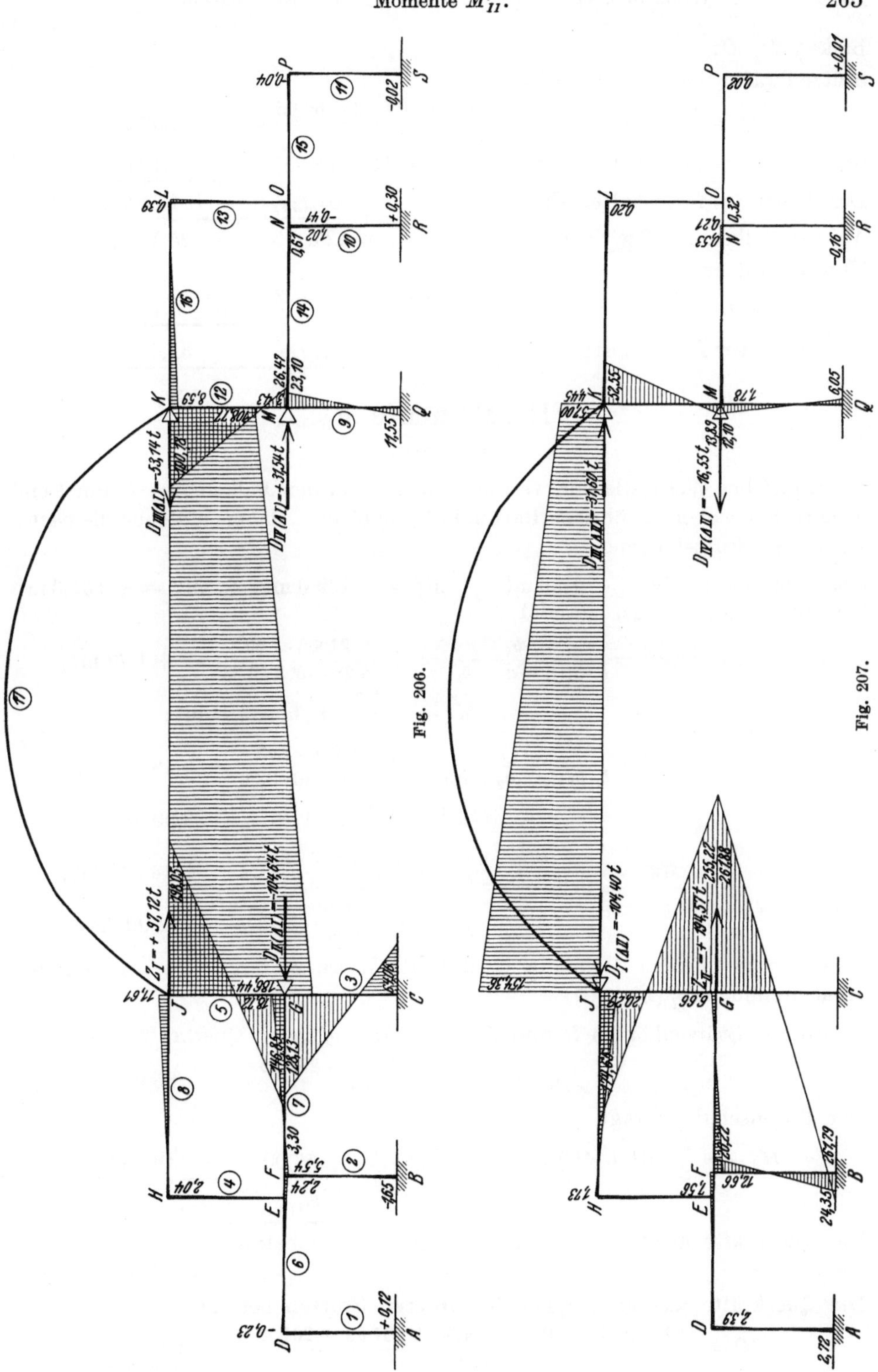

Fig. 206.

Fig. 207.

Balken $D-G$:

Stützenkräfte der unteren Stützen:

$$\sum Q = \frac{-\,0{,}23 + 0{,}12 - 3{,}30 - 1{,}65 + 128{,}13 + 64{,}06}{5{,}28} = -\;35{,}52\,\mathrm{t}\,,$$

Stützenkräfte der oberen Stützen $= -\,(0{,}41 + 68{,}71) = -\;69{,}12\,\mathrm{t}\,,$

Das Lager ist festgehalten durch: $\qquad D_{II(AI)} = -\;104{,}64\,\mathrm{t}\,.$

Auf den Balken $M-P$ wirken: Stützenquerkräfte 12 u. 13 $= +\;25{,}14\,\mathrm{t}\,.$

Untere Stützen:

$$\sum Q = \frac{+\,23{,}10 + 11{,}55 - 0{,}61 - 0{,}30 + 0{,}04 + 0{,}02}{5{,}28} = +\;6{,}40\,\mathrm{t}\,.$$

Das Lager IV ist festgehalten durch: $\qquad D_{IV(AI)} = +\;31{,}54\,\mathrm{t}\,.$

VIII. Momente M'_{II}.
(Fig. 207.)

In gleicher Weise wie vor, verschieben wir nun den Balken $D-G$ um 1 cm nach rechts, wobei alle übrigen Balken in Ruhe bleiben, dabei entstehen die nachstehenden Stützenmomente:

Obere Stützen: $M_4^H = -\,1{,}56\,\mathrm{mt}\,,\qquad M_5^J = =139{,}0\,\mathrm{mt}\,,\qquad M_5^G = +\,131{,}3\,\mathrm{mt}$
(wie im Verschiebungszustand I).

Untere Stützen: $M_1^D = \dfrac{\varrho_1 \cdot b_1}{l_1 \cdot \beta_1 (l_1 - a_1 - b_1)} = +\,\dfrac{21000 \cdot 1{,}29}{5{,}28 \cdot 1303 \cdot 2{,}23} = +\,1{,}77\,\mathrm{mt}\,,$

$$M_1^A = -\,\frac{1{,}77}{1{,}29} \cdot 1{,}76 = 2{,}41\,\mathrm{mt}\,,$$

$$M_2^F = \frac{\varrho_2 \cdot b_2}{l_2 \cdot \beta_2 (l_2 - a_2 - b_2)} = +\,\frac{21000 \cdot 1{,}43}{5{,}28 \cdot 140 \cdot 2{,}09} = +\,19{,}43\,\mathrm{mt}\,,$$

$$M_2^B = +\,\frac{19{,}43}{1{,}43} \cdot 1{,}76 = -\,23{,}90\,\mathrm{mt}\,,$$

$$M_3^G = \frac{\varrho_3 \cdot b_3}{l_3 \cdot \beta_3 (l_3 - a_3 - b_3)} = +\,\frac{21000 \cdot 1{,}25}{5{,}28 \cdot 15{,}2 \cdot 2{,}27} = +\,144{,}10\,\mathrm{mt}\,,$$

$$M_3^C = -\,\frac{144{,}10}{1{,}25} \cdot 1{,}76 = -\,202{,}90\,\mathrm{mt}\,.$$

Die vorstehenden Momente in üblicher Weise weitergeleitet ergeben das Momentenbild M'_{II} (Fig. 207).

An den Stützenköpfen H und J wirken die folgenden Querkräfte:

$$\sum Q = -\,\frac{1{,}73 + 174{,}65 + 255{,}22}{5{,}02} = -\;85{,}98\,\mathrm{t}\,.$$

Der Bogenschub beträgt

$$H_{AII} = \frac{B}{2}\,(M^l + M^r) = -\,\frac{0{,}1744}{2}\,(154{,}36 + 57{,}00) = -\;18{,}43\,\mathrm{t}\,,$$

$$D_{I(AII)} = -\,104{,}41\,\mathrm{t}\,.$$

Die Querkräfte an den Füßen der oberen Stützen betragen

$$\sum Q = +\;85{,}98\,\mathrm{t}\,.$$

Die Querkräfte an den Köpfen der unteren Stützen betragen

$$\sum Q = \frac{2{,}39 + 2{,}72 + 20{,}22 + 24{,}35 + 261{,}88 + 261{,}79}{5{,}28} = +\,108{,}59\,\mathrm{t}\,.$$

Balken $K-L$, Erzeugungskraft, $\qquad Z_{II} = +\,194{,}57\,\mathrm{t}\,.$

Bogenschub: $\qquad\qquad\qquad\qquad\qquad\qquad -H_{\varDelta II} = +\ 18{,}43\,\text{t}\,.$

Querkräfte: $\qquad\qquad\qquad \Sigma Q = \dfrac{+\ 52{,}55 + 13{,}88 + 0{,}20}{5{,}02} = +\ 13{,}19\,\text{t}\,.$

$$D_{III(\varDelta II)} = +\ 31{,}62\,\text{t}\,.$$

Balken $M - P$: Querkräfte an den Stützenfüßen

$$\Sigma Q = -\ 13{,}19\,\text{t}\,.$$

Querkräfte an den Stützenköpfchen

$$\Sigma Q = -\ \frac{3\,(12{,}10 - 0{,}32 + 0{,}02)}{2 \cdot 5{,}28} = -\ 3{,}35\,\text{t}\,,$$

$$D_{IV(\varDelta II)} = -\ 16{,}54\,\text{t}\,.$$

IX. Momente M'_{III} und M'_{IV}.

Verschieben wir in gleicher Weise, wie wir es für die Stäbe *8* und *7* getan haben, die Stäbe *16* und *14* um 1 cm nach rechts, so entstehen am System die Momente M'_{III} und M'_{IV}. Diese gehen ohne weiteres aus den bereits ermittelten Momenten M'_I und M'_{II} hervor, da der Rahmen symmetrisch gebaut ist. Die Darstellung der Werte M'_{III} ist durch Fig. 208, und diejenige der Werte M'_{IV} durch Fig. 209 gegeben.

X. Momente M_I^*.

Die Momente M_I^* werden am Rahmen erzeugt, wenn am Knotenpunkt J die Kraft $H = +1{,}0\,\text{t}$ wirkt, ohne daß die übrigen Knotenpunkte mit Festhaltekräften belastet sind.

Wir gelangen zu diesen Momenten, indem wir die Momentenbilder der Momente M'_I, M'_{II}, M'_{III} und M'_{IV} übereinanderlagern und die Momentenwerte der einzelnen Bilder mit Zahlen $X_{I(I)}$, $X_{II(I)}$, $X_{III(I)}$ und $X_{IV(I)}$ multiplizieren, so daß die Übereinanderlagerung der so veränderten Bilder die obigen Bedingungen erfüllt.

Diese Bedingungen sind durch die Gl. (547) ausgesprochen, welche lautet:

$$\begin{aligned}
X_{I(I)}Z_I &+ X_{II(I)}D_{I(\varDelta II)} &+ X_{III(I)}D_{I(\varDelta III)} &+ X_{IV(I)}D_{I(IV)} &= 1,\\
X_{I(I)}D_{II(\varDelta I)} &+ X_{II(I)}Z_{II} &+ X_{III(I)}D_{II(\varDelta III)} &+ X_{IV(I)}D_{II(\varDelta IV)} &= 0,\\
X_{I(I)}D_{III(\varDelta I)} &+ X_{II(I)}D_{III(\varDelta II)} &+ X_{III(I)}Z_{III} &+ X_{IV(I)}D_{III(\varDelta IV)} &= 0,\\
X_{I(I)}D_{IV(\varDelta I)} &+ X_{II(I)}D_{IV(\varDelta II)} &+ X_{III(I)}D_{IV(\varDelta III)} &+ X_{IV(I)}Z_{IV} &= 0.
\end{aligned}$$

Nach Auflösung dieser Gleichungen können wir an jeder Stelle des Rahmens den Wert des Momentes M_I^* finden zu:

$$M_I^* = X_{I(I)}\,M'_I + X_{II(I)} \cdot M'_{II} + X_{III(I)}\,M'_{III} + X_{IV(I)} \cdot M'_{IV}\,.$$

Gl. (546).

Die Zahlenwerte der bereits bestimmten Größen von Z und D eingesetzt, wird Gl. (547) zu:

$$\begin{aligned}
+\ 97{,}12\,X_I &- 104{,}41\,X_{II} &- 53{,}14\,X_{III} &+ 31{,}62\,X_{IV} &= 1 \quad &(\text{Lager } I),\\
-\ 104{,}64\,X_I &+ 194{,}57\,X_{II} &+ 31{,}54\,X_{III} &- 16{,}54\,X_{IV} &= 0 \quad &(\text{Lager } II),\\
-\ 53{,}14\,X_I &+ 31{,}62\,X_{II} &+ 97{,}12\,X_{III} &- 104{,}41\,X_{IV} &= 0 \quad &(\text{Lager } III),\\
+\ 31{,}54\,X_I &- 16{,}54\,X_{II} &- 104{,}64\,X_{III} &+ 194{,}57\,X_{IV} &= 0 \quad &(\text{Lager } IV).
\end{aligned}$$

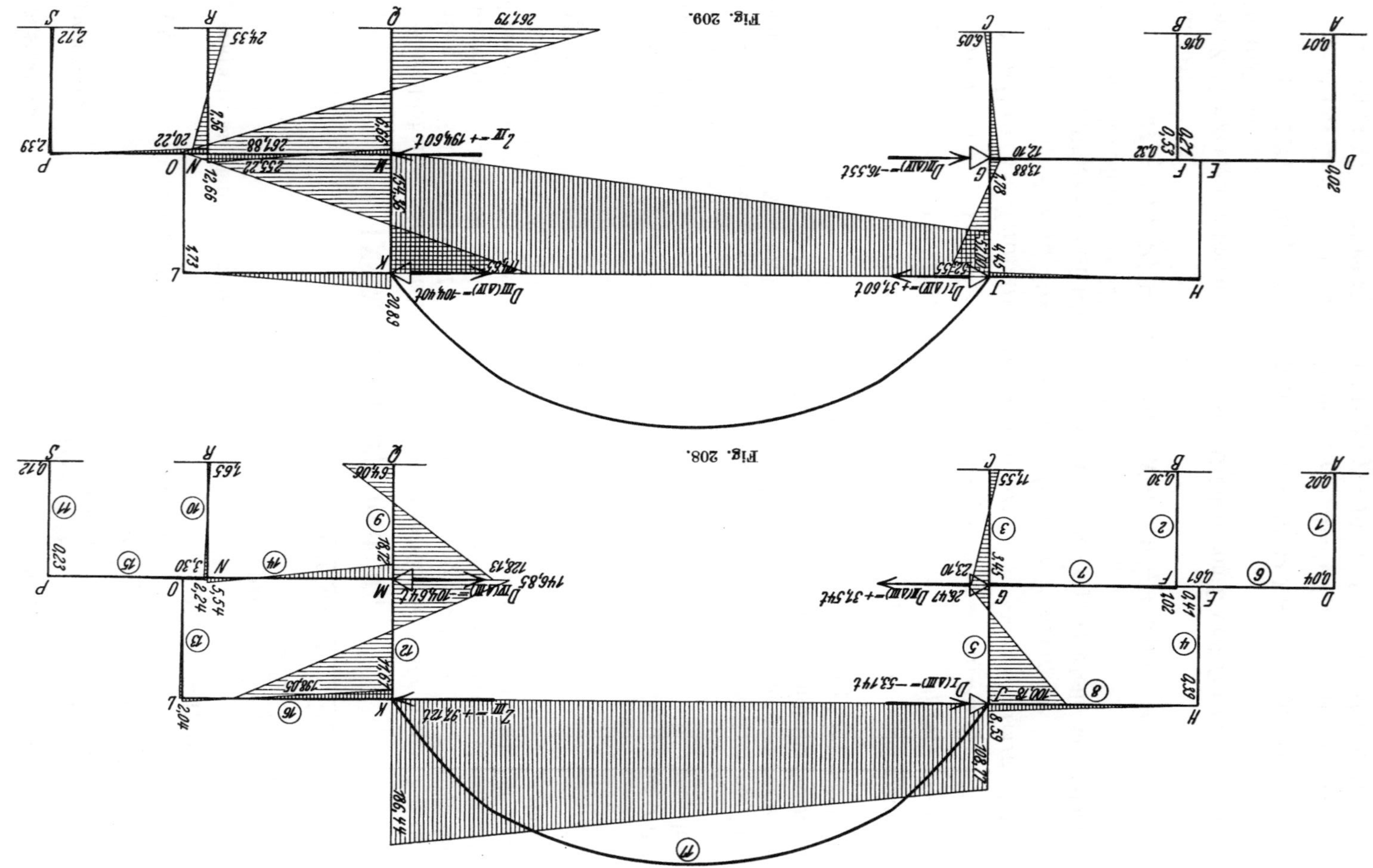

Fig. 208.

Fig. 209.

Hieraus ergeben sich die Unbekannten zu:

$$X_I = +0{,}04349; \quad X_{II} = +0{,}01973; \quad X_{III} = +0{,}02748; \quad X_{IV} = +0{,}00941$$

und mit diesen die Momente:

$$M_I^* = +0{,}04349\,M_I' + 0{,}01973\,M_{II}' + 0{,}02748\,M_{III}' + 0{,}00941\,M_{IV}'.$$

Der Bogenschub H_I^* berechnet sich in derselben Weise wie die Momentengrößen; er beträgt also:

$$H_I^* = X_I H_{\Delta I} + X_{II} H_{\Delta II} + X_{III} H_{\Delta III} + X_{IV} H_{\Delta IV}.$$

Die Werte H_Δ sind den Berechnungen für die M'-Momente zu entnehmen. Es ist also

$$H_I^* = 0{,}04349 \cdot 28{,}00 - 0{,}01973 \cdot 18{,}43 = 0{,}02748 \cdot 28{,}00$$
$$+ 0{,}00941 \cdot 18{,}43 = 0{,}258\,\text{t}.$$

Die Momente M_I^* sind in folgender Tab. 2 berechnet und in Fig. 210 dargestellt.

Rechnungsproben.

Das mit den Momenten M_I^* belastete System muß im Gleichgewicht sein und muß die bei der Berechnung gemachten Bedingungen erfüllen, daß $H = 1{,}0$ t am Stab 8 wirkt, während sonst nur die natürlichen Auflager äußere Kräfte erhalten.

Querkräfte:

$$\text{Stab } 1: \qquad Q_1^A = \frac{-0{,}05 - 0{,}04}{5{,}28} = -0{,}017\,\text{t},$$

$$\text{Stab } 2: \qquad Q_2^B = \frac{-0{,}54 - 0{,}52}{5{,}28} = -0{,}200\,\text{t},$$

$$\text{Stab } 3: \qquad Q_3^C = \frac{-2{,}64 - 0{,}11}{5{,}28} = -0{,}521\,\text{t},$$

$$\text{Stab } 4: \qquad Q_4^E = -\frac{0{,}07}{5{,}02} = -0{,}014\,\text{t},$$

$$\text{Stab } 5: \qquad Q_5^G = \frac{-0{,}75 - 2{,}91}{5{,}02} = -0{,}730\,\text{t},$$

$$\text{Stab } 6: \qquad Q_6^D = \frac{-0{,}04 - 0{,}06}{6{,}55} = -0{,}015\,\text{t},$$

$$\text{Stab } 7: \qquad Q_7^F = \frac{-0{,}46 - 0{,}86}{7{,}69} = -0{,}172\,\text{t},$$

$$\text{Stab } 8: \qquad Q_8^H = \frac{-0{,}07 - 0{,}30}{8{,}70} = -0{,}042\,\text{t},$$

$$\text{Stab } 9: \qquad Q_{9|}^Q = \frac{-1{,}08 + 0{,}30}{5{,}28} = -0{,}148\,\text{t},$$

$$\text{Stab } 10: \qquad Q_{10}^R = \frac{-0{,}27 - 0{,}26}{5{,}28} = -0{,}100\,\text{t},$$

$$\text{Stab } 11: \qquad Q_{11}^S = \frac{-0{,}03 - 0{,}01}{5{,}28} = -0{,}008\,\text{t},$$

$$\text{Stab } 12: \qquad Q_{12}^M = \frac{-0{,}76 - 0{,}49}{5{,}02} = -0{,}249\,\text{t},$$

$$\text{Stab } 13: \qquad Q_{13}^{O} = \frac{-0,06}{5,02} = -0,012 \text{ t},$$

$$\text{Stab } 14: \quad Q_{14}^{M} = \frac{-0,46 - 0,24}{7,69} = -0,091 \text{ t},$$

$$\text{Stab } 15: \quad Q_{15}^{N} = \frac{-0,02 - 0,01}{6,55} = -0,005 \text{ t},$$

$$\text{Stab } 16: \quad Q_{16}^{K} = \frac{-0,41 - 0,06}{8,70} = -0,054 \text{ t},$$

$$\text{Stab } 17: \quad Q_{17}^{J} = \frac{-2,61 - 0,08}{25,10} = -0,107 \text{ t}.$$

Die in der folgenden Fig. 211 in Klammer gesetzten lotrechten Auflagerkräfte entsprechen nicht genau der Wirklichkeit, da die Stäbe *4* und *13* ihre Lasten nicht vollständig auf den Stab *2* (bzw. *10*) abgeben. Doch hat dieses auf die Summe der lotrechten Belastungen keinen Einfluß. In der Momentenprobe wird dann der wirkliche Hebelarm eingesetzt.

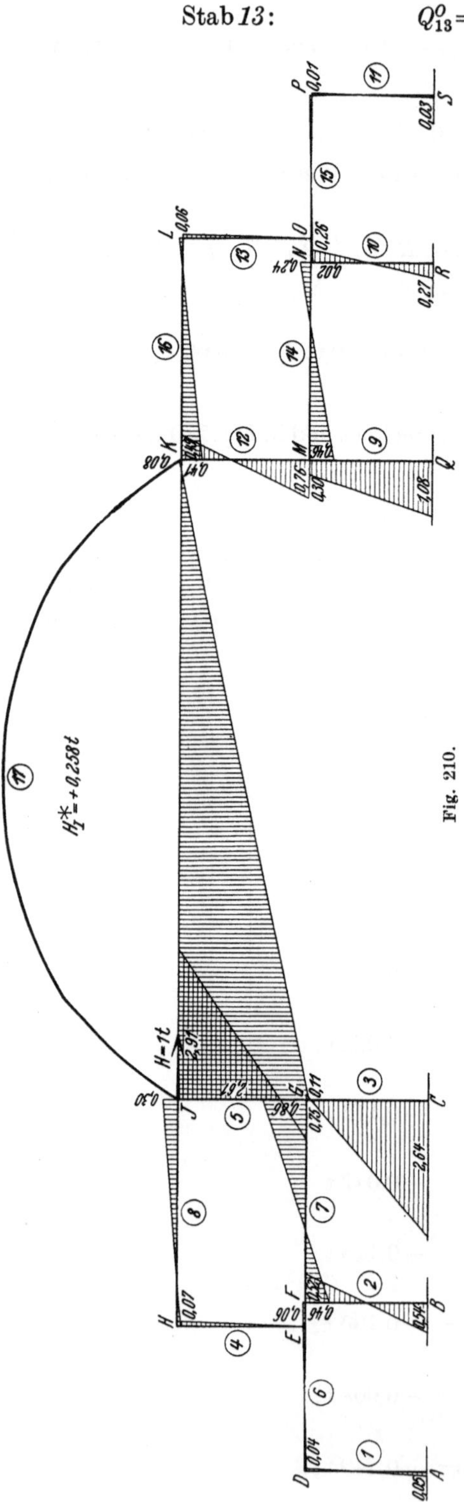

Fig. 210.

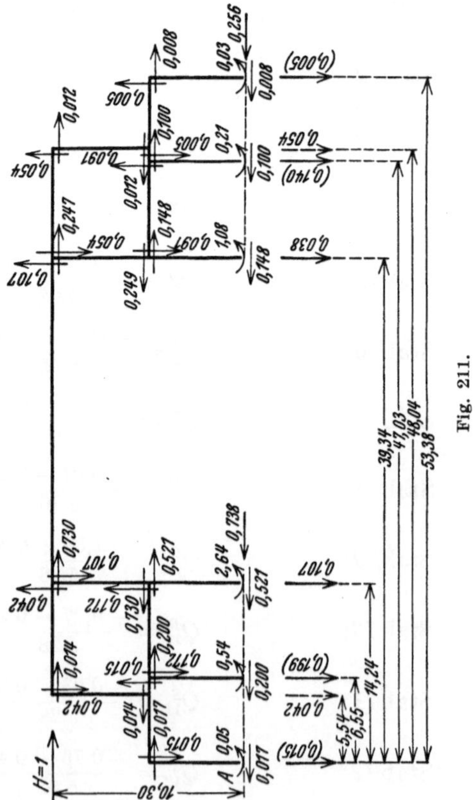

Fig. 211.

Tabelle 2. Momente M_I^* und M_{II}^*.

Stabendmoment bei	A	B	C	D_1	F_2	F_6	F_7	G_3	G_5	G_7	H_4	J_5	J_8	J_{17}
M_I'	+0,12	− 1,65	+ 64,06	−0,23	+ 3,30	+2,24	+ 5,54	−128,13	−146,85	−18,72	+2,04	+198,05	−11,61	+186,44
M_{II}'	−2,72	−24,35	−261,79	+2,39	+20,22	−7,56	+12,66	+261,88	+255,22	− 6,66	−1,73	−174,65	+20,29	−154,36
M_{III}'	−0,02	+ 0,30	− 11,55	+0,04	− 0,61	−0,41	− 1,02	+ 23,10	+ 26,47	+ 3,43	+0,39	−100,18	− 8,59	−108,77
M_{IV}'	+0,01	− 0,16	+ 6,05	−0,02	+ 0,32	+0,21	+ 0,53	− 12,10	− 13,88	− 1,78	−0,20	+ 52,55	+ 4,45	+ 57,00
+0,04349 M_I'	0	− 0,07	+ 2,78	−0,01	+ 0,14	+0,10	+ 0,24	− 5,57	− 6,38	− 0,81	+0,09	+ 8,60	− 0,50	+ 8,10
+0,01973 M_{II}'	−0,05	− 0,48	− 5,16	+0,05	+ 0,40	−0,15	+ 0,25	+ 5,16	+ 5,03	− 0,13	−0,03	− 3,44	+ 0,40	− 3,04
+0,02748 M_{III}'	0	+ 0,01	− 0,32	0	− 0,02	−0,01	− 0,03	+ 0,63	+ 0,73	+ 0,10	+0,01	− 2,75	− 0,24	− 2,98
+0,00941 M_{IV}'	0	0	+ 0,06	0	0	0	0	− 0,11	− 0,13	− 0,02	0	+ 0,50	+ 0,04	+ 0,53
M_I^*	−0,05	− 0,54	− 2,64	+0,04	+ 0,52	−0,06	+ 0,46	+ 0,11	− 0,75	− 0,86	+0,07	+ 2,91	− 0,30	+ 2,61
+0,01966 M_I'	0	− 0,03	+ 1,26	0	+ 0,06	+0,04	+ 0,11	− 2,51	− 2,88	− 0,37	+0,04	+ 3,88	− 0,23	+ 3,66
+0,01446 M_{II}'	−0,04	− 0,35	− 3,78	+0,03	+ 0,29	−0,11	+ 0,18	+ 3,78	+ 3,68	− 0,10	−0,02	− 2,52	+ 0,29	− 2,23
+0,00935 M_{III}'	0	0	− 0,11	0	0	0	− 0,01	+ 0,22	+ 0,25	+ 0,03	0	− 0,93	− 0,08	− 1,02
+0,00307 M_{IV}'	0	0	+ 0,02	0	0	0	0	− 0,04	− 0,04	0	0	+ 0,16	+ 0,01	+ 0,17
M_{II}^*	−0,04	− 0,38	− 2,61	+0,03	+ 0,35	−0,07	+ 0,28	+ 1,45	+ 1,01	− 0,44	+0,02	+ 0,59	− 0,01	+ 0,58

Stabendmoment bei	K_{12}	K_{16}	K_{17}	L_{13}	M_9	M_{12}	M_{14}	N_{10}	N_{14}	N_{15}	P_{11}	Q	R	S
M_I'	−100,18	+ 8,59	+108,77	+0,39	+ 23,10	+ 26,47	− 3,43	− 0,61	+ 1,02	+0,41	+0,04	− 11,55	+ 0,30	−0,02
M_{II}'	+ 52,55	− 4,45	− 57,00	−0,20	− 12,10	− 13,88	+ 1,78	+ 0,32	− 0,53	−0,21	−0,02	+ 6,05	− 0,16	+0,01
M_{III}'	+198,05	+11,61	−186,44	+2,04	−128,13	−146,85	+18,72	+ 3,30	− 5,54	−2,24	−0,23	+ 64,06	− 1,65	+0,12
M_{IV}'	−174,65	−20,29	+154,36	−1,73	+261,88	+255,22	+ 6,66	+20,22	−12,66	+7,56	+2,39	−261,79	−24,35	−2,72
+0,04349 M_I'	− 4,35	+ 0,37	+ 4,73	+0,02	+ 1,00	+ 1,15	− 0,15	− 0,03	+ 0.04	−0,02	0	− 0,50	+ 0,01	0
+0,01973 M_{II}'	+ 1,04	− 0,09	− 1,13	0	− 0,24	− 0,27	+ 0,04	+ 0,01	− 0,01	−0,01	0	+ 0,12	0	0
+0,02748 M_{III}'	+ 5,44	+ 0,32	− 5,13	+0,06	− 3,52	− 4,03	+ 0,51	+ 0,09	− 0,15	−0,06	−0,01	+ 1,76	− 0,05	0
+0,00941 M_{IV}'	− 1,64	− 0,19	+ 1,45	−0,02	+ 2,46	+ 2,93	+ 0,06	+ 0,19	− 0,12	+0,07	+0,02	− 2,46	− 0,23	−0,03
M_I^*	+ 0,49	+ 0,41	− 0,08	+0,06	− 0,30	− 0,76	+ 0,46	+ 0,26	− 0,24	+0,02	+0,01	− 1,08	− 0,27	−0,03
+0,01966 M_I'	− 1,97	+ 0,17	+ 2,14	+0,01	+ 0,45	+ 0,52	− 0,07	− 0,01	+ 0,02	+0,01	0	− 0,23	0	0
+0,01446 M_{II}'	+ 0,76	− 0,07	− 0,82	0	− 0,18	− 0,20	+ 0,02	− 0,01	+ 0,01	0	0	+ 0,09	0	0
+0,00935 M_{III}'	+ 1,84	+ 0,11	− 1,74	+0,02	− 1,20	− 1,37	+ 0,17	+ 0,03	− 0,05	−0,02	0	+ 0,60	− 0,02	0
+0,00307 M_{IV}'	− 0,53	− 0,06	+ 0,47	0	+ 0,80	+ 0,78	+ 0,02	+ 0,06	− 0,04	+0,02	+0,01	− 0,81	− 0,07	−0,01
M_{II}^*	+ 0,10	+ 0,15	+ 0,05	+0,03	− 0,13	− 0,27	+ 0,14	+ 0,07	− 0,06	+0,01	+0,01	− 0,35	− 0,09	−0,01

$$\textstyle\sum H = +1,0 - 0,738 - 0,256 = +0,006 \sim 0,$$

$$\textstyle\sum V = -0,015 - 0,199 + 0,107 - 0,038 + 0,140 + 0,005 = 0$$

bezogen auf den Drehpunkt A ist:

$$\textstyle\sum^{A} M = 1,0 \cdot 10,30 + 0,042 \cdot 5,54 + 0,157 \cdot 6,55 + 0,038 \cdot 39 \cdot 34 - 0,107 \cdot 14,24$$

$$- 0,086 \cdot 47,03 - 0,054 \cdot 48,04 - 0,005 \cdot 53,58 - 0,050 - 0,540 - 2,640$$

$$- 1,080 - 0,270 - 0,030 = +0,014 \, \text{mt}.$$

Da die Verschiebungskraft am Lager I gleich 1 ist, so muß sein:

$$1 = Q_4^H + Q_5^J + H_I^* = +0,014 + 0,730 + 0,258 = 1,002 \, \text{t} = \sim 1,0 \, \text{t}.$$

Am Lager III: $Q_{12}^K + Q_{13}^L - H_I^* = +0,249 + 0,012 - 0,258 = +0,003 \, \text{t} = \sim 0.$

Aus Fig. 211 ist unmittelbar ersichtlich, daß auch in den Lagern III und IV die Festhaltungskräfte verschwinden.

XI. Momente M_{II}^*.

Entsprechend wie die unter X ermittelten Momente M_I^*, entstehen die Größen M_{II}^* bei Belastung des Lagers II mit $H = 1,0$ t (nach rechts wirkend) bei frei verschieblichen Stützenköpfen.

Die unbekannten Maßzahlen werden erhalten aus dem Gleichungssystem (548). Die entsprechenden Werte D und Z in dasselbe eingesetzt, nimmt dieses die nachfolgende Gestalt an:

$$+ \ 97,12 \, X_I - 104,41 \, X_{II} - \ 53,14 \, X_{III} + \ 31,62 \, X_{IV} = 0,$$

$$- 104,64 \, X_I + 194,57 \, X_{II} + \ 31,54 \, X_{III} - \ 16,54 \, X_{IV} = 1,$$

$$- \ 53,14 \, X_I + \ 31,62 \, X_{II} + \ 97,12 \, X_{III} - 104,41 \, X_{IV} = 0,$$

$$+ \ 31,54 \, X_I - \ 16,54 \, X_{II} - 104,64 \, X_{III} + 194,57 \, X_{IV} = 0.$$

Hieraus werden die Unbekannten gefunden zu

$$X_I = +0,01966; \quad X_{II} = +0,01446; \quad X_{III} = 0,00935; \quad X_{IV} = 0,00307$$

und mit diesem die Momente:

$$M_{II}^* = +0,01966 \cdot M_I' + 0,01446 \, M_{II}' + 0,00935 \, M_{III}' + 0,00307 \cdot M_{IV}'.$$

Der zugehörige Bogenschub beträgt:

$$H_{II}^* = +0,01966 \cdot 28,00 - 0,01446 \cdot 18,43 - 0,00935 \cdot 28,00 - 0,00307 \cdot 18,43$$

$$= +0,079 \, \text{t}.$$

Die M_{II}^*-Momente sind in der Fig. 212 aufgetragen, nachdem sie in Tab. 2 wie die Momente M_I^* berechnet worden sind.

Rechnungsprobe.

Diese wird in genau gleicher Weise durchgeführt, wie diejenige für die M_I^*-Momente.

Querkräfte:

Stab 1:
$$Q_1^A = \frac{-0,04 - 0,03}{5,28} = -0,013 \, \text{t},$$

Stab 2:
$$Q_2^B = \frac{-0,38 - 0,35}{5,28} = -0,138 \, \text{t},$$

Stab 3: $\qquad Q_3^C = \dfrac{-2{,}61 - 1{,}45}{5{,}28} = -0{,}768\,\text{t},$

Stab 4: $\quad Q_4^E = \dfrac{-0{,}02}{5{,}02} \qquad\quad = -0{,}004\,\text{t},$

Stab 5: $\quad Q_5^G = \dfrac{+1{,}01 - 0{,}59}{5{,}02} = +0{,}084\,\text{t},$

Stab 6: $\quad Q_6^D = \dfrac{-0{,}03 - 0{,}07}{6{,}55} = -0{,}015\,\text{t},$

Stab 7: $\quad Q_7^F = \dfrac{-0{,}28 - 0{,}44}{7{,}69} = -0{,}093\,\text{t},$

Stab 8: $\quad Q_8^H = \dfrac{-0{,}02 - 0{,}01}{8{,}70} = -0{,}004\,\text{t},$

Stab 9: $\quad Q_9^Q = \dfrac{-0{,}35 + 0{,}13}{5{,}28} = -0{,}042\,\text{t},$

Stab 10: $\quad Q_{10}^R = \dfrac{-0{,}09 - 0{,}06}{5{,}28} = -0{,}030\,\text{t},$

Stab 11: $\quad Q_{11}^S = \dfrac{-0{,}01 - 0{,}01}{5{,}28} = -0{,}004\,\text{t},$

Stab 12: $\quad Q_{12}^M = \dfrac{-0{,}27 - 0{,}10}{5{,}02} = -0{,}074\,\text{t},$

Stab 13: $\quad Q_{13}^O = \dfrac{-0{,}03}{5{,}02} \qquad\quad = -0{,}006\,\text{t},$

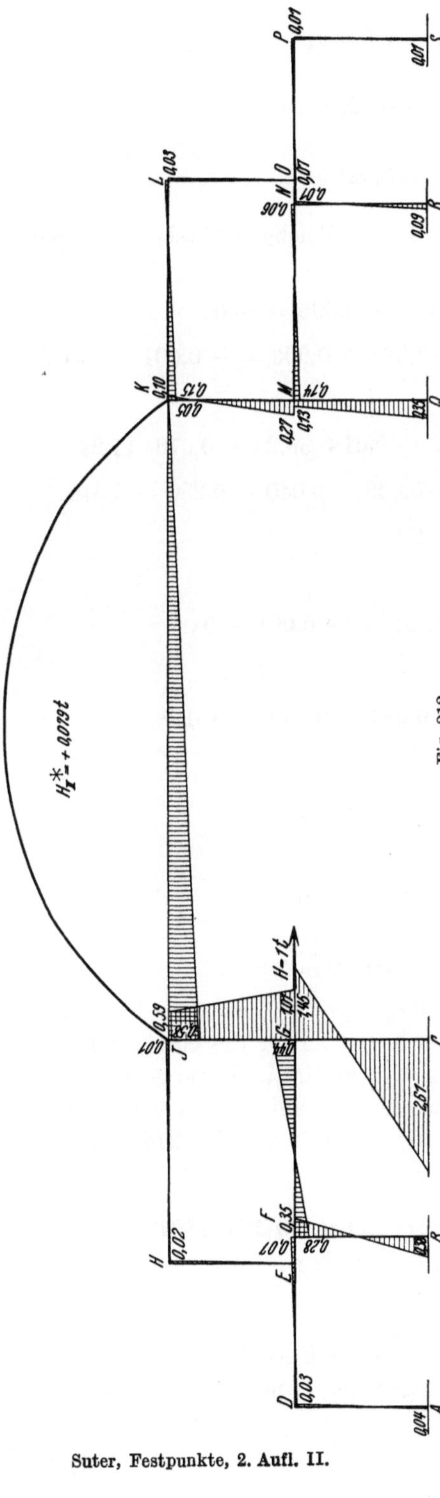

Fig. 212.

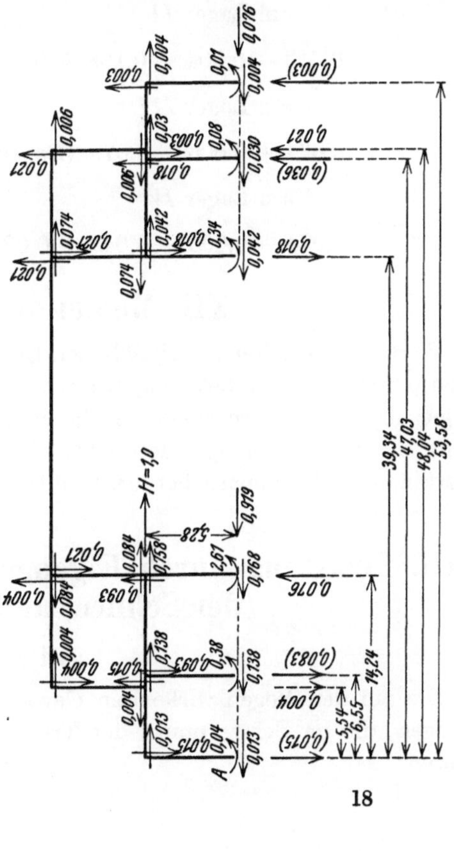

Fig. 213.

$$\text{Stab } 14: \qquad Q_{14}^{M} = \frac{-0,14 - 0,01}{7,69} = -0,018 \text{ t},$$

$$\text{Stab } 15: \qquad Q_{15}^{N} = \frac{-0,01 - 0,01}{6,55} = -0,003 \text{ t},$$

$$\text{Stab } 16: \qquad Q_{16}^{K} = \frac{-0,15 - 0,03}{8,70} = -0,021 \text{ t},$$

$$\text{Stab } 17: \qquad Q_{17}^{J} = \frac{-0,58 - 0,05}{25,10} = -0,021 \text{ t}.$$

Aus der Skizze Fig. 213 geht hervor, daß die Gleichgewichtsbedingungen und Belastungsvoraussetzungen erfüllt sind.

$$\sum H = +1,0 - 0,919 - 0,076 = +0,005 = \sim 0,$$

$$\sum V = -0,015 - 0,083 + 0,076 - 0,018 + 0,036 + 0,003 = -0,001 = \sim 0.$$

Drehpunkt A:

$$\sum{}^{A} M = 1,0 \cdot 5,28 + 0,004 \cdot 5,54 + 0,079 \cdot 6,55 + 0,018 \cdot 39,34 - 0,076 \cdot 14,24$$
$$- 0,015 \cdot 47,03 - 0,021 \cdot 48,04 - 0,003 \cdot 53,58 - 0,040 - 0,380 - 2,610$$
$$- 0,340 - 0,080 - 0,010 = +0,005 \sim 0.$$

Festhaltekraft: am Lager I

$$0,004 - 0,084 + 0,079 \text{ (Bogenschub)} = -0,001 \sim 0,$$

am Lager II

$$0,013 - 0,004 + 0,138 + 0,758 + 0,084 = 0,999 = \sim 1,0,$$

am Lager III

$$0,074 + 0,006 - 0,079 \text{ (Bogenschub)} = \sim 0,$$

am Lager IV

$$0,074 - 0,006 + 0,042 + 0,03 + 0,004 = \sim 0.$$

XII. Momente M_{III}^{*} und M_{IV}^{*}.

Wenn wir am frei verschieblichen System das Lager III bzw. das Lager IV ebenso mit $H = 1,0$ t belasten, wie wir es unter X und XI für die beiden andern Lager getan haben, so entstehen die Momente M_{III}^{*} und M_{IV}^{*}. Diese gehen ohne weiteres, infolge der symmetrischen Verhältnisse aus den bereits ermittelten Werten der M^{*}-Momente hervor. Ihre Darstellung erfolgt in den Fig. 214 und 215.

XIII. Belastung durch Eigengewicht und lotrechten Anteil der Schnee- und Windlasten.

a) Bogen.

Die auf den Bogen wirkenden Gewichte werden zu Einzellasten zusammengezogen, die im Schwerpunkt der Trennungsfugen der Lamellen (Fig. 216) angreifen.

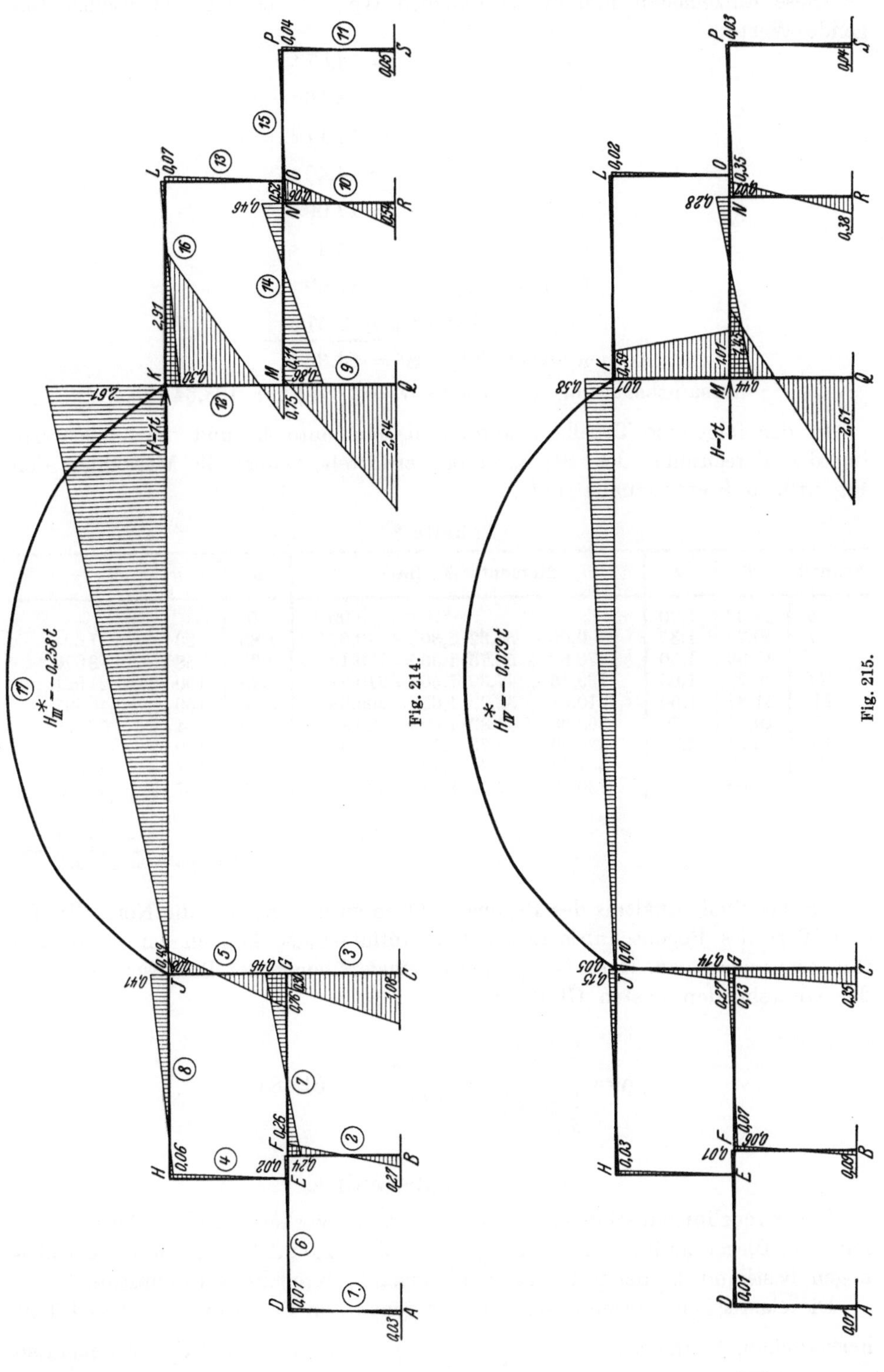
Fig. 214.
Fig. 215.

Diese Einzellasten sind in der üblichen Weise berechnet und ergeben folgende Werte:

$$G_I \quad = G'_I \qquad = 3{,}57\,\mathrm{t}\,,$$
$$G_{II} \quad = G'_{II} \qquad = 3{,}36\,\mathrm{t}\,,$$
$$G_{III} \quad = G'_{III} \qquad = 11{,}17\,\mathrm{t}\,,$$
$$G_{IV} \quad = G'_{IV} \qquad = 4{,}40\,\mathrm{t}\,,$$
$$G_V \quad = G'_V \qquad = 12{,}09\,\mathrm{t}\,,$$
$$G_{VI} \quad = G'_{VI} \qquad = 4{,}47\,\mathrm{t}\,,$$
$$G_{VII} \quad = G'_{VII} \qquad = 12{,}69\,\mathrm{t}\,,$$
$$G_{VIII} = 5{,}13\,\mathrm{t} \; \tfrac{1}{2}\,G_{VIII} \; \underline{2{,}57\,\mathrm{t}}\,,$$

Auflagerdruck $\mathfrak{B}^l = \mathfrak{B}^r = 54{,}32\,\mathrm{t}\,.$

Gesamtbelastung des Bogens $G = 2 \cdot 54{,}32 = 108{,}64\,\mathrm{t}\,.$

In der folgenden Tabelle 3 werden die Momente M_0 und die Zählerwerte für die Berechnung des Bogenschubes ermittelt, wobei die Maßzahlen den Fig. 216a u. b entnommen sind.

Tabelle 3.

Schnitt	$\mathfrak{B}$	λ	Momente M_0 (mt)	y	$y \cdot w$	$M_0 \cdot y \cdot w$
0	54,32	1,30	0,00	0	—	—
I	50,75	1,35	$0{,}00 + 54{,}32 \cdot 1{,}30 = 70{,}62$	1,85	23	1 624
II	47,39	1,50	$70{,}62 + 50{,}75 \cdot 1{,}35 = 139{,}13$	3,35	58	8 070
III	36,22	1,65	$139{,}13 + 47{,}39 \cdot 1{,}50 = 210{,}21$	4,75	100	21 021
IV	31,82	1,60	$210{,}21 + 36{,}22 \cdot 1{,}65 = 269{,}98$	5,50	150	40 497
V	19,73	1,70	$269{,}98 + 31{,}82 \cdot 1{,}60 = 320{,}89$	6,15	164	52 626
VI	15,26	1,70	$320{,}89 + 19{,}73 \cdot 1{,}70 = 354{,}43$	6,60	140	49 620
VII	2,57	1,75	$354{,}43 + 15{,}26 \cdot 1{,}70 = 380{,}37$	6,88	118	44 884
VIII	0,00	—	$380{,}37 + 2{,}57 \cdot 1{,}75 = 384{,}87$	6,95	107	41 181

$$259\,523$$
$$-\,20\,591$$
$$\overset{l/2}{\underset{0}{\sum}}\, M_0\, y \cdot w = 238\,932$$

Da das Pfeilverhältnis des Bogens nicht so gering ist, daß die Normalkräfte den Wert des Bogenschubes merklich beeinflussen, so können wir ihren Einfluß vernachlässigen. Dann ist für den Zweigelenkbogen der Bogenschub infolge der vorstehenden Lasten Gl. (394):

$$\mathfrak{H} = \frac{\overset{l}{\underset{0}{\sum}}\, M_0\, y\, w}{\overset{l}{\underset{0}{\sum}}\, M\, y^2\, w} = \frac{238\,932}{4640{,}9} = +\,51{,}48\,\mathrm{t}\,.$$

Kreuzlinienabschnitte.

Die Kreuzlinienabschnitte werden wie beim vorhergehenden Beispiel mit Hilfe der Biegelinie für den am Kämpfer mit $M = 1{,}0$ mt belasteten Zweigelenksbogen bestimmt (s. Beisp. 17, II. Belastungsfall, Kreuzlinienabschnitte).

Die elastischen Gewichte, die aus der genannten Belastung mit $M = 1{,}0$ mt hervorgehen, betragen $E\,\varDelta F = \left(\dfrac{x}{l} - \dfrac{B}{2} \cdot y\right) w$ und sind in der nachstehenden

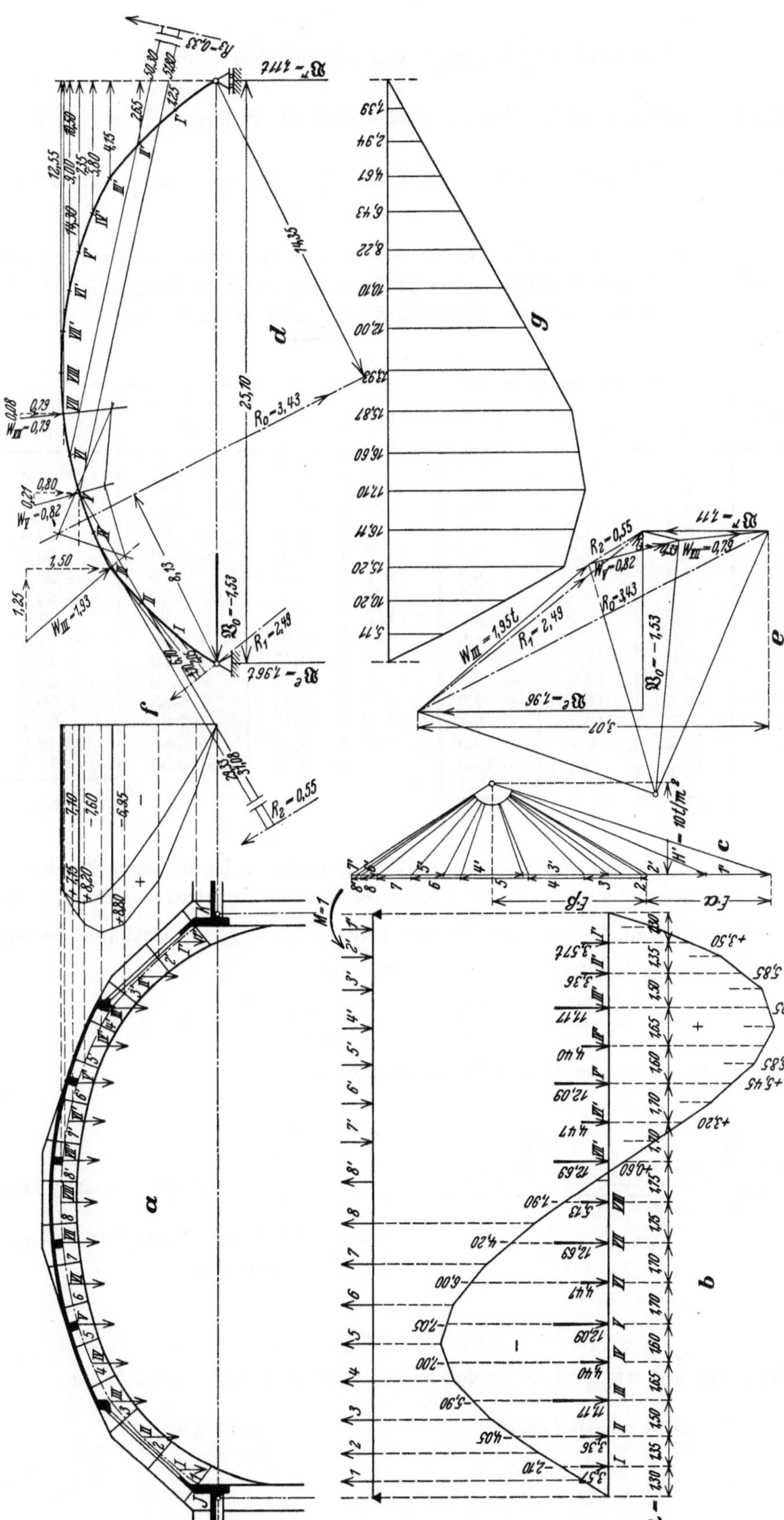

Fig. 216a g.

Tabelle 4 zusammengestellt. Zur Kontrolle sind die Summen $\frac{x}{l} \cdot w$ und $E \varDelta F$ gebildet, die den bereits gefundenen Werten $\frac{1}{2} \sum_0^l w$ bzw. $E \frac{1}{\alpha}$ entsprechen müssen.

In Fig. 216c ist das Krafteck der elastischen Gewichte mit der Polweite $H' = 10$ t/m² gebildet und mit seiner Hilfe in Fig. 216b die Biegelinie. Da die Auflagerkraft am unbelasteten Kämpfer β sein muß, so ist im Krafteck durch

Tabelle 4.

Lamelle	$\frac{x}{l} w$	$\frac{B}{2} y \cdot w$	$E \varDelta F$	Schnitte	G	$\dfrac{E\,\delta'}{H'}$	$E\dfrac{G\,\delta'}{H'}$
1	0,2	0,6	− 0,4	I	3,57	− 2,10	− 7,5
2	1,2	3,4	− 2,2	II	3,36	− 4,05	− 13,6
3	2,5	6,7	− 4,2	III	11,17	− 5,90	− 65,9
4	4,7	10,8	− 6,1	IV	4,40	− 7,00	− 30,8
5	8,0	15,4	− 7,4	V	12,09	− 7,05	− 85,2
6	7,9	13,2	− 5,3	VI	4,47	− 6,00	− 26,8
7	7,6	11,3	− 3,7	VII	12,69	− 4,20	− 53,3
8	7,3	9,3	− 2,0	VIII	5,13	− 1,90	− 9,9
8'	8,3	9,3	− 1,0	VII'	12,69	+ 0,60	+ 7,6
7'	11,6	11,3	+ 0,3	VI'	4,47	+ 3,20	+ 14,3
6'	16,1	13,2	+ 2,9	V'	12,09	+ 5,45	+ 65,9
5'	22,4	15,4	+ 7,0	IV'	4,40	+ 6,85	+ 30,1
4'	19,3	10,8	+ 8,5	III'	11,17	+ 7,05	+ 78,7
3'	16,2	6,7	+ 9,5	II'	3,36	+ 5,85	+ 19,7
2'	14,2	3,4	+ 10,8	I'	3,57	+ 3,50	+ 12,5
1'	7,7	0,6	+ 7,1				
	155,2		13,8				

$$E \frac{G \cdot \delta'}{H'} = -64,2$$

$E\beta$ und $H' = 10$ t/m² die Lage des Poles bestimmt. In dieselbe Zeichnung (Fig. 216b) sind die äußern Belastungen des Bogens eingetragen. Mit den abgemessenen Werten δ' wird in Tabelle 4 die Größe $\sum \frac{G\delta'}{H'}$ bestimmt, womit nach Gl. (339) die Kreuzlinienabschnitte berechnet werden zu

$$k^a - \frac{\sum G\,\delta^b}{\beta} = -\frac{H'\sum G\,\delta'}{\beta} = -\frac{10 \cdot 64,2}{16,9} = -37,99 \text{ mt}$$

und nach Gl. (341) die Schlußliniensenkung zu

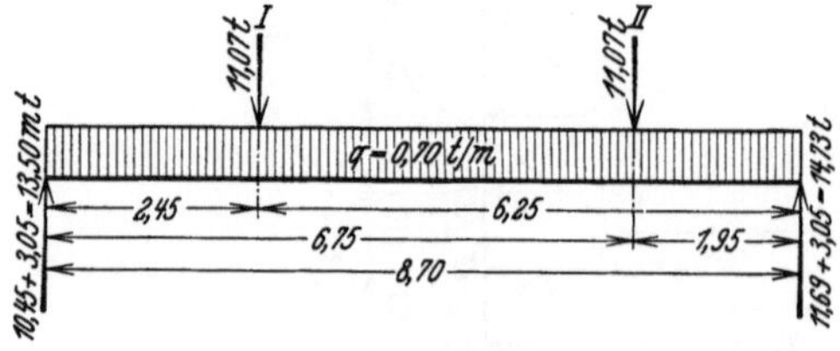

Fig. 217.

$$S^a = \frac{a}{b} k^b$$

$$= \frac{-14,7}{25,1} \cdot (-37,99) = +22,25 \text{ mt},$$

welcher Wert den Kämpfermomenten des R. I entspricht.

b) Träger 8.

Die Belastung ist durch die obige Skizze wiedergegeben. Es ist daher:

$$M_{00} = \frac{1}{8} 0,7 \cdot 8,7^2 \qquad\qquad = 6,64 \text{ mt} .$$

Am Schnitt I:

$$M^I_{0g} = \frac{1}{2} g x (l - x) = \frac{1}{2} 0{,}7 \cdot 2{,}45 \cdot 6{,}25 = \quad 5{,}37\,\text{mt}\,,$$

$$M^I_{0\,P} = \mathfrak{B}^l_P \cdot x \qquad\qquad = \qquad 10{,}45 \cdot 2{,}45 = 25{,}60\,\text{mt}\,.$$

Am Schnitt II:

$$M^{II}_{0g} \qquad\qquad = \frac{1}{2} 0{,}7 \cdot 6{,}75 \cdot 1{,}95 = \quad 4{,}35\,\text{mt}\,,$$

$$M^{II}_{0\,P} \qquad\qquad = 11{,}69 \cdot 1{,}95 \qquad = 22{,}80\,\text{mt}\,.$$

Kreuzlinienabschnitte.

Für die Berechnungen benützen wir die Tabellen des Anhanges am Schluß des I. Bandes, die zur Ermittlung der Kreuzlinienabschnitte für Balken mit regelmäßigen Auflagerverstärkungen aufgestellt sind. Die daselbst vorkommenden Verhältniszahlen n sind unter I und II bereits bestimmt worden.

Für den Balken mit einseitiger gerader Voute finden wir daselbst unter $n = 0{,}3$ und Voutenlänge $\dfrac{l}{5}$ für gleichmäßig verteilte Last:

$$k^a = - p\,l^2 c_2 = - 0{,}70 \cdot 8{,}7^2 \cdot 0{,}242 \qquad\qquad = - 12{,}81\,\text{mt}\,,$$

$$k^b = - p\,l^2 c_1 = - 0{,}70 \cdot 8{,}7^2 \cdot 0{,}258 \qquad\qquad = - 13{,}65\,\text{mt}\,,$$

für Einzellasten:

$$k^a = - \sum l c_2 P = - 8{,}7 \cdot (0{,}232 + 0{,}356) \cdot 11{,}07 = - 56{,}80\,\text{mt}\,,$$

$$k^b = - \sum l c_1 P = - 8{,}7 \cdot (0{,}344 + 0{,}308) \cdot 11{,}07 \qquad = - 62{,}80\,\text{mt}\,,$$

$$\overline{k^a = \qquad\qquad\qquad - 69{,}61\,\text{mt}\,.}$$

$$k^b = \qquad\qquad\qquad - 76{,}45\,\text{mt}\,.$$

Damit können wir graphisch oder rechnerisch die Einspannungsmomente finden zu:

$$M^l = - \quad 1{,}62\,\text{mt}\,,$$

$$M^r = - 39{,}96\,\text{mt}\,.$$

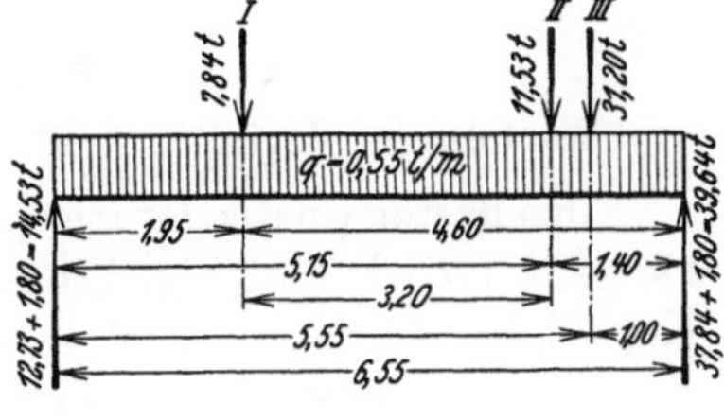

Fig. 218.

c) Träger 6.

Aus der obigen Belastungsskizze ergibt sich:

$$M_{0g} = \tfrac{1}{8} 0{,}55 \cdot 6{,}55^2 \qquad\qquad = \quad 2{,}95\,\text{mt}\,,$$

Am Schnitt I:

$$M^I_{0g} = \tfrac{1}{2} 0{,}55 \cdot 1{,}95 \cdot 4{,}6 \qquad = \quad 2{,}46\,\text{mt}\,,$$

$$M^I_{0\,P} = 12{,}73 \cdot 1{,}95 \qquad\qquad = 24{,}82\,\text{mt}\,,$$

Am Schnitt II:

$$M^{II}_{0g} = \tfrac{1}{2} 0{,}55 \cdot 5{,}15 \cdot 1{,}4 \qquad = \quad 1{,}98\,\text{mt}\,,$$

$$M^{II}_{0P} = 12{,}73 \cdot 5{,}15 - 7{,}84 \cdot 3{,}20 = 40{,}47\,\text{mt}\,.$$

Am Schnitt III:

$$M^{III}_{0g} = \tfrac{1}{2} 0{,}55 \cdot 5{,}55 \cdot 1{,}00 \qquad = \quad 1{,}53\,\text{mt}\,,$$

$$M^{III}_{0P} = 37{,}84 \cdot 1{,}00 \qquad\qquad = 37{,}84\,\text{mt}\,.$$

Kreuzlinienabschnitte.

Die oben erwähnten Tabellen ergeben für $n = 0{,}04$ und Voutenlänge $= l$ für die gleichmäßig verteilte Last:

$$k^a = -g\,l^2 c_2 = -0{,}55 \cdot 6{,}55^2 \cdot 0{,}172 \qquad\qquad = -\ 4{,}05\ \mathrm{mt},$$

$$k^b = -g\,l^2 c_1 = -0{,}55 \cdot 6{,}55^2 \cdot 0{,}328 \qquad\qquad = -\ 7{,}75\ \mathrm{mt},$$

für die Einzellasten ($n = \sim 0{,}05$ gesetzt)

$$k^a = -l \sum P c_2$$

$$= -6{,}55\,(7{,}84 \cdot 0{,}206 + 11{,}53 \cdot 0{,}192 + 31{,}2 \cdot 0{,}139) = -53{,}50\ \mathrm{mt},$$

$$k^b = -l \sum P c_1$$

$$= -6{,}55\,(7{,}84 \cdot 0{,}492 + 11\ 53 \cdot 0{,}245 + 3{,}12 \cdot 0{,}166) \qquad = -77{,}65\ \mathrm{mt},$$

$$k^a = -57{,}55\ \mathrm{mt}.$$

$$k^b = \qquad\qquad -84{,}40\ \mathrm{mt}.$$

Zeichnerisch oder rechnerisch folgen daraus die Einspannungsmomente zu:

$$M^l = -\ 4{,}00\ \mathrm{mt},$$

$$M^r = -48{,}00\ \mathrm{mt}.$$

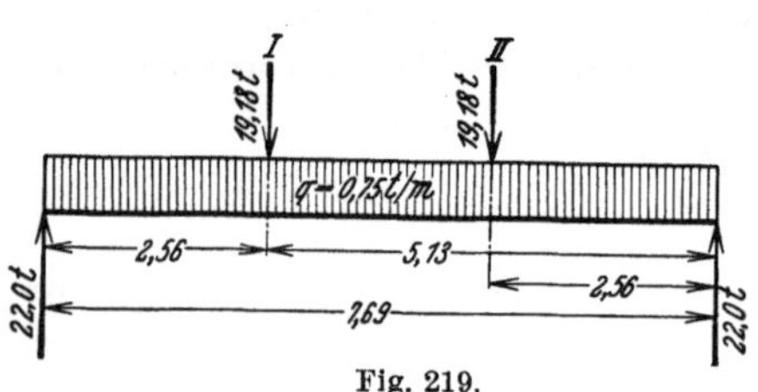

Fig. 219.

d) Träger 7.

In derselben Weise wie bei den vorangegangenen Trägern finden wir:

$$M_{og} = \tfrac{1}{8}\,0{,}75 \cdot 7{,}69^2 \qquad = 5{,}55\ \mathrm{mt}.$$

An den Schnitten I und II:

$$M_{og}^{I} = M_{og}^{II} = \tfrac{1}{2}\,0{,}75 \cdot 2{,}56 \cdot 5{,}13 = 4{,}93\ \mathrm{mt},$$

$$M_{oP}^{I} = M_{oP}^{II} = 19{,}18 \cdot 2{,}56 \qquad = 49{,}10\ \mathrm{mt}.$$

Kreuzlinienabschnitte.

Gleichmäßig verteilte Last $\qquad k^a = k^b = 2\,M_{og} = -\ 11{,}10\ \mathrm{mt},$

Einzellasten (in den Drittelspunkten angreifend) nach Gl. (265d) und Fig. 126b, Band I, 1. Teil, Kap. V, 3:

$$k^a = k^b = -\tfrac{2}{3}\,P\,l = -\tfrac{2}{3}\,19{,}18 \cdot 7{,}69 = -\ 98{,}20\ \mathrm{mt},$$

$$k^a = k^b = -109{,}30\ \mathrm{mt}.$$

Daraus werden die Einspannungsmomente bestimmt zu:

$$M^c = -19{,}50\ \mathrm{mt},$$

$$M^r = -43{,}00\ \mathrm{mt}.$$

e) Träger *14, 15* und *16*.

Infolge der symmetrischen Verhältnisse sind die Einspannungsmomente dieser Träger durch das Vorhergehende ebenfalls bestimmt.

Die oben unter a) bis e) ermittelten Einspannungsmomente des Bogens und der Stäbe werden mit Hilfe der Festpunkte und Verteilungsmaße rechnerisch (oder zeichnerisch) über das ganze System hin weitergeleitet. Das daraus entstehende Bild der Stabendmomente für den Rechnungszustand I ist in der folgenden Fig. 220 wiedergegeben.

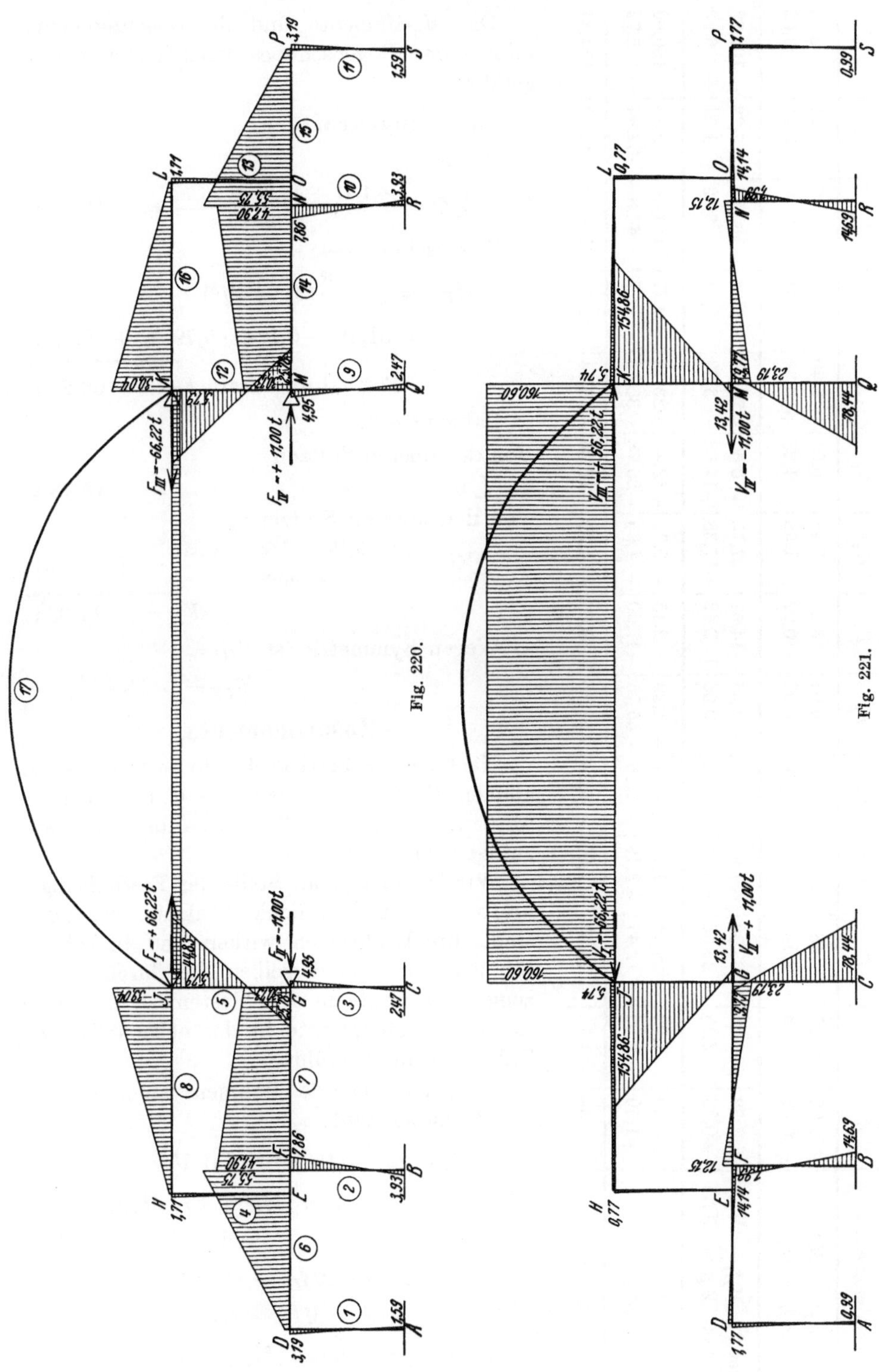

Fig. 220.

Fig. 221.

Die M_0-Momente und die Bogenmomente infolge des Bogenschubes werden später eingeführt.

Festhaltungskräfte.

Balken 8:

$$\Sigma Q = \frac{-1,71 + 44,83 + 25,78}{5,02} = +13,73 \text{ t,}$$

Bogenschub

$$H_{R.I} = \mathfrak{H} + \frac{B}{2}(M^a + M^b)$$
$$= 51,48 + 0,1744 \cdot 5,79 = +52,49 \text{ t,}$$

Festhaltungskraft $F_I = +66,22$ t.

Balken 6—7:

Von den oberen Stützen

$$\Sigma Q = -13,73 \text{ t,}$$

Von den unteren Stützen

$$\Sigma Q = \frac{3(-3,19 + 7,86 + 4,95)}{2 \cdot 5,28} = + 2,73 \text{ t,}$$
$$F_{II} = -11,00 \text{ t.}$$

Wegen Symmetrie ist $F_{III} = -F_I$;

$$F_{IV} = -F_{II}.$$

Zusatzmomente.

Nachdem die Festhaltekräfte bestimmt sind, können die Zusatzmomente des R. II berechnet werden, welche den Momenten des R. I zuzufügen sind.

Wir lassen also an Stelle der Festhaltungskräfte, die in Wirklichkeit nicht vorhanden sind, ihre Reaktionen wirken und berechnen für jede einzelne derselben die durch sie erzeugten Momente in dem System. Dieses wird für alle Knotenpunkte in der nebenstehenden Tabelle 5 durchgeführt.

An jeder Stelle des Rahmensystems beträgt das Zusatzmoment:

$$M_{Zus.} = -(F_I M_I^* + F_{II} M_{II}^*$$
$$+ F_{III} M_{III}^* + F_{IV} M_{IV}^*,$$

da $\qquad F_I = -F_{III} \qquad$ und $\qquad F_{II} = -F_{IV}.$

$$M_{Zus.} = F_I(M_{III}^* - M_I^*)$$
$$+ F_{II}(M_{IV}^* - M_{II}^*),$$
$$M_{Zus.} = +66,22(M_{III}^* - M_I^*)$$
$$- 11,00(M_{IV}^* - M_{II}^*).$$

Tabelle 5.

Stabendmoment in	A	B	C	D_1	F_2	F_6	F_7	G_3	G_5	G_7	H_4	J_5	J_8	J_{17}
$M_{III}^* - M_I^*$	+ 0,02	+ 0,27	+ 1,56	− 0,03	− 0,26	+ 0,04	− 0,22	− 0,41	− 0,01	+ 0,40	− 0,01	− 2,42	− 0,11	− 2,53
$M_{IV}^* - M_{II}^*$	+ 0,03	+ 0,29	+ 2,26	− 0,02	− 0,28	+ 0,06	− 0,22	− 1,58	− 1,28	+ 0,30	+ 0,01	− 0,49	− 0,14	− 0,63
$+ 66,22 (M_{III}^* - M_I^*)$	+ 1,32	+ 17,88	+ 103,30	− 1,99	− 17,22	+ 2,65	− 14,57	− 27,15	− 0,66	+ 26,49	− 0,66	− 160,25	− 7,28	− 167,53
$- 11,00 (M_{IV}^* - M_{II}^*)$	− 0,33	− 3,19	− 24,86	+ 0,22	+ 3,08	− 0,66	+ 2,42	+ 17,38	+ 14,08	− 3,30	− 0,11	+ 5,39	+ 1,54	+ 6,93
$M_{Zus.}$	+ 0,99	+ 14,69	+ 78,44	− 1,77	− 14,14	+ 1,99	− 12,15	− 9,77	+ 13,42	+ 23,19	− 0,77	− 154,86	− 5,74	− 160,60
$M_{R.I}$	+ 1,59	− 2,93	− 2,47	− 3,19	+ 7,86	− 55,75	− 47,90	+ 4,95	− 25,78	− 30,73	− 1,77	+ 44,83	− 39,04	+ 5,79
$M_{tot.}$	+ 2,58	+ 11,76	+ 75,97	− 4,96	− 6,28	− 53,76	− 60,05	− 4,82	− 12,36	− 7,54	− 2,48	− 110,03	− 44,78	− 154,81

Endgültige Stabendmomente und Bogenschub.

In der vorstehenden Tabelle 5 werden die Zusatzmomente der Stabenden errechnet und zu den Werten des (R. I) hinzugefügt. Fig. 221 stellt die Zusatzmomente dar.

Entsprechend den endgültigen Momenten beträgt der endgültige Bogenschub:

$$H = H_{R.I} + F_I (H^*_{III} - H^*_I) + F_{II} (H^*_{IV} - H^*_{II}),$$

$$H = + 52{,}49 + 66{,}22 (- 0{,}258 - 0{,}258) - 11{,}00 (- 0{,}079 - 0{,}079) = + 20{,}06\,\text{t}.$$

Endgültige Feldmomente.

Für die Stäbe erhalten wir diese, indem wir an die Verbindungslinien der Stabendmomente die M_0-Momente antragen.

$$M = M_0 + M^l \frac{x}{l} + M^r \frac{l - x}{l}.$$

Für den Bogen kommt dazu noch der Einfluß des Gesamtbogenschubes $H = + 20{,}06\,\text{t}$.

$$M = M_0 + M^l \frac{x}{l} + M^r \frac{l - x}{l} - Hy,$$

$$M^l = M^r = 154{,}81\,\text{mt}.$$

Die Tabelle 6 enthält die Zusammenstellung der Gesamtmomente für den Bogen.

Tabelle 6.

Schnitt	y	M_0	$- H \cdot y$	$M_0 - H \cdot y$	$M_{tot.}$
J	0	0	0	0	$-$ 154,81
I	1,85	70,62	$-$ 37,11	$+$ 33,57	$-$ 121,30
II	3,35	139,13	$-$ 67,20	$+$ 71,93	$-$ 82,88
III	4,75	210,21	$-$ 95,28	$+$ 114,93	$-$ 39,88
IV	5,50	269,98	$-$ 110,33	$+$ 159,65	$+$ 4,84
V	6,15	320,89	$-$ 123,37	$+$ 197,52	$+$ 42,71
VI	6,60	354,43	$-$ 132,40	$+$ 222,03	$+$ 67,22
VII	6,88	380,37	$-$ 138,01	$+$ 242,36	$+$ 87,55
VIII	6,95	384,87	$-$ 239,42	$+$ 245,45	$+$ 90,64

Die Momente für die lotrechten Lasten sind in Fig. 222 dargestellt.

Querkräfte aus Eigenlast.
(Fig. 223.)

$$\text{Stab } 1: \quad Q_1^A = \frac{M_1^A - M_1^D}{l_1} = \frac{+ 2{,}58 + 4{,}96}{5{,}28} = + 1{,}43\,\text{t},$$

$$\text{Stab } 2: \quad Q_2^B = \frac{+ 11{,}76 + 6{,}28}{5{,}28} = + 3{,}42\,\text{t},$$

$$\text{Stab } 3: \quad Q_3^C = \frac{+ 75{,}97 + 4{,}82}{5{,}28} = + 15{,}30\,\text{t},$$

$$\text{Stab } 4: \quad Q_4^E = \frac{+ 2{,}48}{5{,}02} = + 0{,}50\,\text{t},$$

$$\text{Stab } 5: \quad Q_5^G = \frac{- 12{,}36 + 110{,}01}{5{,}02} = + 19{,}45\,\text{t},$$

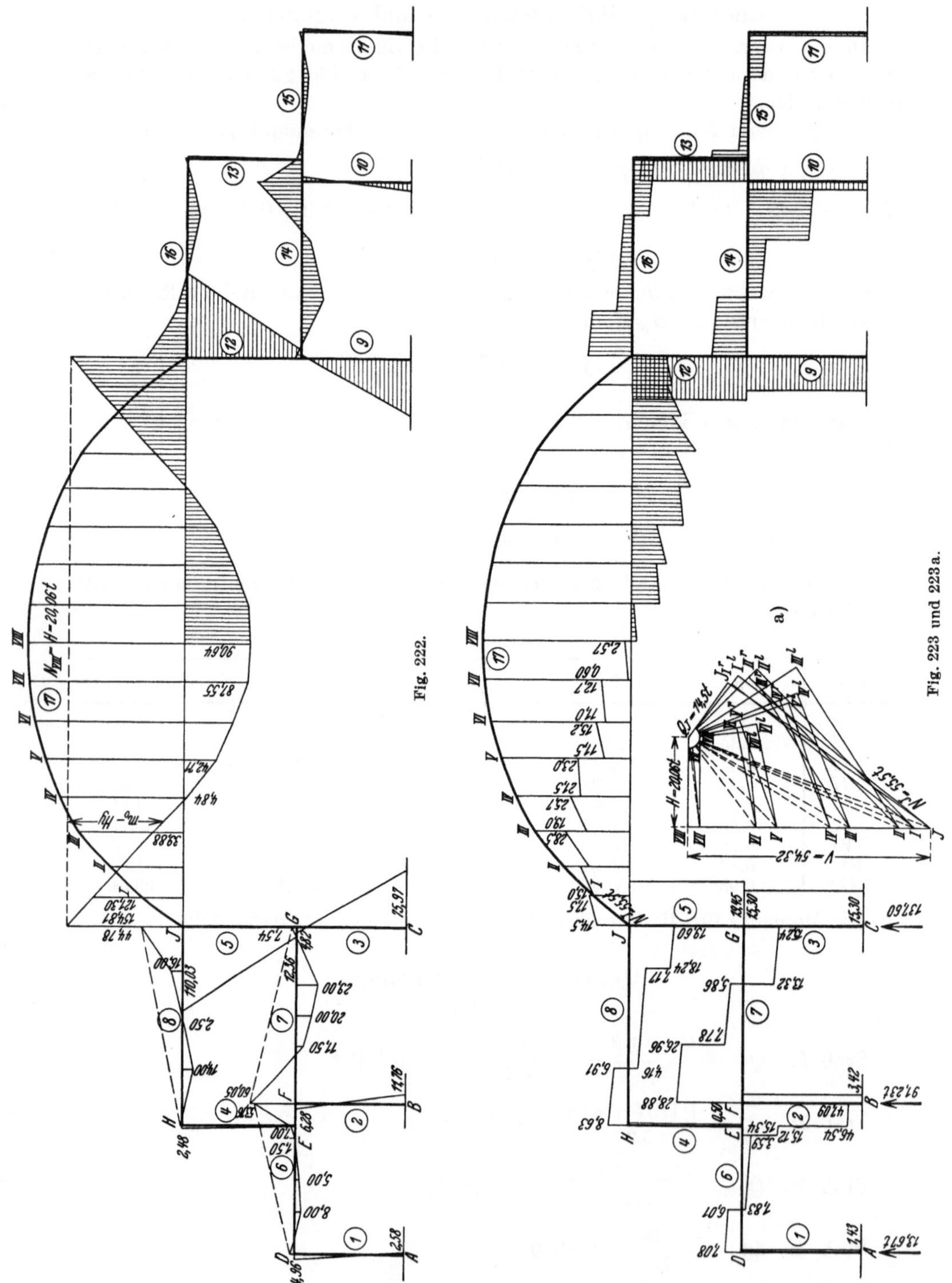

Fig. 222.
Fig. 223 und 223a.

$$\text{Stab } 6: \quad Q_6^D = Q_{0_\bullet}^D + \frac{M_6^F - M_6^D}{l_6} = +14{,}53 + \frac{-53{,}76 - 4{,}96}{6{,}55} = +7{,}08 \text{ t,}$$

$$\text{unter } P_1 \quad \text{links:} \quad Q_1^l = +7{,}08 - 0{,}55 \cdot 1{,}95 = +6{,}01 \text{ t,}$$

$$\text{,, } \quad P_1 \quad \text{rechts:} \quad Q_1^r = +6{,}01 - 7{,}84 \qquad\quad = -1{,}83 \text{ t,}$$

$$\text{,, } \quad P_2 \quad \text{links:} \quad Q_2^l = -1{,}83 - 0{,}55 \cdot 3{,}20 = -3{,}59 \text{ t,}$$

$$\text{,, } \quad P_2 \quad \text{rechts:} \quad Q_2^r = -3{,}59 - 11{,}53 \qquad = -15{,}12 \text{ t,}$$

$$\text{,, } \quad P_3\,(E) \quad \text{links:} \quad Q_3^l = -15{,}12 - 0{,}55 \cdot 0{,}40 = -15{,}34 \text{ t,}$$

$$\text{,, } \quad P_3 \quad \text{rechts:} \quad Q_3^r = -15{,}34 - 31{,}20 \qquad = -46{,}54 \text{ t,}$$

$$Q_6^F = -46{,}54 - 0{,}55 \cdot 1{,}00 = -47{,}09 \text{ t,}$$

$$\text{Stab } 7: \qquad Q_7^F = +22{,}00 + \frac{-7{,}54 + 60{,}05}{7{,}69} = +28{,}88 \text{ t,}$$

$$Q_1^l = +28{,}88 - 0{,}75 \cdot 2{,}56 \qquad = +26{,}96 \text{ t,}$$

$$Q_1^r = +26{,}96 - 19{,}18 \qquad\qquad = +7{,}78 \text{ t,}$$

$$Q_2^l = +7{,}78 - 0{,}75 \cdot 2{,}57 \qquad = +5{,}86 \text{ t,}$$

$$Q_2^r = +5{,}86 - 19{,}18 \qquad\qquad = -13{,}32 \text{ t,}$$

$$Q_7^G = -13{,}32 - 0{,}75 \cdot 2{,}56 \qquad = -15{,}24 \text{ t,}$$

$$\text{Stab } 8: \qquad Q_8^H = +13{,}50 + \frac{-44{,}78 + 2{,}48}{8{,}70} = +8{,}63 \text{ t,}$$

$$Q_1^l = +8{,}63 - 0{,}70 \cdot 2{,}45 \qquad = +6{,}91 \text{ t,}$$

$$Q_1^r = +6{,}91 - 11{,}07 \qquad\qquad = -4{,}16 \text{ t,}$$

$$Q_2^l = -4{,}16 - 0{,}70 \cdot 4{,}30 \qquad = -7{,}17 \text{ t,}$$

$$Q_2^r = -7{,}17 - 11{,}07 \qquad\qquad = -18{,}24 \text{ t,}$$

$$Q_8^J = -18{,}24 - 0{,}70 \cdot 1{,}95 \qquad = -19{,}60 \text{ t.}$$

Die Querkräfte sind in Fig. 223 aufgetragen. Für den Bogen sind dieselben in Fig. 223a zeichnerisch durch Zerlegung der Schnittkräfte in die Richtungen der Bogenachse und senkrecht zu ihr bestimmt worden.

Rechnungsproben.

In die nebenstehende Skizze sind die Auflagerkräfte der Stäbe und ihre Gesamtauflasten R eingetragen. Aus derselben ist ersichtlich, daß die Kräfte an den Lagern der Festhaltekräfte verschwinden, ebenso ist die Summe der äußern waagrechten Kräfte annähernd Null. Da an jedem belasteten Balken die Bedingung erfüllt ist, daß die Summe der lotrechten Kräfte zu Null werden muß, so ist sie auch für das ganze System erfüllt.

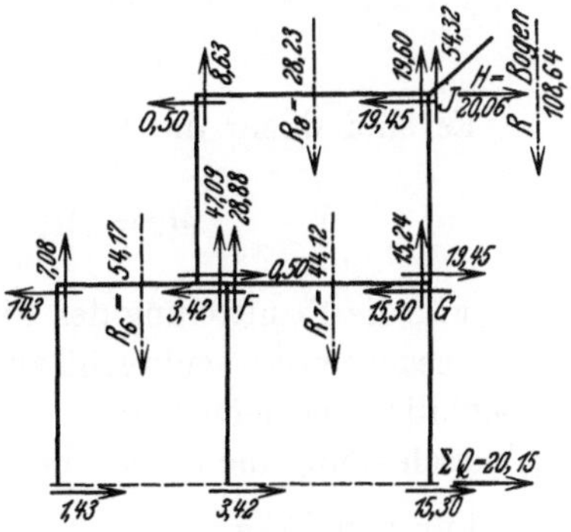

Fig. 224.

Als weitere Probe wird noch die Verschiebung der beiden Knoten F und G untersucht. Wenn M^F das Fußmoment und M^K das Moment am Säulenkopf bedeutet, so wird der Ausdruck für die Verschiebungen der Säulenköpfe

$$E\delta = -\frac{l^2}{6J}(M^K + 2M^F) \quad \text{und}$$

$$\frac{6E\delta}{l^2} = -\frac{1}{J}(M^K + 2M^F) = \Delta,$$

$$\Delta^F = -\frac{6{,}28 + 2\cdot 11{,}76}{0{,}00630} = -2730,$$

$$\Delta^G = -\frac{-4{,}82 + 2\cdot 75{,}97}{0{,}0578} = -2550.$$

Die Differenz liegt innerhalb der zulässigen Grenze, die der Rechnungsgenauigkeit (2 Dezimalstellen) entspricht.

Normalkräfte.

Die vorangegangenen Berechnungen liefern auch die Grundlagen für die Bestimmung der Normalkräfte, die in der üblichen Weise zu erfolgen hat.

XIV. Schwinden des Beton.

Der Einfluß des Schwindens soll der Wirkung eines Temperaturabfalles von 10^0 gleich gesetzt werden. Wie in den vorangegangenen Beispielen werden die Längenänderungen der in Betracht kommenden Stäbe und des Bogens bestimmt und aus diesen, die von ihnen erzeugten Beanspruchungen. Dabei können alle Stützen außer Betracht gelassen werden, da sie stockwerksweise gleiche Höhe und demgemäß gleiches Schwindmaß haben.

Im „R. I" ist der Rahmen wieder in den vier eingeführten Lagern festgehalten zu denken.

Die Längenänderungen betragen

im allgemeinen: $E\Delta = E\alpha t l = 2\,000\,000\cdot 0{,}000012\cdot 10\cdot l = 240\,l,$

für den Bogen: $E\Delta 17 = -240\cdot 25{,}10 = -6024\,\text{t/m}.$

Bei der Bestimmung der Momente M_I' haben wir bereits gefunden für

$$\varrho E = 21\,000 \qquad M^a = M^b = 63{,}4\,\text{mt}.$$

Es sind daher die Kämpfermomente:

$$M_s^a = M_s^b = -\frac{6024}{21\,000}\,63{,}4 = -18{,}19\,\text{mt}.$$

Für die Ermittelung der Einspannungsmomente an den Stäben, deren Enden eine gegenseitige senkrecht zur Achse gerichtete Verschiebung erleiden, werden ebenfalls, wie beim Bogen, die bereits unter VII u. VIII gefundenen Werte der „Verschiebungsmomente" benutzt. Es ist dann:

Für den Träger 8

$$E\Delta = 240\cdot 8{,}70 = 2088\,\text{t/m} \quad \text{und daher}$$

$$M_4^H = +\frac{2088}{21\,000}\cdot 1{,}56 = 0{,}16\,\text{mt}.$$

Für den Träger 7

$$E \varDelta = 240 \cdot 7{,}69 = 1846 \text{ t/m} \quad \text{und daher}$$

$$M^F = + \frac{1846}{21000} \cdot 19{,}43 = + 1{,}71 \text{ mt},$$

$$M_2^B = - \frac{1846}{21000} \cdot 23{,}90 = - 2{,}10 \text{ mt}.$$

Für den Träger 6

$$E \varDelta = 240 \cdot (6{,}55 + 7{,}69) = 3418 \text{ t/m} \quad \text{und daher}$$

$$M_1^D = \frac{3418}{21000} \cdot 1{,}77 = + 0{,}29 \text{ mt},$$

$$M_1^A = - \frac{3418}{21000} \cdot 2{,}41 = - 0{,}39 \text{ mt}.$$

Aus der Symmetrie gehen auch die Momente an der andern Hälfte des Rahmens hervor.

Durch Weiterleitung und Addition dieser Momente entsteht das Momentenbild der Fig. 225.

Die gefundenen Momente des R. I sind möglich, wenn die folgenden Festhaltekräfte wirksam sind:

Am Lager I:

$$\sum Q = \frac{0{,}22 - 16{,}64 - 4{,}18}{5{,}02} = \qquad\qquad - 4{,}10 \text{ t},$$

Bogenschub nach Gl. (595):

$$H \varDelta' = B \varDelta' + \tfrac{1}{2} B (M_{\varDelta'}^a + M_{\varDelta'}^b) = - \frac{\frac{E \varDelta'}{l}}{\sum_0 y^2 w} + B \cdot M_s^a$$

$$= - \frac{6024}{2 \cdot 4640{,}90} + 0{,}1744 \cdot 18{,}19 = \qquad\qquad - 3{,}82 \text{ t},$$

$$F_I = - F_{III} = - 7{,}92 \text{ t}.$$

Am Lager II:

obere Stützen $\quad \sum Q = \qquad\qquad\qquad\qquad\qquad\qquad + 4{,}10 \text{ t},$

untere Stützen $\quad \sum Q = \dfrac{+ 0{,}42 + 0{,}35 + 2{,}10 + 1{,}71 + 2{,}05 + 410}{5{,}28} = + 2{,}03 \text{ t},$

$$F_{II} = - F_{IV} + 6{,}13 \text{ t}.$$

Wie im vorhergehenden Belastungsfall, bilden sich daraus die Zusatzmomente des R. I. zu

$$M_{Zus.} = + 7{,}92\, M_I^* - 6{,}13\, M_{II}^* - 7{,}92\, M_{III}^* + 6{,}13\, M_{IV}^*$$

$$= - 7{,}92\, (M_{III}^* - M_I^*) + 6{,}13\, (M_{IV}^* - M_{II}^*).$$

Die Zusammenstellung der Zusatzmomente und die Bildung der Gesamtmomente der Knotenpunkte ist in der folgenden Tabelle 7 vollzogen.

Der zusätzliche Bogenschub $H_{Zus.}$ berechnet sich wie die Zusatzmomente zu

$$H_{Zus.} = - 7{,}92\, (H_{III}^* - H_I^*) + 6{,}13\, (H_{IV}^* - H_{II}^*)$$

$$= - 7{,}92\, (0{,}258 - 0{,}258) + 6{,}13\, (- 0{,}079 - 0{,}079) = + 3{,}12 \text{ t}.$$

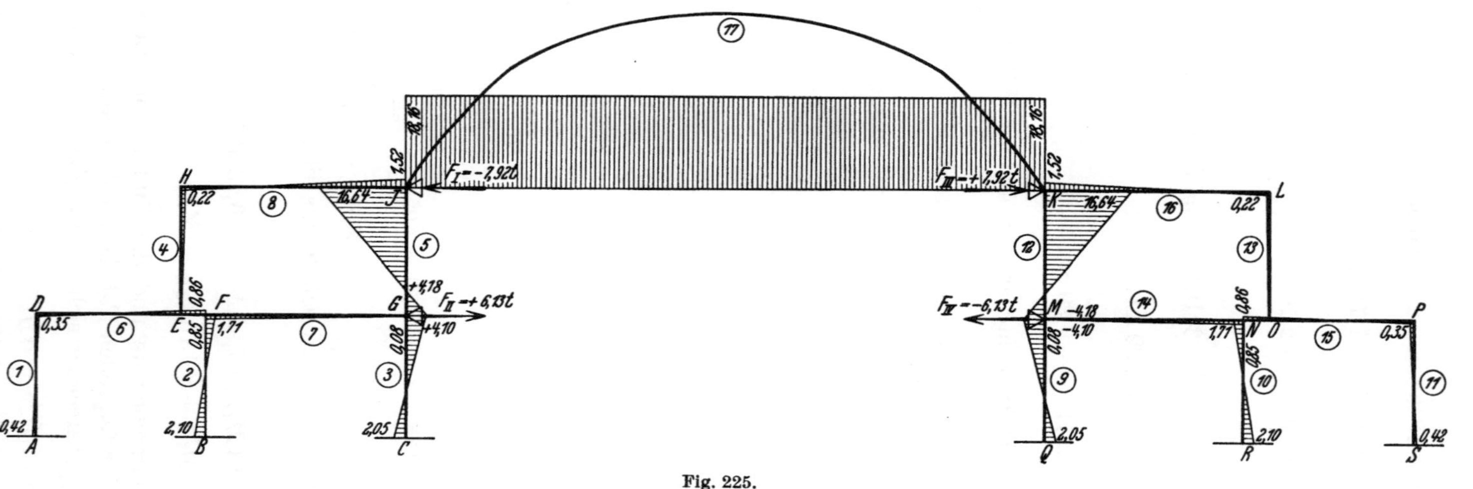

Fig. 225.

Tabelle 7.

Stabendmoment bei	A	B	C	D_1	F_2	F_6	F_7	G_3	G_5	G_7	H_4	J_5	J_8	J_{17}
$-7{,}92\,(M_{III}^* - M_I^*)$	$-0{,}16$	$-2{,}14$	$-12{,}36$	$+0{,}24$	$+2{,}06$	$-0{,}32$	$+1{,}74$	$+3{,}25$	$+0{,}08$	$-3{,}17$	$+0{,}08$	$+19{,}16$	$+0{,}87$	$+20{,}03$
$+6{,}13\,(M_{IV}^* - M_{II}^*)$	$+0{,}18$	$+1{,}78$	$+13{,}85$	$-0{,}12$	$-1{,}72$	$+0{,}37$	$-1{,}35$	$-9{,}68$	$-7{,}84$	$+1{,}84$	$+0{,}06$	$-3{,}00$	$-0{,}86$	$-3{,}86$
$M_{Zus.}$	$+0{,}02$	$-0{,}36$	$+1{,}49$	$+0{,}12$	$+0{,}34$	$+0{,}05$	$+0{,}39$	$-6{,}43$	$-7{,}76$	$-1{,}33$	$+0{,}14$	$+16{,}16$	$+0{,}01$	$+16{,}17$
$M_{R.I}$	$-0{,}42$	$-2{,}10$	$-2{,}05$	$+0{,}35$	$+1{,}71$	$-0{,}86$	$+0{,}85$	$+4{,}10$	$+4{,}18$	$+0{,}08$	$+0{,}22$	$-16{,}64$	$-1{,}52$	$-18{,}16$
$M_{tot.}$	$-0{,}40$	$-2{,}46$	$-0{,}56$	$+0{,}47$	$+2{,}05$	$-0{,}81$	$+1{,}24$	$-2{,}33$	$-3{,}58$	$-1{,}25$	$+0{,}36$	$-0{,}48$	$-1{,}51$	$-1{,}99$

Der Gesamtbogenschub beträgt also

$$H = H_{R.I} + H_{Zus.} = -3{,}82 + 3{,}12 = -0{,}70\,\text{t}\,.$$

Die Gesamtmomente am Bogen betragen:

$$M = M^K - H\,y$$

$$= -1{,}99 + 0{,}70\,y\,.$$

Dieselben werden in der nebenstehenden Tabelle 8 berechnet und in Fig. 226 dargestellt.

Tabelle 8.

Schnitt	M	$-H\cdot y$	$M - H\cdot y$
J	$-1{,}99$	—	$-1{,}99$
I	$-1{,}99$	$+1{,}30$	$-0{,}69$
II	$-1{,}99$	$+2{,}35$	$+0{,}36$
III	$-1{,}99$	$+3{,}32$	$+1{,}33$
IV	$-1{,}99$	$+3{,}85$	$+1{,}86$
V	$-1{,}99$	$+4{,}30$	$+2{,}31$
VI	$-1{,}99$	$+4{,}62$	$+2{,}63$
VII	$-1{,}99$	$+4{,}82$	$+2{,}83$
VIII	$-1{,}99$	$+4{,}86$	$+2{,}87$

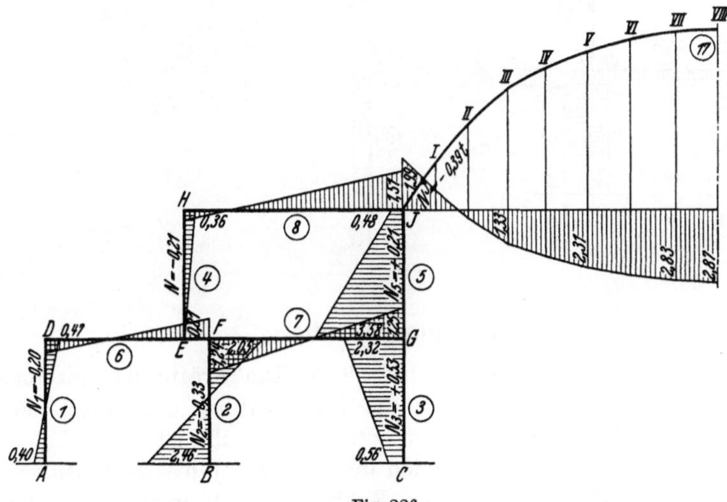

Fig. 226.

Querkräfte infolge Schwinden.

(Fig. 227.)

Stab 1:
$$Q_1^A = \frac{-0{,}40 - 0{,}47}{5{,}28} = -0{,}17\,\text{t}\,,$$

„ 2:
$$Q_2^B = \frac{-2{,}46 - 2{,}05}{5{,}28} = -0{,}85\,\text{t}\,,$$

„ 3:
$$Q_3^C = \frac{-0{,}56 + 2{,}32}{-5{,}28} = +0{,}33\,\text{t}\,,$$

„ 4:
$$Q_4^E = \frac{-0{,}36}{5{,}02} = -0{,}07\,\text{t}\,,$$

„ 5:
$$Q_5^G = \frac{-3{,}58 + 0{,}48}{5{,}02} = -0{,}62\,\text{t}\,,$$

„ 6:
$$Q_6^D = \frac{-0{,}47 - 0{,}81}{6{,}55} = -0{,}20\,\text{t}\,,$$

Stab 7:
$$Q_7^F = \frac{-1,24 - 1,25}{7,69} = -0,32 \text{ t},$$

„ 8:
$$Q_8^H = \frac{-0,36 - 1,51}{8,70} = -0,21 \text{ t}.$$

Bogen: Die Querkräfte an demselben sind in Fig. 227 graphisch ermittelt.

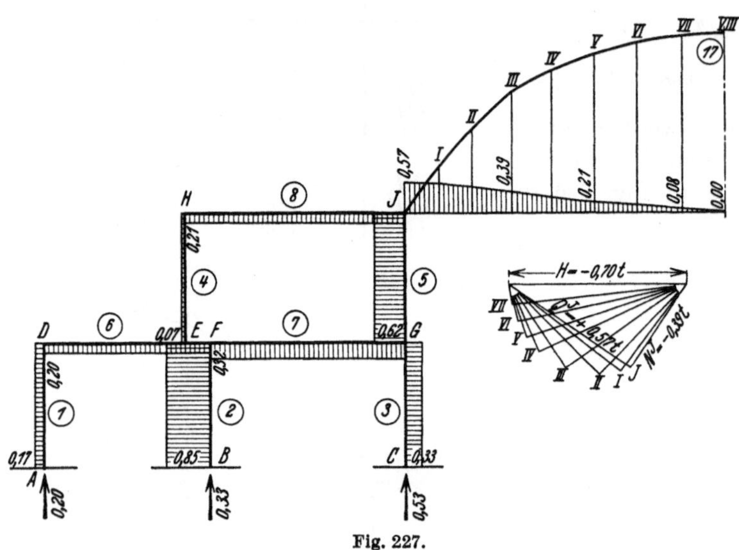

Fig. 227.

Rechnungsproben.

In der folgenden Skizze Fig. 228 sind die Auflagerkräfte der einzelnen Stäbe eingetragen, um eine Übersicht für die Nachprüfung der Gleichgewichtsbedingungen des belasteten Systems herzustellen. Aus ihr ist ersichtlich, daß die Summen der waagrechten und diejenige der lotrechten Kräfte zu Null werden. In der Skizze sind die eingeklammerten Stützenkräfte unter der Annahme ermittelt, daß der Stab 4 auf dem Stab 2 direkt aufstehe, was für die Summenbildung der lotrechten Kräfte ohne Einfluß bleibt. Daß auch die Momentensumme für irgendeinen Pol und die Festhaltekräfte in den eingeführten Lagern verschwinden, ist ebenso ohne weiteres aus der Skizze zu ersehen.

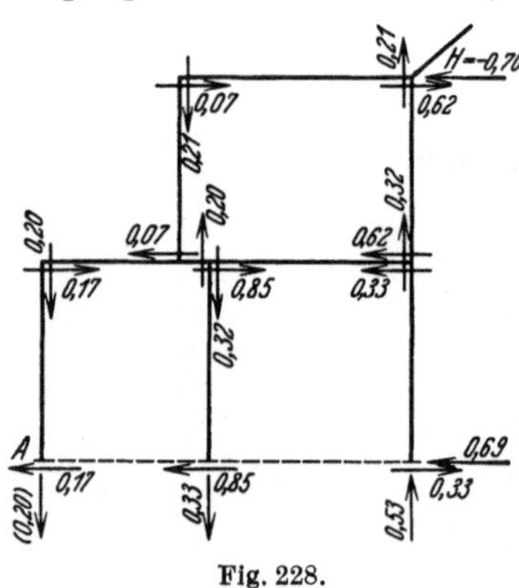

Fig. 228.

Als weitere Probe könnten noch die Stützenkopfverschiebungen nachgeprüft werden, wie es im ersten Belastungsfall getan worden ist. Diese Probe würde aber im vorliegenden Fall auch dann ohne großen Wert sein, wenn sie stimmte. Da einige der in Frage kommenden Momente M^* sehr klein sind, und die Genauigkeit der Dezimalstellen nicht in einer Weise übertrieben wurde, die in keinem Verhältnis zu der willkürlichen Belastungsannahme und zu den Bemessungsmöglichkeiten steht, können die herausgerechneten Zahlen für gewisse Verschiebungen erheblich von der Wirklichkeit abweichen.

XV. Temperaturänderung.

Aus den Resultaten des vorangegangenen Belastungsfalles kann der Einfluß jeder Temperaturänderung ohne weiteres gewonnen werden.

XVI. Windbelastung von links.

a) Bogen.

Die Windkräfte auf den Bogen werden als Einzellasten abgegeben, die in Fig. 216d eingetragen sind. Diese erzeugen am einfachen Balken die Auflagerkräfte (siehe Fig. 216d)

$$\mathfrak{V}^l = \frac{3{,}43 \cdot 14{,}35}{25{,}10} = 1{,}96\,\mathrm{t}\,,$$

$$\mathfrak{V}^r = \frac{3{,}43 \cdot 8{,}13}{25{,}10} = 1{,}11\,\mathrm{t}\,.$$

Mit Hilfe der in Fig. 216e und d zeichnerisch gefundenen Werte R und r werden in Tabelle 9 die M_0-Momente am einfachen Balken errechnet und daraus der Zählerausdruck für den Bogenschub des Zweigelenkbogens. Dieser beträgt nach Gl. (394)

$$\mathfrak{H} = \frac{\sum\limits_0^l M_0 y \cdot w}{\sum\limits_0^l y^2 \cdot w} = \frac{18942}{2 \cdot 4640 \cdot 9} = 2{,}04\,\mathrm{t}\,.$$

Tabelle 9.

Schnitt	R	r	M_0	$M_0 \cdot y \cdot w$
I	2,49	2,05	5,11	117
II	2,49	4,10	10,20	592
III	2,49	6,10	15,20	1520
IV	0,55	29,33	16,10	2416
V	0,55	31,08	17,10	2804
VI	0,33	50,30	16,60	2324
VII	1,11	14,30	15,87	1873
VIII	1,11	12,55	13,93	1490
VII'	1,11	10,80	12,00	1416
VI'	1,11	9,10	10,10	1414
V'	1,11	7,40	8,22	1348
IV'	1,11	5,80	6,43	964
III'	1,11	4,15	4,61	461
II'	1,11	2,65	2,94	171
I'	1,11	1,25	1,39	32
				18'942

Kreuzlinienabschnitte.

Wie im ersten Belastungsfall werden zu ihrer Bestimmung die Biegelinien des Zweigelenkbogens benutzt. Die Biegelinien für die lotrecht wirkenden elastischen Gewichte des in K mit $M = 1{,}0$ mt belasteten Zweigelenkbogens ist in Fig. 216b bereits aufgezeichnet. Belasten wir den Bogen am Kämpfer J mit $M = 1{,}0$ mt, so stellt das Spiegelbild der Fig. 216b die dazugehörige Biegelinie dar.

Da die Windkräfte nicht nur in lotrechtem Sinne drücken, sondern auch eine waagrechte Komponente haben, brauchen wir noch die Biegelinien für die waagrecht wirkenden elastischen Gewichte. Letztere sind in Tabelle 4 bereits berechnet. Die Auflagerkraft dieser elastischen Gewichte am unbelasteten Kämpfer muß auch hier die Größe $E\beta = -16{,}9$ haben.

Wir können also die gesuchte Biegelinie mit Hilfe des bereits erstellten Kraftecks Fig. 216c aufzeichnen, indem wir die Seilstrahlen um 90^0 drehen. Auf diese Weise entsteht die Fig. 126f, in welcher die innere Kurve die Biegelinie der linken Bogenhälfte und die äußere Kurve die Biegelinie der rechten Bogenhälfte darstellt.

Will man die Ordinaten der Biegelinien rechnerisch finden, so geht man vor, wie es im Beispiel 17 dargestellt ist.

Nachdem die drei Windkräfte in ihre waagrechten und lotrechten Komponenten zerlegt sind, ergeben sich nach Gl. (339) und (340) die Kreuzlinienabschnitte zu:

$$k^a = -\frac{\Sigma P\delta^b}{\beta} = -\frac{H'\Sigma P\delta}{\beta}$$

$$= -\frac{10}{-16{,}9}(-1{,}50 \cdot 5{,}9 - 0{,}80 \cdot 7{,}05 - 0{,}79 \cdot 4{,}2 - 1{,}25 \cdot 6{,}95 - 0{,}21 \cdot 7{,}6 - 0{,}08 \cdot 7{,}10)$$

$$= -16{,}96\ \text{mt},$$

$$k^b = -\frac{\Sigma P\delta^a}{\beta} = -\frac{H'\Sigma P\delta'}{\beta}.$$

Die Ordinaten δ^a gehören den Biegelinien an, deren erzeugendes Moment $M = 1{,}0$ mt am linken Kämpfer wirkt, also den Spiegelbildern der eben benutzten Kurven. Es ist daher:

$$k^b = -\frac{10}{-169}(1{,}50 \cdot 7{,}05 + 0{,}8 \cdot 5{,}45 + 0{,}79 \cdot 0{,}60 + 1{,}25 \cdot 8{,}8 + 0{,}21 \cdot 8{,}2 + 0{,}08 \cdot 7{,}15)$$

$$= 16{,}97\ \text{mt}.$$

Die Schlußliniensenkung wird:

$$S^a = \frac{a}{l}k^b = \frac{-14{,}7}{25{,}1} \cdot 16{,}97 = -9{,}94\ \text{mt},$$

$$S^b = \frac{b}{l}k^a = \frac{+14{,}7}{25{,}1} \cdot 16{,}96 = +9{,}93\ \text{mt}.$$

Die Kämpfermomente werden also:

$$M^a = \frac{S^a(l-b)+S^b a}{l-a-b} = \frac{-9{,}94 \cdot 39{,}8 + 9{,}93 \cdot 14{,}7}{54{,}5} = -4{,}67\ \text{mt},$$

$$M^b = \frac{S^b(l-a)+S^b b}{l-a-b} = \frac{+9{,}93 \cdot 39{,}8 - 9{,}94 \cdot 14{,}7}{54{,}5} = +4{,}66\ \text{mt}.$$

b) Stütze *1*.

Winddruck $w = 0{,}86$ t/m

$$M_0 = 3{,}00\ \text{mt}, \qquad k^a = k^b = -6{,}00\ \text{mt}.$$

Daraus (graphisch oder rechnerisch):

$$M_1^A = -2{,}42\ \text{mt}, \qquad M_1^D = -1{,}16\ \text{mt}.$$

c) Stütze *4*.

Winddruck $w = 0{,}86$ t/m

$$M_0 = 2{,}71\ \text{mt}, \qquad k^a = k^b = 5{,}42\ \text{mt}.$$

$$M_4^H = -2{,}51\ \text{mt}.$$

Die ermittelten Momente werden durch das System weitergeleitet und addiert, woraus wir das Momentenbild der Knotenpunktsmomente des R. I, Fig. 229 erhalten.

Hierbei sind an den festgehaltenen Lagern nachstehende Festhaltungskräfte wirksam:

Lager I:

$$\Sigma Q = -\frac{0,86 \cdot 5,02}{2} - \frac{2,49 + 5,24 + 1,23}{5,02} = -2,16 - 1,78 \qquad = -3,94\,\mathrm{t},$$

$$W'' = (W'' \text{ ist eine äußere Windlast s. Fig. 231}) \qquad = -1,10\,\mathrm{t},$$

$$\text{Bogenschub} \quad H = \mathfrak{H} + \mathfrak{V}_0 + \frac{B}{2}(M^a + M^b)$$

$$= +2,04 - 1,53 + \frac{0,1744}{2}(-4,12 + 4,86) \quad = +0,57\,\mathrm{t},$$

$$F_I = -4,47\,\mathrm{t}.$$

Lager II: Obere Stützen:

$$\Sigma Q = -\frac{0,86 \cdot 5,02}{2} + 1,78 = -2,16 + 1,78 \qquad = -0,38\,\mathrm{t},$$

Untere Stützen:

$$\Sigma Q = \frac{0,86 \cdot 5,28}{2} + \frac{+2,42 - 1,16 - 0,22 - 0,45 + 0,67 + 1,35}{5,28}$$

$$= -2,27 + 0,49 \qquad = -1,78\,\mathrm{t},$$

$$F_{II} = -2,16\,\mathrm{t}.$$

Lager III:

$$\Sigma Q = \frac{-4,49 - 1,19 + 0,02}{5,02} \qquad = -1,13\,\mathrm{t},$$

$$\text{Bogenkraft} = \mathfrak{V}_0 - H = -1,53 - 0,57 = H_{R.I} \qquad = -2,10\,\mathrm{t},$$

$$F_{III} = -3,23\,\mathrm{t}.$$

Lager IV: Obere Stützen:

$$\Sigma Q \qquad = +1,13\,\mathrm{t},$$

Untere Stützen:

$$\Sigma Q = +\frac{1,04 + 0,52 - 0,03 - 0,01}{5,28} \qquad = +0,29\,\mathrm{t},$$

$$F_{IV} = +1,42\,\mathrm{t}.$$

Ersetzen wir wieder die Festhaltekräfte durch ihre Reaktionen, so erhalten wir für jeden Schnitt das Zusatzmoment zu:

$$M_{Zus.} = +4,47\,M_I^* + 2,16\,M_{II}^* + 3,23\,M_{III}^* - 1,42\,M_{IV}^*,$$

die in der folgenden Tabelle 10 berechnet sind. Ihnen werden die Momente $M_{R.I}$ zugefügt, wodurch die Gesamtmomente für die Knotenpunkte des Systems erhalten werden.

Am Bogen wirkt der endgültige Bogenschub:

$$H = H_{R.I} + H_{Zus.},$$

$$H = H_{R.I} + 4,47 \cdot H_I^* + 2,16\,H_{II}^* + 3,23\,H_{III}^* - 1,42\,H_{IV}^*$$

$$= 2,10 + 4,47 \cdot 0,258 + 2,16 \cdot 0,079 - 3,23 \cdot 0,258 + 1,42 \cdot 0,079 = +2,70\,\mathrm{t}.$$

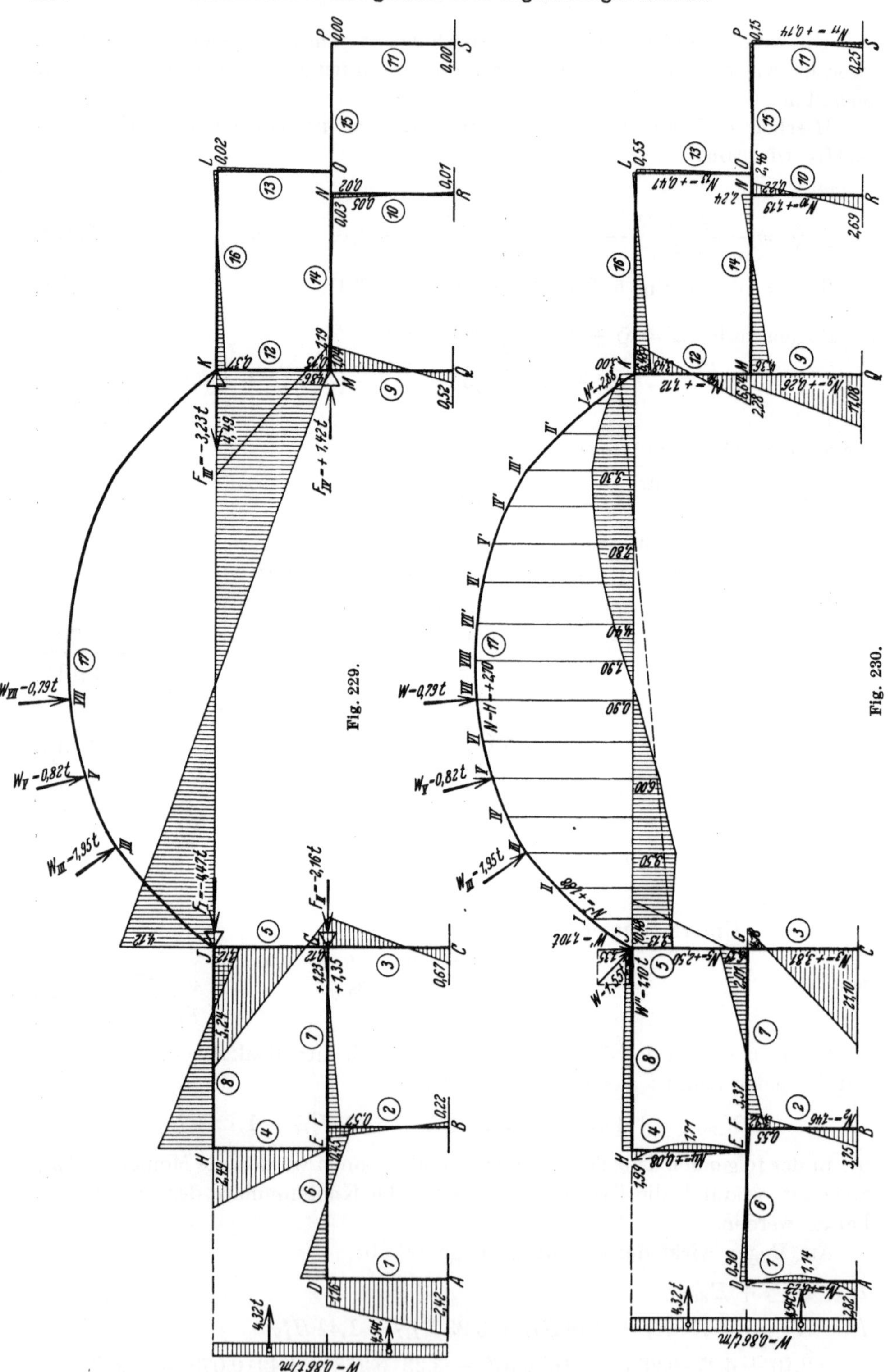
Fig. 229.
Fig. 230.

Tabelle 10.

Knotenpunkts-moment	A	B	C	D_1	F_2	F_6	F_7	G_3	G_5	G_7	H_4	J_5	J_8	J_{17}
$+ 4{,}47 \cdot M_I^*$	$- 0{,}22$	$- 2{,}41$	$- 11{,}80$	$+ 0{,}18$	$+ 2{,}32$	$- 0{,}27$	$+ 2{,}06$	$+ 0{,}49$	$- 3{,}35$	$- 3{,}84$	$+ 0{,}31$	$+ 13{,}01$	$- 1{,}34$	$+ 11{,}67$
$+ 2{,}16 \cdot M_{II}^*$	$- 0{,}09$	$- 0{,}82$	$- 5{,}64$	$+ 0{,}06$	$+ 0{,}76$	$- 0{,}15$	$+ 0{,}60$	$+ 3{,}13$	$+ 2{,}18$	$- 0{,}95$	$+ 0{,}04$	$+ 1{,}27$	$- 0{,}02$	$+ 1{,}25$
$+ 3{,}23 \cdot M_{III}^*$	$- 0{,}10$	$- 0{,}87$	$- 3{,}49$	$+ 0{,}03$	$+ 0{,}84$	$- 0{,}06$	$+ 0{,}78$	$- 0{,}97$	$- 2{,}45$	$- 1{,}48$	$+ 0{,}19$	$+ 1{,}58$	$- 1{,}32$	$+ 0{,}26$
$- 1{,}42 \cdot M_{IV}^*$	$+ 0{,}01$	$+ 0{,}13$	$+ 0{,}50$	$- 0{,}01$	$- 0{,}10$	$+ 0{,}01$	$- 0{,}09$	$+ 0{,}18$	$+ 0{,}38$	$+ 0{,}20$	$- 0{,}04$	$- 0{,}14$	$+ 0{,}21$	$+ 0{,}07$
$M_{Zus.}$	$- 0{,}40$	$- 3{,}97$	$- 20{,}43$	$+ 0{,}26$	$+ 3{,}82$	$- 0{,}47$	$+ 3{,}35$	$+ 2{,}83$	$- 3{,}24$	$- 6{,}07$	$+ 0{,}50$	$+ 15{,}72$	$- 2{,}47$	$+ 13{,}25$
$M_{R.I}$	$- 2{,}42$	$+ 0{,}22$	$- 0{,}67$	$- 1{,}16$	$- 0{,}45$	$+ 1{,}02$	$+ 0{,}57$	$+ 1{,}35$	$+ 1{,}23$	$- 0{,}12$	$- 2{,}49$	$- 5{,}24$	$+ 1{,}12$	$- 4{,}12$
$M_{tot.}$	$- 2{,}82$	$- 3{,}75$	$- 21{,}10$	$- 0{,}90$	$+ 3{,}37$	$+ 0{,}55$	$+ 3{,}92$	$+ 4{,}18$	$- 2{,}01$	$- 6{,}19$	$- 1{,}99$	$+ 10{,}48$	$- 1{,}35$	$+ 9{,}13$

Knotenpunkts-momente	K_{12}	K_{16}	K_{17}	L_{13}	M_9	M_{12}	M_{14}	N_{10}	N_{14}	N_{15}	P_{11}	Q	R	S
$+ 4{,}47 \cdot M_I^*$	$+ 2{,}19$	$+ 1{,}83$	$- 0{,}36$	$+ 0{,}27$	$- 1{,}34$	$- 3{,}40$	$+ 2{,}05$	$+ 1{,}16$	$- 1{,}07$	$+ 0{,}09$	$+ 0{,}04$	$- 4{,}83$	$- 1{,}16$	$- 0{,}13$
$+ 2{,}16 \cdot M_{II}^*$	$+ 0{,}22$	$+ 0{,}32$	$+ 0{,}11$	$+ 0{,}06$	$- 0{,}28$	$- 0{,}58$	$+ 0{,}30$	$+ 0{,}15$	$- 0{,}13$	$+ 0{,}02$	$+ 0{,}02$	$- 0{,}76$	$- 0{,}20$	$- 0{,}02$
$+ 3{,}23 \cdot M_{III}^*$	$+ 9{,}40$	$+ 0{,}97$	$- 8{,}43$	$+ 0{,}23$	$+ 0{,}36$	$- 2{,}42$	$+ 2{,}78$	$+ 1{,}68$	$- 1{,}49$	$+ 0{,}19$	$+ 0{,}13$	$- 8{,}53$	$- 1{,}74$	$- 0{,}16$
$- 1{,}42 \cdot M_{IV}^*$	$- 0{,}84$	$- 0{,}01$	$+ 0{,}82$	$- 0{,}03$	$- 2{,}06$	$- 1{,}43$	$- 0{,}62$	$- 0{,}50$	$+ 0{,}40$	$- 0{,}10$	$- 0{,}04$	$+ 3{,}56$	$+ 0{,}40$	$+ 0{,}06$
$M_{Zus.}$	$+ 10{,}97$	$+ 3{,}11$	$- 7{,}86$	$+ 0{,}53$	$- 3{,}32$	$- 7{,}83$	$+ 4{,}51$	$+ 2{,}49$	$- 2{,}29$	$+ 0{,}20$	$+ 0{,}15$	$- 10{,}56$	$- 2{,}70$	$- 0{,}25$
$M_{R.I}$	$- 4{,}49$	$+ 0{,}37$	$+ 4{,}86$	$+ 0{,}02$	$+ 1{,}04$	$+ 1{,}19$	$- 0{,}15$	$- 0{,}03$	$+ 0{,}05$	$+ 0{,}02$	0	$- 0{,}52$	$+ 0{,}01$	0
$M_{tot.}$	$+ 6{,}48$	$+ 3{,}48$	$- 3{,}00$	$+ 0{,}55$	$- 2{,}28$	$- 6{,}64$	$+ 4{,}36$	$+ 2{,}46$	$- 2{,}24$	$+ 0{,}22$	$+ 0{,}15$	$- 11{,}08$	$- 2{,}69$	$- 0{,}25$

Am Bogen erhalten wir die endgültigen Momente, indem wir an die Verbindungslinie der Kämpfermomente die Werte $M_0 - H \cdot y$, welche in Tabelle 11 berechnet sind, antragen.

Die Gesamtmomente aus Windbelastung von links sind in Fig. 230 darge-

Tabelle 11.

Schnitt	M_0	$- H \cdot y$	$M_0 - H \cdot y$
I	5,11	$-\ 5,00$	$+\ 0,11$
II	10,20	$-\ 9,04$	$+\ 1,16$
III	15,20	$-12,82$	$+\ 2,38$
IV	16,11	$-14,85$	$+\ 1,26$
V	17,10	$-16,60$	$+\ 0,50$
VI	16,60	$-17,92$	$-\ 1,32$
VII	15,87	$-18,58$	$-\ 2,71$
VIII	13,93	$-18,76$	$-\ 4,83$
VII'	12,00	$-18,58$	$-\ 6,58$
VI'	10,10	$-17,92$	$-\ 7,82$
V'	8,22	$-16,60$	$-\ 8,38$
IV'	6,43	$-14,85$	$-\ 8,42$
III'	4,61	$-12,82$	$-\ 8,21$
II'	2,94	$-\ 9,04$	$-\ 6,10$
I'	1,39	$-\ 5,00$	$-\ 3,61$

stellt. Infolge der symmetrischen Verhältnisse sind dadurch auch die Momente für den Windangriff von rechts gegeben.

Querkräfte infolge Wind.

(Fig. 230a.)

Stab 1:
$$Q_1^A = -2,27\ \frac{-2,82-0,90}{5,28} = -2,63\,\text{t},$$
$$Q_1^D = -2,63 + 4,54 \qquad = +1,91\,\text{t},$$

Stab 2:
$$Q_2^B = \frac{-3,75-3,37}{5,28} \qquad = -1,35\,\text{t},$$

Stab 3:
$$Q_3^C = \frac{-21,10-4,18}{5,28} \qquad = -4,79\,\text{t},$$

Stab 4:
$$Q_4^E = -2,16 + \frac{1,99}{5,02} \qquad = -1,76\,\text{t},$$
$$Q_4^H = -1,76 + 4,32 \qquad = +2,56\,\text{t},$$

Stab 5:
$$Q_5^G = \frac{-2,01-10,48}{5,02} \qquad = -2,49\,\text{t},$$

Stab 6:
$$Q_6^D = \frac{+0,90+0,55}{6,55} \qquad = +0,22\,\text{t},$$

Stab 7:
$$Q_7^F = \frac{-3,92-6,19}{7,69} \qquad = -1,31\,\text{t},$$

Stab 8:
$$Q_8^H = \frac{+1,99-1,35}{8,7} \qquad = +0,08\,\text{t},$$

Stab 9:
$$Q_9^Q = \frac{-11,08+2,28}{5,28} \qquad = -1,66\,\text{t},$$

Stab 10:
$$Q_{10}^R = \frac{-2,69-2,46}{5,28} \qquad = -0,98\,\text{t},$$

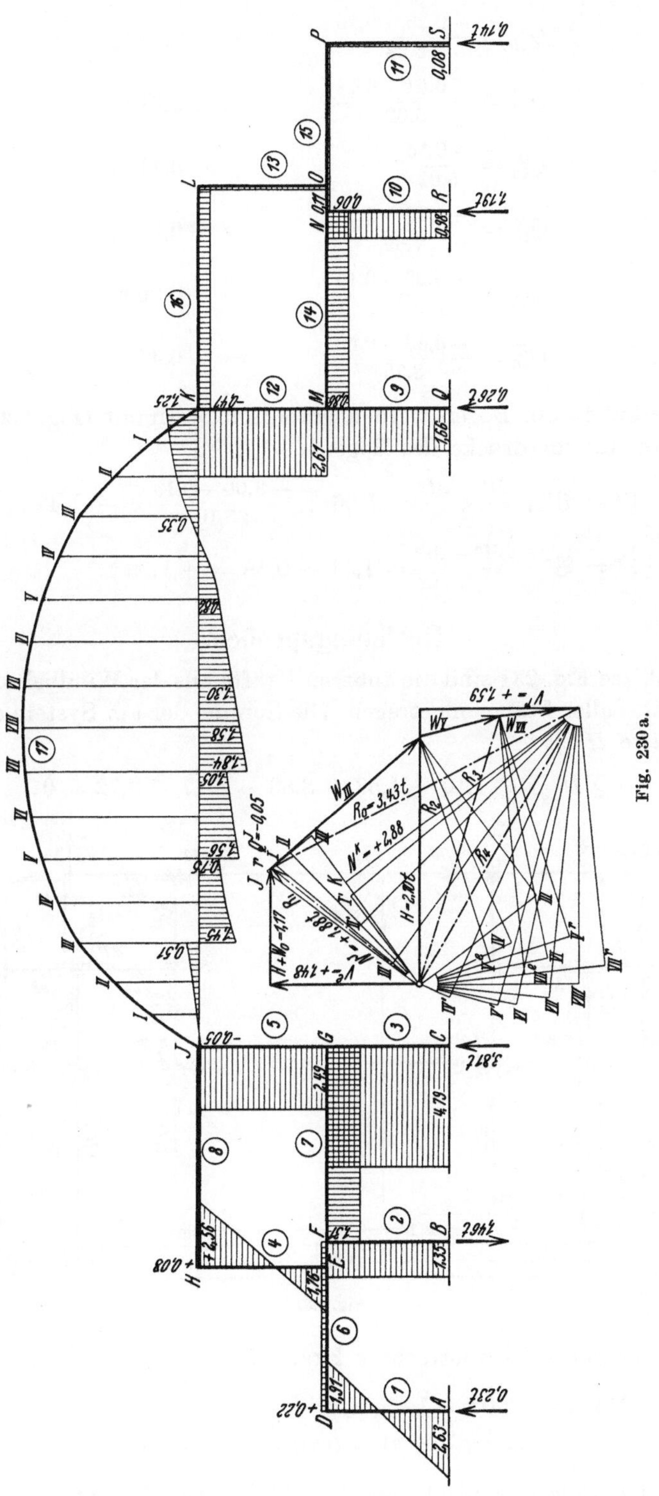

Fig. 230 a.

Stab *11:* $Q_{11}^S = \dfrac{-0,25-0,15}{5,28}$ $= -0,08\,\text{t},$

Stab *12:* $Q_{12}^M = \dfrac{-6,64-6,48}{5,02}$ $= -2,61\,\text{t},$

Stab *13:* $Q_{13}^O = \dfrac{-0,55}{5,02}$ $= -0,11\,\text{t},$

Stab *14:* $Q_{14}^M = \dfrac{-4,36-2,24}{7,69}$ $= -0,86\,\text{t},$

Stab *15:* $Q_{15}^N = \dfrac{-0,22-0.15}{6,55}$ $= -0,06\,\text{t},$

Stab *16:* $Q_{16}^K = \dfrac{-3,48-0,55}{8,70}$ $= -0,47\,\text{t}.$

Die Querkräfte am Bogen werden graphisch bestimmt (Fig. 230a).
Lotrechte Auflagerdrücke des Bogens:

$$V^l = \mathfrak{V}^l + \frac{M^b - M^a}{l} = 1,96 + \frac{-3,00-9,13}{25,10} = +1,48\,\text{t},$$

$$V^r = \mathfrak{V}^r - \frac{M^b - M^a}{l} = 1,11 + 0,48 = +1,59\,\text{t}.$$

Rechnungsproben.

In der Skizze Fig. 231 sind die äußeren Kräfte aus der Windbelastung und die
Auflagerkräfte aller Stäbe eingetragen. Die Summe der am System angreifenden
äußern Kräfte H ist:

$$\textstyle\sum H = +1,10 + 1,53 + 8,86 - 8,77 - 2,72 = 0.$$

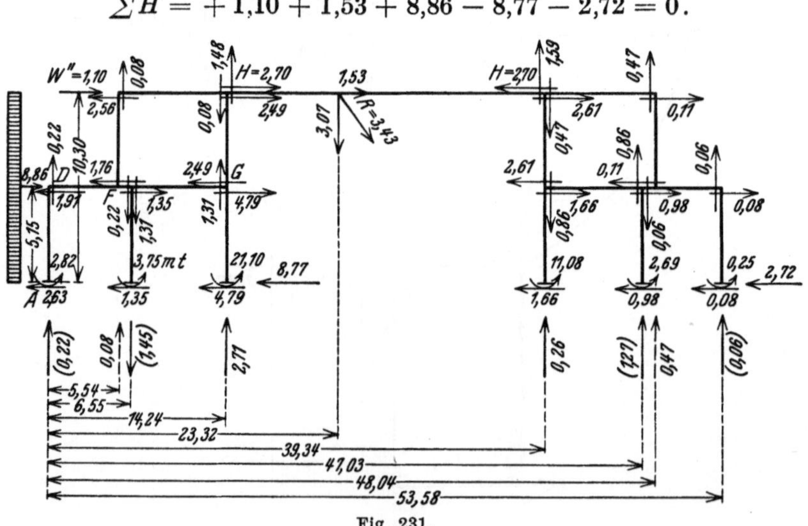

Fig. 231.

Die Summe der äußern lotrechten Kräfte ist:

$$\sum V = +3,07 + 1,45$$
$$-0,22 - 2,71 - 0,26 - 1,27 - 0,06 = 0.$$

Die in der Skizze eingeklammerten Werte der lotrechten Stützenkräfte stimmen nur in ihrer Summe, da sie ohne Berücksichtigung des Umstandes gebildet sind, daß die obere Außenstütze innerhalb des Balkenfeldes aufsteht.

Die Summe der Momente, bezogen auf den Stützpunkt A, beträgt:

$$\sum{}^{A} M = +8{,}86 \cdot 5{,}15 + 1{,}10 \cdot 10{,}30 + 1{,}53 \cdot 10{,}30 + 3{,}07 \cdot 23{,}32 + (1{,}31 + 0{,}22)$$

$$\times 6{,}55 - 0{,}08 \cdot 5{,}54 - 2{,}71 \cdot 14{,}24 - 0{,}26 \cdot 39{,}34 - (0{,}86 - 0{,}6) \cdot 47{,}03$$

$$- 0{,}47 \cdot 48{,}04 - 0{,}06 \cdot 53{,}58 - 2{,}82 - 3{,}75 - 21{,}10 - 11{,}08 - 2{,}69 - 0{,}25$$

$$= -0{,}03 \sim 0 .$$

Am Lager I ist die Verschiebungskraft:

$$K = +2{,}70 + 2{,}49 - 2{,}56 - 1{,}53 = +1{,}10 \,\mathrm{t} .$$

Diese wird von der äußeren Windkraft $W'' = 1{,}10$ t im Gleichgewicht gehalten.

An den Lagern II, III und IV verschwinden die Verschiebungskräfte bzw. Festhaltekräfte.

Als weitere Probe werden noch die Verschiebungen der Stützenköpfe DF und G gebildet, wie es beim ersten Belastungsfall geschehen ist.

Verschiebung der Knotenpunkte:

$$\varDelta = \frac{6\,E\delta}{l^2} = -\frac{(M^k + 2\,M^f - k^b)}{J} ,$$

$$\varDelta^D = -\frac{(-0{,}90 - 2 \cdot 2{,}82 + 6{,}00)}{0{,}000\,675} = +800 ,$$

$$\varDelta^F = -\frac{(3{,}37 - 2 \cdot 3{,}75)}{0{,}00630} = +657 ,$$

$$\varDelta^G = -\frac{(4{,}18 - 2 \cdot 21{,}10)}{0{,}0578} = +657 .$$

Also $\quad \varDelta^G = \varDelta^F = \sim \varDelta^D .$

Die Proberechnung liefert einen etwas zu großen Betrag für $\varDelta^D$, weil die Momente der Endstütze klein sind, und die Genauigkeit der Dezimalstellen zwar für die Praxis vollauf genügt, aber für die Proberechnung nicht.

Nachdem die Beanspruchungen der einzelnen Belastungsfälle ermittelt sind, kann die Zusammenstellung der Grenzbeanspruchungen vorgenommen werden. Da weder die Berechnung, noch die Aufzeichnung derselben etwas bietet, was nicht allgemein geübt wird, oder nicht seine mehrmalige Darstellung in diesem Band gefunden hätte, wird es hier weggelassen.

XIX. Unsymmetrischer Hallenbinder, bestehend aus bogenförmigen und geradlinigen Stäben.

(Textbeispiel des Kap. VIII Bd. I.)

Die Berechnung soll nur für die drei beliebig gerichteten Einzellasten P_1, P_2 und P_3 auf dem rechten Bogen (siehe Fig. 232) durchgeführt werden.

Wir ermitteln zunächst die von der Belastung unabhängigen Größen für alle Stäbe.

Tabelle 1.

	La-melle	ΔS	$1000\,J$	$w = \dfrac{\Delta S}{J}$	y	$y\cdot w$	$y^2\cdot w$	x	$x\cdot w$	$l-x$	$(l-x)\,w$	$y(l-x)\,w$	$x(l-x)\,w$	$x\cdot y\cdot w$
Bogen 1	1	1,35	8,57	158	0,50	79	39	0,40	63	9,60	1513	755	604	32
	2	1,35	7,50	180	1,40	252	353	1,40	252	8,60	1548	2165	2165	353
	3	1,35	6,54	207	2,13	441	938	2,50	517	7,50	1552	3304	3880	1102
	4	1,35	5,95	227	2,70	612	1650	3,74	848	6,26	1420	3830	5308	2288
	5	1,35	5,40	250	3,00	750	2250	5,10	1275	4,90	1225	3681	6250	3825
	6	1,35	5,95	227	2,87	651	1868	6,40	1452	3,60	816	2342	5220	4160
	7	1,35	6,54	207	2,40	497	1191	7,66	1585	2,34	484	1162	3705	3800
	8	1,35	7,50	180	1,63	293	477	8,77	1578	1,23	222	361	1945	2568
	9	1,35	8,57	158	0,60	94	57	9,64	1516	0,36	57	34	549	911
						3669	8823		9086		8837	17634	29626	19039
Bogen 2	10	1,50	8,57	175	0,70	123	86	0,32	56	12,34	2160	1511	691	39
	11	1,50	8,19	183	2,00	366	732	1,06	194	11,60	2121	4245	2254	388
	12	1,50	7,50	200	3,18	636	2022	2,00	400	10,66	2132	6770	4264	1272
	13	1,50	6,85	219	4,20	920	3862	3,08	674	9,58	2100	8800	6448	2830
	14	1,50	6,25	240	5,05	1212	6115	4,31	1034	8,35	2002	10120	8630	5215
	15	1,50	5,95	252	5,60	1410	7900	5,71	1439	6,95	1750	9800	10000	8040
	16	1,50	5,40	278	5,76	1600	9200	7,20	2000	5,46	1517	8770	10920	11510
	17	1,32	5,40	244	5,52	1346	7410	8,56	2088	4,10	1000	5520	8550	11500
	18	1,32	5,95	222	4,96	1100	5445	9,77	2170	2,89	641	3178	6260	10720
	19	1,32	6,54	202	4,12	831	3422	10,77	2177	1,89	382	1572	4110	8950
	20	1,32	7,17	184	3,10	570	1766	11,57	2127	1,09	201	621	2320	6585
	21	1,32	7,85	168	1,90	319	606	12,16	2040	0,50	84	160	1021	3878
	22	1,32	8,57	154	0,62	95	59	12,56	1933	0,10	15	10	194	1197
						10528	48625		18332		16105	61077	65662	72124

Bogenschübe $B_{(M^a=1)}$, $B_{(M^b=1)}$ und B.

Bogen *1*:

$$B_{(M^a=1)} = \frac{\sum y\,(l-x)\,w}{l\sum y^2 w} = \frac{17634}{10,00\cdot 8823} = 0,1999\,\text{t},$$

$$B_{(M^b=1)} = \frac{\sum x\,y\,w}{l\sum y^2 w} = \frac{19039}{10,00\cdot 8823} = 0,2158\,\text{t},$$

$$B_1 = 0,4157\,\text{t}.$$

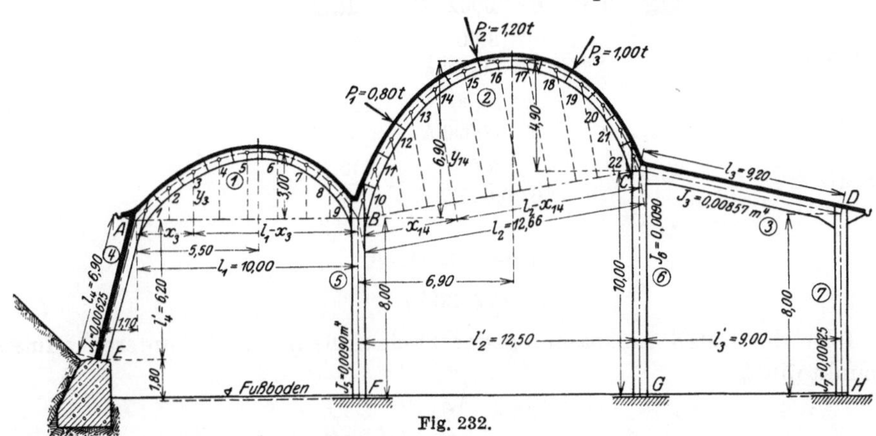

Fig. 232.

Bogen *2*:

$$B_{(M^a=1)} = \frac{\sum y\,(l-x)\,w}{l\sum y^2 w} = \frac{61077}{12,66\cdot 48625} = 0,0992\,\text{t},$$

$$B_{(M^b=1)} = \frac{\sum x\,y\,w}{l\sum y^2 w} = \frac{72124}{12,66\cdot 48625} = 0,1172\,\text{t},$$

$$B_2 = 0,2164\,\text{t}.$$

Auflagerdrehwinkel der Bögen.

$$E\,\alpha^a = \frac{\sum (l-x)\,w - B\sum (l-x)\,y\,w}{l}.$$

Bogen *1*:

$$\alpha_1^a = \frac{8837 - 0,4157\cdot 17634}{10,00\,E} = \frac{150,7}{E}\,\frac{1}{\text{mt}}.$$

Bogen *2*:

$$\alpha_2^a = \frac{16105 - 0,2164\cdot 61077}{12,66} = \frac{228,1}{E}\,\frac{1}{\text{mt}}.$$

$$E\,\alpha^b = \frac{\sum x\,w - B\sum x\,y\,w}{l}.$$

Bogen *1*:

$$\alpha_1^b = \frac{9086 - 0,4157\cdot 19039}{10,00\,E} = \frac{117,1}{E}\,\frac{1}{\text{mt}}.$$

Bogen *2*:

$$\alpha_2^b = \frac{18332 - 0,2164\cdot 72124}{12,66\,E} = \frac{215,2}{E}\,\frac{1}{\text{mt}}.$$

$$E\,\beta = \frac{\sum x\,(l-x)\,w - l\,B_{(M^a=1)}\cdot \sum x\,y\,w}{l^2}.$$

Bogen *1*:

$$\beta_1 = \frac{29626 - 10,00\cdot 0,1999\cdot 19039}{10,00^2\cdot E} = -\frac{84,3}{E}\,\frac{1}{\text{mt}}.$$

Bogen *2*:

$$\beta_2 = \frac{65662 - 12,66\cdot 0,0992\cdot 72124}{12,66^2\cdot E} = -\frac{155,5}{E}\,\frac{1}{\text{mt}}.$$

Auflagerdrehwinkel der geraden Stäbe.

$$\beta = \frac{l}{6\,J\,E}\,.$$

Stab *3*: $\quad \beta_3 = \dfrac{9,20}{6 \cdot 0,00857\,E} = \dfrac{178,9}{E}\,,$

Stab *4*: $\quad \beta_4 = \dfrac{6,90}{6 \cdot 0,00625\,E} = \dfrac{184,0}{E}\,,$

Stab *5*: $\quad \beta_5 = \dfrac{8,00}{6 \cdot 0,0090\,E} = \dfrac{148,1}{E}\,,$

Stab *6*: $\quad \beta_6 = \dfrac{10,00}{6 \cdot 0,0090\,E} = \dfrac{185,2}{E}\,,$

Stab *7*: $\quad \beta_7 = \dfrac{8,00}{6 \cdot 0,00625\,E} = \dfrac{213,3}{E}\,.$

Festpunkte.

(Fig. 233.)

Infolge der festen Einspannung der Säulenfüße liegen die unteren Säulenfestpunkte in l_3.

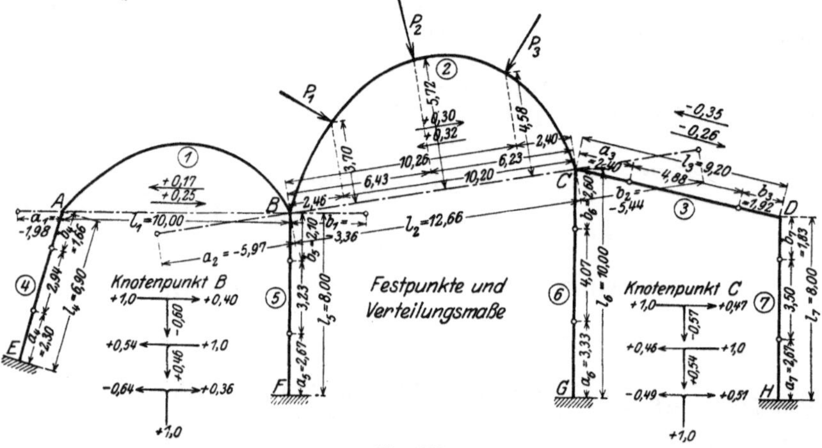

Fig. 233.

$$a_4 = \frac{6,90}{3} = 2,30\,\text{m}\,, \qquad a_5 = a_7 = \frac{8,00}{3} = 2,67\,\text{m}\,, \qquad a_6 = \frac{10,00}{3} = 3,33\,\text{m}\,.$$

$$\tau_4^A = 1,5\,\beta_4 = 1,5 \cdot \frac{184,0}{E} = \frac{276,0}{E} = \varepsilon_1^a\,,$$

$$a_1 = \frac{l_1\,\beta_1}{\alpha_1^a + \varepsilon_1^a} = \frac{-10,00 \cdot 84,3}{150,7 + 276,0} = -1,98\,\text{m}\,,$$

$$\tau_1^B = \alpha_1^b - \frac{l_1}{l_1 - a_1} \cdot \beta_1 = \frac{117,1}{E} + \frac{10,00 \cdot 84,3}{(10,00 + 1,98)\,E} = \frac{187,5}{E}\,,$$

$$\tau_5^B = 1,5 \cdot \beta_5 = 1,5 \cdot \frac{148,1}{E} = \frac{222,2}{E}\,,$$

$$\tau_{1-5}^B = \frac{\tau_1^B \cdot \tau_5^B}{\tau_1^B + \tau_5^B} = \frac{187,5 \cdot 222,2}{(187,5 + 222,2)\,E} = \frac{101,7}{E} = \varepsilon_2^a\,,$$

$$a_2 = \frac{l_2\,\beta_2}{\alpha_2^a + \varepsilon_2^a} = \frac{-12,66 \cdot 155,5}{228,1 + 101,7} = -5,97\,\text{m}\,,$$

$$\tau_2^C = \alpha_2^b - \frac{l_2}{l_2 - a_2}\beta_2 = \frac{215,2}{E} + \frac{12,66 \cdot 155,5}{(12,66 + 5,97)E} = \frac{320,9}{E},$$

$$\tau_6^C = 1,5\,\beta_6 = 1,5 \cdot \frac{185,2}{E} = \frac{277,8}{E},$$

$$\tau_{2-6}^C = \frac{\tau_2^C \cdot \tau_6^C}{\tau_2^C + \tau_6^C} = \frac{320,9 \cdot 277,8}{(320,9 + 277,8)E} = \frac{148,9}{E} = \varepsilon_3^a,$$

$$a_3 = \frac{l_3}{3 + \dfrac{\varepsilon_3^a}{\beta_3}} = \frac{9,20}{3 + \dfrac{148,9}{178,9}} = 2,40\,\mathrm{m},$$

$$\tau_3^D = \beta_3\left(3 - \frac{l_3}{l_3 - a_3}\right) = \frac{178,9}{E}\left(3 - \frac{9,20}{9,20 - 2,40}\right) = 294,6 = \varepsilon_7^b,$$

$$b_7 = \frac{l_7}{3 + \dfrac{\varepsilon_7^b}{\beta_7}} = \frac{8,00}{3 + \dfrac{294,6}{213,3}} = 1,83\,\mathrm{m},$$

$$\tau_7^D = 1,5\,\beta_7 = 1,5 \cdot \frac{213,3}{E} = \frac{320,0}{E} = \varepsilon_3^b,$$

$$b_3 = \frac{l_3}{3 + \dfrac{\varepsilon_3^b}{\beta_3}} = \frac{9,20}{3 + \dfrac{320,0}{178,9}} = 1,92\,\mathrm{m},$$

$$\tau_3^C = \beta_3\left(3 - \frac{l_3}{l_3 - b_3}\right) = \frac{178,9}{E}\left(3 - \frac{9,20}{9,20 - 1,92}\right) = \frac{310,6}{E},$$

$$\tau_{3-6}^C = \frac{\tau_3^C \cdot \tau_6^C}{\tau_3^C + \tau_6^C} = \frac{310,6 \cdot 277,8}{(310,6 + 277,8)E} = \frac{146,6}{E} = \varepsilon_2^b,$$

$$b_2 = \frac{l_2 \cdot \beta_2}{\alpha_2^b + \varepsilon_2^b} = \frac{-12,66 \cdot 155,5}{215,2 + 146,6} = -5,44\,\mathrm{m},$$

$$\tau_2^B = \alpha_2^a - \frac{l_2}{l_2 - b_2}\beta_2 = \frac{228,1}{E} + \frac{12,66 \cdot 155,5}{(12,66 + 5,44)E} = \frac{336,9}{E},$$

$$\tau_{2-5}^B = \frac{\tau_2^B \cdot \tau_5^B}{\tau_2^B + \tau_5^B} = \frac{336,9 \cdot 222,2}{(336,9 + 222,2)E} = \frac{133,9}{E} = \varepsilon_1^b,$$

$$b_1 = \frac{l_1\,\beta_1}{\alpha_1^b + \varepsilon_1^b} = \frac{-10,00 \cdot 84,3}{117,1 + 133,9} = -3,36\,\mathrm{m},$$

$$\tau_1^A = \alpha_1^a - \frac{l_1}{l_1 - b_1}\beta_1 = \frac{150,7}{E} + \frac{10,00 \cdot 84,3}{(10,00 + 3,36)E} = \frac{213,8}{E} = \varepsilon_4^b,$$

$$b_4 = \frac{l_4}{3 + \dfrac{\varepsilon_4^b}{\beta_4}} = \frac{6,90}{3 + \dfrac{213,8}{184,0}} = 1,66\,\mathrm{m},$$

$$\tau_{1-2}^B = \frac{\tau_1^B \cdot \tau_2^B}{\tau_1^B + \tau_2^B} = \frac{187,5 \cdot 336,9}{(187,5 + 336,9)E} = \frac{120,5}{E} = \varepsilon_5^b,$$

$$b_5 = \frac{l_5}{3 + \dfrac{\varepsilon_5^b}{\beta_5}} = \frac{8,00}{3 + \dfrac{120,5}{148,1}} = 2,10\,\mathrm{m},$$

$$\tau_{2-3}^C = \frac{\tau_2^C \cdot \tau_3^C}{\tau_2^C + \tau_3^C} = \frac{320,9 \cdot 310,6}{(320,9 + 310,6)E} = \frac{157,8}{E} = \varepsilon_6^b,$$

$$b_6 = \frac{l_6}{3 + \dfrac{\varepsilon_6^b}{\beta_6}} = \frac{10,00}{3 + \dfrac{157,8}{185,2}} = 2,60\,\mathrm{m}.$$

Verteilungsmaße.

(Fig. 233.)

Knotenpunkt B:

$$\mu_{1-2}^{B} = \frac{\tau_{2-5}^{B}}{\tau_{2}^{B}} = \frac{133,9}{336,9} = 0,40, \qquad \mu_{1-5}^{B} = 1 - 0,40 = 0,60,$$

$$\mu_{2-1}^{B} = \frac{\tau_{1-5}^{B}}{\tau_{1}^{B}} = \frac{101,7}{187,5} = 0,54, \qquad \mu_{2-5}^{B} = 0,46,$$

$$\mu_{5-1}^{B} = \frac{\tau_{1-2}^{B}}{\tau_{1}^{B}} = \frac{120,5}{187,5} = 0,64, \qquad \mu_{5-2}^{B} = 0,36.$$

Knotenpunkt C:

$$\mu_{2-3}^{C} = \frac{\tau_{3-6}^{C}}{\tau_{3}^{C}} = \frac{146,6}{310,6} = 0,47, \qquad \mu_{2-6}^{C} = 0,53,$$

$$\mu_{3-2}^{C} = \frac{\tau_{2-6}^{C}}{\tau_{2}^{C}} = \frac{148,9}{320,9} = 0,46, \qquad \mu_{3-6}^{C} = 0,54,$$

$$\mu_{6-2}^{C} = \frac{\tau_{2-3}^{C}}{\tau_{2}^{C}} = \frac{157,8}{320,9} = 0,49, \qquad \mu_{6-3}^{C} = 0,51.$$

Momente M_I'.

Wir verschieben den Knotenpunkt A senkrecht zur Säulenachse 4 um $\varDelta = 1\,\text{cm}$ nach rechts, wobei die übrigen Knotenpunkte unverschiebbar festgehalten sein sollen (Fig. 234a).

Dadurch erleidet Stab 4 eine gegenseitige rechtwinklige Verschiebung seiner Enden:

$$\varrho_4 = 0,01\,\text{m},$$

und der Bogen 1 eine gegenseitige Verschiebung der Kämpfer in Richtung ihrer Verbindungslinie:

$$\varDelta' = \varDelta \cdot \cos\alpha = 0,01 \cdot \frac{6,20}{6,90} = 0,00899\,\text{m},$$

sowie eine gegenseitige Verschiebung der Kämpfer normal zu ihrer Verbindungslinie:

$$\varDelta'' = \varDelta \cdot \sin\alpha = 0,01 \cdot \frac{1,70}{6,90} = 0,00246\,\text{m}.$$

Die durch diese gegenseitigen Verschiebungen hervorgerufenen Momente betragen:

a) Infolge $\varrho_4 = 0,01\,\text{m}$:

Nach den Gl. (515) und (520) ist:

$$M_4^A = \frac{\varrho_4 \cdot b_4}{l_4 \cdot \beta_4 (l_4 - a_4 - b_4)} = \frac{2\,100\,000 \cdot 1,66 \cdot 0,01}{6,90 \cdot 184,0\,(6,90 - 2,30 - 1,66)} = +9,339\,\text{mt},$$

$$M_4^E = -\frac{M_4^A}{b_4}\,a_4 = -\frac{9,339}{1,66} \cdot 2,30 = -12,940\,\text{mt}.$$

b) Infolge $\varDelta' = 0,00899\,\text{m}$ und $\varDelta'' = 0,00246\,\text{m}$:

Nach den Gl. (590a, 600, 591a und 601) erhalten wir für diese beiden Verschiebungen zusammen die Kämpfermomente:

$$M_1^A = \frac{(B_{(M^a = 1)} \cdot l_1 - B_1 \cdot b_1)\, \varDelta' + \varDelta''}{l_1 \cdot \beta_1 (l_1 - a_1 - b_1)} \cdot a_1$$

$$= + \frac{2\,100\,000\,[(0{,}1999 \cdot 10{,}00 + 0{,}4157 \cdot 3{,}36)\,0{,}00899 + 0{,}00246]}{10{,}00 \cdot 84{,}3\,(10{,}00 + 1{,}98 + 3{,}36)} \cdot 1{,}98$$

$$= + 10{,}604\ \text{mt},$$

$$M_1^B = \frac{(B_{(M^b = 1)} \cdot l_1 - B_1 \cdot a_1)\, \varDelta' - \varDelta''}{l_1 \cdot \beta_1 (l_1 - a_1 - b_1)} \cdot b_1$$

$$= + \frac{2\,100\,000\,[(0{,}2158 \cdot 10{,}00 + 0{,}4157 \cdot 1{,}98)\,0{,}00899 - 0{,}00246]}{10{,}00 \cdot 84{,}3\,(10{,}00 + 1{,}98 + 3{,}36)} \cdot 3{,}36$$

$$= + 13{,}271\ \text{mt}.$$

Diese Momente leiten wir in bekannter Weise mittels Festpunkte und Verteilungsmaße weiter, worauf wir durch Addition der Teilmomentenflächen die Momente M_I' (Fig. 234) erhalten; an den bogenförmigen Stäben wird, wie im

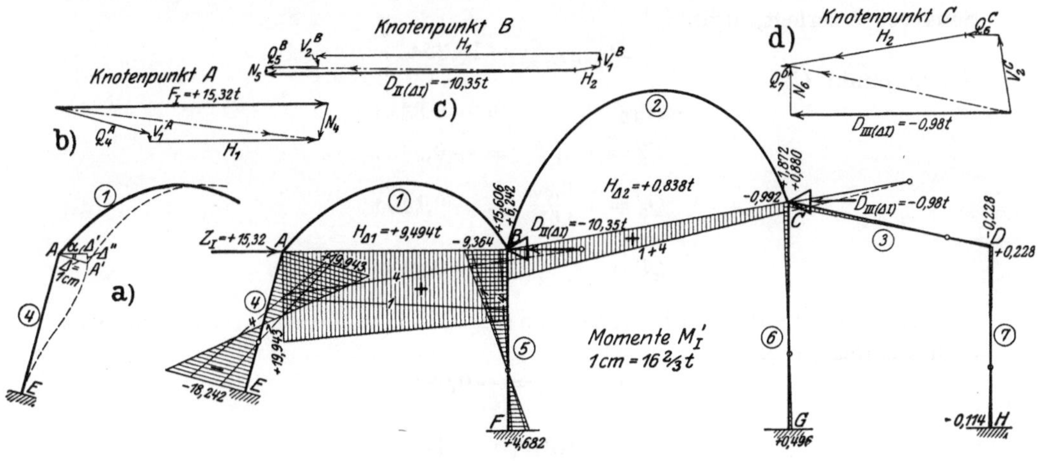

Fig. 234a bis 234d.

vorhergehenden Beispiel, der Einfluß des Bogenschubes auf die Momente zwischen den Kämpfern erst am Schluß bei den endgültigen Momenten des Belastungsfalles in Rechnung gestellt.

Die **Erzeugungs-** und die **Festhaltungskräfte** der M_I'-Momente berechnen sich wie folgt:

Knotenpunkt A:

Bogenschub: $H_{\varDelta 1} = B_{\varDelta'} + M_1^A \cdot B_{(M^a = 1)} + M_1^B \cdot B_{(M^b = 1)}$

$$= \frac{2\,100\,000 \cdot 0{,}00899}{8823} + 19{,}943 \cdot 0{,}1999 + 15{,}606 \cdot 0{,}2158$$

$$= + 9{,}494\,\text{t}.$$

Auflagerdruck: $V_1^A = \dfrac{M_1^B - M_1^A}{l_1} = \dfrac{+15{,}606 - 19{,}943}{10{,}00} = -0{,}434\,\text{t}.$

Querkraft: $Q_4^A = \dfrac{M_4^A - M_4^E}{l_4} = \dfrac{+19{,}943 + 18{,}242}{6{,}90} = +5{,}534\,\text{t}.$

Diese drei Kräfte zu einer Resultierenden vereinigt und letztere horizontal und in Richtung von Stab *4* zerlegt (Fig. 234b) liefert uns die (in Richtung der Festhaltungskraft F_I anzunehmende) Erzeugungskraft

$$Z_I = +15,32 \,\text{t}.$$

Knotenpunkt B: $\qquad\qquad -H_{A1} = -9,494 \,\text{t},$

Bogenschub: $\qquad\qquad V_1^B = -V_1^A = +0,434 \,\text{t},$

von Bogen *2*:

$$H_{A2} = M_2^B \cdot B_{(M^a = 1)} + M_2^C \cdot B_{(M^b = 1)}$$

$$= +6,242 \cdot 0,0992 + 1,872 \cdot 0,1172 = +0,838 \,\text{t},$$

$$V_2^B = \frac{M_2^C - M_2^B}{l_2} = \frac{1,872 - 6,242}{12,66} = -0,345 \,\text{t},$$

$$Q_5^B = \frac{M_5^B}{l_5 - a_5} = \frac{-9,364}{5,33} = -1,756 \,\text{t}.$$

Die Resultierende aus vorstehenden Kräften (Fig. 234c) in die Waagrechte und Senkrechte zerlegt, ergibt:

$$D_{II(AI)} = -10,35 \,\text{t}.$$

Knotenpunkt C:

$$-H_{A2} \qquad\qquad = -0,838 \,\text{t},$$

$$V_2^C = -V_2^B = +0,345 \,\text{t},$$

$$Q_6^C = \frac{-0,992}{6,67} = -0,149 \,\text{t},$$

$$Q_7^D = \frac{+0,228}{5,33} = +0,043 \,\text{t}.$$

Die Resultierende aus diesen Kräften (Fig. 234d) in die Waagrechte und Senkrechte zerlegt, ergibt:

$$D_{III(AI)} = -0,98 \,\text{t}.$$

Momente M'_{II}.

Wir verschieben den Knotenpunkt B um $A = 1$ cm horizontal nach rechts, während die übrigen Knotenpunkte in Ruhe bleiben sollen (Fig. 235a).

Dadurch erleidet der Stab *5* eine gegenseitige rechtwinklige Verschiebung seiner Enden:

$$\varrho_5 = 0,01 \,\text{m},$$

der Bogen *1* eine gegenseitige Verschiebung der Kämpfer in Richtung ihrer Verbindungslinie:

$$\varDelta = 0,01 \,\text{m},$$

der Bogen *2* eine gegenseitige Verschiebung der Kämpfer in R i c h t u n g ihrer Verbindungslinie:

$$\varDelta' = \varDelta \cdot \cos\alpha = 0,01 \cdot \frac{12,50}{12,66} = 0,00987 \,\text{m},$$

sowie eine gegenseitige Verschiebung der Kämpfer n o r m a l zur ihrer Verbindungslinie:

$$\varDelta'' = \varDelta \cdot \sin\alpha = 0,01 \frac{2,00}{12,66} = 0,001\,58 \,\text{m}.$$

Die durch diese gegenseitigen Verschiebungen hervorgerufenen Momente betragen:

a) **Infolge $\varDelta = 0,01$ m des Bogens _1_:**

Nach den Gl. (591a) und (591a) erhalten wir die Kämpfermomente:

$$M_1^A = \frac{(B_{(M^a = 1)} \cdot l_1 - B_1 \cdot b_1)\varDelta'}{l_1 \cdot \beta_1 (l_1 - a_1 - b_1)} \cdot a_1$$

$$= -\frac{2\,100\,000\,(0,1999 \cdot 10,00 + 0,4157 \cdot 3,36) \cdot 0,01}{10,00 \cdot 84,3\,(10,00 + 1,98 + 3,36)} \cdot 1,98 = -10,920\,\text{mt},$$

$$M_1^B = \frac{(B_{(M^b = 1)} \cdot l_1 - B_1 \cdot a_1)\varDelta'}{l_1 \cdot \beta_1 (l_1 - a_1 - b_1)} \cdot b_1$$

$$= -\frac{2\,100\,000\,(0,2158 \cdot 10,00 + 0,4157 \cdot 1,98) \cdot 0,01}{10,00 \cdot 84,3\,(10,00 + 1,98 + 3,36)} \cdot 3,36 = -16,267\,\text{mt}.$$

b) **Infolge $\varDelta' = 0,00987$ m und $\varDelta'' = 0,00158$ m des Bogens _2_:**

Nach den Gl. (590a, 600) und (591a, 601) erhalten wir für diese beiden Verschiebungen zusammen die Kämpfermomente:

$$M_2^B = \frac{(B_{(M^a = 1)} \cdot l_2 - B_2 \cdot b_2) \cdot \varDelta' + \varDelta''}{l_2 \cdot \beta_2 (l_2 - a_2 - b_2)} \cdot a_2$$

$$= +\frac{2\,100\,000\,[(0,0992 \cdot 12,66 + 0,2164 \cdot 5,44)\,0,00987 + 0,00158]}{12,66 \cdot 155,5\,(12,66 + 5,97 + 5,44)} \cdot 5,97$$

$$= +6,774\,\text{mt},$$

$$M_2^G = \frac{(B_{(M^b = 1)} \cdot l_2 - B_2 \cdot a_2) \cdot \varDelta' - \varDelta''}{l_2 \cdot \beta_2 (l_2 - a_2 - b_2)} \cdot b_2$$

$$= +\frac{2\,100\,000\,[(0,1172 \cdot 12,66 + 0,2164 \cdot 5,97)\,0,00987 + 0,00158]}{12,66 \cdot 155,5\,(12,66 + 5,97 + 5,44)} \cdot 5,44$$

$$= +6,226\,\text{mt}.$$

c) **Infolge $\varrho_5 = 0,01$ m:**

Nach den Gl. (515) und (520) erhalten wir:

$$M_5^B = \frac{\varrho_5}{l_5 \cdot \beta_5 (l_5 - a_5 - b_5)} \cdot b_5 = \frac{2\,100\,000 \cdot 0,01}{8,00 \cdot 148,1\,(8,00 - 2,67 - 2,10)} \cdot 2,10 = +11,524\,\text{mt},$$

$$M_5^F = -\frac{11,524}{2,10} \cdot 2,67 = -14,653\,\text{mt}.$$

Diese Momente leiten wir wieder über den Rahmen weiter: die Summierung der erhaltenen Teilmomentenflächen ergibt uns das in Fig. 235 aufgetragene Momentenbild M'_{II}, worin an den bogenförmigen Stäben wieder $H \cdot y$ in Abzug zu denken ist.

Die **Erzeugungs-** sowie die **Festhaltungskräfte** der M'_{II}-Momente berechnen sich wie folgt:

Knotenpunkt A:

$$H_{\varDelta 1} = B_{\varDelta'} + M_1^A \cdot B_{(M^a = 1)} + M_1^B \cdot B_{(M^b = 1)}$$

$$= -\frac{21\,000}{8823} - 12,434 \cdot 0,1999 - 18,488 \cdot 0,2158 = -8,855\,\text{t},$$

$$Q_4^A = \frac{-12,434}{4,60} = -2,703\,\text{t},$$

$$V_1^A = \frac{M_1^B - M_1^A}{l_1} = \frac{-18,488 + 12,434}{10,00} = -0,605\,\text{t}.$$

Die Resultierende aus diesen drei Kräften (Fig. 235) in die Stabrichtung 4 und die Waagrechte zerlegt liefert uns:

$$D_{I(\varDelta II)} = -11,28 \,\text{t}.$$

Knotenpunkt B:

$$-H_{\varDelta 1} = +8,855 \,\text{t},$$

$$V_1^B = -V_1^A = +0,605 \,\text{t},$$

$$H_{\varDelta 2} = B_{\varDelta'} + M_2^B \cdot B_{(M^a = 1)} + M_2^G \cdot B_{(M^b = 1)}$$

$$= \frac{+20735}{48625} + 5,015 \cdot 0,0992 + 5,699 \cdot 0,1172 = +1,592 \,\text{t},$$

$$V_2^B = \frac{M_2^G - M_2^B}{l_2} = \frac{5,699 - 5,015}{12,66} = +0,054 \,\text{t},$$

$$Q_5^B = \frac{23,503 + 20,643}{8,00} = +5,518 \,\text{t}.$$

Nachdem wir diese Kräfte zu einer Resultierenden vereinigt haben (Fig. 235c), erhalten wir durch Zerlegung derselben in die Waagrechte und Senkrechte die Erzeugungskraft:

$$Z_{II} = +15,95 \,\text{t}.$$

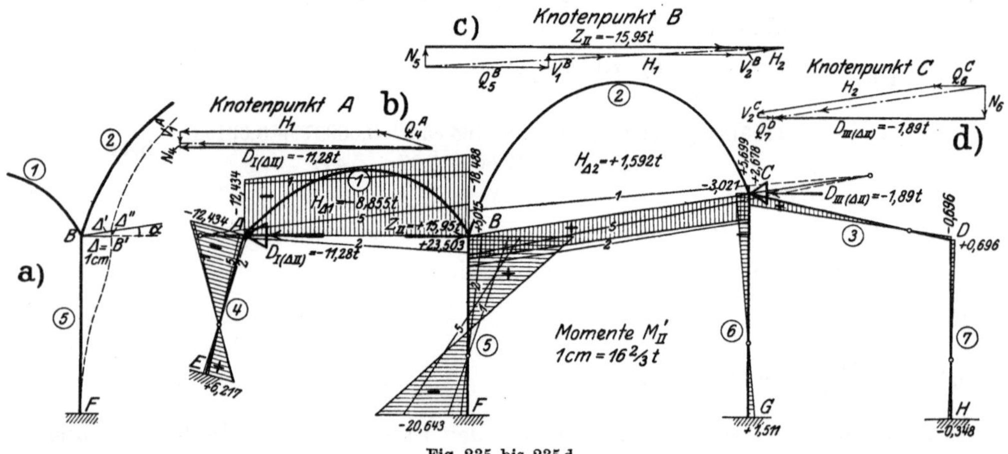

Knotenpunkt C:

$$-H_{\varDelta 2} = -1,592 \,\text{t},$$

$$V_2^G = -V_2^B = -0,054 \,\text{t},$$

$$Q_6^G = \frac{-3,021}{6,67} = -0,453 \,\text{t},$$

$$Q_7^D = \frac{+0,696}{5,33} = +0,131 \,\text{t}.$$

Die Resultierende aus diesen Kräften (Fig. 235d) in die Waagrechte und Senkrechte zerlegt liefert uns die Festhaltungskraft:

$$D_{III(\varDelta II)} = -1,89 \,\text{t}.$$

Momente M'_{III}.

Wir verschieben den Knotenpunkt C um $\Delta = 0,01$ m nach rechts, wobei wegen des geraden Stabes 3 der Knotenpunkt D sich um das gleiche Maß mitverschiebt, während die übrigen Knotenpunkte A und B festgehalten sein sollen (Fig. 236a).

Dadurch erleidet der Stab 6 eine gegenseitige rechtwinklige Verschiebung seiner Enden:

$$\varrho_6 = 0,01 \text{ m},$$

der Stab 7 eine gegenseitige rechtwinklige Verschiebung seiner Enden:

$$\varrho_7 = 0,01 \text{ m},$$

und der Bogen 2 die gleichgroße gegenseitige Verschiebung Δ' der Kämpfer in Richtung ihrer Verbindungslinie und Δ'' normal dazu wie bei Verschiebung des Knotenpunktes B (Fig. 235a), jedoch mit entgegengesetzter Wirkung auf den Bogen.

Die durch diese gegenseitigen Verschiebungen hervorgerufenen Momente betragen:

a) Infolge $\Delta' = 0,00987$ m und $\Delta'' = 0,00158$ m des Bogens 2:

$$M_2^B = -6,774 \text{ mt} \quad \text{und}$$
$$M_2^G = -6,226 \text{ mt}.$$

b) Infolge $\varrho_6 = 0,01$ m:

$$M_6^C = \frac{\varrho_6}{l_6 \cdot \beta_6 \,(l_6 - a_6 - b_6)} \cdot b_6$$

$$= +\frac{0,01 \cdot 2\,100\,000 \cdot 2,60}{10,00 \cdot 185,2\,(10,00 - 3,33 - 2,60)}$$

$$= +7,244 \text{ mt},$$

$$M_6^G = \frac{M_6^C}{b_6} \cdot a_6 = -\frac{7,244}{2,60} \cdot 3,33$$

$$= -9,278 \text{ mt}.$$

c) Infolge $\varrho_7 = 0,01$ m:

$$M_7^D = +\frac{0,01 \cdot 2\,100\,000 \cdot 1,83}{8,00 \cdot 213,3\,(8,00 - 2,67 - 1,83)}$$

$$= +6,434 \text{ mt},$$

$$M_7^H = -\frac{6,434}{1,83} \cdot 2,67 = -9,387 \text{ mt}.$$

Nachdem wir in Fig. 236 diese Momente entsprechend weitergeleitet haben, erhalten wir durch Addition der Teilmomentenflächen die Momente M'_{III}; an den bogenförmigen Stäben ist wieder $H \cdot y$ in Abzug zu denken.

Die Erzeugungs- sowie die Festhaltungskräfte der M'_{III}-Momente berechnen sich wie folgt:

Knotenpunkt A:

$$H_{A1} = M_1^A \cdot B_{(M^a = 1)} + M_1^B \cdot B_{(M^b = 1)}$$
$$= -0{,}696 \cdot 0{,}1999 - 4{,}092 \cdot 0{,}2158 = -1{,}022\,\text{t},$$
$$V_1^A = \frac{M_1^B - M_1^A}{l_1} = \frac{-4{,}092 + 0{,}696}{10{,}00} = -0{,}340\,\text{t},$$
$$Q_4^A = \frac{-0{,}696}{4{,}60} = -0{,}153\,\text{t}.$$

Die Resultierende dieser drei Kräfte liefert uns in ihrer Zerlegung horizontal und in die Stabrichtung 4 die Festhaltungskraft:

$$D_{I(\Delta III)} = -1{,}08\,\text{t}.$$

Knotenpunkt B:

$$-H_{A1} = +1{,}022\,\text{t},$$
$$V_1^B = -V_1^A = +0{,}340\,\text{t},$$
$$H_{A2} = B_{A'} + M_2^B \cdot B_{(M^a = 1)} + M_2^G \cdot B_{(M^b = 1)}$$
$$= -\frac{20735}{48625} - 7{,}578 \cdot 0{,}0992 - 8{,}740 \cdot 0{,}1172 = -2{,}203\,\text{t},$$
$$V_2^B = \frac{M_2^G - M_2^B}{l_2} = \frac{-8{,}740 + 7{,}578}{12{,}66} = -0{,}092\,\text{t},$$
$$Q_5^B = \frac{3{,}486}{5{,}33} = -0{,}654.$$

Die Resultierende dieser fünf Kräfte nach der waagrechten und senkrechten Richtung zerlegt liefert uns:

$$D_{II(\Delta III)} = -1{,}69\,\text{t}.$$

Knotenpunkt C:

$$-H_{A2} = +2{,}203\,\text{t},$$
$$V_2^G = +0{,}092\,\text{t},$$
$$Q_6^G = +\frac{11{,}760}{6{,}67} = +1{,}763\,\text{t},$$
$$Q_7^D = +\frac{6{,}633}{5{,}33} = +1{,}244\,\text{t}.$$

Die Resultierende aus vorstehenden Kräften liefert uns durch Zerlegung nach der waagrechten und senkrechten Richtung die Erzeugungskraft:

$$Z_{III} = +5{,}07\,\text{t}.$$

Momente M_I^*.

Die Momente M_I^* werden durch die am Knotenpunkt A (Lager I) von links nach rechts wirkende Kraft $H = 1\,\text{t}$ hervorgerufen. Zur Bildung derselben sind die Momente M'_I, M'_{II} und M'_{III} (vgl. Teil II, Kap. IV) erforderlich. Die unbekannten Maßzahlen X erhalten wir aus folgendem Gleichungssystem:

$$+15{,}32\,X_{I(I)} - 11{,}28\,X_{II(I)} - 1{,}08\,X_{III(I)} = 1,$$
$$-10{,}35\,X_{I(I)} + 15{,}95\,X_{II(I)} - 1{,}82\,X_{III(I)} = 0,$$
$$-0{,}98\,X_{I(I)} - 1{,}89\,X_{II(I)} + 5{,}20\,X_{III(I)} = 0.$$

Hieraus ergeben sich die Unbekannten X zu:

$$X_{I(I)} = +0,14383, \quad X_{II(I)} = +0,10060, \quad X_{III(I)} = +0,06367,$$

womit wir nach Gl. (538) erhalten:

$$M_I^* = +0,14383\, M_I' + 0,10060\, M_{II}' + 0,06367\, M_{III}'.$$

In Fig 237 sind die M_I^*-Momente aufgetragen; an den bogenförmigen Stäben ist $H_I^* \cdot y$ in Abzug zu denken.

Momente M_{II}^*.

Die Momente M_{II}^* werden durch die am Knotenpunkt B (Lager II) von links nach rechts wirkende Kraft $H = 1$ t hervorgerufen und werden mit Hilfe der M'-Momente bestimmt. Die unbekannten Maßzahlen X erhalten wir aus folgendem Gleichungssystem:

$$+ 15,32\, X_{I(II)} - 11,28\, X_{II(II)} - 1,08\, X_{III(II)} = 0,$$
$$- 10,35\, X_{I(II)} + 15,95\, X_{II(II)} - 1,82\, X_{III(II)} = 1,$$
$$- 0,98\, X_{I(II)} - 1,89\, X_{II(II)} + 5,20\, X_{III(II)} = 0.$$

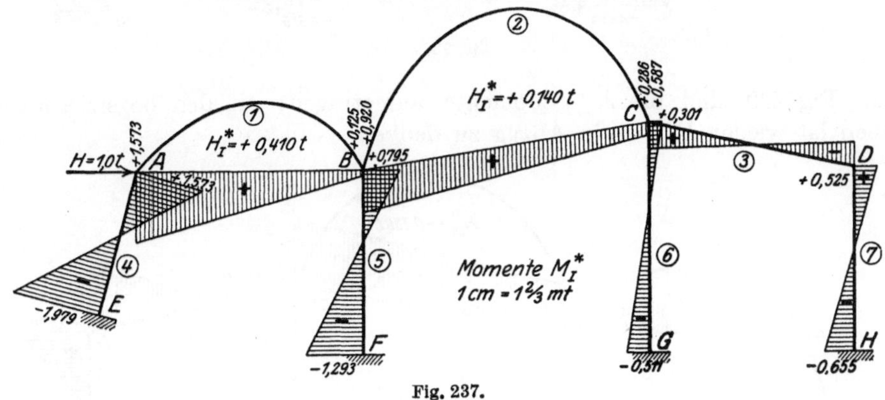

Fig. 237.

Die Unbekannten X wurden ermittelt zu:

$$X_{I(II)} = +0,10981, \quad X_{II(II)} = +0,14221, \quad X_{III(II)} = +0,07239,$$

womit wir nach Gl. (539) erhalten:

$$M_{II}^* = +0,10981\, M_I' + 0,14221\, M_{II}' + 0,07239\, M_{III}'.$$

In Fig. 238 sind die M_{II}^*-Momente aufgetragen; an den bogenförmigen Stäben ist wieder $H_{II}^* \cdot y$ in Abzug zu denken.

Momente M_{III}^*.

Die Momente M_{III}^* werden durch die am Knotenpunkt C (Lager III) von links nach rechts wirkende Kraft $H = 1$ t hervorgerufen und werden mit Hilfe der M'-Momente bestimmt. Die unbekannten Maßzahlen X erhalten wir aus folgendem Gleichungssystem:

$$+ 15,32\, X_{I(III)} - 11,28\, X_{II(III)} - 1,08\, X_{III(III)} = 0,$$
$$- 10,35\, X_{I(III)} + 15,95\, X_{II(III)} = 1,82\, X_{III(III)} = 0,$$
$$= 0,98\, X_{I(II)} - 1,89\, X_{II(III)} + 5,20\, X_{III(III)} = 1.$$

Hieraus ergeben sich die Unbekannten X zu:

$$X_{I(III)} = +0{,}06831, \quad X_{II(III)} = +0{,}07067, \quad X_{III(III)} = +0{,}23087,$$

womit wir nach Gl. (540) erhalten:

$$M_{III}^* = +0{,}06831\, M_I' + 0{,}07067\, M_{II}' + 0{,}23087\, M_{III}'.$$

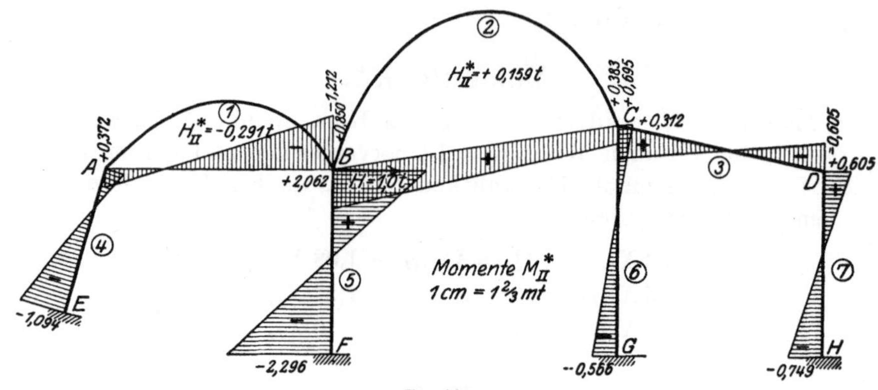

Fig. 238.

In Fig. 239 sind die M_{III}^*-Momente aufgetragen; an den bogenförmigen Stäben ist wieder $H_{III}^* \cdot y$ in Abzug zu denken.

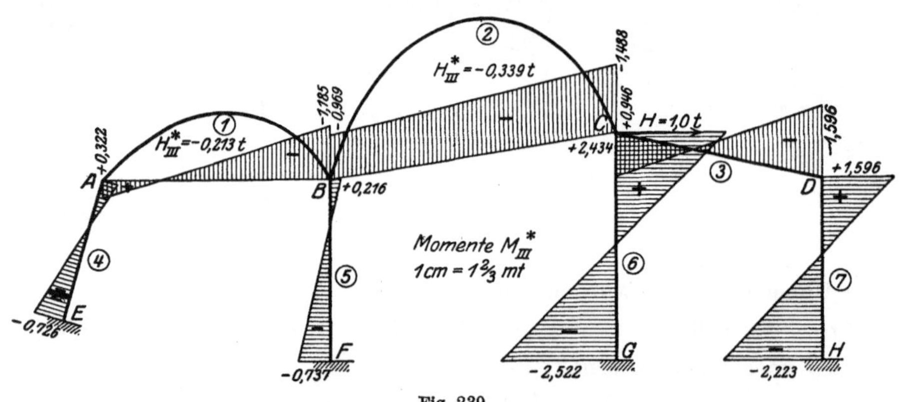

Fig. 239.

Bogenschübe H_I^*, H_{II}^* und H_{III}^* an den beiden Bögen *1* und *2*.

Die zu den M^*-Momenten gehörigen Bogenschübe H^* an den Stäben *1* und *2* erhalten wir durch Multiplikation der zu den M'-Momenten gehörigen Bogenschübe H_Δ mit den gleichen Maßzahlen, mit welchen diese M'-Momente zur Ermittlung der betreffenden M^*-Momente multipliziert wurden. Es ist also am:

Bogen *1*:

$$H_I^* = +0{,}14383 \cdot 9{,}494 - 0{,}10060 \cdot 8{,}855 - 0{,}06367 \cdot 1{,}022 = +0{,}410\,t,$$

$$H_{II}^* = +0{,}10981 \cdot 9{,}494 - 0{,}14221 \cdot 8{,}855 - 0{,}07239 \cdot 1{,}022 = -0{,}291\,t,$$

$$H_{III}^* = +0{,}06831 \cdot 9{,}494 - 0{,}07067 \cdot 8{,}855 - 0{,}23087 \cdot 1{,}022 = -0{,}213\,t.$$

Bogen *2*:

$$H_I^* = +0,14383 \cdot 0,838 + 0,10060 \cdot 1,592 - 0,06367 \cdot 2,203 = +0,140\,\mathrm{t},$$

$$H_{II}^* = +0,10981 \cdot 0,838 + 0,14221 \cdot 1,592 - 0,07239 \cdot 2,203 = +0,159\,\mathrm{t},$$

$$H_{III}^* = +0,06831 \cdot 0,838 + 0,07067 \cdot 1,592 - 0,23087 \cdot 2,203 = -0,339\,\mathrm{t}.$$

Momente aus den äußeren Lasten *P*.

a) Momente bei festgehaltenen Säulenköpfen (R. I).
Momente M_0.

Der Auflagerdruck des mit den Kräften P_1, P_2 und P_3 belasteten Bogens *2* bei C, normal zur Kämpferverbindungslinie BC, ergibt sich zu (siehe Fig. 239 a):

$$\mathfrak{B}_2^C = \frac{0,80 \cdot 4,40 + 1,20 \cdot 6,95 + 1,00 \cdot 5,10}{12,66} = 1,34\,\mathrm{t}.$$

Der Auflagerdruck $\mathfrak{B}_2^B$ ist in Fig. 239 a graphisch ermittelt zu $\mathfrak{B}_2^B = 1,13$ t. Hiermit erhalten wir, wie Tabelle 2 (S. 314) zeigt, die Momente M_0, und der

Bogenschub $\mathfrak{H}$

am Zweigelenkbogen infolge der äußeren Lasten ergibt sich darauf zu:

$$\mathfrak{H}_2 = \frac{\Sigma M_0 \cdot yw}{\Sigma y^2 w} = +\frac{33629}{48625} = +0,692\,\mathrm{t}.$$

Kreuzlinienabschnitte.

$$k_2^a = -\frac{\varphi_2^a}{\beta_2} = -\frac{\Sigma M_0\, xw - \mathfrak{H}_2 \Sigma xyw}{l_2 \cdot \beta_2}$$

$$= -\frac{46543 - 0,692 \cdot 72124}{-12,66 \cdot 155,5} = -1,71\,\mathrm{mt},$$

$$k_2^b = -\frac{\varphi_2^b}{\beta_2} = -\frac{\Sigma M_0(l-x)w - \mathfrak{H}_2 \Sigma y(l-x)w}{l_2 \cdot \beta_2}$$

$$= -\frac{43721 - 0,692 \cdot 61077}{-12,66 \cdot 155,5} = +0,74\,\mathrm{mt},$$

oder die Schlußliniensenkungen:

$$S^a = \frac{a_2}{l_2}\, k_2^b = \frac{-5,97 \cdot 0,74}{12,66} = -0,35\,\mathrm{mt},$$

$$S^b = \frac{b_2}{l_2}\, k_2^a = +\frac{5,44 \cdot 1,71}{12,66} = +0,73\,\mathrm{mt}.$$

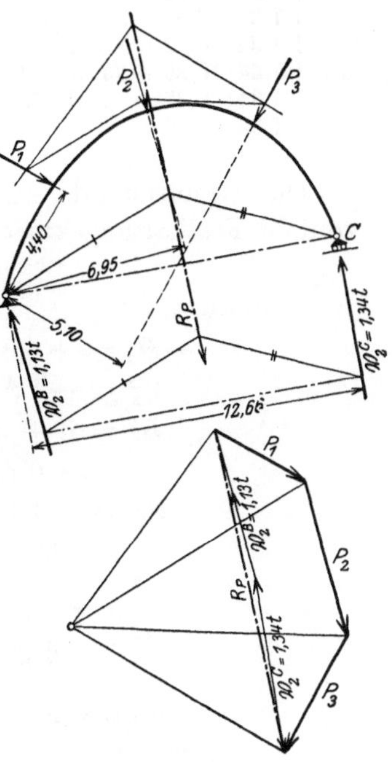

Fig. 239 a.

Die Momente des R. I wurden nun in Fig. 240 in bekannter Weise konstruiert; für die Schnitte zwischen den Kämpfern der bogenförmigen Stäbe ist das Moment $H \cdot y$ in Abzug zu denken.

Die Festhaltungskräfte des R. I ermitteln sich wie folgt:

Knotenpunkt A:

$$H_1 = M_1^A \cdot B_{(M^A = 1)} + M_1^B \cdot B_{(M^B = 1)}$$

$$= -0,007 \cdot 0,1999 - 0,043 \cdot 0,2158 = -0,011\,\mathrm{t},$$

$$V_1^A = \frac{M_1^B - M_1^A}{l_1} = \frac{-0,043 + 0,007}{10,00} = -0,004\,\mathrm{t},$$

$$Q_4^A = \frac{-0,007}{4,60} = -0,002\,\mathrm{t}.$$

Tabelle 2.

Lamelle	Momente M_0	$M_0 \cdot yw$	$M_0 \cdot xw$	$M_0 \cdot (l-x)u$
10	$1{,}34 \cdot 12{,}37 - (0{,}80 \cdot 3{,}70 + 1{,}20 \cdot 6{,}60 + 1{,}00 \cdot 5{,}27)$ . . $= 0{,}42$	52	24	907
11	$1{,}34 \cdot 11{,}60 - (0{,}80 \cdot 2{,}30 + 1{,}20 \cdot 5{,}72 + 1{,}00 \cdot 5{,}52)$ . . $= 1{,}31$	479	254	2779
12	$1{,}34 \cdot 10{,}70 - (0{,}80 \cdot 0{,}80 + 1{,}20 \cdot 4{,}70 + 1{,}00 \cdot 5{,}58)$ . . $= 2{,}47$	1571	988	5266
13	$1{,}34 \cdot 9{,}60 - (1{,}20 \cdot 3{,}50 + 1{,}00 \cdot 5{,}36)$. . . . . $= 3{,}30$	3036	2224	6930
14	$1{,}34 \cdot 8{,}35 - (1{,}20 \cdot 2{,}20 + 1{,}00 \cdot 4{,}95)$. . . . . . . $= 3{,}60$	4363	3722	7207
15	$1{,}34 \cdot 6{,}95 - (1{,}20 \cdot 0{,}73 + 1{,}00 \cdot 4{,}20)$. . . . . . . $= 4{,}22$	5950	6073	7385
16	$1{,}34 \cdot 5{,}47 - 1{,}00 \cdot 3{,}15$ . . . . $= 4{,}17$	6672	8340	6326
17	$1{,}34 \cdot 4{,}10 - 1{,}00 \cdot 1{,}97$ . . . . $= 3{,}52$	4738	7350	3520
18	$1{,}34 \cdot 2{,}92 - 1{,}00 \cdot 0{,}69$ . . . . $= 3{,}22$	3542	6987	2064
19	$1{,}34 \cdot 1{,}90$ . . . . $= 2{,}54$	2111	5530	970
20	$1{,}34 \cdot 1{,}13$ . . . . $= 1{,}51$	861	3212	304
21	$1{,}34 \cdot 0{,}56$ . . . . $= 0{,}75$	239	1530	63
22	$1{,}34 \cdot 0{,}12$ . . . . $= 0{,}16$	15	309	2
unter P_1	$1{,}34 \cdot 10{,}20 - (1{,}20 \cdot 4{,}15 + 1{,}00 \cdot 5{,}50)$. . . . . . . $= 3{,}18$			
„ P_2	$1{,}34 \cdot 6{,}23 - 1{,}0 \cdot 3{,}73$ . . . . $= 4{,}61$	33629	46543	43721
„ P_3	$1{,}34 \cdot 2{,}40$ . . . . $= 3{,}22$			

Die Resultierende aus vorstehenden Kräften liefert (Fig. 240a) die horizontale Festhaltungskraft:

$$F_I = -0{,}012 \text{ t}.$$

Knotenpunkt B:

$$-H_1 = +0{,}011 \text{ t},$$
$$V_1^B = -V_1^A = +0{,}004 \text{ t},$$
$$H^2 = \mathfrak{H} + M_2^B \cdot B_{(M^B = 1)} + M_2^C \cdot B_{(M^C = 1)}$$
$$= +0{,}692 - 0{,}080 \cdot 0{,}0992 + 0{,}484 \cdot 0{,}1172 = +0{,}741 \text{ t},$$
$$\mathfrak{B}_2^B = +1{,}13 \text{ t},$$
$$\mathfrak{A}_2^B = \frac{M_2^C - M_2^B}{l_2} = \frac{+0{,}484 + 0{,}080}{12{,}66} = +0{,}045 \text{ t},$$
$$Q_5^B = \frac{-0{,}037}{5{,}33} = -0{,}007 \text{ t}.$$

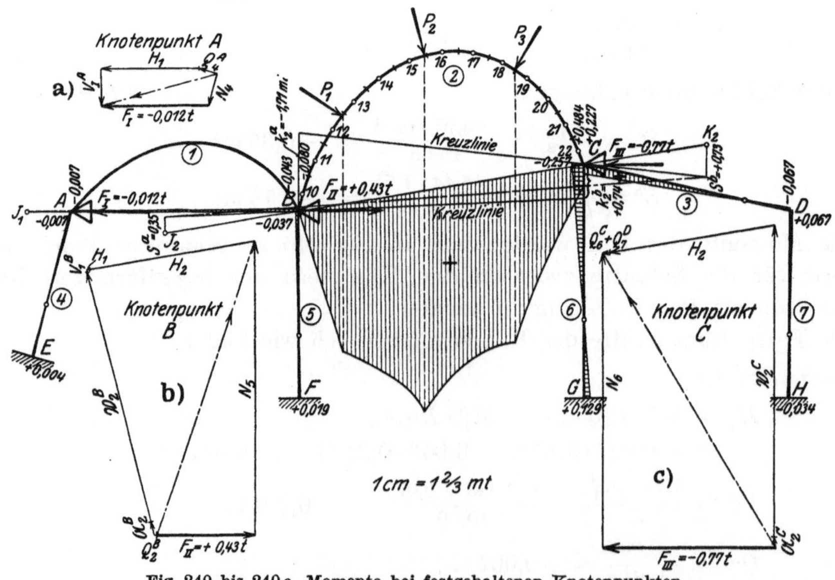

Fig. 240 bis 240c. Momente bei festgehaltenen Knotenpunkten.

Die Resultierende aus diesen Kräften liefert (Fig. 240b) die horizontale Festhaltungskraft:

$$F_{II} = + 0,43\,\text{t}.$$

Knotenpunkt C:

$$-H_2 = -0,741\,\text{t},$$

$$\mathfrak{B}_2^C = +1,34\,\text{t},$$

$$\mathfrak{A}_2^C = -\mathfrak{A}_2^B = -0,045\,\text{t},$$

$$Q_6^C = \frac{-0,257}{6,67} = -0,039\,\text{t},$$

$$Q_7^D = \frac{+0,067}{5,33} = +0,013\,\text{t}.$$

Die Resultierende aus vorstehenden Kräften liefert (Fig. 240c) die horizontale Festhaltungskraft:

$$F_{III} = -0,77\,\text{t}.$$

b) Zusatzmomente.

Indem wir die Festhaltungskräfte als Aktionen wirken lassen, erhalten wir die Zusatzmomente:

$$M_{Zus.} = +0,012\,M_I^* - 0,43\,M_{II}^* + 0,77\,M_{III}^*,$$

welche in Fig. 241 aufgetragen sind; an den bogenförmigen Stäben ist das Moment $H \cdot y$ in Abzug zu denken.

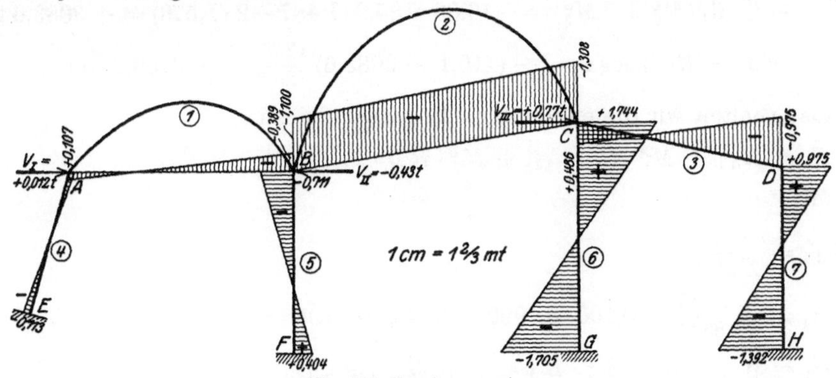

Fig. 241. Zusatzmomente.

Die zu den Zusatzmomenten gehörigen Bogenschübe ermitteln sich zu:

$$H_{Zus.} = V_I \cdot H_I^* + V_{II} \cdot H_{II}^* + V_{III} \cdot H_{III}^*,$$

daher ist am:

Bogen 1: $H_{Zus.} = +0,012 \cdot 0,410 + 0,43 \cdot 0,291 - 0,77 \cdot 0,213 = -0,034\,\text{t},$

Bogen 2: $H_{Zus.} = +0,012 \cdot 0,140 - 0,43 \cdot 0,159 - 0,77 \cdot 0,339 = -0,328\,\text{t}.$

c) Endgültige Momente:

Wir addieren nun die unter a) und b) ermittelten Momente an den einzelnen Knotenpunkten und erhalten durch geradlinige Verbindung dieser Gesamtmomentenordinaten an den Säulen ohne weiteres die endgültigen Momente, und an den bogenförmigen Stäben die Momente

$$\frac{M^l(l-x)+M^r \cdot x}{l}.$$

Nun ist aber für einen beliebigen Schnitt der bogenförmigen Stäbe:

$$M_x = M_0 + \frac{M^l(l-x)+M^r \cdot x}{l} - H \cdot y,$$

worin H den endgültigen Bogenschub

$$H = \underbrace{\mathfrak{H} + M^l \cdot B_{(M^l=1)} + M^r \cdot B_{(M^r=1)}}_{\text{(R. I)}} + H_{Zus.}$$

bedeutet; dieser ist für:

Bogen *1*: $H_1 = -0,011 - 0,034 = -0,045\,\text{t},$

Bogen *2*: $H_2 = +0,741 - 0,328 = +0,413\,\text{t}.$

Zur Kontrolle ermitteln wir nachstehend noch diese endgültigen Bogenschübe aus den Spannweitenänderungen der Bögen, welche wir auf Grund der endgültigen Momente an den Säulen nach dem Mohrschen Satz erhalten. Danach ist:

$$E \cdot \delta^A = -l_4' \cdot \beta_4 (M_4^A + 2\,M_4^E) = -6,20 \cdot 184,0\,(0,100 - 2 \cdot 0,109) = +\ \ 134,6\,\text{t/m},$$
$$E \cdot \delta^B = -l_5 \cdot \beta_5 (M_5^B + 2\,M_5^F) = -8,00 \cdot 148,1\,(-0,748 + 2 \cdot 0,423) = -\ \underline{116,1\,\text{t/m}},$$
$$E \varDelta_1' = E\delta^A - E \cdot \delta^B = +\ \ 250,7\,\text{t/m},$$
$$E \cdot \delta^C = -l_6^g \cdot \beta_6 (M_6^C + 2\,M_6^G) = -10,00 \cdot 185,2\,(1,487 - 2 \cdot 1,576) = +\,3083,6\,\text{t/m},$$
$$E \varDelta_2' = (E\delta^B - E\delta^C) \cos \alpha = -\,(116,1 + 3083,6)\,\frac{12,50}{12,66} = -\,3159,0\,\text{t/m}.$$

Hieraus erhalten wir die endgültigen Bogenschübe zu:

$$H_1 = B_{\varDelta 1} + M_1^A \cdot B_{(M^A=1)} + M_2^B \cdot B_{(M^B=1)}$$

und mit

$$B_{\varDelta 1} = \frac{E \varDelta_1'}{\sum y^2 w},$$

$$H_1 = +\frac{250,7}{8823} + 0,100 \cdot 0,1999 - 0,432 \cdot 0,2158 = -0,045\,\text{t},$$

$$H_2 = \mathfrak{H} + B_{\varDelta 2} + M_2^B \cdot B_{(M^B=1)} + M_2^g \cdot {}_{(M^C=1)}$$

$$= +0,692 - \frac{3159}{48625} - 1,180 \cdot 0,0992 - 0,824 \cdot 0,1172 = +0,413\,\text{t}.$$

Mittels dieser Werte haben wir in nachstehender Tabelle 3 für die beiden Bögen die endgültigen Schnittmomente ermittelt und darauf das Momentenbild der Fig. 242 (endgültige Momente) vervollständigt.

Die Stützlinie als Probe.

Am belasteten bogenförmigen Stab *2* erhalten wir die Stützkräfte wie folgt:
Wir vereinigen den Bogenschub H_2 und die beiden Auflagerdrücke $\mathfrak{A}_2^B$ und $\mathfrak{B}_2^B$ zu der Resultierenden R_2^B (Fig. 242c); desgleichen ermitteln wir R_2^C aus H_2,

Tabelle 3.

Bogen *1*			Bogen *2*				
Schnitt	$-H_1 y$	$M_{tot.}$	Schnitt	M_0	$-H_2 \cdot y$	$M_0 - H_2 y$	$M_{tot.}$
1	$+0{,}02$	$+0{,}10$	*10*	$+0{,}42$	$-0{,}29$	$+0{,}13$	$-1{,}04$
2	$+0{,}06$	$+0{,}09$	*11*	$+1{,}31$	$-0{,}83$	$+0{,}48$	$-0{,}68$
3	$+0{,}10$	$+0{,}07$	*12*	$+2{,}42$	$-1{,}31$	$+1{,}11$	$+0{,}02$
4	$+0{,}12$	$+0{,}02$	unter P_1	$+3{,}18$	$-1{,}53$	$+1{,}65$	$+0{,}53$
5	$+0{,}14$	$-0{,}03$	*13*	$+3{,}30$	$-1{,}73$	$+1{,}57$	$+0{,}45$
6	$+0{,}13$	$-0{,}11$	*14*	$+3{,}60$	$-2{,}09$	$+1{,}51$	$+0{,}43$
7	$+0{,}11$	$-0{,}20$	*15*	$+4{,}22$	$-2{,}31$	$+1{,}91$	$+0{,}86$
8	$+0{,}07$	$-0{,}30$	unter P_2	$+4{,}61$	$-2{,}36$	$+2{,}25$	$+1{,}22$
9	$+0{,}03$	$-0{,}38$	*16*	$+4{,}17$	$-2{,}38$	$+1{,}79$	$+0{,}78$
			17	$+3{,}52$	$-2{,}28$	$+1{,}24$	$+0{,}27$
			18	$+3{,}22$	$-2{,}05$	$+1{,}17$	$+0{,}24$
			unter P_3	$+3{,}22$	$-1{,}89$	$+1{,}33$	$+0{,}42$
			19	$+2{,}54$	$-1{,}70$	$+0{,}84$	$-0{,}06$
			20	$+1{,}51$	$-1{,}28$	$+0{,}23$	$-0{,}64$
			21	$+0{,}75$	$-0{,}78$	$-0{,}03$	$-0{,}88$
			22	$+0{,}16$	$-0{,}26$	$-0{,}10$	$-0{,}92$

$\mathfrak{A}_2^C$ und $\mathfrak{B}_2^C$ (Fig. 242d). Es ist:

$$\mathfrak{B}_2^B = +1{,}13\,t \text{ (graphisch ermittelt in Fig. 239a)},$$

$$\mathfrak{A}_2^B = \frac{M_2^C - M_2^B}{l_2} = \frac{-0{,}824 + 1{,}180}{12{,}66} = +0{,}028\,t.$$

$$H_2 = +0{,}413\,t,$$

woraus $R_2^B = 1{,}18\,t$.

Ferner ist:

$$\mathfrak{B}_2^C = +1{,}34\,t,$$

$$\mathfrak{A}_2^C = -\mathfrak{A}_2^B = -0{,}028\,t,$$

$$H_2 = +0{,}413\,t,$$

woraus $R_2^C = 1{,}37\,t$ ermittelt wurde.

Die Lage von R_2^B ist bestimmt durch:

$$r_2^B = \frac{M_2^B}{R_2^B} = \frac{1{,}180}{1{,}18} = 1{,}00\,m,$$

jene von R_2^C durch:

$$r_2^C = \frac{M_2^C}{R_2^C} = \frac{0{,}824}{1{,}37} = 0{,}60\,m;$$

nun kann die Stützlinie für den Bogen *2* mit Hilfe des Krafteckes der Fig. 242a gezeichnet werden.

Die Stützkraft im Stab *5* ergibt sich folgendermaßen:

Auf den Stab *5* wirkt von Bogen *2* die Kämpferresultierende R_2^B, von Bogen *1* der Bogenschub H_1, der Auflagerdruck V_1^B sowie die Säulenquerkraft Q_5^B; die Resultierende aus diesen Kräften stellt die Säulennormalkraft N_5 dar (Fig. 242c). Die Resultierende aus N_5 und der Querkraft Q_5^F am Säulenfuß ergibt die Stützkraft $R_5 = 1{,}24\,t$, deren Lage bestimmt ist durch:

$$r_5^F = \frac{M_5^F}{R_5} = \frac{0{,}423}{1{,}24} = 0{,}34\,m$$

und

$$r_5^B = \frac{M_5^B}{R_5} = \frac{0{,}748}{1{,}24} = 0{,}60\,m.$$

Die Stützkraft R_4 erhalten wir durch Vereinigung der in Fig. 242b bestimmten Normalkraft N_4 mit Q_4^E zu einer Resultierenden, welche im Abstand:

$$r_4^E = \frac{0{,}109}{0{,}070} = 1{,}56 \text{ m}$$

und

$$r_4^A = \frac{0{,}100}{0{,}070} = 1{,}43 \text{ m}$$

am Stab 4 angreift; anderseits ist ihr Abstand vom Punkt B:

$$r_1^B = \frac{0{,}432}{0{,}070} = 6{,}17 \text{ m}.$$

Um die Stützkraft R_7 zu erhalten, ermitteln wir zunächst die beiden Querkräfte Q_3^D und Q_7^D (Fig. 242c) und zerlegen deren Resultierende in die Normal-

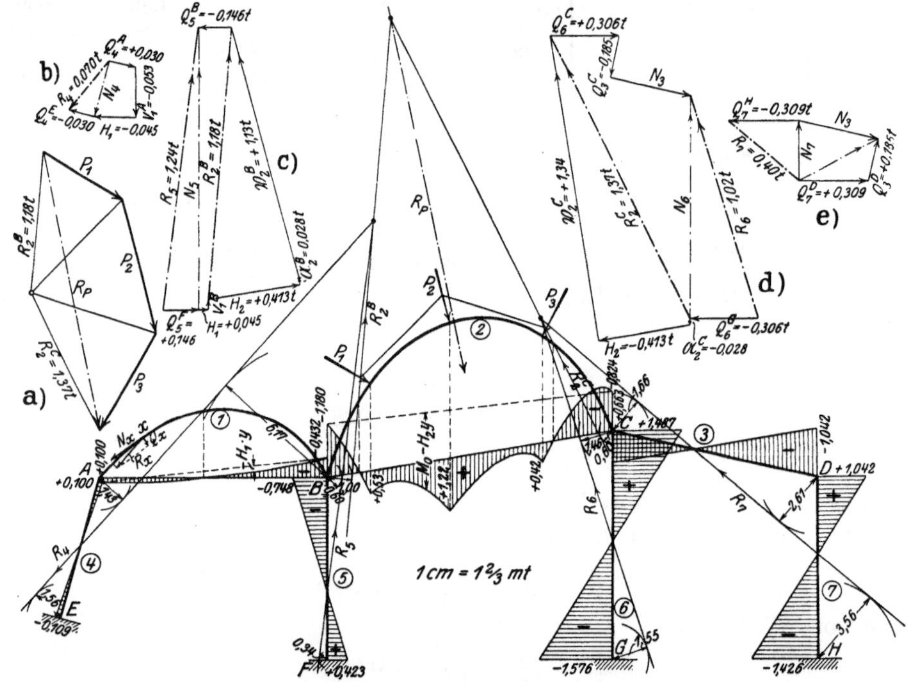

Fig. 242 bis 242e. Endgültige Momente und Stützlinie.

kräfte N_7 und N_3. Die Resultierende aus N_7 und Q_7^D ist dann die gesuchte Stützkraft R_7, deren Lage bestimmt ist durch:

$$r_7^H = \frac{1{,}426}{0{,}40} = 3{,}56 \text{ m}$$

und

$$r_7^D = \frac{1{,}042}{0{,}40} = 2{,}61 \text{ m},$$

oder durch ihren Abstand vom Knotenpunkt C:

$$r_3^C = \frac{0{,}662}{0{,}40} = 1{,}66 \text{ m}.$$

Zur Bestimmung der Stützkraft R_6 setzen wir R_2^C mit den beiden Querkräften Q_3^C und Q_6^C sowie mit der Normalkraft N_3 zu einer Resultierenden zusammen, welche die Normalkraft N_6 des Stabes *6* ist (Fig. 242d) und daher senkrecht verlaufen muß. Fügen wir nun zu N_6 noch die Querkraft Q_6^G hinzu, so ergibt sich $R_6 = 1,02\,\mathrm{t}$, angreifend in den Abständen:

$$r_6^G = \frac{1,576}{1,02} = 1,55\,\mathrm{m}$$

und

$$r_6^C = \frac{1,487}{1,02} = 1,66\,\mathrm{m}\,.$$

Als Probe müssen die Stützkräfte durch die Momentennullpunkte hindurchgehen; ferner muß der Schnittpunkt von R_4 und R_5 auf R_2^B, und jener von R_6 und R_7 auf R_2^C liegen.

An den bogenförmigen Stäben werden ferner aus der Stützlinie die Quer- und Normalkräfte für jeden Schnitt dadurch erhalten, daß wir die in dem betreffenden Schnitt wirkende Stützkraft R normal und tangential zur Bogenachse zerlegen.

Endlich sind die Stützkräfte R_4, R_5, R_6 und R_7 die der Berechnung der Fundamente zugrunde zu legenden Resultierenden.

XX. Einflußlinien der inneren Kräfte eines kontinuierlichen Bogens auf elastisch drehbaren Pfeilern.

(Fig. 243.)

Es soll hier lediglich die Bestimmung der Einflußlinien der Biegungsmomente (der Einfachheit halber bezogen auf Querschnittsmitte an Stelle der Kernpunkte, siehe Beispiel 17 für Schnitte) sowohl an den Bögen als auch an

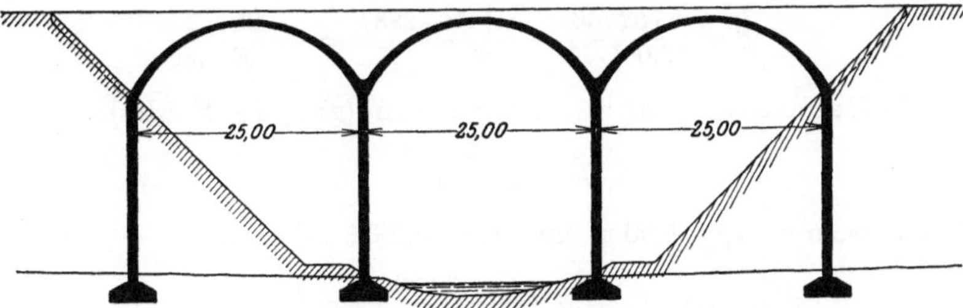

Fig. 243. Längsschnitt.

den Pfeilern gezeigt werden, durch deren Auswertung die größten Biegungsmomente an allen Stäben infolge der gegebenen Belastung berechnet werden können. Ferner werden für die bogenförmigen Stäbe die Einflußlinien der Horizontalschübe und Auflagerdrücke an denselben aufgetragen, auf Grund deren die größten Quer- und Normalkräfte für die gegebene Belastung erhalten werden können. Um die größten Querkräfte an den Pfeilern zu erhalten, zeichnen wir noch schließlich die Einflußlinien für die Querkräfte an den Pfeilerfüßen auf; die Querkräfte an den Pfeilerknöpfen sind gleich groß wie an den Pfeilerfüßen, jedoch entgegengesetzt gerichtet.

Wir ermitteln zunächst die von der Belastung unabhängigen Größen für alle Stäbe. Die Untersuchung erstreckt sich auf 1 m Breite.

Tabelle 1.

Lamelle	Δs	h	$1000\,J$	$w = \dfrac{\Delta s}{J}$	y	$y \cdot w$	$y^2 \cdot w$	x	$l - x$	$x(l-x)\,w$
1	1,95	0,88	56,79	34,34	0,87	30	26	0,45	24,55	379
2	1,95	0,84	49,39	39,48	2,53	100	253	1,50	23,50	1392
3	1,95	0,80	42,67	45,70	4,00	183	731	2,80	22,20	2842
4	1,95	0,77	38,04	51,26	5,27	270	1424	4,30	20,70	4562
5	1,95	0,73	32,42	60,15	6,33	381	2410	5,92	19,08	6794
6	1,95	0,69	27,38	71,22	7,13	508	3621	7,73	17,27	9508
7	1,95	0,66	23,96	81,37	7,70	627	4824	9,60	15,40	12029
8	1,95	0,62	19,86	98,19	7,96	782	6221	11,53	13,47	15250
				$\overset{l/2}{\underset{0}{\sum}} = 480{,}71$		2881	19510			52756

Bogenschub.

$$B = \frac{\overset{l/2}{\underset{0}{\sum}} y\,w}{\overset{l/2}{\underset{0}{\sum}} y^2 \cdot w} = \frac{2881}{19510} = 0{,}1476\ \text{t} .$$

Auflagerdrehwinkel der Bögen.

$$E\,\bar{\alpha} = \overset{l/2}{\underset{0}{\sum}} w - B \cdot \overset{l/2}{\underset{0}{\sum}} y\,w ,$$

$$\bar{\alpha} = \frac{480{,}71 - 0{,}1476 \cdot 2881}{E} = + \frac{56{,}7}{E}\,\frac{1}{\text{mt}} ;$$

$$E\,\beta = \frac{2 \overset{l/2}{\underset{0}{\sum}} x(l-x)\,w}{l^2} - \frac{B}{2} \cdot \overset{l/2}{\underset{0}{\sum}} y\,w ,$$

$$\beta = \frac{2 \cdot 52756}{25{,}00^2 \cdot E} - \frac{0{,}1476}{2} \cdot \frac{2881}{E} = - \frac{43{,}7}{E}\,\frac{1}{\text{mt}} .$$

Auflagerdrehwinkel der Säulen (gerade Stäbe).

$$\beta = \frac{l}{6 \cdot J \cdot E} .$$

Säulenquerschnitt 1,00/1,00 m mit $J_s = 0{,}0833$ m^4 ergibt

$$\beta_4 = \beta_5 = \beta_6 = \beta_7 = \frac{20{,}00}{6 \cdot 0{,}0833\,E} = \frac{40{,}0}{E}\,\frac{1}{\text{mt}} .$$

Festpunkte.

(Fig. 243a.)

Bei fester Einspannung der Säulenfüße liegen die unteren Festpunkte der Säulen in Drittelshöhe derselben, also ist

$$a_4 = a_5 = a_6 = a_7 = \frac{20{,}00}{3} = 6{,}67\ \text{m} .$$

Drehwinkel

$$\tau_4^A = 1{,}5\,\beta_4 = 1{,}5 \cdot \frac{40{,}0}{E} = \frac{60{,}0}{E}\,\frac{1}{\text{mt}} = \varepsilon_1^a .$$

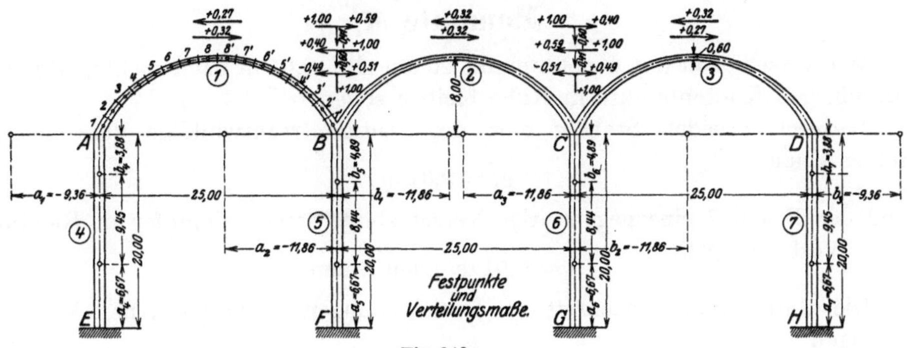

Fig. 243a.

$$a_1 = \frac{l_1 \cdot \beta_1}{\bar\alpha_1 + \varepsilon_1^a} = -\frac{25,00 \cdot 43,7}{56,7 + 60,0} = -9,36 \,\text{m} = b_3,$$

$$\tau_1^B = \bar\alpha_1 - \frac{l_1}{l_1 - a_1}\beta_1 = \frac{56,7}{E} + \frac{25,00 \cdot 43,7}{(25,00 + 9,36)\,E} = \frac{88,5}{E}, \qquad \tau_5^B = \tau_4^A,$$

$$\tau_{1-5}^B = \frac{\tau_1^B \cdot \tau_5^B}{\tau_1^B + \tau_5^B} = \frac{88,5 \cdot 60,0}{(88,5 + 60,0)\,E} = \frac{35,7}{E} = \varepsilon_2^a,$$

$$a_2 = \frac{l_2 \cdot \beta_2}{\bar\alpha_2 + \varepsilon_2^a} = -\frac{25,00 \cdot 43,7}{56,7 + 35,7} = -11,82 \,\text{m} = b_2,$$

$$\tau_2^C = \bar\alpha_2 - \frac{l_2}{l_2 - a_2}\beta_3 = \frac{56,7}{E} + \frac{25,00 \cdot 43,7}{(25,00 + 11,82)\,E} = \frac{86,4}{E} = \tau_2^B; \qquad \tau_6^C = \tau_4^A,$$

$$\tau_{2-6}^C = \frac{\tau_2^C \cdot \tau_6^C}{\tau_2^C + \tau_6^C} = \frac{86,4 \cdot 60,0}{(86,4 + 60,0)\,E} = \frac{35,4}{E} = \varepsilon_3^a,$$

$$a_3 = \frac{l_3 \cdot \beta_3}{\bar\alpha_3 + \varepsilon_3^a} = -\frac{25,00 \cdot 43,7}{56,7 + 35,4} = -11,86 \,\text{m} = b_1,$$

$$\tau_3^D = \bar\alpha_3 - \frac{l_3}{l_3 - a_3}\beta_3 = \frac{56,7}{E} + \frac{25,00 \cdot 43,7}{(25,00 + 11,86)\,E} = \frac{86,3}{E} = \varepsilon_7^b,$$

$$b_7 = \frac{l_7}{3 + \dfrac{\varepsilon_7^b}{\beta_7}} = \frac{20,00}{3 + \dfrac{86,3}{40,0}} = 3,88 \,\text{m} = b_4,$$

$$\tau_{1-2}^B = \frac{\tau_1^B \cdot \tau_2^B}{\tau_1^B + \tau_2^B} = \frac{88,5 \cdot 86,4}{(88,5 + 86,4)\,E} = \frac{43,7}{E} = \varepsilon_5^b,$$

$$b_5 = \frac{l_5}{3 + \dfrac{\varepsilon_5^b}{\beta_5}} = \frac{20,00}{3 + \dfrac{43,7}{40,0}} = 4,89 \,\text{m} = b_6.$$

Verteilungsmaße.

$$\mu_{1-2}^B = \frac{\tau_{2-5}^B}{\tau_2^B} = \frac{\tau_{2-6}^C}{\tau_2^B} = \frac{35,4}{60,0} = 0,59 = \mu_{3-2}^C, \qquad \mu_{1-5}^B = \mu_{3-6}^C = 0,41,$$

$$\mu_{2-1}^B = \frac{\tau_{1-5}^B}{\tau_1^B} = \frac{35,7}{88,5} = 0,40 = \mu_{2-3}^C, \qquad \mu_{2-5}^B = \mu_{2-6}^C = 0,60,$$

$$\mu_{5-1}^B = \frac{\tau_{1-2}^B}{\tau_1^B} = \frac{43,7}{88,5} = 0,49 = \mu_{6-3}^C, \qquad \mu_{5-2}^B = \mu_{6-2}^C = 0,51.$$

Momente M_I'.

Wir verschieben den Knotenpunkt A um $\varDelta = 0{,}01$ m nach rechts, während die übrigen Knotenpunkte in Ruhe bleiben sollen.

Dadurch erleidet Stab *4* eine gegenseitige rechtwinklige Verschiebung seiner Enden:

$$\varrho_4 = 0{,}01\ \text{m},$$

und der Bogen *1* eine gegenseitige Verschiebung seiner Kämpfer in Richtung ihrer Verbindungslinie

$$\varDelta = 0{,}01\ \text{m nach innen}.$$

Die durch diese gegenseitigen Verschiebungen hervorgerufenen Momente betragen:

a) **Infolge $\varrho_4 = 0{,}01$ m:**

Nach den Gl. (515) und (520) ist:

$$M_4^A = \frac{\varrho_4 \cdot b_4}{l_4 \cdot \beta_4 (l_4 - a_4 - b_4)} = \frac{0{,}01 \cdot 2\,100\,000 \cdot 3{,}88}{20{,}00 \cdot 40{,}0 \cdot 9{,}45} = +10{,}778\ \text{mt},$$

$$M_4^E = \frac{M_4^A}{b_4} \cdot a_4 = -\frac{10{,}778}{3{,}88} \cdot 6{,}67 = -18{,}528\ \text{mt}.$$

b) **Infolge $\varDelta = 0{,}01$ m nach innen:**

Für den symmetrischen Bogen erhalten wir nach den Gl. (592a) und (593a) die Kämpfermomente:

$$M_1^A = \frac{\left(\dfrac{l_1}{2} - b_1\right) \varDelta \cdot B}{l_1 \cdot \beta_1 (l_1 - a_1 - b_1)} \cdot a_1 = +\frac{\left(\dfrac{25{,}00}{2} + 11{,}86\right) 0{,}01 \cdot 2\,100\,000 \cdot 0{,}1476 \cdot 9{,}36}{25{,}00 \cdot 43{,}7 \cdot 46{,}22}$$

$$= +13{,}669\ \text{mt},$$

$$M_1^B = \frac{\left(\dfrac{l_1}{2} - a_1\right) \varDelta \cdot B}{l_1 \cdot \beta_1 (l_1 - a_1 - b_1)} \cdot b_1 = +\frac{\left(\dfrac{25{,}00}{2} + 9{,}36\right) 0{,}10 \cdot 2\,100\,000 \cdot 0{,}1476 \cdot 9{,}36}{25{,}00 \cdot 43{,}7 \cdot 46{,}22}$$

$$= +9{,}360\ \text{mt}.$$

Nachdem wir vorstehende Momente in üblicher Weise über den Rahmen weitergeleitet und dann addiert haben, erhalten wir die in Fig. 244 dargestellten

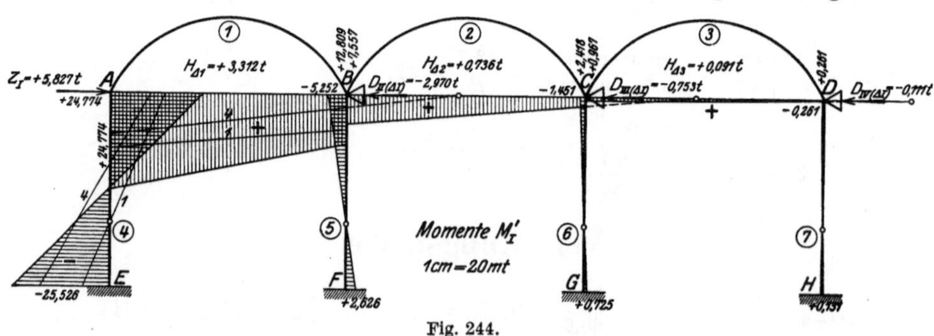

Fig. 244.

M_I'-Momente; an den bogenförmigen Stäben wird, wie in den vorhergehenden Beispielen, der Einfluß des Bogenschubes auf die Momente zwischen den Kämpfern erst am Schluß bei den endgültigen Momenten für die gegebene Belastung in Rechnung gestellt.

Die Erzeugungs- und Festhaltungskräfte der M'_I-Momente bestimmen sich wie folgt:

Knotenpunkt A:

Bogenschub nach den Gl. (586) und (595):

$$H_{A1} = B_{A1} + \frac{B_1}{2}(M_1^A + M_1^B)$$

$$= +\frac{21\,000}{2\cdot 19510} + \frac{0{,}1476}{2}(24{,}774 + 12{,}809) \qquad = +3{,}312\,\text{t},$$

$$\text{Säulenquerkraft } Q_4^A = \frac{24{,}774 + 25{,}526}{20{,}00} = +2{,}515\,\text{t},$$

$$\text{Erzeugungskraft } Z_I = +5{,}827\,\text{t}.$$

Knotenpunkt B:

$$\text{Bogenschub } -H_{A1} = -3{,}312\,\text{t},$$

$$\text{Bogenschub } H_{A2} = \frac{B_2}{2}(M_2^B + M_2^C) = +\frac{0{,}1476}{2}(7{,}557 + 2{,}418) \qquad = +0{,}736\,\text{t},$$

$$Q_5^B = -\frac{5{,}252}{13{,}33} = -0{,}394\,\text{t},$$

$$\text{Festhaltungskraft } D_{II(AI)} = -2{,}970\,\text{t}.$$

Knotenpunkt C:

$$\text{Bogenschub } -H_{A2} = -0{,}736\,\text{t},$$

$$\text{Bogenschub } H_{A3} = \frac{B_3}{2}(M_3^C + M_3^D) = +\frac{0{,}1476}{2}(0{,}967 + 0{,}261) \qquad = +0{,}091\,\text{t},$$

$$Q_6^C = -\frac{1{,}451}{13{,}33} = -0{,}108\,\text{t},$$

$$\text{Festhaltungskraft } D_{III(AI)} = -0{,}753\,\text{t}.$$

Knotenpunkt D:

$$\text{Bogenschub } -H_{A3} = -0{,}091\,\text{t},$$

$$Q_7^D = -\frac{0{,}261}{13{,}33} = -0{,}020\,\text{t},$$

$$\text{Festhaltungskraft } D_{IV(AI)} = -0{,}111\,\text{t}.$$

Momente M'_{II}.

Wir verschieben den Knotenpunkt B um $\varDelta = 0{,}01$ m nach rechts, während alle übrigen Knotenpunkte unverschieblich festgehalten werden.

Dadurch erleidet der Boden 1 eine gegenseitige Verschiebung seiner Kämpfer in Richtung ihrer Verbindungslinie von

$$\varDelta_1 = 0{,}01\,\text{m nach außen,}$$

der Bogen 2 eine gegenseitige Verschiebung seiner Kämpfer in Richtung ihrer Verbindungslinie von

$$\varDelta_2 = 0{,}01\,\text{m nach innen,}$$

und der Stab 5 eine gegenseitige rechtwinklige Verschiebung seiner Enden von

$$\varrho_5 = 0{,}01\,\text{m}.$$

21*

Die durch diese gegenseitigen Verschiebungen hervorgerufenen Momente betragen:

a) Infolge $\Delta_1 = 0{,}01$ m nach außen:

Diese Momente sind umgekehrt gerichtet wie die bereits unter M_I' für Δ_1 nach innen berechneten, daher ist:

$$M_1^A = -13{,}996 \text{ mt} \qquad \text{und} \qquad M_2^B = -9{,}360 \text{ mt}.$$

b) Infolge $\Delta_2 = 0{,}01$ m nach innen:

Nach den Gl. (592a) und (593a) erhalten wir:

$$M_2^B = M_2^C = \frac{\left(\dfrac{l_2}{2} - b_2\right)\Delta_2 \cdot B}{l_2\,\beta_2\,(l_2 - a_2 - b_2)} \cdot a_2$$

$$= +\frac{\left(\dfrac{25{,}00}{2} + 11{,}86\right)0{,}01 \cdot 2\,100\,000 \cdot 0{,}1476 \cdot 11{,}86}{25{,}00 \cdot 43{,}7 \cdot 48{,}64} = +16{,}838 \text{ mt}.$$

c) Infolge $\varrho_5 = 0{,}01$ m:

Nach den Gl. (515) und (520) ist:

$$M_5^B = \frac{\varrho_5 \cdot b_5}{l_5 \cdot \beta_5 \cdot (l_5 - a_5 - b_5)} = +\frac{0{,}01 \cdot 2\,100\,000 \cdot 4{,}89}{20{,}00 \cdot 40{,}0 \cdot 8{,}44} = +15{,}209 \text{ mt},$$

$$M_5^F = -\frac{M_5^B}{b_5} \cdot a_5 = -\frac{15{,}209}{4{,}89} \cdot 6{,}67 = -20{,}745 \text{ mt}.$$

Diese Momente leiten wir wieder über den Rahmen weiter; die Summierung der erhaltenen Teilmomentenflächen ergibt das in Fig. 245 aufgetragene

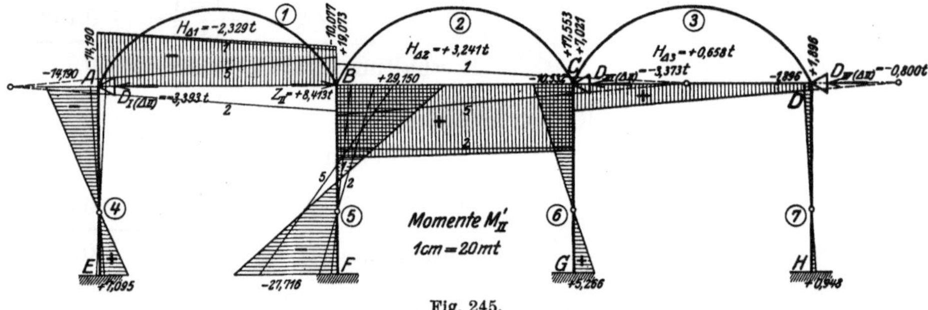

Fig. 245.

Momentenbild M_{II}', worin an den bogenförmigen Stäben wieder $H \cdot y$ in Abzug zu denken ist.

Die Erzeugungs- sowie die Festhaltungskräfte der M_{II}'-Momente berechnen sich wie folgt:

Knotenpunkt A:

Bogenschub $H_{\Delta 1} = B_{\Delta 1} + \dfrac{B_1}{2}\,(M_1^A + M_1^B)$

$$= +\frac{21\,000}{2 \cdot 19\,510} - \frac{0{,}1476}{2}\,(14{,}190 + 10{,}077) \qquad = -2{,}329\,\text{t},$$

$$Q_4^A = -\frac{14{,}190}{13{,}33} = \underline{-1{,}064\,\text{t}},$$

Festhaltungskraft $D_{I(\Delta II)} = -3{,}393\,\text{t}$.

Knotenpunkt B:

$$\text{Bogenschub } -H_{A1} = +2{,}329\,\text{t},$$

$$\text{Bogenschub } H_{A2} = +\frac{21\,000}{2\cdot 19510} + \frac{0{,}1476}{2}\,(19{,}073 + 17{,}553) = +3{,}241\,\text{t},$$

$$Q_5^B = +\frac{29{,}150 + 27{,}716}{20{,}00} = +2{,}843\,\text{t},$$

$$\text{Erzeugungskraft } Z_{II} = +8{,}413\,\text{t}.$$

Knotenpunkt C:

$$\text{Bogenschub } -H_{A2} = -3{,}241\,\text{t},$$

$$\text{Bogenschub } H_{A3} = +\frac{0{,}1476}{2}\,(7{,}021 + 1{,}896) = +0{,}658\,\text{t},$$

$$Q_6^C = -\frac{10{,}532}{13{,}33} = -0{,}790\,\text{t},$$

$$\text{Festhaltungskraft } D_{III\,(A\,II)} = -3{,}373\,\text{t}.$$

Knotenpunkt D:

$$\text{Bogenschub } -H_{A3} = -0{,}658\,\text{t},$$

$$Q_7^D = -\frac{1{,}896}{13{,}33} = -0{,}142\,\text{t},$$

$$\text{Festhaltungskraft } D_{IV\,(A\,II)} = -0{,}800\,\text{t}.$$

Momente M'_{III} und M'_{IV}.

Infolge Symmetrie sind nun auch die Momente M'_{III} und M'_{IV} für die
Verschiebungen der Knotenpunkte C und D bekannt und in Fig. 246 und 247
aufgetragen worden; die zugehörigen Erzeugungs- und Festhaltungs-.
kräfte sind in den genannten Figuren angetragen.

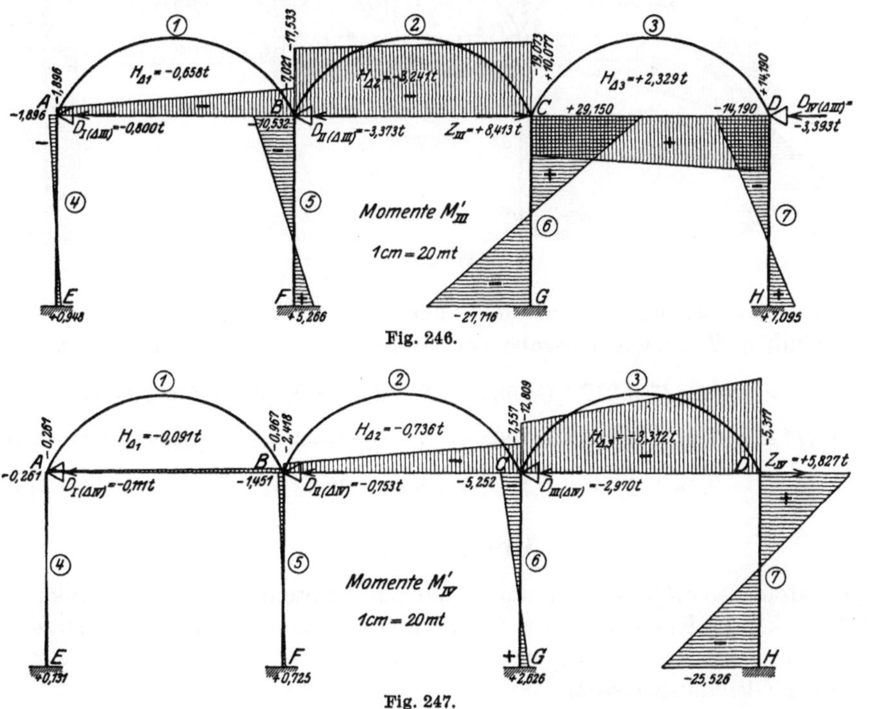

Fig. 246.

Fig. 247.

Momente M_I^*.

Die Momente M_I^* werden durch die am Knotenpunkt A von links nach rechts wirkende Kraft $H = 1\,\mathrm{t}$ hervorgerufen. Zur Bildung derselben sind die Momente M_I' bis M_{IV}' erforderlich. Die unbekannten Maßzahlen X erhalten wir aus folgendem Gleichungssystem:

$$+\,5{,}827\,X_{I(I)} - 3{,}393\,X_{II(I)} - 0{,}800\,X_{III(I)} - 0{,}111\,X_{IV(I)} = 1,$$

$$-\,2{,}970\,X_{I(I)} + 8{,}413\,X_{II(I)} - 3{,}373\,X_{III(I)} - 0{,}753\,X_{IV(I)} = 0,$$

$$-\,0{,}753\,X_{I(I)} - 3{,}373\,X_{II(I)} + 8{,}413\,X_{III(I)} - 2{,}970\,X_{IV(I)} = 0,$$

$$-\,0{,}111\,X_{I(I)} - 0{,}800\,X_{II(I)} - 3{,}393\,X_{III(I)} + 5{,}827\,X_{IV(I)} = 0.$$

Wir lösen dieses System mit Hilfe der Gln. (561) bis (566) auf, wobei sich infolge Symmetrie der Koeffizienten die Hilfswerte k auf die Hälfte reduzieren; wir erhalten:

$$X_{I(I)} = +0{,}2827,\quad X_{II(I)} = +0{,}1564,\quad X_{III(I)} = +0{,}1238,\quad X_{IV(I)} = +0{,}0992,$$

womit sich nach Gl. (538) ergibt:

$$M_I = +0{,}2827\,M_I' + 0{,}1564\,M_{II}' + 0{,}1238\,M_{III}' + 0{,}0992\,M_{IV}'.$$

In Fig. 248 sind die M_I^*-Momente aufgetragen; an den bogenförmigen Stäben ist $H_I^* \cdot y$ in Abzug zu denken.

Diese zu den M_I^*-Momenten gehörigen Bogenschübe H_I^* setzen sich,

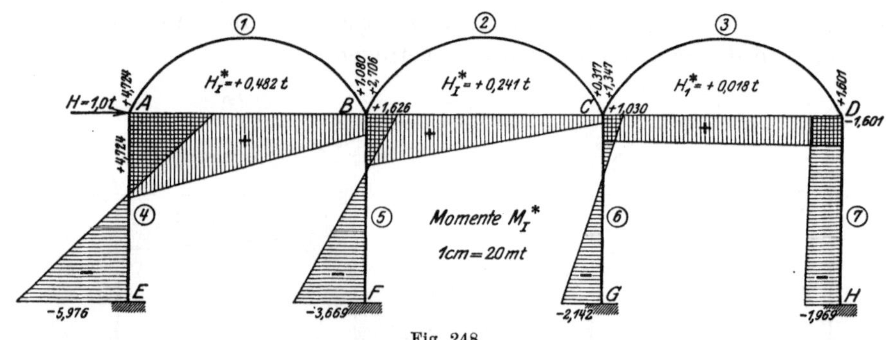

Fig. 248.

genau wie M_I^* aus den M_I' bis M_{IV}', aus den zu diesen Momenten gehörigen Bogenschüben H_Δ, nach Maßgabe der Größen X, zusammen. Es ist daher am

Bogen 1: $H_I^* = +0{,}2827 \cdot 3{,}312 - 0{,}1564 \cdot 2{,}329 - 0{,}1238 \cdot 0{,}658 - 0{,}0992 \cdot 0{,}091 = +0{,}482\,\mathrm{t},$

Bogen 2: $H_I^* = +0{,}2827 \cdot 0{,}736 + 0{,}1564 \cdot 3{,}241 - 0{,}1238 \cdot 3{,}241 - 0{,}0992 \cdot 0{,}736 = +0{,}241\,\mathrm{t},$

Bogen 3: $H_I^* = +0{,}2827 \cdot 0{,}091 + 0{,}1564 \cdot 0{,}658 + 0{,}1238 \cdot 2{,}329 - 0{,}0992 \cdot 3{,}312 = +0{,}018\,\mathrm{t}.$

Momente M_{II}^*.

Die Momente M_{II}^* werden durch die am Knotenpunkt B von links nach rechts wirkende Kraft $H = 1\,\mathrm{t}$ hervorgerufen und werden mit Hilfe der M'-Momente bestimmt. Die unbekannten Maßzahlen X erhalten wir aus folgendem Gleichungssystem:

$$+ 5{,}827\,X_{I(II)} - 3{,}393\,X_{II(II)} - 0{,}800\,X_{III(II)} - 0{,}111\,X_{IV(I)} = 0,$$

$$- 2{,}970\,X_{I(II)} + 8{,}413\,X_{II(II)} - 3{,}373\,X_{III(II)} - 0{,}753\,X_{IV(I)} = 1,$$

$$- 0{,}753\,X_{I(II)} - 3{,}373\,X_{II(II)} + 8{,}413\,X_{III(II)} - 2{,}970\,X_{IV(I)} = 0,$$

$$- 0{,}111\,X_{I(II)} - 0{,}800\,X_{II(II)} - 3{,}393\,X_{III(II)} + 5{,}827\,X_{IV(I)} = 0.$$

Die Unbekannten X wurden ermittelt zu:

$$X_{I(II)} = +0{,}1790, \quad X_{II(II)} = +0{,}2717, \quad X_{III(II)} = +0{,}1703, \quad X_{IV(II)} = +0{,}1387,$$

womit wir nach Gl. (539) erhalten:

$$M^*_{II} = +0{,}1790\,M'_I + 0{,}2717\,M'_{II} + 0{,}1703\,M'_{III} + 0{,}1387\,M'_{IV}.$$

In Fig. 249 sind die M^*_{II}-Momente aufgetragen; an den bogenförmigen Stäben ist wieder $H^*_{II} \cdot y$ in Abzug zu denken.

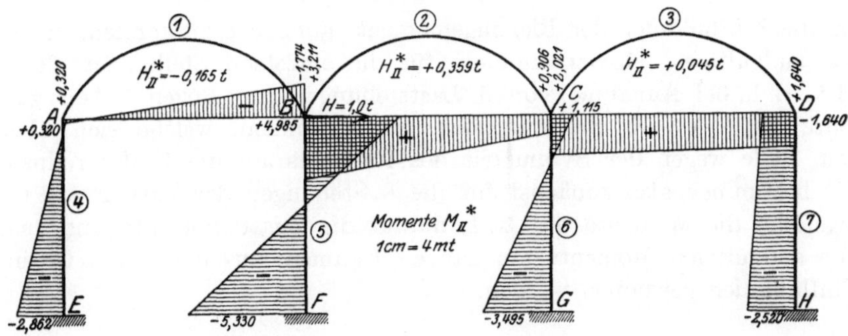

Fig. 249.

Diese zu den M^*_{II}-Momenten gehörigen Bogenschübe H^*_{II} werden ebenfalls auf Grund der Maßzahlen X erhalten; es ist am

Bogen 1: $H^*_{II} = +0{,}1790 \cdot 3{,}312 - 0{,}2717 \cdot 2{,}329 - 0{,}1703 \cdot 0{,}658 - 0{,}1387 \cdot 0{,}091 = -0{,}165\,t$,

Bogen 2: $H^*_{II} = +0{,}1790 \cdot 0{,}736 + 0{,}2717 \cdot 3{,}241 - 0{,}1703 \cdot 3{,}241 - 0{,}1387 \cdot 0{,}736 = +0{,}359\,t$,

Bogen 3: $H^*_{II} = +0{,}1790 \cdot 0{,}091 + 0{,}2717 \cdot 0{,}658 + 0{,}1703 \cdot 2{,}329 - 0{,}1387 \cdot 3{,}312 = +0{,}045\,t$.

Momente M^*_{III} und M^*_{IV}.

Der Symmetrie wegen sind nun auch die Momente M^*_{III} und M'^*_{IV} infolge $H = 1\,t$ bei C und D samt den zugehörigen Bogenschüben H^*_{III} und H^*_{IV} bekannt und in Fig. 250 und 251 aufgetragen worden.

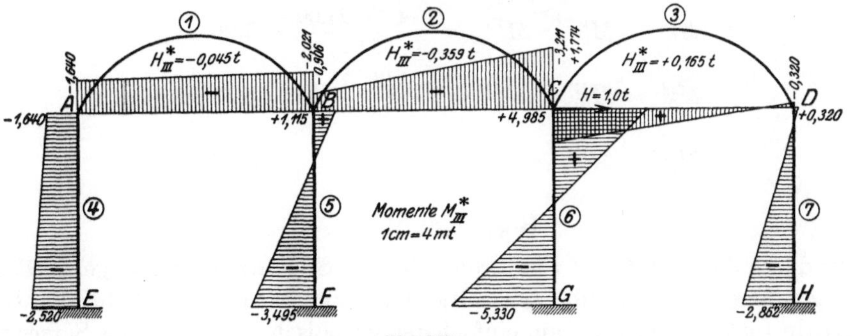

Fig. 250.

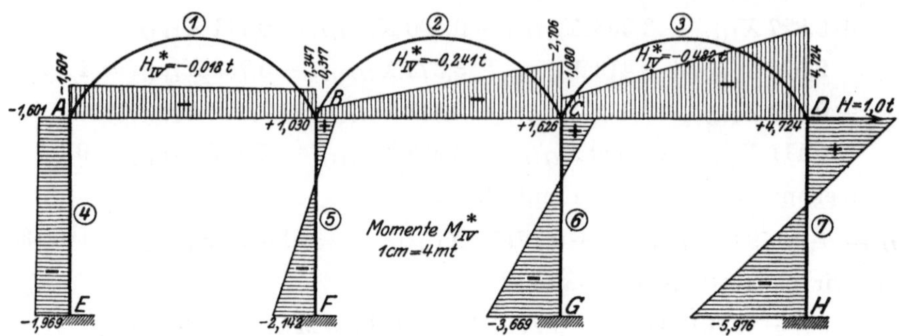

Fig. 251.

Momente für die einzelnen Stellungen der Last $P = 1\,t$.

Um die Einflußlinien der Biegungsmomente auftragen zu können, benötigen wir die endgültigen Momentenlinien für die einzelnen Stellungen der Last $P = 1\,t$, d. h. bei Annahme von 5 Laststellungen pro Bogen haben wir die Momente für $3 \cdot 5 = 15$ Belastungsfälle zu bestimmen, welche sich aber in unserem Falle wegen der Symmetrie des Rahmens auf die Hälfte reduzieren.

Wir bestimmen also zunächst für die 8 Stellungen der Last $P = 1\,t$ (Belastungsfälle) die Momente des R. I, darauf die Zusatzmomente und schließlich die endgültigen Momente am ganzen Rahmen, aus denen die Ordinaten der Einflußlinien gewonnen werden.

a) Momente bei festgehaltenen Säulenköpfen.
(R. I.)

Die Momentenlinien für die einzelnen Laststellungen (Belastungsfälle) tragen wir, wie üblich, an ein und dieselbe Systemfigur an. Zuerst bestimmen wir an den belasteten Stäben (Bögen) mit Hilfe der Festpunkte und Kreuzlinienabschnitte die Schlußlinie und hängen an diese die M_0-Fläche an. Zum Schluß sollten wir die Bogenmomente $H \cdot y$ noch in Abzug bringen, wir berücksichtigen den Bogenschub H jedoch erst bei der Bildung der endgültigen Momentenlinien.

Momente M_0.

Da die Laststellungen symmetrisch gewählt wurden und alle 3 Bögen gleiche Spannweite haben, so ist

$$M_0^{I} = M_0^{V} = M_0^{VI} = \frac{1 \cdot 4,00 \cdot 21,00}{25,00} = 3,36\,\text{mt},$$

$$M_0^{II} = M_0^{IV} = M_0^{VII} = \frac{1 \cdot 8,25 \cdot 16,75}{25,00} = 5,53\,\text{mt},$$

$$M_0^{III} = M_0^{VIII} = \frac{1 \cdot 25,00}{4} = 6,25\,\text{mt}.$$

Bogenschübe $\mathfrak{H}$.

Die durch die Last $P = 1\,t$ in ihren einzelnen Stellungen am Zweigelenkbogen hervorgerufenen Bogenschübe $\mathfrak{H}$ ermitteln wir zweckmäßig mit Hilfe der Einflußlinie für $\mathfrak{H}$, welche wir am einfachsten graphisch auf Grund des Satzes von

der Gegenseitigkeit der Formänderungen erhalten, indem wir die Biegelinie
der Gegenseitigkeit der Formänderungen erhalten, indem wir die Biegelinie für
den Zustand $\mathfrak{H} = -1$ (mit den
elastischen Gewichten $1 \cdot y \cdot w$)
zeichnen. Sind $\eta = \dfrac{E \cdot \delta}{H'}$ die im
Längenmaßstab gemessenen Or-
dinaten der mit der beliebigen
Polweite H' gezeichneten Biege-
linie, so ist der Bogenschub $\mathfrak{H}$ für
eine bestimmte Laststellung

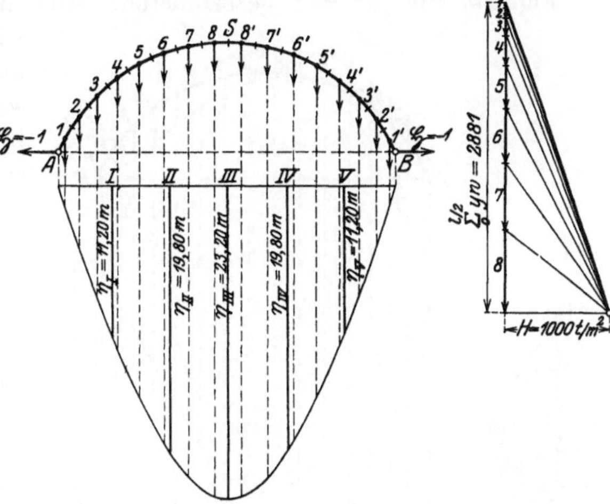

Fig. 252.

$$\mathfrak{H} = \frac{E \cdot \delta}{\sum\limits_{0}^{l} y^2 w} = \frac{H'}{2 \sum\limits_{0}^{l/2} y^2 w} \cdot y$$

$$= \frac{1000}{39020} \cdot y = 0{,}0256 \cdot y.$$

Für die Laststellungen I bis VIII
erhalten wir demnach (Fig. 252):

$$\mathfrak{H}_I \;\; = \mathfrak{H}_V \;\; = \mathfrak{H}_{VI} = +0{,}287\,t,$$

$$\mathfrak{H}_{II} \;= \mathfrak{H}_{IV} \;= \mathfrak{H}_{VII} = +0{,}507\,t,$$

$$\mathfrak{H}_{III} = \mathfrak{H}_{VIII} = \phantom{+0{,}507\,t,} +0{,}594\,t.$$

Kreuzlinienabschnitte bzw. Schlußliniensenkungen.

Die Kreuzlinienabschnitte für jede Stellung der Last $P = 1\,t$ (für jeden
Belastungsfall) ermitteln wir der vielen Stellungen wegen nicht mit Hilfe von
φ^a und φ^b resp. M_0 und $\mathfrak{H}$, sondern wie beim geraden Stab (vgl. Teil I, Kap. V,
I. Band) auf Grund des Satzes von der Gegenseitigkeit der Formänderungen
mit Hilfe der Biegelinie des Zweigelenkbogens für die Belastung $M = 1$ am
Stabende, welche nichts anderes ist als
die Einflußlinie der Kreuzlinienabschnitte bzw. Schlußliniensenkungen. Diese Biegelinie erhalten wir
nach Mohr durch Belasten des Zweigelenkbogens mit den in der Tabelle 2
zusammengestellten elastischen Gewich-
ten $E \cdot \varDelta F = \left(\dfrac{x}{l} - \dfrac{B}{2} \cdot y\right) w$ infolge $M = 1$
bei B und Zeichnen eines Seilpolygons
dazu mit der beliebigen Polweite H'
(Fig. 253). Die Kreuzlinienabschnitte erhalten wir darauf in Fig. 253 in der
gleichen Weise wie beim geraden Balken;
es ist nach den Gl. (339 u. 340) sowie
(343 u. 344)

$$k^a = -\frac{\delta^b}{\beta} = -s^b, \qquad k^b = -\frac{\delta^a}{\beta} = -s^a.$$

Tabelle 2.

Lamelle	$\dfrac{x}{l} \cdot w$	$\dfrac{B}{2} \cdot yw$	$E \cdot \varDelta F$
1	0,6	2,2	− 1,6
2	2,4	7,4	− 5,0
3	5,1	13,5	− 8,4
4	8,8	19,9	− 11,1
5	14,2	28,1	− 13,9
6	22,0	37,5	− 15,5
7	31,2	46,3	− 15,5
8	45,3	57,7	− 12,4
8'	52,9	57,7	− 4,8
7'	50,1	46,3	+ 3,8
6'	49,2	37,5	+ 11,7
5'	45,9	28,1	+ 17,8
4'	42,8	19,9	+ 22,9
3'	40,6	13,5	+ 27,1
2'	37,1	7,4	+ 29,7
1'	33,7	2,2	+ 31,5

$$E \cdot \bar{\alpha} = +56{,}7\,\frac{1}{mt}$$

Die Werte s^a gehen aus der Biegelinie für $M = 1$ bei A hervor, da der Bogen symmetrisch, so ist die Biegelinie für $M^A = 1$ das Spiegelbild der in Fig. 253 für $M^B = 1$ gezeichneten. Aus diesem Grunde erhalten wir die Abschnitte s^a aus Fig. 253 dadurch, daß wir, wie beim geraden symmetrischen Stab (Beisp. Nr. 3), symmetrisch liegende Laststellungen vertauschen; es ist daher:

$$s_I^a = s_V^b, \quad s_{II}^a = s_{IV}^b, \quad s_{III}^a = s_{III}^b,$$
$$s_{IV}^a = s_{II}^b, \quad s_V^a = s_I^b.$$

Mit diesen Abschnitten erhalten wir dann auch die Schlußliniensenkungen für $P = 1\,\text{t}$:

$$S^a = -\frac{a}{l}\,s^a \quad \text{und} \quad S^b = -\frac{b}{l}\,s^b.$$

Beispielsweise erhalten wir für die Laststellung im Schnitt I:

$$S_I^a = +\frac{9{,}36}{25{,}00} \cdot 4{,}10 = +1{,}54\,\text{mt},$$

$$S_I^b = -\frac{11{,}86}{25{,}00} \cdot 3{,}30 = -1{,}57\,\text{mt}.$$

In Fig. 254 haben wir für die einzelnen Laststellungen die Momente aus R. I ermittelt; für die Schnitte zwischen den Kämpfern der bogenförmigen Stäbe ist, wie eingangs erwähnt, noch das Moment $H \cdot y$ in Abzug zu bringen.

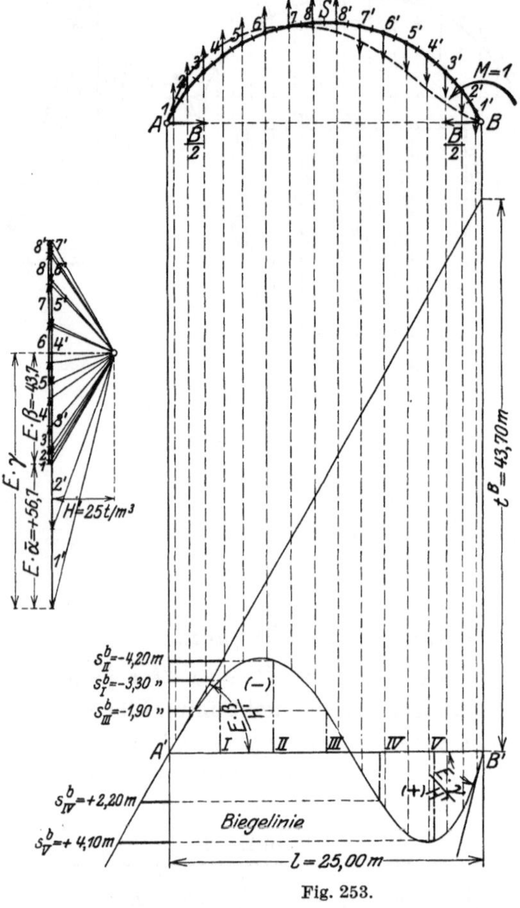

Fig. 253.

Die den einzelnen Laststellungen entsprechenden Festhaltungskräfte haben wir nach I. Bd., T. I, Kap. VIII, 9 ermittelt und in Tabelle 3 zusammengestellt.

Tabelle 3.

Last-stellung	Knotenpunkt A				Knotenpunkt B				
	$\mathfrak{H}$	$\dfrac{B}{2}(M_1^A + M_1^B)$	Q_4^A	F_I	$\mathfrak{H}$	$-\dfrac{B}{2}(M_1^A + M_1^B)$	$\dfrac{B}{2}(M_2^B + M_2^C)$	Q_5^B	F_{II}
I	$+\,0{,}287$	$+\,0{,}010$	$+\,0{,}068$	$+\,0{,}365$	$-\,0{,}287$	$-\,0{,}010$	$-\,0{,}044$	$+\,0{,}023$	$-\,0{,}31$
II	$+\,0{,}507$	$-\,0{,}075$	$+\,0{,}019$	$+\,0{,}451$	$-\,0{,}507$	$+\,0{,}075$	$-\,0{,}073$	$+\,0{,}039$	$-\,0{,}46$
III	$+\,0{,}594$	$-\,0{,}118$	$-\,0{,}056$	$+\,0{,}420$	$-\,0{,}594$	$+\,0{,}118$	$-\,0{,}049$	$+\,0{,}026$	$-\,0{,}49$
IV	$+\,0{,}507$	$-\,0{,}048$	$-\,0{,}079$	$+\,0{,}380$	$-\,0{,}507$	$+\,0{,}048$	$+\,0{,}023$	$-\,0{,}012$	$-\,0{,}44$
V	$+\,0{,}287$	$+\,0{,}041$	$-\,0{,}045$	$+\,0{,}283$	$-\,0{,}287$	$-\,0{,}041$	$+\,0{,}066$	$-\,0{,}035$	$-\,0{,}29$
VI	$-$	$+\,0{,}041$	$+\,0{,}009$	$+\,0{,}050$	$+\,0{,}287$	$-\,0{,}041$	$+\,0{,}030$	$+\,0{,}050$	$+\,0{,}32$
VII	$-$	$+\,0{,}011$	$+\,0{,}002$	$+\,0{,}013$	$+\,0{,}507$	$-\,0{,}011$	$-\,0{,}070$	$+\,0{,}014$	$+\,0{,}44$
VIII	$-$	$-\,0{,}034$	$-\,0{,}007$	$-\,0{,}041$	$+\,0{,}594$	$+\,0{,}034$	$-\,0{,}132$	$-\,0{,}041$	$+\,0{,}45$

b) Zusatzmomentenlinien.

Entfernen wir die während R. I an den Säulenköpfen gedachten Lager, so treten für jede Laststellung die zugehörigen 4 Verschiebungskräfte V_I, V_{II}, V_{III} und V_{IV} (entgegengesetzte Festhaltungskräfte F_I, F_{II}, F_{III} und F_{IV}) in Tätigkeit und rufen die in Fig. 255 (s. Tafel XVII) dargestellten Zusatzmomentenlinien hervor. Die Zusatzmomente an den einzelnen Knotenpunkten haben wir in der Tabelle 4 mit Hilfe der M^*-Momente berechnet, und zwar ist für jede Laststellung

$$M_{Zus.} = V_I \cdot M_I^* + V_{II} \cdot M_{II}^* + V_{III} \cdot M_{III}^* + V_{IV} \cdot M_{IV}^*.$$

Die zu den Zusatzmomenten gehörigen Bogenschübe wurden ebenfalls in Tabelle 4 ermittelt, und zwar ist für jede Laststellung und jeden Bogen:

$$H_{Zus.} = V_I \cdot H_I^* + V_{II} \cdot H_{II}^* + V_{III} \cdot H_{III}^* + V_{IV} \cdot H_{IV}^*.$$

c) Endgültige Momentenlinien.

In Tabelle 4 wurden zu den Zusatz-Momenten und -Bogenschüben die Momente und Bogenschübe des R. I addiert, wodurch wir die endgültigen Momente und Bogenschübe für die einzelnen Laststellungen an allen Knotenpunkten erhielten. Dadurch besitzen wir an den geradlinigen Stäben bereits die endgültigen Momente, während wir noch die durch die Verbindungslinie der beiden Kämpfermomente eines Bogens (in Tabelle 4 berechnet) begrenzte Momentenfläche mit der Momentenfläche $M_0 - H \cdot y$ am belasteten Bogen bzw. $-H \cdot y$ am unbelasteten Bogen zusammensetzen müssen, wobei für die Werte H die in Tabelle 4 berechneten Werte $H_{tot.}$ zu nehmen sind. Dadurch erhalten wir die in Fig. 256 (s. Tafel XVII) dargestellten endgültigen Momentenlinien für die einzelnen Laststellungen.

Einflußlinien.

a) Einflußlinien der Biegungsmomente.
(Fig. 257.)

Die Ordinaten der Einflußlinie des Biegungsmomentes für einen Schnitt eines beliebigen Stabes (Bogen oder Pfeiler) finden wir beim geraden Stab (Beisp. Nr. 2 und 3) als die auf der Senkrechten durch diesen Schnitt abgegriffenen Ordinaten sämtlicher, den einzelnen Laststellungen in allen Öffnungen

Festhaltungskräfte des R. I. (Fortsetzung Tabelle 3.)

	Knotenpunkt C					Knotenpunkt D		
$\mathfrak{H}$	$-\dfrac{B}{2}(M_2^B + M_2^C)$	$\dfrac{B}{2}(M_3^C + M_3^D)$	Q_6^C	F_{III}	$\mathfrak{H}$	$-\dfrac{B}{2}(M_3^C + M_3^D)$	Q_7^D	F_{IV}
—	+ 0,044	− 0,005	+ 0,006	+ 0,045	—	+ 0,005	+ 0,001	+ 0,006
—	+ 0,073	− 0,009	+ 0,011	+ 0,075	—	+ 0,009	+ 0,002	+ 0,011
—	+ 0,049	− 0,006	+ 0,007	+ 0,050	—	+ 0,006	+ 0,001	+ 0,007
—	− 0,023	+ 0,003	− 0,003	− 0,023	—	− 0,003	− 0,001	− 0,004
—	− 0,066	+ 0,008	− 0,010	− 0,068	—	− 0,008	− 0,002	− 0,010
− 0,287	− 0,030	− 0,026	+ 0,032	− 0,311	—	+ 0,026	+ 0,006	+ 0,032
− 0,507	+ 0,070	− 0,047	+ 0,056	− 0,428	—	+ 0,047	+ 0,010	+ 0,057
− 0,594	+ 0,132	− 0,034	+ 0,041	− 0,455	—	+ 0,034	+ 0,007	+ 0,041

Tabelle 4. Momente und Bogenschübe.

Last-stellung	Schnitt	A_4	B_1	B_2	B_5	C_2	C_3	C_6	D_7	E	F	G	H		Bogen 1	Bogen 2	Bogen 3
I	$V_I \cdot M_I^*$	$-1,724$	$-0,394$	$-0,987$	$-0,593$	$-0,115$	$-0,491$	$-0,376$	$+0,584$	$+2,181$	$+1,339$	$+0,782$	$+0,719$	$V_I \cdot H_I^*$	$-0,176$	$-0,088$	$-0,006$
	$V_{II} \cdot M_{II}^*$	$+0,102$	$-0,564$	$+1,021$	$+1,585$	$+0,288$	$+0,642$	$+0,354$	$-0,522$	$-0,910$	$-1,695$	$-1,111$	$-0,801$	$V_{II} \cdot H_{II}^*$	$-0,052$	$+0,114$	$+0,014$
	$V_{III} \cdot M_{III}^*$	$+0,074$	$+0,091$	$+0,041$	$-0,050$	$+0,144$	$-0,080$	$-0,224$	$-0,014$	$+0,113$	$+0,157$	$+0,240$	$+0,129$	$V_{III} \cdot H_{III}^*$	$+0,002$	$+0,016$	$-0,007$
	$V_{IV} \cdot M_{IV}^*$	$+0,010$	$+0,008$	$+0,002$	$-0,006$	$+0,016$	$+0,006$	$-0,010$	$-0,028$	$+0,012$	$+0,013$	$+0,022$	$+0,036$	$V_{IV} \cdot H_{IV}^*$	$+0,000$	$+0,001$	$+0,003$
	$M_{Zus.}$	$-1,538$	$-0,859$	$+0,077$	$+0,936$	$+0,333$	$+0,077$	$-0,256$	$+0,020$	$+1,396$	$-0,186$	$-0,067$	$+0,083$	$H_{Zus.}$	$-0,226$	$+0,043$	$+0,004$
	$M_{R.I}$	$+0,900$	$-0,760$	$-0,448$	$+0,312$	$-0,143$	$-0,057$	$+0,086$	$+0,015$	$-0,450$	$-0,151$	$-0,043$	$-0,008$	$H_{R.I}$	$+0,297$	$-0,044$	$-0,005$
	$M_{tot.}$	$-0,638$	$-1,619$	$-0,371$	$+1,248$	$+0,190$	$+0,020$	$-0,170$	$+0,035$	$+0,946$	$-0,337$	$-0,110$	$+0,075$	$H_{tot.}$	$+0,071$	$-0,001$	$-0,001$
II	$V_I \cdot M_I^*$	$-2,130$	$-0,487$	$-1,220$	$-0,733$	$-0,143$	$-0,607$	$-0,464$	$+0,722$	$+2,695$	$+1,655$	$+0,966$	$+0,888$	$V_I \cdot H_I^*$	$-0,217$	$-0,109$	$-,0008$
	$V_{II} \cdot M_{II}^*$	$+0,149$	$-0,827$	$+1,496$	$+2,323$	$+0,422$	$+0,942$	$+0,520$	$-0,764$	$-1,333$	$-2,484$	$-1,629$	$-1,174$	$V_{II} \cdot H_{II}^*$	$-0,077$	$+0,167$	$+0,021$
	$V_{III} \cdot M_{III}^*$	$+0,123$	$+0,151$	$+0,068$	$-0,083$	$+0,241$	$-0,133$	$-0,374$	$-0,024$	$+0,189$	$+0,262$	$+0,400$	$+0,215$	$V_{III} \cdot H_{III}^*$	$+0,003$	$+0,027$	$-0,012$
	$V_{IV} \cdot M_{IV}^*$	$+0,176$	$+0,014$	$+0,003$	$-0,011$	$+0,030$	$+0,012$	$-0,018$	$-0,052$	$+0,022$	$+0,024$	$+0,040$	$+0,066$	$V_{IV} \cdot H_{IV}^*$	$+0,000$	$+0,003$	$+0,005$
	$M_{Zus.}$	$-1,682$	$-1,149$	$+0,347$	$+1,496$	$+0,550$	$+0,214$	$-0,336$	$-0,118$	$+1,573$	$-0,543$	$-0,223$	$-0,005$	$H_{Zus.}$	$-0,291$	$+0,088$	$+0,006$
	$M_{R.I}$	$+0,250$	$-1,270$	$-0,749$	$+0,521$	$-0,240$	$-0,096$	$+0,144$	$+0,026$	$-0,125$	$-0,260$	$-0,072$	$-0,013$	$H_{R.I}$	$+0,432$	$-0,073$	$-0,009$
	$M_{tot.}$	$-1,432$	$-2,419$	$-0,402$	$+2,017$	$+0,310$	$+0,118$	$-0,192$	$-0,092$	$+1,448$	$-0,803$	$-0,295$	$-0,018$	$H_{tot.}$	$+0,141$	$+0,015$	$-0,003$
III	$V_I \cdot M_I^*$	$-1,984$	$-0,453$	$-1,136$	$-0,683$	$-0,133$	$-0,566$	$-0,433$	$+0,672$	$+2,510$	$+1,541$	$+0,900$	$+0,827$	$V_I \cdot H_I^*$	$-0,202$	$-0,101$	$-0,008$
	$V_{II} \cdot M_{II}^*$	$+0,160$	$-0,885$	$+1,602$	$+2,487$	$+0,452$	$+1,008$	$+0,556$	$-0,818$	$-1,428$	$-2,660$	$-1,744$	$-1,257$	$V_{II} \cdot H_{II}^*$	$-0,082$	$+0,179$	$+0,024$
	$V_{III} \cdot M_{III}^*$	$+0,082$	$+0,101$	$+0,045$	$-0,056$	$+0,160$	$-0,089$	$-0,249$	$-0,016$	$+0,126$	$+0,175$	$+0,267$	$+0,143$	$V_{III} \cdot H_{III}^*$	$+0,002$	$+0,018$	$-0,008$
	$V_{IV} \cdot M_I^*$	$+0,011$	$+0,009$	$+0,002$	$-0,007$	$+0,019$	$+0,008$	$-0,011$	$-0,033$	$+0,014$	$+0,015$	$+0,026$	$+0,042$	$V_{IV} \cdot H_{IV}^*$	$+0,000$	$+0,002$	$+0,003$
	$M_{Zus.}$	$-1,731$	$-1,228$	$+0,513$	$+1,741$	$+0,498$	$+0,361$	$-0,137$	$-0,195$	$+1,222$	$-0,929$	$-0,551$	$-0,245$	$H_{Zus.}$	$-0,282$	$+0,098$	$+0,011$
	$M_{R.I}$	$-0,750$	$-0,850$	$-0,502$	$+0,348$	$-0,161$	$-0,064$	$-0,097$	$+0,017$	$+0,375$	$-0,174$	$-0,049$	$-0,009$	$H_{R.I}$	$+0,476$	$-0,049$	$-0,006$
	$M_{tot.}$	$-2,481$	$-2,078$	$+0,011$	$+2,089$	$+0,337$	$+0,297$	$-0,040$	$-0,178$	$+1,597$	$-1,103$	$-0,600$	$-0,254$	$H_{tot.}$	$+0,194$	$+0,049$	$+0,005$
IV	$V_I \cdot M_I^*$	$-1,795$	$-0,410$	$-1,028$	$-0,618$	$-0,120$	$-0,511$	$-0,391$	$+0,608$	$+2,271$	$+1,394$	$+0,814$	$+0,748$	$V_I \cdot H_I^*$	$-0,183$	$-0,092$	$-0,007$
	$V_{II} \cdot M_{II}^*$	$+0,143$	$-0,795$	$+1,438$	$+2,233$	$+0,405$	$+0,905$	$+0,500$	$-0,735$	$-1,282$	$-2,388$	$-1,566$	$-1,129$	$V_{II} \cdot H_{II}^*$	$-0,074$	$+0,161$	$+0,020$
	$V_{III} \cdot M_{III}^*$	$-0,038$	$-0,046$	$-0,021$	$+0,025$	$-0,074$	$+0,041$	$+0,115$	$+0,007$	$-0,058$	$-0,080$	$-0,123$	$-0,066$	$V_{III} \cdot H_{III}^*$	$-0,001$	$-0,008$	$+0,004$
	$V_{IV} \cdot M_{IV}^*$	$-0,006$	$-0,005$	$-0,001$	$+0,004$	$-0,011$	$-0,004$	$+0,007$	$+0,019$	$-0,008$	$-0,009$	$-0,015$	$-0,024$	$V_{IV} \cdot H_{IV}^*$	$-0,000$	$-0,001$	$-0,002$
	$M_{Zus.}$	$-1,696$	$-1,256$	$+0,388$	$+1,644$	$+0,200$	$+0,431$	$+0,231$	$-0,101$	$+0,923$	$-1,083$	$-0,890$	$-0,471$	$H_{Zus.}$	$-0,258$	$+0,060$	$+0,015$
	$M_{R.I}$	$-1,050$	$+0,400$	$+0,236$	$-0,164$	$+0,076$	$+0,030$	$-0,046$	$-0,008$	$+0,525$	$+0,082$	$+0,043$	$+0,004$	$H_{R.I}$	$+0,459$	$+0,023$	$+0,003$
	$M_{tot.}$	$-2,746$	$-0,856$	$+0,624$	$+1,480$	$+0,276$	$+0,461$	$+0,185$	$-0,109$	$+1,448$	$-1,001$	$-0,847$	$-0,467$	$H_{tot.}$	$+0,201$	$+0,083$	$+0,018$

Fortsetzung von Tabelle 4. Momente und Bogenschübe.

Last-stellung	Schnitt	A_4	B_1	B_2	B_5	C_2	C_3	C_4	D_7	E	F	G	H		Bogen 1	Bogen 2	Bogen 3
V	$V_I \cdot M_I^*$	−1,337	−0,305	−0,765	−0,460	−0,090	−0,381	−0,291	+0,453	+1,691	+1,038	+0,606	+0,557	$V_I \cdot H_I^*$	−0,136	−0,068	−0,006
	$V_{II} \cdot M_{II}^*$	+0,095	−0,527	+0,954	+1,481	+0,269	+0,600	+0,331	−0,487	−0,850	−1,583	−1,038	−0,748	$V_{II} \cdot H_{II}^*$	−0,049	+0,107	+0,013
	$V_{III} \cdot M_{III}^*$	−0,112	−0,137	−0,062	+0,075	−0,218	+0,121	+0,339	+0,022	−0,171	−0,238	−0,362	−0,195	$V_{III} \cdot H_{III}^*$	−0,003	−0,024	+0,011
	$V_{IV} \cdot M_{IV}^*$	−0,016	−0,013	−0,003	+0,010	−0,027	−0,011	+0,016	+0,047	−0,020	−0,021	−0,037	−0,060	$V_{IV} \cdot H_{IV}^*$	−0,000	−0,002	−0,005
	$M_{Zus.}$	−1,370	−0,982	+0,124	+1,106	−0,066	+0,329	+0,395	+0,035	+0,650	−0,804	−0,831	−0,446	$H_{Zus.}$	−0,188	+0,013	+0,013
	$M_{R.I}$	−0,600	+1,150	+0,679	−0,471	+0,217	+0,087	−0,130	−0,023	+0,300	+0,236	+0,065	+0,012	$H_{R.I}$	+0,328	+0,066	+0,008
	$M_{tot.}$	−1,970	+0,168	+0,803	+0,635	+0,151	+0,416	+0,265	+0,012	+0,950	−0,568	−0,766	−0,434	$H_{tot.}$	+0,140	+0,079	+0,021
VI	$V_I \cdot M_I^*$	−0,236	−0,054	−0,135	−0,081	−0,016	−0,067	−0,051	+0,080	+0,299	+0,183	+0,107	+0,098	$V_I \cdot H_I^*$	−0,024	−0,012	−0,001
	$V_{II} \cdot M_{II}^*$	−0,104	+0,578	−1,047	−1,625	−0,295	−0,659	−0,364	+0,535	+0,933	+1,738	+1,139	+0,825	$V_{II} \cdot H_{II}^*$	+0,054	−0,117	−0,015
	$V_{III} \cdot M_{III}^*$	−0,510	−0,628	−0,282	+0,346	−0,999	+0,551	+1,550	+0,100	−0,784	−1,087	−1,658	−0,890	$V_{III} \cdot H_{III}^*$	−0,014	−0,112	+0,051
	$V_{IV} \cdot M_{IV}^*$	+0,051	+0,043	+0,010	−0,033	+0,086	+0,034	−0,052	−0,151	+0,063	+0,069	+0,117	+0,191	$V_{IV} \cdot H_{IV}^*$	+0,001	+0,008	+0,015
	$M_{Zus.}$	−0,799	−0,061	−1,454	−1,393	−1,224	−0,141	+1,083	+0,564	+0,511	+0,903	−0,295	+0,224	$H_{Zus.}$	+0,017	−0,233	+0,050
	$M_{R.I}$	+0,119	+0,440	+1,100	+0,660	−0,700	−0,280	+0,420	+0,076	−0,060	−0,330	−0,210	−0,038	$H_{R.I}$	+0,041	+0,317	−0,026
	$M_{tot.}$	−0,680	+0,379	−0,354	−0,733	−1,924	−0,421	+1,503	+0,640	+0,451	+0,573	−0,505	+0,186	$H_{tot.}$	+0,058	+0,084	+0,024
VII	$V_I \cdot M_I^*$	−0,061	−0,014	−0,035	−0,021	−0,004	−0,017	−0,013	+0,021	+0,078	+0,048	+0,028	+0,026	$V_I \cdot H_I^*$	−0,006	−0,003	−0,000
	$V_{II} \cdot M_{II}^*$	−0,141	+0,780	−1,413	−2,193	−0,399	−0,889	−0,490	+0,722	+1,259	+2,345	+1,538	+1,109	$V_{II} \cdot H_{II}^*$	+0,073	−0,158	−0,020
	$V_{III} \cdot M_{III}^*$	−0,702	−0,865	−0,388	+0,477	−1,374	+0,759	+2,133	+0,137	−1,079	−1,495	−2,281	−1,225	$V_{III} \cdot H_{III}^*$	−0,019	−0,154	+0,071
	$V_{IV} \cdot M_{IV}^*$	+0,091	+0,077	+0,018	−0,059	+0,154	+0,062	−0,092	−0,269	+0,121	+0,122	+0,209	+0,341	$V_{IV} \cdot H_{IV}^*$	+0,001	+0,014	+0,027
	$M_{Zus.}$	−0,813	−0,022	−1,818	−1,796	−1,623	−0,085	+1,583	+0,611	+0,379	+1,020	−0,506	+0,251	$H_{Zus.}$	+0,049	−0,301	+0,078
	$M_{R.I}$	+0,032	+0,120	+0,300	+0,180	−1,250	−0,500	+0,750	+0,135	−0,016	−0,090	−0,375	−0,068	$H_{R.I}$	+0,011	+0,496	−0,047
	$M_{tot.}$	−0,781	+0,098	−1,518	−1,616	−2,873	−0,585	+2,288	+0,746	+0,363	+0,930	−0,881	+0,183	$H_{tot.}$	+0,060	+0,195	+0,031
VIII	$V_I \cdot M_I^*$	+0,194	+0,044	+0,111	+0,067	+0,013	+0,055	+0,042	−0,066	−0,245	−0,150	−0,088	−0,081	$V_I \cdot H_I^*$	+0,020	+0,010	+0,001
	$V_{II} \cdot M_{II}^*$	−0,146	+0,807	−1,461	−2,268	−0,412	−0,919	−0,507	+0,746	+1,302	+2,425	+1,590	+1,147	$V_{II} \cdot H_{II}^*$	+0,075	−0,163	−0,020
	$V_{III} \cdot M_{III}^*$	−0,746	−0,919	−0,412	+0,507	−1,461	+0,807	+2,268	+0,146	−1,147	−1,590	−2,425	−1,302	$V_{III} \cdot H_{III}^*$	−0,020	−0,163	+0,075
	$V_{IV} \cdot M_{IV}^*$	+0,066	+0,055	+0,013	−0,042	+0,111	+0,044	−0,067	−0,194	+0,081	+0,088	+0,150	+0,245	$V_{IV} \cdot H_{IV}^*$	+0,001	+0,010	+0,020
	$M_{Zus.}$	−0,632	−0,013	−1,749	−1,736	−1,749	−0,013	+1,736	+0,632	−0,009	+0,773	−0,773	+0,009	$H_{Zus.}$	+0,076	−0,306	+0,076
	$M_{R.I}$	−0,097	−0,360	−0,900	−0,540	−0,900	−0,360	+0,540	+0,097	+0,049	+0,270	−0,270	−0,049	$H_{R.I}$	−0,034	+0,628	−0,034
	$M_{tot.}$	−0,729	−0,373	−2,649	−2,276	−2,649	−0,373	+2,276	+0,729	+0,040	+1,043	−1,043	−0,040	$H_{tot.}$	+0,042	+0,322	+0,042

entsprechenden Momentenflächen; diese Abschnitte werden in denjenigen Laststellungen aufgetragen, aus deren zugehöriger Momentenfläche sie gewonnen
wurden. Dabei ist zu beachten, daß die Laststellungen der rechten Rahmen-

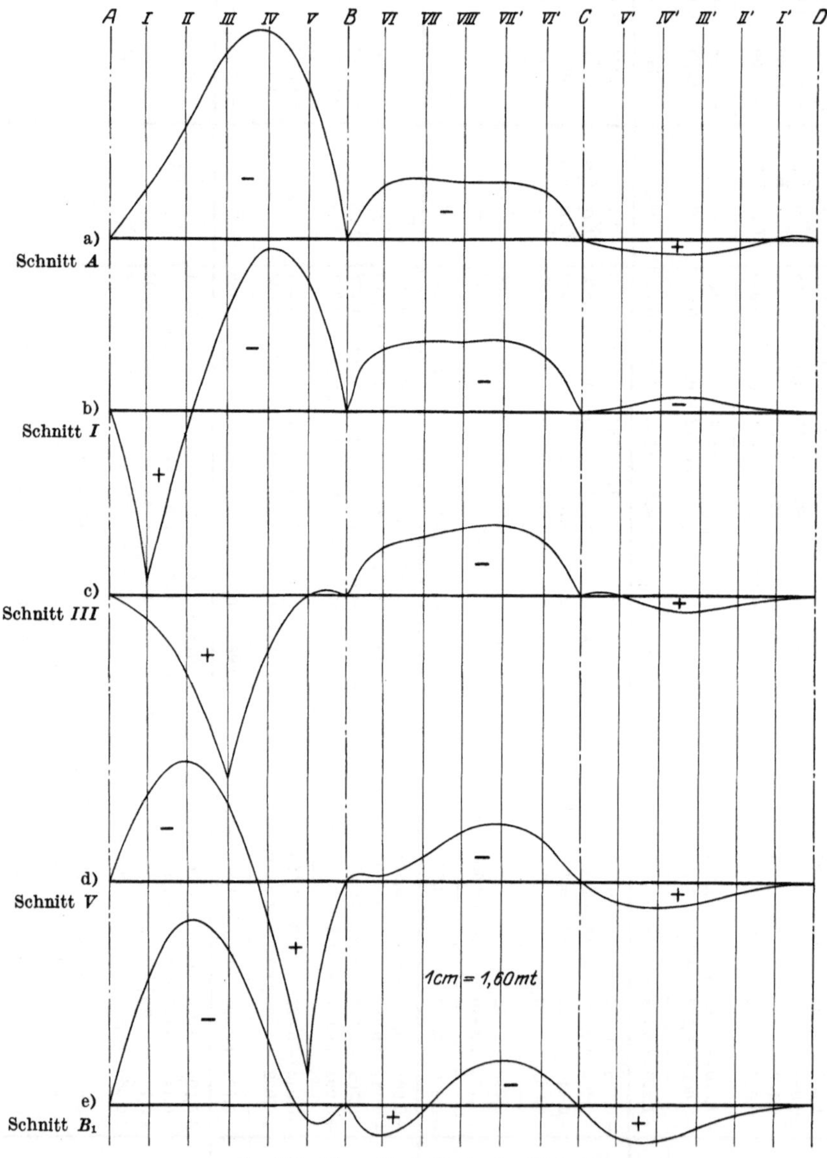

Fig. 257a bis e. Einflußlinien der Biegungsmomente.

hälfte der Symmetrie wegen das Spiegelbild der Momentenflächen infolge der
Laststellungen auf der linken Rahmenhälfte hervorrufen, so daß man die
Ordinaten für die rechte Hälfte der Einflußlinien in dem symmetrisch zur
Rahmenmitte liegenden (mit Strich bezeichneten) Schnitt abgreifen muß.

In Fig. 257a bis l sind die Einflußlinien der Biegungsmomente für Schnitte am Bogen und an den Pfeilern aufgetragen. Bringt man nun die Verkehrs-

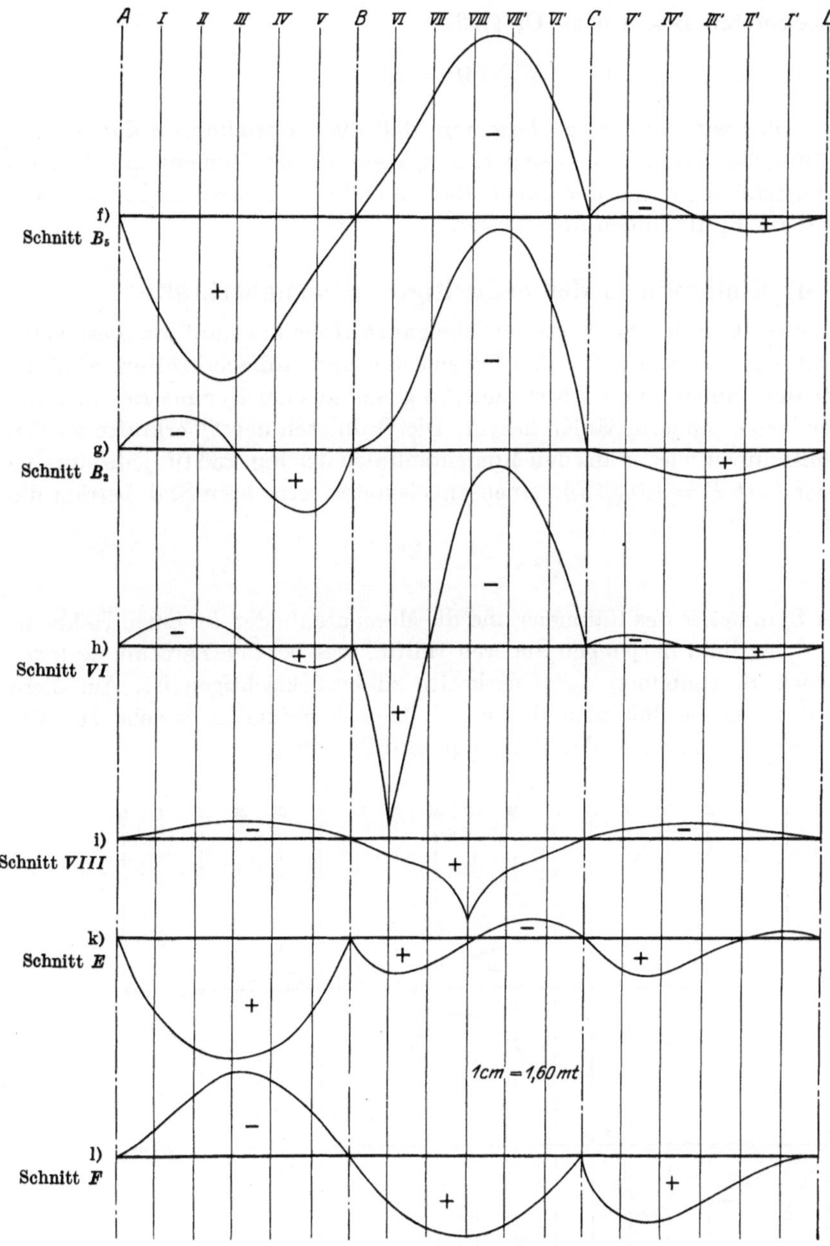

Fig. 257f bis l. Einflußlinien der Biegungsmomente.

lasten in den jeweils ungünstigsten Stellungen auf die vorstehend erläuterten Einflußlinien, so erhält man durch Auswertung derselben in bekannter Weise die Grenzwerte der Momente infolge dieser Verkehrsbelastung.

am belasteten Bogen nach Gl. (447):

$$V^l = \mathfrak{B}^l - \frac{1}{l}\left(M^l - M^r\right),$$

am unbelasteten Bogen nach Gl. (452):

$$V^l = -\frac{1}{l}\left(M^l - M^r\right).$$

Dabei ist wieder wie unter a) zu beachten, daß die Laststellungen der rechten Rahmenhälfte der Symmetrie wegen das Spiegelbild der Momentenflächen infolge der Laststellungen auf der linken Rahmenhälfte hervorrufen. In Fig. 259a bis c sind diese Einflußlinien aufgetragen.

d) Einflußlinien der endgültigen Säulenquerkräfte.

Die Querkraft an den Säulen ist auf die ganze Höhe konstant, da diese keine äußere Kräfte aufnehmen außer den Bogenlasten und Auflagerkräften. Sind die Querkräfte der Säulen *4* und *5* bestimmt, so gehen aus der Symmetrie auch diejenigen der beiden andern Säulen hervor. Die Ordinaten der Querkräfte an den Säulen ermitteln wir wieder aus den Momentenlinien der Fig. 256 für jede einzelne Stellung der Last $P = 1{,}0$ t. Für einen unbelasteten lotrechten Stab beträgt die Querkraft

$$Q^u = \frac{M^u - M^o}{l}.$$

Infolge der Symmetrie des Rahmens sind die Momentenbilder der einen Rahmenhälfte das Spiegelbild derjenigen anderen Hälfte, was bei der Berechnung (oder zeichnerischen Bestimmung) der Querkräfte zu berücksichtigen ist. Auf diese Weise werden die Einflußlinien der Fig. 260a u. b gefunden, welche zur Ermittelung der Grenzwerte der Säulenquerkräfte dient.

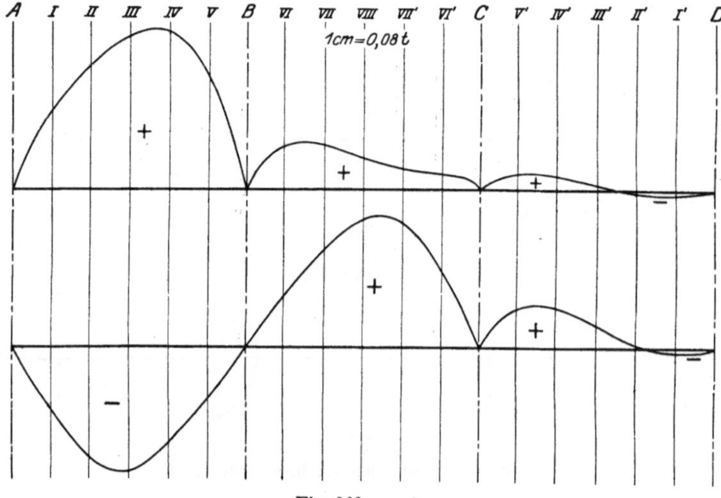

Fig. 260a u. b.

***Statik der Tragwerke.** Von Professor Dr.-Ing. Walther Kaufmann, Hannover. Zweite, ergänzte und verbesserte Auflage. („Handbibliothek für Bauingenieure", IV. Teil: Konstruktiver Ingenieurbau, Band I.) Mit 368 Textabbildungen. VIII, 322 Seiten. 1930. Gebunden RM 19.50

Die Vorzüge, welche bereits die erste Auflage dieses Werkes ausgezeichnet haben und in der kurzen, klaren Beweisführung, der Beschränkung auf das Wesentliche und in der Anregung zu einem vertieften Studium zu suchen sind, haben zu einem schnellen Erfolge geführt. Die zweite Auflage behält diese bewährten Gesichtspunkte und den Aufbau bei, bringt jedoch in einzelnen Abschnitten wichtige Ergänzungen in Theorie und Anwendung, welche die Brauchbarkeit als Lehr- und Nachschlagebuch erhöhen. In dieser Beziehung wird alles geboten, was der Ingenieur an Belehrung und Anweisung zur statischen Untersuchung von Stab- und Fachwerken nötig hat. Im Vordergrund steht die Eignung des Werkes als Lehrbuch. Es wird daher namentlich den Studierenden der Technischen Hochschule aufs beste empfohlen. *„Der Bauingenieur."*

***Die Statik des ebenen Tragwerkes.** Von Professor Martin Grüning, Hannover. Mit 434 Textabbildungen. VII, 706 Seiten. 1925. Gebunden RM 45.—

Das Buch von Grüning gehört zu den wichtigsten Erscheinungen der neueren Statikliteratur. In vorteilhafter Weise sind hier die grundlegenden Berechnungsmethoden in den Vordergrund der Darstellung gerückt; die Behandlung der Anwendungsbeispiele, als welche in praxi gebräuchliche Bauarten dienen, bietet dann keinerlei Schwierigkeit mehr. Bei den bezüglichen Entwicklungen wird ausschließlich das Prinzip der virtuellen Verrückungen herangezogen, und im ersten Abschnitt des Buches ist das Prinzip ausführlich klargelegt... Allen, die sich mit Statik beschäftigen, wird das Buch ein wertvoller Wegweiser sein. *„Zeitschrift für angewandte Mathematik und Mechanik."*

***Die Tragfähigkeit statisch unbestimmter Tragwerke aus Stahl bei beliebig häufig wiederholter Belastung.** Von Professor Martin Grüning, Hannover. Mit 6 Textabbildungen. IV, 30 Seiten. 1926. RM 3.30

***Theorie und Berechnung der statisch unbestimmten Tragwerke.** Elementares Lehrbuch. Von H. Buchholz. Mit 303 Textabbildungen. VI, 212 Seiten. 1921. RM 8.—

***Die gewöhnlichen und partiellen Differenzengleichungen der Baustatik.** Von Dr.-Ing. Friedrich Bleich, Wien, und Professor Dr.-Ing. E. Melan, Wien. Mit 74 Abbildungen im Text. VII, 350 Seiten. 1927. Gebunden RM 28.50

... Die praktische Bedeutung der Differenzengleichungen für die Baustatik ist eine doppelte: Einerseits können zahlreiche Probleme, die einer strengen Lösung unzugänglich sind, mit Hilfe von Differenzengleichungen mit beliebiger Genauigkeit erfaßt werden, andererseits läßt sich manche auch mit elementaren Mitteln zu lösende Aufgabe dadurch vereinfachen, daß ein System linearer Gleichungen durch eine Differenzengleichung ersetzt wird. In der neueren statischen Literatur hat es bisher an einer zusammenfassenden Darstellung gefehlt, welche die Theorie der linearen Differenzengleichungen nicht vom Standpunkt des Mathematikers, sondern vom Standpunkt des Bauingenieurs behandelt. Das vorliegende Buch entspricht daher einem praktischen Bedürfnis; es wird darin dieses wichtige Gebiet der angewandten Mathematik einem größeren Kreis von Ingenieuren zugänglich gemacht... *„Beton und Eisen."*

** Auf alle Preise der vor dem 1. Juli 1931 erschienenen Bücher wird ein Notnachlaß von 10⁰/₀ gewährt.*

*** Die Berechnung statisch unbestimmter Tragwerke nach der Methode des Viermomentensatzes.** Von Dr.-Ing. Friedrich Bleich. Zweite, verbesserte und vermehrte Auflage. Mit 117 Abbildungen im Text. VI, 220 Seiten. 1925. Gebunden RM 15.—

... Den Schwerpunkt des Buches bilden die zahlreichen, geschickt gewählten Beispiele, an welchen die vielseitige Anwendungsmöglichkeit des Viermomentensatzes gezeigt wird. Ausgehend von einfachen Fällen (Zweigelenkrahmen) werden auch hochgradig unbestimmte Systeme: mehrstielige Rahmen mit gelenkiger Lagerung und mit eingespannten Füßen sowie der Lohseträger behandelt. Dem Vierendeelträger und dem symmetrischen, eingespannten Stockwerkrahmen ist je ein besonderer Abschnitt gewidmet, wobei die Differenzengleichungen zur Darstellung von Einflußlinien ebenfalls herangezogen werden... Der Viermomentensatz ist ohne Zweifel ein überaus wertvolles Hilfsmittel zur Lösung vieler Aufgaben, insbesondere zur Berechnung mehrstieliger Rahmen. Das Buch von Bleich ist zur Einführung in diese in der Eisenbetonfachwelt bereits ziemlich verbreitete Methode in hervorragender Weise geeignet, da die Darstellung überall klar und leicht verständlich ist. Die Durcharbeitung der vorgeführten, charakteristischen Beispiele wird dem Statiker, der seine Probleme gern von verschiedenen Seiten betrachtet, viel Freude bereiten und ihn sicherlich dazu veranlassen, den Viermomentensatz auch in der eigenen Praxis anzuwenden. *„Beton und Eisen."*

*** Der elastisch drehbar gestützte Durchlaufbalken (durchlaufende Rahmen).** Gebrauchsfertige Zahlen für Einflußlinien und Größtwerte der Momente. Von Dr.-Ing. H. Craemer, Düsseldorf. Mit 7 Textabbildungen und 18 Zahlentafeln. IV, 28 Seiten. 1927. RM 5.10

*** Der durchlaufende Träger über ungleichen Öffnungen.** Theorie, gebrauchsfertige Formeln, Zahlenbeispiele. Von Professor Dr.-Ing. Emil Kammer, Darmstadt. Mit 303 Abbildungen im Text und auf 4 Tafeln. VIII, 269 Seiten. 1926. RM 25.50; gebunden RM 27.—

*** Statik der Vierendeelträger.** Von Dr.-Ing. Karl Kriso. Mit 185 Textfiguren und 11 Tabellen. X, 288 Seiten. 1922. RM 13.—; gebunden RM 15.—

*** Spannungskurven in rechteckigen und keilförmigen Trägern.** Theorie und Versuch über Spannungsverteilung als Scheibenproblem mit besonderer Berücksichtigung der lokalen Störung. Von Akira Miura, Professor an der kaiserlichen Universität Kioto. Mit 142 Abbildungen im Text und auf 6 Tafeln. V, 111 Seiten. 1928. RM 11.—; gebunden RM 12.50

Trägheits- und Widerstandsmomente von Blechträgern. Träger mit und ohne Gurtplatten. Hilfstafeln. Von Dipl.-Ing. P. Krugmann. X, 149 Seiten. 1932. Gebunden RM 27.—

** Auf alle Preise der vor dem 1. Juli 1931 erschienenen Bücher wird ein Notnachlaß von 10% gewährt.*

***Beitrag zur Berechnung statisch unbestimmter Fachwerke.** Von Dr. H. Heimann. Mit 20 Abbildungen im Text. IV, 24 Seiten. 1928. RM 2.50

***Strenge Untersuchungen am Rhombenfachwerk.** Von Privatdozent Dr.-Ing. Paul Christiani, Aachen. Mit 17 Textabbildungen und 18 Zahlentafeln. IV, 52 Seiten. 1929. RM 4.—

***Die Knickfestigkeit.** Von Privatdozent Dr.-Ing. Rudolf Mayer, Karlsruhe. Mit 280 Textabbildungen und 87 Tabellen. VIII, 502 Seiten. 1921. RM 20.—

Die Gelenkmethode. Ein Verfahren zur Ermittlung statisch unbestimmter Größen und deren Einflußlinien. Von Dr. sc. techn. Sayed Abd El-Wahed, Ingenieur der ägyptischen Staatseisenbahnen. Mit 44 Abbildungen im Text. V, 46 Seiten. 1931. RM 4.50

***Festigkeitslehre.** Von George Fillmore Swain, Professor an der Harvard Universität, New York. Autorisierte Übersetzung von Dr.-Ing. Alfred Mehmel, Hannover. Mit 463 Textabbildungen. XVIII, 630 Seiten. 1928. Gebunden RM 34.—

***Festigkeitslehre.** Von Professor S. Timoshenko und Maschinen-Ingenieur I. M. Lessells. Ins Deutsche übertragen von Dr. I. Malkin, Ingenieur. Mit 391 Abbildungen im Text. XVIII, 484 Seiten. 1928. Gebunden RM 28.—

***Festigkeitslehre für Ingenieure.** Von Studienrat Dipl.-Ing. Hans Winkel †. Nach dem Tode des Verfassers bearbeitet und ergänzt von Dr.-Ing. Kurt Lachmann. Mit 363 Textabbildungen. VII, 494 Seiten. 1927.
Gebunden RM 26.—

***Elastizität und Festigkeit.** Die für die Technik wichtigsten Sätze und deren erfahrungsmäßige Grundlage. Von C. Bach und R. Baumann, Professoren an der Technischen Hochschule Stuttgart. Neunte, vermehrte Auflage. Mit in den Text gedruckten Abbildungen, 2 Buchdrucktafeln und 25 Tafeln in Lichtdruck. XXVIII, 687 Seiten. 1924. Gebunden RM 24.—

** Auf alle Preise der vor dem 1. Juli 1931 erschienenen Bücher wird ein Notnachlaß von 10 %|0 gewährt.*

Additional material from *Die Methode der Festpunkt*
ISBN 978-3-642-89226-4, is available at http://extras.springer.com

Additional material to this book can be downloaded from http://extras.springer.com

ISBN 978-3-642-89226-4; also available at http://extras.springer.com